L. Prandtl.

Ludwig Prandtl
Gesammelte Abhandlungen

zur angewandten Mechanik, Hydro- und Aerodynamik

Herausgegeben im Auftrage

der Max-Planck-Gesellschaft zur Förderung der Wissenschaften
der Wissenschaftlichen Gesellschaft für Luftfahrt und
der Gesellschaft für Angewandte Mathematik und Mechanik

von

Walter Tollmien
Göttingen

Hermann Schlichting
Göttingen

Henry Görtler
Freiburg i. Br.

Schriftleitung

F. W. Riegels
Göttingen

In 3 Teilen

mit einem Porträt und 1003 Abbildungen

Erster Teil (S. 1—574)

Springer-Verlag Berlin Heidelberg GmbH

1961

Ursprünglich erschienen bei Springer-Verlag OHG., Berlin/Göttingen/Heidelberg 1961
ISBN 978-3-662-11837-5 ISBN 978-3-662-11836-8 (eBook)
DOI 10.1007/978-3-662-11836-8

Vorwort

Die Großen der Wissenschaft sind meist durch einige besonders hervorragende Leistungen der Nachwelt bekannt. Vielfach haben sie aber nicht nur bei der Klärung weniger ausgezeichneter Probleme Bedeutendes geleistet, sondern dank ihrer breiten Interessenkreise und seltenen Begabung viele verschiedenartige Dinge in ungewöhnlichem Maße gefördert. Es ist bedauerlich, daß das meiste hiervon im Laufe der Zeit in Vergessenheit gerät. LUDWIG PRANDTL war einer von diesen ganz Großen. Es ist daher sehr dankbar zu begrüßen, wenn jetzt durch die Herausgabe seiner gesammelten Werke wenigstens das, was an schriftlichen Ergebnissen seiner Lebensarbeit vorliegt, der Nachwelt erhalten bleibt.

Die Unterzeichneten hatten das Glück, die ganze Fülle dieser Arbeit in enger Fühlung mit ihm zu erleben und teilweise daran mitzuwirken. Wir sind uns bewußt, daß dieses schriftliche Erbe nur einen Teil dessen darstellt, was LUDWIG PRANDTL der Wissenschaft gegeben hat. Nicht zuletzt waren es sein Beispiel und seine mannigfaltigen Anregungen, die zu den wissenschaftlichen Arbeiten vieler Fachgenossen aus aller Welt und insbesondere zu denen seiner zahlreichen Schüler und Mitarbeiter wesentliches beigetragen haben. Immerhin werden jedoch seine Gesammelten Werke ein Bild von den geistigen Wegen und von den ungewöhnlichen Leistungen dieses großen Forschers geben. Es ist zu hoffen, daß sie nicht nur Kenntnisse vermitteln, sondern auch nachfolgenden Forschern ein Wegweiser und ein Ansporn für ihre Tätigkeit bei der Fortbildung der Wissenschaft und zum Wohle der Menschheit sein werden.

Göttingen und Paris, im März 1960

Alb. Betz **Th. v. Kármán**

Zum Geleit

Das Erscheinen der gesammelten Schriften LUDWIG PRANDTLS verpflichtet die Fachwelt, in dankbarer Verehrung noch einmal Persönlichkeit und Werk LUDWIG PRANDTLS zu bedenken.

LUDWIG PRANDTL wurde am 4. Februar 1875 in Freising geboren, wo sein Vater Professor an der Landwirtschaftlichen Hochschule war. Schon mit 22 Jahren hatte er beide Eltern verloren. Nach dem Studium des Allgemeinen Maschinenbaues an der Technischen Hochschule München wurde LUDWIG PRANDTL auf Grund einer 1899 eingereichten Dissertation mit dem Thema: „Kipp-Erscheinungen, ein Fall von instabilem elastischem Gleichgewicht" zum Doktor der Philosophie an der Universität München promoviert. Diese Dissertation stellte ihn mit einem Schlage in die erste Reihe der Mechanikforscher seiner Zeit; denn die von ihm behandelten Kipperscheinungen waren damals für die Diskussion der elastischen Stabilität durchaus neuartig, obwohl sie ja sehr leicht an einem hochkant gestellten, auf Biegung beanspruchten Stab von rechteckigem Querschnitt zu beobachten sind. Wenige Jahre später bereicherte PRANDTL die Elastizitätstheorie durch sein so überaus anschauliches Membran- oder Seifenhautgleichnis für die Spannungsverteilung in einem tordierten Stabe. So sehr ihn auch später die Mechanik der Flüssigkeiten in Beschlag nahm, so ist er doch immer wieder gern zu der Mechanik fester, deformierbarer Körper zurückgekehrt. Besonders haben ihn später die unelastischen Formänderungen angezogen, für die er schon vor 1913 ein Gedankenmodell entwickelte, das er durch Versuche von Doktoranden nachprüfen ließ. Zum letzten Mal setzte er sich 1939 mit diesem Fragenkreis auseinander. Seine Forschungen über die Härte plastischer Körper in den Jahren 1920 bis 1925 belebten stark und nachhaltig das Studium dieser Vorgänge.

Wenn ich mich nunmehr zu dem Gebiet der Mechanik wende, auf dem PRANDTL seine größten Erfolge erringen sollte, so fühle ich mich versucht, einen Satz GOETHES aus seinen Gesprächen mit ECKERMANN am 2. Mai 1824 zu zitieren: „Um Epoche in der Welt zu machen, dazu gehören bekanntlich zwei Dinge: erstens, daß man ein guter Kopf sei, und zweitens, daß man eine große Erbschaft tue." Was GOETHE mit der „großen Erbschaft“ meinte, geht aus den folgenden Sätzen hervor, nämlich eine überkommene ungelöste Problematik, sei es in der Profangeschichte, sei es in der Geistesgeschichte. Die Hydrodynamik des 19. Jahrhunderts hatte trotz ihrer bedeutenden Einsichten das Problem des Strömungswiderstandes nicht bewältigen können. Durch seine Grenzschichttheorie vermochte PRANDTL sowohl den Hautreibungswiderstand, zunächst im laminaren Strömungsbereich, als auch den Druckwiderstand durch die Deutung des Ablösungsphänomens zu erklären und den ersten auch der Berechnung in manchen Fällen zugänglich zu machen. Den Randwiderstand oder induzierten Widerstand, der als eine besondere Art des Druckwiderstandes bei Tragflügeln endlicher Spannweite auftritt, erschloß er dem Verständnis durch seine Tragflügeltheorie. Über den Ursprung dieser so folgenreichen Theorie hat sich LUDWIG PRANDTL in einer für das Verständnis seines Schaffens wichtigen kleinen autobiographischen Skizze: „Mein Weg zu hydrodynamischen Theorien“ ausgelassen. Während er bei den soeben zitierten Abhandlungen mit dem Bilde der tragenden Linie arbeitete, ersetzte er später den Tragflügel durch eine tragende Fläche, indem er in Anknüpfung an einen Gedanken von F. W. LANCHESTER das Beschleunigungspotential einführte, wodurch nicht nur eine Verfeinerung der früheren Tragflügeltheorie erzielt wurde, sondern auch die Behandlung eines Tragflügels im kompressiblen Medium angebahnt wurde.

Mit diesen Ausführungen sind wir schon weit in zentrale Bezirke von PRANDTLS wissenschaftlichem Werk eingedrungen. Es gilt nun, die äußeren Voraussetzungen aufzuweisen, durch die dieses fruchtbare Schaffen ermöglicht wurde. Nach der Promotion übte er eine kurze erfolgreiche Tätigkeit bei der Maschinenfabrik Augsburg-Nürnberg (MAN) aus, wo er durch die schlechte Wirkungsweise eines von ihm gebauten Diffusors einem fundamentalen Problem der modernen Strömungslehre gegenübergestellt wurde, das er drei Jahre später eben mit seiner Grenzschichttheorie grundsätzlich lösen konnte. Schon 1901, mit 26 Jahren, wurde er ordentlicher Professor der Mechanik an der Technischen Hochschule Hannover. Wenige Jahre später, 1904, ging er nach Göttingen; der Mathematiker und Organisator der Göttinger Mathematik und ihrer Anwendungen wurde ihm „zum Schicksal“, wie PRANDTL es bei der hundertjährigen Wiederkehr des Geburtstages von FELIX KLEIN ausdrückte. Unter dem Eindruck einer Amerikareise im Jahre 1893 fühlte KLEIN besonders stark die in Deutschland damals noch bestehende sterilisierende Trennung der reinen Wissenschaft von ihren Anwendungen. Von den drei auf KLEINS Initiative an der Universität Göttingen geschaffenen Instituten und Lehrstühlen, welche die Anwendungen pflegen sollten, hat sich der für Angewandte Mechanik auf die Dauer am lebenskräftigsten erwiesen.

Dies schien im Anfang keineswegs so; denn die zunächst berufenen Herren EUGEN MEYER und HANS LORENZ verließen sehr bald wieder Göttingen, wo die Geltung ihres Faches erst in keineswegs leichten Kämpfen durchgesetzt werden mußte, um Professuren für Mechanik an der Technischen Hochschule Berlin (1901) bzw. in Danzig (1904) anzunehmen. Indessen ist PRANDTL, der 1904 den Ruf auf diesen Lehrstuhl annahm, Göttingen treu geblieben und hat auch immer wieder betont, wie wichtig und unabdingbar für sein Werk die Verbindung zwischen reiner und angewandter Wissenschaft gewesen ist, wie sie eben in einzigartiger Weise an der Göttinger Universität möglich war. Möge dies Zeugnis LUDWIG PRANDTLS beherzigt bleiben! Sehr bald tauchte das Projekt einer Modellversuchsanstalt auf, die für die Motorluftschiff-Studiengesellschaft Versuche durchführen sollte. Aus ihr erwuchs ziemlich rasch die Aerodynamische Versuchsanstalt Göttingen (AVA). Die neue Versuchstechnik, welche für diese Modellversuche entwickelt werden mußte, verdankt PRANDTL u. a. die „Windkanäle Göttinger Bauart" und das PRANDTLsche Staurohr. Trotz dieser so fruchtbaren, bald weltweit ausstrahlenden Wirksamkeit trat einmal an PRANDTL die ernste Versuchung heran, Göttingen zu verlassen, nämlich als 1923 sein Heimatland Bayern ihm einen Ruf an die Technische Hochschule München erteilte. In diesem kritischen Augenblick griff die Kaiser-Wilhelm-Gesellschaft zur Förderung der Wissenschaften ein, die schon nach dem unglücklichen Ausgang des ersten Weltkrieges die AVA in ihre Obhut genommen hatte. Unabhängig von der AVA hatte PRANDTL sich seit langem die Errichtung eines weniger zweckgebundenen allgemeinen Instituts für Strömungsforschung gewünscht. Die nunmehr bewilligte Gründung des „Kaiser-Wilhelm-Instituts für Strömungsforschung" (des heutigen „Max-Planck-Instituts für Strömungsforschung") faßte PRANDTL als seine Rückberufung nach Göttingen auf, wie er selbst erzählte, und er hat danach der Mathematisch-Naturwissenschaftlichen Fakultät und dem Strömungsforschungsinstitut aktiv bis zum Jahre 1947 und dann als Emeritus angehört.

Wie man sieht, ist die berufliche Laufbahn PRANDTLS nicht gerade reich an Peripetien, wenn man von der Berufung nach Göttingen und der Demontage der Göttinger Windkanäle nach dem Ende des zweiten Weltkrieges absieht. Die Dramatik seines Lebens lag eben in der Auseinandersetzung mit den unerbittlichen Naturgesetzen. Zu dem schon hierüber Dargelegten muß noch manches nachgetragen werden. Bereits sehr früh (1904) hatte PRANDTL sich mit solchen Strömungen von Gasen beschäftigt, bei denen der Einfluß der Kompressibilität nicht mehr zu vernachlässigen ist, und hatte dabei die um die Jahrhundertwende vorgebrachte seltsame Auffassung widerlegt, daß ein aus einer Düse austretender Druckluftstrahl keine höhere Geschwindigkeit als die

Schallgeschwindigkeit annehmen könnte. Als außerordentlich nützlich erwies sich sodann die exakte Lösung für Überschallströmungen um eine Ecke, die 1907 von PRANDTL angegeben und von TH. MEYER ausgearbeitet wurde. Diese Untersuchungen fanden ihren krönenden Abschluß in dem gemeinsam mit A. BUSEMANN entworfenen graphischen Charakteristikenverfahren zur Ermittlung ebener, stationärer und wirbelfreier Überschallströmungen. Auch zur Theorie der Unterschallströmungen lieferte PRANDTL einen grundlegenden Beitrag durch die nach ihm und H. GLAUERT benannte Regel, welche die angenäherte Berechnung einer kompressiblen Strömung um ein Tragflügelprofil aus einer inkompressiblen Strömung um ein passend verzerrtes Profil gestattet. Diese schon 1922 aufgestellte Regel erwies sich nicht nur in der Folgezeit an und für sich als sehr wichtig, sondern bildete auch das Vorbild für zahlreiche von anderen aufgestellte Ähnlichkeitsgesetze, welche sich zum Teil sogar auf das Übergangsgebiet zwischen Unter- und Überschallströmungen, die sogenannten transsonischen Strömungen, beziehen.

In die Turbulenzforschung griff PRANDTL durch die Auffindung einer Beziehung zwischen Wärmeübergang und Strömungswiderstand mit großer Wirkung ein, zumal die ältere einschlägige Bemerkung von O. REYNOLDS kaum beachtet worden war; eine für den Wärmeübergang wichtige dimensionslose Zahl wurde daraufhin später nach PRANDTL benannt. 1914 konnte PRANDTL durch sein experimentum crucis mit dem Stolperdraht die Auffassung bestätigen, daß der von G. EIFFEL beim Übergang zu höheren REYNOLDSschen Zahlen beobachtete Abfall des Luftwiderstandes von Kugeln auf ein Turbulentwerden der Grenzschicht zurückzuführen ist; bis dahin kannte man Turbulenz nur in Rohren und Kanälen. Die Geschwindigkeitsverteilung in Wandnähe stellte PRANDTL auf Grund des von BLASIUS geordneten Beobachtungsmaterials durch das 1/7-Potenzgesetz dar, von dem man erst abkam, als man höhere REYNOLDSsche Zahlen in Betracht zog, für die grundlegende Rohrreibungsversuche in dem von PRANDTL geleiteten Kaiser-Wilhelm-Institut für Strömungsforschung angestellt wurden. Mit Hilfe der PRANDTLschen Konzeption des „Mischungsweges" konnten erstmalig mancherlei praktisch wichtige Ergebnisse gewonnen werden, sei es für die freie Turbulenz, sei es für den Strömungswiderstand in glatten und rauhen Rohren, wenn man auch heute nicht verkennen darf, daß es sich bei dem Mischungsweg um ein ziemlich grobes heuristisches Hilfsmittel handelt. Seine gemeinsam mit O. TIETJENS durchgeführten theoretischen Untersuchungen zum ersten Stadium der entstehenden Turbulenz lieferten das paradoxe Ergebnis, daß die betrachteten, allerdings kühn vereinfachten laminaren Geschwindigkeitsprofile stets instabil wurden, während man damals und noch lange danach eine

Stabilität der Laminarströmungen postulieren zu dürfen glaubte. Die dadurch aufgeworfene Problematik forderte eine Klärung heraus, die dann durch tief angelegte Arbeiten theoretischer sowie experimenteller Art von anderen Forschern, ein Jahrzehnt vor PRANDTLS Tode, schließlich gegeben wurde.

So gewiß die Entwicklung der Strömungslehre durch die Erfordernisse der Technik, besonders der Flugtechnik, vorangetrieben wurde, so wenig sind ihre Auswirkungen auf technische Probleme im engen Sinne beschränkt. In den letzten Jahrzehnten seines Lebens ließ es sich PRANDTL angelegen sein, die moderne Strömungswissenschaft für die dynamische Meteorologie in eigenen Abhandlungen und zahlreichen Arbeiten seiner Schüler fruchtbar zu machen. Die Wirkungen der Erddrehung und der thermischen Schichtung der Atmosphäre sind dabei Sondereinflüsse, die bei den üblichen Strömungsproblemen meist nicht in Rechnung zu stellen sind. Über dies Randgebiet der heutigen Hydrodynamik und noch manch andere hat PRANDTL im letzten, großangelegten Abschnitt seines „Führers durch die Strömungslehre“ (1942 und spätere Auflagen) berichtet. Mit diesem Buch wurde der Fachwelt ein besonders willkommenes Geschenk gemacht; zeigte doch dies imposante Werk wie kein zweites das universale Eingreifen der modernen Strömungswissenschaft in naturwissenschaftliche und technische Probleme. In seinen letzten Lebensjahren hat sich PRANDTL auch mit Fragen der Rheologie befaßt.

Dieser Überblick über das PRANDTLsche Schaffen ist naturgemäß unvollständig; man denke etwa bei dem Bau neuartiger Versuchsanlagen an die intermittierende Überschallströmungsanlage, an den Warm-Kalt-Luftkanal (zum Studium des Einflusses thermischer Schichtung) und an das rotierende Laboratorium, wo Strömungen auf der Erdoberfläche, aber auch in Strömungsmaschinen, modellmäßig untersucht werden. Das Studium der nun gesammelt vorliegenden Veröffentlichungen gibt eine bequeme Möglichkeit, sich über das weite Feld seiner wissenschaftlichen Untersuchungen zu informieren.

Das Werk PRANDTLS hätte sich nicht so glanzvoll und folgenreich entfalten können, wenn er nicht aus der eigenen wissenschaftlichen Besessenheit die Kraft entwickelt hätte, in einer großen Zahl von Schülern und Mitarbeitern eine ähnlich entsagungsvolle und leidenschaftliche Hingabe an die Forschung zu wecken. Nicht das geistige Aperçu, sondern die systematische Aufhellung ganzer Fragenkomplexe war sein Ziel, das sich eben nur durch Bildung einer Schule erreichen ließ, wofür ihm gerade Göttingen die Möglichkeiten bot. Zu den vielen Doktoranden, die im Laufe der Jahre bei PRANDTL promoviert wurden, kamen mit dem fortschreitenden Ausbau der Göttinger Institute zahlreiche Mitarbeiter, die im persönlichen Verkehr seine Anregungen empfingen. Dabei hat PRANDTL es bewußt aufs sorgfältigste vermieden, angehende Forscher durch die Übermacht seiner wissenschaftlichen Persönlichkeit in ihrem Wachstum zu hemmen. Eine sinnvolle Frage wurde aufgeworfen, deren Beantwortung bei dem derzeitigen Stande der Wissenschaft nicht ausgeschlossen schien; einige Lösungsmöglichkeiten wurden zur Diskussion gestellt, im übrigen ließ PRANDTL mit der Geduld eines echten Erziehers die Eigenart des Bearbeiters sich entfalten, so bereitwillig er die bei echten Forschungsarbeiten unvermeidlichen Sorgen durch Ermutigung und Rat mittrug. Die Forderungen, die PRANDTL an wissenschaftliche Arbeiten erhob, waren getreu der Göttinger-Tradition sehr hoch. Dafür war eine knappe Anerkennung aus seinem Munde die höchste Belohnung, die einem jungen unter ihm arbeitenden Forscher zuteil werden konnte. Auch aus dem Auslande kamen häufig junge Gelehrte für kürzere oder längere Zeit nach Göttingen, um über ein von PRANDTL gestelltes Thema unter seiner Leitung zu arbeiten. Jeder, der wie der Schreiber dieser Zeilen das Glück hatte, einige Zeit in einem PRANDTLschen Institut zu arbeiten, wird mit Dankbarkeit an die geistige Gemeinschaft Gleichstrebender denken, die durch den Dienst an der Sache und die Verehrung für die Persönlichkeit des Meisters geeint waren. Diese unmittelbaren Schüler LUDWIG PRANDTLS leben heute in der ganzen Welt verstreut, von Dayton/Ohio bis Bangalore/India, wenn nicht weiter.

Im Sommer 1947 trat PRANDTL von seinem Lehramt zurück. Er gab die Abhaltung von Vorlesungen und von Kolloquien auf wie auch die Betreuung von Doktoranden. Doch behielt er die Leitung einer kleinen Abteilung im Max-Planck-Institut für Strömungsforschung bei und betätigte sich in diesem Rahmen weiter wissenschaftlich, wovon auch noch einige Veröffentlichungen zeugen. Es war im November 1950, daß ihn ein leichter Schlaganfall traf, von dem er sich, nicht zuletzt dank einer großen Willensanspannung, sehr bald erholte, um die Arbeit an der geplanten Neuauflage seines „Führers durch die Strömungslehre“ wieder aufzunehmen. Jedoch beobachtete seine Umgebung mit Sorge die einige Monate später einsetzende ständige Abnahme seiner Kräfte. Im August 1952 trat der gefürchtete Zusammenbruch ein, wonach ihm ein geordneter Ausdruck seiner Gedanken nicht mehr möglich war. Auch dann noch schimmerte aus seinem Verhalten seine Herzensgüte hervor. Ich wurde an den greisen IMMANUEL KANT erinnert, der in ähnlicher Weise verlosch, aber neun Tage vor seinem Tode nach Sammlung seiner Kräfte mit erzwungener Stärke zu zwei Besuchern sagte: „Das Gefühl für Humanität hat mich noch nicht verlassen.“ Während meines letzten Besuches bei PRANDTL sprachen nur seine Augen, bis er mir beim letzten Händedruck die beiden Worte sagte: „Wir danken.“ Ich weiß, daß ich im Sinne des Verewigten handele, wenn ich diesen Dank an alle seine Mitarbeiter, an alle Helfer seines Werkes und seine wissenschaftlichen Freunde weitergebe.

Am 15. August 1953 starb LUDWIG PRANDTL, im 79. Jahre seines Lebens. Einige Tage später wurde er nach einer würdigen Trauerfeier in der Göttinger Universitätskirche auf dem Stadtfriedhof bestattet, an der Seite seiner Gattin, die ihm 12 Jahre vorausgegangen war. Uns aber, den überlebenden Fachgenossen, ist es aufgegeben, LUDWIG PRANDTLS Werk zu bewahren und zu mehren, wozu nicht zuletzt diese Sammlung seiner Schriften beitragen möge.

Göttingen, im März 1960 **W. Tollmien**

Inhaltsverzeichnis

Erster Teil

Dritter Teil

I. CHRONOLOGISCHE FOLGE DER VERÖFFENTLICHUNGEN

* Buchveröffentlichung

1900

1. Kipperscheinungen. Dissertation der Universität München. S. 1—75.
2. Die richtige Knickformel. Z. VDI Bd. 44, S. 1132—1134.

1903

3. Zur Torsion von prismatischen Stäben. Phys. Z. 4. Jg., S. 758.
4. Grundsätze für eine einheitliche Schreibung der Vektorenrechnung im technischen Unterricht. Jber. dtsch. Math.-Ver. Bd. 12, S. 444.

1904

5. Über die stationären Wellen in einem Gasstrahl. Phys. Z. 5. Jg., S. 599 bis 601.
6. Beiträge zur Theorie der Dampfströmung durch Düsen (mit A. PROELL). Z. VDI Bd. 48, S. 348—350.
7. Eine neue Darstellung von Torsionsspannungen bei prismatischen Stäben von beliebigem Querschnitt. Jber. dtsch. Math.-Ver. Bd. 13, S. 31—36.
8. Über eine einheitliche Bezeichnungsweise der Vektorenrechnung im technischen und physikalischen Unterricht. Jber. dtsch. Math.-Ver. Bd. 13, S. 36—39.
9. Über die physikalische Richtung in der Vektoranalysis. Jber. dtsch. Math.-Ver. Bd. 13, S. 436—449.

1905

10. Über Flüssigkeitsbewegung bei sehr kleiner Reibung. Verhandl. d. III. Intern. Math.-Kongr. Heidelberg 1904, S. 484—491. Leipzig: Teubner 1905.
11. Strömende Bewegung der Gase und Dämpfe. Enzyklop. math. Wiss. Bd. V, Art. 5b, S. 287—319.

1906

12. Zur Theorie des Verdichtungsstoßes. Z. ges. Turbinenwes. 3. Jg., S. 241 bis 245.
13. Das Institut für angewandte Mathematik und Mechanik (mit C. RUNGE). Z. Math. Phys. Bd. 54, S. 263—280.
    Festschrift 1906 „Die physikalischen Institute der Universität Göttingen", S. 95—111.

14. Vorschläge für Arbeiten des Unterausschusses für dynamische Fragen der Motorluftschiff-Studiengesellschaft (mit E. WIECHERT). Jb. Motorluftschiff-Studien-Ges. 1906/1907, S. 71—72.
15. Beschreibung der Pläne für eine Motorluftschiff-Modellversuchsanstalt. Jb. Motorluftschiff-Studien-Ges. 1906/07, S. 73—75.

1907

16. Vorarbeiten für eine Luftschiff-Modellversuchsanstalt. Jb. Motorluftschiff-Studien-Ges. 1907/08, S. 48—52.
17. Neue Untersuchungen über die strömende Bewegung der Gase und Dämpfe. Phys. Z. 8. Jg., S. 23—30.
18. Knicksicherheit von Gitterstäben. Z. VDI Bd. 51, S. 1867—1869.

1909

19. Betrachtungen über das Flugproblem. Denkschrift der I. Intern. Luftschiffahrt-Ausstellung (ILA) Frankfurt 1909, S. 140—150, und Z. VDI Bd. 54 (1910) S. 698—702.
20. Die Bedeutung von Modellversuchen für die Luftschiffahrt und Flugtechnik und die Einrichtungen für solche Versuche in Göttingen. Z. VDI Bd. 53, S. 1711—1719. Auszug in: Die Umschau, 13. Jg., S. 686—690.

1910

21. Bericht über die Modellversuchsanstalt. Jb. Motorluftschiff-Studien-Ges. 1908/10, S. 138—148.
22. Einige für die Flugtechnik wichtige Beziehungen aus der Mechanik. Z. Flugtechn. Motorl. 1. Jg., S. 3—6, 25—30, 61—64, 73—76.
23. Bemerkungen über Dimensionen und Luftwiderstandsformeln. Z. Flugtechn. Motorl. 1. Jg., S. 157—161.
24. Eine Beziehung zwischen Wärmeaustausch und Strömungswiderstand der Flüssigkeiten. Phys. Z. 11. Jg., S. 1072—1078.

1911

25. Bericht über die Tätigkeit der Göttinger Modellversuchsanstalt. Jb. Motorluftschiff-Studien-Ges. 1910/11, S. 43—50.

1912

26. Bericht über die Tätigkeit der Göttinger Modellversuchsanstalt. Jb. Motorluftschiff-Studien-Ges. 1911/12, S. 55—61.
27. Erläuterungsbericht zu den „Regeln für Leistungsversuche an Ventilatoren" (hrsg. vom VDI). Verbesserte Ausgabe: VDI-Verlag 1925 und 2. Aufl. 1926, S. 13—18.

*28. Verhandlungen der Versammlung von Vertretern der Flugwissenschaft 1911 zu Göttingen. Zusammengestellt im Auftrage der Göttinger Vereinigung zur Förderung der angewandten Physik und Mathematik. München-Berlin: Oldenbourg.

29. Ergebnisse und Ziele der Göttinger Modellversuchsanstalt. Z. Flugtechn. Motorl. S. 33—36.

1913

30. Bericht über die Göttinger Modellversuchsanstalt. Jb. Motorluftschiff-Studien-Ges. 1912/13, S. 75—81.

31. Das Projekt einer Reichsversuchsanstalt für Luftschiffahrt (mit H. Hergesell). Jb. dtsch. Versuchsanst. Luftf. Bd. 1, S. 39—52.
32. Höhenflug und Belastungsflug. Z. Flugtechn. Motorl. 4. Jg., S. 266—267.
33. Flüssigkeitsbewegung. Handwörterbuch der Naturwissenschaften, Bd. 4. S. 101—140. Jena: Fischer.
34. Gasbewegung. Handwörterbuch der Naturwissenschaften, Bd. 4, S. 544 bis 560. Jena: Fischer.

1914

35. Der Luftwiderstand von Kugeln. Nachr. Ges. Wiss. Göttingen, Math.-phys. Kl., S. 177—190.

1917

36. Allgemeiner Nachweis der Grundgleichung des Wirkungsgrades. Zusatz zu Bendemann u. Madelung: Praktische Schraubenberechnung. Techn. Ber. Flugzeugmeisterei Bd. II, S. 78—80.
37. Näherungsformel für den Widerstand von Tragwerken. Techn. Ber. Flugzeugmeisterei Bd. II, S. 275—278.

1918

38. Der induzierte Widerstand von Mehrdeckern. Techn. Ber. Flugzeugmeisterei Bd. III, S. 309—315, und Ergebnisse der Aerodynamischen Versuchsanstalt zu Göttingen, II. Lief. München-Berlin: Oldenbourg 1923.
39. Tragflügeltheorie. 1. Mitt. Nachr. Ges. Wiss. Göttingen, Math.-phys. Kl., S. 151—177; auszugsweise übersetzt in NACA Techn. Notes No. 9 (1920).
40. Beiträge zur Frage der kritischen Drehzahlen. Dinglers polytechn. J. Bd. 333, S. 179—182.

1919

41. Tragflügeltheorie. 2. Mitt. Nachr. Ges. Wiss. Göttingen, Math.-phys. Kl., S. 107—137; auszugsweise übersetzt in NACA Techn. Notes No. 10 (1920).
42. Zusatz zu A. Betz: Schraubenpropeller mit geringstem Energieverlust. Nachr. Ges. Wiss. Göttingen, Math.-phys. Kl., S. 193—197.

1920

43. Tragflächen-Auftrieb und -Widerstand in der Theorie. Jb. wiss. Ges. Luftf. Bd. V, S. 37—65. Auszug: Abriß der Tragflügeltheorie. Ergebnisse der Aerodynamischen Versuchsanstalt zu Göttingen, I. Lief., S. 35—39. München-Berlin: Oldenbourg 1921.
44. Die Modellversuchsanstalt in Göttingen. Ber. u. Abhandl. wiss. Ges. Luftf. 1. Jg., S. 51—59; Z. Flugtechn. Motorl. 11. Jg., S. 84—87.
45. Über die Härte plastischer Körper. Nachr. Ges. Wiss. Göttingen, Math.-phys. Kl., S. 74—85.

1921

46. Über die Eindringungsfestigkeit (Härte) plastischer Baustoffe und die Festigkeit von Schneiden. Z. angew. Math. Mech. Bd. 1, S. 15—21.
47. Neuere Einsichten in die Gesetze des Luftwiderstandes. Festschrift der Kaiser-Wilhelm-Gesellschaft zur Förderung der Wissenschaften zum 10jährigen Jubiläum. S. 178—184. Berlin: Springer.
48. Die neueren Fortschritte der flugtechnischen Strömungslehre. Z. VDI Bd. 65, S. 959—965.
49. Applications of Modern Hydrodynamics to Aeronautics. NACA-Report No. 116.

50. Bemerkungen zur Entstehung der Turbulenz. Z. angew. Math. Mech. Bd. 1, S. 431—436; Phys. Z. Bd. 23 (1922) S. 19—25.
51. Bemerkungen über den Flugzeugschall. Z. techn. Phys. 2. Jg., S. 244—245.
52. Zur Frage des motorlosen Menschenflugs und des Schwingenflugs. Luftfahrt XXV. Jg., S. 83—84.
53. Bemerkungen über den Segelflug. Z. Flugtechn. Motorl. 12. Jg., S. 209—211.
54. Ergebnisse der Aerodynamischen Versuchsanstalt zu Göttingen. I. Lief. (mit C. WIESELSBERGER u. A. BETZ). München-Berlin: Oldenbourg 1921 (2. Aufl. 1923, 3. Aufl. 1925, 4. Aufl. 1935).
*55. Allgemeines über Luftwiderstandsgesetze und Formelgrößen. Ergebnisse der Aerodynamischen Versuchsanstalt zu Göttingen, I. Lief., S. 31—33. München-Berlin: Oldenbourg 1921.
56. Das Ähnlichkeitsgesetz. Ergebnisse der Aerodynamischen Versuchsanstalt zu Göttingen, I. Lief., S. 33—35. München-Berlin: Oldenbourg 1921.

1922

57. Die Aerodynamische Versuchsanstalt und ihre Bedeutung für die Technik. Naturwissenschaften 10. Jg., S. 169—176.
58. Zur Vorgeschichte der Wissenschaftlichen Gesellschaft für Luftfahrt. Z. Flugtechn. Motorl. 13. Jg., S. 156—157.
59. Lehren des Rhönflugs 1922. Z. Flugtechn. Motorl. 13. Jg., S. 274—275. (Französische Übersetzung in: La Météorologie 1933, Nos. 96—97, p. 117—118.)
60. Zur Einführung einer einheitlichen Vektorschreibweise. Z. angew. Math. Mech. Bd. 2, S. 161—163.

1923

*61. Ergebnisse der Aerodynamischen Versuchsanstalt zu Göttingen. II. Lief. (mit C. WIESELSBERGER u. A. BETZ). München-Berlin: Oldenbourg (2. Aufl. 1929).
62. Anwendungsbeispiele zu einem HENCKYSCHEN Satz über das plastische Gleichgewicht. Z. angew. Math. Mech. Bd. 3, S. 401—406.
63. Zur Hydrodynamik der Infusorien. Naturwissenschaften 11. Jg., S. 640.
64. Polare und axiale Vektoren in der Physik. Z. Phys. Bd. 15, S. 159—163.

1924

65. Über die Entstehung von Wirbeln in der idealen Flüssigkeit, mit Anwendung auf die Tragflügeltheorie und andere Aufgaben. Vorträge aus dem Gebiete der Hydro- und Aerodynamik, Innsbruck 1922, hrsg. von TH. V. KÁRMÁN u. T. LEVI-CIVITA, S. 18—33. Berlin: Springer.
66. Elastisch bestimmte und elastisch unbestimmte Systeme. Festschrift zum 70. Geburtstag AUGUST FÖPPLS, S. 52—61. Berlin: Springer.
67. Die Windverteilung über dem Erdboden, errechnet aus den Gesetzen der Rohrströmung (mit W. TOLLMIEN). Z. Geophys. 1. Jg., S. 47—55.

1925

68. Spannungsverteilung in plastischen Körpern. Proc. Int. Congr. Appl. Mech. Delft 1924, S. 43—54.
69. Magnuseffekt und Windkraftschiff. Naturwissenschaften 13. Jg., S. 93—108.
70. Bericht über Untersuchungen zur ausgebildeten Turbulenz. Z. angew. Math. Mech. Bd. 5, S. 136—139.
71. Kinematographische Strömungsbilder (mit O. TIETJENS). Naturwissenschaften 13. Jg., S. 1050 bis 1053.

72. Bemerkung zu dem Aufsatz von D. THOMA. Z. Flugzeugtechn. Motorl. 16 (1925) S. 208—209.
73. Festvorlesung anläßlich der Einweihung des Kaiser-Wilhelm-Instituts für Strömungsforschung. VDI-Nachr. 5. Jg., Nr. 32 (1 Zeitungsseite).

1926

74. Aufgaben der Strömungsforschung. Naturwissenschaften 14. Jg., S. 335 bis 338.
75. Erste Erfahrungen mit dem rotierenden Laboratorium. Naturwissenschaften 14. Jg., S. 425—427.
76. Bericht über neuere Turbulenzforschung. Hydraulische Probleme, S. 1—13. Berlin: VDI-Verlag.

1927

*77. Ergebnisse der Aerodynamischen Versuchsanstalt zu Göttingen, III. Lief. (mit A. BETZ). München-Berlin: Oldenbourg (2. Aufl. 1935).
78. Über den Reibungswiderstand strömender Luft. Ergebnisse der Aerodynamischen Versuchsanstalt zu Göttingen, III. Lief., S. 1—5. München-Berlin: Oldenbourg 1927.
79. Über Wirbelablösung und deren Verhinderung. Ergebnisse der Aerodynamischen Versuchsanstalt zu Göttingen, III. Lief., S. 6—9. München-Berlin: Oldenbourg 1927.
80. Über den Einfluß der Stromlinienkrümmung auf den Auftrieb von Doppeldeckern. Ergebnisse der Aerodynamischen Versuchsanstalt zu Göttingen, III. Lief., S. 9—13. München-Berlin: Oldenbourg 1927.
81. Der induzierte Widerstand von Flügeln mit Endscheiben. Ergebnisse der Aerodynamischen Versuchsanstalt zu Göttingen, III. Lief., S. 17—18. München-Berlin: Oldenbourg 1927.
82. Über die ausgebildete Turbulenz. Verhandl. d. II. Intern. Kongr. techn. Mechanik Zürich 1926, S. 62—75. Füßli-Verlag.
83. The Generation of Vortices in Fluids of Small Viscosity (Wilbur Wright Memorial Lecture 1927). Roy. aeron. Soc. Bd. XXXI, S. 720—743; Z. Flugtechn. Motorl. 18. Jg., S. 489—496.
84. Vorführung eines hydrodynamischen Films. Z. angew. Math. Mech. Bd. 7, S. 436—437; Jb. wiss. Ges. Luftf., S. 133.
85. Beiträge zur Aerodynamik des Doppeldeckers. Z. angew. Math. Mech. Bd. 7, S. 1—9 (gemeinsam mit N. K. BOSE).

1928

86. Bemerkungen zur Hydrodynamik. Z. angew. Math. Mech. Bd. 8, S. 249—251.
87. Ein Gedankenmodell zur kinetischen Theorie der festen Körper. Z. angew. Math. Mech. Bd. 8, S. 85—106.
88. Bemerkung über den Wärmeübergang im Rohr. Phys. Z. 29. Jg., S. 487 bis 489.

1929

89. Näherungsverfahren zur zeichnerischen Ermittlung von ebenen Strömungen mit Überschallgeschwindigkeit (mit A. BUSEMANN). Festschrift zum 70. Geburtstag von Prof. A. STODOLA, S. 499—509. Zürich: Füßli.
*90. Mechanik der flüssigen und gasförmigen Körper. MÜLLER-POUILLETS Lehrbuch der Physik Bd. 1, 2. Teil, S. 991. Braunschweig: Vieweg.
*91. Equilibrium of Liquids and Gases. Chapt. IV of "The Physics of Solids and Fluids", p. 153—204. London: Blackie and Son 1929.
*92. The Flow of liquids and Gases I, II. Chapt. V, VI of "The Physics of Solids and Fluids", p. 205—372. London: Blackie and Son 1929.

1930

93. Einfluß stabilisierender Kräfte auf die Turbulenz. Vorträge aus dem Gebiet der Aerodynamik und verwandter Gebiete, Aachen 1929, S. 1—7. Hrsg. von A. GILLES, L. HOPF u. TH. v. KÁRMÁN. Berlin: Springer.
94. Zwei Vorträge an der Kaiserlichen Universität in Tokyo 1929: 1. Über Turbulenz. 2. Über Gasdynamik. J. aeron. Res. Inst., Tokyo Imp. Univ. Bd. 5, Nr. 65, S. 12—34 (do. japanisch).
95. Beobachtungen über dynamischen Segelflug. Z. Flugtechn. Motorl. Bd. 21, S. 116.
96. Modellversuche und theoretische Studien über die Turbulenz einer geschichteten Luftströmung. Deutsche Forschung (Aus der Arbeit der Notgemeinschaft der Deutschen Wissenschaft), H. 14, S. 14—15.

1931

*97. Abriß der Strömungslehre. Braunschweig: Vieweg (2. Aufl. 1935).
98. On the Rôle of Turbulence in Technical Hydrodynamics. World Eng. Congr. Tokyo 1929. Paper No. 504, p. 405—417; Proc. Tokyo Vol. V, p. 495—507.
*99. Einführung in die Grundbegriffe der Strömungslehre. Handbuch der Experimentalphysik Bd. IV, 1. Teil, S. 3—40. Leipzig: Akademische Verlagsgesellschaft.
100. Über die Entstehung der Turbulenz. Z. angew. Math. Mech. Bd. 11, S. 407 bis 409.

1932

*101. Ergebnisse der Aerodynamischen Versuchsanstalt zu Göttingen. IV. Lief. (mit A. BETZ). München-Berlin: Oldenbourg (2. Aufl. 1935).
102. Zur turbulenten Strömung in Rohren und längs Platten. Ergebnisse der Aerodynamischen Versuchsanstalt zu Göttingen, IV. Lief., S. 18—29. München-Berlin: Oldenbourg.
103. Herstellung einwandfreier Luftströme (Windkanäle). Handbuch der Experimentalphysik Bd. IV, 2. Teil, S. 63—106. Leipzig: Akademische Verlagsgesellschaft.
104. Meteorologische Anwendung der Strömungslehre. Beitr. Phys. freien Atmosphäre (BJERKNES-Festschrift) Bd. 19, S. 188—202.
105. Der Kräftezustand in dem Holzstapel eines Stetigschleifers. Papierfabrikant 30. Jg., S. 313—318.
106. Betrifft: Vorschläge zur Vereinheitlichung der Vektorschreibweise in der Meteorologie. Meteor. Z. 49. Jg., S. 480—481.
107. Entstehung von Wirbeln bei Wasserströmungen. Veröffentlichung der Reichsstelle für den Unterrichtsfilm zu den Hochschulfilmen C 1 und C 2 1932 (3 Seiten).

1933

108. Ein Gedankenmodell für den Zerreißvorgang spröder Körper. Z. angew. Math. Mech. Bd. 13, S. 129—133.
109. Neuere Ergebnisse der Turbulenzforschung. Z. VDI Bd. 77, S. 105—114.
110. Über Tragflügel kleinsten induzierten Widerstandes. Z. Flugtechn. Motorl. 24. Jg., S. 305—306.
111. 25 Jahre Windkanal. Z. Flugtechn. Motorl. 24. Jg., S. 297.

1934

112. Das Widerstandsgesetz rauher Platten (mit H. SCHLICHTING). Werft Reed. Hafen 15. Jg. (4 Seiten).

113. Einfluß von Wärmeschichtung auf die Eigenschaften einer turbulenten Strömung (mit H. REICHARDT). Deutsche Forschung (Aus der Arbeit der Notgemeinschaft der Deutschen Wissenschaft) H. 21, S. 110—121.

1935

114. Anwendung der turbulenten Reibungsgesetze auf atmosphärische Strömungen. Proc. IV. Intern. Congr. Appl. Mech. Cambridge/England 1934, S. 238—239.
115. Allgemeine Betrachtungen über die Strömung zusammendrückbarer Flüssigkeiten. Quinto Convegno „Volta“, Roma 1935, und L'Aerotecnica Bd. XVI (1936) S. 511—528 sowie Z. angew. Math. Mech. Bd. 16 (1936) S. 129—142.
*116. The Mechanics of Viscous Fluids. DURAND: Aerodynamic Theory Bd. III, Abschn. G. S. 34—208. Berlin: Springer.

1936

117. Beitrag zur Theorie der tragenden Fläche. Z. angew. Math. Mech. Bd. 16, S. 360—361.
118. Theorie des Flugzeugtragflügels im zusammendrückbaren Medium. Luftf.-Forschg. Bd. 13, S. 313—319.

1937

119. Betrachtungen zur Mechanik der freien Atmosphäre. Abhandl. Ges. Wiss. Göttingen, Math.-phys. Kl., III. Folge, H. 18, S. 75—84; Abhandl. Phys.-math. Ges. Sofia 24, September—Oktober 1938, S. 1—11.
120. Die Rolle der Zusammendrückbarkeit bei der strömenden Bewegung der Luft. Schriften Dtsch. Akad. Luftf.-Forschg. Nr. 1002/38g. Auszug in H. 30 u. Jb. Dtsch. Akad. Luftf.-Forschg. 1938/39, S. 191—206.
121. A re-examination of the hydrodynamic theory of bearing lubrication. Proc. General Discussion on Lubrication and Lubricants held in London 1937 (8 Seiten).
*122. Anschauliche und nützliche Mathematik. Öffentliche Vorlesung Wintersemester 1931/32 Universität Göttingen, ausgearbeitet von G. MESMER. Selbstverlag.

1938

123. Zur Berechnung der Grenzschichten. Z. angew. Math. Mech. Bd. 18, S. 77 bis 82.
124. Über Schallausbreitung bei rasch bewegten Körpern. Schriften Dtsch. Akad. Luftf.-Forschg. H. 7 (14 Seiten).

1939

125. Beitrag zum Turbulenz-Symposium. Proc. V. Intern. Congr. Appl. Mech. Cambridge/Mass. 1938, S. 340—346.
126. Über neuere Arbeiten zur Theorie der tragenden Fläche. Proc. V. Intern. Congr. Appl. Mech. Cambridge/Mass. 1938, S. 478—482.
127. Beiträge zur Mechanik der Atmosphäre. Bericht d. Meteor. Ass. Intern. Geodät. u. Geophys. Union Edinburgh 1936, S. 1—32. Paris: Dupont.
128. Studien über die unelastische Formänderung. Contrib. to the Mech. of Solids, ST. TIMOSHENKO 60th Anniv. Vol., S. 184—196. New York: Macmillan.

1941

129. Bericht über neuere Untersuchungen über das Verhalten der laminaren Reibungsschicht, insbesondere den laminar-turbulenten Umschlag. Mitt. Dtsch. Akad. Luftf.-Forschg. H. 2, S. 141—147. Jb. Dtsch. Akad. Luftf.-Forschg. II 1941/42, S. 486.

1942

130. Bemerkungen zur Theorie der freien Turbulenz. Z. angew. Math. Mech. Bd. 22, S. 241—243.
*131. Führer durch die Strömungslehre. Braunschweig: Vieweg (2. Aufl. 1944, 3. Aufl. 1949, 4. Aufl. 1956, 5. Aufl. 1957).

1944

132. Neuere Erkenntnisse der meteorologischen Strömungslehre. Schriften Dtsch. Akad. Luftf.-Forschg. Bd. 8, S. 157—179, Auszug in Dtsch. Luftf.-Forschg. UM Nr. 6605.
133. Zur Frage des vertikalen Turbulenz-Wärmestroms. Meteor. Z. Bd. 61, S. 12—14.
134. Nochmals der vertikale Turbulenz-Wärmestrom. Meteor. Z. Bd. 61, S. 169 bis 170.

1945

135. Über ein neues Formelsystem für die ausgebildete Turbulenz. Nachr. Akad. Wiss. Göttingen, Math.-phys. Kl., S. 6—19.
136. Über Reibungsschichten bei dreidimensionalen Strömungen. Festschrift zum 60. Geburtstage von A. Betz, S. 134—141.

1946

137. Zur Berechnung des Wetterablaufs. Nachr. Akad. Wiss. Göttingen, Math.-phys. Kl., S. 102—105.
138. Zum Wesen der Oberflächenspannung. Vervielfältigung (1944) und Ann. Phys. Bd. 1, 6. Folge (1947) S. 59—64.

1948

139. Mein Weg zu hydrodynamischen Theorien. Phys. Bl. 4. Jg., S. 89—92.
*140. Turbulenz. FIAT-Review, Bd. 11: Hydro- und Aerodynamik. 3. Beitr. S. 55—78. Weinheim: Chemie-Verlag.

1949

141. Betrachtungen zur Rheologie. Phys. Bl. 5. Jg., S. 161—172.
142. Erzeugung von Zirkulation beim Schütteln von Gefäßen. Z. angew. Math. Mech. Bd. 29, S. 8—9.
143. Wettervorgänge in der oberen Troposphäre. Nachr. Akad. Wiss. Göttingen, Math.-phys. Kl., S. 13—18.

1950

144. Über Mammatuswolken. Ann. Meteor. 3. Jg., S. 119—120.
145. Fließgesetze normal-zäher Stoffe im Rohr. Ein Beitrag zur Rheologie (unter Mitwirkung von Fr. Vandrey). Z. angew. Math. Mech. Bd. 30, S. 169—174.
146. Dynamische Erklärung des Jet-stream-Phänomens. Ber. dtsch. Wetterdienstes US-Zone Nr. 12, S. 198—200.

1951

*147. Hydro- und Aerodynamik. Moskau. (Russische Übersetzung des Buches „Führer durch die Strömungslehre", 3. Aufl.)

1952

*148. Essentials of Fluid Dynamics. London and Glasgow: Blackie and Son. (Englische Ueberssetzung des Buches „Führer durch die Strömungslehre", 3. Aufl.)

*149. Guide à travers la Mécanique des Fluides. Paris: Dounod. (Französische Übersetzung des Buches „Führer durch die Strömungslehre", 3. Aufl.)

1956

*150. Dynamika Przeplywow. Warschau. (Polnische Übersetzung des Buches „Führer durch die Strömungslehre", 3. Aufl.)

Weitere Titel (auch Zuschriften, Diskussionsbeiträge, Nachrufe, Glückwünsche) siehe Kap. X, S. 1609ff.

II. ELASTIZITÄT, PLASTIZITÄT, RHEOLOGIE

Dissertation der Universität München 1900, S. 1—75

Kipperscheinungen[1]

Ein Fall von instabilem elastischem Gleichgewicht

LUDWIG PRANDTL, geboren am 4. Februar 1875 zu *Freising* als Sohn des Kgl. Professors an der Landwirtschaftlichen Zentralschule Weihenstephan ALEXANDER PRANDTL, besuchte das humanistische Gymnasium zu Freising, später das Ludwigsgymnasium in München, woselbst er 1894 absolvierte. Er studierte nun an der Technischen Hochschule zu München Maschinentechnik. Nach bestandener Ingenieurprüfung (1898) gehörte er der Hochschule ein Jahr als Hilfsassistent für technische Mechanik an. Mit Beginn des Jahres 1900 trat er als Ingenieur in die Maschinenbaugesellschaft Nürnberg ein.

Vorwort

Die erste Anregung zu dieser Arbeit stammt aus der maschinentechnischen Konstruktionspraxis. Bei der Berechnung eines auf Biegung beanspruchten Stabes, der aus konstruktiven Gründen als Flacheisen ausgeführt werden sollte, kamen mir Bedenken, ob nicht etwa der Stab unter den biegenden Kräften seitlich ausweichen könnte, wie dergleichen bei schmalen und hohen Stäben (z. B. Reißschienen) eine bekannte Erscheinung ist. Mein Suchen nach einer Theorie dieser Erscheinung in verschiedenen einschlägigen Büchern blieb erfolglos; so kam mir der Gedanke, die Sache selbst zu versuchen; bald — Mitte Oktober 1896 — lag mir auch die Theorie der Ausknickung eines Kragträgers in ihrer einfachsten Form vor. Das beginnende Semester ließ jedoch die Arbeit bald in den Hintergrund treten, und erst im Februar 1899, als ich Assistent am Mechanisch-Technischen Laboratorium der Münchener Technischen Hochschule war, nahm ich die Sache wieder auf. Inzwischen hatte ich mich auch verschiedentlich vergewissert, daß eine Theorie der Erscheinung noch nicht vorhanden ist.

Mit der Vertiefung in die Arbeit stellten sich immer neue Fragen ein, welche sich an das elastische Verhalten von solchen Stäben knüpfen,

---

[1] Inaugural-Dissertation der Philosophischen Fakultät, Sektion II, der Ludwigs-Maximilians-Universität zu München, eingereicht am 14. November 1899.

deren Querschnitte eine gegenüber den andern sehr kleine Dimension besitzen. So entstand neben dem hier veröffentlichten Teil ein anderer, der von der veränderlichen Biegungssteifigkeit solcher Stäbe (schmaler Flachstab, dünnwandiges Rohr und Winkeleisen) handelt und im Anschluß daran ihr abweichendes Verhalten bei der Knickung kennzeichnet. Dieser Teil ist, soweit er aus Rechnungen besteht, ebenfalls fertiggestellt. Ein vielleicht noch hinzukommender dritter Teil soll der Torsion von solchen Stäben gewidmet sein.

Dem Leser mag in den folgenden Abhandlungen vielleicht manches etwas weitschweifig und breit erscheinen. Das bitte ich dann damit entschuldigen zu wollen, daß zwei Gruppen von Lesern bei der Abfassung Rechnung getragen werden mußte, einmal den Physikern und Mathematikern, andererseits den Technikern. Es ist ersichtlich, daß häufig etwas, was der einen Gruppe selbstverständlich erscheint, der anderen im Interesse des vollständigen Verständnisses gesagt werden muß. Auch bin ich der Ansicht, daß es besser ist, etwa zu erwartenden Einwendungen von vornherein den Weg abzuschneiden, als sie erst herankommen zu lassen.

Zum Schluß gereicht es mir zur großen Freude, meinem hochverehrten Lehrer und damaligen Chef, Herrn Prof. A. Föppl, an dieser Stelle meinen ergebensten Dank auszusprechen für die gütige Erlaubnis, die Einrichtung des Mechanisch-Technischen Laboratoriums für meine Versuche benutzen zu dürfen. Dem Personal des Laboratoriums, das mich mehrfach bei den Versuchen unterstützte, sei auch an dieser Stelle mein herzlichster Dank ausgesprochen.

München, den 14. November 1899.

Ludwig Prandtl

Inhaltsverzeichnis

Einleitung

Die erste theoretische Behandlung eines Falles von instabilem elastischem Gleichgewicht stammt von EULER. In einer Abhandlung „De curvis elasticis“ [1] gibt er mittels der noch heute nach ihm benannten Formel die Last an, bei der ein auf Druck beanspruchter gerader Stab eine Ausbiegung erfährt. Später brachte er noch eine Theorie der Knickung durch Eigengewicht[2]. Was EULER hinterließ, wurde später von den wissenschaftlichen Vertretern der eben aufkeimenden Technik begierig wieder aufgegriffen, als es sich darum handelte, Methoden für die Festigkeitsberechnung der Konstruktionen ausfindig zu machen. Aber nur zu bald zeigte sich die „Unbrauchbarkeit“ der Theorie. Auch Versuche, die lange vor der kritischen Last schon zu bedeutenden Ausbiegungen und zum Bruch führten, sprachen gegen die Theorie. Man wußte eben noch nicht genügend zu unterscheiden zwischen den rein elastischen Erscheinungen der EULERschen Theorie und den Bruchvorgängen, die beim Versuch dazutraten, man übersah, daß die zu den Versuchen verwendeten Stäbe nie vollkommen gerade sein können, während die EULERsche Theorie vollkommene Geradheit voraussetzte. — Durch die Arbeiten SCHEFFLERS[3], der den Einfluß der Stabenden, die Exzentrizität des Kraftangriffes, die auftretenden Biegungsspannungen u. a. berechnete, sowie auch durch die Arbeiten verschiedener anderer wurde der Sachverhalt wesentlich geklärt. Heute ist man sich, besonders nach den Versuchen von BAUSCHINGER (München) und v. TETMAJER (Zürich) vollständig darüber klar, daß die EULERsche Theorie in der besten Übereinstimmung mit der Praxis ist, wenn nur die Grenz-

---

[1] Ein Kapitel aus EULER, Methodus inveniendi lineas curvas. Lausanne 1744.

[2] Enthalten in „Nouveau commentaire de l'Académie de St. Pétersbourg“.

[3] Dr. H. SCHEFFLER, Theorie der Festigkeit gegen Zerknicken. Braunschweig 1858.

bedingungen den Verhältnissen entsprechend gewählt werden. Die EULERsche Formel gibt dabei immer die obere Grenze für die Druckfestigkeit eines Stabes an, bei der er unfehlbar deformiert wird, wenn er nicht schon vorher durch andere Ursachen zerstört wurde.

Der EULERschen Theorie haben sich in neuerer Zeit noch verschiedene Fälle von instabilem elastischem Gleichgewicht zugesellt, die u. a. in LOVE, Elasticity[1], 2. Bd., S. 289ff., sehr vollständig zusammengestellt sind.

Das vorliegende Problem handelt von den eigentümlichen Erscheinungen, die bei *Stäben* auftreten, *deren Querschnitt zwei sehr verschiedene Hauptträgheitsmomente aufweist, wenn diese Stäbe in der Richtung der größeren Steifigkeit stärkeren biegenden Kräften unterworfen sind.* Um mich in der Folge kürzer ausdrücken zu können, werde ich im Gegensatz zu den durch *Druck* erzeugten *Knick*erscheinungen diese durch *Biegung* hervorgerufene Erscheinung mit dem Namen *Kippen* belegen; dieses Wort habe ich gewählt, um auszudrücken, daß hier mit dem seitlichen Ausweichen des Stabes immer eine Verdrehung desselben, ein Umschlagen oder *Umkippen* verbunden ist.

Im folgenden soll erst die allgemeine Theorie der Erscheinung erbracht werden, dann die Berechnung für verschiedene einzelne Fälle durchgeführt werden. Nach einigen nun folgenden Erweiterungen der Theorie sollen schließlich die Versuche beschrieben werden, die zum Beweis der Richtigkeit der Rechnungen unternommen wurden.

I. Abschnitt

Allgemeine Theorie der Kipperscheinungen

A. Aufstellung und allgemeine Lösung des Problems

Das Wesen der Erscheinungen, deren Theorie in dieser Abhandlung erbracht werden soll, wird am besten durch ein Beispiel veranschaulicht. Ein gerader Stab mit etwa rechteckigem Querschnitt, dessen Höhe bedeutend größer ist als die Breite, wird in der Richtung seiner größten Steifigkeit auf Biegung beansprucht, etwa so, wie in der Abb. 1 angegeben ist. Fallen die Richtungen von Kraft und großer Hauptachse des Querschnittes nicht ganz zusammen, so wird bei der Belastung neben der senkrechten Durchbiegung auch eine

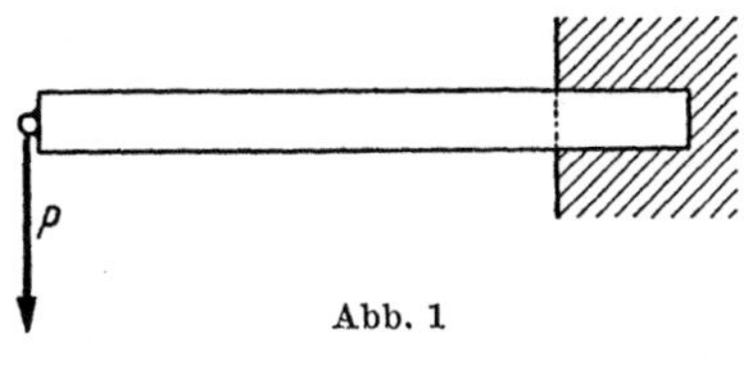

Abb. 1

[1] A. E. H. LOVE, A treatise on the mathematical theory of elasticity. Cambridge 1892 (2 Bände).

waagerechte entstehen, wie die Theorie der Biegung mit schiefer Belastung (FÖPPL, Festigkeitslehre[1], S. 144) lehrt. Denkt man sich aber einen derartigen Aufstellungsfehler dadurch beseitigt, daß man die Einspannvorrichtung so lange um eine horizontale Achse dreht, bis mäßige aufgebrachte Lasten einen erkennbaren seitlichen Ausschlag nicht mehr ergeben, so könnte man zu der Vermutung kommen, daß man jetzt die Last beliebig steigern dürfe, ohne wieder eine seitliche Ausbiegung zu erhalten, wenn man nur unter der durch die Festigkeit des Stabes gezogenen Grenze bleibt. Der Versuch zeigt indes, daß diese Vermutung irrig ist. Mag der Stab noch so sorgfältig gerade gerichtet sein und noch so genau eingestellt werden, immer kommt man bei allmählicher Steigerung der Last an eine Grenze, bei der stärkere seitliche Verbiegungen auftreten.

Um einen besseren Einblick in das tatsächliche Verhalten zu gewinnen, kann man die Kraft beobachten (etwa mit einer Federwaage), die nötig ist, um das Stabende in der Richtung der geringeren Steifigkeit um eine gewisse gleichbleibende kleine Strecke zur Seite zu ziehen. Steigert man nun die Belastung von Null an immer mehr, so zeigt die Federwaage eine stetige Abnahme der seitlichen Kraft. Nähert man sich nun der „kritischen Last", so nähert sich in gleichem Maße die Kraft, welche zur Hervorbringung der seitlichen Ausbiegung nötig ist, dem Werte Null. Verhindert man, etwa durch eine Führung, die seitliche Bewegung des Stabendes, so kann man über die kritische Last hinausgehen und findet jetzt, daß nun eine Kraft aufgewendet werden muß, um den Stab in die gestreckte Lage zurückzuführen. In der gestreckten Lage ist übrigens nach wie vor die seitliche Kraft gleich Null. Man kann also sagen: Die gestreckte Lage ist jederzeit eine Gleichgewichtslage; sie ist zu Anfang stabil, wird bei der kritischen Last indifferent und bei Überschreiten derselben labil.

Diese Verhältnisse zeigen sich auch recht anschaulich, wenn man die Schwingungen des Stabes betrachtet. Zuerst ziemlich schnell, werden sie naturgemäß mit der Vermehrung der Last immer langsamer; in der Nähe der kritischen Last aber nimmt plötzlich die Schwingungsdauer ganz erheblich zu; sie steigt bei einer Lastvermehrung von wenigen Prozenten von ein paar Sekunden auf halbe bis ganze Minuten. Mit dem Erreichen der kritischen Last hört die Bewegung auf, eine Schwingung zu sein, der Stab entfernt sich immer weiter von der Anfangslage, ohne in sie zurückzukehren. Über der kritischen Last endlich zeigt der zeitliche Verlauf der Bewegung deutlich den exponentialen Charakter, der der Bewegung um labile Gleichgewichtslagen entspricht.

[1] Dr. AUGUST FÖPPL, Vorlesungen über technische Mechanik, III. Bd., Festigkeitslehre. Leipzig: Teubner 1897.

Über die Belastung unter Zuhilfenahme der erwähnten Führung möchte ich vorerst nur erwähnen, daß, noch bevor man das Doppelte der ersteren Last erreicht, eine zweite kritische Belastung auftritt, bei der nun die Stabmitte auszuweichen beginnt, und zwar unter ganz ähnlichen Begleitumständen, wie oben beim ersten Fall. Das weitere über diese Verhältnisse wird geeigneterweise auf einen späteren Abschnitt verschoben.

Die Gestalt des Stabes nach der Auslenkung zeigt die Abb. 2, die als Grundriß von Abb. 1 aufzufassen ist. Wie ersichtlich, hat der Stab neben der Ausbiegung auch eine Verdrehung erfahren. Diese Verdrehung wird aufrechterhalten durch das Torsionsmoment, welches die Kraft P infolge der seitlichen Auslenkung — besonders in den nahe am festen Ende befindlichen Querschnitten — hervorbringt. Die dadurch bewirkte Schiefstellung der weiter von diesem Ende abliegenden Querschnitte gibt ihrerseits hinwiederum Veranlassung zu der seitlichen Ausbiegung. Wie man hieraus erkennt, beruht das Zustandekommen der Erscheinung auf einer Wechselwirkung von verdrehenden und biegenden Momenten.

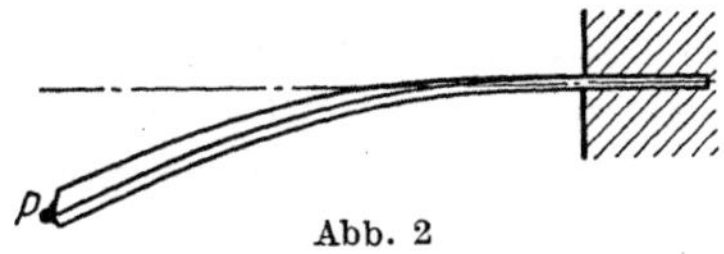

Abb. 2

Setzt man den Stab, was hier immer geschehen soll, als vollkommen elastisch voraus, so sind die Momente der Biegungs- und Drehungsspannungen als proportional mit den ihnen entsprechenden Deformationen anzusehen, also auch proportional den Auslenkungen des Stabendes. Die Momente der äußeren Kraft sind ebenfalls proportional diesen Auslenkungen, denn sie sind ja Produkte der Kraft mit Hebelarmen, die zur Auslenkung des Endes in einem festen Verhältnis stehen. Es kommt nun ganz auf das Verhältnis der beiden Proportionalitätsfaktoren an, ob das Gleichgewicht stabil oder labil ausfällt. Ist der der äußeren Kraft der kleinere, so überwiegt nach einer durch äußere Ursachen hervorgerufenen Ausbiegung das Moment der inneren Kräfte über das der äußeren, der Stab kehrt also in die Gleichgewichtslage zurück. Werden aber durch Steigerung der äußeren Kraft beide Proportionalitätsfaktoren einander gleich, so kann eine beginnende Ausbiegung sich immer mehr vergrößern, da die äußeren Momente mit den inneren gleichen Schritt halten. Erst wenn bei größeren Ausbiegungen die Proportionalität aufhört und die äußeren Momente hinter den inneren zurückzubleiben beginnen, gelangt der Stab in eine neue Gleichgewichtslage, vorausgesetzt natürlich, daß er nicht vorher schon zum Bruch gelangt ist.

Mag in qualitativer Hinsicht die bisherige Betrachtung genügenden Aufschluß geben, quantitative Angaben können nur aus der *mathematischen Behandlung* der Frage gewonnen werden.

In diese sei daher jetzt eingetreten.

Zunächst sollen die bereits vorhandenen Grundlagen für die Entwicklung der Theorie aufgeführt werden. Da sind es vor allem zwei Beziehungen, welche den Zusammenhang zwischen den biegenden und verdrehenden Momenten und den von ihnen verursachten Formänderungen beschreiben:

$$M_B = \frac{B}{\varrho} \tag{1}$$

und

$$M_T = C\frac{d\varphi}{dx}. \tag{2}$$

Gl. (1) sagt aus, daß der Krümmungsradius des (ursprünglich geraden) Stabes dem biegenden Moment umgekehrt proportional ist; der Proportionalitätsfaktor B heißt die „Biegungssteifigkeit“ [1]. Die zweite Gleichung besagt, daß die relative Verdrehung zweier benachbarter Querschnitte dem Torsionsmoment proportional ist. C ist dabei analog die Verdrehungssteifigkeit. Diese beiden Grundsätze können als einfache Erfahrungstatsachen gelten. Ihre Richtigkeit ist für alle hier in Betracht kommenden Materialien durch den Versuch mit ausreichender Genauigkeit bestätigt.

Der dritte hier verwendete Satz bezieht sich auf die schiefe Belastung, d. h. auf den Fall, daß keine der beiden Querschnittshauptachsen[2] in die Ebene des biegenden Moments fällt. Die Theorie lehrt, daß die Gesamtwirkung des biegenden Moments sich durch Überlagerung zusammensetzen läßt aus zwei Teilen, welche einzeln als Wirkungen der in den Achsrichtungen liegenden Komponenten des Moments aufgefaßt werden können. Auch dieser Satz wird durch die Erfahrung hinreichend bestätigt.

Um nun die zunächst nötige *Differentialgleichung des Problems* aufzustellen, sei ausgegangen von dem schon besprochenen einfachsten Fall des Problems, von dem einseitig eingespannten, auf der anderen Seite belasteten Stab. Das *Koordinatensystem* sei mit Rücksicht auf möglichst einfache Gestalt der Formeln folgendermaßen festgelegt. Der Ursprung soll dauernd mit dem freien Ende des Stabes zusammenfallen, an dem die Kraft angreift; die Z-Achse werde in die Kraftrichtung selbst gelegt, die X-Achse parallel der ursprünglichen Richtung des Stabes und die Y-Achse senkrecht zu den beiden anderen. Außer diesen Koordinaten ist noch eine Größe nötig, welche die Schiefstellung der

---

[1] Diese Art der Bezeichnung ist entnommen aus Loves „Elasticity“. Dieser nennt die Größe „flexional rigidity“. Die deutschen Autoren trennen die Größe gewöhnlich in zwei; es ist nämlich $B = E\Theta$ (Elastizitätsmodus mal Trägheitsmoment des Querschnittes); wegen der einfacheren und daher übersichtlicheren Schreibweise habe ich die obige Bezeichnung vorgezogen.

[2] Über die Querschnittshauptachsen s. Föppl, Festigkeitslehre, S. 100.

einzelnen Querschnitte beschreibt. Dazu habe ich den Winkel φ gewählt, den die große Hauptachse eines Querschnittes mit der Kraftrichtung, also mit der Z-Achse bildet.

Man kann nun in voller Allgemeinheit die Differentialgleichung für beliebig große endliche Ausschläge des Stabes aufstellen. Ich habe es getan; sie wird aber so verwickelt, daß man sie eben aufstellen, dann aber weiter mit ihr nichts mehr beginnen kann. Zum Glück für die weitere Behandlung des Falles treten aber die eingangs besprochenen Erscheinungen gerade in der nächsten Nähe der gestreckten Lage des Stabes auf, so daß es vollauf berechtigt erscheint, die Ausschläge von vornherein als *klein* gegenüber der Stablänge anzunehmen. Der Hauptvorteil, der dadurch erreicht ist, besteht darin, daß die Differentialgleichung, wenn die kleinen Größen höherer Ordnung vernachlässigt werden können, nun in eine lineare übergeht. Um die Rechnung durchführbar zu machen, müssen noch ein paar Einschränkungen gemacht werden, die aber der Verwendbarkeit der Ergebnisse keinen nennenswerten Eintrag tun. Es soll nämlich der ursprünglich gerade Stab einen konstanten Querschnitt haben, und zwar einen Querschnitt, dessen Biegungssteifigkeit B_1 in Richtung der einen Querschnittshauptachse groß ist gegenüber der Steifigkeit in Richtung der anderen Hauptachse B_2. Ferner soll der Stab auch schlank genug sein, daß von dem Einfluß der Schubkraft auf die Durchbiegung abgesehen werden kann.

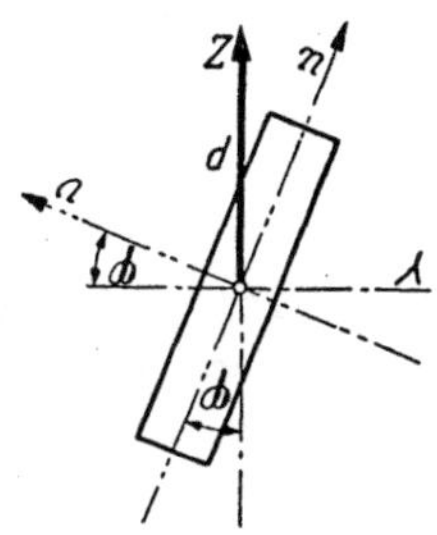

Abb. 3

Legt man nun durch einen Querschnitt mit der Abszisse x ein Hilfskoordinatensystem u, v, w so, daß die u- und v-Richtungen mit den Hauptachsen des Querschnittes zusammenfallen, während die w-Achse senkrecht zu beiden durch den Querschnittsmittelpunkt geht (s. Abb. 3), so kann das in diesem Querschnitt angreifende Biegungsmoment Px nach den Hauptachsen in zwei Komponenten $Px\cos\varphi$ und $Px\sin\varphi$ zerlegt werden. Die Anwendung der Gl. (1) ergibt nun

$$Px\cos\varphi = \frac{B_1}{\varrho_1} = B_1\frac{d^2u}{dx^2},$$

wie wegen der Kleinheit der Ausschläge auch geschrieben werden kann; ebenso ist:

$$Px\sin\varphi = \frac{B_2}{\varrho_2} = B_2\frac{d^2v}{dx^2},$$

ferner ist

$$y = u\sin\varphi - v\cos\varphi$$

und

$$z = u\cos\varphi + v\sin\varphi.$$

Die gleichen Beziehungen bestehen zwischen den Differentialquotienten dieser Größen; es ist also, wenn man der Einfachheit halber y'' usw. statt d^2y/dx^2 usw. schreibt,

$$y'' = u'' \sin\varphi - v'' \cos\varphi =$$

$$-Px \sin\varphi \cos\varphi \left(\frac{1}{B_2} - \frac{1}{B_1}\right) = -\frac{1}{2} Px \sin 2\varphi \frac{B_1 - B_2}{B_1 B_2} \tag{3}$$

und

$$z'' = u'' \cos\varphi + v'' \sin\varphi = Px\left(\frac{\sin^2\varphi}{B_2} + \frac{\cos^2\varphi}{B_1}\right).$$

Für die weitere Behandlung der Aufgabe ist von den beiden Gleichungen nur die erstere von Interesse; denn die Ausschläge nach der Y-Richtung sind es ja, auf welche es hier ankommt.

Bezüglich der w-Achse des Hilfskoordinatensystems, die zugleich Tangente an die elastische Linie ist, hat die Kraft P (s. Abb. 4) ein Moment Pp, das verdrehend auf den Querschnitt einwirkt; die Anwendung von Gl. (2) liefert hier:

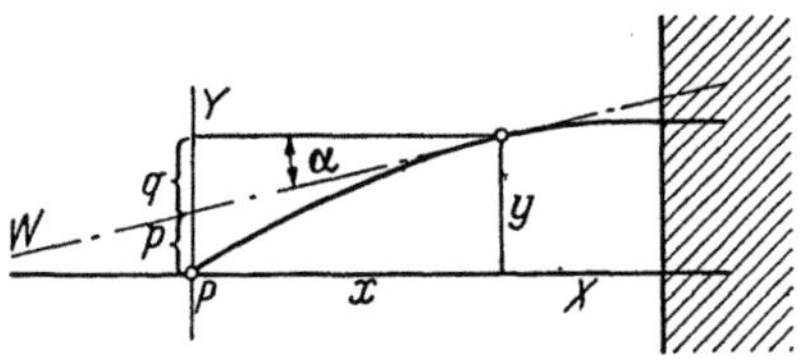

Abb. 4

$$C\frac{d\varphi}{dx} = -Pp.$$

Das —-Zeichen mußte gesetzt werden, weil, wie aus Abb. 2 ersichtlich ist, φ mit der Entfernung vom Koordinatenursprung abnimmt. Die Größe p läßt sich schreiben als Differenz zwischen der Ordinate y und der Größe q; diese ist aber $= x \operatorname{tg}\alpha = x\,y'$. Hiermit erhält man die Gleichung:

$$C\varphi' = P(xy' - y). \tag{4}$$

Um zu einer Lösung zu gelangen, muß von den beiden Unbekannten φ und y eine eliminiert werden; welche, ist im Prinzip gleichgültig. Hier soll y eliminiert werden, weil dieser Weg der einfachere ist. Durch einmaliges Differenzieren der Gl. (4) erhält man, indem sich auf der rechten Seite zwei Glieder gegenseitig wegheben:

$$C\varphi'' = Px\,y''. \tag{5}$$

In diese Gleichung kann nun sofort der Wert von y'' aus Gl. (3) eingeführt werden. Man erhält:

$$C\varphi'' = -\frac{1}{2} P^2 x^2 \sin 2\varphi \frac{B_1 - B_2}{B_1 B_2}.$$

Die Größe φ kann hier noch jeden beliebigen endlichen Wert annehmen. Die Differentialquotienten von φ aber sind, wie aus Gl. (4) und (5) hervorgeht, von derselben Größenordnung wie y und seine Differentialquotienten. Man kann daher, wenn φ von Anfang an endlich ist, es wegen seiner geringen Variation näherungsweise konstant setzen. Dann macht die Lösung der Differentialgleichung weiter keine Schwierigkeiten. Doch ist dieser Fall hier nicht von Wichtigkeit, da ja, wie im Eingang bemerkt wurde, gerade dann die eigentümlichen Erscheinungen auftreten, wenn φ zu Anfang Null oder wenigstens sehr klein war. Ist aber φ zu Anfang klein, so wird es auch klein bleiben, solange y klein bleibt, kurz so lange, als überhaupt die Voraussetzungen für die Differentialgleichung erfüllt sind. Man kann daher in obiger Differentialgleichung mit vollem Recht statt des Sinus den Bogen einführen und erhält dann statt $\frac{1}{2}\sin 2\varphi$ einfach φ.

Eine andere Vereinfachung betrifft noch den Bruch $\frac{B_1 - B_2}{B_1 B_2}$. Ist, wie vorausgesetzt, B_1 groß gegen B_2, so kann letzteres gegen ersteres vernachlässigt werden, und der Bruch vereinfacht sich zu $1/B_2$. Will man übrigens diese Vernachlässigung vermeiden, so muß man folgerichtig auch einen anderen Einfluß von der gleichen Größenordnung mit berücksichtigen, der, wie eine später zu erbringende Betrachtung lehrt, von der Stabkrümmung nach der Z-Richtung herrührt. Da dieser hier ganz außer acht gelassen ist, wird man konsequenterweise auch die zweite Vernachlässigung begehen, da die Genauigkeit der Rechnung durch letztere nicht mehr wesentlich herabgedrückt wird.

In ihrer vereinfachten Form lautet nun die Differentialgleichung für φ folgendermaßen:

$$B_2 C \varphi'' + P^2 x^2 \varphi = 0. \tag{6}$$

Ich habe im obigen die Grundlagen und hernach die nötigen Vernachlässigungen sehr ausführlich behandelt, und zwar mit Absicht; denn ich halte es in solchen Dingen für außerordentlich wichtig, gerade über diese Umstände sich volle Klarheit zu verschaffen. Nur zu leicht kommt es vor, daß eine nicht in allen ihren Konsequenzen verfolgte Annahme oder Vernachlässigung die Schuld an einem falschen Ergebnis trägt.

Die Differentialgleichung (6) ist eine RICCATIsche; sie wird in geschlossener Form durch BESSELsche Funktionen integriert (LOMMEL, BESSELsche Funktionen[1], S. 113). Die Lösung lautet:

$$\varphi = \sqrt{x}\left\{A_1 J^{1/4}\left(\frac{P x^2}{2\sqrt{BC}}\right) + A_2 J^{-1/4}\left(\frac{P x^2}{2\sqrt{BC}}\right)\right\}.$$

Wenn nun auch diese Lösung, auf welche mich Herr Prof. LINDEMANN aufmerksam gemacht hat, als geschlossene Lösung gewisse Vorteile bietet, so haben mich doch verschiedene Gründe bestimmt, die

[1] Studien über die BESSELschen Funktionen von Dr. E. LOMMEL. Leipzig 1868.

ursprüngliche Lösung durch Potenzreihen in der Hauptsache beizubehalten. Einmal sind für die BESSELschen Funktionen mit dem Index $\pm\frac{1}{4}$ Tafeln nicht bekannt, die Funktionen müßten also doch in Reihen entwickelt und berechnet werden. Ferner läßt sich y, die andere Veränderliche des Problems, die der Differentialgleichung dritter Ordnung (erhalten durch Fortschaffen von φ aus Gl. (3) und (4))

$$B\,C\,(x\,y''' - y'') - P^2\,x^2\,(x\,y' - y) = 0$$

genügen muß, in geschlossener Form nur durch Integrale über Produkte von BESSELschen Funktionen darstellen, für die bestimmte Rechnungsmethoden nicht vorliegen. Die Auflösung mit Reihen dagegen bietet, neben ihrer Einfachheit und Verständlichkeit auch für den weniger Geübten, noch den Vorteil großer Einheitlichkeit, indem die Größen, welche die Gestalt des Stabes bestimmen, entsprechend ihrer Gleichberechtigung auch durch gleiche Formen zur Darstellung gebracht werden.

Die weiteren Rechnungen mit den BESSELschen Funktionen lasse ich am Ende des Abschn. I B folgen und wende mich jetzt der Lösung durch Potenzreihen zu. Setzt man:

$$\varphi = A_0 + A_1\,x + A_2\,x^2 + \cdots,$$

so kann für die Koeffizienten A sofort eine Rekursionsformel angegeben werden. Sie lautet:

$$n\,(n-1)\,A_n + \frac{P^2}{B_2\,C}\,A_{n-4} = 0.$$

Die vollständige Lösung hat zwei Integrationskonstanten. Wird zur Abkürzung N für $P^2/B_2\,C$ geschrieben, so ist:

$$\begin{aligned}\varphi = A_0\Big(1 - \frac{x^4\,N}{4\cdot 3} + \frac{x^8\,N^2}{8\cdot 7\cdot 4\cdot 3} - \frac{x^{12}\,N^3}{12\cdot 11\cdot 8\cdot 7\cdot 4\cdot 3} + \cdots\Big)\\ + A_1\Big(x - \frac{x^5\,N}{5\cdot 4} + \frac{x^9\,N^2}{9\cdot 8\cdot 5\cdot 4} - \frac{x^{13}\,N^3}{13\cdot 12\cdot 9\cdot 8\cdot 5\cdot 4} + \cdots\Big).\end{aligned} \tag{7}$$

Die Gl. (5): $C\varphi'' = P\,x\,y''$ führt von dem gefundenen Wert von φ auf den von y; es wird

$$\begin{aligned}y = \frac{C}{P}\Big\{A_0\Big(-\frac{x^3\,N}{3\cdot 2} + \frac{x^7\,N^2}{7\cdot 6\cdot 4\cdot 3} - \frac{x^{11}\,N^3}{11\cdot 10\cdot 8\cdot 7\cdot 4\cdot 3} + \cdots\Big)\\ + A_1\Big(-\frac{x^4\,N}{4\cdot 3} + \frac{x^8\,N^2}{8\cdot 7\cdot 5\cdot 4} - \frac{x^{12}\,N^3}{12\cdot 11\cdot 9\cdot 8\cdot 5\cdot 4} + \cdots\Big)\\ + A_2\,x + A_3\Big\}.\end{aligned} \tag{8}$$

Mit den zwei neu hinzugekommenen Integrationskonstanten enthält die Lösung für y nun vier willkürliche Größen. Die aus den physikalischen Beziehungen hergeleiteten Gl. (3) und (4), welche — die erstere in ihrer vereinfachten Form — der Übersicht halber hier zusammengestellt sind:

$$B_2\, y'' = -P\, x\, \varphi \quad (3\text{a}); \qquad C\, \varphi' = -P\,(y - y'\, x) \quad (4),$$

sind von der zweiten und ersten Ordnung, geben also zusammen nur drei willkürliche Konstanten. Zwischen obigen vier Konstanten muß also noch eine Bedingungsgleichung bestehen. Diese wird erhalten, wenn man in Gl. (4) die gefundenen Werte von φ und y einträgt; man erhält eine Identität, wenn man $A_3 = -A_1$ setzt. Gl. (3a) liefert unter Beachtung von $N = P^2/B_2\, C$ ebenfalls eine Identität.

Bezeichnet man jetzt mit φ_0, y_0 und y_0' die Werte, welche diese Größen in einem bestimmten Fall im Koordinatenursprung annehmen, so kann man die unbestimmten Konstanten durch diese drei Größen ausdrücken. Wie man sich durch Nullsetzen von x überzeugt, wird:

$$A_0 = \varphi_0, \quad A_1 = -\frac{P}{C}\, y_0 \quad \text{und} \quad A_2 = \frac{P}{C}\, y_0'.$$

Die Gl. (3a) und (4), auf denen sich die ganze bisherige Rechnung aufbaut, sind zunächst abgeleitet für den in Abb. 1 und 2 dargestellten einfachen Belastungsfall. Ihre Anwendung ist aber durchaus nicht auf diesen Fall beschränkt. Für einen beliebig belasteten Stab lehrt die Theorie von der Kräftezusammensetzung im Raum, daß man die in einem Querschnitt von der einen Stabhälfte auf die andere übertragenen Kräfte immer ersetzen kann durch eine resultierende Kraft und ein Moment, dessen Ebene zur Kraftrichtung senkrecht steht.

Wird zunächst dieses Moment, das in unserem Fall eine Biegung in der Y-Richtung hervorbringt (M_0), gleich Null angenommen (was übrigens in der Mehrzahl der Fälle zutrifft), so ergibt sich folgendes: Legt man die Z-Achse unseres Koordinatensystems zusammenfallend mit der resultierenden Kraft, die für irgendeinen Querschnitt gefunden wurde, so hat das obige Gleichungssystem, wie man durch nähere Betrachtung leicht findet, so weit nach links und rechts von jenem Querschnitt aus Gültigkeit, als der Stab von äußeren Kräften frei ist. Genau wie bei der gewöhnlichen Biegung zerfällt eben auch hier die elastische Linie an jeder Kraftangriffsstelle in zwei Zweige, deren Konstanten besonders bestimmt werden müssen. — Da in allen hierhergehörigen Fällen die Belastung der Hauptsache nach in der durch Stabachse und große Querschnittshauptachse bestimmten Ebene auftritt, läßt sich übrigens eine sehr einfache Deutung der Konstanten finden. Die in den Formeln vorkommende Kraft P ist nichts anderes als die Schubkraft in dem betreffenden Abschnitt des Stabes; $P\,\varphi_0$ ist die Schubkraftkomponente in der Richtung der kleinen Hauptachse, $P\,y_0$ endlich ist das Torsionsmoment im Querschnitt $x = 0$. — Die Konstante y_0'

kommt hier weiter nicht in Betracht, sie bleibt willkürlich. Es kann dies so gedeutet werden, daß man eine Variation von y_0' aufzufassen hat als eine kleine Drehung des Koordinatensystems um die Z-Achse, bei der die charakteristischen Größen φ_0 und y_0 ungeändert bleiben.

Verschwindet für den Querschnitt $x = 0$ das oben erwähnte Biegungsmoment M_0 *nicht*, so muß die Gl. (3a) noch eine Erweiterung erfahren, die sich aus Gl. (1) ergibt; es wird nämlich:

$$B_2 y'' = -P x \varphi - M_0$$

oder mit einer dem vorhergehenden analogen Bezeichnung:

$$B_2 (y'' - y_0'') = -P x \varphi. \tag{3b}$$

Trägt man hierin den Wert von y'' aus Gl. (5) ein, die unverändert gilt, so ergibt sich statt Gl. (6)

$$B_2 C \varphi'' + P^2 x^2 \varphi = B_2 P x y_0''. \tag{6a}$$

Dies ist eine lineare Differentialgleichung mit zweitem Glied. Ihre Lösung setzt sich zusammen aus der allgemeinen Lösung der Gleichung ohne zweites Glied und einer Partikularlösung mit zweitem Glied; da die erstere bereits gegeben ist [Gl. (7) und (8)], brauche ich hier nur die letztere anzugeben. Sie zeigt sich als eine Potenzreihe von demselben Bildungsgesetz wie die früheren, und lautet:

$$\varphi_1 = \frac{y_0'' P}{C}\left(\frac{x^3}{3 \cdot 2} - \frac{x^7 N}{7 \cdot 6 \cdot 3 \cdot 2} + \frac{x^{11} N^2}{11 \cdot 10 \cdot 7 \cdot 6 \cdot 3 \cdot 2} - \cdots\right), \tag{9}$$

woraus sich weiter ergibt:

$$y_1 = y_0''\left(\frac{x^2}{2 \cdot 1} - \frac{x^6 N}{6 \cdot 5 \cdot 3 \cdot 2} + \frac{x^{10} N^2}{10 \cdot 9 \cdot 7 \cdot 6 \cdot 3 \cdot 2} - \cdots\right). \tag{10}$$

Das allgemeine Problem des Stabes mit konzentrierten Einzellasten ist hiermit gelöst. Nun sei nur kurz noch auf eine Art *Ausnahmefall* hingewiesen, nämlich auf den Fall, daß lediglich ein in der XZ-Ebene wirkendes Biegungsmoment den Stab belastet. Man kann dieses Moment auffassen als die Wirkung einer unendlich kleinen Kraft am unendlich großen Hebelarm. Nach den früheren Festsetzungen ist daher in unseren Formeln $x = \infty$ und $P = 0$, dagegen $P x = M$; aus Gl. (6) wird dann:

$$B_2 C \varphi'' + M^2 \varphi = 0. \tag{6b}$$

Bezeichnet x_0 die (ebenfalls unendlich große) Koordinate irgendeines Punktes des Stabes, so wird die Lösung der vorstehenden Differentialgleichung:

$$\varphi = A_1 \sin\left((x - x_0)\frac{M}{\sqrt{B_2 C}}\right) + A_2 \cos\left((x - x_0)\frac{M}{\sqrt{B_2 C}}\right). \tag{11}$$

Man hätte natürlich auch statt des Grenzüberganges das Moment in Komponenten nach dem Hilfskoordinatensystem der Abb. 3 zerlegen und Gl. (1) und (2) auf diese Komponenten anwenden können. Statt der Gl. (3a) und (4) erhält man auf diese Weise:

$$B_2\, y'' = -M\, \varphi \quad \text{und} \quad C\, \varphi' = M\, y'.$$

Aus der letzteren Gleichung ergibt sich

$$y = \frac{C}{M}\, \varphi + A_3. \tag{12}$$

Aus dieser Lösung läßt sich auch ein Schluß auf die durch die Potenzreihen der allgemeinen Lösung dargestellten Funktionen ziehen. Sie werden im Unendlichen zu Wellenlinien, deren Wellenlänge umgekehrt proportional der Abszisse x ist

$$\left(\sin\left((x - x_0)\, \frac{P\, x}{\sqrt{B_2\, C}}\right) \text{ in Formel (11)}\right).$$

Zu demselben Ergebnis gelangt man übrigens auch durch Diskussion der BESSELschen Funktionen. Nach LOMMEL, BESSELsche Funktionen, S. 65, ist für sehr große x näherungsweise

$$\sqrt{x}\, J^{1/4}\left(\frac{P\, x^2}{2\sqrt{B_2\, C}}\right) = 2\sqrt{\frac{\sqrt{B_2\, C}}{\pi\, P\, x}}\, \cos\left(\frac{P\, x^2}{2\sqrt{B_2\, C}} - \frac{3\pi}{8}\right).$$

Aus dieser Formel ist gleichzeitig auch ersichtlich, daß die Maximalwerte von φ für die einzelnen Wellen annähernd der Wurzel von x umgekehrt proportional sind. Die Maxima der Ausbiegungen y nehmen nach Gl. (12), in der M durch $P x$ ersetzt wird, umgekehrt proportional der $\frac{3}{2}$-ten Potenz von x ab.

Für die *endlichen* Teile der Funktionen ergibt sich aus den Rechnungen des folgenden Abschnittes, daß auch sie einen wellenförmigen Charakter zeigen. Wellenlänge und Amplitude sind dabei veränderliche Größen.

B. Berechnung von Tafeln für die erhaltenen Funktionen

Die Grenzbedingungen, wie sie gewöhnlich vorliegen, sind Aussagen über die Werte von φ, y und y' an den Enden des betreffenden Zweiges. Die allgemeine Lösung stellt jede von diesen drei Größen als eine Summe von drei (noch mit willkürlichen Faktoren multiplizierten) Potenzreihen hin. Um nun mit den neun durch diese Potenzreihen zur Darstellung gebrachten Funktionen leichter rechnen zu können, werden mit Vorteil Tafeln dafür gerechnet. Dadurch wird auch die Übersicht über die verschiedenen Verhältnisse um vieles klarer.

Als *Argument* für die Funktionen wird am besten eine dimensionslose Größe gewählt, da die Funktionswerte dann von jeder Maßstabskonstante frei sind. Eine solche dimensionslose Größe ist:

$$x^4 N = \frac{x^4 P^2}{B_2 C} = \frac{\mathrm{cm}^4\,\mathrm{kg}^2}{(\mathrm{kg}\,\mathrm{cm}^2)^2} = \mathrm{cm}^0\,\mathrm{kg}^0,$$

oder auch irgendeine Potenz davon. Ich habe die Quadratwurzel davon gewählt, einmal, weil dann zwischen der Kraft P und dem (im folgenden mit u bezeichneten) Argument Proportionalität herrscht, dann aber auch deshalb, weil mit dieser Wahl die Reihen eine äußerliche Ähnlichkeit mit der Cosinusreihe erhalten und daher ähnlich günstige Verhältnisse für die Rechnung vermuten ließen. Unter diesen „günstigen Verhältnissen" soll vor allem die Eigenschaft verstanden werden, daß bei gleichbleibenden Intervallen des Arguments die Funktion durch die berechneten Werte überall in gleicher Genauigkeit dargestellt wird, so daß also nirgends ein Einschieben von Zwischenpunkten nötig wird, aber auch nirgends überflüssig viele Punkte gerechnet werden. Die ausgesprochene Vermutung hat sich auch, soweit man es erwarten konnte, bestätigt.

Mit Einführung des Argumentes u bekommen die Gleichungen für φ, y' und y die Form, welche ich jetzt anschreibe:

$$\left.\begin{aligned}
\varphi &= \varphi_0\left(1 - \frac{u^2}{4\cdot 3} + \frac{u^4}{8\cdot 7\cdot 4\cdot 3} - \frac{u^6}{12\cdot 11\cdot 8\cdot 7\cdot 4\cdot 3} + \cdots\right)\\
&\quad + y_0\frac{Px}{C}\left(-1 + \frac{u^2}{5\cdot 4} - \frac{u^4}{9\cdot 8\cdot 5\cdot 4} + \frac{u^6}{13\cdot 12\cdot 9\cdot 8\cdot 5\cdot 4} - \cdots\right)\\
&\quad + y_0''\frac{Px^3}{C}\left(\frac{1}{3\cdot 2} - \frac{u^2}{7\cdot 6\cdot 3\cdot 2} + \frac{u^4}{11\cdot 10\cdot 7\cdot 6\cdot 3\cdot 2} - \cdots\right)\\
y' &= y_0' + \varphi_0\cdot\frac{C}{Px^2}\left(-\frac{u^2}{2} + \frac{u^4}{6\cdot 4\cdot 3} - \frac{u^6}{10\cdot 8\cdot 7\cdot 4\cdot 3} + \cdots\right)\\
&\quad + \frac{y_0}{x}\left(\frac{u^2}{3} - \frac{u^4}{7\cdot 5\cdot 4} + \frac{u^6}{11\cdot 9\cdot 8\cdot 5\cdot 4} - \cdots\right)\\
&\quad + y_0'' x\left(1 - \frac{u^2}{5\cdot 3\cdot 2} + \frac{u^4}{9\cdot 7\cdot 6\cdot 3\cdot 2} - \cdots\right)\\
y &= y_0' x + \varphi_0\frac{C}{Px}\left(-\frac{u^2}{3\cdot 2} + \frac{u^4}{7\cdot 6\cdot 4\cdot 3} - \frac{u^6}{11\cdot 10\cdot 8\cdot 7\cdot 4\cdot 3} + \cdots\right)\\
&\quad + y_0\left(1 + \frac{u^2}{4\cdot 3} - \frac{u^4}{8\cdot 7\cdot 5\cdot 4} + \frac{u^6}{12\cdot 11\cdot 9\cdot 8\cdot 5\cdot 4} - \cdots\right)\\
&\quad + y_0'' x^2\left(\frac{1}{2\cdot 1} - \frac{u^2}{6\cdot 5\cdot 3\cdot 2} + \frac{u^4}{10\cdot 9\cdot 7\cdot 6\cdot 3\cdot 2} - \cdots\right)
\end{aligned}\right\} \quad (14)$$

Im folgenden sollen diese neun Funktionen einfach mit Buchstaben bezeichnet werden, und zwar, um sie von allen anderen Größen wirksam zu unterscheiden, sind sie durch Groteskschrift kenntlich gemacht.

$$\left.\begin{aligned} C\varphi &= C\varphi_0\,\mathsf{D} + Px\,y_0\,\mathsf{G} + Px^3\,y_0''\,\mathsf{K} \\ Px^2\,y' &= C\varphi_0\,\mathsf{E} + Px\,y_0\,\mathsf{H} + Px^3\,y_0''\,\mathsf{L} + Px^2\,y_0' \\ Px\,y &= C\varphi_0\,\mathsf{F} + Px\,y_0\,\mathsf{J} + Px^3\,y_0''\,\mathsf{M} + Px^2\,y_0' \end{aligned}\right\} \tag{15}$$

Aus den Gl. (15) ist die neue Bezeichnung erkenntlich. Im übrigen unterscheiden sich die Gl. (15) von den Gl. (14) nur dadurch, daß die verschiedenen Nenner weggeschafft sind. Zur klareren Übersicht über die Bezeichnungen dient noch nebenstehendes Schema, das einer näheren Erklärung nicht bedarf.

	φ_0	y_0	y_0''
φ	D	G	K
y'	E	H	L
y	F	J	M

Bevor ich auf die Berechnung der Tafelwerte näher eingehe, ist es nötig, etwas über die erforderliche Genauigkeit zu sagen.

Bei den Festigkeits- und Elastizitätsversuchen, wie sie in Materialprüfungslaboratorien ausgeführt werden, pflegt man die Genauigkeit im Mittel zu rund 1% anzunehmen. Wenn nun das Ergebnis der Rechnung, das mit den Versuchen verglichen werden soll, genau bis auf $^1/_2$% wäre, so würde das für die Praxis vollauf genügen. Nun pflegt man freilich, und das mit Recht, bei Arbeiten, die in erster Linie wissenschaftlicher Natur sind, zu verlangen, daß die Rechnung, wenn möglich, so genau ist, daß ihre Genauigkeit von den Versuchen unter keinen Umständen erreicht wird. Wenn ich mir nun für die wichtigeren Resultate der folgenden Rechnungen eine Genauigkeit von $1^0/_{00}$, also das 10fache der mittleren Versuchsgenauigkeit, zur Richtschnur genommen habe, so glaube ich damit nicht viel vom Richtigen — fast möchte ich sagen: Schicklichen — ferne zu sein. Bei minder wichtigen Resultaten, wie z. B. bei der Abhandlung über den schiefgestellten Stab, habe ich die Genauigkeit niedriger bemessen. Dort ist die Genauigkeit etwa $^1/_2$ bis $^1/_4$%.

Die Tafelwerte der obigen Funktionen wurden, der Genauigkeit von $1^0/_{00}$ entsprechend, auf drei Dezimalen berechnet, nur die Funktionen K und M, welche sehr kleine Absolutwerte besitzen, wurden auf vier Dezimalen gerechnet. Als Intervall wurde für die Funktionen D, E, F, G, H und J in dem Gebiet von $u = 0$ bis $u = 8{,}0$ die Größe 0,2 angenommen. Von $u = 8$ bis $u = 12$, welches Gebiet weniger beansprucht wird, wurden die genannten Funktionen nur für die ganzzahligen Werte des Argumentes berechnet. Bei den Funktionen K, L und M, die für die Anwendung weniger wichtig sind, geschah dies im ganzen Bereich.

Zur Berechnung von Zwischenwerten genügt im Intervall 0,2 in den allermeisten Fällen schon die lineare Interpolation; im Notfall stünde dann immer noch die quadratische zu Gebote. Für die Intervalle 1,0 eignet sich am besten die graphische Interpolation. Einige (mindestens drei, besser mehr) Funktionswerte werden in geeignetem Maßstab auf Millimeterpapier als Ordinaten aufgetragen und eine möglichst stetig gekrümmte Kurve durch die erhaltenen Punkte gezogen, worauf jeder beliebige Zwischenwert aus der Zeichnung herausgelesen werden kann. Bei einiger Übung und Sorgfalt ist es dabei möglich, für etwa 2 cm Abstand der gerechneten Punkte und bei einem Krümmungsradius von 10 cm oder darüber, die Kurve so genau zu ziehen, daß sich Fünftel-Millimeter noch mit ziemlicher Sicherheit entnehmen lassen.

Noch ein paar Worte über die Hilfsmittel bei Zahlenrechnungen: Die Logarithmentafel habe ich fast nicht benützt, dagegen in ausgiebigem Maße den *Rechenschieber* und die *Rechenmaschine*. Der Rechenschieber ist die Logarithmentafel des Ingenieurs, er wird überall da angewendet, wo eine allzu große Genauigkeit nicht vonnöten ist, also bei Festigkeits-, Gewichts-, Energieberechnungen usw. Der gewöhnliche Typus des Rechenschiebers besitzt zwei logarithmische Teilungen; auf der einen ist $\log 10 = 125\,\text{mm}$, auf der anderen $\log 10 = 250\,\text{mm}$. Betreffs der Genauigkeit der mit dem Rechenschieber ausgeführten Rechnungen gab sich bei der vorliegenden Arbeit Gelegenheit zur Untersuchung, indem ich etwa 30 mit dem Schieber gerechnete Werte mit denen verglich, die ich später der größeren Genauigkeit halber mit der Rechenmaschine ermittelte. Es ergab sich, daß bei sorgfältigster Arbeit der wahrscheinliche Fehler, begangen bei einer einfachen Multiplikation oder Division, noch unter $^1/_2{}^0/_{00}$ heruntergebracht werden kann. Nimmt man nun etwa den vierfachen wahrscheinlichen Fehler als den größten praktisch vorkommenden Fehler an, so ergibt sich, daß das Resultat einer einfachen Multiplikation oder Division höchstens um $2{}^0/_{00}$ falsch sein kann. Bei der Berechnung der Tafelwerte wurden in der Regel Glieder unter der Größe 0,300 bis 0,400 mit dem Schieber, größere dagegen mit der Rechenmaschine gerechnet.

Diese Rechenmaschine, Eigentum des Mechanisch-Technischen Laboratoriums, ist von THOMAS DE COLMAR in Paris; sie gestattet zwei sechsstellige Zahlen voll miteinander auszumultiplizieren und umgekehrt auch entsprechende Divisionen auszuführen. Die sechsstelligen Zahlen kamen bei der Ausrechnung sehr wohl in Anwendung, da die Reihen bei den höheren Werten des Argumentes immer schlechter konvergieren. Bei den Reihen E und H, deren Konvergenz merklich schlechter ist als die der anderen Reihen, dürften von $u = 10{,}0$ an die letzten Stellen der Funktionswerte mit ziemlicher Unsicherheit behaftet sein, da hier die sechsstellige Rechnung keine Korrekturstelle mehr lieferte. So wurde beispielsweise für $u = 12{,}0$ bei der Funktion E die 22. Potenz von u noch berücksichtigt; die Summe aller positiven Glieder betrug

686,186, die Summe aller negativen 689,223, so daß der Funktionswert mit $-3{,}037$ erhalten wurde. In Hinsicht auf die Genauigkeit der graphischen Interpolationsmethode ist indessen diese Unsicherheit wegen der großen Differenzen zwischen den benachbarten Funktionswerten ziemlich belanglos.

Auf die numerische Ausrechnung der Tafelwerte werde ich hier weiter nicht eingehen; sie bietet nichts, was von Interesse wäre; auch glaube ich nicht, daß, wenn sie hier aufgeführt wäre, sich jemand die Mühe nähme, sie nachzurechnen.

Ich lasse also jetzt die gerechneten Werte folgen; sie sind auf S. 28 und 29 zusammengestellt.

Ich komme jetzt auf die Lösung mit BESSELschen Funktionen zurück. Die Differentialgleichung mit zweitem Glied (6a):

$$B\,C\,\varphi'' + P^2 x^2 \varphi = B\,P\,x\,y_0''$$

werde der Einfachheit halber $\varphi'' + a^2 x^2 \varphi = b\,x$ geschrieben, wobei dann

$$a = \frac{P}{\sqrt{B\,C}} \quad \text{und} \quad b = \frac{P}{C}\,y_0''$$

zu setzen ist.

Führt man nun in dieser Gleichung für φ die Größe $z\sqrt{x}$ ein, substituiert ferner die unabhängige Variable $t = \frac{a\,x^2}{2}$ (HEINE, Kugelfunktionen[1], Bd. I, S. 241), so geht die Gleichung über in:

$$t^2 \frac{d^2 z}{d t^2} + t \frac{d z}{d t} + \left(t^2 - \left(\frac{1}{4}\right)^2\right) z = \frac{b}{4}\left(\frac{2t}{a}\right)^{5/4} = k\,t^{5/4}.$$

Dies ist eine BESSELsche Differentialgleichung mit zweitem Glied, deren Lösung nach Math. Ann. Bd. IX, S. 427[2], folgendermaßen geschrieben werden kann:

$$z = A_1 J^{1/4}(t) + A_2 J^{-1/4}(t) + k\,S^{1/4,\,1/4}(t).$$

Das Argument t findet man durch Vergleich mit S. 24 zu

$$t = \frac{u}{2} = \frac{P x^2}{2\sqrt{B\,C}}.$$

Unter Berücksichtigung des Wertes von k ergibt sich nun

$$\varphi = z\sqrt{x} = \sqrt{x}\,\times$$
$$\times\left(A_1 J^{1/4}\left(\frac{u}{2}\right) + A_2 J^{-1/4}\left(\frac{u}{2}\right) + \frac{P}{C}\,y_0''\left(\frac{P}{\sqrt{B\,C}}\right)^{-5/4} 2^{-3/4} S^{1/4,\,1/4}\left(\frac{u}{2}\right)\right).$$

[1] Handbuch der Kugelfunktionen von Dr. E. HEINE. Berlin 1878.

[2] Dr. E. LOMMEL, Über allgemeinere BESSELsche Funktionen.

u	D	E	F	G	H	J
0,0	+1,000	0,000	0,000	−1,000	0,000	+1,000
0,2	0,997	−0,020	−0,007	−0,998	+0,013	1,003
0,4	0,987	−0,080	−0,027	−0,992	0,053	1,013
0,6	0,970	−0,178	−0,060	−0,982	0,119	1,030
0,8	0,947	−0,314	−0,106	−0,968	0,210	1,053
1,0	0,918	−0,486	−0,165	−0,950	0,326	1,082
1,2	0,883	−0,692	−0,236	−0,929	0,465	1,118
1,4	0,842	−0,928	−0,319	−0,904	0,626	1,160
1,6	0,796	−1,192	−0,414	−0,876	0,807	1,208
1,8	0,745	−1,480	−0,520	−0,845	1,007	1,261
2,0	0,690	−1,788	−0,636	−0,811	1,223	1,319
2,2	0,630	−2,111	−0,762	−0,774	1,453	1,383
2,4	0,567	−2,447	−0,897	−0,735	1,694	1,451
2,6	0,501	−2,790	−1,040	−0,693	1,946	1,524
2,8	0,433	−3,135	−1,191	−0,649	2,204	1,601
3,0	0,362	−3,479	−1,349	−0,603	2,466	1,682
3,2	0,291	−3,816	−1,513	−0,556	2,729	1,766
3,4	0,219	−4,142	−1,682	−0,508	2,990	1,852
3,6	0,147	−4,452	−1,855	−0,459	3,248	1,941
3,8	0,075	−4,740	−2,032	−0,410	3,501	2,032
4,0	0,004	−5,004	−2,211	−0,361	3,744	2,125
4,2	−0,065	−5,241	−2,392	−0,311	3,976	2,219
4,4	−0,132	−5,448	−2,574	−0,262	4,194	2,314
4,6	−0,196	−5,621	−2,757	−0,214	4,396	2,410
4,8	−0,256	−5,757	−2,938	−0,167	4,581	2,506
5,0	−0,313	−5,853	−3,118	−0,121	4,746	2,600
5,2	−0,365	−5,913	−3,296	−0,076	4,891	2,695
5,4	−0,412	−5,924	−3,472	−0,033	5,014	2,789
5,6	−0,456	−5,906	−3,645	+0,008	5,113	2,881
5,8	−0,493	−5,841	−3,814	0,047	5,188	2,971
6,0	−0,524	−5,737	−3,978	0,083	5,238	3,059
6,2	−0,551	−5,594	−4,137	0,116	5,263	3,145
6,4	−0,572	−5,415	−4,291	0,147	5,264	3,229
6,6	−0,588	−5,202	−4,440	0,175	5,240	3,310
6,8	−0,596	−4,957	−4,584	0,200	5,192	3,388
7,0	−0,597	−4,684	−4,721	0,222	5,121	3,463

u	D	E	F	G	H	J
7,0	−0,597	−4,684	−4,721	+0,222	+5,121	+3,463
7,2	−0,594	−4,387	−4,852	0,241	5,028	3,534
7,4	−0,585	−4,073	−4,977	0,257	4,914	3,602
7,6	−0,569	−3,743	−5,097	0,270	4,781	3,667
7,8	−0,550	−3,404	−5,210	0,279	4,631	3,728
8,0	−0,523	−3,062	−5,317	0,286	4,465	3,781
9,0	−0,331	−1,487	−5,776	0,276	3,487	4,022
10,0	−0,078	−0,642	−6,144	0,203	2,494	4,179
11,0	+0,200	−1,080	−6,478	0,097	1,807	4,280
12,0	+0,404	−3,037	−6,851	−0,014	1,676	4,454

u	K	L	M
0,0	0,1667	1,000	0,5000
1,0	0,1627	0,967	0,4945
2,0	0,1514	0,874	0,4785
3,0	0,1337	0,734	0,4534
4,0	0,1117	0,569	0,4216
5,0	0,0875	0,404	0,3858
6,0	0,0634	0,258	0,3488
7,0	0,0412	0,151	0,3133
8,0	0,0223	0,092	0,2815
9,0	0,0092	0,080	0,2548
10,0	0,0004	0,107	0,2338
11,0	−0,0039	0,159	0,2186
12,0	−0,0042	0,220	0,2081

Diese Formel muß mit der ersten der Gl. (14) identisch sein. Um dies zu zeigen, entwickelt man die Besselschen Funktionen in Potenzreihen, was in Gl. VIII, S. 15, des Lommelschen Buches ausgeführt ist. Man findet hier:

$$J^{1/4}\left(\frac{u}{2}\right) = \frac{u^{1/4}}{\sqrt{2}\,\Gamma\left(\frac{5}{4}\right)}\left(1 - \frac{u^2}{5\cdot 4} + \frac{u^4}{9\cdot 8\cdot 5\cdot 4} - \cdots\right).$$

Die in der Klammer stehende Reihe ist aber gleich der mit negativem Zeichen versehenen Reihe G, also wird

$$J^{1/4}\left(\frac{u}{2}\right) = -\frac{u^{1/4}\,\mathrm{G}}{\sqrt{2}\,\Gamma\left(\frac{5}{4}\right)};$$

ebenso wird

$$J^{-1/4}\left(\frac{u}{2}\right) = \frac{u^{-1/4}\sqrt{2}}{\Gamma\left(\frac{3}{4}\right)}\left(1 - \frac{u^2}{4\cdot 3} + \frac{u^4}{8\cdot 7\cdot 4\cdot 3} - \cdots\right) = \frac{u^{-1/4}\sqrt{2}\,\mathsf{D}}{\Gamma\left(\frac{3}{4}\right)}.$$

Die vorstehenden Formeln können dazu benützt werden, aus den Tafeln für die Reihen D und G die entsprechenden BESSEL-Funktionen zu finden. Durch Ausrechnung der Zahlenfaktoren erhält man

$$J^{1/4}\left(\frac{u}{2}\right) = -0{,}78012\, u^{1/4}\,\mathsf{G}(u) \quad \text{und} \quad J^{-1/4}\left(\frac{u}{2}\right) = 1{,}15407\, u^{-1/4}\,\mathsf{D}(u).$$

Die Partikularlösung

$$\varphi_{(1)} = \frac{P}{C}\, y_0''\, 2^{-3/4}\left(\frac{P}{\sqrt{B\,C}}\right)^{-5/4}\sqrt{x}\, S^{1/4,\,1/4}\left(\frac{u}{2}\right)$$

unterscheidet sich von der in Gl. (9) angegebenen durch ein Glied von der Form

$$\alpha\sqrt{x}\left(\sqrt{2}\, J^{-1/4}\left(\frac{u}{2}\right) - J^{1/4}\left(\frac{u}{2}\right)\right),$$

dessen Hinzunahme nichts weiter als eine Veränderung der willkürlichen Konstanten A_1 und A_2 bedeutet. Bringt man dieses Glied in Abzug, so läßt sich der übrigbleibende Teil von $S^{1/4,\,1/4}\left(\frac{u}{2}\right)$ auf die Form bringen:

$$2^{3/4}\, u^{5/4}\left(\frac{1}{3\cdot 2} - \frac{u^2}{7\cdot 6\cdot 3\cdot 2} + \cdots\right) = 2^{3/4}\, u^{5/4}\,\mathsf{K}$$

(siehe Math. Ann. Bd. IX, S. 436, Gl. XV).

Daß die Potenzen von x, die bei den Reihen der Formeln (14) stehen, mit der Lösung durch BESSELsche Funktionen im Einklang stehen, das ergibt sich leicht, wenn man in diese Lösung die eben für die BESSELschen Funktionen gefundenen Werte einträgt.

Aus der Lösung für φ kann die für y erhalten werden, indem man die Gleichung

$$y'' = \frac{C\,\varphi''}{P\,x} = -\frac{P\,x}{B}\,\varphi$$

zweimal integriert.

Wird, wie gewöhnlich der Fall, $y_0'' = 0$ gesetzt, so hat man

$$y'' = -\frac{P\,x}{B}\sqrt{x}\left(A_1\, J^{1/4}\left(\frac{u}{2}\right) + A_2\, J^{-1/4}\left(\frac{u}{2}\right)\right);$$

da aber

$$\frac{2\,P\,x}{\sqrt{B\,C}} = \frac{d\,u}{d\,x}$$

ist, erhält man:

$$y'' = \frac{1}{2}\sqrt{\frac{C}{P}\sqrt{\frac{C}{B}}}\, u^{1/4}\left(A_1\, J^{1/4}\left(\frac{u}{2}\right) + A_2\, J^{-1/4}\left(\frac{u}{2}\right)\right)\frac{du}{dx};$$

hieraus:

$$y' = \frac{1}{2}\sqrt{\frac{C}{P}\sqrt{\frac{C}{B}}}\left(A_1\int u^{1/4} J^{1/4}\left(\frac{u}{2}\right) du + A_2\int u^{1/4} J^{-1/4}\left(\frac{u}{2}\right) du\right).$$

Integrale in dieser Form werden nach Math. Ann. Bd. IX, S. 442, durch Produkte $u\ J\ S$ integriert. Da mir aber für die weitere Behandlung dieser Produkte sowie für die zweite Integration eine Methode der Berechnung nicht vorliegt, bezüglich der praktischen Resultate auch kaum etwas Neues zutage fördern würde, so habe ich diese Sache weiter nicht mehr verfolgt.

C. Berechnung von bestimmten Belastungsfällen

Bevor ich auf die Berechnung von einzelnen Fällen eingehe, will ich kurz auf eine Eigenschaft hinweisen, die für alle Arten der Belastung in gleicher Weise zutrifft. Es ist der grundsätzliche Unterschied in dem Verhalten des theoretisch vorausgesetzten absolut geraden Stabes und dem eines wirklich vorhandenen, der sich jenem idealen Zustand zwar beliebig annähern, ihn aber nie erreichen kann.

Der absolut gerade Stab wird seine gestreckte Lage beibehalten bis zur kritischen Last. Durch das Erreichen dieser „Kipplast" — wie sie in Analogie zur „Knicklast" im folgenden bezeichnet werden soll — wird die Gleichgewichtslage, die zuerst stabil war, indifferent; jede Lage, wenn nur die Abweichung von der gestreckten Lage sehr klein gegenüber der Stablänge ist, ist eine Gleichgewichtslage. Ist die Last eine Spur kleiner als die kritische, so kehrt der Stab in die gestreckte Lage zurück; ist sie eine Spur größer, so verläßt er die nunmehr labile Gleichgewichtslage, um nicht mehr dahin zurückzukehren. Von diesem eigentümlichen Verhalten findet man bei einem Versuche nichts. Selbst wenn man bei mäßigen Lasten noch keine Ausbiegung bemerkt, so zeigt sich eine solche mit der Annäherung an die Kipplast immer deutlicher, und es ist nicht möglich, die Kipplast zu erreichen, ohne daß vorher Ausbiegungen entstehen, die wegen ihrer Größe eine strenge Anwendung der vorliegenden Rechnung nicht mehr zulassen. Trägt man die Kräfte und die zugehörigen Ausbiegungen als Abszissen und Ordinaten eines rechtwinkligen Koordinatensystems auf, so erhält man hyperbelähnliche Kurven, zu denen die Linien der Kipplast und der anfänglichen Lage des Stabes die Asymptoten bilden.

Analytisch zeigen sich diese Verhältnisse folgendermaßen: Im idealen Fall sind die Bestimmungsgleichungen für die Grenzwerte homogen in den Größen y_0, φ_0 usw., durch welche die Größe der Auslenkung gemessen wird. Sie werden also für alle beliebigen Werte von P erfüllt, wenn y_0, φ_0 usw. sämtlich gleich Null gesetzt werden. Außerdem werden sie für alle Werte von y_0 usw. erfüllt, wenn u und damit auch P so gewählt wird, daß gerade die Verträglichkeitsdeterminante der homogenen Gleichungen verschwindet. Dieses P ist dann die „Kipplast". — Kommen dagegen in den Gleichungen auch Glieder vor, die die Größen y_0, φ_0 usw. nicht enthalten, so gibt die Auflösung für jeden Wert von P und u bestimmte Werte von y_0, φ_0 usw. Nach bekannten Sätzen der Gleichungslehre steht aber im Nenner der Auflösungen eben jene Verträglichkeitsdeterminante, durch deren Verschwinden bei der Kipplast eben jenes hyperbolische Anwachsen der Ausschläge zustande kommt.

Da übrigens die Funktionen D, E, F usw., wie schon erwähnt, einen wellenförmigen Verlauf zeigen, so hat die Verträglichkeitsbedingung im allgemeinen unendlich viele Wurzeln, von allen diesen ist der kleinste positive Wurzelwert von u der richtige, alle größeren beziehen sich auf labile Gestalten der elastischen Linie, von denen jede folgende immer einen Wendepunkt mehr hat.

Ich wende mich jetzt den speziellen Fällen zu. Bei der großen Anzahl verschiedener möglicher Belastungsfälle, die hier gegenüber der gewöhnlichen Biegung durch die verschiedenen Arten des Lastangriffes und der Einspannung außerordentlich vermehrt wird — lassen sich doch aus dem einfachen Fall eines einseitig eingespannten Stabes mit einer Last am Ende ungefähr ein Dutzend verschiedene Fälle herleiten —, ist es unmöglich, alle hier zur Sprache zu bringen. Es können daher hier nur einige bemerkenswerte Fälle behandelt werden. An diesen Beispielen wird sich ja immerhin zeigen, wie derartige Aufgaben anzugreifen und durchzuführen sind.

I. Belastung nur am Ende des Stabes

1. Hierher gehört vor allem der eingangs erwähnte Belastungsfall. Dieser ist zugleich der wichtigste für die Versuche, weil sich gerade diese Grenzbedingungen am leichtesten und sichersten verwirklichen lassen. Zuerst sei der Fall betrachtet, bei dem alle *theoretischen Bedingungen zutreffen*. Da die Kraft in der Mitte des Stabquerschnittes angreifen soll, ist $y_0 = 0$; y_0'' ist $= 0$, da ein Moment, welches verkrümmend wirken könnte, im Anfangsquerschnitt nicht vorhanden ist. Die Einspannung des anderen Endes findet in der Rechnung ihren Ausdruck dadurch, daß für $x = l$ $\varphi = 0$ werden muß. Es wird also:

$$\varphi_l = \varphi_0 \mathsf{D} = 0 \quad \text{oder} \quad \mathsf{D} = 0 .$$

Aus der Tafel ist zu entnehmen, daß $\mathsf{D} = 0$ wird, wenn u eben den Wert 4,0 überschritten hat. Die genaue Ausrechnung dieses Wertes, der hier dieselbe Bedeutung hat wie der Faktor π^2 in der EULERschen

Knickformel, den ich deshalb auch logarithmisch kontrolliert habe, ergibt $u = 4{,}0126$. Nun ist aber

$$u = \frac{P x^2}{\sqrt{B_2 C}};$$

hieraus ergibt sich die Kipplast zu:

$$\boldsymbol{P_k = \frac{4{,}0126}{l^2} \sqrt{B\,C}} \tag{16}$$

(Der Zeiger 2 von B_2 wurde fortgelassen, da eine Verwechslung nicht möglich ist.)

Zur Berechnung der elastischen Linie muß noch über y_0' eine Annahme gemacht werden. Soll entsprechend der ursprünglichen Festsetzung die X-Achse des Koordinatensystems der anfänglichen Stabrichtung parallel bleiben, so muß $y_l' = 0$ werden (der Zeiger l soll immer diejenigen Werte kennzeichnen, welche die betreffenden Größen für $x = l$ annehmen); also:

$$0 = y_0' + \frac{C\,\varphi_0}{P l^2}\,\mathsf{E}_l;$$

hiermit wird y:

$$y = y_0' x + \frac{C\,\varphi_0}{P x}\,\mathsf{F} = \frac{C\,\varphi_0}{P\,l^2}\left(\mathsf{F}\,\frac{l^2}{x} - \mathsf{E}_l\,x\right).$$

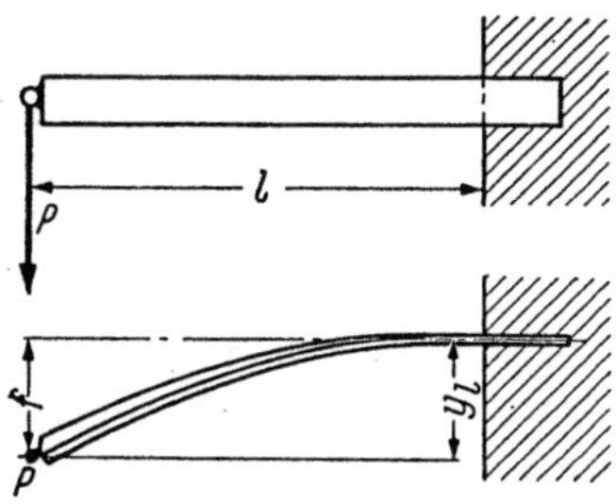

Abb. 5

Für $x = l$ hat die Kurve einen Wendepunkt, denn, wie aus Gl. (3b) S. 22 hervorgeht, wird, wenn $y_0'' = 0$ ist, immer da, wo $\varphi = 0$ ist, auch $y'' = 0$.

Für die Durchbiegung f, die, wie aus Abb. 5 ersichtlich, mit y_l identisch ist, wird nun erhalten:

$$f = \frac{C\,\varphi_0}{P\,l}\,(\mathsf{F}_l - \mathsf{E}_l);$$

berücksichtigt man noch, daß $P\,l^2 = u\sqrt{B\,C}$ ist, und führt die Zahlenwerte von u, F_l und E_l (durch Interpolation zu finden) ein, so erhält man:

$$f = \frac{-2{,}222 + 5{,}018}{4{,}013}\sqrt{\frac{C}{B}}\,\varphi_0\,l = 0{,}697\,l\,\varphi_0\sqrt{\frac{C}{B}}. \tag{17}$$

2. Der *praktisch vorliegende Fall*, daß der Stab beliebige kleine Verdrehungen und Verbiegungen schon vor der Belastung besitzt, läßt sich mit den vorausgehenden Mitteln nicht allgemein behandeln. Es wird indes genügen, dreierlei spezielle Unvollkommenheiten zu beschreiben, deren Behandlung sich aus dem Vorhandenen in einfacher Weise ergibt, und dann aus den Ergebnissen weitere Schlüsse zu ziehen.

Durch die Annahme, daß y_0'' nicht gleich Null ist, sondern irgendeinen konstanten kleinen Wert hat, erteilt man dem Stabe sozusagen eine kleine anfängliche Krümmung. Eine kleine anfängliche Exzentrizität der Last wird durch ein konstantes y_0 ausgedrückt. Setzt man endlich φ_l nicht gleich Null, sondern gleich einer Konstanten, so bedeutet das, daß Kraftrichtung und große Querschnittshauptachse von Anfang an einen kleinen Winkel miteinander bilden. Löst man nun die Aufgabe unter der Bedingung, daß

$$y_0'' = \frac{1}{r}, \quad y_0 = d \quad \text{und} \quad \varphi_l = \varepsilon$$

ist, so wird

$$C\,\varphi_l = C\,\varepsilon = C\,\varphi_0\,\mathsf{D} + P\,l\,d\,\mathsf{G} + \frac{P\,l^3}{r}\,\mathsf{K},$$

also

$$\varphi_0 = \frac{1}{\mathsf{D}}\left(\varepsilon - \frac{P\,l^2}{C}\left(\frac{d}{l}\,\mathsf{G} + \frac{l}{r}\,\mathsf{K}\right)\right). \tag{18}$$

Aus der Gleichung geht hervor, daß man im allgemeinen für jeden Wert von P ein bestimmtes φ_0, d. h. einen bestimmten Deformationszustand erhält. Wird nun $P = P_k$, so wird $\mathsf{D} = 0$ und daher $\varphi_0 = \infty$ bzw. so groß, daß die Annahme der kleinen Ausschläge nicht mehr gültig ist. Bemerkenswert ist dabei, daß der Verlauf der Werte von φ_0 in der Nähe der Kipplast nur ganz unwesentlich davon abhängt, welcher von den drei Fehlereinflüssen gerade vorherrscht (die Funktionen G und K haben bei $u = 4{,}0126$ keine Singularitäten). Durch einen Analogieschluß kommt man zu dem Ergebnis, daß der hyperbolische Verlauf der Werte der Ausschläge ganz unabhängig von der speziellen Art der Unregelmäßigkeiten auftritt. Mit der Größe der Abweichungen hängen die Ausschläge linear zusammen, wie Gl. (18) ersichtlich macht. Als Maß für die Wirkung der Unregelmäßigkeiten könnte man geradezu den Grenzwert des Produktes $\varphi_0\,\mathsf{D}$ für die kritische Last benützen, der sich auch experimentell angenähert bestimmen ließe (nämlich graphisch aus dem Verlauf der durch den Versuch ermittelten Hyperbel).

Ein anderer Umstand soll hier noch Erwähnung finden. Hat man es nämlich in der Hand, eine von den erwähnten drei Größen willkürlich zu verändern, so kann man es dahin bringen, daß der Klammerausdruck in Gl. (18) für die Kipplast verschwindet; dann wird φ_0 für diese Last $= \frac{0}{0}$, wie im idealen Fall; für alle anderen Werte von P hat aber φ_0 irgendwelche bestimmte, im allgemeinen von Null verschiedene Werte. Dieser Fall kommt bei den Versuchen zur Anwendung; kann man beispielsweise, wie dies bei meinen Versuchen der Fall war, durch Verdrehen der Klemmvorrichtung um eine horizontale Achse die Größe φ_l nach Bedürfnis ändern, so kann man es erreichen, daß die Hyperbelkonstante, wenn auch nicht Null, so doch möglichst klein wird, was für die genaue Bestimmung der Kipplast notwendig wird.

3. Anderer Natur als die bisher besprochenen Abweichungen, die man etwa als Abweichungen *von* der Ebene des biegenden Momentes bezeichnen könnte, sind die *Abweichungen innerhalb der Ebene des biegenden Momentes*. Hierher gehört z. B. der Fall, daß die Kraft nicht im Querschnittsmittelpunkt angreift, sondern senkrecht darunter oder darüber. Alle Abweichungen dieser Art bringen keine Verzerrung des theoretischen Verhaltens hervor, wie die eben besprochenen, sondern sie wirken verändernd auf die Größe der Kipplast ein. Solche Einflüsse müssen daher bei den Versuchen entweder sorgfältig vermieden oder aber in der Rechnung berücksichtigt werden.

Liegt, wie in Abb. 6, der Angriffspunkt der Last um a über der Stabachse, so wird für jeden Wert von φ_0 zugleich ein y_0, d. h. eine Entfernung zwischen der Kraftrichtung und der Stabachse auftreten von der Größe $y_0 = a\,\varphi_0$; für das eingespannte Ende erhält man die Beziehung $\varphi_l = 0$, wie früher, also:

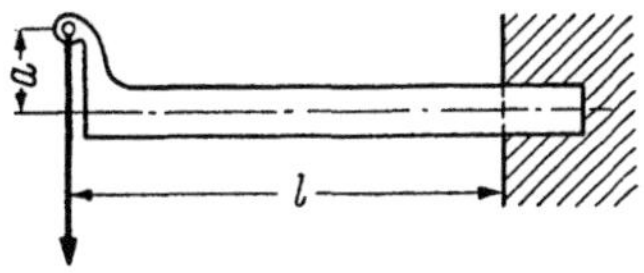

Abb. 6

$$0 = C\,\varphi_0\,\mathsf{D} + P\,y_0\,l\,\mathsf{G};$$

setzt man für y_0 seinen Wert und außerdem für $P\,l$ den Ausdruck $\frac{u}{l}\sqrt{B\,C}$, so wird, da φ_0 nun fortgelassen werden kann:

$$\mathsf{D}\sqrt{\frac{C}{B}} + u\,\mathsf{G}\,\frac{a}{l} = 0. \tag{19}$$

Aus dieser Gleichung ist u durch Probieren zu finden. Durch positives a wird u und damit P_k verkleinert; der Grenzwert für $a = \infty$ ist $u = 0$; für negative a dagegen, also Angriff unterhalb der Stabachse, wird die Kipplast erhöht; der Grenzwert für $a = -\infty$ ergibt sich aus $\mathsf{G} = 0$, es wird $u = 5{,}56$.

Soll die hier abgeleitete Beziehung zur Korrektion von Versuchsergebnissen dienen, so handelt es sich meist um sehr kleine Verhältnisse a/l; dabei empfiehlt sich dann eine Näherungsformel, die nur die erste Potenz von a/l berücksichtigt. Setzt man also

$$u = u_0 + a\,\frac{d\,u_0}{d\,a},$$

so ergibt die Differentiation der Gl. (19) nach a, wenngleich $u = u_0$ und $a = 0$ gesetzt wird:

$$\left(\frac{d\mathsf{D}}{du}\right)_0 \frac{d\,u_0}{d\,a}\sqrt{\frac{C}{B}} + \frac{u\,\mathsf{G}_0}{l} = 0, \quad \text{also} \quad \frac{d\,u_0}{d\,a} = -\frac{u_0\,\mathsf{G}_0}{\left(\frac{d\mathsf{D}}{du}\right)_0 l}\sqrt{\frac{B}{C}}.$$

Nun ergibt die Zahlenrechnung für

$$u_0 = 4{,}013, \quad \mathsf{G}_0 = -0{,}358 \quad \text{und} \quad \left(\frac{d\mathsf{D}}{du}\right)_0 = -0{,}348;$$

infolgedessen erhält man:

$$u = 4{,}013\left(1 - 1{,}03\frac{a}{l}\sqrt{\frac{B}{C}}\right),$$

und damit

$$P_k = \frac{4{,}013}{l^2}\sqrt{B\,C}\left(1 - 1{,}03\frac{a}{l}\sqrt{\frac{B}{C}}\right). \tag{20}$$

Man kann übrigens auch die Größe Δl ausrechnen, um welche l vergrößert werden muß, damit die einfache Formel (16) dasselbe P_k liefert. Es wird

$$P_k = \frac{4{,}013}{(l+\Delta l)^2}\sqrt{B\,C} = \frac{4{,}013}{l^2}\left(1 - 1{,}03\frac{a}{l}\sqrt{\frac{B}{C}}\right).$$

Wie einfach aus dem binomischen Satz hervorgeht, hat man

$$\Delta l = 0{,}515\,a\sqrt{\frac{B}{C}} \tag{21}$$

zu setzen.

4. Ähnlich, wie in Absatz 3, liegen die Verhältnisse, wenn *die Kraft* bei einer Auslenkung des Stabendes sich nicht selbst parallel bleibt, sondern *gegen einen bestimmten Punkt hin konvergiert*. Dies ist beispielsweise der Fall, wenn die Belastung des Stabes nicht durch Gewichte in einer frei schwebenden Waagschale erfolgt, sondern durch den Zug einer Schnur hervorgerufen wird, wie in der Abb. 7 dargestellt ist. Nach den ursprünglichen Festsetzungen muß hier die Z-Achse des Koordinatensystems mit der Richtung der Schnur zusammenfallen. Deshalb darf jetzt φ_l nicht mehr $= 0$ gesetzt werden, vielmehr ist, wie aus der Abbildung hervorgeht, $\varphi_l = -\frac{y_l}{e}$ zu setzen, wenn mit e die Entfernung des Stabendes vom Konvergenzpunkt bezeichnet wird. Außerdem ist $y_0 = 0$ wegen des zentrischen Kraftangriffs und $y_l' = 0$ wegen der Einspannung. Aus der letzten Bedingung folgt: $0 = C\,\varphi_0\,\mathsf{E} + P\,l^2\,y_0'$; die erste Beziehung gibt dann

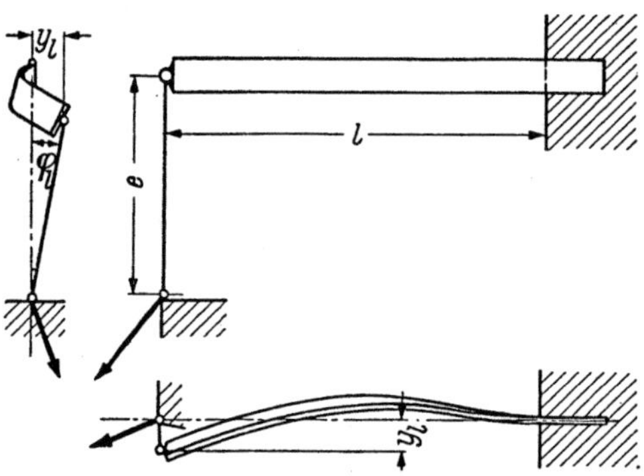

Abb. 7

$$e\,\varphi_l + y_l = 0 = e\,\varphi_0\,\mathsf{D} + \frac{C\,\varphi_0}{P\,l}(\mathsf{F} - \mathsf{E})$$

oder

$$\frac{e}{l} u \mathsf{D} + \sqrt{\frac{C}{B}} (\mathsf{F} - \mathsf{E}) = 0. \tag{22}$$

Aus der Formel ist folgendes zu entnehmen: Ist $e/l = \pm\infty$ (die Kraft bleibt sich parallel), so wird $\mathsf{D} = 0$ und $u = 4{,}0126$. Faßt man die Schnur immer kürzer und kürzer, verkleinert also e/l immer mehr und mehr, so wird die Bewegungsfreiheit des Stabendes immer mehr beschränkt, die kritische Last nimmt zu. Nähert sich e/l dem Wert Null, so wird in der Grenze $\mathsf{F} - \mathsf{E} = 0$ oder $u = 6{,}97$. In der folgenden Tabelle sind einige Werte zusammengestellt, welche ich berechnet habe.

$\frac{e}{l}\sqrt{\frac{B}{C}} =$	∞	2	1	$\frac{1}{2}$	0
$u =$	4,01	4,88	5,49	6,09	6,97

Liegt der Konvergenzpunkt oberhalb des Stabes, was z. B. dadurch zu erreichen ist, daß man mittels eines an den Enden gelenkig verbundenen Stabes auf den Versuchsstab drückt, so wird dadurch die Konstruktion geschwächt, und zwar um so mehr, je kürzer der Druckstab im Vergleich zum Versuchsstab ist. Die folgende Tabelle gibt diese Verhältnisse in Zahlen wieder.

$\frac{e}{l}\sqrt{\frac{B}{C}} =$	$-\infty$	-2	-1	$-\frac{1}{2}$	$-\varepsilon$
$u =$	4,01	3,02	2,23	1,36	0,00

Der in der letzten Spalte stehende Wert bedarf noch einer näheren Aufklärung. Ich habe nicht 0 geschrieben, sondern $-\varepsilon$, was eine sehr kleine negative Größe bedeuten soll. Für den Wert $e/l = 0$ wurde oben schon gefunden $u = 6{,}97$. Beim Übergang von positiven zu negativen Werten findet daher ein Sprung im Werte der Kipplast statt. Um klarer zu sehen, seien die Werte von u als Ordinaten zu den Werten eines Winkels ψ als Abszissen aufgetragen, der durch die Gleichung

$$\operatorname{ctg}\psi = \frac{e}{l}\sqrt{\frac{B}{C}}$$

definiert ist (Abb. 8). Bei $\psi = \pi/2$ wird die genannte Unstetigkeit sichtbar. Diese Unstetigkeit ist übrigens nicht analytischer, sondern, wenn ich so sagen darf,

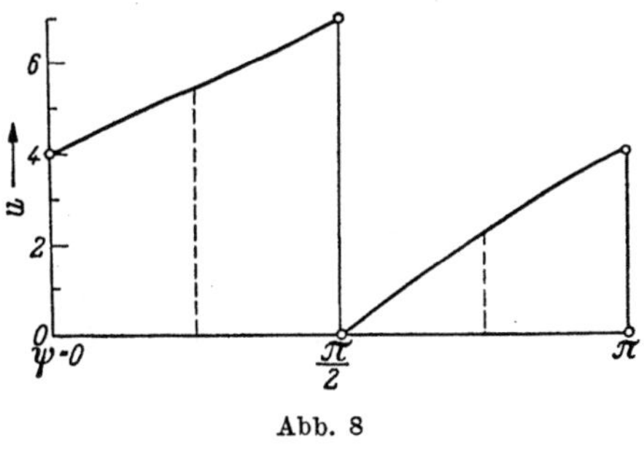

Abb. 8

praktischer Natur. Sie ist eine einfache Folgerung des schon erwähnten Satzes, daß für die kritische Last die kleinste positive Wurzel maßgebend ist. Der erste Zweig der Kurve hat sehr wohl eine stetige Fortsetzung, die aber, weil sie labilen Zuständen entspricht, für uns praktisch nicht vorhanden ist.

5. Wenn das *freie Ende* des am anderen Ende eingespannten Stabes *durch eine senkrechte Führung an seitlicher Bewegung gehindert ist,* so tritt beim Auskippen eine horizontale Zwangskraft auf, welche sich mit der senkrecht wirkenden Last zu einer schiefen Resultierenden zusammensetzen läßt. Man sieht, daß sich über φ zunächst keine bestimmten Angaben machen lassen. Dagegen wird $y_l' = 0$, $y_0 = 0$ und $y_l = 0$; die erste Bedingung liefert: $P\, l^2\, y_0' = -C\, \varphi_0\, \mathsf{E}$, die letztere $0 = C\, \varphi_0 (\mathsf{F} - \mathsf{E})$. Die Bedingung $\mathsf{F} - \mathsf{E} = 0$ ist dieselbe wie im vorigen Abschnitt die für $e = 0$. Es ist also

Abb. 9

$$u = 6{,}97 \quad \text{und} \quad P = \frac{6{,}97}{l^2} \sqrt{B\,C}\,.$$

Die Gestalt der Ausbiegung ist aus Abb. 9 ersichtlich.

6. Eine Reihe von anderen Fällen läßt sich herleiten, wenn *das eine Ende* nicht eingespannt, sondern *um eine senkrechte Achse drehbar* ist. Wird das andere Ende senkrecht geführt, so zeigt eine einfache Überlegung, daß dies nichts anderes ist als der unter 1. beschriebene Fall; u ist also $= 4{,}01$. Während die in 3. beschriebenen Verhältnisse hier unverändert Anwendung finden, ist es nicht ebenso mit den unter 4. genannten Einflüssen. Hier wird nämlich durch die Belastung mit einer Schnur die Größe der Kipplast nicht geändert, da infolge der Art der Befestigung von dem Stab eine seitliche Kraft nicht aufgenommen werden kann. Aus diesem Grunde kommt auch bei allen hierhergehörigen Fällen ein Schiefstellen der Z-Achse nicht vor, es ist also immer $\varphi_l = 0$.

Abb. 10

Wird nun dafür gesorgt, daß der Anfangsquerschnitt immer senkrecht gestellt bleibt, etwa durch eine Schlitzführung, so wird $\varphi_0 = 0$, y_0 aber wegen des auftretenden Torsionsmomentes von Null verschieden. Die Bedingung $\varphi_l = 0$ liefert dann $\mathsf{G} = 0$. Diesem entspricht $u = 5{,}56$, ein Wert, der auch schon als Grenzwert für $a = -\infty$ in 3. vorkam (s. Abb. 10).

7. Wird das *belastete Ende so geführt, daß es immer in der Ebene des Hauptbiegungsmomentes verbleiben muß* (was dadurch erreicht werden kann, daß das Ende an einer kräftigen horizontalen Achse befestigt ist, die sich zwar innerhalb der Hauptbiegungsebene beliebig verschieben kann, dabei aber immer sich selbst parallel bleiben muß), so hat man, wenn das andere Ende, wie bei 6., durch eine vertikale Achse gehalten wird, folgendes: φ_l ist, wie schon bemerkt, $= 0$; außerdem ist $\varphi_0 = 0$; y_0 ist wegen des beim Auskippen auftretenden Torsionsmomentes nicht gleich Null, dagegen ist, wenn $y_0' = 0$ gesetzt wird, $y_0 = y_l$; wegen des ferner noch auftretenden Einspannmomentes ist (hier zum erstenmal von den behandelten Fällen) y_0'' von Null verschieden. Man erhält also:

Abb. 11

$$y_l - y_0 = y_0(\mathsf{J} - 1) + y_0'' l^2 \mathsf{M} = 0$$
$$\frac{C\varphi_0}{Pl} = y_0 \mathsf{G} + y_0'' l^2 \mathsf{K} = 0.$$

Diese beiden Gleichungen sind verträglich, wenn

$$(\mathsf{J} - 1)\mathsf{K} - \mathsf{G}\mathsf{M} = 0$$

ist.

Um hieraus u zu ermitteln, wurde der Wert der linken Seite für drei Werte von u gerechnet, und zwar ergaben sich für $u = 7$, 8 und 9 die Zahlen 0,0328, $-0{,}0176$ und $-0{,}0425$. Hieraus erhielt ich durch graphische Interpolation die Wurzel $u = 7{,}58$.

8. Fügt man zu der in 7. beschriebenen Führung des belasteten Endes noch die *Einklemmung des anderen Endes* hinzu, so bestehen jetzt die Zwangskräfte der Führung in einer seitlichen Kraft, einem Torsionsmoment und einem seitlichen Biegungsmoment, es ist also (vgl. S. 21) sowohl φ_0 wie auch y_0 und y_0'' von Null verschieden. Setzt man $y_0' = 0$, so kann man, wie sich leicht ergibt, folgende Beziehungen finden:

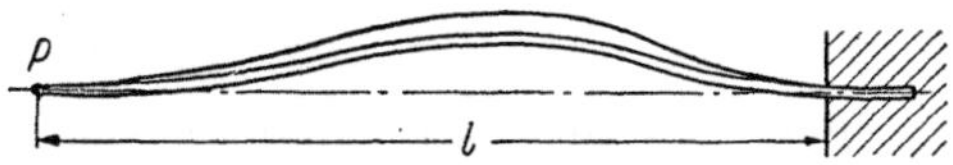

Abb. 12

$$\varphi_0 = \varphi_l; \qquad y_0 = y_l; \qquad y_l' = 0.$$

Hieraus ergibt sich:

$$C(\varphi_l - \varphi_0) = C\varphi_0(\mathsf{D} - 1) + P y_0 l \mathsf{G} \qquad + P l^3 y_0'' \mathsf{K} = 0$$
$$P l^2 y_l' = C\varphi_0 \mathsf{E} \qquad + P y_0 l \mathsf{H} \qquad + P l^3 y_0'' \mathsf{L} = 0$$
$$P l (y_l - y_0) = C\varphi_0 \mathsf{F} \qquad + P y_0 l (\mathsf{J} - 1) + P l^3 y_0'' \mathsf{M} = 0.$$

Diese 3 Gleichungen sind miteinander verträglich, wenn:

$$\begin{vmatrix} \mathsf{D} - 1 & \mathsf{G} & \mathsf{K} \\ \mathsf{E} & \mathsf{H} & \mathsf{L} \\ \mathsf{F} & \mathsf{J} - 1 & \mathsf{M} \end{vmatrix} = 0.$$

Die Ausrechnung, geführt wie bei 7., ergab $u = 11{,}03$.

Aus den letzteren Beispielen zeigt sich, wie durch jeden weiteren Freiheitsgrad, der aufgehoben wird, immer wieder die Grenzlast hinaufgerückt wird. Aber, soviel man auch die Bewegungsfreiheit des Stabes einschränken mag, immer gibt es wieder eine Last, bei der von neuem Kipperscheinungen zutage treten.

9 Von den Fällen des am Ende belasteten Stabes bleibt noch die *Beanspruchung durch ein Moment* zu erledigen. Sind die Enden nur am Verdrehen gehindert, sonst aber frei, so ist in ihnen $\varphi = 0$, das Argument des Sinus in Gl. (11) muß also für die Länge l um π anwachsen; also wird

$$\frac{M l}{\sqrt{B C}} = \pi \quad \text{oder} \quad \boldsymbol{M} = \frac{\pi}{\boldsymbol{l}} \sqrt{\boldsymbol{B C}}. \tag{23}$$

Sind die Enden eingeklemmt, so daß sie einander parallel bleiben müssen, so tritt dann noch ein Einspannmoment hinzu, das sich mit dem Hauptmoment zu einem etwas schief liegenden resultierenden Moment vereinigt, in dessen Ebene die XZ-Ebene des Koordinatensystems gelegt werden muß.

Aus der Bedingung, daß an den Enden sowohl y' wie φ beiderseits denselben Wert haben muß, ergibt sich hier

$$M = \frac{2\pi}{l} \sqrt{B C}.$$

II. Der Stab mit einer Last in der Mitte

Bei den Fällen mit zwei und mehr Zweigen wird die Rechnung bald sehr kompliziert; nur die Symmetrie kann noch eine übersichtliche Behandlung ermöglichen. Hier lassen sich, wie im vorigen Abschnitt, der durchaus nicht den Anspruch machen will, den Gegenstand erschöpft zu haben, geradesoviel Fälle aufführen, doch muß ich mich hier auf die beschränken, die wichtige neue Verhältnisse kennen lehren.

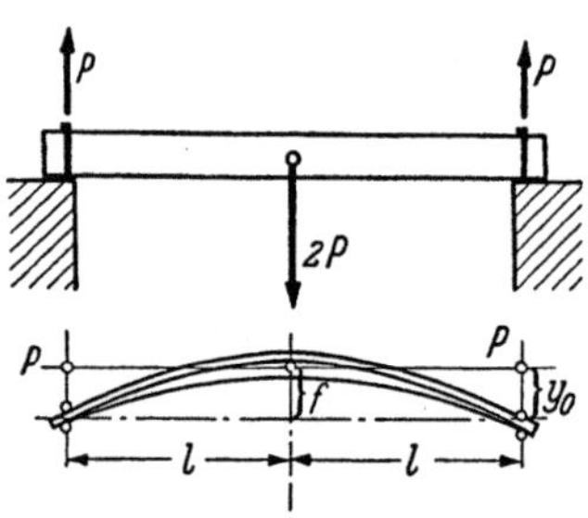

Abb. 13

1. Der Stab sei an beiden Enden gestützt und außerdem dafür gesorgt, daß *die Endquerschnitte jederzeit senkrecht stehen.* Der Koordinatenursprung ist gemäß den ursprünglichen Festsetzungen an die Auflagerstelle zu verlegen. Die an den Enden auftretenden Torsionsmomente ergeben eine Verschiebung der Auflagerkräfte P um y_0 (s. Abb. 13). Da die beiden so erhaltenen Auflagerresultierenden der Kraft $2P$ in der Mitte Gleichgewicht halten müssen, so müssen sie mit ihr in einer Ebene liegen; hieraus ergibt sich, daß y_0

gleich der Durchbiegung in der Mitte f ist. Nun ist y'_m (in der Mitte) $= 0$ wegen der Symmetrie. Außerdem ist gemäß der obigen Bedingung $\varphi_0 = 0$; wie aus der Grundrißfigur hervorgeht, ist noch $y_m = 0$, man hat also

$$y'_0 l = -y_0 \mathsf{H}$$

und

$$0 = y'_0 l + y_0 \mathsf{J} = y_0 (\mathsf{J} - \mathsf{H}).$$

Nach der Tafel wird $\mathsf{J} - \mathsf{H}$ zu Null für $u = 2{,}115$; für die Last in der Mitte ergibt sich, wenn l die halbe Spannweite bedeutet:

$$2P = \frac{4{,}23}{l^2} \sqrt{BC}. \tag{24}$$

Für die Gleichung der elastischen Linie findet man:

$$y = y_0 \left(-\mathsf{H}_m \frac{x}{l} + \mathsf{J}\right).$$

Die Verdrehung der Mitte ergibt sich zu

$$\varphi_m = y_0 \frac{Pl}{C} \mathsf{G} = -\frac{y_0}{l} 0{,}790 \cdot 2{,}115 \sqrt{\frac{B}{C}} = -1{,}67 \sqrt{\frac{B}{C}} \frac{y_0}{l}.$$

2. *Ist der Stab an beiden Enden durch starke horizontale Achsen gehalten*, so daß y'_0 und φ_0 dauernd gleich Null sind, so hat man wegen des Einspannmomentes hier die zu y''_0 gehörenden Funktionen mit zu berücksichtigen. In der Mitte ist, wie im vorigen Fall, $y_m = 0$ und $y'_m = 0$. Letzteres liefert:

$$y_0 \mathsf{H} + y''_0 l^2 \mathsf{L} = 0;$$

ersteres dagegen:

$$y_0 \mathsf{J} + y''_0 l^2 \mathsf{M} = 0;$$

hieraus die Verträglichkeitsbedingung:

$$\mathsf{H}\mathsf{M} - \mathsf{J}\mathsf{L} = 0,$$

welche durch graphische Interpolation liefert: $\boldsymbol{u} = \mathbf{3{,}25}$.

3. Die Abweichungen nach Art der Nummer 3. im vorigen Abschnitt sind hier sehr mannigfaltig, da nicht nur bei der mittleren Kraft, sondern auch bei den Auflagerkräften eine Verlegung des Kraftangriffes ausgeführt werden kann. Hier soll nur der der Ziffer 4. entsprechende Kraftangriff besprochen werden, weil er außer der dort behandelten Unstetigkeit noch eine zweite von anderer Natur aufweist.

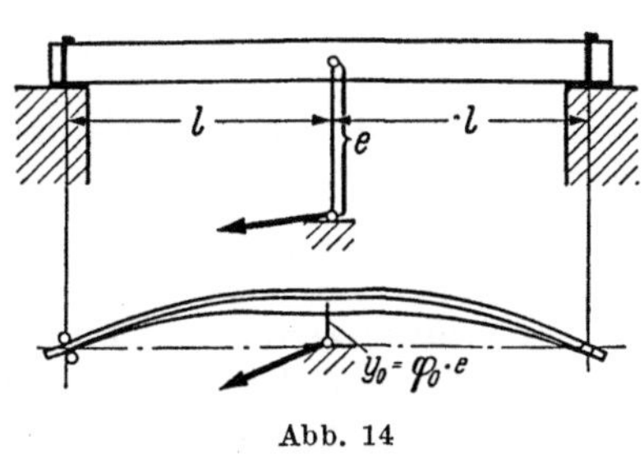

Abb. 14

Die Enden des Stabes seien befestigt wie in 1., die Kraft in der Mitte ausgeübt durch eine Schnur von der Länge e. Wie vorher ist wieder

$$y_m = 0, \quad y'_m = 0;$$

φ_0 muß hier $= \frac{y_0}{e}$ gesetzt werden. Diese Gleichungen, wie früher verwertet, liefern

$$\sqrt{\frac{C}{B}}\,(\mathsf{E}.-\mathsf{F}) + \frac{e}{l}\,u\,(\mathsf{H}-\mathsf{J}) = 0\,. \tag{25}$$

Für sehr große Werte von e nähert sich u dem Wert 2,115, für sehr kleine dem Wert 6,97. Hier ist indessen zu beachten, daß außer dieser Gestalt, die symmetrisch bezüglich der mittelsenkrechten Ebene des Stabes ist, noch eine zweite existiert, die Punktsymmetrie aufweist (Abb. 15). Diese besteht aus zwei Zweigen, von denen jeder mit dem unter I, 6 aufgeführten Fall sich deckt. u ist hier $= 5{,}56$. Diesem u entspricht in der Formel (25)

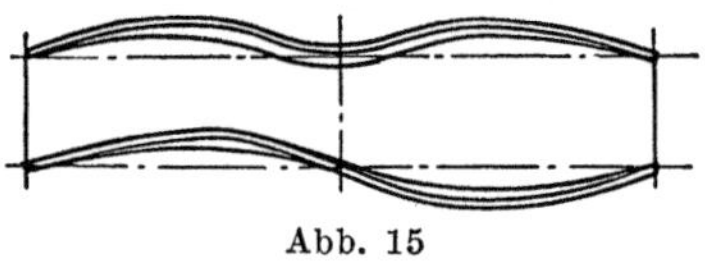

Abb. 15

$$\frac{e}{l} = 0{,}186\sqrt{\frac{C}{B}}\,.$$

Nach dem Satz von der kleinsten positiven Wurzel ergibt sich also: Solange

$$\frac{e}{l} > 0{,}186\sqrt{\frac{C}{B}}$$

ist, hat die Formel (25) Geltung, u schwankt zwischen 2,115 und 5,56, die Symmetrie ist eine Ebenensymmetrie; ist dagegen

$$\frac{e}{l} < 0{,}186\sqrt{\frac{C}{B}}\,,$$

so ist u unveränderlich $= 5{,}56$, und die Symmetrie ist eine Punktsymmetrie; wenn endlich

$$\frac{e}{l} = 0{,}186\sqrt{\frac{C}{B}}$$

ist, so können je nach Zufälligkeiten beide Symmetriearten entstehen.

III. Allgemeiner Fall des Stabes mit mehreren Zweigen

Von vornherein sei gegeben die ganze Konfiguration des Stabes und die Verhältnisse der Einzellasten. Dann ist es möglich, für jeden Zweig die resultierende Schubkraft sowohl der Lage nach als auch im Verhältnis zu den gegebenen Lasten zu ermitteln. Am einfachsten geschieht dies mit Hilfe eines Seilpolygons, bei dem der Schnittpunkt der betreffenden Seilseite mit der Schlußlinie sofort die Lage der Schubkraft V angibt; deren Größe ergibt sich aus dem Kräfteplan.

Für das Biegungsmoment an der Stelle P ergibt sich aus Zweig 1: $M_{12} = V_1\, a$; aus Zweig 2: $M_{12} = V_2\, b$; infolgedessen erhält man für u_{1P}

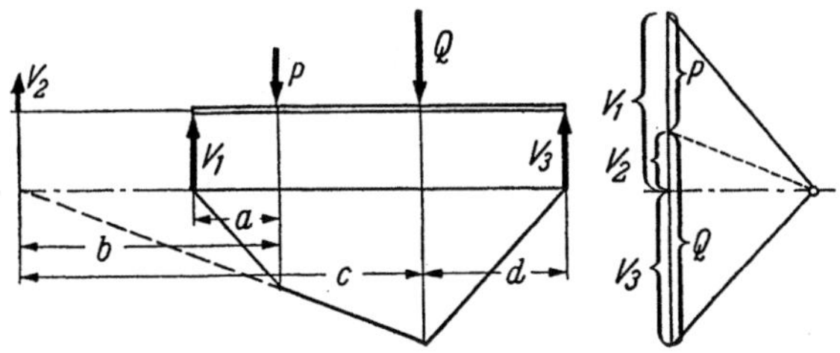

Abb. 16

(Parameter des ersten Feldes an der Stelle von P)

$$u_{1P} = \frac{V_1 a^2}{\sqrt{BC}} = \frac{M_{12}\, a}{\sqrt{BC}}; \quad \text{ebenso für } u_{2P}: \quad u_{2P} = \frac{V_2 b^2}{\sqrt{BC}} = \frac{M_{12} b}{\sqrt{BC}};$$

also hat man die Proportion

$$u_{1P} : u_{2P} = a : b;$$

ebenso ist

$$u_{2Q} : u_{3Q} = c : d;$$

außerdem findet man

$$u_{2Q} : u_{2P} = c^2 : b^2;$$

hiermit lassen sich wie folgt, alle u durch u_{1P} ausdrücken:

$$u_{2Q} : u_{1P} = c^2 : a\, b$$

und

$$u_{3Q} : u_{1P} = c\, d : a\, b.$$

Nach diesen Vorarbeiten kann man an die Berechnung der Kipperscheinung gehen. Für jeden Zweig hat man die Werte von φ_0, y_0 und y_0'' zu ermitteln. Außerdem sind noch Größen nötig, welche die gegenseitige Lage der Koordinatensysteme der einzelnen Zweige feststellen; letzteres kann dadurch erreicht werden, daß man alle Koordinatensysteme auf das eines bestimmten Zweiges, etwa des ersten bezieht. Die Z-Koordinaten wurden bisher immer vernachlässigt; dasselbe kann mit gleichem Recht auch hier geschehen; die X-Koordinaten sind schon durch das Vorausgehende bestimmt. Es ist daher nur mehr anzugeben die Y-Koordinate des betreffenden Koordinatenursprunges für das Bezugskoordinatensystem, Y_i, der Winkel der beiden Z-Achsen, Φ_i und der Winkel zwischen beiden X-Achsen, Y_i'. Da übrigens y_0' für die einzelnen Zweige seinerzeit unbestimmt blieb, kann man hier auch alle $Y' = 0$ setzen und die nötige Verdrehung des betreffenden Kurvenstückes durch sein y_0' ausdrücken.

Für n-Zweige hat man nach dem Vorausgehenden $3n$ charakteristische Größen (φ_0 usw.) und $3(n-1)$ Beziehungen zwischen den Koordinatensystemen, zusammen also $6n-3$ Größen zu bestimmen. Zur Bestimmung dieser Größen stehen $6n-3$ Gleichungen zur Verfügung: Für jeden Zweig hat man drei Aussagen, die im Prinzip drei Gleichgewichtsbedingungen darstellen, nämlich eine Komponentengleichung für die seitlichen Kräfte (φ_0), eine Momentengleichung für die Torsionsmomente (y_0) und eine für die seitlichen Biegungsmomente (y_0''). Für die Zweige an den Enden des Stabes erscheinen freilich diese Aussagen meist in anderer Form, indem es hier möglich ist, anstatt der Zwangskräfte gleich ihre Wirkungen (die oben in Klammern beigefügt sind), in die Formeln einzuführen.

Zu diesen $3n$ Gleichungen kommen noch $3(n-1)$ Übergangsbedingungen, die dafür zu sorgen haben, daß an den Grenzen die Werte von y, y' und φ, auf das gemeinsame Hauptkoordinatensystem bezogen, stetig ineinander übergehen.

Im idealen Fall sind auch hier wieder die rechten Seiten der Gleichungen $= 0$; die Verträglichkeitsdeterminante ergibt im Zusammenhang mit den oben angeschriebenen Verhältnissen der u das Mittel zur Bestimmung der kritischen Belastung. Sind dagegen Abweichungen vorhanden, so ergibt sich für jede Belastung eine bestimmte elastische Linie, die dann für die kritische Belastung zu endlichen Ausbiegungen führt.

Ursprünglich hatte ich vor, auch hier einige Beispiele zu bringen, aber wegen des Umfanges der Schrift, der größer ausfiel, als ich erwartete, muß ich darauf verzichten.

Noch ein Wort über *statisch unbestimmte Belastung*, d. h. solche Belastung, bei der die Hauptbiegungsmomente nur unter Berücksichtigung der elastischen Formänderung ermittelt werden können. Ich habe alle derartigen Fälle in den Beispielen absichtlich vermieden. Da nämlich während des Auskippens auch die Z-Koordinate der elastischen Linie sich ändert, so steht zu erwarten, daß dadurch auch das statisch unbestimmte Moment geändert wird. Für den idealen Fall freilich kann sich die Kipplast dadurch nicht ändern, da bis zu dieser Last y, φ usw. überhaupt gleich Null sind. Für den praktischen Fall dagegen ist es bei den unvermeidlichen Abweichungen sehr wohl denkbar, daß der Einfluß des y und φ auf die Durchbiegung in der Z-Richtung, der in y und φ von der zweiten Ordnung ist, gegenüber z nicht vernachlässigt werden darf, besonders wenn z wegen eines sehr großen B_1 sehr klein ausfällt. Jedenfalls müßten, um diese Frage zu entscheiden, diese Größen zweiter Ordnung Berücksichtigung finden. Da die Frage jedoch anscheinend eine praktische Bedeutung nicht besitzt und jedenfalls sehr langwierige Rechnungen im Gefolge hätte, habe ich mich näher damit nicht beschäftigt.

II. Abschnitt

Spezielle Verbesserungen und Erweiterungen der Theorie

Im bisherigen wurde die allgemeine Theorie der Kipperscheinungen in allen ihren hauptsächlichsten Zügen zur Darstellung gebracht. Im Folgenden soll wiederum auf den einfachen Fall zurückgegriffen werden, bei dem ein Ende eingespannt und das andere frei ist, und speziell für diesen Fall sollen die Wirkungen einer Reihe von Einflüssen (Eigengewicht, Hauptbiegung und Schiefstellung des Stabes) studiert werden, deren Kenntnis teils für die Beurteilung der Versuchsergebnisse von Wichtigkeit, teils auch sonst von Interesse ist.

A. Einfluß des Eigengewichtes

In allen bisherigen Rechnungen wurde das Eigengewicht der Stäbe vernachlässigt. Jetzt soll, wenigstens für den an einem Ende eingespannten Stab, der Einfluß desselben festgestellt werden. Die Annahme, daß die Ausschläge klein sind, muß natürlich auch hier festgehalten werden.

Zunächst handelt es sich jetzt darum, an Stelle der Gl. (3a) und (4) die den hier gestellten Forderungen entsprechenden zu setzen. Da der Stab, wie immer vorausgesetzt, prismatisch ist, ist das Eigengewicht gleichmäßig auf die Länge verteilt, und zwar soll die Längeneinheit des Stabes das Gewicht p haben.

Bedient man sich desselben Koordinatensystems wie in Abschn. I, so wird der von der am Stabende konzentrierten Last stammende Teil des Biegungsmomentes gleich Px, der vom Eigengewicht herrührende ist gleich der Kraft $p\,x$ mal dem Hebelarm des Schwerpunktes $x/2$, also $= p\,\frac{x^2}{2}$. Die erweiterte Gl. (3) lautet infolgedessen:

$$B_2\,y'' = -\varphi\left(P\,x + \frac{p\,x^2}{2}\right). \qquad (26)$$

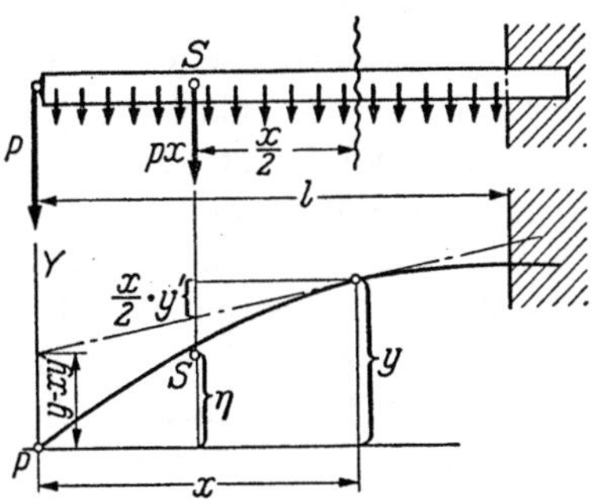

Abb. 17

Nun das Torsionsmoment: Der von P stammende Anteil ist wie früher $= P(y - x\,y')$. Das Torsionsmoment des Eigengewichtes ist dargestellt durch das Produkt aus dem Gewicht $p\,x$ des Stückes links von dem betreffenden Querschnitt und dem Abstand des Schwerpunktes dieses Stückes von der Tangente an die Stabachse im Punkt x, y.

Dieser Abstand ist gemäß Abb. 17

$$= y - y'\,\frac{x}{2} - \eta = y - y'\,\frac{x}{2} - \frac{1}{x}\int_0^x y\,dx.$$

(Dieser letztere Wert wird durch Vereinfachung gewonnen aus $\int y\,ds = \eta \int ds$).

Das Torsionsmoment kann nun angeschrieben werden:

$$P(y - x\,y') + p\left(x\,y - \frac{x^2}{2}\,y' - \int\limits_0^x y\,dx\right).$$

Hiermit erhält man statt Gl. (4):

$$C\,\varphi' = P(x\,y' - y) + p\left(\int\limits_0^x y\,dx - x\,y + \frac{x^2\,y'}{2}\right). \qquad (27)$$

Durch Differenzieren nach x ergibt sich hieraus:

$$C\,\varphi'' = \left(P\,x + p\,\frac{x^2}{2}\right)y''. \qquad (28)$$

Führt man hier noch den Wert von y'' aus Gl. (26) ein, so gelangt man zur Differentialgleichung des Problems:

$$\boldsymbol{B_2\,C\,\varphi'' = -\left(P\,x + \frac{1}{2}\,p\,x^2\right)^2 \varphi}. \qquad (29)$$

Die hier zum Quadrat erhobene Größe ist nichts anderes als das Biegungsmoment an der Stelle x, wie aus der Ableitung von Gl. (26) ersichtlich ist; bezeichnet man dieses Biegungsmoment mit M, so kann man schreiben

$$\boldsymbol{B_2\,C\,\varphi'' = -M^2\,\varphi}, \qquad (29\text{a})$$

eine Gleichung, die äußerlich mit Gl. (6b) übereinstimmt; während indes dort M konstant ist, ist es hier eine Funktion von x.

Nun läßt sich zeigen, daß die Gl. (29a) auch dann noch Gültigkeit hat, wenn die Belastung pro Längeneinheit p eine ganz willkürliche Funktion von x ist; Bedingung ist dabei nur, daß wie bisher der Stabquerschnitt konstant sei, ferner, daß die Kräfte sämtlich in der Stabachse angreifen und unter sich parallel sind.

Wegen dieser umfassenden Bedeutung könnte man Gl. (29) geradezu als die *Grundgleichung der Kipperscheinungen* bezeichnen, da die bisherigen Fälle sämtlich in ihr enthalten sind. Leider ist es mir, da ich diese Beziehung erst während der Ausarbeitung der Reinschrift auffand, nicht mehr möglich, sie an die Stelle zu rücken, wohin sie wegen ihrer Bedeutung gehört. An den Ergebnissen der Arbeit freilich ändert die neue Beziehung nichts, da sich bei weniger einfachen Funktionen für M die Rechnungsschwierigkeiten so sehr mehren, daß eine Bearbeitung bald aussichtslos wird. — Ich bin noch den Beweis schuldig für die Behauptung der allgemeinen Gültigkeit von Gl. (29a). Man kann ververfahren wie oben. Zunächst ergibt sich aus Gl. (3): $B_2\,y'' = -M\,\varphi$. In dem Ausdruck für das Torsionsmoment muß, wenn p eine beliebige

Funktion ist, statt $p\,x$ $\int p\,d\,x$ eingeführt werden; der Schwerpunktabstand von der Y-Achse ist nicht mehr $x/2$, sondern

$$\xi = \frac{\int x\,p\,d\,x}{\int p\,d\,x},$$

der von der X-Achse

$$\eta = \frac{\int y\,p\,d\,x}{\int p\,d\,x};$$

führt man in dem Ausdruck $\int p\,d\,x(y-(x-\xi)\,y'-\eta)$, der das Torsionsmoment darstellt, diese Größen ein und differenziert, so vereinfacht sich das Erhaltene zu $y''(\int x\,p\,d\,x - x\int p\,d\,x)$. Beachtet man, daß

$$p = \frac{d^2 M}{d\,x^2}$$

ist (s. Föppl, Festigkeitslehre, S. 241), so ergibt dieser Ausdruck, der nach dem früheren auch $= -C\,\varphi''$ ist, den Wert

$$y''\left(\int x\frac{d^2 M}{d\,x^2}\,d\,x - x\frac{d\,M}{d\,x}\right)$$

oder nach einer partiellen Integration $C\,\varphi'' = y''\,M$, was mit der obenstehenden Gleichung kombiniert die Gl. (29a) liefert.

Im allgemeinsten Fall ist auch noch in der $X\,Y$-Ebene eine Belastung vorhanden, welche ein Biegungsmoment M_2 liefert — das bisher mit M bezeichnete Moment in der XZ-Ebene möge jetzt M_1 heißen —, außerdem sei durch beliebig exzentrischen Angriff der Kräfte ein Torsionsmoment M_3 außer dem erst während des Kippens entstehenden vorhanden. Läßt man endlich auch die Bedingung des konstanten Querschnittes fallen, so daß also nicht nur M_1, M_2 und M_3, sondern auch B_1, B_2 und C beliebige Funktionen von x sind, so erhält man auf dem gleichen Weg wie oben die Gleichungen $B_2\,y_0'' = -M_1\,\varphi - M_2$ und

$$C\,\varphi' = -\left(M_1'(y - x\,y') + y'\int M_1''\,x\,d\,x - \int M_1''\,y\,d\,x\right) + M_3;$$

letztere Gleichung liefert durch Differenzieren:

$$C\,\varphi'' + C'\,\varphi' = y''\,M_1 + M_3'.$$

Durch Kombination mit der ersten Gleichung ergibt sich hieraus die *allgemeinste Differentialgleichung der Kipperscheinungen* wie folgt:

$$B_2(C\,\varphi'' + C'\,\varphi' - M_3') + M_1^2\,\varphi + M_1\,M_2 = 0.$$

Zu dem speziellen Problem zurückkehrend schreibe ich Gl. (29) in etwas veränderter Form nochmal an:

$$B_2\,C\,\varphi'' = -\left(P^2\,x^2 + P\,p\,x^3 + \frac{p^2\,x^4}{4}\right)\varphi.$$

Entwickelt man die Lösung in eine Potenzreihe, so ergibt sich für die Koeffizienten die Rekursionsformel:

$$A_n = -\frac{P^2 A_{n-4} + P\,p\,A_{n-5} + \frac{1}{4}\,p^2 A_{n-6}}{n(n-1)\,B\,C}. \tag{30}$$

Die Lösung der Gl. (29) muß zwei willkürliche Konstanten haben. Als diese können A_0 und A_1 angesehen werden. Setzt man nun gemäß den speziellen Voraussetzungen des Problems $y_0 = 0$, so ist aus Gl. (27) ersichtlich, daß auch $\varphi_0' = 0$ sein muß; also ist $A_1 = 0$ und nur $A_0 = \varphi_0$ noch vorhanden.

Ist der Stab *ganz allein der Einwirkung seines Eigengewichtes* oder einer anderweitig gleichförmig verteilten Belastung unterworfen, so ist in den Formeln $P = 0$ zu setzen. Gl. (30) reduziert sich dann zu

$$A_n = -\frac{p^2 A_{n-6}}{4n(n-1)\,B\,C} = -\frac{K\,A_{n-6}}{n(n-1)}, \quad \text{wenn} \quad \frac{p^2}{4BC} = K$$

gesetzt wird; hiermit wird

$$\varphi = \varphi_0\left(1 - \frac{x^6 K}{6\cdot 5} + \frac{x^{12} K^2}{12\cdot 11\cdot 6\cdot 5} - \frac{x^{18} K^3}{18\cdot 17\cdot 12\cdot 11\cdot 6\cdot 5} + \cdots\right).$$

Diese spezielle Lösung für $P = 0$ ist wieder eine BESSELsche Funktion, und zwar ist die in der Klammer befindliche Reihe identisch mit

$$\left(\frac{\sqrt{K}}{6}\right)^{1/6} \Gamma\left(\frac{5}{6}\right) \sqrt{x}\; J_{-1/6}\left(\frac{x^3}{3}\sqrt{K}\right).$$

Ist das befestigte Ende des Stabes so eingespannt, daß die große Querschnittshauptachse in die Richtung der Schwerkraft zu liegen kommt, so ist hier (für $x = l$) $\varphi = 0$ zu setzen. Bezeichnet man noch die Größe

$$l^6 M = \frac{l^6 p^2}{4BC},$$

welche dimensionslos ist, mit w, so hat man:

$$0 = 1 - \frac{w}{6\cdot 5} + \frac{w^2}{12\cdot 11\cdot 6\cdot 5} - \frac{w^3}{18\cdot 17\cdot 12\cdot 11\cdot 6\cdot 5} + \cdots.$$

Die kleinste Wurzel dieser Gleichung ist $w = 41{,}3$.

Die Länge also, bei welcher ein Stab von gegebenem Profil durch sein Eigengewicht umkippt, ergibt sich aus

$$\frac{l^6 p^2}{4BC} = 41{,}3$$

zu:

$$\boldsymbol{l = 2{,}345\sqrt[6]{\frac{BC}{p^2}}}. \tag{31}$$

Die zweite Aufgabe, die hier gelöst werden soll, ist die, eine brauchbare Formel für den Einfluß des Eigengewichtes auf die Größe der

Kipplast zu gewinnen für den Fall, daß dieses Eigengewicht nur einen Bruchteil der beobachteten Last ausmacht. Zunächst muß die Reihe für φ, die aus der Rekursionsformel (30) hervorgeht, in eine für diesen Zweck passende Form gebracht werden. Wie vorher, so muß auch hier für $x = l$ $\varphi = 0$ werden, also

$$\begin{aligned}0 = \varphi_0 \Big[1 &- \frac{l^4 P^2}{B C}\left(\frac{1}{4 \cdot 3} + \frac{p\, l}{P \cdot 5 \cdot 4} + \frac{p^2 l^2}{P^2 \cdot 6 \cdot 5 \cdot 4}\right) \\ &+ \left(\frac{l^4 P^2}{B C}\right)^2 \left(\frac{1}{8 \cdot 7 \cdot 4 \cdot 3} + \frac{p\, l}{P \cdot 9 \cdot 5 \cdot 4 \cdot 3} + \frac{p^2 l^2 \cdot 19}{P^2 \cdot 10 \cdot 9 \cdot 8 \cdot 6 \cdot 5} + \cdots\right) \\ &- \left(\frac{l^4 P^2}{B C}\right)^3 \left(\frac{1}{12 \cdot 11 \cdot 8 \cdot 7 \cdot 4 \cdot 3} + \frac{pl \cdot 101}{P \cdot 13 \cdot 12 \cdot 9 \cdot 8 \cdot 7 \cdot 5 \cdot 4 \cdot 3} + \cdots\right) \\ &+ \left(\frac{l^4 P^2}{B C}\right)^4 \left(\frac{1}{16 \cdot 15 \cdot 12 \cdot 11 \cdot 8 \cdot 7 \cdot 4 \cdot 3} + \cdots\right)\Big].\end{aligned}$$

Die Größe $p\, l$ ist nichts anderes als das Gewicht G des Stabes. Setzt man das Verhältnis $G : P = \delta$, ferner noch wie früher

$$\frac{l^4 P^2}{B C} = u^2,$$

so ergibt sich:

$$\begin{aligned}0 = 1 &- u^2 (0{,}08333 + 0{,}05\,\delta + 0{,}008333\,\delta^2) \\ &+ u^4 (0{,}0014881 + 0{,}001852\,\delta + \cdots \delta^4) \\ &- u^6 (\cdots) + u^8 (\cdots) - \cdots.\end{aligned}$$

Diese Gleichung gestattet für beliebige Werte von δ das zugehörige u zu finden. Ich habe die Rechnung durchgeführt für $\delta = 0{,}05$, $0{,}1$, $0{,}2$ und $0{,}3$. Bei höheren Werten von δ konvergieren die gerechneten Werte nicht mehr genügend, weshalb von einer Berechnung der entsprechenden u Abstand genommen wurde. Das in den Formeln vorkommende P (die Last, welche zur Wirkung des Eigengewichtes noch hinzutreten muß, um den Stab zum Kippen zu bringen) ist, wie der Fall gewöhnlich liegt, die gesuchte Größe, es ist daher auch $\delta = G/P$ von vornherein nicht bekannt. Ich führe daher eine andere Größe $\delta_1 = G/P_0$ ein, wobei P_0 die ohne Berücksichtigung des Eigengewichtes sich ergebende Kipplast bedeutet. Da $P : P_0 = u : u_0$ ist, ergibt sich

$$\delta_1 = \delta \frac{P}{P_0} = \delta \frac{u}{u_0}.$$

In der folgenden Tabelle sind die gerechneten Werte von δ, u und δ_1 zusammengestellt:

$\delta = 0$	$u = 4{,}013$	$\delta_1 = 0{,}00$
0,05	3,955	0,049
0,1	3,90	0,097
0,2	3,795	0,189
0,3	3,695	0,276

Nun wurden die zugehörigen Werte von u und δ_1 als Ordinaten und Abszissen auf Millimeterpapier aufgetragen. Die Zeichnung ergab, daß die Punkte in dem berechneten Bereich sehr genau auf einer Geraden liegen, so genau, daß ich nicht entscheiden konnte, ob die Kurve konkav oder konvex gekrümmt ist.

Aus der Neigung der Geraden ergab sich die Formel:

$$u = 4{,}013 - 1{,}15\,\delta_1 .$$

Für die Kipplast ergibt sich hieraus:

$$P = P_0\left(1 - \frac{1{,}15}{4{,}013}\,\delta_1\right) = P_0 - 0{,}287\,G. \tag{32}$$

Diese Gleichung gilt mit Sicherheit bis $\delta_1 \approx 0{,}3$.

Daß sie auch darüber hinaus nicht allzuviel falsch sein kann, zeigt noch folgendes: Löst man die für die alleinige Einwirkung des Eigengewichtes gewonnene Formel nach $p\,l = G$ auf, so ergibt sich

$$G = \frac{12{,}85}{l^2}\sqrt{B\,C}.$$

Dem Wert $P = 0$, der diesem Fall entspricht, ist demnach

$$\delta_1 = \frac{12{,}85}{4{,}013} = 3{,}20$$

zugeordnet. Der Stab kann also, wie sich hieraus ergibt, mehr als dreimal soviel tragen, bevor er umkippt, wenn die Last gleichförmig über die ganze Länge verteilt ist, als wenn sie am Ende angreift.

Die Formel (32) gibt nun für $\delta_1 = 3{,}2$ $P = 0{,}082\,P_1$ statt $P = 0$, also bei mehr als dem Zehnfachen des berechneten Bereiches erst etwa 8% Abweichung.

Schreibt man statt der Gl. (32) die folgende:

$$P = P_0 - 0{,}287\,G - 0{,}008\,\frac{G^2}{P_0}, \tag{32a}$$

so ist der Punkt $P = 0$ richtig mitenthalten. Nach meiner Schätzung dürfte dann P in dem ganzen Bereich nirgends mehr als ein paar Prozente von dem berechneten Wert abweichen.

B. Einfluß der Hauptbiegung

Bisher wurde immer angenommen, daß die Biegungssteifigkeit in der Richtung der großen Querschnittshauptachse, B_1, so groß ist gegenüber B_2, daß die Biegung in der Z-Richtung sehr klein ausfällt und so keine merkliche Einwirkung auf die Größe der Kipplast hervorbringt. Für die in der Technik geforderte Genauigkeit würde die einfache Formel immer ausreichen, da bei Stäben, bei denen B_1 und B_2 nicht *sehr* verschieden sind, wenigstens soweit die technischen Konstruktionsmaterialien in Betracht kommen, immer noch vor dem Kippen die zulässigen Festigkeitsgrenzen überschritten werden. Handelt es sich aber darum, die Versuchsergebnisse mit denen der Rechnung zu vergleichen, so darf man von letzteren erwarten, daß sie so genau als irgend möglich sind.

Als Koordinatensystem sei wieder festgesetzt: Z-Achse = Richtung der Kraft, X-Achse senkrecht dazu parallel der ursprünglichen Kraft-Stab-Ebene, Y-Achse senkrecht zu den beiden anderen.

Für die Hauptbiegung vor dem Auskippen findet man nach Gl. (1) $B_1 z'' = -P x$; hieraus

$$z' = z_0' - \frac{P x^2}{2 B_1}. \tag{33}$$

z_0' ist dabei analog den früheren Bezeichnungen die Neigung der elastischen Linie im Anfangsquerschnitt. Die Gl. (33) ist natürlich nur so lange gültig, als die Größen der zweiten Ordnung vernachlässigt werden können. Wegen der Größe von B_1 ist dies übrigens praktisch immer der Fall.

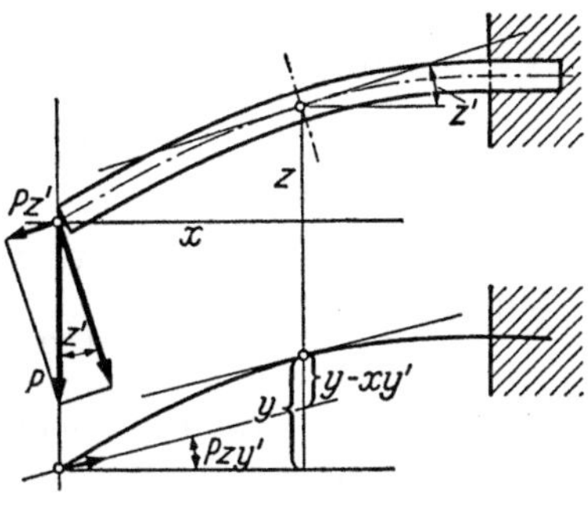

Abb. 18

Zerlegt man nun P in zwei Komponenten, wovon die eine der Richtung der Tangente an den Punkt x, y, z der elastischen Linie (s. Abb. 18) parallel ist, die andere dagegen in der dazu senkrechten Ebene liegt, so liefert die erste Komponente, welche die Größe $P z'$ hat, ein seitliches Biegungsmoment $P z' (y - x y')$. Die andere Komponente, die unter Vernachlässigung der kleinen Größen zweiter Ordnung gleich P ist, trägt zur seitlichen Krümmung nach Gl. (3) bei:

$$y_2'' = -P x \psi \frac{B_1 - B_2}{B_1 B_2}$$

(hier muß auf diesen ausführlicheren Ausdruck zurückgegriffen werden). ψ bedeutet den Winkel zwischen der großen Querschnittshauptachse im Punkt x, y, z und der letzteren Komponente von P. Unter Vernachlässigung der zweiten Ordnung kann dieser Winkel gleich der Differenz zwischen dem Winkel φ und dem Winkel gesetzt werden, den die genannte Komponente mit der XZ-Ebene bildet; dieser ist aber, wie aus der Figur zu entnehmen ist, $= z' y'$.

Nun wird also:

$$y'' = \frac{P z'}{B_2} (y - x y') - P x \frac{B_1 - B_2}{B_1 B_2} (\varphi - z' y'),$$

oder wenn man $(z' B_2)/B_1$ als klein von der zweiten Ordnung streicht:

$$y'' = \frac{P}{B_2}\left(z' y - x \varphi \cdot \frac{B_1 - B_2}{B_1}\right).$$

Dieses Ergebnis hätte man auch sofort erhalten können, wenn man P nicht wie angegeben, sondern in der XZ-Ebene zerlegt hätte. Aber es wäre dann nicht von vornherein klar gewesen, ob nicht dabei eine unzulässige Vernachlässigung untergelaufen wäre. —

Nun wird der Wert von z' aus Gl. (33) eingetragen, man erhält:

$$y'' = \frac{P z_0'}{B_2} y - \frac{P^2 x^2}{2 B_1 B_2} y - \frac{P(B_1 - B_2)}{B_1 B_2} x \varphi.$$

Bezeichnet man jetzt zur Abkürzung die Konstanten

$$\frac{P z_0'}{B_2} = L, \quad \frac{P^2}{2 B_1 B_2} = M \quad \text{und} \quad \frac{P^2 (B_1 - B_2)}{C B_1 B_2} = N,$$

so erhält die Gleichung folgende Gestalt:

$$y'' = L y - M x^2 y - N \frac{C}{P} x \varphi. \tag{34}$$

Zu dieser Gleichung tritt hinzu die Gl. (4), welche unverändert Geltung hat:

$$C \varphi' = P(x y' - y).$$

Hier ist die Auflösung nach y die einfachere. Zu diesem Zweck wird Gl. (34) einmal differenziert. Man erhält:

$$y''' = L y' - M(x^2 y' + 2 x y) - \frac{N C}{P}(x \varphi' - \varphi).$$

Trägt man noch die Werte von φ und φ' aus Gl. (34) und (4) ein, so ergibt sich nach Ordnung der Glieder die Differentialgleichung des Problems:

$$x y''' - y'' - L(x y' - y) + M(x^3 y' + x^2 y) + N(x^3 y' - x^2 y) = 0. \tag{35}$$

Für die Auflösung dieser Gleichung durch Potenzreihen findet sich hieraus die Rekursionsformel:

$$A_n = \frac{1}{n(n-1)(n-3)} \times$$
$$\times \left((n-3) L A_{(n-2)} - (n-3) M A_{(n-4)} - (n-5) N A_{(n-6)}\right).$$

Auch hier sei gleich von Anfang an $y_0 = 0$ gesetzt; dann muß auch $y'' = 0$ gesetzt werden, wie aus Gl. (34) hervorgeht. Als willkürliche Konstanten sind jetzt noch vorhanden (wie man sich durch Einsetzen überzeugen kann):

$$y'_0 = A_1 \quad \text{und} \quad y'''_0 = 6A_3.$$

Schon weil Gl. (33) nur bis auf die erste Ordnung richtig ist, kann es sich hier nur darum handeln, den Einfluß erster Ordnung festzustellen, der von der Hauptkrümmung ausgeübt wird. Deshalb werden in den folgenden Potenzreihen die Größen L und M, die gegenüber N von der Größenordnung der z' sind, immer vernachlässigt, wenn sie quadratisch oder in höheren Potenzen vorkommen. Mit dieser Vereinfachung erhält man:

$$y = y'_0 x + y'_0 M\left(-\frac{x^5}{5\cdot 4} + \frac{x^9 N}{9\cdot 8\cdot 6\cdot 5} - \frac{x^{13} N^2}{13\cdot 12\cdot 10\cdot 9\cdot 6\cdot 5} + \cdots\right) +$$

$$+ y'''_0 \left\{\left(\frac{x^3}{3\cdot 2} - \frac{x^7 N}{7\cdot 6\cdot 4\cdot 3} + \frac{x^{11} N^2}{11\cdot 10\cdot 8\cdot 7\cdot 4\cdot 3} - \cdots\right) +\right.$$

$$+ L\left(\frac{x^5}{5\cdot 4\cdot 3\cdot 2} - \frac{19 x^9 N}{9\cdot 8\cdot 7\cdot 6\cdot 5\cdot 4\cdot 3} + \frac{1942 x^{13} N^2}{15\cdot 14\cdot 12\cdot 11\cdot 8\cdot 7\cdot 4\cdot 3} + \cdots\right) +$$

$$+ M\left(-\frac{x^7}{7\cdot 6\cdot 3\cdot 2} + \frac{x^{12} N}{11\cdot 8\cdot 7\cdot 6\cdot 3\cdot 2} -\right.$$

$$\left.\left. - \frac{272 x^{15} N^2}{15\cdot 14\cdot 12\cdot 11\cdot 10\cdot 8\cdot 7\cdot 6\cdot 4\cdot 3} + \cdots\right)\right\}.$$

Hieraus ist y' und dann φ zu rechnen, letzteres mit Hilfe von Gl. (4). Setzt man vorübergehend $y = A_n x^n$, so wird hiernach

$$C\varphi' = P(n-1) A_n x^n \quad \text{und} \quad C\varphi = P\frac{n-1}{n+1} A_n x^{n+1}.$$

Mit Hilfe dieser Formel kann φ einfach angeschrieben werden:

$$\frac{C}{P}\varphi = \frac{C}{P}\varphi_0 + y'_0 M\left(-\frac{x^6}{6\cdot 5} + \frac{x^{10}}{10\cdot 9\cdot 6\cdot 5} - \cdots\right) +$$

$$+ y'''_0 \left\{\left(\frac{x^4}{4\cdot 3} - \frac{x^8 N}{8\cdot 7\cdot 4\cdot 3} - \cdots\right) + L(\cdots) + M(\cdots)\right\}.$$

Setzt man die so erhaltenen Werte in Gl. (34) ein, so tritt Identität ein, wenn noch die Beziehung besteht:

$$y'''_0 - y'_0 L + \frac{\varphi_0 C}{F} N = 0. \tag{36}$$

Die Grenzbedingungen bestehen darin, daß für $x = l$ φ und y' zu Null werden müssen.

Zur einfacheren Berechnung der Reihen sei die Größe $N l^4$, die früher mit u^2 bezeichnet wurde, jetzt mit w bezeichnet.

Dann wird

$$\frac{N C}{P} \varphi_l = 0 =$$

$$\frac{N C}{P} \varphi_0 + y_0' l^2 M \left(- \frac{w}{6 \cdot 5} + \frac{w^2}{10 \cdot 9 \cdot 6 \cdot 5} - \frac{w^3}{14 \cdot 13 \cdot 10 \cdot 9 \cdot 6 \cdot 5} + \cdots \right) +$$

$$+ y_0''' \left\{ \left(\frac{w}{4 \cdot 3} - \frac{w^2}{8 \cdot 7 \cdot 4 \cdot 3} + \frac{w^3}{12 \cdot 11 \cdot 8 \cdot 7 \cdot 4 \cdot 3} - \cdots \right) + \right.$$

$$+ L l^2 \left(\frac{w}{6 \cdot 5 \cdot 3 \cdot 2} - \frac{19 w^2}{10 \cdot 9 \cdot 7 \cdot 6 \cdot 5 \cdot 4 \cdot 3} + \cdots \right) +$$

$$\left. + \frac{M}{N} \left(- \frac{w^2}{8 \cdot 7 \cdot 3 \cdot 2} + \frac{10 w^3}{12 \cdot 11 \cdot 8 \cdot 7 \cdot 6 \cdot 3 \cdot 2} - \cdots \right) \right\}$$

$$N l^2 y_l' = l^2 y_0' N + l^2 y_0' M \left(- \frac{w}{4} + \frac{w^2}{8 \cdot 6 \cdot 5} - \frac{w^3}{12 \cdot 10 \cdot 9 \cdot 6 \cdot 5} + \cdots \right) +$$

$$+ y_0''' \left\{ \left(\frac{w}{2} - \frac{w^2}{6 \cdot 4 \cdot 3} + \frac{w^3}{10 \cdot 8 \cdot 7 \cdot 4 \cdot 3} - \cdots \right) + \right.$$

$$+ L l^2 \left(\frac{w}{4 \cdot 3 \cdot 2} - \frac{19 w^2}{8 \cdot 7 \cdot 6 \cdot 5 \cdot 4 \cdot 3} + \cdots \right) +$$

$$\left. + \frac{M}{N} \left(- \frac{w^2}{6 \cdot 3 \cdot 2} + \frac{w^3}{8 \cdot 7 \cdot 6 \cdot 3 \cdot 2} - \cdots \right) \right\}.$$

Führt man jetzt, wie früher, für die Reihen Buchstabenbezeichnungen ein, die wieder durch Groteskschrift kenntlich gemacht sind, so erhält man für die aufgeführten Gleichungen folgende Form:

1. $$0 = \frac{N C}{P} \varphi_0 + y_0' l^2 M \mathsf{F} + y_0''' \left(\mathsf{G} + L l^2 \mathsf{H} + \frac{M}{N} \mathsf{J} \right);$$

2. $$0 = y_0' l^2 (N + M \mathsf{Q}) + y_0''' \left(\mathsf{R} + L l^2 \mathsf{S} + \frac{M}{N} \mathsf{T} \right).$$

Zieht man von der ersten dieser Gleichungen die Gl. (36) ab, so ergibt sich

$$0 = y_0' l^2 \left(M \mathsf{F} + \frac{L}{l^2} \right) + y_0''' \left(\mathsf{G} + L l^2 \mathsf{H} + \frac{M}{N} \mathsf{J} - 1 \right).$$

Diese Gleichung muß mit der zweiten der obigen verträglich sein, also muß sein:

$$\left(M \mathsf{F} + \frac{L}{l^2} \right) \left(\mathsf{R} + L l^2 \mathsf{S} + \frac{M}{N} \mathsf{T} \right) = (N + M \mathsf{Q}) \left(\mathsf{G} + L l^2 \mathsf{H} + \frac{M}{N} \mathsf{J} - 1 \right).$$

Durch Ausmultiplizieren und Fortlassen der Glieder mit L^2, $L M$ und M^2 erhält man unter Berücksichtigung, daß $l^4 N = w$ ist,

$$l^2 L (\mathsf{R} - w \mathsf{H}) + l^4 M (\mathsf{F} \mathsf{R} - \mathsf{Q} (\mathsf{G} - 1) - \mathsf{J}) = w (\mathsf{G} - 1). \quad (37)$$

Da es sich nur um die Korrektionen der ersten Ordnung handelt, kann hier

$$w = w_0 + L \frac{d w_0}{d L} + M \frac{d w_0}{d M}$$

gesetzt werden. $w_0 = 4{,}0126^2 = 16{,}101$ ist der Wert, den w für $L = 0$ und $M = 0$ annimmt, eben der Wert nach der einfachen Formel (16).

Differenziert man jetzt Gl. (37) nach L und läßt gleich alle Glieder mit L und M fort, so wird

$$l^2(\mathsf{R} - w\,\mathsf{H}) = \frac{d}{dw}\big(w(\mathsf{G} - 1)\big)\frac{dw}{dL};$$

hieraus folgt:

$$\frac{dw}{dL} = \frac{l^2(\mathsf{R} - w\,\mathsf{H})}{\frac{d}{dw}(w\,\mathsf{G}) - 1};$$

ebenso wird:

$$\frac{dw}{dM} = \frac{l^4(\mathsf{F}\,\mathsf{R} - \mathsf{Q}\,(\mathsf{G} - 1) - \mathsf{J})}{\frac{d}{dw}(w\,\mathsf{G}) - 1}.$$

Nun ist $w = 16{,}1$, F berechnet sich zu $-0{,}449$, $\mathsf{G} - 1$ ist gerade das Negative der im ersten Abschnitt mit D bezeichneten Funktion, es ist also hier $= 0$, weshalb sein Faktor Q nicht erst gerechnet zu werden braucht; J ist $= 0{,}627$; $\mathsf{H} = 0{,}0698$, hiermit $w\,\mathsf{H} = 1{,}125$; R ist das Negative des früheren E, es wird hier $= 5{,}020$; endlich ist

$$\frac{d}{dw}(w\,\mathsf{G}) - 1 = -1 + \frac{2w}{4\cdot 3} - \frac{3w^2}{8\cdot 7\cdot 4\cdot 3} + \frac{4w^3}{12\cdot 11\cdot 8\cdot 7\cdot 4\cdot 3} - \cdots = 0{,}698.$$

Mit diesen Zahlen wird nun

$$\frac{dw}{dL} = 5{,}58\,l^2 \quad \text{und} \quad \frac{dw}{dM} = -2{,}33\,l^4;$$

hiermit wird

$$w = 16{,}10 - 2{,}33\,M\,l^4 + 5{,}58\,L\,l^2$$

oder

$$\frac{l^4\,P^2(B_1 - B_2)}{C\,B_1\,B_2} = 16{,}10 - 2{,}33\,\frac{P^2\,l^4}{2\,B_1\,B_2} + 5{,}58\,\frac{z_0'\,P\,l^2}{B_2}.$$

Bezeichnet man nunmehr die Neigung des eingespannten Querschnittes (nach aufwärts positiv) mit α, so wird, da nach Gl. (33)

$$\alpha = -\,z_l' = -\,z_0' + \frac{P\,l^2}{2\,B_1}$$

ist,

$$\frac{l^4\,P^2(B_1 - B_2)}{C\,B_1\,B_2} = 16{,}10 + 3{,}25\,\frac{P^2\,l^4}{2\,B_1\,B_2} - 5{,}58\,\alpha\,\frac{P\,l^2}{B_2}.$$

Da die Entwicklung nur die Größen erster Ordnung berücksichtigt, kann in den Korrektionsgliedern für P jetzt auch

$$P_0 = \frac{4{,}013}{l^2}\sqrt{B_2\,C}$$

eingeführt werden. Nun kann die Gleichung nach P aufgelöst werden. Zieht man noch auf der rechten Seite die Wurzel nach dem binomischen Satz aus, so wird die Endformel erhalten:

$$\boldsymbol{P} = \frac{4{,}0126}{l^2}\sqrt{B_2 C}\left(1 + \frac{B_2}{2B_1} + 0{,}813\frac{C}{B_1} - 0{,}696\,\alpha\sqrt{\frac{C}{B_2}}\right). \quad (38)$$

Bei den Versuchen kann man α so wählen, daß die beiden letzten Glieder sich wegheben, so daß also P gerade der Formel

$$P = \frac{4{,}0126}{l^2}\sqrt{\frac{B_1 B_2 C}{B_1 - B_2}}$$

entspricht.

Nach einer einfachen Rechnung, die ich hier aber der Kürze halber übergehe, ist dies der Fall, wenn bei 0,877 der Kipplast die Senkung des Endes gerade so groß wird, daß Anfang und Ende des Stabes sich in gleicher Höhe befinden.

Als Anhang an die vorausgehende Abhandlung schließt sich passend eine

Berechnung der Formeln für den Rechteckquerschnitt

an. Der Rechteckquerschnitt ist nämlich von den Querschnitten mit sehr verschiedenem B_1 und B_2 der einzige, der praktisch in Betracht kommt *und* für den gleichzeitig auch Formeln über B_1, B_2 und C vorliegen. Die zu findenden Formeln sollen dazu dienen, für einen Stab von bekannten Dimensionen und Elastizitätskonstanten die Kipplast ohne weiteres zu berechnen.

Ist h die Höhe und b die Breite des Rechtecks, ferner E der Youngsche Elastizitätsmodul, F der Schubmodul und m die Poissonsche Konstante (Verhältnis der Längendehnung zur Querverkürzung beim Zug), so ist bekanntlich

$$B_1 = \frac{E\,b\,h^3}{12} \quad \text{und} \quad B_2 = \frac{E\,b^3\,h}{12}.$$

C wird nach der Formel von de Saint-Venant[1]

$$C = F\,b^3\left(\frac{h}{3} - \frac{64}{\pi^5}\,b\sum_0^\infty \frac{\mathfrak{Tg}\left((2n+1)\dfrac{\pi h}{2b}\right)}{(2n+1)^5}\right).$$

Wenn h einigermaßen groß gegen b ist, dann ist jede dieser $\mathfrak{Tg}$ (hyperbolische Tangente) gleich der Einheit (der Fehler beträgt bei $h = 3b$ nicht ganz 2%, bei $h = 5b$ schon weniger als $1^0/_{00}$). Dann wird

$$C = F\,b^3\left(\frac{h}{3} - \frac{64}{\pi^5}\,b\sum_0^\infty \frac{1}{(2n+1)^5}\right),$$

[1] Love I, S. 168.

oder nach Ausrechnung der Zahlenwerte:

$$C = \frac{1}{3} F b^3 h \left(1 - 0{,}63024 \frac{b}{h}\right).$$

Der Ausdruck $\sqrt{B_2 C}$ kann somit geschrieben werden:

$$\sqrt{B_2 C} = \frac{E b^3 h}{6} \sqrt{\frac{F}{E}} \left(1 - 0{,}63 \frac{b}{h}\right),$$

oder da nach einer bekannten Formel[1]

$$F = \frac{m E}{2(m+1)}$$

ist,

$$\sqrt{B_2 C} = \frac{E b^3 h}{12} \sqrt{\frac{2m}{m+1}} \left(1 - 0{,}63 \frac{b}{h}\right).$$

Die Größe

$$\sqrt{\frac{C}{B_2}} \quad \text{wird} = \sqrt{\frac{2m}{m+1}} \left(1 - 0{,}63 \frac{b}{h}\right).$$

Nun wird für den einfachen Fall, daß das eine Ende des Stabes eingespannt, das andere, belastete, frei ist, genau bis auf Größen erster Ordnung (b/h):

$$P = \frac{4{,}01}{l^2} \frac{E b^3 h}{12} \sqrt{\frac{2m}{m+1}} \left(1 - 0{,}63 \frac{b}{h}\right),$$

oder, wenn, wie gewöhnlich angenommen, $m = 3^1/_3$ gesetzt wird:

$$P = 0{,}415 \frac{E b^3 h}{l^2} \left(1 - 0{,}315 \frac{b}{h}\right). \tag{39}$$

Will man die zweite Potenz von b/h noch berücksichtigen, so ergibt sich unter Beachtung, daß

$$\sqrt{1 - x} = 1 - \frac{x}{2} - \frac{x^2}{8} - \cdots$$

ist, aus Formel (38):

$$P = 0{,}3344 \frac{E b^3 h}{l^2} \sqrt{\frac{2m}{m+1}} \times \\ \times \left\{1 - 0{,}3151 \frac{b}{h} + \left(0{,}421 + 0{,}813 \frac{2m}{m+1}\right) \left(\frac{b}{h}\right)^2 - 0{,}696\, \alpha \sqrt{\frac{2m}{m+1}}\right\}. \tag{39a}$$

Bezeichnet γ das Gewicht der Volumeinheit (spezifisches Gewicht), so ist das Gewicht $G = \gamma\, b\, h\, l$; aus der obigen gerechneten Last findet sich dann die beobachtete:

$$P_{beob.} = P_0 - 0{,}287 G.$$

[1] Föppl, Festigkeitslehre S. 62.

Für die Länge des Stabes, der durch sein Eigengewicht umkippt, ergibt sich nach Formel (31)

$$\left.\begin{aligned} l &= 1{,}025 \sqrt[3]{\frac{E\,b^3\,h}{p} \sqrt{\frac{2m}{m+1}} \left(1 - 0{,}63\,\frac{b}{h}\right)} \\ &= 1{,}025 \sqrt[3]{\frac{E\,b^2}{\gamma} \sqrt{\frac{2m}{m+1}} \left(1 - 0{,}63\,\frac{b}{h}\right)}. \end{aligned}\right\} \tag{40}$$

Eine Frage soll hier noch kurz Erledigung finden: Wie lang muß der Stab sein, damit das Kippen eintritt, bevor eine bestimmte maximale Spannung σ auftritt? Es ist

$$\sigma = \frac{6\,P\,l}{b\,h^2}; \quad \text{also} \quad P = \frac{\sigma\,b\,h^2}{6\,l} = 0{,}415\,\frac{E\,b^3\,h}{l^2}\left(1 - 0{,}315\,\frac{b}{h}\right),$$

hieraus findet sich

$$l = 2{,}49\,\frac{E\,b^2}{h\,\sigma}\left(1 - 0{,}315\,\frac{b}{h}\right). \tag{41}$$

Bedeutet σ die Bruchspannung oder Fließspannung, so wird bei kleinerer Länge, als die Formel ergibt, noch vor dem Kippen der Bruch (bei sprödem Material) bzw. dauernde Verbiegung (bei zähem Material) auftreten. Ist l nicht sehr viel größer als der Formelwert, so wird während des Auskippens auch die Zerstörung mitfolgen, da durch die im gefährlichen Querschnitt hinzukommende Torsion die Spannungen erhöht werden. Erst wenn l um ein gutes größer genommen wird, ist es möglich, die rein elastischen Erscheinungen zu beobachten, deren Theorie hier gegeben wurde.

C. Zusammenhang der Kipperscheinungen mit der gewöhnlichen Knickung

In diesem letzten Abschnitt des theoretischen Teiles sei es mir gestattet, noch einen Fall aufzuführen, der ein *Mittelding zwischen Kippen und Knicken* darstellt und so einen Übergang von der einen Erscheinung in die andere darbietet. Wenn die Kraft immer in der senkrechten Richtung wirkt, also etwa eine Schwerkraft ist, so muß der zu knickende Stab senkrecht, der andere aber waagrecht aufgestellt werden. Wird er nun aber schief aufgestellt, so beansprucht ihn eine Komponente der Kraft auf Knicken, die andere auf Kippen.

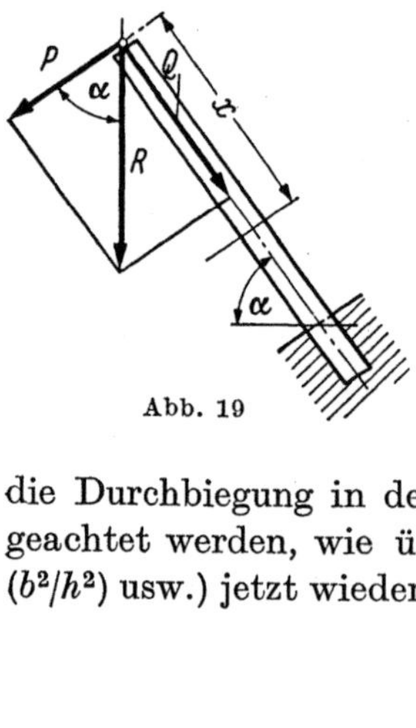

Abb. 19

Die Rechnung hat hier sehr viel Ähnlichkeit mit der der vorhergehenden Abhandlung. Auf die Durchbiegung in der Richtung von P (s. Abb. 19) soll hier nicht geachtet werden, wie überhaupt die kleinen Größen zweiter Ordnung (b^2/h^2) usw.) jetzt wieder vernachlässigt werden sollen.

Das Koordinatensystem sei analog dem früheren so gelegt, daß der Ursprung mit dem Kraftangriffspunkt zusammenfällt; die X-Achse soll parallel der ursprünglichen Stabrichtung gezogen sein, die Z-Achse senkrecht dazu in der Ebene RX, also mit Komponente P zusammenfallend, und endlich die Y-Achse senkrecht zu den beiden anderen.

Nun können die Beiträge von P und Q zur seitlichen Biegung angeschrieben werden; es wird:

$$B_2\, y'' = -Q\, y - P x\, \varphi. \tag{42}$$

Die Torsion wird wieder beschrieben durch Gl. (4)

$$C\, \varphi' = -P(y - x\, y').$$

Setzt man zur Vereinfachung wieder:

$$\frac{Q}{B_2} = L \quad \text{und} \quad \frac{P^2}{B_2 C} = N,$$

so unterscheiden sich die Gleichungen von denen des vorigen Abschnitts nur dadurch, daß $M = 0$ und L durch $-L$ ersetzt ist. Mit Berücksichtigung dieser Dinge wird dann die Differentialgleichung dieses Problems:

$$x\, y''' - y'' + (L + N x^2)\,(x\, y' - y) = 0. \tag{43}$$

Hieraus ergibt sich wieder die Rekursionsformel für die Koeffizienten zu:

$$A_n = -\frac{1}{n(n-1)(n-3)}\big((n-3)\, L A_{(n-2)} + (n-5)\, N A_{(n-4)}\big).$$

Setzt man jetzt $y_0 = 0$ (zentrischer Kraftangriff), dann wird $A_0 = 0$; infolgedessen wird nach Gl. (42) auch $y_0'' = 2A_2 = 0$; als willkürliche Größen bleiben wieder $y_0' = A_1$ und $y_0''' = 6A_3$. Hiermit wird nun:

$$y = y_0' x + y_0''' \Big(\frac{x^3}{3!} - \frac{x^5 L}{5!} + \frac{x^7}{7!}(L^2 - 10N) - \frac{x^9}{9!}(L^3 - 38 L N) + \\ + \frac{x^{11}}{11!}(L^4 - 92 L^2 N + 540 N^2) - \cdots\Big).$$

Berechnet man hieraus y' und φ, so ergibt der Vergleich mit Formel (42), daß zwischen φ_0, y_0' und y_0''' noch die Beziehung bestehen muß:

$$\frac{\varphi_0 C}{P} + y_0' \frac{L}{N} + \frac{y_0'''}{N} = 0. \tag{44}$$

Ändert man φ_0 und y_0' gleichzeitig so, daß nach Gl. (44) y_0''' konstant bleibt, so wird dadurch, wie ersichtlich ,die Gestalt der elastischen Linie nicht geändert, da diese nur von y_0''' abhängt. Bei näherem Zusehen zeigt sich, daß diese Veränderung von y_0' und φ_0 lediglich eine Drehung des Koordinatensystems um die feste Richtung R darstellt, wodurch sich das erwähnte Verhalten von selbst erklärt.

Für $x = l$ wird wieder $y' = 0$ und $\varphi = 0$. Setzt man $N\,l^4 = u^2$ und $L\,l^2 = u\,\lambda$, wobei dann

$$\lambda = \frac{L}{\sqrt{N}} = \frac{Q}{P}\sqrt{\frac{C}{B}} = \operatorname{tg}\alpha\sqrt{\frac{C}{B}}$$

ist, so hat man:

$$l^2 y' = 0 = l^2 y_0' + \frac{y_0'''}{N}\left(\frac{u^2}{2!} - \frac{u^3\lambda}{4!} + \frac{u^4}{6!}(\lambda^2 - 10) - \frac{u^5}{8!}(\lambda^3 - 38\lambda) + \right.$$
$$\left. + \frac{u^6}{10!}(\lambda^4 - 92\lambda^2 + 540) - \cdots\right)$$
$$\frac{C\varphi}{P} = 0 = \frac{C\varphi_0}{P} + \frac{y_0'''}{N}\left(\frac{2u^2}{4!} - \frac{4u^3}{6!}\lambda + \frac{6u^4}{8!}(\lambda^2 - 10) - \cdots\right).$$

Führt man für die zwei Reihen wieder Buchstabenbezeichnung ein, so wird:

$$0 = l^2 y_0' + \frac{y_0'''}{N}\mathsf{F}$$
$$0 = \frac{\varphi_0 C}{P} + \frac{y_0'''}{N}\mathsf{G}.$$

Zieht man von der zweiten Gleichung die Gl. (44) ab, so erhält man:

$$0 = -y_0'\frac{\lambda}{\sqrt{N}} + \frac{y_0'''}{N}(\mathsf{G} - 1).$$

Diese Gleichung ist mit der ersteren verträglich, wenn

$$(\mathsf{G} - 1)\,l^2\sqrt{N} + \lambda\,\mathsf{F} = 0$$

oder

$$(\mathsf{G} - 1)\,u + \lambda\,\mathsf{F} = 0. \tag{45}$$

Die Auflösung dieser letzteren Gleichung liefert für die einzelnen Werte von λ die entsprechenden von u. Führt man zu diesem Zweck für die Funktionen F und G die Reihen wieder ein, so erhält man nach Ordnung der Glieder:

$$0 = 1 - \frac{u}{2!}\lambda + \frac{u^2}{4!}(\lambda^2 - 2) - \frac{u^3}{6!}(\lambda^3 - 14\lambda) + \frac{u^4}{8!}(\lambda^4 - 44\lambda^2 + 60) -$$
$$- \frac{u^5}{10!}(\lambda^5 - 100\lambda^3 + 844\lambda) + \frac{u^6}{12!}(\lambda^6 - 190\lambda^4 + 4704\lambda^2 - 5400) - \cdots \tag{46}$$
$$\left(\text{berechnet bis } \frac{u^{11}}{22!}(\cdots)\right)$$

Setzt man hierin $\lambda = 0$, was der waagerechten Lage des Stabes entspricht, so geht die Reihe über in die Reihe D des ersten Abschnitts, es ist also $u = 4{,}013$; setzt man $\lambda = \infty$, was der aufrechten Stellung des Stabes entspricht, so wird $u = 0$, aber $u\,\lambda = L\,l^2$ bleibt endlich. Wie ersichtlich geht dann die Reihe in eine Cosinusreihe über, und zwar wird $\cos\sqrt{u\,\lambda} = 0$; es ist daher

$$\sqrt{u\,\lambda} = \frac{\pi}{2} \quad \text{oder} \quad \frac{Q\,l^2}{B_2} = \frac{\pi^2}{4},$$

also genau die Eulersche Formel.

Ich habe für einige andere Werte von λu gerechnet; sie folgen in der Tabelle:

$\lambda =$	-1*	$-0{,}5$	0	$+0{,}5$	$+1$	$+2$	$+\infty$
$u =$	6,57	5,39	4,01	2,77	1,95	1,147	0,00
$u\lambda =$	−6,57	−2,69	0,00	+1,39	1,95	2,295	2,467
$\beta =$	−45°	−26°34′	0°	+26°34′	45°	63°26′	90°

* Für $\lambda = -2$ versuchte ich die Rechnung auch noch zu machen, mußte sie aber wegen der schlechten Konvergenz der Reihe wieder aufgeben.

Führt man einen Hilfswinkel β ein, der bestimmt ist durch

$$\operatorname{tg}\beta = \lambda = \operatorname{tg}\alpha \sqrt{\frac{C}{B}}$$

(in der letzten Zeile der Tabelle sind die Werte von β angegeben), so ergeben sich, wenn die Werte von u und $u\lambda$ als Ordinaten zu denen von β als Abszissen aufgetragen werden, mit Hilfe der gerechneten Punkte zwei Kurven, aus deren sorgfältiger Aufzeichnung folgende Tabelle gewonnen wurde.

β	λ	u	$u\lambda$
−50°	−1,192	6,97	−8,31
−40°	−0,839	6,22	−5,22
−30°	−0,577	5,58	−3,22
−20°	−0,364	5,02	−1,83
−10°	−0,176	4,50	−0,79
0°	0,000	4,01	0,00
+10°	+0,176	3,53	+0,62
20°	0,364	3,07	1,12
30°	0,577	2,62	1,51
40°	0,839	2,17	1,82
50°	1,192	1,73	2,06
60°	1,732	1,30	2,24
70°	2,747	0,86	2,37
80°	5,145	0,43	2,44
90°	∞	0,00	2,47

Nach den früheren Beziehungen wird nun

$$P = \frac{u}{l^2}\sqrt{BC};$$

$$Q = \frac{u\lambda}{l^2} B;$$

hieraus ergibt sich

$$R = \frac{uB}{l^2}\sqrt{\frac{C}{B} + \lambda^2}.$$

Zur Durchrechnung eines gegebenen Falles empfiehlt es sich, zuerst λ und β zu ermitteln, dann aus obiger Tabelle durch Interpolation u bzw. $u\lambda$ aufzusuchen (für $\beta < +60°$ wird die Interpolation von u genauer, über 60° die von $u\lambda$), woraus sich das andere einfach ergibt.

Wenn man das Verhältnis

$$\sqrt{\frac{C}{B}}$$

kennt, so kann man die zu verschiedenen Winkeln α gehörigen Werte von P und Q (oder auch die von

$$u \text{ und } u\lambda\sqrt{\frac{B}{C}},$$

was nur eine Änderung des Maßstabes bedeutet) als rechtwinklige Koordinaten zueinander auftragen.

Die hierdurch entstehende Kurve ist in Abb. 20 dargestellt; wie man sieht, ist sie zugleich ein Polardiagramm für $R = \sqrt{P^2 + Q^2}$. Man erkennt, daß R bei negativem α sehr rasch zunimmt; wird $\alpha = -\frac{\pi}{2}$, so geht die Gl. (46) über in $\mathfrak{Cof}\sqrt{u\,\lambda} = 0$; diese Gleichung hat überhaupt keine reelle Wurzel, was auch der Erfahrungstatsache entspricht, daß ein auf reinen Zug beanspruchter Stab nie etwas einer Ausknickung Ähnliches erfährt. Eine nähere Untersuchung der Reihe (46) läßt übrigens als wahrscheinlich voraussehen, daß noch bei einem Winkel, der um eine Spur kleiner ist als ein rechter, für u eine reelle, aber unendlich große Wurzel vorhanden ist.

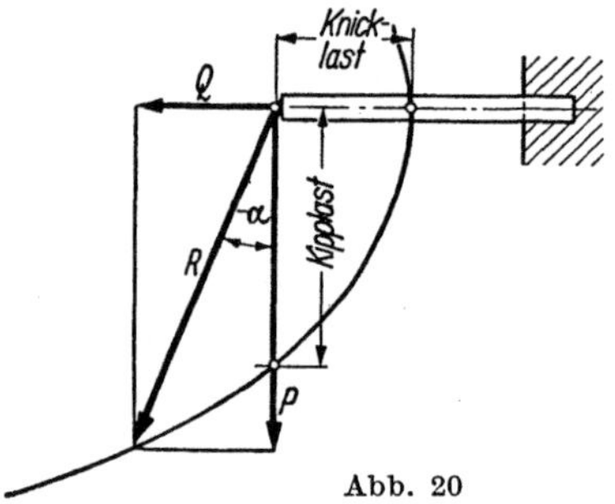

Abb. 20

Der verhältnismäßige Anteil an der Gesamtformänderung, welcher in den verschiedenen Fällen auf die Verdrehung bzw. die Biegung trifft, läßt sich gut beurteilen durch einen Quotienten l/r, wobei r die Entfernung des Kraftangriffspunktes von demjenigen Punkt bedeutet, nach dem hin die verschiedenen Stellungen der großen Hauptachse des Endquerschnittes während des Kippens konvergieren.

Da man für den Ausschlag f des Stabendes setzen kann:

$$f = y_l = r\,\varphi_0,$$

so wird

$$r = \frac{y_l}{\varphi_0},$$

und daher

$$\frac{l}{r} = \frac{l\,\varphi_0}{y_l}.$$

Im Fall $\lambda = 0$ wird diese Größe nach Gl. (17), S. 33:

$$\frac{l}{r} = 1{,}43\sqrt{\frac{B}{C}}.$$

Für $\lambda = +1$ und $\lambda = -1$ habe ich das Verhältnis besonders gerechnet und erhielt

$$0{,}565\sqrt{\frac{B}{C}} \quad \text{und} \quad 4{,}13\sqrt{\frac{B}{C}}.$$

Im Fall der reinen Knickung ($\lambda = +\infty$) ist eine Verdrehung nicht vorhanden, also

$$\frac{l}{r} = 0.$$

Die angegebenen Zahlen zeigen deutlich, wie bei abnehmendem λ, d. h. bei wachsendem Winkel zwischen Kraft- und Stabrichtung die Verdrehung gegenüber der Biegung immer mehr an Bedeutung gewinnt, um schließlich, wenn der Winkel sich einem gestreckten nähert, überhaupt der ausschlaggebende Teil der Formänderung zu werden.

III. Abschnitt

Versuche

Die Versuche wurden unternommen einesteils zur Kontrolle der Rechnungen, andererseits auch, um verschiedene Beziehungen klarzustellen, über die die Rechnung keinen Aufschluß gibt. Hierher gehört vor allem das Verhalten des Stabes bei endlichen Ausbiegungen.

In erster Linie handelt es sich also um eine möglichst einwandfreie und genaue Bestimmung der Kipplast. Daneben müssen auch die Größen B_1, B_2 und C experimentell ermittelt werden, um den Vergleich der Formeln und Beobachtungen ausführen zu können.

Da die Stabilität des belasteten Stabes am besten aus seinen Schwingungen beurteilt werden kann, ist es notwendig, in der ganzen Anordnung Reibungen möglichst zu vermeiden. Aus diesem Grund beschränkte ich mich bei den Versuchen auf diejenige Belastungsart, welche von allen die geringsten Reibungen voraussehen ließ, nämlich die, bei der ein Stabende eingespannt und das andere freie durch Gewichte belastet ist. Aus diesem Grund ist auch dieser Belastungsfall in der Theorie am ausführlichsten behandelt worden.

Der Einspannvorrichtung ist besonderes Augenmerk zuzuwenden. Sie muß gegenüber den zur Anwendung kommenden Kräften sehr stark gebaut sein, damit sie nicht die Formänderungen mitmacht und so das Resultat fälscht. Sie muß aber auch den Stab mit großer Kraft einklemmen, damit, wie in der Rechnung vorausgesetzt, das Stabelement an der Grenze der Einspannung seine Richtung unverändert beibehält.

Dieser ideale Zustand ist freilich nie vollständig zu erreichen, da auch bei den schärfsten Pressungen der Einspannbacken immer noch kleine Bewegungen vorkommen. Da diese Bewegungen mit Gleiten an den Einspannflächen verbunden sind, treten dabei Reibungen auf, die trotz ihrer Kleinheit in der Nähe der kritischen Last sich sehr bemerkbar machen. Diese Reibungen, die mir bei den Vorversuchen manchen

Streich gespielt haben, bis ich sie in ihrem Wesen erkannte und zu berücksichtigen lernte, rühren in der Hauptsache davon her, daß die Verkrümmung der Querschnitte, die bei der Torsion auftritt, sich auch noch innerhalb der Einspannvorrichtung fortpflanzt und erst weiter drinnen durch die Wirkungen der einspannenden Flächen erlischt. Die Folge davon ist, daß nach Vorausgang einer starker Torsion von der Verdrehung immer etwas zurückbleibt, wodurch dann der erste freie Stabquerschnitt immer ein wenig nach der Seite hin schief gestellt ist, nach der die letzte Verdrehung erfolgte. Die Wirkung dieser Schiefstellung wurde in einem früheren Abschnitt bereits beschrieben (S. 34). Rechnungsmäßig läßt sich der Einfluß der Reibungen bis jetzt nicht nachweisen, da eine strenge Theorie dieser Einspannwirkungen meines Wissens nicht vorliegt[1]. Es wäre eine sehr dankenswerte Aufgabe, wenn dieses Problem einer Lösung zugeführt würde. Im späteren Verlauf der Versuche habe ich gerade den Einfluß der Einspannflächen durch einen besonderen Versuch ersichtlich gemacht. — Soweit übrigens die rein elastische Wirkung einer zu schwachen Einspannung in Frage kommt, so kann dieser Einfluß immer dadurch Berücksichtigung finden, daß man den Wert der freien Stablänge in den Formeln um ein bestimmtes (für die Einspannung charakteristisches) Stück vergrößert.

Die Wahl des Versuchsmaterials erheischt auch etwas Vorsicht. Aus den schon erwähnten Gründen ist ein Material unbrauchbar für genaue Versuche, das merkliche innere Reibung und elastische Nachwirkungen besitzt. Deshalb verzichtete ich bald auf einen Versuch mit einem Holzstab (Reißschiene) und beschränkte mich mit Stäben von Stahl. Versuche mit zwei Stäben aus Werkzeugstahl mit rechtwinkligem Querschnitt 10×1 mm und 15×2 mm gab ich auf wegen der dabei auftretenden großen Hauptbiegung (die Theorie der Berücksichtigung derselben besaß ich damals noch nicht). So kam es, daß ich mich bei den späteren Versuchen nur eines Materials bediente, nämlich eines gewalzten Flachstahls (vermutlich deutscher Bessemerstahl) von 40×3 mm rechtwinkligem Querschnitt. So sollten die Maße wenigstens nach den Angaben des Walzwerkes sein. In Wirklichkeit wich die Querschnittsform so viel von der Rechtecksgestalt ab, indem alle Seitenflächen etwas gewölbt waren, daß die Anwendung der Formel (39) kein genügend genaues Resultat mehr ergibt. Auf die Güte der Versuche hatte dies übrigens keinen Einfluß, da ja die Größen B_1, B_2 und C experimentell bestimmt wurden.

Der verwendete Stab hatte zunächst eine Länge von nicht ganz vier Metern. Er wurde vor allem möglichst geradegerichtet. Der erste

[1] Was v. Bach in seinem Buch „Elastizität und Festigkeit“ (3. Aufl. Berlin: Springer 1898) darüber bringt, ist nicht streng und erlaubt kaum eine ungefähre Abschätzung der numerischen Verhältnisse.

Versuch galt der Bestimmung derjenigen freien Länge, bei der der Stab unter seinem Eigengewicht kippte. Er wurde zu diesem Zweck in einen starken Schraubstock eingespannt und einfach durch Fühlen mit der Hand die Stabilität oder Instabilität beurteilt. Die frei Länge wurde dann so lange geändert, bis der erwünschte Grenzzustand erreicht war. Zwei derartige Versuche ergaben die Länge $l = 3{,}265$ m und 3,270 m.

Hierauf wurde der Stab in zwei etwas ungleiche Teile, etwa 1,8 m und 2,1 m zerschnitten. Mit dem kleineren Stück wurden Vorversuche mit Belastung des freien Endes durch Gewichte vorgenommen. Bei diesen Versuchen wurden die seitlichen Ausschläge des Stabendes mittels eines Stangenzirkels von einem Fixpunkt aus gemessen. Nach den Erfahrungen, welche ich bei diesen Versuchen gewann, wurde dann die endgültige Versuchseinrichtung zusammengestellt, welche ich jetzt beschreiben werde.

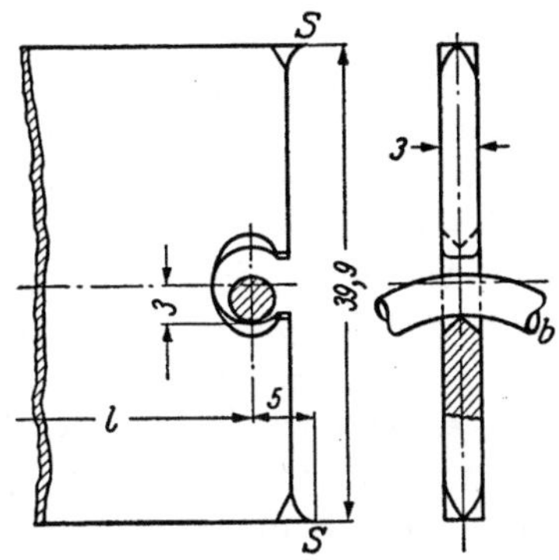

Abb. 21

Die Einspannung wurde vorgenommen mittels eines Zubehörstückes der Werderschen 100 Tonnen-Maschine, welches seinem eigentlichen Zweck nach als Einspannkopf für Zugversuche mit Holzstäben dient. Vier $^3/_4''$-Schrauben gestatten, den Stab scharf einzuspannen. Die ganze Vorrichtung ist in einem schweren Bock um eine horizontale Achse drehbar gelagert und kann in jeder Lage festgestellt werden.

Dem freien Ende habe ich die in Abb. 21 erkennbare Gestalt gegeben. Der Bügel b, an dem die Waagschale hängt, greift an einer Schneide an, so daß für Kraftangriff in der Mittelebene des Stabes genügend gesorgt ist. Die jeweilige Stellung des Stabendes wurde dadurch notiert, daß ein Blatt Millimeterpapier gegen die Spitzen S gedrückt wurde; die auf diese Weise erhaltenen Reihen von Stichmarken geben ein übersichtliches Bild von dem ganzen Verlauf des Versuches; zugleich ergibt die Lage der zusammengehörigen Marken der oberen und unteren Spitze, die 39,9 mm Entfernung besitzen, einen Anhaltspunkt über den Winkel φ_0. Das Blatt Millimeterpapier war mit Reißstiften auf einem Brett (Abb. 22) befestigt, das, durch drei flächenläufige Führungen 1, 2, 3 in der Richtung erhalten, im übrigen von Hand bewegt wurde. Da bei zunehmender Verkrümmung des Stabes die Verbindungslinien der beiden

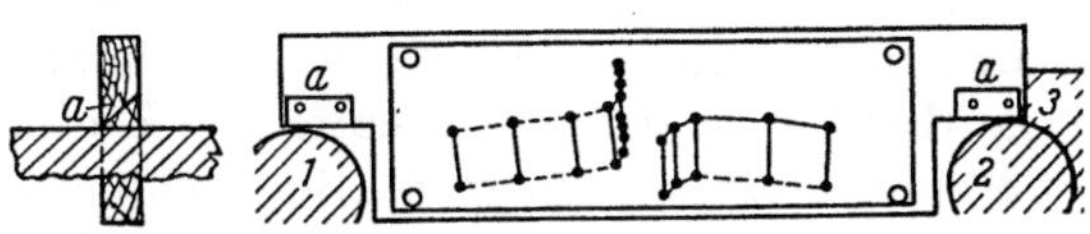

Abb. 22

Spitzen merklich schief zu stehen kommen, muß das Brett um eine horizontale Achse geneigt werden können. Zu diesem Zweck sind die stützenden Vorsprünge *aa* als Schneiden ausgebildet und der größeren Dauerhaftigkeit halber mit Blech beschlagen. Die Schneiden sind möglichst in die Papierebene gerückt, damit beim Neigen um die Achse *aa* die Höhenlage des Millimeterpapiers nicht verändert wird. Zusammenfassend kann man sagen, daß die Vorrichtung den Zweck erfüllt, die y- und z-Koordinaten der einzelnen Punkte des Papierblattes — unter Vernachlässigung der kleinen Größen zweiter Ordnung — konstant zu erhalten, während dagegen die x-Koordinaten willkürlich von Hand geändert werden konnten.

Mit dieser Einrichtung wurden nun die Versuche in der Weise unternommen, daß man, nachdem man sich über die ungefähre Größe der Kipplast Aufschluß verschafft hatte, zunächst mittels der horizontalen Achse der Einspannvorrichtung den Winkel φ_l so lange veränderte, bis der Ausschlag, der etwa einer Vermehrung der Belastung von 90 auf 95% der Kipplast entsprach, auf ein möglichst geringes Maß reduziert war. Dann begann man vom unbelasteten Zustand aus unter allmählich steigender Last, je nach den Umständen in Stufen von 1 kg oder $^1/_2$ kg, nach Beruhigung der Schwingungen Einstichmarken zu machen. In der Nähe der Kipplast, wo die Wege des Stabendes stark anwachsen, wurden die Intervalle nach Bedürfnis kleiner genommen.

Die über der Kipplast auftretenden labilen Gleichgewichtslagen wurden auch beobachtet. Mit einiger Übung gelingt es nämlich, mit großer Sicherheit den Ort ausfindig zu machen, an dem das Stabende, zwischen den Fingerspitzen geführt, weder nach links noch nach rechts drückt. Ist dieser Zustand erreicht, dann wird schnell eine Einstichmarke gemacht. Wie sicher dieses Verfahren ist, das zeigt sich in dem Umstand, daß die für verschiedene Lasten erhaltenen Einstiche immer eine Reihe ergeben, deren Stetigkeit nichts zu wünschen übrigläßt. Schwierig sind nur die Beobachtungen in allernächster Nähe der Kipplast. Hier ist der bereits beschriebene Einfluß der Reibungen so groß, daß man selbst auf einige Zentimeter oft nicht angeben kann, wo die Gleichgewichtslage sich befindet. Zum Glück läuft dann auch die Linie des Diagramms (s. unten) annähernd horizontal, so daß aus der genannten Unsicherheit weiterer Nachteil nicht erwächst. Um aber wenigstens aus den anderen Beobachtungswerten die Einflüsse der Reibung möglichst fernzuhalten, empfiehlt es sich, und wurde auch bei den späteren Versuchen durchgängig beachtet, alle Gleichgewichtslagen, die stabilen wie die labilen, bei denen die Ausbiegungen gering sind, zuerst vorzunehmen und erst zum Schluß die weit ausgelenkten. Wenn übrigens der Stab, bevor er in eine Gleichgewichtslage gelangte, eine starke Ausbiegung erfahren hatte, so ist dies in den Versuchsprotokollen durch einen dem Einstich beigesetzten kurzen Pfeil —○→ angedeutet, und zwar zeigt der Pfeil die Richtung an, in der fortschreitend man von der ausgebogenen Lage in die Gleichgewichtslage gelangt (bei der obenstehenden Pfeilrichtung war also eine Ausbiegung nach links vorausgegangen).

Bevor ich nun auf die einzelnen Versuchsergebnisse eingehe, ist einiges über das Gleichgewicht bei endlichen Ausbiegungen zu sagen. (Diese Betrachtungen, die für alle Arten von Knickerscheinungen Gültigkeit haben, gehören einem anderen Teil meiner Arbeit über Stäbe, deren eine Querschnittsdimension klein gegenüber der anderen ist, an. Ursprünglich auch für diese Veröffentlichung bestimmt, mußte er aus verschiedenen Gründen zurückstehen. Jetzt soll nur das hier Notwendige ohne Beweis Erwähnung finden.) Stellt man sämtliche Gleichgewichtslagen mit den zugehörigen Kräften in einem Diagramm zusammen, indem man die Kräfte als Ordinaten zu irgendeiner die Gleichgewichtslage bestimmenden Größe (Durchbiegung f, Winkel φ_0 usw.) als Abszisse aufträgt, so erhält man im idealen Fall je nach Umständen das rechte oder linke Diagramm der Abb. 23. Die EULERsche Formel oder die Formel (16) liefern von diesem Diagramm nur das mittlere Stück; die senkrechte Linie und die horizontale Tangente an den anderen Kurvenast. Wenn wie gewöhnlich bei größeren Ausbiegungen das innere Moment schneller wächst als das äußere, so tritt der links gezeichnete Fall ein. Der andere ist sehr selten; er findet sich, wie ich nachweisen konnte, bei der Knickung von dünnwandigen Rohren, Winkeleisen u. a. m. Die dick ausgezogenen Linien bedeuten stabile, die dünnen labile Gleichgewichtslagen.

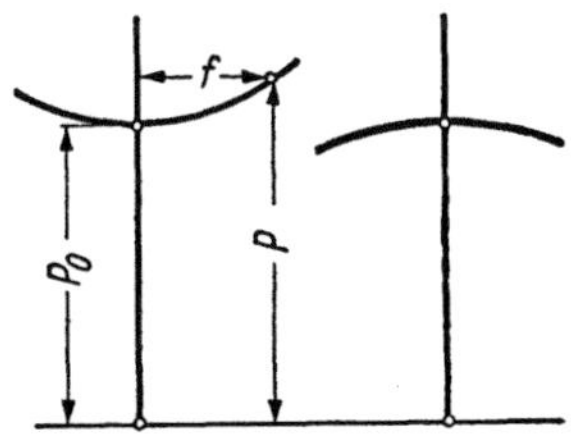

Abb. 23

Im praktischen Fall treten noch die hyperbolischen Ausweisungen hinzu, so daß die Diagramme die in Abb. 24 ersichtliche Gestalt annehmen. Im ersten Fall, der auch hier zutrifft, ergibt sich eine stetige Reihenfolge von stabilen Gleichgewichtslagen, wobei in der Höhe der kritischen Last die Stabilität ein Minimum hat. Daneben existiert über der kritischen Last ein zweiter Zweig von stabilen Gleichgewichtslagen, und damit zusammenhängend der Zweig der labilen Gleichgewichtslagen. Die Versuchsergebnisse zeigen genau dieses Bild, nur daß wegen der ursprünglichen Krümmungen und Verdrehungen des Stabes an Stelle der senkrechten Linie auch eine — wenn auch wenig abweichende —

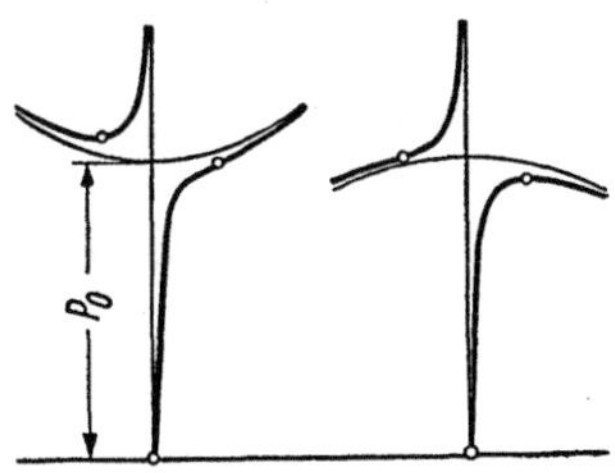
Abb. 24

Kurve tritt. Ergänzt man das Diagramm (genügend genau nach dem Augenmaß) durch die punktierten Linien, so ergibt deren Schnittpunkt die kritische Last. — Zu dem gezeichneten Fall der Abb. 25 möchte ich nur erwähnen, daß man bei Knickversuchen mit den genannten Stäben noch vor der Knicklast einen Punkt erreicht, bei dem unfehlbar der Zusammenbruch durch Quetschen des Rohres bzw. Öffnen der Schenkel des Winkeleisens eintritt.

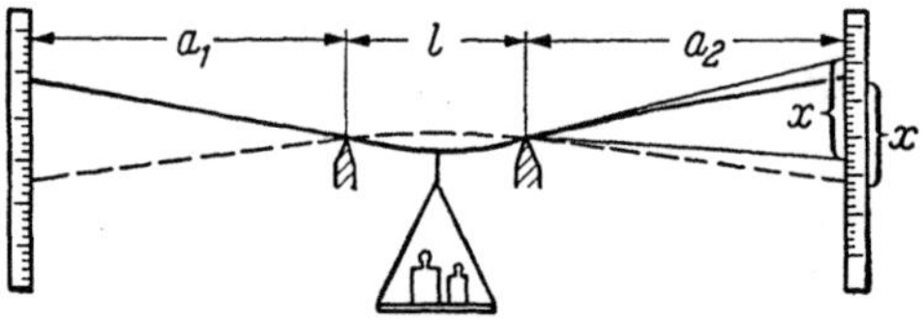

Abb. 25

Doch nun zu den Versuchen selbst! Der kürzere Stab, mit dem die Vorversuche gemacht wurden, war mehrmals verbogen worden. Beim Geraderichten war er dann mit dem Hammer unsanft behandelt worden, so daß ich nicht sicher war, ob sich nicht dadurch seine Elastizitätsverhältnisse merklich geändert haben. Daher benützte ich für die Hauptversuche nur das längere Stück, das in gutem Zustand war. Als Versuchslängen fanden Anwendung: $l = 1{,}2$ m, 1,4 m, 1,6 m und 1,8 m. Unter 1,2 m war man, wie die Vorversuche gezeigt haben, bereits der Proportionalitätsgrenze des Materials zu nahe.

Auf Taf. I sind zwei Versuchsprotokolle in möglichst getreuer Nachbildung zur Darstellung gebracht. Taf. II zeigt von einer Anzahl von Versuchen die Diagramme, wobei die untere (innere) Umfassungslinie als Abzissenachse dient, während die Ordinatenachsen durch die strichpunktierten Linien dargestellt werden. Für die freie Länge von 1,2 m wurden zwei Versuche speziell zur Sichtbarmachung des Einflusses der Reibungen unternommen (Taf. II, Nr. 3 und 5). Der Stab wurde bei jeder Last vor dem Einstechen etwa 20 cm zur Seite gebogen, dann unter möglichster Vermeidung von Schwingungen zurückgeführt und die so erhaltene Gleichgewichtslage auf dem Protokoll vermerkt. Dasselbe Verfahren wurde sodann nach der anderen Seite wiederholt. Die auf diese Weise erhaltenen Ergebnisse wurden in einem Diagramm zusammengetragen; der zwischen den Kurven eingeschlossene Raum bezeichnet das Gebiet der durch die Reibungen möglichen Gleichgewichtslagen. Bei dem einen Versuch fallen die in Abb. 24 punktierten Kurven des idealen Falles in das besagte Gebiet, bei dem anderen dagegen, wo φ_l absichtlich etwas abweichend gewählt wurde, außerhalb desselben.

Da mir zur Zeit der Versuche die Rechnungen über die Berücksichtigung der Hauptbiegung noch nicht vorlagen, konnte ich die auf S. 56 angegebene Regel über die Höheneinstellung des Endes noch nicht anwenden. Als sich jedoch im Lauf der Versuche eine solche Korrektion als notwendig ergab, vermerkte ich auf den Protokollen immer die

Tafel I

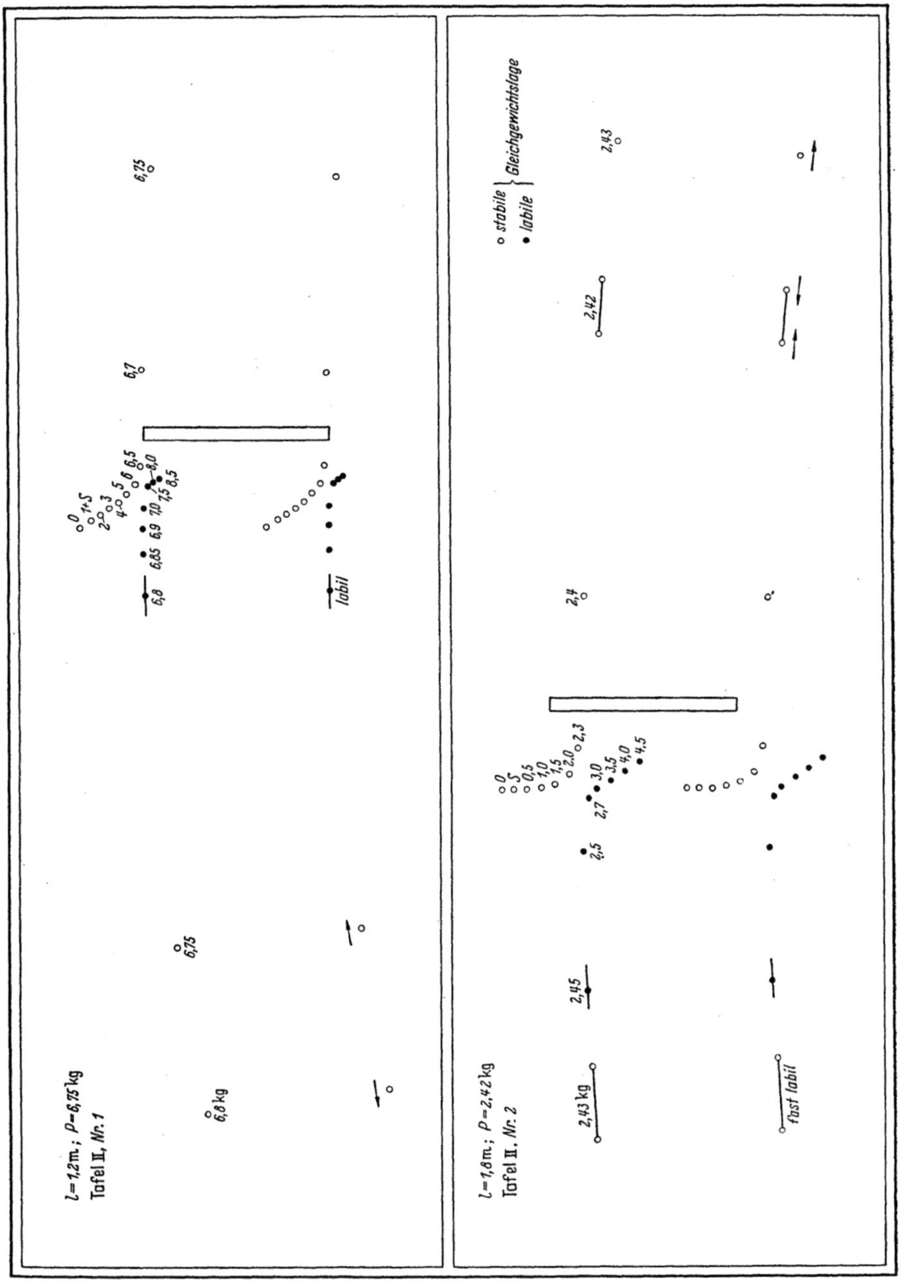
l = 1,2 m; P = 6,75 kg
Tafel II, Nr. 1
6,8 kg
labil
l = 1,8 m; P = 2,42 kg
Tafel II, Nr. 2
2,43 kg
fast labil
○ stabile
● labile
Gleichgewichtslage

Tafel II

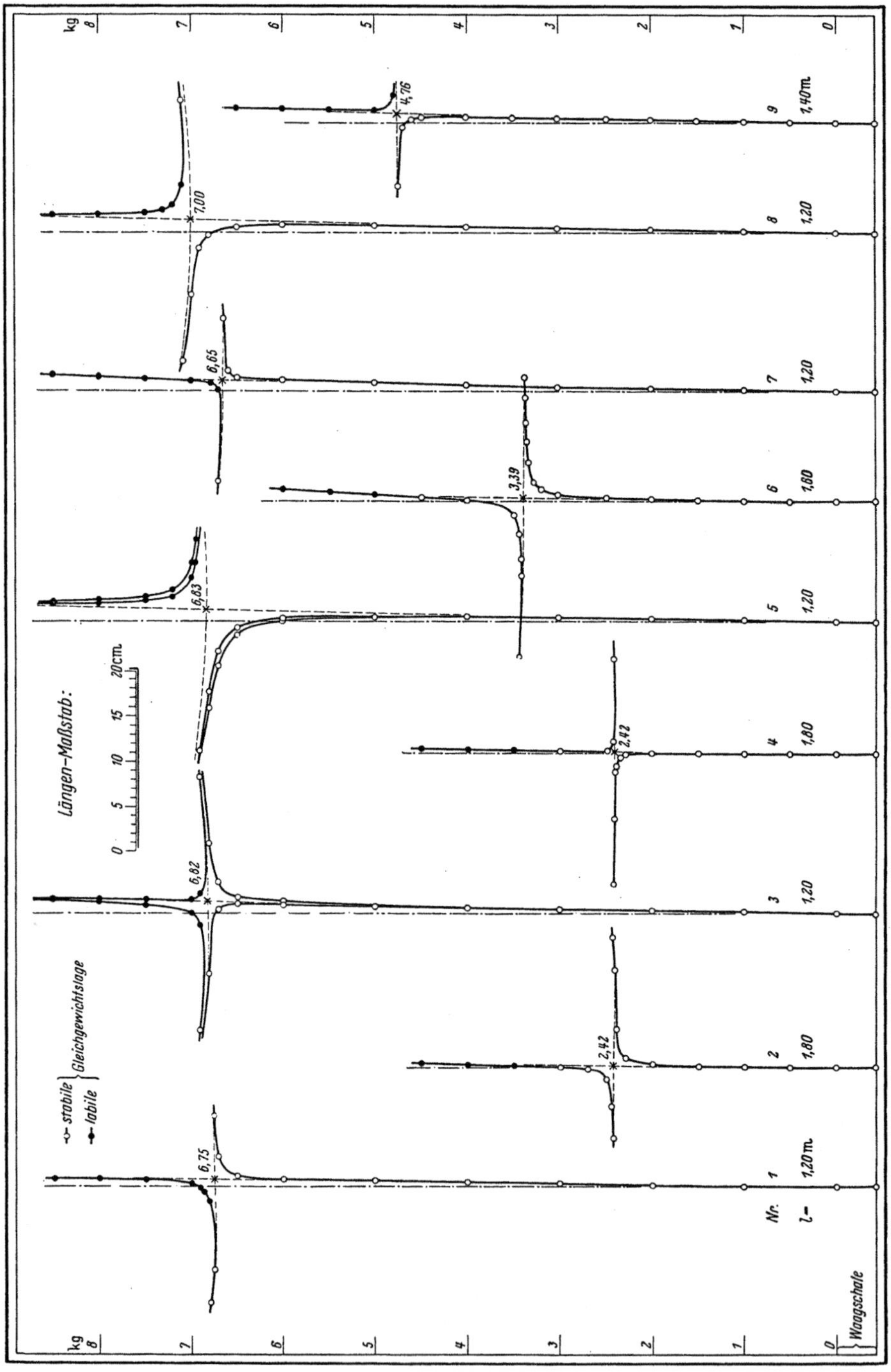
kg
Längen-Maßstab:
0 5 10 15 20cm
stabile
labile
Gleichgewichtslage
6,75
2,42
6,82
2,42
6,83
3,39
6,65
7,00
4,76
Nr. 1 2 3 4 5 6 7 8 9
l = 1,20 m 1,80 1,20 1,80 1,20 1,80 1,20 1,20 1,40 m
Waagschale

Höhenlage des eingespannten Endes durch ein den Querschnitt darstellendes Rechteck. Auf den früheren Blättern wurde diese Höhenlage, die seinerzeit wohl gemessen, aber nicht notiert worden war, nach der Erinnerung nachgetragen. Zwei Doppelversuche sind speziell zu dem Zweck unternommen, den Einfluß der Schiefstellung zu ermitteln (der eine derselben ist durch die Diagramme Nr. 7 und 8 auf Taf. II zur Darstellung gebracht); auf 59,5 bzw. 57 mm Höhendifferenz des Stabendes in beiden Fällen ergab sich bei einer Länge von 1,2 m in der Kipplast 0,35 kg Unterschied. Reduziert man gemäß dieser Angabe die verschiedenen Kipplasten auf den Wert der Schiefstellung α, der unter Berücksichtigung der Durchbiegung durch das Eigengewicht als Mittelwert für die verschiedenen Versuche zu 0,006 erhalten wird, so ergeben sich hieraus für die einzelnen freien Längen folgende Mittelwerte:

$$l = 1{,}2 \quad 1{,}4 \quad 1{,}6 \quad 1{,}8 \text{ m}$$
$$P = 6{,}81 \quad 4{,}76 \quad 3{,}39 \quad 2{,}42 \text{ kg}$$

Dazu ist jedesmal noch das Gewicht der Waagschale mit Zubehör = 0,41 kg zu addieren.

Für die Stellung des Stabes unter 45° aufwärts wurden ebenfalls zwei Versuche unternommen. Bei einer freien Länge von 1,40 m ergab sich die Kipplast beide Male zu 2,47 kg, wozu noch das Gewicht der Waagschale zu addieren ist.

Die *Nebenversuche* bestanden in einem Torsionsversuch zur Bestimmung der Drehungssteifigkeit C und in einem Biegeversuch zur Ermittlung der Biegungssteifigkeit B_2. Zum *Torsionsversuch* wurde das eine Ende des Stabes in die bisher benutzte Einspannvorrichtung eingeklemmt, das andere in der Querschnittsmitte durch eine Schneide aufgelagert. Dicht an diesem Ende war der Hebel befestigt, auf dessen Ende die Last einwirkte. Die Schnur, an der die Waagschale hing, war über ein am Hebel angebrachtes Kreissegment gelegt, um den Hebelarm a des Torsionsmomentes konstant zu erhalten. Mit Berücksichtigung der Schnurdicke war $a = 389{,}5$ mm. Der Teilkreis, an welchem die Torsionswinkel abgelesen wurden, war dermaßen eingeteilt, daß ein Teil in 321 mm Radius 2,02 mm maß, also im Bogenmaß = 0,00629. Die Verdrehung wurde kenntlich gemacht durch einen am Stab befestigten Zeiger. Die Meßlänge l (die Entfernung der Zeigerbefestigung vom eingespannten Ende) war gerade = 1,00 m gewählt. Mit dieser Einrichtung wurden zwei Versuche unternommen, von deren einem die Zahlen nebenstehend aufgeführt sind.

Last	Ables.	Diff.
0,0	162,5	18,8
1,0	143,7	18,8
2,0	124,9	18,8
3,0	106,1	18,9
4,0	87,2	18,9
3,0	106,1	18,8
2,0	124,9	18,8
1,0	143,7	18,8
0,0	162,5	

Der Verdrehungswinkel ist in Übereinstimmung mit dem anderen Versuch im Mittel für 1 kg 18,82 Teile = 0,1185 im Bogenmaß. Nun ist nach Gl. (2)

$$C \Delta\varphi = P a l,$$

also

$$C = \frac{1{,}0 \cdot 38{,}95 \cdot 100}{0{,}1185} = 32900 \text{ kg cm}^2.$$

Die *Biegeversuche* wurden in der etwas ungewöhnlichen, hier aber zweckmäßigen Weise ausgeführt. Wie aus der Abb. 25 ersichtlich, wurde der Stab in zwei ziemlich nahe beisammen liegenden Punkten gestützt und in der Mitte belastet. Die beiden unbelasteten Enden bewegen sich dabei wie große Zeiger; durch die Ablesung an den zwei Maßstäben erhält man daher die Durchbiegung in starker Vergrößerung. Zu dieser Versuchseinrichtung entschloß ich mich, weil einerseits bei der großen Breite des Stabes kleine Durchbiegungen schwer zu messen sind, andererseits, wenn man große Spannweiten zur Vergrößerung der Durchbiegung anwenden wollte, wegen der geringen Dicke das Eigengewicht sehr störend auftreten würde. Bei dieser Anordnung dagegen wirkt das Eigengewicht gerade günstig ein, indem es eine entgegengesetzte Biegung hervorruft, und so größere Lasten aufzulegen gestattet. Durch das Mittelnehmen aus den zwei Ablesungen werden sowohl etwaige Ungleichheiten der Arme a_1 und a_2, als auch eine kleine Verschiebung des Lastangriffs aus der Mitte für das Resultat unschädlich gemacht.

Die Neigung φ, die, abgesehen von dem Eigengewicht, dessen Wirkung unter Vernachlässigung der zweiten Ordnung konstant zu setzen ist, in den Auflagerpunkten auftritt, ist einerseits nach einer bekannten Formel

$$\varphi = \frac{P l^2}{16 B_2},$$

andererseits aus der Figur $= x/a$; hieraus ergibt sich

$$B_2 = \frac{P l^2 a}{16 x};$$

l war $= 46{,}0$ cm, $a_1 = 81{,}7$ cm, $a_2 = 81{,}9$ cm. Hier wurden ebenfalls zwei Versuche vorgenommen, von denen ich einen hier in abgekürzter Form folgen lasse.

Last kg	Abl. links mm	Diff.	Abl. rechts mm	Diff.	Mittel
0	703		239		
		19,0		20,0	19,5
4	722		219		
		19,5		19,5	19,5
8	741,5		199,5		
		19,5		19,5	19,5
12	761		180		
		19,5		19,5	19,5
8	741,5		199,5		
		19,5		19,5	19,5
4	722		219		
		19,0		19,5	19,25
0	703		238,5		

Die Maße wurden immer auf halbe Millimeter abgerundet, da kleinere Teile schon zu unsicher waren.

Der Versuch gibt für 4,0 kg einen Mittelwert von 19,46 mm, der andere 19,50 mm, das Gesamtmittel ergibt also: 19,48 mm, hiermit erhält man für B_2:

$$B_2 = \frac{4{,}0 \cdot 46{,}0^2 \cdot 81{,}8}{16 \cdot 1{,}948} = \mathbf{22\,200\ kg\ cm^2}.$$

B_1, dessen Kenntnis für die genaue Formel (38) nötig ist, ergibt sich genau genug aus den Einstichversuchen: bei $l = 1{,}80$ m ist die Durchbiegung auf 1 kg sehr genau 6,0 mm. Nach der bekannten Formel

$$f = \frac{P\,l^3}{3\,B_1}$$

ergibt sich (alles in kg und cm)

$$B_1 = \frac{1{,}0 \cdot 180^3}{3 \cdot 0{,}60} = \mathbf{3\,240\,000\ kg\ cm^2}.$$

Um das Gewicht pro laufenden cm, p, zu bestimmen, wurde der Stab gewogen. 208,8 cm hatten ein Gewicht von 2,071 kg; also war $p = 0{,}009\,92$ kg cm^{-1}.

Wie aus Abb. 21 ersichtlich, greift die Kraft etwa 3 mm unter der Stabachse an. Dieser Einfluß wurde vernachlässigt, indem angenommen wurde, daß er gerade den Einfluß der ungenügenden Einspannung kompensierte.

Der mittlere Wert der Neigung α wurde schon zu 0,006 ermittelt.

Mit diesen Werten der betreffenden Größen wurde der Klammerausdruck der Gl. (38) ausgerechnet. Er ergab den Wert 1,006.

Nun wird

$$P_0 = 1{,}006 \cdot \frac{4{,}013}{l^2} \sqrt{B_2\,C} = \frac{109\,100}{l^2}.$$

Die beobachtete Kipplast (Gewicht + Schale) ist dann

$$P = P_0 - 0{,}287\,G - 0{,}008\,\frac{G^2}{P_0}.$$

In der folgenden Tabelle sind für die verschiedenen Längen die Werte zusammengestellt.

l m	P_0 kg	$G = p\,l$ kg	$0{,}287\,G + 0{,}008\,\frac{G^2}{P_0}$ kg	P kg	beobachtet kg
1,20	7,57	1,19	0,343	7,23	7,22
1,40	5,56	1,39	0,401	5,16	5,17
1,60	4,26	1,59	0,460	3,80	3,80
1,80	3,37	1,78	0,520	2,85	2,83

Für den unter 45° aufgestellten Stab wird:

$$\lambda = \operatorname{tg}\beta = \operatorname{tg}\alpha \sqrt{\frac{C}{B}} = 1{,}00 \sqrt{\frac{C}{B}} = 1{,}217\,;$$

hieraus $\beta = 50°\,36'$.

Aus der Tabelle ergibt sich $u = 1{,}70$, $u\,\lambda = 2{,}07$; mit $l = 140$ cm wird

$$R = \frac{u\,B^2}{l^2}\sqrt{\frac{C}{B} + \lambda^2} = \frac{u\,\lambda\,B}{l^2}\sqrt{2} = 3{,}32\ \text{kg}.$$

Nun ist das Eigengewicht zu berücksichtigen. Eine Formel hierfür habe ich nicht abgeleitet. Dagegen rechnete ich für die gewöhnliche Knickung (bei freiem belasteten Ende) ganz ähnlich wie im Abschn. II A die Einwirkung des Eigengewichtes und erhielt die Formel $P = P_0 - 0{,}297\,G$; ferner bekam ich für das Verhältnis der gleichmäßig verteilten Knicklast zu der am Ende konzentrierten die Zahl 3,17 (gegen 3,20 beim Kippen, s. S. 50). Ich glaube daher keinen nennenswerten Fehler zu begehen, wenn ich in diesem zwischenliegenden Fall einen Wert annehme, der zwischen dem der eben genannten Formel und der Formel (32) liegt. Dann wird: $P = 3{,}32 - 0{,}41 = 2{,}91$ kg. Die Beobachtung lieferte 2,88 kg.

Endlich ist noch nachzurechnen der Kippversuch mit Belastung durch das Eigengewicht. Nach Formel (31) ist

$$l = 2{,}345 \sqrt[6]{\frac{B_2\,C}{p^2}} = 327{,}5\ \text{cm}.$$

Die Versuche hatten 326,5 und 327 cm ergeben.

Die auf die Nebenversuche aufgebauten Rechnungen liefern also durchweg Resultate, die mit denen der Kippversuche in sehr guter Übereinstimmung sind. Nur bei dem schräg gestellten Stab ergab sich etwas über 1% Differenz. Dieser Versuch ist aber schon um dessentwillen weniger genau, weil hier eine Messung der Ausschläge nicht ausgeführt werden konnte. Jedenfalls aber darf gesagt werden, daß durch diese Versuche die Theorie vollauf Bestätigung gefunden hat.

Zeitschrift des Vereins Deutscher Ingenieure Bd. 44 (1900) S. 1132—1134

Die richtige Knickformel

In Nr. 3 und 23 dieser Zeitschrift veröffentlicht Herr Baurat KÜBLER (Eßlingen) eine Abhandlung, in der er auf Grund gewisser Rechnungen eine neue Formel für die Knicklast eines geraden, auf Druck belasteten Stabes ableitet. Indessen hat sich in die Rechnung ein Fehler eingeschlichen, durch dessen Berichtigung man wieder auf die alte, gute EULERsche Formel gelangt.

Obwohl in Büchern und Zeitschriften schon sehr viel über die Knickerscheinungen geschrieben worden ist, scheint es doch nicht ganz unangebracht, die wesentlichsten Punkte dieser von allen übrigen Problemen der Festigkeitslehre so grundverschiedenen Theorie von Zeit zu Zeit wieder in Erinnerung zu bringen.

Zunächst ist zu sagen, daß ein vollständig gerader, aus durchaus homogenem, elastischem Material bestehender schlanker Stab bei genau zentrischem Kraftangriff bis zur Erreichung der EULERschen Last eine Ausbiegung nicht erfährt. Bei dieser Last wird das Gleichgewicht des Stabes, das bisher stabil war, indifferent, es führt also innerhalb gewisser Grenzen jede Ausbiegung zu einer Gleichgewichtsfigur. Durch die geringste Überschreitung der EULERschen Last wird das Gleichgewicht labil, der Stab geht unfehlbar seiner Zerstörung entgegen, er sei denn so schlank, daß er in einer weit ausgebogenen Stellung wieder eine stabile Gleichgewichtslage vorfindet, ohne vorher die Proportionalitätsgrenze überschritten zu haben. Dieser ideale Stab ist nun freilich in dieser Welt der Unvollkommenheiten nicht zu finden. Wirkliche Stäbe sind nie gerade, nie homogen, auch der völlig zentrische Angriff läßt sich nicht verwirklichen. Sowohl Rechnung als auch Experiment lehren, daß von Anfang an krumme oder exzentrisch belastete Stäbe sich unter jeder Last erkennbar durchbiegen, daß aber auch bei den zufällig geradesten, noch bevor man die EULERsche Last erreicht, starke Verbiegungen mit darauffolgendem Zusammenbruch eintreten. Das Gesetz, nach dem die Ausbiegung bei steigender Last wächst, zeigt immer in der Nähe der EULERschen Last ein hyperbolisches Verhalten. Abb. 1, in der die Durchbiegungen (ursprüngliche Durchbiegung bzw. Exzentrizität + elastische Durchbiegung) als Ordinaten zu den Kräften als Abszissen dargestellt sind, läßt diese Verhältnisse deutlich erkennen; man erkennt das Anwachsen auch der kleinsten ursprünglichen Abweichungen in der Nähe der EULERschen Last, welche durch die gemeinsame Asymptote der Hyperbeln veranschaulicht wird.

Man kann dieses Diagramm zu einer graphischen Bestimmung derjenigen Last benutzen, bei der in dem betreffenden Fall die zulässige

Spannung erreicht wird. Es ist die zulässige Druckspannung

$$\sigma_d = \frac{P}{F} + \frac{P f}{W},$$

wobei F den Stabquerschnitt und W das Widerstandsmoment bedeutet. Bezeichnet man mit k die Kernweite, so ist $W = F\,k$, und die vorstehende Gleichung kann daher geschrieben werden:

$$P\,(f + k) = \sigma_d F\,k = P_d\,k = \text{konst.}$$

Die graphische Darstellung aller Zustände mit gleichem σ_d ergibt eine Hyperbel mit der Asymptote $f = -k$. Für eine bestimmte ur-

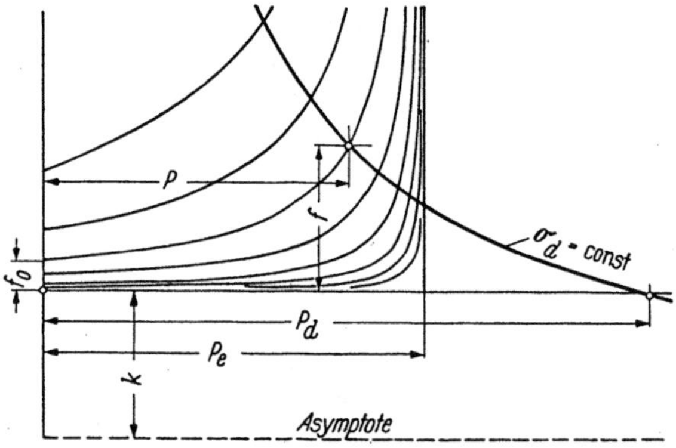

Abb. 1

sprüngliche Abweichung f_0 braucht man also nur der ihr entsprechenden Kurve bis zum Schnittpunkt mit der Spannungshyperbel nachzugehen; dieser gibt dann die kritische Last und die entsprechende Ausbiegung.

Bis hierher ist die Theorie ganz einwandfrei. Nun ist man aber in den meisten Fällen nicht in der Lage, die Größe der ursprünglichen Ausbiegung voraus zu bestimmen; denn diese ist und bleibt eine vom Zufall abhängige Größe. Aus dem Vorhergehenden ist nur das mit Sicherheit zu entnehmen, daß die Bruchlast jedenfalls unter der durch die Druckfestigkeit und die EULERsche Last gegebenen Grenze bleiben muß. Eine Verbesserung der Theorie kann nur noch darin erreicht werden, daß für die wirkliche Bruchlast, die von jenen zufälligen Abweichungen abhängig ist, auch eine untere Grenze gefunden wird; hierfür aber ist allein in den Versuchen Heil zu finden[1]. Auf die an

[1] An dieser Stelle möge darauf hingewiesen werden, daß eine Rechnung, welche den Verlauf der Spannungskurve oberhalb der Proportionalitätsgrenze berücksichtigt, wohl Resultate ergeben dürfte, die mit den Versuchen weit besser in Übereinstimmung stehen als die bisherigen *theoretischen* Rechnungen. Immerhin aber könnte diese Rechnung, die ich für wohl durchführbar erachte, wegen der unvermeidlichen Abweichungen wieder nur für eine, wenn auch bessere, obere Grenze gelten.

wertvollem Material sehr reiche Arbeit von OSTENFELD (Z. VDI 1898, S. 1462ff.), welche diesen Weg beschreitet, sei hiermit hingewiesen.

Noch ein Wort über die richtige *Gebrauchsformel* für die *Neuberechnung* von auf Knickung beanspruchten Stäben! Von dieser Formel hat man neben der Bedingung, daß sie möglichst einfach sei, nur zu verlangen, daß sie von allen gefährlichen Stellen einen achtungsvollen, dabei gleichmäßigen Abstand zu wahren weiß. Man übersieht diese Verhältnisse am besten in einem logarithmischen Diagramm, in dem die beiden oberen Grenzen durch Gerade, und außerdem konstante Verhältniswerte (z. B. der Sicherheitsfaktor m) durch konstante Abstände dargestellt werden. In Abb. 2 ist waagerecht aufgetragen der Logarithmus von l/i (l = freie Stablänge, i = Trägheitshalbmesser des Querschnittes), senkrecht dagegen der Logarithmus von $P/F\,\sigma_d$, also einer wesentlich von P abhängigen Größe (σ_d soll hier die Druckfestigkeit bzw. die Quetschgrenze bedeuten). Die stark ausgezogenen Linien bezeichnen die durch Druckfestigkeit und EULERsche Last gebildete obere Grenze. Der schraffierte Raum wird von den Versuchsergebnissen ausgefüllt. Die feiner ausgezogenen Linien entsprechen den bei Berechnungen benutzten Formeln von RANKINE und v. TETMAJER. Man sieht, sie erfüllen beide die obige Bedingung in zufriedenstellender Weise. Andere, hier nicht aufgetragene Formeln bewegen sich in denselben Grenzen, es ist also schließlich die die beste, welche für die betreffende Rechnung gerade die bequemste ist.

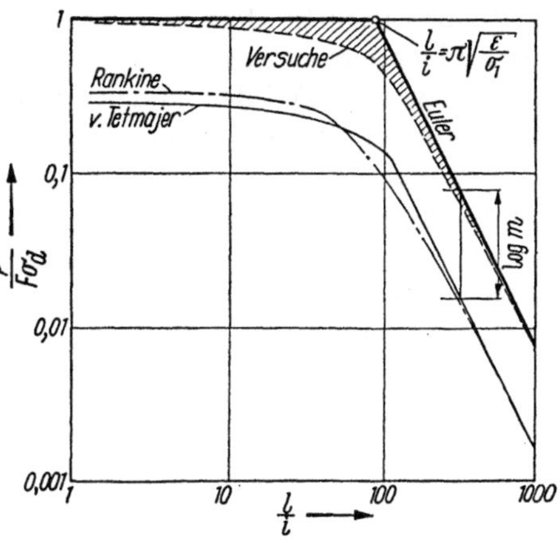

Abb. 2

Ich komme nun auf die Arbeit des Herrn KÜBLER zurück. Als ich sie in die Hand nahm, hoffte ich einen Beitrag zur Ausfüllung der oben erwähnten Lücke betreffs der unteren Grenze der Bruchlast zu finden. Da diese Hoffnung sich nicht erfüllte, galt es nur noch, den Fehler zu finden; denn eine Bestimmung der Ausbiegung f auf Grund reiner Rechnung ist, wie oben gezeigt, nicht möglich. Der Fehler besteht in folgendem: Herr KÜBLER unterscheidet zwischen einer „Kraftgleichung“ und einer „rein geometrischen Gleichung“ der elastischen Linie; beide müssen natürlich in Wahrheit identische Ergebnisse liefern. Aus beiden berechnet Herr KÜBLER die Annäherung der Stabenden, übersieht dabei aber, daß neben der Ausbiegung auch „rein geometrisch“ der Stab durch die Druckwirkung um $P\,l/E\,F = n^2\,i^2\,l$ (nach der KÜBLERschen Bezeichnung) verkürzt wird. Berechnet man nun für die Länge $l\,(1 - n^2\,i^2)$ die durch die Ausbiegung hervorgebrachte Verkürzung, so ergibt sich unter Vernachlässigung der kleinen Größen höherer Ordnung:

$$2\varDelta\,a = n^2\,i^2\,l + \frac{\pi^2\,f^2}{4\,l}\,;$$

mit diesem Wert erhält man statt Gl. (4) auf S. 83 der KÜBLERschen Arbeit die folgende:

$$\varDelta\,a = \frac{\pi^2\,f^2}{8\,l} + \frac{n^2\,i^2\,l}{2} = \frac{n^2\,f^2\,l}{8} + \frac{n^2\,i^2\,l}{2}\,;$$

f fällt als willkürlich fort, und als Rest der Formel bleibt übrig: $\pi^2 = n^2\,l^2$, oder in anderen Zeichen: $P\,l^2 = \pi^2\,E\,J$, also die EULERsche Formel.

Im zweiten Teil der Abhandlung (S. 738ff.) stellt Herr KÜBLER die Gleichung einer elastischen Linie auf, die nicht mit der Stabmittellinie zusammenfällt. Nach der allgemein gebräuchlichen Definition nennt man aber gerade die Kurve, deren Gestalt die Stabmittellinie unter der Belastung annimmt, die elastische Linie. Eine elastische Linie, die nicht mit der Stabmittellinie zusammenfällt, müßte also erst neu definiert werden. Zu der betreffenden Rechnung wäre erst Stellung zu nehmen, wenn Herr KÜBLER diese Definition erbracht haben wird.

Physikalische Zeitschrift 4. Jg. (1903) S. 758

Zur Torsion von prismatischen Stäben

Die Verteilung der Verdrehungsspannungen über den Querschnitt des Stabes läßt sich unter Annahme des Proportionalitätsgesetzes in Beziehung setzen zu der Gestalt einer gleichmäßig gespannten Membran, die den Querschnittsumriß zur (ebenen) Randkurve hat und eine gleichförmig verteilte (zur Randebene senkrechte) Belastung trägt. Für die entstehende krumme Fläche gelten folgende Beziehungen:

1. Die Horizontalkurven (Schichtlinien) sind Spannungslinien, d. h. geben durch ihre Tangentenrichtung die Richtung der Schubspannungen an.

2. Das Gefälle der Fläche (also die Dichte der Schichtlinien) ergibt die Größe der Spannungen.

3. Das von der Fläche und der Randebene eingeschlossene Volumen ergibt die Verdrehungssteifigkeit des Stabes.

Der Beweis knüpft an das sogenannte hydrodynamische Gleichnis an (vgl. Föppl, Vorlesungen, Bd. III, § 70). Die Spannungsverteilung wird hier mit einer innerhalb des Querschnittes verlaufenden ebenen Flüssigkeitsströmung verglichen, diese ist quellenfrei und besitzt den konstanten Wirbel $2G\vartheta$ ($G =$ Schubmodul, $\vartheta =$ Verdrehung pro Längeneinheit). Führt man die Strömungsfunktion ψ ein (vgl. Föppl, Bd. IV, § 43 oder Enzyklop. IV, 14, 7), so ergibt die letztere Beziehung

$$\frac{\partial^2 \psi}{\partial y^2} + \frac{\partial^2 \psi}{\partial z^2} = 2G\vartheta \quad \text{(X-Achse in der Stabrichtung)};$$

eine wie oben belastete Membran (Erhebung u, Spannung S, Belastung pro Flächeneinheit p) befolgt die Gleichung

$$\frac{\partial^2 u}{\partial y^2} + \frac{\partial^2 u}{\partial z^2} = \frac{p}{S}.$$

ψ kann also durch u dargestellt werden:

$$\psi = k\,u, \quad \text{wobei} \quad k = \frac{2G\vartheta S}{p}$$

ist.

Die Beziehungen 1 und 2 folgen jetzt unmittelbar aus den Eigenschaften von ψ als Strömungsfunktion.

Die Grenzbedingung des ebenen Randes der Membran folgt nun aus dem Umstand, daß die Schubspannungen am Querschnittsumfang tangential verlaufen; dieser ist also eine Spannungslinie und daher auch eine Horizontalkurve der Membran[1].

Zum Beweis der dritten Beziehung betrachte man die Spannungen auf dem schmalen Ringstreifen zwischen den Horizontalkurven u und $u + du$ (s. Abb. 1). Auf einem Flächenelement von der Breite db und der Länge dl herrscht eine Schubspannung τ, nach obigem $= k(du/db)$. Das Moment der Spannung für den Punkt O ist (mit der GIBBSschen Bezeichnung der Vektoren)

$$\boldsymbol{r} \times \boldsymbol{\tau}\, db\, dl = \boldsymbol{\tau}\, db\, \boldsymbol{r} \times d\boldsymbol{l} = k\, du \cdot 2 d\boldsymbol{F};$$

dies ergibt für die ganze Ringfläche

$$dM = 2k\, du\, F' = 2k\, dV$$

(dV = Volumen der Scheibe von der Dicke du). Das Gesamtmoment der Spannungen wird hiernach $M = 2k\, V$.

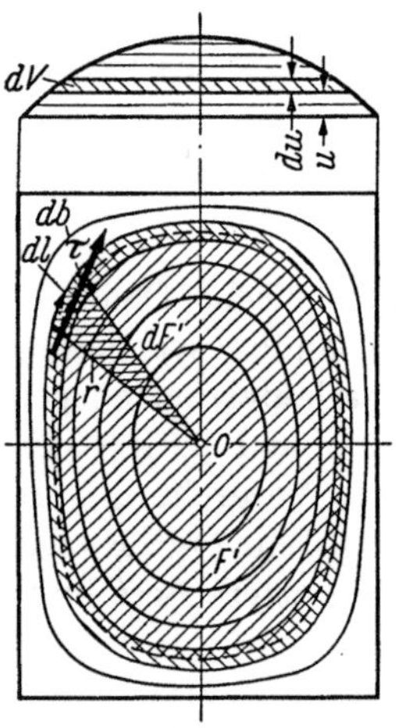

Abb. 1

Die gebräuchlichen Formeln

$$\tau_{\max} = \frac{M}{W} \quad \text{und} \quad \vartheta = \frac{M}{GJ}$$

lassen das Widerstandsmoment zu

$$W = \frac{2V}{\left(\frac{du}{db}\right)_{\max}}$$

und das Trägheitsmoment zu

$$J = \frac{4VS}{p}$$

finden.

Es sei noch bemerkt, daß sich unter Voraussetzung kleiner Durchbiegungen die Fläche durch Seifenhäute und andere Membranen realisieren und zur Messung benützen läßt. Wegen ihrer Anschaulichkeit läßt die Methode auch eine einigermaßen verläßliche Anwendung zur Aufstellung von Näherungsformeln zu. Eine Arbeit in der letzteren Richtung ist vom Vortragenden geplant und soll in der Z. VDI veröffentlicht werden.

[1] Zusatz (nicht vorgetragen): Bei hohlen Querschnitten entspricht auch der inneren Begrenzung eine Horizontalkurve der Membran; die Randkräfte an dieser Begrenzung ergeben eine Resultierende, die gerade der Wirkung des Druckes p auf die Fläche F_1 des Hohlraumes entspricht:

$$S \int \frac{du}{db}\, dl = p\, F_1.$$

Jahresberichte der Deutschen Mathematiker-Vereinigung Bd. 13 (1904) S. 31—36

Eine neue Darstellung der Torsionsspannungen bei prismatischen Stäben von beliebigem Querschnitt

Unter der Voraussetzung, daß das Material isotrop ist und dem Proportionalitätsgesetz gehorcht, läßt sich die Spannungsverteilung auf dem Querschnitt eines auf Verdrehung beanspruchten Stabes in Beziehung setzen zu derjenigen krummen Fläche, welche von einer gespannten Membran gebildet wird, die auf einer ebenen Randkurve von der Gestalt des Querschnittsumrisses aufruht und eine gleichförmige Belastung trägt.

Man kann diese Fläche erhalten, indem man beispielsweise in einer ebenen Blechplatte eine Öffnung von der Gestalt des Stabquerschnittes herstellt, eine Seifenhaut in die Öffnung bringt und einen einseitigen Überdruck darauf wirken läßt. Der Hügel, den die Seifenhaut so in der Öffnung bildet, ergibt unter der Voraussetzung, daß das Gefälle überall klein bleibt, die in Rede stehende Fläche. Für eine endliche Durchbiegung der Haut treffen die im folgenden zu erläuternden Beziehungen nur zu, wenn die Belastung senkrecht zur Randebene gerichtet ist. Hier ist sie aber senkrecht zu den einzelnen Flächenteilchen was eine Abweichung, die klein von der zweiten Ordnung ist, hervorruft.

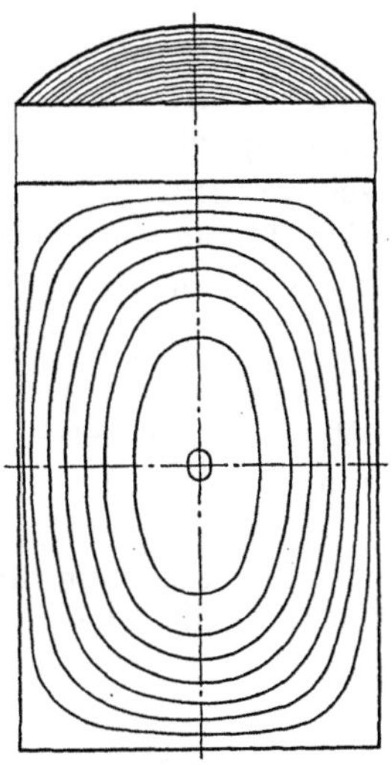

Abb. 1

Unser Hügel steht zur Spannungsverteilung in folgenden Beziehungen:

1. Die Horizontalschnitte des Hügels ergeben Spannungslinien, d. h., die Tangenten dieser Kurven geben die *Richtung* der Spannung an. Stellt man den ganzen Hügel in Höhenschichten dar, wie das bei der Darstellung von Gebirgen üblich ist, so erhält man ein anschauliches Bild des Spannungsfeldes (vgl. Abb. 1).

2. Das Gefälle des Hügels ist überall der *Größe* der Spannungen proportional, also ist, da das Gefälle auch durch die Dichtigkeit der Schichtlinien zum Ausdruck kommt, auch die Spannung der Dichtigkeit dieser Linien proportional.

3. Der Kubikinhalt des Hügels (das Volumen zwischen der Fläche und der Ebene der Randkurve) ist proportional der Verdrehungssteifigkeit des Stabes.

Zum Beweis dieser Sätze geht man am besten von dem sogenannten hydrodynamischen Gleichnis aus. Man vergleicht da die Spannungsverteilung auf dem Querschnitt mit einer Flüssigkeitsströmung, wobei die Spannungen den Geschwindigkeiten der Flüssigkeitsteilchen zugeordnet sind.

Die Strömung ist hier quellenfrei (d. h. entspricht einer inkompressiblen Flüssigkeit zwischen festen Wänden), sie ist ferner von konstantem Wirbel.

Die erstere Beziehung folgt aus dem Gleichgewicht des Körperelementes gegen Verschiebung in der Stabachse, die hier als x-Achse genommen werden soll. Die Gleichgewichtsbedingung für die X-Kräfte lautet

$$\frac{\partial \sigma_x}{\partial x} + \frac{\partial \tau_{xy}}{\partial y} + \frac{\partial \tau_{xz}}{\partial z} = 0$$

(vgl. Föppl, Vorlesungen, Bd. III, § 2). Da das erste Glied wegen Fehlens der Normalspannungen $= 0$ ist, bleibt stehen

$$\operatorname{div} \boldsymbol{\tau} = 0.[1] \tag{1}$$

Die zweite Beziehung ergibt sich aus der Formänderung. Jeder Querschnitt verdreht sich gegen die benachbarten. Ist ϑ der Verdrehungswinkel pro Längeneinheit, so verdreht sich irgendein Querschnitt gegen den Querschnitt $x = 0$ um $\vartheta\, x$, infolgedessen sind die Verschiebungen in der Y- und Z-Richtung $\eta = -\vartheta\, x\, z$; $\zeta = \vartheta\, x\, y$. Beachtet man, daß

$$\tau_{xy} = G\left(\frac{\partial \xi}{\partial y} + \frac{\partial \eta}{\partial x}\right) \quad \text{und} \quad \tau_{xz} = G\left(\frac{\partial \xi}{\partial z} + \frac{\partial \zeta}{\partial x}\right)$$

ist (G = Schubelastizitätsmodul), so ergibt sich der Wirbel des Strömungsfeldes zu

$$\operatorname{rot} \boldsymbol{\tau} = 2 G \vartheta. \tag{2}$$

Man kann nun diese Strömung von einer Stromfunktion ψ ableiten, indem man schreibt

$$\tau_{xy} = -\frac{\partial \psi}{\partial z}, \qquad \tau_{xz} = \frac{\partial \psi}{\partial y};$$

die erste Gleichung ist hierdurch identisch erfüllt: Gl. (2) ergibt

$$\frac{\partial^2 \psi}{\partial y^2} + \frac{\partial^2 \psi}{\partial z^2} = 2 G \vartheta. \tag{3}$$

Nun ist die Differentialgleichung der Fläche, welche eine Membran von konstanter Spannung S bildet, wenn sie pro Flächeninhalt eine Belastung p trägt:

$$\frac{\partial^2 u}{\partial y^2} + \frac{\partial^2 u}{\partial z^2} = \frac{p}{S} \tag{4}$$

[1] Die fettgedruckten Buchstaben bedeuten Vektoren. Die Bezeichnung der Produkte ist nach Gibbs gewählt; vgl. Jber. dtsch. Math.-Ver. Bd. 12 (1903) S. 444.

(u bedeutet die Ordinate der Fläche). Wegen des übereinstimmenden Baues der Gl. (3) und (4) kann man durch geeignete Wahl der Randbedingungen erreichen, daß

$$\psi = k\,u$$

wird, wobei dann die Konstante k den Wert $= \frac{2G\,\vartheta\,S}{p}$ hat. Hiermit wird

$$\tau_{xy} = -k\frac{\partial u}{\partial z} \quad \text{und} \quad \tau_{xz} = k\frac{\partial u}{\partial y}. \tag{5}$$

Aus den bekannten Eigenschaften der Stromfunktion (vgl. Enzyklop. IV, 14, 7) ergibt sich nun sofort die erste und zweite Beziehung.

Wegen der bekannten Bedingung, daß die *Schubspannungen* am Querschnittsumriß tangential verlaufen müssen, ist dann der Querschnittsumriß selbst eine Spannungslinie, also auch eine Horizontalkurve der Membranfläche. Hieraus ergibt sich die eingangs angegebene Randbedingung für die Membran.

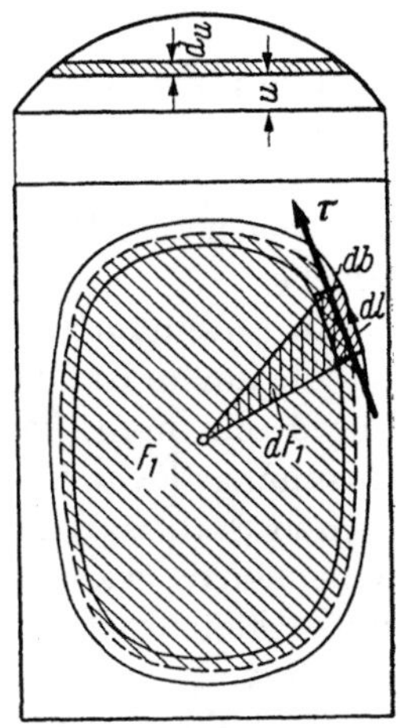

Abb. 2

Zum Beweis der dritten Beziehung betrachte man den ringförmigen Streifen, der zwischen zwei Horizontalschnitten u und $u + du$ liegt (Abb. 2). Ein Element dieses Streifens habe die Länge dl und die Breite $d\,b$, dann kann das Gefälle $= du/db$ geschrieben werden, die Spannung also $\tau = k(du/db)$. Das Moment der Spannung auf dem Flächenelement ($db\,dl$), genommen für einen beliebigen Momentenpunkt, ist nun das äußere Produkt

$$\mathsf{r} \times \tau\,db\,dl = \tau\,db\,\mathsf{r} \times d\mathsf{l}.$$

Nun ist aber $\tau\,db = k\,du$, und $\mathsf{r} \times d\mathsf{l} = 2\,\text{mal}$ Dreieck $d\,\mathsf{F}_1$, also wird $d^2\mathsf{M} = 2k\,du\,d\,\mathsf{F}_1$, infolgedessen für den ganzen schmalen Ring $dM = 2k\,F_1\,du$. (Wegen der Parallelität der d^2M kann für die Summierung die Richtungsanzeige weggelassen werden.) $F_1\,du$ ist aber das Volumen der Scheibe von der Dicke du, also $= d\,V$. Das Gesamtmoment wird hiermit

$$M = 2k\,V \tag{6}$$

$= 2k$ mal dem Volumen, das die Membran mit der Ebene der Randkurve einschließt.

Für hohle Querschnitte (mehrfach zusammenhängende Räume) bedarf die Betrachtung einer Ergänzung. Für die Abbildung auf die Membran bleibt hier nämlich zunächst die Mittelkraft P der senkrechten Komponenten der Spannung S am inneren Rand der Membran unbestimmt. Die senkrechte Kraft auf ein Linienelement ds ist proportional der zu dem Element senkrechten Gefällskomponente; mit $\tau = k(du/db)$ wird man auf die Beziehung

$$P = \frac{S}{k} \int \tau \cdot ds$$

geführt. Für ein Element des hier auftretenden Linienintegrals von τ kann man nach dem Früheren schreiben

$$\begin{aligned} \tau \cdot ds = \tau_{xy}\, dy + \tau_{xz}\, dz &= G\left(\frac{\partial \xi}{\partial y} dy + \frac{\partial \xi}{\partial z} dz + \vartheta (y\, dz - z\, dy)\right) \\ &= G(d\xi + 2\vartheta dF_2), \end{aligned}$$

wobei dF_2 eine Sektorenfläche wie in Abb. 2 bedeutet.

Hiermit wird für jede geschlossene Linie, da dann $\int d\xi = 0$ wird,

$$P = \frac{S}{k} 2 G \vartheta F_2$$

oder mit Einführung des Wertes von k:

$$P = p F_2,$$

also gleich dem Flüssigkeitsdruck auf die von der Kurve eingeschlossene Fläche.

In Anwendung dieser für jede beliebige Kurve geltenden Beziehung auf die innere Randkurve, welche ebenso wie die äußere eine Horizontalkurve sein muß, kann man nun sagen, daß bei der Realisierung der Spannungsfläche jede (nach den Voraussetzungen zylindrisch durch den ganzen Stab laufende) Höhlung durch eine parallel mit sich verschiebliche, starre, waagerechte Ebene dargestellt werden muß, und daß der Flüssigkeitsdruck p einheitlich auf die Membran und die starren Flächen einwirkt.

Es erübrigt noch, die Formeln für das Trägheitsmoment und Widerstandsmoment aufzustellen. Ersteres kann aus der Beziehung hergeleitet werden, daß $M = G\,\vartheta\, J$ ist. Hier erhält man, wenn der Wert von k eingesetzt wird,

$$M = \frac{4 G \vartheta S}{p} V,$$

also ist

$$J = \frac{4S}{p} V, \tag{7}$$

Das Widerstandsmoment ist

$$W = \frac{M}{\tau_{\max}} = \frac{2V}{\left(\dfrac{du}{db}\right)_{\max}}. \tag{8}$$

Die im Vorhergehenden beschriebene Darstellungsweise der Spannungsverteilung ist durch ihre Anschaulichkeit geeignet, in vielen Fällen, wo die Rechnung im Stich läßt, eine brauchbare Abschätzung der zu erwartenden Werte zu liefern. Auch experimentell lassen sich natürlich durch Ausmessung der Membranflächen derartige Aufgaben lösen.

Die Formeln für den Kreisquerschnitt sowie für den elliptischen Querschnitt lassen sich in sehr einfacher Weise aus dem Vorstehenden ermitteln, da hier die Membranfläche ein Paraboloid (Rotationsparaboloid bzw. elliptisches Paraboloid) wird.

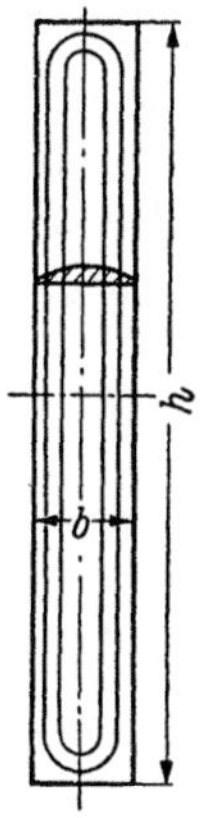

Abb. 3

In ähnlich einfacher Weise liefert die Theorie die folgenden Näherungsresultate. Für ein *schmales Rechteck* (vgl. Abb. 3) wird V annähernd gleich dem Volumen eines Parabelzylinders von der Grundfläche $b\,h$, oder genauer $b(h - \alpha\, b)$[1], weil an den Enden je ein von der Breite des Rechteckes abhängiges Volumenstück fehlt. Diese Grundfläche multipliziert mit $^2/_3$ der Höhe des Hügels, welche wie der Durchhang eines Seiles zu $p\,b^2/8S$ erhalten wird, ergibt das Volumen V; hiermit wird $J = \frac{1}{3}\, b^3 (h - \alpha\, b)$; da $\left(\frac{du}{db}\right)_{\max} = \frac{p\,b}{2S}$ ist, wird $W = \frac{1}{3}\, b^2 (h - \alpha\, b)$.

Man sieht leicht ein, daß sich die Formel für das Trägheitsmoment näherungsweise bei jedem *dünnwandigen offenen Querschnitt* anwenden läßt (vgl. Abb. 4), denn das Volumen des Hügels ist hier offenbar annähernd gleich demjenigen, das für ein Rechteck von gleicher Breite und gleicher Länge erhalten wird.

Nicht so einfach steht es mit dem Widerstandsmoment, also mit der größten Spannung. Es zeigt sich überall da, wo die Querschnittsbegrenzung konkav ist, eine Spannungsverschärfung (vgl. Abb. 4 Ecke B); bei einer scharfen einspringenden Ecke (A) wird die Spannung sogar theoretisch unendlich!

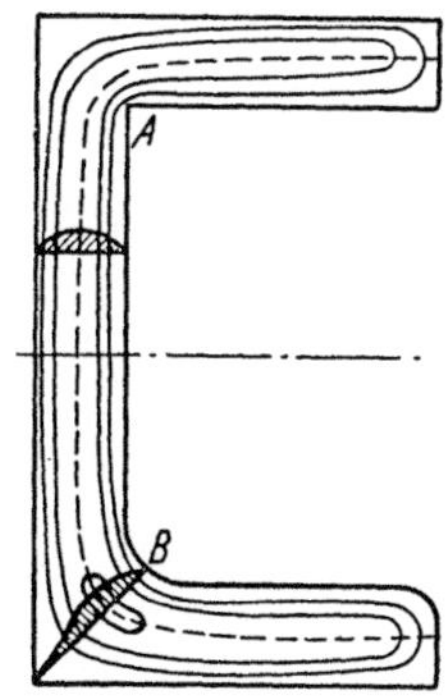

Abb. 4

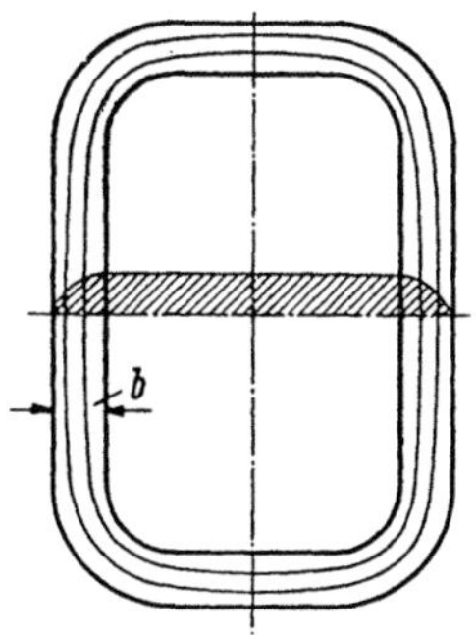

Abb. 5

Für einen *dünnwandigen geschlossenen Querschnitt* (Rohr) ergibt unsere Darstellung einen Tafelberg (vgl. Abb. 5); ist l_m der mittlere Umfang, F_m das Mittel zwischen den Flächeninhalten der äußeren und der inneren Umrißlinie, so wird das mittlere Gefälle der Abhänge (aus dem Gleichgewicht der Kräfte an der Membran) $= F_m\, p / l_m\, S$; da die Höhe des Berges = Gefälle mal

[1] Der Vergleich mit der genauen Theorie (Love, Elasticity I, S. 168) liefert $\alpha = 0{,}630$.

Breite b, und das Volumen = Fläche F_m mal dieser Höhe gesetzt werden kann, ergibt sich nun angenähert

$$J = \frac{4 F_m^2 b}{l_m} \quad \text{und} \quad W = 2 F_m b .$$

Ein Rohr mit einem durchgehenden Längsriß müßte zu den offenen Querschnitten gezählt werden, die Verdrehungssteifigkeit würde statt durch einen Tafelberg nur mehr durch einen niedrigen Wall dargestellt. Der Umstand, daß ein solches Rohr beim Aufspalten so ziemlich seine ganze Steifigkeit einbüßt, findet hierdurch eine anschauliche Erklärung.

Zeitschrift des Vereins Deutscher Ingenieure Bd. 51 (1907) S. 1867—1869.

Knicksicherheit von Gitterstäben

Der Bericht über den Einsturz der Quebec-Brücke, der kürzlich in der Rundschau dieser Zeitschrift veröffentlicht worden ist[1], hat mir die Anregung zu der nachfolgenden kleinen Untersuchung gegeben. Es handelt sich um die Frage: Wie stark muß die Vergitterung eines zusammengesetzten Druckstabes gemacht werden, damit die Knicklast in der üblichen Weise nach der EULERschen Formel berechnet werden darf, oder welche andere Berechnungsweise ist statt der EULERschen einzuführen? Eine Behandlung dieser Frage in der technischen Literatur ist mir nicht bekannt.

Abb. 1

Um die Entwicklungen möglichst einfach zu gestalten, will ich zunächst den Sonderfall betrachten, daß ein Gitterstab mit sehr starken Querschnitten und verhältnismäßig schwacher Vergitterung vorliegt, etwa nach Art von Abb. 1. Man kann dann annehmen, daß die Knickung so vor sich geht, daß die beiden Teile des Stabes parallel miteinander, jeder für sich, knicken; die Gitterdiagonalen erfahren dabei (von Nebenspannungen abgesehen) einfache Dehnungen, die leicht annähernd in Rechnung gezogen werden, wenn man annimmt, daß, wie bei der einfachen Knickung, die Mittellinie eines Gurtes die Gleichung

$$y = f \sin \frac{\pi x}{l} \qquad (1)$$

befolge (erster EULERscher Knickfall, l Stablänge, f Durchbiegung in der Stabmitte).

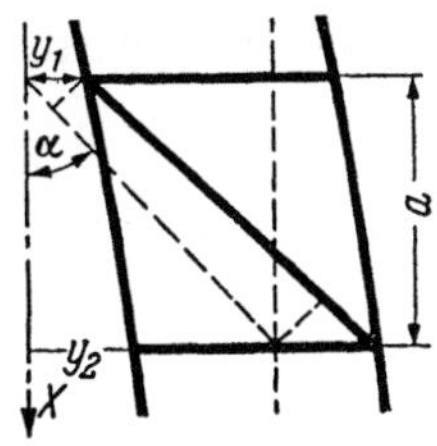

Abb. 2

Strenggenommen ist diese Annahme nur bei unendlich vielen Gitterfeldern gerechtfertigt; doch wird sie auch bei verhältnismäßig kleinen Felderzahlen noch eine brauchbare Annäherung liefern. Die durch das Ausknicken verursachte Verlängerung einer Diagonale ergibt sich unter der Voraussetzung, daß alle Formänderungen kleine Größen sind, aus Abb. 2 in einfacher Weise zu

$$\Delta l = (y_2 - y_1) \sin\alpha;$$

ist a die Länge eines Feldes, also die Länge der Diagonale gleich $a/\cos\alpha$, so ergibt sich die Dehnung zu

$$\varepsilon_d = \frac{\Delta l \cos\alpha}{a} = \frac{(y_2 - y_1)\sin\alpha\cos\alpha}{a}.$$

---

[1] Siehe Z. VDI Bd. 51 (1907) S. 1598.

Mit derselben Berechtigung wie oben kann man auch hier so rechnen, als seien unendlich viele Felder vorhanden, und also $\frac{dy}{dx}$ für $\frac{y_2 - y_1}{a}$ schreiben[1]; man erhält hiermit:

$$\varepsilon_d = \frac{dy}{dx} \sin\alpha \cos\alpha . \tag{2}$$

Bei zwei gekreuzten Diagonalen ist die Dehnung der zweiten Diagonale von derselben Größe, aber von entgegengesetztem Vorzeichen. Die Spannkräfte in den Diagonalen ergeben sich somit zu

$$D_1 = +E F_d \varepsilon_d ; \qquad D_2 = -E F_d \varepsilon_d .$$

Die Druckkraft P, die das Ausknicken des Stabes hervorruft, möge an den Enden zentrisch angreifen. Sie möge in zwei Teile zerlegt werden, von denen der eine die Knickung der Gurte hervorbringt, der andere dagegen den Kräften der Diagonalen das Gleichgewicht hält: $P = P_g + P_d$. Der erste Anteil stimmt überein mit derjenigen Knicklast, die den beiden Gurten zukäme, wenn keine Diagonalen vorhanden wären; es ist also für zwei gleiche Gurte

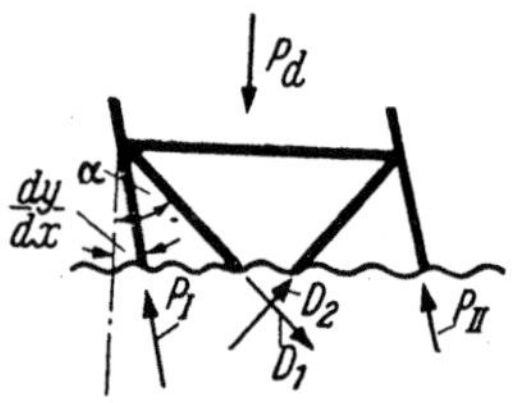

Abb. 3

$$P_g = \frac{2\pi^2 E J_g}{l^2} .$$

P_d läßt sich finden, indem man das Gleichgewicht der Querkräfte in einem waagerechten Schnitt, Abb. 3, betrachtet. Unter Vernachlässigung von kleinen Größen höherer Ordnung ist für zwei gekrümmte Diagonalen

$$P_d \frac{dy}{dx} = 2D \sin\alpha ;$$

da sich D zu

$$E F_d \frac{dy}{dx} \sin\alpha \cos\alpha$$

ergeben hat, findet man also

$$P_d = 2E F_d \sin^2\alpha \cos\alpha . \tag{3}$$

Was hier für einen Gitterstab mit zwei Gurten und zwei Diagonalen in jedem Querschnitt gefunden wurde, läßt sich sofort auf den allgemeinen Fall übertragen, wo mehrere Gurten- und Diagonalsysteme vorhanden sind. Die gesamte Knicklast ergibt sich hier zu

$$P = \frac{\pi^2 E \Sigma J_g}{l^2} + E \Sigma F_d \sin^2\alpha \cos\alpha . \tag{4}$$

---

[1] Für diese erste Ableitung wäre dieser Übergang nicht unbedingt notwendig gewesen, wie man sich an Hand des angewandten Rechnungsganges überzeugen kann; er geschah wesentlich im Hinblick auf die nachfolgende Entwicklung des allgemeineren Falles.

Die vorstehende einfache Betrachtung wird unzulässig bei etwas schlankeren Stäben, bei welchen während des Ausknickens merkliche Längenänderungen der Gurte (Verkürzung des innen befindlichen, Verlängerung des außen befindlichen) vorkommen. In diesem Fall, wo nun die waagerechten Gitterstäbe während des Ausknickens nicht mehr parallel bleiben, müssen die Drehungen dieser Stäbe bei der Berechnung der Dehnung ε_d der Diagonalen in Rechnung gezogen werden.

Wenn man wieder davon absieht, daß die Diagonalen einen kleinen Teil der Längskraft P aufnehmen, so ergibt sich auch hier eine Zweiteilung der Last P. Von den ausknickenden Gurten wird wieder der Anteil P_g getragen, der sich genau wie früher berechnet; nur der Rest $P - P_g$, der hier mit P_f bezeichnet werden möge, kommt für das Gitterfachwerk in Betracht.

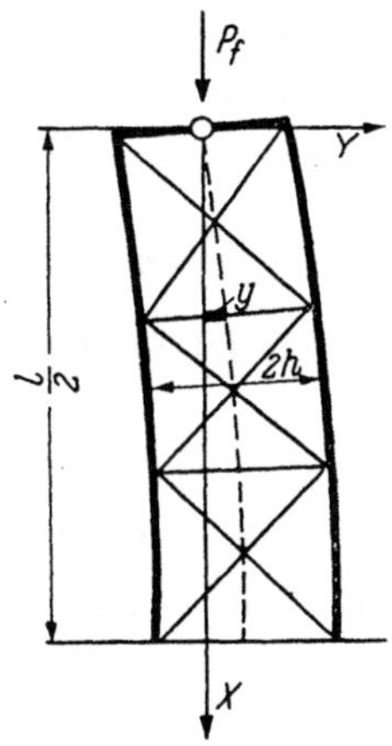

Abb. 4

Die Verteilung der Kraft P_f auf die beiden Gurte von Abb. 1 ergibt sich nach dem Momentensatz, wie aus Abb. 4 hervorgeht, wie folgt:

Die Kraft im Gurt I wird zu $P_I = P_f \dfrac{h - y}{2h}$,

die Kraft im Gurt II wird zu $P_{II} = P_f \dfrac{h + y}{2h}$.

Die Verkürzungen der Längeneinheit werden also

$$\left.\begin{matrix} -\varepsilon_{\mathrm{I}} \\ -\varepsilon_{\mathrm{II}} \end{matrix}\right\} = \frac{P_f}{E F_g} \frac{h \mp y}{2h}.$$

Die Verrückungen der einzelnen Gurtpunkte in senkrechter Richtung ergeben sich somit, wenn der Querschnitt $x = l/2$ seine Lage beibehält, zu

$$\left.\begin{matrix} v_{\mathrm{I}} \\ v_{\mathrm{II}} \end{matrix}\right\} = -\int_x^{l/2} \varepsilon\, dx = \frac{P_f}{2 E F_g}\left(\frac{l}{2} - x \mp \frac{1}{h}\int_x^{l/2} y\, dx\right).$$

Die Drehung der ursprünglichen Waagerechten wird dann

$$\psi = \frac{v_{\mathrm{II}} - v_{\mathrm{I}}}{2h} = \frac{P_f}{2 E F_g h^2}\int_x^{l/2} y\, dx.$$

Wird nun wieder $y = f \sin\dfrac{\pi x}{l}$ gesetzt [Gl. (1)], so wird

$$\int_x^{l/2} y\, dx = \frac{l f}{\pi}\cos\frac{\pi x}{l},$$

also erhält man

$$\psi = \frac{P_f l f}{2\pi E F_g h^2}\cos\frac{\pi x}{l}.$$

Die Winkeländerung des Gitterfeldes, durch die die Dehnung der Diagonalen hervorgerufen wird, ist nun nicht mehr $= dy/dx$ zu setzen, sondern sie ist hier gleich der Differenz $\frac{dy}{dx} - \psi$. Es ist also jetzt, vgl. Gl. (2),

$$\varepsilon_d = \left(\frac{dy}{dx} - \psi\right) \sin\alpha \cos\alpha,$$

oder, wenn für dy/dx sein Wert nach Gl. (1) eingeführt wird,

$$\varepsilon_d = \left(\frac{\pi}{l} - \frac{P_f\, l}{2\pi E F_g h^2}\right) f \cos\frac{\pi x}{l} \sin\alpha \cos\alpha.$$

Die Betrachtung über die Querkräfte liefert nun wieder, ganz entsprechend den früheren Betrachtungen (Abb. 3):

$$P_f \frac{dy}{dx} = 2D \sin\alpha,$$

oder nach Einführung der Werte von dy/dx und $D = E F_d \varepsilon_d$, wenngleich der Faktor $f \cos\frac{\pi x}{l}$ fortgelassen wird:

$$P_f \frac{\pi}{l} = 2 E F_d \left(\frac{\pi}{l} - \frac{P_f\, l}{2\pi E F_g h^2}\right) \sin^2\alpha \cos\alpha.$$

Bezeichnet man zur Abkürzung $2 E F_d \sin^2\alpha \cos\alpha$ wieder mit P_d [Gl. (3)], ferner $\frac{2\pi^2 E F_g h^2}{l^2}$ mit P_k, so lautet die vorige Gleichung:

$$P_f = P_d\left(1 - \frac{P_f}{P_k}\right),$$

oder nach P_f aufgelöst:

$$P_f = \frac{P_d P_k}{P_d + P_k}. \tag{5}$$

Die gesamte Knicklast wird hiermit

$$P = P_g + P_f = P_g + \frac{P_d P_k}{P_d + P_k}. \tag{6}$$

Hat man es mit weniger einfachen Konstruktionen zu tun, so bleiben die letzten Beziehungen unverändert, nur muß wieder

$$P_g = \frac{\pi^2 E \sum J_g}{l^2}; \quad P_d = E \sum F_d \sin^2\alpha \cos\alpha \tag{6a, 6b}$$

werden, und es ist

$$P_k = \frac{\pi^2 E}{l^2} \sum F_g h^2, \tag{6c}$$

wo h jetzt allgemein den Abstand des Querschnittschwerpunktes eines Gurtes von der neutralen Achse des ganzen Stabquerschnittes bedeutet.

Gl. (6) mag an einigen Sonderfällen näher erläutert werden:

1. Fehlen die Diagonalen, so ist $P_d = 0$ zu setzen, und P reduziert sich auf P_g, d. h. auf die Summe der Knicklasten der einzelnen Gurte, die jetzt frei, jeder für sich, knicken können.

2. Sind die Diagonalen sehr stark, so kann man sie in der Grenze als völlig unausdehnbar ansehen, also $P_d = \infty$ setzen; hiermit erhält man

$$P = P_g + P_k = \frac{\pi^2 E}{l^2} \sum (J_g + F_g h^2).$$

Nach einem bekannten Satz ist aber die Summe $\sum J_g + F_g h^2$ das Gesamtträgheitsmoment des ganzen Stabes; man erhält also, wie es auch sein muß, für völlig unnachgiebige Diagonalen einfach die Eulersche Knicklast. Das Kennzeichen, daß man die Eulersche Formel anwenden darf, ist demnach, daß P_d groß gegen P_k ist. Die wahre Knicklast ist dann um $\frac{P_k^2}{P_d + P_k}$ kleiner als die Eulersche.

3. Ist bei verhältnismäßig kurzen und breiten Stäben mit schwachen Diagonalen P_k groß gegen P_d, dann ergibt sich in der Grenze ($P_k = \infty$)

$$P = P_g + P_d,$$

d. h. die durch die einfachere Betrachtung am Anfang dieser Abhandlung gewonnene Beziehung. Um die Größe P_d der Anschauung näherzubringen, mag bemerkt werden, daß sie diejenige Kraft darstellt, unter der ein gelenkiger Rahmen nach Art der Abb. 5 mit unausdehnbaren Rahmenstäben, aber elastischen Diagonalen durch die Nachgiebigkeit dieser Diagonalen zusammenklappen würde.

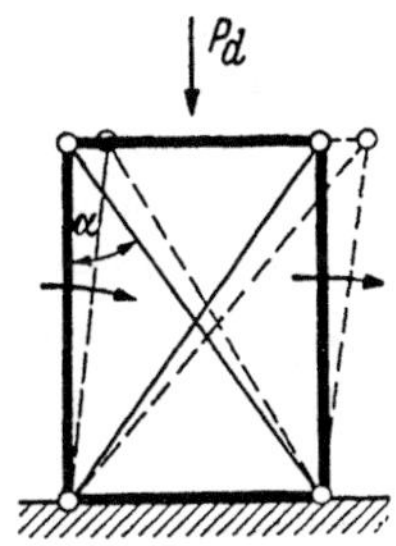

Abb. 5

Der Fall, daß P_d kleiner als P_k ist, dürfte übrigens sehr selten vorkommen, da hierzu die Querschnitte der Diagonalen sehr klein gegen die Gurtquerschnitte sein müssen[1]. Bei den Druckstäben der eingestürzten *Quebec-Brücke* war dies übrigens der Fall. Die Durchrechnung des Untergurtstabes A_9 des Ankerarmes, der zuerst gebrochen sein soll, ergibt nach dem in Engineering, Bd. 84 (1907) S. 388ff., mitgeteilten Zahlenmaterial folgendes. Der Querschnitt besteht der Hauptsache nach aus vier Platten von 54″ × 3³/₈″ Querschnitt, die aus je 4 Blechplatten zusammengenietet sind: sie sind durch Anfügung von verhältnismäßig kleinen Saumwinkeln zu einer [- bzw. ⅂L-artigen Form ergänzt. Die Schwerpunkte der äußeren Gurte sind voneinander um 55¹/₂″, die inneren um etwa 12″ entfernt.

Die Gurte sind untereinander verbunden durch aufgenietete Winkel, die in etwa quadratischen Gitterfeldern angeordnet sind; die gekreuzten Diagonalen bestehen aus Winkeleisen 4 × 3 × ³/₈″ (16 cm²), die Querstäbe aus Winkeln 3¹/₂ × 3 × ³/₈″; die Stabenden sind durch

[1] Mit den gebräuchlichen Zahlen für Sicherheitskoeffizient und zulässige Spannung ergibt sich, daß $\sum F_d$ kleiner als $^1/_{50}$ von $\sum F_g$ sein muß, damit P_d kleiner als die Eulersche Knicklast ($P_d + P_k$) wird.

Blechplatten an Stelle des Gitterwerkes wesentlich kräftiger versteift. Der gesamte Querschnitt ist 767 Quadratzoll = 4950 cm², die Stablänge 57 = 17,4 m. $\sum J_g$ wird ungefähr $= 50\,000$ cm⁴, $\sum F_g h^2 = J_k = 12\,900\,000$ cm⁴, $\sum F_d = 64$ cm². Mit $E = 2\,100\,000$ kg/cm² und $\alpha = 45°$ ergibt sich

$$P_g = 340 \text{ t}$$

$$P_k = 88\,000 \text{ t}$$

$$P_d = 47\,500 \text{ t}.$$

Die gesamte Knicklast folgt hiermit aus Gl. (6) zu

$$P = 31\,200 \text{ t}.$$

Da die größte Beanspruchung des Stabes des Trägers nach Z. VDI 1907, S. 1600, $S = 7\,350$ t sein sollte, würde sich also bei genau zentrischer Last etwa vierfache Knicksicherheit ergeben; wenn auch diese Sicherheit nach dem sonst Üblichen nicht als ausreichend angesehen werden dürfte, so wird hierdurch doch auch nicht erklärt, warum die Brücke, noch dazu bei einer geringeren Belastung, einstürzen mußte. Die Berücksichtigung der Versteifungen an den Stabenden und der starren Knotenpunktverbindungen würde eine geringe Erhöhung der rechnungsmäßigen Knicklast bewirken. In einer anderen Hinsicht aber konnten diese Versteifungen gefahrbringend werden, nämlich dadurch, daß sie exzentrischen Kraftangriff zuließen, der durch Nebenspannungen und besonders durch ungenaue Bauausführung veranlaßt sein konnte. Wie empfindlich die gewählte Stabkonstruktion für solche störende Wirkungen war, mag aus folgendem hervorgehen.

Bei vier Diagonalen in einem Querschnitt gilt (vgl. Abb. 3) die Gleichung $4D \sin\alpha = S\varphi$, wenn φ den kleinen Winkel zwischen der Stabachse und der Richtung der wirklich vorhandenen Stabkraft S bedeutet. Der Größtwert von D läßt sich daraus ermitteln, daß laut Zeichnung in Engineering jede Diagonale mit zwei Nieten an die Außengurte angeschlossen ist. Ein Nietdurchmesser ist nicht angegeben; aber da die Eisenstärke der Diagonalen $^3/_8{}''$ beträgt, kommen wohl nur $^3/_4$- oder $^7/_8$zöllige Niete in Betracht. Mit 3000 kg/cm² Scherfestigkeit der Niete findet man so eine Kraft $D = 17{,}1$ oder 23,4 t, bei der die Diagonale abgerissen wird. Je nachdem man die einen oder die anderen Zahlen benutzt, erhält man bei $S = 5000$ t, das beim Einsturz vorhanden gewesen sein soll, eine verderbliche Winkelabweichung $\varphi = 0{,}0097$ oder 0,0132 (im Bogenmaß). Eine Exzentrizität des Druckmittelpunktes an den Stabenden um 85 bzw. 116 mm, an beiden Enden nach entgegengesetzten Seiten, genügte also, um die Diagonalen abzureißen; bei einer Quererstreckung von 1,68 m (über alles) ist diese Exzentrizität nicht zu groß, um nicht durch unvorhergesehene Einflüsse erzeugt werden zu können. Man wird also in dieser viel zu schwachen Vergitterung, deren Winzigkeit jedem gesunden Gefühl widerstreitet, die Grundursache des Einsturzes zu suchen haben[1].

Für die praktische Berechnung kann man aus dem Vorstehenden den Schluß ziehen, daß die Formel (3), wenn sie zur Berechnung der Diagonalen benutzt wird, mit einem weit größeren Sicherheitsfaktor zu versehen sein wird, als das sonst bei Knickformeln üblich ist; es wird sich vielleicht empfehlen, diesen Faktor $=20$ oder 25 zu wählen.

Zum Schluß möge bemerkt werden, daß die Hauptformel (6), die immer eine etwas kleinere Knicklast liefert als die EULERsche Formel, noch in mehrfacher Hinsicht einer Verfeinerung fähig ist, besonders durch Berücksichtigung der Nebenspannungen in den häufig sehr kurzen und mehrfach befestigten Gitterstäben. Indes ist zu sagen, daß diese Einflüsse immer im Sinn einer Erhöhung der Knicksicherheit wirken; für praktische Verhältnisse dürfte daher die Formel (6) immer ausreichend sein.

---

[1] Diesen Schluß haben auch die Berichterstatter in Engineering und in Z. VDI mit mehr oder weniger Bestimmtheit gezogen.

Nachrichten der Gesellschaft der Wissenschaften zu Göttingen, Mathematisch-physikalische Klasse (1920) S. 74—85

Über die Härte plastischer Körper

(Vorgelegt in der Sitzung vom 13. Februar 1920)

1. Man verdankt HEINRICH HERTZ eine Theorie der Berührung elastischer Körper. HERTZ selbst leitet aus seiner Theorie ein Maß für die Härte ab, indem er dafür diejenige Druckspannung in der Mitte der Druckfläche vorschlägt, durch die die Elastizitätsgrenze überschritten wird. Wegen der Unmöglichkeit einer sicheren Feststellung dieser Grenzbelastung bei nicht spröden Körpern hat man sich jedoch bei den praktischen Härtemessungen der Technik darauf geeinigt, bleibende Vertiefungen in das zu untersuchende Material einzudrücken und die mittlere Druckspannung in der Druckfläche als Härtemaß zu nehmen. Bei der BRINELL-Probe wird z. B. eine gehärtete Stahlkugel in das Material eingedrückt. Eine Theorie des Spannungszustandes bei dieser bleibenden Formänderung ist bisher nicht bekannt geworden. Im folgenden soll gezeigt werden, daß eine solche Theorie für das entsprechende *ebene Problem* unter gewissen vereinfachenden Voraussetzungen möglich ist.

Der Begriff des plastischen Körpers soll hier weiter gefaßt werden, als dies nach dem Vorgang von B. DE SAINT VENANT und M. LÉVY[1] sonst meist üblich ist. Nach den Ansätzen dieser Beiden soll in denjenigen Gebieten des Körpers, in denen die Elastizitätsgrenze überschritten ist, die größte Schubspannung einen konstanten Wert C haben, oder, was dasselbe bedeutet, der Unterschied zwischen der größten und kleinsten Hauptspannung soll konstant $= 2C$ sein. HAAR und v. KÁRMÁN[2] unterscheiden hierbei noch den „halbplastischen" und den „vollplastischen" Zustand, je nachdem die dritte Hauptspannung irgendeinen Wert zwischen den beiden anderen Hauptspannungen hat oder mit einer von diesen beiden übereinstimmt.

Hier soll eine etwas allgemeinere Bedingung für den plastischen Zustand formuliert werden: Dieser Zustand sei dadurch charakterisiert, daß zwischen der kleinsten und der größten Hauptspannung eine bestimmte Beziehung erfüllt ist, die wir im folgenden der Einfachheit halber als linear annehmen werden, die aber auch allgemeinerer Art sein kann. In dieser zuerst von O. MOHR[3] in etwas anderer äußerer

[1] B. DE SAINT VENANT, J. Math. Bd. 16 (1871) S. 308 u. 373. M. LÉVY, ebenda S. 369, vgl. auch Enzyklop. IV 31 (v. KÁRMÁN) Nr. 16.

[2] Göttinger Nachr. 1909, S. 204.

[3] OTTO MOHR, Ziviling. 1882, S. 113; Z. VDI 1900, S. 1524; Ges. Abhandl., Berlin 1906, S. 204ff., s. auch Enzyklop. IV 31 (v. KÁRMÁN) Nr. 10.

Form aufgestellten Hypothese ist der „spezielle plastische Körper“ von DE SAINT-VENANT, wie man sieht, als Sonderfall mit enthalten. Sie umfaßt aber auch solche häufig vorkommenden Fälle, in denen die Grenzchubspannung durch allseitigen Druck erhöht wird. Der Grenzfall, daß ohne einen allseitigen Druck diese Grenzschubspannung gleich Null ist, führt mit linearem Ansatz auf die übliche Erddrucktheorie.

Wir nehmen also an, daß überall dort, wo der Unterschied der kleinsten und der größten Hauptspannung kleiner ist als der aus der erwähnten Beziehung folgende Wert, elastisches Verhalten vorhanden ist und daß andererseits überall, wo die Elastizitätsgrenze überschritten ist, unabhängig von der Größe der Formänderung unsere Beziehung zwischen den äußeren Hauptspannungen erfüllt wird. Dabei müssen die Hauptachsen des Ellipsoids der Dehnungsgeschwindigkeiten mit denen des Spannungsellipsoids der Richtung nach übereinstimmen und die Vorzeichen der Differenzen der einzelnen Hauptdehnungen die gleichen sein wie die der Differenzen der entsprechenden Spannungen.

Wegen der Voraussetzung des ebenen Problemes sind die Dehnungen nach der zur Ebene senkrechten Richtung gleich Null, woraus sich unmittelbar ergibt, daß hier der „halbplastische“ Zustand vorhanden ist mit der mittleren Hauptspannung senkrecht zur Ebene des Problems.

Da die elastischen Formänderungen für gedrungene Stücke aus den üblichen technischen Baustoffen sehr klein sind und die plastischen Formänderungen sie in vielen Fällen weit überwiegen, kann man sich die Aufgabe für die erste Näherung noch dadurch vereinfachen, daß man die elastischen Formänderungswege überhaupt vernachlässigt. Gleichzeitig wird man dann auch das plastische Gebiet als unzusammendrückbar behandeln. Die Bewegungen im plastischen Gebiet werden dabei auch noch als klein angesehen. Man hat daher die Aufgabe zu lösen, eine solche Abgrenzung des plastischen Gebietes gegen den übrigen Körper zu finden, daß diese Grenze starr bleibt, während zugleich an den übrigen Grenzen die jeweils vorgegebenen Bedingungen erfüllt werden. Durch die Annahme der starren Begrenzung wird die Aufgabe dabei sehr wesentlich erleichtert.

Nach der Betrachtung von O. MOHR findet in einem Körper, der unserer Bedingung genügt, ein Gleiten des Materials längs zweier Scharen von Flächen statt, die um einen durch den Zustand bestimmten Winkel α gegen die Richtung der größten Druckspannung (kleinster Zugspannung) geneigt sind, und die die Richtung der mittleren Hauptspannung in sich enthalten. Im Fall der linearen Beziehung ist der Winkel α eine Materialkonstante. Eine einfache Überlegung lehrt, daß unsere starre Grenze eine Gleitfläche sein muß.

2. Es sei nun ein Gleitvorgang gesucht, bei dem durch Druck von außen ein Gebiet AB der ebenen freien Oberfläche (Abb. 1) nach innen gedrängt wird. Die Nachbargebiete links und rechts davon werden dann entsprechend aus der Oberfläche hervorquellen. Die nähere Untersuchung zeigt, daß diese Lösung durch die in Abb. 1 dargestellte Gebietseinteilung gefunden ist: In dem Dreieck ABC herrscht gleichförmiger Spannungszustand, senkrecht der gegebene große Druck, waagerecht ein etwas geringerer Gegendruck. Gleichförmiger Spannungszustand herrscht auch in den Dreiecken ADF und BEG. Hier ist der senkrechte Druck gleich Null, der waagerechte, wie leicht ersichtlich, gleich der gewöhnlichen Druckfestigkeit. Zwischen dem ersteren und den beiden letzteren Dreiecken liegen die sektorartigen Stücke ACD und BCE.

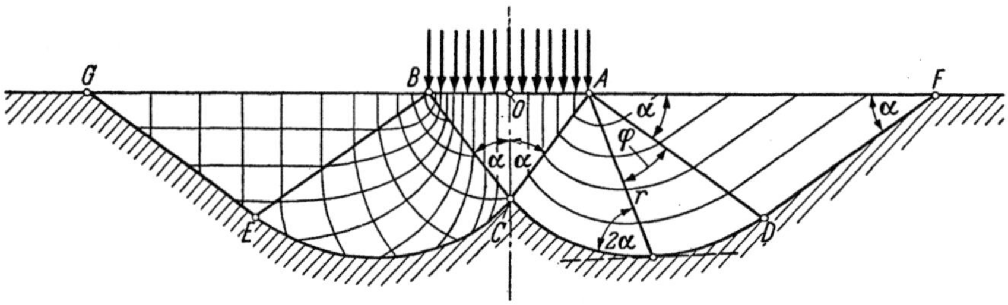

Abb. 1

Wenn der Nachweis gelingt, daß ein Zustand, in dem auf jedem von A bzw. B ausstrahlenden Radius ein homogener Spannungszustand herrscht, zu einem mit der Bedingung des plastischen Zustandes verträglichen Gleichgewicht führt, dann lassen sich die „Sektoren" ACD und BCE mit stetigem Übergang der Spannungen an die Dreiecke anschließen und dadurch die Bedingungen der Aufgabe vollständig erfüllen. Die nachfolgenden Rechnungen werden diesen Nachweis erbringen. Zugleich ergibt sich, daß in den beiden Sektoren die Radien Gleitlinien sind, woraus unmittelbar folgt, daß — im Fall der linearen Beziehung — die Kurven CD und CE, die das andere System von Gleitlinien darstellen, das das erste unter dem Winkel 2α schneidet, logarithmische Spiralen sind. Die Spannung in der Druckfläche wird sich in Übereinstimmung mit der Erfahrung als wesentlich größer als die Druckfestigkeit ergeben.

3. Die Durchführung der Rechnung gestaltet sich folgendermaßen: Die Beziehung zwischen der größten Hauptspannung σ_1 und der kleinsten Hauptspannung (größten Druckspannung) σ_2 mag im Fall der Linearität in der Form geschrieben werden

$$\frac{\sigma_1 - \sigma_2}{2} = C - k\,\frac{\sigma_1 + \sigma_2}{2}. \qquad (1)$$

Hierbei stellt die linke Seite die größte Schubspannung dar, die zum Spannungszustand σ_1, σ_2 gehört; diese zeigt sich hier also als lineare Funktion des Mittelwertes von σ_1 und σ_2.

Trägt man nach dem Vorschlag von O. Mohr die auf den in den verschiedensten Orientierungen gezogenen Schnittflächen wirkenden Schubspannungen τ als Ordinaten zu den zugehörigen Normalspannungen σ als Abszissen auf, so sind alle Spannungszustände durch Punkte eines Gebietes dargestellt, das nach außen durch einen Kreis vom Durchmesser $\sigma_1 - \sigma_2$ mit dem Mittelpunkt auf der σ-Achse begrenzt ist. Die Gl. (1) liefert als Enveloppe der Spannungskreise eine Gerade, die den Abstand C vom Nullpunkt hat und die Achse bei $\sigma = C/k$ trifft, vgl. Abb. 2. Im allgemeinen Fall einer nichtlinearen Beziehung an Stelle von Gl. (1) ist die Enveloppe eine Kurve.

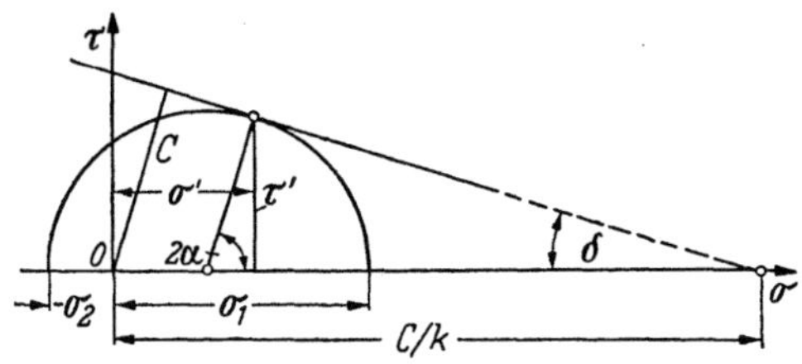

Abb. 2

Die Schnittflächen, deren Spannungszustände durch Punkte des Grenzkreises dargestellt werden, enthalten sämtlich die Richtung der mittleren Hauptspannung in sich. Der Berührungspunkt zwischen Kreis und Enveloppe ist dabei den Gleitflächen zugeordnet (O. Mohr a. a. O.). Das Lot aus dem Punkt $\frac{\sigma_1 + \sigma_2}{2}$ auf die Enveloppe liefert hiermit den doppelten Gleitflächenwinkel α, da allgemein die Radien des Spannungskreises den doppelten Winkel mit der σ-Achse einschließen, wie die entsprechenden Schnittflächen mit der σ_2-Achse. Gemäß Abb. 2 ist im linearen Fall

$$k = \sin\delta = \cos 2\alpha. \tag{2}$$

Die Spannungskomponenten auf der Gleitfläche werden nach Abb. 2:

$$\sigma' = \frac{\sigma_1 + \sigma_2}{2} + \frac{\sigma_1 - \sigma_2}{2}\sin\delta, \tag{3a}$$

$$\tau' = \frac{\sigma_1 - \sigma_2}{2}\cos\delta. \tag{3b}$$

Sind nicht die Hauptspannungen σ_1 und σ_2 unmittelbar gegeben, sondern ein allgemeiner ebener Spannungszustand, so hat man die Gleichungen

$$\frac{\sigma_1 + \sigma_2}{2} = \frac{\sigma_x + \sigma_y}{2}; \qquad \frac{\sigma_1 - \sigma_2}{2} = \sqrt{\left(\frac{\sigma_x - \sigma_y}{2}\right)^2 + \tau^2}. \tag{4}$$

Aus Gl. (1) wird somit jetzt die Gleichung

$$\sqrt{\left(\frac{\sigma_x + \sigma_y}{2}\right)^2 + \tau^2} + k\,\frac{\sigma_x + \sigma_y}{2} = C \tag{5}$$

als Bedingung für den plastischen Zustand erhalten.

Führt man durch die Beziehungen

$$\sigma_x = \frac{\partial^2 F}{\partial y^2}, \qquad \sigma_y = \frac{\partial^2 F}{\partial x^2}, \qquad \tau = -\frac{\partial^2 F}{\partial x \, \partial y}$$

eine Spannungsfunktion F („AIRYsche Funktion") ein, so entsteht aus Gl. (5) eine Differentialgleichung zweiter Ordnung, die, da immer $k < 1$ ist, vom hyperbolischen Typus ist. Durch diesen Umstand ist die Möglichkeit, die Lösung aus einzelnen Flicken zusammenzusetzen, mathematisch begründet. Die Charakteristiken der Differentialgleichung sind unsere Gleitlinien; die einzelnen Flicken sind daher immer von Gleitlinien begrenzt.

4. Für die sektorartigen Gebiete ACD und BCE ist nun ein der Gl. (5) genügender Spannungszustand zu finden, der auf den Grenzradien konstante aber verschiedene Spannungen ergibt. Es liegt nahe, diese Eigenschaft von allen Radien zu verlangen. Führt man zur Feststellung des inneren Gleichgewichtes eine Spannungsfunktion F ein, so muß diese in Polarkoordinaten somit die Gestalt

$$F = \frac{r^2}{2} f(\varphi) \tag{6}$$

haben. Die Spannungen σ_r (radial), σ_t (tangential) und τ werden hiermit

$$\left.\begin{aligned} \sigma_r &= \frac{1}{r^2}\frac{\partial^2 F}{\partial \varphi^2} + \frac{1}{r}\frac{\partial F}{\partial r} = \frac{1}{2} f'' + f, \\ \sigma_t &= \frac{\partial^2 F}{\partial r^2} = f; \qquad \tau = -\frac{\partial}{\partial r}\left(\frac{1}{r}\frac{\partial F}{\partial \varphi}\right) = -\frac{1}{2} f'. \end{aligned}\right\} \tag{7}$$

Gl. (5) liefert also für f die Differentialgleichung:

$$\frac{1}{2}\sqrt{\frac{1}{4} f''^2 + f'^2} + k\left(\frac{1}{4} f'' + f\right) = C. \tag{8}$$

Eine Lösung von Gl. (8) ist

$$f = C/k + A\, e^{\beta\varphi}, \tag{9}$$

wobei β der Gleichung

$$\frac{\beta^2}{4}\left(\frac{\beta^2}{4} + 1\right) + k^2\left(\frac{\beta^2}{4} + 1\right)^2 = 0 \tag{10}$$

genügen muß. Ein Wertepaar dieser Gleichung vierten Grades ist $\beta = \pm 2i$; die zugehörige Lösung $f(\varphi) = C_1 \cos 2\varphi + C_2 \sin 2\varphi$ stellt einen gewöhnlichen homogenen Spannungszustand dar und nicht den hier gesuchten. Nach Division von Gl. (10) durch $\frac{\beta^2}{4} + 1$ ergibt sich das zweite Wertepaar zu

$$\beta = \pm \frac{2k}{\sqrt{1 - k^2}} = \pm 2 \operatorname{tg} \delta. \tag{11}$$

Für den Sonderfall $k = 0$ (spezieller plastischer Körper) wird $\beta = 0$, wodurch Gl. (9) die unbestimmte Form $\infty - \infty$ annimmt. Ein sehr einfacher Grenzübergang ergibt hier die Lösung

$$f = \pm 2C\,\varphi + \text{konst.} \tag{9a}$$

Bildet man nun — für den allgemeinen Fall — mittels der Gl. (7) die Ausdrücke für σ_r, σ_t und τ, so lassen sich daraus mittels der Beziehungen (4) die Hauptspannungen ermitteln. Es wird für das $+$-Zeichen in Gl. (11)

$$\sigma_{\frac{1}{2}} = \frac{C}{k} + \frac{A\,e^{2\varphi\,\mathrm{tg}\,\delta}}{1 \pm k}, \tag{12}$$

wobei zu beachten ist, daß A immer negativ ist. Für den speziellen plastischen Körper wird

$$\sigma_{\frac{1}{2}} = C(2\varphi \pm 1) + \text{konst.}$$

Durch die Übereinstimmung der Werte von σ_t und τ mit den aus (12) und (3a) bzw. (3b) berechneten Werten von σ' und τ' ergibt sich, daß die radialen Flächen des Sektors in der Tat Gleitflächen sind. Hiermit ergibt sich sofort aus den in den Dreiecksgebieten herrschenden Spannungszuständen (Hauptspannungnen senkrecht und parallel zur Oberfläche), daß die Winkel FAD und ACO, und die zu ihnen symmetrischen, Gleitwinkel, also $= \alpha$ sind. Damit folgt somit auch, daß $\sphericalangle CAD$ und $\sphericalangle CBE$ rechte Winkel sind.

Setzt man nun an, daß in dem Dreieck ADF, und damit also auch auf dem Radius AD des Sektors ADC $\sigma_1 = 0$ und hiermit gemäß Gl. (1) $\sigma_2 = -\frac{2C}{1-k}$ (= gew. Druckfestigkeit) ist, so wird nach leichter Rechnung für den um $\pi/2$ gegen AD verdrehten Radius AC:

$$\sigma_1 = -\frac{C}{k}\left(e^{\pi\,\mathrm{tg}\,\delta} - 1\right) \tag{13a}$$

und

$$\sigma_2 = -\frac{C}{k}\left(\frac{1+k}{1-k}\,e^{\pi\,\mathrm{tg}\,\delta} - 1\right). \tag{13b}$$

Diese Spannungen herrschen aber gleichmäßig in dem ganzen Dreieck ABC. Der Ausdruck (13b) gibt also die Druckspannung der Oberfläche zwischen A und B an, ist daher das gesuchte Härtemaß.

Führt man in (13b) die gewöhnliche Druckfestigkeit $= \sigma_d = \frac{2C}{1-k}$ ein, so ergibt sich für die „plastische Härte" die Formel:

$$\sigma_h = \frac{\sigma_d}{2k}\left((1+k)\,e^{\frac{\pi k}{\sqrt{1-k^2}}} - (1-k)\right). \tag{14}$$

Für den speziellen plastischen Körper erhält man durch dieselben Überlegungen im Anschluß an Gl. (9a) oder auch durch Grenzübergang aus Gl. (14):

$$\sigma_h = \sigma_d\left(1 + \frac{\pi}{2}\right). \tag{14a}$$

Ist k von Null verschieden, wie es z. B. bei Gemengen von harten Körnern mit einem plastischen Bindemittel vorkommt, bei denen neben den plastischen Bewegungnen des Bindemittels auch die Reibung der harten Körner aneinander eine Rolle spielt, so steigt das Verhältnis $\sigma_h : \sigma_d$ mit wachsendem k stark an (vgl. die Tabelle am Schluß der Arbeit).

Anmerkungen:

1. Die vorstehenden Überlegungen lassen sich unmittelbar auch auf die Festigkeit einer abgestumpften Schneide vom Keilwinkel ϑ anwenden (an Stelle von Abb. 1 ist eine Figur zu setzen, bei der der Linienzug $FABG$ an den Stellen A und B geknickt ist, und bei dem die Linien FA und BG den Winkel ϑ miteinander bilden). Die Schneidenfestigkeit wird, wie unschwer zu erkennen ist, gewonnen, wenn in Gl. (14) ϑ an die Stelle von π gesetzt wird.

2. Wirkt der Stempeldruck nicht senkrecht zur Oberfläche bzw. bei der abgestumpften Schneide von Anm. 1 nicht in der Winkelhalbierenden, sondern irgendwie schräg, so wird das Dreieck ABC (Abb. 1) ebenfalls schräg, und zwar so, daß die Winkelhalbierende des Winkels ACB in der Kraftrichtung verbleibt. Dadurch würden die beiden Sektoren verschiedene Winkel aufweisen, also auch verschiedene Spannungen σ_1 und σ_2 für die Linien AC und BC ergeben. Das ist wegen des Gleichgewichtes ABC nicht möglich, vielmehr ergibt sich, daß nur in dem Sektor mit dem kleineren Winkel und dem anschließenden Dreieck der plastische Zustand eintritt, auf der anderen Seite von ABC dagegen die Elastizitätsgrenze nicht überschritten wird. Die Formänderung vollzieht sich hier ganz einseitig.

3. Wenn die Bedingung des plastischen Zustandes nicht die Form von Gl. (1) hat, sondern die Enveloppe der Abb. 2 gekrümmt ist, so gelten die Entwicklungen des vorstehenden Absatzes immer noch für Sektoren von infinitesimalem Winkel, denn auf jedem Radius ist ja der Spannungszustand und daher auch die Größe k konstant. Man erhält z. B. durch Differenzieren von (12):

$$\frac{d\sigma_2}{d\vartheta} = 2(\sigma_2 - C/k)\,\mathrm{tg}\,\delta = 2\,\frac{k\sigma_2 - C}{\sqrt{1-k^2}}.$$

Nun läßt sich aber jederzeit für ein bestimmtes Plastizitätsgesetz k als Funktion von σ_2 darstellen, so daß sich der Winkel des Sektors, der jetzt $= \frac{\pi}{2} + \alpha_h - \alpha_d$ ist (α_h Gleitwinkel für die Härtespannung, α_d Gleitwinkel für die Druckfestigkeit) durch eine Quadratur ergibt. An Stelle von (14) tritt also jetzt die Beziehung

$$\int\limits_{\sigma_d}^{\sigma_h} \frac{\sqrt{1-k^2}}{k\sigma_2 - C}\,d\sigma_2 = \pi + 2(\alpha_h - \alpha_d). \tag{14b}$$

5. Es bleiben noch die Bewegungen des plastischen Körpers unter der Wirkung des Stempels zu klären. Nimmt man den Stempel als

starr an und seine Oberfläche als genügend rauh, um Gleitung zu verhindern, dann werden beim Tieferdringen des Stempels die einmal mit ihm in Berührung gelangten Oberflächenteile des plastischen Körpers sich parallel und gleichförmig nach unten weiterbewegen, was zur Folge hat, daß das Gebiet ABC in Fig. 1 sich wie ein starrer Körper bewegt. Eine infinitesimale Bewegung dieser Art erzeugt, wie eine nähere Betrachtung lehrt, in den Sektoren Verschiebungen in der Richtung der Tangente an die logarithmischen Spiralen, wobei die Verschiebungen auf jedem einzelnen Radius konstant und, wegen der Volumbeständigkeit, der Länge des Radius umgekehrt proportional sind. Die Außendreiecke werden dadurch wie starre Körper längs der Linien DF und EG hinausgeschoben. Die zur Oberfläche lotrechte Komponente dv dieser Verschiebung verhält sich wegen der Kontinuität zu der Stempelverschiebung ds umgekehrt wie $\overline{AF}$ zu $\overline{OA}$. Da

$$\overline{OA}:\overline{AC}=\sin\alpha,\qquad \overline{AD}:\overline{AF}=\tfrac{1}{2}\cos\alpha \quad\text{und}\quad \overline{AC}:\overline{AD}=e^{-\frac{\pi}{2}\operatorname{tg}\delta}$$

ist (logarithmische Spirale mit dem Neigungswinkel $\frac{\pi}{2}-2\alpha=\delta$, vgl. Abb. 2), so wird

$$\frac{\partial v}{\partial s}=\frac{1}{2}\operatorname{tg}\alpha\, e^{-\frac{\pi}{2}\operatorname{tg}\delta}=\frac{1}{2}\sqrt{\frac{1-k}{1+k}}\, e^{-\frac{\pi}{2}\frac{k}{\sqrt{1-k^2}}} \tag{15}$$

[wegen $\cos 2\alpha=\sin\delta=k$, Gl. (2)].

Für endliche Bewegungen ist wohl zu beachten, daß während des Weiterdringens des Stempels die Breite AB des gepreßten Streifens fortwährend zunimmt und somit die Feldergrenzen der Abb. 1 sich dauernd verschieben. Dabei stellt sich dem Eindringen das vorher herausgequollene Material entgegen, so daß die Breite AB für einen bestimmten Weg s größer ausfällt, als sich aus der elementaren geometrischen Betrachtung ergeben würde. Die Gestalt der durch einen Stempelweg s bei einem Abrundungsradius r des Stempels eintretenden Verlagerung der Oberfläche läßt sich wie folgt berechnen.

Da alle Formänderungswege als klein gegen den Radius r angesehen werden, und also auch nur kleine Neigungen gegen die ursprüngliche Oberfläche vorkommen, können die Wirkungen der tangentialen Verschiebungen u auf die Oberflächengestalt gegen die der Verschiebungen v (senkrecht zur Oberfläche) vernachlässigt werden. Es wird daher hier nur v berechnet. Die Gleichung der Stempeloberfläche sei $y=x^2/2r$, woraus sich (vgl. Abb. 3) für die Verschiebung der Oberfläche des plastischen Körpers innerhalb der Strecke $\overline{AB}$ mit s = Stempelweg ergibt

$$v=x^2/2r-s. \tag{16}$$

Wird mit x_1 die derzeitige Länge der Strecke $\overline{OA}$ bezeichnet, so ist $\overline{AF} = \lambda\, x_1$ mit

$$\lambda = \frac{1}{\frac{\partial v}{\partial s}} = 2\sqrt{\frac{1+k}{1-k}}\, e^{\frac{\pi}{2}\,\frac{k}{\sqrt{1-k^2}}}. \tag{17}$$

Dann ist für $x > (\lambda + 1)\, x_1$: $v = 0$.

Für $x_1 < x < (\lambda + 1)\, x_1$ ist daher unter Berücksichtigung von Gl. (15)

$$v = \frac{\partial v}{\partial s}(s - s') = (s - s')/\lambda \tag{18}$$

zu setzen, wobei s' die Stempelverschiebung ist, bei der die Hebung der Stelle x gerade begann, bei der somit die Druckfläche den Halbmesser $x' = \dfrac{x}{\lambda + 1}$ hatte.

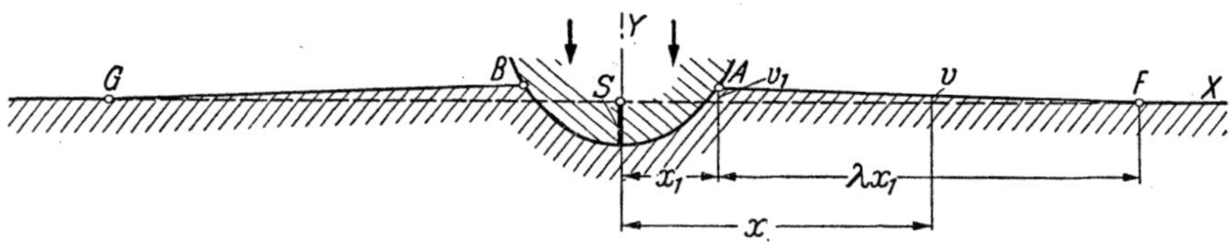

Abb. 3

Aus Gl. (16) folgt für die zu $x = x_1$ gehörige Verschiebung v_1 (vgl. Abb. 3)

$$s + v_1 = x_1^2/2r. \tag{19}$$

Wir vermuten, daß das Zahlenverhältnis von s und v_1 unveränderlich ist und setzen

$$s = \mu\, x_1^2/2r, \tag{20}$$

ebenso

$$s' = \mu\, x^2/2r(\lambda + 1)^2. \tag{21}$$

Die Gl. (19) und (20) und die auf $x = x_1$ angewandten Gl. (18) und (21) reichen nur gerade aus, um nach Fortschaffung von s, s' und $x_1^2/2r$ eine Beziehung zwischen μ und λ allein herzustellen, womit unsere Annahme, die zu Gl. (20) führte, bewiesen ist. Es wird

$$\mu = \frac{\lambda(\lambda + 1)^2}{(\lambda + 1)^3 - 1} \tag{22}$$

und hiermit unter Benützung von Gl. (18) und (21):

$$v = \frac{s}{\lambda} - \frac{x^2}{2r}\,\frac{1}{(\lambda + 1)^3 - 1} \tag{23}$$

für $x_1 < x < (\lambda + 1)\, x_1$, wobei gemäß Gl. (20) $x_1 = \sqrt{2rs/\mu}$ ist.

Die Verschiebung der freien Oberfläche liefert hier in erster Annäherung also ein affines Abbild der Stempelform mit im Verhältnis $(\lambda + 1):1$ vergrößerter Abszisse und im Verhältnis $1:\lambda$ verkleinerter Ordinate. Diese Beziehung scheint für symmetrische Stempelprofile mit flacher und mit Ausnahme der Stelle $x = 0$ nirgends das Vorzeichen wechselnder Neigung allgemein zu gelten.

Die höchste Erhebung am Rand des Eindruckes wird in unserem Beispiel wegen Gl. (19) und (20)

$$v_1 = (1 - \mu)\frac{x_1^2}{2r} = s\,\frac{1-\mu}{\mu} = s\,\frac{\lambda + 2}{(\lambda + 1)^2}. \qquad (24)$$

Anmerkung:

Erfolgt die Stempelbewegung nicht senkrecht, sondern schräg, so wird die Erhebung zu beiden Seiten des Stempels ungleich hoch, während die Kraft in erster Ordnung ungeändert ihre senkrechte Richtung beibehält; erst wenn die Schräge der Verschiebung den Gleitwinkel α überschreitet und die Erhebung auf der einen Seite völlig ausbleibt, ergeben sich schräge Kraftrichtungen, vgl. Anm. 2 zu Nr. 4.

δ	α	k	σ_h/σ_d	λ	μ	v_1/s
0°	45°	0	2,571	2,000	0,6923	0,4445
10°	40°	0,1736	3,499	3,144	0,7695	0,2995
20°	35°	0,3420	5,194	5,059	0,8387	0,1923
30°	30°	0,5000	8,701	8,579	0,8966	0,1153
40°	25°	0,6428	17,558	16,924	0,9413	0,0624

Zusammenfassung

Für Stoffe, die bei Überschreitung der Elastizitätsgrenze ein plastisches Verhalten aufweisen, das durch eine lineare Beziehung zwischen der größten und kleinsten Hauptspannung gekennzeichnet wird, wird der Spannungszustand beim Eindringen eines harten Körpers im ebenen Problem angegeben, ebenso der zugehörige Formänderungszustand. Einige Erweiterungen werden in Anmerkungen zugefügt.

Zeitschrift für angewandte Mathematik und Mechanik Bd. 1 (1921) S. 15—20

Über die Eindringungsfestigkeit (Härte) plastischer Baustoffe und die Festigkeit von Schneiden

Der Wunsch, die Vorgänge beim Eindringen eines harten Körpers in einen anderen weicheren, wie es beim Härteversuch vorkommt, vom Standpunkt der Mechanik aus besser zu verstehen, hat mich zu einer Lösung für das plastische Gleichgewicht geführt, die diese Vorgänge weitgehend aufklärt und auch sonst vielfacher Anwendung fähig ist. Ich habe darüber bereits in den „Nachrichten von der Gesellschaft der Wissenschaften zu Göttingen"[1] berichtet. Inzwischen ist es gelungen, die dort angegebene Beweismethode durch eine noch einfachere und trotzdem allgemeinere zu ersetzen. Da die „Nachrichten" wenig verbreitet und dem Ingenieur schwer zugänglich sind, wird bei den folgenden Darlegungen mein genannter Aufsatz nicht als bekannt vorausgesetzt werden.

1. Problemstellung. Die Untersuchung beschränkt sich auf das zweidimensionale (ebene) Problem, weil zur Behandlung des räumlichen Problems ein Weg bisher nicht gefunden werden konnte und wohl auch wenig Aussicht haben dürfte.

Die plastischen Formänderungen erstrecken sich hier nur auf die der Kraftangriffsstelle zunächst liegenden Gebiete des Körpers; in den entfernteren ist die Elastizitätsgrenze nicht überschritten. Da die elastischen Formänderungen bei den meisten Stoffen außerordentlich klein sind, die plastischen aber häufig wesentlich größer, so seien hier zur Vereinfachung die elastischen Formänderungen ganz vernachlässigt, der elastische Teil des Körpers also als starr behandelt. Die plastischen Formänderungen mögen übrigens noch als so klein angesehen werden, daß die geometrische Gestalt des Körpers noch nicht wesentlich durch sie geändert sein soll. Die Volumenänderung soll entsprechend der Vernachlässigung aller elastischen Änderungen auch im plastischen Teil zu Null angenommen werden, so daß die übrigbleibenden Formänderungen als reine Gleitungen aufgefaßt werden können. Über den Spannungszustand im plastischen Gebiet sei nach O. Mohr[2] angenommen, daß die Schubspannung in den Gleitflächen überall einen von der jeweiligen Normalspannung in diesen Flächen abhängigen Wert hat; sie soll dabei von dem Betrag der Gleitbewegung unabhängig sein. Diese

---

[1] Über die Härte plastischer Körper. Nachr. Ges. Wiss. Göttingen, math.-phys. Klasse, 1920, S. 74.

[2] Vgl. etwa O. Mohr, Abhandl. aus d. Gebiete d. techn. Mechanik, Berlin 1906, Abt. V, oder auch A. Föppl, Vorlesungen über techn. Mechanik, Bd. V, § 3.

letztere Annahme trifft für die wirklichen plastischen Körper meist nur mit geringer Genauigkeit zu; sie würde sich z. B. beim Zug- oder Druckversuch durch ein Spannungsdehnungsdiagramm gemäß Abb. 1 kundgeben, also der mit zunehmender Formänderung eintretenden Verfestigung keine Rechnung tragen. Für die Durchführbarkeit der folgenden Rechnungen ist sie aber unvermeidbar. Bezüglich des Zusammenhanges der Schubspannungen mit den Normalspannungen sind unsere Annahmen — für das ebene Problem wenigstens — so allgemein, als irgend verlangt werden kann.

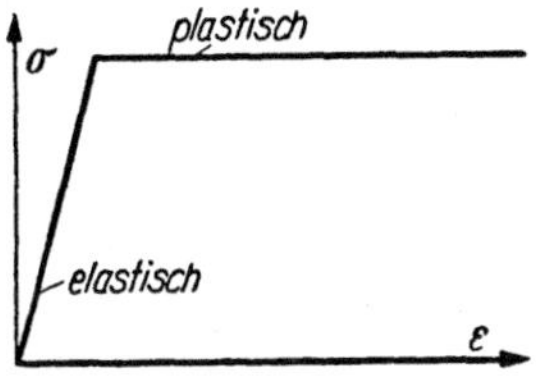

Abb. 1

Unter diesen Voraussetzungen hat sich für das Eindringen eines Stempels[1] in einen von einer Ebene begrenzten unendlich ausgedehnten Körper ein Bild gemäß Abb. 2 ergeben. AB ist die gedrückte Stelle. Ein Dreieck ABC wird unter hohem Druck nach innen gepreßt, die Dreiecke ADF und BEG werden durch die in den Sektoren ACD und BCE auf sie übertragenen Spannungen schräg nach oben herausgeschoben, stehen dabei unter Spannungen, wie ein auf einfachen Druck beanspruchter Körper (Druck parallel der ebenen Begrenzung).

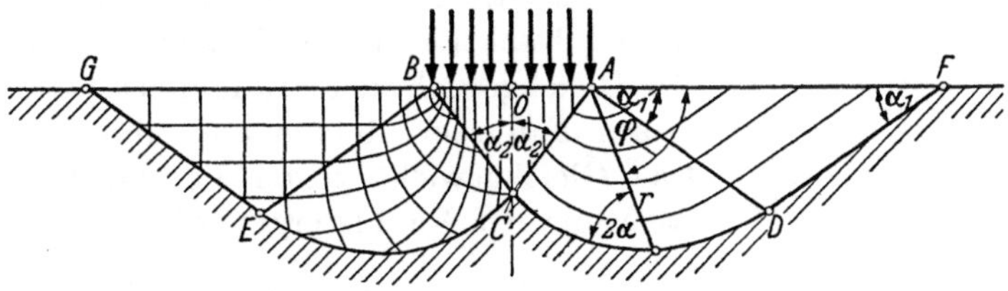

Abb. 2

Die rechte Hälfte der Abbildung zeigt die „Stromlinien" der plastischen Bewegung, die linke die Spannungstrajektorien. Es wird nun natürlich darauf ankommen, eine Lösung der Gleichungen des plastischen Gleichgewichtes aufzuzeigen, die den in den Sektoren angenommenen Zustand verwirklicht. Dies ist ausführbar und soll im folgenden gezeigt werden.

2. Formulierung und allgemeine Lösung. Zunächst seien die Bedingungen des plastischen Zustandes näher formuliert. Nach der Mohrschen Darstellung des Spannungszustandes (Schubspannung τ senkrecht zu der zugehörigen Normalspannung σ aufgetragen) werden die Spannungszustände für die verschiedenen Schnittrichtungen in einem Punkt durch einen Kreis dargestellt, dessen Mittelpunkt auf der σ-Achse

[1] Entsprechend der Annahme des „ebenen Problems" muß man sich den Stempel senkrecht zur Bildebene als sehr ausgedehnt denken.

liegt. Der plastische Zustand ist dabei dadurch gekennzeichnet, daß die Spannungskreise sämtlich eine Grenzkurve berühren, die durch die Beziehung $\tau = \pm f(\sigma)$ gegeben sein mag. Abszisse und Ordinate des Berührpunktes von Kreis und Grenzkurve liefern dabei die Werte von σ und τ in den Gleitflächen, die mit σ' und τ' bezeichnet werden mögen. Wie man aus der Abb. 3 leicht erkennt, gibt es in jedem Punkt immer ein Paar von Gleitflächen, entsprechend dem oberen und unteren Berührpunkt des Kreises. Der Winkel α der Gleitfläche mit der Hauptachse der größten Druckspannung (bzw. kleinsten Zugspannung) ist dabei bekanntermaßen die Hälfte des Winkels des entsprechenden Kreisradius mit der σ-Achse.

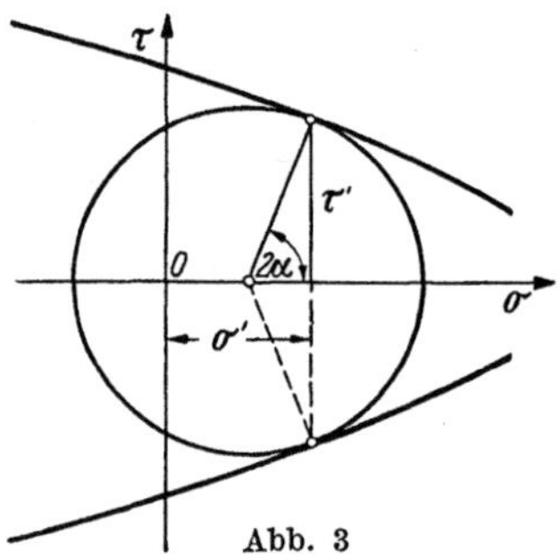

Abb. 3

Die spezielle Lösung, um die es sich hier handelt, soll nun wegen des Anschlusses der Sektoren an die Dreiecke von der Art sein, daß auf jedem von einem gegebenen Punkt O aus gezogenen Radius (vgl. Abb. 4) die Spannungen σ_r, σ_t und τ konstant sind, also bei Einführung eines Polarkoordinatensystems mit dem Punkt O als Ursprung Funktionen des Winkels φ allein sind. Das Gleichgewicht der Spannungen läßt sich für diesen Fall sehr einfach aus Abb. 4 ableiten. Das Gleichgewicht gegen Verschieben in der Richtung des Radius ergibt die Beziehung

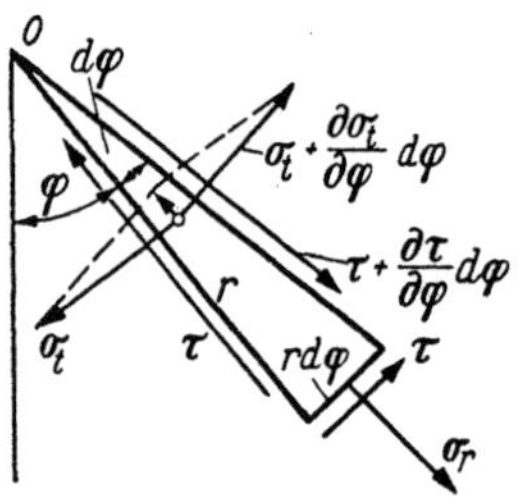

Abb. 4

$$r \frac{\partial \tau}{\partial \varphi} d\varphi + r\, d\varphi\, \sigma_r - r\, \sigma_t\, d\varphi = 0$$

oder

$$\frac{\partial \tau}{\partial \varphi} = \sigma_t - \sigma_r. \tag{1}$$

Das Gleichgewicht der Drehmomente um den Punkt O ergibt

$$r \frac{\partial \sigma_t}{\partial \varphi} d\varphi \frac{r}{2} + r\, d\varphi\, \tau\, r = 0$$

oder

$$\frac{\partial \sigma_t}{\partial \varphi} = -2\tau. \tag{2}$$

Dividiert man die Gl. (1) und (2) durcheinander, so findet man

$$\frac{d\tau}{d\sigma_t} = -\frac{\sigma_t - \sigma_r}{2\tau}. \tag{3}$$

In Abb. 5 möge der Punkt A die Spannung auf den Flächen parallel dem Radius (σ_t, τ) darstellen, dann ist die Spannung auf den Flächen parallel der Tangente (σ_r, τ) durch den diametral entgegengesetzten

Punkt B des Kreises gegeben, da in der MOHRschen Darstellung immer die doppelten Winkel erscheinen. Es ist also $\overline{CD} = \frac{1}{2}(\sigma_t - \sigma_r)$ und $\overline{AD} = \tau$, somit

$$\frac{2\tau}{\sigma_t - \sigma_r} = \frac{\overline{AD}}{\overline{CD}} = \operatorname{tg}\beta.$$

Es ist also

$$\frac{d\tau}{d\sigma_t} = -\frac{1}{\operatorname{tg}\beta},$$

was besagt, daß die durch Gl. (3) angegebene Fortschreitungsrichtung in der MOHRschen Ebene senkrecht auf dem Radius CA steht. Die Integration der Gl. (3) führt also einfach auf den in Abb. 5 gezeichneten Kreis. Die Untersuchung der zugehörigen Winkel φ zeigt, daß es sich hier einfach um einen gleichförmigen Spannungszustand handelt, der ja offenbar unter unseren obigen Bedingungen mit enthalten sein muß. Eine nicht triviale Lösung werden wir erhalten, wenn wir statt auf dem Kreis auf der Einhüllenden der Spannungskreise, also auf der MOHRschen Kurve, fortschreiten, was offenbar mit Gl. (3) auch verträglich ist. Bei dieser Lösung ist, wie leicht zu sehen, $\sigma_t = \sigma'$ und $\tau = \tau'$ geworden, d. h. die radialen Flächen sind Gleitflächen geworden. Das andere System von Gleitflächen besteht aus spiraligen Zylinderflächen, die mit den Radien den Winkel 2α bilden. In dem Grenzfall $\alpha = \pi/4$ (s. u.) werden es also Kreiszylinderflächen.

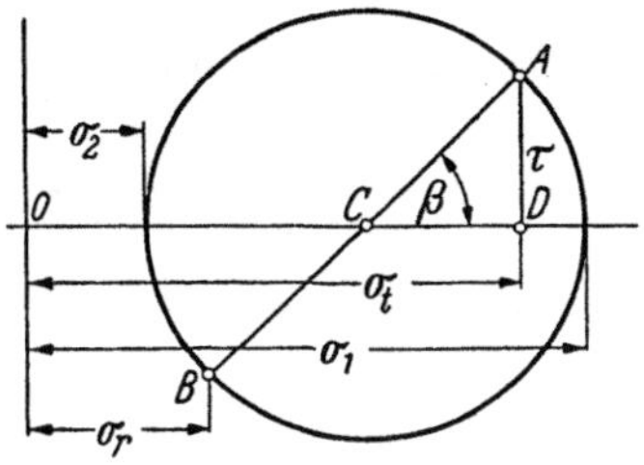

Abb. 5

Für die eben beschriebene Lösung läßt sich, da jetzt $\tau = \pm f(\sigma_t)$ ist, Gl. (2) integrieren. Es ist $d\varphi = \mp \frac{d\sigma_t}{2\tau}$ und daher

$$\varphi = \mp \frac{1}{2}\int \frac{d\sigma_t}{f(\sigma_t)} + C. \quad (4)$$

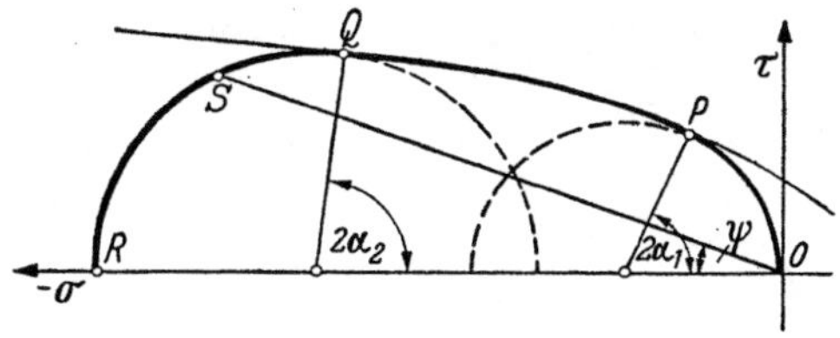

Abb. 6

Diese Lösung ist in der Tat die von uns für die sektorartigen Gebiete gesuchte Lösung. Man kann das ganze in Abb. 2 um den Punkt A herumliegende Gebiet von dem Standpunkt unserer Lösungen als einheitliches Gebiet auffassen und erhält dafür nun unter der Bedingung, daß AF druckfrei und AB mit senkrechtem Druck belastet ist, in der MOHRschen Ebene einen Verlauf unserer Lösung gemäß Abb. 6. Dem ersten vom Nullpunkt aus beginnenden Kreisbogen OP entspricht der Winkelraum DAF, dem Stück PQ der Grenzkurve der Winkelraum CAD, dem anschließenden Kreisbogen QR mit dem Ende auf der σ-Achse der Winkelraum BAC.

Für die Beurteilung der Ergebnisse sind die Formeln für die Hauptspannungen wichtig. Diese sind aus Abb. 5 leicht abzulesen. Es ist nämlich

$$\sigma_1 = \overline{OC} + \overline{CA}, \qquad \sigma_2 = \overline{OC} - \overline{CA}.$$

Nun ist

$$\overline{CA} = \frac{\tau}{\sin\beta};$$

weiter ist

$$\overline{OC} = \sigma_t - \frac{\tau}{\operatorname{tg}\beta}.$$

Dem Früheren gemäß wird

$$\frac{1}{\operatorname{tg}\beta} = -\frac{d\tau}{d\sigma_t}, \quad \text{also} \quad \frac{1}{\sin\beta} = \pm\sqrt{1+\left(\frac{d\tau}{d\sigma_t}\right)^2}.$$

Damit ergeben sich die Hauptspannungen

$$\sigma_{\frac{1}{2}} = \sigma_t + \tau\left(-\frac{d\tau}{d\sigma_t} \pm \sqrt{1+\left(\frac{d\tau}{d\sigma_t}\right)^2}\right). \tag{5}$$

3. Durchführung für die stumpfe Schneide. Die Formeln, die die Lösung für Abb. 1 liefern, sind offenbar auch geeignet, die in Abb. 7 dargestellte Belastung eines *abgestumpften schneidenartigen Körpers* zu berechnen. Da dies der allgemeinere Fall ist, möge die weitere Behandlung unserer Formel an diesen Fall angeknüpft werden. Man kann, wenn ϑ der halbe Schneidenwinkel ist, ferner α_1 und α_2 der Gleitwinkel für einfache Druckspannung bzw. für den Spannungszustand unter der belasteten Fläche ist, das Folgende festsetzen:

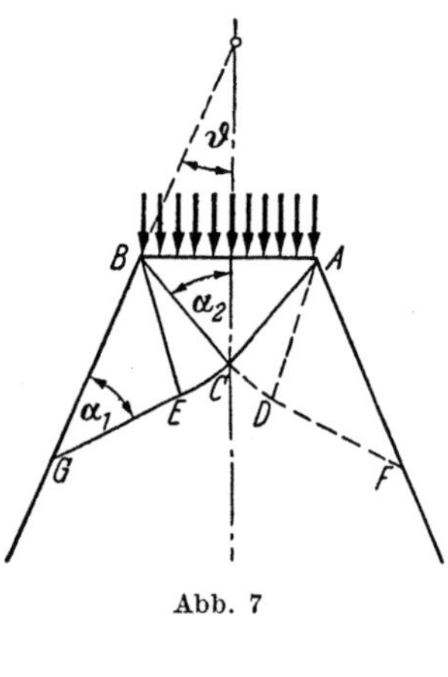

Abb. 7

1. Für $\varphi = \alpha_1$ soll die Hauptspannung σ_1 gleich Null, die Hauptspannung σ_2 gleich der Druckfestigkeit, also $= -\sigma_d$ sein.

2. Für $\varphi = \alpha_2 + \vartheta$ (Außenwinkel des Dreiecks!) ist dann σ_2 gleich der gesuchten Belastung der Schneide, die mit $-\sigma_s$ bezeichnet werden mag.

Die Ausführung der Rechnung erfordert, wenn etwa die Mohrsche Grenzkurve zeichnerisch gegeben ist, eine Quadratur und im übrigen eine Lösung der eben vorgezeichneten Aufgabe durch Probieren. Die Verhältnisse werden einfach, wenn die Grenzkurve durch eine Gerade ersetzt werden kann.

In dem praktisch wichtigsten Fall, der z. B. bei den plastischen Metallen sehr genau verwirklicht ist, ist an der Fließgrenze die größte Schubspannung konstant, die Grenzkurve besteht also aus einer waagerechten Geraden: $\underline{\tau = \pm K}$. Hier wird gemäß Gl. (4) $\sigma_t = \mp 2K\,\varphi + C'$, also mit $\frac{d\tau}{d\sigma_t} = 0$, wenn in der Gleichung für σ das Minuszeichen genommen wird,

$$\sigma_{\frac{1}{2}} = \sigma_t \pm \tau = K(\pm 1 - 2\varphi) + C'.$$

Der Gleitwinkel ist hier konstant $\alpha = \pi/4$, ferner ist die Druckfestigkeit $\sigma_d = 2K$; die Hauptspannungen unter einem beliebigen Winkel ergeben sich bei Berücksichtigung der ersten Grenzbedingung zu

$$\sigma_{\frac{1}{2}} = K\bigl(-1 \pm 1 - 2(\varphi - \alpha)\bigr), \tag{6}$$

die in dem mittleren Keilstück ($\varphi = \alpha + \vartheta$) also gleich

$$\sigma_{\frac{1}{2}} = -K(1 \mp 1 + 2\vartheta),$$

die Schneidenfestigkeit somit zu

$$\underline{\sigma_s = \sigma_d(1 + \vartheta)}. \tag{7}$$

Auch für den Fall, daß man die schräge Gerade

$$\underline{\tau = \pm (K - \varkappa\,\sigma_t)}$$

als Gleichung der Grenzkurve annimmt, sind die Rechnungen unschwer durchzuführen. Es wird $\operatorname{tg}\beta = 1/\varkappa = \operatorname{tg} 2\alpha$, also auch hier $\alpha =$ konst. Ferner wird aus Gl. (4)

$$\varphi = \pm \frac{1}{2\varkappa} \ln \tau + C,$$

also

$$\tau = C' e^{\pm 2\varkappa\varphi}$$

und

$$\sigma_t = \frac{1}{\varkappa}(K - \tau).$$

Die Hauptspannungen werden mit dem Pluszeichen in obigen Formeln und also mit $d\tau/d\sigma_t = -\varkappa$

$$\sigma_{\frac{1}{2}} = \frac{1}{\varkappa}\Bigl(K - \tau\bigl(1 + \varkappa^2 \mp \varkappa\sqrt{1 + \varkappa^2}\bigr)\Bigr).$$

Die Durchrechnung der Grenzbedingungen liefert, wenn zur Vereinfachung

$$\frac{\varkappa}{\sqrt{1 + \varkappa^2}} = k$$

gesetzt wird, wobei dann k der Sinus des Neigungswinkels δ der Grenzgeraden ist, nach leichter Rechnung

$$\sigma_{\frac{1}{2}} = \frac{K}{\varkappa}\left(1 - \frac{1 \mp k}{1-k}\, e^{2\varkappa(\varphi-\alpha)}\right), \tag{8}$$

mit $\sigma_d = \frac{K}{\varkappa}\,\frac{2k}{1-k}$ wird für $\varphi = \alpha + \vartheta$:

$$\sigma_s = \frac{\sigma_d}{2k}\left[(1+k)\,e^{2\varkappa\vartheta} - (1-k)\right]. \tag{9}$$

Das zweite Gleitflächensystem schneidet hier die Zeichenebene in logarithmischen Spiralen, die den Winkel 2α mit den Radien, also den Winkel δ mit der Richtung senkrecht zum Radius bilden; ihre Gleichung ist also $r = a\,e^{\mp\varkappa\varphi}$.

4. Einzelausführungen. Die numerischen Verhältnisse für die *Eindringungsfestigkeit einer Ebene* ($\vartheta = \pi/2$) lassen sich an Hand der folgenden Tabelle ersehen, in der für Neigungswinkel der Grenzgeraden von 0 bis 40° die Werte von σ_s/σ_d („Härte": Druckfestigkeit) sowie die für das Verhältnis der Strecken $\overline{AF}$ und $\overline{AB}$ in Abb. 2 angegeben sind.

Das Verhältnis $\overline{AF}/\overline{AB}$ ist unschwer zu berechnen. Es ist

$$\overline{AF} = 2\,\overline{AD}\cos\alpha; \qquad \overline{AD} = \overline{AC}\,e^{\varkappa\vartheta} \quad \text{und} \quad \overline{AB} = 2\,\overline{AC}\sin\alpha,$$

also

$$\frac{\overline{AF}}{\overline{AB}} = e^{\varkappa\vartheta}\,\mathrm{ctg}\,\alpha. \tag{10}$$

Zahlwerte für $\vartheta = \frac{\pi}{2}$.

δ	α	$\varkappa$	k	$\frac{\sigma_s}{\sigma_d}$	$\frac{\overline{AF}}{\overline{AB}}$
0°	45°	0,0000	0,0000	2,571	1,000
10°	40°	0,1763	0,1736	3,499	1,572
20°	35°	0,3640	0,3420	5,194	2,530
30°	30°	0,5773	0,5000	8,701	4,290
40°	25°	0,8391	0,6428	17,56	8,462

Man erkennt, daß mit steigendem δ (abnehmendem α) σ_s/σ_d und $\overline{AF}/\overline{AB}$ *stark* anwachsen. Große Werte von δ kommen bei erdartigen plastischen Körpern vor.

Es ist zu vermuten, daß auch bei vielen als *spröde* angesehenen Körpern vor dem Eintritt des Bruches eine, wenn auch geringe plastische Deformation einhergeht. Die obigen Formeln können also — wenigstens als Notbehelf — auch für solche Fälle herangezogen werden. Wenn freilich die plastischen Formänderungen nicht, wie hier angenommen wurde, groß sind gegenüber den vorhergegangenen elastischen, dann wird man aus unserer Rechnung nicht allzuviel folgern dürfen.

Wie eingangs bemerkt, gelten die hier berechneten Zustände zunächst für einen unendlich ausgedehnten Körper. Damit sie bei einem *endlich ausgedehnten* Körper zutreffen, muß gefordert werden, daß die seitlichen Grenzen des Körpers von der Druckfläche um Strecken abstehen, die groß sind gegen die Strecke $\overline{AF}$, sonst kann nicht mit Sicherheit angenommen werden, daß in dem in Abb. 2 schraffierten Gebiet die Fließgrenze unüberschritten bleibt. Im Fall ihrer Überschreitung würde sich die Formänderung anders als berechnet vollziehen.

Im Fall einer großen Plastizität des Materials kommt die *Verfestigung* während der Formänderung störend in Betracht. Diese wirkt, wie Versuche an Flußeisen gezeigt haben, und wie es auch sehr plausibel ist, vor allem in der Richtung, daß die Verschiebungszonen, die sich aus der Theorie zum Teil als flächenhaft ergeben haben (die Dreiecksgrenzen in Abb. 2 und 7) mit wachsender Formänderung immer breiter werden, was so zu verstehen ist, daß das bereits plastisch umgeformte Gebiet widerstandsfähiger geworden ist und so die Gleitung auf Gebiete, die noch nicht deformiert sind, übertragen wird. Die Festigkeiten beim Auftreten der charakteristischen Fließfiguren stimmen, wie der nachfolgende Versuchsbericht des Herrn Dr. NÁDAI[1] zeigen wird, gut mit mit den Formeln überein.

In meiner Abhandlung in den Göttinger Nachrichten ist noch die Formänderung genauer untersucht, die beim Eindringen *einer harten Walze* in das plastische Material zu erwarten ist. Dieser Abschnitt mag hier als zu weitab führend übergangen werden.

5. Schräge Belastung. Aus den hier abgeleiteten Beziehungen läßt sich auch unschwer ablesen, was sich ergibt, wenn eine abgestumpfte Schneide — oder aber auch eine ebene Fläche — schräg belastet wird. Die Winkelhalbierende des Druckkeiles ABC wird in diesem Fall etwas schräg liegen, so daß die Normalbelastung und Tangentialbelastung (Reibung) auf der Druckfläche einen Punkt des Kreises QR in Abb. 6 ergeben. [Die Ermittlung dieses Punktes (S) im Fall, daß der Winkel ψ des schrägen Druckes gegeben ist, ist in Abb. 6 angedeutet.] Die Konstruktion der Sektoren würde hier zwei Sektoren von verschieden großen Zentriwinkeln ergeben, denen nach den Formeln auch zwei verschiedene Beträge der Hauptspannung in dem Druckkeil entsprechen würden. Dies ist natürlich nicht möglich. Die Lösung ist vielmehr die, daß in dem Sektor mit größerem Winkel die Elastizitätsgrenze nicht überschritten wird und der Formänderungsvorgang sich einseitig nach der

[1] A. NÁDAI, Versuche über die plastischen Formänderungen von keilförmigen Körpern aus Flußeisen. Z. angew. Math. Mech. Bd. 1 (1921) S. 21.

Richtung, die durch die Reibungskraft vorgezeichnet ist, vollzieht. In Abb. 7 sind die für einen solchen einseitigen Vorgang in Betracht kommenden Gleitflächen ausgezogen, die hierbei festbleibenden dagegen punktiert. Theoretisch genügt eine noch so kleine Richtungsabweichung des Druckes, um den Vorgang sich einseitig vollziehen zu lassen. Wird umgekehrt die Richtung, in der der harte Stempel, der den Druck ausübt, sich bewegt, durch einen Mechanismus vorgeschrieben, so ist für alle Richtungen innerhalb $\pm\alpha_2$ der Widerstand genau in der Winkelhalbierenden der Schneide (kleine Formänderungen vorausgesetzt), und es genügt daher eine noch so geringfügige Reibung, den Druckkeil in einer dieser beiden Richtungen zu führen, wobei natürlich die Beträge der Formänderung in den beiden Sektoren verschieden sind. Erst bei Bewegungen von einer Schräge größer als α_2 wird die Richtung der Druckkraft schräg. Bei weiterem Wachsen der Schräge erreicht der schiefe Druck schließlich den Reibungswinkel, wobei dann zu dem plastischen Vorgang ein Gleiten in der Druckfläche hinzukommt.

6. Ausblicke. Es ist möglich, daß von diesen Überlegungen aus eine Theorie der Bearbeitung plastischer Körper mit Werkzeugen entwickelt werden kann. Einstweilen steht allerdings dem noch entgegen, daß die Theorie bisher nur für kleine Formänderungen ausgebildet werden konnte, während es in diesem Fall sich immer um große Formänderungen handelt.

Ein anderes mögliches Anwendungsgebiet tritt bei der Frage der Tragfähigkeit eines bestimmten Baugrundes auf. Ist z. B. die Baugrube keilförmig ausgeschachtet und ihre Sohle vom Mauerwerk gerade ausgefüllt, so hat man, abgesehen vom Eigengewicht der Erdmassen, eine der hier angegebenen sehr ähnliche Belastung mit Winkeln ϑ, die nahe an zwei Rechten sind.

Zeitschrift für angewandte Mathematik und Mechanik Bd. 3 (1923) S. 401—406

Anwendungsbeispiele zu einem Henckyschen Satz über das plastische Gleichgewicht[1]

Herr H. HENCKY hat in seiner Abhandlung „Über einige statisch bestimmte Fälle des Gleichgewichtes in plastischen Körpern“[2] eine Gruppe von Sätzen über die Eigenschaften der Gleitlinienscharen plastischer Körper entwickelt, die für die Behandlung verschiedener Beispiele sehr wertvoll werden dürften. Für den einfachsten Fall, das ebene Problem des speziell-plastischen Körpers, lassen sich die Sätze durch eine ganz geringe Weiterführung des Gedankens zum zeichnerischen Aufbau einer großen Zahl von Lösungen verwenden, wie im folgenden gezeigt werden soll. Ob die entsprechenden Sätze für das rotationssymmetrische Problem einer ähnlichen Verwertung fähig sind, mag einstweilen noch dahingestellt bleiben; bei der technischen Wichtigkeit gerade des rotationssymmetrischen Falles wäre dies sehr zu wünschen.

Die Sätze, an die ich anknüpfen will, lauten in etwas anderer Fassung als bei HENCKY folgendermaßen:

Beim ebenen Problem des speziell-plastischen Körpers bilden die Gleitlinien zwei sich rechtwinklig kreuzende Scharen mit folgender besonderen Eigenschaft: schneidet man zwei Kurven der einen Schar mit beliebigen Kurven der zweiten Schar, so bilden die Tangentenpaare in den beiden Schnittpunkten jeder Kurve der zweiten Schar einen konstanten Winkel miteinander.

Läßt man die beiden Kurven der ersteren Schar einander unendlich nahe rücken, so ergibt sich eine Beziehung zwischen den Krümmungsradien. Bezeichnet man mit α-Kurven und β-Kurven die Kurven der Scharen $\alpha =$ konst. und $\beta =$ konst. und wird der Krümmungsradius einer α-Kurve mit R_α bezeichnet, der Krümmungsradius einer β-Kurve mit R_β, die Bogenlängen der α- bzw. β-Kurve mit s_α, s_β, so ist

$$\frac{\partial R_\alpha}{\partial s_\beta} = 1 \quad \text{und} \quad \frac{\partial R_\beta}{\partial s_\alpha} = 1. \tag{1}$$

Aus dieser HENCKYschen Beziehung ergibt sich nun sofort durch Integration

$$R_\alpha = s_\beta + f_1(\beta) \quad \text{und} \quad R_\beta = s_\alpha + f_2(\alpha). \tag{2}$$

Herr HENCKY äußert (a. a. O., S. 245, oben), daß die Gleichungen, in denen er seine Sätze ausdrückt, nur befriedigt seien, wenn das Gleitliniensystem ein rechtwinkliges oder Polarkoordinatensystem wird. Die

[1] Vorgetragen auf der Versammlung in Marburg am 24. September 1923.

[2] Z. angew. Math. Mech. Bd. 3 (1923) S. 241—251.

Mannigfaltigkeit von Kurvenscharen, welche die obigen Sätze befriedigen, ist aber zum Glück viel allgemeiner. Ein besonders einfaches Beispiel bietet schon das dickwandige Rohr mit Innen- oder Außendruck. Hier sind die Spannungslinien Kreise und Radien, die Gleitlinien daher logarithmische Spiralen mit 45° Steigung. Die Gl. (1) und (2) sind dabei in der Tat erfüllt, denn, wie leicht nachgerechnet werden kann, ist bei dieser Spirale der Krümmungsradius gerade gleich der vom Zentrum aus gerechneten Bogenlänge. Ein weiteres Beispiel, bei dem die Gleitlinien aus zwei Scharen von sich kreuzenden gemeinen Zykloiden bestehen, wird unten noch erwähnt werden.

Die allgemeine Lösung für unser Gleitliniensystem[1] ergibt sich, wenn den beiden Funktionen $f_1(\beta)$ und $f_2(\alpha)$ irgendwelche Werte erteilt werden. Der hyperbolische Charakter der zugrunde liegenden Differentialgleichung (die Gleitlinien sind die Charakteristiken[2] der Differentialgleichung der Airyschen Spannungsfunktion) bringt es mit sich, daß die Funktionen $f_1(\beta)$ und $f_2(\alpha)$ sogar Sprünge aufweisen dürfen. Die physikalische Bedeutung verlangt von den beiden Funktionen nur, daß

$$\int \frac{ds_\alpha}{R_\alpha} \quad \text{und} \quad \int \frac{ds_\beta}{R_\beta}$$

existieren, da dies die Winkel sind, die die Anfangs- und Endtangente eines Kurvenstückes miteinander bilden. Bezüglich des Vorzeichens der Krümmungsradien sei erwähnt, daß dieses immer so zu nehmen ist, wie es konzentrischen Kreisen entspricht und nicht so, wie es bei konzentrischen Hyperbeln wäre.

Zur geometrischen Veranschaulichung nehmen wir zunächst eine Kurve der α-Schar als gegeben an und setzen dabei der Einfachheit halber voraus, daß sie keinen Knick hat und, von einer endlichen Anzahl von Punkten abgesehen, überall einen Krümmungsradius besitzt. Die Bogenlängen der β-Kurven mögen von dieser Ausgangskurve aus gerechnet werden, dann ist auf ihr überall $s_\beta = 0$ und nach Gl. (2) also $f_1(\beta) = R_\alpha$ gegeben. Ist nun außerdem für irgendeinen Punkt der gegebenen Kurve der Krümmungsradius der kreuzenden β-Kurve, R_β, gegeben, d. h. der bezügliche Funktionswert von $f_2(\alpha)$, dann folgt durch Gl. (2) R_β für *alle* Punkte der gegebenen α-Kurve.

---

[1] Meine mündlichen Ausführungen über diesen Punkt waren unrichtig. Die Anregung zur erneuten Untersuchung verdanke ich einer von Herrn v. Mises gemachten Einwendung.

[2] Herr v. Mises macht mich darauf aufmerksam, daß ich das Wort „Charakteristik" in einem von dem herkömmlichen abweichenden Sinn gebraucht habe. Ich meine damit in Übertragung des bei der linearen hyperbolischen Differentialgleichung vorkommenden Begriffs jede Linie, längs deren die Lösung unanalytisch zusammengeflickt werden darf, ohne die Differentialgleichung zu verletzen.

Die in Gl. (2) gegebene Vorschrift besagt geometrisch, daß an jedem Punkt der gegebenen Kurve der Radius der kreuzenden Kurve gleich der von einem gegebenen Punkt aus gerechneten Bogenlänge der gegebenen Kurve ist. Anders ausgesprochen: Die Krümmungsmittelpunkte der kreuzenden Kurven liegen auf der Evolvente, die von dem gegebenen Punkt aus zu der gegebenen Kurve konstruiert wird; zufolge der Rechtwinkligkeit des Netzes liegt natürlich jeder Mittelpunkt auf der Tangente, die im Kreuzungspunkt die gegebene Kurve berührt (vgl. Abb. 1) (AB = gegebene Kurve, A = gegebener Punkt, AC = Evolvente, BC = Krümmungsradius der kreuzenden Schar in Punkt B).

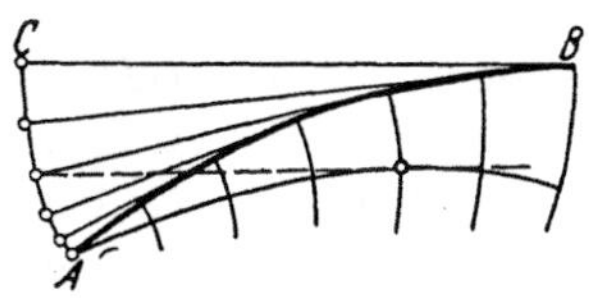

Abb. 1

Die angedeutete Konstruktion liefert kleine Stücke der zweiten Kurvenschar. Sobald diese vorliegen, kann eine zweite Linie der ersten Kurvenschar leicht auf erste Ordnung genau gezeichnet werden, da ihre Tangenten genähert nach den erwähnten Krümmungsmittelpunkten gerichtet sind; sie können dann nach der auch für sie geltenden Radienregel verbessert werden, wozu die Krümmungsradien der gegebenen Kurve dienen. Beim Fortschreiten in einer zweiten Reihe von Netzmaschen ist auf der neu gewonnenen α-Kurve entsprechend dem veränderten $f_2(\alpha)$ ein neuer Punkt A festzulegen, worauf das Verfahren seinen Fortgang nimmt. Sind von Anfang an zwei sich kreuzende Kurvenstücke, eine α-Kurve und eine β-Kurve gegeben, so ist dadurch das Kurvennetz in dem von Gleitlinien gebildeten Kurvenviereck definiert, das man durch Ziehen der beiden β-Kurven durch die Enden des α-Kurvenstückes und der beiden α-Kurven durch die Enden des β-Kurvenstückes erhält. Gehen alle α-Kurven durch einen Punkt A, so ist dort notwendig $R_\beta = 0$; in diesem Fall ist das Netz durch eine α-Kurve und den Punkt A gegeben.

Eine auffällige Eigenschaft der in Rede stehenden Kurvenscharen mag hier noch erwähnt werden. Ist die eine gegebene Kurve ein Stück weit eine Gerade, so ist dort der Radius unendlich, der zugehörige gegebene Punkt also unendlich fern. Daraus ergibt sich sofort, daß, wenn man die zwei Kurven der zweiten Schar in den Endpunkten des Geradenstückes zieht, sämtliche Linien der ersten Schar in der Gasse zwischen diesen beiden Kurven ebenfalls Geradenstücke sein müssen. Entsprechendes gilt natürlich auch für einen Wendepunkt, der ein unendlich kurzes Geradenstück darstellt.

Bevor nun einzelne Beispiele besprochen werden, müssen einige allgemeine Bemerkungen vorausgeschickt werden. Die Lösungen dürfen längs der Gleitlinien unanalytisch zusammengesetzt werden, was damit zusammenhängt, daß die Gleitlinien die Charakteristiken der hyperbolischen Differentialgleichung sind. Das Gleichgewicht verlangt dabei Stetigkeit der Spannungskomponente an der Grenze zweier Gebiete. Vor dem Fehler, daß man versehentlich Schubspannungen von entgegengesetzten Vorzeichen aneinanderfügt, schützt man sich am besten dadurch, daß man unter Beachtung des Umstandes, daß während des plastischen Gleitens beim ebenen Problem Volumenänderungen nicht vorkommen, die Gleitbewegungen im einzelnen näher verfolgt, also z. B. die Stromlinien zeichnet oder dergleichen. Man erkennt auf die Weise, daß in der HENCKYschen Abb. 3 die Linie MOM keine mögliche Begrenzung des plastischen Gebietes darstellt, denn wenn man etwa die Linien AC und BD als gegen den plastischen Körper vorrückend annimmt, so findet man durch Zeichnung der Stromlinien sehr rasch, daß die Linie CD dann aus dem plastischen Körper herausgeschoben wird. Die Begrenzung MOM kann also nur eintreten, wenn auf der mittleren Fläche CD nicht Druck, sondern Zug herrscht, der sich durch Umkehrung der bezüglichen Vorzeichen bei HENCKY leicht ermitteln ließe.

Was die Frage der Eindeutigkeit der Lösung betrifft, so scheint mir der HENCKYsche Vorschlag, am besten wohl in der Form, daß diejenige Lösung gelten soll, welche die geringsten Kräfte liefert, sehr zweckmäßig zu sein. Da bei der Art der Behandlung der Aufgabe, wie sie hier vorliegt, das Verhalten der elastisch bleibenden Teile des Körpers nicht weiter studiert wird, wird man häufig ganze Scharen von Lösungen angeben können, die die Bedingungen des plastischen Gleichgewichtes befriedigen. Denkt man sich eine allmähliche Steigerung der äußeren Lasten, so wird eine plastische Bewegung möglich, sobald die äußeren Lasten den erwähnten Minimalwert erreichen, und da nun Bewegung einsetzt, erfolgt auch keine weitere Steigerung der Belastung. Diese Überlegung ist natürlich kein Beweis für die Richtigkeit des Satzes, denn es ist immerhin denkbar, daß beim stetigen Übergang vom elastischen Zustand zum ausgebildeten plastischen Zustand (über welchen Übergang die heutige Theorie noch nichts auszusagen vermag), sich andere Zustände ausbilden als gerade derjenige mit geringstem Widerstand. Immerhin ist zu erwarten, daß wenigstens die wirklichen Lasten nicht sehr verschieden von dem Minimalwert sein werden. In Ermangelung von etwas Besserem soll also auch hier an der HENCKYschen Forderung festgehalten werden. Man wird also im allgemeinen unter Einhaltung dieser Forderung eine eindeutige Lösung erhalten. Das HENCKYsche Beispiel liefert allerdings, da die beiden Begrenzungen $M'O'M'$ und $M''O''M''$ zu genau derselben Last führen, zwei verschiedene, gleichberechtigte Lösungen, allerdings nur unter der von HENCKY stillschweigend gemachten Annahme, daß der Stempel völlig reibungslos sei. Will man dem Stempel auch nur geringe Reibung zuerkennen, so bleibt nur die meiner ursprünglichen Lösung entsprechende Begrenzung, nämlich $M''O''M''$ übrig, wie man aus dem Studium der Bewegung der Teilchen der gedrückten Oberfläche leicht erkennt, wie sich aber auch durch Ausführung der Konstruktion unter Hinzunahme einer gleitenden Reibung leicht ergibt (vgl. auch unten). Bei Annahme von Reibung an der Stempeloberfläche ergeben sich natürlich wieder zwei Lösungen in dem Fall, daß ein endliches Flächenstück des Stempels sich gerade in dem Grenzzustand zwischen Gleiten und Nichtgleiten befindet, wobei sich dann verschiedene plastische Bewegungen ergeben, je nachdem man Gleiten oder Nichtgleiten annimmt. Wenn man von solchen Einzelfällen absieht, in denen zu einer Last zwei endlich verschiedene Fließzustände gehören, so dürfte die Henckysche Regel im allgemeinen zu einer eindeutigen Lösung führen.

Was nun die Beispiele betrifft, so sei zuerst eines gegeben, das aus dem Henckyschen Beispiel hervorgeht, wenn man von dem Polygon zur Kurve übergeht. Ich will hier das Eindringen eines gerundeten Stempels mit reibender Oberfläche behandeln. Die freie Oberfläche des plastischen Körpers sei dabei eben, es werde also von den Auftreibungen zu beiden Seiten, die das bisherige Eindringen des Stempels verursacht hat, abgesehen. Ist der Reibungswinkel $= \varphi$, die Druckkraft also dort, wo Gleitung stattfindet, um den Winkel φ gegen die Normale geneigt, so braucht man nur die Gleitlinien unter dem Winkel $45° - \varphi$ an die bezüglichen Elemente der Stempeloberfläche anzutragen (vgl. Abb. 2). Aus dem Umstand, daß die Gleitlinien sich rechtwinklig schneiden müssen, ergibt sich, daß innerhalb des Gebietes CDO keine Gleitung

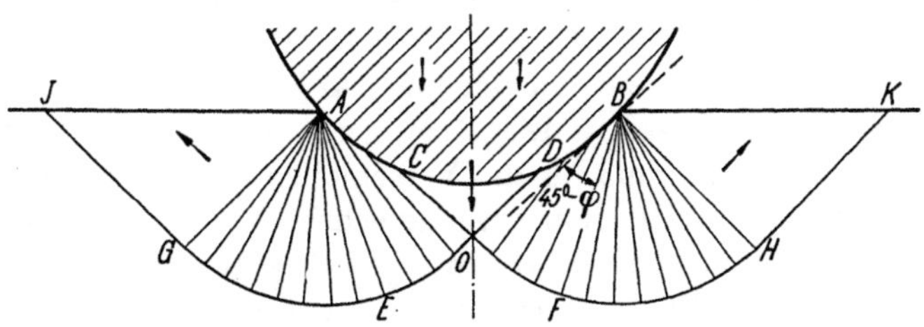

Abb. 2

mehr erfolgt. Die Linie CD umfaßt denjenigen Teil des Stempels, wo die Neigung gegen die Waagerechte geringer ist als φ. Zwischen C und D findet also kein Gleiten statt, wohl aber innerhalb AC und DB. Vom Punkt O sind die Kurven OE und OF orthogonal zur Gleitlinienschar zu ziehen, seitlich schließen sich die Kreissektoren AEG und BFH und die Dreiecke AGJ und BHK in gewohnter Weise an. Die gezeichneten Verhältnisse beziehen sich zunächst auf senkrechtes Eindringen des Stempels. Für mäßig schräges Eindringen ergibt sich nur eine Unsymmetrie in den Beträgen der Gleitung, aber noch dasselbe Gleitlinienbild und dieselben Kräfte, bei stärkerer Schräge aber auch ein unsymmetrisches Bild der Gleitlinien, dessen nähere Untersuchung jedoch hier zu weit führen würde.

Beim Eindringen eines Stempels in eine Platte von nicht zu großer Dicke d wird das vom Stempel verdrängte Material nicht aus der Oberfläche herausgepreßt, sondern unter Auseinanderdrücken der beiden Hälften der Platte (N. B.! immer ebenes Problem!) nach unten zusammengestaucht. Eine mögliche Lösung, von der allerdings im Augenblick nicht angegeben werden kann, ob sie diejenige des kleinsten Widerstandes ist, wird nach Abb. 3 erhalten. Hier schließen sich an das undeformiert bleibende Dreieck ABC zwei Kreissektoren ACD und BCE. Um die Fortsetzung des Gleitlinienfeldes nach unten zu finden, werde das eingangs geschilderte Verfahren auf die Linie ACE als gegebene Kurve angewandt und es werde angenommen, daß alle Kurven der einen Schar durch den Punkt A gehen. Man erhält so einerseits den Sektor ACD, andererseits das Kurvenviereck $CEFD$. Das Gleitlinienfeld kann offenbar nach den Seiten und nach unten zu beliebig fortgesetzt werden, und es ergeben sich so Lösungen für verschieden dicke Platten. Um die Kraft P im Stempel zu bestimmen, müssen noch Annahmen über die Lagerung der Platte gemacht werden. Liegt sie etwa mit Reibung satt auf der unteren Fläche auf, so muß für das Verschieben der beiden undeformiert bleibenden Plattenhälften eine waagerechte Kraft $\frac{1}{2}\mu P$ aufgebracht werden (μ = Reibungsziffer). Die waagerechte Komponente der Spannungen an der Grenzfläche ADF muß nun gerade diesen Betrag liefern. Nun sind die Spannungen durch die Henckysche Gl. (6b) bis auf einen über das Spannungsfeld gelagerten allseitig gleichen Druck bestimmt. Dieser folgt also aus unserer obigen Vorschrift, und es ist damit auch P gegeben. Der in Abb. 3 gezeichnete Vorgang erfordert offenbar um so größere Kräfte P, je dicker die Platte ist, da mit zunehmender Dicke die Winkel der beiden Sektoren immer größer werden. Es ergibt sich nun eine Grenzdicke, bei der das Herauspressen des Materials nach oben in der in meiner früheren Arbeit angegebenen Art die gleiche Kraft erfordert. Bei noch dickeren Platten tritt dann dieser Vorgang an Stelle des hier geschilderten. Es sei noch erwähnt, daß vorerst die Annahme, daß das

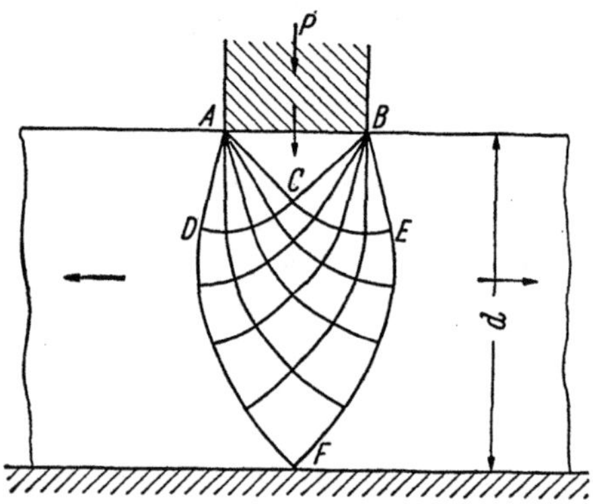

Abb. 3

undeformiert bleibende Dreieck ABC geradlinig begrenzt ist, in keiner Weise bewiesen ist. Es ist leicht möglich, daß die Annahme von passend gekrümmten Linien AC und BC, die sich natürlich bei C wieder rechtwinklig schneiden müssen, zu geringeren Kräften P führt.

Ein weiteres Beispiel, das dem vorigen sehr verwandt ist (für das natürlich das soeben erwähnte Bedenken ebenfalls gilt), bezieht sich auf einen plastischen Körper, der mehr breit als hoch ist und der zwischen harten Druckplatten gepreßt werden soll. Die Abb. 4 ergibt alles Nötige, so daß eine Besprechung der Einzelheiten sich wohl erübrigt.[1] Ist die Dicke des Körpers sehr gering gegenüber der Breite — man denke z. B. an eine Bleizwischenlage zwischen zwei Steinquadern —, so rücken die Punkte D und E an die Wand und es ergibt sich, wenn man z. B. wieder von der Linie ACE ausgeht, zunächst nur das Kurvennetz bis zum Punkt F. Nimmt man genügende Rauhigkeit der Quaderoberflächen an, so erfolgt alle Gleitung nur in Blei, und zwar ist zu erwarten, daß beim plastischen Auseinanderquetschen die Druck-

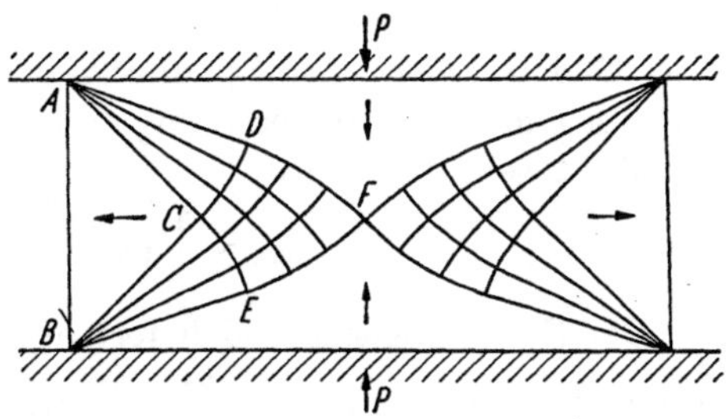

Abb. 4

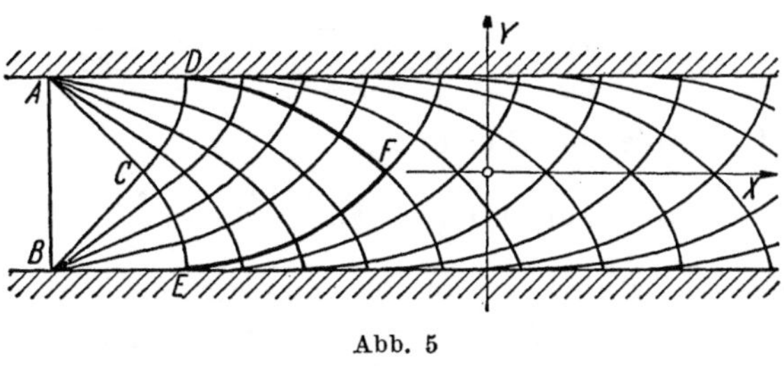

Abb. 5

flächen selbst Gleitflächen sind. Mit dieser Annahme ergibt sich eine Fortsetzung des Netzes nach Abb. 5, wobei für das Innere jeweils wieder unsere Konstruktion zur Anwendung kommt.

Der Zustand, wie er sich genügend weit vom freien Rand asymptotisch ausbildet, ist der Rechnung zugänglich; ich möchte die Formeln, die ich seit einiger Zeit besitze und deren Erweiterung auf den Fall des allgemeinen plastischen Körpers in einer in Arbeit befindlichen Disser-

[1] Es verdient hierbei erwähnt zu werden, daß bei Druckversuchen mit gewissem Gesteinsmaterial, das vor dem Bruch geringe plastische Formänderungen erleidet, wie z. B. Marmor, die unzerstört bleibenden Teile bei niedrigen Proben weitgehend den elastisch bleibenden Teilen in Abb. 4 entsprechen.

tation behandelt wird, hier kurz mitteilen. Wird eine X-Achse durch die Mitte der Platte gelegt (mit der positiven Richtung nach der Mitte der plastischen Platte zu) und liegt die Y-Achse in der Richtung der Druckkraft, so ergeben sich für eine Plattendicke $= 2h$ die folgenden Spannungskomponenten:

$$\sigma_x = -\frac{k\,x}{h} + C + 2k\sqrt{1-\left(\frac{y}{h}\right)^2}, \quad \sigma_y = -\frac{k\,x}{h} + C, \quad \tau = k\frac{y}{h}. \tag{3}$$

Das Gleichgewicht der Spannungen ist, wie man leicht sieht, erfüllt. Die maximale Schubspannung, die beim speziell plastischen Körper konstant sein soll, wird

$$\tau_{\max} = \sqrt{\left(\frac{\sigma_y - \sigma_x}{2}\right)^2 + \tau^2} = k.$$

Der Spannungszustand liefert also eine gleichmäßige Zunahme des mittleren Druckes $p = -\frac{\sigma_x + \sigma_y}{2}$ nach dem Innern zu vom Betrag $\frac{k}{h}$ für die Längeneinheit, daneben zusätzlich Spannungen, die nur von y abhängen.

Um gleich eine Berechnung der Gleitlinien anzuschließen, benutzen wir die Gleichung

$$\operatorname{tg} 2\varphi = \frac{\sigma_y - \sigma_x}{2\tau} = -\frac{\sqrt{h^2 - y^2}}{y}$$

und erhalten daraus für die eine Schar

$$\operatorname{tg}\varphi = \frac{dy}{dx} = -\sqrt{\frac{h-y}{h+y}} = -\frac{\sqrt{h^2-y^2}}{h+y}, \tag{4}$$

was für die Gleitlinie die Gleichung

$$-x = h \arcsin\frac{y}{h} + \sqrt{h^2 - y^2} + c,$$

d. h. eine gemeine Zykloide ergibt. Es wäre nun nachzuweisen, daß die in Gl. (1) gegebene Radienbedingung erfüllt ist. Der Radius rechnet sich unter Berücksichtigung von Gl. (4) zu

$$R = \frac{\left[1 + \left(\frac{dx}{dy}\right)^2\right]^{3/2}}{\frac{d^2x}{dy^2}} = 2\sqrt{2h(h+y)},$$

und es ist damit, da $ds_\beta = dy/\cos\varphi$ zu setzen ist,

$$\frac{dR_\alpha}{ds_\beta} = \frac{dR}{dy}\cos\varphi = \sqrt{\frac{2h}{h+y}}\sqrt{\frac{h+y}{2h}} = 1.$$

Es wäre zu wünschen, daß auch für andere Bereiche als für den einfachen Streifen die zugehörigen Gleitliniensysteme gefunden würden. Das Gleitliniensystem für den Keilraum z. B. würde das Studium der

Vorgänge beim Auspressen von plastischem Material aus Öffnungen wenigstens qualitativ ermöglichen. Wichtig wäre natürlich auch der Übergang vom ebenen Problem zum achsensymmetrischen, doch fürchte ich, daß die mathematischen Schwierigkeiten hier sehr groß sein werden. Die Art, wie HENCKY das achsensymmetrische Problem der Eindringungsfestigkeit behandelt, zeigt übrigens, wie man zu überschläglichen Ergebnissen schon durch verhältnismäßig einfache Abschätzungen gelangen kann. Ich glaube allerdings, daß man, um eine bessere Annäherung an die Erfahrung zu bekommen, die gewiß nicht geringe Reibung zwischen Stempel und plastischem Körper wird berücksichtigen müssen; das Gleitlinienbild wird dabei wohl von dem von HENCKY angegebenen stark verschieden sein und sich wahrscheinlich dem von mir für das ebene Problem angegebenen einigermaßen nähern.

Festschrift zum 70. Geburtstag August Föppls, S. 52—61. Berlin: Springer 1924

Elastisch bestimmte und elastisch unbestimmte Systeme

1. In der Theorie der elastischen Systeme trifft man neben solchen Fällen, bei denen sich irgendein zusammengesetzter Belastungszustand mit völlig genügender Annäherung durch Überlagerung der einfachen Belastungszustände aufbauen läßt, aus denen er besteht, auch Fälle von solcher Art an, bei denen ein derartiges Verfahren in keiner Weise zulässig wäre. Ich bin mir völlig bewußt, mit den folgenden Ausführungen nichts grundsätzlich Neues zu bringen, denn Beispiele für die zweite Art von Fällen sind bereits vielfach behandelt, ich nenne nur das Ausnahmefachwerk, die dünne ebene Platte, den auf gleichzeitige Biegung und Knickung beanspruchten Stab. Trotzdem schien mir eine Behandlung von solchen Fällen von einem gemeinsamen Gesichtspunkt aus wünschenswert. Neu dürfte das zweite der behandelten Beispiele sein.

Ein wesentliches Merkmal der hier zu behandelnden besonderen Systeme ist, daß die zu irgendwelchen Lasten gehörigen Formänderungen und Spannungen von etwa vorhandenen Vorspannungen (Herstellungsspannungen, Wärmespannungen usw.) ganz wesentlich beeinflußt werden[1]. Formänderungs- und Spannungsszustand bleiben also bei gegebenen Lasten *unbestimmt,* wenn man über die Vorspannungen nicht zahlenmäßige Angaben zu machen vermag. Ich schlage deshalb vor, Systeme dieser Art „*elastisch unbestimmt*“ zu nennen, im Gegensatz zu den „*elastisch bestimmten Systemen*“, bei denen eine etwa vorhandene Vorspannung auf die durch die Wirkung der Lasten neu hinzukommenden Spannungen einen nennenswerten Einfluß nicht hat, d. h. sich den Lastspannungen einfach überlagert. Als Beispiele für die letztere Art kann man die meisten praktisch vorkommenden statisch unbestimmten Bauwerke anführen (bei den statisch bestimmten treten keine Vorspannungen auf). Beim Zweigelenkbogen z. B. überlagern sich die durch die Lasten hervorgerufenen Spannungen denen, die durch eine Entfernungsänderung der Auflager hervorgerufen werden, vollkommen, wenigstens innerhalb der üblichen Genauigkeitsgrenzen, wobei alle Formänderungswege so klein vorausgesetzt werden, daß die Kräftezerlegung am deformierten Bauwerk durch die am undeformierten ersetzt werden darf. Bei endlichen Formänderungswegen hört die Überlagerung in jedem Fall völlig auf; unsere Unterscheidung bezieht sich demnach ganz wesentlich auf die (praktisch meist allein vorkommenden)

---

[1] Im Falle der „Knickungsbiegung“ spielen die in der Richtung der Stabachse wirkenden Kräfte die Rolle der „Vorspannung“.

kleinen Formänderungen. — Als elastisch unbestimmtes Gegenbeispiel zum Zweigelenkbogen sei hier der gerade Balken mit zwei unverrückbaren gelenkigen Auflagern genannt, bei dem die Durchbiegung und das Biegungsmoment unter senkrechter Last von der Längskraft abhängt, die zwischen den Auflagern je nach der Balkentemperatur vorhanden ist und die von der Durchbiegung mit beeinflußt wird.

2. Um zu einem formelmäßigen Merkmal für die elastisch bestimmten und die elastisch unbestimmten Systeme zu gelangen, betrachten wir das Verhalten der Formänderungsarbeit bzw. der mit dieser im wesentlichen identischen elastischen Energie. Diese soll hier allerdings nicht, wie in der Statik gewöhnlich, als Funktion der Kräfte, sondern als Funktion der Formänderungswege der Kraftangriffspunkte behandelt werden. (Das erstere Verfahren eignet sich nur für die elastisch bestimmten Systeme!) Das System sei frei von Reibungen und unverschieblich gelagert. Sind n unabhängig voneinander elastisch verschiebliche Kraftangriffsstellen vorhanden — die festgelagerten Stellen liefern keine Verschiebungen, die von anderen kinematisch abhängigen sind zu eliminieren —, so wird die elastische Energie eine Funktion der Wege $y_1, y_2 \dots y_n$:

$$H = H(y_1 \dots y_n)^1.$$

Die Änderung der elastischen Energie, wenn y_i um δy_i geändert wird, während alle anderen y fest bleiben sollen, ist nun

$$\delta H = \frac{\partial H}{\partial y_i} \delta y_i;$$

die äußere Arbeit, die dabei geleistet wird, ist aber $= P_i \, \delta y_i$, weil alle übrigen Kraftangriffsstellen in Ruhe bleiben; da die äußere Arbeit der Änderung der aufgespeicherten Energie gleich sein muß, ist also

$$\frac{\partial H}{\partial y_i} = P_i.$$

P_i erscheint hier natürlich auch als Funktion der $y_1 \dots y_n$. Im Fall der Überlagerbarkeit (Superposition) muß es eine lineare Funktion sein. Dann ist aber jedes

$$\frac{\partial P_i}{\partial y_k} = \frac{\partial^2 H}{\partial y_i \, \partial y_k} = \text{konst.}$$

Dies ist die Bedingung für elastische Bestimmtheit. Umgekehrt ist ein System elastisch unbestimmt, wenn irgendein zweiter Differential-

[1] Es empfiehlt sich, für die zwei Größen $A(P_1 \dots P_n)$ und $H(y_1 \dots y_n)$, die sich allerdings höchstens um eine additive Konstante unterscheiden, zwei verschiedene Buchstaben einzuführen; besonders bei Rechnungen, in denen von dem einen zum anderen System übergegangen werden soll, ist dies zweckmäßig.

quotient der elastischen Energie nach den Formänderungswegen sich als stark veränderlich erweist.

Genau genommen sind streng konstante $\frac{\partial^2 H}{\partial y_i \partial y_k}$ fast niemals vorhanden, sobald die Wege nicht unendlich klein sind, also müßte die Unterscheidung danach getroffen werden, ob die $\frac{\partial^2 H}{\partial y_i \partial y_k}$ alle nur schwach veränderlich oder einige auch stark veränderlich sind, wenn man den $y_1 \ldots y_n$ Werte innerhalb der zulässigen Grenzen erteilt. Daß wir hier auf ein „stark" oder „schwach" kommen, statt auf ein „ja" oder „nein", darf uns nicht wundern, da ja bei endlichen Formänderungen, wie schon erwähnt, die Grenzen beider Gebiete ineinanderfließen. Bei der Kleinheit der Formänderungen, wie sie bei den praktischen Baustoffen vorkommen, scheiden sich die beiden Gebiete aber in durchaus auffälliger Weise.

3. Zu den einfachsten Beispielen für elastisch unbestimmte Systeme gehört das Gelenkviereck mit Federn an den Gelenken, die die beiden durch das Gelenk verbundenen Glieder in einem bestimmten Winkel zueinander zu halten streben. Elastisch unbestimmt ist ein solches Gelenkviereck dann, wenn drei Gelenke nahezu in einer Geraden liegen und außerdem gewisse Größenordnungsbeziehungen bezüglich der Federstärken bestehen. Die Federn brauchen übrigens nicht gerade in der erwähnten Art angeordnet zu werden; die Anordnung nach Abb. 1 ergibt, ohne die Allgemeinheit der Lösung wesentlich zu beeinträchtigen, besonders übersichtliche Verhältnisse und sei daher den folgenden Rechnungen zugrunde gelegt.

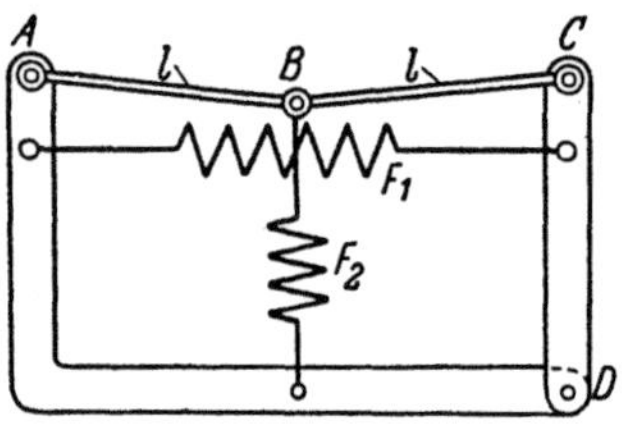

Abb. 1

Der senkrechte Weg des Punktes B von der Durchschlagslage nach unten sei y, der waagerechte von C nach links sei x (beide also in Richtung einer Verkürzung der Federn positiv). Wird, was für kleine x genügend genau zutrifft, eine Führung des Punktes C auf der Waagerechten $\overline{AC}$ angenommen, so liefert der kinematische Zusammenhang

$$x = 2l - 2\sqrt{l^2 - y^2} = 2l\left(1 - \sqrt{1 - \left(\frac{y}{l}\right)^2}\right).$$

Wird die Wurzel binomisch entwickelt, so erhält man

$$x = \frac{y^2}{l} + \frac{1}{4}\frac{y^4}{l^3} + \cdots. \tag{1}$$

Die beiden Federn mögen nun, für sich allein genommen, Gleichgewichtslagen bei $x = a$ bzw. $y = b$ ergeben; die Federkräfte seien

$= F_1(x-a)$ und $= F_2(y-b)$ (F_1 und F_2 = Federkonstanten); die elastische Energie ist dann, wenn die Glieder sämtlich als starr angesehen werden, einfach

$$H = \frac{1}{2} F_1 (x-a)^2 + \frac{1}{2} F_2 (y-b)^2.$$

Wir müssen hierin noch eine der beiden kinematisch voneinander abhängigen Größen fortschaffen; wenn wir uns für lotrechte Kräfte am Punkt B interessieren, werden wir daher x mittels Gl. (1) durch y ausdrücken und erhalten

$$H = \text{konst.} - F_2 b\, y + \frac{y^2}{2}\left(F_2 - \frac{2F_1 a}{l}\right) + \frac{F_1 y^4}{2l^2}\left(1 - \frac{a}{2l}\right) + \cdots \quad (2)$$

und damit

$$P = \frac{\partial H}{\partial y} = F_2(y-b) - \frac{2F_1 a\, y}{l} + \frac{2F_1 y^3}{l^2}\left(1 - \frac{a}{2l}\right) + \cdots, \quad (3)$$

also

$$\frac{dP}{dy} = \frac{d^2 H}{dy^2} = F_2 - \frac{2F_1 a}{l} + \frac{6\, F_1 y^2}{l^2}\left(1 - \frac{a}{2l}\right) + \cdots. \quad (4)$$

Aus Gl. (4) ist zu erkennen, daß elastische Unbestimmtheit dann vorliegt, wenn das dritte Glied gegen die Summe der beiden ersten in Betracht kommt. Dies trifft vor allem zu, wenn $F_2 - \frac{2F_1 a}{l} = 0$ ist. In diesem Fall tritt dieselbe Wackeligkeit auf, wie man sie durch die Untersuchungen von A. Föppl beim Ausnahmefachwerk kennt; für $y = 0$ ist $\partial P/\partial y = 0$, und im Fall $b = 0$ ist P der dritten Potenz von y proportional.

Die elastische Unbestimmtheit tritt auch ohne genaue Einhaltung der Wackeligkeitsbedingung auf, wenn die Federkonstante F_1 sehr groß gegen F_2 und gegen $\frac{2F_1 a}{l}$ ist, so daß das dritte Glied in Gl. (3) und (4) bereits bei mäßigen y-Werten ins Gewicht fällt (in diesem Fall ist $a/2l$ im dritten Glied auch vernachlässigbar klein gegen 1!). Höhere Glieder der Reihe (3) kommen hier wegen der angenommenen Kleinheit von y/l nicht mehr in Betracht, für die zu einem gegebenen Wert von P gehörige Gleichgewichtslage y ergibt sich damit aus Gl. (3) eine Gleichung dritten Grades, die eine oder aber auch drei reelle Wurzeln hat, je nach dem Wert der Vorspannungen a und b. Am einfachsten sind die Verhältnisse für $P = -F_2 b$ (daher auch für $P = 0$; $b = 0$). Hier ist eine Wurzel $y = 0$; die anderen lauten genähert

$$y_{2,3} = \pm \sqrt{a\, l - \frac{F_2}{2F_1} l^2}.$$

Das Verschwinden der Wurzel führt wieder auf unsere Wackeligkeitsbedingung. Sind drei reelle Wurzeln vorhanden, dann sind die beiden äußeren stabil (dP/dy positiv), die mittlere labil (dP/dy negativ), wie Gl. (4) ausweist; ist nur eine reelle Wurzel vorhanden, dann ist diese stabil.

Die Bedingung für Wackeligkeit läßt sich übrigens auch noch anders deuten. Die Kraft in der vorgespannten Feder F_1 ist in der Durchschlagslage $(y = 0) = F_1 a$; diese Kraft kann auch durch eine waagerechte Druckkraft D von gleicher Größe am Punkt C unter Fortlassung der Vorspannung der Feder ersetzt werden. Die Wackeligkeitsbedingung kann jetzt auch $D = F_2 l/2$ geschrieben werden. D ist der Druck, der die von der Feder F_2 herrührende Steifigkeit des Gelenkes B aufhebt, also nichts anderes als die „Knicklast", unter der kleine Durchbiegungen y in unbestimmter Größe auftreten. Daß für Überschreitung dieses kritischen Wertes von D (bzw. des entsprechenden von a) endliche, wenn auch recht beträchtliche Werte von y gefunden werden, entspricht auch dem Verhalten von genügend schlanken auf Knickung belasteten Stäben. Die Betrachtung von von Null verschiedenen Kräften P in unserem Beispiel führt zu Beziehungen, die denen bei der Knickungsbiegung völlig analog sind; eine nähere Untersuchung mag hier unterbleiben.

Setzt man beide Vorspannungen a und b gleich Null (nur a ist von elastisch unbestimmtem Charakter, d. h. hat wesentlichen Einfluß auf dP/dy; b tritt in Gl. (4) nicht auf und ist somit elastisch bestimmter Natur), so wird Gl. (3)

$$P = F_2 y + \frac{2F_1}{l^2} y^3;$$

dies ist dieselbe Art von Zusammenhang zwischen Kraft und Durchbiegung, wie sie bei der ursprünglich spannungslosen elastischen Platte in der Theorie der Durchbiegungen von der Größenordnung der Plattendicke auftritt. Die Wirkungen von inneren Spannungen der Platten lassen sich im einfachsten Fall durch Hinzunahme eines positiven oder negativen a in unserem Beispiel veranschaulichen. Allerdings ist die Zuordnung der zu vergleichenden Größen wegen der ganz anderen geometrischen Anordnung schwer auszuführen; es soll sich hier aber auch nicht um einen Ersatz für quantitative Lösungen handeln, sondern um eine rein qualitative Veranschaulichung (die aber immerhin dazu dienen kann, für die Ordnung von Versuchsergebnissen Richtlinien zu liefern).

4. Für die besondere Aufgabe der Platte mit Vorspannung mag ein zweites Beispiel dienen, bei dem allerdings auch wieder die Vereinfachung des Mechanismus so weit getrieben wurde, als dies irgend möglich war.

Das unbelastete Gebilde soll ein einfach statisch unbestimmtes Fachwerk von der in Abb. 2 gegebenen Form sein, jedoch mit Gelenken, die eine räumliche Bewegung aus der Fachwerkebene heraus gestatten. Die Gelenke am mittleren Knotenpunkt 5 sollen dabei mit Blattfedern ausgerüstet sein, die dem Eintreten einer Winkelabweichung zwischen den Richtungen der Stäbe e und g und denen der Stäbe f und i widerstreben. Weiter sollen alle Stäbe elastisch dehnbar sein, und in einem der Außenstäbe soll sich ein Spannschloß befinden, durch das übrigens die Dehnbarkeit dieses Stabes gegenüber den anderen Außenstäben der Einfachheit halber nicht geändert sein soll. Das so beschriebene Gebilde wird, wenn es außen irgendwie aufgelagert und in der Mitte senkrecht zu seiner Ebene belastet wird, durch die Wirkung der Blattfedern sich bei sehr kleinen Durchbiegungen ähnlich wie eine elastische Platte verhalten. Bei größeren Durchbiegungen wird es jedoch durch die Dehnung der radialen Stäbe (wegen ihrer schrägen Lage) und die gleichzeitige Verkürzung der Umfangsstäbe Abweichungen vom einfachen Elastizitätsgesetz von der gleichen Art wie bei den Platten zeigen. Wird durch das Spannschloß eine (positive oder negative) Vorspannung in dem Fachwerk erzeugt, so zeigen sich die Durchbiegungen durch diese in derselben Weise beeinflußt, wie man das bei dünnen Platten sehen kann, denen man durch ungleichmäßiges Hämmern (entweder vorwiegend in der Mitte oder vorwiegend am Rand) Vorspannungen beigebracht hat.

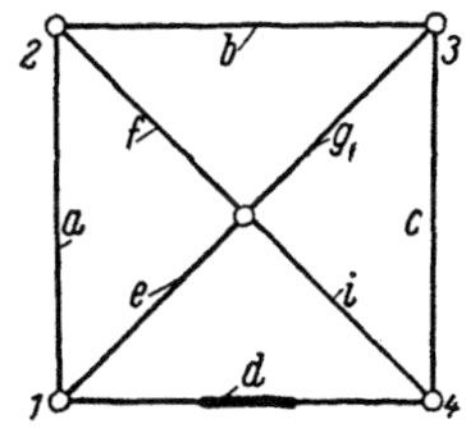

Abb. 2

Für die Durchführung dieser Aufgabe sind zunächst die kinematischen Verhältnisse aufzuklären. Die Längenänderungen der Stäbe a bis i mögen $\Delta a \ldots \Delta i$ heißen. Die Änderungen der Projektionen der Stäbe auf die Fachwerksebene seien entsprechend $\Delta a' \ldots \Delta i'$ genannt. Um zunächst den Zusammenhang dieser letzteren zu ermitteln (die ebene Fachwerksfigur ist einfach geometrisch überbestimmt), sei ein Verschiebungsplan gezeichnet. Die Strecken $\Delta a' \ldots \Delta i'$ können dabei bis auf *eine* beliebig angenommen werden; der Übersichtlichkeit halber seien sie hier alle positiv angenommen. Geht man z. B. vom Knotenpunkt 5 aus und hält die Richtung des Stabes $\overline{52} = f$ fest, so erhält man eine Figur nach Abb. 3.

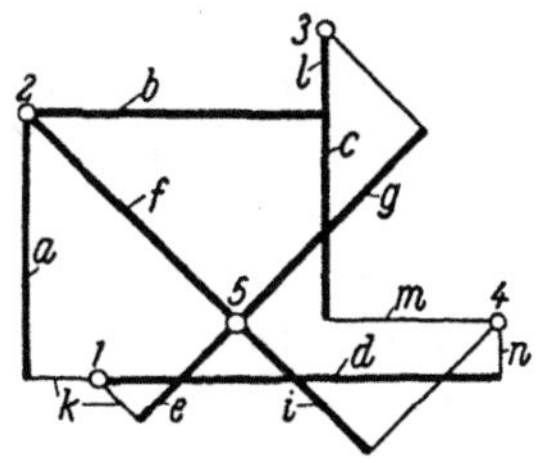

Abb. 3

Statt $\Delta a'$ usw. sei dabei zur Vereinfachung a usw. geschrieben. Vergleicht man nun die Diagonalstrecken mit den Projektionen der senkrechten und waagerechten Strecken auf sie, so lassen sich aus Abb. 3

leicht die folgenden Beziehungen ablesen:

$$e + g = (a + b - k + l)/\sqrt{2},$$

$$e + g = (c + d + n - m)/\sqrt{2},$$

$$f + i = (b + c - l + m)/\sqrt{2},$$

$$f + i = (a + d + k - n)/\sqrt{2}.$$

Addiert man diese vier Gleichungen, so heben sich die Strecken k, l, m und n fort, und es ergibt sich die gesuchte Beziehung

$$e + f + g + h = (a + b + c + d)/\sqrt{2}, \tag{5}$$

wobei, wie gesagt, a usw. für $\Delta a'$ usw. steht. Der Zusammenhang von $\Delta a'$ und Δa ergibt sich nun ähnlich wie früher: es ist

$$(l + \Delta a)^2 = (l + \Delta a')^2 + (y_1 - y_2)^2$$

oder

$$2l\Delta a + \Delta a^2 = 2l\Delta a' + \Delta a'^2 + (y_1 - y_2)^2$$

oder bei kleinem $y_1 - y_2$, da jetzt der Unterschied von Δa und $\Delta a'$ klein von zweiter Ordnung ist, unter Vernachlässigung von $\Delta a^2 - \Delta a'^2$

$$\Delta a' = \Delta a - \frac{(y_1 - y_2)^2}{2l} \tag{6}$$

und entsprechend für Δb bis Δi, wobei bei den Radialstäben $l\sqrt{2}$ an Stelle von $2l$ tritt.

Weiter sind noch die statischen Verhältnisse der Stabspannungen zu klären, von denen die $\Delta a \ldots \Delta i$ durch das Elastizitätsgesetz abhängen. Da wir uns auf kleine Formänderungen beschränken wollen, genügt es, das Gleichgewicht an dem undeformierten Fachwerk an Stelle des an dem räumlichen Gebilde zu betrachten. Da an den Knotenpunkten Kräfte in der Fachwerkebene nicht angreifen, liefert der Kräfteplan sofort, daß

$$S_a = S_b = S_c = S_d$$

und

$$S_e = S_f = S_g = S_i = -S_a\sqrt{2}$$

ist.

Führt man die Abkürzungen

$$k_1 = \frac{EF_1}{l} \quad \text{und} \quad k_2 = \frac{EF_2}{l'}$$

ein (E = Elastizitätsmodul, F_1 und F_2 bzw. l und $l' = l/\sqrt{2}$ Querschnitte und Längen der Umfangsstäbe und der Radialstäbe), so wird

$S_a = k_1 \Delta a$ usw.; $S_e = k_2 \Delta e$ usw. Wegen der obigen Beziehungen über die Spannungen wird daher

$$\Delta b = \Delta c = \Delta a, \tag{7a}$$

$$\Delta e = \Delta f = \Delta g = \Delta i = -\frac{k_1}{k_2} \Delta a \sqrt{2}; \tag{7b}$$

eine Ausnahme macht der Stab mit dem Spannschloß, das um den Betrag s verlängert sei; hierfür wird

$$S_d = k_1(\Delta d - s),$$

also wegen $S_d = S_a$

$$\Delta d = \Delta a + s. \tag{7c}$$

Über die senkrechten Formänderungswege der Knotenpunkte 1 bis 5 wollen wir, da wir nur symmetrische Belastungsfälle betrachten wollen, zur Vereinfachung der Rechnungen gleich solche Annahmen machen, daß die zu erwartende Symmetrie darin zum Ausdruck kommt. Die Bezeichnungen mögen dabei gleich so gewählt werden, wie es für die Rechnung am zweckmäßigsten ist. Wir setzen

$$y_1 = y_3 = 0; \qquad y_2 = y_4 = 2h; \qquad y_5 = h + z. \tag{8}$$

(Mit $h = 0$, $z \neq 0$ erhalten wir also lediglich in der Mitte eine Einsenkung, das Gebilde deformiert sich zu einer Pyramide; mit $z = 0$, $h \neq 0$ ergibt sich dagegen eine Gestalt, bei der die Knotenpunkte 1 und 3 um ebensoviel über dem mittleren Knotenpunkt 5 liegen wie 2 und 4 darunter, was eine Art Sattelform ergibt.)

Führt man die Annahmen (8) in die Gl. (6) ein und drückt vermöge der Beziehungen (7) alle Stabdehnungen durch Δa aus, so ergibt sich aus Gl. (5) nach kurzer Rechnung:

$$\Delta a = \frac{k_2}{k_2 + 2k_1}\left(\frac{h^2 - z^2}{l} - \frac{s}{4}\right). \tag{9}$$

Nun ist die elastische Energie zu formulieren. Die Umfangsstäbe tragen dazu $4 \cdot \frac{1}{2} k_1 \Delta a^2$ bei, die Radialstäbe $4 \cdot \frac{1}{2} k_2 \Delta e^2$ oder mit Gl. (7b) $4 \frac{k_1^2}{k_2} \Delta a^2$. Dies gibt zusammen, wenn Gl. (9) berücksichtigt wird,

$$K\left(\frac{h^2 - z^2}{l} - \frac{s}{4}\right)^2, \quad \text{wobei } K \text{ abkürzend für } \frac{2k_1 k_2}{k_2 + 2k_1}$$

steht. Hierzu kommt noch die Energie der Blattfedern am Knotenpunkt 5. Der Knickwinkel zwischen den Stäben e und g ist auf erste Ordnung durch

$$\frac{y_5 - y_1}{l'} + \frac{y_5 - y_3}{l'} = \frac{2}{l'}(h + z)$$

gegeben, entsprechend ist der Winkel zwischen f und i

$$\frac{y_5 - y_2}{l'} + \frac{y_5 - y_4}{l'} = \frac{2}{l'}(h - z).$$

Die Energie der Blattfedern kann demnach

$$= \frac{F}{2}[(h+z)^2 + (h-z)^2] = F(h^2+z^2)$$

geschrieben werden. Damit ist also die gesamte elastische Energie

$$H = K\left(\frac{h^2-z^2}{l} - \frac{s}{4}\right)^2 + F(h^2+z^2). \tag{10}$$

Von den mannigfaltigen möglichen Belastungsfällen seien hier die folgenden untersucht:

a) *Alle vier Ecken aufgelagert, die Mitte mit P belastet.* Hier ist $h = 0$ und daher $y_5 = z$, also

$$P = \frac{dH}{dz} = z\left(\frac{Ks}{l} + 2F\right) + z^3\frac{4K}{l^2}. \tag{11}$$

Der Bau dieser Gleichung ist völlig analog zu dem von Gl. (3), es gilt daher alles dort Gesagte entsprechend. Verschwindet die Klammer in Gl. (11), ist also $s = -\frac{2Fl}{K}$, so tritt Wackeligkeit ein. Wird das Spannschloß noch weiter verkürzt, so ergeben sich außer der Mittellage, die jetzt labil ist, noch zwei weitere stabile Gleichgewichtslagen des unbelasteten Gebildes bei

$$z = \pm\sqrt{-\frac{sl}{4} - \frac{Fl^2}{2K}}. \tag{12}$$

b) *Zwei Ecken aufgelagert, die beiden anderen gleich stark belastet, Mitte frei.* Hier sind h und z beide von Null verschieden. Bei der Ausführung der Differentiation ist zu beachten, daß h und z nicht unmittelbar die Formänderungswege sind. Die Kraft in der Mitte ist $P_5 = \partial H/\partial y_5$ bei festgehaltenem $y_2 = y_4$ ($y_1 = y_3$ war $= 0$). Dabei ist $y_2 = 2h$ und $y_5 = h + z$. Man muß nun entweder vor dem Differenzieren h und z durch y_2 und y_5 ausdrücken, oder man verfährt wie folgt: Es ist

$$\frac{\partial H}{\partial y_5} = \frac{\partial H}{\partial h}\frac{dh}{dy_5} + \frac{\partial H}{\partial z}\frac{dz}{dy_5}, \quad \text{bei } y_2 = \text{konst.}$$

Damit ist aber wegen Gl. (8) auch $h =$ konst. und daher $dh/dy_5 = 0$; weiter ist

$$\frac{dz}{dy_5} = 1, \quad \text{also} \quad \frac{\partial H}{\partial y_5} = \frac{\partial H}{\partial z}.$$

Ferner ist

$$P_2 + P_4 = 2P_2 = \frac{\partial H}{\partial y_2}$$

bei $y_5 =$ konst.; $h + z =$ konst. gibt aber

$$\frac{\partial z}{\partial y_2} = -\frac{dh}{dy_2};$$

ferner ist

$$\frac{dh}{dy_2} = \frac{1}{2},$$

also wird

$$2P_2 = \frac{1}{2}\left(\frac{\partial H}{\partial h} - \frac{\partial H}{\partial z}\right).$$

Soll die Kraft in der Mitte gleich Null sein, so ist also $\partial H/\partial z = 0$ zu setzen, d. h.

$$0 = z\left[K\left(\frac{s}{l} - \frac{4h^2}{l^2}\right) + 2F\right] + z^3\frac{4K}{l^2}, \tag{13}$$

d. h. entweder $z = 0$ oder

$$z = \pm\sqrt{h^2 - \frac{s\,l}{4} - \frac{F\,l^2}{2K}}. \tag{14}$$

Falls diese Wurzel reell ist, gibt es also wieder zwei stabile Lagen. Je nachdem die Spannschloßverkürzung $-s \lesseqgtr 2Fl/K$ ist, wird dabei $|z| \lesseqgtr |h|$, d. h. die verbogene Form ist unsymmetrisch sattelförmig oder dachförmig oder unsymmetrisch pyramidenförmig.

Die Kraft P_2 wird wegen $\partial H/\partial z = 0$

$$P_2 = \frac{1}{4}\frac{\partial H}{\partial h} = h\left[\frac{F}{2} - K\left(\frac{s}{4l} + \frac{z^2}{l^2}\right)\right] + h^3\frac{K}{l^2}.$$

Je nachdem z den Wert Null oder den in Gl. (14) angegebenen Wert hat, erhält man

$$P_2 = h\left(\frac{F}{2} - \frac{K\,s}{4l}\right) + \frac{K\,h^3}{l^2} \tag{15a}$$

oder

$$P_2 = hF, \tag{15b}$$

also im Fall $z \neq 0$ (unsymmetrische Verbiegung) P_2 unabhängig von der Vorspannung s immer gleich dem doppelten Betrag, der durch die Blattfedern allein herauskäme (d. h. für $K = 0$, wobei z immer $= 0$ wäre).

Für genügend große s kann gemäß Gl. (15a) beim symmetrisch verbogenen Gebilde $P_2 = 0$ werden; dabei ist dann

$$h = \pm\sqrt{\frac{s\,l}{4} - \frac{F\,l^2}{2K}}. \tag{16}$$

Es ergibt sich also als stabile Lage des *unbelasteten Gebildes* gemäß Gl. (12) und (16) für $|s| < \frac{2Fl}{K}$ die ebene Lage ($z = h = 0$); für negative s, d. h. Verkürzungen des Spannschlosses, die den Betrag $\frac{2Fl}{K}$ übersteigen, ergibt sich ein Heraustreten der Mitte ($z \neq 0$, $h = 0$); für positive s, d. h. Verlängerungen des Spannschlosses, die den Betrag $\frac{2Fl}{K}$ übersteigen, tritt die Sattelform ein ($z = 0$, $h \neq 0$). Dieses Verhalten ist in der Tat dem einer dünnen Platte analog, die durch Hämmern in Vorspannung versetzt ist. Sie wölbt sich in der Mitte vor, wenn die inneren Teile durch Hämmern hinreichend gestreckt sind; sie wölbt sich sattelförmig, wenn die Randpartien gestreckt sind. Die ebene Lage ist dann in beiden Fällen labil. Unser Modell liefert demnach wirklich die hauptsächlichsten Erscheinungen bei ebenen Platten mit und ohne Vorspannung in qualitativ richtiger Weise; dabei ist der Mechanismus der Erscheinungen hier sehr durchsichtig. Es dürfte sich daher empfehlen, das Modell zu Vorführungszwecken im Unterricht praktisch auszuführen.

Proceedings of the First International Congress for Applied Mechanics, Delft 1924, S. 43—54

Spannungsverteilung in plastischen Körpern

Allgemeines und physikalische Grundlagen

1. Für verschiedene praktische Fragestellungen der Festigkeitslehre genügt es nicht, diejenigen Spannungsverteilungen zu kennen, die von der Theorie auf Grund des HOOKEschen Gesetzes geliefert werden, vielmehr ist es auch durchaus nötig, sich davon Rechenschaft zu geben, was *nach Überschreitung der Elastizitätsgrenze* eintritt. Es ist jedoch nur bei sehr wenigen Belastungsfällen möglich, diese Aufgabe für jedes beliebige Formänderungsgesetz zu lösen. Außer dem trivialen Fall des homogenen Spannungszustandes (Zug und Druck) gehört hierzu die Biegung eines Stabes von konstantem Querschnitt durch ein Moment oder durch Kräfte parallel der Stabachse, und die Torsion eines Stabes von Kreis- bzw. Kreisringquerschnitt. In beiden Fällen bleiben die Querschnitte des Stabes eben, und die Spannung hängt nicht von der Koordinate in Richtung der Stabachse ab; das Gleichgewicht der Spannungen ist von vornherein erfüllt oder leicht zu erfüllen, so daß zu den gegebenen Formänderungen einfach die zugehörigen Spannungen zu nehmen sind. Umgekehrt kann man (wenigstens, wenn man zeitliche Wirkungen ausschließt) aus einem Biegungsversuch bzw. Torsionsversuch der gekennzeichneten Art das elementare Formänderungsgesetz herleiten.

In allen verwickelteren Fällen kommt man nicht ohne sehr starke Vereinfachungen aus. Im folgenden soll an Stelle des wirklichen Körpers stets ein *„ideal plastischer“* Körper substituiert werden, nämlich ein Körper, der bis zu einer bestimmten Elastizitätsgrenze sich rein elastisch verhält, nach Überschreitung der Elastizitätsgrenze aber unabhängig von dem Betrag der unelastischen Formänderung eine konstante Spannung liefert. Es wird also, wenn man ideales plastisches Verhalten annimmt, auf die Berücksichtigung von Verfestigung (oder Entfestigung, die auch vorkommt) bewußt verzichtet. Der Zugversuch mit einem Stab aus ideal plastischem Stoff würde also ein Spannungsdehnungsdiagramm liefern, das aus zwei Geraden besteht, nämlich der Geraden durch den Ursprung für das elastische, und einer Waagerechten für das plastische Gebiet. Die plastische Spannung kann dabei gleich der Spannung an der Elastizitätsgrenze oder auch kleiner als diese sein, vgl. Abb. 1a und b. Im folgenden soll im allgemeinen nur der erstere Fall (a) in Betracht gezogen werden.

Handelt es sich nicht um einfachen Zug und Druck, sondern um einen allgemeinen Spannungszustand, so geht man zweckmäßig von den drei Hauptspannungen σ_1, σ_2 und σ_3 aus, die hier immer in der Reihenfolge von der größten Zugspannung zur größten Druckspannung angeordnet sein sollen. Das Verhalten der Stoffe beim allgemeinen Spannungszustand ist noch nicht genügend aufgeklärt. Von den Hypothesen, die nicht der Vorwurf unzulässiger Vereinfachung trifft, gebe ich derjenigen von OTTO MOHR[1] den Vorzug, da sie noch genügend viele Möglichkeiten für Verschiedenheiten im Verhalten der Stoffe offenläßt. Die eine Teilaussage der MOHRschen Hypothese ist, daß die „*mittlere Hauptspannung*" (σ_2) ohne Einfluß auf die Elastizitäts- (oder Bruch-) Grenze ist. Diese Annahme ist sicher bei den wirklichen Körpern nicht genau erfüllt, ermöglicht aber die weitere Aussage, daß für das Eintreten der plastischen Verschiebung (oder des Bruches) lediglich der Spannungszustand in der Gleitfläche (oder Bruchfläche) entscheidend ist, so zwar, daß die Schubspannung τ' in der Gleit- oder Bruchfläche eine bestimmte (von Stoff zu Stoff verschiedene) Funktion der Normalspannung σ' in dieser Fläche ist. In den Hauptspannungen ausgedrückt heißt das, daß die größte Schubspannung $\tau_{\max} = \frac{\sigma_1 - \sigma_3}{2}$ eine Funktion von $\frac{\sigma_1 + \sigma_3}{2}$ ist. Damit ist offenbar auch σ_1 eine Funktion von σ_3.

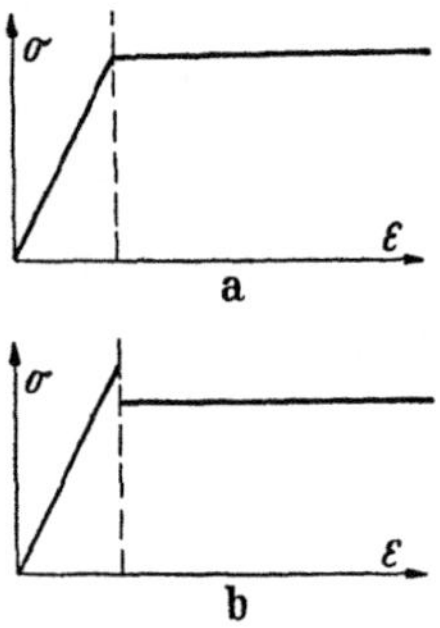

Abb. 1 a u. b

Bei vielen Körpern ist es mit guter Annäherung gestattet, die Funktion linear anzunehmen, also zu schreiben:

$$\tau_{\max} = C - k\frac{\sigma_1 + \sigma_3}{2}. \tag{1}$$

Besonders wichtig ist der Fall $k = 0$ (also $\tau_{\max} =$ konst.), der bei den plastischen Metallen angenähert verwirklicht ist. Er spielt auch wegen seiner Einfachheit eine besonders große Rolle in unserer Theorie.

Die ersten Untersuchungen über diese Art von Plastizität gehen auf DE SAINT-VENANT und LÉVY (1871)[2] zurück. Da wir jetzt den Begriff des plastischen Körpers weiter fassen als DE SAINT-VENANT, nennen wir den plastischen Körper, bei dem $\tau_{\max} =$ konst. ist, den *speziellen plastischen* Körper, im Gegensatz zu dem allgemeineren Fall $k \neq 0$, für den u. a. das Verhalten von plastischem Ton und von sandartigen Massen Beispiele liefert. Die Größe k ist dabei die Reibungsziffer für die bei der plastischen Formänderung auftretenden Verschiebungsbewegungen (C/k ist dann ein Maß für die Kohäsion).

---

[1] MOHR,: OTTO Ziviling. 1882, S. 113; Z. VDI Bd. 44 (1900) S. 1524; Ges. Abhandl. Berlin 1906, S. 204ff.

[2] DE SAINT-VENANT, B.: J. Math. Bd. 16 (1871) S. 308 u. 373; M. LÉVY, ebenda S. 369. Vgl. auch Enzyklop. math. Wiss. IV 31 (v. KÁRMÁN) Nr. 16.

2. *[1] Der Zusammenhang zwischen Spannung und Formänderung ist selbst unter den vereinfachenden Annahmen von MOHR noch recht wenig einfach. Die Formänderung besteht aus zwei Teilen, dem elastischen Teil, der nach Überschreitung der Elastizitätsgrenze in denjenigen Beträgen vorhanden ist, wie sie nach dem Elastizitätsgesetz zu dem jeweiligen Spannungszustand gehören, und dem plastischen Teil, der zwar dem Betrag nach unbestimmt ist, aber der Bedingung gehorchen muß, daß die Hauptachsen des Spannungszustandes mit den Hauptachsen des Ellipsoids für den plastischen Anteil der Deformations*geschwindigkeiten* zusammenfallen; ferner müssen die Vorzeichen der Hauptdehnungsgeschwindigkeiten noch gewissen Regeln genügen. Man muß hierbei noch zwischen dem halbplastischen und dem vollplastischen Zustand unterscheiden (Benennung von v. KÁRMÁN[2]). Der erstere Zustand ist vorhanden, wenn die mittlere Hauptspannung einen Wert zwischen den beiden anderen Hauptspannungen hat, der letztere wenn sie mit einer der beiden äußeren Spannungen zusammenfällt. Beim halbplastischen Zustand verhält sich die Dehnung nach der mittleren Hauptspannungsrichtung rein elastisch, bei den beiden anderen Dehnungen hat der plastische Anteil entgegengesetztes Vorzeichen, und zwar herrscht Verlängerung in der Richtung von σ_1 und Verkürzung in der Richtung von σ_3. Beim vollplastischen Zustand haben die plastischen Dehnungsgeschwindigkeiten der beiden gleichen Hauptspannungen das gleiche Vorzeichen, im übrigen aber beliebige Beträge bis zu Null herab in einer der beiden Richtungen, die in Richtung der ungleichen Hauptspannung das entgegengesetzte Vorzeichen; dabei gehört wieder zu σ_1 Verlängerung, zu σ_3 Verkürzung. Die Summe der plastischen Dehnungsgeschwindigkeiten bestimmt sich dabei immer so, daß das Volumen sich nur elastisch ändert.

Etwas übersichtlicher sind die Verhältnisse für den zweidimensionalen Spannungszustand, der meist als halbplastisch angenommen werden kann, mit der mittleren Hauptspannung in der Richtung senkrecht zur Ebene des zweidimensionalen Spannungszustandes. Im Fall des speziell-plastischen Körpers kann man hier die folgende Darstellung für die Abhängigkeit zwischen Formänderung und Spannung geben, die darauf beruht, daß in einem Koordinatensystem, in dem die Differenz der Dehnungen $\varepsilon_x - \varepsilon_y = \delta$ die Abszisse, und die Winkeländerung (Schiebung) $\gamma_{xy} = \gamma$ die Ordinate ist, das Ergebnis einer Reihe von aufeinanderfolgenden kleinen Deformationen durch einfache Vektoraddition gefunden wird. Es beruht dies darauf, daß bei Drehung des

[1] Bemerkung: Diejenigen Teile des Textes, die bisher unveröffentlichte Ausführungen des Vortragenden enthalten, sind durch Sterne (*) am Anfang und Ende kenntlich gemacht.

[2] HAAR, A. u. TH. v. KÁRMÁN: Göttinger Nachr. 1909, S. 204.

Koordinatensystems um einen Winkel φ die Größen $\varepsilon_x - \varepsilon_y$ und γ sich wie folgt transformieren:

$$\left.\begin{aligned} \varepsilon_x' - \varepsilon_y' &= \quad (\varepsilon_x - \varepsilon_y)\cos 2\varphi + \gamma \sin 2\varphi\,, \\ \gamma' &= -(\varepsilon_x - \varepsilon_y)\sin 2\varphi + \gamma\cos 2\varphi\,. \end{aligned}\right\} \qquad (2)$$

Man braucht bloß ψ an Stelle von 2φ zu setzen, um die Formeln für die Transformation der rechtwinkligen Koordinaten $\delta = \varepsilon_x - \varepsilon_y$ und γ bei Drehung des Koordinatensystems um den Winkel ψ vor sich zu haben. Irgendwelche Deformationen lassen sich also, soweit $\varepsilon_x - \varepsilon_y$ und γ in Betracht kommen, durch Strecken in der $\delta\gamma$-Ebene darstellen, deren Komponenten nach den Koordinatenachsen die Größen δ und γ sind; eine Reihe von aufeinanderfolgenden kleinen Deformationen läßt sich damit durch Aneinanderreihung der Strecken in der Art, wie Vektoren addiert werden, wiedergeben. Ist die neue Richtung in den obigen Transformationsformeln eine Hauptrichtung des Formänderungszustandes, dann muß $\gamma' = 0$ sein. Hieraus folgt, daß die Richtung vom Ursprung O der $\delta\gamma$-Ebene nach dem Punkt, der die Formänderung repräsentiert, mit der δ-Achse den Winkel $\psi_1 = 2\varphi_1$ bildet, wo φ_1 der Winkel der einen Hauptachse in der XY-Ebene ist.

Eine ganz entsprechende Darstellung ist für die Spannungsgrößen $\frac{\sigma_x - \sigma_y}{2}$ und τ_{xy} möglich.

Nun ist für den ebenen Spannungszustand:

$$\tau_{\max} = \sqrt{\left(\frac{\sigma_x - \sigma_y}{2}\right)^2 + \tau_{xy}^2}\,;$$

aber

$$E\,\varepsilon_x = \sigma_x - \nu\,\sigma_y$$

$$E\,\varepsilon_y = \sigma_y - \nu\,\sigma_x$$

(E = Elastizitätsmodul, ν = POISSONsche Zahl).

Hieraus:

$$E(\varepsilon_x - \varepsilon_y) = (\sigma_x - \sigma_y)(1 + \nu)\,;$$

andererseits:

$$G\,\gamma_{xy} = \tau_{xy}$$

(G = Schubmodul).

Hiermit wird, mit:

$$G = \frac{E}{2(1+\nu)}\,,$$

$$\sqrt{\left(\frac{\sigma_x - \sigma_y}{2}\right)^2 + \tau_{xy}^2} = G\sqrt{\delta^2 + \gamma^2},$$

d. h. die elastischen Anteile der Formänderungsstrecke in der $\delta\gamma$-Ebene haben im plastischen Zustand die konstante Länge:

$$\sqrt{\delta^2 + \gamma^2} = \frac{\tau_{\max}}{G} = \varrho\,. \qquad (3)$$

Es ergibt sich somit folgende Darstellung (Abb. 2): Irgendein Punkt A in der $\delta\gamma$-Ebene stelle den plastischen Anteil der Formänderung dar, dann befindet sich, falls der plastische Zustand noch andauert, der Punkt B, der die gesamte Formänderung (plastisch und elastisch) darstellt, in der Entfernung ϱ von A, und die Richtung von $\overline{AB}$ belehrt gleichzeitig über die Richtung der Spannungshauptachsen. Die obige Regel für die Dehnungsgeschwindigkeiten führt nun zu den folgenden Regeln für unsere Darstellung:

Wird der Punkt B irgendwie so bewegt, daß er sich von dem Punkt A entfernt, dann folgt der Punkt A dem Punkt B in der konstanten Entfernung ϱ nach, so zwar, daß er sich jeweils in der Richtung $\overline{AB}$ verschiebt. Bewegt sich B nach dem Inneren des Kreises, der mit dem Radius ϱ um A geschlagen ist, so bleibt A liegen (solange B nicht etwa an einer neuen Stelle den Kreis wieder überschreitet). In diesem Fall ist dann wieder der elastische Zustand eingetreten, wobei $\overline{OA}$ die „bleibende Formänderung" darstellt; die mit dem Schubmodul G multiplizierten waagerechten und senkrechten Komponenten von $\overline{AB}$ liefern dabei, wie leicht zu sehen, immer die Spannungskomponenten $\frac{\sigma_x - \sigma_y}{2}$ und τ_{xy}. Die soeben geschilderten Bewegungsverhältnisse in der $\delta\gamma$-Ebene lassen sich kinematisch dadurch erzeugen, daß ein schwerer Punkt A auf einer rauhen waagerechten Ebene mittels eines biegsamen Fadens von der Länge ϱ mit dem Punkt B verbunden wird, der irgendwie langsam in der Ebene bewegt wird. Man kann auch statt des Fadens eine Anziehungskraft zwischen dem geführten Punkt B und dem mit Reibung beweglichen Punkt A annehmen, die proportional der Entfernung AB ist. Für $AB = \varrho$ soll dabei die Reibung überwunden werden und der Punkt A dem Punkt B folgen. Für $AB < \varrho$ bleibt A liegen. Die Kraft zwischen A und B liefert hier, wenn etwa die Reibung in irgendeinem Maßstab $= \tau_{\max}$ gemacht wird, durch ihre Komponenten nach δ und γ unmittelbar $\frac{\sigma_x - \sigma_y}{2}$ und τ_{xy}. Es braucht wohl kaum erwähnt zu werden, daß diese Darstellung nur in dem bei Abb. 1 unter a angegebenen Fall zutrifft. Der unter b angegebene Fall, für den die experimentellen Tatsachen manche charakteristischen Beispiele liefern, ist in der Theorie noch nicht betrachtet worden; es wäre indes nicht schwierig, auch hierfür die Bedingungen im Anschluß an das Vorstehende zu formulieren. *

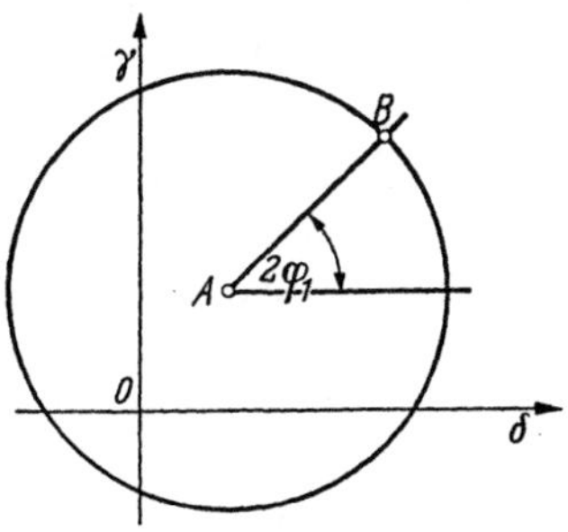

Abb. 2

Für Spannungszustände, bei denen von den sechs Spannungskomponenten nur die zwei Schubspannungen τ_{xz} und τ_{yz} von Null verschieden sind (sie kommen vor allem bei der Torsion von Stäben mit konstantem Querschnitt vor) hat NÁDAI[1] ganz entsprechende Beziehungen wie die im Anschluß an Abb. 2 erörterten nachgewiesen. Man hat dort nur statt der $\delta\gamma$-Ebene eine $\gamma_{xz}\,\gamma_{yz}$-Ebene zu betrachten.

Einzelausführungen

3. Wenn man nun nach den gelösten praktischen Aufgaben fragt, so war es, von dem abgesehen, was DE SAINT-VENANT und LÉVY schon in alter Zeit erledigt haben, nur bei der eben erwähnten *Torsions*aufgabe möglich, den Übergang vom elastischen Zustand zum plastischen durch alle Phasen hindurch zu verfolgen. NÁDAI[1] und TREFFTZ[2] haben diese Aufgabe ziemlich gleichzeitig und unabhängig voneinander angegriffen. NÁDAI zeigt, daß das Membrangleichnis des Berichterstatters für die Torsionsspannungen in folgender Weise auf den Fall des plastischen Körpers übertragen werden kann. Die Spannungsfläche (oder der „Spannungshügel") gibt bekanntlich durch ihre Horizontalschnitte (Schichtlinien) die „Spannungslinien", durch ihr Gefälle (die Dichte der Schnittlinien) die Stärke der Spannung an. Da nun hier die Plastizitätsbedingung einfach $\tau_{\max} =$ konst. lautet (nicht nur beim speziellen plastischen Körper, sondern auch im allgemeinen MOHRschen Fall, wegen des Verschwindens der Normalspannungen), wird das Gefälle der Spannungsfläche konstant in den plastischen Gebieten; die Spannungsfläche ist hier also eine *Böschungsfläche*. Da ferner aus den an Abb. 2 anknüpfenden Betrachtungen hervorgeht, daß beim Übergang vom elastischen zum plastischen Zustand einer sehr kleinen Formänderung (sehr kleinen Verschiebung des Punktes *B*) nur eine sehr kleine Änderung der Spannung entsprechen kann, ergibt sich für die Grenze zwischen dem elastischen und dem plastischen Gebiet, die sich bei steigender Verdrehung in das bisher noch elastische Gebiet verschiebt, daß der Spannungsvektor an der Grenze stetig übergehen muß (wenn, wie gewöhnlich, Verhalten nach Abb. 1a vorausgesetzt wird). Die Spannungsfläche muß dann auch mit stetiger Tangentialebene aus dem einen Gebiet in das andere übergehen. Da die Spannungsfläche im elastischen Gebiet durch eine unter gleichförmigem einseitigem Druck gewölbte Membran von konstanter Spannung dargestellt ist, ergibt sich folgendes Verfahren für die Gewinnung des Spannungshügels: In eine Öffnung mit ebenem Rand von der Gestalt des Querschnitts-

[1] NÁDAI, A.: Vortrag Marburg 1923, Z. angew. Math. Mech. Bd. 3 (1923) S. 442 bis 454.

[2] TREFFTZ, E.: Vortrag Marburg 1923, wird in der Z. angew. Math. Mech. veröffentlicht.

umrisses ist eine Membran gespannt. Über der Membran wird eine starre Böschungsfläche mit demselben Rand errichtet. Wird nun durch einen Überdruck von unten die Membran hochgewölbt, so legt sie sich bei genügendem Druck teilweise an die Böschungsfläche an. Die anliegenden Gebiete der Membran stellen die bei der Torsion plastisch gewordenen Gebiete, die sich frei wölbenden die elastisch bleibenden Gebiete dar. Der Verdrehungswinkel der Torsion ist dem Überdruck unter der Membran proportional, das Drehmoment der Torsion dem Volumen des Spannungshügels über der durch den Rand gelegten Ebene. Nádai hat verschiedene Beispiele qualitativ besprochen, so z. B. das Rechteck, vgl. Abb. 3a und b, die zwei verschieden starke plastische Verdrehungen darstellen (plastische Gebiete schraffiert).

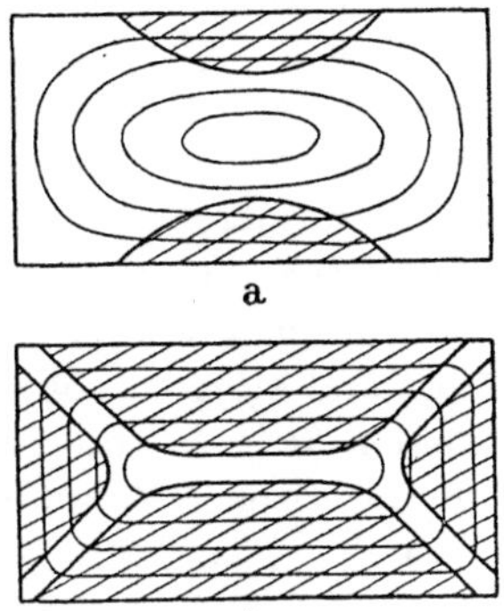

a

b

Abb. 3 a u. b

Trefftz, der die vorstehende Darstellung unabhängig gewonnen hatte, hat in zwei Fällen durch elegante Anwendung von konformen Abbildungen die Aufgaben exakt lösen können. Da im elastischen Gebiet die komplexe Größe $t = \tau_{xz} + i\,\tau_{yz}$ eine Funktion von $z = x + i\,y$ ist, und am Querschnittsumriß t tangential verlaufen muß, andererseits an der Grenze gegen das plastische Gebiet t durch die Böschungsfläche als Funktion von x und y gegeben ist, sind genügende Bestimmungsstücke vorhanden, um eine Abbildung der z-Ebene auf eine ζ-Ebene derart zu finden, daß das elastische Gebiet in der z-Ebene in das Äußere oder das Innere des Einheitskreises in der ζ-Ebene übergeht. Die Abbildung liefert dann die vorher unbekannte Grenze des elastischen gegen das plastische Gebiet. Das erste von Trefftz behandelte Problem betraf die Spannungsverteilung an einem tordierten scharfkantigen Winkeleisen. In der inneren Ecke ergibt sich bei jeder Belastung ein plastisches Gebiet (da rein elastisch dort die Spannung unendlich würde). Dieses Gebiet ist aber in allen praktischen Fällen sehr klein. In Abb. 4 ist es durch die schwarze Fläche dargestellt.

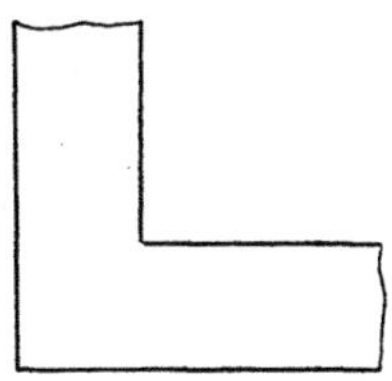

Abb. 4

Das zweite Problem betrifft die Belastung durch Schubspannungen eines ausgedehnten Körpers, der eine kreisförmige Bohrung parallel zu einer Gleitfläche besitzt. Diese Aufgabe ist qualitativ bereits von Nádai[1] behandelt worden, der zeigte, daß hier bei Annäherung der Schubspannung weitab vom Loch an die Grenzschubspannung das

[1] Siehe Fußnote 1, Seite 138.

plastische Gebiet sich in Gestalt einer verhältnismäßig länglichen „Fließfigur" — senkrecht zur Richtung der Schubspannung in der Querebene — erstreckt. TREFFTZ hat hierzu die exakte Berechnungsvorschrift und einige Zahlenbeispiele, allerdings bei kleineren Schubspannungen, gegeben.

4. Für die Behandlung anderer Aufgaben, von denen besonders für das zweidimensionale Problem bereits eine Reihe von Lösungen gewonnen sind, ergab sich eine sehr wesentliche Einschränkung als notwendig, um die Durchführung zu ermöglichen. Man mußte auf die Behandlung der Fälle bei kleiner und mäßiger Überschreitung der Elastizitätsgrenze verzichten. Nur diejenigen Fälle, bei denen die *plastischen Formänderungen groß* sind gegen die elastischen, ließen sich unter der Vereinfachung behandeln, daß man die elastischen Formänderungen völlig vernachlässigt. Man kommt auf diese Weise zu der Aufgabe, die Spannungen in einem Körper zu ermitteln, der nur plastischer Formänderungen fähig ist, von Spannungen, die unterhalb der Elastizitätsgrenze liegen, aber überhaupt nicht deformiert wird. Bei diesem Körper wird dann auch die Volumänderung gleich Null, und die Grenzen des elastisch bleibenden Gebietes gegen das plastisch deformierte dürfen als starr angesehen werden. Für die plastischen Formänderungen wird dabei angenommen, daß sie immerhin noch klein genug sind, daß die bei kleinen Verschiebungen erlaubten Vereinfachungen noch anwendbar sind.

Unter diesen Einschränkungen lassen sich nun Lösungen für das Spannungssystem angeben, ohne daß die Formänderungen gleichzeitig betrachtet werden müßten. HENCKY[1] hat diese Aufgaben deshalb „statisch bestimmt" genannt. Als Gleichungen hat man die Gleichungen des Spannungsgleichgewichtes und die Bedingung für das Vorhandensein des plastischen Zustandes, also unter unseren Annahmen die Gl. (1). Die Formänderung und das Verschiebungssystem kann dann immer nachträglich noch ermittelt werden. Für das sogenannte „*ebene Problem*", das vor allem der Rechnung zugänglich ist, kann das Gleichgewicht durch Einführung einer Spannungsfunktion F (der AIRYschen Funktion) ein für allemal erledigt werden. Man hat dann für die Spannungen:

$$\sigma_x = \frac{\partial^2 F}{\partial y^2}; \quad \sigma_y = \frac{\partial^2 F}{\partial x^2}; \quad \tau_{xy} = -\frac{\partial^2 F}{\partial x \, \partial y}. \tag{4}$$

Mit

$$\tau_{\max} = \pm \sqrt{\left(\frac{\sigma_x - \sigma_y}{2}\right)^2 + \tau_{xy}^2} \quad \text{und} \quad \frac{\sigma_1 + \sigma_3}{2} = \frac{\sigma_x + \sigma_y}{2}$$

ergibt sich aus Gl. (1) eine Differentialgleichung von der zweiten Ordnung und vom zweiten Grad für F.

---

[1] HENCKY, H.: Z. angew. Math. Mech. Bd. 3 (1923) S. 241—251.

* Um deren Eigenschaften näher kennenzulernen, sei für die Nachbarschaft einer regulär angenommenen Stelle das Koordinatensystem nach den Richtungen der Hauptspannungen orientiert. Dann ist τ_{xy} gleich Null, so daß in erster Näherung sein Quadrat in der Wurzel gestrichen werden kann. Damit vereinfacht sich Gl. (1) zu:

$$\pm \frac{\sigma_x - \sigma_y}{2} = C - k \frac{\sigma_x + \sigma_y}{2}.$$

Wir nehmen das $+$-Zeichen, was bedeutet, daß wir die X-Achse in die Richtung der größten Zugspannung und die Y-Achse in die Richtung der größten Druckspannung legen, und erhalten nun bei Einführung der Werte (4):

$$(1 + k) \frac{\partial^2 F}{\partial y^2} - (1 - k) \frac{\partial^2 F}{\partial x^2} = 2C. \tag{5}$$

Diese lineare Differentialgleichung vom hyperbolischen Typ hat die allgemeine Lösung:

$$F = \frac{C(1+c)}{1+k} y^2 + \frac{Cc}{1-k} x^2 + \\ + f\left(\frac{y}{\sqrt{1+k}} + \frac{x}{\sqrt{1-k}}\right) + g\left(\frac{y}{\sqrt{1+k}} - \frac{x}{\sqrt{1-k}}\right). \tag{6}$$

c ist eine beliebige Konstante, die $= 0$ ist für einfachen Zug in der X-Achse und $= -1$ für einfachen Druck in der Y-Achse; f und g sind zwei willkürliche Funktionen, bei denen nur der zweite Differentialquotient überall klein sein muß, damit τ_{xy} der Annahme gemäß klein ist. Dies hat zur Folge, daß die Linien, auf denen das Argument von f oder g konstant ist [die „Charakteristiken“ der Differentialgleichung (5)], der Sitz von Unstetigkeiten sein können, die sich dann, auf der einen Seite durch irgendeine Ursache eingeleitet, längs der ganzen Linie erstrecken. Diese Linien, deren Neigung gemäß Gl. (6):

$$\operatorname{tg} \varepsilon = \pm \sqrt{\frac{1+k}{1-k}}$$

ist, nennen wir *Gleitlinien*; Flächen durch die Gleitlinien und die Achse der mittleren Hauptspannung heißen Gleitflächen[1]. Im allgemeinen Fall sind Gleitlinien natürlich keine Geraden, sie sind vielmehr Isoklinen zu den Hauptspannungslinien, gegen die sie um den Winkel ε bzw. $90° - \varepsilon$ geneigt sind. Beim speziellen plastischen Körper ist $k = 0$ und daher $\varepsilon = 45°$; hier bilden die Gleitlinien also auch ein orthogonales System. *

[1] Die Spannung auf der Gleitfläche besteht aus der normal gerichteten Kohäsionsspannung (Zug) $= C/k$ und einem schiefen Druck, der einen Winkel $\beta = \arcsin k$ mit der Normalen bildet. Es ist $\varepsilon = 45° + \frac{\beta}{2}$.

Der Berichterstatter[1] konnte zeigen, daß dem plastischen Gleichgewicht genügt wird durch einen Spannungszustand, bei dem längs der einzelnen von einem Zentrum aus gezogenen Radien die Spannung jeweils konstant ist, wobei die Radien Gleitlinien sind. Die anderen Gleitlinien sind dann im allgemeinen logarithmische Spiralen, beim speziellen plastischen Körper dagegen konzentrische Kreise. Die Spannung hängt von dem Zentriwinkel φ wie folgt ab (der Kürze wegen sei nur die Normalspannung σ_t senkrecht zu den Radien angegeben):

1. Unter Zugrundelegung von Gl. (1):

$$\sigma_t = \frac{C}{k} - A\, e^{\pm 2\varphi \operatorname{tg}\beta}, \tag{7}$$

wobei A willkürlich und

$$\operatorname{tg}\beta = \frac{k}{\sqrt{1-k^2}}$$

ist.

2. Beim speziellen plastischen Körper wird dagegen:

$$\sigma_t = \pm 2C\varphi + \text{konst.}, \tag{8}$$

was durch Grenzübergang für $k = 0$ aus obiger Formel gewonnen werden kann. Die Rechnung läßt sich auch noch für eine krummlinige Mohrsche Spannungsgrenze durchführen, wie der Berichterstatter gezeigt hat[1].

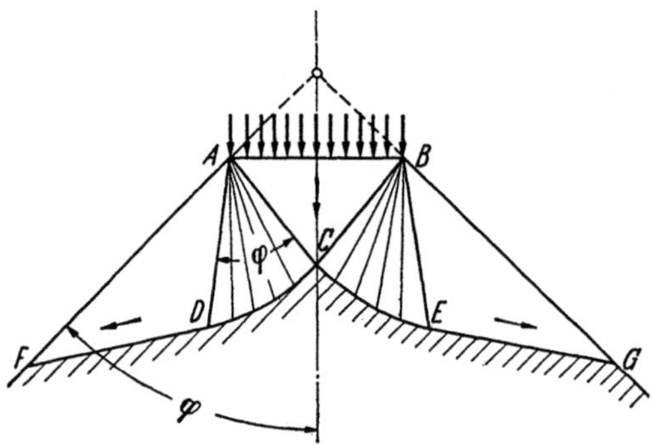

Abb. 5

Aus verschiedenen Flicken von homogenen Spannungszuständen und von Spannungszuständen der eben gekennzeichneten Art lassen sich nun verschiedene praktisch bedeutungsvolle Belastungszustände aufbauen. Als Beispiel sei die Belastung einer stumpfen Schneide erwähnt. Die Grenze des plastischen Gebietes gegen das elastische ist schraffiert (Abb. 5). Die beiden äußeren Dreiecke stehen unter einfacher Druckbelastung parallel der seitlichen Begrenzung, das mittlere Dreieck steht unter höherem Druck; in den Sektoren lenkt die Druckrichtung unter Druckabnahme um den Winkel φ um. Die Schneidenbelastung ist:

$$\sigma_s = \sigma_d \{(1 + k)\, e^{2\varphi \operatorname{tg}\beta} - (1 - k)\} \tag{9}$$

---

[1] Prandtl, L.: Z. angew. Math. Mech. Bd. 1 (1921) S. 15—20. (Hier S. 104)

bzw.

$$\sigma_s = \sigma_d(1 + \varphi), \tag{10}$$

wobei σ_d die gewöhnliche Druckfestigkeit ist.

Mit $\varphi = \pi/2$ erhält man den Fall, daß ein Stempel in eine Ebene eindringt, also die plastische Eindringungsfestigkeit oder Härte. Bei gleichem σ_d nimmt die Härte mit steigendem k (steigendem β) stark zu. Diese Eindringungsfestigkeit ist, wie erwähnt werden muß, nur im ebenen Problem so wie angegeben; für das achsensymmetrische Problem (die Kugeldruckhärte) bestehen andere, noch nicht hinreichend erforschte Beziehungen.

Die vorstehend aufgeführten Beziehungen sind von NÁDAI experimentell geprüft[1] und in recht befriedigender Weise bestätigt worden. Für Flußeisen kann man die Gesetze des speziellen plastischen Körpers verwenden.

NÁDAI fand für:

	$\varphi =$	22,5°	45°	90°
	$\frac{\sigma_s}{\sigma_d}$ im Mittel $=$	1,375	1,73	2,31
Formel (10):	$1 + \varphi =$	1,39	1,79	2,57

Abb. 6 stellt die Ergebnisse graphisch dar. Die beobachteten Fließfiguren stehen im guten Einklang mit den von der Theorie angenommenen Formänderungen.

Da es erlaubt ist, längs der Gleitlinien zwei verschiedene Lösungen aneinanderzuflicken, darf man bei der Lösung mit den von einem Punkt ausstrahlenden Radien als Gleitlinien die Ebene längs eines Radius durchschneiden und nach einer Verschiebung längs des Radius wieder vereinigen. Durch beliebig oftmalige Wiederholung dieses Prozesses kommt man zu Lösungen, denen statt des Radiensystems eine beliebige Schar von sich innerhalb des Gebietes nicht schneidenden Geraden zugrunde liegt. Auch hier bleibt die Spannung wieder eine reine Funktion des Winkels φ der Geraden mit einer festen Richtung und natürlich dieselbe Funktion wie früher. Auf diese Weise ist eine große Mannigfaltigkeit von Anwendungen möglich, bei denen nur folgende zwei Gesichtspunkte zu beachten sind: 1. jeder Lösung muß ein System von Verschiebungen (bzw. Verschiebungsgeschwindigkeiten) entsprechen,

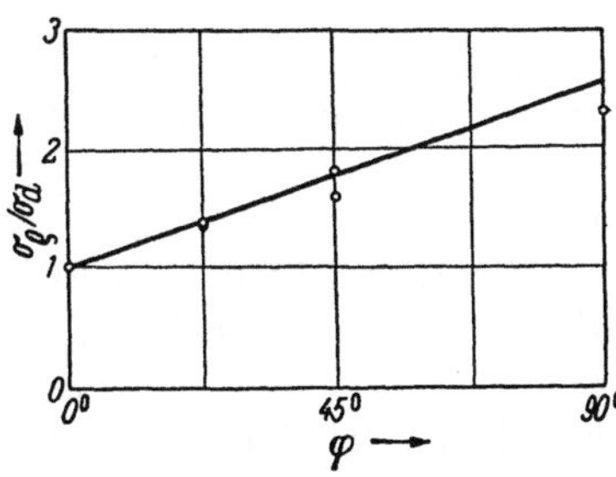

Abb. 6

[1] NÁDAI, A.: Z. angew. Math. Mech. Bd. 1 (1921) S. 20—28.

dessen Deformationskomponenten dem Vorzeichen nach mit dem Spannungssystem im Einklang sind; 2. von allen möglichen Lösungen ist diejenige zu wählen, die die kleinsten Lasten ergibt. Die letztere Vorschrift stammt von HENCKY[1]; sie ist durchaus plausibel, aber in keiner Weise streng bewiesen; es ist immerhin denkbar, daß durch die Art, wie sich der plastische Spannungszustand aus dem elastischen entwickelt, andere Zustände als die des kleinsten Widerstandes entstehen. Solange aber nicht das Gegenteil bewiesen ist, wird man sich der HENCKY-

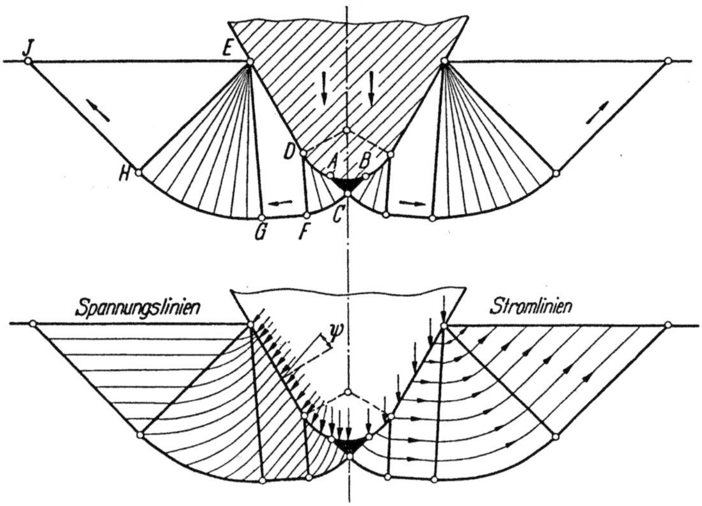

Abb. 7

schen Regel gerne bedienen, und es wird auch die praktische Last wohl kaum viel von der Minimallast verschieden sein; der Formänderungsvorgang könnte dagegen stärkere Abweichungen von dem kleinster Last zeigen.

Ein Beispiel für die Anwendung solcher Lösungen zeigt die Abb. 7: Eindringen eines beliebig geformten Stempels oder einer stumpfen Schneide in einen von einer Ebene begrenzten Körper mit Berücksichtigung der Reibung an dem Stempel. Das Stück ABC wird reibungslos verschoben; längs ADE findet Gleiten statt, die Druckkraft ist hier unter dem Reibungswinkel ψ gegen die Normale geneigt, die Gleitlinien daher unter $45° + \psi$, wenn ein spezieller plastischer Körper vorliegt.

Ist, wie angenommen, AD gekrümmt und DE gerade, so ist $ACFD$ ein Gebiet von der eben erwähnten Art mit Geradenschar, in dem Verschiebungen längs der Geraden vor sich gehen; das Trapez $DEGF$ da-

[1] Siehe Fußnote 1, S. 140.

gegen verschiebt sich einheitlich parallel FG. Der anschließende Sektor EGH ist von der bisher betrachteten Art und zeigt auch innere Verschiebungen; das Dreieck EHJ verschiebt sich wieder einheitlich in Richtung HJ.

Der untere Teil der Abb. 7 zeigt rechts die „Stromlinien" dieser Bewegung; links sind die Spannungslinien angegeben, und zwar der Deutlichkeit halber nur die zu der größten *Druck*spannung gehörenden.

5. Der allgemeinere Fall des ebenen Problems erfordert das Studium zweier sich durchsetzender Scharen von Gleitlinien. Für den speziellen plastischen Körper, wo diese beiden Scharen orthogonal zueinander laufen, konnte HENCKY[1] sehr bemerkenswerte Gesetze nachweisen, die sich in rein geometrische Regeln für die Gleitliniensysteme und in eine Regel für den Zusammenhang der Spannung mit der geometrischen Form der Gleitlinien gliedern.

Die HENCKYschen Sätze lauten folgendermaßen:

1. Die Richtungen der Tangenten an zwei Kurven der einen Schar in den Schnittpunkten mit jeder Kurve der anderen Schar haben alle denselben Richtungsunterschied.

2. (folgt aus Satz 1 für zwei unmittelbar benachbarte Kurven): Der Krümmungsradius der Kurven der einen Schar in den beiden Schnittpunkten mit einer Kurve der anderen Schar ist bis auf eine additive Konstante gleich der (positiven oder negativen) Bogenlänge dieser Kurve.

3. Der mittlere Druck $p = -\frac{\sigma_x + \sigma_y}{2}$ verändert sich beim Fortschreiten längs einer Gleitlinie wie der mit $2C$ multiplizierte Neigungswinkel der Gleitlinie gegen eine feste Richtung, und zwar entspricht einer Winkelzunahme auf der einen Schar eine Druckzunahme, auf der anderen eine Druckabnahme.

Ist der Neigungswinkel der einen Schar gegen die X-Achse $= \vartheta$, dann gilt also auf jeder Kurve der einen Schar ($u =$ konst.) die Beziehung $p =$ konst. $+ 2C\,\vartheta$, auf jeder Kurve der anderen Schar ($v =$ konst.) dagegen $p =$ konst. $- 2C\,\vartheta$.

Den Sätzen 1 und 2 liegt, wie CARATHÉODORY und ERH. SCHMIDT[2] und L. FÖPPL[3] unabhängig gefunden haben, die Beziehung:

$$\frac{\partial^2 \vartheta}{\partial u\, \partial v} = 0$$

zugrunde, die integriert

$$\vartheta = f(u) + g(v)$$

lautet.

[1] Siehe Fußnote 1, S. 140.

[2] CARATHÉODORY, C. u. ERHARD SCHMIDT: Z. angew. Math. Mech. Bd. 3 (1923) S. 468—475.

[3] FÖPPL, L.: Drang und Zwang. I. Bd., 2. Aufl., § 57. München 1924.

Es zeigt sich, daß man je eine Kurve von jeder der beiden Scharen ganz willkürlich wählen kann und daß dadurch das Gleitliniensystem sowie der Spannungszustand (dieser bis auf eine additive Konstante) vollständig gegeben ist. Der Vortragende[1] konnte eine Reihe von Beispielen aufzeigen, die sich teils analytisch, teils mit graphischen Konstruktionen auf Grund des zweiten HENCKYschen Satzes lösen ließen. Kurz darauf gelang es CARATHÉODORY und SCHMIDT[2] zu zeigen, daß man die Aufgabe in jedem vorliegenden Fall auf Quadraturen zurückführen kann, wobei die BESSELsche Funktion:

$$J_0(2i\sqrt{z}) = I(z) = 1 + z + \frac{z^2}{(2!)^2} + \frac{z^3}{(3!)^2} + \cdots$$

den Schlüssel zur Lösung lieferte, vermöge der Beziehung:

$$\frac{\partial^2 I(u v)}{\partial u \, \partial v} = I(u v).$$

Wegen der Einzelheiten muß auf die Arbeit selbst verwiesen werden. Die vom Vortragenden[1] angegebenen Beispiele:

a) je eine Kurve jeder Schar ist ein Kreis;

b) die Kurven beider Scharen sind logarithmische Spiralen mit 45° Neigung;

c) die Kurven beider Scharen sind gemeine Zykloiden;

werden verifiziert und dahin erweitert, daß auch logarithmische Spiralen anderer Neigung und Epi- und Hypozykloiden Lösungen darstellen.

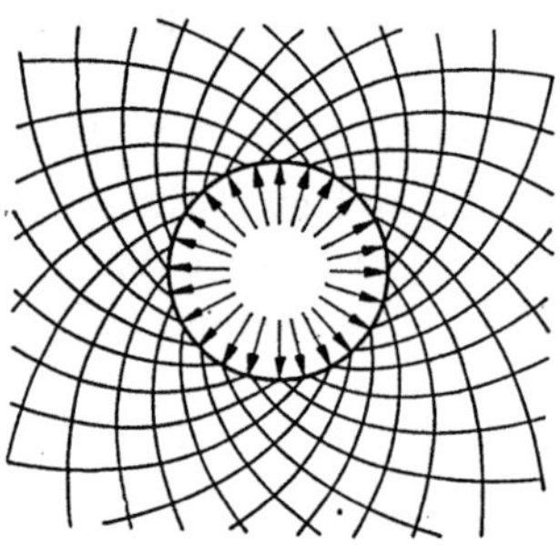

Abb. 8

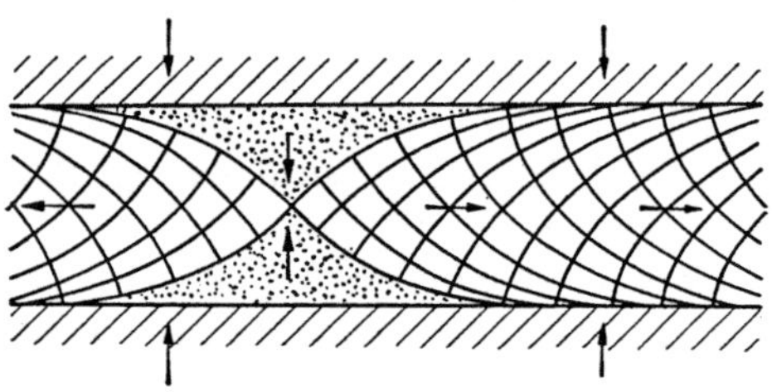

Abb. 9

Über die praktische Anwendung von solchen Lösungen mag hier das folgende erwähnt werden:

Die logarithmischen Spiralen, Abb. 8, ergeben sich bei einem Körper mit einem Loch, in dem ein Innendruck wirkt. Es ist:

$$p = \text{konst.} - 2C \ln r.$$

Die gemeinen Zykloiden (bzw. halbe Zykloiden) treten auf, wenn plastisches Material zwischen harten Platten gedrückt wird und seitlich

[1] PRANDTL, L.: Vortrag Marburg 1923, Z. angew. Math. Mech. Bd. 3 (1923) S. 401—406. (Anm. d. Schriftl.: Hier S. 113.)

[2] Siehe Fußnote 2, S. 145.

ausfließen kann, Abb. 9. In der Mitte bleiben zwei Gebiete ohne plastische Deformation (in der Abbildung punktiert); bei Druckversuchen mit niedrigen Probekörpern kann man solche undeformierten Gebiete wirklich feststellen. Die Gleichungen für die Spannungen lauten im plastischen Bereich für eine Plattendicke $= 2h$:

$$\sigma_x = \text{konst.} \pm \frac{C\,x}{h} + 2C\sqrt{1-\left(\frac{y}{h}\right)^2};$$

$$\sigma_y = \text{konst.} \pm \frac{C\,x}{h}; \quad \tau = \mp \frac{C\,y}{h}$$

(oberes Vorzeichen für die rechte, unteres für die linke Seite von Abb. 9).

Beim Einpressen eines Stempels in einen ausgedehnten Körper ergibt sich der früher besprochene Vorgang, bei dem das Material seitlich vom Stempel nach oben herausgepreßt wird (Abb. 5 mit $\varphi = 90°$). Ist die Dicke des Körpers aber klein, so erfordert unter Umständen eine Formänderung nach Abb. 10 geringere Kräfte. Es ist hierbei (ohne Beweis) angenommen, daß die Formänderung entsprechend dem früheren Fall unmittelbar unter dem Stempel zwei Kreissektoren ACD und BCE ergibt. Die Kreisbogen CD und CE sind nun die Ausgangskurven für das sich nach unten weiterentwickelnde Gleitliniensystem. Die additive Konstante des Spannungssystems kann daraus bestimmt werden, daß die waagerechte Komponente der auf der Linie ADF übertragenen Kraft gleich der Reibung des einen elastisch bleibenden Teiles auf der Unterlage, also $= \frac{1}{2}\mu P$ sein muß, wo μ die Reibungsziffer ist. Damit wird P selbst berechenbar. Eine numerische Auswertung steht bisher noch aus.

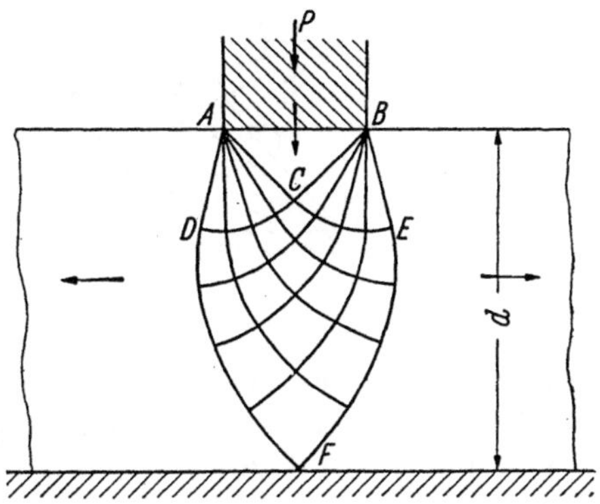

Abb. 10

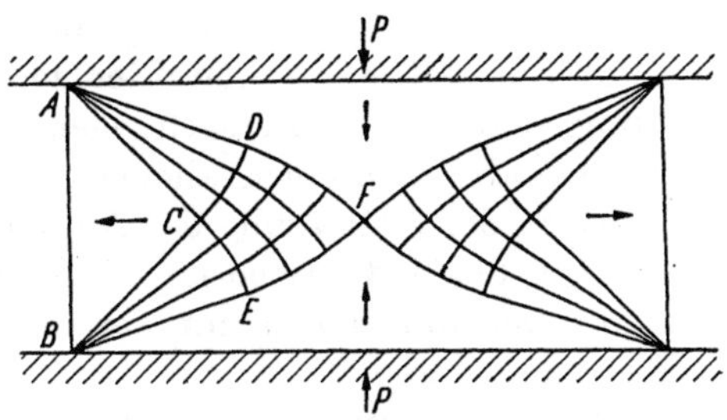

Abb. 11

Ein weiteres dem vorigen verwandtes Beispiel ergibt sich in dem Fall eines mehr breiten als hohen parallelepipedischen Körpers, der zwischen harten Platten auf Druck beansprucht wird, Abb. 11. Man hat hier dieselbe Felderteilung wie in Abb. 10, nur ist die Bewegungsrichtung umgekehrt und entsprechend die Richtung der größten und der kleinsten Druckspannungen miteinander getauscht. Ist der auf Druck beanspruchte Körper sehr viel breiter als in Abb. 11, so geht das Gleitliniennetz nach innen zu allmählich in das Zykloidensystem von Abb. 9 über. Abb. 12 stellt diesen Übergang dar.

Eine Weiterentwicklung dieser Dinge ist nach verschiedenen Richtungen hin wünschenswert. Voran steht wohl die Übertragung auf den rotationssymmetrischen Fall, für den HENCKY bereits einige Vorarbeit geleistet hat. Vordringlich ist hier die Frage nach dem Eindringungswiderstand eines runden Stempels (Härteversuch), aber auch die Spannungsverteilung in einem zylindrischen Druckprobekörper ist von

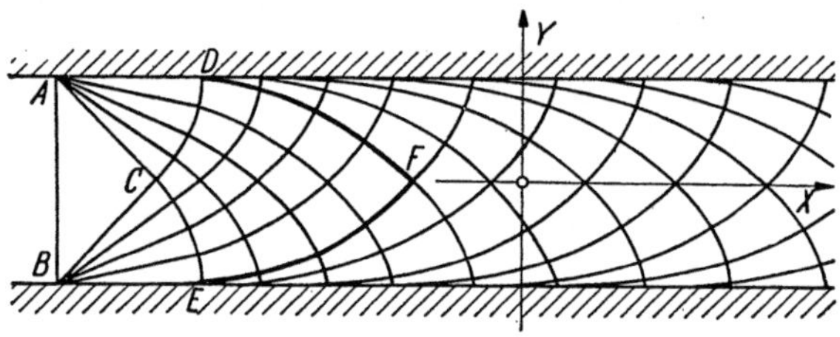

Abb. 12

Wichtigkeit. — Ferner ist die Übertragung der HENCKYschen Gesetze auf den allgemeinen plastischen Körper mit $k \neq 0$ (Ton und Sand) von Wichtigkeit. Anwendungen sind die Probleme der zulässigen Belastung des Erdbodens durch Fundamente und diejenige von Mörtelschichten zwischen Bausteinen. Die letztere Aufgabe wird z. Z. in einer Göttinger Dissertation bearbeitet.

Wichtig wäre auch, die Verfestigungsvorgänge mit in Rechnung zu ziehen, doch ist nicht zu übersehen, daß hierdurch eine ganz außerordentliche Erschwerung der mathematischen Aufgabe eintritt, da durch die Annahme, daß die Spannung mit der Formänderung wächst, der statisch bestimmte Charakter der Lösungen verlorengeht. Die Bedeutung derartiger Untersuchungen, für die man wohl geeignete mehr abschätzende Näherungsmethoden heranzuziehen hätte, liegt wohl hauptsächlich in der Aufklärung der Abweichungen von den Ergebnissen der einfachen Plastizitätstheorie, die man bei den Versuchen vorfindet, und die bei Materialien mit verschiedener Art der Verfestigung sehr verschieden sind.

Mit dieser Ausschau in unerforschtes Gebiet will ich meinen Bericht schließen.

Zeitschrift für angewandte Mathematik und Mechanik Bd. 8 (1928) S. 85—106

Ein Gedankenmodell zur kinetischen Theorie der festen Körper

1. Vorbemerkung über die Versuchstatsachen. Wenn man den Zusammenhang der Spannungen und Formänderungen bei einem Festigkeitsversuch näher untersucht, so zeigt sich, daß man neben einem umkehrbaren Anteil mehrere nicht umkehrbare Anteile unterscheiden kann. Der umkehrbare Anteil ist dasselbe, was man auch als rein elastischen Anteil bezeichnet; bei den nicht umkehrbaren Anteilen ist einer, der von den Belastungsfolgen abhängt, nicht aber von der darauf verwandten Zeit, und ein anderer, der eine deutliche Zeitabhängigkeit zeigt. Der erstere wird in Analogie zu einer ähnlichen Erscheinung beim Magnetisieren von Eisen und Stahl elastische *Hysteresis* genannt, der zweite, die *Zeitwirkung*, umfaßt die Erscheinungsgruppe der elastischen Nachwirkung, die Abhängigkeit der Fließspannung von der Streckgeschwindigkeit und auch gewisse langsame Zustandsänderungen, die in Veränderungen der Fließgrenze bestehen[1].

Für die magnetische Hysteresis hat E. Madelung in seiner Dissertation[2] einige bemerkenswerte Gesetze aufgestellt. Da sie sich für die elastische Hysteresis ebenfalls als richtig erwiesen haben, seien sie hier angeführt. Ich spreche sie gleich in der für die elastische Hysteresis passenden Form aus und erwähne dabei ausdrücklich, daß von den Zeitwirkungen bei dem Folgenden abgesehen wird; diese sind auch bei mäßigen Belastungen und nicht zu langsamer Versuchsausführung häufig geringfügig gegenüber der Hysteresis. Zunächst ein Begriff:

Bei jeder Richtungsänderung im Verlauf der Spannung entsteht auch eine Richtungsänderung im Verlauf der Formänderung, d. h. wenn die Spannung erst wächst und dann wieder abnimmt, so gilt ein gleiches für die Formänderung. Die graphische Darstellung in der σ-ε-Ebene (σ = Spannung; ε = Formänderung) liefert also, sofern die σ-ε-Linie nicht umkehrbar in sich selbst zurückläuft, einen Knick des Linienzuges. Jeder solche Punkt heißt ein „*Umkehrpunkt*".

---

[1] Da die Versuche immer gewisse Zeit zur Durchführung erfordern, läßt sich die Trennung zwischen zeitloser Wirkung und zeitlicher Wirkung im Experiment nicht völlig durchführen. Die Einteilung ist also zunächst mehr praktischer Natur. Ihr tieferer Sinn wird aber aus der vorliegenden Arbeit klarwerden.

[2] Über Magnetisierung durch schnell verlaufende Ströme. Göttingen 1905. Ann. Phys. Bd. 17 (1905) S. 861.

Nun die Sätze:

1. Jede σ-ε-Kurve, die von einem Umkehrpunkt A ausgeht (α in Abb. 1), ist durch die Koordinaten dieses Umkehrpunktes eindeutig definiert.

2. Macht man einen Punkt der Kurve α durch Umkehr des Belastungsverlaufes zu einem neuen Umkehrpunkt B, so führt die in B entspringende Kurve β wieder zum ersten Umkehrpunkt A zurück.

3. Wird die im zweiten Umkehrpunkt B entspringende Kurve β über den ersten Umkehrpunkt A hinaus fortgesetzt, so läuft sie als Fortsetzung der Kurve weiter, auf der der Punkt A das erste Mal erreicht worden war; der Verlauf ist also gerade so, als ob der Zyklus ABA gar nicht vorhanden wäre.

Aus dem dritten Satz folgt unter anderem, daß, wenn man die Spannung nach Art einer gedämpften Schwingung verlaufen läßt, wobei die σ-ε-Kurve eine Art Spirale ergibt (Abb. 2), bei einer erneuten Belastungsänderung aus der Mitte der Spirale heraus die neue σ-ε-Kurve

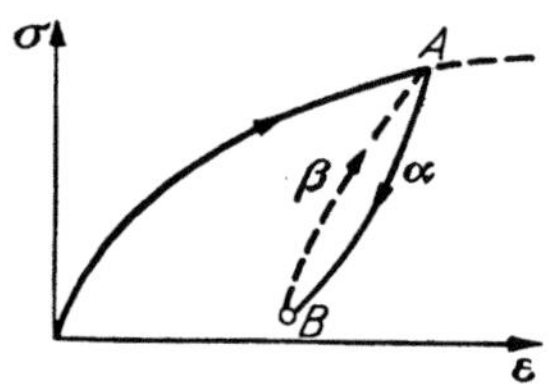

Abb. 1

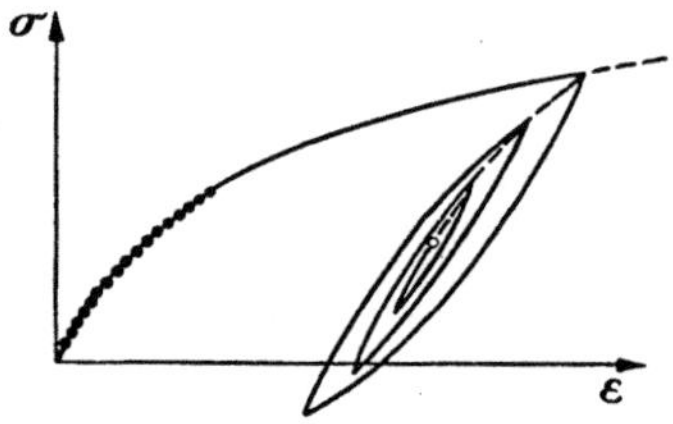

Abb. 2

alle Umkehrpunkte der einen Seite durchschreitet. Diese „Durchschreitungskurve" besteht dann aus lauter Stückchen der einzelnen „Belastungskurven" und befolgt daher ein von diesen verschiedenes Gesetz.

Ich habe diese Gesetze seinerzeit an Gußeisenstäben, die starke Hysteresis zeigen, von Dr. S. Berliner[1] nachprüfen lassen. Er konnte sie in allen Fällen, wo keine Zeitwirkungen störend dazwischen kamen, sehr gut bestätigen. Im besonderen zeigte sich, daß die Durchschreitungskurven praktisch völlig mit der Kurve der ersten Belastung, der sogenannten jungfräulichen Kurve, übereinstimmten. Auch bezüglich der Abwesenheit von Zeitwirkungen stimmte der Zustand im Mittelpunkt einer Spirale mit dem jungfräulichen unbelasteten Zustand überein.

Bezüglich der Zeitwirkungen will ich mich hier kurz fassen und mich auf die Abhängigkeit der Fließspannung von der Streckgeschwindigkeit beschränken. Auf die elastische Nachwirkung werde ich später noch kurz zurückkommen, ebenso auf die langsamen Zustandsände-

[1] Über das Verhalten des Gußeisens bei langsamen Belastungswechseln. Dissertation Göttingen 1906. Ann. Phys. Bd. 20 (1906) S. 527.

rungen, zu denen die Kristallerholung und die Rekristallisation gehören. Die Spannungsänderungen durch Änderung der Streckgeschwindigkeit können, wenn von langsamen durch die Zustandsänderungen verursachten Nebenerscheinungen abgesehen wird, dem Logarithmus der Streckgeschwindigkeit proportional gesetzt werden. Das heißt also, daß zu einer arithmetischen Reihe von Spannungserhöhungen eine geometrische Reihe von Streckgeschwindigkeiten gehört. Die Spannungserhöhungen sind dabei von einer mit konstanter Streckgeschwindigkeit erhaltenen σ-ε-Kurve aus zu rechnen. Dieses Gesetz ist beispielsweise bei Flußeisen in weiten Grenzen als richtig befunden worden[1], wird aber auch in anderen Fällen meist bestätigt.

2. Das Modell. Nach diesen in das Tatsachenmaterial einführenden Bemerkungen gehe ich zum eigentlichen Gegenstand über. Es handelt sich um die Fragestellung: Können diese Vorgänge vom kinetischen Standpunkt aus verstanden werden? Gibt es eine brauchbare Theorie dafür? Diese Fragen hatte ich mir, angeregt durch die erwähnten Versuchsarbeiten, bereits damals vorgelegt und habe dann auch einen befriedigenden Weg gefunden, auf dem man durch gehörige Vereinfachung der Aufgabe diesen Dingen auch rechnerisch beikommen kann. TH. v. KÁRMÁN hat in seinem Artikel über die „Physikalischen Grundlagen der Festigkeitslehre“ in der Enzyklopädie der mathematischen Wissenschaften[2] 1913 darüber berichtet. Ich selbst bin wegen meiner Inanspruchnahme durch die Aerodynamik damals zu keiner eigenen Veröffentlichung über diesen Gegenstand gekommen. Inzwischen ist die physikalische Festigkeitsforschung durch das Studium der Kristallstrukturen und andererseits auch durch die Atomphysik wieder modern geworden (bei den reinen Physikern ist sie wohl zum ersten Mal wirklich modern); es schien mir deshalb der richtige Zeitpunkt gekommen, die alten Dinge wieder hervorzuholen; dabei sind mir auch einige Verbesserungen in mathematischer Hinsicht geglückt[3].

Es handelt sich nun darum, von den verwickelten Vorgängen bei einem in unelastischer Formänderung befindlichen Molekelverband zu einem genügend einfachen Mechanismus fortzuschreiten, ohne die wesentlichen Züge einzubüßen. Wir lassen uns von der physikalischen Erkenntnis leiten, daß man bei einem störungsfreien Kristall weder Hysteresis noch Nachwirkung beobachtet. Bei Kristallhaufwerken sind daher in erster Linie die Verwachsungsstellen der einzelnen Kristallite,

---

[1] CASSEBAUM, H.: Über das Verhalten von weichem Flußstahl jenseits der Proportionalitätsgrenze. Dissertation Göttingen 1911. Ann. Phys. Bd. IV 34 (1911) S. 106.

[2] Enzyklop. Bd. IV, Artikel 31, S. 767ff.

[3] Einiges davon stammt aus dem Wintersemester 1921/22, wo ich meinen Studenten im Seminar darüber vorgetragen habe.

daneben auch Störungen des regelmäßigen Gitteraufbaues im Inneren für die Hysteresis und Nachwirkungserscheinungen verantwortlich zu machen. Nach vorangegangener bleibender Formänderung sind solche Baustörungen des Gitters auch im Inneren der Kristallite zahlreich vorhanden. Sowohl bei den Korngrenzen wie bei den Baustörungen ergibt sich nun folgendes Bild: Zwei Gitter grenzen mehr oder minder unregelmäßig aneinander; zwischen ihnen befinden sich einige Molekeln, die, ohne dem festen Gitterverband anzugehören, unter dem Einfluß der Anziehungs- und Abstoßungskräfte der beiden Gitter stehen. Jede dieser Molekeln mag an den einen Gitterverband fester gebunden sein als an den anderen; es tut nun der Allgemeinheit der Betrachtung wenig Eintrag, wenn wir annehmen, daß diese loser gebundenen Molekeln sämtlich an dem einen der beiden Gitter elastisch befestigt sind. Bei einer Formänderung wird nun das Kraftfeld des anderen Gitters an den elastisch befestigten Molekeln vorbeiziehen und diese dabei in wechselnde Gleichgewichtslagen bringen. Zur Vereinfachung machen wir noch die weitere Einschränkung, daß jede Molekel nur einen Grad der Bewegungsfreiheit haben soll. In Wirklichkeit trifft dies nicht zu, jedoch werden die Teilchen meist eine Richtung aufweisen, in der sie am leichtesten verschieblich sind; unsere Einschränkung wird daher im allgemeinen nicht viel verderben. Damit sind wir bei unserem Gedankenmodell angelangt: Wir denken uns zwei parallel gegeneinander verschiebliche Lineale, von denen das eine (A) in regelmäßigen oder unregelmäßigen Abständen mit sehr vielen elastisch gelagerten Massenpunkten besetzt ist, die parallel zur Linealachse schwingen können, während das zweite Lineal (B) ein Kraftfeld trägt, wie es einem irgendwie schräg abgeschnittenen Gitter entsprechen mag. Von dem Kraftfeld, das wir uns, wie es bei einem Ionengitter wirklich zutrifft, durch Anziehungs- und Abstoßungszentren an den Stellen der Gitteratome erzeugt denken können, kommen für uns nur die Kraftkomponenten in Richtung der Beweglichkeit der Massenpunkte in Betracht, also abwechselnd rechts und links gerichtete Kräfte mit einer regelmäßig oder unregelmäßig wellenförmigen Intensitätskurve. Die Teilung des Kraftfeldes soll dabei jedenfalls inkommensurabel mit der Teilung der Ruhelagen der Massenpunkte sein. Die Formänderung des festen Körpers wird bei dem Modell dargestellt durch die Verschiebung des Lineals A gegen das Lineal B, die zur Formänderung des Körpers erforderliche Kraft oder Spannung durch die Gesamtkraft, die als Summenwirkung der an den einzelnen Massenpunkten wirkenden Kräfte zu der Verschiebung der beiden Lineale gegeneinander erforderlich ist.

Um zu übersehen, was sich bei dem Modell ereignet, wollen wir zuerst einen einzigen Massenpunkt betrachten. Seine Gleichgewichtslage ist jeweils dort, wo die elastische Kraft P_A, die vom Lineal A auf ihn ausgeübt wird, entgegengesetzt gleich ist der von B ausgeübten Feldkraft P_B.

Die zeichnerische Darstellung von Abb. 3 und 4 gibt einen guten Überblick über die vorhandenen Möglichkeiten. Es sind senkrecht zu einer X-Achse, die parallel der Linealkante gezogen ist, die Kräfte P_A und P_B als Gerade und als Wellenlinie aufgetragen (ein nicht geradliniges Gesetz für die elastische Kraft würde grundsätzlich zulässig sein, aber nichts Wesentliches ändern). Ein Massenpunkt mit der Ruhelage C findet seine Gleichgewichtslage unter der Wirkung des Kraftfeldes in dem Punkt D, an dem Gleichheit zwischen P_B und $-P_A$ herrscht. Wird nun A gegen B um den Betrag ξ verschoben (aus zeichnerischen Gründen wird man die Wellenlinie liegenlassen und die Gerade verschieben), so ergibt sich die neue Gleichgewichtslage D', wenn C um den Betrag ξ nach C' verschoben wird. Wenn die Verhältnisse so wie bei Abb. 3 liegen, so ergibt sich für jede Verschiebung ξ eine eindeutige Gleichgewichtslage des Massenpunktes. Im Fall der Abb. 4 aber, wo das Kraftfeld stärker und die elastische Bindung weicher ist, kommen Fälle vor, wo mehrere Gleichgewichtslagen möglich sind. In dem gezeichneten Fall sind es drei; D' und D''' sind stabile Gleichgewichtslagen, wie man durch Betrachtung der bei einer kleinen Verschiebung des Massenpunktes auftretenden Kräfte leicht erkennt. Die dazwischenliegende Gleichgewichtslage D'' dagegen ist labil. Läßt man nun die Verschiebung ξ von Null an wachsen, so bleibt die Gleichgewichtslage D' so lange erhalten, bis die P_A-Gerade die Wellenlinie der P_B berührt. Hier fällt die labile Lage D'' mit der Lage D' zusammen, der Massenpunkt schwingt nach D''' herüber und bleibt dort nach Abdämpfung seiner Schwingungsenergie liegen. Wird nun ξ wieder verringert, so schwingt der Massenpunkt nicht sofort wieder in die alten Lagen zurück, sondern verbleibt in der Nähe der neuen Lage, und zwar so lange, bis die P_A-Gerade den unteren Berührpunkt mit der Kurve erreicht. Dann erst kann durch einen neuen Übergang die alte Lage wieder erreicht werden. Das Wesentliche ist also, daß sich für Hinweg und Rückweg andere Gleichgewichtslagen und andere

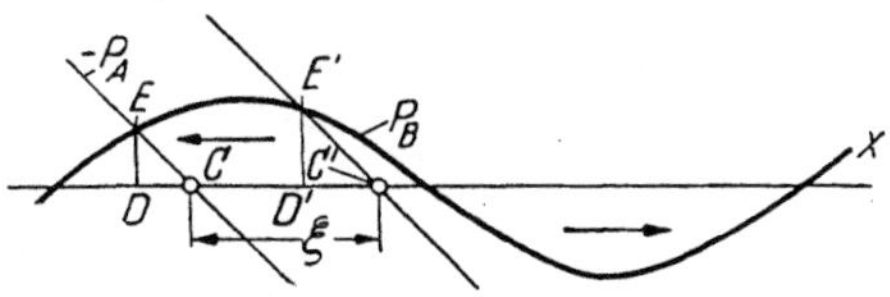

Abb. 3

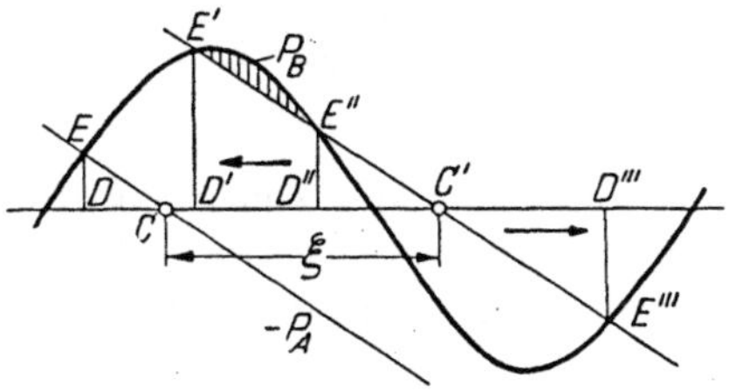

Abb. 4

Kräfte ergeben. Da uns die Kräfte für die Anwendung des Modells die Hauptsache sind, wollen wir zu einer anderen Darstellung übergehen, wo die Kräfte als Funktion der Verschiebung ξ erscheinen. Wir brauchen dazu nur jede Strecke DE von dem zugehörigen C aus als CF senkrecht aufzutragen. Aus den Abb. 3 und 4 entstehen so die Abb. 5 und 6; in letzterer liegen die drei zusammengehörigen Gleichgewichtslagen jetzt senkrecht übereinander (F', F'', F'''). Im Fall von Abb. 5 ergibt sich für Hin- und Rückwanderung derselbe Kraftverlauf, im Fall von Abb. 6 dagegen für den Hinweg der in Abb. 7 gezeichnete Verlauf, für den Rückweg der in Abb. 8 gezeichnete.

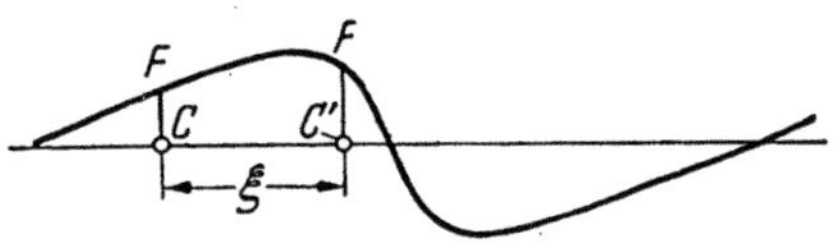

Abb. 5

Das Vorführungsmodell Abb. 9 läßt die einzelnen Vorgänge deutlich erkennen. Das Kraftfeld ist durch eine Wellenbahn ersetzt, auf der eine schwere Rolle hin und herrollt- (die Neigung der Schwerpunktsbahn der Rolle entspricht den Kräften P_B). Die elastische Kraft ist durch zwei Federn F_1 und F_2 verwirklicht, deren Enden an dem Lineal A befestigt sind. Verschiebt man das Lineal A gegen die Wellenbahn B, so wird bei genügender Weichheit der Federn die Gleichgewichtslage der Rolle auf dem Gipfel der Wellenbahn labil und es treten die an Hand von Abb. 6 bis 8 beschriebenen Vorgänge ein. Man kann dabei durch folgende Einrichtung die Zeichnung von Abb. 6 (bzw. 7 und 8) vom Modell selbst erzeugen lassen. Auf dem Lineal A befindet sich rechts eine senkrechte Geradführung, in der sich ein Gleitstück G bewegt, das einen Zeiger Z trägt. Das Gleitstück wird dabei von einer über Rollen geführten Schnur S getragen, deren anderes Ende an der Masse M befestigt ist. Dadurch ist der senkrechte Weg des Gleitstückes und der Zeigerspitze bis auf kleine Abweichungen gleich der Längenänderung der beiden Federn, also ungefähr proportional der Federkraft. Die waagerechte Bewegung des Zeigers stimmt aber mit der Verschiebung des Lineals A überein, so daß tatsächlich die Größen von Abb. 6 wiedergegeben werden. Bei langsamer Bewegung des Lineals nach rechts

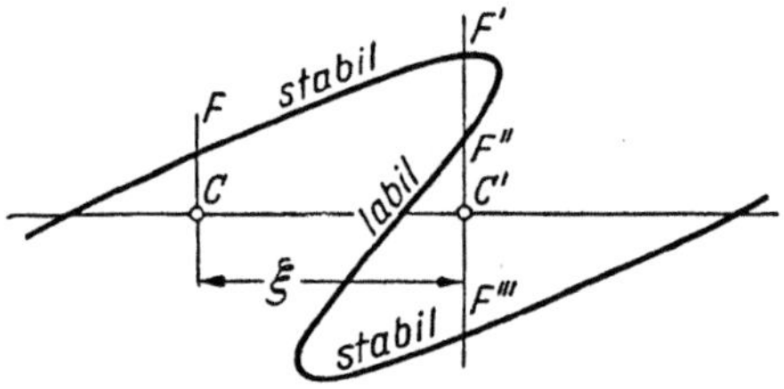

Abb. 6

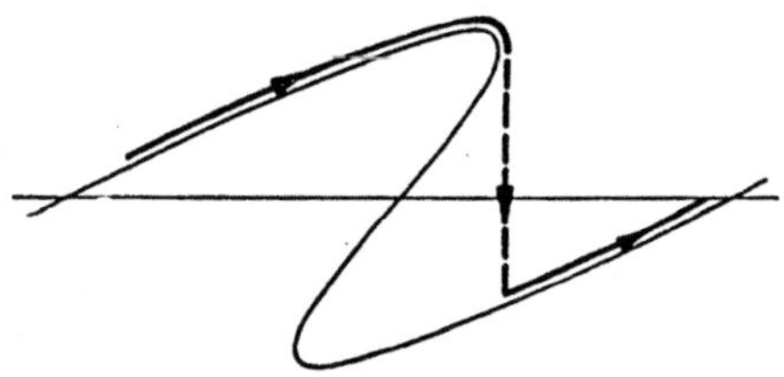
Abb. 7

zeichnet der Zeiger auf dem Brett die Linie von Abb. 7, bei Bewegung nach links die Linie von Abb. 8. Der Sprung von dem einen Kurvenzweig zum anderen vollzieht sich natürlich unter heftigen Schwingungen. Die labilen Gleichgewichtslagen lassen sich auch nachweisen; wegen der unvermeidlichen Reibung gelingt es mit einiger Behutsamkeit, die Masse M in jeder labilen Lage aufzustellen; der Zeiger steht dann auf dem mittleren Kurvenzweig. Es mag noch bemerkt werden, daß man durch Einsetzen stärkerer Federn natürlich auch den Typus zu Abb. 5 erhalten kann, doch hat dieser Typus für uns kein eigentliches Interesse.

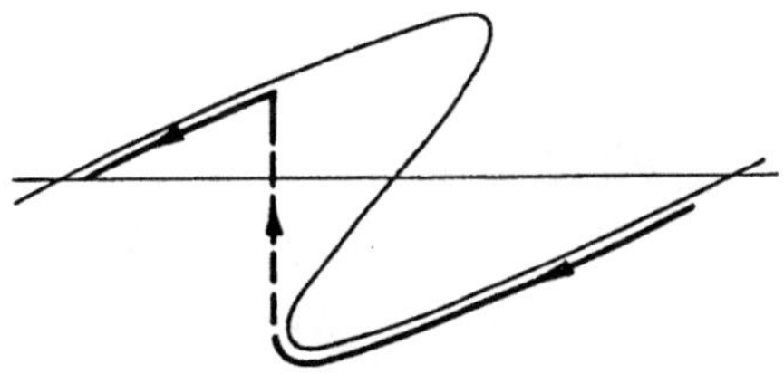

Abb. 8

Nach dieser Betrachtung über das Verhalten des einzelnen Massenpunktes kehren wir jetzt zu unserem eigentlichen Modell zurück, das große Zahlen solcher Massenpunkte enthält. Es mag angenommen werden, daß die Wellen des Kraftfeldes unregelmäßig sind und jedenfalls an verschiedenen Stellen verschiedene Höhe besitzen. Wir wollen nun zunächst nur solche Gegenden des Kraftfeldes auswählen, die alle dieselbe Wellenhöhe und Wellenlänge haben, und wir wollen der Einfachheit wegen annehmen, daß dann die Wellenform vollständig übereinstimmt und daß auch die elastische Bindung der Teilchen dieselbe ist. Auch von diesen Elementen eines bestimmten Typs sollen noch sehr viele vorhanden sein. Die Ruhelagen C der Massenteilchen (vgl. Abb. 4) werden nun aber nach Zufall über die verschiedenen Phasen der Welle verteilt sein, und wir werden daher annehmen, daß sie über die ganze Wellenlänge gleichförmig verteilt sind. Es ergibt sich so, wenn wir uns alle die untereinander kongruenten Wellenstücke des Kraftfeldes so übereinander gezeichnet denken, daß sie sich decken, eine „Massenbelegung" der stabilen Kurventeile von Abb. 6, die in den mehrfach überdeckten Gebieten natürlich zunächst unbestimmt ist; welche Belegung vorhanden ist, wird im allgemeinen aus der Vorgeschichte bestimmbar sein.

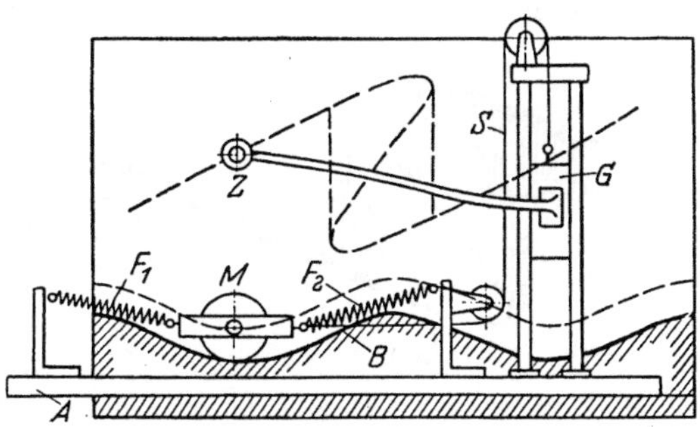

Abb. 9

3. Durchführung der ersten Näherung (Hysteresis). Es mögen nun die folgenden Bezeichnungen eingeführt werden: Die Abszisse im ruhenden System B (wellenförmiges Kraftfeld) sei x, das Kraftfeld in der Darstellung gemäß Abb. 6 (Kraft in Abhängigkeit von der Ruhelage C) sei $P_B = f(x)$. Die anfängliche Ruhelage der Massenteilchen oder — anders gesagt — die Ruhelage der Teilchen, gemessen im bewegten System A (Lineal mit elastischen Bindungen), sei x_0; die Verschiebung des Lineals A gegen das Kraftfeld B sei ξ; dann ist für jedes Massenteilchen $x = x_0 + \xi$. Die Dichte der Massenbelegung schwanke zwischen 0 und 1, im eindeutigen Intervall ist sie $= 1$; wo zwei stabile Lagen vorhanden sind, sei sie auf der „oberen Kurve" $= \mu$, auf der „unteren Kurve" $= 1 - \mu$. Mehr als zwei stabile Lagen sind möglich, sollen aber hier außer Betracht bleiben. Die Belegung einer Kurve kann sich nur an der Sprungstelle, nämlich am Ende der anderen Kurve ändern („Ende" immer in der augenblicklichen Fortschreitungsrichtung genommen) und geht dann (wegen Eindeutigkeit) auf 1. Im Inneren des zweideutigen Gebietes ist daher μ eine Funktion von x_0 und ist, soweit es sich um den Anfangszustand handelt, willkürlich. Ist, wie wir annehmen wollen, das Kraftfeld rein periodisch, so brauchen wir nur *eine* Periode (Länge $= 2l$) zu betrachten.

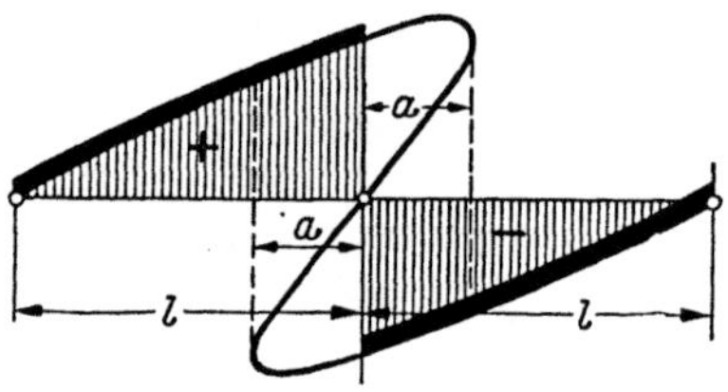

Abb. 10

Nimmt man für den spannungslosen Anfangszustand an, daß sich jeder Massenpunkt in seiner stabilsten Lage befindet (was z. B. durch Ausglühen erreichbar gedacht werden kann, wobei durch langsam abnehmende heftige Wärmebewegung jedem Teilchen Gelegenheit geboten wird, seine stabilste Lage aufzusuchen), so erhält man die Verteilung von Abb. 10. Die resultierende Kraft ist durch die schraffierte Fläche dargestellt und ist hier $= 0$. Eine Verschiebung ξ kleiner als die kritische Entfernung a gibt die Verteilung von Abb. 11. Die rechts neu hinzugekommene Belegung von der Länge ξ kann dabei auf das linke Ende umgelegt werden, so daß sich dann die äußeren Grenzen der Belegung nicht geändert haben. Im Inneren hat sich aber die positive Fläche vergrößert, die negative verkleinert, es ist also eine positive Kraft entstanden. Der Zuwachs an Fläche kann, wie leicht zu sehen, auch durch die in Abb. 12 schraffierte Fläche dargestellt werden. Aus

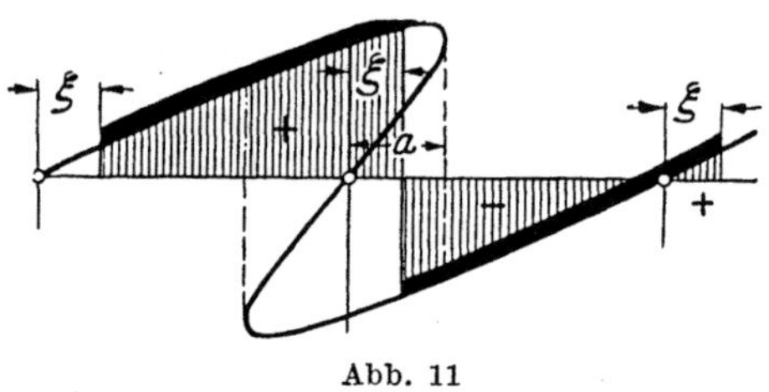

Abb. 11

dieser Abbildung ist leicht zu erkennen, daß die Kraft nahezu proportional ξ ist. Für positive und negative Verschiebungen ξ, deren Betrag kleiner als a ist, ist alles umkehrbar. Für Verschiebungen $> a$ springt aber die Belegung gemäß Abb. 7 auf den anderen Zweig herüber, und es ändert jetzt sich die Fläche nicht mehr, so daß also die Kraft jetzt konstant gleich der für $\xi = a$ wird, vgl. Abb. 13. Wird jetzt an einer

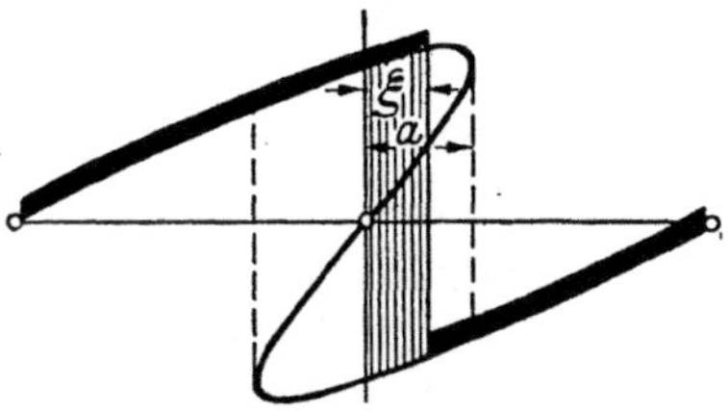

Abb. 12

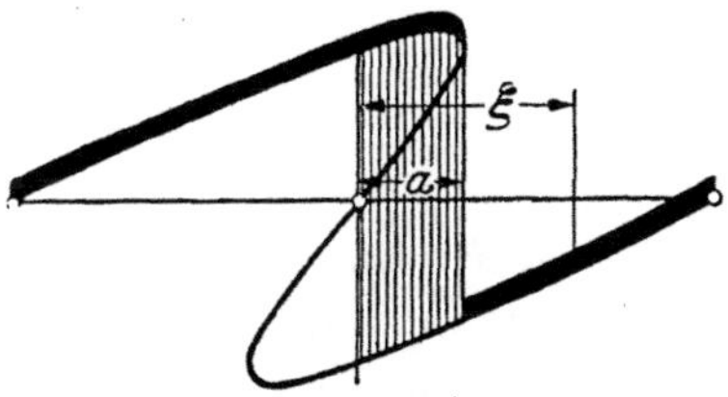

Abb. 13

Stelle ξ_1 die Richtung der Verschiebung umgekehrt, so geht die untere Belegung den anderen, der Abb. 8 entsprechenden Weg, auf dem zunächst wieder alles umkehrbar verläuft, bis bei einem Rückweg $\xi_1 - \xi = 2a$ das Zurückspringen auf die obere Kurve einsetzt. Der Verlauf der Gesamtkraft P abhängig von ξ ergibt damit folgendes Bild (Abb. 14): Ansteigen bis $\xi = a$; Konstanz bis zum Umkehrpunkt ξ_1; jetzt Sinken der Kraft; bei $\xi = \xi_1 - a$ Kraft $= 0$, von da an negative Kraft; von $\xi_1 = \xi - 2a$ an Konstanz. Wählt man hier einen zweiten Umkehrpunkt ξ_2, so gelangt man nach einem Weg $= 2a\,(\xi = \xi_2 + 2a)$ wieder zum positiven Grenzwert der Kraft. Bei weiterem Wachsen der Verschiebung wird der erste Umkehrpunkt durchschritten, und die Kurve setzt sich so fort, als ob der Zyklus zwischen ξ_1 und ξ_2 gar nicht ausgeführt worden wäre. Man sieht also, daß unser Modell die MADELUNGschen Gesetze genau erfüllt.

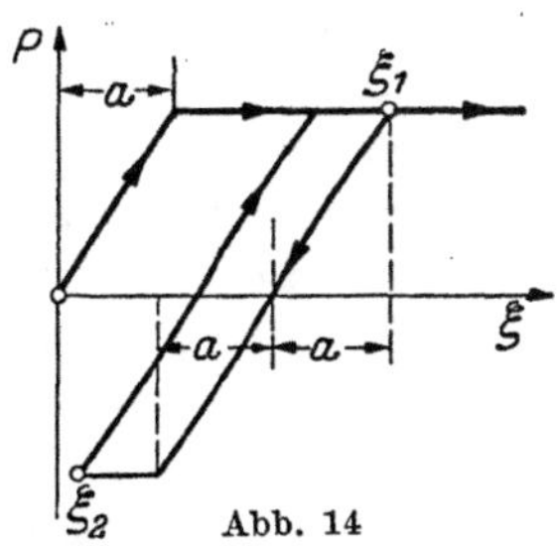

Abb. 14

Kehren wir jetzt zu dem allgemeineren Modell mit verschieden hohen und verschieden langen Wellen des Kraftfeldes zurück! Der Übergang zu diesem ergibt sich in einfacher Weise, wenn wir eine große Reihe von Mechanismen der eben besprochenen Art mit verschiedener Elastizität, verschiedener Wellenhöhe und Wellenlänge zu einem Aggregat vereinigen und wieder nach der Gesamtkraft fragen, die alle Mechanismen zusammen hervorbringen. Da die Mechanismen alle verschiedene „Elastizitätsgrenze" a haben, werden die härteren (großes a) noch im umkehrbaren Zustand sein, wenn die weicheren (kleines a) ihre Elastizitätsgrenze schon überschritten haben. Durch eine geeignete

Mischung von verschieden harten Elementen läßt sich jede in Betracht kommende Form der Hysteresisschleife erreichen. Man kann dabei unbeschadet des Erfolges auch die Elastizität und die Wellenlänge aller Elemente gleich groß nehmen und nur durch Änderung der Wellenhöhe verschiedene Werte von a erzeugen. Wenn $F(\xi)$ ein Kraftgesetz nach Abb. 14 bedeutet und speziell $F(\xi, a)$ dasjenige mit der Elastizitätsgrenze a, ferner $\varphi(a)$ die Verteilungsfunktion, so wird die Gesamtkraft

$$= \int_0^{a_1} \varphi(a) F(\xi, a)\, da = \Phi(\xi).$$

Da alles additiv ist, übertragen sich die MADELUNGschen Gesetze, die für alle F gelten, auch auf Φ. Sind zu Anfang alle Teilmechanismen in der Lage von Abb. 10 (jungfräulicher Zustand), so wird die Elastizitätsgrenze jedes Teilmechanismus erreicht, wenn ξ dem a dieses Teilmechanismus gleich wird. Nach einem Umkehrpunkt ist aber der Weg $2a$ zurückzulegen, bis die Elastizitätsgrenze dieses Teilmechanismus erneut überschritten wird; daraus ergibt sich leicht, daß die jungfräuliche Kurve auch im allgemeineren Fall ein im Maßstab 1:2 verkleinertes Abbild der aus einem Umkehrpunkt hervorgehenden Belastungskurve ist.

Es entsteht jetzt noch die Frage, wie man nach einer beliebigen Vorbehandlung den jungfräulichen Zustand wiederherstellen kann. Läßt man die Verschiebung ξ um irgendeine Mittellage ξ_0 mit der Amplitude ξ_1 hin- und herschwingen, so werden alle Teilmechanismen, deren $a > \xi_1$ ist, umkehrbar verändert, und diejenigen, deren $a < \xi_1$ ist, werden von einer Endstellung (Abb. 13) in die entgegengesetzte gebracht. Derjenige mit $a = \xi_1$ schwingt gerade zwischen seinen Grenzen. Führt man eine Schwingung mit langsam abnehmender Amplitude aus, so gelangt jeder Teilmechanismus, dessen a kleiner ist als die Anfangsamplitude ξ_1, einmal in diesen letzteren Zustand und befindet sich daher nach Erlöschen der Schwingung in seiner Mittellage. Wenn die Amplitude rascher abnimmt, so kommt er wenigstens in die Nähe der Mittellage. Die Mechanismen mit $a > \xi_1$ werden dagegen nur umkehrbar um den Betrag ξ_1 entlastet. Bei der Wiederbelastung ergibt sich also bis $\xi = \xi_0 \pm \xi_1$ das jungfräuliche Verhalten mit dem neuen Nullpunkt ξ_0, darüber hinaus aber dasjenige Verhalten, das gemäß der stattgefundenen Vorbehandlung ohne Ausführung der gedämpften Schwingung eingetreten wäre. Die experimentell gefundenen Hysteresisgesetze erweisen sich also durch unsere Betrachtung als in der tieferen Natur der Vorgänge begründet.

4. Zweite Näherung (Zeitwirkungen). Das bisher mit unserem Gedankenmodell Erreichte, das die Hysteresiserscheinungen umfaßt, aber von den Zeitwirkungen keine Rechenschaft gibt, wollen wir als die *erste Näherung* bezeichnen. Eine *zweite Näherung* muß auch die *Zeitwirkungen* mit umfassen. Es zeigt sich, daß auch diese der theoretischen Behandlung zugänglich sind.

Wir gehen davon aus, daß jeder feste Körper *Wärmeschwingungen ausführt*. Die Amplituden dieser Schwingungen sind nicht konstant, sondern es gibt dem Zufall unterworfene Schwankungen, Steigerungen an einer Stelle, Abminderungen an anderen. In einzelnen seltenen Fällen können die Amplituden ungewöhnlich groß werden; diese ungewöhnlich großen Amplituden sind es, auf die wir hier unser Augenmerk vor allem richten müssen. Sie können ein Teilchen, das noch um ein endliches Stück von der Umschnapplage entfernt ist, bis zur labilen Gleichgewichtslage (D'' in Abb. 4) bringen, von wo aus es dann selbsttätig bis zur anderen stabilen Lage (D''') weiterschwingt und hier, da seine Schwingungsenergie durch seine Umgebung abgedämpft wird, auch verbleibt. Die für den Übergang nötige Energie U ist gleich der Arbeit, die gegen die Differenz der Kräfte P_B und P_A auf der Strecke $D'D''$ bis zur labilen Lage geleistet werden muß, also die in Abb. 4 schraffierte Fläche. Bei der Umzeichnung in Abb. 6 geht diese Fläche in die Fläche rechts von $F'F''$ über (auch dort schraffiert). Für die Wahrscheinlichkeit des Auftretens einer den Betrag U überschreitenden Energie der Wärmebewegung, d. h. für die durchschnittliche Häufigkeit des Auftretens unter einer großen Anzahl von Fällen, dividiert durch die Anzahl der Fälle, gibt die kinetische Theorie der Materie die einfache Formel

$$W = e^{-\frac{U}{U_m}}.$$

U_m ist dabei ein bestimmter Mittelwert der Schwingungsenergie des Teilchens. Die Wahrscheinlichkeit wird winzig klein, wenn U einigermaßen groß gegen U_m ist; sie wird $= 1$, d. h. Gewißheit für $U = 0$, d. h. $U = 0$ ist immer überschritten. Wir brauchen nun noch eine Angabe für die Zeit, innerhalb derer eine Verteilung der Schwingungsenergie in eine andere davon unabhängige übergeht; diese Zeit, die von der Größenordnung der Schwingungszeit der Teilchen sein dürfte, soll τ heißen. Ob sie genau genommen von der zugehörigen Energie U abhängig ist oder nicht, mag ununtersucht bleiben; hier soll sie jedenfalls als konstant angesehen werden. Mit Hilfe der beiden eben erwähnten Größen läßt sich nun ein Ansatz über die zeitliche Änderung einer gegebenen Verteilung der Belegungsdichte μ aufstellen.

Sind N Teilchen eines Teilmechanismus in einer bestimmten Position x innerhalb des Kraftfeldes und sind davon μN in der oberen, $(1 - \mu) N$ in der unteren Lage, so werden durchschnittlich in jedem

Zeitintervall $\tau\,\mu\,N\,e^{-\frac{U_1}{U_m}}$ Teilchen von der oberen in die untere Lage übergehen, $(1-\mu)\,N\,e^{-\frac{U_2}{U_m}}$ dagegen von der unteren in die obere, denn die Zahl der Übergänge ist der Zahl der in der jeweiligen Ausgangslage vorhandenen Teilchen proportional. U_1 ist dabei die Energie zur Erreichung der labilen Lage von der oberen Lage aus, U_2 die entsprechende Energie von der unteren Lage aus[1]. Die Werte für die Zeiteinheit erhalten wir, wenn wir die obigen Werte mit $1/\tau$ multiplizieren. Die zeitliche Zunahme der Teilchen in der oberen Lage $\frac{d}{dt}(\mu\,N) = N\frac{d\mu}{dt}$ wird also gleich der Zahl der Sprünge von unten nach oben vermindert um die Zahl der Sprünge von oben nach unten sein; wir erhalten, wenn wir die Gleichung gleich durch N dividieren:

$$\frac{d\mu}{dt} = \frac{1}{\tau}\left((1-\mu)\,e^{-\frac{U_2}{U_m}} - \mu\,e^{-\frac{U_1}{U_m}}\right). \tag{1}$$

Bei einer zeitlichen Veränderung der Verschiebung ξ der Lineale gegeneinander behalten unsere N Teilchen ihre Lage gegen das Lineal A bei, also ist ihr x_0 unveränderlich. Daher wird, wegen $x = x_0 + \xi$, vgl. 3., ihr

$$\frac{dx}{dt} = \frac{d\xi}{dt}.$$

Der obige Differentialquotient $d\mu/dt$ bei festgehaltenen Teilchen (festgehaltenem x_0) ist also zu unterscheiden von dem partiellen Differentialquotienten $\partial\mu/\partial t$ bei festgehaltenem x. Unter Berücksichtigung der vorstehenden Beziehung ist also

$$\frac{d\mu}{dt} = \frac{\partial\mu}{\partial t} + \frac{\partial\mu}{\partial x}\,\frac{d\xi}{dt} \tag{2}$$

U_1 und U_2 sind Funktionen von x; die Verformungsgeschwindigkeit $d\xi/dt = c(t)$ sei eine gegebene Funktion der Zeit, gemeinsam für das ganze System; damit wird aus Gl. (1) eine partielle Differentialgleichung für $\mu(x, t)$, die im Prinzip für jede gegebene Anfangsverteilung $\mu(x, 0)$ und jeden gegebenen Zeitverlauf der Verformung $\xi(t)$ gelöst werden kann. Die Summation (Integration) über den Teilmechanismus gibt dessen Kraftäußerung im Verlauf der Zeit und die Summation über die Teilmechanismen wieder die Gesamtkraft. Die Abhängigkeit der

[1] Es wird angenommen, daß die Übergangsenergie nach dem Sprung von den Nachbarteilchen so rasch zerstreut wird, daß nicht gleich andere Nachbarteilchen ebenfalls Sprünge machen. Derartige Vorgänge spielen vielleicht im Inneren der Kristalle bei der Ausbildung der durch den ganzen Kristall durchlaufenden Verschiebungen (Translationen), die die Grundlage für die plastische Verformung abgeben, eine Rolle.

Vorgänge von der Werkstofftemperatur ist in dieser Rechenvorschrift mit enthalten, denn diese Temperatur ist proportional zur mittleren Schwingungsenergie U_m; läßt man daher diese in Gl. (1) verschiedene Werte annehmen oder auch als gegebene Funktion der Zeit variieren, so läßt sich selbst jede Wärmebehandlung vor oder während der Belastung im Modell nachahmen. Die Wirkung einer Temperaturerhöhung ist im übrigen die, daß die Zahl der Übergänge wegen der Verkleinerung des Bruches U/U_m sehr vermehrt wird und Übergänge, die vorher höchst unwahrscheinlich waren, nun erhebliche Wahrscheinlichkeit gewinnen können.

Aus dem Vorstehenden ist also zu erkennen, daß unsere Gl. (1) für alle Aufgaben, bei denen der Zeitverlauf der *Formänderung* vorgeschrieben ist, das Verhalten eines gegebenen Mechanismus grundsätzlich zu berechnen gestattet. Ist die ganze Vorgeschichte (Verlauf von ξ und U_m für alle vorhergehenden Zeiten[1]) bekannt, so ist auch die Kenntnis einer anfänglichen Verteilung von μ dabei unnötig. Die Aufgaben, bei denen der *Kraftverlauf* abhängig von der Zeit gegeben ist, lassen sich dagegen in direkter Rechnung nicht behandeln, doch ist es in dem wichtigsten Fall, der elastischen Nachwirkung, möglich, durch schrittweises Annähern Lösungen zu erhalten. Wie andere Aufgaben dieser Art auf Grund der Ergebnisse der Rechnungen mit gegebener Formänderung wenigstens näherungsweise angegriffen werden können, wird im Schlußabschnitt angedeutet werden. Der mathematischen Durchführung der Rechnungen sind natürlich, wie meist, durch den Zeitaufwand Grenzen gesetzt. Einige Fälle, die sich einfach erledigen lassen, und die schon sehr Wesentliches enthüllen, mögen hier folgen.

5. Durchführung für die Relaxation und Nachwirkung. Man versteht unter Relaxation (Erschlaffung) das Nachlassen der Spannung, wenn eine Formänderung erzeugt worden ist und nun unverändert aufrechterhalten wird. Wir haben also $\xi =$ konst. zu setzen; die anfängliche Verteilung von μ kann noch willkürlich angenommen werden:

$$\mu(x, 0) = \varphi(x) \quad \text{zwischen} \quad x = \pm a.$$

Wegen $d\xi/dt = 0$ in Gl. (2) ergibt sich hier für jeden Wert von x eine gewöhnliche Differentialgleichung nach t, die sofort integriert werden kann. Es ist

$$\mu = \frac{e^{-\frac{U_2}{U_m}}}{e^{-\frac{U_1}{U_m}} + e^{-\frac{U_2}{U_m}}} + \psi(x)\, e^{-\frac{t}{\tau}\left(e^{-\frac{U_1}{U_m}} + e^{-\frac{U_2}{U_m}}\right)}. \tag{3}$$

[1] War der Werkstoff auf sehr hoher Temperatur gewesen, so genügt die Vorgeschichte von da an, da hier alles Frühere durch die heftige Wärmebewegung ausgelöscht ist.

$\psi(x)$ ist dabei zunächst willkürlich („Integrationskonstante", die aber für jeden Wert von x einen anderen Wert haben kann). Für $t = +\infty$ wird der Faktor von $\psi(x)$ gleich Null, daher ist die endgültige Verteilung

$$\mu_\infty = \frac{e^{-\frac{U_2}{U_m}}}{e^{-\frac{U_1}{U_m}} + e^{-\frac{U_2}{U_m}}}. \tag{4}$$

Unter Umständen sind aber die Zeiten bis zum Eintritt dieser Verteilung, die einer völligen Entspannung entspricht, ganz ungeheuerlich groß. Nur bei sehr weichen Stoffen bzw. bei hohen Temperaturen tritt die Entspannung in praktisch in Betracht kommenden Zeiten ein. Die Bestimmung der willkürlichen Funktion $\psi(x)$ ergibt sich daraus, daß für $t = 0$, wo der Faktor $\psi(x) = 1$ wird

$$\mu_\infty + \psi(x) = \varphi(x), \tag{5}$$

sein muß.

Bei einigermaßen festen Körpern kommen gleichzeitige Sprünge nach unten und oben praktisch nicht in Betracht, da die der anderen Art jeweils viel zu große Energie erforderten und daher äußerst selten sind. In allen solchen Fällen kann

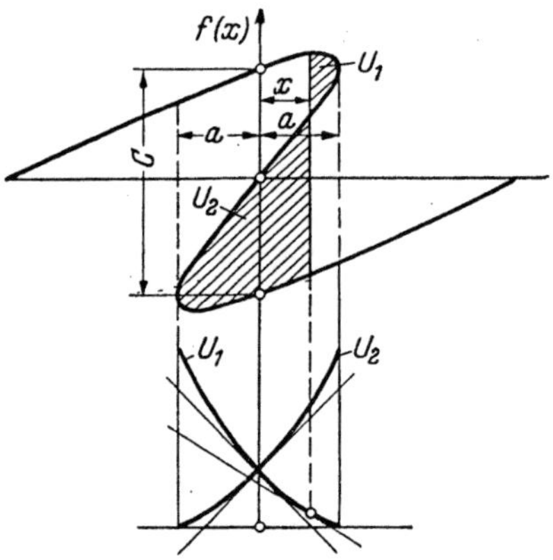

Abb. 15

$$\mu = \varphi(x)\, e^{-\frac{t}{\tau} e^{-\frac{U_1}{U_m}}} \tag{3a}$$

bzw.

$$1 - \mu = \varphi(x)\, e^{-\frac{t}{\tau} e^{-\frac{U_2}{U_m}}} \tag{3b}$$

geschrieben werden.

Um weiterzukommen, muß man U_1 und U_2 formelmäßig ausdrücken. Setzt man als Ausgangsfunktion in Abb. 4 etwa eine Sinuslinie fest, so erhält man hier für die Lage der Schnittpunkte E' und E'' eine transzendente Gleichung. Deshalb müssen $U_1(x)$ und $U_2(x)$ numerisch oder zeichnerisch ermittelt werden. Ihr Verlauf ist durch Abb. 15 wiedergegeben. Einen sehr guten Näherungswert bekommt man, wenn man den oberen und unteren Teil der Sinuslinie je durch einen Parabelbogen ersetzt. Dann werden auch die Kurven in Abb. 6 bzw. Abb. 15 oben Parabeln, der obere senkrechte Abschnitt wird $\alpha\sqrt{a - x}$, der Inhalt $= \frac{2}{3}\alpha(a - x)^{3/2}$. Für $U_1 = U_m$ werde $a - x = b$; damit wird $\frac{U_1}{U_m} = \left(\frac{a - x}{b}\right)^{3/2}$; entsprechend kann $\frac{U_2}{U_m} = \left(\frac{a + x}{b}\right)^{3/2}$ gesetzt werden.

Mit diesem Ansatz ist eine ganz bestimmte Rechenvorschrift gegeben, die besonders für den vereinfachten Ansatz (3a) ohne weiteres ausführbar ist. Nur die Integration, die zur Berechnung der Kraft nötig ist, macht hier Schwierigkeiten. Deshalb ist es zweckmäßig, in der Vereinfachung noch einen Schritt weiterzugehen und das Gesetz für U_1 durch eine lineare Formel anzunähern (z. B. die Gerade in Abb. 14 unten). Wir wollen schreiben $U_1/U_m = A - B\,x$, wobei dann immer noch die Konstanten so gewählt werden können, daß die Annäherung der Geraden in demjenigen Gebiet am besten ist, das nach den Formeln die meisten Sprünge $\left(\text{das größte } \left|\frac{d\mu}{dt}\right|\right)$ aufzuweisen hat.

Ist $f_1(x)$ der obere Zweig und $f_2(x)$ der untere Zweig der Kraftkurve in Abb. 15, so wird die Gesamtkraft in unserem Teilmechanismus

$$\begin{aligned} P &= \int_{-a}^{+a} [\mu f_1(x) + (1-\mu) f_2(x)]\,dx \\ &= \int_{-a}^{+a} \mu[f_1(x) - f_2(x)]\,dx + \int_{-a}^{+a} f_2(x)\,dx. \end{aligned} \tag{6}$$

Die scheinbare Bevorzugung von $f_2(x)$ erklärt sich daraus, daß durch die Wahl der Größe μ die beiden Zweige der Kraftkurve formal ungleich bewertet sind. Wenn, wie hier immer angenommen wird, die beiden Zweige der Kraftkurve kongruent sind, dann ist übrigens

$$\int_{-a}^{+a} f_2(x)\,dx = -\int_{-a}^{+a} f_1(x)\,dx,$$

wodurch die Symmetrie auch in den Formeln zum Ausdruck kommt.[1]

Man kann auch den Überschuß von P gegen die Kraft P_∞ berechnen, die der Verteilung $\mu = \mu_\infty$ entspricht, die auch vor der Belastung geherrscht haben mag. Für kongruente Kraftkurven wird übrigens $P_\infty = 0$, für nicht kongruente wird man es aus physikalischen Gründen ebenfalls fordern, so daß $P - P_\infty$ immer mit P gleichbedeutend ist; damit ergibt sich dann als zweiter Ausdruck für P

$$P = \int_{-a}^{+a} (\mu - \mu_\infty)\,[f_1(x) - f_2(x)]\,dx. \tag{7}$$

Außerhalb der Grenzen $x = \pm a$ braucht das Integral nicht betrachtet zu werden, da hier zeitliche Änderungen der Belegung nicht möglich sind. Die Betrachtung von Abb. 15 zeigt nun, daß die Sprunghöhe $f_1(x) - f_2(x)$ für alle x zwischen $-a$ und $+a$ nur wenig veränderlich

[1] Eine völlig symmetrische Darstellung wird erreicht durch Einführung eines anderen Belegungsmaßes m: $\mu = \frac{1}{2}(1+m)$; $1-\mu = \frac{1}{2}(1-m)$; m läuft von -1 bis $+1$.

ist; der Fehler ist daher nicht groß, wenn sie konstant gesetzt wird. Wir setzen deshalb angenähert

$$f_1(x) - f_2(x) = C$$

und erhalten so den endgültigen Ausdruck für die Kraft aus Gl. (7)

$$P = C \int_{-a}^{+a} (\mu - \mu_\infty)\, d x. \tag{8}$$

Gl. (6) liefert jetzt, da

$$\int_{-a}^{+a} f_2(x)\, d x = -\frac{C}{2} 2a = -C a$$

ist,

$$P = C\Big[\int_{-a}^{+a} \mu\, d x - a\Big], \tag{9}$$

wofür in dem häufigen Fall, daß für $x < 0$ überall $\mu = 1$ ist, auch

$$P = C \int_{0}^{+a} \mu\, d x \tag{9a}$$

geschrieben werden kann, eine Beziehung, die auch aus Abb. 12 unschwer herausgelesen werden kann. Im übrigen führt Gl. (8) wegen $\int_{-a}^{+a} \mu_\infty\, d x = a$ [vgl. die Gl. (14) im folgenden] ebenfalls auf Gl. (9). Die Integrale in Gl. (8) und (9a) und der Klammerausdruck in Gl. (9) mögen zur Abkürzung gemeinsam mit x^* bezeichnet werden, so daß also $P = C\, x^*$ ist; x^* ist dabei die Grundlinie des Rechteckes von der Höhe 1, in das die dem Integral entsprechende Fläche verwandelt werden kann, vgl. Abb. 16.

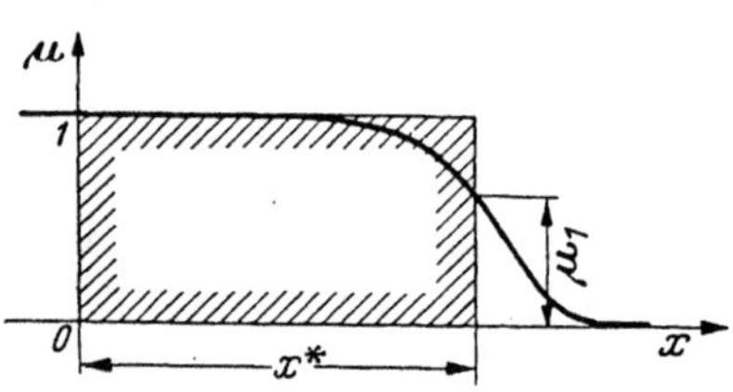

Abb. 16

Zur Berechnung der Kraft für die Relaxation ergibt sich zunächst bei hartem Werkstoff unter Vernachlässigung der umgekehrten Sprünge, also unter Zugrundelegung von Gl. (3a), mit $U_1/U_m = A - B\,x$ und $\varphi(x) = 1$

$$\mu = e^{-\frac{t}{\tau} e^{-A + B x}} = e^{-\frac{t}{\tau e^A} e^{B x}}. \tag{10}$$

$\tau\, e^A = \tau_1$ ist jetzt eine neue Zeitkonstante, die wegen des großen Wertes A in den hier betrachteten Fällen meist außerordentlich groß ist. Die Annahme, daß die umgekehrten Sprünge vernachlässigt werden dürfen, läßt sich jetzt auch so ausdrücken, daß t klein ist gegen τ_1. Für negative Werte von x und ein Stück weit noch für positive x wird μ praktisch $= 1$; in der Gegend aber, wo $t\, e^{Bx}$ von der Größenordnung von $\tau\, e^A$ wird, nimmt μ ziemlich rasch praktisch auf 0 ab. Die mit $k = 500$ und $k = 50$ bezeichneten Kurven von Abb. 17 können als Darstellungen des Verlaufes von μ für zwei Zeiten t_1 und t_2 gelten. Die beiden Kurven sind bei Anwendung unserer Näherung kongruent. Es ist nun

$$\int_0^a \mu\, dx = \int_0^a e^{-\frac{t}{\tau_1} e^{Bx}}\, dx$$

zu berechnen. Durch partielle Integration wird

$$\int_0^a \mu\, dx = \mu\, x \Big|_0^a - \int_1^0 x\, d\mu = \int_0^1 x\, d\mu,$$

da $\mu\, x$ sowohl für $x = 0$ wie für $x = a$ verschwindet (das letztere nur mit praktischer, aber immer ausreichender Genauigkeit!). Durch Umkehren der Funktion $\mu(x)$ wird

$$x(\mu) = 1/B\, \{\ln(-\ln \mu) - \ln t/\tau_1\}, \tag{11}$$

woraus, nebenbei gesagt, sofort zu sehen ist, daß zwei zu verschiedenen Zeiten gehörige Verteilungen kongruente Kurven ergeben, von denen die spätere durch Verschiebung längs der X-Achse nach links um den Betrag $1/B \ln t_2/t_1$ aus der ersteren hervorgeht. Daraus ergibt sich übrigens sofort, daß in dieser Zeit die Kraft um

$$P_1 - P_2 = C/B \ln t_2/t_1 \tag{12}$$

abgenommen hat. Diese Abnahme wird also immer langsamer, hört aber nie auf und erreicht in beliebig großen Zeiten (nach der Näherungsformel) beliebig große Beträge. Damit ist bereits alles, was man praktisch von unserem Modell wissen will, erreicht, und es sei hinzugefügt, daß beim Zusammenarbeiten beliebiger Teilmechanismen wieder die Form von Gl. (12) herauskommt, da alle Teilbeträge proportional $\ln t_2/t_1$ sind. [Nicht ganz so ist es, wenn man den genaueren Ansatz

$$\frac{U_1}{U_m} = \left(\frac{a - x}{b}\right)^{3/2}$$

verfolgt.]

Das $\int_0^1 x\, d\mu$ läßt sich im übrigen vollständig anschreiben. Durch partielle Integration läßt sich $\int_0^1 \ln(-\ln \mu)\, d\mu$ auf den Integrallogarithmus bringen und gibt nach JAHNKE-EMDE, S. 19, den Wert $-0{,}5772\ldots$

Damit wird

$$P = C\int_0^a \mu\,d x = C/B[\ln\tau_1 - \ln t - 0{,}5772] \\ = C/B[A + \ln\tau - \ln t - 0{,}5772]\,. \tag{12a}$$

Bei weichen Werkstoffen (z. B. Eisen bei Rotglut!) müssen die umgekehrten Sprünge mit berücksichtigt werden. Setzt man hier $U_1 = A - B\,x$ und U_2 (gemäß Abb. 15 spiegelbildlich zu U_1) $= A + B\,x$, mit Werten von A und B, die etwa den Tangenten im Schnittpunkt von $U_1(x)$ und $U_2(x)$ in Abb. 15 entsprechen, so liefert Gl. (3), wenn wieder $\tau\,e^A = \tau_1$ gesetzt wird, den Ausdruck

$$\mu = \frac{e^{-B\,x}}{e^{B\,x} + e^{-B\,x}} + \psi(x)\,e^{-\frac{t}{\tau_1}(e^{B\,x} + e^{-B\,x})}\,; \tag{13}$$

und für $t = \infty$ ergibt sich

$$\mu_\infty = \frac{e^{-B\,x}}{e^{B\,x} + e^{-B\,x}} = \frac{1}{2}(1 - \mathfrak{Tg}\,B\,x)\,, \tag{14}$$

μ_∞ ist durch die mit $k = 0$ bezeichnete Kurve in Abb. 17 wiedergegeben, die nun nicht mehr kongruent zu den früheren μ-Kurven ist.

Gemäß Gl. (8) ist nun $\int_{-a}^{+a}(\mu - \mu_\infty)\,d x = x^*$ zu bilden. Wir lassen nun wieder für $t = 0$ $\mu = 1$ werden, was nur bedeutet, daß viel größere Belastungen als die augenblicklich noch vorhandene vorhergegangen sind. Damit ist gemäß dem Früheren $\psi(x) = 1 - \mu_\infty$ zu setzen. Den ganzen Übergang von der früheren Näherungslösung zu der hier vorliegenden strengeren Lösung zu verfolgen, wäre sicher lehrreich, doch läßt sich die Integration nicht allgemein durchführen, deshalb sei hier nur das allerletzte Stadium untersucht. Der in Gl. (13) neben t/τ_1 stehende Faktor $e^{B\,x} + e^{-B\,x} = 2\,\mathfrak{Cof}\,B\,x$ ist für $x = 0$ am kleinsten, nämlich $= 2$; er wächst mit der Entfernung von $x = 0$ rasch, was bedeutet, daß $e^{-\frac{2t}{\tau_1}\mathfrak{Cof}\,B\,x}$ bei $x = 0$ am größten ist, für Zeiten t, die von der Größenordnung τ_1 sind, aber nach beiden Seiten hin sehr stark abnimmt. Es wird also nur ein Stück der Belegung bis zuletzt neben μ_∞ stehenbleiben, dessen Erstreckung in der x-Richtung von der Größenordnung $1/B$ ist und dessen Höhe bei $x = 0$ wegen $\mu_\infty(0) = \frac{1}{2}$ durch $\frac{1}{2}e^{-\frac{2t}{\tau_1}}$ gegeben ist. Damit wird aber $x^* = \int(\mu - \mu_\infty)\,d x$ von der Größenordnung $\frac{1}{2B}e^{-\frac{2t}{\tau_1}}$ und die zugehörige Kraft $= C\,x^*$ von der Größenordnung $\frac{C}{2B}e^{-\frac{2t}{\tau_1}}$. Dieser Ausdruck stimmt formal mit der Max-

WELLschen Formel für die Relaxation[1] überein. Die Zeit $\tau_1/2$ spielt dabei die Rolle der MAXWELLschen Relaxationszeit.

Für einen Mechanismus, der aus einer Anzahl solcher Teilmechanismen besteht, wird also eine Kraft

$$P_1 - P = \sum A_i e^{-\frac{2t}{\tau_i}} \tag{15}$$

zu erwarten sein.

Die Relaxation ist der Beobachtung schwer zugänglich. Bei der mit ihr verwandten *elastischen Nachwirkung* führen jedoch die Beobachtungen je nach Lage des Falles auf das Gesetz von Gl. (12) oder auf das von Gl. (15). Das letztere ist von WIECHERT[2] auf Grund von Versuchen aufgestellt und viel behandelt worden; das erstere wurde später von BENNEWITZ an gebogenen Glasfäden festgestellt[3].

Die elastische Nachwirkung, bei der es sich um Formänderungen bei konstanter Last bzw. um solche nach völliger Entlastung handelt, gehört zu den Aufgaben, die sich mit unseren Formeln nicht unmittelbar lösen lassen. Doch führt hier folgende Überlegung zu einer Näherungslösung. Wir denken uns ein Modell aus vielen Teilmechanismen aufgebaut, von denen die überwiegende Mehrzahl bei den in Frage kommenden Vorgängen nur elastisch beansprucht wird, ein kleiner Teil aber wegen seiner niedrigen Elastizitätsgrenze unelastische Beanspruchungen erfährt. In diesem Fall wird die Formänderung der Hauptsache nach durch die elastischen Teilmechanismen bestimmt, den unelastischen also vorgeschrieben. Bei konstanter Last oder Last gleich Null ist sie in erster Näherung konstant; die „weichen" Teilmechanismen erleiden also nahezu die Relaxation bei konstantem ξ. Deshalb sind die hier entwickelten Formeln auch für die elastische Nachwirkung verwendbar, wenn das Verhalten des Körpers im wesentlichen elastisch ist und nur kleine Abweichungen vom elastischen Verhalten studiert werden sollen. Genaugenommen erfährt die Gruppe der elastischen Teilmechanismen durch die Erschlaffung der weichen Anteile eine Änderung ihres Anteils an der Gesamtkraft, und daher auch eine Änderung der Verschiebung ξ. Diese ist es gerade, die als Nachwirkung beobachtet wird. Man kann natürlich daran denken, eine zweite Näherung mit den durch die erste Näherung bedingten zeitlichen Änderungen von ξ zu rechnen, doch dürfte die wirkliche Durchführung einer solchen Rechnung wohl sehr schwierig sein. Darüber,

---

[1] Sci. Papers Bd. 2, S. 26 (Cambridge 1890).

[2] Ann. Phys. Chem. Bd. 50 (1893) S. 546.

[3] Phys. Z. Bd. 21 (1920) S. 103. Es mag hierbei erwähnt werden, daß die unwahrscheinlich kleine Zeitkonstante τ bei BENNEWITZ (Größenordnung 10^{-200} sec) ohne weiteres vermieden werden kann, wenn man in den BENNEWITZschen Formeln einen Dehnungsanteil proportional der Last hinzunimmt.

in welchen Fällen das eine der Gesetze (12) und (15), in welchen das andere zu erwarten ist, gibt unsere Rechnung den folgenden Aufschluß. Wenn die Zeitkonstante τ_1 (Erholungszeit, vgl. oben S. 166) groß ist gegenüber der Zeit, während welcher beobachtet worden ist, so haben wir ein Gesetz nach Gl. (12) zu erwarten; wenn dagegen τ_1 bzw. τ_i von der Ordnung der Beobachtungszeit ist, so ist Gl. (15) maßgebend.

6. Durchführung für konstante Fließgeschwindigkeit. Für die technologischen Anwendungen ist das Studium des Fließens unter gegebener Fließgeschwindigkeit wichtiger als die elastische Nachwirkung. Hier mag der einfachste Fall dieser Art, der *Dauerzustand des Fließens unter konstanter Fließgeschwindigkeit* besonders behandelt werden. Die Fließgeschwindigkeit heiße c; wegen des stationären Zustandes ist $\partial\mu/\partial t = 0$ zu setzen; damit liefert Gl. (2):

$$\frac{d\mu}{dt} = c\,\frac{d\mu}{dx}.$$

Mit diesem Wert kommt in Gl. (1) die Zeit nicht mehr vor; es bleibt eine gewöhnliche Differentialgleichung für μ abhängig von x übrig. Diese Differentialgleichung ist von der ersten Ordnung und linear in μ, also durch Quadraturen lösbar. Doch ist die Lösung im allgemeinen Fall nicht bequem durchführbar. Sie wird aber einfach, wenn die umgekehrten Sprünge vernachlässigt werden dürfen; in diesem Fall lassen sich die Veränderlichen trennen. Geht man gleich zur einfachsten Formel

$$U/U_m = A - B\,x$$

über, so wird aus Gl. (1)

$$\frac{1}{\mu}\,\frac{d\mu}{dx} = -\,\frac{e^{-A}}{c\,\tau}\,e^{B\,x}$$

oder integriert

$$\ln\mu = -\,\frac{e^{B\,x}}{B\,c\,\tau_1} + \text{konst.}$$

Dabei ist wieder $\tau\,e^A = \tau_1$ gesetzt. Die Integrationskonstante ist so zu wählen, daß μ von 1 bis 0, also $\ln\mu$ von 0 bis $-\infty$ läuft. Für $x = -a$ wird wegen des großen Wertes $B\,e^{Bx}$ praktisch $= 0$, also ist die Konstante gerade $= 0$ zu setzen, und es wird damit

$$\mu = e^{-\frac{1}{B\,c\,\tau_1}\,e^{B\,x}}. \qquad (16)$$

Die Verteilung ist also von derselben Art wie bei der Relaxation, vgl. Gl. (10). Im übrigen ist τ_1 eine sehr große Zeit, so daß e^{Bx} sehr groß werden muß, um eine merkliche Abweichung des $\ln\mu$ von Null zu erhalten.

Es ist nun wieder das Integral über die Verteilung zu bilden, etwa in der Form der Gl. (9a). Die Rechnung ist wieder dieselbe wie bei der Relaxation, es ist nur $1/B\,c$ an Stelle von t zu setzen; es ist also

$$P = \frac{C}{B}(\ln B\tau_1 + \ln c - 0{,}5772) = \frac{C}{B}(A + \ln B\tau + \ln c - 0{,}5772). \quad (17)$$

Das Zusammenwirken vieler Teilmechanismen ändert nichts an der Art der Abhängigkeit der Kraft von der Geschwindigkeit; für zwei Geschwindigkeiten c_1 und c_2 ergibt sich ein Unterschied der Gesamtkräfte

$$P_2 - P_1 = \text{konst.} \cdot \log c_2/c_1. \quad (18)$$

Die Abhängigkeit der Kraft von der Geschwindigkeit c ist also von der durch die Beobachtungen wahrscheinlich gemachten Art. Gl. (17) und (18) haben die Eigentümlichkeit, daß für $c = \infty$ die Kraft logarithmisch unendlich, für $c = 0$ negativ logarithmisch unendlich wird, was physikalisch sinnlos ist. Es muß aber darauf hingewiesen werden, daß die Ableitung (vgl. den vorigen Abschnitt) voraussetzte, daß bei $x = a$ μ praktisch $= 0$, bei $x = 0$ μ praktisch $= 1$ sei. Dies trifft aber nur zwischen gewissen Grenzen für c zu, die allerdings meist noch recht weit auseinanderliegen. Das Verhalten bei ganz großen Geschwindigkeiten ist dadurch gekennzeichnet, daß innerhalb unserer Näherung die größte Kraft $P_{\max} = C\,a = \frac{C\,A}{B}$ ist, entsprechend einer Verteilung $\mu = 1$ bis $x = a$. Die Formel für den Fall $\mu(a) > 0$ läßt sich nicht einfach anschreiben, doch führen Quadraturen zum Ziel. Der Fall der kleineren c wird im folgenden noch behandelt werden. Dort müssen auch die Rücksprünge berücksichtigt werden. Aus diesem Grund ist die vorstehende Rechnung nur für Werte von $B\,c\,\tau_1$ brauchbar, die größer als etwa 10 sind (vgl. hierzu Abb. 18).

Es mag hier noch bemerkt werden, daß sich für den Fall der mäßig großen c (keine Rücksprünge) auch die genauere Formel

$$\frac{U}{U_m} = \left(\frac{a - x}{b}\right)^{3/2}$$

wenigstens näherungsweise behandeln läßt. Die Integration von Gl. (1) gibt in diesem Fall

$$\ln \mu(x) = -\frac{1}{c\,\tau} \int_{-\infty}^{x} e^{-\left(\frac{a - x'}{b}\right)^{3/2}} d\,x'. \quad (19)$$

(Die untere Grenze des Integrals, die eigentlich $= -a$ sein sollte, kann, ohne praktisch etwas zu ändern, $= -\infty$ gesetzt werden.) Wird zur Abkürzung $\frac{a-x'}{b} = z$ gesetzt, so ist also

$$b \cdot \int\limits_{z_1 = \frac{a-x}{b}}^{\infty} e^{-z^{3/2}} dz$$

zu berechnen. Es ist

$$\int\limits_{z_1}^{\infty} e^{-z^{3/2}} dz = \frac{2}{3} \frac{e^{-z_1^{3/2}}}{\sqrt{z_1}} \left(1 - \frac{1}{2 z_1^{3/2}} + \frac{1}{z_1^3} - \frac{7}{2 z_1^{9/2}} + \cdots\right).$$

Meist wird bereits das zweite Glied der Reihe vernachlässigbar sein. Damit wird näherungsweise

$$\mu(x) = e^{-\frac{2 b e^{-\left(\frac{a-x}{b}\right)^{3/2}}}{3 c \tau \sqrt{\frac{a-x}{b}}}} \tag{20}$$

Bei der Diskussion dieser Formel interessiert vor allem die Lage desjenigen Wertegebietes von x, in dem sich der Hauptteil des Überganges von $\mu = 1$ bis $\mu = 0$ abspielt. Die ungefähre Mitte dieses Gebietes wird gefunden, wenn Gl. (20) z. B. für $\mu = \frac{1}{2}$ nach x aufgelöst wird, was allerdings nur schrittweise unter Einsetzung eines geschätzten Näherungswertes von x unter der Wurzel und nachträgliches Verbessern gelingt. Weiter kann man nach der Breite des Übergangsgebietes fragen. Diese ist genähert $= 1/\left|\frac{d\mu}{dx}\right|$ für ein mittleres μ. Es ist unschwer nachzuweisen, daß

$$\frac{d\mu}{dx} = \frac{3}{2} \mu \ln \mu \frac{c \tau}{\sqrt{(a-x) b}}$$

ist. Mit $\mu = \frac{1}{2}$ ist daher

$$\frac{1}{\left|\frac{d\mu}{dx}\right|} = \frac{4}{3 \ln 2} \frac{\sqrt{(a-x_1) b}}{c \tau}.$$

Sowohl der Zähler wie der Nenner des Bruches wirkt dahin, daß bei wachsender Geschwindigkeit, d. h. Annäherung an $x_1 = a$, der Übergang immer steiler wird.

Statt einer Integration von Gl. (20), die nur für den Einzelfall numerisch ausgeführt werden könnte, kann man hier einen Näherungswert von x^* gewinnen, indem man aus Gl. (20) den Wert von x aufsucht, der zu einem passenden mittleren Wert μ_1 von μ gehört. Man könnte dabei $\mu_1 = \frac{1}{2}$ setzen; besser nimmt man einen Wert, der bei Anwendung des gleichen Verfahrens auf die Formeln (10) und (16) zu dem Resultat (12a) und (17) führt, nämlich $\ln(-\ln \mu_1) = -0{,}5772$,

$\mu_1 = 0{,}5704$. Es gilt also nur für $\mu = \mu_1$ Gl. (19) bzw. (20) nach x aufzulösen, der Verlauf von $C\,x^*$ abhängig von c ergibt dann das gesuchte Kraftgesetz.

Will man die *Abhängigkeit der Kraft von der Temperatur* studieren, so ist zu beachten, daß U_m proportional der absoluten Temperatur T ist; U_1/U_m ist also der absoluten Temperatur umgekehrt proportional, wenn angenommen wird, daß das Kraftfeld, also $U_1(x)$, durch die Temperatur nicht geändert wird. Die Wärmeausdehnung wird hier in Wirklichkeit gewisse Änderungen verursachen, doch dürften sie nicht allzu bedeutend sein. Werden sie nicht weiter beachtet, dann können also die Temperaturwirkungen in der Weise berücksichtigt werden, daß in der Formel $U_1/U_m = A - B\,x$, $A = A'/T$ und $B = B'/T$ gesetzt wird, wo jetzt A' und B' zwei von der Temperatur unabhängige Konstanten sind. Die Formel (17) für die zu einer gegebenen Formänderungsgeschwindigkeit gehörige Kraft lautet damit also

$$P = \frac{C}{B'}\left\{A' + T\left(\ln\frac{B'\tau}{T} + \ln c - 0{,}5772\right)\right\}. \tag{21}$$

(Wegen der Beziehung $P_{\max} = C\,A/B = C\,A'/B'$ ist die innere Klammer immer negativ, so daß P mit wachsender Temperatur immer abnimmt.) Die „Dauerstandfestigkeit“[1] könnte so errechnet werden, daß man festsetzt, daß in einer Zeit t_1 z. B. von 100 Jahren die Formänderung durch Fließen höchstens gleich der elastischen Formänderung an der Elastizitätsgrenze sein soll, also

$$\xi_1 = c_1\,t_1 = a; \qquad c_1 = a/t_1.$$

Es macht dabei wegen des logarithmischen Eingehens in die Formel nicht viel aus, ob die Annahmen so oder etwas anders genommen werden. Bei Versuchen wird man vielleicht für t_1 die größte für die Beobachtung zur Verfügung stehende Zeit und für das zugehörige ξ_1 den kleinsten feststellbaren Formänderungsweg wählen. Mit

$$\ln\frac{B'\tau}{T_1} + \ln c_1 - 0{,}5772 = -K$$

ergibt sich dann die Dauerstandfestigkeit

$$P_1 = C/B'\{A' - T(K + \ln T/T_1)\}. \tag{22}$$

Das Glied $\ln T/T_1$ dürfte dabei meist bedeutungslos sein, so daß sich in erster Näherung eine lineare Abnahme mit der Temperatur ergibt. Wichtiger scheint bei dieser Aufgabe, den genaueren Ausdruck für U_1,

[1] Der Begriff wurde von F. KOERBER eingeführt und bedeutet diejenige Belastung, bei der noch gerade kein dauerndes Weiterfließen eintritt, vgl. F. KOERBER, Z. techn. Phys. Bd. 8 (1927) S. 421.

nämlich $U_1 = \text{konst.}\,(a - x)^{3/2}$ heranzuziehen. Hier mag eine rohe Abschätzung genügen. Der Wert von U_1, bei dem die meisten Übergänge erfolgen, kann näherungsweise als ein (von der Fließgeschwindigkeit abhängiges) Vielfaches von U_m angesehen werden, und ist dann selbst der absoluten Temperatur proportional. Damit wird $(a - x)^{3/2} = \text{konst.}\,T$; also

$$x = x^* = a - \text{konst.}\,T^{2/3}$$

(x^* in der früheren Bedeutung). Hieraus ergibt sich eine Kraft

$$P = C\,x^* = C\,a - K\,T^{2/3}. \tag{23}$$

Es ist jetzt noch der Fall der besonders kleinen Geschwindigkeiten bzw. der besonders großen Wärmebewegung zu behandeln, wo die Rücksprünge berücksichtigt werden müssen. Wir beschränken uns hier auf den Ansatz

$$\frac{U_1}{U_m} = A - B\,x, \qquad \frac{U_2}{U_m} = A + B\,x.$$

Unter Berücksichtigung des unter 4. Gesagten ergibt sich für μ die Differentialgleichung

$$\frac{d\mu}{dx} = \frac{1}{c\,\tau_1}\left[(1-\mu)\,e^{-B\,x} - \mu\,e^{B\,x}\right], \tag{24}$$

wo $\tau_1 = \tau\,e^A$ wieder die (meist sehr große) Zeitkonstante $= 2 \times$ Maxwellsche Relaxationszeit ist.

Für so kleine Geschwindigkeiten, daß $c\,\tau_1$ klein gegen $1/B$ ist, kann eine Reihenentwicklung nach $B\,c\,\tau_1 = k$ vorgenommen werden. Wir setzen $B\,x = y$ und erhalten aus Gl. (24):

$$k\frac{d\mu}{dy} = e^{-y} - \mu(e^y + e^{-y}). \tag{24a}$$

Diese Gleichung kann in der Weise gelöst werden, daß man $\mu = \mu_0 + k\,\mu_1 + k^2\,\mu_2 + \cdots$ setzt und jeweils die Glieder mit gleicher Potenz von k in Gl. (24a) einander gleichsetzt. Es ist also

$$\mu_n = -\frac{1}{e^y + e^{-y}}\,\frac{d\mu_{n-1}}{dy} = -\frac{1}{2\,\mathfrak{Cof}\,y}\,\frac{d\mu_{n-1}}{dy}. \tag{25}$$

Die Glieder nullten Grades in k ergeben

$$\mu_0 = \frac{e^{-y}}{e^y + e^{-y}} = \frac{1}{2}(1 - \mathfrak{Tg}\,y); \tag{25a}$$

diese Verteilung ist mit derjenigen nach völligem Abklingen einer Relaxation identisch (dort μ_∞ genannt); sie ist hier die Grenzverteilung für eine verschwindende Streckgeschwindigkeit, die bereits hinreichend lange Zeit (mathematisch gesprochen unendlich lange) andauert. Mit diesem Wert liefert die Rekursionsformel

$$\mu_1 = \frac{1}{4\,\mathfrak{Cof}^3 y}, \tag{25b}$$

$$\mu_2 = \frac{3}{8}\,\frac{\mathfrak{Sin}\,y}{\mathfrak{Cof}^5 y}, \tag{25c}$$

$$\mu_3 = \frac{3}{16}\,\frac{(5\,\mathfrak{Sin}^2 y - \mathfrak{Cof}^2 y)}{\mathfrak{Cof}^7 y}. \tag{25d}$$

Es ist jetzt die Kraft

$$P = C\int_{-a}^{+a} (\mu - \mu_\infty)\,dx \approx \frac{C}{B}\int_{-\infty}^{+\infty} (\mu - \mu_\infty)\,dy$$

zu bilden (die Grenzen $\pm Ba$ können, da $\mu_0 = \mu_\infty$ fortfällt und die übrigen Glieder beiderseits rasch gegen Null gehen, wenn $|y|$ einigermaßen groß wird, ohne praktischen Fehler durch $\pm\infty$ ersetzt werden). Nun ist μ_2, μ_4 usw. ungerade, das Integral von $-\infty$ bis $+\infty$ also $= 0$; die geraden Glieder geben durch komplexe Integration[1]

$$\int_{-\infty}^{+\infty} \mu_1\,dy = \frac{\pi}{8}, \qquad \int_{-\infty}^{+\infty} \mu_3\,dy = -\frac{3\pi}{256}.$$

Damit wird unter Einsetzen des Wertes von k

$$P = \frac{\pi}{8}\,C\,c\,\tau_1\left(1 - \frac{3\,(B\,c\,\tau_1)^2}{32} + \cdots\right). \tag{26}$$

Wir erhalten also das sehr bemerkenswerte Ergebnis, daß in dem Fall eines sehr kleinen Zahlwertes der dimensionslosen Größe $B\,c\,\tau_1 = B\,c\,\tau\,e^A$ die Kraft P der Verformungsgeschwindigkeit proportional ist, also ein Widerstand von der Art einer Flüssigkeitsreibung entsteht. Das in der Klammer angegebene Korrekturglied zeigt die ersten Abweichungen vom linearen Verhalten an (vgl. auch unten Abb. 18). Den Verlauf von μ nach den Formeln (25a) und (25b, c) einerseits und nach Formel (16) andererseits zeigen die beiden linken und die beiden rechten Kurven von Abb. 17. Den Verlauf der Gesamtkraft nach Gl. (17) und (26) zeigen die ausgezogenen Kurven 1 und 2 von Abb. 18. Die beiden Kurven ließen leider noch ein ziemlich langes Stück zwischendurch aus. Dieses Stück wurde dadurch überbrückt, daß für die Werte $k = 3$, $k = 5$ und $k = 10$ eine numerische Lösung von Gl. (24a)

[1] Die Ausführung dieser ziemlich umständlichen Rechnung verdanke ich Herrn Walter Tollmien.

errechnet wurde[1]. Die so ermittelten Punkte sind in Abb. 18 eingetragen worden (durch Ringel kenntlich gemacht); durch diese Punkte und durch den Anschluß an die Kurven 1 und 2 ist die strichpunktierte

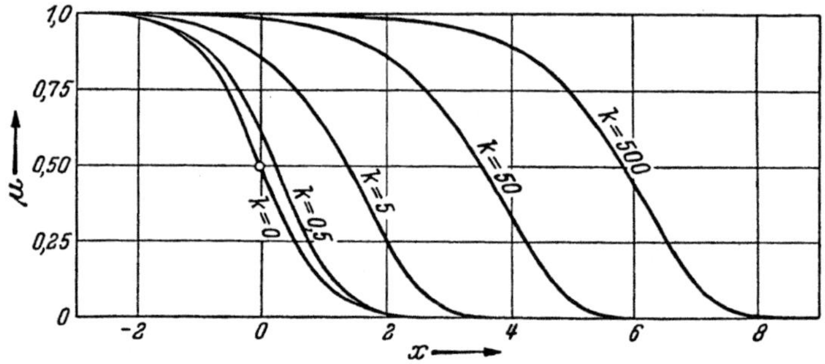

Abb. 17

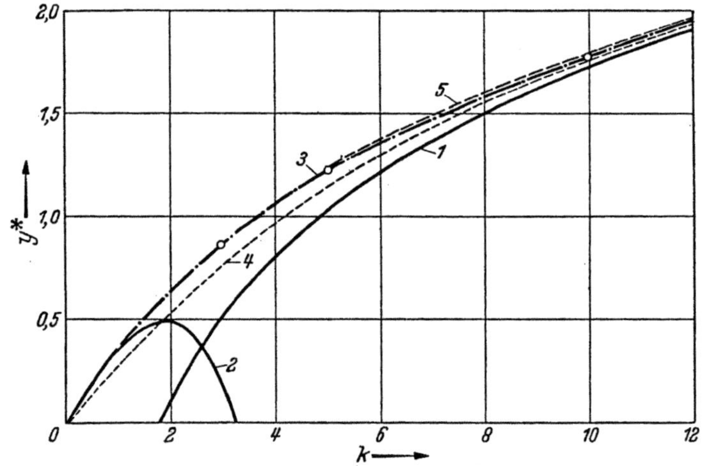

Abb. 18

[1] Diese Rechnung hat Herr TOLLMIEN unter Mithilfe von Herrn LIEBEHENZ durchgeführt. Die Gl. (24a) wird durch die Formel

$$\mu = e^{-\frac{2\,\mathfrak{Sin}\,y}{k}} \int_{-\infty}^{y} \frac{e^{-y}}{k}\, e^{\frac{2\,\mathfrak{Sin}\,y}{k}}\, dy$$

gelöst. Es wurde dazu für die drei Werte $k = 3$, $k = 5$ und $k = 10$ zunächst der Integrand dieser Formel tabuliert und die zugehörige Kurve nach dem Verfahren der mittleren Abszisse graphisch integriert, darauf die Formel fertig gerechnet. Im mittleren Teil war die Genauigkeit gut, nicht aber in den asymptotischen Übergängen zu den Werten $\mu = 1$ und $\mu = 0$; hierfür wurde das Richtungsfeld der Gl. (24a) herangezogen, das, wie das jeder linearen Differentialgleichung erster Ordnung, die bequeme Eigenschaft hat, daß alle Richtungen in den Punkten mit gemeinsamer Abszisse je durch einen festen Punkt gehen. Die so erhaltenen Kurven wurden noch planimetriert.

Kurve 3 als Ergänzung dieser beiden Kurven hinlänglich festgelegt. Der Verlauf von μ für $k = 5$ ist als mittlere Kurve in Abb. 17 aufgenommen. Abb. 19 zeigt den Verlauf von $y^* = B\,x^* = P\frac{B}{C}$ abhängig von k in vier verschiedenen Maßstäben der k-Skala. Die k-Werte sind an die Kurven angeschrieben. Der Verlauf der Kraft abhängig

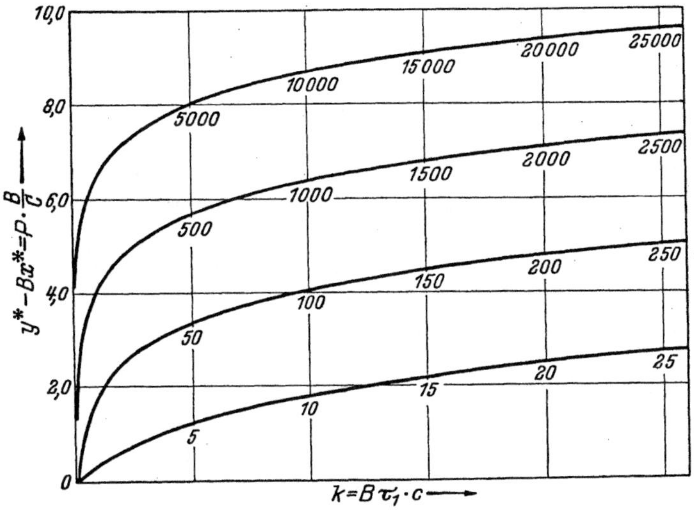

Abb. 19

von der Geschwindigkeit $c = k/B\,\tau_1$ für kleine und große Werte von $B\,\tau_1$ ist aus Abb. 19 gut zu erkennen[1].

Um den Einfluß der Temperatur hervortreten zu lassen, setzen wir wieder $A = A'/T$; $B = B'/T$; $\tau_1 = \tau\, e^{-A'/T}$; hiermit läßt sich die

[1] In manchen Fällen dürften Näherungsformeln erwünscht sein, die von $k = 0$ bis $k = \infty$ reichen. Die einfachste ist, wenn nach y^* aufgelöst wird, mit $2 \cdot e^{0,5772} = 3,562$:

$$k = 3,562\,\mathfrak{Sin}\,y^*.$$

Diese ist durch die gestrichelte Linie 4 in Abb. 18 wiedergegeben; sie stimmt für kleine k nur ziemlich roh. Man kann sie aber durch ein Zusatzglied so verbessern, daß die Anfangstangente mit der von Formel (26) übereinstimmt. Diese Forderung ist durch die Formel

$$k = 3,562\,\mathfrak{Sin}\,y^* - 1,01\,\frac{y^*}{1 + y^{*2}}$$

erfüllt. Den Verlauf dieser Formel zeigt die gestrichelte Linie 5 von Abb. 18. Für y^* als Funktion von k ist die Formel

$$y^* = \mathfrak{Ar}\mathfrak{Sin}\,\frac{k}{3,562} + 0,45\,\frac{k}{4 + k^2}$$

verwendbar. Die zugehörige Kurve fällt so eng mit Kurve 5 zusammen, daß sie fortgelassen werden mußte, um die Abbildung nicht undeutlich werden zu lassen.

zu einer Geschwindigkeit c gehörige Kraft durch alle Temperaturen verfolgen. Wir erhalten, wenn wir das ganze durch Abb. 19 dargestellte Gebiet zusammenfassen, selbst aus unserer stark vereinfachten Rechnung sozusagen den vollen Übergang vom festen Körper durch alle Zustände der Erweichung bis zum dünnflüssigen Zustand. Die Grenze für die Brauchbarkeit der Formel (26) rückt dabei zu immer größeren Geschwindigkeiten hinaus, da sowohl B wie besonders τ_1 stark abnehmen, wenn die Temperatur stark steigt. Aus dem Verhalten bei kleinem c erhalten wir die „Zähigkeit"

$$\lim_{c\to 0} \frac{P}{c} = \frac{\pi}{8} C \tau e^{A'/T}. \tag{27}$$

Bei Schmierölen und anderen zähen Flüssigkeiten wird eine Abnahme der Zähigkeit je auf die Hälfte bei Temperaturerhöhungen von je 10 bis 20° beobachtet. Das Auftreten der Temperatur im Exponenten von Gl. (27) läßt dieses Verhalten gut verstehen. Bezüglich der Abhängigkeit der Zähigkeit der Flüssigkeiten vom Druck zeigten Versuche von P. W. Bridgman[1], die bis etwa 12000 Atmosphären gingen, daß bei solch hohen Drücken die Zähigkeit der meisten Flüssigkeiten sehr stark zunimmt (bis aufs Tausendfache und mehr), und zwar stellte Bridgman fest, daß die Zunahme der Zähigkeit annähernd nach einer geometrischen Reihe erfolgt, wenn der Druck nach einer arithmetischen Reihe gesteigert wird. Wenn man annimmt, daß die Wellenhöhe unseres Kraftfeldes und damit die Übergangsarbeit A' proportional dem Druck ist (mit diesem Druck werden die Flüssigkeitsmolekeln in die gegenseitigen Zwischenräume hineingedrückt), so liefert Gl. (27) angenähert ein solches Verhalten (angenähert deshalb, weil auch die Größe C vom Druck abhängen wird).

Für den Festigkeitsprüfer sind auch die Vorgänge beim Beginn des Streckens vom spannungslosen Zustand an oder bei der Fortsetzung nach einer Ruhepause, weiter auch diejenigen beim Übergang von einer Geschwindigkeit auf eine andere von gewissem Interesse. Solche Vorgänge lassen sich grundsätzlich nach der allgemeinen Rechenvorschrift, die hier gegeben wurde, verfolgen, Setzt man hier, mit $d\xi/dt = c$ und x_0 = Anfangskoordinate eines Teilchens $x = x_0 + c\,t$, so ist, wenn jetzt x_0 und t als unabhängige Veränderliche angesehen werden, in Gl. (1) $d\mu/dt = \partial\mu/\partial t$ zu setzen, da jedes Teilchen sein x_0 beibehält. Damit ist, wenigstens in dem Fall, daß die Rücksprünge vernachlässigt werden dürfen, sofort eine Integraldarstellung der Lösung möglich. Für den Ansatz $U_1/U_m = A - B\,x$ wird entsprechend zu Gl. (16)

$$\mu(x_0, t) = \psi(x_0)\, e^{-\frac{1}{B c \tau_1} e^{B(x_0 + ct)}}$$

[1] Proc. Amer. Acad. of Arts and Sc. Bd. 61 (1926) S. 57; vgl. auch „Verhandl. d. II. Internat. Kongresses für techn. Mechanik", Zürich 1926, S. 63ff.

Damit für $t = 0$ $\mu = \varphi(x_0)$ wird (gegebene Anfangsverteilung), muß offenbar

$$\psi(x_0) = \varphi(x_0)\, e^{\frac{1}{B c \tau_1} e^{B x_0}}$$

gesetzt werden. Der Kraftverlauf $P(t)$ kann also nach numerischer Ausrechnung durch Planimetrierung für jeden Einzelwert von t berechnet werden. In der Verteilung $\varphi(x_0)$ kommt dabei die Vorgeschichte zum Ausdruck. Eine geschlossene allgemeine Lösung ist hier, wie man sieht, nicht angebbar, aber auch wegen der Abhängigkeit von der Vorgeschichte gar nicht möglich. Es mag deshalb hier noch ein roheres Verfahren angegeben werden, das allerdings denjenigen Anteil der Vorgänge, der mit der Vorgeschichte zusammenhängt, unterschlägt. Es muß auch gesagt werden, daß wir uns mit diesem Verfahren von unserem Modell ganz abwenden und nur eine Endformel, die das Modell geliefert hat [Formel (18)], weiter benutzen, und zwar als in jedem Fall gültig, während sie beim Modell nur im stationären Fließzustand galt. Wir wollen nun rein phänomenologisch die zu einem Spannungszustand gehörige Formänderung als Summe aus einem elastischen und einem unelastischen Anteil ansetzen. Der Einfachheit halber sei dabei angenommen, daß der unelastische Anteil zu keiner Zeit abnimmt. Zum Zeichen, daß es sich nicht mehr um unser Modell handelt, mag die Spannung wieder mit σ (statt P beim Modell), die Formänderung mit ε (statt ξ beim Modell) bezeichnet werden. Der elastische Anteil sei $\varepsilon_1 = \sigma/E$ mit $E =$ Elastizitätsmodul, für den unelastischen Anteil ε' soll gelten, daß die Geschwindigkeit seines Anwachsens $d\varepsilon'/dt$ entsprechend Gl. (18) mit der Spannung zusammenhänge. Unter der Einführung einer neuen Zeitkonstante τ' (eine sehr große Zeit entsprechend den früheren τ_1) sei $\sigma = \text{konst.} \ln\left(\tau' \frac{d\varepsilon'}{dt}\right)$; die Umkehrung liefert, mit β = dem Kehrwert der Konstanten,

$$\frac{d\varepsilon'}{dt} = \frac{1}{\tau'} e^{\beta \sigma}. \tag{28}$$

Mit

$$\varepsilon = \varepsilon_1 + \varepsilon' = \frac{\sigma}{E} + \varepsilon'$$

wird

$$\frac{d\varepsilon}{dt} = \frac{1}{E}\frac{d\sigma}{dt} + \frac{1}{\tau'} e^{\beta \sigma}.$$

Dies bedeutet, wenn ε als Funktion der Zeit, oder noch allgemeiner als Funktion von t und σ vorgeschrieben wird, eine Differentialgleichung erster Ordnung zwischen σ und t. Als Beispiel sei hier angeführt die Lösung für den Fall $d\varepsilon/dt = c =$ konst., mit dem Beginn von $\sigma = 0$ an bei $t = 0$. Die Lösung lautet:

$$\sigma = \frac{1}{\beta}\left[\ln c\,\tau' - \ln(1 + c\,\tau'\, e^{-\beta E c t})\right]. \tag{29}$$

Für kleine Zeiten darf im zweiten Logarithmus wegen des sehr großen τ' die 1 gegen den Rest vernachlässigt werden; damit vereinfacht sich die Formel aber zu $\sigma = E\,c\,t = E\,\varepsilon$, d. h. rein elastisches Verhalten. Für große t verschwindet dagegen wegen $\ln(1+u) \approx u$ der zweite Logarithmus allmählich; und es nähert sich die Spannung dem stationären Wert $\sigma_1 = \frac{1}{\beta} \ln c\,\tau'$. Die Zeitkonstante des Abklingens des nichtstationären Spannungsanteiles ist offenbar $\tau'' = 1/E\,\beta\,c$, der zugehörige Formänderungsweg $c\,\tau'' = 1/E\,\beta$, also unabhängig von der Geschwindigkeit c. Das bedeutet, daß die zu den Übergängen bei plötzlichem Wechsel der Streckgeschwindigkeit gehörigen Spannungsdehnungskurven kongruent zueinander sind, wenn nur die Richtung der Übergänge dieselbe ist. Dies ist auch aus Gl. (29) unmittelbar zu erkennen, wenn man dort ε für $c\,t$ schreibt. Dieses Verhalten wird auch durch Versuche in Fällen bestätigt, wo nicht Verfestigung oder Kristallerholung oder dergleichen Vorgänge stören. Welche Änderungen die an das Modell anknüpfende Rechenvorschrift an diesen Ergebnissen hervorbringen würde, ist bisher noch nicht untersucht. Die Einfachheit von Gl. (28) erlaubt übrigens auch, verschiedene Vorgänge nachzurechnen, die nach der genaueren Rechenvorschrift nicht angreifbar sind, so z. B. den Fall, daß ein Stab in der stillgesetzten Zerreißmaschine unter Spannung stehenbleibt, wobei mit fortschreitender Dehnung die Spannung in der Maschine allmählich nachläßt. Doch sei hier nicht weiter darauf eingegangen.

7. Rückblicke und Ausblicke. Wir sind am Abschluß der Betrachtungen über das Gedankenmodell angelangt. Es verlohnt sich, zunächst zusammenfassend zu fragen, was damit erreicht ist, und andererseits auch, was nicht geleistet ist. Das Modell hat sich als sehr geeignet erwiesen, das Typische der Hysteresis und der Zeitwirkungen aufzuzeigen, ferner den Zusammenhang zwischen den verschiedenen Arten von Zeitwirkungen darzutun. Das Modell ist noch kein treues Abbild des Atomgebäudes, das den wirklichen festen Körper ausmacht, trotzdem steht zu hoffen, daß die Wechselbeziehungen zwischen den verschiedenen Vorgängen, die sich hier theoretisch ergeben haben, sich bei den wirklichen Körpern im allgemeinen bestätigen werden. Zum mindesten geben diese Beziehungen eine Richtung an, in der die Forschung sich lohnen wird, und wo diese etwas anderes liefern wird, als das Modell erwarten läßt, da weiß man dann, daß es sich um irgendeine Erscheinung handelt, die das Modell nicht darstellen kann. Zu diesen Erscheinungen gehört z. B. die Verfestigung. Man kann zwar die einseitige Verfestigung, die mit einer Entfestigung in der umgekehrten Belastungsrichtung verbunden ist, zur Not darstellen, wenn man annimmt, daß einige Teilmechanismen unbegrenzt elastisch bleiben; doch ist dies eine recht künstliche, den wirklichen Vorgängen kaum gerecht werdende Annahme.

Die beiderseitige Verfestigung, d. h. die Verfestigung, die mit einer Verfestigung auch in der umgekehrten Belastungsrichtung verbunden ist, läßt sich aber durch das Modell in keiner Weise darstellen. Diese hängt offenbar damit zusammen, daß es sich hier um Vorgänge im Gitteraufbau des Körpers handelt, die nur räumlich zu verstehen sind, beim Übergang zum Lineal aber verlorengehen. Die Kristallerholung, die in einer im Laufe der Zeit sich vollziehenden Rückgängigmachung der in den Kristallen durch die Verformung hervorgerufenen Unordnung besteht, und die sich durch ein teilweises Zurückgehen der Verfestigung anzeigt, kann natürlich ebensowenig dargestellt werden. Die Rekristallisation, d. h. der völlige Neuaufbau von spannungsfreien Kristallen aus den verformten und gespannten Kristallen kann, soweit die Verfestigung dadurch berührt wird, ebenfalls nicht dargestellt werden; dagegen hat das allmähliche Schwinden der bestehenden Spannungen bzw. das langsame Weiterfließen unter mäßigen Belastungen eine gewisse Analogie in den selbsttätigen Sprüngen der Modellteilchen. Deshalb kann hier in günstigen Fällen doch eine einigermaßen brauchbare Übereinstimmung mit dem wirklichen Verhalten erwartet werden, obschon es sich in einem kristallisierten Körper bei dem Weiterfließen meist um einen Wettstreit zwischen der Verfestigung einerseits und der Entfestigung durch Rekristallisation andererseits handeln wird.

Das Modell setzte Unordnung in der ursprünglichen Anordnung derjenigen Teilchen voraus, die die Träger der Verformungsbewegung sind. Diese Teilchen sollten ja nach unserer Annahme gleichmäßig über alle Phasen des Kraftfeldes verteilt sein, was gerade bei völliger Unordnung nach dem Gesetz der großen Zahlen im Durchschnitt eintreffen wird. Deshalb ist es zu erwarten, daß unsere Formeln vor allem in solchen Fällen gut stimmen werden, wo die Formänderungsbewegungen sich hauptsächlich an den Korngrenzen abspielen. Darüber hinaus ist zu erwarten, daß auch bei solchen Stoffen, deren räumlicher Aufbau vollkommene Unordnung zeigt, wie die amorphen Stoffe Glas, Pech usw., die Modellformeln einschließlich des thermischen Verhaltens gut stimmen werden; bei kristallisierten Stoffen dagegen wird, soweit es sich um Verformung der Kristallkörner handelt, eine gute Übereinstimmung nicht erwartet werden können. Vielleicht führt hier eine andere Betrachtung zur Gewinnung eines besser entsprechenden Modells. Dieses kann vielleicht so angenommen werden, daß die Teilchen auf dem Lineal A zwar regelmäßig zum Kraftfeld angeordnet sind, dabei aber untereinander elastisch gekoppelt sind, wodurch ihre durch den Gitterbau vermittelte gegenseitige Einwirkung zum Ausdruck kommt. Es ist denkbar, daß bei Annahme eines ursprünglichen Baufehlers (irgendwo ein Platz übersprungen oder doppelt besetzt) gewisse Eigenschaften (Schubspannung bei der Translation im Einkristall usw.) rechnerisch verfolgt werden können, wobei wieder die thermischen Wirkungen mit zu beachten sein werden. Diese Rechnungen werden allerdings andere Mittel erfordern als die hier mitgeteilten und es ist noch nicht sicher, ob ihre Schwierigkeiten sich werden meistern lassen.

Um die *Verfestigung* in den Modellmechanismus mit einzubeziehen, kann man daran denken, das Modell „mehrgleisig" zu bauen, mit der Anordnung, daß jedes Teilchen auf seinem Gleise fortschreitend immer steilere Berge und tiefere Täler vorfindet und bei der Rückfahrt durch Weichenstellung in weitere Gleise kommt, wo die Berge und Täler noch steiler sind usw. Die Erholung und Rekristallisation läßt sich dabei dadurch einführen, daß die Teilchen durch Wärmeschwingungen auch Sprünge quer zu den Gleisen machen können, durch die sie in den Bereich der flachen Berge und seichten Täler zurückgelangen. Indes ist die Konstruktion reichlich künstlich und auch ihre mathematische Verfolgung nicht sehr verlockend. Der Kern des Gedankens läßt sich aber in einer Form nützlich verwerten, die an die Darlegungen am Schluß von Abschn. 6 anknüpft.

Wir wollen uns die Verfestigung so vorstellen, daß der Stoff durch die bleibende Verformung in fortschreitendem Maß in eine Strukturform übergeführt wird, in der er höhere Festigkeit aufweist. Wir wollen die Menge des festeren Anteiles (der festeren „Phase") mit z bezeichnen; $z = 0$ bedeute dabei den völlig unverfestigten Stoff, $z = 1$ den vollständig in die festere Phase übergeführten Stoff. Im einfachsten Fall können wir nun zum Ersatz für Gl. (28) schreiben:

$$\frac{d\varepsilon'}{dt} = \frac{1}{\tau'} e^{\beta\sigma - \nu z}, \tag{30}$$

wobei wieder angenommen werden soll, daß es sich um lauter solche Vorgänge handelt, bei denen ε' niemals abnimmt.

Der Ansatz (30) hat offenbar die Wirkung, daß die Spannung, die ein bestimmtes $d\varepsilon'/dt$ liefert, um so höher ist, je größer z ist. Es muß nun eine Aussage über z hinzukommen. Die einfachste Annahme ist die, daß man z proportional ε' setzt. Dies gibt bereits gewisse typische Erscheinungen qualitativ richtig wieder. Besser ist es aber, festzusetzen, daß die jeweilige Vermehrung der Phase z proportional derjenigen Menge des Stoffes ist, der noch in der ersten Phase verweilt, also proportional $(1 - z)$. Im übrigen soll die Vermehrung dz dem zugehörigen $d\varepsilon'$ proportional sein. Wenn man Erholung und Rekristallisation berücksichtigen will, so kann man eine selbsttätig verlaufende Zurückführung aus der festeren Phase in die weichere hinzunehmen, die man sinngemäß der in der festeren Phase vorhandenen Menge, also der Größe z, proportional setzen wird. So ergibt sich

$$dz = \lambda(1 - z)\, d\varepsilon' - \mu z\, dt,$$

oder

$$\frac{dz}{dt} = \lambda(1 - z)\frac{d\varepsilon'}{dt} - \mu z. \tag{31}$$

Die Gesamtdehnung ε besteht wieder aus der Summe aus einem nur von der Spannung abhängigen Teil $f(\sigma)$ (rein elastisch oder auch einschließlich Hysteresis) und der unelastischen Verformung ε'. Die Dehnung $\varepsilon = f(\sigma) + \varepsilon'$ mag wieder als Funktion von t und σ gegeben sein. Damit ist wieder ein Gleichungssystem gewonnen, dessen Integration uns wichtige Aufschlüsse über den einfachsten Fall der Verfestigung mit oder ohne Erholung ($\mu > 0$ oder $\mu = 0$) liefern kann. Ich habe in einer Dissertation[1] dieses System auf die zeitlichen Formänderungen von Zinkstäben anwenden lassen und ziemlich befriedigende Übereinstimmung der Beobachtungen mit der Rechnung feststellen können. Die Werte τ' [2], β, λ, μ, ν sind dann für das Zink charakteristische Maßzahlen (τ' beeinflußt die Höhe der Fließgrenze, $1/\beta$ die Spannungserhöhung durch Verdoppelung der Fließgeschwindigkeit, $\nu\,\lambda/\beta$ diejenige durch Verfestigung in der Nähe von $z = 0$, vgl. unten; λ die Schnelligkeit, mit der sich z dem Wert 1 nähert und μ die Erholung). $1/\mu$ ist eine Zeitkonstante und läßt ebenso wie τ' starke Temperaturabhängigkeit erwarten, und zwar dieselbe Art der Abhängigkeit wie bei der Zeitkonstante $\tau_1 = \tau\, e^{A'/T}$ des Modells. Über die Temperaturabhängigkeit der übrigen Werte ist einstweilen nichts bekannt. Das Arbeiten des Formelsystems (30) und (31) mag hier an dem einfachsten Beispiel $d\varepsilon'/dt = c$ kurz gezeigt werden, dem allerdings nur in dem Fall praktische Bedeutung zukommt, daß der elastische Anteil der Formänderungsgeschwindigkeit gegenüber dem plastischen Anteil vernachlässigt werden darf. Zunächst gibt Gl. (30): $\sigma = \frac{1}{\beta}(\ln c\tau' + \nu z)$; für den Verlauf von z liefert Gl. (31) durch Integration eine Exponentialfunktion der Zeit, nämlich

$$z = \frac{\lambda c}{\lambda c + \mu}\left(1 - e^{-(\lambda c + \mu)t}\right). \tag{32}$$

Der asymptotische Endzustand $z = \frac{\lambda c}{\lambda c + \mu}$ ergibt somit folgende Geschwindigkeitsabhängigkeit der Spannung:

$$\sigma_1 = \frac{1}{\beta}\left(\ln c\tau' + \frac{\nu}{1 + \mu/\lambda c}\right). \tag{33}$$

Der früher erörterte kleine Wert c_1 von c liefert aus dieser Gleichung wieder eine Formel für die Dauerstandfestigkeit. Man sieht, daß bei

---

[1] O. Brezina, Untersuchungen über die Zeitgesetze der unelastischen Deformation bei Zink und Flußeisen. Göttinger Dissertation 1922. Auszug in Phys. Z. Bd. 24 (1923) S. 338.

[2] Bei Brezina ist die Bezeichnung a für $1/\tau'$ verwendet, die übrigen Bezeichnungen stimmen mit den hiesigen überein.

sehr kleinem μ (sehr langsamer Erholung) der Verfestigungswert ν von Einfluß auf die Standfestigkeit ist, bei großem μ (höherer Temperatur) dieser Einfluß dagegen verschwindet. Für den Beginn ($t = 0$) ist $z = 0$, $dz/dt = \lambda c$, also für kleine Zeiten in erster Näherung

$$z = \lambda c t = \lambda \varepsilon',$$

womit

$$\sigma = \frac{1}{\beta} (\ln c \tau' + \nu \lambda \varepsilon')$$

wird. — Einen bemerkenswerten anderen Typ zeigt das gewöhnliche Flußeisen mit seiner „oberen Fließgrenze" und mit der „stillen Verfestigung" in den Ruhepausen nach einer Verformung. Man muß hier annehmen, daß neben der gewöhnlichen Verfestigung (gemessen durch z) eine *Entfestigung* einhergeht, die durch Verformung hervorgerufen wird und die im Verlauf der Zeit von selbst wieder verschwindet. Man kann sich dies so vorstellen, daß durch die Verformung Klüfte in den Kristallen auftreten, die in den Ruhepausen wieder ausheilen. Das Maß der Entfestigung mag y heißen. Für den unverformten Werkstoff gilt wieder $y = 0$; $z = 0$. Die eigentümlichen Erscheinungen der Spannungsabnahme im Beginn der unelastischen Verformung kommen nun dadurch zustande, daß die Entfestigung schneller verläuft als die Verfestigung. Der Entfestigung ist aber eine Grenze gezogen, wenn alles entfestigt ist, also $y = 1$ geworden ist. Dann beginnt die Verfestigung sichtbar zu werden. Die Abnahme der Spannung bedingt dabei eine Labilität im Dehnungsverlauf; kurze Stababschnitte führen die ganze Formänderung aus, während andere unverformt bleiben; es bilden sich abgegrenzte Fließgebiete aus. Erst wenn diese den ganzen Probestab erfüllen, geht die Verfestigung weiter, bis dahin bleibt die Spannung konstant. Nach größeren Ruhepausen findet man eine Erhöhung der Fließgrenze, die aber nach geringer Weiterverformung wieder verlorengeht. Alle diese Erscheinungen lassen sich an Hand von Ansätzen wie den folgenden rechnerisch verfolgen.

$$\frac{d\varepsilon'}{dt} = \frac{1}{\tau'} e^{\beta \sigma + \varkappa y - \nu z}, \tag{34}$$

$$\frac{d\gamma}{dt} = \lambda_1 (1 - y) \frac{d\varepsilon'}{dt} - \mu_1 y, \tag{35}$$

$$\frac{dz}{dt} = \lambda_2 (1 - z) \frac{d\varepsilon'}{dt} - \mu_2 z. \tag{36}$$

Bei Flußeisen von gewöhnlicher Temperatur wird man $\mu_2 = 0$ setzen können; μ_1 entspricht einer Erholungszeit von wenigen Tagen oder Wochen, die durch gelindes Erwärmen aber schon auf Stunden zurückgeht. Der Entfestigungsbeiwert $\varkappa \lambda_1$ ist wesentlich größer als der Verfestigungsbeiwert $\nu \lambda_2$. In dem Fall $d\varepsilon'/dt = c$ gilt hier wieder Gl. (32) für z und eine entsprechende Gleichung für y, so daß der zeitliche Verlauf der Spannung für jede gleichbleibende Geschwindigkeit angegeben werden kann. Es soll natürlich nicht gesagt werden, daß mit diesen Formeln die ganzen Geheimnisse des Flußeisens erschöpft seien, zumal eine Prüfung durch den Versuch noch aussteht. Es ist auch fraglich, ob man mit linearen Formeln auskommen wird (auch bei diesen ließe sich noch eine gegenseitige Beeinflußung von y und z denken). Es ist aber z. B. denkbar, daß die auffällige Hebung der Fließgrenze des Eisens zwischen 100 und 200 Grad damit zusammenhängt, daß die Erholungsgeschwindigkeit μ_1 sehr stark mit der Temperatur wächst, so daß die Entfestigung y dann immer nahe am Nullpunkt bleibt. Die Formel für die Dauerstandfestigkeit analog zu Gl. (33) zeigt jedenfalls ein solches Ansteigen mit der Temperatur durch Anwachsen von μ_1. Bei noch höheren Temperaturen macht sich dann auch das Anwachsen von μ_2 und die Abnahme von τ' bemerkbar, wodurch die Erholung von der Verfestigung und die Rekristallisation ihren Ausdruck finden.

Zum Schluß mag noch darauf hingewiesen werden, daß unser Gedankenmodell auch für die Behandlung der gleitenden Reibung von festen Körpern geeignet ist. Für das Studium dieses Vorganges ist sogar die Anwendung des aus den zwei gegeneinandergleitenden Linealen bestehenden Modells noch besser angepaßt, als für das der plastischen Verformung. In der Tat zeigen nun viele Versuche[1] über die Abhängigkeit der gleitenden Reibung von der Geschwindigkeit ein Verhalten, das ganz unserer Gl. (18) entspricht (wenigstens bei den kleinen Geschwindigkeiten und bei mäßigen Flächendrücken). Abweichungen ergeben sich natürlich, wenn die Flächenpressungen so groß sind, daß plastische Verformung oder Spänebildung eintritt. Im Fall von reinen Metall- oder Glasflächen, aber auch zwischen Leder und Eisen ist vielfach das Gesetz, daß die Reibungskraft mit dem Logarithmus der Geschwindigkeit zunimmt, in weitem Geschwindigkeitsbereich recht gut bestätigt. Die ungefähre Proportionalität der Reibungskraft mit der Normalkraft, durch die die Körper aneinandergepreßt werden, dürfte damit zusammenhängen, daß einerseits die effektive Berührungsfläche der beiden Körper mit der Normalkraft zunimmt, andererseits auch einer höheren Flächenpressung eine stärkere Annäherung der Molekeln der beiden Körper und dadurch ein Kraftfeld mit höheren Wellen entspricht. Eine quantitative Durcharbeitung dieses Gedankens steht

[1] Charlotte Jakob, Dissertation Königsberg 1911. Ann. Phys. Bd. 4, H. 38 (1912) S. 126 (Messing, Glas). — R. Skutsch, Dinglers polytechn. J. Bd. 329 (1914) S. 273, 306, 341, 355 (Leder auf Eisen). — G. Sachs, Z. angew. Math. Mech. Bd. 4 (1924) S. 1 (Leder auf Gußeisen).

jedoch noch aus. In dem Zusammenhang mit unserem Modell wäre eine Untersuchung über das Verhalten der Reibungskraft mit der Temperatur lehrreich, natürlich unter Bedingungen, bei denen keine Oxydbildung oder dergleichen stört. Wenn es nach unserem Modell ginge, wäre ein Verhalten nach unserer Gl. (21) oder nach der genaueren Rechnung zu erwarten, die im Anschluß an Gl. (20) auseinandergesetzt ist, und es müßte jedenfalls die Reibung bei starker Temperatursteigerung sehr wesentlich abnehmen. Die auffälligen Beobachtungen, die über die Reibung von Eisenbahnradreifen auf den Schienen und an den Bremsklötzen gemacht sind, und die zeigen, daß bei hohen Geschwindigkeiten die Reibungskräfte nur noch ein Bruchteil derjenigen bei niedrigeren Geschwindigkeiten sind[1], hängen vielleicht mit der jedenfalls starken Erhitzung der eigentlichen Berührungsstellen der Schienen bzw. Bremsklötze mit den Rädern zusammen[2].

So ergibt sich also eine ganze Reihe von Gebieten, in denen die hier gewonnenen Beziehungen von Nutzen sein können.

8. Zusammenfassung. Durch die Vorstellung, daß ein mit elastisch gelagerten Massenteilchen besetztes Lineal längs eines anderen mit einem Kraftfeld von Anziehungs- und Abstoßungskräften besetzten Lineals verschoben ist, gelingt es, die Vorgänge in einem der Formänderung unterworfenen Körper so weit nachzuahmen, daß die Hysteresis, die elastische Nachwirkung und die Abhängigkeit der Fließspannung von der Fließgeschwindigkeit in guter Übereinstimmung mit den beobachteten Gesetzmäßigkeiten herauskommen. Auch für die Temperaturabhängigkeit ergeben sich Gesetzmäßigkeiten, die den ganzen Übergang vom festen Körper durch die Erweichung bis zum dünnflüssigen Zustand verfolgen lassen. Für die Zähigkeit der Flüssigkeiten ergibt sich die richtige Art der Abhängigkeit von Temperatur und Druck. Nicht enthalten ist in dieser Theorie alles, was mit der Verfestigung zusammenhängt. Hierfür werden phänomenologische Rechnungsansätze angegeben. Auf die Anwendung der im Hauptteil erhaltenen Formeln auf die trockene Reibung wird hingewiesen.

---

[1] Vgl. z. B. Hütte Bd. I, 25. Aufl., S. 282.

[2] Möglicherweise wirkt bei der Verringerung der Reibung auch der Umstand mit, daß die Teilchen bei so großen Geschwindigkeiten nicht mehr in der Lage sind, die stabilsten Lagen, die sich in ihrer erreichbaren Nachbarschaft darbieten würden, wirklich aufzusuchen, so daß sie leichter weiter geschleppt werden, als wenn sie sich in den stabilsten Lagen befinden würden.

Der Papierfabrikant 30. Jg. (1932), Heft 19, S. 313—318

Der Kräftezustand in dem Holzstapel eines Stetigschleifers

Es wird entgegen früheren unzulänglichen Betrachtungen gezeigt, in welcher Weise man den Spannungszustand innerhalb des in einem Stetigschleifer befindlichen Holzstapels und dessen Bewegungsverhältnisse rechnerisch näher verfolgen kann, und es werden zahlenmäßige Angaben darüber gemacht.

1. Gelegentlich eines Rechtsstreites über eine Patentangelegenheit hatte ich mich — zusammen mit anderen Gutachtern — mit dem Kräftezustand und den Bewegungsverhältnissen in dem Holzstapel zu befassen, der in einer der modernen stetig arbeitenden Holzschleifmaschinen vorhanden ist. Da von den Ergebnissen der diesbezüglichen Untersuchungen manches über den Rechtsstreit hinaus von Interesse sein kann, unternehme ich es, die wichtigsten Überlegungen in Kürze wiederzugeben.

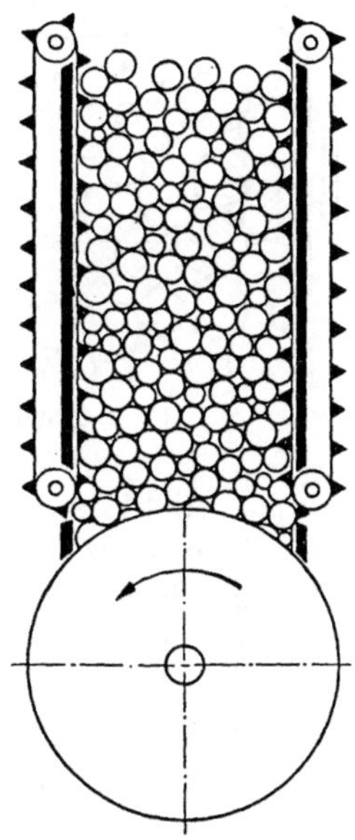

Abb. 1. Stetigschleifer

Im ganzen liegt folgendes vor. Ein aus geschälten Rundhölzern bestehender Holzstapel befindet sich in einem vertikalen Schacht zwischen Transportorganen (endlosen Ketten oder Schraubenspindeln), die mit Hilfe von geeigneten Vorsprüngen das Gut erfassen und mit Gewalt abwärts gegen den Schleifstein pressen. Die Transportgeschwindigkeit wird dabei so reguliert, daß sich die vom Schleifstein verbrauchte Leistung gerade der Leistung des zugehörigen Antriebsmotors anpaßt. Abb. 1 stellt schematisch eine derartige Maschine dar. Die Anpressung an den Schleifstein setzt sich aus zwei Kräften zusammen, dem Eigengewicht des Holzstapels und den durch das Transportorgan ausgeübten senkrechten Kraftkomponenten. Sehr wesentlich für das Zustandekommen des Vorganges ist aber auch die waagerechte Komponente, die von dem Transportorgan auf den Stapel ausgeübt wird und ihn von der Seite her unter Druck setzt. Durch diesen Druck werden die einzelnen Hölzer aneinandergepreßt und vermöge ihrer Reibung in eine mehr oder minder kompakte Masse verwandelt, die dem Schleifstein entgegenwandert.

In Anlehnung an geläufige Vorstellungen der gewöhnlichen Statik hat man vielfach versucht, den so charakterisierten Spannungszustand dadurch der Überlegung zugänglich zu machen, daß man in Gedanken den Holzstapel in einzelne für sich bestehende Gewölbebogen auflöste, die die seitlichen Drücke auf die ganze Innenmasse verteilen und zugleich die Anpressung gegen den Stein hervorbringen sollten (Abb. 2). Diese nach unten gewölbten „Brücken“ spielten in der Diskussion der Wirkungsweise eine erhebliche Rolle, und es wurde u. a. auch der folgende Schluß gezogen: Die mit dem nach unten anwachsenden Druck zunehmende Zusammendrückung der Hölzer verursacht ein langsameres Vorrücken der Mitte gegenüber den Randhölzern, die von dem Transportorgan wie eine starre Wand mitgeschleppt werden. Es würden damit die einzelnen Brücken flacher und würden bei derselben Scheitellast dann stärker gegen die Widerlager drücken, was eine bekannte Eigenschaft aller Bogenträger sei. Diese Verstärkung der seitlichen Drücke würde aber vermieden, wenn man den Schacht nach unten hin seitlich passend einengte, und zwar so, daß wegen der erhöhten Durchflußgeschwindigkeit der inneren Teile des Stapels die Brücken ihre Wölbung in der Hauptsache beibehalten. Bei noch stärkerer Einengung würde die Brückenwölbung zunehmen und die seitliche Pressung sich deshalb vermindern.

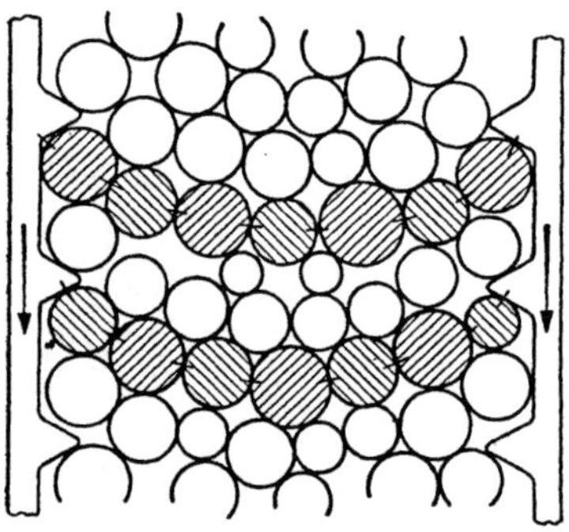

Abb. 2. Brücken

Eine solche Betrachtungsweise ist durchaus unzulässig, da eben der Holzstapel nicht aus unterschiedlichen Brücken besteht, sondern die einzelnen Holzstücke in allen Richtungen mit den sie berührenden Hölzern Kräfte austauschen. Die eben erwähnte Schlußweise ergab ja auch ein höchst befremdliches Resultat, daß nämlich die seitliche Pressung in einem nach unten hin etwas verengten Schacht kleiner ausfalle als in einem Schacht von gleichbleibender Weite. Gerade das Umgekehrte muß nach dem allgemeinen Gefühl erwartet werden.

Wie gelangt man nun zu einer richtigeren Vorstellung von der Wirkungsweise der Kräfte in dem Stapel? Diese Vorstellung muß unbedingt darauf Rücksicht nehmen, daß nicht nur die seitlich nebeneinanderliegenden Hölzer, sondern auch die darüber und darunter befindlichen sich berühren und Druck- und Reibungskräfte zwischen ihnen vorhanden sind. Wegen der offenkundigen Unregelmäßigkeiten in dem Aufbau des Holzstapels, der aus dickeren und dünneren Hölzern zusammengesetzt ist, wird allerdings im Einzelfall auch der Kräftezustand ziemlich starke Unregelmäßigkeiten aufweisen. Von der Theorie kann man natürlich nur einen Überblick über die Verhältnisse, wie sie sich *im Mittel* einstellen werden, erwarten. Aber auch eine solche Aussage wird, wo es sich um die Beurteilung der Gesamtwirkungen handelt, noch wertvoll genug sein, sicher aber ein richtigeres Bild der wirklichen Vorgänge ergeben als die bisher aufgestellte Brückentheorie, die, wie zum Teil schon oben dargelegt, doch zu sehr abwegigen und unhaltbaren Schlüssen geführt hat.

In dieser Richtung hat Professor H. Thoma, Karlsruhe, einen sehr fruchtbaren Gedanken geäußert, indem er darauf hinwies, daß der Holzstapel bei genügend großem allseitigem Druck nahezu die Eigenschaften eines *festen elastischen Körpers* erhält und dann nur noch geringe elastische bzw. plastische Deformationen zeigt. Professor Thoma hat auch einen Versuch angestellt, indem er mit einem in ähnlicher Weise wie beim Schleiferbetrieb geschichteten Holzstapel einen Belastungsversuch machte, und zwar wurde dieser Versuch unter den Bedingungen des wirklichen Betriebes im natürlichen Maßstab durchgeführt. Er fand zunächst bei kleinen Belastungen eine geringe anfängliche Nachgiebigkeit, die aber dann durch Verbesserung der Berührung an verschiedenen Stellen an der Oberfläche und im Innern des Stapels aufhörte. Von da an bis zur für den Schleiferbetrieb in Frage kommenden Höchstlast ergab sich nur noch eine im wesentlichen elastische Zusammendrückung von 1 bis höchsten 2 v. H. der Stapelhöhe. Erhebliche bleibende Deformationen sind dabei nicht aufgetreten.

Von den Zuständen, die im Holzstapel auftreten, wenn der Druck nicht genügend allseitig wirkt, kann man nach einem ebenfalls von Professor Thoma geäußerten Gedanken ein einigermaßen richtiges Bild erhalten, wenn man auf den Holzstapel die Gesetze der *Erddrucktheorie* anwendet. In dieser Theorie wird das Gleichgewicht eines losen Sandhaufens oder irgendeiner anderen Körnerschüttung studiert. Man hat dabei verschiedene Zustände zu unterscheiden. Zunächst ist hervorzuheben, daß der lose Sandhaufen *bei allseitigem Druck* sich auch ohne ein eigentliches Bindemittel in einen festen Körper verwandelt, der sich in nichts von einem gewöhnlichen elastisch festen Körper unterscheidet. Die durch den Druckzustand hervorgerufenen Reibungskräfte der einzelnen Sandkörner verhindern die Verschiebung irgendeines Sandkornes im Inneren. Die elastischen Formänderungen der Körner selbst ergeben dabei in Summa die Elastizität des Ganzen. Wenn die Drücke in verschiedenen Richtungen zu stark verschieden sind (z. B. sehr großer Druck in waagerechter Richtung bei verhältnismäßig geringem in senkrechter Richtung), dann werden sich allerdings in dem Sandhaufen Verschiebungen ergeben, die häufig in ausgesprochenen Gleitflächen erfolgen. Diesen Zustand, bei dem solche Gleitungen einsetzen, nennt man Grenzzustand. Der Sandhaufen verhält sich eben bis zu dieser Grenze als fester Körper, bei Erreichung der Grenze fängt er an, sich zu bewegen. Auf der Gleitfläche gelten während der Bewegung Gesetze, die den gewöhnlichen COULOMBschen Reibungsgesetzen entsprechen. Man würde auf unseren Holzstapel die Gesetze der Erddrucktheorie mit um so mehr Berechtigung anwenden können, je kleiner der Durchmesser des einzelnen Holzstückes im Verhältnis zur Schachtweite wäre, oder, anders ausgesprochen, je größer die Zahl der einzelnen Bauelemente wäre. Die Erddrucktheorie gilt streng auch nur in dem Sinn, daß sie Mittelwerte über einen im einzelnen sehr unregelmäßigen Kräfteaufbau liefert, Mittelwerte, die also um so genauer sind, je größer die Zahl der einzelnen Elemente ist. Für die Anwendung auf den Holzstapel ist die Zahl der Elemente bereits reichlich klein, und man darf nicht verhehlen, daß in Einzelfällen bereits recht merkliche zufällige Abweichungen von der Theorie vorkommen können. Dabei werden aber doch die Angaben der Theorie dem, *was im Mittel* eintreten wird, ziemlich gut entsprechen.

2. Die Spannungszustände, von denen hier die Rede ist, sind von zweidimensionaler Art, d. h. sie können beschrieben werden durch Angabe einer Druckspannung in waagerechter Richtung (σ_x), einer Druckspannung in senkrechter Richtung (σ_y) und einer Schubspannung (τ). Alle drei Größen sind sowohl nach der Koordinate x (waagerecht), wie nach der Koordinate y (senkrecht) veränderlich und also, wie man sich mathematisch ausdrückt, Funktionen der zwei Veränderlichen x und y. Über diese zweidimensionale Behandlung soll unten noch mehr gesagt werden. Vorher soll aber noch durch eine besonders einfache (eindimensionale) Näherungstheorie ein anschaulicher Überblick über die Verhältnisse gewonnen werden. Wir nehmen dazu an, daß die vertikale Druckspannung σ_y in einer horizontalen Schicht über den Querschnitt gleichmäßig verteilt sei, und daß ferner die waagerechte Druckspannung in derselben Schicht proportional der senkrechten Druckspannung sei

$$\sigma_x = \beta\,\sigma_y . \tag{1}$$

Mit dieser Beziehung können wir noch eine Reihe von Fällen zusammenfassen. Wenn wir an Grenzzustände im Sinn der Erddrucktheorie denken, so gibt es hier deren zwei, deren einer eintreten würde, wenn die seitlichen Wände unter dem Druck des Stapels etwas nachgeben und auseinanderrücken würden. Dieser Fall entspricht dem kleinsten Wert von σ_x bzw. β. In der Erddrucktheorie nennt man diesen Fall den Grenzzustand des *aktiven Erddruckes*. Der andere Grenzzustand entsteht, wenn die Wände mit großer Gewalt gegeneinandergepreßt werden, so daß der Stapel nach oben hin ausweicht. In diesem Zustand hat σ_x bzw. β seinen größten Wert. In der Erddrucktheorie nennt man dies den Grenzfall des *passiven Erddruckes* (die Benennungen kommen davon her, daß in dem ersten Fall das Schüttungsmaterial sich aktiv, im zweiten Fall sich passiv verhält). Um die Vorstellung zu fixieren, mag noch erwähnt werden, daß man beim aktiven Erddruck etwa $\beta = \frac{1}{5}$, beim passiven Druck $\beta = 5$ setzen kann, wobei im einzelnen diese Zahlen noch sehr von der Art des Schüttmaterials abhängen. Für elastische Zustände kann die nun folgende Näherungsbetrachtung ebenso angewendet werden. Hier hat dann β irgendeinen Wert zwischen $\frac{1}{5}$ und 5. Welchen Wert es im einzelnen Fall wirklich hat, das zu bestimmen, ist die Aufgabe der genaueren Theorie, die in der Tat hierauf für eine bestimmte Fragestellung eine bestimmte Antwort liefert.

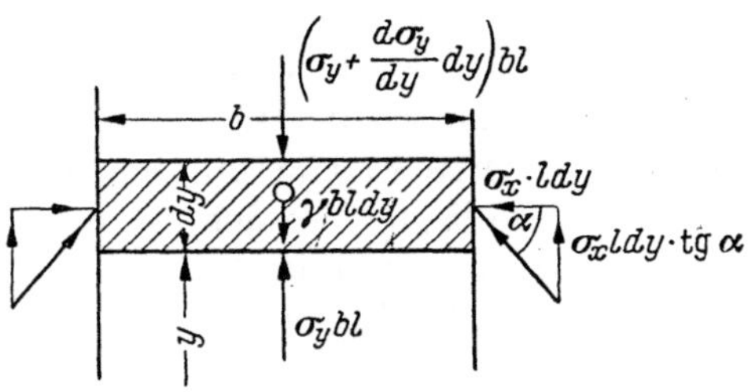

Abb. 3. Kräfte an einem Element des Stapels

Wir betrachten nun das Gleichgewicht der vertikalen Kräfte an einer Schicht von der Breite b und der Höhe dy; vgl. Abb. 3. Die Abmessung senkrecht zur Zeichenebene mag l heißen. Eine dieser Kräfte ist zunächst das Gewicht der in Rede stehenden Schicht, das sich mit γ = Gewicht der Raumeinheit zu $\gamma\, b\, l\, dy$ ergibt. Weiter haben wir den Unterschied der Spannung σ_y zwischen der unteren und oberen Grenzfläche. Unten ergibt sich die Gesamtkraft $\sigma_y\, b\, l$ in der Richtung nach oben (σ_x und σ_y sollen hier als positiv gelten, wenn sie Druckspannungen sind, weil Zugspannungen überhaupt nicht vorkommen). Auf der oberen Seite hat man die etwas veränderte Kraft $\left(\sigma_y + \frac{d\sigma_y}{dy} dy\right) b\, l$ in der Richtung nach unten, so daß als Differenz übrigbleibt $\frac{d\sigma_y}{dy} dy\, b\, l$ (in der Richtung nach unten, wenn es positiv ist).

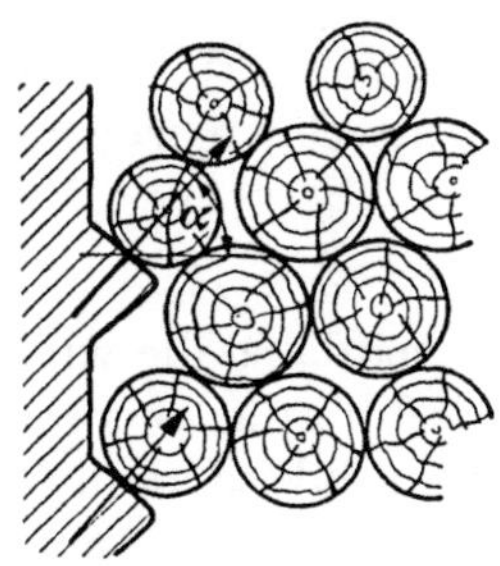

Abb. 4

Eine dritte vertikale Kraft kommt von den Mitnehmern des Transportorgans. Wir setzen sie proportional der Anpressung des gestapelten Materials an das Transportorgan (σ_x), was sowohl im Fall des aktiven wie des passiven Erddruckes zutrifft, ebenso aber auch für den elastischen Fall, wenn wir hier annehmen, daß die Hölzer entsprechend Abb. 4 nur an den schrägen Flächen der Knaggen bzw. der Gewindeflanken der Spindeln anliegen, da durch die Neigung der Knaggenfläche die Druckrichtung und damit das Verhältnis der vertikalen Kraft zur horizontalen festgelegt ist. Wir denken uns diese Randkräfte, die in Wirklichkeit in den Berührungsstellen der Knaggen bzw.

der Gewindeflanken der Spindeln konzentriert sind, zur Vereinfachung noch stetig verteilt, so, daß die resultierende Kraft auf eine Höhe gleich einem Knaggenabstand der Kraft auf eine Knagge entspricht, und finden jetzt, wenn wir den Neigungswinkel der Randkraft gegen die Waagerechte mit α bezeichnen, aus der auf die Schicht entfallenden waagerechten Kraft $\sigma_x\, l\, d\, y$ die senkrechte Kraft auf einer Seite zu

$$\sigma_x\, l\, d\, y \operatorname{tg}\alpha = \beta\, \sigma_y\, l\, d\, y \operatorname{tg}\alpha .$$

(Beide Seiten zusammen erbringen dann das Doppelte dieses Betrages.) Die senkrechte Kraft kann nun noch zwei verschiedene Richtungen haben, je nachdem die Hölzer auf der oberen Flanke der Knagge oder an ihrer unteren Flanke anliegen. Im oberen Teil, wo die Hölzer noch ziemlich lose liegen, werden sie sich auf die obere Flanke stützen, so daß sich an unserer Holzschicht eine Kraft nach oben ergibt. Im unteren Teil, wo das Schleifgut gegen den Stein nach unten gepreßt wird, werden sich die Hölzer dagegen gegen die untere Flanke der Knagge stemmen. Hier wird die Kraft also nach unten wirken. Dieser *Druckwechsel* ist wohl zu beachten. Es ergeben sich für die beiden Fälle zwei verschiedene Lösungen:

a) Randkraft nach oben.

Wenn man ansetzt, daß die Summe der beiden nach unten gerichteten Kräfte gleich der nach oben gerichteten sein soll, ergibt sich nach Wegstreichung der allen Gliedern gemeinsamen Faktoren:

$$b\left(\gamma + \frac{d\,\sigma_y}{d\,y}\right) = 2\beta\, \sigma_y \operatorname{tg}\alpha . \tag{2a}$$

Die Lösung dieser einfachen Differentialgleichung ist, wie leicht durch Ausrechnen nachgeprüft werden kann, mit der Abkürzung $\frac{2\beta \operatorname{tg}\alpha}{b} = \lambda$

$$\sigma_y = \frac{\gamma}{\lambda} - C\, e^{\lambda y} .$$

C ist dabei die willkürliche Integrationskonstante. Setzt man noch fest, daß für das obere Ende des Stapels ($y = y_1$) die Druckspannung $\sigma_y = 0$ sein soll, so kann C bestimmt werden, und es ergibt sich die Endformel für diesen Zustand

$$\sigma_y = \frac{\gamma}{\lambda}\left(1 - e^{-\lambda(y_1 - y)}\right). \tag{3a}$$

Der Verlauf dieser Funktion ist durch die Kurve a in Abb. 5 wiedergegeben. Der größte vertikale Druck ist

$$\frac{\gamma}{\lambda} = \frac{\gamma\, b}{2\beta \operatorname{tg}\alpha} .$$

b) Randkraft nach unten.

Hier muß man die Summe der drei nach unten gerichteten Kräfte $= 0$ setzen und erhält deshalb die nur in Vorzeichen von Gl. (2a) unterschiedene Gleichung

$$b\left(\gamma + \frac{d\sigma_y}{dy}\right) + 2\beta\,\sigma_y \operatorname{tg}\alpha = 0, \tag{2b}$$

deren Lösung folgende ist:

$$\sigma_y = -\frac{\gamma}{\lambda} + C\,e^{-\lambda y}. \tag{3b}$$

C bestimmt sich hier so, daß σ_y den am unteren Ende (am Schleifstein) verlangten Wert σ_0 annimmt. Setzt man dort $y = 0$, dann ist

$$C = \sigma_0 + \frac{\gamma}{\lambda}.$$

Der Verlauf dieser Funktion ist durch die Kurve b in Abb. 5 wiedergegeben. Man sieht, daß sich die beiden Kurven irgendwo schneiden. Dort ist der Ort des Druckwechsels. Unter der Voraussetzung, daß der Schacht so hoch ist, daß der Punkt des Druckwechsels irgendwo in das Innere des Schachtes fällt, finden wir also, daß in dem oberen Teil des Schachtes sich das Holz gegen das Transportorgan stützt und zur Vermehrung des Druckes im Innern des Stapels nichts beiträgt. Es wirkt also nur antreibend auf das Transportorgan, dessen Antriebsmaschine um den Betrag der Gewichtsarbeit entlastend. Das Anwachsen der Drücke gegen den Schleifstein hin beginnt erst unterhalb der Druckwechselstelle. Umgekehrt wird auch beim Leerschleifen des Schachtes bis zu der Höhe y_2 (vgl. Abb. 5) an dem Druckzustand in der Gegend des Schleifsteines praktisch nichts geändert. Bei den anläßlich des Rechtsstreites in Finnland durchgeführten Versuchen hat sich dies, wie ich höre, gut bestätigt.

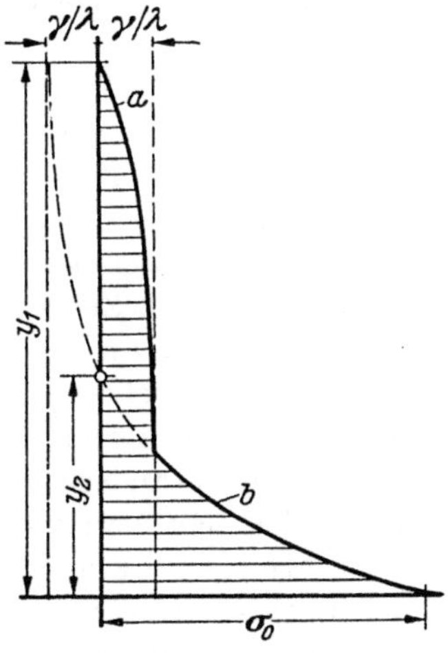

Abb 5. Verteilung des senkrechten Druckes im Stapel (y = Höhe über dem Schleifstein)

Ein überschlägliches Zahlenbeispiel mag noch die Größenordnung der einzelnen Ausdrücke klarlegen. Die Schachtbreite sei 1 m. Der Winkel α sei zu 45°, also $\operatorname{tg}\alpha = 1$, angenommen. Ferner sei β entsprechend einer Theorie des nächsten Abschnittes $= \pi/4 = 0{,}785$ gesetzt (was einem bestimmten elastischen Zustand entspricht). Damit wird

$$\frac{1}{\lambda} = \frac{b}{2\beta \operatorname{tg}\alpha} = \frac{2b}{\pi} = 0{,}64\ \text{m}.$$

Das Gewicht eines Raummeters Rundholz mag zu $\gamma = 400\ \text{kg/m}^3$ angesetzt werden, dann ist die Grenzspannung in dem Teil a $\frac{\gamma}{\lambda} = 256\ \text{kg/m}^2$.

Nimmt man ferner an, daß am Schleifstein eine Pressung von 2 at herrscht, so würde man in denselben Maßeinheiten $\sigma_0 = 20000\ \mathrm{kg/m^2}$ zu setzen haben. Für den Ort des Druckwechsels hat man gemäß Gl. (3b) und Abb. 5 die Näherungsformel

$$e^{-\lambda y} = \frac{2\gamma/\lambda}{\sigma_0 + \gamma/\lambda} = \frac{512}{20000 + 256} \approx \frac{1}{39{,}5},$$

woraus sich

$$y = \frac{1}{\lambda} \ln 39{,}5 = 0{,}64 \cdot 3{,}67 \approx 2{,}35\ \mathrm{m}$$

ergibt.

3. Wenn diese Theorie schon einen ganz guten Überblick über den generellen Verlauf gibt, so hat sie doch den Mangel, daß man über den Wert β nichts erfährt. Dazu ist aber die zweidimensionale Theorie verwendbar, die im übrigen noch viel mehr Einzelheiten auszusagen imstande ist. Man darf freilich auch hier nicht zuviel verlangen. Insbesondere würde es ziemliche Schwierigkeiten machen, die Gegend des Druckwechsels einigermaßen zuverlässig darzustellen. Dagegen läßt sich der Zustand a oder der Zustand b je für sich verhältnismäßig gut beherrschen. Da im Bereich des Zustandes a die Spannungen sehr klein bleiben, sind sie kaum von technischem Interesse. Wir beschränken uns also im folgenden auf den Zustand b im unteren Teil des Schachtes. Hier steht das Schleifgut so sehr unter allseitigem Druck, daß elastisches Verhalten vorauszusetzen ist. Alle Beobachtungen weisen auch darauf hin, daß irgendwelche merklichen Verschiebungen im Innern des auf den Schleifstein zuwandernden Gutes nicht vorkommen. Was die Anpressung am Schleifstein betrifft, so reguliert sich diese nach der durch das Transportorgan erzwungenen Vorschubgeschwindigkeit so, daß ebensoviel weggeschliffen wird als durch den Vorschub neu an den Schleifstein herangeführt wird. Dies sieht man leicht ein, wenn man beachtet, daß bei stärkerer Anpressung mehr und bei geringerer weniger Material abgeschliffen wird. Man kann also, gleichartiges Material vorausgesetzt, annehmen, daß auf dem Schleifstein eine konstante, durch die Vorschubgeschwindigkeit einstellbare Pressung herrscht. An den Seitenwänden wollen wir wieder annehmen, daß entsprechend Abb. 4 ein bestimmtes Verhältnis zwischen der waagerechten Seitenkraft und der senkrechten Kraftkomponente, also auch zwischen der Spannung σ_x und der Schubspannung τ besteht. Da wir uns hier im Bereich des Zustandes b befinden, muß allerdings die Abb. 4, die für den Zustand a gezeichnet ist, auf den Kopf gestellt werden, um die hier vorliegenden Verhältnisse richtig zu zeigen.

Die Aufgabe ist auch behandelbar für den Fall, daß man Reibung zwischen der Knaggenfläche und dem Schleifgut annimmt. Es mag hier aber, da die Rechnung dadurch wesentlich vereinfacht wird, angenommen werden, daß die Flanken der Knagge vollkommen glatt sind. In diesem Fall wird die Kraft senkrecht zur Knaggenfläche stehen.

Wir haben jetzt die Aufgabe, ein System von Spannungen σ_x, σ_y und τ so anzugeben, daß längs des Schleifsteines eine vorgegebene Druckspannung (σ_0) herrscht, und daß an den Seitenwänden

$$\tau = \mp \sigma_x \operatorname{tg} \alpha \tag{4}$$

ist, und daß ferner nach oben hin der Spannungszustand bis auf kleine Reste allmählich verschwindet. Diese Bedingungen genügen aber noch nicht, um den Spannungszustand vollständig bestimmt zu machen. Vielmehr ist dazu auf jeder Fläche noch eine zweite Aussage nötig. Gemäß den Reibungsgesetzen ist auf dem Schleifstein auch noch eine Schubspannung vorhanden, die durch den Schleifakt hervorgerufen wird. Diese ist aber, da naß geschliffen wird, nicht sehr groß, und es mag deshalb hier zur Vereinfachung erlaubt sein, sie gleich Null zu setzen. (Die Rechnung würde auch mit einer gegebenen Schleifschubspannung angenähert durchführbar sein; sie würde nur umständlicher werden.) An den Seitenwänden haben wir eine kinematische Bedingung, nämlich, daß bei den auftretenden elastischen Formänderungen das Gleiten der von den Knaggen geführten Randstellen in der Richtung der Knaggenflanke stattzufinden hat. Ist u die waagerechte und v die senkrechte Verschiebung, so ist anzusetzen

$$\frac{v}{u} = \pm \operatorname{tg} \alpha . \tag{5}$$

Damit ist nun aber die Aufgabe vollständig bestimmt. Die Lösung erfolgt in einer Weise, daß man zunächst eine einfache Teillösung angibt, die den Bedingungen an den Seitenwänden genügt und Spannungen liefert, die mit dem Eigengewicht des Schleifgutes im Gleichgewicht stehen, und die im übrigen natürlich bei einem elastischen Körper möglich sind. Ein solches Spannungssystem ist das folgende:

$$\sigma_x = \frac{-\gamma b}{2 \operatorname{tg} \alpha}, \qquad \sigma_y = \frac{-\mu \gamma b}{2 \operatorname{tg} \alpha}, \qquad \tau = \gamma x . \tag{6}$$ [1]

Dabei ist μ die POISSONsche Querkontraktionszahl. Man sieht zunächst, daß die Gleichgewichtsbedingung

$$\frac{d\tau}{dx} - \frac{d\sigma_y}{dy} = \gamma$$

erfüllt ist.

[1] Hierbei soll wieder σ_x und σ_y positiv sein, wenn es Druck ist. Das Vorzeichen von τ mag das sonst übliche sein. Das Minuszeichen bei σ_x und σ_y zeigt also an, daß diese Teillösung Zugspannungen liefert. Das gleiche Minuszeichen trat auch schon in dem ersten Glied von Gl. (3b) auf, dem diese Teillösung überhaupt entspricht. Im ganzen ergeben sich durch Überlagerung mit der weiterhin zu behandelnden zweiten Teillösung, die dem zweiten Glied von Gl. (3b) entspricht, und die numerisch weit überwiegt, immer Druckspannungen.

Weiter ist auch am Rand $\left(x = \pm \frac{b}{2}\right)$

$$\tau = \mp \sigma_x \operatorname{tg} \alpha .$$

Die Dehnung in der y-Achse ist

$$\frac{dv}{dy} = -\frac{1}{E}(\sigma_y - \mu \sigma_x) = 0,$$

also ist für alle Randpunkte $v =$ konst. und zunächst beliebig. Die Verkürzung u ergibt sich leicht aus

$$-\frac{du}{dx} = \frac{1}{E}(\sigma_x - \mu \sigma_y)$$

ebenfalls als konstant am Rand, so daß auch die kinematische Bedingung (5) erfüllbar ist.

Zu dieser Lösung kommt nun eine Lösung für das schwerelose elastische System hinzu, die die Aufgabe hat, am Schleifstein die richtigen Spannungen herzustellen. Man erhält immer solche zweidimensionalen Spannungszustände, die mit den Elastizitätsgesetzen in Einklang sind, wenn man die drei Spannungen als zweite Ableitungen einer Spannungsfunktion F gewinnt, für die

$$\frac{d^4 F}{dx^4} + 2\frac{d^4 F}{dx^2\, dy^2} + \frac{d^4 F}{dy^4} = 0$$

ist. Leider ist eine vollständig allgemeine Lösung für diese Aufgabe nicht verfügbar. Eine Funktion, die uns hier gute Dienste tut, ist jedoch die folgende:

$$F = A(\cos \lambda x + C\, y \sin \lambda x)\, e^{-\lambda y}. \tag{7}$$

Es ergibt sich daraus

$$\left.\begin{aligned} \sigma_x &= \frac{d^2 F}{dx^2} = -A\lambda e^{-\lambda y}(\lambda \cos \lambda x + C\lambda y \sin \lambda x), \\ \sigma_y &= \frac{d^2 F}{dy^2} = A\lambda e^{-\lambda y}(\lambda \cos \lambda x - C(2 - \lambda y) \sin \lambda x), \\ \tau &= \frac{d^2 F}{dx\, dy} = -A\lambda e^{-\lambda x}(\lambda \sin \lambda y + C(1 - \lambda y) \cos \lambda x). \end{aligned}\right\} \tag{8}$$

Die Erfüllung der Randbedingungen (4) und (5) ergibt im allgemeinen ziemlich unbequeme Gleichungen. Es mag deshalb hiern ur kurz angegeben werden, was sich in dem besonders einfachen Fall $\alpha = 45°$ ($\operatorname{tg} \alpha = 1$) ergibt. Man findet zwei Gruppen von Lösungen. Für die erste ist

$$\operatorname{tg} \frac{b\lambda}{2} = 1; \qquad C = 2\lambda,$$

für die zweite Gruppe ist

$$\operatorname{tg} \frac{b\lambda}{2} = -1; \qquad C = 0.$$

Man erkennt leicht, daß jede Gruppe noch unendlich viele Lösungen enthält. So ergibt sich in der ersten Gruppe

$$\frac{b}{2}\lambda_1 = \frac{\pi}{4}, \qquad \frac{b}{2}\lambda_3 = \frac{5\pi}{4}, \tag{9a}$$

in der zweiten Gruppe

$$\frac{b}{2}\lambda_2 = \frac{3\pi}{4}, \qquad \frac{b}{2}\lambda_4 = \frac{7\pi}{4}. \tag{9b}$$

Es ist erlaubt, diese Lösungen in beliebiger Weise additiv zusammenzusetzen (zu superponieren). Wenn man jede Teillösung mit einem willkürlichen Faktor versieht, erhält man also zwei Reihen von Funktionen, mit denen man nun in der Lage ist, die Spannung am Schleifstein noch passend zu verändern. Wie schon erwähnt, lassen sich durch die Lösungen dieses Typs allerdings nicht alle Bedingungen am Schleifstein befriedigen. Wir wollen uns hier damit begnügen, zu sehen, was aus der ersten Lösung (mit $\lambda_1 = \pi/2b$) herauszuholen ist. Herr Dr. G. Mesmer, Göttingen, hatte die Freundlichkeit, auf meinen Wunsch die Rechnung für das in Abb. 6 angegebene Beispiel durchzuführen. Man erkennt die Verteilung der Spannungen an den Seitenwänden und am Schleifstein sowie im Innern des Stapels. Das wesentlichste Ergebnis ist natürlich der Wert von λ, den wir nun auch (wie bereits in dem Beispiel geschehen) für die Näherungsrechnung des vorigen Abschnittes verwenden können.

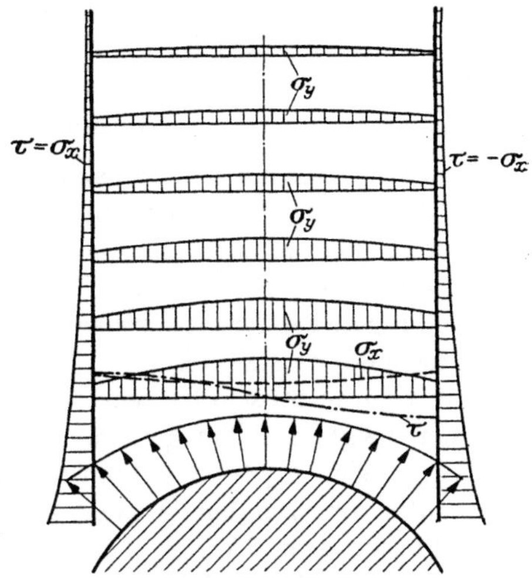

Abb. 6
Spannungsverteilung gemäß der λ_1-Lösung
Die starken Pfeile bedeuten die Drücke des Schleifsteins gegen den Stapel. σ_y ist der Druck in vertikaler Richtung, σ_x derjenige in waagerechter Richtung, τ die Schubspannung

Dr. Mesmer hat auch den Fall studiert, daß zwischen den Knaggen und dem Schleifgut eine erhebliche Reibung ($f = 0{,}3$) herrscht und dafür einen etwas größeren Wert $\lambda = 2{,}4/b$ erhalten. Die seitlichen Drücke sind hier kleiner, weil ja das Schleifgut durch den vorhandenen Spannungszustand entlang den Knaggen etwas nach innen und oben zu rutschen strebt und natürlich stärkere Zusammendrückung erfolgt, wenn an den Knaggen ein vollkommenes Gleiten angenommen wird.

Die Frage, wie die Verdichtung des Materials zustande kommt und wie sich seine Bewegung im einzelnen gestaltet, ist mit der angegebenen Lösung auch ohne weiteres im einzelnen verfolgbar, da man zu dem System der Spannungen immer auch durch eine Integration die elastischen Formänderungen rechnen kann. Wir wollen uns dies hier sparen, da wir nach dem THOMAschen Resultat annehmen müssen, daß die durch die elastischen Formänderungen hervorgerufenen Änderungen der Vorschubgeschwindigkeit des Schleifgutes nur ziemlich gering sind. Die Verdichtung des Materials, die in der Nähe des Schleifsteines unverkennbar vorhanden ist, vollzieht sich, wie man sieht, nicht auf die ganze Länge des Schachtes, wie gelegentlich angenommen worden ist, sondern lediglich von der Druckwechselstelle abwärts in den Teil in dem der Zustand *b* herrscht, und sie beginnt auch da erst verhältnismäßig schwach, um sich in der Nähe des Schleifsteines immer mehr zu steigern.

Zusammenfassung

Im ersten Abschnitt wird nach einer kurzen Erklärung der Wirkungsweise des Stetigschleifers (Abb. 1) zunächst darauf hingewiesen, daß die vielfach angewandte „Brückentheorie" unzulänglich ist und gelegentlich zu falschen Ergebnissen führt. Demgegenüber wird eine an die Vorstellungen der Erddrucktheorie anknüpfende Auffassung als zweckentsprechend nachgewiesen.

Im zweiten Abschnitt wird eine Näherungsrechnung durchgeführt, die u. a. zeigt, daß bei genügend hohem Schacht im oberen Teil das Schleifgut sich gegen das Transportorgan stützt und erst im unteren Teil unter wachsendem Druck gegen den Schleifstein gepreßt wird. (Vgl. hierzu Abb. 5.)

Im dritten Abschnitt wird für Kenner der Elastizitätstheorie auseinandergesetzt, in welcher Weise man eine zweidimensionale Theorie gewinnen kann, und es wird ein Fall als Beispiel durchgeführt (Abb. 6).

Zeitschrift für angewandte Mathematik und Mechanik Bd. 13 (1933) S. 129—133

Ein Gedankenmodell für den Zerreißvorgang spröder Körper

1. Problemstellung. Die Vorgänge beim Zerreißen spröder Körper sind bis jetzt viel weniger gut aufgeklärt als diejenigen bei der plastischen Deformation, was hauptsächlich damit zusammenhängt, daß es nur schwer möglich ist, den Akt des Zerreißens genauer zu beobachten. Alles, was man feststellen kann, ist die Belastung, die unmittelbar vor dem Zerreißen geherrscht hat, und die Lage und Form der Bruchfläche. Da beim Zerreißen ein viel kleinerer Teil der Gesamtmasse des Körpers unmittelbar an dem Vorgang beteiligt ist, ist auch die Streuung der Versuchsergebnisse viel größer als bei den plastischen Vorgängen.

Daß das Zerreißen mit einem Labilwerden des bis dahin bestehenden Gleichgewichtszustandes zusammenhängt, ist seit langem die allgemeine Auffassung. Die Versuche, die Zerreißfestigkeit auf Grund bekannter physikalischer Größen aus der molekularen Struktur zu erklären, haben zu Werten für diese Festigkeit geführt, die hundertmal größer sind als diejenigen, die man beim Versuch beobachtet. Die aufschlußreichste Theorie der Vorgänge beim spröden Bruch ist die von A. A. Griffith, der annimmt, daß von vornherein mikroskopische Sprünge in dem Material vorhanden sind, und festsetzt, daß die Sprünge dann weiterreißen, wenn die Abnahme der elastischen Energie beim Weiterreißen gleich ist der bei der Schaffung der neuen Oberflächen gegen die Oberflächenspannung geleisteten Arbeit. Griffith berichtet darüber sehr anschaulich in seinem Referat mit dem Titel: „The theory of rupture" auf dem Delfter Mechanik-Kongreß 1924[1]. Die Zerreißspannung σ_z ergibt sich dabei proportional $\sqrt{\frac{E\,T}{l}}$, wobei E der Elastizitätsmodul, T die Oberflächenspannung und l die Länge des Risses ist, der quer zur Richtung von σ_z angenommen ist. Der Proportionalitätsfaktor ist nach K. Wolf bei reiner Zugbeanspruchung $= \sqrt{\frac{8m}{\pi(m+1)}}$ ($m =$ Querdehnungszahl), die Oberflächenspannung kann thermodynamisch aus der Verdampfungswärme abgeschätzt werden. Griffith hat sie bei Glas bei höheren Temperaturen unmittelbar gemessen und auf Zimmer-

[1] Proc. of the First Intern. Congr. of Appl. Mechanics, Delft 1924 (erschienen 1925), S. 55. Vgl. auch A. A. Griffith, The phenomena of rupture and flow in solids. Phil. Trans. Roy. Soc. London, A. Bd. 221 (1920) S. 163 — A. Smekal, Technische Festigkeit und molekulare Festigkeit. Naturwissenschaften 10. Jg. (1922) S. 799. — K. Wolf, Zur Bruchtheorie von A. Griffith. Z. angew. Math. Mech. Bd. 3 (1923) S. 107.

temperatur extrapoliert. Schließlich hat er die Formel an künstlich hergestellten Rissen von einigen mm Länge nachgeprüft und gute Übereinstimmung gefunden.

Wenn hier also schon eine physikalisch recht befriedigende Übersicht über die wichtigsten bei den Zerreißvorgängen obwaltenden Beziehungen erreicht ist, so bleibt doch noch verschiedenes aufzuklären, besonders über den zeitlichen Verlauf der Zerreißvorgänge. Man weiß ja, daß das System der Sprünge bei einer durch eine Einzelkraft auf Biegung beanspruchten Fensterscheibe verschieden ausfällt, je nachdem es sich um ruhigen Druck oder durch langsamen Wurf mit einem großen Stein oder um den raschen Wurf eines kleinen Steines handelt. Wieweit das verschiedene Bild durch Schwingungen der Scheibe beeinflußt wird, ist natürlich schwer zu sagen. Es lohnt sich aber auch ohnedies, die Frage zu untersuchen, ob die Zerreißspannung dieselbe ist, wenn die Zeit, während deren die Belastung gewirkt hat, das eine Mal 1 Minute und das andere Mal $^1/_{100}$ Sekunde war. Nach den entsprechenden Vorgängen bei der plastischen Deformation muß man einen solchen Zeiteinfluß erwarten. Ich hatte auch selbst früher einmal Gelegenheit, eine auffällige Beobachtung dieser Art zu machen. Bei der Feststellung der Biegungsfestigkeit von Glasstreifen (1899 im Festigkeitslaboratorium der TH München) fand ich mehrfach, daß der Bruch ganz unvermittelt auftrat, nachdem die Last eine Zeit von der Größenordnung 1 Minute ruhend eingewirkt hatte.

Es lag nahe, zur Aufklärung solcher Erscheinungen ein Gedankenmodell heranzuziehen, das demjenigen nachgebildet ist, mit dem ich früher die Vorgänge der elastischen Nachwirkung und der Geschwindigkeitsabhängigkeit der Fließspannung verfolgt habe[1]. Es zeigte sich in der Tat, daß sich durch verhältnismäßig geringe Änderungen gegenüber den damaligen Überlegungen ein Modell angeben läßt, das charakteristische Eigenschaften des spröden Bruches zeigt und das auch die zeitlichen Vorgänge in bestimmter Weise zu verfolgen gestattet. Wenn man dabei von vornherein ein rissefreies Medium voraussetzt, so wird man auch hier wieder zu der theoretischen Festigkeit geführt, die weit oberhalb der gewöhnlich beobachteten liegt. Zur Anpassung an die wirklich beobachteten Vorgänge muß man daher auch wieder annehmen, daß von Anfang an Risse vorhanden sind.

2. Das Element. Wie in der früheren Betrachtung soll auch hier das Modell aus einer großen Zahl von gleichartigen Elementen aufgebaut werden, und es mag daher zunächst das Element besprochen

---

[1] L. Prandtl, Ein Gedankenmodell zur kinetischen Theorie der festen Körper. Z. angew. Math. Mech. Bd. 8 (1928) S. 85. (Anm. d. Schriftl.: Hier S. 149.)

werden. Wie dort soll von der Relativbewegung eines Körpers A gegen einen Körper B ausgegangen werden, und es sollen dabei die Gleichgewichtslagen eines Massenteilchens betrachtet werden, das elastisch an den Körper A gebunden ist, und das in einem mit dem Körper B verbundenen Kraftfeld steht. Während bei dem Gedankenmodell für den plastischen Körper eine gleitende Bewegung der Körper A und B, dort „Lineale" genannt, zugrunde gelegt wurde, muß es hier natürlich eine Entfernungsänderung sein, und statt des periodischen Kraftfeldes bei der früheren Betrachtung wird man hier ein Kraftfeld mit einer einzigen stabilen Gleichgewichtslage und einem Abfallen der Anziehungskraft gegen Null bei größeren Entfernungen annehmen, vgl. die Kurve P_B in Abb. 1.

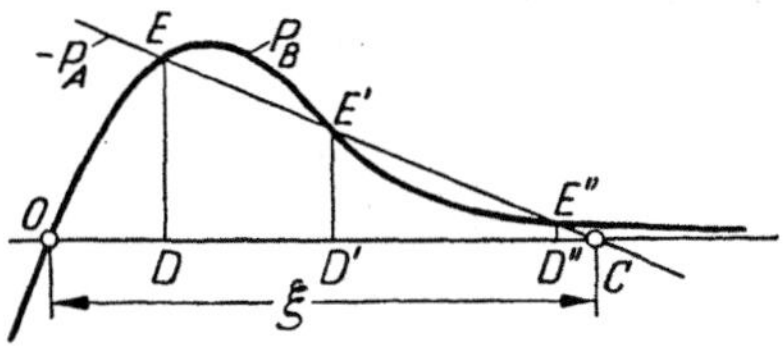

Abb. 1

Die Verschiebungen mögen von derjenigen gegenseitigen Stellung der beiden Körper aus gerechnet werden, bei der der Massenpunkt sich in der Gleichgewichtslage 0 des Kraftfeldes befindet. Die elastische Kraft ist hier dann auch gleich Null. Die neue Gleichgewichtslage des Massenpunktes nach einer Verschiebung ξ ergibt sich aus der Bedingung, daß die elastische Kraft $P_A = -P_B$ sein soll.

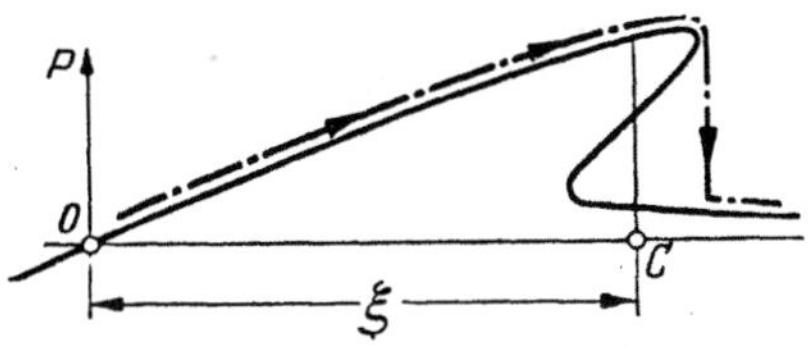

Abb. 2

Wir ziehen deshalb unter der der elastischen Bindung entsprechenden Neigung durch den Endpunkt C von ξ eine Gerade, die die Kraft $-P_A$ darstellt und erhalten als Gleichgewichtslage den Punkt D senkrecht unter dem Schnittpunkt E von P_B und $-P_A$. In dem gezeichneten Beispiel sind noch zwei weitere Schnittpunkte E' und E'' vorhanden, denen zwei weitere Gleichgewichtslagen D' und D'' entsprechen, von denen die erstere labil und die letztere stabil ist.

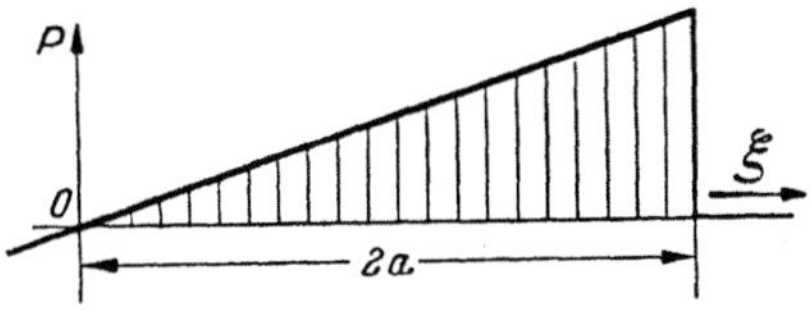

Abb. 3

Wenn wir, wie in der früheren Arbeit, die Figur so umzeichnen, daß die Kräfte senkrecht über den Wegen ξ aufgetragen werden, so ergibt sich Abb. 2. Der Verlauf der Kraft P_B bei dauerndem Anwachsen von ξ ist nun so, wie es die strichpunktierte Linie in Abb. 2 darstellt. Wir wollen, da es sich zunächst nur um eine möglichst einfache Formulierung der Theorie handeln soll, diesen Linienzug noch weiter leicht abändern und einen Verlauf nach Abb. 3 annehmen. Es ergibt sich danach als Resultat eine elastische Bindung der beiden Körper A und B aneinander, die aber nur bis zur Erreichung einer maximalen Verschiebung $\xi = 2a$ fortbesteht und bei Überschreitung dieses Wertes verschwindet.

3. Das ganze Modell. Das Gesamtmodell mag nun in der Weise aufgebaut werden, daß die beiden Körper A und B aus auf Biegung beanspruchten Balken bestehen, die durch eine sehr dichte Verteilung von Elementen der beschriebenen Art miteinander verbunden sind, und die nun eine gleichförmige Belastung von Kräften erfahren, die die beiden Balken auseinanderzuziehen versuchen, vgl. Abb. 4. Wir wollen annehmen, daß bereits ein Stück von der Länge $2l$ gerissen ist. Die Balken sind dann auf diese Länge nur den von außen angreifenden Kräften ausgesetzt; da, wo sie noch zusammenhalten, kommt aber eine Kraft proportional der Durchbiegung y hinzu (es ist, wie leicht zu sehen, $2y$ identisch mit der früheren Verschiebung ξ, also ein Weiterreißen zu erwarten, wenn y den Wert a erreicht).

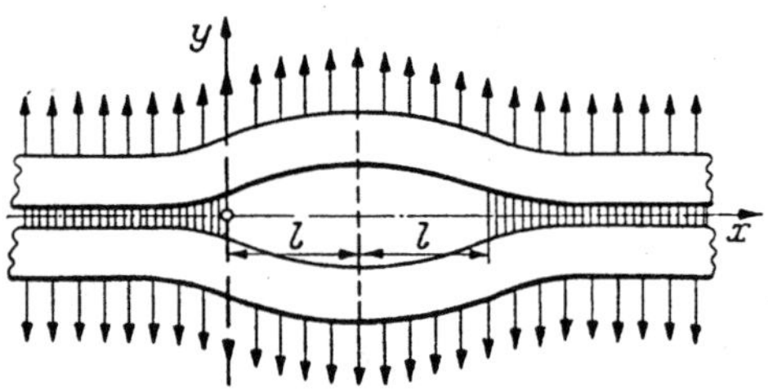

Abb. 4

Man würde, genaugenommen, besser tun, die Körper A und B nicht als Balken vorauszusetzen, sondern als elastische Scheiben, die durch ein aus unseren Elementen bestehendes Zwischenmedium verbunden sind. Die Durchführung der Aufgabe wäre dadurch aber sehr wesentlich erschwert, es mag deshalb hier zunächst die einfachere Formulierung genügen.

Die Intensität der gleichförmig verteilten Belastung des Balkens, die die Zugspannung in dem spröden Medium darstellt, mag mit σ bezeichnet werden. Wo der Zusammenhang der beiden Balken noch nicht unterbrochen ist, kommt noch nach unten wirkend eine Belastung $= k\,y$ hinzu. Es gilt also in diesem Balkenteil die Gleichung

$$E J y'''' = \sigma - k\,y, \tag{1}$$

die in bekannter Weise gelöst wird durch

$$y = \frac{\sigma}{k} + \sum_1^4 C_\nu e^{\lambda_\nu x},$$

wobei λ_ν die vier Werte annimmt

$$\lambda_\nu = \pm\alpha \pm i\,\alpha, \quad \text{mit} \quad \alpha = \sqrt[4]{\frac{k}{4EJ}}.$$

Wenn wir den linken Balkenteil ins Auge fassen, so müssen die Exponentialfunktionen hier für $x = -\infty$ verschwinden. Es scheiden also von den vier Lösungen sofort zwei aus und es bleibt

$$y = \frac{\sigma}{k} + e^{\alpha x}(C_1 \cos \alpha x + C_2 \sin \alpha x). \tag{2}$$

Wir wollen festsetzen, daß bei $x = 0$ der Riß beginnt. Von hier ab hat man eine andere Lösung, entsprechend $E\,J\,y'''' = \sigma$. Da wegen (2)

$$y(0) = \frac{\sigma}{k} + C_1; \qquad y'(0) = \alpha(C_1 + C_2);$$

$$y''(0) = 2\alpha^2 C_2; \qquad y'''(0) = 2\alpha^3 (C_2 - C_1)$$

ist und die beiden elastischen Linien in Ordinate, Neigung, Moment und Querkraft stetig ineinander übergehen müssen, wird die Lösung für $x > 0$

$$y = \frac{\sigma}{k} + C_1 + \alpha(C_1 + C_2)\,x + \alpha^2 C_2 x^2 + \alpha^3 (C_2 - C_1)\frac{x^3}{3} + \frac{\sigma x^4}{24 E J}. \tag{3}$$

Für $x = l$ soll die Tangente waagerecht sein und die Querkraft verschwinden. Es ist also

$$y'(l) = 0; \qquad y'''(l) = 0.$$

Dies gibt zwei Gleichungen zur Bestimmung von C_1 und C_2, und zwar wird

$$C_1 = \frac{\sigma l}{4\alpha^3 E J}\,\frac{1 + 2\alpha l + \frac{2}{3}\alpha^2 l^2}{1 + \alpha l} \tag{4}$$

und

$$C_2 = \frac{\sigma l}{4\alpha^3 E J}\,\frac{\frac{2}{3}\alpha^2 l^2 - 1}{1 + \alpha l}. \tag{5}$$

Nach unseren früheren Festsetzungen müssen wir nun, wenn der Riß weiterreißen soll, $y(0) = a$ setzen, was uns die für das Weiterreißen nötige Belastung σ liefert. Diese ergibt sich somit, wenn wir noch die örtliche Zerreißspannung $\sigma_0 = k\,a$ einführen, zu

$$\sigma = \sigma_0 \frac{1 + \alpha l}{1 + 2\alpha l + 2\alpha^2 l^2 + \frac{2}{3}\alpha^3 l^3}. \tag{6}$$

Die vorstehende Betrachtung hat mit der von Griffith das gemein, daß die zum Weiterreißen nötige Spannung immer mehr abnimmt, je länger der Riß wird. Das Gleichgewicht des Körpers wird also so lange aufrecht bleiben, bis die allgemeine Zugbeanspruchung σ den Wert erreicht, wo das Weiterreißen beginnt, und von da aus ist kein Gleichgewicht mehr vorhanden, der Riß geht durch den ganzen Körper weiter. Die Abhängigkeit der Spannung σ von der Rißlänge l ergibt sich bei unserer Betrachtung allerdings anders als bei Griffith. Während dort die Spannung umgekehrt proportional $\sqrt{l}$ ist, was durch die Griffithschen Versuche an künstlich erzeugten Rissen bestätigt wird, fällt sie in unserem Modell, wenn erst große Werte von αl erreicht sind, genähert umgekehrt proportional l^2. Soweit man mit qualitativer Übereinstimmung zufrieden ist, ist dieser Unterschied nicht sehr wesentlich. Man kann ihn — in Abweichung von dem konkreten Modell — dadurch verbessern, daß man eine passend mit der Rißlänge wachsende Balkenhöhe annimmt, was den wirklichen Verhältnissen besser gerecht wird[1].

4. Zeitwirkung. Es sollen jetzt in Analogie zu meinen Betrachtungen von 1928 auch die Zeitwirkungen studiert werden. Dabei wird wieder von der Vorstellung ausgegangen, daß infolge der Wärmebewegung auch für Teilchen, die sich noch in einer stabilen Gleichgewichtslage befinden, die Erreichung der labilen Lage und damit der Übergang in die andere stabile Lage durch zufällige, besonders große Wärmeschwingungen möglich ist, die Teilchen also diesen Übergang schon vorzeitig vollziehen, während sie sich der Grenzlage nähern. Wir wollen hier die in meiner früheren Abhandlung durchgeführten statistischen Betrachtungen nicht im einzelnen wiederholen, sondern begnügen uns mit der Anführung des dortigen Ergebnisses. Wenn wir die Aufgabe so stellen, daß zur Zeit $t = 0$ eine bestimmte Belastung $\sigma = \sigma_1$ wirksam wird und weiter in konstanter Stärke aufrechterhalten wird, so wird sich am Rand des Risses, während dieser fortschreitet, eine Spannung einstellen, die von der Geschwindigkeit der Laststeigerung dort abhängt. Dies hängt damit zusammen, daß jeweils die Zahl der Elemente, die vorzeitig die obere Gleichgewichtslage verlassen haben, um so größer ist, je mehr Zeit ihnen, während sie sich der kritischen Lage näherten, verblieben ist. Durch sinngemäße Übertragung der Gl. (17) meiner früheren Arbeit erhalten wir für die örtliche Höchstspannung σ_0 am Rand des Risses, die hier also zeitlich veränderlich ist, die Näherungsformel

$$\sigma_0 = A + B \ln c, \tag{7}$$

wobei $c = d\xi/dt$ die erwähnte Streckgeschwindigkeit ist. Bei unserem Modell ist c proportional $\frac{dy}{dx}(0) \cdot \frac{dl}{dt}$ zu setzen; $\frac{dl}{dt}$ ist hierbei die Geschwindigkeit, mit der sich der Riß verlängert. Nach Formel (7) wird man bei jedem Wert σ_0 ein dauerndes Weiterschreiten des Risses erhalten. Bei den normalen spröden Stoffen ist jedoch der Wert B ziemlich klein gegen A, so daß bei Werten von σ_0, die erheblich unter der Zerreißfestigkeit liegen, die Geschwindigkeiten c ganz unmerklich klein werden.

[1] Man erhält die GRIFFITHsche Beziehung für große αl, wenn man die Balkenhöhe h proportional mit der Rißlänge l annimmt, dabei die Federkonstante k als konstant ansieht. Da das Trägheitsmoment J proportional h^3 ist, ergibt sich mit diesem Ansatz a proportional $l^{-3/4}$ also $\alpha^2 l^2$ prop. $\sqrt{l}$. Der Oberflächenenergie T entspricht dabei die Arbeit $\frac{\sigma_0 a}{2}$ (= Inhalt des Dreiecks von Abb. 3).

Durch den Mechanismus unseres Modells steht σ_0 mit dem aus der äußeren Belastung gegebenen σ_1 und der Rißlänge l durch eine Gleichung von der Form $\sigma_0 = \sigma_1 f(\alpha l)$ in Verbindung; es mag dabei offen bleiben, ob wir nach Gl. (6)

$$f(\alpha l) = \frac{1 + 2\alpha l + 2\alpha^2 l^2 + \frac{2}{3}\alpha^3 l^3}{1 + \alpha l}$$

setzen, oder ob wir nach GRIFFITH $f(\alpha l)$ prop. $\sqrt{\alpha l}$ annehmen. Eine zweite Beziehung für σ_0 ergibt sich durch Anwendung von Gl. (7):

$$\sigma_0 = A + B \ln\left(\frac{dl}{dt} \frac{dy}{dx}(0)\right).$$

Dabei ist noch

$$\frac{dy}{dx}(0) = \alpha(C_1 + C_2) = \frac{2\sigma_1 \alpha^3 l^2}{k} \frac{1 + \frac{2}{3}\alpha l}{1 + \alpha l}$$

oder allgemeiner

$$\frac{dy}{dx}(0) = \frac{\alpha \sigma_1}{k} \varphi(\alpha l).$$

Durch Fortschaffen von σ_0 ergibt sich, wenn gleich noch delogarithmiert wird,

$$e^{\frac{\sigma_1 f(\alpha l)}{B}} = e^{\frac{A}{B}} \frac{\alpha \sigma_1}{k} \varphi(\alpha l) \frac{dl}{dt}.$$

Dies läßt sich sofort integrieren und gibt t als Funktion der augenblicklichen Rißlänge l:

$$t = \int_{l_0}^{l} \frac{\alpha \sigma_1}{k} \varphi(\alpha l)\, e^{\frac{A - \sigma_1 f(\alpha l)}{B}}\, dl. \qquad (8)$$

Man überzeugt sich leicht, daß das Integral der rechten Seite wegen des monoton wachsenden $f(\alpha l)$ im Exponenten immer endlich ist. Der Vorgang endet also immer innerhalb endlicher Zeit t_1 mit der vollen Durchtrennung ($l = \infty$)! Die Zeiten bis dahin können aber unter Umständen ungeheuer groß sein. Man kann den physikalischen Inhalt von Gl. (8) noch besser übersehen, wenn man für das Integral in der Weise eine Näherung rechnet, daß man die Funktion unterm Exponenten durch die zwei ersten Glieder der TAYLORschen Reihe ersetzt und die übrigen Funktionen beim Integrieren als Konstante behandelt. Auf diese Weise ergibt sich

$$t_1 \approx \frac{\alpha B}{k} \frac{\varphi(\alpha l_0)}{f'(\alpha l_0)} e^{\frac{A - \sigma_1 f(\alpha l_0)}{B}}. \qquad (9)$$

Der entscheidende Faktor in dieser Formel ist offenbar $e^{\frac{A - \sigma_0}{B}}$ (es war $\sigma_0 = \sigma_1 f(\alpha l)$ die Spannung am Rand des Risses). Da bei einigermaßen festen Körpern B sehr klein gegen A zu sein pflegt, nimmt $e^{\frac{A - \sigma_0}{B}}$ ungeheuer große Werte an, solange σ_0 beträchtlich kleiner als A bleibt.

Es ergeben sich dann Zeiten t_1, die weit oberhalb der bei einem Versuch oder auch bei der alltäglichen Erfahrung in Frage kommenden Wartezeiten liegen, so daß der experimentelle Befund also auf Nichteintreten des Bruches lautet.

Man kann zu einer dem Versuch angemessenen Fragestellung kommen, wenn man sich vornimmt, die Belastung jeweils nach Ablauf einer festgesetzten Wartezeit T in einer geometrischen Reihe auf das $(1 + \varepsilon)$-fache zu steigern. Dadurch ergibt sich gemäß unseren Formeln eine von ε abhängige Erwartungswahrscheinlichkeit für die Zeit t_1 zwischen dem Auflegen der letzten Last und dem Bruch. Nach einer vorläufigen Schätzung würde der Mittelwert von $\log(T/t_1)$ genähert proportional $\varepsilon\, \sigma_0/B$ sein.

5. Ausblick. In dem Bisherigen ist ein sehr regelmäßiger molekularer Aufbau, wie er z. B. bei einem Kristall vorliegt, angenommen, d. h. es sind beim Aufbau des Modells lauter gleichartige Elemente verwendet. Man kann natürlich auch an den Fall denken, daß die Kraftfelder bzw. die Federlängen und Federkonstanten der einzelnen Elemente durchaus verschieden sind, was einem sehr unhomogenen Aufbau des spröden Stoffes entspricht. Auf diese Weise werden die in Erscheinung tretenden Kräfte durch Summierung über die verschiedenartigen Elemente erhalten. Wie leicht zu sehen, bekommt man durch eine statistische Superposition von Kraftverteilungen entsprechend Abb. 3 wieder eine Kurve, die etwa der Kurve P_B in Abb. 1 entspricht, aber mit dem Unterschied, daß jetzt auch eine mäßige Zugbelastung schon mit dem Zerreißen einiger Elemente verknüpft ist, so daß sich ein nichtproportionales Verhalten und auch eine der Hysteresis ähnliche fortschreitende Schwächung bei wiederholter Belastung ergibt. Es ist zu vermuten, daß bei sehr unregelmäßig aufgebauten spröden Körpern (Steinen, Beton, schwach gebrannter Ton usw.) derartige Erscheinungen wirklich beobachtet werden können. Bei Stoffen dieser Art wird man noch an eine andere Abänderung des Modells denken können. Wenn man eine Aufeinanderschichtung von Balken annimmt, die von vornherein mit schwachen mehr oder minder unregelmäßig verteilten Krümmungen versehen sind, so daß sich nur kürzere Haftstellen ergeben, die mit unseren Elementen zu besetzen sein würden, so würde hierdurch die Eigenschaft von steinartigen festen Stoffen, daß der Elastizitätsmodul bei Druckbeanspruchung zunimmt und bei Zugbeanspruchung abnimmt, im Modell verwirklicht werden und es ließen sich wahrscheinlich die bei solchen Stoffen beobachteten Hysteresis- und Fließerscheinungen mit einem Modell der geschilderten Art ebenfalls weitgehend verfolgen.

Contributions to the Mechanics of Solids, St. Timoshenko 60th Anniversary Volume, p. 184—196. New York: Macmillan 1939.

Studien über die unelastische Formänderung

Unter den Gratulanten zum sechzigsten Geburtstag von Herrn S. Timoshenko möchte ich angesichts der mehr als dreißigjährigen freundschaftlichen Beziehungen zu ihm, die mit der Zeit immer herzlicher wurden, nicht fehlen. Ich kann ihm allerdings aus seinem eigensten Gebiet, der theoretischen Beherrschung schwieriger Ingenieurprobleme der Elastizität und Festigkeit, keine Festgabe darbringen, da ich dieses Gebiet, das ich in jungen Jahren auch gepflegt habe, zugunsten anderer Aufgaben vernachlässigen mußte. Ich hoffe aber, daß die folgenden Ausführungen, die das physikalische Verhalten der Baustoffe bei der unelastischen Formänderung betreffen, doch auch sein Interesse finden werden.

1. Was zunächst den Mechanismus der unelastischen Formänderung betrifft, so kann man recht wertvolle Aufschlüsse aus dem folgenden einfachen Modell ziehen[1]: Ein Massenpunkt M sei relativ zu einem Körper A auf einer Geraden reibungslos beweglich und werde von einer elastischen Kraft nach einem Punkt 0 dieser Geraden hingezogen. Ein Körper B, der gegen A längs derselben Geraden verschieblich ist, trage ein aus Anziehungen und Abstoßungen zusammengesetztes Kraftfeld, das auf den Massenpunkt M wirkt. Gefragt wird nach der durch diesen Mechanismus zwischen A und B übertragenen Kraft bei irgendwelchen Verschiebungen zwischen A und B.

Wenn der Gradient der Feldkraft P_B, dP_B/dx, überall seinem Betrag nach kleiner ist als der der elastischen Kraft P_A, dP_A/dx, dann gehört zu jeder Verschiebung ξ zwischen A und B eine einzige Gleichgewichtslage des Massenpunktes M; der Kraftverlauf ist also eine eindeutige Funktion der Verschiebung ξ, und damit ist auch jeder Verschiebungsvorgang umkehrbar. Ist aber der Betrag von dP_B/dx stellenweise größer als der von dP_A/dx, so gibt es Verschiebungen ξ, zu denen mehr als eine Gleichgewichtslage gehört; der Massenpunkt wird beim Verschieben von den Anziehungszentren des Körpers B mehr oder minder festgehalten, und es hängt jetzt von der Richtung, aus der heraus die Stellung ξ erreicht worden ist, ab, bei welchem von diesen Anziehungszentren er sich gerade aufhält. Abb. 1 erläutert einen solchen Fall etwas näher. Es ist darin das Kraftfeld in seiner Abhängigkeit von x

[1] L. Prandtl, Ein Gedankenmodell zur kinetischen Theorie der festen Körper. Z. angew. Math. Mech. Bd. 8 (1928) S. 85. Vgl. auch den Bericht von Th. v. Kármán in Enzyklop. math. Wiss. Bd. IV 2, Art. 31, S. 767ff. (1913).

als Kurve P_B wiedergegeben, wobei nach links wirkende Kräfte nach oben, nach rechts wirkende nach unten aufgetragen sind; ferner ist der zu verschiedenen Beträgen der Verschiebung ξ gehörende Verlauf der elastischen Kraft P_A eingezeichnet (die schrägen Geraden!), wobei hier Kräfte nach rechts oben und umgekehrt aufgetragen sind. Auf diese Weise liefern nämlich die Schnittpunkte der Kurve mit den Geraden die Beziehung $P_A + P_B = 0$, also die Gleichgewichtslagen des Massenpunktes M unter der Wechselwirkung der beiden Kräfte. Die Kraft P_A in ihrer Abhängigkeit von der Verschiebung ξ gilt es nun zu verfolgen. In dem gewählten Beispiel gibt es zwischen $\xi = \xi_1$ und $\xi = \xi_2$ zwei stabile Gleichgewichtslagen, dazu zwischen diesen noch eine labile, die aber hier nicht interessiert. Wenn die Verschiebung von $\xi < \xi_1$ beginnend wächst, so gilt so lange die obere Gleichgewichtslage, bis ξ_2 erreicht wird. Bei Überschreitung von ξ_2 ist nur noch eine Gleichgewichtslage unten vorhanden. Der Übergang erfolgt unter Entladung der elastisch aufgespeicherten Energie, die in Wärme verwandelt wird (Wärme und Schwingungsenergie sind hier, da es sich um atomare Massen handelt, gleichbedeutend): Bei einer späteren Zurücknahme der Verschiebung ξ bleibt die Gleichgewichtslage unten, bis bei $\xi = \xi_1$ der Übergang auf die obere Kurve unter erneuter Wärmeerzeugung vor sich geht. Der Mechanismus zeigt also für hinreichend große Verschiebungen deutliche Züge von Nichtumkehrbarkeit, während mäßige Verschiebungen durchaus umkehrbar verlaufen.

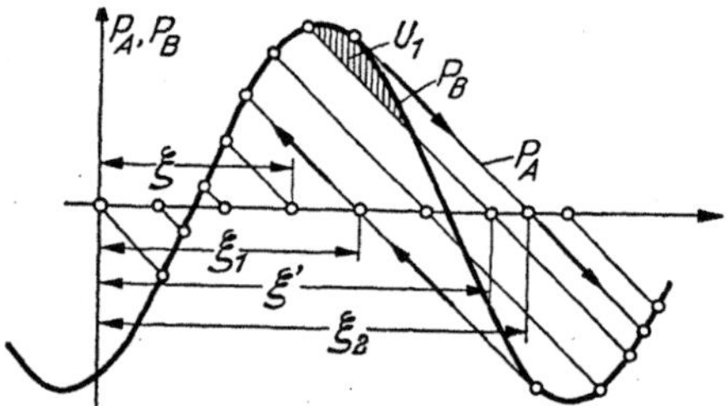

Abb. 1. Zusammenwirken des Kraftfeldes P_B mit der elastischen Kraft P_A bei der Verschiebung ξ

Man kann das Bild dadurch verfeinern, daß man von vornherein Wärmeschwingungen als vorhanden annimmt. In diesem Fall wird das Überspringen von der oberen Gleichgewichtslage zur unteren nicht erst bei $\xi = \xi_2$ stattfinden, sondern schon vorher, nämlich dann, wenn die gerade vorhandene Schwingungsenergie U ausreicht, um die bis zur labilen Gleichgewichtslage zu leistende Arbeit (Fläche U_1 in Abb. 1) zu überwinden. Man erkennt, daß bei langsamer Annäherung an ξ_2 gerade der Fall einer zufälligen besonders großen Schwingungsenergie das Ereignis herbeiführen wird. Die Wahrscheinlichkeit, daß eine große Schwingungsenergie U_1 erreicht wird, ist nach den Sätzen der kinetischen Theorie der Materie durch e^{-U_1/U_m} gegeben, wobei U_m die durchschnittliche Energie ist. Bei langsamerem Wachsen von ξ ist die Aussicht, ein bestimmtes großes U_1 zu erreichen, offenbar besser als bei schnellem Wachsen. Es wird also $\xi_2 - \xi'$ für das Verlassen der oberen Gleichgewichtslage im Durchschnitt größer bei langsamer Zunahme von ξ als bei schneller. Da U_m der absoluten Temperatur proportional ist, wird $\xi_2 - \xi'$ auch größer bei höherer Temperatur.

Nimmt man nun eine große Anzahl gleichartiger Mechanismen der geschilderten Art an, bei denen noch die Anfangslagen ξ_0 nach Zufall gegen die Anziehungszentren verteilt sind, so führt eine statistische Betrachtung zu ganz bestimmten Rechenvorschriften, die es gestatten, jeden Versuchsgang durch Rechnung modellmäßig nachzuahmen.

Die Formänderung (Dehnung oder Winkeländerung) wird durch die von allen Mechanismen gleichartig ausgeführte Verschiebung ξ wiedergegeben, die Kraft oder Spannung durch den statistischen Mittelwert der Kräfte P_A (oder wenn man will, durch die Summe aller P_A). Die Einheitlichkeit von ξ für alle Mechanismen gründet sich auf die Auffassung, daß alle Mechanismen an einem einheitlichen Körper A befestigt sind und ebenso alle Kraftfelder an einem einheitlichen Körper B, um deren Relativverschiebung es sich bei der Größe ξ handelt. Die Ähnlichkeit dieses Gesamtbildes mit dem von zwei aufeinander gleitenden Gefügebestandteilen eines deformierten Körpers liegt auf der Hand.

Das so beschriebene Modell zeigt qualitativ alle wesentlichen Eigenschaften der elastischen und unelastischen Formänderungen: elastischen Bereich, Fließgrenze, Hysteresis, Nachwirkung, Erhöhung der Fließgrenze mit zunehmender Streckgeschwindigkeit, Abnahme mit steigender Temperatur. Zur quantitativen Übereinstimmung reicht es allerdings noch nicht aus, sondern muß hierzu zunächst durch passende Zusammenschaltung von Mechanismen verschiedener „Härte" erweitert werden, wodurch u. a. jede gewünschte Form der Hysteresisschleife erreicht werden kann. Für einige Erscheinungen verwickelterer Art, unter diesen die Verfestigung, sind allerdings noch zusätzliche Hilfsannahmen nötig, die nicht in jeder Einzelheit modellmäßig erklärt werden können. Immerhin hat das Verständnis der unelastischen Vorgänge auch durch diese Betrachtungen weitgehend gefördert werden können.

2. Für die Abhängigkeit der Fließspannung σ von der Streckgeschwindigkeit c ergab sich aus den Rechnungen als Näherungsformel[1]

$$\sigma - \sigma_1 = k \log \frac{c}{c_1}. \tag{1}$$

σ_1 und c_1 sind dabei zwei zusammengehörige Werte. Es gehört also zu einer arithmetischen Reihe von Fließspannungen eine geometrische

[1] Eine umfassendere Näherungsformel, die auch den Zustand der zähen Flüssigkeit mit umfaßt, lautet $\sigma = \varkappa\, \mathfrak{Ar}\,\mathfrak{Sin}\, c/c_0$, wo c_0 eine physikalische Konstante ist. Für $c \ll c_0$ wird hier der Zusammenhang zwischen σ und c linear, für $c \gg c_0$ tritt die Beziehung (1) in Erscheinung.

Reihe von Geschwindigkeiten. Mein Schüler H. DEUTLER hat auf meinen Wunsch diese Beziehungen an Metallen nachgeprüft[1]. Eine kleine elektrisch angetriebene Zerreißmaschine mit Pendelwaage für die Kraftablesung ermöglichte es durch angebaute Vorgelege, Streckgeschwindigkeiten $c = d\varepsilon/dt$ von 10^{-5}/sec bis 10^{-2}/sec zu erzeugen (also 1% Verlängerung in 1000 sec bzw. 1 sec). Eine Schreibvorrichtung registrierte die Verlängerung und die von einer Federwaage angezeigte Kraft sowie Zeitmarken. Durch Fallenlassen des schweren Neigungspendels konnten auch schlagartige Verlängerungen mit Geschwindigkeiten von rd. 10^{-1}/sec (1% in 0,1 sec) erzielt werden. Dazu kamen noch Schlagzerreißversuche in einem großen Pendelschlagwerk, durch die Streckgeschwindigkeiten bis nahe an 10/sec heran (1% in 10^{-3} sec) erreicht wurden. Die Streuung war bei diesen letzteren Versuchen, bei denen die Registrierung optisch erfolgte, größer als bei den übrigen, zumal ein Umspannen des Probestabes von der Zerreißmaschine in das Schlagwerk notwendig war, da σ_1 jeweils in der Zerreißmaschine gemessen werden mußte. Abb. 2 und 3 zeigen die Ergebnisse für eine Versuchsreihe mit Kupfer und eine mit weichem Flußstahl. Nach der gewählten Art der Auftragung sollte sich nach Gl. (1) eine Gerade ergeben. Dies ist auch mit befriedigender Genauigkeit der Fall.

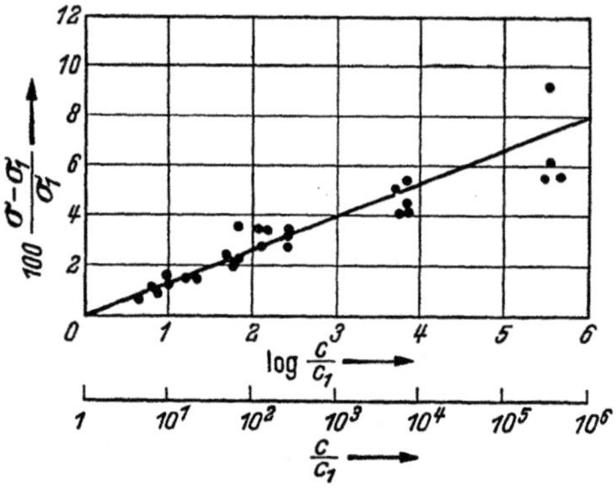

Abb. 2. Fließspannung des Kupfers abhängig von der Streckgeschwindigkeit c, nach DEUTLER

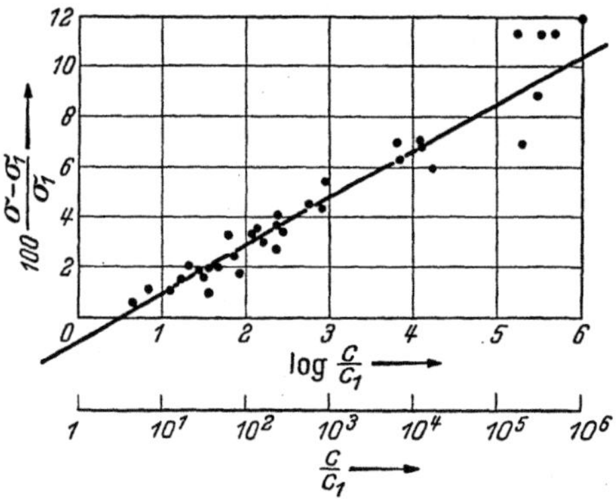

Abb. 3. Fließspannung des weichen Flußstahles abhängig von der Streckgeschwindigkeit c, nach DEUTLER

Bei Abb. 3 fällt allerdings auf, daß die Gerade am Nullpunkt vorbeigeht, während definitionsgemäß für $c = c_1$, $\sigma - \sigma_1 = 0$ sein muß, die Versuchskurve also durch den Nullpunkt gehen müßte. Diese auf den

[1] H. DEUTLER, Experimentelle Untersuchungen über die Abhängigkeit der Zugspannungen von der Verformungsgeschwindigkeit. Dissertation Göttingen 1932. Phys. Z. Bd. 33 (1932) S. 247.

ersten Blick befremdliche Abweichung ist nun nicht etwa auf Versuchsungenauigkeiten zurückzuführen, sondern steht mit anderen Beobachtungen an vielen Stahlsorten, besonders den weicheren, in Einklang. Man beobachtet z. B., daß die Fließspannung während einer Ruhepause wächst, um dann bei neuem Strecken allmählich wieder zu sinken, vgl. etwa die Versuche von H. CASSEBAUM[1]. Dieses Wachsen, das mit Umlagerungen in den Gleitschichten zusammenhängen dürfte und auf eine allmähliche Ausheilung der durch den Gleitvorgang entstandenen Schäden hindeutet, macht sich nun nicht nur in den Ruhepausen, sondern auch schon bei den sehr kleinen Streckgeschwindigkeiten bemerkbar, wie ebenfalls von CASSEBAUM beobachtet wurde. Das durch diese Eigenschaft abgeänderte Verhalten würde statt der Geraden von Gl. (1) eine Kurve von der Art von Abb. 4 liefern. Als c_1 sei hier der Wert gewählt, zu dem das Minimum von $\sigma - \sigma_1$ gehört. Der linke Kurvenast ist genaugenommen instabil. (An Stelle einer Streckgeschwindigkeit kleiner als c_1 ergibt sich in einem begrenzten Teil des Stabes eine Streckung mit der Geschwindigkeit c_1 und daher mit dem Kleinstwert der Spannung, σ_1, während die übrigen Teile des Stabes in Ruhe verbleiben und sich hierdurch weiter festigen.) Die viel stärkeren Einflüsse der Verfestigung und des Nachlassens der Zugkraft nach Überschreiten des Maximums beherrschen indes, der erstere stabilisierend, der zweite labilisierend, die Verhältnisse in solchem Maße, daß die vorerwähnte Instabilität bisher nicht beobachtet worden ist. Bei genügend langsamer Belastung ($c > 10^{-5}$/sec) müßte sie aber doch beobachtbar werden.

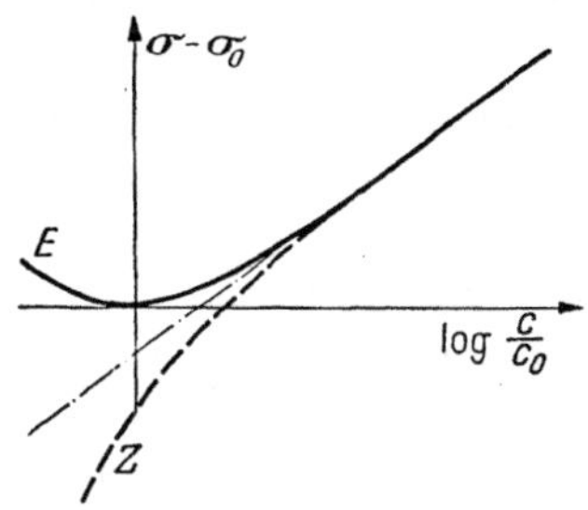

Abb. 4. E = Eisen, Z = Zink

Dem Beispiel des Flußstahles steht gegenüber das von Zink[2] und anderen Werkstoffen mit *Entfestigung durch Rekristallisation*. In diesem Fall biegt die Kurve von Abb. 3 am linken Ende nach unten ab (was eine zusätzliche Stabilisierung für die kleinen Streckgeschwindigkeiten bedeutet).

Man kann die Theorie derartiger Vorgänge auch quantitativ durchbilden, wenn man von der Vorstellung ausgeht, daß der Werkstoff in zwei verschieden festen Phasen auftritt, deren eine durch die Verfor-

[1] H. CASSEBAUM, Über das Verhalten von weichem Flußstahl jenseits der Proportionalitätsgrenze. Dissertation Göttingen 1910. Auszug in Ann. Phys. Bd. 34 (1911) S. 106.

[2] O. BREZINA, Untersuchungen über die Zeitgesetze der unelastischen Deformation bei Zink und Flußeisen. Dissertation Göttingen 1923. Auszug in Phys. Z. Bd. 24 (1923) S. 388.

mung aus der anderen erzeugt wird und sich im Verlauf der Zeit wieder zurückbildet. Ist z die Menge der neu gebildeten Phase und $1 - z$ die der alten, so kann gesetzt werden

$$\frac{dz}{dt} = \lambda(1 - z)\,c - \mu\,z, \tag{2}$$

wozu in Erweiterung von (1) die Beziehung

$$\sigma = \sigma_0 + k \log\frac{c}{c_0} + m\,z \tag{3}$$

tritt. σ_0 kann, um eine bleibende Verfestigung wiederzugeben, als Funktion der Dehnung aufgefaßt werden; c ist gleichbedeutend mit $d\varepsilon/dt$. Gl. (2) und (3) stellen ein simultanes System dar, aus dem für einen gegebenen zeitlichen Verlauf von σ derjenige von ε berechnet werden kann und umgekehrt (die Größe m ist positiv beim Zink und negativ beim Stahl). Beispiele solcher Rechnungen finden sich in der Dissertation von O. Brezina[1, 2].

3. Einen weiteren Prüfstein der Theorie liefert die *elastische Nachwirkung*, d. h. die nach einer Belastung oder Entlastung eines unvollkommen elastischen Körpers auftretenden Kriechvorgänge. Da diese Vorgänge als lästige Nebenerscheinung in Meßvorrichtungen auftreten, in denen Kräfte durch die Formänderung elastischer Körper gemessen werden, sind sie von den Physikern viel studiert worden, und es gibt eine sehr umfangreiche Literatur darüber. Ich will mich deshalb darauf beschränken, die beste bis dahin veröffentlichte Formel anzugeben, die von Bennewitz[3] auf Grund von Biegeversuchen mit Glasfäden aufgestellt wurde. Sie lautet mit etwas geänderter Bezeichnung

$$\varepsilon(t) = \varepsilon_1(t) + C \int_{-\infty} \frac{\varepsilon_1(t')\,dt'}{t - t' + \tau}. \tag{4}$$

ε_1 ist dabei die rein elastische Dehnung, τ eine Zeitkonstante. Für eine Belastung, die zur Zeit $t = 0$ auf das bisher unbelastete Objekt aufgebracht wird und von da ab konstant bleibt, ergibt dies (mit ε_1 = konst.) für $t > 0$:

$$\varepsilon(t) = \varepsilon_1\left(1 + C \ln\frac{t + \tau}{\tau}\right). \tag{5}$$

Man erkennt unschwer, daß die Zeitkonstante τ einigermaßen willkürlich ist. Da die Dehnungsgeschwindigkeit $\dot{\varepsilon}$ im ersten Augenblick erfahrungsgemäß sehr groß ist, muß τ sehr klein sein. Aus demselben Grund ist der „rein elastische“ Anteil ε_1 überhaupt nicht meßbar, sondern nur

[1] Die auf die Cassebaumschen Versuche aufgebauten Zahlenangaben über Flußstahl sind durch einen Maßstabsfehler (infolge Bezeichnung σ statt P bei Cassebaum) entstellt. Alle auf diesen Werkstoff bezüglichen Spannungsgrößen sind mit 3,53 zu multiplizieren, um σ in kg/cm² zu erhalten.

[2] Siehe Fußnote 2, S. 209.

[3] K. Bennewitz, Über die elastische Nachwirkung. Phys. Z. Bd. 21 (1920) S. 703.

die Dehnung $\varepsilon(t)$ für eine kurze Zeit nach dem Last-Auflegen, die schon einen Teilbetrag von Nachwirkung enthält. Nimmt man den beobachteten Wert als Anhalt, so bedeutet eine Änderung von τ einfach eine leichte Änderung in ε_1.

Erfolgt, nachdem die Belastung mit konstanter Stärke eine Zeit T hindurch gedauert hat, eine Entlastung auf Null, so findet man aus Gl. (4) für $t > T$

$$\varepsilon(t) = C\,\varepsilon_1 \ln \frac{t+\tau}{t-T+\tau} \approx C\,\varepsilon_1 \ln \frac{t}{t-T}. \tag{6}$$

Es lohnt sich nicht, die kleine Zeit τ noch mitzuschleppen, die hier nichts bringt; in Gl. (5) war sie nötig, um ein Unendlichwerden zu vermeiden.

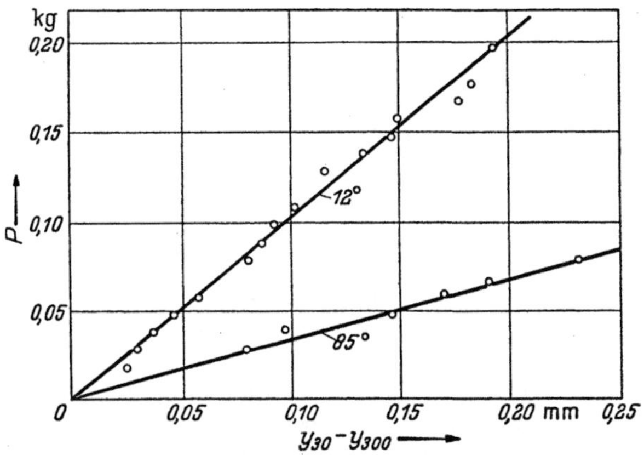

Abb. 5. Nachwirkung nach 120 sec. Biegebelastung mit P kg, nach MUSSMANN

Ein sehr wesentliches Kennzeichen von Formel (5) und (6) ist die Proportionalität der Nachwirkung mit ε_1. Da hierfür eine sorgfältige Prüfung fehlte, habe ich diese von meinem Schüler H. MUSSMANN[1] nachprüfen lassen. Er fand für die Nachwirkung bei der Entlastung von auf Biegung beanspruchten Zelluloidstäben Werte, die in Abb. 5 wiedergegeben sind. Die Belastung dauerte jeweils 120 sec. Beobachtet wurde die Lage des Stabendes 30 und 300 sec nach der Entlastung bei zwei Temperaturen. Die Proportionalität erwies sich also als recht gut.

Der zeitliche Verlauf nach Formel (5) ist von BENNEWITZ schon sorgfältig verfolgt worden, er ist im übrigen auch durch Dehnungsversuche von Herrn MUSSMANN mit Zelluloid sehr gut bestätigt worden, vgl. Abb. 6.

Es handelt sich nun darum, den Vorgang modellmäßig zu verstehen. Hierzu sei zunächst angenommen, daß ein vollkommen elastischer Stab

[1] H. MUSSMANN, Die elastische Nachwirkung und ihr Zusammenhang mit der optischen Nachwirkung. Dissertation Göttingen 1937. Ann. Phys. (5) Bd. 31 (1938) S. 121.

mit einem plastisch fließenden Stab parallel arbeitet, der dem Fließgesetz von Gl. (1) folgt, daneben aber auch einen elastischen Dehnungsanteil hat. „Parallel arbeiten" heißt dabei, daß die Enden der beiden Stäbe so verbunden sind, daß sie sich bei Belastung nur gemeinsam dehnen können. Die übertragene Gesamtkraft ist dabei die Summe der beiden Kräfte. Der Querschnitt des fließenden Stabes mag dabei als klein gegenüber dem des elastischen Stabes angenommen werden. Der

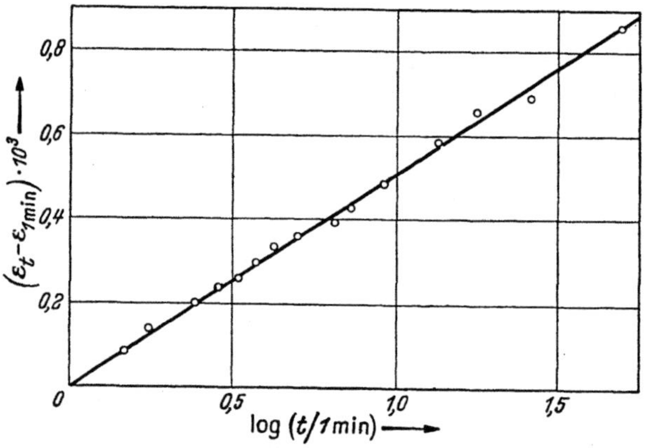

Abb 6. Anwachsen der Nachdehnung bei Zugbelastung mit der Zeit t, nach MUSSMANN

Einfachheit halber soll der Elastizitätsmodul beider Stäbe gleich sein. Wird der Gesamtquerschnitt $= 1$ gesetzt, so soll derjenige des fließenden Stabes $= \varkappa$, der des elastischen $= 1 - \varkappa$ sein. Die Gesamtbelastung des Systems sei eine gegebene Funktion der Zeit:

$$\sigma = \sigma_1(1 - \varkappa) + \sigma_2 \varkappa = f(t) \tag{7}$$

(Zeiger 1 bezieht sich auf den elastischen, Zeiger 2 auf den fließenden Stab.)

In Gl. (1) sei statt c jetzt $\dot{\varepsilon}$ geschrieben. Wegen der Kollision der damaligen Bezeichnungen mit den jetzigen sei noch für das dortige σ_1 p geschrieben:

$$\sigma_2 = p + k \ln\left(\frac{\dot{\varepsilon}}{c_1}\right). \tag{1a}$$

Kehrt man diese Gleichung um und beobachtet, daß jetzt noch ein elastischer Teil hinzukommt, so wird

$$\dot{\varepsilon} = \frac{\dot{\sigma}_2}{E} + c_1\, e^{(\sigma_2 - p)/k}. \tag{8}$$

$\dot{\varepsilon}$ ist beiden Stäben gemeinsam und ist deshalb auch $= \dot{\sigma}_1/E$; es läßt sich daher, wenn man Gl. (7) nach t differenziert, $\dot{\varepsilon}$ fortschaffen. Es verbleibt eine Differentialgleichung erster Ordnung für σ_2. Hier sei nur der Fall $f(t) =$ konst. behandelt, also $f'(t) = 0$. Hier findet man leicht mit Einführung einer Zeitkonstante

$$T = \frac{k}{(1-\varkappa)\, c_1 E},$$

$$\dot{\sigma}_2 = -(1-\varkappa)\, c_1 E\, e^{(\sigma_2 - p)/k} = -\frac{k}{T} e^{(\sigma_2 - p)/k},$$

was

$$\sigma_2 = p - k \ln\left(\frac{t - t_0}{T}\right) \tag{9}$$

gibt.

Wenn das System zur Zeit $t = 0$ eine plötzliche Belastung von Null auf σ_0 erfährt, so kann, da das Fließen Zeit erfordert, für den ersten Moment $\sigma_1 = \sigma_2 = \sigma_0$ angenommen werden. Damit wird $t_0/T = -e^{(p-\sigma_0)/k}$ und hiermit

$$\sigma_2 = p - k \ln\left(\frac{t}{T} + e^{(p-\sigma_0)/k}\right). \tag{10}$$

Die Größe der Zeitkonstanten T bleibt dabei, da sie von der willkürlich ausgewählten Fließgeschwindigkeit c_1 abhängt, ebenso wie die von τ in Formel (4) in einem gewissen Grad willkürlich. Ihre Änderung kann praktisch durch eine entsprechende Änderung der „Fließspannung" p ausgeglichen werden (die ja nur zusammen mit der Fließgeschwindigkeit c_1 einen bestimmten Stoffzustand charakterisiert!).

Die Spannung k, die gemäß Gl. (1) den Geschwindigkeitseinfluß bestimmt, ist bei den meisten Stoffen klein gegen die Fließgrenze p und daher meist auch gegen $|p - \sigma_0|$. Unter dieser Voraussetzung ist $e^{(p-\sigma_0)/k}$ im Fall $p > \sigma_0$ sehr groß, so daß t/T dagegen vernachlässigt werden kann. In diesem Fall ergibt sich aus Formel (10) angenähert $\sigma_2 \approx \sigma_0$ (11a), d. h. das Modell verhält sich elastisch und ohne Nachwirkung. Im Fall $p < \sigma_0$ (und $|\sigma_0 - p| \gg k$!) ist $e^{(p-\sigma_0)/k}$ sehr klein, was zur Näherungsformel

$$\sigma_2 \approx p - k \ln\left(\frac{t}{T}\right) \tag{11b}$$

führt.[1] Diese Beziehung bringt die Existenz der Fließgrenze zum deut-

[1] Diese Formel versagt, wenn σ_2 bei kleinem p an Null herankommt, da ein Negativwerden von σ_2 bei konstantem positiven σ_0 physikalisch ausgeschlossen ist. In der MUSSMANNschen Arbeit findet sich eine Rechnung, die an den Ansatz $\sigma_2 = k\, \mathfrak{Ar}\mathfrak{Sin}\,(c/c_0)$ von Fußnote 1, S. 207 anschließt und so eingerichtet ist, daß sie für große p und σ_2 in Formel (8) übergeht und dabei alle Symmetrieforderungen erfüllt. Dies wird erreicht, wenn $c_0 = c_1\, \mathfrak{Cof}\, p/k$ gesetzt wird. Damit wird an Stelle von Gl. (8) erhalten

$$\dot{\varepsilon} = \frac{\dot{\sigma}_2}{E} - \frac{1}{T} \frac{\mathfrak{Sin}\,(\sigma_2/k)}{\mathfrak{Cof}\,(p/k)}. \tag{8a}$$

Die Integration liefert

$$\ln \mathfrak{Tg}\left(\frac{\sigma_2}{2k}\right) = \frac{t_0 - t}{T\, \mathfrak{Cof}\,(p/k)},$$

woraus mit $\sigma_2 = \sigma_0$ für $t = 0$ gefunden wird

$$\sigma_2 = k \ln \frac{1 + \exp[-t/T\, \mathfrak{Cof}\,(p/k)]\, \mathfrak{Tg}\,(\sigma_0/2k)}{1 - \exp[-t/T\, \mathfrak{Cof}\,(p/k)]\, \mathfrak{Tg}\,(\sigma_0/2k)}. \tag{10a}$$

Bei MUSSMANN steht $1/\beta$ statt k, A statt T, x statt p. In Formel (4) S. 132 ist durch einen Druckfehler das „ln" fortgeblieben!

lichen Ausdruck. Die gesuchte Nachdehnung ergibt sich nun aus Gl. (7) mit $f(t) = \sigma_0$. Es ist

$$\varepsilon = \frac{\sigma_1}{E} = \frac{1}{E}\left(\frac{\sigma_0}{1-\varkappa} - \frac{\varkappa\,\sigma_2}{1-\varkappa}\right), \tag{12}$$

was im Fall von Gl. (11a) $\varepsilon = \sigma_0/E$, (13a), im Fall von Gl. (11b) aber

$$\varepsilon = \frac{1}{(1-\varkappa)E}\left(\sigma_0 - \varkappa\,p + \varkappa\,k \ln \frac{t}{T}\right) \tag{13b}$$

gibt. Es ergibt sich also dieselbe Zeitabhängigkeit wie bei Gl. (5) von Bennewitz, aber nicht die richtige Abhängigkeit von σ_0 (Proportionalität des zeitabhängigen Gliedes mit σ_0 fehlt). Um auch diese noch zu erreichen, muß man einen Schritt weitergehen und eine Vielzahl von Modellen der besprochenen Art mit verschiedener Fließgrenze p zu einem Modell höherer Stufe zusammenfügen. Das einfachste ist hier eine Zusammenschaltung in Reihe, wodurch die Belastung σ_0 allen Elementen gemeinsam ist und die Dehnungen sich addieren. Es sei nun Gleichverteilung der Elemente auf die verschiedenen Werte von p angenommen, dann verhalten sich die Elemente mit $p > \sigma_0$ elastisch, also nach Gl. (13a), tragen somit zur Nachwirkung nichts bei, diejenigen mit $p < \sigma_0$ zeigen dagegen nach Gl. (13b) eine von der Größe von p unabhängige Nachwirkung. Wenn man genauer, d. h. nach Gl. (10) rechnet, findet man in der Gegend von $p = \sigma_2$ eine Abrundung und bei Berücksichtigung des in der Fußnote 1, S. 213 auseinandergesetzten eine weitere Abrundung bei $p = 0$, vgl. Abb. 7.

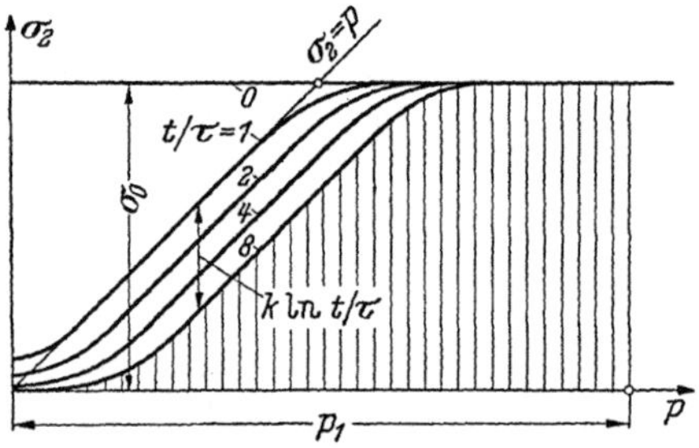

Abb. 7. $\sigma_2(p, t)$ bei der ersten Belastung

Die gesamte unelastische Dehnung wird nun wegen Gl. (7) durch den Mittelwert von σ_2,

$$\frac{1}{p_1}\int_0^{p_1} \sigma_2\,dp,$$

wiedergegeben[1], also durch die in Abb. 7 schraffierte Fläche. Deren zeitabhängiger Anteil bestimmt die Nachwirkung. Man erhält diesen mit hinreichender Genauigkeit, wenn man die Abrundungen von Abb. 7 fortläßt. Es ist ersichtlich, daß durch die Mittelwertbildung ein Faktor σ_0/p_1 auftritt, so daß nun

$$\varepsilon_{\text{Nachw.}} = \frac{\varkappa\,k}{(1-\varkappa)E}\,\frac{\sigma_0}{p_1}\ln\left(\frac{t}{T}\right) \tag{14}$$

[1] p_1 mag dabei mit der Fließgrenze der „elastischen Stäbe" übereinstimmen.

wird, was nun inhaltlich völlig mit der durch die Versuche bestätigten Gl. (5) übereinstimmt. [Es mag noch darauf hingewiesen werden, daß das Glied $\varkappa p$ in Gl. (13b) bei der Mittelbildung nach Abb. 7 eine Hysteresis liefert. Auf Einzelheiten mag hier verzichtet werden.]

Man kann nun mit dem hier beschriebenen Mechanismus auch andere Vorgänge, wie Entlastung, erneute Belastung nach Entlastung, Hinzufügen einer zweiten Laststufe usw. rechnerisch verfolgen. Der Weg dazu ist klar vorgezeichnet. Man erkennt sehr bald, daß hier keine einfache Überlagerung der Wirkung zeitlich aufeinanderfolgender Vorgänge analog der allgemeinen BENNEWITZ-Formel, Gl. (4), zustande kommt. Hier werden sich also Unterschiede gegen BENNEWITZ ergeben. Als Beispiel sei die Entlastung nach einer von $t = 0$ bis $t = t_1$ dauernden Belastung betrachtet.

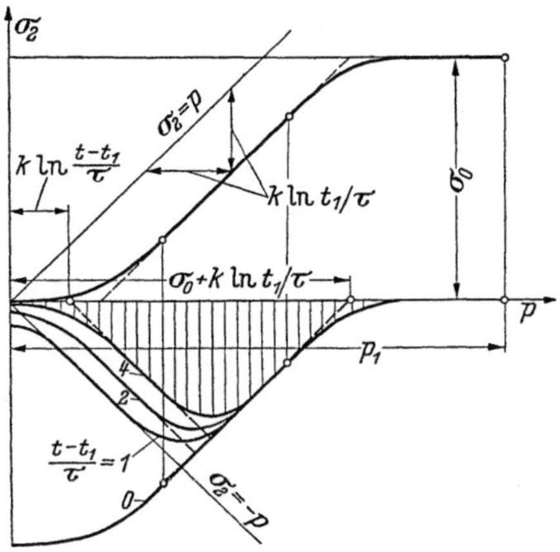

Abb. 8. $\sigma_2(p, t)$ bei der ersten Entlastung

Unter der Annahme, daß die Entlastung plötzlich vor sich geht, wird im ersten Augenblick jedes Element um σ_0 entlastet, also im σ_2-p-Diagramm die zum Zeitpunkt $t = t_1$ bestehende σ_2-Kurve um σ_0 nach unten verschoben, vgl. Kurve *0* in Abb. 8. Bis zur Zeit $t = t_1 + T$ hat sich der linke Teil der Kurve bis an die Gerade $\sigma_2 = -p$ herauf gezogen (Kurve $\frac{t - t_1}{T} = 1$) und steigt für $t > t_1 + T$ stetig weiter auf

$$\sigma_2 = -p + k \ln \frac{t - t_1}{T}.$$

Das $\int \sigma_2 \, dp$ ist dann durch die in Abb. 8 schraffierte Fläche wiedergegeben, die angenähert als ein gleichschenklig rechtwinkliges Dreieck mit der Basislänge

$$a = \sigma_0 + k \ln\left(\frac{t_1}{T}\right) - k \ln \frac{t - t_1}{T} = \sigma_0 - k \ln \frac{t - t_1}{t_1}$$

berechnet werden kann. Der Mittelwert von σ_2 wird dann

$$-\frac{a^2}{4 p_1} = -\frac{\sigma_0^2}{4 p_1} + \frac{\sigma_0 k}{2 p_1} \ln \frac{t - t_1}{t_1} - \frac{k^2}{4 p_1} \left(\ln \frac{t - t_1}{T}\right)^2. \qquad (15)$$

Bei Fortlassung des letzten Gliedes, das im allgemeinen nicht groß ist (auch die vernachlässigten Beiträge der Abrundungen sind von der Größenordnung k^2/p_1) erinnert die Formel an die BENNEWITZsche Formel (6), jedoch heißt es dort $\ln \frac{t - t_1}{t}$ statt $\ln \frac{t - t_1}{t_1}$, was besonders für große t einen Unterschied macht, und dann tritt hier der Faktor $\frac{1}{2}$ vor das Logarithmusglied, der dort fehlt.

Solche charakteristische Abweichungen findet man auch in anderen Fällen. Eine besonders bemerkenswerte sei hier noch erwähnt. Wenn nach Ablauf einer Zeit t_1 eine plötzliche Laststeigerung von σ_{I} auf σ_{II}

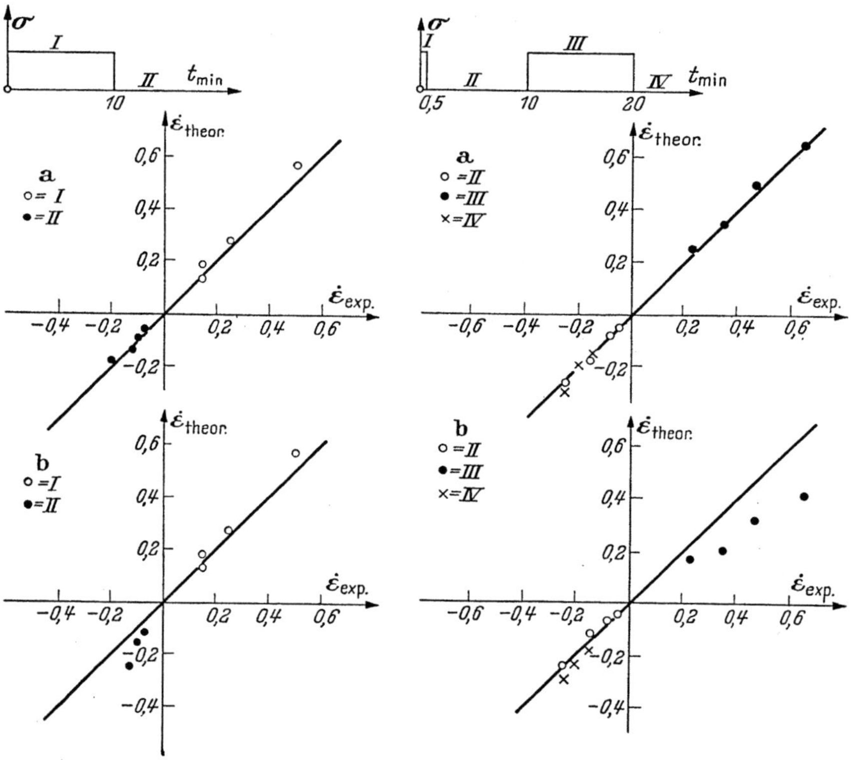

Abb. 9. u. 10. Vergleich der gemessenen Dehnungsgeschwindigkeiten mit den berechneten, nach Mussmann: a) Rechnung nach Modelltheorie, b) Rechnung nach Bennewitz

vorgenommen wird, und es ist $\sigma_{\mathrm{II}} - \sigma_{\mathrm{I}}$ groß gegen k, so verschwindet, wie die Anwendung des im vorstehenden geschilderten Verfahrens lehrt, jeder Einfluß der Vorbelastung σ_{I} auf die Vorgänge nach der Belastungserhöhung auf σ_{II}, während nach dem durch Gl. (4) gegebenen Bennewitzschen Schema (das übrigens nur einen speziellen Fall des alten Boltzmannschen Schemas darstellt) die Vorbelastung auch in der Folgezeit merkliche, wenn auch nicht sehr große Beiträge liefert.

Ich habe diese Dinge von Herrn Mussmann an Dehnungsversuchen mit Zelluloid nachprüfen lassen. Zum Vergleich mit den Formeln schien es bequemer, statt der Dehnungswege ε die Dehnungsgeschwindigkeiten $\dot{\varepsilon}$ zu vergleichen. Die Erstbelastung lieferte die Festwerte für die Formeln, mit denen dann weitergerechnet wurde. Die Abb. 9 und 10, in denen die nach den beiden Theorien berechneten ε-Werte zu den beobachteten aufgetragen wurden, zeigen zwei der MUSSMANNschen Versuchsreihen; das Ergebnis spricht sehr für die hier vorgetragene Theorie. Herr MUSSMANN konnte auch an fremdem Versuchsmaterial die gute Übereinstimmung mit diesem Formelsystem nachweisen. Die Übereinstimmung ist natürlich auch hier nicht vollkommen. Einige festgestellte Unstimmigkeiten würden sich wohl durch schärfere Rechnung oder durch Zusammenschaltung von Elementen mit verschiedenem k erfassen lassen, doch ist es fraglich, ob der Gewinn sich noch lohnen würde.

Zusammenfassung. Die Grundgedanken der Modelltheorie zur plastischen Formänderung werden erläutert und die daraus abgeleitete praktische Näherungsformel für die Abhängigkeit der Fließspannung von der Fließgeschwindigkeit mitgeteilt. Im Anschluß daran wird über Versuche von H. DEUTLER zur Prüfung dieser Formel berichtet.

Für die elastische Nachwirkung wird unter Verwendung der Formel eine Modelltheorie entwickelt, und es werden Vergleichsversuche von H. MUSSMANN hierzu mitgeteilt.

Physikalische Blätter 5. Jg. (1949) S. 161—172

Betrachtungen zur Rheologie [1]

Begriffsbestimmungen

Rheologie im weiteren Sinn kann definiert werden als Lehre vom mechanischen Verhalten der deformierbaren Substanzen. Ihr Bereich erstreckt sich von nahezu festen Substanzen bis zu nahezu flüssigen; die Substanzen können einerseits homogen sein, andererseits aber auch irgendwelche Strukturen (makroskopische bis zu submikroskopischen) besitzen. Die Aufgabe der Rheologie ist es, die mechanischen Eigenschaften in definierte Komponenten zu trennen und die charakteristischen Zahlen dieser Komponenten aus Messungen zu bestimmen. Mittel hierzu werden geliefert durch Messungen von Formänderungen und den dazugehörigen Kräften. Wichtig ist dabei auch das Verhalten der charakteristischen Zahlen bei Variation der Temperatur.

Soweit die Formänderungen nicht umkehrbar sind, vollziehen sie sich immer durch Platzwechsel von einander benachbarten Molekeln. Solange solche Platzwechsel unterbleiben, hat man das *umkehrbare elastische Verhalten* (1). Die Platzwechsel können entweder durch innere Spannungen verursacht werden, die von äußeren Belastungen herrühren, oder sie können durch die Wärmebewegung spontan erfolgen. Bei diesem als Selbstdiffusion bezeichneten Vorgang bewirken etwaige daneben vorhandene Spannungen, die nicht groß genug sind, um von selbst Platzwechsel hervorzurufen, eine Bevorzugung der Platzwechsel in solchen Richtungen, die einem Abbau der Spannungen entsprechen. Platzwechsel dieser Art bedeuten ebenso wie die primär durch Spannungen hervorgerufenen immer *nichtumkehrbare Zustandsänderungen.* Vorgänge der letzteren Art, bei denen also die Wärmebewegungen an den Platzwechseln nicht wesentlich beteiligt sind, ergeben das durch die „Hysteresis“ gekennzeichnete Verhalten (2). Bei diesem ist der Zusammenhang zwischen Spannungen und Formänderungen lediglich durch die Reihenfolge der Spannungs- bzw. Formänderungswerte bestimmt, aber unabhängig von dem zeitlichen Ablauf. Bei den wesentlich durch die Wärmebewegungen bedingten Vorgängen lassen sich nach den äußeren Bedingungen des Versuches drei verschiedene Erscheinungen unterscheiden. Man spricht von „Relaxation“ (3) bei der

---

[1] Die Anregung zu diesen Ausführungen ist mir durch die Herren Westphal und Brüche zugegangen. Ich bin ihr gern nachgekommen, da sie mir die Gelegenheit bot, eine Gedankenreihe, die mich von 1905 an bis jetzt immer wieder beschäftigt hat, den Physikern nahezubringen.

Relation zwischen Spannung und Zeit bei *festgehaltener Formänderung*, dagegen von „Nachwirkung" (4) bei der Formänderungs-Zeitrelation bei *festgehaltener Spannung* (oder auch bei Spannung Null nach einer vorhergegangenen Belastung). Mit „Fließverhalten" (5) wird bezeichnet die Relation zwischen Spannung und *Formänderungsgeschwindigkeit* bei vorgeschriebener (meist gleichbleibender) Stärke dieser Geschwindigkeit.

Die „Rheologie im engeren Sinn" bezieht sich wesentlich auf die zu (5) gehörigen Gesetzmäßigkeiten und Erfahrungstatsachen.

Einzelausführungen

Die Erscheinungen (1) bis (5) finden sich bei amorphen Substanzen (flüssigen und festen) ebenso wie auch bei den Kristallhaufwerken. (Wegen weitgehender Parallelen erscheint es zweckmäßig, beide Strukturarten gemeinsam zu behandeln.) Was die Kristallhaufwerke betrifft, so ergeben sich allerdings je nach den Eigenschaften der einzelnen Kristalle und der zwischen diesen befindlichen Verwachsungszonen verschiedene Besonderheiten. Zu diesen gehören die Erscheinungen der *Verfestigung* und *Entfestigung*; diese bedeuten durch Strukturänderung hervorgebrachte Änderungen der vorherigen Eigenschaften. Die Strukturänderungen bestehen einerseits in Hemmungen sich ausbildender Gleitflächen an den Korngrenzen oder an anderen vorher ausgebildeten Gleitflächen, andererseits in mehr oder minder großen Zerstörungen des bisherigen kristallinischen Aufbaues. Dazu kommen weitere Veränderungen, die auch während der Ruhepausen weiter fortschreiten, zum Teil durch Ausheilen von Schäden in den gestörten Gebieten, zum anderen durch die *Rekristallisation*, d. h. das Wachsen neuer Kristalle aus den Trümmern der alten; die Wirkung ist hierbei einerseits eine weitere Verfestigung, andererseits eine Aufhebung einer vorherigen Verfestigung.

Bei Vorhandensein von irgendwelchen besonderen Strukturen, sowohl solchen kolloidaler Art oder auch solchen, die aus einem Gemenge von elastischen oder plastischen Bausteinen mit Flüssigkeit als Zwischenfüllung bestehen (Beispiele feuchter Ton, Salben, konsistentes Fett; Modellsubstanzen sind dicke Grießsuppe und andere Küchenerzeugnisse), ergeben sich mannigfache weitere Erscheinungen, über die später nähere Ausführungen folgen werden.

Was die praktischen Messungen betrifft, so steht, wie schon angedeutet, für den Rheologen die Erscheinungsgruppe (5), die Fließerscheinungen, im Vordergrund. Was die übrigen Gruppen betrifft, so kommen diese hauptsächlich für Substanzen in Stabform von einer nicht zu kleinen Festigkeit in Frage. Bei (1) interessiert die Spannungsdehnungsrelation, von dieser vor allem der Elastizitätsmodul (Dehnungsmodul E und Schubmodul G). Die „Elastizitätsgrenze" ist die Grenze zum Erscheinungsgebiet (2), die „Fließgrenze" gehört schon mitten in dieses Gebiet. Allgemein interessiert bei Substanzen mit wesentlicher Hysteresis die Gestalt der Hysteresisschleife, aber auch die der „jungfräulichen" Kurve[1, 2, 3]. Die Relaxation (3) läßt sich schwer unmittelbar messen. Sie läßt sich aber durch Schwingungsversuche verschiedener Art in ihren Wirkungen verfolgen, indem man die Dämpfungen mißt. Elastische Nachwirkungen (4) sind von den Physikern, besonders mit Rücksicht auf den Bau von Federwaagen und ähnlichen Meßgeräten, vielfach untersucht worden.

Fließformeln

Die Gruppen (3), (4) und (5) werden, wie erwähnt, durch den Mechanismus der Platzwechsel beherrscht. Wenn bei Selbstdiffusion durch Wärmebewegung die durch einen Spannungszustand gesteuerten, gerichteten Platzwechsel nur einen kleinen Teil der gesamten Platzwechsel ausmachen, kann erwartet werden, daß die Zahl der gesteuerten Platzwechsel in der Zeiteinheit angenähert proportional der Größe der Spannung ist. Für eine Schubspannung τ ist dann eine Relaxation $\partial\tau/\partial t = -\tau/T$ zu erwarten; T heißt Relaxationszeit. J. Cl. Maxwell[4] hat die Zähigkeit der normalen Flüssigkeiten so erklärt, daß er zu den Eigenschaften eines idealen elastischen Körpers eine den Schubspannungen (und den Differenzen der Normalspannung) proportionale Relaxation hinzunahm. In dem Fall einer konstanten Gleitgeschwindigkeit $du/dy = c$ würde ohne Relaxation eine mit der Zeit unbegrenzt wachsende Schubspannung $\tau = G\,c\,t$ entstehen (G = Schubmodul). Mit Relaxation folgt aus $d\tau/dt = G\,c - \tau/T$, wenn für $t = 0$ $\tau = 0$ sein soll

$$\tau = G\,T\,c\,[1 - \exp(-t/T)]. \tag{1}$$

[1] Von E. Madelung, Ann. Phys. Bd. 17 (1905) S. 861, stammen die allgemeinen Sätze der Hysteresis, die zunächst an Beobachtungen über Magnetisierung entwickelt wurden, aber auch in der Mechanik gut bestätigt wurden. (Vgl. Anm. 2 und 3.)

[2] Die elastischen Hysteresiserscheinungen bei Gußeisen studierte S. Berliner, Ann. Phys. Bd. 20 (1905) S. 527.

[3] L. Prandtl hat in Z. angew. Math. Mech. Bd. 8 (1928) S. 85, die Theorie eines Gedankenmodells zur kinetischen Theorie der festen Körper behandelt. — Ein Vorbericht findet sich bei Th. v. Kármán in der Enzyklop. math. Wiss. IV 4 (1913) S. 767—770, ein ausführliches Referat von J. M. Burgers in „First Report on Viscosity and Plasticity", Verhandl. Königl. Akademie d. Wiss. Amsterdam, I. Sektion, XV, Bd. 3 (1935) S. 41—64.

[4] J. Cl. Maxwell, Phil. Trans. Roy. Soc. Bd. 157 (1867) S. 49; Sci. Papers Bd. 2 (1890) S. 30.

Wegen der Größe von G muß T bei gewöhnlichen Flüssigkeiten, auch den zäheren, sehr klein sein, die Gl. (1) reduziert sich also nach äußerst kurzer Zeit zu $\tau = G\,T\,c$, also zur NEWTONschen Formel $\tau = \eta\,c$, mit $\eta = G\,T$ als „Zähigkeit".

Wenn die Zahl der gesteuerten Platzwechsel nicht mehr klein gegen die Zahl aller Platzwechsel ist, dann ist keine Proportionalität der Relaxation mit der Schubspannung mehr vorhanden; daher sind hier auch die MAXWELLschen Formeln nicht mehr verwendbar. Wo die Versuche auf große Relaxationszeiten hindeuten, muß also anders gerechnet werden. Eine vom Verfasser aufgestellte Rechnung[1], die auf ein besonders einfaches, aber der kinetischen Theorie der Materie angepaßtes Gedankenmodell aufbaut, über das im folgenden noch Näheres ausgeführt werden soll, führt für den stationären Fall auf eine empirische Näherungsformel[2]

$$\tau = \tau^* \ln[c\,T^* + \sqrt{1 + (c\,T^*)^2}] = \tau^*\,\mathfrak{Ar}\mathfrak{Sin}\,c\,T^*; \qquad (2)$$

τ^* (bzw. σ^*, wenn es sich um Zugversuche mit Stäben handelt), die

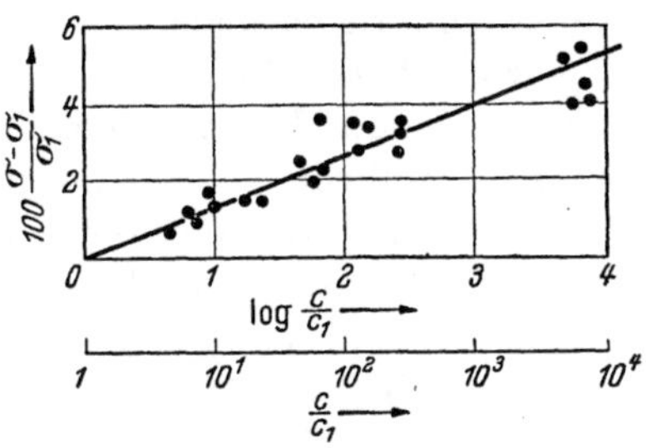

Abb. 1. Fließgrenze von Kupfer in Abhängigkeit von der Streckgeschwindigkeit

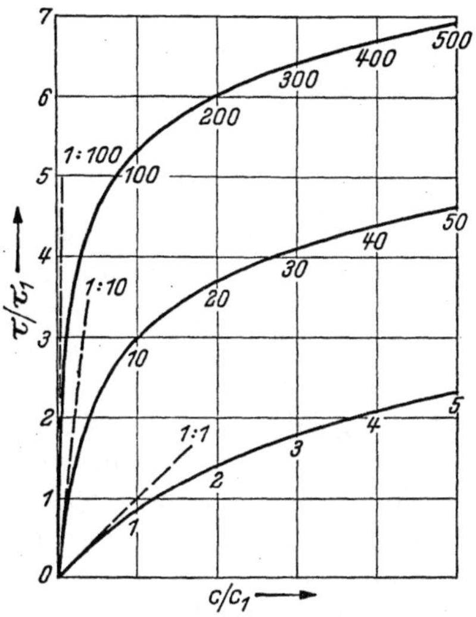

Abb. 2. Abhängigkeit der Fließspannung von der Streckgeschwindigkeit nach Gl. (2) (3 Maßstäbe!)

für $c\,T^* = 1$ charakteristische Fließspannung und T^*, eine andere Zeitkonstante, sind durch Probieren aus einer Anzahl von Versuchspunkten zu ermitteln. Für $c\,T^* \ll 1$ ergibt sich wieder $\tau = \tau^*\,c\,T^* = \eta\,c$ ähnlich wie bei MAXWELL, nur wegen $\tau^* \ll G$ mit einer wesentlich größeren Relaxationszeit T^*; für $c\,T^* \gg 1$ vereinfacht sich Gl. (2) zu

$$\tau = \tau^* \ln(2\,c\,T^*) = \tau^*(\ln 2\,T^* + \ln c). \qquad (2\,\mathrm{a})$$

[1] Siehe Fußnote 3, S. 220.

[2] Nach Niederschrift des vorliegenden Textes stellte ich fest, daß A. NÁDAI [Proc. Amer. Soc. Test. Mater. Bd. 43 (1943) S. 735] die gleiche Formel in der Gestalt $c/c^* = \mathfrak{Sin}(\sigma/\sigma^*)$ angegeben und ein Kurvenblatt dafür herausgegeben hat (σ abhängig von $\sigma^* \log c/c^*$).

Die dieser letzteren Gleichung entsprechende empirische Formel

$$\tau = a + b \log c \qquad (3)$$

hat sich im Bereich der plastischen Metalle sehr gut bewährt[1, 2].

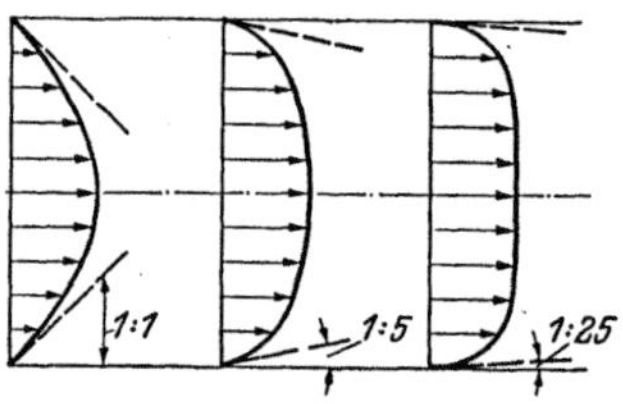

Abb. 3. Geschwindigkeitsprofile von Flüssigkeit in einem Rohr (Erklärungen im Text)

Abb. 1 gibt Resultate von DEUTLER[1] über Dehnungsversuche mit Kupferstäben wieder. Abb. 2 zeigt den Verlauf der vollständigen Gl. (2) von $c\,T^* = 0$ bis 500. Abb. 3 stellt links das Geschwindigkeitsprofil einer normalen Flüssigkeit ($c\,T^* \ll 1$) in einem Rohr dar; die beiden anderen Profile beziehen sich auf anormale („nicht NEWTONsche") Flüssigkeiten mit $c\,T^* \gg 1$. Gl. (2a), bzw. für $c\,T^* < 7$ die genauere Gl. (2), dürften eine zuverlässige Grundlage für die Charakterisierung von empirisch ermittelten Fließgesetzen ergeben.

Physikalisches über die Platzwechsel

Die skizzierte Theorie des Verfassers knüpft, wie hier kurz erläutert werde, an den Vorgang des Platzwechsels zwischen zwei Molekeln an. Eine solche Molekel hat zwischen ihren Nachbarn normalerweise eine nach allen Richtungen stabile Gleichgewichtslage. Wenn das ganze Gebilde deformiert wird, so kann das Gleichgewicht in irgendeiner Richtung labil werden; es erfolgt dann eine endliche Verschiebung in eine neue stabilere Gleichgewichtslage mit der Wirkung, daß die ganze Nachbarschaft des verschobenen Teilchens in der Richtung des Spannungszustandes nachgegeben hat. Die Deformation, die Anlaß zu dem Platzwechsel war, kann auch ganz oder zum Teil durch Wärmeschwingungen hervorgerufen sein, die man sich als unregelmäßige elastische Wellenbewegungen nicht nur einzelner Teilchen, sondern auch ganzer Gruppen, die gemeinsam schwingen, vorstellen kann.

Für die Abkühlung eines heißen Körpers lassen sich diese Überlegungen, beginnend mit einer normalen Flüssigkeit, durch alle Zustände wachsender Zähigkeit bis zum festen Körper weiter verfolgen, wenigstens bei amorphen Substanzen, wie z. B. Gläsern[3]. Auskristalli-

---

[1] H. CASSEBAUM, Ann. Phys. Bd. 34 (1911) S. 106, und O. BREZINA, Phys. Z. Bd. 24 (1923) S. 338, studierten die Fließgesetze von Flußstahl und Zink. H. DEUTLER, Phys. Z. Bd. 33 (1932) S. 247, prüfte die Fließformel (3) an Flußstahl und Kupfer.

[2] L. PRANDTL gab in STEPHEN TIMOSHENKO 60. Anniversary Vol. Macmillan Co. (1938) S. 184 einen Gesamtbericht über unelastische Formänderung.

[3] Etwaige Trennungsbrüche (Zerspringen) bleiben außerhalb der gegenwärtigen Betrachtungen!

sieren von Bestandteilen und ähnliches unterbricht natürlich die Stetigkeit der Zustandsreihe; nach der Ausbildung von feinkristallisierten Gefügen, wie bei plastischen Metallen, ergeben sich aber Zustände, die im Großen, d. h. bei Mittelung über viele Kristalle, analogen Gesetzen folgen, wie die amorphen Substanzen. Der Verfasser verfügt selber nur über Beobachtungsmaterial der letzteren Art, hat aber keine Bedenken, die Formulierungen von z. B. Gl. (2) oder (2a) auch hierauf anzuwenden, soweit nicht kristallinische Umwandlungen dazwischentreten.

Eindimensionales Gedankenmodell

Es erscheint zur Zeit aussichtslos, das hier geschilderte Bild von den Formänderungsvorgängen und den dazugehörigen Kraftwirkungen im Zusammenhang mit den Wärmeschwingungen in eine dreidimensionale Theorie[1] umzumünzen, die praktische Zustandsgleichungen der zähen Flüssigkeiten liefern könnte. Was möglich war, ist der Aufbau eines *eindimensionalen Gedankenmodells*, das unter sehr stark vereinfachten Bedingungen eine solche Rechnung durchzuführen gestattet. Dabei sind diese Rechnungen alles andere als bequem, da bestimmte Integrale mit mehreren Parametern numerisch ausgewertet werden müssen. Übersichtliche Formeln — darunter die obige Formel (2) — ergeben sich erst durch Ersatz der theoretisch gewonnenen Zahlenreihen durch einfache Näherungsausdrücke, die leider keine sehr hohe Genauigkeit haben und auch für gewisse Grenzfälle überhaupt versagen. So liefert z. B. Formel (2) für unendliche Deformationsgeschwindigkeit eine logarithmisch unendliche Schubspannung τ, während die genaue Rechnung[2] einen endlichen Wert liefert. Dieser Mangel ist praktisch belanglos, da unendliche Geschwindigkeiten im Versuch nie auftreten. Daß ich ihn erwähne, hängt damit zusammen, daß die strengen Hysteresisformeln theoretisch für den Fall $c = \infty$ gelten, während bei endlichem c und z. B. Zimmertemperatur immer schon etwas Relaxation mitspielt.

Das Modell setzt zwei aufeinander gleitende Lineale voraus, die auf beiden Berührungsflächen mit Anziehungs- und Abstoßungsfeldern besetzt sind, zwischen denen sich lose Molekeln befinden. In diesen Feldern werden die Molekeln irgendwie quasielastisch festgehalten. Es wird nach der für die Verschiebung der beiden Lineale gegeneinander nötigen Kraft gefragt. Die Rechnung wird noch einfacher, wenn man annimmt, daß alle Molekeln an dem einen Lineal (A) elastisch befestigt

---

[1] Daß eine räumliche Theorie bei höheren Genauigkeitsansprüchen eigentlich nötig wäre, hat an Hand des Maxwellschen Ansatzes H. Fromm gezeigt; vgl. Z. angew. Math. Mech. Bd. 28 (1948) S. 43.

[2] Vgl. L. Prandtl, Z. angew. Math. Mech. Bd. 8 (1928) S. 85, Gl. (19) und (20).

sind und das andere Lineal (B) nur Kraftfelder trägt, deren Komponenten in der Bewegungsrichtung x in Molekülabstand jeweils zweimal das Vorzeichen wechseln. Die Teilungen auf A und B seien inkommensurabel, so daß unter festgehaltener Stellung A gegen B in einer großen Anzahl von Elementen alle möglichen Lagen relativ zum Kraftfeld vorkommen. Wenn die elastische Kraft einen kleineren Gradienten hat als das Kraftfeld, dann werden günstig liegende Molekeln bei der Verschiebung von B auf A zunächst vom Kraftfeld mitgenommen, geraten aber später in eine labile Lage, von der aus sie elastisch in eine ihrer Gleichgewichtslage an der Feder nähere Lage zurückschwingen. Dieser Vorgang repräsentiert den Platzwechsel. Wenn die Federkonstanten von A alle gleich sind und die Kraftfelder auf B alle kongruent, so kann man ein einziges Kraftfeld zeichnen und für alle Lagen der Massenteilchen relativ zu dem Kraftfeld die Gleichgewichtslage und deren Stabilität ermitteln. Nur in stabilen Lagen können die Teilchen verweilen. Gleichgewicht tritt dort ein, wo Federkraft in x-Richtung und x-Komponente der Feldkraft entgegengesetzt gleich sind. Wenn die x-Komponente der Feldkraft und das Negative der elastischen Kraft in einer y-Richtung aufgetragen werden, dann liefert der Schnittpunkt der beiden Linien die Gleichgewichtslage (Abb. 4).

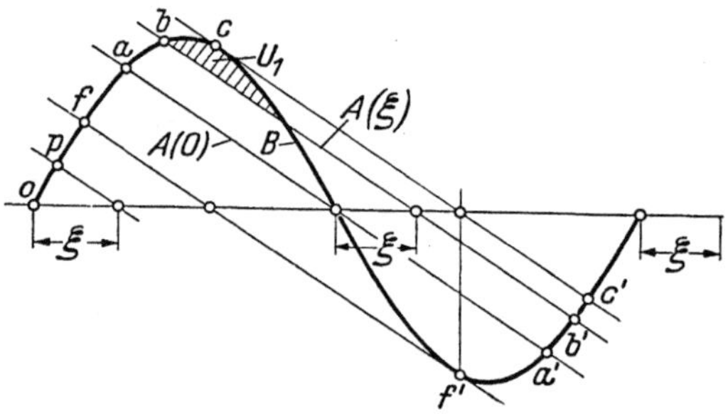

Abb. 4. Kräftegleichgewicht am Hysteresismodell

Die Bewegung des Lineals A gehe nach rechts; dabei wandert die schräge Gerade, die den Verlauf der elastischen Kraft darstellt, und der Schnittpunkt mit der Kraftfeldlinie, der die Gleichgewichtslage angibt, ebenfalls nach rechts, bis der Schnitt von beiden in eine Berührung übergeht (indifferente Gleichgewichtslage). Von hier aus springt der Schnittpunkt bis auf den unteren Zweig der Kurve, wo wieder stabile Gleichgewichtslagen gefunden werden. Dies also ist das Modell des Platzwechsels. Wenn das Lineal A nun irgendwo rechts von dieser Stelle kehrt macht und nun nach links wandert, bleibt es auf dem unteren Zweig, bis an einer anderen Stelle ein Rücksprung nach oben erfolgt. Dieser Hin- und Rückweg auf zwei verschiedenen Bahnen liefert das Modell der Hysteresis, das die Madelungschen Gesetze, allerdings in einer primitiven Weise genau befolgt. (Die allgemeinen Madelungschen Gesetze werden erhalten, wenn man eine große Anzahl von solchen Modellen mit verschiedener Steilheit des Kraftfeldes miteinander koppelt.)

Man kann den Überblick über die bei einer großen Anzahl von Modellen ein und derselben Art entstehende Summenkraft verbessern, wenn man die einzelnen Federkräfte P senkrecht über den *Ruhelagen* der einzelnen Massenteilchen aufträgt (Abb. 5). Dadurch ergibt sich ein Fortschreiten von der Null-Lage a in der Richtung wachsender ξ. Die als gleichförmig angenommene „Belegung" mit Teilchen ist für den Zustand b durch den schwarzen Streifen über der Kraftkurve angedeutet. Diesem Zustand entspricht eine Verschiebung ξ aus der Anfangslage a (dem „jungfräulichen" Zustand). Man kann das Bild an den Stellen links und rechts, wo die Feldkraft gleich Null ist, abgrenzen und die Weiterbewegung über diese Grenzen hinaus so fortsetzen, daß man die Massenteilchen, die aus dem rechten Ende des so gewählten Bereiches heraustreten, im linken Ende zwischen o und p wieder einsetzt. Man sieht sofort ein, daß die Fortsetzung der Rechtsbewegung des Lineals A nach dem ersten Platzwechsel keine Änderung der Gesamtkraft mehr hervorbringt, wenn die Verteilung der Molekeln längs der x-Achse gleichmäßig angenommen wird. Wenn aber Linksbewegung einsetzt, so nimmt die Kraft sofort ab, bis sie in der symmetrischen Lage zu Null wird. Wenn wir diese Situation auch für den Beginn der Rechtsbewegung annehmen, so ergibt sich für die Folge der am Lineal A meßbaren Gesamtkräfte ein Verlauf, wie er in Abb. 6 dargestellt ist. Eine Fortsetzung nach links, die später wieder in Rechtsbewegung übergeht, ist in der punktierten Linie dargestellt. Die schrägen Teile sind überall umkehrbar, die waagerechten dagegen nirgends.

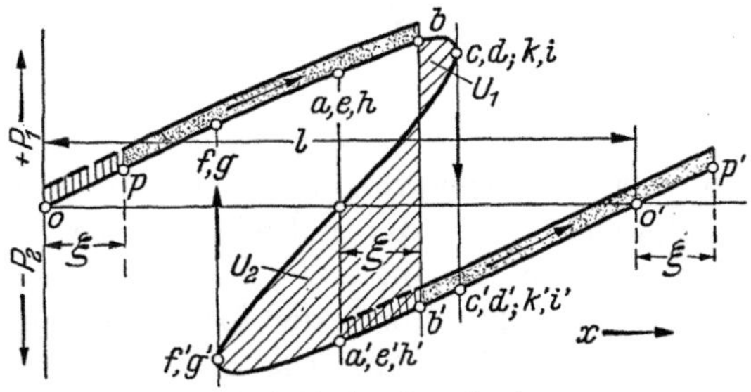

Abb. 5. Hysteresismechanismus

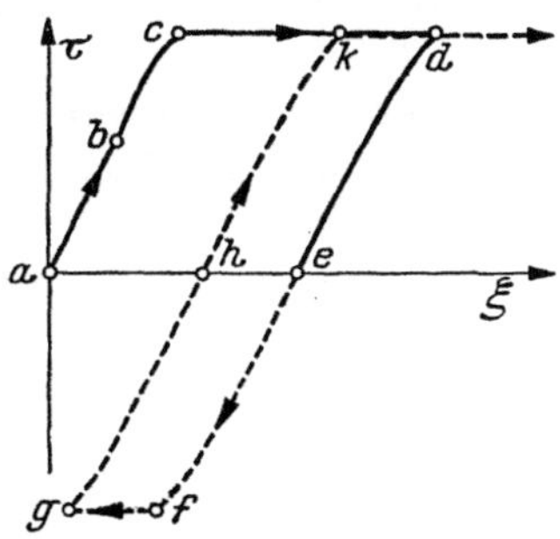

Abb. 6. Spannungsverlauf

Die Rechnung, die zu Abb. 6 führt, sieht so aus: Es muß jeweils die Gesamtwirkung der Kräfte in der Länge l aufsummiert werden. Wenn man eine geeignete Längeneinheit einführt und die Anzahl der Molekeln in der Längeneinheit mit N bezeichnet, so ist die Schubspannung τ am wirklichen Körper repräsentiert durch $\tau = N \int_0^1 P\,dx$.

Für den Anfangszustand $\xi = 0$ (a in Abb. 5) ist

$$\int_0^1 P\,dx = \text{Fläche}\,[o\,a\,a'\,o'], \quad \text{also} \quad \tau = 0,$$

da die positiven und negativen Beiträge sich ausgleichen. Für den Punkt b wird die Fläche $[p\,b\,b'\,p'] = [o\,b\,b'\,o']$. Nach Abzug von $[o\,a\,a'\,o']$ verbleibt $[a\,b\,b'\,a']$, somit wird

$$\tau = N \int_0^{\xi} (P_1 + P_2)\,dx,$$

also nahezu proportional ξ. Die Weiterverfolgung über e hinaus und rückwärts bis f und g und wieder vorwärts bis h gibt den punktierten Linienzug in Abb. 6.

Die typische Form der Hysteresisschleifen allgemeiner Art wird aus der einfachen Art erhalten, wenn man die Summenwirkung von vielen Modellen von verschiedener Härte (verschiedener „Fließgrenze") betrachtet.

Der Einfluß der Wärmeschwingungen

Um auch die Wirkung der Wärmeschwingungen an unserem Modell zu studieren, muß man für den zeitlichen Verlauf des hier eindimensionalen Schwingungszustandes eine statistische Verteilung der Schwingungsenergie der einzelnen Massenteilchen annehmen, die einer mittleren Teilchenenergie U_m entspricht, die man auch $= k\,T$ setzen kann (T = absolute Temperatur, k = Boltzmannsche Konstante). Die Wahrscheinlichkeit W einer Energie U eines Freiheitsgrades ist nach einem Satz der kinetischen Theorie der Materie

$$W(U) = \exp(-U/U_m),$$

(die mittlere Energie eines Teilchens wird hiermit

$$\int_0^{\infty} W(U)\,dU = U_m \int_0^{\infty} \exp(-U/U_m)\,d(U/U_m) = U_m \cdot 1$$

wie es sein muß!).

Der wesentliche Gedanke in der Anwendung auf unser Modell ist es nun, daß in *seltenen* Fällen auch Schwingungsenergien von *sehr erheblicher* Größe vorkommen. Es werden also nicht nur Teilchen einen Platzwechsel vollführen, die durch eine allmählich zunehmende Spannung ruhig an die indifferente Lage c herangeführt werden, sondern auch Teilchen, deren Gleichgewichtslage noch ein endliches Stück vor dieser Stelle liegt, die aber durch eine seltene, besonders große Energie in irgendeinem Augenblick an diese Stelle geraten und sonach den Platzwechsel ausführen.

Man kann nun eine Belegungsfunktion μ betrachten von der Art, daß in einem Augenblick $N\mu$ Teilchen in dem oberen Zweig der Kraftfeldkurve sind und $N(1-\mu)$ in dem unteren Zweig. μ ist dabei eine Funktion von x und t. Die Energie, die zur Erreichung der indifferenten Lage des oberen Zweiges nötig ist, heiße U_1 und diejenige, die nötig ist, um die indifferente Lage des unteren Zweiges zu erreichen, U_2. Wenn die Zeitdauer einer einzigen Schwingung τ_0 ist, dann ergibt sich bei einem Relaxationsvorgang (nach Erzeugung einer Belastung keine weitere Verschiebung von Lineal A gegen Lineal B mehr) eine Differentialgleichung für $\mu(t)$

$$\frac{\partial \mu}{\partial t} = \frac{1}{\tau_0}\left[(1-\mu)\exp(-U_2/U_m) - \mu \exp(-U_1/U_m)\right]. \tag{4}$$

Die Lösung dieser Gleichung für ein bei $t=0$ gegebenes $\mu_0(x)$ ist das allgemeine Relaxationsproblem. Man erkennt, daß die μ-Verteilung für lange Zeiten und vorübergehend großes U_m (Glühtemperaturen!), also $\partial\mu/\partial t \approx 0$ in Gl. (4) auf den „jungfräulichen" Zustand führt, dem der Zustand a in Abb. 5 näherungsweise entspricht.

Bei der Behandlung des Fließens mit konstanter Deformationsgeschwindigkeit c ist in Gl. (4) an Stelle von $\partial\mu/\partial t$ zu setzen $c\,\partial\mu/\partial x$. Häufig, nämlich bei härteren Substanzen, können die Rücksprünge mit der großen Energie U_2, die ein Wachsen von μ bringen würden und die äußerst selten eintreten, vernachlässigt werden; dann ergibt sich die einfachere Differentialgleichung

$$\frac{1}{\mu}\frac{\partial \mu}{\partial x} = -\frac{1}{c\,\tau_0}\exp(-U_1/U_m). \tag{5}$$

Der Anfangswert für negative x wird zweckmäßig $\mu = 1$ gesetzt. Für U_1/U_m wird eine empirische Funktion, im einfachsten Fall $A - B\,x$ gesetzt (durch Rechtsbewegung wird U_1, das schließlich Null wird, verkleinert). Aus dieser Annahme ergibt sich die Gl. (2) des vorliegenden Berichtes durch Ersetzen des Resultates der Integration von Gl. (5) durch einen Näherungsausdruck[1]. Unser Ansatz erlaubt nach einer Bemerkung am Anfang dieses Absatzes über den Einfluß der mittleren Energie U_m auch das Studium des Verhaltens der Temperatur. Für eine amorphe Substanz, für die bei gewöhnlicher Temperatur die Konstanten der Formel (3) $\tau = a + b\log c$ ermittelt sind, kann man nach Formel (21) (l. c. Anm. 3, S. 220) die Näherungsformel

$$\tau = a\,\frac{1-\vartheta/\vartheta^*}{1-1/\vartheta^*} + b\,\vartheta\log c \tag{6}$$

aufstellen, mit $\vartheta = T/T_0$ und $\vartheta^* = T_1/T_0$, wobei T die Kelvintemperatur ist, für die die Formel angewandt werden soll, und T_0 diejenige,

[1] Genaueres bei L. Prandtl, Z. angew. Math. Mech. Bd. 8 (1928) S. 100.

für die die Konstanten der Formel (3) bestimmt worden sind; T_1 ist die Temperatur, bei der die Substanz dünnflüssig werden würde. Die Formel (6), die mit $\vartheta = 1$ auf die Formel (3) zurückgeht, dürfte bis weit in das Erweichungsgebiet hinein einen brauchbaren Anhalt geben (soweit als die Ersetzung der Formel (2) durch (2a) zulässig bleibt[1]).

Neuere Messungen von A. NÁDAI und M. J. MANJOINE[2], die das Verhalten von Metallen bis zu hohen Temperaturen und hohen Formänderungsgeschwindigkeiten gemessen haben, fügen sich, z. B. für Kupfer, einigermaßen befriedigend den Aussagen von Gl. (6) (für Flußeisen dagegen schlecht, da dieses mehrere Umwandlungspunkte hat).

Struktur der Flüssigkeiten

Die im vorstehenden aus dem Modell gefolgerten Gesetzmäßigkeiten sind nur auf chemisch einheitliche Substanzen anwendbar sowie auf Gemische von gegenseitig indifferenten und miteinander mischbaren Stoffen. Es mag vielleicht auffallen, daß zwischen Flüssigkeiten von sehr geringer Zähigkeit und fast festen Körpern nur *graduelle* Unterschiede bestehen sollten, wie sie sich aus dem Modell ergeben, während man nach dem Augenschein einen grundverschiedenen Mechanismus erwarten möchte. Die richtige Anschauung, die schon der MAXWELLschen Überlegung zugrunde gelegen hat, und auf die besonders J. H. POYNTING[3] hingewiesen hat, ist aber die, daß alle Flüssigkeiten mit Ausnahme der Zustände nahe dem kritischen Punkt grundsätzlich als feste Körper — in der Regel amorphe feste Körper — betrachtet werden müssen, und daß ihre Beweglichkeit nur von gelegentlichen spontanen Platzwechseln herrührt, die in jedem Fall gegen die Zahl der Wärmeschwingungen recht selten sind. (Diese Annahme ist später durch Röntgenaufnahmen von DEBYE und anderen sehr gut bestätigt worden). Der Übergang von der Flüssigkeit zum amorphen festen Körper entspricht daher lediglich der immer noch größer werdenden Seltenheit der spontanen Platzwechsel. Amorphe Körper zeigen daher eine nur von der Temperatur abhängige Zerfließlichkeit, die abgesehen von Zuständen nahe dem absoluten Nullpunkt nie vollständig Null wird, wie sich aus Beobachtungen über die elastische Nachwirkung ergibt. Wegen der Wirkung der Oberflächenspannung zeigen sie deshalb auch im ausgeruhten Zustand eine glänzende Oberfläche. Im Gegensatz dazu

[1] Für sehr langsame Vorgänge („creep") und für hohe Temperaturen muß mit der vollständigen Gl. (2) gerechnet werden! Bessere Resultate würden sich bei Stoffen ohne kristallinische Umwandlungen auf Grund des Ansatzes von Formel (19) der in Anm. 3 auf S. 220 zitierten Arbeiten erreichen lassen.

[2] A. NÁDAI und M. J. MANJOINE, J. appl. Mech. Bd. 8 (1941) S. 77.

[3] J. H. POYNTING, Phil. Mag. Bd. 42 (1896) S. 289.

sind Kristalle, wenigstens solche ohne Baufehler, gegenüber mäßigen Kräften wirklich formfest. Die Beweglichkeit von polykristallinischen Stoffen, die derjenigen der amorphen Stoffe qualitativ ähnlich ist (aber unter gleichen Umständen meist viel schwächer), kommt von den Verwachsungsstellen und anderen Baufehlern.

Gemenge fester Teilchen mit Flüssigkeiten

Wo bei anderen Substanzen eine ausgesprochene Formbeständigkeit auftritt, kann z. B. ein kristallinisches Gerüst vorliegen, dessen Zwischenräume durch eine amorphe Substanz erfüllt sind; es kann sich aber auch um lose kristallinische Körper handeln, die in großer Zahl in eine Flüssigkeit eingebettet sind; wenn sie so zahlreich sind, daß sie sich gegenseitig berühren, entsteht wieder ein „festes Gerüst", das bei passender Menge der Flüssigkeit durch Kapillarspannung der Flüssigkeit unter Mitwirkung der gegenseitigen Reibung der festen Körper zusammengehalten wird. Je nachdem die feste Substanz hart oder weich und die Flüssigkeit dünnflüssig oder zäh ist, ergeben sich hier sehr mannigfaltige Arten von Substanzen. Zu diesen gehört feuchter Ton, konsistente Fette, Salben und ähnliche Stoffe. Als Modellsubstanzen können Grießsuppe, Breie und andere Küchenerzeugnisse dienen; nähere Ausführungen können unterbleiben, es mag aber als lehrreich angefügt werden, daß auch sehr dünnflüssige „Breie", d. h. Gemische von Flüssigkeiten mit kleinen Festkörpern, in denen sich die letzteren gegenseitig berühren, sich durch ihr mechanisches Verhalten leicht von reinen Flüssigkeiten unterscheiden lassen. So wird Tee oder Kaffee in der Tasse nach Umrühren unter immer kleiner werdenden Geschwindigkeiten nur „asymptotisch" zum Stehen kommen, bei nicht zu dünnem Kakao aber ist die Bremszeit deutlich „endlich"; die Bewegung schließt sogar mit einer gedämpften Rückschwingung ab. Das Experiment gelingt auch mit Grießsuppe in einem Suppenteller. Beide Substanzen sind also sozusagen „feste Körper", nur mit einer sehr niedrigen „Fließgrenze", also sehr kleinem Zahlwert a in Formel (3).

Sehr lehrreich ist auch das Verhalten des feuchten Tons. Er besteht aus sehr feinen, harten Tonerdeschüppchen, zwischen denen sich Wasser, das sogenannte „Porenwasser" befindet. In den tonigen Ablagerungen vor den Mündungen schlammführender Flüsse ist die oberste Schicht frei beweglich, in den tieferen Schichten verteilt sich das Wasser hydrostatisch, die Tonmassen drücken aber mit ihrem um den archimedischen Auftrieb verminderten Gewicht auf das unter ihnen Liegende und werden entsprechend gegeneinandergepreßt, so daß eine Art elastisch fester Körper mit nach unten zunehmender Festigkeit entsteht.

Die Baufachleute interessieren sich sehr für die elastischen Eigenschaften eines solchen Untergrundes. Wenn ein großes Bauwerk darauf errichtet wird, erfährt das feste Tongerüst zusammen mit dem eingeschlossenen Porenwasser zunächst eine elastische Zusammendrückung. Die Druckerhöhung im Porenwasser gleicht sich aber in längerer Zeit, die bei großen Bauwerken verschiedene Jahre dauern kann, mit der weiteren Umgebung aus; gleichzeitig muß der Ton unter weiterer elastischer Zusammendrückung die ganze Last des Bauwerkes allein übernehmen. Bei großer Mächtigkeit der Tonschicht ergibt sich so eine beträchtliche Setzung des Bauwerkes[1].

Im Rahmen unserer Aufgabe hat der isolierte Tonklumpen größeres Interesse. Wenn er durch Verdunstung Porenwasser verliert, so gerät dieses, da seine Oberfläche sich in die Poren zurückzieht, sehr bald durch die Oberflächenspannung in Zugspannung, die nach Hunderten von Atmosphären gehen kann, und die Tonteilchen werden mit einem Druck vergleichbarer Größe zusammengepreßt, der Tonklumpen wird somit härter und „schwindet" auch. Bei einem gar nicht sehr großen Verlust an Porenwasser wird er gänzlich hart (bei noch schärferer Trocknung kann er das Porenwasser ganz verlieren und so seinen Zusammenhalt fast völlig einbüßen). Das Beispiel des Tones zeigt, daß für die mechanischen Eigenschaften von Gemengen von festen Körpern und einer Flüssigkeit der Flüssigkeitsgehalt ein wichtiger zusätzlicher Parameter ist.

Die Eigenschaften von kolloidalen Substanzen stehen außerhalb dieser rein mechanischen Betrachtungen. Ihre Behandlung muß daher hier ebenso unterbleiben, wie die der speziellen Eigenschaften von polykristallinischen Substanzen (Verfestigung und Entfestigung[2]).

Meßtechnische Fragen

Damit bin ich bei den experimentellen Fragen angelangt. Die Aufgabe der Rheologie soll doch sein, für eine vorgegebene Substanz die charakterisierenden rheologischen Konstanten zu ermitteln. Für die einfacheren Substanzen wären dies, wenn zunächst nur die steiferen unter ihnen ins Auge gefaßt werden, die drei Konstanten der Gl. (6): a, b, ϑ^*. Bei den ganz dünnflüssigen wäre wie bisher die Zähigkeit η anzugeben. Zwischen beiden Gruppen liegt der Bereich der Gl. (2), deren unbequemer Bau nur gestattet, durch Probieren sich an eine Kurve

---

[1] Die Grundgedanken und eine quantitative Theorie dieses Vorgangs wurden von K. v. TERZAGHI entwickelt. Verhandl. I. Internat. Kongr. für angew. Mechanik, Delft (1924) S. 288, ferner Erdbaumechanik, Leipzig und Wien 1925, insbes. IV. Hauptstück.

[2] L. PRANDTL, Z. angew. Math. Mech. Bd. 8 (1928) S. 103—106; s. auch die in Anm. 2 auf S. 222 zitierte Arbeit S. 188 u. 189. (Anm. d. Schriftl.: Hier S. 178 bis 184 bzw. S. 210/11.)

für die Zeitkonstante T^* als Funktion der Temperatur heranzutasten[1]. In verwickelteren Fällen müssen a und b bzw. T^* selbst noch als Funktionen der Temperatur aufgefaßt werden. Hier wäre also noch Grundlagenarbeit zu leisten.

An apparativen Mitteln würde fürs erste der Couette-Apparat in Frage kommen, da er unmittelbar die Funktion $\tau(c)$ liefert. Das Kapillar-Viskosimeter liefert bei nicht mit c proportionalem τ für gegebenen Druckabfall Durchflußmengen, die nur bei bekanntem Gesetz $\tau(c)$, z. B. nach Gl. (2), numerisch ausgewertet werden können[2], sobald τ nicht mehr proportional mit c ist. Aus Abb. 3 ergibt sich allerdings, daß für große $c\,T^*$ der Hauptteil der Reibungsarbeit sich in der Randzone konzentriert, so daß Näherungsformeln möglich sein werden. Bei den beweglicheren Flüssigkeiten ergibt sich eine Schwierigkeit durch die Anlaufstrecke. Durch zwei Kapillar-Viskosimeter gleichen Rohrdurchmessers, aber verschiedener Länge, läßt sich der Fehler infolge der Anlaufstrecke mittels Doppelversuchen bei derselben Durchflußmenge ausschalten. Das Verfahren ist aber umständlich. Soweit höhere Drücke angewandt werden müssen, um große Werte der Fließgeschwindigkeit c zu erreichen, kommt auch der Einfluß des Druckes auf die Zähigkeit hinzu, von dem hier nicht gesprochen worden ist, sowie Temperaturerhöhung durch Reibungswärme.

Es würde mich freuen, wenn der eine oder andere Physiker, der von der Kernphysik nicht völlig absorbiert ist, an den hier behandelten theoretischen und experimentellen Aufgaben Gefallen finden würde. Er würde den Chemikern und den Festigkeitsfachleuten wertvolle Dienste leisten können.

[1] Das in Anm. 2 auf S. 221 erwähnte Nádaische Diagramm mag dabei dienlich sein.

[2] Eine Rechnung für dieses Gesetz soll später mitgeteilt werden, voraussichtlich in der Z. angew. Math. Mech.

Zeitschrift für angewandte Mathematik und Mechanik Bd. 30 (1950) S. 169—174

Fließgesetze normalzäher Stoffe im Rohr

Ein Beitrag zur Rheologie

Unter Mitwirkung von Fr. Vandrey[1]

Unter „Normalzähen Stoffen" werden hier Stoffe verstanden, deren Fließgesetz $\dot{\gamma} = f(\tau)$ durch die Formel $f(\tau) = C\,\mathfrak{Sin}\,\tau/A$ angenähert werden kann, mit $\dot{\gamma}$ = Deformationsgeschwindigkeit und τ = Schubspannung. Aufgabe der Abhandlung ist die Berechnung der Abhängigkeit der Durchflußmenge eines solchen Stoffes in einem geraden kreiszylindrischen Rohr vom Druckgefälle, ferner die Errechnung der Konstanten A und C vorgelegter Stoffe aus den Messungsergebnissen.

For materials called here "normal-viscous" the law of flow, $\dot{\gamma} = f(\tau)$ is described approximately by the formula $f(\tau) = C \sinh \tau/A$ ($\dot{\gamma}$ = rate of strain, τ = shearing stress). Considering materials of such kind the paper aims to calculate the rate of flow through a straight circular pipe for given pressure gradients. Also a method is indicated how to compute the constants A and C for given materials from measurements.

Des substances, dont la loi de flux $\dot{\gamma} = f(\tau)$ peut être approximée par $f(\tau) = C\,\mathfrak{Sin}\,\tau/A$, sont dénommées „de viscosité normale"; $\dot{\gamma}$ vitesse de la déformation, τ tension tangentielle. Le présent essai a pour but de calculer pour une telle substance la quantité d'écoulement à travers une tube droite cylindrique dans sa dépendance du gradient de la pression. Une methode pour déterminer les constantes A et C mesures pour des substances quelconques est demontrée.

Под „нормально-вязкими материалами" здесь понимаются такие, условие текучести которых $\dot{\gamma} = f(\tau)$ може г быть приближенно выражено формулой $f(\tau) = C\,sh\,\tau/A$, где $\dot{\gamma}$ = скорость леформации, а τ = слвигающее напряжение. Ланное исследование ставит себе задачей определить зависимость протекающего количества такого вещества от градиента давления при протекании в прямой цилиндрической круглой трубе. Кроме того вычисляются для ланных материалов постоянные A и C ис результатов измерений.

1. Einleitung

Die theoretischen Betrachtungen des Verfassers von 1928 [*1*][2] über die Häufigkeit von Platzwechseln der Molekeln in einem unter Spannung stehenden festen oder zähflüssigen Körper haben zu Beziehungen geführt, die sich für konstante Fließgeschwindigkeit $\dot{\gamma}$, die im folgenden mit c bezeichnet werden soll, durch die Formel

$$c = C\,\mathfrak{Sin}\,(\tau/A) \tag{1}$$

annähern lassen. C und A sind dabei Stoffkonstanten. Soweit Temperaturunterschiede in Frage kommen, sind beide als Temperaturfunktionen

---

[1] Der Verfasser verdankt Herrn VANDREY, der sich ihm zwischen der Beendigung seiner Göttinger Tätigkeit und seiner Übersiedlung nach England auf zwei Wochen zur Verfügung gestellt hat, die Reihenentwicklungen (4) und (5) und die numerischen Rechnungen hierzu, besonders aber die Auffindung der Lösung der Aufgabe des 4. Abschnitts und die graphischen Darstellungen der Abb. 4 und 7.

[2] S. Schrifttum S. 240.

zu betrachten. Formel (1) ist von A. NÁDAI 1939 an den langsamen Kriechbewegungen von belasteten Metallstäben bei hohen Temperaturen recht befriedigend bestätigt worden [*2*][1].

Es ist zu erwarten, daß dasselbe Verhalten auch bei stark zähen Flüssigkeiten auftritt, soweit die Struktur dieser Substanzen genügend stabil ist, um nicht durch zeitliche Vorgänge oder auch durch den Meßvorgang selbst verändert zu werden. (Bei den Untersuchungen der „Rheologen" laufen häufig derartige Vorgänge nebenher.) Stoffe der gekennzeichneten Art sollen hier mit dem Namen „normalzäh" gekennzeichnet werden. Die gewöhnliche zähe Flüssigkeit („NEWTON-

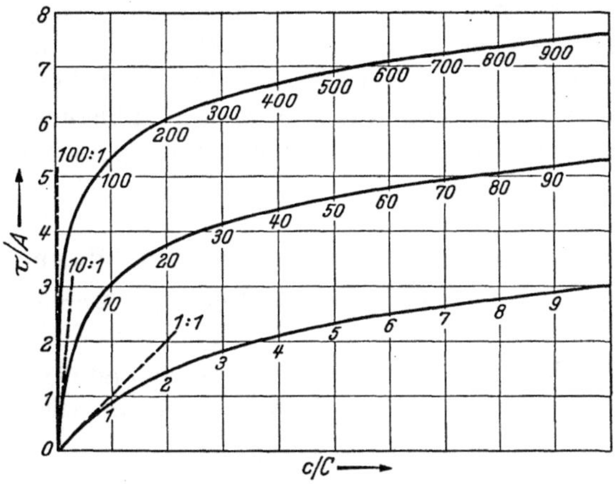

Abb. 1. Schubspannung τ abhängig von der Gleitgeschwindigkeit c

sche Flüssigkeit" mit $c = \tau/\eta$) entspricht in Gl. (1) dem Grenzfall $\tau \ll A$. Die gewöhnliche Zähigkeit η ist hier $= A/C$.

Abb. 1 zeigt ein Schaubild für Gl. (1). Gemäß der in der Festigkeitslehre üblichen Darstellungsform ist die Umkehrfunktion von Gl. (1), also $\tau = A\,\mathfrak{Ar}\mathfrak{Sin}\, c/C = A \ln[c/C + \sqrt{1 + (c/C)^2}]$ wiedergegeben, und zwar in drei Maßstäben von c/C, um den ausgedehnten Zahlenbereich dieser Größe zur Anschauung zu bringen. Die gestrichelt gezeichnete Anfangstangente stellt das NEWTONsche Verhalten dar.

Die gegenwärtige Abhandlung ist der speziellen Aufgabe gewidmet, die Formeln zu entwickeln, die an Stelle des HAGEN-POISEUILLEschen Gesetzes zu treten haben, wenn es sich um solche stabile „Nicht-NEWTONsche Flüssigkeiten" handelt, für deren Fließgesetz die Gl. (1)

[1] Über die hauptsächlichsten Gedanken seiner Arbeit von 1928 hat der Verfasser kürzlich in den „Physikalischen Blättern" berichtet und dabei besonders rheologische Zusammenhänge berührt [*3*]. Er hat sich auch dort ausdrücklich auf stabile Stoffe beschränkt.

eine brauchbare Näherung liefert. (Es ist zu erwarten, daß amorphe Stoffe, wie Pech, geschmolzenes Glas und ähnliche, besonders typische Vertreter dieser Gruppe sind). Um einen kurzen Namen für solche Stoffe zu haben, sollen sie hier „*normalzähe Stoffe*" genannt werden.

Die erste Aufgabe wird in der Ermittlung der Geschwindigkeitsverteilung bestehen, die bei gegebenem konstantem Druckgefälle für die Längeneinheit, $-\frac{dp}{dx} = p'$, in einem Rohr vom Innenradius R auftritt. Im Zusammenhang damit ergibt sich leicht die Durchflußmenge Q für die Zeiteinheit, die beim Versuch gemessen werden kann. Da diese hier nicht mehr proportional mit dem Druckgefälle ist, ergibt sich keine konstante „Zähigkeit η" mehr. Wir wollen die Zähigkeit nach der HAGEN-POISEUILLEschen Formel, $\eta = \pi R^4 p'/8Q$, trotzdem als bequeme Rechengröße beibehalten. Je nachdem man diese Pseudozähigkeit abhängig von der Durchflußmenge oder abhängig vom Druckgefälle aufträgt, ergeben sich dann zwei etwas verschiedene Kurven, vgl. Abb. 5 und 6.

2. Geschwindigkeitsverteilung und Durchflußmenge

Der Ansatz erfolgt ganz entsprechend dem für NEWTONsche Flüssigkeiten.

Das Kräftegleichgewicht in der unbeschleunigten Strömung verlangt in bekannter Weise eine Schubspannung im Radius r

$$\tau = p' r/2 .$$[1]

Die Geschwindigkeit u ist $= 0$ für $r = R$ (Haften an der Wand!); sie sei positiv für alle Radien $r < R$. Dann ist gemäß Gl. (1)

$$c = -du/dr = C \operatorname{Sin}(p' r/2A) .$$

Mit der Abkürzung $p'/2A = \alpha$ ergibt dies integriert

$$u(r) = \int_r^R du = C/\alpha \cdot (\operatorname{Cos} \alpha R - \operatorname{Cos} \alpha r) . \tag{2}$$

Damit kann die Durchflußmenge in der Zeiteinheit $Q = 2\pi \int_r^R u\, r\, dr$ gebildet werden. Durch partielle Integration ergibt sich

$$Q = 2\pi C R^2/\alpha \left[\frac{1}{2} \operatorname{Cos} \alpha R - \frac{1}{\alpha R} \operatorname{Sin} \alpha R + \frac{1}{\alpha^2 R^2} (\operatorname{Cos} \alpha R - 1)\right] . \tag{3}$$

Für die praktischen Rechnungen empfiehlt es sich, Reihenentwicklungen nach der Dimensionslosen αR zu verwenden, Potenzreihen für

---

[1] Gleichgewicht eines koaxialen Zylinders vom Radius r und der Länge l: Es ist $\tau\, 2\pi\, r\, l = p' l\, \pi\, r^2$.

kleine Werte von αR, Ausdrücke mit $e^{\alpha R}$ und $e^{-\alpha R}$ für die größeren Werte. Setzt man der Kürze halber $\alpha R = p' R/2A = a$, so ergeben sich nach den VANDREYschen Ermittlungen für den Ausdruck in den eckigen Klammern in Gl. (3), der jetzt $f(a)$ heißen soll, die beiden Ausdrücke

$$f(a) = \sum_1^\infty \frac{n(2n+1)}{(2n+2)!} a^{2n} = \frac{1}{8} a^2 + \frac{1}{72} a^4 + \frac{1}{1920} a^6 + \frac{1}{100800} a^8 + \cdots \quad (4)$$

und

$$f(a) = e^a\left(\frac{1}{4} - \frac{1}{2a} + \frac{1}{2a^2}\right) - \frac{1}{a^2} + e^{-a}\left(\frac{1}{4} + \frac{1}{a} + \frac{1}{a^2}\right). \quad (5)$$

Für großes a reduziert sich Gl. (5) praktisch auf

$$f(a) \approx e^a\left(\frac{1}{4} - \frac{1}{2a} + \frac{1}{2a^2}\right). \quad (6)$$

Die Näherungsformel (6) ist bei $a = 5$ schon auf zwei Dezimalen, bei $a = 7$ bereits auf vier Dezimalen genau. Für sehr große Werte von a kann $f(a) \approx e^a/4$ gesetzt werden.

Bei der numerischen Arbeit empfiehlt es sich, statt der Funktion $f(a)$, die mit dem Glied $a^2/8$ beginnt, eine neue Funktion $\varphi(a) = 8f(a)/a^2$ einzuführen, die bei $a = 0$ mit dem Wert 1 beginnt, und die daher bei praktischen Aufgaben regelmäßig auftritt. Aus der Reihe (4) findet sich

$$\varphi(a) = 1 + \frac{a^2}{9} + \frac{a^4}{240} + \frac{a^6}{12600} + \cdots \quad (7)$$

und aus der asymptotischen Näherungsformel (6)

$$\varphi(a) = 2e^a/a^2\left(1 - \frac{2}{a} + \frac{2}{a^2}\right); \quad (8)$$

asymptotisch ist

$$\varphi(a) \approx 2e^a/a^2. \quad (8\,a)$$

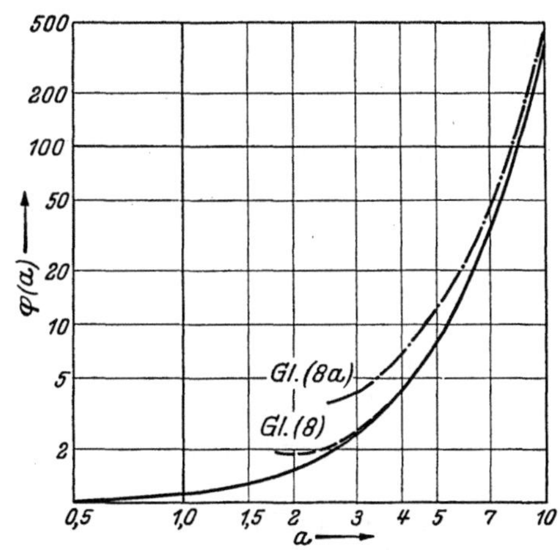

Abb. 2. Doppeltlogarithmische Darstellung von $\varphi(a)$. Die beiden Näherungen Gl. (8) und Gl. (8a) sind gestrichelt beigefügt

Zahlentafel 1 gibt die Werte von $\varphi(a)$ für $a = p' R/2A$ zwischen $a = 0$ und $a = 10$ wieder. Abb. 2 zeigt den Verlauf von $\log \varphi(a)$ abhängig von $\log a$ nach der Tabelle und nach der Näherungsformel (8) und (8a). Die letztere ist jedoch wenig genau, sie gibt bei $a = 10$ noch 18%, bei $a = 20$ noch 9,5% zu viel.

Tafel 1. $\varphi(a)$ *nach Gl. (7) und (8)*

a	$\varphi(a)$	a	$\varphi(a)$	a	$\varphi(a)$	a	$\varphi(a)$	a	$\varphi(a)$
0,00	1,000	1,5	1,272	3,0	2,402	4,5	5,800	7,0	33,81
0,10	1,001	1,6	1,313	3,1	2,529	4,6	6,185	7,2	39,31
0,20	1,004	1,7	1,358	3,2	2,671	4,7	6,599	7,4	45,80
0,30	1,010	1,8	1,407	3,3	2,821	4,8	7,056	7,6	53,35
0,40	1,018	1,9	1,459	3,4	2,982	4,9	7,540	7,8	62,31
0,50	1,028	2,0	1,517	3,5	3,155	5,0	8,061	8,0	72,78
0,60	1,041	2,1	1,578	3,6	3,341	5,2	9,234	8,2	85,10
0,70	1,055	2,2	1,645	3,7	3,541	5,4	10,60	8,4	99,64
0,80	1,073	2,3	1,716	3,8	3,757	5,6	12,18	8,6	116,7
0,90	1,093	2,4	1,794	3,9	3,988	5,8	14,02	8,8	136,9
1,0	1,115	2,5	1,873	4,0	4,238	6,0	16,18	9,0	160,6
1,1	1,141	2,6	1,968	4,1	4,507	6,2	18,69	9,2	188,6
1,2	1,169	2,7	2,065	4,2	4,794	6,4	21,64	9,4	221,6
1,3	1,200	2,8	2,168	4,3	5,101	6,6	25,09	9,6	260,6
1,4	1,234	2,9	2,281	4,4	5,438	6,8	29,10	9,8	306,7
1,5	1,272	3,0	2,402	4,5	5,800	7,0	33,81	10,0	361,3

3. Verschiedene Einzelausführungen

Nach Gl. (3) war die Durchflußmenge

$$Q = 2\pi C R^2/\alpha \cdot f(a).$$

Mit $a = \alpha R$ ist $1/\alpha = R/a$, also

$$Q = \pi C R^3 \cdot 2 f(a)/a.$$

Bei Einführung von $\varphi(a)\, a^2/8$ für $f(a)$ wird

$$Q = \pi C R^3 \cdot a/4 \cdot \varphi(a) = \pi C R^3\, \psi(a) \qquad (9)$$

oder mit $a = p' R/2A$ auch

$$Q = \frac{\pi}{8}\,\frac{C}{A}\, R^4\, p'\, \varphi(a).[1] \qquad (10)$$

Im Grenzfall $a \to 0$, wo $\varphi(0) = 1$ wird, und $A/C = \eta_0$ mit der NEWTONschen Zähigkeit identisch wird, geht also Gl. (10), wie es sein muß, in die Formel $Q = \pi R^4\, p'/8\eta_0$ der HAGEN-POISEUILLEschen Strömung über.

Wenn die Stoffkonstanten unverändert bleiben, der Druckabfall aber alle Werte von Null an durchläuft, so läuft auch a durch alle Werte. Der Verlauf der Durchflußmenge ist dabei aus Gl. (9) am besten zu erkennen. Er ist aus Abb. 3 zu ersehen, das die Funktion $\psi(a) = a\varphi(a)/4$ abhängig von a wiedergibt. Auf die qualitative Ähnlichkeit mit Bild 1, die das Elementargesetz darstellt, sei hingewiesen.

Abb. 4 zeigt den Gang des Geschwindigkeitsprofils $u/\bar{u}$ mit a nach Gl. (2). (Die mittlere Geschwindigkeit $\bar{u}$ ist $= Q/\pi R^2$.) Mit wachsendem

[1] Diese Formel mit der Reihe (7) für $\varphi(a)$ findet sich auch bei VANDREY.

a werden die bei $a \to 0$ paraboloidförmigen Profile immer mehr abgeflacht. Die Grenze $a \to \infty$ bedeutet den idealplastischen Körper. Der Ausfluß von Zahnpasta aus der Tube ist ein Beispiel für sehr hohe a bei sehr kleinem A.

Die Schubspannung an der Rohrwand, τ_1, ergibt sich nach früherem zu $\tau_1 = p'R/2$. Das Argument in Gl. (1), τ_1/A, also das Verhältnis der Wandschubspannung τ_1 zu der für den Stoff charakteristischen Spannung A, ist demnach $= p'R/2A$, also $= a$. Man erkennt hieraus, warum diese Größe im Mittelpunkt unserer Rechnungen steht.

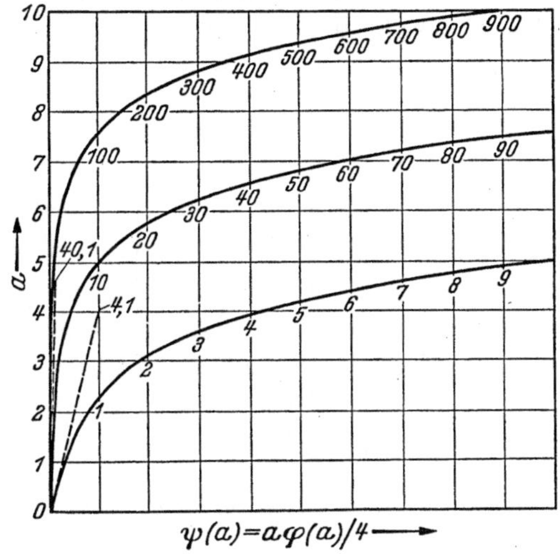

Abb. 3. Verlauf von $\psi(a)$ (Durchflußmenge abhängig vom Druckgefälle)

Wie schon in der Einleitung erwähnt, ist die Zähigkeit, die eine NEWTONsche Flüssigkeit haben müßte, um bei gleicher Durchflußmenge Q in demselben Rohr denselben Druckabfall und nach obigem auch dieselbe Wandschubspannung zu liefern, wie ein konkreter Fall einer Nicht-NEWTONschen Flüssigkeit, ebenfalls eine lehrreiche Hilfsgröße. Sind C und A die Stoffgrößen dieser Flüssigkeit, ferner Q die Durchflußmenge und p' der Druckabfall, so ist die „rechnerische Zähigkeit"

$$\eta_r = \pi R^4 p'/8Q. \qquad (11)$$

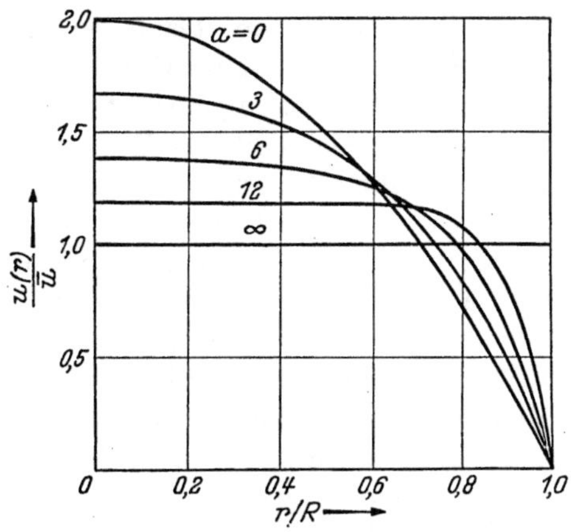

Abb. 4. Geschwindigkeitsprofil $u(r)/\bar{u}$ abhängig von a

Wenn wieder wie oben die Stoffkonstanten A und C fest bleiben sollen, dann läßt sich η_r abhängig von a angeben. Mit Q nach Gl. (9) und $p' = a \cdot 2A/R$ sowie $A/C = \eta_0$ findet man

$$\eta_r = \eta_0/\varphi(a). \qquad (12)$$

η_r nimmt also mit wachsendem a, d. h. wachsendem p' zuerst wenig, später immer stärker ab, s. Abb. 2. Abhängig von Q, also von $\psi(a)$, ergibt sich ein Verlauf nach Abb. 5.

Man sieht hieraus, daß für Veränderlichkeit von η nicht immer eine „Strukturviskosität" vorzuliegen braucht, sondern auch normalzähes

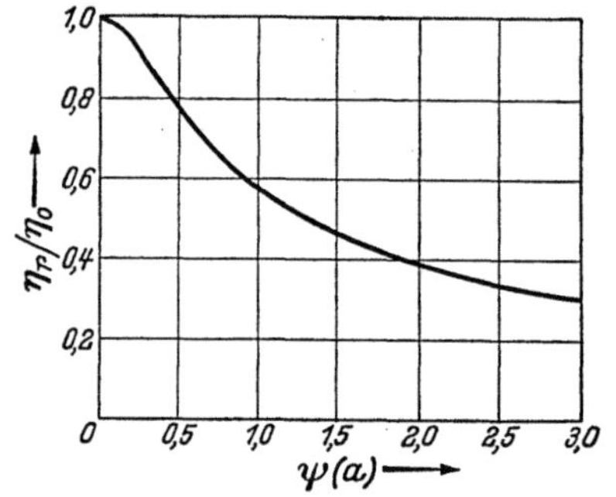

Abb. 5. η_r/η_0 abhängig von $a(\psi)$, d. h. von der Durchflußmenge

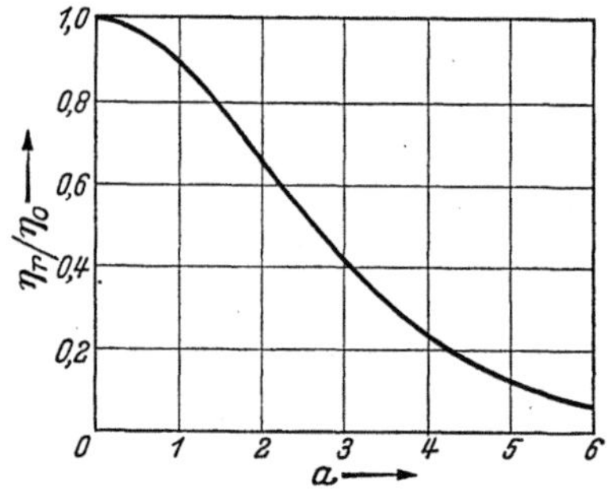

Abb. 6. η_r/η_0 abhängig von a, d. h. vom Druckgefälle

Verhalten eine bestimmte Form einer solchen Veränderlichkeit hervorbringen kann.

4. Ermittlung der Stoffkonstanten A und C aus Meßergebnissen

Die Lösung dieser Aufgabe verdanke ich völlig Herrn Vandrey. Der hier abgedruckte Text enthält gegenüber den Vandreyschen Rechnungen einige leichte, meist formale Abänderungen, die sich aus inzwischen erreichten Resultaten des Verfassers ergeben haben.

Die Aufgabe sei in der Form gestellt, daß mit dem zu untersuchenden Stoff zwei Messungen gemacht werden, bei denen für zwei Druckabfälle für die Längeneinheit des Rohres p_1' und p_2' zwei Durchflußmengen in der Zeiteinheit Q_1 und Q_2 festgestellt werden. Hieraus sollen die zwei Konstanten A und C der Gl. (1) ermittelt werden. A ist eine Spannung (Kraft auf der Flächeneinheit, Einheit z. B. dyn/cm² oder kp/cm² [1]), C eine reziproke Zeit (Einheit z. B. 1/sec oder 1/Std., wenn Q in cm³/sec oder cm³/Std. gemessen wird). Beide Versuche mögen mit demselben Rohr vorgenommen werden oder aber auch mit zwei verschiedenen Rohren vom Halbmesser R_1 und R_2. Dieser allgemeinere Fall bringt keine Erschwerung der Aufgabe und mag deshalb hier als vorliegend angenommen werden.

Die in den theoretischen Formeln in den Vordergrund gestellte Dimensionslose $a = p'R/2A$ ist hier zunächst nicht greifbar, da sie die Unbekannte A enthält; dagegen ist $p_1'R_1$ und $p_2'R_2$ bekannt. Da a_1 und a_2 gesucht werden, empfiehlt es sich, aus den Meßwerten auch Dimensionslose zu bilden. Vandrey wählte $p_1'R_1/p_2'R_2 = \xi$ und

[1] „Kilopond", technische Krafteinheit, früher Kilogramm genannt.

$\eta_2/\eta_1 = \zeta$, wobei η_1 und η_2 die rechnerischen Zähigkeiten nach Formel (11) sind. Wenn $p_2' R_2 > p_1' R_1$ ist, dann ist $0 < \xi < 1$ und $0 < \zeta < 1$, wie sich aus dem Vergleich von (9) und (11) ergibt. Wegen der Konstanz von A ist $a_1 = \xi a_2$. Wir wollen a_2 als unsere Unbekannte ansehen; nach (12) ist, da $\eta_0 = A/C$ ein Festwert ist,

$$\zeta = \varphi(\xi a_2)/\varphi(a_2). \quad (13)$$

Diese Gleichung kann gelöst werden, indem man an Hand von Taf. 1 die rechte Seite von (13) probeweise für verschiedene Zahlenwerte von a_2 ermittelt und sich so systematisch dem Zahlenwert ζ annähert. Herr VANDREY hat für eine Reihe von runden Werten von a und von ξ aus Gl. (13) die zugehörigen Werte von ζ ermittelt (die später noch etwas ergänzt wurden) und er hat hiermit ein Nomogramm hergestellt, mit dem sehr rasch Näherungswerte für a_2 gewonnen werden können, vgl. Abb. 7. Das obige Probierverfahren braucht erst dann angewendet zu werden, wenn genauere Werte verlangt werden, als das Nomogramm sie liefert. Die Zahlentafel 2, die ζ abhängig von a_2 und ξ wiedergibt, mag zur Herstellung des Nomogramms in größerem Maßstab dienen.

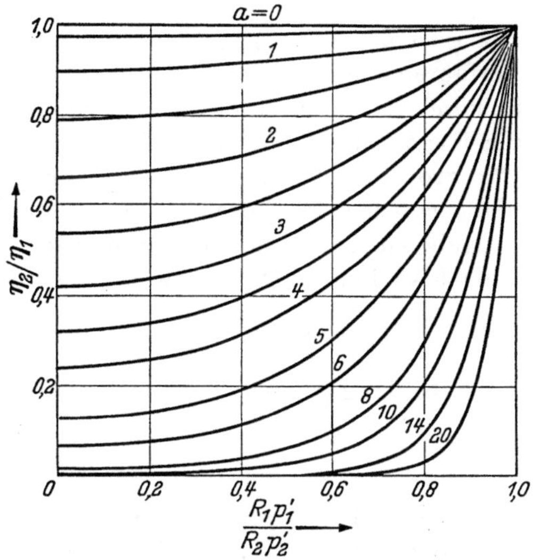

Abb. 7. Nomogramm für Gleichung (12)

Tafel 2. ζ *abhängig von a und* ξ[1]

$\xi =$	0	0,2	0,4	0,6	0,7	0,8	0,9	1,0
$a = 1$	0,898	0,900	0,915	0,933	0,945	0,960	0,980	1,000
2	0,660	0,674	0,708	0,772	0,815	0,867	0,927	1,000
3	0,417	0,433	0,487	0,586	0,658	0,748	0,859	1,000
4	0,236	0,253	0,310	0,424	0,512	0,630	0,788	1,000
5	0,124	0,138	0,188	0,298	0,392	0,526	0,720	1,000
6	0,062	0,072	0,111	0,207	0,296	0,436	0,655	1,000
7	0,030	0,037	0,064	0,142	0,223	0,360	0,641	1,000
8	0,014	0,018	0,037	0,097	0,167	0,298	0,541	1,000
9	0,006	0,014	0,021	0,066	(0,125)	0,245	(0,492)	1,000
10	0,003	0,004	0,012	0,045	0,094	0,201	0,445	1,000
12	0,000	0,001	0,004	0,021	0,052	0,136	(0,363)	1,000
14	0,000	0,000	0,001	0,009	0,029	(0,095)	(0,306)	1,000

[1] Eingeklammerte Werte sind interpoliert.

Sobald a_2 ermittelt ist, findet man

$$A = p_2' R_2 / 2 a_2 \tag{14}$$

und

$$C = Q_2 / \pi R_2^3 \, \psi(a_2) \tag{15}$$

mit ψ gemäß Gl. (9) und Abb. 3. Für kleine Werte von a_2 wird das Verfahren ungenau, da hier wegen Annäherung an den NEWTONschen Zustand A und C ihren Sinn verlieren. Sie nehmen bei $a = 0$ beide die Form 0/0 an und nur A/C liefert einen gut definierten Grenzwert. Für große a_2 dagegen, wo das Nomogramm versagt, kann aus der hier recht genauen Formel (8) für $\varphi(a)$ ein Weg gewonnen werden, die Aufgabe zu lösen. Vorerst mag die für extreme Fälle verwendbare, noch einfachere Formel (8a) verwendet werden. Nach Gl. (9) ist

$$Q = \pi C R^3 \cdot \varphi(a) \cdot a/4 \approx \pi C A R^2/p' \cdot e^{p' R/2A}. \tag{16}$$

Nach Bildung von Q_2/Q_1 kann nach A aufgelöst werden. Es wird

$$A = (p_2' R_2 - p_1' R_1)/2 \ln \frac{Q_2 \, p_2' \, R_1^2}{Q_1 \, p_1' \, R_2^2}. \tag{17}$$

Mit A ergibt sich aus (16) auch C.

Für mittelgroße a kann jetzt aus der genaueren Gl. (8), gegebenenfalls unter mehrmaliger Iteration, ein verbesserter Wert von A gefunden werden.

Schrifttum

[1] L. PRANDTL, Ein Gedankenmodell zur kinetischen Theorie der festen Körper. Z. angew. Math. Mech. Bd. 8 (1928) S. 85; vgl. auch TH. v. KÁRMÁN, Enzyklop. math. Wiss. IV, Bd. 4 (1913) S. 767, ferner J. M. BURGERS, First Report on Viscosity and Plasticity in Verhandl. d. Königl. Akad. d. Wiss. Amsterdam, I. Sektion XV, Bd. 3 (1935) S. 41.

[2] A. NÁDAI, The Influence of Time upon Creep. The Hyperbolic Sine Creep Law. STEPHEN TIMOSHENKO 60th Anniversary Volume, S. 155. New York 1938. Vgl. auch A. NÁDAI und P. G. McVETTY, Hyperbolic Sine Chart for estimating Working stresses of Alloys at elevated Temperatures. J. Amer. Soc. Test. Mat. Bd. 43 (1943) S. 735.

[3] L. PRANDTL, Betrachtungen zur Rheologie. Physik. Blätter Bd. 5 (1949) S. 161.

III. TRAGFLÜGEL UND LUFTSCHRAUBEN

Denkschrift der Ersten Internationalen Luftschiffahrts-Ausstellung (ILA) Frankfurt 1909, S. 140—150
Zeitschrift des Vereins Deutscher Ingenieure Bd. 54 (1910) S. 698—702

Betrachtungen über das Flugproblem

M. H. Wenn ich es hier unternehme, Ihnen hier einige Gedanken über das Flugproblem vorzutragen, so will ich mich, um mein Thema innerhalb des bereits recht umfassenden Gebietes einigermaßen abzugrenzen, von den folgenden Gesichtspunkten leiten lassen: Ich möchte in kurzen Zügen dem Verständnis näherbringen, welche Mittel der Mensch besitzt, um sich ohne Zuhilfenahme des Auftriebes leichter Gase in die Luft zu erheben; dabei werden hierzu untaugliche Mittel als solche zu kennzeichnen sein. Zugleich wird gezeigt werden, welche Ursachen die Entwicklung der Flugmaschine auf den Weg geführt haben, den sie wirklich gegangen ist. Es wird ferner auch auf die Schwierigkeiten hinzuweisen sein, die bei der Anwendung unserer Mittel auftreten, und es wird zu zeigen sein, welche Möglichkeiten zu ihrer Überwindung bestehen.

Wenn ich im folgenden mich mehrmals der mathematischen Formelsprache bedienen werde, so bitte ich diejenigen unter meinen Zuhörern, die dieser Sprache nicht in dem genügenden Maße mächtig sein sollten, so lange Geduld zu üben, bis hinterher die Folgerung der Rechnung in Worte gekleidet werden wird. Die Formeln werden für das Verständnis des Zusammenhanges nicht unumgänglich notwendig sein, andererseits aber möchte ich dem Kundigen den schärferen Ausdruck der Gedanken, den sie allein geben können, nicht vorenthalten. Meine Ansprüche an mathematische Kenntnisse werden übrigens, wie ich gleich bemerken will, sich in sehr bescheidenen Grenzen halten.

M. H. Das erste, was uns näher beschäftigen mag, sei die Frage, was man ganz allgemein beginnen muß, um ein gegebenes Gewicht — es sei G genannt — ohne Anwendung eines Ballons in der Luft schwebend zu erhalten. Es leuchtet ein, daß das erreicht werden kann, wenn man ständig auf die Luft eine Kraft P senkrecht nach unten ausübt, deren Größe mit dem Gewicht G übereinstimmt; denn die Reaktion der Kraft P hält dann gerade der Schwere das Gleichgewicht.

Das einfachste Mittel hierfür scheint auf den ersten Blick zu sein, *große Flächen senkrecht nach abwärts zu bewegen*, denn dadurch werden in der Tat Kräfte der verlangten Art ausgeübt. Um diese Flächen immer von neuem abwärts drücken zu können, muß man sie in irgendwie umgeklapptem oder zusammengefaltetem Zustand wieder in die Höhe heben, so zwar, daß sie beim Heben nur geringen Luftwiderstand ergeben.

Das Zahlenmäßige dieser Krafterzeugung wird aus folgender einfacher Rechnung gut hervorgehen: Ist P die Gesamtkraft der durchschnittlich abwärts bewegten Flächen und v die Geschwindigkeit, mit der sie senkrecht abwärts bewegt werden, so ist die hierbei zu verrichtende Arbeitsleistung durch das Produkt $P\,v$ gegeben; wird P in kg und v in m/sec angegeben, so ergibt sich die Anzahl der Pferdestärken (PS) zu

$$N = \frac{1}{75} P\,v;$$

da $P = G$ (Gewicht) sein soll, ergibt sich für das Gewicht, das je von einer Pferdestärke getragen wird, die Beziehung:

$$\frac{G_{(\mathrm{kg})}}{N} = \frac{75}{v_{(\mathrm{m/sec})}},$$

d. h. *durch 1 PS kann um so mehr Gewicht getragen werden, mit je geringerer Geschwindigkeit die Flächen bewegt werden.*

Um zu sehen, wie es um die Ausführbarkeit unserer Idee steht, nehmen wir folgende Zahlen: Es gibt heute Benzinmotore, die pro PS etwa 2 kg wiegen (sehr zuverlässig sind diese extrem leichten Motore allerdings noch nicht). Denkt man an das Gewicht der Getriebe, der Flügelkonstruktion, des Untergestelles, der Betriebsstoffe und schließlich des Lenkers, so kommt man zu dem Ergebnis, daß die Flugmaschine 10 bis 15 kg pro PS wiegen wird (das entspricht wenigstens ausgeführten Maschinen). Für diesen Wert ergibt nun die obige Formel:

$$\frac{75}{v} = (\text{mindestens})\ 10 \sim 15, \quad \text{also} \quad v = (\text{höchstens})\ 7{,}5 \sim 5\ \text{m/sec!}$$

Wie groß müssen nun die Flächen werden? Der Luftwiderstand ebener Flächen ist annähernd durch die Formel

$$P = 0{,}6 F \gamma \frac{v^2}{g}$$

gegeben, wo F die Fläche in m^2, γ das Raumgewicht eines m^3 und g die Beschleunigung der Schwere bedeutet; also wird die Kraft, die von einem m^2 Fläche erzielt wird:

$$\frac{P}{F} = 0{,}6 \frac{\gamma v^2}{g} \cong 0{,}075\, v^2.$$

Für $v = 7{,}5$ m/sec ergibt dies: $P/F \cong 4\ \mathrm{kg/m^2}$.

Um eine Flugmaschine mit 50 PS und 500 kg Gewicht zu bauen, hätte man also $500:4 = 125\ \mathrm{m^2}$ abwärts bewegte Flächen nötig; ungefähr ebensoviel müßten gleichzeitig aufwärts bewegt werden, wenn keine Unterbrechung der Hebewirkung eintreten soll. Man kann sich nun leicht von der Unmöglichkeit überzeugen, die notwendigen 200 bis 250 m^2 bewegter Flächen samt Getriebe mit den 250 kg zu bauen, die vom Gesamtgewicht von 500 kg höchstens noch dafür verfügbar sind; um sich davon zu überzeugen, braucht man nur daranzugehen, irgendeinen derartigen Mechanismus wirklich durchzukonstruieren; er wird entweder so schwer, daß er sich nicht erheben kann, oder aber er wird so schwach, daß er bei der Ingangsetzung zusammenbricht.

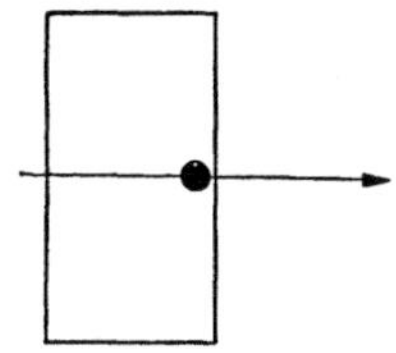

Abb. 1a

Bei der ganzen vorstehenden Berechnung sind nun in keiner Weise die verschiedenen Widerstände berücksichtigt, weder die Getriebewiderstände, noch der Luftwiderstand der aufwärts bewegten Flächen; wenn man dies alles noch berücksichtigt, so ergibt sich die Aussichtslosigkeit des besprochenen Verfahrens erst in ihrer vollen Größe.

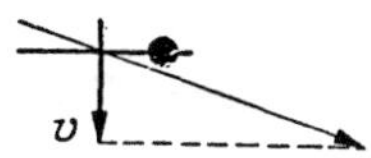

Abb. 1b

Zum großen Glück für die Flugtechnik gibt es nun aber ein weit besseres Mittel, um auf die Luft Kräfte auszuüben. Dies besteht in der *schrägen Bewegung von ebenen oder noch besser von gewölbten Flächen.*

Die Beobachtung zeigt, daß waagerechte Flächen, die während des Herabsinkens waagerecht verschoben werden, langsamer sinken bzw. bei gleicher Sinkgeschwindigkeit mehr tragen als bei senkrechter Bewegung.

Versuch: Durch geeignete einseitige Beschwerung gelingt es, eine ebene Fläche in schräger Bahn abwärts gleiten zu lassen. Eine solche Fläche (Abb. 1) durchmißt eine bestimmte Höhe in derselben Zeit wie eine zentrisch beschwerte Fläche (Abb. 2), deren Gesamtgewicht ein Viertel von dem der ersten Fläche ist.

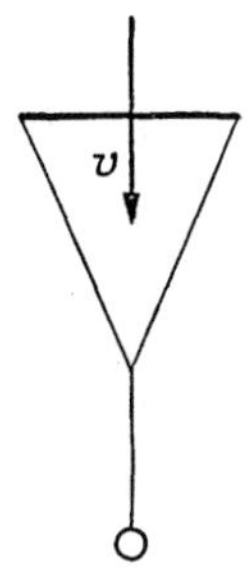

Abb. 2

Da die Verschiebung der Fläche in ihrer Ebene nur die sehr kleine Arbeit erfordert, die zur Überwindung der Reibung an der Luft nötig ist, so ist durch diese Vergrößerung des Trageffektes, die nach Versuchen bei geeignet gewölbten Flächen bis auf das Achtfache heraufgeht, ein außerordentlicher Gewinn erzielt; hierdurch erst ist der mechanische Flug möglich geworden.

Eine Erklärung für diese Wirkung der schrägen Bewegung ist in folgendem gegeben: *Man kann nur dadurch andauernd eine Kraft P auf die Luft ausüben, indem man fortgesetzt immer neuen Luftmassen eine Geschwindigkeit v in der Richtung dieser Kraft erteilt.* Ist m die sekundlich in Bewegung gesetzte Luftmasse, so ist direkt:

$$P = m v.$$

Nun wird offenbar beim schiefen Fall in der gleichen Zeit weit mehr Luft in abwärts gerichtete Bewegung gesetzt, als beim senkrechten Fall, daher der größere Trageffekt.

Daß gewölbte Flächen mehr tragen als ebene, ist ebenfalls aus diesem Gesichtspunkt zu erklären. Die gewölbte Fläche wirft mehr Luft und diese mit größerer Geschwindigkeit nach unten als die ebene, ohne dabei, wie Versuche zeigten, wesentlich mehr Widerstand wie diese zu ergeben.

Aus der besprochenen schrägen Bewegung kann man jetzt auch eine *waagerechte* erhalten, indem man die Bewegungsrichtung sowohl wie die Fläche um den Winkel β dreht, den erstere vorher mit der Waagerechten einschloß, vgl. Abb. 3. Dadurch wird natürlich auch die resultierende Kraft um den Winkel β gedreht. Da bei dieser Bewegung die Fläche *nicht mehr sinkt*, kann sie nun *fortdauernd in Wirkung bleiben* und es brauchen infolgedessen nicht wie bei der früheren Anordnung Reserveflächen hinzugenommen werden; dagegen ist, wie leicht ersichtlich, hier eine besondere Vortriebskraft erforderlich.

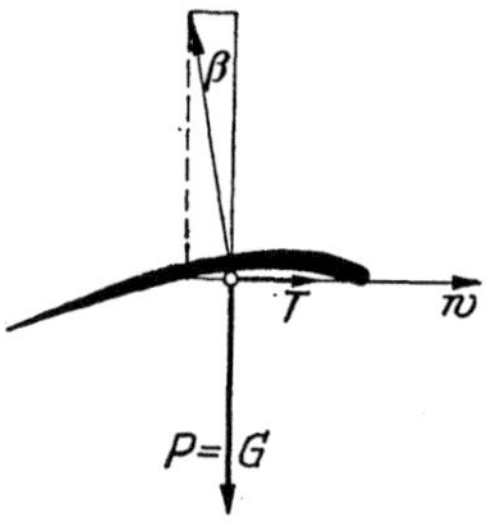

Abb. 3

Für diese waagerechte Bewegung einer Tragfläche ergibt sich nun folgende Rechnung. Ist die waagerechte Fortschreitungsgeschwindigkeit w, so ist die entwickelte Tragkraft (d. h. die senkrechte Komponente des Luftwiderstandes) im Fall der günstigsten Flächengestaltung etwa

$$P = 0{,}4 F \frac{w^2 \gamma}{g}\ [1]$$

— also etwa $^2/_3$ des Betrages, der sich ergäbe, wenn die Fläche F mit der Geschwindigkeit w senkrecht gegen die Luft bewegt würde!

Die Kraft T, die zur Vorwärtsbewegung erforderlich ist, ist ungefähr $^1/_8$ der anderen, also $T = 0{,}05 F \dfrac{w^2 \gamma}{g}$. (Will man sich etwa mit $T = P/5$ begnügen, so kann man den Koeffizienten von P fast bis auf den Wert für die senkrechte Bewegung steigern.)

Die nötige *Arbeitsleistung* ist hier in PS:

$$N = \frac{T w}{75} = \frac{G w}{600},$$

wenn für T der Wert $P/8 = G/8$ eingesetzt wird. Mit einem Gewicht pro Pferdestärke $G/N = 15$ kg/PS, was ungünstig gerechnet ist, be-

[1] Die hier angegebenen Zahlenwerte sind noch nicht als endgültig anzusehen. Sie wurden teils aus der Literatur, teils durch Berechnung aus den bekannt gewordenen Zahlen über die bisher erfolgreichen Flugmaschinen entnommen.

kommt man hier $G/N = 600/w = 15$, also wird der Höchstwert von w

$$w_{\max} = 40 \text{ m/sec},$$

was allerdings wegen Nichtberücksichtigung der Widerstände noch zu günstig gerechnet sein dürfte[1].

Die Tragfähigkeit von 1 m² wird hier

$$\frac{G}{F} = 0{,}4 w^2 \gamma \cong 0{,}05 w^2,$$

also mit obiger Höchstgeschwindigkeit

$$\frac{G}{F} \cong 80 \text{ kg/m}^2.$$

Bei einer Geschwindigkeit von 20 m/sec ergeben sich immer noch 20, bei 15 m/sec noch 11,3 kg/m², also alles Zahlen, die wesentlich günstiger lauten als in dem erstbetrachteten Fall.

Dieses Mittel der schnellbewegten schrägen, gewölbten Flächen läßt sich nun in sehr verschiedener Weise zur Konstruktion der Flugmaschinen verwenden. Da man ja eine hohe Reisegeschwindigkeit der Flugmaschinen geradezu wünscht, kann man einfach Tragflächen anordnen, die mit dem Gestell der Flugmaschine unbeweglich verbunden sind; man hat dann nur nötig, durch Anordnung von einer oder mehreren Vortriebsschrauben — die selbst wieder nach dem Prinzip der schiefen Fläche wirken — für die Erzeugung der nötigen Triebkraft zu sorgen. Man erhält so den *Aeroplan oder Drachenflieger*.

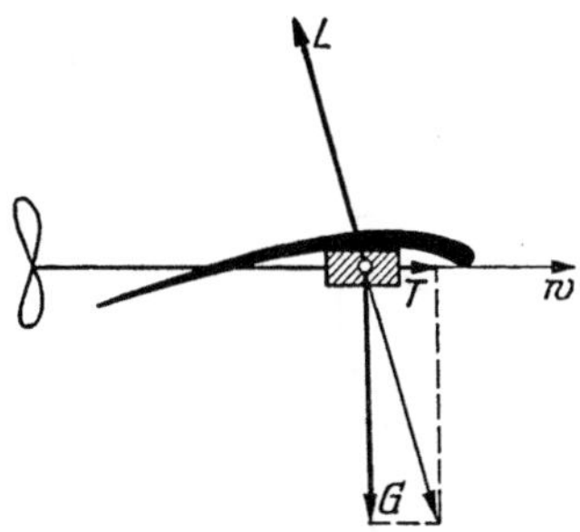

Abb. 4

Die Kräfte an ihm sind durch das Schema Abb. 4 veranschaulicht: G ist das Gewicht, T die Triebkraft, L der resultierende Luftwiderstand.

Läßt man die Schraube weg (oder stellt man den Motor ab, was ungefähr auf dasselbe hinauskommt), dann ist noch immer eine Bewegung möglich, nämlich jene flach abwärts geneigte Bewegung, bei der der resultierende Luftwiderstand lotrecht gerichtet ist und die Schwerkraft an Stelle des Motors die Arbeit verrichtet.

Man erhält so den „Gleitflieger", dessen Kräfteschema aus Abb. 5 ersichtlich ist.

[1] Diese ganzen Abschätzungen treffen die Sache nur von ungefähr. Eine feinere Untersuchung müßte von einer genaueren Analyse des Gewichtes ausgehen. Nur im Interesse der Einfachheit wurde hier Proportionalität des Flugmaschinengewichtes mit der Motorleistung angenommen.

Versuch: Vorführung eines Gleitfliegermodells.

Ordnet man mehrere kleinere Aeroplanflächen um eine lotrechte Achse drehbar an und versetzt diese Achse durch einen Motor in schnelle Drehung, so erhält man den *Gyroplan* oder *Schraubenflieger*, Abb. 6.

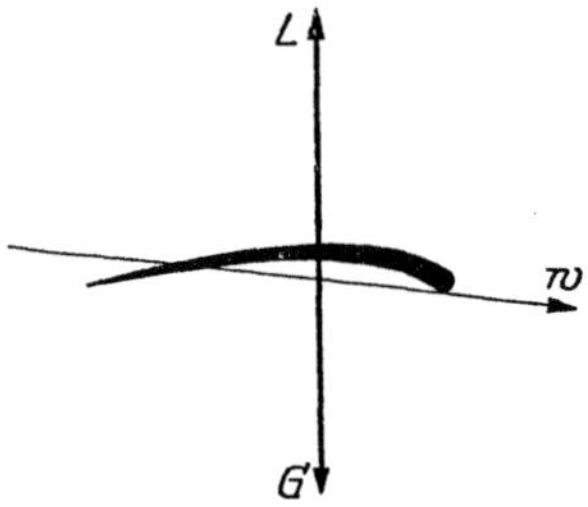

Abb. 5

Mit dem Schraubenflieger könnte man senkrecht in die Luft steigen, während der Aeroplan einen Anlauf am Boden nötig hat, der seiner praktischen Verwendbarkeit heute noch enge Schranken setzt. Daß trotz dieses Vorzuges die Schraubenflieger bis heute noch keinen Erfolg aufzuweisen haben, dürfte hauptsächlich daran liegen, daß es offenbar nicht möglich ist, mit dem *gleichen* Gewicht eine Schraube von 30 m² Gesamtflügelfläche einschließlich des erforderlichen Lagergestelles zu bauen wie eine gleichwertige Aeroplanfläche, die als unbewegliche Konstruktion verhältnismäßig leicht gebaut werden kann. Man kann, wie hier erwähnt werden mag, mit diesen „Hubschrauben" neben der Hebewirkung auch eine Vortriebskraft erzielen, wenn man die Schraubenachse etwas vornüber neigt.

Versuch: Ein Hubschraubenmodell wird mit vorgeneigter Achse von Hand abgeschnellt (vgl. Abb. 7) und setzt sich in ungefähr waagerechter Richtung in Bewegung. Durch die hierbei auftretenden Kreiselwirkungen geht die Bewegung allerdings in eine Pendelung über. Um bei ausgeführten Schraubenfliegern diese Pendelungen zu vermeiden, empfiehlt es sich, zwei gegenläufige Hubschrauben anzuwenden.

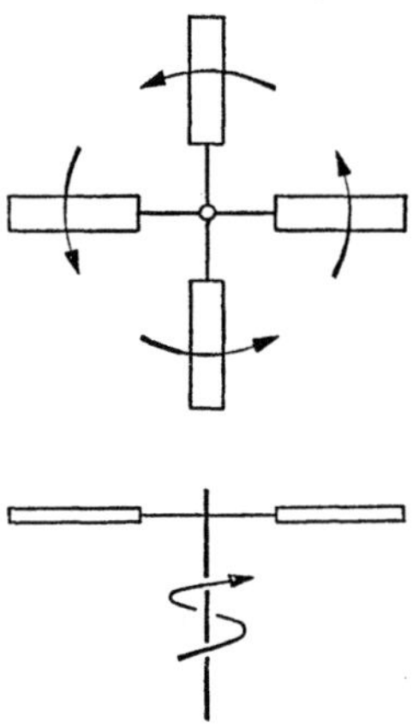
Abb. 6

Eine dritte Art von Flugmaschinen sind die mit schlagenden Flügeln ausgerüsteten *Schwingenflieger*. Man könnte fürs erste versucht sein, die Schwingenflieger hier nicht gelten zu lassen, da ihre Arbeitsweise in der von uns verpönten Art des senkrechten Schlagens gegen die Luft bestehe. Andererseits sehen wir die Natur *nur* nach diesem Prinzip arbeiten!

Sieht man näher zu, so zeigt sich zunächst, daß das von uns für Flugmaschinen aufgestellte Hindernis für die *kleinen Flugtiere* nicht besteht. Diese besitzen nämlich durch ihren raschen Stoffwechsel einen vergleichsweise großen Kraftüberschuß, außerdem lassen sich bei kleinen Abmessungen die zum Flug nötigen Flächen leichter ohne Gewichtsüberschreitung schaffen. So sehen wir in der Tat Mücken, Schmetterlinge und selbst kleine Vögel flügelschlagend in der Luft stille stehen! Ganz anders bei den *großen Vögeln*; diese vermögen nur unter rascher

Vorwärtsbewegung zu fliegen, so daß die Relativbewegung zwischen Flügel und Luft wieder die Form der *schrägen Bewegung* annimmt.

Die Vorgänge, die sich hier abspielen, und die auch für eine flügelschlagende Flugmaschine vorbildlich sein können, lassen sich schematisch folgendermaßen darstellen. Es sei angenommen, daß die Hälfte der Zeit für den Niedergang, die andere für den Aufgang der Flügel verwendet werde.

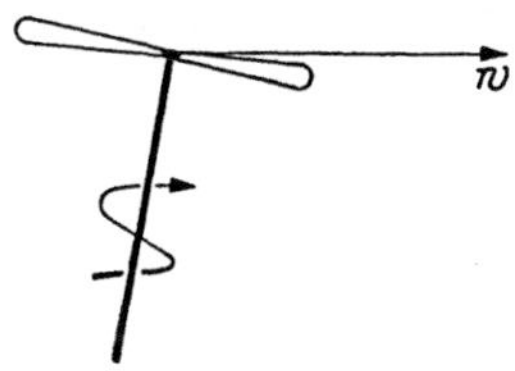

Abb. 7

Werden beim Niedergang die Flügel so gedreht und so bewegt, daß — bei einer resultierenden Geschwindigkeit w_1 (vgl. Abb. 8) — die lotrechte Komponente des Luftdruckes den Mittelwert $2G$ aufweist und dazu noch eine nach vorn gerichtete Komponente zur Überwindung der Widerstände vorhanden ist, so genügt es beim Aufgang die Flügel so zu bewegen, daß sie mit möglichst wenig Widerstand nach oben gelangen (vgl. Abb. 9). Der Schwerpunkt des Systems wird so, da ständig das Gewicht G an ihm wirkt, die Hälfte der Zeit mit der Kraft $2G - G = G$ nach oben, die andere Hälfte der Zeit mit G nach unten beschleunigt, kann also im Mittel auf einer Höhe bleiben. Der nötige Vortrieb wird dabei durch die vorwärts gerichtete Kraftkomponente beim Niedergang der Flügel erzeugt. Im ganzen sind bei der raschen Folge der Flügelschläge Abweichungen der Schwerpunktsbahn von der gleichförmigen geradlinigen Bewegung sehr gering.

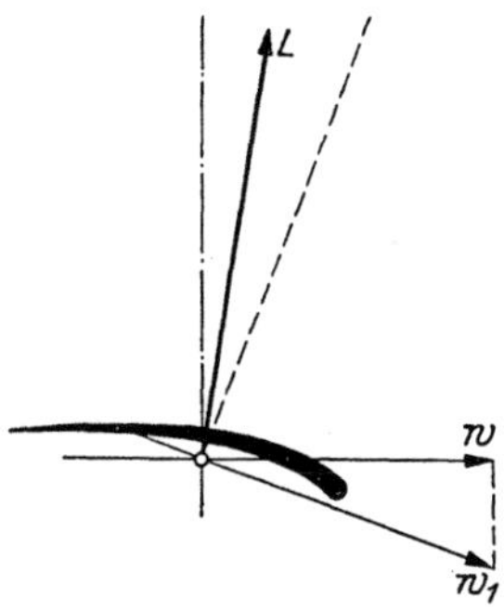

Abb. 8

Die Vorgänge beim Vogelflug sind natürlich wegen der verschiedenen Geschwindigkeit, die die einzelnen Stellen der Flügel besitzen, und wegen der verschiedenen, abweichenden Arten des Flügelschlages wesentlich verwickelter als das hier mitgeteilte einfache Schema; doch mag ein näheres Eingehen auf diese Dinge hier unterbleiben.

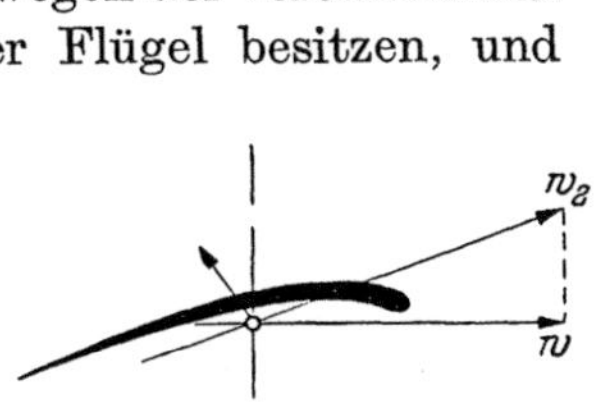

Abb. 9

Statt die Flügel in einer lotrechten Ebene auf und ab zu bewegen, kann man ihnen auch eine Kreisbewegung od. dgl. erteilen und kommt so zu einem *Segelrad*, das als Abart des Schwingenfliegers betrachtet werden kann.

In Abb. 10 sind die Geschwindigkeits- und Kraftverhältnisse für ein solches Segelrad angedeutet.

Die Konstruktionsschwierigkeiten sind beim Schwingenflieger wohl noch größer als beim Schraubenflieger, da der Bewegungsmechanismus sich wesentlich unbequemer baut als bei der letzteren Art. Als besonders erschwerend kommt hinzu, daß für den Anlauf, der hier wie bei den Aeroplanen nötig ist, noch besondere Hilfsmittel herangezogen werden müssen. Es ist daher kaum verwunderlich, daß — abgesehen von Schlagflügelmechanismen, die nach dem von uns verurteilten System des senkrechten Schlagens arbeiten, — Schwingenflieger, soviel bekannt, bisher nicht versucht worden sind.

Mit dem Vorstehenden ist, soweit man nicht Verbindungen der aufgezählten Flugmaschinensysteme als selbständige Arten rechnen will, die Zahl der Möglichkeiten nach dem heutigen Stand der Technik erschöpft. Es zeigt sich auch übereinstimmend mit der Erfahrung, daß der Aeroplan den anderen Systemen in Beziehung auf Flugfähigkeit erheblich überlegen ist; dies schließt allerdings nicht aus, daß mit dem Fortschreiten der Technik einstens noch die ersehnte, vom Platz aufsteigende Flugmaschine (etwa als Schraubenflieger) kommen wird.

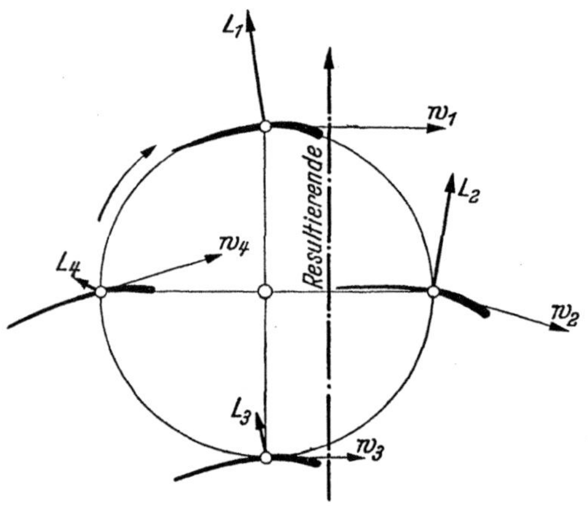

Abb. 10

Die bisherigen Überlegungen über die Wirkungsweise der Flugmaschinen waren alle verhältnismäßig einfach; wenn damit alles erledigt wäre, so müßten wir heute schon ungefähr ebenso sicher in der Flugmaschine reisen wie im Automobil. Aber wie bekannt, ist man noch recht weit von diesem Ziel entfernt; es gehört heute noch eine sehr bedeutende Geschicklichkeit, die nur durch mühseliges Üben erreicht wird, zum Lenken einer Flugmaschine, auch sind die Flüge nur durchführbar, wenn die Luft verhältnismäßig ruhig ist. Die zwei großen Probleme, die da herantreten, deren Lösung noch große Opfer und Anstrengungen erfordern wird, heißen *Stabilität* und *Steuerung*.

Unter Stabilität versteht man die Eigenschaft einer Flugmaschine, ihr Gleichgewicht zu erhalten und nach jeder beliebigen Störung wieder herzustellen. Diese Störungen werden hauptsächlich durch Windstöße und überhaupt Unregelmäßigkeiten der Luftbewegung verursacht. Aber selbst in *ruhiger Luft* eine stabile Bewegung zu erhalten, ist nicht ganz einfach. Die Luftkräfte haben in der Regel geradezu die Tendenz, die vorhandene Bewegung fortdauernd abzuändern. Ich erinnere nur an die Bewegung eines fallenden Papierblattes, das niemals gleichmäßig sinkt, sondern meist ganz unregelmäßig umherflattert.

Versuch: Ein Kartenblatt fängt bei waagerechter Anfangslage bald zu schaukeln an und überschlägt sich schließlich. Die am meisten regelmäßige Bewegung des Blattes ist ein schräges Fallen unter fortwährendem Überschlagen. Stabile Bewegungen waren die der vorher gezeigten Apparate, ferner die Fallbewegung eines stumpfen Kegels aus Papier.

Bei den sechs Freiheitsgraden, die ein freier starrer Körper besitzt (drei Verschiebungs- und drei Drehungsmöglichkeiten, die gleichzeitig betätigt werden können) sind auch sehr viele Arten des Abweichens aus der geraden Bahn möglich[1]. Beim Aeroplan z. B. finden sich viererlei Arten von Schwingungen vor: zwei gehen in der Vertikalebene vor sich, die die Fahrtrichtung in sich enthält, nämlich eine Schwingung, bei der der Schwerpunkt langgestreckte Wellen durchfährt und die Geschwindigkeit stark schwankt — wir wollen sie die Hauptschwingung nennen — und eine zweite Schwingung, bei der die Hauptbewegung eine Drehung um die Querachse ist. Dazu kommen zwei Seitenschwingungen, von denen bei der einen die Drehung um die Vertikalachse, bei der anderen die seitliche Schwerpunktsverschiebung im Verein mit Drehung um die Längsachse die Hauptbewegung darstellt. Nur wenn alle vier Schwingungen gedämpft verlaufen (d. h. von selbst erlöschen, wenn die störende Ursache vorübergegangen ist), ist Stabilität vorhanden, sonst erfolgt in der einen oder anderen Art ein Umstürzen oder Überschlagen.

Eine *einfache* gewölbte Tragfläche ist — selbst bei ziemlich tiefer Schwerpunktslage — nicht in stabiles Gleiten zu bringen. Dies gelingt allerdings mit geeignet beschwerten, ebenen oder schwach S-förmigen Flächen; doch sind diese gegen größere Störungen nicht stabil. Dagegen läßt sich eine große Anzahl Flächen*kombinationen* angeben, die völlig stabil sind, d. h. die nach jeder beliebigen Störung wieder ins Gleichgewicht kommen, vorausgesetzt, daß sie die dazu nötige, manchmal recht beträchtliche Fallhöhe zur Verfügung haben. Eine Hauptregel ist bei all diesen Systemen immer, daß die vorangehenden Flächen stärker belastet sein müssen als die nachfolgenden. Es läßt sich leicht zeigen — worauf aber hier nicht näher eingegangen werden soll — daß die Stabilität der zweiten der oben aufgezählten Schwingungen (Drehung um die Querachse) gerade durch diese Maßnahme erreicht wird.

Versuch: Vorführung von stabilen und instabilen Gleitfliegermodellen. Die stabilen kommen aus jeder beliebigen Stellung zum richtigen Gleiten. Ein sehr stabiles Modell — aus steifem Papier verfertigt — ist in Abb. 11 abgebildet (S bedeutet den Schwerpunkt).

---

[1] Dieser Gesichtspunkt wird von der großen Schar der „Erfinder“ meist gänzlich außer acht gelassen.

Diese Art von Stabilität genügt aber für die praktischen Flugmaschinen nur unvollkommen, wie man an den vielen anfänglichen Mißerfolgen der französischen Luftschiffer erkennen kann, die größtenteils Apparate verwenden, die im vorgenannten Sinn stabil sind. Diese Apparate suchen nämlich — gerade wegen ihrer stabilen Eigenschaften — automatisch immer dieselbe Relativgeschwindigkeit gegen die Luft auf, bei der der Auftrieb ihrem Gewicht gleich ist und werden daher von jeder Änderung der Windgeschwindigkeit veranlaßt, hochzusteigen oder zu sinken. Das Fliegen in der Nähe des Erdbodens bei Wind wird so fast zur Unmöglichkeit.

Was man für eine ideale Flugmaschine fordern müßte, ist vielmehr eine höhere Art von Stabilität, die darin besteht, daß die Flugmaschine auch in unruhiger Luft ihre Bahn trotz der fortwährend vorhandenen störenden Einflüsse unbeirrt fortsetzt. Diese Flugmaschine müßte also automatisch jede Geschwindigkeitsschwankung der durchfahrenen Luft, jeden seitlichen Windstoß, jeden auf- und absteigenden Luftstrom so parieren, daß die Bahn ihres Schwerpunktes dadurch keine wesentliche Ablenkung erfährt. Dieses Ziel dürfte sich, soweit es sich um *mäßige* Störungen handelt, immerhin erreichen lassen. Allerdings zeigt die nähere Untersuchung, daß einige der Bedingungen für diese Stabilität zweiter Art, wie ich die Stabilität bei unruhiger Luft nennen will, das Gegenteil von dem zu verlangen scheinen, was man für die Stabilität erster Art, die Erhaltung des Gleichgewichtes, als nötig ansieht. Dies schließt nicht aus, daß noch Anordnungen gefunden werden, die beiden Forderungen in genügendem Maß gerecht werden. Eine Möglichkeit, sich diesen Forderungen anzunähern, besteht in folgendem: Macht man durch irgendeine passende Anordnung die Schwingungszeit der Schwerpunktsschwingungen („Hauptschwingung und zweite Seitenschwingung") möglichst groß, die der beiden anderen, der Drehschwingungen, möglichst klein, oder was dasselbe ist, die stabilisierenden Kräfte für die ersten beiden Schwingungen sehr klein, die der anderen groß, so dreht sich die Flugmaschine bei Wechseln in der Windrichtung schnell der neuen Richtung zu und wird währenddessen in ihrer Schwerpunktsbahn nur sehr wenig abgelenkt. Die langsamen Schwingungen des Schwerpunktes lassen dem Führer reichlich Zeit, mit dem Steuer

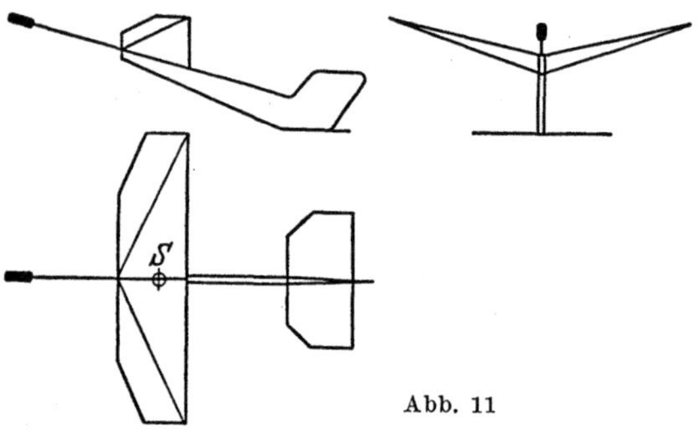

Abb. 11

einzugreifen. Sollten sich bei der Ausführung dieser Idee Schwierigkeiten ergeben, so dürfte es wohl zweckmäßiger sein, die Stabilität zweiter Art auf Kosten der ersten Art zu bevorzugen, da das Balancieren in einer ein wenig labilen Gleichgewichtslage wohl leichter ist, als der Kampf mit den unsichtbaren Windstößen. Der Flugapparat von W. und O. WRIGHT, der im gewöhnlichen Sinn nicht stabil ist, scheint diesen Gedanken zu verwirklichen; wenn es wahr ist, daß die WRIGHTS bei größeren Windstärken noch fliegen, als die „stabilen" Maschinen, beispielsweise des VOISINschen Typs, so wäre dies aus dem genannten Gesichtspunkt verständlich.

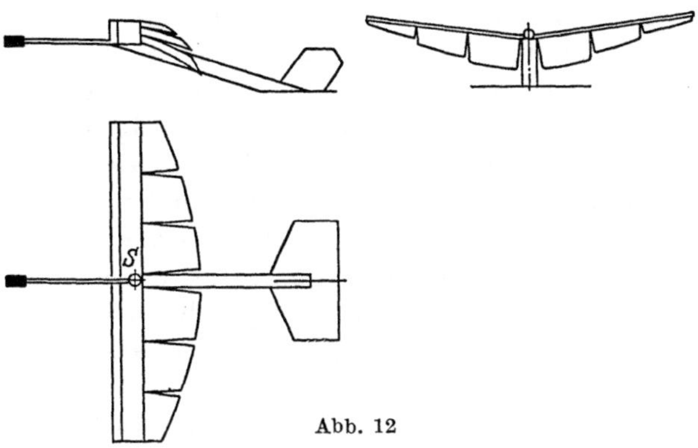

Abb. 12

Wie man sich dem vorhin aufgestellten Ideal der völligen Stabilität praktisch nähern kann, dafür möchte ich noch ein Beispiel vorführen. Man kann dem Vorerwähnten entsprechend eine Verbesserung der Gangart in unruhiger Luft dadurch erzielen, daß man die Tragflächen verstellbar, z. B. elastisch nachgiebig macht. Macht man sie gerade so nachgiebig, daß infolge der Abnahme der Wölbung bei den größeren Geschwindigkeiten der Auftrieb sich innerhalb eines weiten Bereiches von Geschwindigkeiten nur wenig ändert, so kann der Flugapparat seine waagerechte Bahn fast unabhängig von den Wechseln der Windstärke fortsetzen[1].

Versuch mit einem Gleitfliegermodell mit elastischen Tragflächen aus Papier, vgl. Abb. 12. Die Flugbahn ist bei großer und kleiner Abfluggeschwindigkeit fast eine Gerade, während sie bei einem Modell mit starren Flächen bei zu großer Geschwindigkeit nach oben konkav, bei zu geringer konvex ist (sie setzt sich hier, falls Stabilität vorhanden, als eine Wellenlinie mit abnehmender Wellenhöhe fort; beim elastischen Flieger ergibt sich eine ungemein langgestreckte Welle, wie sie im Vorerwähnten gefordert wird.

[1] Die Idee stammt meines Wissens von den Herren v. SIGSFELD und v. PARSEVAL.

Das richtige Verhalten bei seitlichen Windstößen läßt sich durch geeignete Anordnung der senkrechten Flächen, für die die Maschinen von WRIGHT und BLÉRIOT als Musterbeispiele genannt werden können, ebenfalls einigermaßen erreichen.

Vorführung des Verhaltens bei seitlichem Windangriff: Die Modelle werden so abgeworfen, daß ihre Längsachse gegen die Abwurfrichtung seitlich verdreht ist. (Dies entspricht dem Eintritt der Flugmaschine in eine seitliche Windströmung, wo auch die Flugmaschinenachse mit der Relativbewegung zur Luft einen Winkel bildet.) Der vorher gezeigte elastische Gleiter, der auch dieser Bedingung gut genügt — er hat nur hinten eine größere lotrechte Fläche —, behält seine Richtung fast ganz bei, das vorher gezeigte stabile Modell wird gänzlich abgelenkt.

Leider zeigt sich, daß — wenigstens bei den bisherigen Anordnungen — Verbesserungen der Stabilität meist mit Verschlechterungen der Tragfähigkeit, also auch der Ökonomie verbunden sind; dies rührt davon her, daß es zur Erreichung der Stabilität nötig ist, die verschiedenen Flächen ungleich stark zum Tragen heranzuziehen, ja selbst die Luft von oben auf sie drücken zu lassen, während es ökonomisch wäre, alle Flächen mit ihrer besten Tragfähigkeit wirken zu lassen. Wieder ist hier der instabile WRIGHTsche Apparat zu nennen, bei dem alles Ökonomie ist, wie schon an der im Vergleich zu den gleich großen französischen Apparaten viel geringeren Motorstärke deutlich zu erkennen ist.

Daß die WRIGHTS ihren Apparat trotz seiner Instabilität so sicher meistern können, liegt, außer an der erforderlichen großen Übung, wesentlich an den richtig gewählten Steuerorganen, wie denn überhaupt betont werden muß, daß wirksame und gut zu handhabende Steuer einen noch weit größeren Anteil an dem guten Funktionieren einer Flugmaschine haben, als gute Stabilitätseigenschaften.

Über Steuerung mögen nun folgende Bemerkungen hier genügen. Man unterscheidet Höhensteuerung und Seitensteuerung. Die erstere hat Bezug auf die Abänderungen der Fahrtlinie innerhalb der durch die Fahrtrichtung gelegten senkrechten Ebene, letztere auf das Heraustreten aus dieser Ebene. Die Höhensteuerung wird meist durch Flächen bewirkt, die um eine waagerechte Achse drehbar sind, und die dem Apparat zum Höher- oder Tiefersteigen verschiedene Neigung gegen die Fahrtrichtung geben; die Seitensteuerung spaltet sich bei den vollkommeneren Apparaten noch in zwei, von denen die eine den Apparat bei der Ausführung von Wendungen um die lotrechte Achse dreht, die andere dagegen gestattet, den Apparat um die Längsachse zu neigen oder solche Neigungen zu beseitigen. Bei einigen Apparaten werden diese beiden Vorgänge durch dasselbe Steuer bewirkt bzw. die Einstellung der Seitenneigung den stabilisierenden Kräften überlassen (die VOISIN-Maschinen sind z. B. von dieser Art). Es ist ersichtlich, daß mit einer besonderen Steuerung für die Seitenneigung, die durch Verwindung der Flügelspitzen (Wright) oder Drehung von dort angebrachten Klappen (Antoinette, Farman usw.) u. dgl. bewirkt wird, die Kurven sicherer genommen und die seitlichen Windstöße schneller pariert werden können als ohne solche Einrichtungen.

Wie schwierig es übrigens sein muß, mit den drei Steuern gleichzeitig zu balancieren, geht daraus hervor, wie lange die Schüler Wrights mit dem völlig ausprobierten Apparat lernten und übten, bis sie selbständig seine Führung übernahmen. Die Steuerung würde aber sofort leicht zu erlernen sein, wenn eine selbsttätige Einrichtung dem Führer das Balancieren und das Kurshalten in unruhiger Luft abnähme, so daß ihm nur noch das eigentliche „Lenken" übrigbliebe. Vielleicht bringen die nächsten Jahre eine derartige Erfindung; dann allerdings wäre das Zeitalter der Flugdroschke wirklich angebrochen.

Zeitschrift für Flugtechnik und Motorluftschiffahrt 1. Jg. (1910) S. 3—6, 25—30, 61—64 und 73—76.

Einige für die Flugtechnik wichtige Beziehungen aus der Mechanik. Etwas über den Luftwiderstand

Vorbemerkung

Herausgeber und Verlag dieser Zeitschrift sind an mich mit dem Wunsch herangetreten, ich möchte den *wissenschaftlichen Teil* der Zeitschrift ständig überwachen. Daß der Plan, ein ernstes technisch-wissenschaftliches Fachblatt für Flugtechnik und Motorluftschiffahrt zu gründen, einem tatsächlichen Bedürfnis entsprach, war klar; ich habe mich daher, da ich die Überzeugung gewonnen hatte, daß Herausgeber und Verlagsanstalt ihr möglichstes für ein gutes Gelingen des Werkes zu tun bereit waren, im Interesse der Sache gerne dazu entschlossen, die mir zugedachte Aufgabe zu übernehmen.

Um nun meine Absichten näher zu kennzeichnen, möchte ich vorweg betonen, daß ich das viel ausgesprochene Schlagwort vom Gegensatz zwischen Theorie und Praxis nicht gelten lassen will; der Gegensatz liegt für mein Empfinden zwischen guter und schlechter, richtig und unrichtig angewandter Theorie; eine gute Theorie ist in Übereinstimmung mit den Ergebnissen der praktischen Erfahrung, oder sie gibt zum mindesten wesentliche Züge der Erfahrungstatsachen wieder. Eine Theorie, die dies nicht leistet, ist eine schlechte Theorie und verdient von uns nicht weiter beachtet zu werden. Wenn wir nach den Ursachen fragen, die das Fehlschlagen einer theoretischen Betrachtung herbeiführen können, so finden wir in den weitaus meisten Fällen, daß von unzutreffenden Voraussetzungen ausgegangen worden ist oder eine unter bestimmten Voraussetzungen entwickelte, an sich gute Theorie auf Fälle angewandt wird, die den Voraussetzungen widersprechen, viel seltener, daß in der auf diesen Voraussetzungen aufgebauten logischen Schlußreihe ein Fehler gemacht wurde. Daß man von Experimenten ähnliches sagen kann, ist klar, auch hier ist die Möglichkeit in hohem Maße vorhanden, durch Nichtberücksichtigung von wichtigen Umständen falsche Schlüsse zu ziehen.

Theoretische Aufsätze und Berichte über Versuche werden, wenn sie in dem vorstehend gekennzeichneten Sinn als gute Theorie und gute Versuche angesprochen werden können, gern angenommen werden; dagegen zähle ich es zu meinen Aufgaben, die Leser der Zeitschrift vor falschen oder auch nur unnützen Theorien und dergleichen mehr zu beschützen, halte mich dabei freilich keineswegs für unfehlbar. Dies vorweg.

Mit den folgenden Ausführungen über einige Beziehungen aus der Mechanik, die für die Flugtechnik von Interesse sind, beabsichtige ich nebenher auf gewisse, häufig zu findende unklare oder unrichtige Anschauungen hinzuweisen, hoffend, sie dadurch aus der neuen Zeitschrift möglichst fernzuhalten.

Einige für die Flugtechnik wichtige Beziehungen aus der Mechanik

1. Relativbewegung

Unter der Theorie der Relativbewegung versteht man einen Abschnitt aus der Mechanik, in dem die folgende Frage eine Beantwortung findet: Welche Gesetze ergeben sich für ein mechanisches System, das sich in einem Raum befindet, der selbst irgendwelche gegebenen Bewegungen ausführt, wenn alle Wege, Geschwindigkeiten usw. von diesem Raum aus gemessen werden?

Es ist sofort zu sagen, daß für das mechanische System die gewöhnlichen Gesetze der Mechanik gelten werden, sofern man nur seine Wege, Geschwindigkeiten und Beschleunigungen von einem ruhenden Standpunkt aus mißt. Von dem bewegten Raum aus betrachtet, ergeben sich neue Wege, Geschwindigkeiten und Beschleunigungen, die sich als geometrische Differenz zwischen der Absolutbewegung und Bewegung des bewegten Raumes darstellen lassen. Für die hier zu gebende Betrachtung mag es genügen, von etwaigen Drehbewegungen des bewegten Raumes abzusehen; dies wird die Überlegungen sehr vereinfachen, da jetzt alle Punkte des bewegten Raumes, den wir der Kürze halber „das Fahrzeug“ nennen wollen, die gleiche Geschwindigkeit haben, so daß wir also von einer einzigen „Fahrzeuggeschwindigkeit“ reden können. Wie die Relativgeschwindigkeit v' mit der Fahrzeuggeschwindigkeit v_0 und der Absolutgeschwindigkeit v durch ein Geschwindigkeitsdreieck verbunden ist, das ist jedem Ingenieur von der Turbinentheorie her geläufig. Ein gleiches Dreieck (Abb. 1) besteht nun in unserem Fall des parallelbewegten Fahrzeuges auch für die Beschleunigungen; es ist also die Absolutbeschleunigung b gleich der Resultante aus der Fahrzeugbeschleunigung b_0 und der Relativbeschleunigung b', oder, was auf dasselbe hinauskommt, die Relativbeschleunigung die Resultante aus der Absolutbeschleunigung und der negativen, d. h. in entgegengesetzter Richtung genommenen Fahrzeugbeschleunigung. (In der Symbolik der Vektorrechnung lauten beide Beziehungen $\boldsymbol{b} = \boldsymbol{b}_0 + \boldsymbol{b}'$ bzw. $\boldsymbol{b}' = \boldsymbol{b} - \boldsymbol{b}_0$.)

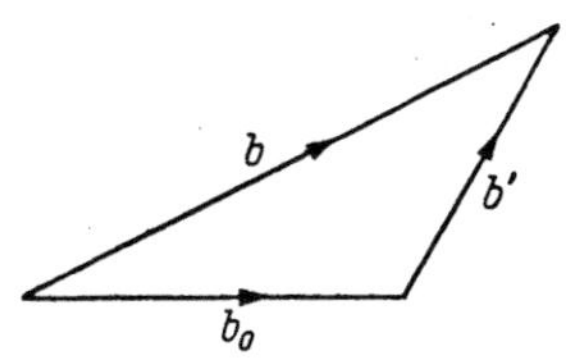

Abb. 1

Von dieser Beziehung soll nun folgende Anwendung gemacht werden. Das Fahrzeug sei unter der Wirkung der Schwere und von anderen Kräften, die eine Resultierende P haben, in freier Bewegung begriffen. Dann setzt sich die Fahrzeugbeschleunigung zusammen aus der Beschleunigung der Schwere im Betrag g (senkrecht nach unten) und aus der Beschleunigung P/m in der Richtung von P, wo m die Masse des Fahrzeuges plus Inhalt ist. Das mechanische System im Inneren des Fahrzeuges sei der Schwere unterworfen, erfahre also die Absolutbeschleunigung g senkrecht nach unten. Wie groß ist hier die Relativbeschleunigung b' und wie gerichtet? Bildet man nach obiger Regel die Resultante aus der Absolutbeschleunigung und der negativen Fahrzeugbeschleunigung, so heben sich g und $-g$ fort und es bleibt $b' = -(P/m)$ in der P entgegengesetzten Richtung übrig. Dieses bemerkenswerte Ergebnis läßt sich so in Worte fassen: *Für die Relativbewegung eines mechanischen Systems innerhalb eines freibewegten Fahrzeuges ist die Schwere ausgeschaltet; an ihre Stelle tritt eine Beschleunigung von der Größe P/m und einer Richtung entgegengesetzt P, wobei P die Resultierende aller übrigen äußeren Kräfte und m die Gesamtmasse ist.*

Dieser Satz läßt eine Reihe wichtiger Anwendungen auf die *Flugmaschinen* zu. In dem einfachen Fall natürlich, daß die Flugmaschine in geradlinig-gleichförmiger Bewegung ist, ergibt sich für die Relativbewegung wieder die einfache Erdschwere als wirksam, denn im Gleichgewicht ist die Resultante der übrigen Kräfte genau gleich und entgegengesetzt dem Gewicht, also ist hier

$$b' = -\frac{P}{m} = +g.$$

Für alle Fälle, wo kein Gleichgewicht vorhanden ist, liefert unser Satz aber ebenso leicht die richtige Antwort.

1. Beispiel: Das fragliche mechanische System sei ein in der Flugmaschine angebrachtes Pendel. Welche Richtung nimmt das Pendel an, wenn das Gleichgewicht der Flugmaschine gestört ist? *Antwort:* Da bei einer in der Luft befindlichen Flugmaschine an äußeren Kräften nur die Schwere und die Luftkräfte in Betracht kommen, nimmt das Pendel die Richtung parallel und entgegengesetzt der Resultante der Luftkräfte an. Nimmt man z. B. einen Aeroplan an, der im wesentlichen aus einer großen, ungefähr ebenen Fläche besteht, ohne viele vertikale Flächen, so wird die resultierende Luftkraft immer ungefähr senkrecht zur Fläche (mit einer kleinen Komponente entgegengesetzt der Fahrtrichtung) sein. In diesem Fall würde ein Pendel innerhalb des Aeroplanes relativ zu diesem fast unbeweglich stehen bleiben, auch wenn der Aeroplan starke Seitenneigungen oder auch Neigungen in der Fahrtrichtung annähme. Besitzt der Aeroplan ausgedehnte senkrechte

Flächen, wie z. B. der VOISINsche Typ, so werden Pendelausschläge zu beobachten sein, aber nicht solche, die den Neigungen des Aeroplanes entsprechen, sondern solche, die mit den seitlichen Winddrücken zusammenhängen, die bei Abweichung der Bewegungsrichtung des Aeroplanes von der Richtung seiner Längsachse an den Vertikalflächen auftreten.

Will man sich dieses Verhalten des Pendels auf andere Weise, als durch die frühere Überlegung geschehen ist, klarmachen, so wird man beachten müssen, daß der Aufhängepunkt durch das Zusammenwirken von Schwere und Luftkräften am Aeroplan in bestimmter Weise beschleunigt wird. Die Bewegung, die das Pendel hierbei, wenn an ihm die Erdschwere wirkt, ausführt, wird sich dann, entsprechend den vorstehenden Aussagen, ergeben. Hat z. B. ein Aeroplan (vgl. Abb. 2) Seitenneigung nach links, so wird er unter der Wirkung von Schwere und Luftkraft nach links beschleunigt; das Pendel, das diese Seitenbewegung mitmachen muß, schlägt dabei gegen die wirkliche Senkrechte nach rechts aus, gerade um so viel, daß es wieder senkrecht zum Aeroplan steht. Erst wenn die Luftkräfte auf die Vertikalflächen beginnen, die entstehende Seitenbewegung abzufangen, wird das Pendel relativ zum Aeroplan einen Ausschlag erfahren. Man ersieht aus diesen Betrachtungen deutlich, *daß die Verwendung von Pendeln*, die durch ihre Ausschläge bei Neigungen der Flugmaschinen irgendwie passend die Steuer beeinflussen und so das Gleichgewicht wiederherstellen sollen — ein Vorschlag, der mehrfach aufgetaucht ist — *auf falschen Voraussetzungen beruht.* Das aber, was die Pendel wirklich leisten, nämlich Winkelabweichungen der Bewegungsrichtung von der Flugmaschinenachse anzuzeigen, das kann man ebenso, und zwar weit zweckmäßiger, mit Windfahnen oder ähnlichen Vorrichtungen erreichen.

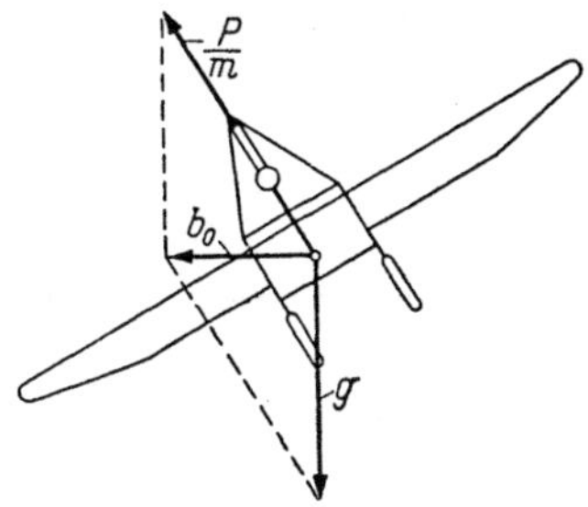

Abb. 2

2. Beispiel: Das mechanische System, das wir jetzt betrachten wollen, sei der Führer der Flugmaschine selbst. Wir wollen nach den körperlichen Gefühlen fragen, die er bei gestörtem Gleichgewicht seiner Flugmaschine erfährt. Nach unserem Satz werden sich die Kräfte an allen seinen Körperteilen so ergeben, als wenn für ihn die Schwerebeschleunigung durch die von den Luftkräften allein herrührende Beschleunigung ersetzt wäre. Er wird also, ebensowenig wie er die Neigungen seines Fahrzeuges an einem vor seinem Führersitz befindlichen Pendel ablesen kann, sie aus seinen körperlichen Gefühlen erkennen können. Wenn er nicht etwa einen Kreisel als Neigungszeiger an Bord hat, wird er somit die Neigungen seines Fahrzeuges nur durch den Vergleich mit dem Horizont oder mit sonstigen Gegenständen außerhalb seines Fahrzeuges feststellen können. Etwas anderes wird er allerdings deutlich beobachten können, nämlich einen Wechsel in der Stärke seiner scheinbaren Schwere. Bei Verstellungen des Höhensteuers, und überhaupt Schwankungen innerhalb der senkrechten Ebene durch die Fahrtrichtung, wird er einmal schwer gegen den Sitz gepreßt und dann wieder fast vom Sitz hochgehoben; wann das eine, wann das andere eintritt, läßt sich von seiten der Mechanik einfach entscheiden; er wird sich schwerer fühlen, wenn die Luftkräfte, durch zu große Geschwindigkeit oder durch Aufkippen des Apparates, größer als das Gewicht der Flugmaschine geworden sind und so eine Beschleunigung nach oben eintritt; er wird seine Schwere vermindert fühlen, wenn das Umgekehrte der Fall ist.

So zeigt sich die Theorie der Relativbewegung auch als nützliches Hilfsmittel, um den, der eine Flugmaschine besteigen will, über die Bedeutung dessen, was er während des Schwebens fühlen wird, aufzuklären und ihn so auf ein auf seinen Gefühlen fußendes zweckentsprechendes Handeln vorzubereiten.

2. Etwas vom Kreisel

Der Kreisel ist bekanntermaßen ein merkwürdiges Ding. Schon um dessentwillen spukt er in den Köpfen vieler „Erfinder“, die seine Eigenschaften, von denen sie eine unbestimmte Vorstellung haben, in irgendwelcher Weise zur Verhinderung von Neigungsänderungen ihrer Flugmaschinen verwenden wollen.

Die Kenntnis über das wirkliche Verhalten des Kreisels, der allmählich in den verschiedensten Anwendungen (Schiffskreisel, Kreiselkompaß, Torpedosteuerung, Einschienenbahn usw.) in die Praxis eindringt, ist noch verhältnismäßig wenig verbreitet und es bestehen vielfach irrige Anschauungen über sein Verhalten.

Es mag sich deshalb verlohnen, einiges wenige über sein Verhalten hier anzuführen. Der vielverbreitete Satz z. B., daß „der Kreisel die Richtung seiner Achse festzuhalten suche“, ist in dieser Allgemeinheit nicht richtig, er müßte schon durch den Zusatz ergänzt werden, der ihm seinen Wert so ziemlich nimmt: „solange nicht Kräfte vorhanden sind, die seine Achsrichtung abändern“. Das eine ist freilich richtig: in einem sehr rasch umlaufenden Kreisel steckt eine im Verhältnis zu seiner Masse sehr große Bewegungsgröße, die durch kurz dauernde Einwirkung von irgendwelchen störenden Kräften nur wenig abgeändert wird, so daß es den Anschein hat, als wäre eine Wirkung dieser Kräfte überhaupt nicht vorhanden. Die Verhältnisse sind ähnlich wie bei einem schnell fliegenden Geschoß, das auch durch mäßige störende Kräfte nur ganz wenig aus seiner Richtung abgelenkt wird; das Verhalten des Kreisels erscheint nur deshalb so merkwürdig, weil man sich bei ihm, anders als bei dem fliegenden Geschoß, der großen Umlaufgeschwindigkeit seiner Teile wenig oder gar nicht bewußt wird.

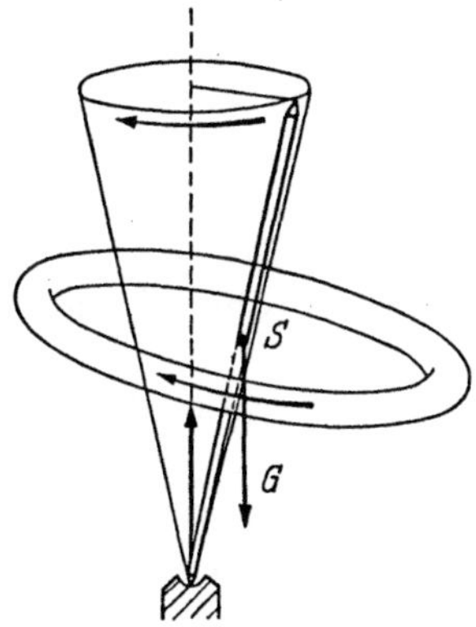

Abb. 3

Unter genügend starken oder auch nur hinreichend lange wirkenden mäßigen Kräften ändert der Kreisel seine Achsrichtung in beliebig erheblichem Maß; das, was dabei allerdings zuerst überrascht, ist, *daß die Richtungsänderung der Achse senkrecht zu derjenigen erfolgt, die der nicht umlaufende Kreisel unter dem Einfluß der Kräfte einschlagen würde*, daß also der Kreisel einer an ihn angreifenden Kraft nicht nachgibt, sondern ihr sozusagen seitlich ausweicht. Durch dieses senkrechte Ausweichen entstehen häufig unter dem Einfluß von dauernd wirkenden Kräften Bewegungen des Kreisels, durch die die Kreiselachse nach Ablauf einer bestimmten Zeit wieder in ihre Anfangsstellung gelangt. In diesem Fall, der z. B. beim gewöhnlichen Spielkreisel zutrifft (vgl. Abb. 3), kann man in gewissem Sinn von einer Erhaltung der Achsen-

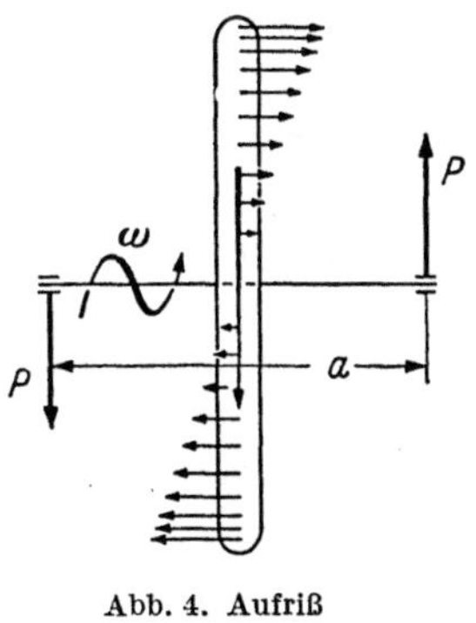

Abb. 4. Aufriß

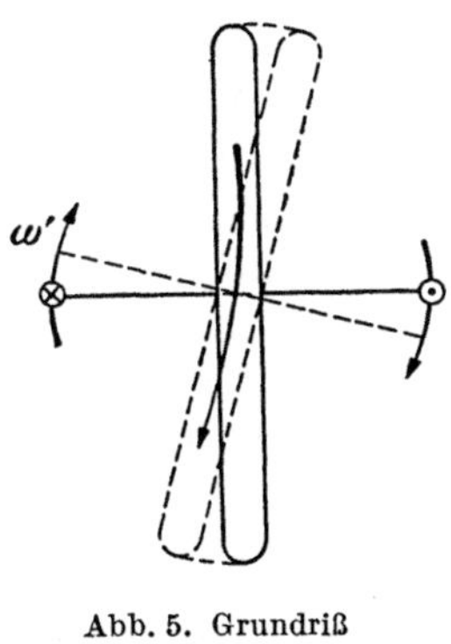

Abb. 5. Grundriß

richtung sprechen, wenn die Richtungen, die die Achse zwischendurch einnimmt, nicht allzuweit von einer bestimmten festen Richtung abweichen.

Um das eigentümliche Verhalten des Kreisels zu verstehen, mag folgende Überlegung angestellt werden. Es sei angenommen, daß ein schnell umlaufender Kreisel mit waagerechter Achse (in Abb. 4 und 5 im Aufriß und Grundriß dargestellt) langsam um die lotrechte Achse gedreht wird, und es sei nach den Kräften gefragt, die zu dieser Abänderung seiner Achsrichtung nötig sind. Wir wollen hierzu zunächst ein Massenelement in einer aus der Umlaufbewegung des Kreisels und aus der Veränderung seiner Achsrichtung resultierenden Bewegung verfolgen. Während es etwa das oberste Viertel seiner Kreisbahn durchläuft, mag der Kreisel aus der zur Aufrißebene senkrechten Stellung in die im Grundriß punktiert angegebene gelangt sein. Das Teilchen hat hierdurch seine Geschwindigkeitsrichtung abändern müssen, es ist nach links abgelenkt worden. Man sieht leicht, daß ein Teilchen, das sich während derselben Zeit unten am Kreisel befand, nach rechts abgelenkt worden ist.

Um diese beiden Ablenkungen hervorzubringen, ist ein Kräftepaar innerhalb der senkrechten Ebene nötig, das, wenn es an der Kreiselachse angreift, bei dem von uns angegebenen Sinn der Drehungen rechts hebend, links niederdrückend an der Kreiselachse wirkt. Man kann dieses Ergebnis auch durch Betrachtung der Trägheitskräfte (Zentrifugalkräfte) gewinnen, welche durch die besprochene Richtungsablenkung der Teilchen des Kreiselrades geweckt werden. Diese sind in der Aufrißfigur 4 durch kleine Pfeile angedeutet. Sie geben zusammen ein Kräftepaar, das als die Wirkung des Kreisels auf seine Stützlager bei der in Rede stehenden Veränderung seiner Achsrichtung aufgefaßt werden kann und durch das Kräftepaar der gezeichneten Lagerkräfte im Gleichgewicht gehalten wird. Über die Lage dieses Kräftepaares läßt sich aus der Figur entnehmen, daß es in der Ebene liegt, die durch die Kreiselachse und die Achse der langsamen Drehung gelegt werden kann; sein Drehsinn kann an Hand der hier gegebenen Überlegung immer leicht gefunden werden.

Wenn ich im folgenden das Zahlenmäßige dieser Erscheinung angebe, so verzichte ich auf eine vollständige Ableitung der einschlägigen mechanischen Beziehungen, da diese aus dem Rahmen unserer Betrachtung herausfallen würde und ja in den Mechaniklehrbüchern nachgelesen werden kann. Ich will nur kurz darauf hinweisen, daß es zu der Grundbeziehung der Punktmechanik, die ich in der Form $\frac{d}{dt}(m\,\boldsymbol{v}) = \boldsymbol{P}$[1] schreiben will (zeitliche Veränderung der Bewegungsgröße der Fortschreitung gleich der angreifenden Kraft), eine ganz analoge Beziehung gibt, in der die Bewegungsgröße der Drehung (Drehimpuls) $\boldsymbol{B}$ auftritt, die in unserem einfachen Fall gleich $\Theta\,\underline{\omega}$ gesetzt werden kann, wo Θ das Trägheitsmoment des Kreisels und $\underline{\omega}$ seine Winkelgeschwindigkeit ist. Die Beziehung lautet $d\,\boldsymbol{B}/dt = \boldsymbol{M}$ (zeitliche

[1] Die Größen $\boldsymbol{v}$, $\boldsymbol{P}$, $\boldsymbol{B}$, $\boldsymbol{M}$ sind dabei, soweit fett gedruckt, die Größe $\underline{\omega}$, soweit unterstrichen, vektoriell zu nehmen.

Änderung des Drehimpulses gleich dem Drehmoment der Kräfte). Besteht wie hier die ganze Änderung von $\boldsymbol{B}$ darin, daß es mit der Winkelgeschwindigkeit $\underline{\omega}'$ (der langsamen Drehung der Kreiselachse) gedreht wird, so ist der Betrag dieser Änderung, wenn beide Drehachsen senkrecht zueinander stehen[1], gleich $B\,\omega' = \Theta\,\omega\,\omega'$. Dies ist gleich dem Moment M des Kräftepaares, also in der obigen Figur $= P\,a$ zu setzen: $P\,a = \Theta\,\omega\,\omega'$.

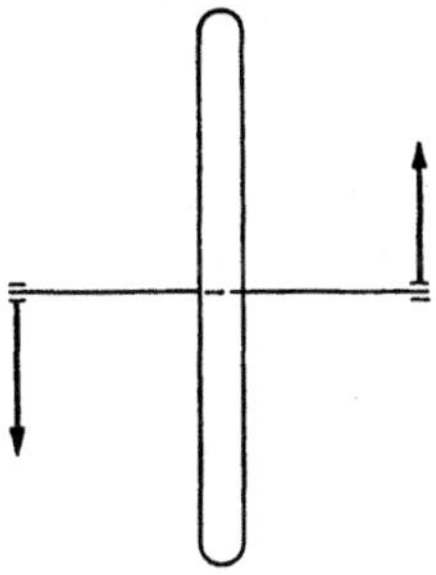

Abb. 6

Es mag kurz bemerkt werden, daß dies nur eine Annäherungsformel ist, die so lange zulässig bleibt, als die Drehungsgeschwindigkeit ω' klein gegen die Winkelgeschwindigkeit des Kreisels ω ist[2].

Wenn ein frei beweglicher Kreisel einem Kräftepaar mit dem Moment $P\,a$ (in einer durch die Achse gehenden Ebene) unterworfen ist, so zeigt eine genauere Betrachtung, die hier übergangen werden mag, daß er dann von selbst eine Drehung seiner Achse auszuführen beginnt, von dem Betrag ω', den unsere Formel angibt, und so gewissermaßen mit dem Kräftepaar sich ins Gleichgewicht setzt. Diese Erscheinung wird *Präzession* genannt.

Für die Feststellung der Richtung der Präzession bei gegebenem Kräftepaar — oder umgekehrt des Drehsinnes des Kräftepaares bei gegebener Präzession — ist die folgende, von LANCHESTER angegebene anschauliche Überlegung sehr bequem. Man betrachte den umlaufenden Kreisel von der Schmalseite (Abb. 6). Die Präzession, deren Achse nach früherem senkrecht zur Drehachse des Kreisels ist und in der Ebene des Kräftepaares liegt, dreht nun den Kreisel so, daß der Umlaufsinn, den der Kreisel dem Beschauer nachher zeigt, mit dem Drehsinn des Kräftepaares übereinstimmt (vgl. Abb. 7). Man kann geradezu sagen, daß das Moment auf den Kreisel die Wirkung hat, daß es einen ihm gleichgerichteten Teil zur bisherigen Umlaufsbewegung hinzufügt. Diese Beziehung ergibt sich, wie bemerkt werden möge, als direkte Folgerung aus dem oben angeführten Satz, daß die Änderung des Drehimpulses nach Größe und Richtung gegeben ist durch das wirkende Kräftepaar.

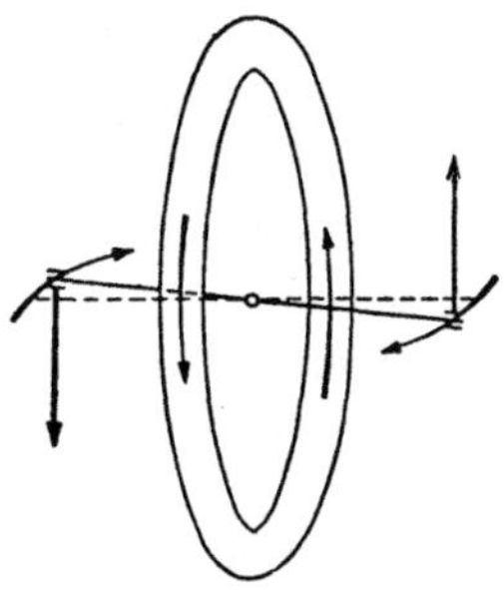

Abb. 7

[1] Sonst käme noch der Sinus des Neigungswinkels dazu (Vektorprodukt!).

[2] Wie die Winkelgeschwindigkeit ω in der minutlichen Umdrehungszahl n ausgedrückt wird, darf als bekannt vorausgesetzt werden. Es ist

$$\omega = \frac{2\pi}{60}\,n.$$

Die Anwendung dieser Sätze über die Kreiselbewegung mag an den folgenden Beispielen gezeigt werden, mit denen ich zugleich die Verwendbarkeit des Kreisels für Flugmaschinen eingehend diskutieren will.

1. Beispiel: Auf einem Aeroplan sei ein Kreiselrad fest gelagert, so zwar, daß die Kreiselachse der Fahrtrichtung parallel liegt. Der Umlaufsinn mag so gewählt werden, daß er in der Fahrtrichtung gesehen, also für einen Beschauer hinter dem Aeroplan, mit dem Uhrzeigersinn übereinstimmt. Zunächst möchte es scheinen, daß dieser Kreisel geeignet wäre, das Aufkippen des Aeroplanes wirksam zu verhindern. Bei rasch vorübergehenden Störungen wird dies, sofern der Kreisel kräftig genug ist, der Fall sein, bei lange dauernden Einwirkungen ergibt sich dagegen ein anderes Bild: es sei angenommen, daß am Aeroplan durch unrichtige Einstellung der Höhensteuerung ein aufkippendes Kräftepaar wirkt. Dieses bewirkt eine Präzession des Kreisels, durch die auch der Aeroplan mitgedreht wird; nach den im vorstehenden angegebenen Regeln muß sich der Aeroplan um die lotrechte Achse zur Seite drehen, und zwar nach rechts hin. Seine Vertikalflächen erhalten dadurch Seitendruck von links und es kommt so, wenn die Resultante dieser Seitendrücke, wie bei allen erprobten Aeroplanbauarten, hinter dem Schwerpunkt angreift, ein linksdrehendes Kräftepaar[1] in der waagerechten Ebene zur Geltung, das nun seinerseits wieder auf den Kreisel wirkt. Wenden wir unsere Kreiselregel zum zweiten Mal an, so finden wir, daß sich jetzt ein Aufkippen ergibt; das aufkippende Kräftepaar hat also schließlich eine aufkippende Bewegung zur Folge, wenn auch wesentlich später und auf dem Umweg über eine Seitenablenkung. Wir hätten übrigens auch eine niederkippende Bewegung als Folge des aufkippenden Kräftepaares erzielen können (also einen Weg entgegengesetzt der Kraft!), wenn wir die Vertikalflächen des Aeroplanes vorn angeordnet hätten (etwa wie beim ersten SANTOS-DUMONTschen Apparat), so daß der Angriffspunkt des resultierenden Seitendruckes vor dem Schwerpunkt angegriffen hätte. Je nach der Flächenanordnung des Aeroplanes kann das eine oder andere das richtige sein, d. h. bewirken, daß durch diese Bewegung das aufkippende Kräftepaar verkleinert wird. Es mag hier ohne Beweis die Regel angegeben werden, daß unter der Wirkung des Kreisels eine stabile Bewegung herauskommen kann, wenn bei nicht umlaufendem Kreisel das Längs- und das Seiten-Gleichgewicht des Aeroplanes beide stabil oder beide labil sind, daß dagegen eine labile, d. h. jede Störung

[1] Als zweite Kraft des Kräftepaares ist die ihr gleiche und entgegengesetzte Trägheitskraft anzusehen, die wir im Schwerpunkt des Systems angreifend denken müssen, und die der Schwerpunktsbeschleunigung entspricht.

verschlimmernde Bewegung entsteht, wenn das eine der beiden Gleichgewichte stabil, das andere labil wird.

Diese Betrachtung wäre nicht vollständig, wenn nicht auch noch erwähnt würde, daß bei der Seitensteuerung die auftretende seitliche Präzession mit einem vom Kreisel auf den Aeroplan ausgeübten Kräftepaar verbunden ist, das bei Steuerung nach rechts im Sinn eines Niederkippens, bei Steuerung nach links im Sinn eines Aufkippens wirkt. Der Vorgang bei der Einleitung der Seitensteuerung spielt sich — stabile Anordnung vorausgesetzt — so ab, daß bei der Drehung des Seitensteuers zunächst durch das hierdurch entstehende Kräftepaar ein Auf- (oder Nieder-) Kippen entsteht, durch welches dasjenige Kräftepaar entsteht, dessen Präzession die gewünschte Seitenwendung ergibt. Es ist also immer die Seiten- und Höhensteuerung durch den Kreisel miteinander verquickt, und es ist sehr fraglich, ob dieser Nachteil gern in Kauf genommen würde. Es ist sogar überhaupt zweifelhaft, ob es nicht für ein sicheres Fliegen viel vorteilhafter ist, die Möglichkeit rascher Neigungsänderungen zu besitzen, als diese künstlich zu verlangsamen.

Man kann natürlich auch an andere Aufstellungen des Kreisels denken: bei senkrechter Achsenrichtung werden die Längsneigungen und Seitenneigungen verquickt, bei waagerechter Achse quer zur Fahrtrichtung die Seitendrehungen und Seitenneigungen. Die Veranlassung, warum ich gerade das Verhalten bei waagerechter Kreiselachse parallel zur Fahrtrichtung so ausführlich besprochen habe, lag darin, daß jeder Aeroplan in seiner Schraube einen solchen Kreisel besitzt. Die Verhältnisse werden sich nun, wenn die Schraube nicht allzu schwer ist, nicht ganz so extrem gestalten, als es sich vorhin unter der Annahme, daß die Massenwirkung des Kreisels alles beherrsche, ergeben hatte. Die Trägheitswirkungen des ganzen Aeroplanes, die vorher vernachlässigt waren, hier aber gegen die Kreiselwirkungen sehr wohl in Betracht kommen, haben zur Folge, daß sich das Verhalten des Aeroplanes mehr dem ohne Kreisel annähert. Ein deutlicher Anteil der Kreiselbewegung dürfte indes an jedem Aeroplan mit *einer* Schraube zu bemerken sein.

Bei einem Aeroplan mit *zwei gegenläufigen Schrauben* heben sich die in den Schrauben entstehenden Kreiselwirkungen gegenseitig auf, denn bei jeder beliebigen Präzession entstehen wegen des umgekehrten Drehsinnes der beiden Schrauben zwei entgegengesetzt gleiche Kräftepaare, die zwar innere Kräfte am Flugmaschinengestell (bei Längsneigung Biegung, bei Seitendrehung Verdrehung) wecken können, aber nach außen als Gleichgewicht haltende Kräfte wirkungslos bleiben. An einer solchen Flugmaschine mit zwei Schrauben könnte man übrigens verhältnismäßig leicht einen einwandfreien Versuch darüber anstellen, welche Bewandtnis es mit der Kreiselwirkung der Schrauben hat; man müßte nämlich nur einmal beide Schrauben gleichsinnig, und das andere Mal gegenläufig antreiben[1].

2. Beispiel: Eine andere Wirkung erzielt man mit dem Kreisel, wenn man ihn auf dem Flugmaschinengestell nicht fest, sondern in einem leicht laufenden drehbaren Rahmen lagert. Dadurch, daß auf diese Weise jedes um die Gestellachse drehende Kräftepaar von dem Kreisel ferngehalten wird, kann die zu einem derartigen Kräftepaar gehörige Präzession nicht eintreten, und es wird daher jede Bewegung der Gestellachse in Richtung dieser Präzession verhindert.

Will man z. B. alle Schwankungen der Längsneigung verhindern, so kann man dies durch einen Kreisel mit senkrechter Achse erreichen, der in einem Rahmen gelagert ist, der sich um eine der Fahrtrichtung parallele Achse drehen kann (oder aber durch einen Kreisel mit der Achse in der Fahrtrichtung, in einem um die Senkrechte drehbaren Rahmen, was ich jedoch wegen des Verhaltens bei schnellen Wendungen weniger empfiehlt). Ist nun ein störendes Kräftepaar vorhanden, das die Längsneigung zu verändern strebt, so veranlaßt dieses, indem es sich auf den Kreisel überträgt, eine Präzession desselben; da diese durch die Lagerung in dem beweglichen Rahmen ohne Widerstand vor sich gehen kann, und so keine neuen Kräfte geweckt werden, erfolgt keinerlei Drehung der Flugmaschine in Richtung des störenden Kräftepaares. Das Höhensteuer der Flugmaschine wird darum aber nicht überflüssig, es wird im Gegenteil wohl fortwährend betätigt werden müssen, denn der Kreisel darf sich bei seinen Präzessionsbewegungen nie allzuweit aus seiner Normalstellung entfernen, wenn

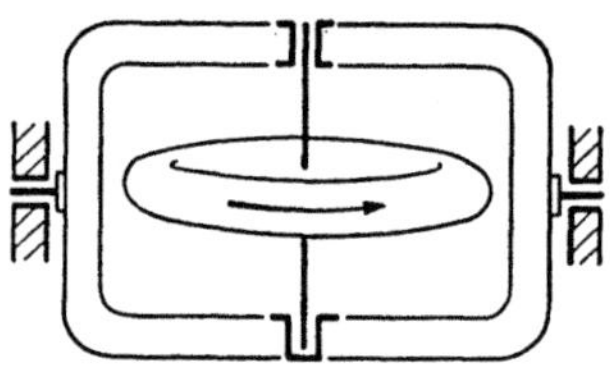

Abb. 8

[1] Der Hauptgrund, warum die Brüder Wright ihre Schrauben gegenläufig angeordnet haben, dürfte wohl darin liegen, daß sie die störende Wirkung des Drehmomentes der Schrauben beseitigen wollten. Da über diese Frage in letzter Zeit mehrfach Meinungsverschiedenheiten aufgetaucht sind, mag sie hier kurz berührt werden. Nach einem Satz der Mechanik kommen für das äußere Verhalten eines Körpers, also seine Bewegung als Ganzes, lediglich die an ihm wirkenden *äußeren* Kräfte in Frage. Die inneren Kräfte (Getriebekräfte, Lagerdrücke, Spannungen im Gestell usw.) fallen, da sie sich immer nach dem Prinzip von Aktion und Reaktion anordnen, aus der Betrachtung heraus. Äußere Kräfte am Aeroplan sind lediglich die Schwere und die Luftkräfte an Trag- und Steuerflächen und an den Schrauben, daneben verschiedene Luftwiderstände. Bei zwei gegenläufigen Schrauben ergeben sich zwei sich addierende Schraubenschübe, daneben zwei gleiche und entgegengesetzt gerichtete Drehmomente; bei gleichsinnig umlaufenden Schrauben ergeben dagegen die sich addierenden Drehmomente bei jeder Ungleichmäßigkeit der Motorkraft eine Störung des Gleichgewichtes.

er dauernd wirksam bleiben und keine unerwünschten Nebenwirkungen hervorbringen soll. Durch geeignete Verstellung des Höhensteuers wird man ihm aber immer gerade solche Präzession erteilen können, wie sie hierfür nötig ist. Man könnte auch daran denken, das Höhensteuer vom Kreisel selbst mittels eines Hilfsmotors betätigen zu lassen. Bei dieser Einrichtung wäre ein fast vollkommenes automatisches Konstanthalten der Längsneigung zu erwarten. Die Längsneigung könnte dann nur dadurch geändert werden, daß man zwischen dem sonst frei drehbaren Kreiselrahmen und dem Flugmaschinengestell ein Kräftepaar zur Wirkung bringt (durch einen Handhebel od. dgl.), durch das eine Präzession im Sinn einer Längsneigung hervorgerufen wird.

Es ist klar, daß man dieselbe Anordnung, um einen rechten Winkel gedreht, auch für die Fernhaltung von Seitenneigungen verwenden könnte sowie, daß man durch zwei getrennte Kreisel dieser Art jede Neigungsänderung der Flugmaschine verhindern könnte. Indes ist es fraglich, ob überhaupt ein Bedürfnis für dieses Parallelhalten beim Aeroplan besteht und ob nicht eine tunlichst rasche Neigungseinstellung viel mehr am Platz ist, damit dadurch ein rascheres Parieren der Windstöße ermöglicht wird.

3. Beispiel: Von den vielen Möglichkeiten, einen Kreisel anzuordnen, sei nur noch kurz der völlig freie Kreisel besprochen, der in einem doppelten Rahmen (wie das sog. Gyoskop) allseitig drehbar gelagert ist. Dieser behält, wenn er völlig ausbalanciert ist und keine störenden Kräfte auf ihn wirken, seine Richtung im Raum unverändert bei. Man kann ihn z. B. zur Betätigung des Seitensteuers — am besten unter Zwischenschaltung eines Hilfsmotors — verwenden, in ähnlicher Weise, wie dies bereits bei den Torpedos gemacht wird. Bei jeder Richtungsänderung der Flugmaschine wird eine Steuerlegung hervorgerufen, durch die die Richtungsänderung wieder rückgängig gemacht wird; Wendungen der Fahrtlinie können dann durch geeignete Kraftäußerungen auf den Kreisel seitens des Führers hervorgebracht werden. — Wie ich glaube, hat diese Anwendung des Kreisels, für die bereits ein verhältnismäßig kleiner Apparat genügt, die meiste Aussicht auf praktische Anwendung in der Flugmaschine.

3. Stabilitätsfragen

Wenn die Längsachse eines in Fahrt begriffenen Luftschiffes einen Winkel mit der Fahrtrichtung bildet, so tritt ein Kräftepaar auf, das entweder das Schiff in die Fahrtrichtung zurückzudrehen oder es noch weiter abzudrehen strebt. Im ersteren Fall wird das Luftschiff sich von selbst wieder geraderichten, es wird sich „stabil" bewegen; im letzteren Fall wird es im allgemeinen fortwährenden Steuerlegens bedürfen, um den geraden Kurs einzuhalten.

Es ist nun mehrfach die Frage aufgeworfen worden, ob sich bei solchen Drehungen das Schiff um seinen Schwerpunkt drehen wird oder um irgendeinen anderen Punkt. Diese Frage ist insofern falsch gestellt, als man nach den Lehren der Kinematik die allgemeinste Bewegung eines starren Körpers darstellen kann durch die Bewegung eines beliebig gewählten Punktes des starren Körpers und eine Drehung des Körpers um diesen Punkt (wobei im allgemeinen die Drehachse ihre Richtung fortwährend ändert); hiernach ist also mit der Festsetzung irgendeines Punktes als Drehpunkt noch keinerlei Aussage über die Art der Bewegung verbunden.

Eine andere Art Drehpunkt läßt sich für die ebene Bewegung eines starren Körpers angeben, d. h. für eine Bewegung der Art, daß alle Punkte des Körpers Bahnen beschreiben, die einer bestimmten Ebene parallel laufen; hierbei läßt sich jede Bewegung — abgesehen von der Parallelverschiebung — auffassen als eine Drehung um eine zur Ebene senkrechte Achse, wobei dann wieder die Achse im allgemeinen fortwährend ihre Lage wechselt, so daß nur jeder unendlich kleine Schritt der Bewegung als eine einfache Drehung aufgefaßt werden kann. Es ist klar, daß sich für kleine Drehungsschwankungen, die sich über eine kräftige Vorwärtsbewegung lagern, Drehachsen der oben genannten Art ergeben, die weitab vom Luftschiffkörper liegen und z. B. bei einer Schwingung um eine lotrechte Achse bald links, bald rechts vom Schiff zu finden sind.

Ist nun, wie zu erwarten war, für diese Art Achsen die Antwort auf unsere Frage negativ ausgefallen, so läßt sich andererseits die Fragestellung schärfer so fassen (sie ist offenbar von Anfang an so gemeint): Ergibt sich für die Bewegung des Luftschiffes, relativ zu einem Koordinatensystem, das sich gleichförmig mit der mittleren Geschwindigkeit des Luftschiffes bewegt, also für die Störungsbewegung, die nach Abzug der mittleren Fahrtbewegung verbleibt, ein fester Drehpunkt, und wie wird er gefunden? Indes auch diese Frage muß verneint werden. Der Grund liegt im wesentlichen darin, daß das Luftschiff, während es schräg liegt, auch Seitenverschiebungen seines Schwerpunktes erfährt und so die Lage der momentanen Drehachse fortwährend wechselt.

Zur wirklichen Lösung führen die folgenden Beziehungen, die ihrer allgemeinen Gültigkeit wegen besonders hervorgehoben werden mögen:

I. Die Bewegung des Schwerpunktes eines starren Körpers (oder auch eines Systems von Körpern) erfolgt geradeso, als wenn alle Massen in ihm vereinigt wären und alle äußeren Kräfte des Systems an ihm angriffen.

II. Die Drehbewegung des starren Körpers um seinen Schwerpunkt (bzw. die resultierende Drehung des Körpersystems um den Systemschwerpunkt) erfolgt unter der Wirkung der Drehmomente der äußeren Kräfte bezüglich des Schwerpunktes so, als ob der Schwerpunkt festgehalten wäre.

Unter *äußeren* Kräften sind dabei alle diejenigen zu verstehen, die aus der Wechselwirkung der Massen des betrachteten Systems mit fremden Massen entspringen (also Schwerkräfte, Auflagerkräfte, Luftkräfte usw.). Alle *inneren* Kräfte, d. h. solche, die aus Wechselwirkung zwischen den Massen des Systems hervorgehen (also Motorkräfte, Getriebekräfte usw.), heben sich nach dem „Prinzip von Aktion und Reaktion" aus den obigen Beziehungen heraus und sind daher ohne jeden direkten Einfluß auf die Bewegung des Schwerpunktes und auf die allgemeine Drehung um den Schwerpunkt.

Bei unserem Problem der Schwingung eines Luftschiffkörpers entsteht nun eine Verkopplung der Aussagen beider Sätze dadurch, daß durch seitliche Bewegungen des Schwerpunktes der Einfallwinkel des Luftstromes und somit das verdrehende Kräftepaar verändert wird, und andererseits bei schnellen Drehungen von den Stabilisierungsflächen usw. Seitenkräfte ausgeübt werden.

Will man in eine mathematische Behandlung solcher Bewegungen eintreten, so bedient man sich meist der „*Methode der kleinen Schwingungen*", d. h. man betrachtet nur sehr kleine Bewegungen dieser Art, wobei dann die einzelnen Kraftwirkungen usw. sich mit genügender Annäherung durch lineare Ausdrücke in den Koordinaten und Geschwindigkeiten ausdrücken lassen. Dadurch wird die ganze Rechnung soweit vereinfacht, daß man auch in verwickelten Fällen zu einer Lösung gelangen kann. Die vereinfachte Theorie der gewöhnlichen Pendelschwingungen, bei der z. B. φ statt $\sin\varphi$ gesetzt wird, mag als ein bekanntes und sehr einfaches Beispiel für dieses Verfahren angeführt werden: Wie sich hier der Charakter der Bewegung, den die kleinen Schwingungen aufweisen, auch noch annähernd bei mäßig großen Schwingungen wiederfindet, so wird man auch bei anderen Schwingungsvorgängen mit einigem Vorbehalt von den kleinen Schwingungen auf die endlichen Schwingungen schließen können.

Dieser dynamischen Methode steht gegenüber eine statische Betrachtungsweise, bei der man sich damit begnügt, bei einer Richtungsabweichung des Luftfahrzeuges die Kräfte zu bestimmen und zuzusehen, ob durch die Wirkung dieser Kräfte eine Bewegung einsetzt, durch die die Störung verringert oder vermehrt wird. Dieses Verfahren kann jedoch keinen vollgültigen Aufschluß darüber geben, ob nicht vielleicht die entstandene Bewegung nach einer anfänglichen Verringerung des Ausschlages sich so fortsetzt, daß nach einiger Zeit größere Ausschläge als zuvor entstehen, denn es belehrt nur über das Verhalten in der allernächsten Zeit; es ist demnach durchaus unzureichend. Stabil wird man nur ein System nennen können, bei dem jede anfängliche kleine Störung Bewegungen hervorruft, die dauernd unter einer gewissen Grenze bleiben. Wachsen die Ausschläge aber dauernd an — das ist auch bei

Systemen möglich, die nach der statischen Betrachtung als stabil erscheinen — so wird man das System labil nennen müssen. Man sieht hieraus, daß nur die dynamische Methode zuverlässige Ergebnisse liefern kann; dabei soll indes nicht geleugnet werden, daß auch durch die statische Methode bei vorsichtiger Anordnung nützliche Aufschlüsse gewonnen werden können.

Im folgenden mag nun, um zu zeigen, wie mit der Methode der kleinen Schwingungen gearbeitet wird, ein möglichst einfaches Beispiel näher behandelt werden. Dabei ist freilich unvermeidlich, weil in der Sache begründet, daß hierbei wesentlich mehr Mathematik zur Anwendung kommt als in den vorangehenden Abschnitten.

Es handle sich um die Seitenstabilität eines Motorluftschiffes. Es sei angenommen, daß der Schwerpunkt in der Längsachse des Ballonkörpers liege; das trifft zwar in Wirklichkeit nie zu, aber es vereinfacht unsere Betrachtung dadurch sehr wesentlich, daß jetzt die Pendelschwingungen des Luftschiffes um die Längsachse, die sich sonst mit jeder Seitenbewegung des Luftschiffes verbinden, in Wegfall kommen. In gleicher Weise mag noch angenommen werden, daß sowohl die Resultante des Luftwiderstandes bei gerader Fahrt wie auch der Propellerschub in die Längsachse des Ballonkörpers fallen. Propellerschub und Luftwiderstand in der Längsrichtung mögen jederzeit im Gleichgewicht stehen und sich deshalb aus unseren weiteren Betrachtungen fortheben. Die zu erwartende Seitenbewegung wird nun aus zwei Anteilen bestehen, nämlich einer seitlichen Verschiebung des Schwerpunktes und einer Verdrehung des Körpers um eine lotrechte Achse durch den Schwerpunkt. Benutzt man ein Koordinatensystem, dessen X-Achse nach der mittleren Fahrtrichtung orientiert ist, während die Z-Achse die Lotrechte angibt, dann ist die Seitenverschiebung durch die Koordinate y zu messen; der Winkel der Luftschiffachse mit der X-Achse heiße ϑ (s. Abb. 9). Die Verdrehung sei klein genug, daß man $\sin\vartheta = \operatorname{tg}\vartheta = \vartheta$ und $\cos\vartheta = 1$ setzen darf. Dann wird die X-Bewegung des Schwerpunktes mit genügender Annäherung als gleichförmig angesehen werden dürfen; ihre Geschwindigkeit heiße v. Auf die Y-Bewegung des Schwerpunktes wirken beschleunigend zwei Kräfte, eine, die von der Winkelabweichung α der Luftschiffachse und der Richtung der Schwerpunktsbewegung herrührt und bei kleinem α diesem Winkel proportional ist, dann eine zweite, die bei schnellen Drehungen hauptsächlich durch Ruderwirkung der Stabilisierungsflächen entsteht und der Winkelgeschwindigkeit der Drehung $d\vartheta/dt$ proportional ist.

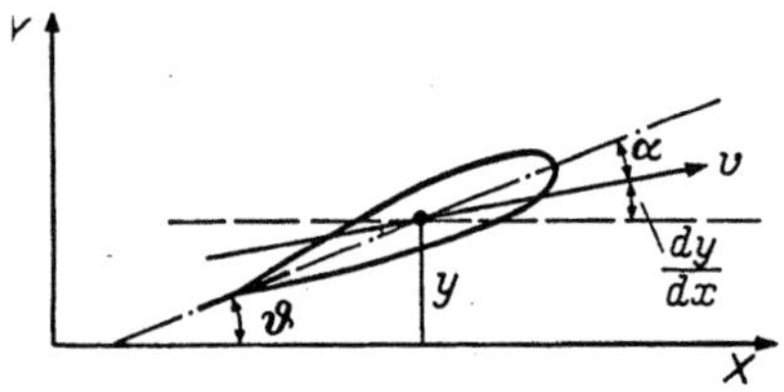

Abb. 9

Hiermit wird die Kraft in der Y-Richtung:

$$Y = a\alpha + b\frac{d\vartheta}{dt}.$$

Für das Drehmoment der Luftkräfte erhält man ebenfalls zwei Anteile, von denen der erste proportional α ist und die Richtkraft des schräg zur Fahrtrichtung stehenden Luftschiffkörpers darstellt; der zweite rührt von der Drehbewegung her und stellt eine der Drehgeschwindigkeit proportionale Dämpfung dar. Für dieses Drehmoment ergibt sich also ein Ausdruck:

$$M = -c\alpha - k\frac{d\vartheta}{dt}.$$

Die Vorzeichen in den Gleichungen für Y und M sind hierbei so gewählt, daß positiven Werten der Größen a, b, c, k diejenigen Verhältnisse entsprechen, wie sie durch Anbringung von großen Stabilisierungsflächen bei einem Luftschiff erreicht werden (die Momente sind hier beide rückführend).

Der Winkel α kann laut Figur so ausgedrückt werden:

$$\alpha = \vartheta - \frac{dy}{dx} = \vartheta - \frac{1}{v}\frac{dy}{dt}$$

$$\left(\text{wegen}\quad \frac{dy}{dx} = \frac{dy}{dt} : \frac{dx}{dt} = \frac{1}{v}\frac{dy}{dt}\right).$$

Ist nun m die Masse und Θ das Trägheitsmoment des Luftschiffes (zu beiden müßten strenggenommen noch Zuschläge wegen der Trägheitswirkungen der angrenzenden Luftmassen gemacht werden), so gelten die zwei Gleichungen:

$$1.\quad m\frac{d^2y}{dt^2} = Y = a\left(\vartheta - \frac{1}{v}\frac{dy}{dt}\right) + b\frac{d\vartheta}{dt},$$

$$2.\quad \Theta\frac{d^2\vartheta}{dt^2} = M = -c\left(\vartheta - \frac{1}{v}\frac{dy}{dt}\right) - k\frac{d\vartheta}{dt}.$$

Dies sind zwei gekoppelte lineare Differentialgleichungen zweiter Ordnung mit konstanten Koeffizienten, deren Theorie vollständig ausgearbeitet vorliegt. Man setze:

$$y = A\,e^{\lambda t};\qquad \vartheta = B\,e^{\lambda t}.$$

Trägt man diese Werte in die Gleichungen ein, so erhält jedes Glied den Faktor $e^{\lambda t}$, der deshalb gestrichen werden kann. Nach einigen Vereinfachungen erhält man:

$$1.\quad A\lambda\left(m\lambda + \frac{a}{v}\right) = B(a + b\lambda), \tag{3a}$$

$$2.\quad A\lambda\frac{c}{v} = B(\Theta\lambda^2 + k\lambda + c). \tag{3b}$$

Diese beiden Gleichungen sind nur verträglich, wenn der Quotient der linken Seiten gleich dem der rechten Seiten ist. Dies führt zu einer Bestimmungsgleichung für λ. Man erhält nach Ordnung der Glieder die quadratische Gleichung:

$$m v \Theta \lambda^2 + (m v k + a \Theta) \lambda + m v c + a k - b c = 0,$$

die durch Einführung von

$$p_1 = \frac{m v k + a \Theta}{2 m v \Theta}$$

und

$$p_2 = \frac{m v c + a k - b c}{m v \Theta}$$

die einfache Form:

$$\lambda^2 + 2 p_1 \lambda + p_2 = 0$$

gewinnt. Hiermit ergeben sich für den Exponenten λ die zwei Werte

$$\lambda_1 = - p_1 + \sqrt{p_1^2 - p_2},$$

$$\lambda_2 = - p_1 - \sqrt{p_1^2 - p_2}.$$

Die allgemeine Lösung unserer Differentialgleichungen lautet jetzt:

$$y = A_1 e^{\lambda_1 t} + A_2 e^{\lambda_2 t} + A_3 + B_3 v t,$$

$$\vartheta = B_1 e^{\lambda_1 t} + B_2 e^{\lambda_2 t} + B_3 .$$

Daß die Glieder mit A_3 und B_3 zugefügt werden dürfen, davon kann man sich durch Einsetzen in die Differentialgleichung überzeugen[1]. Zwischen A_1 und B_1 sowie zwischen A_2 und B_2 ist durch die Gl. (3) ein Zusammenhang hergestellt, so daß, wie es sein muß, vier willkürliche Größen bestehenbleiben.

Handelt es sich nicht darum, für bestimmte Anfangsbedingungen die Lösung vollständig zu berechnen, sondern nur um die Entscheidung, ob die Bewegung stabil oder instabil ist, so genügt es vollkommen, die Werte, die der Exponent λ annimmt, näher zu betrachten.

Diese Werte können entweder reell oder imaginär oder komplex ausfallen. Ist λ reell positiv, so wächst die Funktion $e^{\lambda t}$ mit wachsender Zeit unbegrenzt an, ist es reell negativ, so nimmt $e^{\lambda t}$ ab und nähert sich dem Wert Null. Ist λ komplex, also etwa $\lambda = \mu + i \nu$, wo $i = \sqrt{-1}$, so ist nach einer bekannten Formel

$$e^{\lambda t} = e^{\mu t} (\cos \nu t + i \sin \nu t) .$$

Die Funktion ergibt hier also eine Schwingung, deren Amplitude entsprechend $e^{\mu t}$ zu- oder abnimmt. Zunahme ist vorhanden, wenn μ

[1] Die Integrationskonstanten A_3 und B_3 kommen dadurch herein, daß in der Gleichung für λ zweimal der Faktor λ weggefallen war, was einer Doppelwurzel $\lambda = 0$ entspricht.

positiv, Abnahme, wenn μ negativ ist. Ist λ rein imaginär, so entspricht dies $\mu = 0$, es ergeben sich hier Schwingungen von konstanter Amplitude. Damit man ein mechanisches System als stabil bezeichnen kann, müssen nach früherem die Bewegungen, die aus kleinen Störungen folgen, dauernd klein bleiben, es dürfen also keine mit der Zeit anwachsenden Ausschläge vorkommen. Hieraus folgt, daß von den Werten, die der Exponent λ annehmen kann, *keiner reell positiv* und auch *keiner komplex mit positivem reellen Teil sein darf*.

Für unseren Fall ist nun leicht zu sehen, welcher Bedingung die Koeffizienten der quadratischen Gleichung für λ genügen müssen, damit die eben genannte Bedingung erfüllt ist: es muß p_1 positiv sein und $\sqrt{p_1^2 - p_2}$ entweder kleiner als p_1 oder imaginär sein; dazu ist aber nur nötig, daß p_2 ebenfalls positiv ist. Beachtet man, welche Bedeutung p_1 und p_2 haben, so findet man die notwendigen Stabilitätsbedingungen:

$$m v k + a \Theta > 0,$$

$$(m v - b) c + a k > 0.$$

Da die Größen m, v und Θ immer positiv sind, und a und k ihrer Bedeutung nach auch wohl sein müssen, ist die erste Bedingung immer erfüllt. In der zweiten dürfte b wohl meist ein kleiner Betrag sein, so daß sie im wesentlichen als Bedingung für den wichtigen Koeffizienten c ($c\alpha$ = richtendes Kräftepaar bei Schiefstellung des Ballonkörpers) gelten kann. Man erhält:

$$c > -\frac{a k}{m v - b}.$$

Die statische Betrachtung ergibt als Stabilitätsbedingung $c > 0$; hier ist also, wenn die statische Bedingung erfüllt ist, die dynamische sicher erfüllt. Das ist aber nicht immer so; es ist auch der Fall denkbar, daß statische Stabilität mit dynamischer, also wirklicher Instabilität zusammenfällt. Ganz ähnlich wie in diesem Beispiel kann auch in verwickelteren Fällen verfahren werden; hätte man z. B. die Pendelungen um die X-Achse mit berücksichtigt, die bei tiefer Schwerpunktslage zu den Seitenschwankungen hinzutreten würden und die durch die Schwerpunktsverlagerungen auch die Seitenschwankungen selbst etwas beeinflußten, so wäre man auf eine Gleichung vierten Grades für λ gekommen, die sich auch in ganz ähnlicher, nur umständlicher Weise verwerten läßt, wie unsere Gleichung zweiten Grades.

Für die Frage nach der Stabilität einer Flugmaschine läßt sich die Methode der kleinen Schwingungen ebenfalls anwenden. Hier möge darauf nicht weiter eingegangen werden, weil diese Aufgabe ganz ausführlich in einem Aufsatz von Dr. Deimler in dieser Zeitschrift behandelt werden wird.

Dagegen möge hier noch die allgemeine Frage behandelt werden, welche Anzahl von Teilbewegungen man im allgemeinen Fall zu berücksichtigen hat. Wir trennen zunächst in Schwerpunktsbewegung und Drehung um den Schwerpunkt. Die erstere wird in drei Komponenten nach X, Y und Z zerspalten; die letztere läßt sich ebenfalls in drei Drehungen um die drei Koordinatenachsen zerlegen (Drehwinkel φ, ψ, ϑ); die Zerlegung wird allerdings nur einfach, wenn die Drehwinkel klein sind. Eine solche Zergliederung wird überall da von Nutzen sein, wo es gilt, kleine Schwankungen allgemeiner Art bei einem starren Körper zu betrachten. Wir finden sie in der technischen Literatur bereits in der Theorie der Schiffsschwingungen und in der der störenden Bewegungen der Lokomotive. Man hat hier der Bequemlichkeit halber die einzelnen Bewegungsanteile mit besonderen Namen belegt. Man findet z. B. (vgl. Abb. 10, in der die X-Richtung die Fahrtrichtung bedeuten soll) die Bezeichnungen:

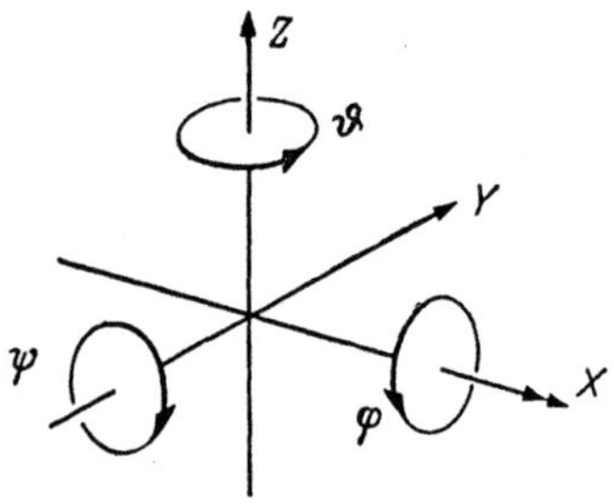

Abb. 10

	Beim Schiff	Bei der Lokomotive
X	fehlt	Zucken
Y	fehlt	fehlt
Z	Wogen	Wogen
φ	Rollen	Wanken
ψ	Stampfen	Nicken
ϑ	Gieren	Schlingern

Es wird zweckmäßig sein, daß man sich auch in der Theorie der Aeroplanschwingungen auf passende Ausdrücke für die Teilbewegungen einigt. Ein Vorschlag hierfür mag hier Platz finden:

1. Schwerpunktsbewegung:

nach X (Geschwindigkeitsschwankung) . . . . Stoßen
nach Y (Seitenverschiebung) . . . . Abtreiben
nach Z (Höhenverschiebung) . . . . Wogen

2. Drehungen:

um X-Achse (φ) (Seitenneigung) . . . . Rollen
um Y-Achse (ψ) (Längsneigung) . . . . Kippen
um Z-Achse (Θ) (Kursänderung) . . . . Drehen

Im allgemeinsten Fall sind alle diese „sechs Freiheitsgrade" miteinander verkoppelt. Da jeder Freiheitsgrad eine Differentialgleichung zweiter Ordnung liefert, ergeben sich zunächst zwölf Ordnungen und demgemäß auch eine Gleichung zwölften Grades für λ. Diese erniedrigt sich allerdings für alle Koordinaten, deren Festlegung für die Bestimmung der Luftkräfte unwesentlich ist, wieder um je einen Grad; hierher gehören die drei Schwerpunktsverschiebungen und der Kurswinkel ϑ, so daß also endgültig der achte Grad erhalten wird. Bei einem Gleitflieger ohne Schraube, der vollkommen symmetrisch gestaltet ist, trennen sich die Bewegungen innerhalb der senkrechten Ebene durch die Fahrtrichtung von den übrigen Bewegungen ab, d. h. sind mit ihnen durch keinerlei Kräfte verkoppelt, man erhält somit zwei selbständige Gruppen von Bewegungen. Die eine, Stoßen, Wogen und Kippen (X, Z, ψ), bilden zusammen die „*Längsschwingung*". Die andere, Drehen, Rollen und Abtreiben (ϑ, φ, Y), bilden die „*Seitenschwingung*". Wie bemerkt werden möge, ergeben sich hierfür zwei Gleichungen vom vierten Grad. Jeder innere Freiheitsgrad (also Motor mit Schraube, automatische Steuermechanismen usw.) erhöht das Gleichungssystem um zwei Grade, so daß man leicht sieht, daß sich in verwickelteren Fällen die Rechenschwierigkeiten sehr rasch vermehren.

Ich bin mir wohl bewußt, in diesem Abschnitt an den Leser weit höhere Anforderungen gestellt zu haben als in den beiden ersten. Ich glaubte aber, da ich einmal den Gegenstand berührt habe, denjenigen Lesern, die gern tiefer in die Dinge hineinsehen wollen, mit dieser kurzen Einführung in die Methode der kleinen Schwingungen einen Dienst erweisen zu sollen. Eine ausführliche Begründung dieser Methode und ihre Anwendung auf viele Beispiele findet sich in dem Buch von Routh, Dynamik der Systeme starrer Körper (aus dem Englischen übersetzt von Schepp).

Der nächste und letzte Abschnitt, der vom Luftwiderstand handeln soll, wird wieder wesentlich einfacher gestaltet werden können.

Einiges über den Luftwiderstand

Über Luftbewegung und Luftwiderstand bestehen noch vielfach unzutreffende Vorstellungen; es mag sich deshalb verlohnen, die heutige, durch die Versuche durchaus bestätigte Auffassung des näheren auseinanderzusetzen.

1. Physikalische Grundlagen und mathematische Ansätze. Wie die kinetische Gastheorie lehrt, besteht ein Gas aus Einzelteilchen (Molekeln), die fortwährend in heftiger Bewegung durcheinanderschwirren. Bei den Dichtigkeiten, wie sie etwa die atmosphärische Luft aufweist, sind aber die freien Wege der Molekeln zwischen zwei Zusammenstößen so winzig, daß ein kleiner Molekelhaufen innerhalb des Gases ziemlich lange zusammenhält, und, dem Druck der benachbarten Gebiete durch seine Stöße Gleichgewicht haltend, immer einen seinem Zustand entsprechenden Raum einnimmt. Das Gas verhält sich also, wenn man Räume betrachtet, die groß gegen die „freie Weglänge" sind, wie eine elastische Flüssigkeit mit unterscheidbaren Volumelementen, von denen jedem in einem Augenblick ein bestimmter Druck und eine bestimmte Dichtigkeit und im Falle der Bewegung eine bestimmte Geschwindigkeit zukommt[1].

Als kennzeichnende Eigenschaften für diese elastische Flüssigkeit kann man die folgenden aufzählen: 1. Die Dichte ist in bestimmter Weise vom Druck abhängig; infolgedessen gehen Volumenänderungen der bewegten Gasteile nur unter gleichzeitiger Druckänderung vor sich. 2. Als Kräfte an dem einzelnen bewegten Gasteil kommen in Betracht einmal die Schwere, dann Druckunterschiede und schließlich die innere Reibung oder Zähigkeit, ein Widerstand gegen Formänderung des Gasteiles.

Als Wirkung der Schwere ist die bekannte Abnahme des Druckes mit der Höhe zu nennen. Da jedes Luftteilchen durch den Auftrieb, den es von der umgebenden Luft erfährt, immer gerade getragen wird[2], kommt die Schwere für die Bewegungsvorgänge innerhalb der Luft, außer der Druckabnahme mit der Höhe — 1% auf etwa 80 m Höhe — nicht weiter in Betracht. Man wird also zu den Bewegungsgesetzen der Luft gelangen, wenn man erstens zum Ausdruck bringt, daß jedes Luftteilchen Beschleunigungen erfährt nach Maßgabe der aus den Druckdifferenzen und den Reibungen resultierenden Kräfte, zweitens, daß die Volumenänderungen der Luftteilchen den Druckänderungen entsprechen. Die weitere Bedingung, daß die Bahnen der benachbarten Luftteilchen so gestaltet sein müssen, daß durch die Rauminhalte der Teilchen der Raum, der der Luftmasse zur Verfügung steht, lückenlos ausgefüllt wird (die „Kontinuitätsbedingung"), liefert eine Verknüpfung der beiden ersteren Aussagen.

Der mathematische Ansatz für diese Bedingungen, der ziemlich verwickelt ausfällt, läßt sich sehr vereinfachen durch die zwei Annahmen, daß erstens die Wirkungen der Reibung außer Betracht gelassen werden dürfen, zweitens das Volumen jedes Teilchens während der Bewegung als unveränderlich angesehen werden darf. Zu der ersten Annahme be-

---

[1] Die freie Weglänge bei Luft von gewöhnlicher Dichte ist in der Gegend von $^1/_{7000}$ mm. Die Verhältnisse ändern sich gänzlich, wenn etwa durch Verringerung der Dichte die freie Weglänge mit den Raumabmessungen vergleichbar wird, wie das z. B. bei der hohen Verdünnung in den Röntgenröhren der Fall ist; hier hat man mit den Molekeln als einzelnen durch den Raum springenden Bällen zu rechnen.

[2] Von dem Auftrieb durch Temperaturunterschiede, die von ungleicher Erwärmung der Luft herrühren, mag hier füglich abgesehen werden.

rechtigt die Tatsache, daß die Zähigkeit der Luft sehr gering ist, so daß die Kräfte, die durch die Formänderungen im Inneren der strömenden Luftmasse geweckt werden, meist gegen die übrigen Kräfte nicht in Betracht kommen. Von ganz bestimmten Fällen, in denen die Reibung berücksichtigt werden muß, wird später noch die Rede sein. Die zweite Annahme hängt damit zusammen, daß die Volumenänderungen den Druckunterschieden entsprechen, sie wird im folgenden näher begründet werden.

Unter Benutzung der beiden Annahmen erhält man die *Theorie der „idealen Flüssigkeit"*, die von Mathematikern und Physikern auf eine hohe Stufe der Vollendung gebracht worden ist[1]. Eine der wichtigsten Folgerungen dieser Theorie ist der Satz, daß durch irgendwelche Druckwirkungen auf die Grenzflächen der idealen Flüssigkeit gegen andere Körper keinerlei Drehungen der Flüssigkeitselemente hervorgebracht werden können: *Eine ideale Flüssigkeit ohne innere Drehung bleibt dauernd drehungsfrei.* Diese Beziehung ist deshalb ungemein wichtig, weil gerade die drehungsfreie Flüssigkeitsbewegung die einzige ist, für die die heutigen mathematischen Methoden auch in den verwickelteren Fällen umfassende Aufschlüsse zu geben vermögen, und für die überhaupt die Gesetzmäßigkeiten sich einigermaßen übersehbar gestalten.

2. Die Druckgleichung. Um den zahlenmäßigen Zusammenhang zwischen Geschwindigkeit, Druck und Dichtigkeit in einer strömenden Flüssigkeit zu erkennen, mag hier eine elementare Betrachtung über die Bewegung eines Flüssigkeitsteilchens eingeschaltet werden. Das Teilchen sei ein Zylinder von der Grundfläche dF und der Länge ds (vgl. Abb. 11); die Achse falle in die Richtung der Geschwindigkeit w. Ist γ das Gewicht der Raumeinheit, so ist die Masse $= \frac{\gamma}{g} dF\, ds$. Wirkt auf die Rückseite treibend der Druck p, auf die Vorderseite der Druck $p + dp$ hemmend, so wird die Gesamtkraft in Richtung der Bewegung, wenn keine merklichen Reibungen an den Seitenflächen vorhanden sind und die Wirkung der Schwere dem Früheren gemäß außer acht gelassen wird, gleich $-dF\, dp$; da es sich bei der Druckdifferenz dp um die Änderung des Druckes beim Fortschreiten in der Richtung von ds handelt, kann $dp = \frac{\partial p}{\partial s} ds$ gesetzt werden.

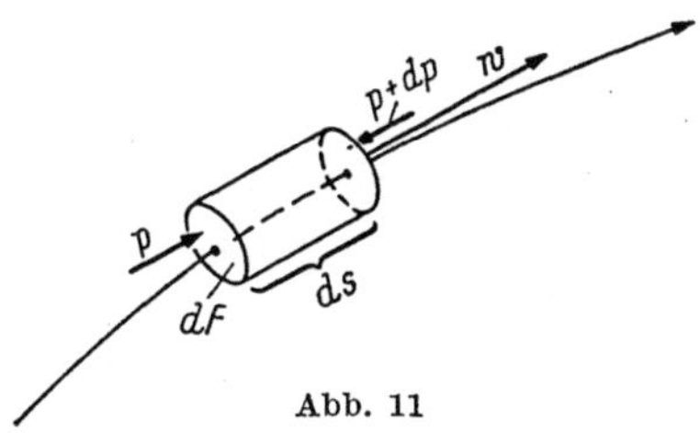

Abb. 11

[1] Vgl. hierüber den Aufsatz von S. FINSTERWALDER „Die Aerodynamik als Grundlage der Luftschiffahrt", Z. Flugtechn. Motorl. 1. Jg. (1910) S. 6ff.

Die Gleichung: Kraft = Masse × Beschleunigung liefert nun die Beziehung:

$$-dF\frac{\partial p}{\partial s}ds = \frac{\gamma}{g}dF\,ds\frac{dw}{dt},$$

in der, wie man sieht, der Faktor $dF\,ds$ gestrichen werden kann.

Die Beschleunigung dw/dt bedarf noch einer näheren Untersuchung. Zu ihrem Zustandekommen trägt einerseits der Umstand bei, daß sich an dem Ort, wo sich das Teilchen gerade befindet, die Geschwindigkeit ändert, andererseits aber auch der weitere, daß das Teilchen seinen Ort ändert und so an Orte mit anderen Werten der Geschwindigkeit gelangt. Der erstere Anteil kann $\frac{\partial w}{\partial t}$ geschrieben werden, der zweite ist $\frac{\partial w}{\partial s}\frac{\partial s}{\partial t}$, wo ds/dt nichts anderes ist als die Geschwindigkeit w. Hiermit wird

$$\frac{dw}{dt} = \frac{\partial w}{\partial t} + w\frac{\partial w}{\partial s}.$$

Für *stationäre Bewegungen*, d. h. solche, bei denen die räumliche Geschwindigkeitsverteilung zeitlich unveränderlich bestehenbleibt, ist speziell $\partial w/\partial t = 0$; für sie ergibt sich also aus der Kraftgleichung, wenn noch mit γ dividiert wird:

$$\frac{1}{\gamma}\frac{\partial p}{\partial s} + \frac{1}{g}w\frac{\partial w}{\partial s} = 0,$$

eine Gleichung, die nur noch Differentialquotienten nach der Geschwindigkeitsrichtung enthält, und die deshalb nach einer Linie, die überall in der Richtung der Geschwindigkeit gezogen ist („Stromlinie"), integriert werden kann. Hiermit wird längs jeder Stromlinie einer stationären Bewegung $\int dp/\gamma + w^2/2g =$ konst. Man nennt $\int dp/\gamma$ die Druckhöhe, $w^2/2\,g$ die Geschwindigkeitshöhe. Der so gewonnene Satz, die „*Druckgleichung*", läßt sich folgenderweise aussprechen: *Bei jeder stationären reibungsfreien Flüssigkeitsbewegung ist die Summe aus Druckhöhe und Geschwindigkeitshöhe längs einer Stromlinie konstant.* Will man die Schwere noch mit berücksichtigen, so lautet der Satz, wie nebenher bemerkt werden mag, so, daß die Summe aus Druckhöhe, Geschwindigkeitshöhe und Ortshöhe (gemessen über einer willkürlich angenommenen Horizontalebene) konstant wird.

Diese Druckgleichung mag nun zunächst dazu benutzt werden, um die Frage zu entscheiden, wieweit bei den in der Flugtechnik vorkommenden Geschwindigkeiten die Zusammendrückbarkeit der Luft eine Rolle spielt. Zu diesem Zweck mag für die Druckgleichung, die ganz allgemein, auch für beliebig zusammendrückbare Flüssigkeiten, richtig ist, unter der Annahme, daß das Raumgewicht γ nur wenig veränderlich ist, noch eine angenäherte Form angegeben werden. Setzt man γ als annähernd konstant voraus, so kann der Ausdruck $\frac{1}{\gamma}\frac{\partial p}{\partial s}$ zu p/γ integriert werden. Man erhält:

$$\frac{p}{\gamma} + \frac{w^2}{2g} = \text{konst.}$$

Es sei nun die Druckdifferenz zwischen einer Stelle, wo die Geschwindigkeit Null ist (Druck p_0) und einer auf derselben Stromlinie gelegenen Stelle, wo die Geschwindigkeit w ist (Druck p) mit dieser Näherungsformel ermittelt. Es wird:

$$\frac{p}{\gamma} + \frac{w^2}{2g} = \frac{p_0}{\gamma} + 0$$

oder

$$p_0 - p = \frac{\gamma w^2}{2g}.$$

Setzt man hierin γ etwa gleich 1,225 kg/m³, was mittleren Verhältnissen in der Luft entspricht, so erhält γ/g im Metermaß den geläufigen Wert $^1/_8$; es entspricht demnach beispeilsweise einer Geschwindigkeit von 100 m/sec eine Druckdifferenz von $10000:16 = 625$ kg/m². Da der Gesamtdruck der Luft rd. 1 kg/cm² $= 10000$ kg/m² ist, bedeutet diese Druckdifferenz $^1/_{16}$ Atmosphäre. Die Schwankungen der Dichtigkeit müssen für so schnelle Änderungen wie die, um die es sich hier handelt, aus den Druckschwankungen mittels des adiabatischen Gesetzes berechnet werden. Eine Näherungsformel hierfür ergibt mit Δp = Druckschwankung, $\Delta\gamma$ = Schwankung des Raumgewichtes:

$$\frac{\Delta\gamma}{\gamma} = \frac{1}{\varkappa}\frac{\Delta p}{p},$$

wobei für Luft in bekannter Weise $\varkappa = 1{,}4$ ist. Ist wie hier $\Delta p/p = {}^1/_{16}$, so wird die verhältnismäßige Dichteänderung $\Delta\gamma/\gamma =$ rd. $^1/_{22}$, also weniger als 5%. Bei $w = 45$ m/sec wird sie bereits kleiner als 1%[1].

Da — abgesehen von den Luftschrauben, wo gelegentlich Geschwindigkeiten von 100 m/sec (und noch darüber) vorkommen — die Geschwindigkeiten, mit denen der Flugtechniker zu tun hat, noch um ein gutes unter dieser letzteren Grenze liegen, können wir feststellen, daß *für die Luftwiderstandsfragen der Flugtechnik der Zusammendrückbarkeit der Luft keinerlei Bedeutung zukommt, daß vielmehr die Luft bei den hier vorkommenden Geschwindigkeiten praktisch genau genug als unzusammendrückbar angesehen werden darf.*

Dieser Umstand, der es mit sich führt, daß nun ohne weiteres Bewegungen in Luft mit entsprechenden Bewegungen in (allseitig den

[1] Diesen Dichteänderungen entsprechen nach der Kontinuitätsbedingung kleine Abänderungen der Bahnen der Luftteilchen gegenüber der vollkommenen Volumenbeständigkeit; diese dürfen aber bei der Kleinheit der Dichteänderungen ohne großen Fehler außer acht gelassen werden.

Körper umgebendem Wasser) verglichen werden dürfen, kann aus der schnellen Fortpflanzung von Druckunterschieden in der Luft, die bekanntlich mit der Geschwindigkeit des Schalles erfolgt, begreiflich gemacht werden. Die Luft ist zwar kompressibel, aber bei mäßigen Bewegungsgeschwindigkeiten breitet sich die eingeleitete Bewegung so rasch aus, daß vor dem störenden Objekt eine ganz geringfügige Verdichtung, eben die vorhin berechnete, übrigbleibt. Erst bei Geschwindigkeiten, die denen des Schalles vergleichbar sind, treten, wie auch die Rechnung ergibt, Verdichtungen von erheblicher Größe auf.

Die im vorstehenden abgeleitete Druckgleichung galt zunächst als Beziehung zwischen verschiedenen Punkten ein und derselben Stromlinie einer stationären Strömung. Im Fall der drehungsfreien Flüssigkeitsbewegung hat sie, wie hier ohne Beweis mitgeteilt werden möge, noch allgemeinere Bedeutung; sie gilt hier, stationäre Bewegung vorausgesetzt, unterschiedslos in der ganzen Flüssigkeit. Da, wie nachgewiesen, für uns die Zusammendrückbarkeit keine Rolle spielt, kann hier immer die Näherungsform:

$$p + \frac{\gamma w^2}{2g} = \text{konst.}$$

benutzt werden. Wie man sofort sieht, wird der Druck da am größten, wo $w = 0$ ist.

Wird ein Körper in einen gleichförmigen Luftstrom vom Druck p und der Geschwindigkeit w gesetzt, so wird dieses Druckmaximum da entstehen, wo sich der Luftstrom vor dem Körper teilt und die Strömungsgeschwindigkeit vorübergehend gleich Null wird; sein Wert wird unabhängig von der Gestalt des Körpers:

$$p_0 = p + \frac{\gamma w^2}{2g}.$$

Derselbe Wert ergibt sich für den Fall, daß der Körper mit der Geschwindigkeit w in ruhender Luft bewegt wird. Als Gegenstück zu dieser oberen Grenze findet man häufig auch eine untere Grenze für den Druck im Betrag $p - \frac{\gamma w^2}{2g}$ angegeben; das ist aber irrig, nach unten sind dem Druck keine derartigen Grenzen gezogen.

Aus der Druckgleichung läßt sich noch folgendes für den Widerstand eines Körpers in einer idealen Flüssigkeit entnehmen: Aus den Störungen, die die Strömungsgeschwindigkeit an der Oberfläche des Körpers erleidet, ergeben sich Druckdifferenzen, die alle dem Wert $p_0 - p = \gamma w^2/2g$ proportional gesetzt werden können, so zwar, daß für geometrisch ähnliche Körper die Proportionalitätsfaktoren dieselben sind. Hieraus kann geschlossen werden, daß, wenn F die Fläche des „Hauptspantes" und $2\psi \frac{\gamma w^2}{2g}$ eine mittlere Druckdifferenz bedeutet, für den Widerstand W eine Formel von folgendem Bau erhalten werden muß

$$W = \psi F \frac{\gamma w^2}{g}.$$

(Widerstand proportional der Fläche des Hauptspantes, der Dichte und dem Quadrat der Geschwindigkeit; Widerstandsziffer ψ abhängig von der Körperform.)

Will man nun allerdings den Widerstand eines Körpers in einer nach allen Seiten unbegrenzten idealen Flüssigkeit unter der Annahme berechnen, daß die Bewegung überall drehungsfrei vor sich geht, so erhält man in allen Fällen den Widerstand Null, ein Ergebnis, das im ersten Augenblick überraschen mag. Es wird begreiflicher, wenn man überlegt, daß die Arbeitsmenge, die das Vorwärtstreiben des Körpers gegen den Widerstand der Flüssigkeit verschlingt, in irgendeine andere Energieform verwandelt, wieder zutage treten müßte. Eine solche Energieform ist aber in der *drehungsfreien idealen* Flüssigkeit nicht vorhanden, also ergibt sich notwendig der Widerstand gleich Null.

3. Reibung und Wirbel. In den wirklichen Flüssigkeiten weisen nun aber alle Körper Widerstand auf; wir ziehen hieraus den naheliegenden Schluß, daß die offenkundige Abweichung zwischen Theorie und Erfahrung in den beiden Annahmen der Drehungsfreiheit und der Reibungsfreiheit begründet ist. Das trifft nun in der Tat zu, ja man kann den Widerstand sogar in zwei Teile scheiden, die einzeln den Abweichungen von den beiden Annahmen entsprechen; man unterscheidet einen „*Reibungswiderstand*" oder „*Oberflächenwiderstand*", der sich aus der Reibung der am Körper entlang strömenden Flüssigkeit ergibt, und einen „*Wirbelwiderstand*" oder „*Formwiderstand*"[1], der dadurch verursacht wird, daß die Bewegung nicht in ihrem ganzen Verlauf drehungsfrei bleibt, sondern sich Wirbel bilden, die in einer dem „Kielwasser" ähnlichen Schleppe hinter dem Körper einherziehen.

Der Oberflächenwiderstand ist unvermeidlich, der Formwiderstand dagegen kann, wie hier schon erwähnt werden mag — später wird noch ausführlicher davon die Rede sein —, durch geeignete Formgebung des Körpers auf ein sehr kleines Maß zurückgeführt werden. Die allgemeine Anweisung ist dabei die, eine möglichste Annäherung an die drehungsfreie Bewegung anzustreben, d. h. die Wirbelschleppe möglichst zu verkleinern.

Man sieht also, die Betrachtung der idealen Flüssigkeitsbewegung ist — abgesehen von den Aufschlüssen über die Druckverteilung und

[1] Die Namen Formwiderstand und Oberflächenwiderstand sind dadurch begründet, daß der erstere Widerstand stark von der Form des Körpers abhängt, der letztere dagegen im wesentlichen nur von der Oberflächenerstreckung.

einer Reihe von weiteren Aufschlüssen, von denen hier nicht die Rede war[1] — auch für die Klärung der Widerstandsfragen trotz ihres fundamentalen Widerspruches gegen die Erfahrung von großem Wert. Praktische Beispiele sollen weiter unten folgen. Hier mag noch der merkwürdige Satz folgen, daß nicht bloß für einen ganzen Körper, sondern bereits für ein beliebig gestaltetes Vorderteil, an das sich ein unbegrenzter Zylinder anschließt (vgl. Abb. 12), der Formwiderstand bei drehungsfreier Bewegung gleich Null wird.

Es gilt jetzt noch darzutun, einerseits, welches die Gesetze der Oberflächenreibung sind, andererseits, durch welche Umstände die Wirbelbildungen bestimmt werden, von denen der Formwiderstand herrührt. Beides hängt, wie sich zeigen wird, innig miteinander zusammen.

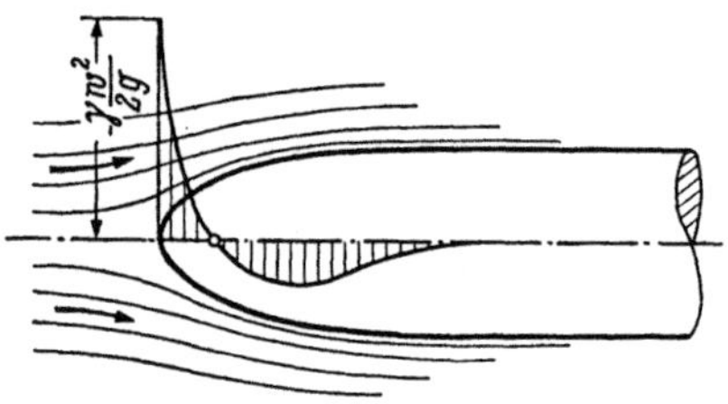

Abb. 12

Wie einwandfreie Versuche (besonders solche über den Durchfluß durch Kapillaren) erwiesen haben, haftet die äußerste Flüssigkeitsschicht, die in Berührung mit dem festen Körper ist, an diesem, d. h. macht seine Bewegungen völlig mit. Alle Reibung zwischen einem festen Körper und einem flüssigen ist demnach auf Reibungsvorgänge innerhalb der Flüssigkeit zurückzuführen. Man sieht leicht ein, daß bei geringerer Zähigkeit zwar die Reibungswirkung in der freien Flüssigkeit verschwindend klein sein kann, daß aber in einer oft winzig dünnen „*Grenzschicht*" an der Körperoberfläche, wo sich, gerade durch die Wirkungen der Zähigkeit, ein Übergang von der allein durch die Druckdifferenzen beherrschten Geschwindigkeitsverteilung in der freien Flüssigkeit zu der Körpergeschwindigkeit vollzieht, die Reibungskräfte wegen des schroffen Geschwindigkeitsabfalles merklich werden. Das Gesetz für diese Reibung ist wenig einfach; weder gilt die Proportionalität mit der Fläche noch die mit einer einfachen Potenz der Geschwindigkeit. Das erstere ergibt sich leicht aus folgender Überlegung: In einem Flüssigkeitsstrom stehe eine Platte parallel zur Strömungsrichtung. Die innerhalb der „Grenzschicht" befindlichen Flüssigkeitspartien werden in ihrer Bewegung längs der Platte durch die Reibung verzögert; stellt man dicht hinter die Platte, genau in ihre Verlängerung, eine zweite Platte (Abb. 13), so wird diese von der Strömung nicht mehr voll getroffen, wie die erste Platte, sondern sie steht in der durch die erste Platte verzögerten Strömung und wird

[1] Für die Einführung in die Aerodynamik sei dem Ingenieur das eigenartige Buch von Lanchester, deutsch von Runge (Leipzig 1909) empfohlen; ein ausführliches Werk für mathematisch geübte Leser ist die Hydrodynamik von Lamb, deutsch von Friedel (Leipzig 1908).

deshalb weniger Reibung erfahren als die erste; der Widerstand ist also nicht mit der Gesamtfläche, sondern schwächer gewachsen! Die wirklich statthabenden Gesetzmäßigkeiten sind bis jetzt nicht genügend erforscht, es scheinen sich indes Formeln von der folgenden Art einigermaßen zu bewähren:

$$W_R = k\, b\, l^n\, w^{n+1}.$$

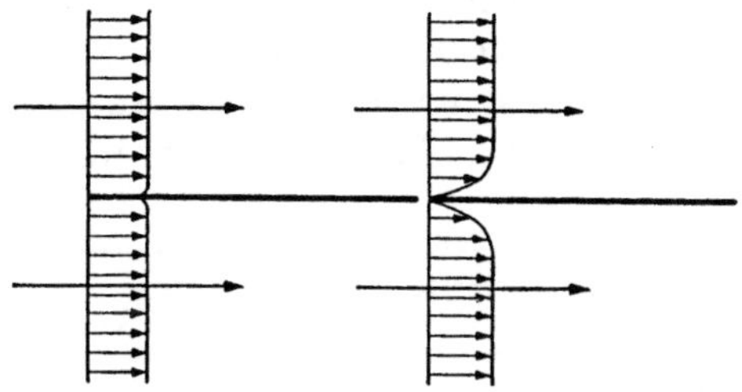

Abb. 13

(k ein von der Dichte und Zähigkeit sowie von der Rauhigkeit der Oberfläche abhängiger Koeffizient, b Breite, l Länge der Fläche, n ein Exponent, der zwischen 0,5 und 1 liegt und von der Rauhigkeit und von der Luftunruhe [Turbulenz] abhängt.) Für den theoretischen Fall einer vollkommen glatten Fläche ist $n = 0{,}5$, für eine Fläche mit groben Rauhigkeiten $n = 1{,}0$; im letzteren Fall handelt es sich um eine Art Formwiderstand, deshalb tritt hier auch das für Formwiderstände geltende Gesetz in Kraft. Für die glatten Flächen der Praxis scheint bei größeren Geschwindigkeiten $n = 0{,}8$—$0{,}85$ zu sein.

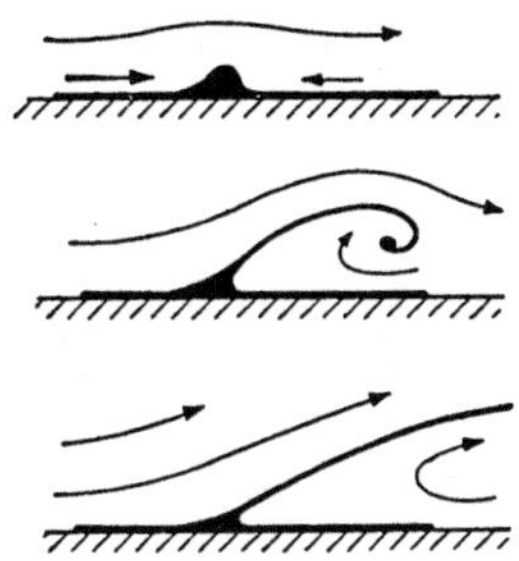

Abb. 14

Die durch die Reibung verzögerte Grenzschicht gibt nun auch Anlaß zu der Wirbelbildung, die den Formwiderstand hervorbringt. Verfolgt man die Bewegung der Grenzschicht näher, so findet man, daß da, wo irgendwelche Ursachen vorhanden sind, durch die die Flüssigkeitsströmung längs der Körperoberfläche beschleunigt wird, auch die Teilchen der Grenzschicht mit beschleunigt werden. Wo aber Ursachen für eine Verzögerung vorliegen, also z. B. bei einem Druckanstieg längs der Körperoberfläche, werden die Teilchen der Grenzschicht, die durch die Wirkung der Reibung einen Teil ihrer lebendigen Kraft eingebüßt haben, eher zur Umkehr gezwungen als die Teilchen der freien Flüssigkeit. Die so entstehende Gegenströmung in der Grenzschicht hat zur Folge, daß an einer Stelle das Material der Grenzschicht sich aufstaut und ziemlich schnell, einen Wirbel bildend, in die freie Flüssigkeit eindringt (vgl. Abb. 14). Der Wirbel zieht dann mit der Strömung fort und hinterläßt am Körper eine Ablösung der Strömung von der Oberfläche, die nun dauernd bestehenbleibt. Hinter der Trennungsschicht ist die Flüssigkeit meist in unregelmäßig wirbelnder Bewegung. In weiterer Entfernung vom Körper löst sich diese Schleppe (Abb. 15) in einzelne Wirbel auf.

Die Theorie dieser „Ablösung“ ist noch sehr wenig ausgebildet. Das einzige, was man bisher mit Bestimmtheit aussagen kann, und was an sich schon recht wertvoll ist, ist das, daß Ablösungen immer nur an solchen Stellen entstehen können, wo die Flüssigkeit längs der Wand in verzögerter Bewegung strömt, also der Druck in der Strömungsrichtung ansteigt. (Durch die Ausbildung der Ablösung wird natürlich die Druckverteilung geändert, im Zusammenhang damit auch meist die Ablösungsstelle etwas verschoben.)

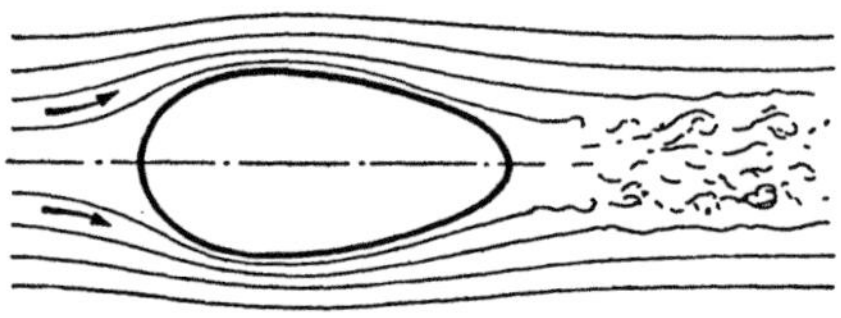
Abb. 15

Mittels dieses Satzes läßt sich z. B. sofort zeigen, *daß ein „Stauhügel“* von der Art wie ihn Lössl und andere vor dem Körper annahmen, *niemals entstehen kann.* Zunächst sei alles in Ruhe. Setzt sich nun entweder der Körper oder die Luftmasse in Bewegung, so *muß* zunächst, da die Luftreibung außerhalb der Grenzschicht keine Rolle spielt, überall sonst drehungsfreie Bewegung eintreten (es gibt für einen vorgegebenen Körper und eine bestimmte vorgegebene Bewegungsrichtung nur eine einzige Art von drehungsfreier Bewegung!); diese kann nur durch aus der Grenzschicht entsandte Wirbel abgeändert werden. Auf der Vorderseite des Körpers ist nun zunächst an dem Punkt, wo die Luftteilchen zuerst mit dem Körper in Berührung treten (A in Abb. 16), die Geschwindigkeit Null, der Druck ein Maximum. Von hier aus sinkt der Druck nach allen Seiten ab, es ergibt sich also eine beschleunigte und deshalb glatte Abströmung ohne irgendwelche Abweichungen von der drehungsfreien Bewegung. Ein anderes Bild ergibt sich an der Hinterseite des Körpers.

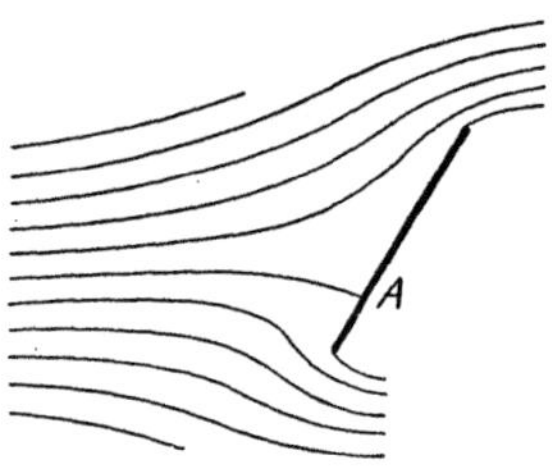

Abb. 16

Die drehungsfreie Bewegung würde hier einen dem vorderen Teilungspunkt genau entsprechenden Vereinigungspunkt der Strömung mit einem Druckmaximum von der gleichen Höhe verlangen. Diese Bewegung kann aber nach dem Vorhergehenden nicht lange bestehen; es entwickeln sich Wirbel, welche das zweite Druckmaximum zum Verschwinden bringen. Der Formwiderstand kann demnach als das Resultat dieses verschiedenen Verhaltens von Vorder- und Hinterseite betrachtet werden.

Wie groß die Wirbel werden, und um wieviel der Druck sich absenkt, darüber sagt die Theorie heutzutage noch nichts aus. Nur soviel kann gesagt werden, daß sich beim Vorhandensein von Kanten oder Abrundungen von kleinem Radius die Ablösung regelmäßig an diese heftet und die Wirbel sehr merklich werden, während bei sehr sanften Abrundungen die Wirbel wesentlich kleiner ausfallen oder sogar ausbleiben können; ferner zeigt sich, daß die Druckabsenkung um so größer wird, je größere Ablenkung der abgelöste Strom auf seinem freien Weg erfährt, um so kleiner, je gerader er fließt.

Sehr wichtig ist noch die Bemerkung, daß sowohl die Ablösungsstelle als auch der Strömungszustand im Wirbelgebiet stark davon abhängig ist, ob die Luft — wie z. B. bei der Bewegung eines Körpers in ruhiger Luft — in glatter Strömung an der Ablösungsstelle ankommt, oder ob, wie etwa beim natürlichen Wind, der voller innerer Unruhe ist, in der ankommenden Luft schon Wirbel enthalten sind. Im letzteren Fall werden die Druckabsenkungen im Wirbelgebiet merklich größer, was sich in einem *größeren Widerstand im natürlichen Wind gegenüber dem in ruhender Luft* ausspricht.

4. Versuche. Wenn ich nun im folgenden von den Versuchen über den Luftwiderstand sprechen werde, so will ich im Zusammenhang damit auf einige Dinge hinweisen, die leider nicht immer genügend beachtet worden sind, und wodurch manche mühsam durchgeführten Versuche sehr an Wert verloren haben.

Der Widerstand besteht nicht bloß aus den Überdrücken auf der Vorderseite, die durch das „Beiseiteschieben der im Weg stehenden Luft" entstehen, sondern ganz wesentlich auch aus Saugwirkungen (oder auch dem Ausfallen von Druckwirkungen) auf der Rückseite der Körper. Wie falsch es ist, den Widerstand allein auf die Vorderseite zu beziehen und also Körper mit gleichem Vorderende als für den Luftwiderstand gleichwertig anzusehen, das wird sehr schön an einigen Versuchen von EIFFEL[1] (Fallversuche am Eiffelturm) ersichtlich. EIFFEL ermittelte den Luftwiderstand einer senkrecht zur Bewegungsrichtung stehenden Kreisscheibe, dann dreier Kreiszylinder vom selben Durchmesser (d) und einer Höhe (h) gleich dem halben, dem einfachen und dem anderthalbfachen Durchmesser, und erhielt besonders für den letzteren (den längsten) eine erheblich niedrigere Widerstandsziffer:

für $h =$	0	$^1/_2 d$	d	$^3/_2 d$
wurde $\psi =$	0,56	0,57	0,55	0,405

Die Zahlen sehen sehr merkwürdig aus und wurden auch in Veröffentlichungen bereits angezweifelt. Ich habe deshalb in der Göttinger Modellversuchsanstalt Vergleichsversuche anstellen lassen, die in überraschend guter Weise die EIFFELschen Werte bestätigen. Es ergaben sich für

[1] G. EIFFEL, Recherches expérimentales sur la resistance de l'air. Paris: Maretheux 1907.

die gleichen vier Fälle die Zahlen

$$\psi = \quad 0{,}59 \quad | \quad 0{,}59 \quad | \quad 0{,}55 \quad | \quad 0{,}395$$

Eine Erklärung für dieses Verhalten kann so gegeben werden, daß in den ersten drei Fällen ein einziger großer Wirbelring die Mantelflächen und die Hinterfläche einhüllt und hierdurch eine starke Saugwirkung hervorgebracht wird (Abb. 17). Im letzteren Fall (beim längsten Zylinder) aber zerfällt der Wirbelring in zwei, einen längs der Mantelfläche und einen davon getrennten nur schwach saugenden an der Hinterfläche (Abb. 18).

Eine andere Versuchsreihe von Eiffel bezieht sich auf zwei hintereinander angebrachte gleich große Kreisscheiben (also sozusagen Zylinder

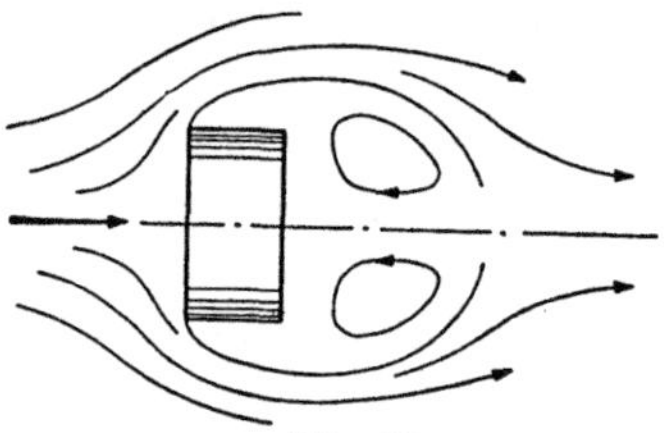

Abb. 17

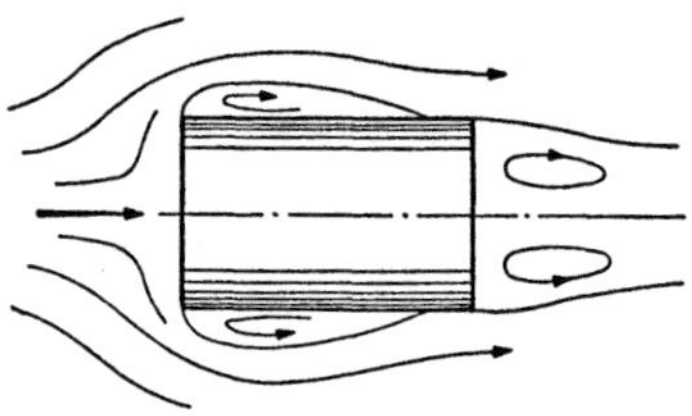

Abb. 18

ohne Mantelfläche). Der Abstand a wurde ganz entsprechend gleich dem halben, einfachen und anderthalbfachen Durchmesser gewählt; die Widerstandsziffern, bezogen auf die Fläche *einer* Scheibe, ergaben sich

für $a =$	0	$^1/_2 d$	d	$^3/_2 d$
zu $\psi =$	0,56	0,55	0,485	0,42

Der Widerstand nimmt also mit zunehmender Entfernung und daher scheinbar zunehmender Möglichkeit, daß auch die hintere Scheibe von einem Teil des Luftstromes getroffen wird, nicht zu, sondern ab. Die Abnahme kann nun so erklärt werden, daß die hintere Scheibe den Wirbelring, der sich an die erste Platte heftet, mit zunehmender Entfernung mehr und mehr zerschneidet und in zwei harmlosere, d. h. schwächer saugende zerlegt. Daß bei noch größerer Entfernung zwischen beiden Platten der Widerstand wieder zunimmt, daran ist nicht zu zweifeln.

Im Zusammenhang mit dem Vorstehenden mag noch ein sehr merkwürdiges, aber unzweifelhaft festgestelltes Ergebnis von Widerstandsmessungen an einer quadratischen Platte mitgeteilt werden, die in der Göttinger Anstalt ausgeführt worden sind. Es wurde der resultierende Widerstand in seiner Abhängigkeit von dem Neigungswinkel der Plattenebene gegen den Luftstrom ermittelt. Der Verlauf ist in Abb. 19 dargestellt; es zeigen sich zwei getrennte Kurvenzüge, die übereinandergreifen; von 38° bis 42° gibt es zwei Werte des Luftwiderstandes, die man nach Wahl erhalten kann, indem man die Platte von kleineren oder von größeren Winkeln kommend auf einen Punkt des Gebietes einstellt. Die beiden Widerstandswerte entsprechen zwei grundverschiedenen Wirbelgebilden auf der Rückseite, auf die schon Professor AHLBORN, dessen prächtige Strömungsbilder bekannt sind, ausdrücklich hingewiesen hat.[1] Dem größeren Widerstand entspricht eine Form mit zwei von den Seitenkanten des Quadrates ausgehenden Wirbelzöpfen, dem kleineren eine Art unsymmetrischer Wirbelring.

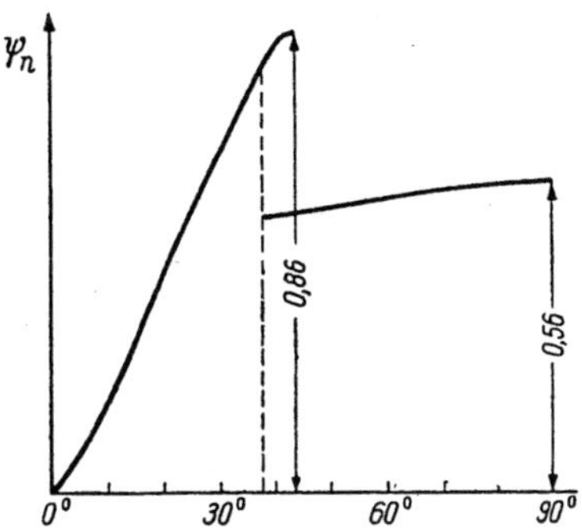

Abb. 19

Es ist klar, daß alle diese merkwürdigen Beobachtungen mit Theorien, die nur die Vorgänge auf der Vorderseite zu fassen suchen, nicht erklärt werden können.

Ich wende mich dem Widerstand von Ballonkörpern zu und will vorweg erklären, wie die Trennung in Oberflächen- und Formwiderstand vorgenommen werden kann. Zunächst gedanklich: man zerlege die Resultante auf jedem Flächenelement in eine Komponente senkrecht zum Flächenelement und in eine in die Tangentialebene fallende. Dann ist die Resultante der ersteren (R. der Normalkräfte) der Formwiderstand, die der letzteren (der Tangentialkräfte) der Reibungswiderstand; der Gesamtwiderstand ist die Summe der beiden. Bei den Beobachtungen läßt sich die Trennung so vollführen: man kann einerseits durch Kraftmessung mit einer Waage den Gesamtwiderstand messen, andererseits kann man die Druckverteilung, die sich um den Körper herum einstellt, durch Anbohrungen des hohlausgeführten Körpers oder auch mittels einer an die Körperoberfläche angelegten Sonde bestimmen, und aus dieser Druckverteilung den Formwiderstand rechnerisch oder zeichnerisch ermitteln[2]; der Reibungswiderstand ergibt sich dann als

[1] F. AHLBORN, Jb. schiffbautechn. Ges. 1909, S. 372. Siehe auch 1904, S. 417 und 1905, S. 63.

[2] Diese Ermittlung kann bei Umdrehungskörpern zeichnerisch so gemacht werden, daß man die Drücke als Ordinaten zu den Flächeninhalten der zugehörigen Parallelkreise als Abszissen aufträgt. Der Flächeninhalt der Figur ist dann der Formwiderstand. Es ist nämlich, wenn $y = f(x)$ die Gleichung der Meridiankurve ist, der Beitrag eines Kreisringstreifens von dem Radius y und der Breite ds gleich $2\pi y \cdot ds \cdot p \sin\alpha$, wo α die Neigung der Tangente mit der x-Achse ist. Nun ist $ds \sin\alpha = dy$, also der Beitrag gleich $2\pi y \cdot dy \cdot p = p\,d(\pi y^2)$. Der gesamte Formwiderstand ist demnach $W_1 = \int p\,dz$, wo $z = \pi y^2$ ist.

Unterschied zwischen dem Gesamtwiderstand und dem Formwiderstand.

Um einige Zahlenwerte anzugeben, wähle ich aus unseren Göttinger Messungen ein Modell, für das wir auch den Druckverlauf der idealen drehungsfreien Flüssigkeitsbewegung mittels hydrodynamischer Ansätze berechnet haben. Die Verhältnisse sind in Abb. 20 dargestellt; die ausgezogene Linie bedeutet die gemessenen, die punktierte die gerechneten Drücke. Wie man sieht, weichen beide nur in einem kurzen Endstück voneinander ab, wo die Wirbel ansitzen. Die Ermittlung des Widerstandes nach Fußnote 2, S. 285, zeigt Abb. 21.

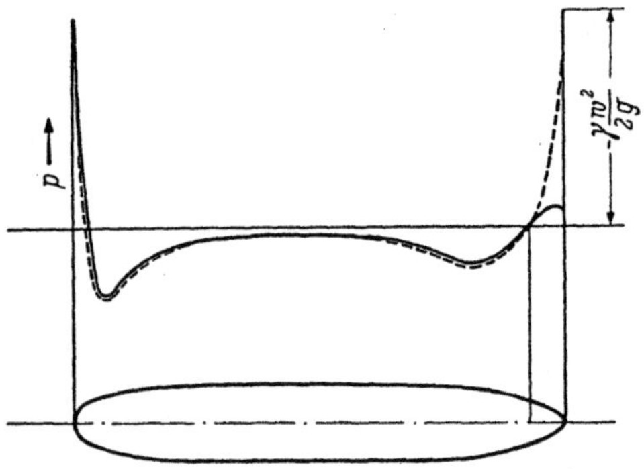

Abb. 20

Bezeichnet ψ die Widerstandsziffer für den Gesamtwiderstand $\left(= \psi F \frac{\gamma w^2}{g}\right)$, ψ_1 die des Formwiderstandes und ψ_2 die des Reibungswiderstandes, bezogen auf die Fläche des größten Querschnittes (Hauptspantes), so ergab sich — bei einer Länge des Modells von 1,... m und einer Geschwindigkeit von 9,5 m/sec: $\psi = 0{,}061$, $\psi_1 = 0{,}0263$, $\psi_2 = 0{,}0347$. Der Formwiderstand ist demnach etwa der 21-ste Teil des Widerstandes einer kreisförmigen Platte von der Größe des Hauptspantes, also eine bereits sehr deutliche Annäherung an den Widerstand Null in der idealen Flüssigkeit. Der Reibungswiderstand, der hier größer als der Formwiderstand ausgefallen ist, nimmt, wie schon erörtert wurde, bei Vergrößerung der Abmessungen und beim Anwachsen der Geschwindigkeit langsamer zu als der Formwiderstand, so daß er bei der großen Ausführung wohl hinter letzterem zurücktreten dürfte. Wenn trotz dieser günstigen Verhältnisse, die sich sicher noch weiter verbessern lassen, die Motorluftschiffe unverhältnismäßig große Widerstände zeigen, so liegt dies vor allem an dem Tauwerk und den anderen über den Körper des Luftschiffes vorragenden Teilen, die eine gegenüber dem Schiffskörper unverhältnismäßig hohe Widerstandsziffer haben und daher sehr ins Gewicht fallen (die Widerstandsziffer für Seile usw., die senkrecht zur Windrichtung sind, ist etwa $\psi = 0{,}57$). — Bei den Modellversuchen besteht übrigens eine ganz

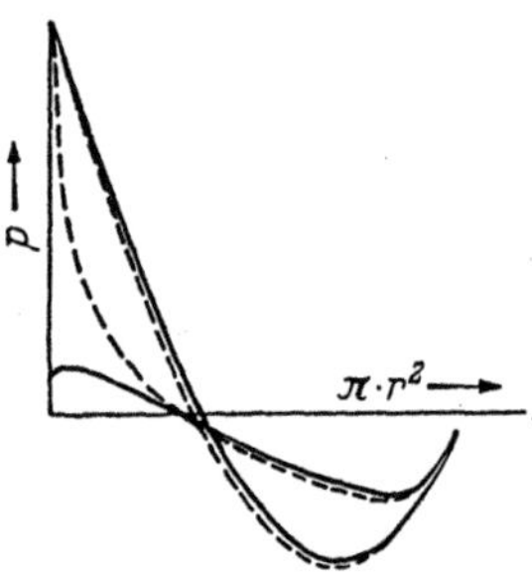

Abb. 21

ähnliche Schwierigkeit darin, daß der Widerstand der Haltevorrichtungen bei Modellen mit geringem Eigenwiderstand ganz erheblich in Betracht kommt. Bei den Göttinger Versuchen wurde dieser Widerstand gesondert beobachtet und in Abzug gebracht.

Bezieht man den Reibungswiderstand statt auf den Hauptspant unter Anwendung der gleichen Formel auf die von der Luftströmung bestrichene Oberfläche O (wobei von der gesamten Oberfläche die von Wirbeln eingehüllten Teile abzurechnen sind):

$$W_2 = \chi \frac{O \gamma w^2}{g},$$

so erhält man in der Größe χ eine — allerdings noch mit der Länge und mit der Geschwindigkeit etwas veränderliche — Widerstandsziffer für die Oberflächenreibung. Für unser Modell ergibt sich etwa $\chi = 0{,}0015$. Frank[1] erhielt bei geringerer Länge (0,5 m) und auch geringeren Geschwindigkeiten $\chi = 0{,}00244$, einen Wert, der zwar an sich etwas zu hoch sein dürfte (s. u.), aber im übrigen deutlich die Veränderlichkeit von χ in dem von der Theorie geforderten Sinn ergibt.

Bei den Versuchen spielt der Zustand der Luft eine ganz wesentliche Rolle. Daß die Widerstandsziffern für den natürlichen Wind größer gefunden werden als für Bewegung in ruhender Luft, wurde schon erwähnt. Ordnet man die an sich sehr abweichenden Widerstandsziffern der älteren Autoren für den Widerstand von senkrecht von der Luft getroffenen ebenen Platten, von kleineren zu größeren Werten ansteigend, so zeigt sich, daß man es, beginnend mit Fallversuchen in einem geschlossenen Raum, also mit der denkbar ruhigsten Luft, mit einer aufsteigenden Reihe von wachsender Luftunruhe zu tun hat. Bei den Versuchen mit Rundlaufapparaten wird das Objekt fortwährend von neuem durch die eben aufgerührte Luft hindurchgeführt; dazu tritt eine der Arbeit von Ventilatorflügeln ähnliche Pumpwirkung[2]. Man wird also nur für verhältnismäßig sehr kleine Objekte am Rundlauf zuverlässige Werte erhalten.

Gegen die Pendelversuche nach Art der Frankschen bestehen zwei Bedenken, einmal, daß das Pendel sich fortwährend im „Kielwasser" des vorherigen Durchganges, also in einer gegenläufigen Luftströmung bewegt, ferner, daß keine gleichförmige Bewegung, sondern ein fortwährendes Beschleunigen und Verzögern eintritt, wodurch abnorme Verhältnisse hervorgebracht werden können; die Frankschen Werte sind

[1] Z. VDI Bd. 52 (1908) S. 1521.

[2] Die Verhältnisse bei Rundlaufversuchen sind von R. Knoller in einem Aufsatze „Gesetze des Luftwiderstandes" in der Flug- und Motortechnik 3. Jg. (1909) Nr. 21 u. 22, eingehend behandelt.

denn auch, so weit Vergleiche vorhanden sind, sämtlich zu groß. Die Versuchszahlen der Göttinger Anstalt, wo in einem maschinell erzeugten Luftstrom gearbeitet wird, der aber durch eine Reihe von Leitvorrichtungen beruhigt und vergleichmäßigt ist, schließen sich gut an die Fallversuche von EIFFEL an, die zwar in freier Luft, aber nur an ruhigen Tagen gemacht sind; die Beruhigung des Luftstromes der Göttinger Anstalt erweist sich demnach als ausreichend.

Von den Versuchen im natürlichen Wind verdienen besondere Beachtung die von O. LILIENTHAL an ebenen und gewölbten Flächen. LILIENTHAL findet, daß die Luftkräfte des natürlichen Windes mit denjenigen übereinstimmen, die bei Bewegung der Fläche (auf dem Rundlauf) erhalten werden, falls man für letztere den Angriffswinkel um 3° größer nimmt. LILIENTHAL drückt dies so aus, daß der Wind unter einem Winkel von 3° nach oben gerichtet sei. Wörtlich genommen würde das der Kontinuität widersprechen, es ist aber wohl auch nur in dem obigen Sinne gemeint. Hätte man etwa eine Fläche gefunden, für die die Luftwiderstandsresultante in ruhiger Luft nur um 2° gegen die Senkrechte zur Bewegungsrichtung nach rückwärts geneigt wäre, so würde sie im natürlichen Wind um 1° nach vorwärts geneigt sein, wenn LILIENTHAL recht behält. Das würde ein Weiterschweben ohne Kraftaufwand ermöglichen, wie man leicht sieht. Ein solcher Zustand würde, wie nebenbei bemerkt werden möge, dem Energiegesetz nicht widersprechen, da die Möglichkeit vorliegt, aus der Energie der inneren Unruhe der Luftströmung einen Teil auf die bewegte Fläche zu übertragen[1]. Gute Versuche in dieser Richtung wären von großem Interesse. Dabei müßte auf eine geeignete Wahl des Ortes — eine möglichst vollkommene Ebene — großes Gewicht gelegt werden. Ein im Rücken des Beobachters befindlicher Hügel, oder auch nur ein Waldrand, kann starke aufsteigende Komponenten der Windbewegung zur Folge haben.

Daß die Widerstände bei raschem Wechsel der Geschwindigkeit oder der Bewegungsrichtung, also z. B. beim Flügelschlag, gänzlich andere Werte annehmen können wie bei gleichförmiger Bewegung, ist nach unseren Auseinandersetzungen über das Zustandekommen des Widerstandes durch die Wirbelbildung nicht verwunderlich. Es entstehen eben bei kurzen rhythmischen Schlägen ganz andere, meist viel größere Wirbel als bei der gleichförmigen Bewegung; dementsprechend sind auch größere Widerstände zu erwarten. Umfassende Versuche hierüber stehen noch aus, dürften allerdings bei guter Durchführung nicht ganz leicht sein.

Zusammenfassung. Den mannigfaltigen zum Teil merkwürdigen Besonderheiten der Luftwiderstandsgesetze, wie sie durch die neueren

[1] Aus einer vollkommen gleichförmigen Luftströmung könnte natürlich nicht andauernd Energie auf einen in ihr befindlichen Körper übertragen werden.

Versuche aufgedeckt wurden, vermag die hier auseinandergesetzte „*hydrodynamische*“ *Theorie des Luftwiderstandes* in durchaus befriedigender Weise gerecht zu werden. Besonders ist darauf hinzuweisen, daß die Quelle der Widerstände nicht in den Vorgängen vor dem Körper, sondern in den hinterhalb auftretenden Wirbeln liegt. Die Gestaltung der rückwärtigen Teile des Körpers hat deshalb in vielen Fällen mehr Bedeutung für den Widerstand als die der vorderen. Durch geeignete Gestaltgebung läßt sich der Widerstand von Luftschiffkörpern u. dgl. nahe an den theoretischen Wert Null heranbringen. Alle Theorien, die den Widerstand allein auf die Vorgänge auf der Vorderseite zu gründen suchen, müssen zu unrichtigen Resultaten führen und sind deshalb zu verwerfen. Von großem Einfluß auf die Widerstandswerte ist die größere oder kleinere innere Unruhe (Turbulenz) der Luft. Die Widerstände bei raschem Geschwindigkeitswechsel (Flügelschlag) weichen erheblich von denen bei gleichförmiger Bewegung ab.

Zeitschrift für Flugtechnik und Motorluftschiffahrt 1. Jg. (1910) S. 157—161

Bemerkungen über Dimensionen und Luftwiderstandsformeln

1. Bei der Aufgabe, die Ergebnisse von irgendwelchen Versuchen durch Zahlenangaben zusammenzufassen, ist man häufig in der Lage, den Einfluß verschiedener für das Versuchsergebnis bestimmender Größen von vornherein formelmäßig anzugeben. Man tut in solchen Fällen gut, die Ergebnisse der Versuche in Angaben über die „Koeffizienten" zu verdichten, die in jenen Formeln vorkommen; auf solche Weise wird einerseits das Resultat von dem Zufälligen der gerade gewählten Abmessungen (od. dgl.) befreit, andererseits werden die Folgerungen aus dem Versuch in ihrer allgemeinsten Form zur Darstellung gebracht.

Wenn es die Verhältnisse zulassen, sollte man dabei immer danach trachten, daß die durch den Versuch bestimmten Koeffizienten in den Formeln als *dimensionslose Größen*, d. h. als reine Zahlen erscheinen. Dies bringt den großen Vorteil mit sich, daß der Zahlwert eines so bestimmten Koeffizienten ganz unabhängig von dem gewählten Maßsystem ist.

Ein Beispiel mag die Sache erläutern. Man weiß, daß der Luftwiderstand eine Platte proportional dem Flächeninhalt, der Dichte und dem Quadrat der Geschwindigkeit ist. Die zugehörige Formel mag geschrieben werden

$$W = \psi F \gamma \frac{w^2}{g}.$$

Der Nenner g (Beschleunigung der Erdschwere) ist beigesetzt, um den Koeffizienten dimensionslos zu machen. Links vom Gleichheitszeichen steht die Kraft W; da nur Größen gleicher Art einander gleichgesetzt werden können, muß demnach auch der Ausdruck rechts vom Gleichheitszeichen eine Kraft bedeuten. Rechnet man in m, kg und sec, so ergibt sich, mit den Maßeinheiten m^2 für die Fläche F, $\mathrm{kg/m^3}$ für das Raumgewicht γ, m/sec für die Geschwindigkeit v und $\mathrm{m/sec^2}$ für die Beschleunigung g, in dem Ausdruck $F\gamma \frac{w^2}{g}$ der zu den Zahlenfaktoren hinzukommende Dimensionsfaktor zu

$$\mathrm{m}^2 \frac{\mathrm{kg}}{\mathrm{m}^3} \left(\frac{\mathrm{m}}{\mathrm{sec}}\right)^2 \frac{\mathrm{sec}^2}{\mathrm{m}} = \mathrm{kg}.$$

Der Koeffizient ψ ist demnach das Verhältnis der zwei Kräfte W und $F\gamma \frac{w^2}{g}$ und somit eine reine Zahl. Erhalten wir bei der Auswertung eines Versuches, z. B. an einer kreisförmigen Platte, dieses Verhältnis unter Benutzung von m, kg und sec zu 0,56, so würden wir, wenn wir statt dessen englische Fuß, Pfund und Minuten benutzten, zu genau derselben Zahl gelangen müssen. Hätten wir den Nenner g, für dessen Zufügung auf den ersten Blick eine Notwendigkeit nicht zu bestehen schien[1], weggelassen, so wäre dies keineswegs der Fall, vielmehr wäre der Koeffizient, je nachdem wir m oder cm, kg oder g, Sekunden oder Minuten gewählt hätten, immer verschieden ausgefallen, und hätte demnach für den Benützer nur Wert, wenn gleichzeitig die Maßeinheiten angegeben werden, auf die er bezogen ist.

2. Abgesehen von diesem nicht zu bestreitenden praktischen Nutzen der dimensionslosen Größen lassen sich aus den damit zusammenhängenden Betrachtungen auch noch tiefere Erkenntnisse gewinnen. Man geht davon aus, daß die wirklichen physikalischen Vorgänge an sich nichts mit dem Maßsystem zu tun haben, dessen wir uns bedienen, um unsere Beobachtungen zahlenmäßig auszudrücken, und fordert nun, daß jede Schlußfolgerung, die aus den Beobachtungen gezogen wird, innerlich unabhängig sei von dem gerade gewählten Maßsystem. Sind die formelmäßigen Zusammenhänge zwischen den einzelnen Größen, die bei dem Versuch eine Rolle spielen, noch nicht bekannt, so kann gerade diese Forderung dazu benutzt werden, um Aussagen über solche Zusammenhänge herzuleiten.

Die Forderung, daß das Maßsystem ohne Einfluß auf das wirkliche Resultat sein muß, läßt sich nun auch so ausdrücken, daß alle Größen, die in den Gleichungen zueinander addiert, voneinander subtrahiert oder einander gleichgesetzt werden sollen, in denselben Maßeinheiten gemessen sein müssen. Wendet man die hieraus entspringenden Überlegungen auf die zu verwendenden Maßeinheiten an, so gelangt man zu einem „rationellen Maßsystem", in dem alle Maßeinheiten durch eine kleine Zahl voneinander unabhängigen Grundeinheiten festgelegt sind (z. B. in der Mechanik durch die Einheit der Länge, der Zeit und der Kraft[2]). Wie man unter Benutzung eines rationellen Maßsystems zu Aufschlüssen über den formelmäßigen Zusammenhang gelangt, dafür mag der Luftwiderstand ein Beispiel abgeben.

Es handle sich darum, zu entscheiden, in welcher Weise der Luftwiderstand W einer kreisförmigen Scheibe vom Durchmesser d, von der Geschwindigkeit v und von der Luftdichte γ/g abhängt. Unter der Annahme, daß andere physikalische Größen, wie z. B. die Zusammendrückbarkeit der Luft, ihre Zähigkeit usw. keine Rolle spielen, kann

[1] Die innere Notwendigkeit für die Zufügung des Nenners g leitet sich aus dem Umstand her, daß das hier verwendete Maß für die Dichte, das *Gewicht* der Raumeinheit Luft, von der Erdschwere abhängig ist.

[2] An Stelle der letzteren kann auch die Masse gewählt werden.

man versuchsweise den Ansatz machen

$$W = (\text{Zahl})\, d^p\, v^q \left(\frac{\gamma}{g}\right)^r.$$

Setzt man die Werte der Größen für irgendeinen beobachteten Fall ein, etwa im m-kg-sec-System, so ergibt sich ein Ausdruck folgender Art

$$(\text{Zahl})\,\text{kg} = (\text{Zahlenprodukt})\,\text{m}^p \left(\frac{\text{m}}{\text{sec}}\right)^q \left(\frac{\text{kg}\,\text{sec}^2}{\text{m}^4}\right)^r.$$

Nach der vorhin aufgestellten Forderung müssen die Dimensionsfaktoren rechts und links vom Gleichheitszeichen einander gleich sein, es muß also, wenn gleich ausgerechnet wird, die Gleichung bestehen

$$\text{kg} = \text{m}^{p+q-4r}\,\text{kg}^r\,\text{sec}^{2r-q}.$$

Man sieht sofort, daß dies erfüllt wird, wenn

$$r = 1; \qquad q = 2r = 2; \qquad p = 4r - q = 2$$

gesetzt wird. Man erfährt demnach schon aus dieser „Dimensionsbetrachtung", daß der Luftwiderstand proportional dem Quadrat des Durchmessers, dem Quadrat der Geschwindigkeit und der ersten Potenz der Luftdichte ist! Das Experiment ist darum nicht überflüssig gemacht, denn einerseits ist der Zahlenfaktor ψ nur durch den Versuch bestimmbar, andererseits gilt es noch, durch den experimentellen Nachweis, daß der Widerstand genau proportional mit dem Quadrat der Geschwindigkeit ist, die gemachte Annahme zu beweisen, daß ein Einfluß der Zähigkeit usw. nicht besteht. Wird ein Einfluß der Zähigkeit angenommen, so werden die Verhältnisse weit weniger einfach. Man findet, daß eine dimensionslose Kombination der Größen d, v, γ/g und der Zähigkeit k $\left(\text{Dimension } \frac{\text{kg}\,\text{sec}}{\text{m}^2}\right)$[1] existiert, nämlich $\frac{\gamma\, d\, v}{g\, k}$.

Man kann demnach voraussagen, daß der Widerstand von geometrisch ähnlichen Körpern bei allen Geschwindigkeiten, Dichten und Zähigkeiten durch eine Formel von folgendem Bau dargestellt werden kann:

$$W = d^2\, v^2\, \frac{\gamma}{g}\, f\left(\frac{\gamma\, d\, v}{g\, k}\right).$$

$f\left(\frac{\gamma\, d\, v}{g\, k}\right)$ ist dabei eine zunächst unbestimmt bleibende Funktion der reinen Zahl $\frac{\gamma\, d\, v}{g\, k}$. Nähere Aussagen über die Art der Funktion lassen sich in der Hauptsache nur durch Versuche gewinnen; in einzelnen einfacheren Fällen kann auch eine näher auf die Bewegungsvorgänge in der Luft eingehende Theorie Aufschlüsse liefern.

[1] Die „Zähigkeit" ist der Faktor, mit der die Winkeländerung je Zeiteinheit dv/dy, Richtung von v senkrecht zur Richtung von y, multipliziert werden muß, um die Schubspannung zu erhalten, die infolge der Zähigkeit mit der Winkeländerung verknüpft ist.

Der Wert der Dimensionsbetrachtung liegt hier darin, daß, wenn z. B. erst einmal bei einem Körper und bei einer Dichte und Zähigkeit die Abhängigkeit des Widerstandes von der Geschwindigkeit festgelegt ist, dann sofort auf den Widerstand von geometrisch ähnlichen Körpern für alle beliebigen Dichten und Zähigkeiten geschlossen werden kann. Setzt man z. B. zufolge von Versuchen

$$f\left(\frac{\gamma\, d\, v}{g\, k}\right) = C\left(\frac{\gamma\, d\, v}{g\, k}\right)^{n-2},$$

so wird[1]

$$W = C\, d^n v^n \left(\frac{\gamma}{g}\right)^{n-1} k^{2-n}.$$

Durch den Exponenten von v sind also die Exponenten der übrigen Größen mitgegeben! Findet man durch das Experiment den Widerstand proportional mit dem Quadrat der Geschwindigkeit, so wird $n = 2$ und damit der Widerstand proportional mit der Fläche und der Dichtigkeit; der Einfluß der Zähigkeit fällt fort, in Übereinstimmung mit dem früher gefundenen.

3. Ich wende mich zu mehr praktischen Fragen. Wenn wir das mit der Geschwindigkeit quadratische Luftwiderstandsgesetz festhalten, so ist nach dem vorstehenden erwiesen, daß dann auch die Längenausmaße des Objektes in der zweiten Potenz, also als eine Fläche in die Formel eingehen müssen. Was man aber im einzelnen Fall, bei einem Ballonkörper, bei einem gewölbten Flügel od. dgl., als die in die Formel einzuführende Fläche nehmen soll, steht völlig dahin. Die Entscheidung hierüber kann nur durch Zweckmäßigkeitsgründe getroffen werden.

Vielfach ist es üblich, die Projektion des Objektes in der Bewegungsrichtung zu wählen. Die Schiffbauer nehmen den größten Querschnitt senkrecht zur Bewegungsrichtung und nennen ihn Hauptspant. Die beiden Festsetzungen laufen in ihrer Anwendung auf Schiffkörper und Luftschiffkörper praktisch auf dasselbe hinaus. Für Tragflächen u. dgl., die je nach ihrer Einstellung gegen die Bewegungsrichtung verschiedene Projektionen ergeben, ist diese Festsetzung untunlich. Man kann, wenn die Flächengestaltung einfach genug ist, den Flächeninhalt nehmen; bei verwickelteren Gestalten, z. B. bei Flügeln mit verdickter Vorderkante, wird dieses Maß unsicher; man kann hier ein allgemein brauchbares Maß einführen in der „größten Projektion" des Flügels, d. h.

[1] Will man von dieser Formel auf die Formel für die Reibung an Platten übergehen, die in Z. Flugtechn. Motorl. 1. Jg. (1910) S. 74 angegeben ist, so muß man an Stelle der Vergleichslänge d, die irgendeiner Abmessung der ähnlichen Körper entspricht, die Längen b und l (Breite und Länge) einführen. Da der Widerstand von der Breite der Platte linear abhängt, im ganzen aber die n-te Potenz einer Länge auftreten muß, muß man $b\, l^{n-1}$ einsetzen. Mit $n = m + 1$ ergibt sich

$$W = C\, b\, l^m\, v^{m+1} \left(\frac{\gamma}{g}\right)^m k^{1-m}.$$

der größten Fläche, die durch senkrechtes Projizieren des Flügels auf eine Ebene gewonnen werden kann.[1] Der Oberflächenwiderstand (Reibungswiderstand) wird, soweit man das quadratische Gesetz überhaupt als zulässig erachtet, zweckmäßig auf die Gesamtoberfläche bezogen.

Als Vergleichsmaß für die Zweckmäßigkeit verschiedener Ballonformen vermag der auf den Hauptspant bezogene Widerstandskoeffizient nicht recht zu befriedigen, da die Größe des Hauptspantes je nach der Streckung und der Form des Ballonkörpers stark veränderlich ist. In der Praxis handelt es sich häufig um die Frage: Welche Gestalt soll einem Ballonkörper *von gegebenem Fassungsvermögen V* gegeben werden, damit sein Luftwiderstand so klein wie möglich wird? Man würde, um nach diesem Gesichtspunkt den richtigen Vergleich zu finden, alle Ballonformen auf gleiches Volumen V umrechnen und ihre Widerstände W bei diesem Volumen und bei ein und derselben Geschwindigkeit berechnen können. Den gleichen Zweck erreicht man durch das allgemeinere Verfahren, gleich den Widerstand für das Volumen 1 (und die Geschwindigkeit 1 und Dichte 1) zu ermitteln. Da die Flächen mit der zweiten, die Volumina mit der dritten Potenz der Länge wachsen, werden sich bei verschiedenen Volumen die Widerstände geometrisch ähnlicher Körper wie $V^{2/3}$ verhalten.

Man wird deshalb die Fläche $V^{2/3}$, d. i. die Seitenfläche des in einen Würfel verwandelten Ballonvolumens[2], zur Vergleichsfläche in der Widerstandsformel zu nehmen haben. Diese lautet dann:

$$W = \xi V^{2/3} \frac{\gamma v^2}{g}.$$

Die Größen ξ geben unmittelbar an, wie sich die einzelnen Ballonformen bei gleichem Volumen in Hinsicht auf ihren Widerstand verhalten. Um ein paar Zahlenbeispiele zu geben, will ich die Wertziffern ξ_1 für den Formwiderstand der drei in der Mitteilung 3 und 4 der Göttinger Modellversuchsanstalt behandelten Ballonmodelle angeben. Es ergab sich für

	Modell I	II	III
$\psi_1 =$	0,0308	0,0199	0,0171
$\xi_1 =$	0,00924	0,00851	0,00687

Die Überlegenheit des Modells III bleibt bestehen, jedoch haben sich die Zahlenverhältnisse verschoben. Verglichen mit dem Modell III ergeben I und II das 1,8 bzw. 1,16fache, bezogen auf gleichen Haupt-

[1] Für eine zylindrisch gewölbte Fläche von rechteckiger Abwicklung ergibt diese Definition einfach das Rechteck aus der Flügellänge und der Sehne des Wölbungsprofils.

[2] Ist die Würfelkante $= a$, so ist $V = a^3$ und demnach $V^{2/3} = a^2$.

spant; dagegen das 1,35 bzw. 1,24fache, bezogen auf gleiches Volumen. Man sieht, daß durch die ersteren Vergleichsziffern das Modell I mit seinem wesentlich zylindrischen Leib zu schlecht, das Modell II mit seinem dicken Kopfteil zu gut beurteilt wird.

Die verschiedenen Arten von Widerstandsziffern wird man zweckmäßig durch verschiedene Bezeichnungen unterscheiden. Für die Göttinger Veröffentlichungen haben wir bereits vereinbart, zu gebrauchen

ψ für Widerstände, bezogen auf die Projektion in der Bewegungsrichtung bzw. auf den Hauptspant,
ζ bezogen auf die größte Projektion,
χ bezogen auf die Gesamtoberfläche,
ξ bezogen auf das Volumen.

Diese Regel ist bei den vorausgehenden Mitteilungen der Göttinger Modellversuchsanstalt bereits befolgt worden.[1]

Außer den Kräften kommen im allgemeinen auch noch Drehmomente vor, deren Dimension Kraft × Hebellänge das Zufügen einer Länge auf der rechten Seite der Widerstandsformel erfordert. Für diese Länge kann man wieder verschiedene Wahl treffen. Bezieht man die Widerstände auf das Volumen, so wird man als diese Länge zweckmäßig die Würfelkante $a = V^{1/3}$ einführen. Die Formel für Momente wird dann

$$M = \xi_M V \frac{\gamma v^2}{g}.$$

4. Die Dimensionsbetrachtungen von Abschn. 1 und 2 lassen sich auch mit Nutzen auf die *Luftschrauben* anwenden. Als bestimmende Größen treten hier auf der Durchmesser, oder, wenn man will, der Radius (r) der Schraube, die Steigung h der Schraube, die allerdings für geometrisch ähnliche Schrauben, um deren Vergleich es sich hier nur handeln kann, in festem Verhältnis zum Radius steht, ferner die Winkelgeschwindigkeit ω (oder die Umdrehungszahl n), die Fortschreitungsgeschwindigkeit v der Schraubenachse relativ zur umgebenden Luft und die Luftdichte γ/g. Handelt es sich nun darum, die nach Abschn. 2 zulässigen Formeln für die Schubkraft S (in kg) und die aufzuwendende Leistung L (in mkg/sec) zu finden, so kann genau wie dort verfahren werden. Man kann aber auch unter Verwertung des dort Gewonnenen, die Resultate unmittelbar angeben. Zunächst findet man in dem Verhältnis der Fortschreitungsgeschwindigkeit v zur Umfangsgeschwindigkeit $r\omega$ eine dimensionslose Größe: nur solche Fälle, bei denen diese Größe, die zur Abkürzung λ genannt werden möge, konstant ist (d. h., bei denen die geometrisch ähnlichen Schrauben auch

[1] Durch einen versehentlich nicht verbesserten Druckfehler steht in Mitteilung 2 an einigen Stellen ξ statt ζ.

geometrisch ähnliche Schraubengewinde in die Luft hineinschneiden), dürfen unmittelbar miteinander verglichen werden. Wir haben nun, um eine Kraft zu erhalten, wieder eine Fläche mit der Dichte und dem Quadrat einer Geschwindigkeit zu multiplizieren. Als Fläche wird man zweckmäßig die Schraubenkreisfläche πr^2, als Geschwindigkeit die Umfangsgeschwindigkeit $r\omega$ wählen, diese eignet sich deshalb besser hierzu als die Fortschreitungsgeschwindigkeit, da sonst das Produkt für die am Festpunkt arbeitende Schraube gleich Null würde. Wir schreiben also

$$P = \psi \pi r^2 \frac{\gamma}{g} r^2 \omega^2 = \psi \pi r^4 \omega^2 \frac{\gamma}{g}.$$

ψ ist dabei nach obigem als Funktion von $\lambda = v/r\omega$ aufzufassen.

Die zuzuführende Arbeitsleistung unterscheidet sich von der Kraft durch einen Faktor von der Dimension einer Geschwindigkeit. Man erhält also eine dimensionell richtige Formel durch Zufügung des Faktors $r\omega$ auf der rechten Seite:

$$L = \vartheta \pi r^5 \omega^3 \frac{\gamma}{g}.$$ [1]

Hat man durch Versuche ψ und ϑ als Funktionen von λ ermittelt, so sind damit alle aerodynamischen Eigenschaften der Schraube bekannt. Man erhält z. B. das Drehmoment M wegen $L = \omega M$ zu

$$M = \vartheta \pi r^5 \omega^2 \frac{\gamma}{g}.$$

Der Wirkungsgrad ist der Quotient aus der Nutzleistung $P v$ und der aufzuwendenden Leistung L; mit $v = \lambda r \omega$ wird somit

$$\eta = \frac{\lambda \psi}{\vartheta}.$$

Der Wirkungsgrad wird für $v = 0$, also $\lambda = 0$ ebenfalls Null; für die Hubschrauben (sowie für die am Festpunkt untersuchten Treibschrauben) hat man sich nach einer anderen Güteziffer umgesehen, die bei gegebenem Durchmesser der Schraube die Kraftentfaltung zu der hierzu nötigen Arbeitsleistung in Beziehung setzt. Sie lautet:

$$\varepsilon = \frac{\psi^3}{\vartheta^3} = \frac{P^3}{L^2 \pi r^2 \frac{\gamma}{g}}.$$

Betrachtungen dieser Art sind keineswegs neu. Sie dürften wohl auf Ch. Renard zurückgehen. Neuerdings hat sie — in etwas anderer, wenn man will mehr gemeinverständlicher, doch unvollständigerer Art, als es hier geschehen ist — der französische Geniehauptmann Dorand

[1] Es steht natürlich nichts im Wege, den Faktor π in diesen Formeln wegzuschaffen, indem man für $\psi\pi$ und $\vartheta\pi$ zwei neue Zahlgrößen ψ' und ϑ' einführt.

bei Gelegenheit eines Berichtes über seine Schraubenversuche in der „Technique aéronautique" (1910, S. 433) erörtert.

Ich benutze diese Gelegenheit, um die Ergebnisse dieser Versuche den deutschen Lesern mitzuteilen. Es handelt sich um Fahrversuche mit einem von der Schraube getriebenen Prüfwagen ähnlich dem in Z. Flugtechn. Motorl., S. 16ff., schon beschriebenen Wagen der „Ila". Der Wagen, der auf dem Gelände der Luftschifferabteilung zu Chalais-Meudon auf einem Gleis von 1 m Spur läuft, wird mittels Elektromotor betrieben[1]. Die Schraube wird vom Elektromotor mit Kette angetrieben, ihr Schub mittels eines hydraulischen Dynamometers von RICHARD; die Leistung wurde elektrisch gemessen, die Zeiten wurden durch Chronographen ermittelt.

DORAND veröffentlicht in dieser Mitteilung die Versuchskurven für zwei geometrisch ähnliche hölzerne Luftschrauben, von denen die eine 2,50 m Durchmesser und 1,875 m Steigung, die andere 4,30 m Durchmesser und 3,225 m Steigung hat. Weitere Angaben, z. B. Zahl der Flügel, Breite und Zuschnitt der Flügel usw. sind nicht gemacht. DORAND benutzt die Messungsergebnisse hauptsächlich zum Nachweis der oben formulierten Gesetzmäßigkeiten. Er gibt in seinen Kurven die Kräfte und Leistungen bei bestimmten Umdrehungszahlen, abhängig von der Fahrgeschwindigkeit, und weist nun durch Rechnung nach, daß sich diese Gesetzmäßigkeiten mit durchaus befriedigender Genauigkeit bewähren.

Man kann nun einen viel besseren Überblick über diese Dinge gewinnen, wenn man, statt P und L abhängig von v gleich die Verhältniszahlen ψ und ϑ abhängig von $\lambda = v/r\,\omega$ aufträgt. Bei strenger Erfüllung unserer Gesetzmäßigkeiten müßten die bei den verschiedensten Umdrehungszahlen und Fahrgeschwindigkeiten ermittelten Werte von ψ und ϑ (da sie ja Funktionen von λ allein sein sollen) je eine glatte Kurve erfüllen. Daß das gleiche dann auch für die abgeleitete Funktion $\eta = \psi\,\lambda/\vartheta$ gelten muß, ist klar. In untenstehendem Kurvenbild sind nun die DORANDschen Kurven, die sich auf Umdrehzahlen von 540 bis 678 bei der kleinen Schraube, von 207 bis 270 bei der großen Schraube beziehen, umgerechnet auf unsere dimensionslosen Größen zusammengetragen. Die Kurven der kleinen Schraube sind dabei ausgezogen, die der großen dagegen gestrichelt. Die ψ-Kurven liegen im allgemeinen sehr gut, schlechter die für ϑ; die Abweichungen dürften hauptsächlich mit der Unsicherheit der Leistungsmessung zusammenhängen, die durch die veränderliche Reibung im Getriebe entsteht. Im ganzen kann man

[1] Bei dem Frankfurter Wagen mußte aus äußeren Umständen statt des besseren elektrischen Antriebs ein Automobilmotor verwendet werden, durch dessen Stöße die Meßinstrumente häufig in Unordnung gerieten. Dies war mit der Grund, daß sich der Abschluß der Versuche ungemein hinausgezogen hat.

aber doch mit der Übereinstimmung der Kurven der zwei ähnlichen Schrauben recht zufrieden sein.

DORAND hebt von den Folgerungen aus den Versuchen besonders zwei hervor: 1. Für Fortschreitungsgeschwindigkeiten, die proportional zu den Umdrehzahlen sind[1], verhalten sich bei einer Schraube die Kräfte

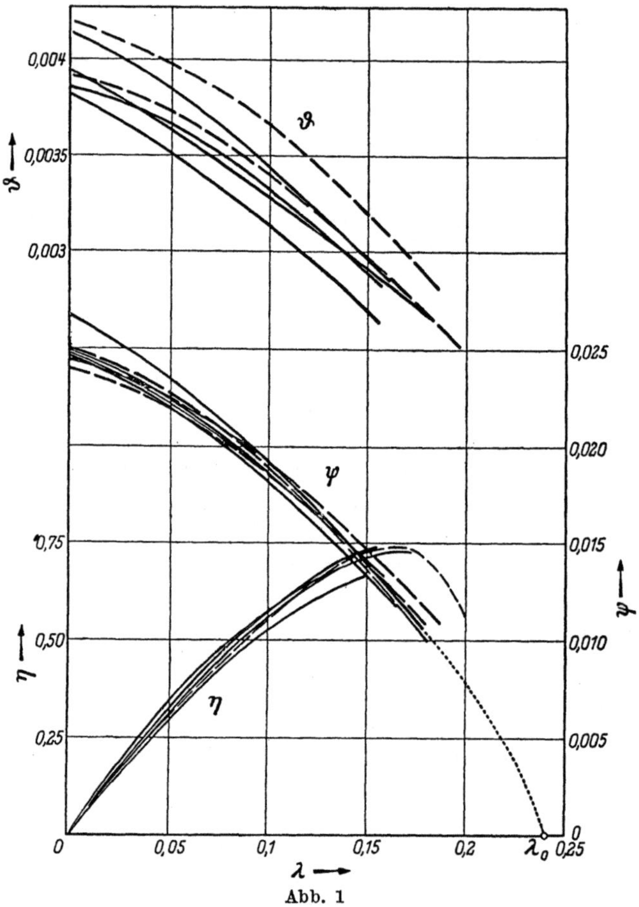

Abb. 1

wie die zweiten, die Arbeiten wie die dritten Potenzen der Umdrehzahlen. 2. Das Wirkungsgradmaximum hat für geometrisch ähnliche Schrauben denselben Wert, und liegt bei einem bestimmten Verhältnis von Fahrgeschwindigkeit zu Umfangsgeschwindigkeit. DORAND zieht weitere Schlüsse bezüglich Wahl der günstigsten Schraube für Aeroplane und Motorluftschiffe.

[1] Also für konstantes λ.

Bei der Frage nach der zweckmäßigsten Schraube für irgendeine Verwendungsart wird man nach dem vorstehenden etwa so verfahren können: Angenommen ist, daß Versuchskurven für verschiedene Schraubentypen (von verschiedenem Steigungsverhältnis $\lambda_0 = \frac{h}{2\pi r}$, von verschiedener Völligkeit usw.) vorliegen. Man wird von jedem Typ diejenigen Werte von λ herausgreifen, die dem Wirkungsgradmaximum naheliegen und die zugehörigen Werte von ψ und ϑ notieren. Wenn nun, wie gewöhnlich, die Fortschreitungsgeschwindigkeit und der Schraubenschub vorgeschrieben sind, so kann man für jeden der obigen Werte von λ die folgende kleine Rechnung machen. Zunächst folgt aus v und λ die Umfangsgeschwindigkeit $r\omega = v/\lambda$; wird dieser Wert in die Formeln für den Schub eingeführt, so hat man

$$P = \frac{\psi}{\lambda^2} r^2 v^2 \frac{\gamma}{g},$$

hieraus ergibt sich r, womit dann auch ω bekannt ist; aus der Gleichung für L, oder ebenso einfach aus der Gleichung $L = \frac{1}{\eta} P v$ folgt nun die zuzuführende Leistung.

Für die verschiedenen Werte von λ erhält man so eine Reihe von Werten für r, ω und L. Wenn sonst keinerlei Beschränkungen vorliegen, kann man die Schraube mit der kleinsten Leistung wählen; wenn andererseits ein bestimmter Durchmesser nicht überschritten werden darf oder eine bestimmte Umdrehzahl (bei direktem Antrieb) erwünscht erscheint, wird man aus dem vorliegenden Material leicht eine passende Wahl treffen können.

Zusammenfassung. Die Zweckmäßigkeit der dimensionslosen Größen für die Darstellung von Versuchsergebnissen und die Verwendbarkeit der Dimensionsbetrachtungen für theoretische Aufschlüsse werden an dem Beispiel der Luftwiderstandsfragen dargetan. Für die Bezugsgrößen, die für Angaben über Luftwiderstand von Ballonkörpern und Aeroplanflächen, sowie über das Verhalten der Luftschrauben in Frage kommen, wird ein Bezeichnungssystem vorgeschlagen. Als Beispiel werden die Luftschraubenversuche von Dorand besprochen und schließlich eine Anleitung zur Ermittlung der günstigsten Schraubenform für einen gegebenen Zweck gegeben.

Zeitschrift für Flugtechnik und Motorluftschiffahrt 4. Jg. (1913) S. 266—267

Höhenflug und Belastungsflug

Der Aufsatz von Herrn Ingenieur R. J. HOFMANN in der Z. Flugtechn. Motorl. 4. Jg. (1913), H. 19, S. 257, hat mich zu der folgenden kurzen Betrachtung angeregt, die einen sehr einfachen Zusammenhang zwischen dem größten Gewicht, das ein Flugzeug beim horizontalen Flug über den Erdboden tragen kann, und der größten erreichbaren Höhe aufzeigt.

In beiden Fällen handelt es sich um den ökonomischen Flugtypus bei dem die vorhandene Motorleistung aufs äußerste ausgenutzt wird. Es mag darauf hingewiesen werden, daß das Maß der Ökonomie, das dabei praktisch erreicht werden kann, in ziemlich hohem Maß von der Geschicklichkeit des Führers (wie auch von den atmosphärischen Verhältnissen) abhängt. Denn in dem theoretischen Grenzzustand führt jede Veränderung der Tragflächenneigung nach größeren wie nach kleineren Winkeln zu einem Sinken des Flugzeuges. Da in Wirklichkeit solche Schwankungen nie ganz vermieden werden können, wird man den ökonomischen Punkt nicht erreichen, sondern man muß sich zur Ausgleichung der Schwankungen etwas Steigkraft übrigbehalten.

Für das Folgende sei angenommen, daß der Belastungsflug und der Höhenflug von dem gleichen Führer unter den gleichen atmosphärischen Verhältnissen ausgeführt wird, dann kann man annehmen (vgl. den HOFMANNschen Aufsatz), daß für beide Flüge der Anstellwinkel derselbe ist; damit ist aber auch das Verhältnis des Gewichtes Q zum Schraubenschub P, in beiden Fällen gleich.

Über die Abhängigkeit der Motorstärke von dem Raumgewicht γ der Luft läßt sich voraussagen, daß das vom Motor gelieferte Drehmoment M mit ziemlicher Annäherung proportional γ ist, weil die zur Verbrennung pro Hub zur Verfügung stehende Sauerstoffmenge proportional mit γ ist. Wenn man nun die Luftkräfte an der Schraube betrachtet, so ist hier wieder mit praktisch ausreichender Genauigkeit der entwickelte Schub P proportional dem Drehmoment M. Wegen der Gleichheit des Anstellwinkels ist aber P proportional Q, so daß wir also als Endresultat Q proportional γ erhalten.

Ist γ_B das Luftgewicht am Boden, γ_H das in der Höhe, ferner Q_1 das Gesamtgewicht des Flugapparates beim Höhenflug, Q_2 das größte Gesamtgewicht beim Belastungsflug in Bodennähe, so ist

$$Q_1 : Q_2 = \gamma_H : \gamma_B \,. \tag{1}$$

Ist Q_2 und γ_B bekannt, so ist das mit einem Gewicht Q_1 im Höhenflug erreichbare Luftgewicht

$$\gamma_H = \gamma_B \frac{Q_1}{Q_2} \,. \tag{1 a}$$

Über das Verhältnis der Fluggeschwindigkeiten in beiden Fällen belehrt die Gleichung

$$Q = \frac{\zeta_A F \gamma v^2}{g}. \tag{2}$$

Da hier $Q_1/\gamma_H = Q_2/\gamma_B$ ist, findet man, daß die Geschwindigkeit v in beiden Fällen dieselbe ist. Da die Leistung $L = P\,v$ ist, so erhält man auch die Leistungen proportional den Luftdichten[1].

Eine dritte Art des ökonomischen Fluges wird erhalten, wenn bei horizontalem Flug mit der Belastung Q_1 in Bodennähe der Motor bis an die erreichbare Grenze abgedrosselt wird. Da hier wieder derselbe Anstellwinkel eintritt, hat in Gl. (2) ζ_A denselben Wert wie vorher, es verhalten sich also die Geschwindigkeiten wie die Wurzeln aus den Gewichten. Da sich die Schübe wie die Gewichte verhalten, verhalten sich die Leistungen wie die $^3/_2$-en Potenzen der Gewichte. Im Zusammenhang mit unserer Formel (1) ergibt sich hieraus für das Verhältnis der Leistung beim Belastungsflug und der kleinstmöglichen Flugleistung gerade die Gl. (8) von HOFMANN.

Eine Bemerkung anderer Art sei noch gestattet: Wie die vorstehende Betrachtung zeigt, und wie übrigens den Praktikern längst bekannt ist, hat das Raumgewicht einen sehr erheblichen Einfluß auf die Steigfähigkeit der Apparate. Man sollte deshalb Höhenrekorde nicht in Metern, sondern in dem kleinsten Luftgewicht ausdrücken, in das der Apparat vorzudringen imstande ist. Die erreichbare Höhe des Apparates hängt ganz erheblich von der Temperatur und dem Druck der Luft ab und bildet daher, für sich genommen, keine gut definierte Eigenschaft des Apparates.

Die Abnahmeprüfungen der Flugzeuge werden zumeist in die frühesten Morgenstunden verlegt, weil da die „Luft am besten trägt". Das wäre nicht nötig, wenn man statt des unzweckmäßigen Maßstabes Steigfähigkeit vom Boden aus mit vorgegebener Belastung den innerlich angemesseneren wählte: Steigfähigkeit mit vorgeschriebener Belastung zu einer Höhe, in der eine vorgegebene Luftdichte herrscht. Unter Berücksichtigung unserer Gl. (1) würde am allereinfachsten, und dabei völlig ausreichend, *Steigfähigkeit bei einem vorgegebenen Verhältniswert* $Q:\gamma$ zu verlangen sein. Man hätte dabei einen weit gerechteren Maßstab für die Eigenschaften des Apparates, als dies nach der bisherigen Art der Fall ist, und man könnte die Prüfung zu allen Stunden des Tages mit gleicher Aussicht auf Erfolg vornehmen.

[1] Der Vergleich mit der Formel (6) von HOFMANN lehrt, daß die dort als $L_{\max B}$ bezeichnete Größe genaugenommen die *Leistung beim Belastungsflug am Boden* ist. Die eigentliche Höchstleistung des Motors ist dies nicht, diese tritt vielmehr beim Geschwindflug mit kleiner Belastung auf, weil hier der Motor eine höhere Drehzahl erreicht als beim Belastungsflug.

Technische Berichte herausgegeben von der Flugzeugmeisterei der Inspektion der Fliegertruppen, Charlottenburg. Bd. II (1917) S. 78—80

Allgemeiner Nachweis der Grundgleichung des Wirkungsgrades

Als idealer Propeller soll eine Vorrichtung angesehen werden, welche auf einer im übrigen beliebigen Fläche innerhalb einer gegebenen geschlossenen Randkurve einen Drucksprung derart erzeugt, daß jedes durch die Fläche hindurchfließende Luftteilchen eine Druckerhöhung von dem konstanten Betrag Δp erfährt. Der Bequemlichkeit halber und wegen der Beziehung zu den Luftschrauben mag angenommen werden, daß die geschlossene Kurve ein Kreis ist, der senkrecht zur Bewegungsrichtung steht. Die Fläche dieses Kreises, allgemein die größte Projektion der umrandeten Fläche, werde mit F bezeichnet. Durch die Wirkung des Drucksprunges bildet sich hinter dem Propeller ein Strahl aus, innerhalb dessen höhere Geschwindigkeit herrscht als außerhalb, vgl. Abb. 1. Die relative Züflußgeschwindigkeit zum Propeller (gleich der Absolutgeschwindigkeit des Propellers im ruhenden Medium) sei gleich v_0, die relative Geschwindigkeit im Strahl nach vollzogenem Druckausgleich sei $v_0 + w$.

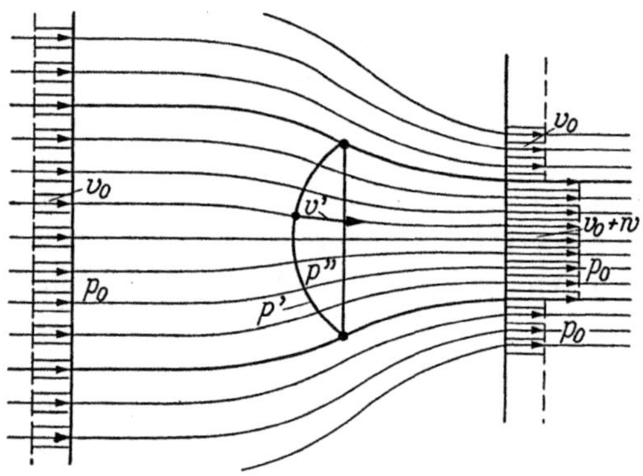

Abb. 1

Ist ferner v' die Durchflußgeschwindigkeit an irgendeiner Stelle der Drucksprungfläche (sie wird im allgemeinen von Punkt zu Punkt veränderlich und auch nicht senkrecht zur Fläche gerichtet sein), ist schließlich ϱ die als unveränderlich angenommene Dichte, so ergibt die Bernoullische Gleichung für den vorderen und den hinteren Teil der zugehörigen Stromlinie:

$$p_0 + \varrho \frac{v_0^2}{2} = p' + \varrho \frac{v'^2}{2},$$

$$p_0 + \varrho \frac{(v_0 + w)^2}{2} = p'' + \varrho \frac{v'^2}{2}.$$

Hieraus ergibt sich durch Subtraktion:

$$\frac{\varrho}{2} [(v_0 + w)^2 - v_0^2] = p'' - p' = \Delta p$$

oder

$$\Delta p = \varrho\left(v_0 + \frac{w}{2}\right) w. \tag{1}$$

Es werden nun zwei Anwendungen des Impulssatzes gemacht, bei deren einer die Kontrollfläche von vorn und hinten dicht an die Drucksprungfläche angelegt wird, bei der zweiten dagegen durch die die Randkurve durchsetzenden Stromlinien und zwei passende Abschlußflächen gebildet wird, vgl. Abb. 2 und 3. (Über den Impulssatz und den Energiesatz siehe z. B. PRANDTL, „Abriß der Lehre von der Flüssigkeits- und Gasbewegung", S. 12 und 46.) Der erste Impulssatz ergibt, da die Durchflußgeschwindigkeit vor und hinter dem

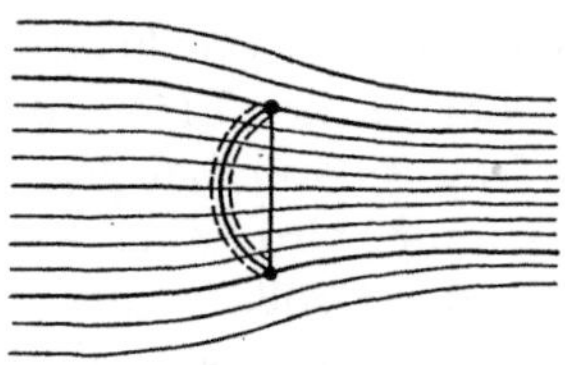

Abb. 2

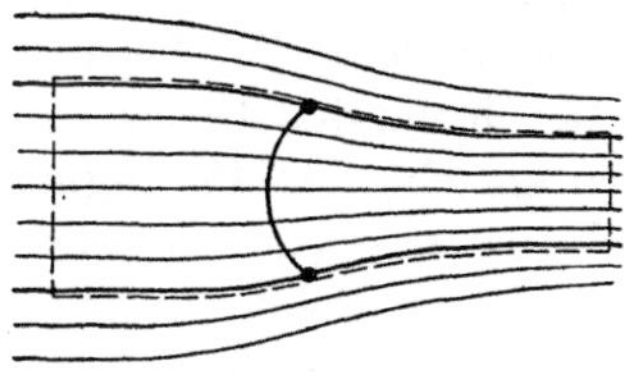

Abb. 3

Sprung mit demselben Wert v' eingesetzt werden kann, keine Impulsänderungen, sondern nur eine Druckwirkung, deren Resultante unter Berücksichtigung des Projektionssatzes:

$$S = F \Delta p$$

ist. Mit dem Wert für Δp wird also

$$S = F \varrho\left(v_0 + \frac{w}{2}\right) w. \tag{2}$$

Für die Anwendung des zweiten Impulssatzes ist zunächst hervorzuheben, daß nach einem hydrodynamischen Satz die Resultante der Druckkräfte auf das Äußere der in Abb. 3 gezeichneten Kontrollfläche gleich Null ist. Hiermit ergibt sich eine reine Impulswirkung: bedeutet Q das sekundlich durch die Drucksprungfläche fließende Volumen und ϱ die Dichte, so erfährt der im Inneren der Flüssigkeitsmasse befindliche Propeller einen Schub:

$$S = Q \varrho (v_0 + w - v_0) = Q \varrho w. \tag{3}$$

Durch den Vergleich der beiden Formeln für den Schub erhält man für das Durchflußvolumen:

$$Q = F\left(v_0 + \frac{w}{2}\right).$$

Es ist weiter die Arbeitsleistung zu betrachten. Durch Anwendung des Energiesatzes für die Kontrollfläche der Abb. 3 ergibt sich die von der drucksprungerzeugenden Fläche verbrauchte Leistung L_1 zu

$$L_1 = Q \Delta p = F\left(v_0 + \frac{w}{2}\right) \Delta p = S\left(v_0 + \frac{w}{2}\right).$$

Andererseits ist die Nutzleistung

$$L_2 = S\,v_0\,.$$

Hiermit ergibt sich der Wirkungsgrad zu

$$\eta = \frac{L_2}{L_1} = \frac{v_0}{v_0 + \frac{w}{2}}$$

übereinstimmend mit der in Abschn. 18, S. 73[1], zugrunde gelegten Gl. (3).

Anmerkung 1. Die Anwendung des Energiesatzes auf die Kontrollfläche nach Abb. 3 ergibt dieselbe Gleichung, welche hier mit Hilfe der BERNOULLIschen Gleichung hergeleitet worden ist.

Anmerkung 2. Die bei der Ableitung zugrunde gelegte Festsetzung, daß die Größe des Drucksprunges an allen Stellen der Fläche dieselbe ist, entspricht der Bedingung, daß der Wirkungsgrad bei gegebenem Schub und bei gegebener Fläche F ein Maximum wird. Zum Nachweis kann man die Fläche in zwei Teilflächen von der Größe F_1 und F_2 zerlegen und die Größe des Drucksprunges bei F_1 und F_2 verschieden groß annehmen. Die Forderung, daß der Wirkungsgrad ein Maximum oder, anders ausgedrückt, die zugeführte Leistung ein Minimum wird, ergibt dann Gleichheit des Drucksprunges bei F_1 und F_2.

---

[1] Vgl. F. BENDEMANN und G. MADELUNG, Praktische Schraubenberechnung. Techn. Ber. Flugzeugmeisterei Bd. II, S. 53–77.

Technische Berichte herausgegeben von der Flugzeugmeisterei der Inspektion der Fliegertruppen, Charlottenburg. Bd. II (1917) S. 275—278

Näherungsformel für den Widerstand von Tragwerken

Der Widerstand eines Tragwerkes (Eindecker oder Mehrdecker) läßt sich, wie bereits dargelegt wurde, in zwei Teile zerlegen, von denen bei gegebener Auftriebsziffer c_a der eine lediglich von der Profilform abhängt, während der andere von Aufbau und Umriß der Tragdecken bestimmt wird, von der Profilform jedoch unabhängig ist. Der erstere Anteil W_0 mag „Profilwiderstand" heißen, für den letzteren, W_1, werde die von MUNK in Techn. Ber. Flugzeugmeisterei, Bd. II, 2, S. 206, gewählte anschauliche Bezeichnung „induzierter Widerstand" verwendet. (Der von BETZ in Techn. Ber. Flugzeugmeisterei, Bd. I, 4, S. 88, eingeführte Name „Randwiderstand" entspricht zwar den beim Eindecker obwaltenden Verhältnissen, gibt aber den Begriff der gegenseitigen Beeinflussung — Induktion — beim Mehrdecker nicht wieder.)

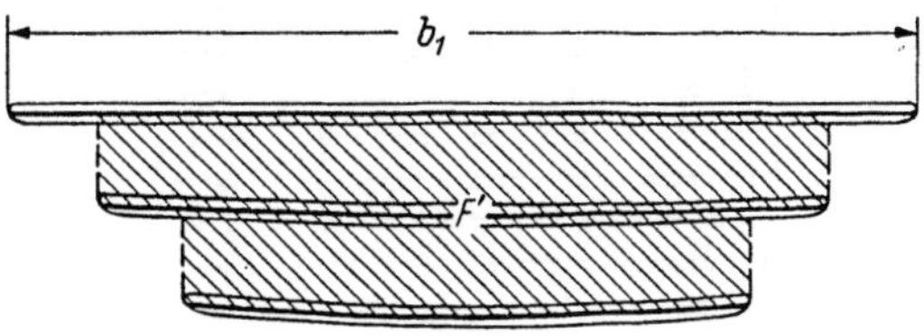

Abb. 1

Es ist also

$$W = W_0 + W_1 = (c_{w0} + c_{w1}) F q\,; \tag{1}$$

c_{w0} ist dabei, wie bekannt, durch die Polardiagramme, wie sie von der Modellversuchsanstalt veröffentlicht werden, gegeben; es wird dort durch die waagerechte Strecke zwischen der Polarkurve und der Parabel dargestellt, und ist, wie man sieht, bei guten Profilen nur wenig veränderlich mit c_a, soweit es sich um die flugtechnisch verwendbaren Anstellwinkel handelt.

Für die Widerstandsziffer des induzierten Widerstandes habe ich nun folgende Näherungsformel gefunden:

$$\boxed{c_{w1} = \frac{c_a^2 F}{\pi b_1^2 + 4F'}}\,. \tag{2}$$

In dieser Formel bedeutet F die Gesamttragfläche, b_1 die größte Spannweite, F' eine Flächengröße, die gebildet wird, indem man die Summe aus allen Flächenstücken nimmt, die von zwei benachbarten Tragdecken und den Senkrechten in den Endpunkten der kleineren Tragdecke begrenzt werden (vgl. Abb. 1). Für einen Mehrdecker ohne V-Stellung ergibt sich demnach

$$F' = \sum b\,h,$$

wo h der Abstand zwischen je zwei Tragdecken und b die kleinere der beiden Spannweiten ist.

Die Formel (2) ist genau für den Eindecker, wo $F' = 0$ ist[1], ferner ist sie richtig für ein aus sehr vielen — genaugenommen unendlich vielen — Tragdecken gebildetes Tragwerk, dessen äußerer Umriß, in der Flugrichtung gesehen, ein Kreis ist (vgl. Abb. 2). In diesem Fall ist $4F' = \pi b_1^2$, also c_{w1} gleich der Hälfte des Wertes für den Eindecker von gleichem F und b; den Beweis hierfür werde ich gelegentlich an anderer Stelle veröffentlichen[2]. Die Formel ist ferner noch richtig für

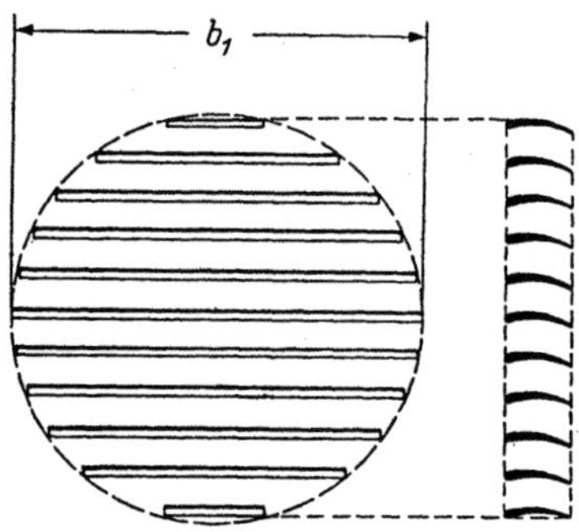

Abb. 2

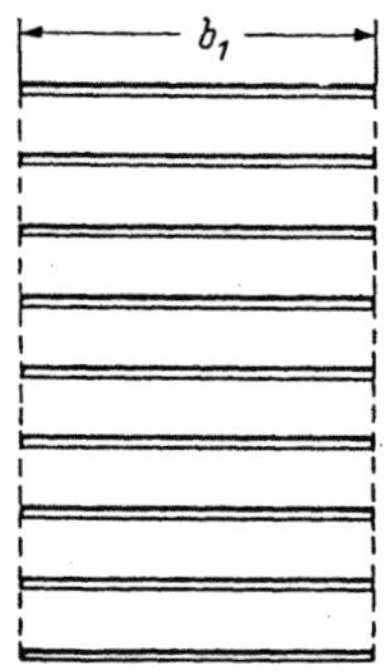

Abb. 3

ein in der Höhe unendlich ausgedehntes sehr dichtes System von Tragdecken von endlicher und überall gleicher Breite, in welchem Fall der erste Summand im Nenner von Gl. (1) gegenüber dem zweiten verschwindet (vgl. Abb. 3).

Der Vergleich mit den Munkschen Versuchen[3] zeigt, daß die Formel auch für Doppeldecker sehr gute Ergebnisse liefert, so daß es den Anschein hat, daß man sie für alle beliebigen Fälle als Näherungsformel empfehlen kann.

Der Vergleich mit der Munkschen Gleichung

$$c_{w1} = \frac{c_a^2 F}{\pi (k b)^2}$$

liefert für den Beiwert k die Beziehung

$$k = \sqrt{\frac{\pi b^2 + 4F'}{\pi b^2}}. \tag{3}$$

[1] Betz, a. a. O., oder Grammel, Die hydrodynamischen Grundlagen des Fluges. Sammlung Vieweg Nr. 38/40, § 18, Formel 25.

[2] Nachträglich fand ich, daß die Formel auch noch für eine ringförmige Tragfläche richtig ist, deren Vorderkante sich in der Flugrichtung als Kreislinie projiziert.

[3] Munk, Beitrag zur Aerodynamik der Flugzeugtragorgane. TB II, S. 195.

Für einen Doppeldecker, dessen beide Flügel die gleiche Spannweite b haben, für den also $F' = b\,h$ wird, ergibt sich demnach

$$k = \sqrt{1 + \frac{4}{\pi}\,\frac{h}{b}}\,. \tag{4}$$

Die nachstehende Tabelle ergibt einen Vergleich zwischen den Werten von k, welche die Formel (4) liefert, und jenen, welche von MUNK aus Modellversuchen abgeleitet sind. Die Übereinstimmung ist sehr befriedigend[1].

Tabelle

$b/h =$	3	4	5	6	7	8	9
MUNK Tabelle 3	1,22	1,16	1,14	1,10	1,08	1,08	1,06[2]
Formel (4)	1,195	1,15	1,12	1,103	1,087	1,076	1,067

Anmerkung. Die Näherungsformel (2) wird unrichtig in dem Fall, daß der senkrechte Abstand zweier benachbarter Tragdecken zu groß wird im Verhältnis zu ihrer Spannweite. Für diesen Fall, der allerdings praktisch ohne Bedeutung ist, kann man — unter der Voraussetzung, daß alle Tragdecken waagerecht stehen — für F' die Formel

$$F' = \frac{\pi}{4} \sum \frac{b^2}{\sqrt{\left(\frac{\pi}{4}\,\frac{b}{h}\right)^2 + 1}}$$

verwenden, worin wieder h der Abstand zwischen je zwei Tragdecken und b die kleinere der beiden Spannweiten ist. Für die gewöhnlich vorliegenden Verhältnisse liefert diese Formel nahezu dieselben Zahlwerte wie die einfache Formel $F' = \sum b\,h$, für Abstände h, die groß sind gegenüber b, ergibt sich der Wert von c_{w1}, der der Abwesenheit von gegenseitiger Beeinflussung der Tragdecken entspricht.

[1] Anm. d. Schriftl.: Vgl. S. 315, Fußnote 1.

[2] Verbessert nach MUNK, a. a. O., Diagramm 3.

Technische Berichte herausgegeben von der Flugzeugmeisterei der Inspektion der Fliegertruppen, Charlottenburg. Bd. III (1918) S. 309—315
Ergebnisse der Aerodynamischen Versuchsanstalt zu Göttingen. II. Lief., S. 9—16. Berlin—München: Oldenbourg 1923.

Der induzierte Widerstand von Mehrdeckern

Inhaltsangabe

Der wichtigste Anteil des Widerstandes eines Tragflügelsystems oder Tragwerkes, der induzierte Widerstand, läßt sich theoretisch berechnen, wenn bekannt ist, wie groß die Auftriebsanteile der einzelnen Flügel sind. Der Berechnung liegt die Annahme zugrunde, daß der Auftrieb über die Flügel nach Art einer halben Ellipse verteilt ist (Abb. 1). Es werden Formeln und Zahlentafeln für die Berechnung des Widerstandes angegeben. Anschließend hieran werden die günstigsten Anordnungen von Doppeldeckern und Dreideckern behandelt. Die Ergebnisse werden durch Zahlenbeispiele näher erläutert.

Formelzeichen

V Fluggeschwindigkeit in m/sec.
v Waagerechte Störungsgeschwindigkeit } durch die Flügel
w Senkrechte Störungsgeschwindigkeit } hervorgebracht.
A_1 Auftrieb von Flügel 1.
W_{11} Induzierter Eigenwiderstand von Flügel 1.
W_{12} Zusatzwiderstand, den Flügel 1 an Flügel 2 verursacht.
σ Beiwert von W_{12}.
$\varkappa$ Beiwert des Gesamtwiderstandes W.
$\mu = b_2/b_1$ Verhältnis der Spannweiten.

1. Vorbemerkungen

Gelegentlich von Versuchen an besonders großen Flügelmodellen in der Modellversuchsanstalt zeigte sich, daß bei zunehmenden Kennwerten[1] der Profilwiderstand[2] einen immer kleineren Anteil des Gesamtwiderstandes ausmacht und bei den ganz großen Kennwerten im wesentlichen nur noch aus dem Reibungswiderstand besteht, vorausgesetzt, daß es sich um ein „gutes Profil" handelt, und der Anstellwinkel dem Bereich angehört, in dem das Profil gut ist. Durch diese

[1] Kennwert = Produkt aus Flügeltiefe und Geschwindigkeit, vgl. Techn. Ber. Flugzeugmeisterei Bd. I, H. 4, S. 85.

[2] Profilwiderstand beim Eindecker = Differenz zwischen dem gemessenen Widerstand und dem „induzierten Widerstand" $W = \frac{A^2}{\pi q b^2}$, vgl. Techn. Ber. Flugzeugmeisterei Bd. I, H. 5, S. 145; der induzierte Widerstand wird dort Randwiderstand genannt.

Feststellung erhält eine theoretische Berechnung des induzierten Widerstandes von Mehrdeckern erhöhte praktische Bedeutung, denn da sich der Reibungswiderstand einigermaßen abschätzen läßt[1], wird durch Berechnung des induzierten Widerstandes auch der Gesamtwiderstand berechenbar. Hieraus ergibt sich auch, daß der Gesamtwiderstand gemäß den Eigenschaften des induzierten Widerstandes nur von den äußeren Umrißmaßen des Tragwerkes[2] und von der Verteilung des Auftriebes auf dessen Teile abhängt, daß die Profilform aber nur insoweit von Einfluß ist, als sie für den angestrebten Zweck richtig ausgewählt sein muß.

Für die Berechnung des induzierten Widerstandes von Zwei- und Mehrdeckern liegt bereits ein Verfahren vor; es ist in zwei Aufsätzen von A. Betz im I. Band der „Technischen Berichte", allerdings in etwas versteckter Form enthalten[3]; es besteht darin, daß zunächst die Widerstände der Eindecker, aus denen sich der Mehrdecker zusammensetzt, aus $A \operatorname{tg} \varphi$[4] berechnet werden; zu diesen Widerständen kommen durch die gegenseitige Beeinflussung der Tragflügel noch weitere Widerstände hinzu, diese ergeben sich aus der Beziehung $W_{12} = A_0 \alpha_0' = A_u \alpha_u'$.[5] Der gesamte induzierte Widerstand für ein Tragwerk aus n Flügeln ist sonach die Summe von n^2 solchen Einzelwiderständen.

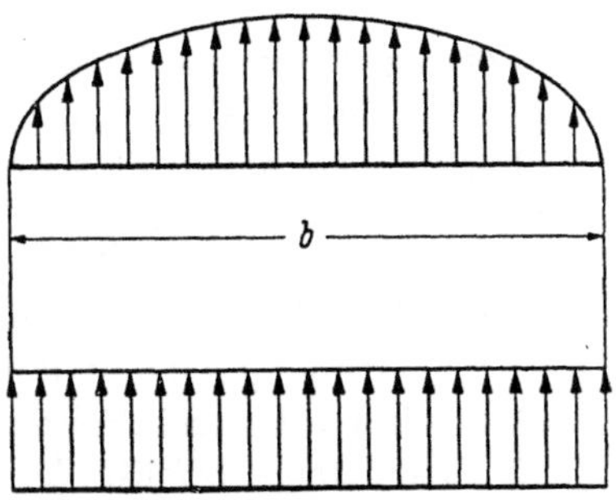

Abb. 1. Elliptische und Rechteckverteilung des Auftriebes

Dieses Verfahren hat jedoch das Unbefriedigende an sich, daß die Eindeckerwiderstände unter der Annahme berechnet werden, daß sich der Auftrieb über die Spannweite nach einer halben Ellipse verteilt (vgl. Abb. 1), während für die gegenseitige Beeinflussung eben derselbe Auftrieb über die Spannweite gleichförmig verteilt angenommen wird. Da die wirkliche Verteilung des Auftriebes der elliptischen wesentlich näherkommt, als der rechteckigen, ließ sich erwarten, daß die gleichmäßige Annahme von elliptischer Verteilung eine Theorie liefern werde, die nicht nur in sich

[1] Systematische Versuche über den Reibungswiderstand sind in Vorbereitung.

[2] Das Wort „Tragwerk" wird hier gleichbedeutend mit „Tragendes Flügelsystem" gebraucht. Das Tragwerk bildet mit dem „Leitwerk" zusammen das „Flugwerk". Allerdings findet man das Wort „Tragwerk" auch schon für den „statischen Aufbau" der „Zelle"; dafür würde man aber wohl zweckmäßiger „Stützwerk" sagen.

[3] Techn. Ber. Flugzeugmeisterei Bd. I, H. 4, S. 98 u. 103.

[4] a. a. O., S. 101.

[5] a. a. O., S. 105—107.

einheitlicher ist, sondern auch die wirklichen Verhältnisse genauer wiedergibt.

Die theoretischen Ermittlungen gestalten sich bei Annahme elliptischer Auftriebverteilung durchweg verwickelter als bei BETZ. Es ist auch bisher noch nicht gelungen, alle Aufgaben, die BETZ für die Berechnung von Doppeldeckern gelöst hat, für die elliptische Verteilung ebenfalls zu lösen. Lediglich die Frage nach dem gesamten induzierten Widerstand des Tragwerkes ist bisher erledigt, diese aber in sehr befriedigender Weise.

Der Gang der Berechnungen ist hier nur kurz angedeutet, soweit es für das Verständnis der Ergebnisse wichtig ist, im übrigen sind hauptsächlich diese Ergebnisse in *praktisch verwertbarer Form* wiedergegeben. Dabei sind außer Zahlentafeln und Kurven auch Näherungsformeln angegeben, die bei Berechnungen hier und da zweckmäßig sein werden[1].

2. Die Widerstandsformeln

Vorweg sollen zwei von MUNK entdeckte allgemeine Sätze mitgeteilt werden, die für das folgende von großem Nutzen sind:

1. Ein beliebiges Flügelsystem oder Tragwerk ist in bezug auf seinen gesamten induzierten Widerstand einem anderen einfacheren gleichwertig, das die gleiche Vorderansicht hat, bei dem aber die Druckmittelpunkte sämtlicher Flügelteile unter Beibehaltung der gegebenen Auftriebverteilung in ein und dieselbe Ebene senkrecht zur Flugrichtung gerückt sind („Ungestaffeltes Tragwerk").

2. Beim ungestaffelten Tragwerk ist der Widerstand W_{12}, den ein Flügel 1 durch seine Einwirkung auf einen Flügel 2 an diesem hervorruft, gleich dem Widerstand W_{21}, den der Flügel 2 an dem Flügel 1 hervorbringt.

Dieser Widerstand W_{12} entsteht dadurch, daß der Flügel 1 einen absteigenden Luftstrom am Ort des Flügels 2 erzeugt, der zur Folge hat, daß die resultierende Luftkraft an dem Flügel 2 um einen Winkel β nach hinten geneigt wird und so eine Teilkraft $A_2 \sin\beta$ des Widerstandes neu entsteht. Dabei ist $\operatorname{tg}\beta = w_{12}/V$, worin V die Fluggeschwindigkeit und w_{12} die vom Flügel 1 erzeugte Abwärtsgeschwindigkeit ist. Da es sich hier immer um kleine Winkel handelt, dürfen $\sin\beta$ und $\operatorname{tg}\beta$ verwechselt werden. Die Geschwindigkeit w_{12} ist in Wirklichkeit über die Spannweite nicht gleichförmig, also muß geschrieben werden:

$$W_{12} = \int \frac{w_{12}}{V}\, dA_2 . \tag{1}$$

[1] Bei der Durchführung der Rechnungen und Zeichnungen hat mich Herr POHLHAUSEN sehr wirksam unterstützt. Einige wichtige Einzelheiten haben die Herren MUNK und GRAMMEL beigesteuert.

Um w_{12} zu ermitteln, benutzt man nach einem Vorschlag von MUNK den Umstand, daß die Strömung unter und über einem Eindecker mit elliptischer Auftriebverteilung mit der ebenen Strömung um eine senkrecht zu ihrer Ebene bewegte Platte übereinstimmt[1]. Man ermittelt von dieser Strömung (vgl. Abb. 2) die senkrechten Geschwindigkeiten in einer Reihe von passenden Abständen von der Platte. Das Ergebnis, das ich Herrn K. POHLHAUSEN verdanke, ist in Abb. 3 dargestellt. Die Spannweite des Tragflügels ist dabei gleich zwei Einheiten gesetzt, die

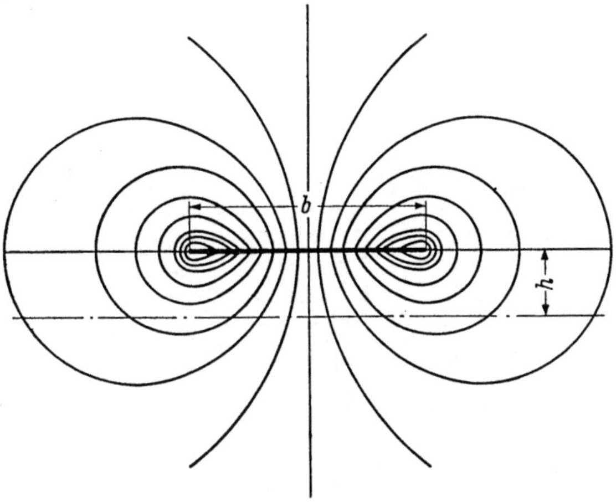

Abb. 2. Störungsströmung an einem Tragflügel

Geschwindigkeit w am Tragflügel selbst ist $= 1$ gesetzt; die wirklichen Geschwindigkeiten sind demnach

$$w_{12} = \frac{2 A_1}{\pi V b_1^2} z, \tag{2}$$

wobei z für das in Frage kommende Verhältnis h/b_1 aus Abb. 3 zu entnehmen ist (h = senkrechte Entfernung der beiden ungestaffelten Tragflügel, b_1 = Spannweite des ersten Flügels).

Nun ist das Integral gemäß Gl. (1) unter der Voraussetzung zu bilden, daß der Auftrieb A_2 nach einer Ellipse über die Spannweite b_2 verteilt ist. Dieses Integral ist durch Planimetrierung der erhaltenen Kurven ausgewertet worden und zwar für $\mu = b_2/b_1 = 1{,}0$, $0{,}8$ und $0{,}6$ für verschiedene Werte von h/b_1. Die Ergebnisse sind in Abb. 4 und 5 dargestellt, und zwar ist darin die unbenannte Größe σ aufgetragen, die durch die Gleichung

$$W_{12} = W_{21} = \frac{\sigma}{\pi q} \frac{A_1}{b_1} \frac{A_2}{b_2} \tag{3}$$

[1] Vgl. Lehrbuch der Hydrodynamik von LAMB, deutsch von FRIEDEL, S. 100 u. 101.

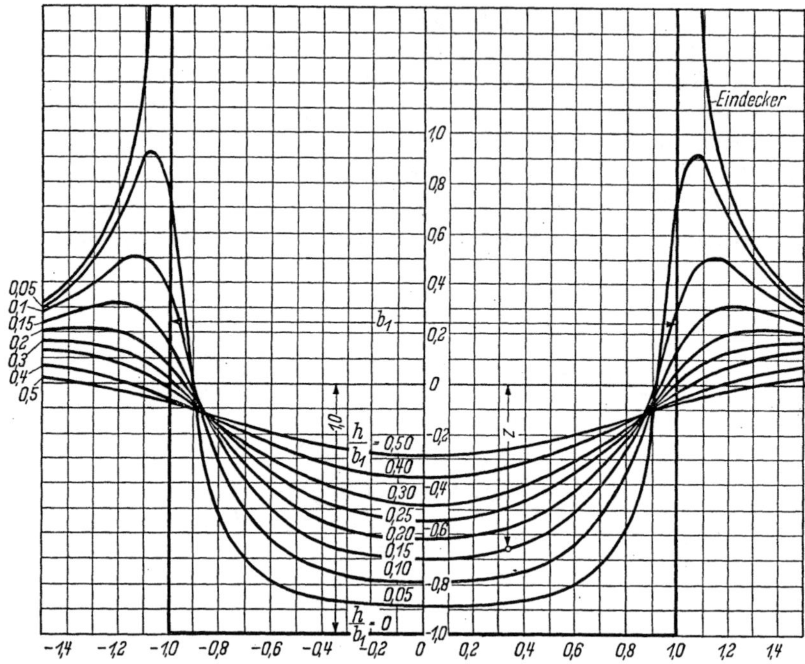

Abb. 3. Senkrechter Anteil der Störungsgeschwindigkeit, abhängig von der waagerechten und senkrechten Entfernung vom Flügel

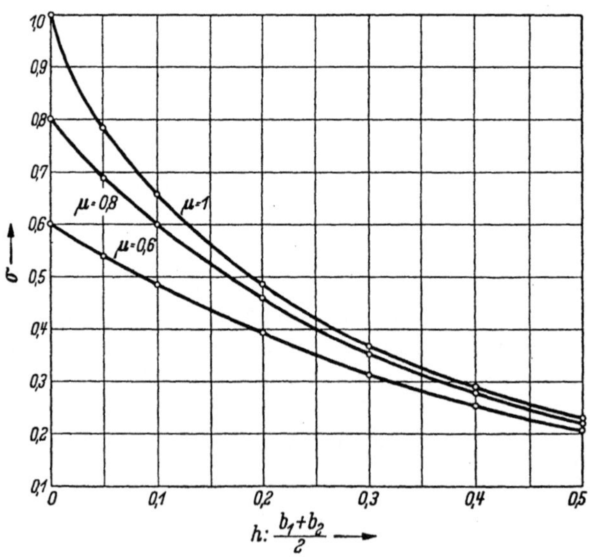

Abb. 4. Einflußzahl σ, abhängig von $h \Big/ \frac{b_1+b_2}{2}$ und $\mu = \frac{b_2}{b_1}$

ausgedrückt ist[1]. In Abb. 4 ist als Abszisse das Verhältnis der Doppeldeckerhöhe h zum arithmetischen Mittel gewählt, in Abb. 5 dagegen das Verhältnis der Spannweiten b_1 und b_2

$$\frac{b_1 - b_2}{b_1 + b_2} = \frac{1-\mu}{1+\mu},$$

wobei in Abb. 4 die Kurven für gleichbleibendes μ, in Abb. 5 die Kurven für gleichbleibendes $h\Big/\frac{b_1+b_2}{2}$ gezeichnet sind. Für Werte von $\mu = b_2/b_1 > 1$ ergeben sich wegen $W_{12} = W_{21}$ dieselben Werte von σ wie für $\mu' = 1/\mu$. Zahlentafel 1 enthält die aus einem Kurvenblatt nach Abb. 4 entnommenen Werte von σ.

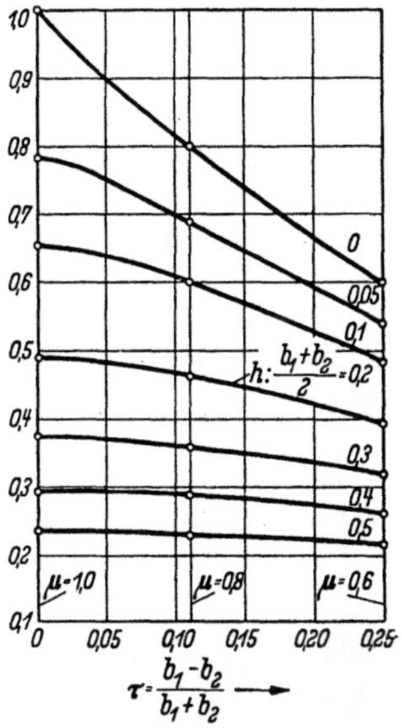

Abb. 5. Einflußzahl σ, abhängig von $\tau = \frac{b_1 - b_2}{b_1 + b_2}$ und $\mu = \frac{b_2}{b_1}$

Die Werte von σ für den besonders wichtigen Fall $\mu = 1$, also $b_1 = b_2 = b$, werden zwischen $h/b = 1/15$ und $h/b = 1/4$ mit guter Annäherung durch

$$\sigma_1 \cong \frac{1}{1 + 5{,}3\,h/b} \tag{4}$$

dargestellt. Genauer ist die von $h/b = 1/15$ bis $h/b = 1/2$ heranreichende Näherungsformel

$$\sigma_1 \cong \frac{1 - 0{,}66\,h/b}{1{,}055 + 3{,}7\,h/b}. \tag{5}$$

Zahlentafel 1. *Werte von* σ

$h\Big/\frac{b_1+b_2}{2}$	0	0,05	0,1	0,15	0,2	0,25	0,3	0,35	0,4	0,45	0,5
$\mu = 1{,}0$	1,000	0,780	0,655	0,561	0,485	0,420	0,370	0,327	0,290	0,258	0,230
0,8	0,800	0,690	0,600	0,523	0,459	0,401	0,355	0,315	0,282	0,252	0,225
0,6	0,600	0,540	0,485	0,437	0,394	0,351	0,315	0,285	0,255	0,231	0,210

Weniger einfach gestaltet sich die Näherungsformel für $\mu \gtrless 1$. Man berechnet zunächst den zu $b_m = \frac{b_1 + b_2}{2}$ gehörigen Wert von σ_1, ferner die Hilfsgrößen

$$0{,}8\,\sigma_1(1 - \sigma_1) - 0{,}1 = s$$

und

$$\frac{0{,}56}{\sigma_1 + s - 0{,}22} = t,$$

[1] Die Formel ist entsprechend für den Eigenwiderstand $W_{11} = \frac{A_1^2}{\pi q b_1^2}$ gebaut und geht auch für $A_1 = A_2$, $b_1 = b_2$ und $h = 0$, wobei $\sigma = 1$ wird, in diese über.

dann ist, wenn zur Abkürzung

$$\frac{b_1 - b_2}{b_1 + b_2} = \frac{1-\mu}{1+\mu} = \tau$$

gesetzt wird,

$$\sigma = \sigma_1 + s - \sqrt{s^2 + (\tau/t)^2}\,. \tag{6}$$

Zahlenbeispiel. Es sei ein Doppeldecker mit einer Spannweite des Oberflügels $b_1 = 12$ m und einer Spannweite des Unterflügels $b_2 = 10$ m gegeben; die Höhe betrage $h = 2$ m. Zu berechnen ist die Einflußzahl σ für den Widerstand W_{12}.

Zunächst wird die Einflußzahl σ_1 für die mittlere Spannweite $b_m = (b_1 + b_2)/2 = 11$ m berechnet. Es ist $h/b_m = 2/11 = 0{,}1818$. Nach Gl. (4) wird nun

$$\sigma_1 = \frac{1}{1 + 5{,}3 \cdot 0{,}1818} = 0{,}509;$$

rechnet man des Vergleiches halber auch nach Gl. (5), so ergibt sich

$$\sigma_1 = \frac{1 - 0{,}66 \cdot 0{,}1818}{1{,}055 + 3{,}7 \cdot 0{,}1818} = 0{,}509;$$

durch Interpolation aus Abb. 3 endlich findet man $\sigma_1 = 0{,}511$. Die Übereinstimmung ist also recht befriedigend.

Mit $\sigma_1 = 0{,}511$ ergeben sich die Hilfsgrößen

$$s = 0{,}8 \cdot 0{,}511 \cdot 0{,}489 - 0{,}1 = 0{,}100;$$

$$t = \frac{0{,}56}{0{,}511 + 0{,}100 - 0{,}22} = 1{,}432\,.$$

$$\mu = \frac{b_2}{b_1} = \frac{10}{12} = 0{,}833; \quad \tau = \frac{1-\mu}{1+\mu} = 0{,}0909; \quad \frac{\tau}{t} = \frac{0{,}0909}{1{,}432} = 0{,}0635\,.$$

Damit wird

$$\sigma = 0{,}511 + 0{,}1 - \sqrt{0{,}1^2 + 0{,}0635^2} = 0{,}611 - 0{,}1185 = 0{,}4925\,.$$

Die Interpolation aus Abb. 5 ergibt $\sigma = 0{,}490$.

3. Der Doppeldecker

Der induzierte Widerstand des Oberflügels wird beim ungestaffelten Doppeldecker

$$W_1 = W_{11} + W_{12} = \frac{1}{\pi q}\left(\frac{A_1^2}{b_1^2} + \sigma \frac{A_1 A_2}{b_1 b_2}\right),$$

der des Unterflügels

$$W_2 = W_{21} + W_{22} = \frac{1}{\pi q}\left(\sigma \frac{A_1 A_2}{b_1 b_2} + \frac{A_2^2}{b_2^2}\right).$$

Ist Staffelung vorhanden, so wird, wenn, wie gewöhnlich, der Oberflügel nach vorn verschoben ist, dessen Widerstand durch den vom Unterflügel hervorgerufenen aufsteigenden Luftstrom vermindert, der des Unterflügels dagegen durch den vom Oberflügel hervorgerufenen absteigenden Luftstrom um genau ebensoviel vergrößert, so daß der

Gesamtwiderstand ebenso groß wird, wie der des ungestaffelten Doppeldeckers, und zwar

$$W = W_1 + W_2 = \frac{1}{\pi q}\left(\frac{A_1^2}{b_1^2} + 2\sigma \frac{A_1 A_2}{b_1 b_2} + \frac{A_2^2}{b_2^2}\right).^1 \tag{7}$$

Es liegt nahe, bei gegebenem Gesamtauftrieb A und gegebenen Werten von b_1, b_2 und h zu fragen, wie der Auftrieb auf die beiden Flügel verteilt werden muß, damit der Gesamtwiderstand möglichst klein wird.

Zu diesem Zweck setze man $A_2 = A\,x$, also $A_1 = A(1 - x)$ und suche denjenigen Wert von x, für den der Klammerausdruck von Gl. (7) ein Mindestwert wird. Die sehr einfache Rechnung ergibt mit $b_2/b_1 = \mu$

$$x = \frac{\mu - \sigma}{\mu + \frac{1}{\mu} - 2\sigma}; \tag{8}$$

führt man diesen Wert von x in Gl. (7) ein, so findet man für den Kleinstwert des Widerstandes

$$W_{\min} = \frac{A^2}{\pi q b_1^2} \frac{1 - \sigma^2}{\mu\left(\mu + \frac{1}{\mu} - 2\sigma\right)}. \tag{9}$$

Für den Sonderfall $b_1 = b_2$, also $\mu = 1$, vereinfachen sich die Formeln. Es wird, wie leicht zu sehen, $x = \frac{1}{2}$, d. h. der Auftrieb verteilt sich zu gleichen Teilen auf die beiden Tragflügel[2]. Weiter ist hier

$$W_{\min} = \frac{A^2}{\pi q b^2} \frac{1 + \sigma}{2}. \tag{9a}$$

$\frac{A^2}{\pi q b_1^2}$ ist der induzierte Widerstand W_E eines Eindeckers von der Spannweite b_1, der den gleichen Auftrieb hervorbringt, wie der vorliegende Doppeldecker. Der Faktor, der in Gl. (9) und (9a) hinter diesem Ausdruck steht, gibt also das Verhältnis $W/W_E = \varkappa$, an[3]. Der Verlauf von $\varkappa$, abhängig von h/b_1 und $\mu = b_2/b_1$, ist in Abb. 6 dargestellt. Man erkennt, daß alle Doppeldecker kleineren Widerstand

---

[1] Die in Techn. Ber. Flugzeugmeisterei Bd. II, H. 2, S. 275 angegebene Näherungsformel für den induzierten Widerstand, die auf ziemlich unsichere Analogieschlüsse gegründet war, hält einer Prüfung mit der genaueren Formel (7) nicht genügend stand. Ihre Übereinstimmung mit den Munkschen Messungen scheint auf Unsicherheiten in diesen Messungen, die noch in der alten Anstalt gemacht worden sind, hinzuweisen.

[2] Die Beziehungen sind nicht völlig genau. Es ist nämlich der Einfluß des zu V parallelen Anteiles der Störungsströmung v der Einfachheit halber vernachlässigt. Rechnet man genauer, so ergibt sich, daß man nicht die Auftriebe, sondern die Zirkulationen der beiden Flügel gleichmachen muß, um genau den kleinsten Widerstand zu erhalten; die Auftriebe verhalten sich dann wie $V + v$ zu $V - v$. Der Einfluß dieser Berichtigung auf die Größe des Widerstandes verschwindet jedoch praktisch vollkommen.

[3] Die von Munk in Techn. Ber. Flugzeugmeisterei Bd. II, H. 2, S. 187 eingeführte Größe k ist gleichbedeutend mit $1/\sqrt{\varkappa}$.

haben als der Eindecker, und daß ihr kleinster Widerstand für $\mu = 1$, also für gleiche Spannweite von Ober- und Unterflügel erhalten wird; außerdem sieht man, daß sich mit Vergrößerung der Höhe des Doppeldeckers bei gleichbleibender Spannweite der Widerstand ebenfalls vermindert.

Dieses Ergebnis darf jedoch nicht mißverstanden werden. Es ist nicht so, daß ein für allemal der Doppeldecker besser ist als der Eindecker. Die Rechnung besagt — abgesehen davon, daß sie den Wider-

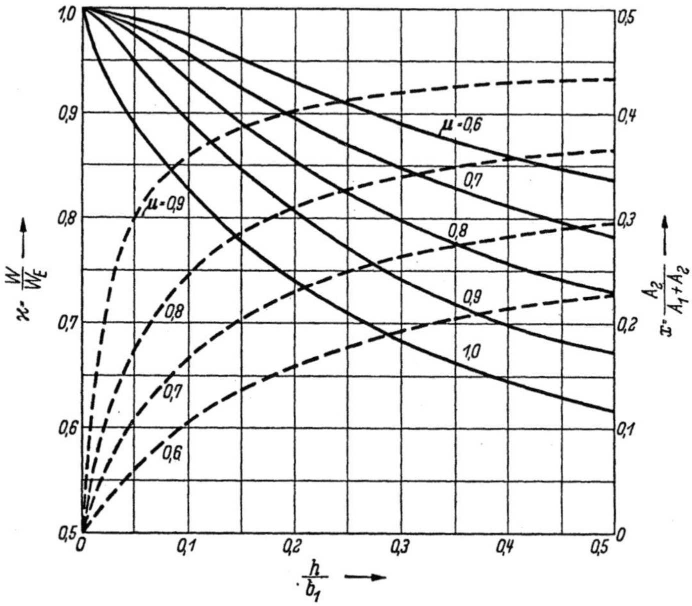

Abb. 6. Verteilungsziffer x und Gütegrad $\varkappa$ des Doppeldeckers, abhängig von b_2/b_1 und h/b_1

stand in jedem einzelnen Fall zu berechnen erlaubt — nur, daß unter allen Ein- und Zweideckern *mit derselben größten Spannweite* und *derselben Gesamtbelastung* der Doppeldecker, bei dem beide Flügel an die gegebene Grenze der Spannweite herangehen, besser ist, als die übrigen Anordnungen. Man braucht nur einen Eindecker zum Vergleich heranzuziehen, der dieselbe Last wie der Doppeldecker trägt und dessen Spannweite $1/\sqrt{\varkappa}$ mal größer ist, als die des Doppeldeckers, um sich zu überzeugen, daß die beiden den *gleichen Gesamtwiderstand* haben. Ebenso zeigt sich, daß ein Doppeldecker mit 12 und 10 m Spannweite um eine Kleinigkeit besser ist, als einer mit zwei Flügeln von 11 m Spannweite. Für alle diese Verhältnisse geben Abb. 6 und die zugehörige Zahlentafel 2 nach kurzer Rechnung Auskunft.

Wählt man die Spannweite des Unterflügels kleiner als die des Oberflügels, so wird der Anteil des Auftriebes, der auf den Unterflügel entfallen muß, damit der Widerstand am kleinsten wird, noch kleiner, als es dem Verhältnis der Spannweiten entspricht. Nimmt man dabei was meist erstrebenswert sein dürfte, für beide Flügel gleiche Flächenbelastung an, so erhält der Unterflügel eine kleinere Tiefe, als der Oberflügel. Die Verhältniszahl x, die angibt, welcher Anteil des Gesamtauftriebes auf den kleineren Flügel entfällt, ist in Abb. 6 durch die gestrichelten Linien dargestellt und auch aus Zahlentafel 2 zu entnehmen.

Zahlentafel 2. *Werte von* $\varkappa = W/W_E$ *für den Doppeldecker*

h/b_1	0	0,05	0,1	0,15	0,2	0,25	0,3	0,35	0,4	0,45	0,5
$\mu = 0{,}6$	1,000	0,990	0,974	0,954	0,932	0,911	0,892	0,875	0,861	0,848	0,839
0,7	1,000	0,982	0,956	0,926	0,897	0,871	0,849	0,830	0,812	0,797	0,783
0,8	1,000	0,974	0,932	0,892	0,855	0,825	0,800	0,778	0,758	0,740	0,728
0,9	1,000	0,950	0,893	0,847	0,807	0,773	0,744	0,719	0,699	0,683	0,671
1,0	1,000	0,890	0,827	0,779	0,742	0,710	0,684	0,662	0,645	0,629	0,615

Werte von $x = \dfrac{A_2}{A_1 + A_2}$ *für den Doppeldecker*

$\mu = 0{,}6$	0	0,060	0,104	0,134	0,157	0,176	0,191	0,202	0,211	0,218	0,224
0,7	0	0,105	0,164	0,202	0,228	0,248	0,262	0,272	0,281	0,288	0,294
0,8	0	0,172	0,246	0,285	0,310	0,327	0,338	0,347	0,355	0,361	0,364
0,9	0	0,303	0,359	0,387	0,402	0,412	0,419	0,425	0,429	0,431	0,433
1,0	0/0	0,500	0,500	0,500	0,500	0,500	0,500	0,500	0,500	0,500	0,500

Zahlenbeispiel. Ein Doppeldecker von den im vorigen Zahlenbeispiel angegebenen Abmessungen soll mit einem Dienstgewicht von 1500 kg und mit einer Geschwindigkeit von $V = 40$ m/sec in 6 km Höhe fliegen. Die Dichte sei $\varrho = \gamma/g = 0{,}065$, also der Staudruck $q = \varrho V^2/2 = 52$ kg/m². Wie groß sind bei der günstigsten Auftriebverteilung die Auftriebsanteile des Oberflügels und des Unterflügels, und wie groß ist bei dieser Auftriebverteilung der induzierte Widerstand?

Nach früheren Rechnungen ist $\mu = 0{,}833$ und $\sigma = 0{,}490$. Damit ist gemäß Gl. (8)

$$x = \frac{0{,}833 - 0{,}490}{0{,}833 + 1{,}200 - 0{,}980} = 0{,}326\,.$$

Hiermit wird der Auftrieb des Unterflügels $A\,x = 1500 \cdot 0{,}326 = 490$ kg, der des Oberflügels $1500 - 490 = 1010$ kg. Nimmt man 37,5 kg/m² Flächenbelastung an, so wird die gesamte Flügelfläche 40 m², wovon auf den Oberflügel 27 und auf den Unterflügel 13 m² entfallen. Das gibt bei gegebenen Spannweiten 2,25 und 1,3 m Flügeltiefe[1].

[1] Berücksichtigt man die Wirkung der waagerechten Geschwindigkeit v der Störungsströmung, etwa nach Betz, Techn. Ber. Flugzeugmeisterei Bd. I, H. 4, S. 107, so wird die Tiefe des Oberflügels etwas kleiner, die des Unterflügels entsprechend größer. Durch den in Fußnote 2 von S. 315 erwähnten Einfluß wird diese Korrektur jedoch wieder abgeschwächt.

Der Beiwert der Gl. (9) wird nun

$$\varkappa = \frac{1 - 0{,}490^2}{0{,}833\,(0{,}833 + 1{,}20 - 0{,}980)} = 0{,}865\,.$$

Hiermit wird

$$W = \varkappa \frac{A^2}{\pi\, q\, b_1^2} = \frac{0{,}865 \cdot 1500^2}{3{,}14 \cdot 52 \cdot 144} = 82{,}7 \text{ kg}\,.$$

In ähnlicher Weise ergibt sich für den Doppeldecker mit zwei Flügeln von 11 m Spannweite ($\sigma = 0{,}511$) $\varkappa = 0{,}755$ und damit

$$W = \frac{0{,}755 \cdot 1500^2}{3{,}14 \cdot 52 \cdot 121} = 86{,}0 \text{ kg}\,.$$

Anmerkung: Der Reibungswiderstand kann zu $0{,}008\, q\, F$ angenommen werden. Für das obige Beispiel ergeben sich mit $F = 40\ \text{m}^2$ hieraus 16,6 kg, die mit dem induzierten Widerstand zusammen den gesamten Widerstand der Zelle darstellen.

4. Der Dreidecker

In gleicher Weise wie der Doppeldecker läßt sich auch der Dreidecker behandeln. Um die Aufgabe nicht unnötig verwickelt zu machen, sei angenommen, daß alle drei Flügel gleiche Spannweite haben, und daß der Abstand zwischen Ober- und Mittelflügel gleich dem Abstand zwischen diesem und dem Unterflügel ist. Unter diesen Bedingungen kann man nach den Ergebnissen beim Doppeldecker ohne weiteres annehmen, daß beim Kleinstwert des Widerstandes der Oberflügel und der Unterflügel gleichen Auftrieb haben[1]. Der Auftrieb des mittleren Flügels wird jedoch davon verschieden sein.

Setzt man $A_2 = A\, x$, so ist, da die Summe der Auftriebe A sein muß, $A_1 = A_3 = A\,(1 - x)/2$.

Bei den Einflußzahlen σ hat man nun zu unterscheiden zwischen benachbarten Flügeln, die den Abstand $h/2$ haben, und den äußeren Flügeln, deren Abstand h ist. Die entsprechenden Einflußzahlen mögen σ_1 und σ_2 heißen. Die induzierten Widerstände der einzelnen Flügel sind hiernach:

$$W_1 = \frac{1}{\pi\, q\, b^2}(A_1^2 + \sigma_1 A_1 A_2 + \sigma_2 A_1 A_3)\,,$$

$$W_2 = \frac{1}{\pi\, q\, b^2}(A_2^2 + \sigma_1 A_1 A_2 + \sigma_1 A_2 A_3)\,,$$

$$W_3 = \frac{1}{\pi\, q\, b^2}(A_3^2 + \sigma_1 A_2 A_3 + \sigma_2 A_1 A_3)\,.$$

Drückt man in obiger Art A_1, A_2 und A_3 durch A und x aus, so ist

$$W = \frac{A^2}{2\pi\, q\, b^2}\{1 + \sigma_2 - 2x(1 + \sigma_2 - 2\sigma_1) + x^2(3 + \sigma_2 - 4\sigma_1\}\,. \qquad (10)$$

[1] Vgl. übrigens Fußnote 1, S. 315.

Dieser wird am kleinsten für

$$x = \frac{1 + \sigma_2 - 2\sigma_1}{3 + \sigma_2 - 4\sigma_1}. \tag{11}$$

Die Werte von x für verschiedene Verhältnisse h/b sind aus der gestrichelten Linie von Abb. 7 zu ersehen. x ist immer kleiner als $\frac{1}{3}$;

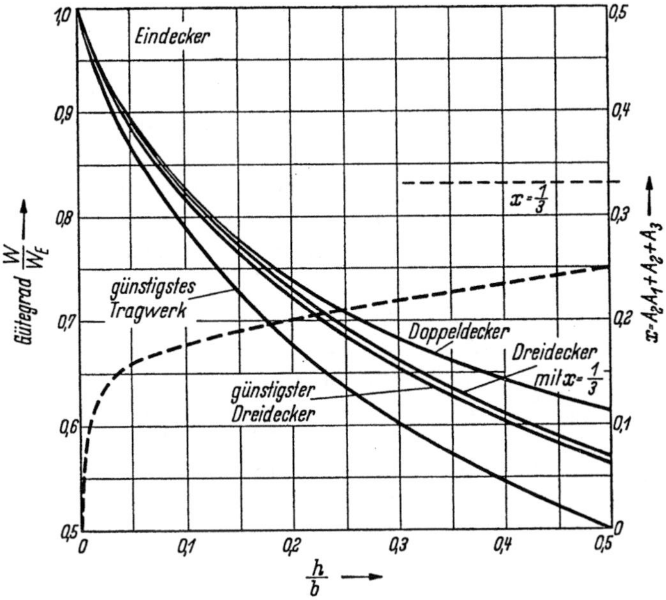

Abb. 7. Gütegrad $\varkappa$ für verschiedene Tragwerke; Verteilungsziffer x für den Dreidecker

man muß also dem mittleren Flügel weniger Last aufbürden als den beiden äußeren, um den kleinsten Widerstand zu erhalten. Die Verschlechterung durch Annahme gleicher Verteilung des Auftriebes auf die drei Flügel ($x = \frac{1}{3}$) ist indes nur gering, wie Abb. 7 und Zahlentafel 3 ergeben.

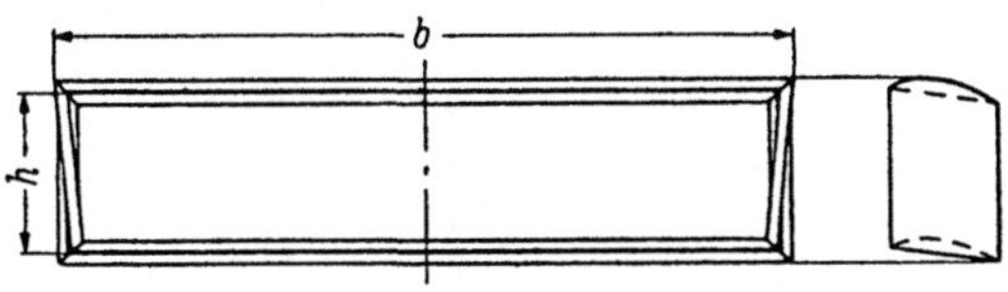

Abb. 8. Günstigstes Tragwerk

Zum Vergleich sind in Abb. 7 noch zwei Kurven, nämlich für den Doppeldecker und für ein Tragwerk nach Abb. 8 aufgenommen, d. h. für einen Doppeldecker, der seitlich durch Wände abgeschlossen ist, die so geformt sind, daß sie in ihrer oberen Hälfte Druck nach außen, in ihrer unteren Hälfte Druck nach innen erfahren. Der induzierte Widerstand dieses Tragwerkes ist nach einem Verfahren ermittelt, auf

Zahlentafel 3. *Günstigste Auftriebsverteilung für den Dreidecker: Werte von* $x = \dfrac{A_2}{(A_1 + A_2 + A_3)}$

h/b_1	0	0,05	0,1	0,15	0,2	0,25	0,3	0,35	0,4	0,45	0,5
$x =$	0	0,161	0,177	0,190	0,202	0,212	0,222	0,231	0,238	0,244	0,251
Werte von $\varkappa = W/W_E$:											
a) Doppeldecker	1,000	0,890	0,827	0,779	0,742	0,710	0,684	0,662	0,645	0,629	0,615
b) Dreidecker mit $x = \frac{1}{3}$	1,000	0,889	0,824	0,774	0,732	0,695	0,663	0,637	0,612	0,591	0,571
c) Günstigster Dreidecker	1,000	0,885	0,819	0,767	0,724	0,687	0,656	0,630	0,607	0,585	0,565
d) Günstigstes Tragwerk	1,000	0,865	0,787	0,728	0,678	0,637	0,601	0,572	0,545	0,521	0,500

das hier nicht näher eingegangen werden kann[1]. Dieses Tragwerk hat von allen Tragwerken gleicher Spannweite und gleicher Höhe den kleinsten induzierten Widerstand. Geht man vom Dreidecker durch Einschieben weiterer Tragflügel bei festgehaltenen Außenmaßen zu einem Vieldecker (einer „Jalousie") über, so wird der induzierte Widerstand kleiner und kleiner, je dichter die Flügel stehen, vorausgesetzt daß die theoretisch geforderte Verteilung des Auftriebes, wobei die äußeren Flügel wesentlich mehr zu tragen haben als die inneren, eingehalten wird. In dem Grenzzustand von unendlich vielen Flügeln innerhalb der Außenmaße b und h ergibt sich für den Vieldecker derselbe induzierte Widerstand wie für das Tragwerk nach Abb. 8.

Die Berechnung dieses Widerstandes verdanke ich den Herren GRAMMEL und POHLHAUSEN. Die Ergebnisse sind aus Abb. 7 und Zahlentafel 3 zu entnehmen. Angenähert ist

$$\varkappa \cong \frac{1 + 0{,}45\,h/b}{1{,}04 + 2{,}81\,h/b}\,. \tag{12}$$

Zahlenbeispiel. Für einen Dreidecker mit 10 m Spannweite und 2,5 m Höhe, dessen Mittelfläche genau auf halber Höhe liegt, werde der Beiwert $\varkappa$ des induzierten Widerstandes gesucht.

Die Einflußzahlen für $h/b = 0{,}125$ und $h/b = 0{,}25$ ergeben sich zu $\sigma_1 = 0{,}606$ und $\sigma_2 = 0{,}421$; damit wird nach Gl. (11) $x = 0{,}21$ und damit nach Gl. (10) $\varkappa = \frac{1}{2} \cdot \{\text{Klammerausdruck}\} = 0{,}687$. Nimmt man statt dessen $x = \frac{1}{3}$, so ergibt sich $\varkappa = 0{,}695$. Der Doppeldecker, der

[1] Den Gedankengang habe ich in meinem Vortrag auf der Hamburger Versammlung der Wissenschaftlichen Gesellschaft für Luftfahrt kurz angedeutet, er wird im Abdruck des Vortrags dargelegt werden.

aus dem Dreidecker entsteht, indem man den mittleren Flügel bei unverändertem Abstand der beiden äußeren Flügel wegläßt, ergibt $\varkappa = 0{,}710$. Die drei Werte sind also wenig verschieden. Der Doppeldecker, dessen Flügelabstand gleich dem zweier benachbarter Flügel des Dreideckers ist, also mit $h = 1{,}25$ m, hat dagegen sehr viel mehr Widerstand; bei ihm wird $\varkappa = 0{,}803$. Das Tragwerk nach Abb. 8 ergibt $\varkappa = 0{,}637$.

Nachrichten der Gesellschaft der Wissenschaften zu Göttingen, Mathematisch-physikalische Klasse (1918) S. 151—177
Auszugsweise übersetzt in NACA Techn. Note Nr. 9 (1920).

Tragflügeltheorie

I. Mitteilung

Vorgelegt in der Sitzung vom 26. Juli 1918
Abgeschlossen am 13. Dezember 1918

Vorbemerkung. Die Anfänge der im nachstehenden dargelegten Theorie gehen auf das Jahr 1910 zurück. Die erste Mitteilung darüber erfolgte in einer Vorlesung „Aeromechanik und Luftschiffahrt" im Wintersemester 1910/11. Weitere Mitteilungen sind enthalten in einem Vortrag auf der Versammlung von Vertretern der Flugwissenschaft zu Göttingen am 3. bis 5. November 1911 [1], und in dem Artikel „Flüssigkeitsbewegung" im „Handwörterbuch der Naturwissenschaften". Anwendungen und selbständige Erweiterungen meiner theoretischen Ansätze sind in Arbeiten von O. Föppl[2], A. Betz[3] und C. Wieselsberger[4] enthalten. Auf die demnächst erscheinende Dissertation von M. Munk[5], die eine wichtige Erweiterung des Anwendungsbereiches der Theorie bedeutet, sei hier besonders hingewiesen.

Die folgende Darstellung entspricht nicht dem geschichtlichen Werdegang der Ideen, vielmehr ist gerade die hier gewählte Art der Begründung der Theorie in Abschn. 4 bis 8 der zuletzt entstandene Teil. Der älteste Stand der Theorie ist in einer Anmerkung zu Nr. 13 angedeutet.

Die neuere Entwicklung ist in verschiedenen Beiträgen meiner Mitarbeiter in einer bisher geheimen Zeitschrift der Flugzeugmeisterei und

---

[1] „Ergebnisse und Ziele der Göttinger Modellversuchsanstalt", Verhandlungen dieser Versammlung (Oldenbourg, München u. Berlin 1912) S. 19, abgedruckt in der Z. Flugtechn. Motorl. Jg. 3 (1912) S. 33.

[2] „Auftrieb und Widerstand eines Höhensteuers, das hinter der Tragfläche angeordnet ist". Z. Flugtechn. Motorl. Jg. 2 (1911) S. 182.

[3] „Die gegenseitige Beeinflussung zweier Tragflächen". Z. Flugtechn. Motorl. Jg. 5 (1914) S. 253. Vgl. hierzu auch: „Auftrieb und Widerstand einer Tragfläche in der Nähe einer horizontalen Ebene" und „Auftrieb und Widerstand eines Doppeldeckers". Z. Flugtechn. Motorl. Jg. 3 (1912) S. 217 u. Jg. 4 (1913) S. 1.

[4] Beitrag zur Erklärung des Winkelfluges einiger Zugvögel. Z. Flugtechn. Motorl. Jg. 5 (1914) S. 225.

[5] „Isoperimetrische Aufgaben aus der Theorie des Fluges", Göttingen 1918. Erscheint 1919.]

in einem — ebenfalls aus Zensurgründen noch ungedruckten — Vortrag von mir auf der Hamburger Tagung der Wissenschaftlichen Gesellschaft für Luftfahrt (April 1918) enthalten. Eine Darstellung der wichtigsten bis dahin vorhandenen Lehren findet sich auch in dem Buch von Dr. R. GRAMMEL, „Die hydrodynamischen Grundlagen des Fluges“[1], eine gemeinverständliche Darlegung in einem Aufsatz von A. BETZ in den „Naturwissenschaften“[2].

A. Allgemeine Grundlegung

1. Das ebene Problem des Tragflügels in einer reibungslosen Flüssigkeit ist bereits seit längerer Zeit für einige Klassen von einfachen Querschnittsformen gelöst[3]. Die Ergebnisse stimmen innerhalb des Bereiches der kleinen Anstellwinkel qualitativ mit der Erfahrung überein. Wenn man durch künstliche Mittel (z. B. seitliche Wände) das ebene Problem wirklich nachzuahmen sucht, so ist die Übereinstimmung auch quantitativ so gut, als man es in Hinsicht auf die vernachlässigte Reibung nur verlangen kann[4]. Die Erzeugung des Auftriebes ist dabei an das Vorhandensein einer Zirkulation der Strömung um die Tragfläche herum geknüpft[5]. Es ist für einen Abschnitt von der Länge l des unendlich lang zu denkenden Flügels, wenn die Geschwindigkeit des Flügels relativ zu den unendlich entfernten Teilen der Flüssigkeit $= v$, die

---

[1] Braunschweig: Vieweg 1917. Vgl. dort S. 114ff.

[2] „Einführung in die Theorie der Flugzeugtragflügel“, Naturwissenschaften (1918) H. 38 u. 39.

[3] Die ersten Lösungen stammen von W. M. KUTTA, vgl. „Auftriebskräfte in strömenden Flüssigkeiten“. Illustr. aeronaut. Mitteilungen (1902) S. 133; ausführlicher dargelegt in den Sitzungsber. der Bayr. Akad. d. Wiss., Math.-phys. Klasse, 1910, 2. Abhandl. und 1911, S. 65. — Die Literatur über diesen Gegenstand ist bearbeitet in dem oben erwähnten Buch von R. GRAMMEL und in dem von DRZEWIECKI ins Französische übersetzten Buch von N. JOUKOWSKI, „Aérodynamique“, Gauthier Villars, Paris 1916 (vgl. etwa auch: JOUKOWSKI, „Über die Konturen der Tragflächen der Drachenflieger“. Z. Flugtechn. Motorl. Jg. 1 (1910) S. 281). — Auf die seither erschienenen Aufsätze von v. MISES, „Zur Theorie des Tragflächenauftriebes“ und von TH. v. KÁRMÁN und E. TREFFTZ, „Potentialströmungen um gegebene Tragflächenquerschnitte“, Z. Flugtechn. Motorl. Jg. 8 (1917) S. 157 und Jg. 9 (1918) S. 111, sei ebenfalls hingewiesen.

[4] Vgl. A. BETZ, „Untersuchungen einer JOUKOWSKIschen Tragfläche“. Z. Flugtechn. Motorl. Jg. 6 (1915) S. 175.

[5] Dies ist anscheinend zuerst von LANCHESTER „Aerial flight“ Bd. I (Aerodynamics), Constable, London 1907, deutsch von C. u. A. RUNGE, Teubner, Leipzig 1909, § 90 und §§ 121ff., nach Angabe des Verfassers 1894 vorgetragen, unabhängig von ihm von KUTTA (1902) und von JOUKOWSKI (1905) gefunden worden, vgl. die oben angeführte KUTTAsche Abhandlung und das JOUKOWSKIsche Buch S. XII. Die quantitative Beziehung stammt von KUTTA und von JOUKOWSKI und ist von diesen offenbar unabhängig gefunden worden.

Zirkulation (Linienintegral der Geschwindigkeit) um den Flügel herum $= \Gamma$ und die Dichte des Mediums $= \varrho$ ist, der Auftrieb

$$A = \varrho V l \Gamma$$

(„Kutta-Joukowskische Formel"). Joukowski hat einen sehr anschaulichen Beweis dafür gegeben, indem er den Impulssatz für stationäre Flüssigkeitsbewegungen auf eine den Flügel in größerem Abstand umschließende Kreiszylinderfläche anwandte. Es zeigt sich dabei, daß die Hälfte des Auftriebes durch den Unterschied der ein- und ausströmenden Bewegungsgröße, die andere Hälfte durch Druckunterschiede an der „Kontrollfläche" hervorgebracht wird. Daß mit der Erzeugung von Auftrieb eine Zirkulation notwendig verknüpft sein muß, davon kann man sich auch durch Betrachtung der Verhältnisse am Flügel selbst überzeugen. Der Auftrieb entsteht in der Weise, daß unter dem Flügel Überdruck und über ihm Unterdruck geschaffen wird. Nach dem Bernoullischen Satz muß also unten die Geschwindigkeit relativ zum Flügel vermindert, oben vermehrt werden, d. h., zu der Translationsgeschwindigkeit V muß oben eine Zusatzgeschwindigkeit nach hinten, unten eine Zusatzgeschwindigkeit nach vorn hinzukommen. Dies bedeutet aber ein Zirkulieren der Zusatzströmung um den Flügel.

2. Diese ganze Betrachtungsweise ist eng mit dem Umstand verknüpft, daß es sich hier um eine Potentialbewegung handelt. Sie ist, da das mehrdeutige Potential einen zweifach zusammenhängenden Raum erfordert, und die Zirkulation einer mehrdeutigen Potentialbewegung sich ohne zirkulatorische Kräfte zeitlich nicht ändern kann, auf den unendlich langen Flügel und auf die stationäre Bewegung beschränkt. Will man jedoch eine nichtstationäre Bewegung, oder aber das räumliche Problem des „endlich langen Tragflügels behandeln", so kommt man ohne Wirbel in der Flüssigkeit nicht mehr aus. Betrachtet man z. B. den Beginn der Bewegung eines unendlich langen Flügels aus der Ruhe heraus, so ist sicher die Zirkulation zu Anfang gleich Null; da aber nach einem bekannten Satz in einer reibungslosen Flüssigkeit bei Abwesenheit zirkulatorischer Kräfte die Zirkulation auf jeder geschlossenen „flüssigen" Linie zeitlich unveränderlich ist, muß beim Entstehen der Zirkulation um den Flügel ein Wirbel von gleicher, aber entgegengesetzter Zirkulation in der Flüssigkeit auftreten, damit der Satz für eine flüssige Linie gelten kann, die so gelegt ist, daß sie das bis dahin vom Flügel bestrichene Flüssigkeitsgebiet umschlingt, ohne es zu durchsetzen. Beim endlichen Flügel müssen auch schon bei der stationären Bewegung Wirbel in der Flüssigkeit vorhanden sein, denn nach dem Stokesschen Satz kann sich die Zirkulation auf einer geschlossenen Linie bei deren Verschiebung nur dadurch ändern, daß Wirbellinien geschnitten werden. Bedenkt man aber, daß überall, wo Auftrieb ist, auch Zirkulation sein muß, so findet man, daß eine den Flügel umschlingende Linie, wenn sie über ein Flügelende herübergestreift wird, notwendig Wirbel schneiden muß, denn wenn sie den Flügel verlassen hat, so muß auch ihre Zirkulation verschwunden sein[1],

3. Daß in einer reibungslosen Flüssigkeit Wirbel gebildet werden, scheint zunächst im Widerspruch mit den Sätzen von LAGRANGE und HELMHOLTZ zu stehen. Man muß jedoch bei allen Anwendungen der Hydrodynamik, die sich auf Wechselwirkungen zwischen der Flüssigkeit und festen Körpern beziehen, die Reibungslosigkeit durch einen Grenzübergang von einer sehr kleinen inneren Reibung aus entstanden denken[2]. In der Flüssigkeit mit kleiner Reibung ergibt sich eine „Grenzschicht", in der der Übergang von der Körpergeschwindigkeit zur Geschwindigkeit der freien Strömung stattfindet. Diese Schicht, in der die Rotation von Null verschieden ist, verläßt den Körper, wenn die Bewegung hinreichend lang andauert[3], und tritt damit als freie Wirbelschicht in das Innere der Flüssigkeit ein. Löst sich die Grenzschicht bereits vor dem Hinterende des Körpers ab, was bei stumpfen Körperformen die Regel ist, dann bleibt hinter ihr ein Wirbelraum oder ein „Totwasser" zurück, und es entsteht ein beträchtlicher Widerstand. In besonderen Fällen, nämlich bei schlanken, nach hinten zu mehr oder minder scharf zulaufenden Formen, kann jedoch erfahrungsgemäß die Grenzschicht bis zum hinteren Ende des Körpers haftenbleiben[4], und verläßt ihn erst an dem geometrischen Ort, an dem sich die Strömung wieder zusammenschließt. Dieser geometrische Ort ist manchmal ein Punkt (z. B. bei achsensymmetrisch angeströmten Umdrehungskörpern), häufiger jedoch eine Linie („Zusammenflußlinie"). Im letzteren Fall treten die Grenzschichten der beiden Seiten zu einer Wirbelschicht vereint in die freie Flüssigkeit hinaus. Die Geschwindigkeiten beider-

---

[1] Dies ist bei LANCHESTER ausführlich auseinandergesetzt: Aerial flight Bd. I, § 125 bis 127. Bei LANCHESTER finden sich, wie ich nachträglich feststellte, mancherlei Anschauungen, die den im folgenden vorgetragenen sehr verwandt sind. Jedoch fehlt bei ihm die quantitative Durcharbeitung, die für den Erfolg entscheidend war.

[2] Vgl. meinen Vortrag auf dem III. Intern. Math. Kongr. zu Heidelberg: „Über Flüssigkeitsbewegung bei sehr kleiner Reibung". Verh. d. Kongr. S. 484. Leipzig: Teubner 1905 (Anm. d. Schriftl.: Hier S. 575).

[3] Der zurückgelegte Weg muß hierzu mindestens von der Größenordnung des Krümmungsradius sein. An scharfen Kanten beginnt der Vorgang sofort.

[4] Nach den bisherigen Erfahrungen kommt dies nur bei turbulenten Grenzschichten, also über der „kritischen Geschwindigkeit" vor, vgl. meine Abhandlung „Über den Widerstand von Kugeln". Nachr. d. Kgl. Ges. Wiss. zu Göttingen 1914, S. 177 (Anm. d. Schriftl.: Hier S. 597).

seits der Wirbelschicht können übereinstimmen. In diesem Fall, der z. B. bei der stationären ebenen Flügelströmung zutrifft, verschwindet, da die Grenzschichten beim Übergang zu unendlich kleiner Reibung unendlich dünn werden, in der Grenze jede Spur der Wirbelschichten, und es bleibt eine Potentialbewegung übrig. Im allgemeinen jedoch sind die Geschwindigkeiten zu beiden Seiten der Wirbelschicht verschieden und bleiben es auch beim Grenzübergang zur Reibungslosigkeit. Es ist also das Bestehen einer flächenhaften Wirbelschicht (eine „Trennungsschicht" im Sinne von HELMHOLTZ) hinter dem Körper in einer reibungslosen Flüssigkeit sehr wohl möglich; sie entspringt dann immer an einer Zusammenflußlinie.

Die Körperformen, bei denen die Strömung sich hinter dem Körper ohne Totwasserbildung wieder zusammenschließt, ergeben einen sehr kleinen Widerstand in der Bewegungsrichtung und sind deshalb von großer praktischer Bedeutung für alle Fälle, bei denen es sich um Erreichung großer Geschwindigkeiten in einem widerstehenden Medium handelt. Sie haben unser besonderes Interesse auch deshalb, weil die Abwesenheit eines Totwassers oder eines räumlich ausgedehnten Wirbelgebietes eine mathematische Analyse der Strömungsvorgänge zuläßt. Die Übereinstimmung der theoretischen Ergebnisse mit denen der Versuche ist in solchen Fällen häufig überraschend gut[1].

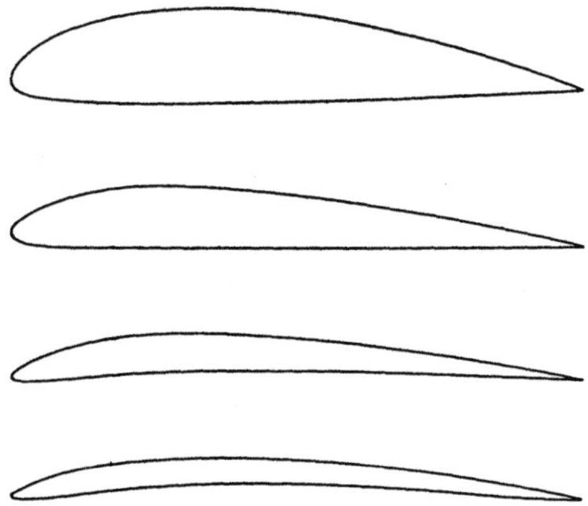

Abb. 1. Zur Zeit gebräuchliche Flügelprofile

4. Die praktisch verwendeten — d. h. durch die Erfahrung als gut erkannten — Flügelformen weisen sämtlich eine mehr oder minder scharfe Hinterkante auf, was nach den Bemerkungen der vorigen Nummer dahin zu verstehen ist, daß es bei der Formgebung der Flügel darauf ankommt, ein Totwasser möglichst zu vermeiden. Für die theoretischen Betrachtungen wollen wir deshalb immer annehmen, daß die Hinterkante des Flügels scharf ist.

Von der *wirbelfreien* Umströmung einer scharfen, in die Flüssigkeit einspringenden Kante weiß man, daß die Geschwindigkeit an der Kante

[1] Vgl. hierzu etwa die Göttinger Dissertation von G. FUHRMANN († 1914): Theoretische und experimentelle Untersuchungen an Ballonmodellen. Jb. d. Motorluftschiff-Studiengesellschaft 1911/12 (Berlin: Springer 1912) S. 63ff.; s. bes. Fig. 43 bis 48 S. 106 u. 107.

unendlich groß wird. In Wirklichkeit treten nun — wenn von unstetigen Geschwindigkeitsänderungen abgesehen wird — solche unendlich großen Geschwindigkeiten niemals auf. Das Endlichbleiben der Geschwindigkeit hängt mit der Ausbildung einer Wirbelschicht ursächlich zusammen. Damit die Geschwindigkeit endlich bleibt, darf nämlich keine Grenzstromlinie einen in die Flüssigkeit einspringenden Winkel mehr bilden; wie man leicht sieht (vgl. Abb. 2 und 3), ist dies nur in der Weise möglich, daß ein Zusammenfluß der Strömungen von beiden Seiten der Kante, oder — im Grenzfall — ein Totwasser entsteht. Wenn man diesen Grenzfall auch als „Zusammenfluß" gelten lassen will, so kann man sagen, daß scharfe Kanten immer Zusammenflußlinien sind, es sei denn, daß die Geschwindigkeit an der Kante auch ohne Zusammenfluß endlich bleibt (dieser Spezialfall tritt z. B. dann ein, wenn die Strömung der Kante parallel verläuft; für die Flügelhinterkante trifft dies nie zu, diese ist also immer eine Zusammenflußlinie).

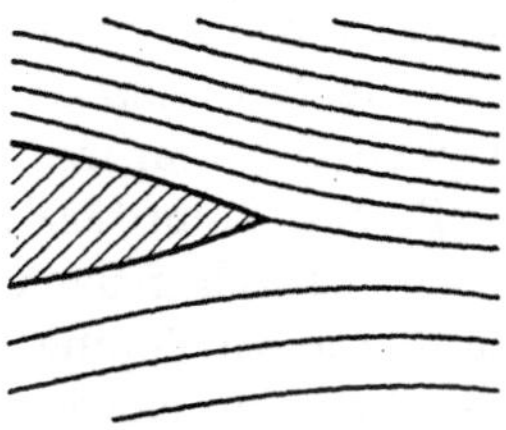

Abb. 2

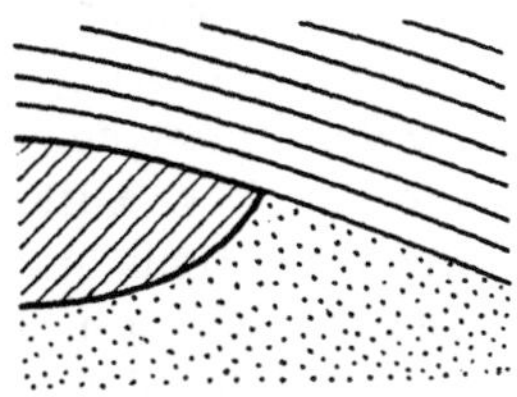

Abb. 3

Nach den HELMHOLTZschen Sätzen ist die einmal vorhandene Wirbelstärke eines wirbelnden Flüssigkeitselementes zeitlich unveränderlich; die Bedingung, daß an der Kante die Geschwindigkeit jederzeit endlich bleiben muß, kann deshalb nur in der Weise erfüllt werden, daß die Wirbelstärken in dem jeweils neu zu bildenden Streifen der Wirbelschicht den hierfür notwendigen Wert annehmen. Diese Endlichkeitsbedingung ist auch, soweit es sich um die Bewegung eines Flügels von glatten Formen mit einer endlichen und höchstens stetig veränderlichen Geschwindigkeit handelt, erfüllbar und reicht ersichtlich zur Bestimmung der Wirbelstärken in der Wirbelschicht aus. Bei unstetigen Formen oder Bewegungen sind jedoch in der reibungslosen Flüssigkeit unendliche Geschwindigkeiten an der scharfen Kante trotz Wirbelschicht nicht ganz vermeidbar. Hier wird man die Bedingung, durch die die Wirbelstärken definiert werden, so festsetzen können, daß durch ihre Erfüllung das Unendlichwerden von Geschwindigkeiten soweit als möglich eingeschränkt wird.

Gemäß den vorstehenden Darlegungen wollen wir feststellen, daß die klassische Hydrodynamik der reibungslosen Flüssigkeit durch die folgenden Axiome und Sätze ergänzt werden muß, damit sie als Grenzfall der unendlich kleinen Reibung gelten kann:

Axiom I. An Zusammenflußlinien (Linien, längs deren zwei vorher durch den Körper getrennte Strömungen zusammentreffen) können Wirbelschichten entspringen.

Axiom II. An ausspringenden scharfen Kanten der Körper treten unendliche Geschwindigkeiten nicht, oder doch in möglichst beschränktem Umfang auf.

Satz 1: Ausspringende Kanten der Körper sind bei quer zu ihnen verlaufender Strömung stets Zusammenflußlinien (und daher in der Regel Ursprung von Wirbelflächen).

Satz 2: Die Wirbelstärken in dem jeweils neu gebildeten Streifen der Wirbelschicht nehmen denjenigen Wert an, durch den die Geschwindigkeit an der Kante endlich wird, bzw. durch den das Unendlichwerden von Geschwindigkeiten möglichst eingeschränkt wird.

5. Bei der Berechnung der Geschwindigkeiten, die ein vorliegendes Wirbelsystem hervorbringt, entstehen durch die Anwesenheit von festen Körpern in der Flüssigkeit große Schwierigkeiten, wenn man sich nicht auf besonders einfache Fälle[1] beschränken will. Man kann diese Schwierigkeiten umgehen, wenn man die festen Körper durch gedachte Wirbelverteilungen ersetzt, durch deren Wirkung die Strömung außerhalb der Körper dieselbe bleibt, wie bei Anwesenheit der Körper. Dadurch, daß man den von den Körpern eingenommenen Raum zu einem Teil der Flüssigkeit selbst macht, wird diese schlicht zusammenhängend, und es können jetzt die bekannten für die unendlich ausgedehnte Flüssigkeit gültigen Beziehungen zwischen Wirbelfeld und Geschwindigkeitsfeld angewandt werden. Mathematisch wäre damit allerdings nichts gewonnen, wenn es sich um Körper von genau vorgeschriebener Form handelte, da man die zugehörige Wirbelverteilung erst zu finden hätte, und dieses auf genau dasselbe mathematische Problem führen würde, wie die ursprüngliche Aufgabe. In sehr vielen Fällen genügt es jedoch, eine Wirbelverteilung „passend anzunehmen" und die zugehörige Körperform hinterher zu berechnen. Praktisch reicht man dabei vielfach mit Annäherungen aus. Durch planmäßige Vereinfachung des Ansatzes, die je nach der Art der Aufgabe verschieden weit gehen kann, wird eine Beweglichkeit der Methoden erreicht, die sich gegenüber der zwar strengen, aber auch starren Methode der exakten Theorie als großer Vorzug erweist.

---

[1] Vgl. hierzu L. Föppl, „Wirbelbewegung hinter einem Kreiszylinder", Sitzungsber. der Bayr. Akad. d. Wiss., Math.-phys. Klasse (1913) S. 1, ferner Max Lagally, „Über die Bewegung einzelner Wirbel in einer strömenden Flüssigkeit", ebenda (1914) S. 377.

Die an Stelle der festen Körper eingeführten Wirbel gehorchen nicht dem HELMHOLTZschen Satz über die Bewegung der Wirbel, sondern ihr Platz ist ihnen angewiesen durch die Bedingungen, die sich aus ihrer Aufgabe, den Körper zu ersetzen, ergeben. In allen übrigen Beziehungen sind sie wie wirkliche Flüssigkeitswirbel zu behandeln. Zum Unterschied von solchen „freien Wirbeln" mögen sie im folgenden „gebundene Wirbel" heißen.

Damit zu dem Wirbelsystem ein Geschwindigkeitsfeld existiert, muß natürlich die Integrabilitätsbedingung — Divergenz des gesamten Wirbelsystems gleich Null — erfüllt sein.

Die Frage, wie das System der gebundenen Wirbel für einen ruhenden festen Körper in einer gegebenen stationären Flüssigkeitsbewegung aussieht, wird in einer Anmerkung zum nächsten Abschnitt beantwortet werden.

Die EULERschen Gleichungen können formal beibehalten werden, wenn man diejenigen Kräfte, die eigentlich der feste Körper aufnimmt, durch ein in der Flüssigkeit bestehendes besonderes Kräftesystem aufgenommen denkt. Die Kontinuität wird durch die Hinzunahme der Wirbel nicht gestört, die Kontinuitätsbedingung braucht daher nicht geändert zu werden. Die Grenzbedingung, daß am festen Körper die Normalkomponenten der Geschwindigkeit der Flüssigkeit und des festen Körpers übereinstimmen müssen, liefert im Zusammenhang mit den Angaben über die Bewegungsverhältnisse des festen Körpers den Weg zur Berechnung der Form des Körpers; hierbei ist die Bedingung wohl zu beachten, daß die gebundenen Wirbel in den Grenzen des festen Körpers eingeschlossen bleiben müssen.

B. Allgemeine Theorie der stationären Bewegung

6. Im folgenden seien zunächst für den einfachsten und wichtigsten Fall, die stationäre Bewegung einer unendlich ausgedehnten, homogenen und volumbeständigen[1] Flüssigkeit gegen irgendein ruhendes Flügelsystem, die grundlegenden Gleichungen abgeleitet. Die ankommende Flüssigkeit habe im Unendlichen die Geschwindigkeit V, ihr Druck sei dort p_0 (die Schwerewirkung möge außer acht bleiben). Dann besteht auf jeder Stromlinie, die aus dem Unendlichen kommt (Geschwindigkeit v, Druck p), die BERNOULLIsche Gleichung

$$p + \frac{\varrho v^2}{2} = p_0 + \frac{\varrho V^2}{2} = p_0 + q\,.^{2} \qquad (1)$$

[1] Die Kompressibilität der Luft darf, solange die Geschwindigkeit klein gegenüber der Schallgeschwindigkeit ist, in erster Annäherung vernachlässigt werden. Die hierdurch entstehenden Fehler sind von der Größenordnung V^2/c^2 (c = Schallgeschwindigkeit).

[2] Die Druckgröße $q = \varrho V^2/2$ wird „Staudruck genannt; der Druck $p_0 + q$ herrscht an den Punkten, wo $v = 0$ ist. Solche Punkte heißen „Staupunkte".

Da nun nach unserer Voraussetzung jeder Flügel ohne Bildung eines Totwassers umströmt wird, hinter ihm also nur eine Wirbelfläche zurückbleibt, füllen die aus dem Unendlichen kommenden Stromlinien den ganzen Raum außerhalb der Flügel lückenlos aus, es gilt also Gl. (1) an jedem Raumpunkt außerhalb der festen Körper.

Für die Entwicklung der allgemeinen Sätze ist es nun angenehm, die Wirbel, sowohl die gebundenen wie auch die freien, räumlich verteilt anzunehmen. Der Übergang zur flächenhaften Verteilung läßt sich dann immer hinterher leicht vornehmen. Die räumliche Verteilung kann man dadurch entstanden denken, daß statt einzelner weniger Flügel ein räumlich verteiltes System von unendlich vielen infinitesimalen Flügeln vorhanden sei. Gl. (1) bleibt auch für ein solches Flügelsystem noch richtig, wenn wir voraussetzen, daß die aus dem Unendlichen kommenden Stromlinien den durchströmten Raum lückenlos erfüllen. Dies trifft zu, wenn die infinitesimalen Flügel so dünn angenommen werden, daß der Anteil des Flügelinneren am Gesamtvolumen in der Grenze verschwindet.

Die an Stelle der Flügel auftretenden Ersatzkräfte werden jetzt Volumenkräfte und mögen für die Volumeneinheit die Größe $\mathbf{k}$ besitzen. Dann lautet die Eulersche Gleichung:

$$\varrho\, \mathbf{v} \cdot \nabla \mathbf{v} + \nabla p = \mathbf{k}. \tag{2}$$

Nun ist nach der bekannten Regel[1]

$$\mathbf{v} \cdot \nabla \mathbf{v} = \operatorname{grad} \frac{v^2}{2} + \operatorname{rot} \mathbf{v} \times \mathbf{v};$$

beachtet man ferner, daß wegen Gl. (1) $\operatorname{grad}\left(\frac{\varrho v^2}{2} + p\right) = 0$ ist, so ergibt sich die Beziehung:

$$\mathbf{k} = \varrho \operatorname{rot} \mathbf{v} \times \mathbf{v}. \tag{3}$$

Die Rotation des Geschwindigkeitsfeldes setzt sich aus den gebundenen und den freien Wirbeln zusammen:

$$\operatorname{rot} \mathbf{v} = \gamma + \varepsilon. \tag{4}$$

Die Kräfte $\mathbf{k}$ stehen in ursächlichem Zusammenhang mit den gebundenen Wirbeln γ, während es gerade das Kennzeichen der freien Wirbel ε ist, daß ihre Bewegung ohne Einwirkung von äußeren Kräften auf die Flüssigkeit verläuft. Die Gl. (3) zerfällt somit in die folgenden zwei:

$$\varrho (\gamma \times \mathbf{v}) = \mathbf{k}, \tag{5}$$

$$\varepsilon \times \mathbf{v} = 0. \tag{5a}$$

[1] Gibbssche Symbolik: Vektoren werden durch Fettdruck gekennzeichnet; $\mathbf{a} \cdot \mathbf{b}$ skalares Produkt, $\mathbf{a} \times \mathbf{b}$ Vektorprodukt; $\mathbf{a}\,\mathbf{b}$ Dyade (Affinor).

Die erstere ist das Analogon des KUTTA-JOUKOWSKIschen Satzes für das Volumenelement; aus ihr folgt, daß die Kräfte $\mathfrak{k}$ überall senkrecht zur Geschwindigkeit $\mathfrak{v}$ stehen. Die zweite sagt aus, daß im freien Wirbelgebiet überall $\varepsilon \| \mathfrak{v}$ ist, was sich auch so aussprechen läßt, daß *die freien Wirbellinien unter den hier vorausgesetzten Bedingungen identisch sind mit Stromlinien.* Diese Beziehung ist für die späteren Entwicklungen von größter Wichtigkeit.

Von γ ist nur die zu $\mathfrak{v}$ senkrechte Komponente durch Gl. (5) definiert; bei der zu $\mathfrak{v}$ parallelen Komponente ist es innerhalb der Körper praktisch gleichgültig, ob man sie zu den gebundenen oder zu den freien Wirbeln rechnet.

Anmerkung: Auf Grund der vorstehenden Beziehungen läßt sich die oben gestellte Frage nach dem Wirbelsystem, das einen festen Körper in einer stationären Strömung ohne Totwasser zu ersetzen geeignet ist, beantworten. Es ergibt sich folgende Lösung: „Man denke sich das Innere des Körpers durch ruhende Flüssigkeit von dem Druck $p_0 + q$, wie er im Staupunkt herrscht, ersetzt; dadurch tritt an die Stelle der Körperoberfläche eine Wirbelschicht mit einem Geschwindigkeitssprung[1] von dem Betrag v. Diese Wirbelschicht ist das gesuchte gebundene Wirbelsystem". Diese Behauptung ist dadurch zu beweisen, daß gezeigt wird, daß das angegebene System die Gl. (1) und (2) befriedigt. Für diesen Beweis sei angenommen, daß die Wirbelschicht eine endliche aber kleine Ausdehnung in der Richtung der Flächennormalen habe. Es ist dann, wenn kleine Größen von der Ordnung des Verhältnisses Schichtdicke : Krümmungsradius vernachlässigt werden:

$$\gamma = |\operatorname{rot} \mathfrak{v}| = \frac{\partial v}{\partial n},$$

also wegen Gl. (5)

$$\mathfrak{k} = \varrho \gamma \times \mathfrak{v} = -\mathfrak{n} \varrho v \frac{\partial v}{\partial n}.$$

($\mathfrak{n}$ = Einheitsvektor in der Richtung der äußeren Normale.) Da $|\mathfrak{v} \cdot \nabla \mathfrak{v}|$ hier gegen $v \frac{\partial v}{\partial n}$ vernachlässigt werden darf, ergibt die EULERsche Gl. (2)

$$\frac{\partial p}{\partial n} = -\varrho v \frac{\partial v}{\partial n}$$

oder integriert:

$$p - p_1 = \frac{\varrho}{2}(v_1^2 - v^2).$$

[1] Zu der Möglichkeit, feste Grenzen durch freie Wirbelschichten in der unendlich ausgedehnten Flüssigkeit zu ersetzen, vergleiche man auch die Abhandlung von M. LAGALLY, „Zur Theorie der Wirbelschichten", Sitzungsber. d. Bayr. Akad. Wiss., Math.-phys. Klasse, Jg. 1915, S. 79.

Setzt man unserer Behauptung entsprechend $v_1 = 0$ und $p_1 = p_0 + q$, so ergibt sich

$$p + \frac{\varrho v^2}{2} = p_0 + q$$

entsprechend Gl. (1)!

7. Wegen der bekannten vektoranalytischen Identität $\operatorname{div}\operatorname{rot}\mathsf{v} = 0$ ist mit Gl. (4)

$$\operatorname{div}\gamma + \operatorname{div}\varepsilon = 0. \tag{6}$$

Faßt man eine Stromröhre ins Auge, die das von den gebundenen Wirbeln erfüllte Gebiet, den „tragenden Raum" durchsetzt, so läßt sich, da die Stromröhre mit der Wirbelröhre identisch ist, der „Fluß" der freien Wirbel in ihr, $E = \iint \varepsilon \cdot d\mathsf{F}$, berechnen, wenn das Feld der gebundenen Wirbel gegeben ist. Da vor dem Eintritt der Stromröhre in den tragenden Raum der Wirbelfluß gleich Null ist, ist in dem Querschnitt F an der Stelle s der Stromröhre der Fluß gleich der Gesamtergiebigkeit aller von der Stelle s stromaufwärts gelegenen „Quellen" $\operatorname{div}\varepsilon$; wegen Gl. (6) hat man also

$$E = -\int_{-\infty}^{s}\iint^{F} \operatorname{div}\gamma\, d\tau. \tag{7}$$

Der Wirbelfluß kann also nur in solchen Stromröhren von Null verschieden sein, die den tragenden Raum durchsetzt haben.

Für ein tragendes System, daß sich mit gleichförmiger Geschwindigkeit geradlinig in ruhender Luft bewegt, läßt sich dieses Ergebnis auch so aussprechen: „Das System der freien Wirbel besteht aus denjenigen Luftteilchen, über die der tragende Raum hinweggegangen ist, und zwar gehören zu einer Wirbellinie jeweils diejenigen Luftteilchen, die durch ein und denselben Punkt des tragenden Raumes hindurchgegangen sind".

Da im allgemeinen die vom tragenden System erzeugten Geschwindigkeiten klein sind gegenüber der Bewegungsgeschwindigkeit des Systems, gibt diese Aussage bereits ein recht anschauliches Bild von dem Wirbelsystem. Die Quellen und Senken der Verteilung γ befinden sich zumeist in der Gegend der Flügelenden, es sind also die hauptsächlichsten Wirbel hinter den Flügelenden zu erwarten.

8. Die gesamte Luftkraft[1] in einem tragenden Raum R ergibt sich nach Gl. (5) zu

$$\mathsf{K} = \iiint^{R} \mathsf{k}\, d\tau = \varrho \iiint^{R} (\gamma \times \mathsf{v})\, d\tau. \tag{8}$$

[1] Diese ist in den folgenden Darstellungen immer zu verstehen als die von dem Flügel oder Flügelsystem auf die Luft ausgeübte Kraft. In der Flugtechnik pflegt man die ihr entgegengesetzt gleiche Kraft, die durch die Luftbewegung am Flügel hervorgerufen wird, zu betrachten.

Die Geschwindigkeit $\mathfrak{v}$ besteht dabei aus zwei Bestandteilen, der Geschwindigkeit im Unendlichen $\mathfrak{V}$ und der Geschwindigkeit $\mathfrak{v}^*$, die von dem Wirbelfeld $\gamma + \varepsilon$ herrührt und mittels der BIOT-SAVARTschen Formel berechnet wird. Es ist also

$$\mathfrak{v} = \mathfrak{V} + \mathfrak{v}^* = \mathfrak{V} + \iiint \frac{(\gamma + \varepsilon) \times \mathfrak{r}}{4\pi r^3} \, d\tau, \tag{9}$$

wo $\mathfrak{r}$ den Fahrstrahl vom Sitz des Wirbels bis zum Aufpunkt bedeutet, für den $\mathfrak{v}^*$ gerechnet werden soll. Die Integration ist auf den gesamten von Wirbeln erfüllten Raum zu erstrecken.

Die Gesamtkraft in einem tragenden Raum R wird demnach

$$\mathfrak{K} = \varrho\left(\iiint^{R} \gamma \, d\tau\right) \times \mathfrak{V} + \varrho \iiint^{R} \iiint \frac{\gamma \times ((\gamma' + \varepsilon') \times \mathfrak{r})}{4\pi r^3} \, d\tau \, d\tau', \tag{10}$$

wobei sich die ungestrichenen Größen auf die Integration der Gl. (8) im Raum R, die gestrichenen dagegen auf die Integration der Gl. (9) im gesamten von Wirbeln erfüllten Raumgebiet beziehen. Der Vektor $\mathfrak{r}$ ist von dem gestrichenen nach dem ungestrichenen Raumelement hin gerichtet.

Für den Fall, daß die gebundenen Wirbel im ganzen Raum zu ein und derselben Richtung parallel sind, läßt sich Gl. (10) für die Gesamtkraft aller tragenden Wirbel noch vereinfachen. Es ist nämlich hier das Integral

$$\iiint\iiint \frac{\gamma \times (\gamma' \times \mathfrak{r})}{4\pi r^3} \, d\tau \, d\tau' = 0, \tag{11}$$

da je zwei Beträge, die durch Vertauschung von γ und γ' auseinander entstehen, wegen des dabei entstehenden Vorzeichenwechsels von $\mathfrak{r}$ einander gegenseitig aufheben. Es braucht also in diesem Fall nur das Feld der freien Wirbel ε berücksichtigt werden[1]. Diese Beziehung gilt natürlich nicht mehr, wenn der Integrationsraum R nur einen Teil des gesamten tragenden Raumes umfaßt, da jetzt die Integrationsgebiete der $d\tau$ und $d\tau'$ verschieden sind und deshalb die Vertauschung nicht bei allen Paaren von Raumelementen möglich ist.

9. Zur Vereinfachung der Überlegungen ist es zweckmäßig, einen „tragenden Faden" zu betrachten, d. h. ein Raumgebilde von dem kleinen Querschnitt F, dessen Längserstreckung dem Verlauf der Wirbellinien des Feldes γ folgt. Es ist also in Formel (8) $d\tau = d\mathfrak{F} \cdot d\mathfrak{s}$ zu setzen, wobei anzumerken ist, daß $d\mathfrak{s} \,||\, \gamma$ ist, weswegen eine Vertauschung

---

[1] Diese Beziehung stammt von meinem Mitarbeiter, Herrn M. MUNK, und ist in seiner Dissertation „Isoperimetrische Aufgaben aus der Theorie des Fluges" enthalten. — Unter dem „Feld der freien Wirbel ε" ist hier dasjenige Geschwindigkeitsfeld verstanden, das aus der Verteilung ε mittels der BIOT-SAVARTschen Formel folgt. Da die Verteilung ε für sich allein nicht quellenfrei ist, ist der Wirbel dieses Feldes auch außerhalb der Verteilung ε von Null verschieden.

der Faktoren $d\mathfrak{s}$ und γ in den vektoriellen Produkten erlaubt ist. Man kann deshalb schreiben:

$$\mathfrak{K} = \varrho \int\int\int \gamma \times \mathfrak{v} \cdot d\mathfrak{F} \cdot d\mathfrak{s} = \varrho \int\int\int d\mathfrak{s} \times \mathfrak{v} \cdot d\mathfrak{F} \cdot \gamma .$$

Ersetzt man $\mathfrak{v}$ innerhalb eines jeden Querschnittes F durch seinen dortigen Mittelwert $\bar{\mathfrak{v}}$, so kann auch geschrieben werden:

$$\mathfrak{K} = \varrho \int d\mathfrak{s} \times \left(\bar{\mathfrak{v}} \cdot \int\int^{F} d\mathfrak{F} \cdot \gamma\right) = \varrho \int d\mathfrak{s} \times \bar{\mathfrak{v}} \cdot \Gamma . \qquad (12)$$

Dies ist eine Verallgemeinerung des KUTTA-JOUKOWSKIschen Satzes für den tragenden Faden. Die Berechnung von $\bar{\mathfrak{v}}$ hat mit Hilfe der Gl. (9) zu erfolgen.

Im Fall von *isolierten* tragenden Fäden entsteht hierbei dadurch eine Schwierigkeit, daß die Geschwindigkeiten in ein und demselben Querschnitt F untereinander sehr große Unterschiede aufweisen, die gegen Unendlich gehen, wenn F gegen Null geht. Bei einem einzelnen geraden tragenden Faden oder bei mehreren unter sich parallelen geraden Fäden genügt es, nach dem im vorigen Abschnitt Gesagten, das Feld der freien Wirbel ε zu berechnen, wobei diese Schwierigkeit nicht auftritt. Ist diese Vereinfachung aber nicht anwendbar, dann kann man die Berechnung von $\mathfrak{v}$ dadurch erleichtern, daß man zu dem gegebenen Wirbelfaden der γ einen unendlich langen geradlinigen Wirbelfaden von konstanter Stärke addiert und wieder subtrahiert, dessen Wirbelverteilung γ' in dem Element $\mathfrak{F} \cdot d\mathfrak{s}$ mit der des gegebenen Wirbelfadens an der Stelle s, γ_s, übereinstimmt. Es ist jetzt, wenn $\mathfrak{v}'$ die von dem unendlich langen Wirbelfaden herrührende Geschwindigkeit ist, die Kraft in dem Element $\mathfrak{F} \cdot d\mathfrak{s}$

$$d\mathfrak{K} = \varrho \int\int^{F} \gamma_s \times (\mathfrak{V} + \mathfrak{v}^* - \mathfrak{v}' + \mathfrak{v}')\, d\mathfrak{F} \cdot d\mathfrak{s} ;$$

$\mathfrak{v}^* - \mathfrak{v}'$ ist nun im Querschnitt F weniger stark veränderlich als $\mathfrak{v}^*$, weil die örtlichen Einflüsse, die die großen Unterschiede in den Werten von $\mathfrak{v}^*$ hervorgebracht hatten, beseitigt sind, denn in dem Querschnitt, für den $\bar{\mathfrak{v}}$ zu berechnen ist, heben sich γ und $-\gamma'$ auf; das noch verbleibende Integral

$$\int\int^{F} \gamma_s \times \mathfrak{v}' \cdot d\mathfrak{F} \cdot d\mathfrak{s}$$

ist aber nach einer der Gl. (11) völlig analogen Betrachtung gleich Null. Es bleibt also das Ergebnis, daß für die Berechnung von $\mathfrak{K}$ an Stelle von $\mathfrak{v}^*$ auch $\mathfrak{v}^* - \mathfrak{v}'$ eingeführt werden darf, bzw. daß in Gl. (12) $\bar{\mathfrak{v}} = \mathfrak{V} + (\mathfrak{v}^* - \mathfrak{v}')$ gesetzt werden darf. Im übrigen verbleibt bei gekrümmten tragenden Fäden die aus der Theorie der Wirbelringe bekannte Schwierigkeit bestehen, daß $\bar{\mathfrak{v}}$ logarithmisch unendlich wird, wenn F bei endlichem Γ gegen Null geht.

10. Die Bildung eines Wirbelsystems hinter den Tragflächen hat zur Folge, daß bei der Bewegung der Flügel kinetische Energie in der Flüssigkeit zurückbleibt. Dieser kinetischen Energie entspricht eine Arbeitsleistung der Kräfte $\mathfrak{k}$ oder, anders ausgedrückt, ein bei der Flügelbewegung zu überwindender *Widerstand.* Nach Gl. (3) steht die Kraft $\mathfrak{k}$ senkrecht auf der Richtung von $\mathfrak{v}$, es ist also die Arbeitsleistung an der Volumeneinheit in dem Bezugssystem, in dem der Flügel ruht, $\mathfrak{k} \cdot \mathfrak{v}$, gleich Null. Setzt man $\mathfrak{v} = \mathfrak{V} + \mathfrak{v}^*$, so wird demnach

$$\mathfrak{k} \cdot \mathfrak{V} = -\mathfrak{k} \cdot \mathfrak{v}^*.$$

In dem Bezugssystem, in dem die ungestörte Flüssigkeit ruht, bedeutet der linke Ausdruck, aufgefaßt als Produkt der Geschwindigkeit $\mathfrak{V}$ mit der in ihre Richtung fallenden Komponente der Kraft $\mathfrak{k}$, die Arbeitsleistung eines Widerstandes, der rechte Ausdruck dagegen, aufgefaßt als das Produkt der Kraft $\mathfrak{k}$ mit der in ihre Richtung fallenden Komponente der von dem Kräftesystem erzeugten Geschwindigkeit $\mathfrak{v}^*$, bedeutet die von dem Flügel zur Erzeugung der Wirbelbewegung an die Flüssigkeit abgegebene Arbeitsleistung.

Unter Berücksichtigung von Gl. (5) ist die Arbeitsleistung an der Volumeneinheit gleich

$$\gamma \times \mathfrak{v} \cdot \mathfrak{v}^* = \gamma \times \mathfrak{V} \cdot \mathfrak{v}^*$$

(wegen $\gamma \times \mathfrak{v}^* \cdot \mathfrak{v}^* = 0$!), also ist die gesamte Arbeitsleistung (W = Widerstand):

$$\begin{aligned} \mathfrak{K} \cdot \mathfrak{V} = W \cdot V &= \varrho \iiint \gamma \times \mathfrak{V} \cdot \mathfrak{v}^* \, d\tau \\ &= \varrho \iiint^{R} \iiint \gamma \times \mathfrak{V} \frac{(\gamma' + \varepsilon') \times \mathfrak{r}}{4\pi r^3} \, d\tau \, d\tau'. \end{aligned} \tag{13}$$

In dem Sonderfall, daß alle tragenden Wirbel parallel sind, gilt wieder die gleiche Überlegung, die zu Gl. (11) geführt hat, es ist also auch hier ausreichend, die von ε herrührenden Beiträge zu $\mathfrak{v}$ bei der Widerstandsberechnung zu berücksichtigen:

$$W \cdot V = \varrho \iiint^{R} \iiint \gamma \times \mathfrak{V} \cdot \frac{\varepsilon' \times \mathfrak{r}}{4\pi r^3} \, d\tau \, d\tau'. \tag{13a}$$

C. Notwendige Vereinfachungen

11. Die strenge Behandlung der im vorstehenden dargelegten Ansätze bietet bei dem heutigen Stand der Mathematik noch unübersteigliche Hindernisse. Man ist deshalb gezwungen, Näherungsverfahren einzuschlagen. In dieser Richtung war der Gedanke sehr fruchtbar, nach denjenigen Beziehungen zu fragen, die sich *im Falle sehr kleiner Luftkräfte* ergeben. In diesem Fall erhält man offenbar eine „Näherung erster Ordnung“, wenn bei allen vorkommenden Größen jeweils nur

das Glied niedrigster Ordnung beibehalten wird. Dadurch erhält man einen linearen Zusammenhang zwischen den Kräften und den Zusatzgeschwindigkeiten v^*, wodurch die Superposition anwendbar wird und sich alle Vorteile der linearen Theorien einstellen. Es steht natürlich nichts im Wege, die lineare Theorie mittels der Methode der schrittweisen Annäherung nachträglich zu verfeinern; jedoch zeigt die Anwendung der Theorie auf die praktischen Aufgaben, daß bereits die lineare Theorie für die meisten Fälle ausreicht.

Bei dieser ersten Näherung werden die durch das Wirbelsystem erzeugten Zusatzgeschwindigkeiten v^* als überall klein gegen die Geschwindigkeit der fortschreitenden Bewegung V angesehen, so daß v^*, wo es als Summand neben V vorkommt, vernachlässigt werden darf. Die freien Wirbellinien, die nach dem unter Nr. 6 Gesagten Stromlinien sind, gehen durch Vernachlässigung von v^* in Gerade über, die von der Hinterkante des Flügels parallel mit der Bewegungsrichtung nach hinten verlaufen. Man überzeugt sich leicht, daß man einen relativen Fehler von der Ordnung der kleinen Größe v^*/V begeht, wenn man für die Berechnung von v^* am Ort des Tragflügels diese Geraden an Stelle der Stromlinien als Sitz der Wirbel annimmt. Die Berechnung von v^* wird hierdurch außerordentlich vereinfacht.

Bei der Ermittlung der Größe der Gesamtkraft K nach Gl. (10) kommt das zweite Glied als klein gegenüber dem ersten in Wegfall; bei der Berechnung des Widerstandes in der Bewegungsrichtung, W, der von zweiter Ordnung klein ist, wenn die Gesamtkraft klein von erster Ordnung, ist dagegen gerade dieses Glied ausschlaggebend.

12. Eine weitere Vereinfachung besteht darin, daß man von der genauen räumlichen Verteilung der *tragenden* Wirbel absieht. In den meisten Fällen wird man sich damit begnügen, an Stelle der in der Anmerkung zu Nr. 6 beschriebenen Wirbelfläche für jeden Flügel einen einzigen tragenden Wirbelfaden anzunehmen, der durch die Schwerpunkte der Wirbelverteilungen der einzelnen Querschnitte hindurchgezogen ist, und dessen Wirbelstärke in jedem Querschnitt gleich der dortigen Gesamtzirkulation ist. Da die in der Praxis verwendeten Flügel meist ziemlich langgestreckt sind, reicht diese Annäherung für viele Zwecke vollständig aus. Die Querabmessungen des tragenden Fadens sind für die meisten Aufgaben ohne Belang; man spricht deshalb von „*tragenden Linien*“[1].

[1] Wie eine nähere Betrachtung zeigt, reicht das Bild der tragenden Linie nicht mehr aus für solche Flügel, bei denen die Y-Koordinate der Flügelmittellinie veränderlich ist (Flügel in der Flugrichtung gekrümmt oder auch nur schräg liegend). In diesem Fall muß die Verteilung des Auftriebes nach der Tiefe Berücksichtigung finden, da in die Formel für w Faktoren von der Größenordnung $\ln b/t$ eingehen (b = Spannweite, t = Flügeltiefe), die bei $t = 0$ unendliche Werte liefern würden.

Für den einfachsten Fall, nämlich für eine einzige gerade tragende Linie senkrecht zur Richtung von V (für den „geraden Eindecker") seien im folgenden die Hauptformeln zusammengestellt. Das Koordinatensystem sei folgendermaßen festgelegt (vgl. Abb. 4): die tragende Linie sei die X-Achse, die Y-Achse zeige in der Richtung von V nach hinten, die Z-Achse nach unten. Einer Zirkulation der Strömung, die

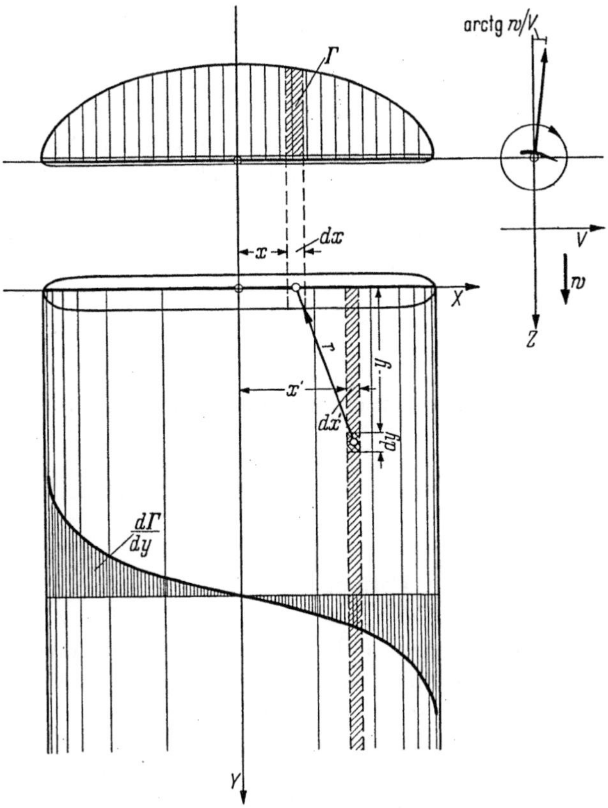

Abb. 4[1]

von Y nach Z dreht, entspricht dann ein Auftrieb, der am Flügel nach oben, an der Flüssigkeit nach unten gerichtet ist (also die Hauptkomponente der Kräfte $\mathfrak{k}$ in der Richtung der positiven Z-Achse!).

Die Geschwindigkeit $\mathfrak{v}^*$ habe die drei Komponenten u, v und w in der Richtung der X-, Y- und Z-Achse. An Stelle von $\gamma\, d\tau$ in Gl. (9) und (10) tritt das Wirbellinienelement $\Gamma\, dx$, an Stelle von $\varepsilon\, d\tau$ das Wirbelflächenelement $-\dfrac{d\Gamma}{dx}\, dx\, dy$. Der Flügel reiche von $x = a$ bis

[1] Statt $d\Gamma/dy$ in Abb. 4 ist $d\Gamma/dx$ zu lesen.

$x = b$. Die Geschwindigkeitskomponenten am Ort der tragenden Linie werden hiermit

$$u = 0 \qquad v = 0,$$

$$w(x) = \frac{1}{4\pi} \int\limits_{x'=a}^{x'=b} \int\limits_{y=0}^{y=\infty} \frac{d\Gamma}{dx'} \frac{(x-x')\,dx'\,dy}{((x-x')^2+y^2)^{3/2}} = \frac{1}{4\pi} \int\limits_a^b \frac{d\Gamma}{dx'} \frac{dx'}{x-x'}. \qquad (14)$$

In dem letzteren Integral, dessen Integrand durch Unendlich läuft, ist der „Hauptwert" $\left(\lim\limits_{\varepsilon=0}\left(\int\limits_a^{x'-\varepsilon} + \int\limits_{x'+\varepsilon}^b\right)\right)$ zu nehmen, wovon man sich überzeugen kann, wenn man zunächst in dem Doppelintegral die untere Grenze $y = y_1$ setzt und in dem damit erhaltenen einfachen Integral zur Grenze $y_1 = 0$ übergeht.

Der Auftrieb, d. i. die Z-Komponente von K, ergibt sich gemäß Gl. (12) zu

$$A = \varrho V \int\limits_a^b \Gamma\,dx, \qquad (15)$$

der Widerstand (die Y-Komponente von K) gemäß Gl. (12) oder (13a) zu

$$W = \varrho \int\limits_a^b \Gamma w\,dx = \frac{\varrho}{4\pi} \int\limits_a^b \int\limits_a^b \Gamma(x) \frac{d\Gamma}{dx'} \frac{dx\,dx'}{x-x'}. \qquad (16)$$

Da es sich bei diesen Formeln um eine Näherung erster Ordnung handelt, sind sie nur zulässig, wenn w wirklich überall am Ort der tragenden Linie klein gegen V bleibt. Dieses ist nicht mehr der Fall, wenn Γ am Flügelende einen von Null verschiedenen Wert hat, denn in diesem Fall würde vom Flügelende ein Wirbelfaden von endlicher Stärke abgehen müssen, der eine umgekehrt proportional mit dem Abstand vom Flügelende wachsende Geschwindigkeit w ergäbe. Ein derartiges Anwachsen der Geschwindigkeit kann aber, wenn der Anstellwinkel am Flügelende in der Größenordnung der sonstigen Anstellwinkel bleibt, in Wirklichkeit nicht vorkommen. Wir stellen daher fest, *daß an den Enden der tragenden Linie* $\Gamma = 0$ *sein muß.*

Anmerkung. Nimmt man an, daß der Auftrieb über den größten Teil des Tragflügels in gleicher Stärke verteilt ist, seine Abnahme auf Null sich also auf kurze Stücke an den Flügelenden beschränkt, so sind alle abgehenden Wirbel auf einen schmalen Bereich an den Flügelenden zusammengedrängt und können daher angenähert je durch einen einzelnen Wirbelfaden ersetzt werden. Auf dieses Schema, bei dem der Flügel durch drei in nachstehender Art zusammengefügte geradlinige

Wirbelfadenstücke von gleicher Wirbelstärke ersetzt ist, gehen alle unsere älteren Untersuchungen zurück. Dieses Schema ist immer zulässig, wenn es sich um das Studium eines Einflusses handelt, den der Flügel in einiger Entfernung von dem Wirbelsystem hervorruft. Es ist mit Erfolg bei der Untersuchung der gegenseitigen Beeinflussung benachbarter Flügel verwendet worden (Anm. 3 bis 5, S. 322). Bei der Selbstbeeinflussung des Flügels muß es nach obigem versagen[1].

D. Anwendungen auf den Eindecker

13. Die wichtigsten Aufgaben, die sich auf Grund der vorstehenden Ansätze lösen lassen, sind die folgenden drei:

1) Gegeben sei die Verteilung des Auftriebes über die Spannweite, ferner ϱ und V; gesucht ist die Flügelgestalt, die diese Auftriebsverteilung hervorbringt, außerdem der Widerstand.

2) Gegeben sei die Flügelgestalt, gesucht sei die Auftriebsverteilung und der Widerstand.

3) Gegeben ist der Gesamtauftrieb und die Flügelspannweite, außerdem ϱ und V; gesucht ist diejenige Verteilung des Auftriebes über die Spannweite, bei der der Widerstand ein Minimum wird.

Über die letztere Aufgabe wird noch zu sprechen sein; bezüglich der ersteren beiden sei hier noch folgendes bemerkt: Bei der ersten Aufgabe lassen sich die Größen $w(x)$ und W durch reine Quadraturen ermitteln; mit der Kenntnis von w läßt sich auch die Frage nach der Flügelgestalt, allerdings nicht in eindeutiger Weise, beantworten. Wenn die Gestalt des Flügelprofils und dessen aerodynamische Eigenschaften gegeben sind, dann kann zu einer gegebenen Flügeltiefe der Anstellwinkel und umgekehrt zu einem gegebenen Anstellwinkel die Flügeltiefe berechnet werden. Die Durchführung dieser Aufgabe hat die folgende Annahme zur Voraussetzung, die mindestens in dem Fall eines sehr lang gestreckten Flügels unmittelbar einleuchtet: ein Flügelelement, das unter dem Winkel $\operatorname{arc\,tg} w/V$ zur Waagerechten angeströmt wird, muß unter dem Winkel

$$\alpha = \operatorname{arc\,tg}\frac{w}{V} + \alpha' \tag{17}$$

[1] Ein unvollkommener Versuch, die Schwächung des Auftriebes durch die Randwirbel bei gegebenem Anstellwinkel zu berechnen, hat zu der bei sehr länglichen Flügeln immerhin brauchbaren Formel im Jahrbuch der Motorluftschiff-Studiengesellschaft 1910/11 (Berlin: Springer 1911) S. 87 geführt, die allerdings — wegen der nicht näher bekannten Zustände an den Flügelenden — noch eine empirische Konstante enthält.

angestellt werden, um denselben Auftrieb zu ergeben, wie ein gleiches Element eines unendlich breiten Tragflügels von konstantem Profil, der unter dem Winkel α' angestellt und waagerecht angeströmt wird. Die Abhängigkeit zwischen dem „wirksamen Anstellwinkel" α' und dem zugehörigen Auftrieb kann aus Rechnungen nach Art der KUTTAschen oder aus entsprechenden Versuchen entnommen werden.

Ist t die „Flügeltiefe", d. h. die Abmessung des Flügels in der Richtung von V, so kann $\Gamma = V\,t\,f(\alpha')$ gesetzt werden. Für praktische Zwecke reicht es immer aus, $f(\alpha')$ als lineare Funktion von α' anzusetzen: $f(\alpha') = c_1\,\alpha' + c_2$ (nach den KUTTAschen Rechnungen erhält man für flache kreisbogenförmig gewölbte Flügel, wenn β den Zentriwinkel des Kreisbogens bedeutet,

$$f(\alpha') = \pi\,\alpha' + \frac{\pi}{4}\,\beta;$$

nach v. MISES[1] hat die untere Grenze von c_1, die bei den gebräuchlichen Flügelprofilen auch nicht viel überschritten wird, den Wert π).

Die zweite Aufgabe ist die Umkehrung der ersten. Sie ist im allgemeinen viel schwieriger zu behandeln als diese, da sie nicht auf Quadraturen, sondern auf eine Integralgleichung führt. Schreibt man w/V statt $\operatorname{arc\,tg} w/V$, so führt unser Ansatz

$$\frac{w}{V} + \alpha' = \alpha(x) = \text{gegebene Funktion von } x$$

unter Berücksichtigung von Gl. (14) zu der Gleichung:

$$\frac{1}{4\pi V}\int_a^b \frac{d\Gamma}{dx'}\,\frac{dx'}{x - x'} + \frac{\Gamma}{c_1\,V\,t(x)} - \frac{c_2}{c_1} = \alpha(x)\,. \tag{18}$$

Im folgenden seien zwei Beispiele für die Durchführung dieser Aufgaben des näheren ausgeführt.

14. Bei einem unendlich langen Tragflügel sei der Auftrieb eine periodische Funktion des Ortes. Durch eine FOURIER-Zerlegung gelangt man hier zu einzelnen Gliedern von der Form $\Gamma = \bar{\Gamma}\cos\mu\,x$. Die zugehörige Geschwindigkeit w wird gemäß Gl. (14)

$$w = \frac{\mu\,\bar{\Gamma}}{4\pi}\int_{-\infty}^{+\infty}\frac{\sin\mu\,x'\,dx'}{x' - x};$$

mit $\mu(x' - x) = u$ wird

$$\frac{4\pi\,w}{\mu\,\bar{\Gamma}} = \sin\mu\,x\int_{-\infty}^{+\infty}\frac{\cos u\,du}{u} + \cos\mu\,x\int_{-\infty}^{+\infty}\frac{\sin u\,du}{u}\,.$$

[1] v. MISES, „Zur Theorie des Tragflächenauftriebes". Z. Flugtechn. Motorl. Jg. 8 (1917) S. 157.

Das erstere dieser beiden Integrale ist $= 0$, das zweite $= \pi$[1], so daß also

$$w = \frac{\mu \bar{\Gamma}}{4} \cos \mu x = \frac{\mu \Gamma}{4}$$

wird. Es werde nun $\Gamma = V t c_1 \alpha'$ gesetzt, was ohne weiteres zulässig ist, wenn man die Anstellwinkel von derjenigen Richtung im Profil aus rechnet, in der man das Profil anblasen muß, um den Auftrieb Null zu erhalten; dann ist der von dieser Richtung aus gerechnete Anstellwinkel

$$\alpha = \alpha' + \frac{w}{V} = \frac{\Gamma}{V}\left(\frac{1}{c_1 t} + \frac{\mu}{4}\right) = \alpha'\left(1 + \frac{c_1}{4} \mu t\right).$$

Führt man die Wellenlänge $\lambda = 2\pi/\mu$ ein, so wird

$$\frac{\alpha}{\alpha'} = 1 + \frac{\pi c_1 t}{2\lambda}; \tag{19}$$

da nach v. MISES[2] c_1 immer ungefähr $= \pi$ wird, ergibt sich die Näherungsformel

$$\frac{\alpha}{\alpha'} \cong 1 + \frac{5t}{\lambda}.$$

Der Widerstand für die Länge l, die eine ganze Anzahl von Halbperioden betragen mag, wird gemäß Gl. (16)

$$W = \frac{\bar{\Gamma}^2 \mu \varrho}{4} \int_0^l \cos^2 \mu x \, dx = \frac{\varrho l \bar{\Gamma}^2 \mu}{8}. \tag{20}$$

Handelt es sich um eine beliebige periodische Auftriebsverteilung, so ergeben in dem Ausdruck für den Widerstand die gemischten Glieder in der FOURIER-Entwicklung für die Periode den Wert Null; der Widerstand erhält damit den Wert

$$W = \frac{\varrho l}{8} \sum \mu \bar{\Gamma}^2. \tag{20a}$$

Die zweite Aufgabe ist bei diesem Beispiel nicht schwieriger zu lösen als die erste. Man braucht nur den als Funktion von x gegebenen Anstellwinkel α in eine FOURIER-Reihe zu zerlegen und zu jedem Glied den zugehörigen Wert von α' bzw. von Γ zu ermitteln, und diese Werte wieder zusammenzusetzen. Es mag darauf hingewiesen werden, daß nach dem oben angegebenen Zusammenhang zwischen α und α' bei abnehmender Wellenlänge bzw. zunehmender Flächentiefe der Betrag der Auftriebsschwankung immer mehr gegen den Betrag der Winkelschwankung zurückbleibt. Dieses Verhalten findet darin seine Begründung,

---

[1] Vgl. etwa JAHNKE-ENDE, Funktionentafeln S. 19.

[2] Siehe Note 1 auf vorhergehender Seite.

daß bei kurzwelligen Schwankungen des Anstellwinkels der Ausgleich der Strömung nach der Seite immer stärkeren Anteil erhält. Irgendwelche Unstetigkeiten im Verlauf des Anstellwinkels spiegeln sich daher in der Auftriebsverteilung nur sehr abgeschwächt wider.

15. Wichtiger als dieses Beispiel ist das folgende, das sich auf den endlichen Flügel (Eindecker) bezieht. Es hat lange Zeit Schwierigkeiten gemacht, geeignete Funktionen für die Auftriebsverteilung zu zu finden, bei denen nicht an den Flügelenden praktisch unwahrscheinliche Singularitäten auftreten. Die Lösung brachte dann (November 1913) der Ansatz:

$$\Gamma = \sqrt{1-\xi^2}\,(\Gamma_0 + \Gamma_2\,\xi^2 + \Gamma_4\,\xi^4 + \cdots)$$

mit $\xi = x:b/2$, wo b die Spannweite ist. Für die Behandlung der hier entstehenden Integrale mag zunächst angemerkt werden, daß[1]

$$\int\limits_{-1}^{+1} \frac{\eta^{2n+1}\,d\eta}{\sqrt{1-\eta^2}\,(\xi-\eta)} = \pi \sum_{m=0}^{m=n} p_{n-m}\,\xi^{2m}$$

und

$$\int\limits_{-1}^{+1} \xi^{2n}\sqrt{1-\xi^2}\,d\xi = \pi\,q_n$$

ist, worin

$$p_n = \frac{1\cdot 3\cdots 2n-1}{2\cdot 4\cdots 2n}$$

und

$$q_n = \frac{p_n}{2n+2}$$

ist, also

$$p_0 = 1 \qquad q_0 = \frac{1}{2}$$

$$p_1 = \frac{1}{2} \qquad q_1 = \frac{1}{8}$$

$$p_2 = \frac{3}{8} \qquad q_2 = \frac{1}{16}$$

$$p_3 = \frac{5}{16} \qquad q_3 = \frac{5}{128}\,.$$

Hiermit erhält man gemäß Gl. (14) bis (16)

$$A = \frac{\pi}{2}\,\varrho\, b\, V \sum q_n \Gamma_{2n} \tag{21}$$

[1] Die Form der Darstellung stammt von A. Betz (1917).

ferner, mit $p_{-1} = 0$,

$$w = \frac{1}{2b} \sum_n \left\{ \Gamma_{2n} \sum_{m=0}^{m=n} \xi^{2m} \left((2n+1)\, p_{n-m} - 2n\, p_{n-m-1} \right) \right\}, \tag{22}$$

$$W = \frac{\pi \varrho}{4} \sum_i \sum_k \left\{ \Gamma_{2i} \Gamma_{2k} \sum_{m=0}^{m=k} q_{i+m} \left((2k+1)\, p_{k-m} - 2k\, p_{k-m-1} \right) \right\}. \tag{23}$$

Die Ausrechnung der Zahlwerte für die ersten Glieder der Reihenentwicklungen ergibt:

$$A = \frac{\pi}{4} \varrho b V \left(\Gamma_0 + \frac{1}{4} \Gamma_2 + \frac{1}{8} \Gamma_4 + \cdots \right), \tag{21a}$$

$$w = \frac{1}{2b} \left\{ \Gamma_0 + \Gamma_2 \left(3\xi^2 - \frac{1}{2} \right) + \Gamma_4 \left(5\xi^4 - \frac{3}{2}\xi^2 - \frac{1}{16} \right) + \cdots \right\}, \tag{22a}$$

$$\begin{aligned} W = \frac{\pi \varrho}{4} \Big\{ & \frac{1}{2} \Gamma_0^2 + \frac{1}{4} \Gamma_0 \Gamma_2 + \frac{1}{8} \Gamma_0 \Gamma_4 + \cdots \\ & + \frac{1}{8} \Gamma_2^2 + \frac{11}{64} \Gamma_2 \Gamma_4 + \cdots + \frac{9}{128} \Gamma_4^2 + \cdots \Big\}. \end{aligned} \tag{23a}$$ [1]

Mit Hilfe dieses Ansatzes konnte die Frage nach derjenigen Auftriebsverteilung, die für gegebenen Gesamtauftrieb den kleinsten Widerstand liefert, in Angriff genommen werden. Die Ausrechnung[2] ergab das sehr bemerkenswerte Resultat, daß das Minimum dann eintritt, wenn alle Γ_{2n} mit Ausnahme von Γ_0 gleich Null sind, also der Auftrieb nach einer halben Ellipse über die Spannweite verteilt ist. Dieses Ergebnis hängt damit zusammen, daß die Zahlenkoeffizienten der Glieder $\Gamma_0 \Gamma_{2n}$ in der Formel für den Widerstand mit denen der Glieder Γ_{2n} in der Formel für den Auftrieb übereinstimmen, während der Faktor von Γ_0^2 die Hälfte des Faktors von Γ_0 ist. Die Geschwindigkeit w ergibt sich für diese Lösung als über die Spannweite konstant! Eliminiert man Γ_0 aus den Gleichungen, so wird

$$w = \frac{2A}{\pi \varrho V b^2}, \tag{24}$$

$$W = \frac{w}{V} A = \frac{2A^2}{\pi \varrho V^2 b^2}. \tag{25}$$ [3]

Die Form eines Tragflügels dieser Art ergibt sich, wenn festgesetzt wird, daß die Profilform und der wirksame Anstellwinkel α' konstant

[1] Anmerkung beim Wiederabdruck: Berichtigte Formel [vgl. Z. angew. Math. Mech. Bd. 16 (1930) S. 418].

[2] Von E. POHLHAUSEN Ende 1913 durchgeführt.

[3] Erste Veröffentlichung in einem Aufsatz von BETZ, Z. Flugtechn. Motorl. 5. Jg. (1914) S. 239.

sein soll, als durch zwei Halbellipsen begrenzt, vgl. Abb. 5; da w konstant ist, wird auch der geometrische Anstellwinkel α über die ganze Spannweite konstant.

Für derartige Tragflügel läßt sich nun, wie man sieht, an Hand der obigen Formeln die Abhängigkeit der Luftkräfte vom Seitenverhältnis studieren. Die dimensionslose Größe $c_a = A/qF$, wo F der Flächeninhalt des Flügels und $q = \frac{1}{2}\varrho V^2$ der Staudruck ist, ist nach unseren bisherigen Annahmen (vgl. Nr. 13) bei gegebener Profilform eine reine Funktion des wirksamen Anstellwinkels α' (nämlich $c_a = 2f(\alpha')$); der zugehörige geometrische Anstellwinkel ergibt sich aus der Beziehung

$$\alpha = \alpha' + \frac{w}{V} = \alpha' + \frac{c_a F}{\pi b^2}. \tag{26}$$

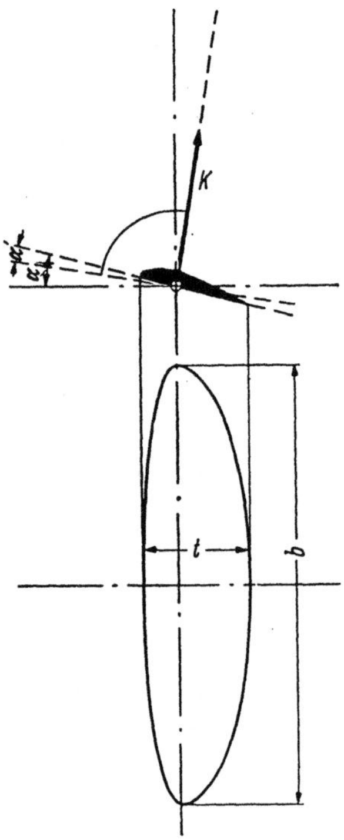

Abb. 5

Über den Widerstand in einer wirklichen Flüssigkeit, wie er sich aus den Versuchen ergibt, wird die Annahme gemacht, daß er aus zwei Teilen besteht, nämlich aus dem hier betrachteten Widerstand und einem aus Luftreibung und schädlicher Wirbelbildung bestehenden Widerstand, der bei gegebener Profilform nur von α' abhängt. (Für diese beiden Anteile des Widerstandes haben sich die Namen „induzierter Widerstand“ und „Profilwiderstand“ eingebürgert. Der erstere Name soll darauf hinweisen, daß dieser Widerstand durch die *gegenseitige Beeinflussung* der einzelnen Tragflügelteile zustande kommt, der letztere, daß es sich um eine Eigenschaft des „Profils“ handelt.) Wird $W = W_i + W_0$ geschrieben und werden die dimensionslosen Größen

$$c_w = \frac{W}{qF}, \quad c_{wi} = \frac{W_i}{qF} \quad \text{und} \quad c_{w_0} = \frac{W_0}{qF}$$

eingeführt, so wird unter Berücksichtigung von Gl. (25)

$$c_{w_i} = c_a \frac{w}{V} = \frac{c_a^2 F}{\pi b^2}$$

und damit also

$$c_w = \frac{c_a^2 F}{\pi b^2} + c_{w_0}(\alpha'). \tag{27}$$

Man kann also, wenn man α', oder was praktisch auf dasselbe hinauskommt, c_a als unabhängige Veränderliche nimmt, von einem Fall auf irgendeinen anderen Fall mit anderem Seitenverhältnis umrechnen; denn es gilt für je zwei entsprechende Zustände, für die $c_{a_1} = c_{a_2}$ ist,

$$\alpha_1 - \alpha_2 = \frac{c_a}{\pi}\left(\frac{F_1}{b_1^2} - \frac{F_2}{b_2^2}\right), \tag{26a}$$

$$c_{w_1} - c_{w_2} = \frac{c_a^2}{\pi}\left(\frac{F_1}{b_1^2} - \frac{F_2}{b_2^2}\right). \tag{27a}$$

Es ist das Verdienst meiner Mitarbeiter A. Betz und M. Munk, nachgewiesen zu haben, daß diese Formeln mit gutem Erfolg auch auf Tragflügel von anderem als elliptischem Umriß angewendet werden dürfen. In der Tat zeigt sich, daß sie eine für die praktischen Bedürfnisse ausreichende Darstellung der Abhängigkeit der Luftkräfte vom Seitenverhältnis ergeben, und gestatten, aus den mit einem Seitenverhältnis gemachten Beobachtungen auf irgendwelche Anwendungsfälle mit anderem Seitenverhältnis umzurechnen. Daß die Formeln auch bei anderen Umrissen einigermaßen stimmen, dürfte seine Begründung darin haben, daß die Auftriebverteilung auch z. B. im Fall eines rechteckig umrandeten Flügels nicht allzu stark von der elliptischen abweicht[1]. Beim Widerstand, für den die Formeln genauer stimmen als beim Anstellwinkel, liegt eine Erklärung auch darin, daß der Widerstand der elliptischen Verteilung ein Minimum ist und die Veränderlichkeit einer Größe in der Nachbarschaft des Minimums nur gering ist[2].

Der soeben geschilderte Erfolg der Theorie veranlaßte uns, auch für zusammengesetzte Flügelsysteme entsprechende Beziehungen zu suchen. Über die Ergebnisse dieser Untersuchungen, sowie über andere Aufgaben und Fragen der Tragflügeltheorie soll in einer zweiten Mitteilung berichtet werden.

---

[1] Die Durchrechnung von Beispielen zeigt, daß der in den Gl. (21) und (22) zum Ausdruck kommende Mechanismus bei verhältnismäßig geringen Änderungen der Auftriebsverteilung sehr erhebliche Änderungen in der Verteilung der Geschwindigkeit w liefert, oder anders ausgedrückt, das bei Abweichung der Flügelgestalt von der Abb. 5 die dabei auftretende Vertikalgeschwindigkeit w eine ausgleichende Wirkung von der Art hat, daß die Änderung der Auftriebsverteilung erheblich hinter derjenigen Änderung zurückbleibt, die auf elementarem Wege aus der Änderung der Flügelgestalt gefolgert werden würde. Für kleine Seitenverhältnisse gilt dies in höherem Maße wie für große.

[2] Eine Nachrechnung der in Teddington (Techn. Rep. Adv. Comm. Aeron. 1912/13. London 1914, S. 97ff.) auf Grund von Druckverteilungsmessungen ermittelten Auftriebsverteilung für einen rechteckigen Flügel vom Seitenverhältnis 6 : 1 nach Formel (21) und (23) ergab gegenüber der Ellipse einen um rd. 3% größeren Widerstand.

Nachrichten der Gesellschaft der Wissenschaften zu Göttingen, Mathematisch-physikalische Klasse (1919) S. 107—137
Auszugsweise übersetzt in NACA Techn. Note No. 10 (1920)

Tragflügeltheorie

II. Mitteilung

Vorgelegt in der Sitzung vom 21. Februar 1919

A. Mehrdeckertheorie

1. Als Vorarbeit für die Durchbildung der Theorie des Mehrdeckers auf der Grundlage der in der ersten Mitteilung gegebenen Ansätze für die Flügeltheorie der ersten Ordnung sei zunächst die Aufgabe behandelt, von der Störungsgeschwindigkeit, die von einer „tragenden Linie" mit gegebener Auftriebsverteilung herrührt, an einem Aufpunkt A die Komponente nach einer gegebenen Richtung zu ermitteln (in den Anwendungen wird es sich hauptsächlich um die Richtung senkrecht zu einer anderen den Aufpunkt enthaltenden tragenden Linie und senkrecht zur Flugrichtung handeln).

Die Aufgabe werde zunächst auf Grund der in Nr. 12 der I. Mitteilung angegebenen Beziehungen für den Fall gelöst, daß sowohl die tragende Linie, wie auch der Aufpunkt und die vorgegebene Richtung in ein und derselben Ebene senkrecht zur Flugrichtung (einer „Querebene") enthalten seien. Dann ist die Wirkung der Querwirbel gleich Null, und die Längswirbel ergeben (vgl. Abb. 6, S. 347)

$$w = -\frac{1}{4\pi}\int_0^l \frac{d\Gamma}{ds}\,\frac{\sin\beta}{a}\,ds. \tag{28}$$

Da an den Flügelenden $\Gamma = 0$ ist, läßt sich durch partielle Integration hierfür schreiben:

$$w = \frac{1}{4\pi}\int_0^l \Gamma\,\frac{d}{ds}\left(\frac{\sin\beta}{a}\right)ds.$$

Wählt man den Aufpunkt zum Koordinatenursprung und die vorgegebene Richtung zur Z-Achse, so wird $\sin\beta/a = x/a^2$, ferner

$$\frac{d}{ds} = \cos\varepsilon\,\frac{\partial}{\partial x} - \sin\varepsilon\,\frac{\partial}{\partial z};$$

hiermit ergibt sich nach kurzer Rechnung

$$\frac{d}{ds}\left(\frac{\sin\beta}{a}\right) = \frac{1}{a^2}\cos(2\beta - \varepsilon)$$

und also

$$w = \frac{1}{4\pi}\int_0^l \frac{\Gamma\cos(2\beta - \varepsilon)}{a^2}\,ds. \tag{29}$$

Mit Hilfe dieser Gleichung läßt sich sofort der Widerstand anschreiben, der dadurch entsteht, daß ein Flügel 1 unter dem Einfluß der Störung steht, die von einem in derselben „Querebene" befindlichen Flügel 2 ausgeht. Die Störungsgeschwindigkeit für einen auf dem Flügel 1 befindlichen Aufpunkt heiße w_{12}; der Widerstand wird dann gemäß den Darlegungen in Nr. 12 der I. Mitteilung

$$W_{12} = \varrho \int \Gamma_1 \, ds_1 \, w_{12}$$

oder wenn w_{12} nach Gl. (29) eingesetzt wird, wobei gemäß Abb. 6 β_1 an Stelle von $\beta - \varepsilon$, ferner β_2 an Stelle von β geschrieben wird:

$$W_{12} = \frac{\varrho}{4\pi} \int_0^{l_1} \int_0^{l_2} \frac{\Gamma_1 \Gamma_2 \cos(\beta_1 + \beta_2) \, ds_1 \, ds_2}{a^2}. \tag{30}$$

Das Doppelintegral ist in den Größen von Flügel 1 und 2 vollständig symmetrisch gebaut; wir schließen daraus, daß der Widerstand, der am Flügel 2 durch Gegenwart des Flügels 1 entsteht, von derselben Größe sein muß, wie der hier berechnete, daß also

$$W_{12} = W_{21}$$

ist. Diese Gegenseitigkeitsbeziehung ist für die Folge von großer Wichtigkeit. Sie ist von meinem Mitarbeiter Dr. M. Munk auf einem anderen Weg gefunden worden. Da es offenbar nicht darauf ankommt, daß die zusammengefaßten tragenden Elemente jeweils zu einem einzigen Flügel gehören, läßt sich der Satz auch so aussprechen:

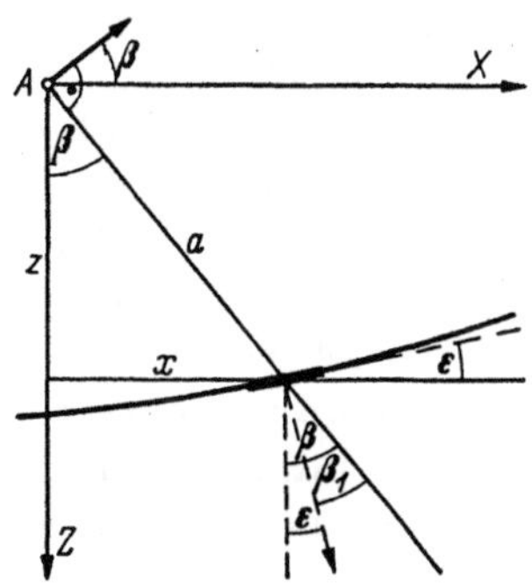

Abb. 6

„Greift man aus einem tragenden System, dessen Elemente sämtlich in einer „Querebene" enthalten sind, zwei Gruppen beliebig heraus, so ist derjenige Widerstandsanteil, den die Gruppe 1 durch das Geschwindigkeitsfeld der Gruppe 2 erfährt, ebenso groß, wie derjenige von Gruppe 2 im Feld von Gruppe 1."

Anmerkungen: 1) Der gegenseitige Widerstand zweier untereinander befindlicher Flügel ist positiv, der von zwei nebeneinander befindlichen Flügeln dagegen negativ; durch erstere Anordnung wird also der Gesamtwiderstand gegenüber dem Zustand weit voneinander entfernter Flügel vermehrt, durch letztere vermindert.

2) Die bei der Ableitung von Gl. (29) benutzte partielle Integration läßt eine anschauliche Deutung zu: die Geschwindigkeit w erscheint hierin aufgebaut aus den Beiträgen von lauter infinitesimalen Flügeln von der Länge ds und der Zirkulation Γ. Der Integrand von Gl. (29)

stimmt in der Tat, wie man schon aus der Ableitung entnehmen kann, überein mit der Geschwindigkeit, die von zwei im Abstand ds befindlichen Wirbellinien von entgegengesetzt gleicher Wirbelstärke $= \Gamma$ hervorgebracht wird. Das Doppelintegral in Gl. (30) darf in diesem Sinn aufgefaßt werden als die Summe der Wirkungen der Wirbelschweife aller tragenden Elemente ds_2 auf alle tragenden Elemente ds_1.

3) Die Gl. (29) und (30) verlieren ihre Anwendbarkeit, wenn der Wert $a = 0$ vorkommt, da sie in diesem Fall die Form $\infty - \infty$ annehmen. Sie sind deshalb auch ungeeignet zur Berechnung der Geschwindigkeit w_n auf dem Flügel selbst und zu der des Eigenwiderstandes eines Flügels. Für diese Größen steht jedoch die auch sonst verwendbare Gl. (28) zur Verfügung, wobei hier von dem Integral der Hauptwert zu nehmen ist. Grundsätzlich ist allerdings auch eine Ermittlung mit Gl. (29) und (30) auf dem Weg denkbar, daß die gegenseitige Einwirkung von zwei sehr benachbarten Flügeln gleicher Art berechnet und im Endresultat zum Grenzfall des Zusammenfallens der beiden Flügel übergegangen wird. Aus einer entsprechenden Überlegung folgt u. a., daß die Beziehung $W_{12} = W_{21}$ auch für den Grenzfall zweier räumlich zusammenfallender, im übrigen aber beliebiger tragender Systeme gilt. Hiervon wird in Nr. 5 Gebrauch gemacht werden.

2. Zur Untersuchung des allgemeinen Falles werde zunächst das Feld berechnet, das ein tragendes Element von der Länge ds mitsamt dem abgehenden Wirbelpaar in irgendeinem Raumpunkt hervorbringt. Der Koordinatenursprung werde in das tragende Element gelegt, die Richtung des Elementes werde zur X-Achse gemacht; dann ist zunächst die von einem einzigen abgehenden Wirbel erzeugte Geschwindigkeit, mit $a^2 = x^2 + z^2$, $r^2 = a^2 + y^2$ und $r'^2 = a^2 + (y - y')^2$

$$\frac{\Gamma}{4\pi}\int_0^\infty \frac{dy' \sin\varphi}{r'^2} = \frac{\Gamma}{4\pi}\int_0^\infty \frac{dy'\, a}{r'^3} = \frac{\Gamma}{4\pi a}\left(1 + \frac{y}{r}\right),$$

also ihre Komponenten:

$$u = \frac{\Gamma x}{4\pi a^2}\left(1 + \frac{y}{r}\right); \qquad v = 0; \qquad w = -\frac{\Gamma z}{4\pi a^2}\left(1 + \frac{y}{r}\right).$$

Das abgehende Wirbel*paar* gibt

$$du_1 = -\frac{\partial u}{\partial x}\,ds; \qquad dv_1 = 0; \qquad dw_1 = -\frac{\partial w}{\partial x}\,ds.$$

Hierzu kommt noch die Wirkung des Querwirbels:

$$du_2 = 0; \qquad dv_2 = -\frac{\Gamma\,ds}{4\pi}\,\frac{z}{r^3}; \qquad dw_2 = \frac{\Gamma\,ds}{4\pi}\,\frac{y}{r^3}.$$

Nach einer kurzen Zwischenrechnung ergibt sich, wenn die aus Abb. 7 ersichtlichen Winkel eingeführt werden:

$$\left.\begin{aligned} du &= \frac{\Gamma\,ds}{4\pi}\left\{(1+\sin\alpha)\frac{\sin 2\beta}{a^2}+\frac{\sin\alpha\sin 2\beta}{2r^2}\right\},\\ dv &= -\frac{\Gamma\,ds}{4\pi}\,\frac{\cos\alpha\cos\beta}{r^2},\\ dw &= \frac{\Gamma\,ds}{4\pi}\left\{(1+\sin\alpha)\frac{\cos 2\beta}{a^2}+\frac{\sin\alpha\cos^2\beta}{r^2}\right\}.\end{aligned}\right\}\tag{31}$$

Zur Berechnung des Anstellwinkels und des Widerstandes braucht man die Geschwindigkeitskomponente w_n senkrecht zur Flugrichtung

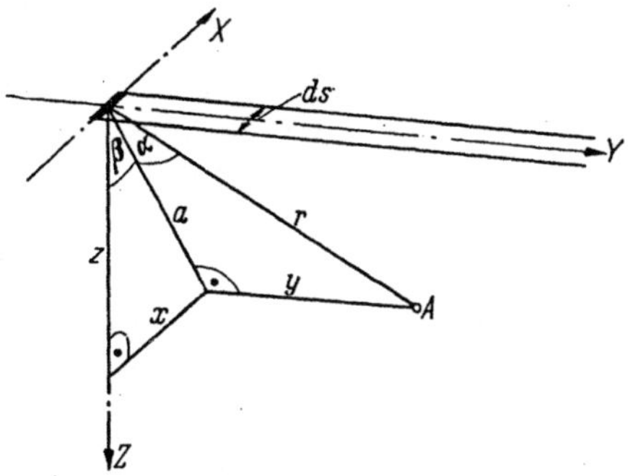

Abb. 7

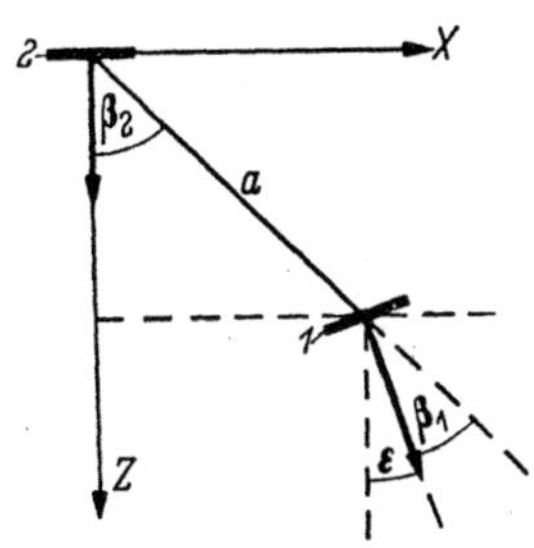

Abb. 8

und senkrecht zur Richtung des beeinflußten tragenden Elementes. Ist dieses (1 in Abb. 8) gegen die X-Achse unter dem Winkel ε geneigt, so ist

$$\begin{aligned} dw_n &= dw\cos\varepsilon + du\sin\varepsilon\\ &= \frac{\Gamma\,ds}{4\pi}\left\{(1+\sin\alpha)\frac{\cos(2\beta-\varepsilon)}{a^2}+\frac{\sin\alpha\cos\beta\cos(\beta-\varepsilon)}{r^2}\right\}.\end{aligned}\tag{31 a}$$

Der Widerstand, der an einem tragenden Element 1 durch das Feld des tragenden Elementes 2 entsteht, ist nun

$$d^2W_{12} = \varrho\,\Gamma_1\,ds_1\,dw_n.$$

Die Ausrechnung ergibt, wenn wieder β_1 für $\beta-\varepsilon$ und β_2 für β eingeführt wird,

$$d^2W_{12} = \frac{\varrho\,\Gamma_1 ds_1\,\Gamma_2 ds_2}{4\pi}\left\{(1+\sin\alpha)\frac{\cos(\beta_1+\beta_2)}{a^2}+\frac{\sin\alpha\cos\beta_1\cos\beta_2}{r^2}\right\}.\tag{32}$$

Der Widerstand, den das Element 1 an dem Element 2 verursacht, wird, wie leicht ersichtlich, erhalten, wenn für α, β_1 und β_2 $\alpha-\pi$, $\beta_2+\pi$ und $\beta_1+\pi$ gesetzt wird. Hiermit wird

$$d^2W_{21} = \frac{\varrho\,\Gamma_2\,ds_2\,\Gamma_1\,ds_1}{4\pi}\left\{(1-\sin\alpha)\frac{\cos(\beta_2+\beta_1)}{a^2}-\frac{\sin\alpha\cos\beta_2\cos\beta_1}{r^2}\right\}.\tag{32 a}$$

Die beiden Widerstandsanteile sind also *nur dann* gleich, wenn beide Elemente in derselben Querebene liegen. Sehr bemerkenswert ist, daß die Summe $d^2 W_{12} + d^2 W_{21}$ auch im allgemeinen Fall unabhängig von α ist. Durch Integration über zwei Gruppen von tragenden Elementen ergibt sich demnach die Summe der beiden gegenseitigen Widerstände zu

$$W_{12} + W_{21} = \frac{\varrho}{2\pi} \iint \frac{\Gamma_1 \Gamma_2 \, ds_1 \, ds_2 \cos(\beta_1 + \beta_2)}{a^2}, \tag{33}$$

also unabhängig von α, d. h. von den y-Werten der einzelnen tragenden Elemente. Diese Summe bleibt daher ungeändert, wenn die beiden tragenden Gruppen in der Flugrichtung gegeneinander verschoben werden. Da der Gesamtwiderstand eines tragenden Systems außer solchen gegenseitigen Widerständen noch die Eigenwiderstände enthält, die von einer Verschiebung des zugehörigen Flügels in der Flugrichtung natürlich ebenfalls unabhängig sind, läßt sich der Satz aussprechen:

„Der Gesamtwiderstand eines beliebigen Tragwerkes[1] bleibt ungeändert, wenn die tragenden Elemente, ohne ihre Auftriebskräfte zu ändern, in der Flugrichtung gegeneinander verschoben werden (oder wenn, wie man sagt, ihre Staffelung geändert wird)."

Dieser Satz ist ebenfalls von Munk gefunden und in seiner Göttinger Dissertation[2] auf andere Art bewiesen worden. Zur Vermeidung von Mißverständnissen sei betont, daß die Anstellwinkel der einzelnen tragenden Elemente bei der Verschiebung entsprechend den Änderungen der normalen Geschwindigkeitskomponenten w_n so zu ändern sind, daß die wirksamen Anstellwinkel (vgl. Nr. 13) und daher auch die Auftriebskräfte unverändert bleiben.

Der innere Grund für die Unabhängigkeit des Gesamtwiderstandes von der Staffelung ist der, daß die Widerstandsarbeit gleich der in der Wirbelbewegung hinter dem Tragwerk zurückgelassenen kinetischen Energie ist; es kommt also nur auf dieses Wirbelsystem selbst an, nicht auf die genaueren Umstände, unter denen es erzeugt worden ist.

Die tragenden Elemente sind bisher immer senkrecht zur Flugrichtung angenommen worden. Eine tragende Linie, die schräg zur Flugrichtung verläuft, kann für die Berechnung von gegenseitigen Widerständen, wenn der Wert $a = 0$ ausgeschlossen bleibt, unbedenklich durch eine aus Elementen der hier betrachteten Art zusammen-

---

[1] Mit dem Wort „Tragwerk" werde im folgenden die allgemeinste Form eines tragenden Flügelsystems bezeichnet, im Gegensatz zu den speziellen Formen des Eindeckers, Zweideckers usw.

[2] Isoperimetrische Aufgaben aus der Theorie des Fluges. Göttingen 1918; z.Z. im Druck.

gesetzte Treppenlinie ersetzt werden. Für die Berechnung des Eigenwiderstandes von solchen Flügeln bestehen die in Fußnote 1, S. 336 der I. Mitteilung bereits erwähnten Schwierigkeiten, die eine Durchführung der Integration in endlichen Ausdrücken nur zulassen, wenn von dem Bild der tragenden Linie abgegangen und die Verteilung des Auftriebes nach der Tiefe berücksichtigt wird. Nach der vorangegangenen Überlegung über die Wirbelenergie ist es jedoch ersichtlich, daß nicht nur die in diesem Abschnitt abgeleiteten Sätze auch für derartige Flügel gelten, sondern auch deren Eigenwiderstand mit dem der ihnen entsprechenden ganz in der Querebene liegenden tragenden Linie übereinstimmen.

3. Für ein Flügelsystem, bei dem die relative Verteilung des Auftriebes innerhalb jedes einzelnen Flügels festgelegt ist, ergibt sich durch Anwendung von Gl. (16) und (33) der Gesamtwiderstand als eine (definite) quadratische Form der Flügelauftriebe $A_1, A_2 \ldots A_n$. Man kann daher nach Ermittlung der Koeffizienten der Form leicht die Aufgabe lösen, bei gegebenem Gesamtauftrieb $\sum A$, A_1 bis A_n so zu bestimmen, daß der Gesamtwiderstand ein Minimum wird. Die Koeffizienten für Tragwerke, die aus geraden Eindeckern bestehen, deren Mittelpunkte sämtlich in einer die Flugrichtung enthaltenden Lotebene liegen, habe ich unter der Annahme berechnen lassen, daß der Auftrieb über jedem einzelnen Flügel nach einer halben Ellipse verteilt ist, und habe die praktischen Folgerungen aus diesen Ergebnissen in einem Aufsatz in den „Technischen Berichten der Flugzeugmeisterei" gezogen[1]. Hier mag aus den Ergebnissen das Folgende kurz erwähnt werden: Der gegenseitige Widerstand von zwei Flügeln mit den Spannweiten b_1 und b_2 und dem senkrecht zur Flugrichtung gemessenen Abstand h kann geschrieben werden

$$W_{12} = W_{21} = \frac{\sigma A_1 A_2}{\pi q b_1 b_2}, \tag{34}$$

wobei der Zahlenfaktor σ eine Funktion von $h \big/ \frac{b_1 + b_2}{2}$ und $\mu = \frac{b_2}{b_1}$ ist. Die Ausrechnung ergab folgende Tabelle:

Tabelle 1. *Werte von* σ

$2h/(b_1+b_2) = 0$		0,05	0,1	0,15	0,2	0,3	0,4	0,5
$b_2/b_1 = 1{,}0$	1,000	0,780	0,655	0,561	0,485	0,370	0,290	0,230
0,8	0,800	0,690	0,600	0,523	0,459	0,355	0,282	0,225
0,6	0,600	0,540	0,485	0,437	0,394	0,315	0,255	0,210

[1] „Der induzierte Widerstand von Mehrdeckern". Techn. Ber. Flugzeugmeisterei Bd. III, S. 309.

Für den wichtigsten Fall, $b_1 = b_2$, kann folgende Näherungsformel für σ angewendet werden:

$$\sigma = \frac{1 - 0{,}66\,h/b}{1{,}055 + 3{,}7\,h/b}. \tag{35}$$

Als Beispiel mögen die Ergebnisse für einen Doppeldecker mit den Flügelspannweiten b_1 und b_2 ($\leqq b_1$) und der Höhe h näher angegeben werden. Der induzierte Widerstand wird

$$W = \frac{1}{\pi q b_1^2}(A_1^2 + 2\sigma\mu A_1 A_2 + \mu^2 A_2^2) \tag{36}$$

dieser wird ein Minimum für

$$A_2 : A_1 = (\mu - \sigma) : \left(\frac{1}{\mu} - \sigma\right);$$

der Wert dieses Minimums ergibt sich zu

$$W_{\min} = \frac{(A_1 + A_2)^2}{\pi q b_1^2} \frac{1 - \sigma^2}{1 - 2\sigma\mu + \mu^2}. \tag{37}$$

Der erste Faktor dieser Formel ist der Widerstand eines Eindeckers von der Spannweite b_1 mit dem Auftrieb $A_1 + A_2$. Da für $h > 0$ immer $\sigma < \mu$ ist, wird der zweite Faktor immer kleiner als 1.

Wird die größere Spannweite b_1 vorgeschrieben, die kleinere aber frei gelassen, so ergibt sich der kleinste Widerstand für $b_2 = b_1$ und $A_2 = A_1$. Der zweite Faktor von Gl. (37) wird hier $\frac{1}{2}(1 + \sigma)$.

Das Verhältnis des induzierten Widerstandes eines Tragwerkes zu dem des Eindeckers mit gleicher Spannweite und gleichem Gesamtauftrieb werde allgemein mit $\varkappa$ bezeichnet. Dann besteht für ein Tragwerk, sobald der zugehörige Zahlwert von $\varkappa$ bekannt ist, die Möglichkeit der Umrechnung von einem Eindecker, für den Versuchsergebnisse vorliegen mögen, in derselben Weise, wie dies in Nr. 15 der I. Mitteilung für die Umrechnung von Eindeckern untereinander dargetan ist. Gleiches gilt auch von Flügelsystemen untereinander. Für den Widerstand von zwei Tragwerken gilt also bei gleichem c_a entsprechend Gl. (27a):

$$c_{w_1} - c_{w_2} = \frac{c_a^2}{\pi}\left(\frac{\varkappa_1 F_1}{b_1^2} - \frac{\varkappa_2 F_2}{b_2^2}\right).[1] \tag{38}$$

Dabei ist vorausgesetzt, daß entweder, was in der Regel zutrifft, die Widerstandsziffer c_{w_0} des Profilwiderstandes sich mit dem Anstellwinkel nicht stark ändert, oder aber, daß die Flächenbelastung aller Flügel dieselbe ist.

4. Bei der Aufgabe, für eine gegebene Auftriebsverteilung eines Mehrdeckers die zugehörige Flügelform zu berechnen, tritt bei den

[1] Dieser Gedanke stammt von MUNK, vgl. dessen Abhandlung: „Beitrag zur Aerodynamik der Flugzeugtragorgane". Techn. Ber. Flugzeugmeisterei Bd. II, S. 187.

üblichen Maßverhältnissen (Abstand zweier Flügel von der Größenordnung der Flügeltiefe) ein Einfluß sehr fühlbar auf, der bisher noch nicht erwähnt worden ist, der „Krümmungseinfluß“: Die Stromlinien erfahren am Ort eines Flügels durch die Einwirkung der anderen Flügel eine Krümmung. Man darf auf Grund des Superpositionsprinzips, das innerhalb der Theorie der ersten Ordnung als gültig erkannt ist, annehmen, daß ein in der gekrümmten Strömung stehender Flügel dann dieselben Kräfte liefert, wie ein in gerader Strömung stehender, wenn seine eigene Wölbung um den Betrag der Stromlinienkrümmung größer ist als die des Vergleichsflügels. Eine erste Näherung ergibt sich, wenn die Krümmung der Stromlinien für die Mitte der Tiefe unter der Annahme berechnet wird, daß die übrigen Tragflügel durch tragende Linien ersetzt werden dürfen. An einem Aufpunkt A, an dem die zum Flügel und zur Flugrichtung senkrechte Geschwindigkeitskomponente, die von den übrigen Flügeln herrührt, $= w_n$ ist, ist die Krümmung der Stromlinie genähert $\frac{1}{R} = \frac{1}{V} \frac{\partial w_n}{\partial y}$. In dieser Weise ist der Krümmungseinfluß in der Arbeit von Betz über die gegenseitige Beeinflussung der Tragflügel eines Doppeldeckers[1] berücksichtigt worden. Genauere Werte wird man erhalten, wenn einerseits bei den beeinflussenden Flügeln auf die Verteilung des Auftriebes nach der Tiefe Rücksicht genommen wird, andererseits auch bei dem beeinflußten Flügel statt der Krümmung an einer Stelle in der Mitte der Tiefe der Verlauf von w_n über die ganze Tiefe passend bewertet wird. Derartige Untersuchungen sind zur Zeit in Vorbereitung.

B. Tragwerke kleinsten Widerstandes

5. Die Bedingungen, unter denen für ein Tragwerk von gegebener Form der Flügelmittellinien ein gegebener Gesamtauftrieb mit einem Minimum von induziertem Widerstand verknüpft ist, hat mein Mitarbeiter M. Munk in seiner bereits erwähnten verdienstvollen Dissertation in voller Allgemeinheit angegeben. Die im folgenden mitgeteilte Ableitung, die unter Benutzung der Ergebnisse der Abschnitte 1 und 2 auf kürzestem Weg zum Ziel kommt, unterscheidet sich allerdings formal stark von der Munkschen Ableitung, die auf Anwendung der Mittel der klassischen Variationsrechnung beruht.

Für das uns vorgegebene Tragwerk dürfen wir, da der Gesamtwiderstand dadurch nicht geändert wird, das durch Verschiebung aller tragenden Elemente in eine Querebene entstandene „ungestaffelte Tragwerk“ setzen, für das die Gegenseitigkeitsbeziehung $W_{12} = W_{21}$ besteht. Wir wenden diese Beziehung in der Art an, daß das Tragwerk als Ganzes die eine Gruppe von tragenden Elementen bildet, während die andere

[1] Vgl. Fußnote 4, S. 322.

Gruppe die ihm überlagerte Variation ist. Diese Einteilung ist zulässig, da der Satz $W_{12} = W_{21}$ nach der Bemerkung am Ende von Anmerkung 3 zu Nr. 1 auch für räumlich zusammenfallende Tragwerke gilt.

Wird der Auftriebsverteilung eine über eine kurze Strecke ds verteilte zusätzliche Luftkraft δN normal zu der gegebenen Richtung des Flügelelementes überlagert, und ist die von dem Tragwerk herrührende Störungsgeschwindigkeit normal zum Flügelelement $= w_n$, dann ist der Widerstand W_{21}, den die Geschwindigkeit w_n an der überlagerten Luftkraft hervorbringt, $= \delta N\, w_n / V$, der gesamte gegenseitige Widerstand also doppelt so groß.

Zur Erfüllung der Nebenbedingung, daß die Variation des Auftriebes gleich Null ist, seien zwei Zusatzkräfte δN_1 und δN_2 auf zwei tragenden Elementen ds_1 und ds_2 angenommen, die mit der X-Achse die Winkel ε_1 und ε_2 bilden. Dann ist wegen des Verschwindens der ersten Variation des Widerstandes

$$\delta N_1 w_{n_1} + \delta N_2 w_{n_2} = 0;$$

die Nebenbedingung ergibt

$$\delta N_1 \cos\varepsilon_1 + \delta N_2 \cos\varepsilon_2 = 0.$$

Beides ist nur verträglich, wenn

$$w_{n_1} : w_{n_2} = \cos\varepsilon_1 : \cos\varepsilon_2$$

oder allgemein für alle tragenden Elemente des ungestaffelten Tragwerkes

$$w_n = w_0 \cos\varepsilon \tag{39}$$

ist. Sind alle tragenden Elemente parallel, dann ist $\cos\varepsilon = 1$ und daher $w_n = w =$ konst. für alle tragenden Stellen[1].

Im allgemeinen Fall von beliebig im Raum verteilten tragenden Elementen führt nach dem Früheren diejenige Auftriebsverteilung zum Widerstandsminimum, die an dem entsprechenden ungestaffelten Tragwerk der Bedingung (36) genügt. Daß es sich hier immer um ein echtes Minimum handelt, ist daraus zu entnehmen, daß die „zweite Variation" den Eigenwiderstand der zusätzlichen Luftkräfte darstellt, also wesentlich positiv ist.

6. Für die Lösung der Aufgabe, die Auftriebsverteilung zu finden, die zum Widerstandsminimum führt, ergibt sich nach Munk ein Weg durch die folgende Betrachtung: Die Geschwindigkeit, die von einem abgehenden Wirbel in der Querebene durch seinen Anfangspunkt hervorgerufen wird, ist gerade die Hälfte derjenigen, die ein nach beiden Seiten unendlich langer Wirbelfaden von gleicher Stärke hervorbringen

---

[1] Für den geraden Eindecker war dieses Ergebnis durch eine Sonderbetrachtung bereits früher (in Nr. 15 der I. Mitteilung) gewonnen worden.

würde. Bei einem ungestaffelten Tragwerk stimmt daher das Feld u und w in der Querebene bis auf einen Faktor 2 überein mit demjenigen eines Systems von nach beiden Seiten unendlich langen Wirbeln, das in Anordnung und Stärke dem der abgehenden Wirbel des Tragwerkes entspricht. Dieses Feld ist aber eine ebene Strömung, die quellenfrei und außerhalb der durch die tragenden Stellen gezogenen Parallelen zur Flugrichtung auch wirbelfrei ist. Die in der vorigen Nummer abgeleitete Bedingung für das Eintreten des Widerstandsminimums bedeutet für diese ebene Strömung nichts anderes, als die Grenzbedingung für eine aus den Wirbelflächen gebildete *starre* Zylinderschale, die sich mit der Geschwindigkeit $2w_0$ in der Richtung des gegebenen Auftriebes bewegt[1]; die Flüssigkeit ist dabei im Unendlichen in Ruhe.

Die Behandlung von Beispielen ist dadurch zurückgeführt auf eine bekannte Aufgabe des ebenen Problems der Hydrodynamik. Die Wirbelstärke in der Wirbelfläche (d. h. der Geschwindigkeitssprung) für die der Geschwindigkeit $2w_0$ entsprechende Bewegung ist nach früherem $= d\Gamma/ds$; hieraus ergibt sich durch Integration Γ (das an der Flügelspitze $= 0$ ist) gleich dem Potentialsprung $[\Phi]$[2]. Die Normalkraft auf die Längeneinheit des Flügels N ist $\varrho \Gamma V$; somit ist der Auftrieb

$$A = \int N \cos\varepsilon\, ds = \int N\, dx = \varrho V \int [\Phi]\, dx; \tag{40}$$

eine etwaige Seitenkraft ist

$$S = \int N \sin\varepsilon\, ds = -\int N\, dz = -\varrho V \int [\Phi]\, dz\,.^{3} \tag{40a}$$

Man kann die Strömung in eine stationäre verwandeln, indem man der Flüssigkeit eine der Geschwindigkeit des starren Gebildes entgegengesetzt gleiche Geschwindigkeit erteilt, durch die das starre Gebilde zur Ruhe gebracht wird, und im Unendlichen die Geschwindigkeit $-2w_0$ entsteht. Die Gl. (40) wird hierdurch nicht geändert.

Für *mehrfach zusammenhängende tragende Gebilde* erhält man bei diesem letzteren Bild in dem abgeschlossenen Inneren ruhende Flüssigkeit. Der Potentialsprung wird dadurch, daß für das Potential im Inneren ein beliebiger konstanter Wert angenommen werden kann, unbestimmt. Dem entspricht in unserer Anwendung die Tatsache, daß bei einem ringförmig geschlossenen Tragwerk eine *konstante* Normalkraft N, die

[1] Entsprechend den früheren Festsetzungen werden die Flügelkräfte hier immer in der Richtung gerechnet, in der sie auf die *Flüssigkeit* wirken.

[2] Eckige Klammern als Differenzzeichen!

[3] Setzt man $dx + i dz = d\xi$, $\Phi + i\Psi = Z$ und beachtet, daß der Sprung der Stromfunktion Ψ aus Gründen der Kontinuität $= 0$ ist, so kann man auch schreiben $A - iS = \varrho V \oint Z\, d\xi$, wobei der Integrationsweg das starre Gebilde — oder anders gesprochen, das Tragwerk — von außen umschlingt. Für das Integral kann auch das Residuum im Unendlichen genommen werden.

ja auch keine von Null verschiedene Resultante ergibt, keinen Widerstand hervorruft und daher auch zu einer bestehenden Verteilung von Auftrieb willkürlich hinzugefügt werden darf, ohne den Widerstand zu ändern. Man kann auch das Innere des Ringes durch tragende Linien, die von einem Punkt der Berandung zu einem anderen führen, in Felder teilen, und in jedem Feld ein anderes Potential annehmen. Die durch die jetzt vorhandenen Potentialsprünge definierten Normalkräfte ändern den Widerstand ebenfalls nicht. Der innere Grund dieses Verhaltens ist der, daß von den inneren Flügeln, bei denen auf der ganzen Länge die Normalkraft, also auch Γ konstant ist, keine Wirbel abgehen.

Für die praktische Rechnung wird man die Geschwindigkeit im Unendlichen (nach der zweiten Auffassung), die $= 2w_0$ ist, auf 1 normieren, d. h. man berechnet statt Φ das reduzierte Potential $\varphi = \Phi/2w_0$, das die Dimension einer Länge hat. $\int [\varphi]\, dx$ ist also eine Fläche, die im folgenden F' heißen möge. Hiermit wird

$$A = \varrho\, V\, 2 w_0 F',$$

also

$$w_0 = A/2\varrho V F'; \tag{41}$$

andererseits ist

$$W = \int \frac{w_n}{V} N\, ds = \frac{w_0}{V} \int \cos\varepsilon\, N\, ds = \frac{w_0}{V} A$$

[gemäß Gl. (39) und (40)]; also mit Gl. (41)

$$W = A^2/2\varrho V^2 F' = A^2/4 q F'. \tag{42}$$

Werden wieder die dimensionslosen Größen $c_a = A/q\,F$ und $c_{w_i} = W/q\,F$ eingeführt, so wird

$$c_{w_i} = c_a^2 F/4F'. \tag{43}$$

7. Das Tragwerk erteilt, während es seine Bahn entlang bewegt wird, einer Luftpartie nach der anderen die, wie wir annehmen, kleinen Geschwindigkeiten, die wir als das Ergebnis der abgehenden Wirbel kennengelernt haben. Gemäß der vorangegangenen Überlegung — oder auch gemäß den Gl. (31) mit $\sin\alpha = 1$ — sind diese hinreichend weit hinter dem Tragwerk, wenn wir von den bis dahin eingetretenen Deformationen der Wirbelfläche im Sinn der Theorie der ersten Ordnung absehen, $= 2u$ bzw. $2w$, wobei gemäß unserer bisherigen Bezeichnung u und w die Geschwindigkeiten beim ungestaffelten Tragwerk in der Querebene sind. Statt diese Geschwindigkeiten in zeitlicher Reihenfolge immer neuen Luftpartien zu erteilen, kann man sich vorstellen, daß sie durch einen Stoß auf der ganzen Bahn des Tragwerkes gleichzeitig erzeugt werden. Zur Ausführung dieses Stoßes bedarf man eines festen zylindrischen Gebildes von der Gestalt des vom Tragwerk überstrichenen

geometrischen Ortes. Für den Fall, daß es sich um ein Tragwerk kleinsten Widerstandes handelt, ist dieses Gebilde starr, andernfalls wird es bei dem Stoß eine Formänderungsbewegung ausführen. Man kann nun leicht von dem Stoßvorgang auf den Vorgang am Tragwerk umrechnen und wird dabei wieder auf Gl. (40) geführt. Die Stoßdrücke $\int_0^\tau p\,d\tau$ ($p =$ Flüssigkeitsdruck, $\tau =$ Stoßdauer), die nach einem bekannten Satz der Hydrodynamik $= \varrho\,\Phi$ sind, wo Φ das Strömungspotential ist, ergeben nämlich durch den Drucksprung $[p]$ an den festen Flächen eine Stoßkraft normal zur Fläche, die für die Flächeneinheit $= \int_0^\tau [p]\,dt = \varrho[\Phi]$ ist. Diese entspricht der Wirkung der Normalkraft N für die Zeit, in der das Tragwerk die Längeneinheit zurücklegt, es ist somit $N/V = \varrho[\Phi]$ in Übereinstimmung mit dem Früheren.

Für die Fläche F' läßt sich noch eine einfache mechanische Bedeutung angeben. Schreibt man die Geschwindigkeit des zylindrischen Gebildes nach dem Stoß, also die Geschwindigkeit der Wirbelfläche weit hinter dem Tragwerk. $2w_0 = w_1$, dann ist nach Gl. (41) und (42)

$$A = \varrho\,F'\,V\,w_1$$

und

$$W\,V = A\,w_0 = \varrho\,F'\,V\,\frac{w_1^2}{2}.$$

$\varrho\,F'\,V$ ist die sekundlich durch den Querschnitt F' hindurchtretende Luftmasse. Die Gleichungen zeigen, daß man den Auftrieb und die Widerstandsarbeit richtig erhält, wenn man annimmt, daß die Luft innerhalb des Querschnittes F' die Abwärtsgeschwindigkeit w_1 erhalten hat, außerhalb aber unabgelenkt bleibt.

8. Der vergleichenden Beurteilung von verschiedenen Tragwerkformen dient die nachfolgende Betrachtung:

Zunächst gilt der Satz: „Bei unverändertem Gesamtauftrieb wird durch Hinzufügen von Tragwerkteilen das Minimum des induzierten Widerstandes verkleinert, durch Wegnahme von Tragwerkteilen dagegen vergrößert. In Ausnahmefällen kann es unverändert bleiben.“ Der Beweis ergibt sich durch folgende Überlegung: das Weglassen eines Tragwerkteiles ist gleichbedeutend damit, daß für das vollständige Tragwerk eine Auftriebsverteilung gewählt wird, bei der die Auftriebsdichte in dem fortzulassenden Teil Null ist. Diese Verteilung wird im allgemeinen von der Minimalverteilung des vollständigen Tragwerkes abweichen, ihr Widerstand also größer sein, als der Minimalwiderstand des vollständigen Tragwerkes. Nur in dem Ausnahmefall, daß eine zum Widerstandsminimum führende Auftriebsverteilung mit Auftrieb Null in den wegzulassenden Teilen möglich ist, bleibt der Widerstand unverändert.

Nach dem in Nr. 6 über mehrfach zusammenhängende Tragwerke Gesagten dürfen im Inneren von ringförmigen Tragwerken Flügel, die von einem Randpunkt zu einem anderen verlaufen, nach Belieben eingefügt werden, ohne daß der Minimalwiderstand geändert wird. Durch solche Zufügungen und nachheriges Fortlassen des Überflüssigen kann man aber aus einem ringförmigen Tragwerk alle beliebigen Tragwerke herstellen, die ganz in seinem Innern liegen, oder wenigstens seine Grenzen nirgends überschreiten. Der induzierte Widerstand kann bei dieser Umwandlung nie abnehmen, im allgemeinen wird er beim Fortlassen der in Wegfall kommenden Teile zunehmen. Hieraus entnimmt man den für Abschätzungen wertvollen Satz: „Ein ringförmiges Tragwerk besitzt von allen Tragwerken, die seine Grenzen nirgends überschreiten, den kleinsten Minimalwert des induzierten Widerstandes."

9. Die Fläche F' läßt sich nach den aus der Hydrodynamik bekannten Methoden für eine Reihe von Tragwerksformen berechnen. Für den geraden Eindecker von der Spannweite b, entsprechend der Strömung um eine ebene Platte, ergibt sich F' gleich der Kreisfläche mit b als Durchmesser: $F' = \frac{\pi}{4} b^2$. Durch Einsetzen dieses Wertes in Gl. (42) ergibt sich die früher gewonnene Beziehung (25). Weiter konnte F' für ein Tragwerk mit einem lotrechten Kreis als Mittellinie leicht berechnet werden. Ist der Durchmesser $= b$, so wird hier $F' = \frac{\pi}{2} b^2$.

Die Ermittlung von F' für einige verwickeltere Fälle, bei denen elliptische Integrale auftreten, hat Herr R. Grammel auf meine Veranlassung durchgeführt. Im folgenden mögen die Ergebnisse ohne Beweis kurz angegeben werden. Dabei bedeuten K und E die Normalintegrale erster und zweiter Gattung zum Modul k, K und E die zugehörigen vollständigen Normalintegrale; K', E', K' und E' sind die entsprechenden Integrale zum Modul $k' = \sqrt{1 - k^2}$.

1) Für einen aus zwei geraden Eindeckern von gleicher Spannweite zusammengesetzten Doppeldecker ergibt sich folgende Rechenvorschrift: für einen Modul k, der nahe Null angenommen wird, ermittle man die Hilfsgrößen

$$\varepsilon^2 = \frac{\mathsf{E}'}{\mathsf{K}'}; \quad t = \sqrt{\frac{1-\varepsilon^2}{1-k^2}} \quad \text{und} \quad \frac{1}{\delta} = E'(t) - \varepsilon^2 K'(t);$$

dann ergibt sich das Verhältnis der Höhe zur Spannweite des Doppeldeckers zu

$$\frac{h}{b} = \frac{\delta \pi}{2\mathsf{K}'}$$

und die Fläche F' zu

$$F' = \frac{\pi}{4} b^2 \delta^2 (1 + k^2 - 2\varepsilon^2).$$

2) Für ein rechteckförmiges ringartig geschlossenes Tragwerk (das also aus einem Doppeldecker durch Einfügen von abschließenden

Seitenwänden entsteht, und das nach dem in Nr. 8 Gesagten einen kleineren induzierten Widerstand hat als alle in seinem Rahmen eingeschlossenen Mehrdecker) fand GRAMMEL die Beziehungen

$$\frac{h}{b} = \frac{\mathsf{E} - k'^2\,\mathsf{K}}{\mathsf{E}' - k^2\,\mathsf{K}'}$$

und

$$F' = \frac{\pi\, b^2\, k'^2}{4(\mathsf{E}' - k^2\,\mathsf{K}')^2}.$$

3) Für einen Eindecker von der Spannweite b mit einem Spalt von der Breite d in der Mitte wird zunächst zu der vom Mittelpunkt aus gerechneten Abszisse x die Hilfsvariable

$$t = \sqrt{\frac{b^2 - 4x^2}{b^2 - d^2}}$$

gebildet, dann mit $k = \sqrt{1 - (d/b)^2}$,

$$\Phi = \frac{b}{2}\left(\frac{\mathsf{E}}{\mathsf{K}}\, K(t) - E(t)\right)$$

berechnet, worauf F' durch Quadratur aus

$$F' = 4 \int\limits_{d/2}^{b/2} \Phi\, dx$$

ermittelt werden kann.

Die Durchführung der Zahlenrechnung für diese drei Fälle, die ich Herrn K. POHLHAUSEN verdanke, hat die folgenden nicht uninteressanten Zahlenwerte ergeben. Es ist überall das Verhältnis $\varkappa$ des Widerstandes der untersuchten Anordnung zu dem Widerstand des Eindeckers von gleicher Spannweite angegeben:

Tabelle 2. *Werte von* $\varkappa = \frac{\pi}{4}\, b^2 : F'$

$h/b = 0$		0,05	0,1	0,15	0,2	0,3	0,4	0,5
Doppeldecker	1,000	0,890	0,825	0,776	0,739	0,684	0,645	0,615
Rechteck	1,000	0,865	0,787	0,728	0,680	0,601	0,545	0,500

Der Doppeldecker ist also bei gleicher Spannweite und gleichem Auftrieb dem Eindecker, das Rechteck beiden überlegen, wie das allgemeine Gesetz es verlangt. Für den praktischen Gebrauch dienen folgende Näherungsformeln:

für den Doppeldecker:

$$\varkappa \cong \frac{1 + 1{,}63\, h/b}{1{,}027 + 3{,}84\, h/b}, \tag{44}$$

für das Rechteck

$$\varkappa \cong \frac{1 + 0{,}45\,h/b}{1{,}045 + 2{,}8\,h/b}. \tag{45}$$

Bei dem Tragflügel mit Spalt liegt der Vergleich mit demjenigen Eindecker nahe, der durch Schließen des Spaltes unter Zusammenschieben der beiden Teile entsteht, der also die Spannweite $b - d$ hat. Über das Verhältnis des Widerstandes mit Spalt zu dem ohne Spalt gibt die Tab. 3 Auskunft.

Tabelle 3. *Werte von* $\varkappa = \frac{\pi}{4}(b - d)^2 : F'$

$d/b = 0$	0,001	0,01	0,0316	0,1	0,25	0,5	1,0
$\varkappa = 1{,}000$	1,312	1,480	1,612	1,763	1,896	1,975	2,000

Diese Werte werden durch die Formel angenähert:

$$\frac{1}{\varkappa} = 1 - \frac{1}{2\sqrt{1 + 0{,}35\,({}^{10}\log b/d)^2}}. \tag{46}$$

C. Einfluß von Wänden und von freien Grenzen

10. Das Studium des Einflusses einer seitlichen Begrenzung des von der Flüssigkeit erfüllten Raumes auf einen darin befindlichen Tragflügel ist vor allem von Bedeutung für die Beurteilung von Versuchsergebnissen, die im künstlichen Luftstrom gewonnen sind. Die Versuchsanstalten verwenden teils Kanäle mit festen Wänden, teils freie Luftstrahlen, die mit angenähert zylindrischer Begrenzung den sie umgebenden Luftraum durchströmen. Es entsteht so die Aufgabe, das Verhalten eines Tragflügels oder Tragwerkes bei festen oder freien Grenzen parallel der Richtung von V zu untersuchen.

Bei festen Wänden ist die exakte Bedingung das Verschwinden der Normalkomponente w_n der Geschwindigkeit an den festen Wänden, bei freien Grenzen dagegen die Unveränderlichkeit des Druckes auf diesen. Die letztere Bedingung kann im Bereich der Theorie der ersten Ordnung wie folgt umgeformt werden: Nach dem Bernoullischen Satz ist an den freien Grenzen

$$(V + v)^2 + u^2 + w^2 = \text{konst.} = V^2$$

oder

$$2\,V v + u^2 + v^2 + w^2 = 0; \tag{47}$$

innerhalb der ersten Ordnung gilt also $v = 0$ auf den freien Grenzen oder auch $v = 0$ auf demjenigen Zylinder parallel zur Y-Achse[1], der bei Abwesenheit der Störung durch den Tragflügel die Strahlgrenze darstellen würde.

[1] Das Koordinatensystem möge entsprechend dem bisher gebrauchten so gelegt sein, daß die Y-Achse mit der Richtung des ankommenden Luftstrahles übereinstimmt und die Z-Achse parallel zum resultierenden Auftrieb ist.

Die beiden Aufgaben lassen sich in der Weise lösen, daß zunächst der Tragflügel mit dem aus den früheren Abschnitten bekannten Geschwindigkeitsfeld für die unendlich ausgedehnte Flüssigkeit betrachtet wird, und nun (im Inneren singularitätenfreie) Potentialströmungen zugefügt werden, bei denen an den Grenzen w_n bzw. v entgegengesetzt gleiche Werte haben wie die Flügelströmung. Die Geschwindigkeitskomponenten, die von der Zusatzströmung am Flügel verursacht werden, ändern dort den Anstellwinkel und den Widerstand in gleicher Weise wie dies früher von den Störungsgeschwindigkeiten dargelegt worden ist, die von anderen Flügeln herstammen.

Für den freien Strahl, der uns wegen der Göttinger Versuchsanlage besonders naheliegt, ergibt sich bei beliebiger Form des Strahlquerschnittes das folgende: Die Randwerte der Y-Komponente der Flügelströmung auf der zylindrisch angenommenen Strahloberfläche seien $\overline{v}$; die Y-Geschwindigkeit der zusätzlichen Potentialbewegung auf dem Strahlrand, ist daher $\partial \Phi / \partial y = -\overline{v}$; das Potential wird also längs jeder Erzeugenden des Strahlrandes integrierbar: es ist

$$\overline{\Phi}(y) = -\int_{-\infty}^{y} \overline{v}\, d y .$$

(Die untere Grenze des Integrals ergibt sich daraus, daß hinreichend weit stromaufwärts das zusätzliche Feld verschwinden muß.) Das zusätzliche Feld im Inneren des Strahles ergibt sich hieraus durch die Lösung der „ersten Randwertaufgabe“.

Soweit es sich lediglich um die Berechnung des Gesamtwiderstandes handelt, genügt es wieder, den Zustand weit hinter dem Tragwerk, also für $y = \infty$ zu kennen. Die Randwerte

$$\overline{\Phi}_1 = -\int_{-\infty}^{+\infty} \overline{v}\, d y$$

sind, wie leicht zu sehen, unabhängig von etwaiger Staffelung der tragenden Elemente, aus deren Wirkungen sich $\overline{v}$ additiv zusammensetzt. Diese vereinfachte Aufgabe führt also wieder auf ein ebenes Problem, nämlich auf die Ermittlung des Geschwindigkeitsfeldes u_1, w_1 für die Randwerte $\overline{\Phi}_1$ des Potentials.

Für ein ungestaffeltes Tragwerk ist v, und daher auch $\overline{v}$, eine gerade Funktion von y, damit wird $-\int_0^y \overline{v}\, d y$ eine ungerade Funktion von y. Das zusätzliche Randpotential wird damit

$$\overline{\Phi} = -\int_{-\infty}^{0} \overline{v}\, d y - \int_{0}^{y} \overline{v}\, d y = \overline{\Phi}_0 + \overline{\Phi}',$$

wo $\overline{\Phi}'$ ungerade. Entsprechendes gilt für das Potential im Inneren; die Geschwindigkeiten u und w zerlegen sich dadurch in einen von y unabhängigen Teil $u_0 = \partial \Phi_0/\partial x$, $w_0 = \partial \Phi_0/\partial z$ und in einen Teil $u' = \partial \Phi'/dx$, $w' = \partial \Phi'/\partial z$, der in y ungerade ist. In der Querebene des Tragwerkes verschwinden die ungeraden Teile und es bleibt somit wieder das ebene Problem übrig. Wie leicht zu sehen, ist genau entsprechend dem Früheren $\Phi_1 = 2\Phi_0$ und $u_1 = 2u_0$, $w_1 = 2w_0$.

Wegen $\overline{v} = 0$ am Rand für die fertige Strömung ist dort überall $\Phi =$ konst., also setzen die Stromlinien der zu der Parallelbewegung mit der Geschwindigkeit V hinzukommenden Strömung senkrecht auf der Strahloberfläche auf. Bei der Betrachtungsweise von Nr. 7, die hier ebenfalls anwendbar ist, findet man aus der Forderung, daß der Druck auf der Strahloberfläche während des Stoßvorganges sich nicht ändert, wegen $\Phi = \int_0^\tau p\,dt$ wieder $\Phi =$ konst. für die Strahloberfläche.

Die Bedingungen für den Kanal lassen sich ebenso durchführen. Nur wird man hier wegen $w_n = 0$ auf die „zweite Randwertaufgabe" geführt. u und w bestehen auch hier aus einer ebenen Strömung plus einem in y ungeraden Anteil, wenn das Tragwerk ungestaffelt ist.

Für die Ermittlung der ebenen Strömung u_0, w_0 läßt sich mit Vorteil die Methode der Spiegelbilder anwenden. Bei einem Strahl oder Kanal von Kreisquerschnitt hat man dabei in bekannter Weise zu jedem abgehenden Wirbel einen ebenso starken von entgegengesetztem (bzw. gleichem) Vorzeichen in dem Punkt hinzuzunehmen, der dem anderen nach reziproken Radien entspricht. Einem Streifen des abgehenden Wirbelbandes von der Stärke $\frac{d\Gamma}{ds}\,ds$ entspricht somit ein gleich starker vom Betrag $\frac{d\Gamma'}{ds'}\,ds'$. Durch Integration zwischen je zwei entsprechenden Punkten ergibt sich hieraus, daß für die gespiegelten tragenden Wirbel $\Gamma' = \mp\Gamma$ ist (Minuszeichen für den Strahl, Pluszeichen für den Kanal).

11. Die zahlenmäßigen Verhältnisse für den Kreisstrahl habe ich für den einfachsten Fall, einen geraden Eindecker in der Mitte des Strahles, näher untersucht, und zwar unter der Annahme, daß der Auftrieb nach einer halben Ellipse verteilt ist. Ist b die Spannweite des Eindeckers und D der Strahldurchmesser, so wird die von den Strahlgrenzen verursachte Störungsgeschwindigkeit w' in der Entfernung x aus der Mitte, mit der Abkürzung $\xi = 2x\,b/D^2$

$$w' = \frac{A}{4\pi R^2 \varrho V}\left(1 + \frac{3}{4}\xi^2 + \frac{5}{8}\xi^4 + \frac{35}{128}\xi^6 + \cdots\right). \tag{48}$$

Hierdurch ergibt sich ein Zusatzwiderstand

$$W' = \frac{A^2}{4\pi R^2 \varrho V^2}\left(1 + \frac{3}{16}\left(\frac{b}{D}\right)^4 + \frac{5}{64}\left(\frac{b}{D}\right)^8 + \cdots\right). \tag{49}$$

Eine Vergleichsrechnung mit rechteckiger Auftriebsverteilung ergab das erste Glied in der Widerstandsformel identisch mit dem obigen; der Schluß liegt nahe, daß dies auch bei irgendeinem anderen Tragwerk der Fall ist. Wenn man sich auf dieses erste Glied beschränkt, was praktisch in den meisten Fällen ausreicht, so läßt sich der gesamte induzierte Widerstand unter Einführung des Querschnittes F_0 des Luftstromes schreiben:

$$W = \frac{A^2}{4q}\left(\frac{1}{F'} + \frac{1}{2F_0}\right).^1 \tag{50}$$

Bei einem *Kanal* von Kreisquerschnitt erhält man die gleichen Störungsbeiträge, aber mit entgegengesetztem Vorzeichen. Das erste Glied der Reihe bringt eine recht merkliche Korrektur, bei $b/D = \frac{1}{2}$, z. B. wird sie bereits $\frac{1}{8}$ des induzierten Widerstandes. Der vollständige Ausdruck liefert an Stelle von 0,125 bei der elliptischen Verteilung 0,1262 und bei der Rechteckverteilung 0,127.

12. Der durch den Kreisstrahl hindurchgesteckte Flügel hat ebenfalls ein gewisses praktisches Interesse, da er eine besonders bequeme Versuchsanordnung ergibt. Man kann seine Theorie erhalten, wenn man beachtet, daß da, wo der Flügel durch die Strahloberfläche hindurchtritt, wegen der Druckgleichheit über und unter dem Flügel der Auftrieb Null werden muß. Für eine Reihenentwicklung ist hier die Funktion $\frac{R^2 - x^2}{R^2 + x^2}$ und ihre ungeraden Potenzen geeignet, da die Reihe für $x = \pm R$ verschwindet und außerdem der Bedingung für den Kreisstrahl $f(R^2/x) = -f(x)$ genügt. Die ziemlich umständliche Durchrechnung für die zwei ersten Glieder, der sich Herr K. Pohlhausen in dankenswerter Weise unterzog, ergibt für

$$\Gamma = V R\left\{c_1 \frac{R^2 - x^2}{R^2 + x^2} + c_2\left(\frac{R^2 - x^2}{R^2 + x^2}\right)^3\right\},$$

$$A = \varrho V^2 R^2\{c_1(\pi - 2) + c_2(\tfrac{3}{4}\pi - 4)\}, \tag{51}$$

$$w = R^2 V \frac{R^2 - x^2}{(R^2 + x^2)^2}\left\{\frac{c_1}{2} + \frac{3}{4} c_2 \frac{R^4 - 6R^2x^2 + x^4}{(R^2 + x^2)^2}\right\}, \tag{52}$$

$$W = \frac{\pi}{8} \varrho V^2 R^2\left\{c_1^2 + \frac{3}{2} c_1 c_2 + \frac{3}{4} c_2^2\right\}. \tag{53}$$

Das Minimum von W bei gegebenem A wird erhalten für

$$c_1 = 1{,}213\, A/\varrho V^2 R^2 \quad \text{und} \quad c_2 = -0{,}541\, A/\varrho V^2 R^2$$

und wird

$$W_{\min} = 0{,}277\, A^2/\varrho V^2 R^2 = 1{,}74\, A^2/4q F_0. \tag{54}$$

[1] Der Faktor 2 bei F_0 läßt sich so deuten, daß der Strahl nur die Hälfte des Auftriebes als Impuls durch Ablenkung von der ursprünglichen Richtung aufnimmt, da die andere Hälfte — einer einfachen Rechnung zufolge — durch den Impuls des zum Flügel gehörigen Wirbelsystems aufgenommen wird.

Dieses ist das 1,74fache des Widerstandes eines Eindeckers von der Spannweite $2R$ in der unendlich ausgedehnten Flüssigkeit (die einfache Näherungsformel (50) gibt das 1,5fache, was für diesen extremen Fall immerhin noch recht annehmbar ist).

13. Bei Tragwerken von solcher Tiefenentwicklung, daß es nicht mehr erlaubt ist, die Veränderlichkeit der Störungsgeschwindigkeit mit der Tiefe zu vernachlässigen, muß der Wölbungseinfluß beachtet werden. Ein Fall, für den dieser ermittelt worden ist, der aber auch sonst praktische Bedeutung hat, mag hier noch kurz behandelt werden. Um das ebene Problem im Versuch angenähert zu verwirklichen, haben wir einen Tragflügel seitlich durch zwei parallele Wände abgeschlossen, die den Strahl in seiner ganzen Höhe auf eine größere Strecke begleiten. Die Ober- und Unterseite des Strahles war dabei frei. Die Bewegung ist eine ebene Strömung mit zwei freien Grenzen über und unter dem Flügel. Dieser befand sich in der Strahlmitte. Durch unendlich oft wiederholte Spiegelung an der oberen und unteren Grenze ergibt sich hier eine unendliche Reihe senkrecht übereinander befindlicher gleicher und gleichsinniger tragender Wirbel von der Stärke Γ in Abständen gleich der Strahlhöhe h. Die Zusatzgeschwindigkeit im Unendlichen hinter dem Tragflügel wird

$$w_1 = 2w_0 = A/\varrho\, V\, l\, h = A/\varrho\, V F_0, \tag{55}$$

der Widerstand also

$$W = A\, w_0/V = A/2\varrho\, V^2 F_0 = A/4q\, F_0. \tag{56}$$

Zur Ermittlung des Wölbungseinflusses werde die Geschwindigkeit w für die Strahlmittellinie ($\| V$) berechnet. Es wird durch die Wirkung der gespiegelten Wirbel für $z = 0$

$$w - w_0 = \frac{\Gamma y}{\pi} \sum_1^\infty \frac{1}{n^2 h^2 + y^2}; \tag{57}$$

für kleine y ist demnach

$$w - w_0 \cong \frac{\Gamma y}{\pi h^2} \sum_1^\infty \frac{1}{n^2} = \frac{\pi}{6} \frac{\Gamma y}{h^2},$$

also die Krümmung

$$\frac{1}{R} = \frac{\partial}{\partial y}\left(\frac{w}{V}\right) = \frac{\pi \Gamma}{6 V h^2} = \frac{\pi A}{6 \varrho V^2 l h^2} = \frac{\pi c_a t}{12 h^2}. \tag{58}$$

Um diesen praktisch allerdings meist geringen Betrag[1] muß die Wölbung des Versuchsflügels größer sein, als die des unendlich langen Flügels in unbegrenzter Flüssigkeit, dessen Eigenschaften ermittelt werden sollen.

Beim ebenen Problem im Kanal erhält man mit unendlich vielen gespiegelten Wirbeln von abwechselnden Vorzeichen $w_1 = 0$, also keinen

[1] Für zahlenmäßige Abschätzungen sei bemerkt, daß die flugtechnisch interessierenden Werte von c_a zwischen 0,2 und 1,2 liegen.

induzierten Widerstand, ferner entsprechend

$$w = \frac{\Gamma y}{\pi} \sum_{1}^{\infty} \frac{(-1)^n}{n^2 h^2 + y^2} \tag{59}$$

für $z = 0$, was eine Wölbungskorrektur von entgegengesetztem Sinn und vom halben Betrag wie beim Strahl ergibt.

D. Die Zustände in großem Abstand vom Flügel

14. Für die Ermittlung des Geschwindigkeitsfeldes eines Tragwerkes in großer Entfernung von diesem genügt es, wenn die Umgebung des Wirbelschweifes zunächst außer acht bleiben darf, die Formeln (31) unter der Näherungsannahme zu integrieren, daß die Fahrstrahlen vom Aufpunkt nach den einzelnen tragenden Elementen parallel sind. Sind die Auftriebsrichtungen der einzelnen tragenden Elemente um Winkel ε gegen die Z-Achse geneigt (vgl. Abb. 8), so ist überall an Stelle von β zu setzen $\beta - \varepsilon$ und ferner zu beachten, daß die in Gl. (31) angegebenen Beträge nach ihrem tragenden Element orientiert sind. Die Integration ergibt, wenn man das neue Koordinatensystem so wählt, daß die Seitenkraft $S = \int \Gamma\, ds \sin\varepsilon$ verschwindet, Formeln, die sich von den Gl. (31) nur dadurch unterscheiden, daß $\int \Gamma\, ds \cos\varepsilon = \int \Gamma\, dx = A/\varrho V$ an Stelle von $\Gamma\, ds$ tritt.

Der Druck in großer Entfernung vom Tragwerk wird — abgesehen von dem Gebiet des Wirbelschweifes — $p = p_0 - \varrho V v$, da die Quadrate der Störungsgeschwindigkeiten hier vernachlässigt werden dürfen, also gemäß Gl. (31)

$$p - p_0 = \frac{\varrho V}{4\pi} \int \Gamma\, dx \frac{\cos\alpha \cos\beta}{r^2} = \frac{A z}{4\pi r^3}. \tag{60}$$

Unter dem Tragwerk herrscht Überdruck, über ihm Unterdruck.

Das Integral des Druckunterschiedes über eine unendlich ausgedehnte Ebene senkrecht zur Z-Achse (waagerechte Ebene) wird unabhängig vom Abstand der Ebene $= \pm \frac{1}{2} A$, je nachdem die Ebene unter oder über dem Tragwerk liegt. Zwei Ebenen dieser Art, die das Tragwerk zwischen sich schließen, nehmen also zusammen den ganzen Auftrieb in Form von Druck auf. Dies gilt so für ein nach allen Richtungen unendlich ausgedehntes Luftmeer. Ist in endlicher Entfernung ein waagerechter Erdboden vorhanden, dann muß, um der Grenzbedingung dort zu genügen, ein „gespiegeltes Tragwerk" im Bildpunkt des wirklichen angenommen werden. Dieses erzeugt in jeder waagerechten Ebene über dem Boden einen Überdruck mit einer Resultierenden, die gleichfalls $\frac{1}{2} A$ ist. Mit dem Druckfeld des wirklichen Tragwerkes zusammen liefert demnach jede Ebene zwischen dem Tragwerk und dem Erdboden, also auch dieser selbst, den Betrag A, jede

Ebene über dem Tragwerk dagegen, wo die Überdruckwirkung des gespiegelten Tragwerkes die Unterdruckwirkung des wirklichen im Gesamtbetrag aufhebt, den Betrag Null.

15. Von den Zuständen im Wirbelschweif, die mit dem Widerstand in Beziehung stehen, soll später die Rede sein. Was den Auftrieb betrifft, so interessiert noch die Rolle des in der Flüssigkeit vorhandenen Impulses. Dieser ist durchaus nicht eindeutig bestimmbar, sondern, wie schon das Verhalten der Druckresultierenden andeutete, von den Verhältnissen im Unendlichen abhängig. Umgibt man das in einem allseitig begrenzten Medium befindliche Tragwerk mit einer parallelepipedischen Kontrollfläche, so ergibt die Anwendung des Impulssatzes für stationäre Bewegung[1], wenn man zuerst die Grenzflächen senkrecht zur Y- und Z-Achse und dann erst die senkrecht zur X-Achse ins Unendliche rückt, einen Impuls gleich dem Auftrieb, der aus dem Wirbelschweif stammt; geht man zuerst in der X- und Z-Achse, dann erst in der Y-Achse ins Unendliche, so liefert der Wirbelschweif nichts, dafür aber der tragende Wirbel einen Impuls $= A$; wenn endlich zuerst in der X- und Y-Achse ins Unendliche gegangen wird, und erst alsdann in der Z-Achse, so wird der Impuls Null und es ergeben sich nur Druckkräfte mit der Resultante A. In anderen Fällen wird Druck und Impuls zusammen erhalten. Von der Art des Grenzüberganges unabhängig wird das Ergebnis im Fall eines Bodens in endlicher Entfernung und in dem Fall, daß der Flug in einer allseitig unendlich ausgedehnten Flüssigkeit erst eine endliche Wegstrecke hindurch andauert. Im ersteren Fall ergibt sich ein Bodendruck $= A$ und kein Impuls, im zweiten Fall nur Impuls im Betrag A.

Dieses letztere Ergebnis ist am besten mittels eines bekannten Satzes über die Bewegungsgröße, die zu einer geschlossenen Wirbellinie von der Stärke Γ gehört, einzusehen. Diese Bewegungsgröße ist, wenn F die als Vektor genommene von der Wirbellinie berandete Fläche ist, für eine nach allen Seiten unendlich ausgedehnte Flüssigkeit $= \varrho \Gamma \mathsf{F}$. Wenn der Flug mitten in einer allseitig unbegrenzten Flüssigkeit begonnen worden ist, so ist der Wirbelschweif jedes Flügels hinten durch einen „Anfahrwirbel", vorn aber durch den „tragenden Wirbel" ge-

[1] Vgl. etwa meinen Artikel „Flüssigkeitsbewegung" im „Handwörterbuch der Naturwissenschaften", S. 112. — Die dort (S. 114) gemachte Bemerkung, daß der Auftrieb von der Luft zunächst in Form von Impuls aufgenommen und erst später, wenn die abwärts bewegten Luftmassen den Boden erreichen, in Form von Druck auf diesen übertragen wird, war irrig. Der Irrtum hing mit der oben dargelegten Mehrdeutigkeit des Impulses zusammen, die mir damals noch nicht bekannt war. — Analoge Betrachtungen für die Hubschraube zeigen übrigens, daß auch hier der Auftrieb momentan — oder wenn die Kompressibilität berücksichtigt wird, mit Schallgeschwindigkeit — als Druck auf den Boden übertragen wird.

schlossen. Dies gilt auch von jeder einzelnen Wirbellinie von der Stärke $d\Gamma$. Ist l der Abstand der beiden zusammengehörigen Wirbellinien — oder falls dieser Schwankungen unterworfen ist, der Mittelwert dieses Abstandes —, so hat man, da der Flügel in der Sekunde um die Strecke V vorrückt, einen sekundlichen Zuwachs an Bewegungsgröße von $\varrho V \int l d\Gamma$ (das Integral genommen über die Wirbelfäden eines Vorzeichens), der gleich dem Auftrieb des Flügels zu setzen ist. Es muß also im Wirbelschweif überall das $\int l\, d\Gamma$ konstant und gleich dem über den Tragflügel genommenen Integral $\int \Gamma\, dx$ sein.

16. Für die Beurteilung der Zustände im Wirbelschweif weitab vom Tragwerk darf die Eigenbewegung der Wirbellinien, die für die Berechnung des Geschwindigkeitsfeldes am Tragwerk selbst vernachlässigt wurde, nicht mehr unbeachtet bleiben. Diese Bewegung besteht einerseits in einem Aufrollen des oder der Wirbelbänder von den Flügelspitzen aus und — bei Mehrdeckern — in einem seilartigen Umeinanderschlingen der durch das Aufrollen erzeugten Wirbelstränge, andererseits in einer gemeinsamen fortschreitenden Bewegung des ganzen Wirbelsystems senkrecht zu seiner Längserstreckung. Die Wirbelstärke wird durch weitere Andauer der Aufrollbewegung in jedem kleinen Volumteil immer mehr vergleichmäßigt und strebt einer stetigen räumlichen Wirbelverteilung als Grenzwert zu. Die gesamte Wirbelstärke der einen Seite stimmt in normalen Fällen mit der Zirkulation in der Mitte des Tragwerkes überein. Der in Nr. 6 der I. Mitteilung abgeleitete Satz, daß für die Bewegung relativ zu dem Tragwerk in dem Wirbelsystem die BERNOULLIsche Gleichung mit einer universellen Konstanten gilt und daß deshalb die Wirbellinien mit den Stromlinien relativ zum Tragwerk identisch sind, bleibt auch für diesen Grenzzustand in Kraft.

Im Fall des Eindeckers erhält man zwei gerade Wirbelfäden, bei denen allerdings, wenn nicht eben die Auftriebsdichte über den größten Teil des Flügels konstant ist, auch außerhalb der eigentlichen Wirbelkerne schwache Rotation vorhanden ist. Nimmt man zur Vereinfachung an, daß alle Rotation in zwei Wirbelkernen von kleinem Durchmesser vereinigt ist, so erhält man außerhalb der Wirbelkerne eine ebene Bewegung. Innerhalb der Wirbelkerne ist wegen der schraubenförmigen Gestalt der Wirbellinien auch eine axiale Komponente v' in der Richtung von dem Flügel weg vorhanden[1].

Für die nachfolgende Betrachtung über den Widerstand interessiert der mit dieser Bewegung verknüpfte Unterdruck. Für einen Punkt

[1] Die Komponente der Gesamtgeschwindigkeit ist demnach $V + v + v'$, wo v die der Gl. (31) entsprechende Komponente ist. Diese ist in der Gegend der y-Achse sehr klein und nimmt überdies mit der Entfernung vom Tragwerk beliebig ab, kann deshalb hier außer acht bleiben.

außerhalb der Wirbelkerne, der von den Wirbelachsen die Entfernungen r_1 und r_2 aufweist, ist dieser, wie eine leichte Rechnung lehrt, durch die Gleichung[1] gegeben:

$$p_0 - p = \frac{\varrho (u^2 + w^2)}{2} = \frac{\varrho \Gamma_0^2}{8\pi^2} \frac{l^2}{r_1^2 r_2^2}, \tag{61}$$

wobei l der Abstand der beiden Wirbelfäden und Γ_0 deren Zirkulation bedeutet. Für das Innere der Wirbelkerne wird, wenn der Einfachheit halber die übliche Annahme gemacht wird, daß die Rotation im Innern jedes Wirbelkernes konstant ist, der Unterdruck $= \varrho\, u'^2 \left(1 - \frac{1}{2}\left(\frac{r}{r'}\right)^2\right)$, wobei r' der Kernradius und $u' = \Gamma_0/2\pi r'$ die Umfangsgeschwindigkeit im Radius r' ist. Der Steigungswinkel der schraubenförmigen Wirbellinien auf der Mantelfläche des Kernes ist gegeben durch $\operatorname{tg}\alpha = V/u'$, die lineare Steigung der Schraubenlinien ist daher

$$H = 2\pi r' \, V/u' = 4\pi^2 r'^2 \, V/\Gamma_0. \tag{62}$$

Die Axialgeschwindigkeit v' ergibt sich aus der Schraubengestalt der Wirbellinien oder auch aus der BERNOULLIschen Gleichung genähert zu

$$v' = \frac{u'^2}{V}\left(1 - \left(\frac{r}{r'}\right)^2\right). \tag{63}$$

Das ganze Wirbelsystem bewegt sich mit der Geschwindigkeit

$$w' = \Gamma_0/2\pi l \tag{64}$$

abwärts.

Bei einem Doppeldecker ergeben sich vier Wirbelfäden, die zu zweien je als Rechtsschraube (rechts) und Linksschraube (links) verschlungen sind. Wird angenommen, daß die Entfernung der zwei Wirbel einer Schraube gleich der Doppeldeckerhöhe h ist, und daß beide die gleiche Stärke Γ_1 haben, so ergibt sich die Geschwindigkeit, mit der die beiden Wirbel umeinander umlaufen, angenähert zu $u_1 = \Gamma_1/2\pi h$. Damit wird die Schraubensteigung

$$H = 2\pi \frac{h}{2} \frac{V}{u_1} = 2\pi^2 h^2 \, V/\Gamma_1. \tag{62a}$$

Die Geschwindigkeit v' ist in der Mitte der Schraube genähert

$$v' = \frac{2\Gamma_1}{2\pi h/2} \frac{u_1}{V} = \frac{\Gamma_1^2}{\pi^2 h^2 V}. \tag{63a}$$

17. Der Widerstand hängt nach früherem eng mit der kinetischen Energie des Wirbelsystems zusammen. Diese bleibt unter der Voraussetzung der Reibungslosigkeit bei der Umformung des Wirbelsystems unverändert. Ihr Betrag für die Längeneinheit, der mit dem des Widerstandes übereinstimmt, ist — unter Vernachlässigung des von höherer Ordnung kleinen v' —

$$W = \frac{\varrho}{2} \int\int (u^2 + w^2)\, dF. \tag{65}$$

[1] Anm. d. Schriftl.: Vgl. die Berichtigung S. 372.

In einem Schnitt, der senkrecht zur Achse des Wirbelsystems geführt wird, finden sich die in voriger Nummer beschriebenen Unterdrücke, die als Resultante eine Saugkraft ergeben. Diese stimmt nun mit dem obigen Wert für den Widerstand nicht überein, sondern ist größer als dieser[1]. Diese Differenz wird durch den Impuls der Geschwindigkeit v' ausgeglichen, der der Saugkraft entgegenwirkt. Um dies klarzustellen, wenden wir den Impulssatz für die stationäre Bewegung auf die Komponenten parallel der Achse des Wirbelsystems an und benützen hierfür eine Kontrollfläche, die aus einer Ebene senkrecht zu dem Wirbelsystem weitab vom Flügel und einer zu ihr parallelen Fläche weit vor dem Flügel besteht, mit einem im übrigen beliebigen Abschluß nach den Seiten und nach oben und unten, von dem nur angenommen wird, daß er sehr weit vom Flügel abliegt. Dann ist für ein Flächenelement dF der hinteren Kontrollebene die Saugkraft $= (p_0 - p)\, dF$ und der longitudinale Impuls $= dm(V - (V + v')) = -\varrho(V + v')\, dF\, v'$. Die BERNOULLIsche Gleichung liefert:

$$p_0 - p = \varrho V v' + \frac{\varrho}{2}(v'^2 + u^2 + w^2).$$

Die Gesamtwirkung von Saugkraft und Impuls auf dem Flächenelement dF ergibt demnach

$$dW = dF \frac{\varrho}{2}(u^2 + w^2 - v'^2).^{2} \tag{66}$$

Strenggenommen muß noch berücksichtigt werden, daß wegen der Abwärtsbewegung des Wirbelsystems mit der Geschwindigkeit w' die Achse des Wirbelsystems gegen die Flugrichtung um einen Winkel δ nach unten geneigt ist, für den gilt: $\sin\delta = w'/V$ (wobei w' senkrecht zur Wirbelachse gemessen ist). Man findet bei einer genaueren Betrachtung, daß die Resultante der aus der obigen Überlegung folgenden Kraft in die Richtung der Achse des Wirbelsystems fällt, also ebenfalls unter dem Winkel δ geneigt ist. Der Widerstand ist dann die Projektion dieser Kraft auf die Y-Achse, so daß also die Beziehung zwischen dem Widerstand und den Zustandsgrößen im Wirbelschweif in strenger Form lautet:

$$W = \frac{\varrho}{2}\cos\delta \iint (u^2 + w^2 - v'^2)\, dF.^{3} \tag{67}$$

---

[1] Beim Eindecker z. B. beträgt die Differenz $= \varrho\, \Gamma_0^2/4\pi =$ rd. $^1/_5$ des Widerstandes.

[2] Zu derselben Formel wird man geführt, wenn man die Energie des sekundlich neu gebildeten Stückes des Wirbelschweifes betrachtet. Diese besteht aus der kinetischen Energie: $dF(V + v')\frac{\varrho}{2}(u^2 + w^2 + v'^2)$ und aus der Arbeitsleistung des Druckes $dF(p - p_0)v'$, was unter Benutzung der BERNOULLIschen Gleichung wieder den obigen Ausdruck gibt.

[3] Dies ist auch energetisch einzusehen, da das sekundlich neu gebildete Stück des Wirbelschweifes nicht die Länge V, sondern wegen seiner Eigenbewegung nur $V\cos\delta$ hat.

Andererseits ergibt sich aus derselben Betrachtung der endgültige Wert des Auftriebes zu

$$A = \varrho V \int \Gamma dx - W \operatorname{tg} \delta. \tag{68}$$

Das Korrektionsglied $W \operatorname{tg} \delta$ ist übrigens, wenn A von der ersten Ordnung klein ist, von der dritten Ordnung, kann also praktisch immer außer acht bleiben.

18. Die Gl. (65) erlaubt in einfachen Fällen, die Größe der Wirbelkerne abzuschätzen, zu denen sich das Wirbelband des Flügels zusammenrollt. Für den Eindecker kann unter der Annahme, daß die Wirbel sämtlich in zwei Kernen von gleichförmig verteilter Rotation enthalten sind, das Integral von Gl. (65) entsprechend den Angaben von Nr. 16 ausgewertet werden. Es liefert

$$W = \frac{\varrho \Gamma_0^2}{2\pi}\left(\ln \frac{l}{r'} + \frac{1}{4}\right). \tag{69}$$

Nimmt man am Tragflügel elliptische Auftriebsverteilung an, so wird andererseits $W = 2A^2/\pi \varrho V^2 b^2$; die Zirkulation eines Wirbelstranges ergibt sich gleich der Zirkulation in der Mitte des Tragflügels $\Gamma_0 = \frac{4}{\pi} \frac{A}{\varrho V b}$; hiermit wird

$$\ln \frac{l}{r'} = \frac{1}{4}(\pi^2 - 1) = 2{,}215, \quad \text{also} \quad \frac{l}{r'} = 9{,}16.$$

Die am Schluß von Nr. 15 angeführte Beziehung liefert hier $l = \frac{\pi}{4} b$, so daß unter der Voraussetzung der obigen Annahmen sämtliche Abmessungen des Wirbelsystems bekannt sind. Die Steigung der Stromlinien im Kern wird gemäß Gl. (62), wenn c_a und b an Stelle von Γ_0, l und r' eingeführt werden:

$$H = 0{,}455 b^3 / c_a F. \tag{70}$$

Die Geschwindigkeit in der Ebene des Wirbelpaares wird außerhalb der Wirbelkerne

$$w = 2\Gamma_0 l / \pi (l^2 - 4x^2), \tag{71}$$

innerhalb der Kerne nach unserer Annahme eine lineare Funktion. Im Gegensatz zu der Geschwindigkeit ohne Aufrollen des Wirbelbandes $w_1 = 2w_0 = 4A/\pi \varrho V b^2$ wird demnach die Geschwindigkeit in der Mitte des Wirbelpaares

$$w_2 = 4w' = 2\Gamma_0/\pi l = 8 w_1/\pi^2. \tag{72}$$

Abb. 9 gibt ein Bild der beiden Geschwindigkeitsverteilungen auf den Parallelen zur X-Achse, wobei noch erwähnt werden mag, daß für das nicht aufgerollte Wirbelband außerhalb des Tragflügels

$$w_1' = -w_1\left(\frac{x}{\sqrt{x^2 - (l/2)^2}} - 1\right)$$

ist.

Die Entfernung vom Flügel, in welcher sich das Aufrollen der Hauptsache nach vollzieht, ist um so größer, je kleiner die Geschwindigkeit w_1 ist; denn sie ist offenbar von der Größenordnung $\frac{1}{2} l\, V/w_1$. Die genauere Aufklärung des Aufrollvorganges hat — wegen der Verschiedenheit von w_1 und w_2 — eine gewisse Bedeutung für die Berechnung der Zustände an einem verhältnismäßig weit hinter dem Tragflügel befindlichen Höhenleitwerk (Steuerfläche).

Die in den beiden Mitteilungen dargelegte Flügeltheorie ist nach verschiedenen Richtungen hin der Ergänzung und Erweiterung fähig. Einerseits läßt sich durch Übergang von der tragenden Linie zur tragenden Fläche eine Verfeinerung gewinnen, die nicht nur die Einflüsse der Profilgestalt auf den Auftrieb und das Moment zu untersuchen gestattet, sondern auch den bei Doppeldeckern usw. sehr bemerkbaren Wölbungseinfluß besser als bisher zu berechnen erlaubt; ferner lassen sich auch die Verhältnisse bei schräg gestellten und in der Flugrichtung gekrümmten Flügeln mit solchen Ansätzen klären. Eine genäherte Ermittlung der Wirkungen der zeitlichen Änderung des Auftriebes, z. B. beim Flügelschlag, ist mit ihnen ebenfalls möglich. Andererseits lassen sich die Ansätze der Flügeltheorie auch auf den Kurvenflug sowie auf die Vorgänge an Luftschrauben übertragen, wobei im Hintergrund noch die Anwendung auf Gebläseräder und Turbinen steht. Neben den obengenannten Problemen harren auch auf den in den beiden Mitteilungen behandelten Gebieten noch zahlreiche Aufgaben der Durchführung.

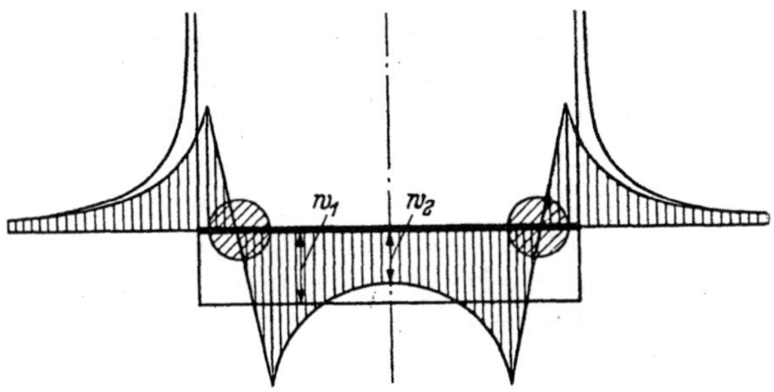

Abb. 9

Mit der Bearbeitung verschiedener dieser Aufgaben ist bereits begonnen worden. Über ihre Ergebnisse hoffe ich später an dieser Stelle zu berichten. Im übrigen liegt es mir fern, mit den obigen Bemerkungen das ganze Arbeitsgebiet für Göttingen reservieren zu wollen; im Gegenteil werde ich die Mitarbeit der Fachgenossen jederzeit gerne begrüßen. Nur würde in diesem Fall zur Vermeidung von Doppelarbeit eine vorherige gegenseitige Bezugnahme zweckmäßig sein.

Zusammenfassung. I. Mitteilung: Die Hydrodynamik der reibungslosen Flüssigkeit wird durch Hinzufügung von Sätzen über die Entstehung von Wirbeln am festen Körper ergänzt, und eine Tragflügeltheorie entwickelt, bei der die Flügel durch geeignete Wirbelgebilde ersetzt werden. Es wird eine „Theorie der ersten Ordnung" aufgestellt, in der unter

Annahme *kleiner* Störungsgeschwindigkeiten bei jeder Zustandsgröße nur die jeweils niedrigste Ordnung berücksichtigt wird. Durch diese Theorie werden die Zusammenhänge zwischen der Verteilung des Auftriebes über die Spannweite und dem Anstellwinkel und dem Widerstande aufgeklärt; im besonderen werden die auf den geraden Eindecker bezüglichen Formeln aufgestellt.

II. Mitteilung: Die Theorie der ersten Ordnung wird auf beliebige Flügelsysteme („Tragwerke") erweitert, und u. a. ein neuer Beweis des Munkschen Satzes gebracht, daß auf den Gesamtwiderstand eines Tragwerkes eine Änderung der „Staffelung" ohne Einfluß bleibt, wenn die Auftriebsverteilung der einzelnen Teile dabei ungeändert bleibt. Die Ergebnisse der Munkschen Dissertation über die Tragwerke kleinsten Widerstandes werden auf anderem Weg hergeleitet und durch eigene Betrachtungen ergänzt. Die bei den Kanälen und freien Luftstrahlen der Versuchsanstalten durch die Begrenzung des Luftstromes auftretenden Fehlereinflüsse werden dargelegt und berechnet. Die Zustände in großer Entfernung vom Tragwerk und im Wirbelschweif werden erörtert und ihr Zusammenhang mit dem Auftrieb und dem Widerstand klargelegt. — Ein Ausblick auf die weiteren Aufgaben der Theorie wird angefügt.

Berichtigung (1927)

Bei der Ableitung von Formel (61), S. 368, ist übersehen worden, daß das Geschwindigkeitsfeld u, w wegen der Abwärtsbewegung des ganzen Wirbelgebildes mit der Geschwindigkeit $w' = \Gamma/2\pi l$ in dem Bezugssystem, relativ zu dem die Luft im Unendlichen ruht, nicht stationär ist; das Geschwindigkeitsfeld ist stationär für ein mit der Geschwindigkeit w' abwärts bewegtes Bezugssystem. Auf der rechten Seite von Gl. (61) muß daher hinzugefügt werden

$$-\varrho\, w\, w' = \frac{\varrho\,\Gamma^2}{4\pi^2 l}\left(\frac{\frac{l}{2}+x}{r_1^2}+\frac{\frac{l}{2}-x}{r_2^2}\right). \tag{61 a}$$

Gl. (65) bzw. die genauere Gl. (67) bleibt aber trotzdem richtig, wie sich nach dem Energiesatz erwarten läßt, und wie sich aus einer sorgfältigen Anwendung des Impulssatzes auch ergibt. Beachtet man, daß die Wirbelachsen unter dem Winkel δ abwärts geneigt sind, so sind die Geschwindigkeiten w und w', so wie sie bisher gerechnet wurden, senkrecht zu den Wirbelachsen anzunehmen, nicht senkrecht zur Flugrichtung, wie das bisher der Einfachheit halber vorausgesetzt worden war. Für die Anwendung des Impulssatzes werden die Verhältnisse jetzt am einfachsten, wenn man eine Kontrollebene betrachtet, die die Wirbelachsen senkrecht schneidet. Das Zusatzglied von Gl. (61 a), das die Saugkraft gegenüber der bisherigen Rechnung zu verkleinern scheint, liefert jetzt einen Beitrag, der $= A \sin\delta$ gefunden wird, und gibt mit dem Impuls parallel der Kontrollebene, der $= A \cos\delta$ wird, zusammen gerade das volle A senkrecht zur Flugrichtung. Der übrigbleibende Betrag parallel den Wirbelachsen ist dann wie bisher der Widerstand parallel den Wirbelachsen gemäß Gl. (69). Es braucht deshalb an dem Text von S. 370 u. 371 nichts geändert zu werden.

Nachrichten der Gesellschaft der Wissenschaften zu Göttingen, Mathematisch-physikalische Klasse (1919) S. 193—197

Zusatz zu A. Betz, Schraubenpropeller mit geringstem Energieverlust

Die von Herrn Betz gefundene Vorschrift für die günstigste Kraftverteilung bei Luftschrauben erlaubt in dem Fall, daß es sich um eine vielflügelige Luftschraube handelt, auf ziemlich einfache Weise Näherungsformeln für die Verteilung der Zirkulation — und damit auch der Luftkräfte und der Flügelgestalt — aufzustellen. Entsprechend dem Gedankengang im Abschn. 7 der II. Mitteilung meiner „Tragflügeltheorie“[1] wird das System von Schraubenflächen, das durch die Luftschraube bei ihrer Bewegung in die Luft hineingeschnitten wird (Abb. 1), als starres Gebilde betrachtet, und es wird diesem starren Gebilde durch einen Stoß eine Geschwindigkeit w in der Achsenrichtung erteilt. Die bei diesem Stoß erzeugten Luftgeschwindigkeiten stimmen im Bereich der Theorie der ersten Ordnung mit den Geschwindigkeiten überein, die die Schraube hinter sich in der Luft zurückläßt. In der äußeren Randzone treten beim Umströmen der Kanten der Schraubenflächen Radialgeschwindigkeiten auf, die eine besondere Betrachtung erfordern. Diese Radialgeschwindigkeiten klingen aber, wenn die Schraubenflächen hinreichend dicht stehen, nach dem Inneren zu sehr rasch ab, so daß es hier ausreicht, die tangentiale Komponente w_t und die axiale Komponente w_a der Luftbewegung zu betrachten. Die Bewegung, die bei dem Stoß erzeugt wird, erfolgt im Inneren, wie leicht zu sehen, normal zu den Schraubenflächen, mittels derer der Stoß auf die Flüssigkeit ausgeübt wird. Ist v die Geschwindigkeit, mit der die Luftschraube gegen die Luft fortschreitet, ω deren Winkelgeschwindigkeit, dann ist die Steigung der Schraubenflächen $H = v\,T$, wo $T = 2\pi/\omega$ die Umlaufzeit ist, also

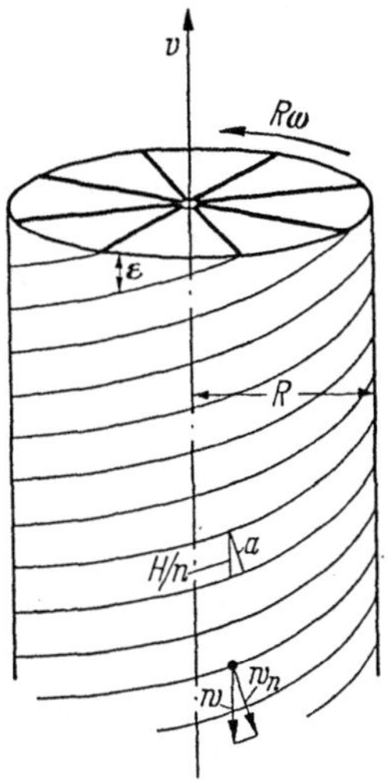

Abb. 1

$$H = 2\pi\, v/\omega.$$

Der Steigungswinkel ergibt sich aus

$$\mathrm{tg}\,\varepsilon = H/2\pi\, r = v/r\,\omega,$$

[1] Nachr. Ges. Wiss. Göttingen 1919, S. 107 (hier: S. 356).

wo r der Abstand des Elementes von der Drehachse ist. Der Geschwindigkeit des Schraubenflächensystems nach dem Stoß w entspricht somit eine normal zu den Schraubenflächen gerichtete Flüssigkeitsbewegung vom Betrag $w_n = w \cos\varepsilon$; dies ergibt die Komponenten:

$$w_t = w \cos\varepsilon \sin\varepsilon = w \frac{v\, r\, \omega}{v^2 + r^2 \omega^2}, \tag{1}$$

$$w_a = w \cos^2\varepsilon = w \frac{r^2 \omega^2}{v^2 + r^2 \omega^2}. \tag{2}$$

Die Zirkulation für einen Schraubenflügel im Radius r ergibt sich bei n Schraubenflügeln, die gleichmäßig auf den Umfang verteilt sein mögen, zu

$$\Gamma = \frac{2\pi\, r\, w_t}{n} = \frac{2\pi\, w}{n} \frac{v\, r^2\, \omega}{v^2 + r^2 \omega^2} \left(= \frac{H\, w_a}{n}\right). \tag{3}$$

Anmerkung: Die Ergebnisse dieser Betrachtung, die ebenso wie die Betzsche Theorie nur für den Grenzfall sehr schwach belasteter Schrauben streng gültig sind, lassen sich auf stark belastete Schrauben erweitern, wenn man, wie Herr Betz in einer anderen, noch zu veröffentlichenden Untersuchung gezeigt hat, in den obigen Formeln für v und $r\omega$ die genauen Werte der Strömungsgeschwindigkeiten relativ zu den Flügelprofilen $v + w_a/2$ und $r\omega - w_t/2$ setzt, wobei unter v die Zuflußgeschwindigkeit im Unendlichen vor der Schraube und unter w_a und w_t die zusätzlichen Geschwindigkeitskomponenten weit hinter der Schraube verstanden werden. Eine brauchbare Näherung für mäßig belastete Schrauben erhält man übrigens schon dadurch, daß in den obigen Formeln v durch $v + w/2$ ersetzt wird, wobei die einfache Vorstellung von in die Luft geschnittenen Schraubenflächen, die sonst hinfällig wird, beibehalten werden kann. Von dieser letzten Näherung ist in Formel (8) Gebrauch gemacht.

Für die Randzone gilt die folgende Sonderbetrachtung. Es sei a der senkrechte Abstand von zwei benachbarten Randkurven der Schraubenflächen, also gemäß Abb. 1:

$$a = \frac{H}{n} \cos\varepsilon = \frac{2\pi\, v\, R}{n \sqrt{v^2 + R^2 \omega^2}}. \tag{4}$$

An die Stelle der Umströmung der Ränder der Schraubenflächen mag nun die Umströmung der Ränder eines äquidistanten Ebenensystems vom Abstand a, gemäß Abb. 2, gesetzt werden, um den Abfall der Zirkulation an den Flügelspitzen zu studieren. Nach den Darlegungen von Nr. 6 der II. Mitteilung ist die Zirkulation gleich dem Potentialsprung der in der Flüssigkeit zurückgelassenen Strömung zu setzen. Es ist also das Strömungspotential für die in Abb. 2 angedeutete Strömung zu berechnen. Die nach Abb. 2 zerschnittene Ebene (z-Ebene) läßt sich konform auf das Äußere des Einheitskreises (t-Ebene) abbilden durch

$$z = \frac{a}{\pi} \ln \frac{1}{2}\left(t + \frac{1}{t}\right). \tag{5}$$

Die Strömung von Abb. 2 verwandelt sich dabei in zirkulatorisches Umströmen des Einheitskreises, es ist also $\Phi + i\Psi = F = i\,c\ln t$; hiermit ergibt sich nach kurzer Rechnung:

$$z = \frac{a}{\pi}\ln\cos\frac{F}{c}. \tag{6}$$

Für reelle Werte von F, also für die Stromlinien $\Psi = 0$, wird

$$x = \frac{a}{\pi}\ln\cos\frac{\Phi}{c} \quad \text{oder} \quad \Phi = \pm c \arccos e^{\pi x/a}$$

für $x \gtrless 0$. Der Potentialsprung wird somit, wenn, mit R = Außenradius, $R - r$ für $-x$ gesetzt wird,

$$[\Phi] = 2c\arccos e^{-\pi(R-r)/a}. \tag{7}$$

Der Abfall der Zirkulation an den Flügelspitzen der Schraube wird nun proportional dem Abfall des Potentialsprunges in Gl. (7) angenommen. Bei den praktisch üblichen Abmessungen liegen die Funktionswerte von Γ nach Gl. (3) für die Gegend der Flügelspitzen regelmäßig schon in der Nähe des Asymptotenwertes, sind also dort fast konstant. Es wird deshalb kein großer Fehler gegenüber der wahren Lösung der Minimumsaufgabe entstehen, wenn man an ihrer Stelle denjenigen Verlauf von Γ setzt, der sich ergibt, wenn man die Werte von Γ aus Gl. (3) mit dem Ausdruck der Gl. (7) multipliziert, wobei durch die Wahl $c = 1/\pi$ der Asymptotenwert dieses Ausdruckes auf 1 normiert wird. Hiermit ergibt sich also als Endformel:

$$\Gamma = \frac{4w}{n}\,\frac{(v + w/2)\,r^2\,\omega}{(v + w/2)^2 + r^2\,\omega^2}\arccos e^{-\pi(R-r)/a} \tag{8}$$

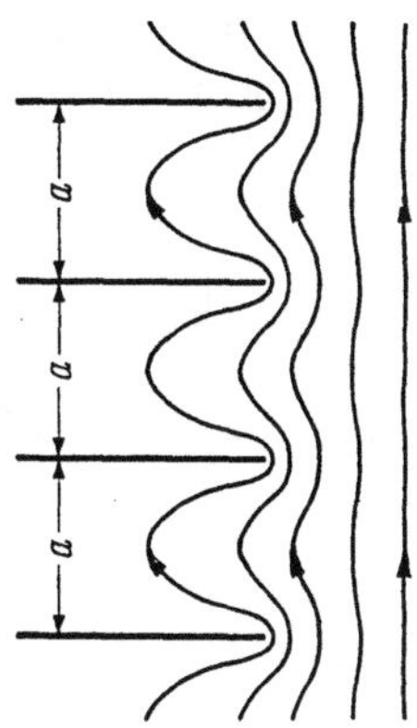

Abb. 2

mit a nach Gl. (4), in der ebenfalls gemäß der Anmerkung S. 374 v durch $v + w/2$ ersetzt werden kann. Die Gleichung gilt um so genauer, je mehr Schraubenflügel vorhanden sind, es ist aber zu erwarten, daß sie auch bei wenigen, ja selbst bei zwei Flügeln, immer noch brauchbare Resultate ergibt. Die Abb. 3 zeigt in der stark ausgezogenen Linie den Verlauf von Γ abhängig von r für vier Flügel und für einen Wert

$$H/2\pi R = (v + w/2)/R\,\omega = 1:5,$$

was etwa dem bei Flugzeugschrauben üblichen entspricht. Der Verlauf von Γ bei zwei Flügeln ist zum Vergleich in Abb. 3 gestrichelt beigefügt.

Bei Vergrößerung der Flügelzahl würde die Größe a verkleinert, der Abfall an der Flügelspitze also steiler werden; im Grenzfall von unendlich vielen Flügeln wäre dieser Abfall also senkrecht anzusetzen.

Der Verlust an Völligkeit in der Verteilung Γ und daher auch in der Schubverteilung, der bei endlicher Flügelzahl gegenüber unendlich vielen Flügeln eintritt, läßt sich dadurch zum Ausdruck bringen, daß man die Verteilung nach Gl. (7) flächengleich durch ein Rechteck ausgleicht. Dadurch erweist sich irgendeine Schraube als dynamisch gleichwertig mit einer Schraube mit unendlich vielen Flügeln, bei der die Flügel um einen Betrag a' (Abb. 3) kürzer sind als die Flügel der gegebenen Schraube. Der Betrag a' ergibt sich aus der Forderung, daß

$$\int_0^{c\pi/2} x\,d\Phi = \frac{c\pi}{2}a'$$

sein muß, zu

$$a' = \frac{a}{\pi}\ln 2 = 0{,}2207\,a. \tag{9}$$

In dem obigen Beispiel ergibt sich für unendlich viele Flügel (Verteilung in Abb. 3 durch Schraffur angedeutet) eine äquivalente Schrauben-

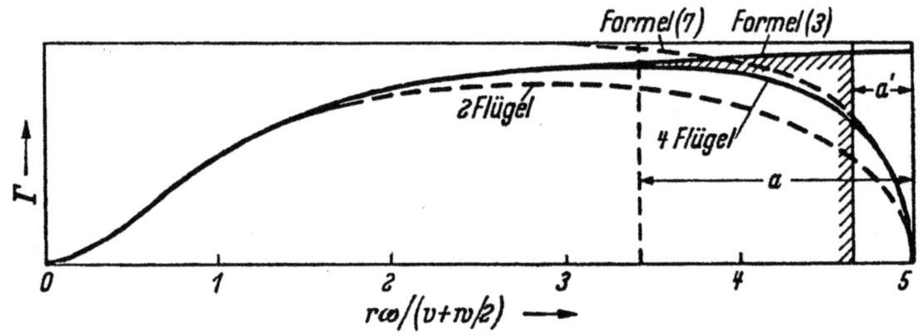

Abb. 3

kreisfläche, die um 13% kleiner ist als die gegebene Schraubenkreisfläche der vierflügeligen Schraube.

Die Flügelkräfte und die erforderliche Formgebung der Flügel können, sobald Γ bekannt ist, nach den in der „Tragflügeltheorie", I 13 angegebenen Grundsätzen, die sich ohne weiteres auf den Fall der Schraube übertragen lassen, ermittelt werden. Ein näheres Eingehen hierauf kann deshalb an dieser Stelle unterbleiben.

Jahrbuch der Wissenschaftlichen Gesellschaft für Luftfahrt Bd. V (1920) S. 37—65.
Auszug: Ergebnisse der Aerodynamischen Versuchsanstalt zu Göttingen I. Lief. S. 35—39. München-Berlin: Oldenbourg 1921.

Tragflächen-Auftrieb und -Widerstand in der Theorie

(Vorgetragen am 18. April 1918 gelegentlich der IV. Ordentlichen Mitgliederversammlung der Wissenschaftlichen Gesellschaft für Luftfahrt zu Hamburg)

Vorbemerkung. Die Veröffentlichung des im nachfolgenden abgedruckten Vortrages ist im Kriege aus Zensurgründen unterblieben. Bei der Vorbereitung für den Druck, rd. $1^1/_2$ Jahre nach der Abfassung des Wortlautes, schien es daher erwünscht, durch geeignete Ergänzungen den Inhalt bis auf den gegenwärtigen Stand zu vervollständigen. Diese Ergänzungen sind teils in Fußnoten beigefügt, teils in einem Anhang aufgenommen worden, der im übrigen den Zweck hat, durch Mitteilung einiger Beweise das Verständnis des Vorgetragenen zu erleichtern. An dem Wortlaut der Handschrift[1] ist im übrigen kaum etwas geändert worden, abgesehen von einigen stilistischen Verbesserungen und einigen kleineren Zufügungen, die den Inhalt der nach dem Vortrage stattgefundenen Aussprache verarbeiten. Diejenigen Bemerkungen, die über den Stand der Dinge zur Zeit der Abhaltung des Vortrages hinausführen, sind durch den Vermerk „(1919)" gekennzeichnet. — Die 1918 gesprochene Einleitung konnte hier als entbehrlich fortbleiben.

Seit der Abhaltung des Vortrages sind einige Abhandlungen erschienen, die auf das gleiche Gebiet Bezug haben. Zu erwähnen ist hier als theoretische Zusammenfassung das Gesamtgebietes (für mathematisch und hydrodynamisch vorgebildete Leser) meine in den „Nachrichten der Gesellschaft der Wissenschaften zu Göttingen" erschienene „Tragflügeltheorie" (I. Mitteilung, 1918, S. 451; II. Mitteilung, 1919, S. 107), als praktische Anweisung für den Flugzeugingenieur mein Aufsatz „Der induzierte Widerstand von Mehrdeckern" in den „Technischen Berichten der Flugzeugmeisterei", Bd. III, Heft 7, S. 309. Weiter erwähne ich die gemeinverständliche „Einführung in die Theorie der Flugzeugtragflügel" von A. Betz in den „Naturwissenschaften", 1918, Heft 38 und 39, ferner die Munksche Dissertation „Isoperimetrische Probleme aus der Theorie des Fluges" (Göttingen 1918/19) und die Betzsche Abhandlung über „Schraubenpropeller mit geringstem Energieverlust", „Gött. Nachr.", 1919, S. 193 (beides nur für mathematisch geschulte Leser).

---

[1] Beim mündlichen Vortrag war es mit Rücksicht auf die zur Verfügung stehende Zeit notwendig gewesen, verschiedene Kürzungen vorzunehmen.

Schließlich sei noch auf die demnächst im Auszug in der „Zeitschrift für Flugtechnik und Motorluftschiffahrt" erscheinende BETZsche Dissertation „Beiträge zur Tragflügeltheorie, mit besonderer Berücksichtigung des einfachen rechteckigen Flügels" hingewiesen.

Wortlaut des Vortrages

Meine Herren!

Im folgenden will ich Ihnen zusammenfassend, in der Hauptsache ohne Beweise[1] und ohne allzusehr auf Einzelheiten einzugehen, berichten, was sich auf Grund einer in den letzten Jahren in Göttingen in Zusammenarbeit mit einigen Mitarbeitern entstandenen Theorie über den Tragflächenauftrieb und Tragflächenwiderstand aussagen läßt, und in welcher Weise aus den Ergebnissen dieser Theorie Nutzen für die Praxis des Flugzeugbaues gewonnen werden kann.

Einführung

Zur Einführung in den Ideenkreis muß ich zunächst auf Dinge zurückgreifen, die dem Fachmann seit längerer Zeit bekannt sind.

1. *Tragflächenauftrieb* kommt in der Weise zustande, daß unter der in der Luft vorwärts bewegten Fläche Überdruck, oberhalb Unterdruck geschaffen wird. Nach den Gesetzen, die den Zusammenhang der Strömungsgeschwindigkeit mit dem Druck regeln, entspricht bei stationärer Strömung den größeren Geschwindigkeiten ein verminderter Druck, und umgekehrt; es muß also, damit Auftrieb entsteht, die Geschwindigkeit, mit der die Luft an der Tragfläche vorbeiströmt, unter dieser vermindert, über ihr vermehrt werden. Eine solche Strömung wird aus der in der klassischen Hydrodynamik gewöhnlich betrachteten einfachen „Potentialströmung" erhalten, indem man ihr eine um die Tragfläche umlaufende Strömung überlagert, deren Geschwindigkeiten unter der Fläche nach vorn, über ihr nach hinten gerichtet sind (vgl. Abb. 1 bis 3). Als Maß

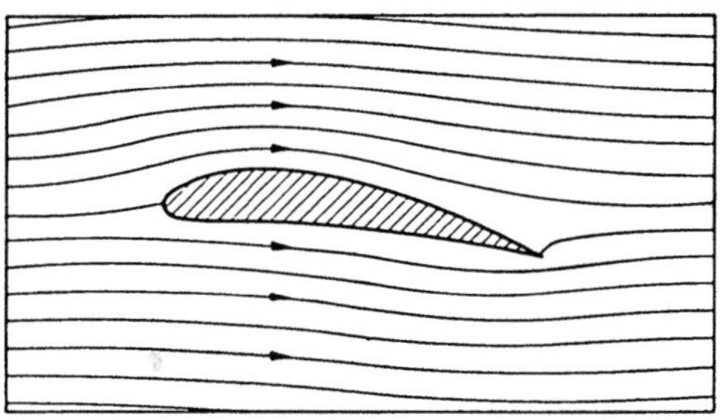

Abb. 1. Stromlinienbild der ebenen Flügelströmung *Potentialströmung ohne Zirkulation.* Diese tritt im ersten Moment des Bewegungsbeginns wirklich auf, wird aber sofort durch einen sich an der Hinterkante bildenden Wirbel abgeändert

[1] (1919). Einige für das Verständnis wichtige Beweise sind in einem „Anhang" beigefügt.

für die Stärke der Umlaufsbewegung dient dabei die sogenannte „Zirkulation", das Wegintegral der Geschwindigkeit $\int v\,ds \cos(v, ds)$, genommen über eine geschlossene, die Tragfläche umschlingende Linie. Die Theorie lehrt, daß dieses Integral bei Abwesenheit von „Wirbeln" von der Wahl der „Leitlinie", längs deren es genommen wird, unabhängig ist[1].

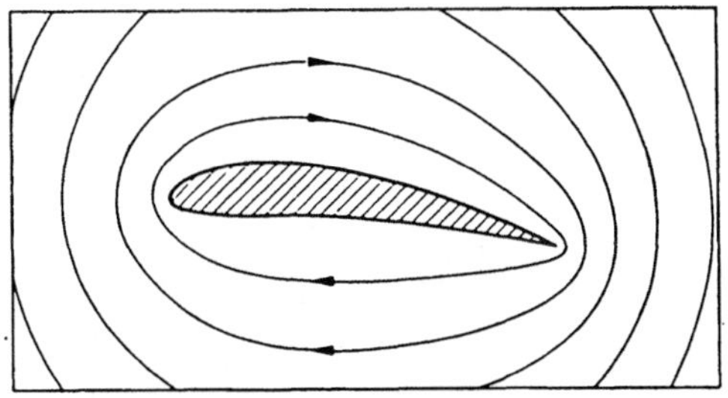

Abb. 2. Stromlinienbild der ebenen Flügelströmung *Zirkulationsströmung*. Diese überlagert sich bei der stationären Flügelströmung der Strömung nach Abb. 1, d. h. ihr Strömungspotential addiert sich zu dem dieser Strömung und die Geschwindigkeiten setzen sich an jeder Stelle nach dem Parallelogramm zusammen. Für sich allein kommt sie praktisch nicht vor

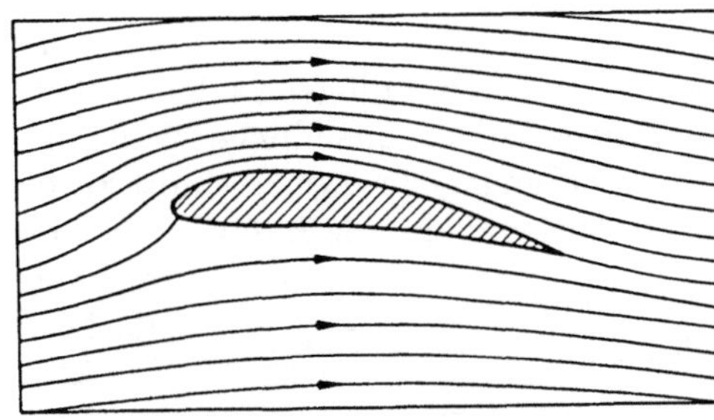

Abb. 3. Stromlinienbild der ebenen Flügelströmung *Potentialbewegung mit Zirkulation*. Stationäre ebene Flügelströmung in der idealen Flüssigkeit, Ergebnis der Überlagerung

Es ist wichtig, zu wissen, daß in einer Flüssigkeit mit verschwindender Reibung Zirkulation von selbst, d. h. ohne Einwirkung von Körpern, die die Strömung *zerschneiden*, nicht entstehen kann. Nach einem bekannten Satz ist die Zirkulation längs einer geschlossenen, immer durch dieselben Flüssigkeitsteilchen gezogenen Linie bei Abwesenheit von Reibung unveränderlich, bleibt also Null, wenn sie Null war. Wenn sie entsteht, so kann dies nur auf die Weise geschehen, daß durch eine vom Körper ausgehende Wirkung zwei entgegengesetzt gleiche Umlaufbewegungen erzeugt werden, von denen die eine den Körper umkreist, während die andere als „Wirbel" in der an den Körper grenzenden freien Flüssigkeit auftritt und in der Folge von der Strömung fortgeführt wird (vgl. Abb. 4).

Der Auftrieb ist proportional dem *Produkt* aus der Intensität der Vorwärtsbewegung und der der Umlaufsbewegung, also proportional $V\Gamma$, wo V die Geschwindigkeit der fortschreitenden Bewegung und Γ der Betrag der Zirkulation ist; jede Teilbewegung für sich allein ergibt also noch keinen Auftrieb, sondern erst ihr Zusammenwirken, wie auch schon aus der eingangs erwähnten Überlegung folgt.

[1] Vereinfachte Definition: Zirkulation = mittlere Geschwindigkeit der Umlaufsbewegung auf einer Stromlinie dieser Bewegung, multipliziert mit der Länge der Stromlinie.

2. *Ebenes Problem.* Man besitzt seit einiger Zeit strenge Lösungen der Bewegungsgleichungen für eine reibungslose Flüssigkeit mit Zirkulation. Diese Strömungen sind wirbelfrei. Die erste dieser Lösungen, Umströmung einer kreisbogenförmig gekrümmten Platte, wurde von KUTTA 1902 gegeben; von JOUKOWSKI (1910) stammt eine sehr verwendbare Lösung für ein schön geschwungenes, vorn abgerundetes, hinten scharfes Flügelprofil, bei dem noch die Wölbung und die Dicke beliebig gewählt werden können (vgl. Abb. 5)[1].

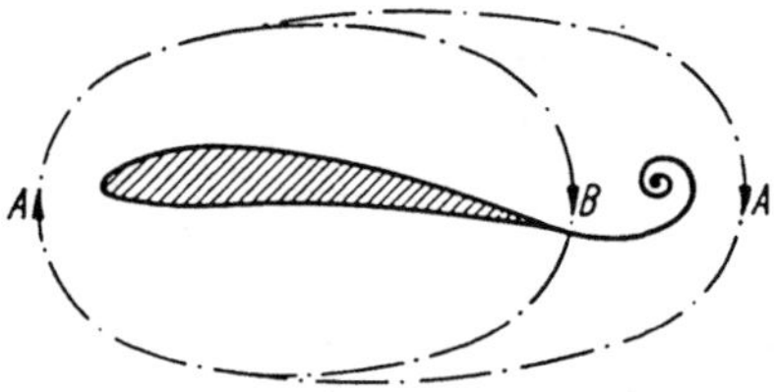

Abb. 4. *Flügel mit dem „Anfahrwirbel"* kurze Zeit nach dem Bewegungsbeginn. Die Zirkulation längs der Linie A—A ist Null, die Zirkulation längs der Linie A—B dagegen von Null verschieden, nämlich entgegengesetzt gleich der Summe der Wirbelstärken des bei der Anfahrt entstandenen Wirbels

Man kann für diese Flügelprofile die Verteilung der Geschwindigkeit und des Druckes an der Oberfläche wie auch in der ganzen Umgebung des Flügels berechnen, allerdings unter der sehr wichtigen Einschränkung, daß es sich um eine ebene Strömung handelt, d. h. um eine Strömung, wie man sie bekommen würde, wenn der Flügel nach den Seiten hin sehr große Ausdehnung — strenggenommen unendliche Ausdehnung — hätte, denn nur in diesem Fall werden in jedem Querschnitt die gleichen Vorgänge angetroffen, und es verlaufen dann alle Bahnen von Flüssigkeitsteilchen in Ebenen senkrecht zur Längserstreckung der Tragfläche.

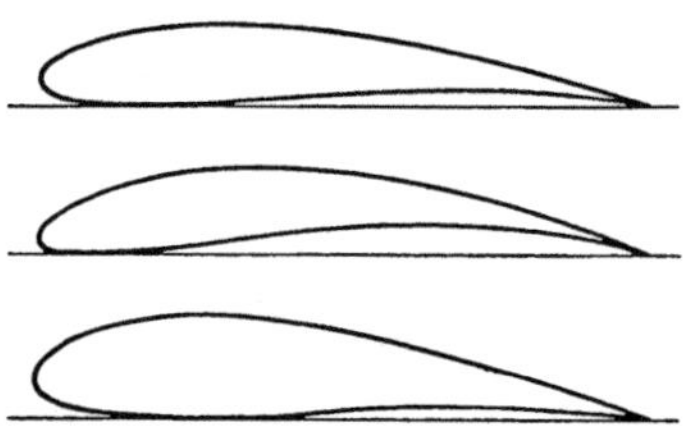

Abb. 5. JOUKOWSKI-Profile verschiedener Dicke und Wölbung

Die Stärke der Umlaufbewegung bestimmt sich aus der Bedingung, daß an der Hinterkante des Flügels glattes Abströmen der Flüssigkeit erfolgt. Beim Bewegungsbeginn findet eine heftige Umströmung der Hinterkante statt, die zur Ausbildung von Wirbeln Anlaß gibt[2]. Es werden nun so lange Wirbel gebildet und nach hinten weggeführt, bis zu der ursprünglich ohne Zirkulation einsetzenden Bewegung eine Umlaufsbewegung von dem erforderlichen Betrag hinzugekommen ist. Die KUTTA-Strömung ist fertig, wenn sich die anfänglich gebildeten Wirbel ins Unendliche entfernt haben.

---

[1] (1919). Durch mehrere neuere Arbeiten, von denen die von v. KÁRMÁN und TREFFTZ in der Z. Flugtechn. Motorl. (1918) S. 111 besonders erwähnt sei, sind weitere den praktisch verwendeten Flügelprofilen noch genauer angepaßte Profile der Berechnung zugänglich gemacht worden.

[2] Vgl. Abb. 1 und 4.

Die Zirkulation wächst mit dem Anstellwinkel und ist bei gleichem Anstellwinkel proportional der Geschwindigkeit, so daß also der Auftrieb, der nach früherem proportional $V\Gamma$ war, bei gleichem Anstellwinkel proportional dem Quadrat der Geschwindigkeit ist.

Der Auftrieb ist nach einer Formel von JOUKOWSKI allgemein gegeben durch $A = \varrho\, V\Gamma\, l$ (ϱ Dichte, l Länge der Tragfläche). Die resultierende Kraft ist in allen Fällen genau senkrecht zur Strömungsrichtung, ein Widerstand also nicht vorhanden.

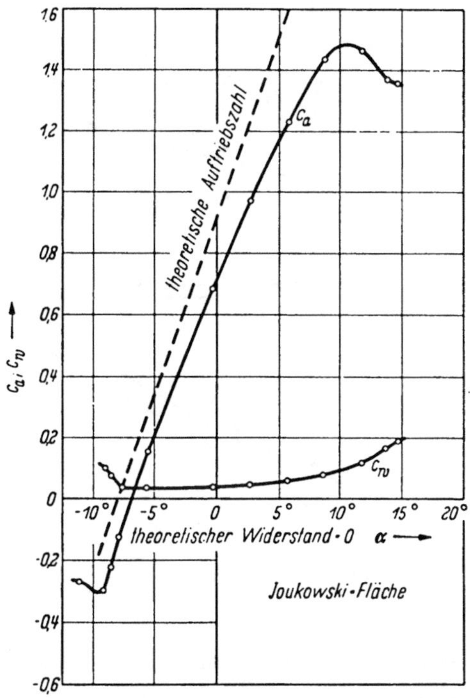

Abb. 6. Versuch von BETZ über die ebene Flügelströmung

Auftrieb und Widerstand abhängig vom Anstellwinkel. Theoretischer Auftrieb = gestrichelte Linie, theoretischer Widerstand = 0. Die gemessenen Werte (ausgezogene Kurven) bleiben in dem Gebiet, in dem die Strömung so, wie die Theorie es voraussetzt, am Flügel anliegt, in der Nähe der theoretischen. Die Auftriebe bleiben gegen die theoretischen etwas zurück, weil die Zirkulation in Wirklichkeit durch die Wirkung der von der Reibung zurückgehaltenen Oberflächenschicht etwas kleiner ausfällt. Der Widerstand besteht in der Hauptsache aus der Luftreibung

Beim Versuch kann man den Zustand der ebenen Strömung dadurch verwirklichen, daß man einen Flügel von konstantem Profil zwischen parallele ebene Wände bringt, so daß er dicht an diese anschließt, und daß man ihn so anbläst. Die Übereinstimmung der auf diese Weise erhaltenen Messungsergebnisse, z. B. der Druckverteilung, mit der Theorie ist überraschend gut, obwohl doch die Theorie mit der hypothetischen reibungslosen Flüssigkeit arbeitet, während die Luft eine wenn auch kleine, so doch endliche Reibung besitzt. Die in Wirklichkeit vorhandenen Abweichungen lassen sich durch die Reibung der Luft vollständig erklären. Durch diese Reibung und eine mit ihr in Zusammenhang stehende Wirbelbildung entsteht vor allem eine schmale Schicht verminderter Geschwindigkeit an der Oberseite des Flügels, wodurch die genaueren Umstände des Abströmens von der Hinterkante etwas geändert werden und damit die Zirkulation vermindert wird. Die Abweichungen der Versuchsergebnisse von der Theorie hängen hauptsächlich hiermit zusammen, abgesehen von dem Hinzukommen eines Reibungswiderstandes. Berichtigt man die Zirkulation nach dem an der Waage gemessenen Auftrieb, so fällt die so ermittelte Druckverteilung mit der gemessenen fast völlig zusammen (vgl. BETZ, Mitteilung 22 der Modellversuchsanstalt, Z. Flugtechn. Motorl. 1915, S. 173. Diesem Aufsatz sind die Abb. 6 bis 8 entnommen).

Sehr wertvolle Ergebnisse zeitigte auch die KUTTAsche Theorie des unendlich breiten Doppeldeckers und Tandems (1911), die, neben vielen anderen nur zum Teil hier erwähnten Dingen, in dem verdienstvollen GRAMMELschen Buch „Hydrodynamische Grundlagen des Fluges" (Vieweg 1917) nachgelesen werden kann.

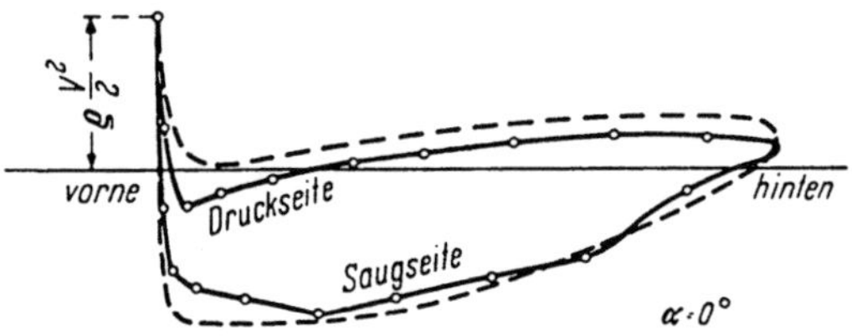

Abb. 7

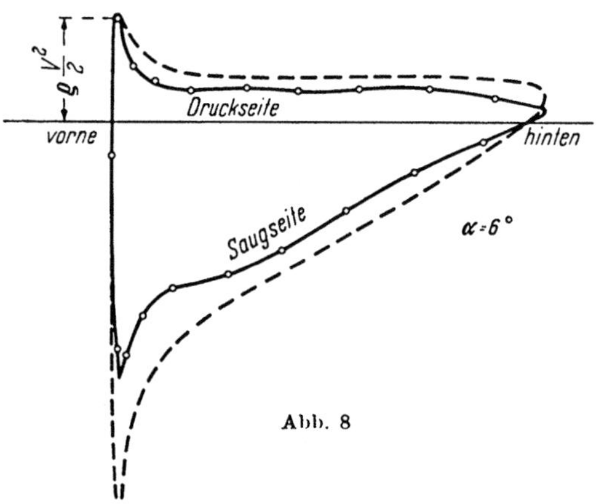

Abb. 8

Abb. 7 u. 8. Versuche von BETZ über die ebene Flügelströmung
Zwei gemessene Druckverteilungen (ausgezogen) im Vergleich mit den theoretisch berechneten (gestrichelt). Die Abweichungen rühren hauptsächlich von der in Wirklichkeit geringeren Zirkulation (s. o.) her

3. So befriedigend diese Theorie für die Anwendung auf eine wirklich ebene Strömung ist, so wenig konnte man mit ihr in der Anwendung auf freie Tragflächen zufrieden sein. Bei diesen zeigte sich das Seitenverhältnis des Flächenumrisses von größerem Einfluß, als man zunächst erwarten konnte. Die Abweichung gegen die Theorie war selbst bei sehr länglichen Flächen, z. B. bei einem Seitenverhältnis 1 : 8, noch recht bedeutend. Es wurden auch, bevor die theoretische Lösung für die freie Tragfläche gefunden war, vielfach ernste Bedenken gegen die ganze Theorie geltend gemacht. Einerseits war unklar, wie bei einer freien, d. h. nicht zwischen Wände eingeschlossenen Tragfläche eine Zirkulation um diesen mit den hydrodynamischen Gesetzen verträglich war, andererseits wurde eingewandt[1], daß die Umlaufbewegung, deren Geschwindigkeiten in größerem Abstand von der Tragfläche nur sehr langsam, nämlich mit der umgekehrten ersten Potenz der Entfernung abnehmen, vor dem Flügel eine aufsteigende Strömung ergäbe, die in jeder Vertikalebene, auch beliebig weit vor der Fläche, den halben

[1] Mündliche Mitteilung von Herrn Professor Dr. v. PARSEVAL 1911.

Auftrieb als Impuls in sich trage (die andere Hälfte des Auftriebes findet sich in der Abwärtsströmung hinter der Tragfläche wieder). Es müßte also, so lautet der Einwand, schon beliebig weit vor einem Flugzeug die Luft darauf vorbereitet sein, daß der Auftrieb hervorgebracht werden kann, was ein Unding schien. Diese Schwierigkeit läßt sich indes schon beim ebenen Problem beseitigen, indem man unter der Tragfläche in einer im übrigen beliebigen Entfernung einen Boden annimmt. Die Verwirklichung des Bodens gelingt in der Theorie durch Anwendung eines bekannten Kunstgriffes: man nimmt zu der in einer allseitig unendlich ausgedehnten Flüssigkeit befindlichen Tragfläche ihr Spiegelbild hinzu — der Boden als Spiegel betrachtet — und erhält jetzt aus Symmetriegründen auf dem Boden nur waagerechte Geschwindigkeiten. Die Flüssigkeit kann also hier ohne Störung der bestehenden Strömung durch eine feste Wand begrenzt werden. Untersucht man die so gewonnene Strömung näher, so zeigt sich, daß der Einfluß der Tragfläche in Entfernungen, die groß sind gegenüber der Höhe über dem Boden, mit dem umgekehrten Quadrat der Entfernung abnimmt. Der fragliche Impuls verschwindet entsprechend in diesen Entfernungen, und es zeigt sich statt dessen eine Druckanschwellung am Boden, deren Resultante gerade den Auftrieb liefert. Der Druck ist ein Maximum senkrecht unter der Tragfläche und wird geregelt durch die Formel:

$$p = \frac{A\,h}{\pi(h^2 + x^2)\,l},$$

wo h die Höhe des Flügels über dem Boden, x die waagerechte Entfernung vom Fußpunkt des Lotes und l *die* Länge der Tragfläche ist, auf die der Auftrieb A entfällt.[1]

Theorie der endlichen Tragfläche

4. Für die freie Tragfläche von endlicher Länge wurde die Lösung auf dem folgenden Weg gefunden:

Ein Satz aus der Geometrie der Wirbelbewegung sagt aus: „Die Zirkulation kann sich bei Verschiebung der Leitlinie nur ändern, wenn diese dabei Wirbel schneidet. Die Änderung der Zirkulation ist gleich der Summe der geschnittenen Wirbelstärken."

Dieser Satz erinnert sehr an gewisse Beziehungen aus der Lehre vom Elektromagnetismus (man spricht dort von geschnittenen Kraft-

[1] Die Formel hat zur Voraussetzung, daß die Tragfläche so weit vom Boden entfernt ist, daß es ausreicht, statt der Zirkulationsströmung um die Fläche die um einen einfachen Wirbelfaden zu setzen; weiter ist noch angenommen, daß die waagrechte Strömungsgeschwindigkeit v klein ist gegen die Fluggeschwindigkeit V; unter dieser Voraussetzung liefert die BERNOULLIsche Druckgleichung die Näherungsformel $p = \varrho V v$, die der obigen Formel zugrunde liegt (vgl. auch Anhang 1).

linien). Bei der Anwendung des Satzes auf unseren Fall ist zunächst festzustellen, daß in der Mitte der Tragfläche sicher Zirkulation vorhanden sein muß, denn ohne sie gibt es keinen Auftrieb. Außen neben der Fläche aber besteht sicher keine Zirkulation, da dort kein störendes, die Strömung zerschneidendes Objekt vorhanden ist. Also müssen notwendig an den Flügelenden Wirbel ansetzen von einem Gesamtbetrag der Wirbelstärke an jedem Ende gleich der Zirkulation in der Mitte[1]. Die Wirbel sind nach dem HELMHOLTZschen Satz an die Flüssigkeitsteilchen gebunden und werden daher von der Strömung im wesentlichen geradlinig nach hinten weitergetragen. Hinter der Tragfläche entsteht so ein seitlich von zwei angenähert geraden Wirbeln begrenzter Streifen, in dem die Luft, wie wir gleich bemerken wollen, in absteigender Bewegung begriffen ist. Abb. 9 gibt eine grobe Veranschaulichung dieser Wirbel.

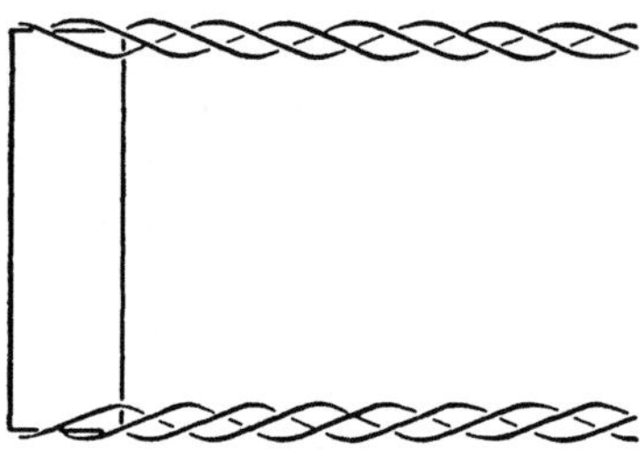

Abb. 9. Tragfläche mit „Wirbelzöpfen", von oben gesehen

Die Umlaufsbewegung um den Flügel selbst läßt sich — mit Ausnahme der unmittelbaren Nachbarschaft der Tragfläche — ebenfalls angenähert durch einen in der Längserstreckung der Tragfläche liegenden Wirbelfaden darstellen; man erhält deshalb in *erster Annäherung* ein Wirbelgebilde von der in Abb. 10 angegebenen Gestalt als Ersatz für die bewegte Tragfläche.

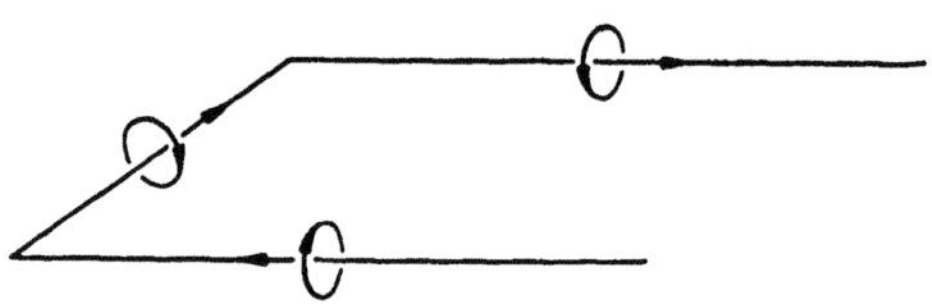

Abb. 10. Wirbelsystem, das die Tragfläche in ihrer Wirkung auf entfernte Raumstellen ersetzt

Für die Verteilung der Geschwindigkeit in der Umgebung irgendeines Wirbelgebildes besteht eine vollkommene Analogie mit dem Magnetfeld eines stromdurchflossenen Leiters. (Die Pfeile in der Abb. 10 geben die Richtung des elektrischen Stromes an, der das Magnetfeld hervorruft, das unserem Feld der Störungsgeschwindigkeiten entspricht.) Es läßt sich daher mittels der aus der Lehre vom Elektromagnetismus bekannten Rechenregeln die Geschwindigkeitsverteilung und aus dieser dann auch die Druckverteilung für jedes derartige Wirbelgebilde ermitteln.

5. Das eben beschriebene noch sehr rohe Bild leistet schon recht viel. Es versagt natürlich in der allernächsten Nachbarschaft der Trag-

[1] Diese Überlegung ist zuerst von LANCHESTER ausgeführt worden: Aerial flight, Bd. I, § 125 bis 127, doch fehlen bei ihm die nachfolgenden Schlüsse, die erst eine quantitative Auswertung geliefert haben.

fläche, jedoch ist bereits die Beeinflussung der einen Tragfläche eines Doppeldeckers durch die Anwesenheit der anderen mit praktisch brauchbarer Genauigkeit auf diese Art berechnet worden. Das Ergebnis dieser Rechnungen sind die Umrechnungsformeln von A. Betz[1], mittels deren aus Versuchsergebnissen an einem Eindecker für einen Doppeldecker vom gleichen Seitenverhältnis bei beliebiger Höhe und Staffelung die Widerstände, die Anstellwinkel und die zusätzlichen Wölbungen des sonst gleichen Profils ermittelt werden können, wenn die Verteilung des Auftriebes auf die beiden Tragdecken vorgeschrieben ist.

Die von der Tragfläche hervorgerufenen Zusatzgeschwindigkeiten nehmen vor der Tragfläche sowie über und unter ihr und seitlich davon im umgekehrten Quadrat der Entfernung ab, hinten dagegen erstreckt sich die Störung mit endlicher Stärke auf die ganze durchflogene Luftstraße. Das Wirbelsystem bewegt sich langsam nach abwärts (mit einer Geschwindigkeit $\Gamma/2\pi l$, wo l die Entfernung der Wirbelmitten ist) und breitet sich nach Erreichung des Bodens seitlich aus.

Nicht ohne Interesse ist die Frage, wie das Gewicht des Flugzeuges von der Luft aufgenommen wird. In einem „bodenlosen Luftmeer" ist für den stationären Flug eine bestimmte Antwort nicht möglich. Das Ergebnis tritt nämlich zunächst in der Form $\infty - \infty$ auf und wird erst bestimmt, wenn gewisse Einschränkungen hinzugefügt werden, so z. B., daß der Flug, der mitten im freien Luftmeer begonnen sein soll, erst eine endliche Zeitspanne hindurch bestehen soll, oder daß in einer im übrigen beliebigen Entfernung ein Boden vorhanden sein soll, wobei dann die Flugzeit nicht eingeschränkt zu werden braucht. Im ersteren Fall findet man den Ausgleich für den Auftrieb in dem Impuls des Wirbelsystems, das durch den Anfahrwirbel nach hinten abgeschlossen ist und in dem als Gegenwirkung des Auftriebes eine absteigende Bewegung herrscht. Im Fall eines Bodens ergibt sich wieder durch Hinzunahme der „gespiegelten Tragfläche", daß der Auftrieb als Druck auf den Boden übertragen wird. Das Druckmaximum ist senkrecht unter der Tragfläche und ist $= \frac{A}{2\pi h^2}$, wobei h wieder die Höhe der Tragfläche über dem Boden ist[2]. Die Linien gleichen Druckes sind im einfachsten Fall[3] konzentrische Kreise, der Druckabfall erfolgt dann nach

[1] Z. Flugtechn. Motorl. (1914) S. 253, ferner Techn. Ber. Flugzeugmeisterei, Bd. I, H. 4, S. 103.

[2] Diese Druckerhöhungen sind praktisch sehr klein. Für ein R-Flugzeug von 10000 kg Gewicht in 100 m Flughöhe ergibt sich z. B. 0,16 mm WS, was mit empfindlichen Instrumenten eben noch wahrgenommen werden kann.

[3] Wenn nämlich das Flugzeug auf schwach abwärts geneigter Bahn fliegt, so daß seine Abwärtsgeschwindigkeit mit der des Wirbelpaares übereinstimmt, dieses also jederzeit waagerecht liegt. Weiter ist bei der Ableitung der Formel noch angenommen, daß die Spannweite der Tragfläche klein ist gegenüber der Höhe h.

einer Glockenkurve von dem Gesetz

$$p = \frac{A\,h}{2\pi(h^2 + r^2)^{3/2}},$$

wo r der Kreisradius ist[1]. Abb. 11 bringt die nach dieser Formel berechnete Druckverteilung zur Anschauung.

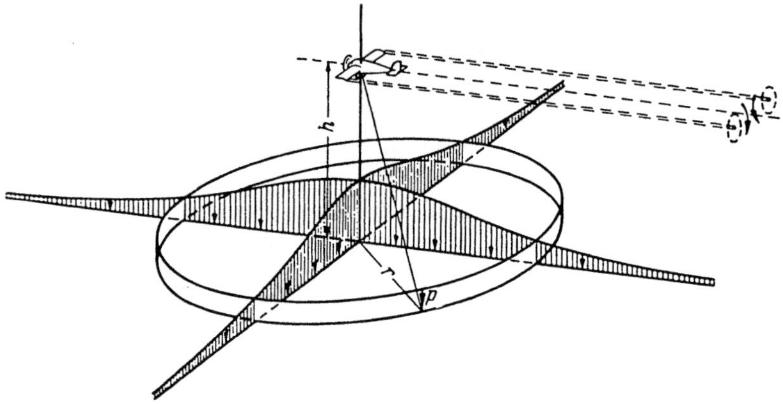

Abb. 11. Druckverteilung am Boden unter einem Flugzeug

6. Eine Verfeinerung der Betrachtung, die zu einer sehr brauchbaren *Eindeckertheorie* führt, ergibt sich in folgender Weise: die Dichte des Auftriebes ist nicht auf die ganze Spannweite konstant, sondern sie sinkt im allgemeinen von einem Maximum in der Mitte nach den Flügelspitzen zu bis auf Null ab. Dem entspricht eine von innen nach außen abnehmende Zirkulation, woraus nach dem vorher angeführten Satz gefolgert werden muß, daß überall von der Mitte bis zur Flügelspitze entsprechend dem Betrag der Änderung der Zirkulation Wirbel abgehen müssen (also Wirbelstärke pro Längeneinheit $= d\Gamma/dx$). Nun können nach den hydrodynamischen Gesetzen Wirbel nur in der Flüssigkeitsschicht entstehen, die den Körper unmittelbar berührt. Wenn sich, wie im Idealfall angenommen wird, die Strömung oberhalb und unterhalb des Flügels an der Hinterkante wieder völlig zusammenschließt, so folgt hieraus, daß die Wirbel in einem von der Hinterkante abfließenden flächenhaften Band enthalten sein müssen. Man kann dieses Ergebnis in anderer Weise darstellen: da der Unterdruck über und der Überdruck unter dem Flügel notwendig nach den Flügelspitzen zu abnimmt, wird oberhalb die Strömung in dem entstehenden Druckgefälle etwas nach der Mitte hingesaugt, unten dagegen nach außen weggedrückt, und zwar jeweils in dem Maß des Auftriebabfalles. Das erwähnte Wirbelband ist dann die unmittelbare Wirkung des Geschwindigkeitsunter-

[1] Eine Ableitung dieser Formel findet sich in Anhang 1.

schiedes der seitlichen Bewegung der oberen und unteren Strömung an der Hinterkante der Tragfläche. Das Wirbelband rollt sich von den Rändern beginnend allmählich auf, wie Abb. 12 dies veranschaulicht, und verwandelt sich in großer Entfernung von der Tragfläche allmählich in ein Wirbelpaar mit etwas verwaschenen Wirbelkernen. Will man lediglich die Rückwirkung des Wirbelbandes auf die Tragfläche selbst studieren, so darf man in erster Annäherung von den Eigenbewegungen des Wirbelbandes, die bei Flügeln der üblichen Seitenverhältnisse nur klein sind, absehen. Man rechnet also so, als ob die gebildeten Wirbelfäden geradlinig nach hinten weiterverlaufen würden. Hiermit ergibt sich eine bereits sehr befriedigende und sehr leistungsfähige Eindeckertheorie. Der grundlegende Gedanke, der auch schon bei den Umrechnungsformeln für den Doppeldecker zur Anwendung kam, ist der: Die Auftriebsverteilung — und deshalb auch das Wirbelsystem — sei gegeben oder irgendwie angenommen. Es wird nur der Anteil des Wirbelsystems näher betrachtet, der zu dem des Ausgangsobjektes der Betrachtung noch hinzukommt — also z. B. bei der Doppeldeckerrechnung das Wirbelsystem der anderen Tragfläche! Die Geschwindigkeiten des zusätzlichen Wirbelsystems werden berechnet und die Strömung ermittelt, die sie zusammen mit der ungestörten Strömung (Geschwindigkeit V) ergeben. Jedes Element des untersuchten Flügels wird nun um so viel verdreht und erforderlichenfalls seine Wölbung so verändert, daß es in der veränderten Strömung ebenso drinsteht, wie es vorher in der ungestörten Strömung gestanden hatte. Nach unserer Annahme hat dann der so veränderte Flügel denselben Auftrieb wie das Vergleichsobjekt in seiner Strömung. Die Auftriebskraft wird dabei jedoch mit dem Flügel mitgedreht, wie leicht einzusehen ist.

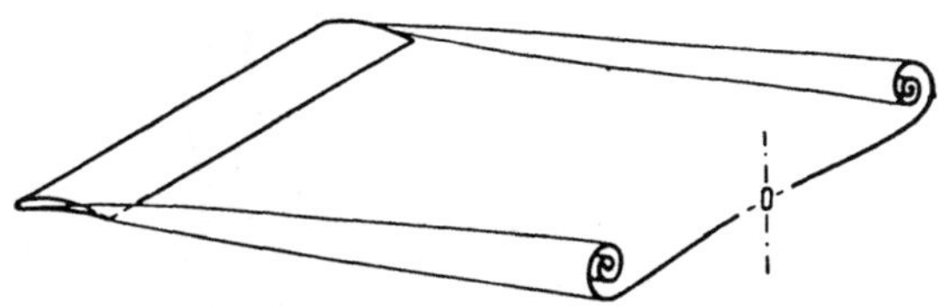

Abb. 12. Tragfläche mit dem von ihr erzeugten Wirbelband

Bei der Eindeckertheorie ist das Vergleichsobjekt die unendlich lange Tragfläche. Eine genauere Betrachtung zeigt, daß man im Fall einer geradlinigen, zum Luftstrom senkrechten Tragfläche lediglich das abgehende Wirbelsystem zu betrachten braucht, wenn geringe Wölbungskorrekturen außer acht bleiben dürfen.

Eine Betrachtung des abgehenden Wirbelsystems liefert nun sofort das wichtige Ergebnis, daß von diesem am Ort der Tragfläche ein absteigender Luftstrom hervorgerufen wird. Dieser macht, wenn der Wert des Auftriebes ungeändert bleiben soll, eine *Vergrößerung des Anstellwinkels* nötig und bewirkt außerdem, da die Luftkraft immer senkrecht zur resultierenden Luftströmung steht und demnach hier nach hinten übergeneigt ist, einen *Widerstand*! Dieser Widerstand in der reibungslosen Flüssigkeit hat einen Gegenwert in der in dem Wirbelsystem steckengebliebenen Bewegungsenergie. Von der Verteilung der Vertikalgeschwindigkeiten bei der unendlich langen Fläche und der endlichen Tragfläche gibt die Abb. 13 eine Vorstellung.

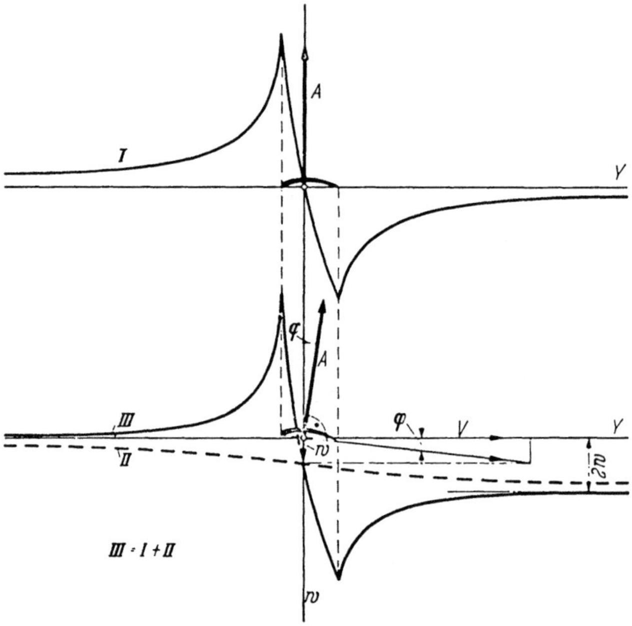

Abb. 13. (1919) Verteilung der lotrechten Geschwindigkeitskomponente auf einer Waagerechten in der Flugrichtung bei der unendlich breiten Tragfläche (*I*) und in der Mitte einer endlichen Tragfläche (*III*). Der Unterschied der beiden Beträge (*II*) ist die hier betrachtete Störungsgeschwindigkeit

7. Für die Berechnung von Beispielen kann man so vorgehen, daß man für die Auftriebsverteilung, also für Γ, irgendein passendes Gesetz annimmt. Dann folgt mit Bildung von $d\Gamma/dx$ das abgehende Wirbelsystem, aus diesem die Geschwindigkeit des absteigenden Luftstromes und hieraus der Widerstand und weiter die Verteilung des Anstellwinkels, die man annehmen muß, um den gegebenen Auftrieb zu erhalten („Erste Aufgabe")[1]. Von den bisher bekannt gewordenen Lösungen ist von besonderer Wichtigkeit die, bei der der Auftrieb über die Spannweite nach einer halben Ellipse verteilt ist, vgl. Abb. 14. Bei dieser wird die ab-

Abb. 14. Elliptische Auftriebsverteilung

[1] Die zugehörigen Formeln finden sich in Anhang 2.

steigende Geschwindigkeit über die ganze Spannweite konstant und ergibt sich zu

$$w = \frac{2A}{\pi b^2 \varrho v}$$

(b = Spannweite, ϱ = Dichte). Hierdurch entsteht somit ein Widerstand

$$W = \frac{w}{v} A = \frac{2A^2}{\pi b^2 \varrho v^2} = \frac{A^2}{\pi b^2 q}$$

($q = \frac{1}{2} \varrho v^2$ = Staudruck).

Eine nähere Untersuchung zeigt, daß dieser Widerstand für den Eindecker der kleinste Widerstand ist, der bei vorgegebenen Werten des Auftriebes, der Spannweite und der Geschwindigkeit denkbar ist. In der üblichen Darstellung von Auftrieb und Widerstand, in der „Polarkurve", erscheint dieser Widerstand als Parabel, die um so weiter von der A-Achse abbiegt, je kleiner das Seitenverhältnis ist. In Abb. 15 ist diese Parabel zu einer durch den Versuch gewonnenen Polarkurve hinzugezeichnet.

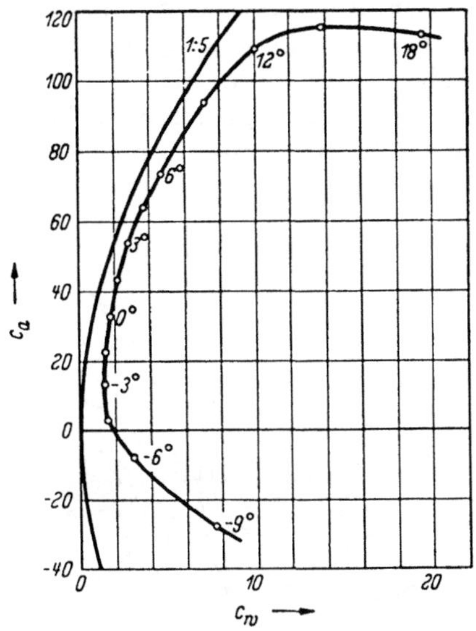

Abb. 15. „Polarkurve" mit eingezeichneter „Widerstandsparabel"

Wir haben nun von dem gemessenen Widerstand von Eindeckermodellen diesen theoretischen Minimalwert abgezogen und dabei das praktisch höchst wichtige Ergebnis erhalten, daß der Restwiderstand vom Seitenverhältnis so gut wie unabhängig ist. Dies lieferte eine sehr praktische Umrechnung von einem Seitenverhältnis zum anderen[1]. Der

[1] Die Umrechnungsformeln sind von Betz in Techn. Ber. Flugzeugmeisterei Bd. I, S. 98ff., angegeben worden. Sie bestehen kurz in folgendem: Es seien die dimensionslosen Größen $c_a = A/qF$ und $c_w = W/qF$ eingeführt, wo F die Flügelfläche ist. Dann gilt für zwei Tragflächen vom selben Profil, aber verschiedener Spannweite b bei ein und demselben Wert von c_a

$$c_{w1} - c_{w2} = \frac{c_a^2}{\pi}\left(\frac{F_1}{b_1^2} - \frac{F_2}{b_2^2}\right)$$

und

$$\sin(\alpha_1 - \alpha_2) = \frac{c_a}{\pi}\left(\frac{F_1}{b_1^2} - \frac{F_2}{b_2^2}\right).$$

Macht man diese Rechnung für eine Reihe von c_a-Werten, so kann man dadurch aus den Versuchskurven der einen Tragfläche die der anderen herleiten.

(Zusatz 1919). Die Übereinstimmung der vorstehenden Formeln mit Versuchsergebnissen an rechteckig umrissenen Tragflächen ist bis zu einem Seitenverhältnis 1 : 2 herunter recht gut, wie unsere Versuche gezeigt haben.

Restwiderstand besteht aus denjenigen Verlusten, die durch Luftreibung und Wirbelbildung am Profil entstehen. Da er von der besonderen Gestaltung des Profils abhängt, wurde er Profilwiderstand genannt. Bei sehr guten Profilen reduziert er sich praktisch auf den Reibungswiderstand, wie ihn ebene Flächen ohne Auftrieb auch aufweisen. Für den theoretisch abgeleiteten Widerstandsanteil wurde, weil er von der Einwirkung der Flügelränder herrührt, der Name „Randwiderstand" vorgeschlagen (Betz). Ein anderer Vorschlag, der anschaulich an die Analogie mit dem Magnetfeld des stromdurchflossenen Leiters erinnert, ist „induzierter Widerstand" (Munk). Bei Mehrdeckern z. B. ist hier zwischen Selbstinduktion (Eindeckerwiderstand) und gegenseitiger Induktion zu unterscheiden, genau wie in der Elektrodynamik bei mehreren benachbarten Stromkreisen.

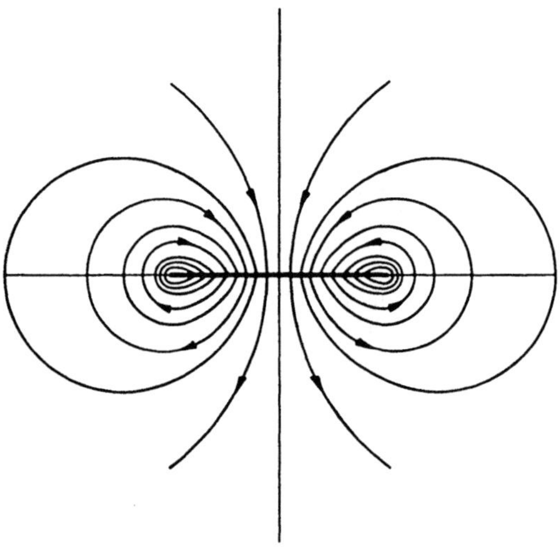

Abb. 16. Ebene Strömung hinter der Tragfläche mit elliptischer Auftriebsverteilung

Der Zusammenhang von Auftrieb und *Anstellwinkel* wird von den Abweichungen der Zirkulation, von denen schon beim ebenen Problem gesprochen wurde, beeinflußt, außerdem macht sich der hier vernachlässigte Krümmungseinfluß etwas geltend, deshalb stimmen die umgerechneten Anstellwinkel nie so gut, wie die umgerechneten Widerstände. Wegen dieses Umstandes ist es unzweckmäßig, den Anstellwinkel als unabhängige Veränderliche zu benutzen, es ist vielmehr immer besser, vom Auftrieb auszugehen.

Daß das Widerstandsgesetz, das nur für die elliptische Auftriebsverteilung abgeleitet war, praktisch auch für andere Umrisse so gut stimmt, läßt sich dadurch erklären, daß einerseits der Wert einer Größe in der Nähe des Minimums wenig variiert, andererseits die wirklichen Auftriebsverteilungen von der elliptischen nicht allzusehr verschieden sind.

8. Die Strömung, die die elliptisch belastete Tragfläche hinter sich zurückläßt, wird, sofern man die Formänderung des Wirbelbandes außer Betracht läßt, wegen der konstanten Abwärtsgeschwindigkeit durch eine in der Hydrodynamik sehr bekannte Figur dargestellt: die Strömung um eine waagrechte in der Flugrichtung unendlich lange Platte, die mit der Geschwindigkeit $w_1 = 2w$ nach abwärts bewegt wird, vgl. Abb. 16 (über den Faktor 2 wird im Anhang 3 Näheres gesagt werden). Dieser Zusammenhang, der den Weg zu einer Reihe von Verallgemeinerungen gezeigt hat, läßt sich in folgender Weise dem Verständnis näherbringen: statt der schnell über die Luftmassen hinwegstreichenden Druckverteilung der Tragfläche, durch die jeder Teilbezirk der Luft beim Vorübergang der Tragfläche einen kurzen Stoß erhält, sei angenommen, daß dieser Stoß auf der ganzen Bahn der Tragfläche zur gleichen Zeit erfolge. Dies geschieht in der Weise, daß der vorgenannten unendlich langen Platte stoßartig die Geschwindigkeit w_1 erteilt wird. Der Antrieb, der von der Tragfläche auf die Luft ausgeübt, jeweils auf die Längeneinheit in der Flugrichtung kommt, wird dann durch den Stoßdruck auf die Längeneinheit der Platte angegeben, der sich durch Integration aus den während des Stoßvorganges auftretenden Druckdifferenzen oberhalb und unterhalb der Platte ergibt[1].

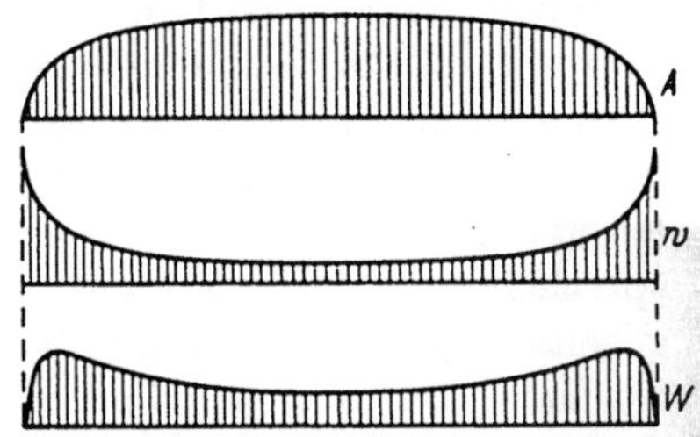

Abb. 17. Verteilung des Auftriebs A, der Vertikalgeschwindigkeit w und des Widerstandes W über die Spannweite bei einer sehr länglichen Tragfläche mit konstantem Profil und Anstellwinkel

Diese von meinem Mitarbeiter Herrn Munk entdeckte Betrachtungsweise gibt den Weg für die Lösung der folgenden Aufgabe, die die Umkehrung des bisher behandelten Problems darstellt: für vorgegebene Verteilung der absteigenden Geschwindigkeitskomponente w über die Spannweite die zugehörige Auftriebsverteilung zu finden („zweite Aufgabe"). Wie wir noch sehen werden, ist die einfachste Aufgabe dieser Art, daß nämlich w überall konstant ist, von besonderem technischen Interesse.

Eine dritte Aufgabe, die eigentlich die erste war, die ich mir stellte, die aber wegen ihrer Schwierigkeit immer wieder zurückgestellt werden mußte, ist die folgende:

Es sei eine Tragfläche von *bestimmter Form* vorgelegt und ihr Anstellwinkel gegeben, es soll die Auftriebsverteilung und der Widerstand berechnet werden. Diese Aufgabe führt auf eine unangenehm zu behandelnde Integralgleichung, die selbst für den Fall, daß es sich um eine Tragfläche von überall konstantem Profil und konstantem Anstellwinkel handelt, bisher noch nicht gelöst werden konnte. Die großen Anstrengungen, die besonders Herr Betz in der letzten Zeit auf sie gewandt hat, lassen erhoffen, daß sie demnächst einer Lösung zugeführt

[1] Vgl. Anhang 3.

werden kann[1]. Man weiß immerhin schon einiges über diese Lösung, so z. B., daß die Auftriebsverteilung zwischen der Halbellipse und dem Rechteck liegt, und zwar näher an der Halbellipse bei kleinerem Verhältnis von Breite zu Tiefe, näher am Rechteck bei sehr länglichen Flächen. Die Geschwindigkeit w ist größer in der Nähe der Enden, so daß bei sehr länglichen Flächen der Widerstand mehr in der Nähe der Enden angehäuft ist (vgl. Abb. 17).

Theorie des Mehrdeckers

9. Die Behandlung der „ersten Aufgabe" (Auftriebsverteilung vorgegeben) für den Mehrdecker kann aus der des Eindeckers entwickelt werden, indem man zu dem Einfluß des eigenen Wirbelsystems der einzelnen Tragfläche den des Wirbelsystems der übrigen Tragdecken hinzunimmt. Der einfachste Ansatz, bei dem die benachbarten Wirbelsysteme einfach als aus drei geradlinigen Wirbelfäden bestehend angenommen sind, wurde bereits erwähnt. Man kann statt dessen auch elliptische Auftriebsverteilung annehmen und bekommt durch entsprechende, allerdings umständliche Rechnungen Zahlwerte für die gegenseitige Beeinflussung, die genauer sein dürften, als die der alten Formeln. Da es sich jedoch um elliptische Integrale handelt, muß in der praktischen Anwendung mit Tabellen oder Kurventafeln bzw. mit Näherungsformeln gearbeitet werden. Die Rechnungen für die verschiedenen praktisch vorkommenden Fälle werden zur Zeit in Göttingen gemacht[2]. Eine innerhalb des praktischen Bereiches recht genaue Näherungsformel für ungestaffelte gleich breite Tragdecken (Spannweite b, Abstand h, A_1 = Auftrieb von Flügel 1, A_2 = Auftrieb von Flügel 2) lautet:

Einfluß von Flügel 1 auf Flügel 2:

$$W_{12} = \frac{A_1 A_2}{\pi q b^2} \, \frac{1 - 0{,}66\,h/b}{1{,}055 + 3{,}7\,h/b}\,.^{3}$$

Eine noch bequemere und doch noch recht brauchbare Formel ist

$$W_{12} = \frac{A_1 A_2}{\pi q b^2} \, \frac{1}{1 + 5{,}3\,h/b}\,.$$

Der Unterschied der BETZschen Formel für rechteckige und der neuen Formel für elliptische Auftriebsverteilung ist aus dem Kurvenblatt Abb. 18 zu ersehen.

[1] (1919). Diese Lösung ist inzwischen von Herrn BETZ vollendet worden. Sie wird in der Z. Flugtechn. Motorl. auszugsweise veröffentlicht werden.

[2] (1919). Die Ergebnisse für ungestaffelte Mehrdecker sind inzwischen veröffentlicht worden. Sie finden sich in meinem Aufsatz „Der induzierte Widerstand von Mehrdeckern" in Techn. Ber. Flugzeugmeisterei Bd. III, H. 7, S. 309.

[3] Zahlwerte 1919 etwas verbessert.

Nach einem zuerst von MUNK gefundenen allgemeinen Satz ist für ungestaffelte Mehrdecker immer $W_{12} = W_{21}$. Der gesamte induzierte Widerstand eines Mehrdeckers besteht aus den Widerständen, die die einzelnen Tragflächen als Eindecker haben würden, und aus den eben erwähnten gegenseitigen Widerständen; beim ungestaffelten Doppeldecker ist also $W = W_{11} + W_{22} + 2\,W_{12}$, beim Dreidecker entsprechend

$$W = W_{11} + W_{22} + W_{33} + 2\,W_{12} + 2\,W_{13} + 2\,W_{23}.$$[1]

Bei der theoretischen Ermittlung der Anstellwinkel müssen, wenn größere Genauigkeit verlangt ist, die Wölbungskorrekturen angebracht werden, die im übrigen auch — und wahrscheinlich genauer — durch

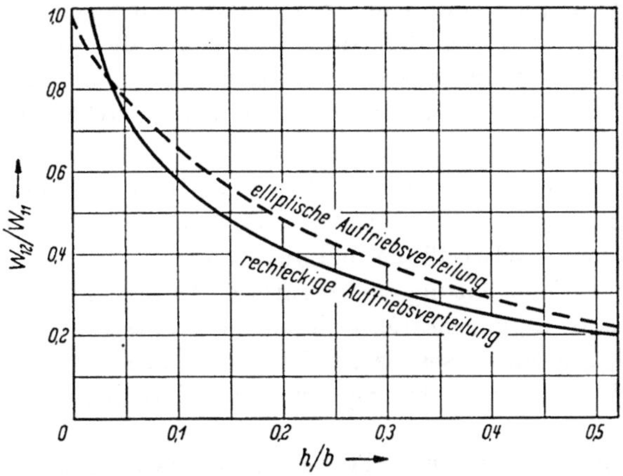

Abb. 18. Gegenseitige Beeinflussung zweier ungestaffelter, gleich großer Tragflächen: 1. bei Annahme rechteckiger Auftriebsverteilung (BETZsche Formel), 2. bei Annahme elliptischer Auftriebsverteilung (neue Formel)

Übernahme der von KUTTA für den unendlich breiten Doppeldecker errechneten Korrekturen erhalten werden können. Die Untersuchungen hierüber sind noch nicht zu Ende geführt.

Eine wichtige Frage ist die nach den *günstigsten Anordnungen* für Mehrdecker. Man kann nach den Beeinflussungsformeln den Widerstand für gegebenen Auftrieb bei gegebener Spannweite und Geschwindigkeit berechnen und Bedingungen für das Eintreten des kleinsten Widerstandes ableiten. So ergibt sich z. B. für einen Dreidecker von der Gesamthöhe gleich $\frac{1}{4}$ der Spannweite bei elliptischer Auftriebsverteilung ein günstigstes Verhältnis der Auftriebe von 1 zu 0,53 zu 1. Der induzierte Widerstand ergibt sich, wenn man denjenigen des

[1] Nach einem unter Nr. 10 angeführten Satz wird durch Staffelung der *Gesamt*widerstand nicht geändert, so daß also die Ergebnisse obiger Formeln auch für gestaffelte Mehrdecker Geltung haben. W_{12} und W_{21} haben hier verschiedene Werte, jedoch ist ihre Summe gleich $2\,W_{12}$ des ungestaffelten Mehrdeckers.

Eindeckers mit gleicher Spannweite und gleichem Gesamtauftrieb = 1 setzt, für den günstigsten Dreidecker von obiger Höhe zu 0,687, für den Dreidecker mit gleichem Auftrieb auf allen Tragdecken zu 0,695, für den Doppeldecker von gleicher Gesamthöhe zu 0,710. Die Unterschiede sind also nur gering.

10. Von großem Interesse ist auch die Frage, welches der überhaupt kleinste Widerstand bei vorgegebenen Außenmaßen eines Tragwerkes[1] ist, wenn der Aufbau des Tragwerkes im einzelnen noch freisteht. Für die Lösung dieser Frage, die uns seit längerem beschäftigte, waren drei Sätze von MUNK, deren Beweis demnächst im Druck erscheinen soll[2], von ausschlaggebender Bedeutung. Ich führe sie hier ohne Beweis[3] an; sie gelten unter der gewöhnlich genügend genau zu treffenden Voraussetzung, daß die Ablenkungen des Luftstromes durch das Tragwerk als klein angesehen werden dürfen. Sie lauten in etwas veränderter Anordnung und unter Verzicht auf mathematische Strenge folgendermaßen:

1. Ein beliebiges Tragwerk ist in bezug auf den Widerstand gleichwertig mit einem Tragwerk, das aus dem ersteren entsteht, wenn alle Tragflächen-Mittellinien bei unveränderter Höhenlage in ein und dieselbe zur Flugrichtung senkrechte Vertikalebene gerückt werden, (so daß also ein „ungestaffeltes Tragwerk" entsteht!). Voraussetzung für die Gültigkeit dieses Satzes ist dabei, daß durch geeignete Verdrehung der Flügelteile dafür gesorgt wird, daß die Auftriebsverteilung ungeändert bleibt.

2. Beim ungestaffelten Tragwerk ist die absteigende Geschwindigkeit in jedem Punkt der Ebene, die die Tragflächenmittellinien enthält, nur abhängig von den abgehenden Wirbeln (also nicht von den Wirbeln, die die Tragflächen ersetzen!), und gleich der Hälfte der absteigenden Geschwindigkeit weit hinter dem Tragwerk.

3. Das Minimum des Widerstandes bei einem gegebenen Tragwerksaufbau wird erreicht, wenn bei dem zugeordneten ungestaffelten Tragwerk die absteigende Geschwindigkeit an allen Punkten der Tragflächenmittellinien dieselbe ist.

Nach dem ersten Satz ergibt sich also z. B. ein Tandem gleichwertig mit dem entsprechenden ungestaffelten Tragwerk (was zuungunsten des Tandems spricht, bei dem der Momentenausgleich leicht Schwierigkeiten macht).

---

[1] Unter „Tragwerk" sei ein tragendes Flügelsystem von beliebig allgemeiner Anordnung verstanden.

[2] (1919). Inzwischen als Göttinger Dissertation unter dem Titel „Isoperimetrische Probleme aus der Theorie des Fluges" erschienen.

[3] (1919). Ein neuer, inzwischen von BETZ gefundener Beweis ist im Anhang 4 kurz wiedergegeben.

Der zweite Satz leistet die Zurückführung der Aufgabe auf die beim Eindecker bereits erwähnte Aufgabe des ebenen Problems der Hydrodynamik.

Nach dem dritten Satz ist hiermit die Auftriebsverteilung so zu bestimmen, daß die Geschwindigkeit w an allen Stellen des ungestaffelten Tragwerkes denselben Wert annimmt. Diese Aufgabe ist mittels bekannter hydrodynamischer Methoden in einer Reihe wichtiger Fälle lösbar.

Gelöst ist bisher außer dem Eindecker der Doppeldecker mit gleicher Spannweite des Ober- und Unterflügels, bei dem elliptische Funktionen auftreten[1]. Beim Dreidecker, für den bisher nur die mit elliptischer Verteilung berechnete Näherung vorhanden ist, würden hyperelliptische Funktionen herangezogen werden müssen.

Die Widerstandsformel nimmt allgemein die Form an $W = A^2/4qF'$, wo F' eine von der Gestalt der Vorderansicht des Flugzeuges abhängige Fläche ist. Denkt man sich die Tragwerksumrisse von einer ebenen Strömung einer reibungslosen Flüssigkeit umflossen, die im Unendlichen senkrecht, d. h. in der Richtung des Auftriebes, verläuft und dort die Geschwindigkeit 1 hat, dann wird nach den MUNKschen Ansätzen die Fläche F' erhalten, indem man die Werte des Strömungspotentials φ entlang dem Umriß bestimmt und sie als Höhen zu den Querabmessungen als Abszissen aufträgt: F' ist dann die Summe der von den entstandenen Linien umrandeten Flächen: $F' = \sum \oint \varphi \, dx$[2]. Beim Eindecker ist die Fläche ein Kreis mit dem Durchmesser b.

$F' = \pi b^2/4$ liefert in der Tat die Eindeckerformel. Abb. 19 zeigt links die in Rede stehende Strömung für einen Eindecker, rechts die Fläche F'. Das Aussehen der entsprechenden Bilder beim Doppeldecker und Dreidecker (letzteres nur nach „Gefühl" entworfen) zeigen die Abb. 20 und 21.

Bei geometrischer Ähnlichkeit der Vorderansicht von zwei Tragwerken verhalten sich die Flächen F' immer wie die Quadrate der Spannweite. Zu jedem Tragwerk von der Spannweite b läßt sich ein Eindecker finden, der bei gleichem Auftrieb und gleichem Staudruck denselben induzierten Widerstand hat wie das Tragwerk. Ist die Spannweite dieses Eindeckers $= k\,b$, so ergibt sich der Faktor k allein abhängig von den *Verhältnissen* der Ausmaße der Vorderansicht des Tragwerkes, ist also konstant für geometrisch ähnliche Vorderansichten, wenn die Art der Auftriebsverteilung ungeändert bleibt. Es ist nämlich gemäß der Definition von k:

$$F' = \frac{\pi}{4}(k\,b)^2, \quad \text{also} \quad k = \sqrt{\frac{4F'}{\pi b^2}},$$

[1] Die Lösung stammt von Herrn Dr. R. GRAMMEL, der sie auf meinen Wunsch ermittelt hat, vgl. Tragflügeltheorie II, 8.

[2] Diese Formel ist im Anhang 3 abgeleitet. Dort steht Φ/w_1 an Stelle von φ, weil dort die Abwärtsgeschwindigkeit $= w_1$ gesetzt ist, statt wie hier $= 1$.

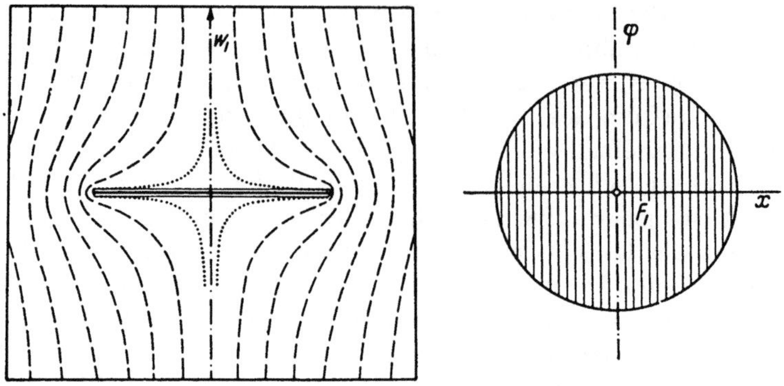

Abb. 19

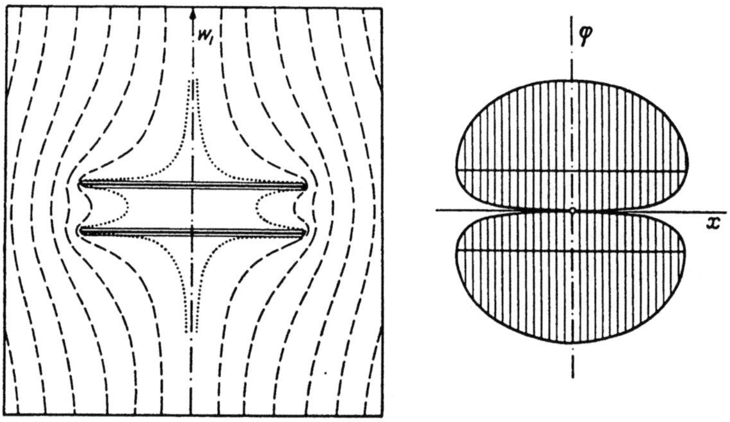

Abb. 20

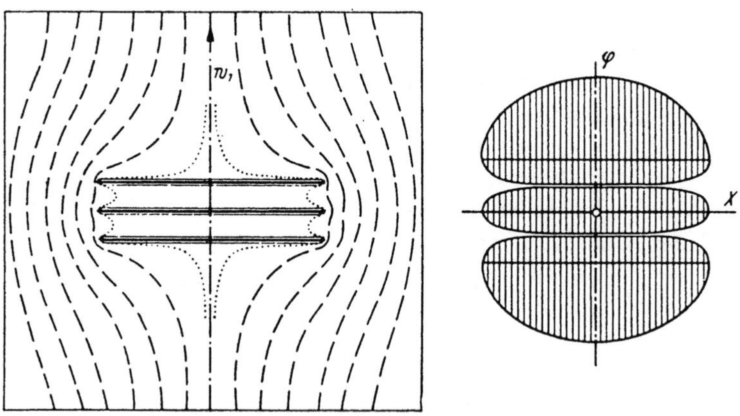

Abb. 21

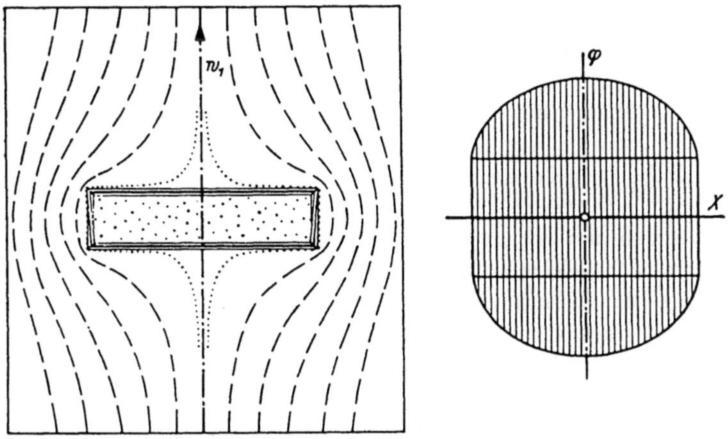

Abb. 22

Abb. 19—22. *Links*: Strömung hinter einem Eindecker, Zweidecker, Dreidecker und rechteckigen Rahmentragwerk (für einen Beobachter, der sich mit der Geschwindigkeit des Wirbelsystems w_1 nach abwärts bewegt). *Rechts*: Zugehörige Fläche F', die durch Auftragung der Strömungspotentiale φ für die Tragwerkskontur abhängig von der zugehörigen x-Koordinate in der Querabmessung erhalten wird

wobei nach obigem F'/b^2 für geometrisch ähnliche Vorderansichten eine Konstante ist.

Die Flächentiefe kommt bemerkenswerterweise hier niemals explizit vor. Eine Änderung der Flächentiefe bei gleichbleibendem A und q ändert in der Tat nichts am induzierten Widerstand.

Die Formel
$$\frac{W}{A} = \frac{w}{V} = \frac{A}{4qF'} = \frac{A}{\pi(kb)^2 q}$$
eignet sich zur Umrechnung von Widerstand und Anstellwinkel bei Abänderung des Seitenverhältnisses eines Mehrdeckers und zur Berechnung des Mehrdeckers aus Eindeckerversuchen, wenn die Werte von k für die Flügelanordnungen bekannt sind. Wegen des nicht berücksichtigten Wölbungseinflusses werden jedoch die Anstellwinkel nicht sehr genau, während die Widerstandsangaben bei Auftriebsverteilungen, die nicht allzuweit von der bei der Ermittlung von k zugrunde gelegten abweichen, recht zuverlässig sein dürften[1].

Die Fläche F' hat eine anschauliche Bedeutung: sie ist die Querschnittsfläche eines Luftstrahles von der Geschwindigkeit V, dem eine

[1] Diese Rechenvorschrift stammt von MUNK, vgl. dessen „Beitrag zur Theorie der Flugzeugtragorgane", Techn. Ber. Flugzeugmeisterei Bd. II, S. 187. Dort sind aus dem Göttinger Versuchsmaterial Zahlwerte für k für verschiedene Fälle abgeleitet. Theoretisch hergeleitete Zahlwerte für Mehrdecker habe ich in meinem Aufsatz „Der induzierte Widerstand von Mehrdeckern", Techn. Ber. Flugzeugmeisterei Bd. III, S. 309, mitgeteilt. Dort wird statt k die Größe $\varkappa = 1/k^2$ bevorzugt.

ablenkende Kraft gleich dem Auftrieb gerade die Geschwindigkeit $w_1 = 2$ nach abwärts erteilen würde. Der lebendigen Kraft dieser Abwärtsbewegung entspricht eine Widerstandsarbeit, die sich nach kurzer Rechnung genau gleich $W\,V$ ergibt[1].

11. Ich komme jetzt auf die Frage nach dem überhaupt günstigsten Tragwerk bei gegebenen Außenmaßen zurück. Als solches ergibt sich bemerkenswerterweise ein ringförmiges Tragwerk, das den gegebenen Begrenzungslinien entlang verläuft, also z. B. bei gegebener Breite und Höhe ein rechteckiger Rahmen, der aus einem Doppeldecker durch Einfügung von Seitenwänden entsteht, vgl. Abb. 22. Der induzierte Widerstand eines Vieldeckers, der als äußeren Umriß ein Rechteck hat, ist immer größer als der des zugehörigen Rechtecktragwerkes; er nähert sich diesem unbegrenzt, wenn die Flügelzahl unbegrenzt vermehrt wird und der Auftrieb in der günstigsten Art verteilt wird. Dies erfordert, daß die äußeren Flügel einen erheblichen Teil der Last allein aufnehmen, während die mittleren Flügel verhältnismäßig schwach belastet werden.

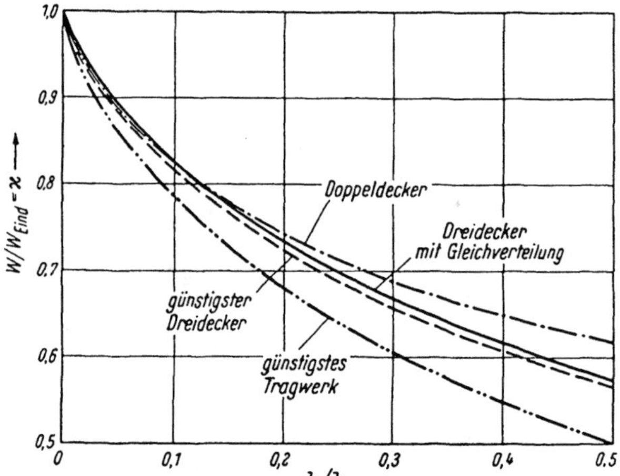

Abb. 23. Verhältnis des induzierten Widerstandes verschiedener Tragwerke zu dem des gleichbelasteten Eindeckers von derselben Spannweite, abhängig vom Verhältnis der Höhe des Tragwerkes zur Spannweite

Die Rechnungen für das Rechteck sind ebenso wie die für den Doppeldecker von den Herren Dr. GRAMMEL und Leutnant POHLHAUSEN ausgeführt worden. Die Zahlwerte für Doppeldecker, Dreidecker (genähert!) und für das Rechteck sind durch die Kurven der Abb. 23 gegeben. Eine Näherungsformel für den Widerstand des günstigsten Tragwerkes von gegebener Spannweite und Höhe h, die von

[1] $w_1 = \dfrac{A}{\varrho F' V}$; Leistung $= \varrho F' V \dfrac{w_1^2}{2} = \dfrac{A^2}{2 \varrho F' V} = W\,V!$

$h/b = \frac{1}{12}$ bis $h/b = \frac{1}{2}$ recht gut befriedigt, lautet:

$$W_{\min} = \frac{A^2}{\pi q b^2} \frac{1 + 0{,}45 h/b}{1{,}04 + 2{,}81 h/b} .$$[1]

Zahlenbeispiel: Für $h = b/4$ verhält sich der Widerstand des günstigsten Zweideckers zu dem des günstigsten Tragwerkes wie 0,710:0,637 (Eindecker mit gleichem $b = 1$ gesetzt).

Für die praktische Anwendung dürfte das Rechtecktragwerk kaum in Betracht kommen, da die seitlichen Abschlußflächen viel schädlichen Widerstand ergeben und im übrigen dieselbe Verbesserung des induzierten Widerstandes viel bequemer durch eine Spannweitenvergrößerung von rd. 6 % erreicht wird.

Das „günstigste Tragwerk" dient vielmehr in der Hauptsache zu Abschätzungen und gestattet z. B., ähnlich, wie es für den Eindecker bisher schon möglich war, für jedes Tragwerk, dessen Außenmaße vorliegen, die Aufstellung eines „Wirkungsgrades", der definiert wird durch das Verhältnis des günstigsten Widerstandes zu dem wirklich vorhandenen Widerstand. Für Tragdecken ohne alle Stiele und Verspannungen ergeben sich dabei bei den größeren Anstellwinkeln häufig ganz befriedigende Werte. Bei den kleineren Anstellwinkeln, wo der Profilwiderstand mehr ins Gewicht fällt, ist der Wirkungsgrad entsprechend kleiner. Besonders große praktische Bedeutung hat übrigens dieser Wirkungsgrad aus dem Grund nicht, weil die Vergleichsgröße, der induzierte Widerstand des „günstigsten Tragwerkes", selbst nicht ein- für allemal technisch festliegt, sondern durch Änderung der Spannweite usw. immer geändert werden kann.

Weitere Anwendungen

12. Die bis jetzt durchgeführten Anwendungen der Tragwerkstheorie auf die Flugzeuge selbst sind mit dem bisher Vorgetragenen im wesentlichen erschöpft. Es mag jedoch kurz noch ein anderes Anwendungsgebiet gestreift werden, das ebenfalls eine Reihe wichtiger Ergebnisse geliefert hat und das besonders für die Versuchsanstalten von großer Bedeutung ist. Es gelingt nämlich, die Ansätze, die wir kennengelernt haben, auch auf die Vorgänge an Tragwerken anzuwenden, die sich in einem von festen Wänden umgebenen Kanal oder in einem freien Luftstrahl befinden. Durch geeignete Ansätze — in den meisten Fällen durch das Spiegelungsprinzip — konnte das Verhalten der Tragwerke in Kanälen und freien Luftstrahlen von kreisförmigem und von rechteckigem Querschnitt studiert werden. Der Vergleich der Ergebnisse mit denen im freien Luftraum ergibt Umrechnungsformeln, durch

[1] Verbesserte Formel 1919.

die der Einfluß der Versuchsanordnung, der häufig nicht ganz gering ist, nachträglich rechnerisch ausgeschaltet werden kann. Man kann im Besitz dieser Umrechnungsformeln wesentlich größere Modelle verwenden, als dies sonst zulässig wäre. Da die Umrechnung vom Modell auf die große Ausführung an Sicherheit gewinnt, wenn die Maßstabsunterschiede kleiner werden, so ist diese von der Theorie geleistete Hilfe als sehr wertvoll anzusehen. Ein näheres Eingehen auf Einzelheiten verbietet mir jedoch die zur Verfügung stehende Zeit.

Für die Weiterentwicklung der Tragwerkstheorie fehlt es nicht an Aufgaben, die der Bearbeitung harren: Die schräg gestellte Tragfläche und die mit Pfeilstellung, die mit Verwindung, ferner die schwingende und die im Kreis oder auf einer Schraubenlinie bewegte Tragfläche werden noch schwierige Probleme zu lösen geben. Daneben kann an allerhand Verfeinerungen und Verbesserungen der bisherigen Theorie gedacht werden, besonders in der Richtung, daß die Verteilung des Auftriebes in der Tiefenrichtung der Tragfläche auch berücksichtigt wird.

Es mangelt also nicht an neuen Aufgaben. Durch die dankenswerte Fürsorge der Heeresverwaltung ist die Modellversuchsanstalt in Göttingen im Krieg mit so ausreichendem Personal versehen, daß neben der Versuchsarbeit auch diese theoretischen Dinge gefördert werden können. Es steht daher zu hoffen, daß wir noch einiges weiter erreichen werden. Dabei liegt es mir aber völlig fern, das ganze Arbeitsgebiet für Göttingen in Anspruch zu nehmen, vielmehr werde ich es gern begrüßen, wenn wir auch außerhalb Mitarbeiter finden.

Bemerkung bei der Druckfertigmachung 1919. Der unglückliche Kriegsausgang hat auch die Modellversuchsanstalt Göttingen genötigt, ihr Personal sehr stark zu verringern, so daß in Zukunft für die weitere Förderung der vorgenannten Aufgaben die Hilfe freiwilliger Mitarbeiter nötig sein wird, wenn die bis Ende 1918 eifrig geförderten Arbeiten erfolgreich weitergeführt werden sollen.

Anhang

1. Druckverteilung am Boden unter einem Flugzeug

Die BERNOULLIsche Druckgleichung nimmt für den Fall, daß es sich um Geschwindigkeitsverteilungen mit kleineren Beträgen der Geschwindigkeit handelt, die mit einer gleichförmigen Geschwindigkeit V im Raum fortschreiten, eine besonders einfache Form an, sobald man die in den kleinen Größen quadratischen Glieder vernachlässigt.

Die genannte Flüssigkeitsbewegung wird zu einer stationären Strömung, wenn man der Flüssigkeit die gemeinsame Geschwindigkeit $-V$ erteilt. Wählt man — in Anwendung auf unsere besondere Aufgabe —

die X-Achse in der Richtung der Flügelspannweite, die Y-Achse in der Flugrichtung (waagerecht), die Z-Achse lotrecht, so lautet die BERNOULLIsche Gleichung, mit $p_0 =$ ungestörtem Druck und $p =$ Überdruck, bei Vernachlässigung der Eigenschwere der Luft:

$$p_0 + p + \frac{\varrho}{2}\{u^2 + (-V + v)^2 + w^2\} = p_0 + \frac{\varrho}{2} V^2;$$

hieraus wird, wenn man ausquadriert und kürzt, und noch u^2, v^2 und w^2 als klein von höherer Ordnung vernachlässigt,

$$p = \varrho V v, \qquad (1)$$

eine Gleichung, die auch in der Lehre von den Wellenbewegungen eine große Rolle spielt.

Es handelt sich jetzt um die Berechnung von v am Boden. Zunächst sieht man, daß die horizontal in der Richtung der Y-Achse angenommenen „abgehenden Wirbel" keinen Beitrag zu v liefern. Es bleibt also nur der „Querwirbel" von der Länge l und der (mittleren) Zirkulation Γ. Es sei vorausgesetzt, daß die Länge l klein ist gegen den Abstand h des Flugzeuges vom Boden; dann ist es erlaubt, mit dem Querwirbel wie mit einem einzigen Wirbelelement zu rechnen. Dieser liefert dann an dem Aufpunkt A mit den Koordinaten x und y gemäß dem BIOT-SAVARTschen Gesetz eine Geschwindigkeit senkrecht zu der Ebene ABF (vgl. Abb. 24) von dem Betrag $v_1 = \frac{\Gamma l \sin\alpha}{4\pi R^2}$.

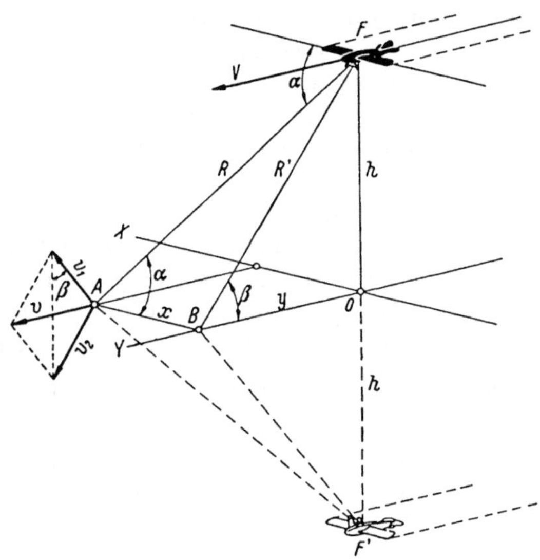

Abb. 24

Das Spiegelbild des Querwirbels im Punkt F', das hinzugenommen werden muß, um die senkrechten Geschwindigkeitskomponenten am Boden wegzuschaffen, liefert eine gleich große Geschwindigkeit v_2 senkrecht zur Ebene ABF'. Ist β der Winkel zwischen der Ebene ABF und der XY-Ebene, so wird demnach die resultierende Geschwindigkeit aus v_1 und v_2: $v = 2 v_1 \sin\beta$, oder, mit $\sin\alpha = R'/R$, $\sin\beta = h/R'$:

$$v = \frac{\Gamma l h}{2\pi R^3}. \qquad (2)$$

Hiermit liefert Gl. (1) mit Rücksicht darauf, daß nach der KUTTA-JOUKOWSKIschen Formel $\varrho \Gamma l V = A$ ist:

$$p = \frac{A h}{2\pi R^3},$$

was mit $R^2 = h^2 + r^2$ die im Vortrag angegebene Formel ergibt.

Die Integration des Druckes über die unendlich ausgedehnte XY-Ebene liefert, wie es sein muß, eine resultierende Kraft $= A$.

2. *Eindeckerformeln*

Ein nach beiden Seiten unendlich langer gerader Wirbelfaden von der Zirkulation Γ bedeutet eine Umlaufbewegung mit Geschwindigkeiten von dem Betrag $v = \Gamma/2\pi r$ im Abstand r von der Wirbelachse. Hiervon überzeugt man sich leicht, wenn man an die Bedeutung der Zirkulation als Wegintegral der Geschwindigkeit denkt: Das Wegintegral von v auf dem Weg $2\pi r$ gibt gemäß obigem $v\, 2\pi r = \Gamma$. Erstreckt sich der Wirbel nur nach der einen Seite ins Unendliche, so findet man in der senkrechten Ebene durch seinen Anfang aus Symmetriegründen Geschwindigkeiten vom halben Betrag der oben angegebenen, denn wenn man zwei solcher Wirbel aneinanderfügt, so daß wieder ein beiderseits unendlich langer Wirbel entsteht, so müssen dessen Geschwindigkeiten, die an jedem Punkt die Summe der Geschwindigkeiten der einzelnen Wirbelstücke sind, wieder die oben angegebenen Werte ergeben.

Ist bei einer Tragfläche die Zirkulation Γ als Funktion der Abszisse x gegeben, so wird in einem kleinen Abschnitt dx, in dem sich die Zirkulation um $\frac{d\Gamma}{dx} dx$ ändert, ein Wirbelfaden von dieser Stärke nach hinten abgehen. An der Stelle a ergibt dieser Wirbelfaden gemäß dem oben Dargelegten, da für r hier $a - x$ zu setzen ist, eine Geschwindigkeit vertikal nach unten (oder oben) vom Betrag

$$dw = \frac{1}{4\pi} \frac{d\Gamma}{dx} \frac{dx}{a - x}.$$

Die ganze Zusatzgeschwindigkeit an der Stelle a ist demnach, wenn, wie es in Wirklichkeit stets zutrifft, die Funktion $\Gamma(x)$ überall stetig und an den Enden $= 0$ ist, das Integral dieses Ausdruckes über die Spannweite b, also

$$w(a) = \frac{1}{4\pi} \int_{-b/2}^{+b/2} \frac{d\Gamma}{dx} \frac{dx}{a - x}. \tag{1}$$

Die Abwärtsgeschwindigkeit w ist Ursache einer Abwärtsneigung der Luftströmung gegen den Tragflächenabschnitt an der Stelle $x = a$ vom Betrag: $\operatorname{tg}\varphi = w/V$. Der Auftrieb $dA = \varrho \Gamma V dx$ auf dem Abschnitt dx liefert demnach durch Rückwärtsneigung um den (kleinen) Winkel φ eine Widerstandskomponente $dW = dA\, w/V = \varrho \Gamma w\, dx$.

Der Widerstand ist somit

$$W = \varrho \int \Gamma w \, dx. \tag{2}$$

Setzt man

$$\Gamma = \Gamma_0 \sqrt{1 - \left(\frac{x}{\frac{1}{2} b}\right)^2}$$

entsprechend einer Verteilung nach einer Halbellipse, so ergibt die Ausrechnung des Integrals der Gl. (1)

$$w = \frac{\Gamma_0}{2b} = \text{konst.!} \tag{3}$$

Aus

$$A = \varrho V \int_{-b/2}^{+b/2} \Gamma \, dx = \varrho V \frac{\pi}{4} \Gamma_0 b$$

ergibt sich

$$\Gamma_0 = \frac{4A}{\pi \varrho V b}$$

und damit also

$$w = \frac{2A}{\pi \varrho V b^2}. \tag{4}$$

3. *Formel für den Minimalwiderstand*

Nach dem in Nr. 10 Mitgeteilten ergibt diejenige Auftriebsverteilung an einem Tragwerk den geringsten Widerstand, die bei dem zugehörigen ungestaffelten Tragwerk an allen tragenden Stellen die gleiche Abwärtsgeschwindigkeit w liefert. Die Abwärtsgeschwindigkeit w_1 an denjenigen Stellen des Luftraumes hinter dem Tragwerk, die mit den tragenden Stellen in unmittelbare Berührung gekommen sind, ist dann weitab vom Tragwerk, wenn von der Formänderung des Wirbelbandes abgesehen wird, ebenfalls konstant, und zwar $= 2w$. Dies rührt davon her, daß hier die sämtlichen Wirbelfäden nach unserer Voraussetzung in derselben Konfiguration vorhanden sind, wie am Tragwerk selbst, nur daß sie sich nicht wie an diesem nur nach einer Seite, sondern nach beiden Seiten erstrecken, was gemäß dem im Anhang 2 Gesagten eine Verdoppelung der Geschwindigkeiten bedeutet.

Die Formänderung des Wirbelbandes nimmt zwar mit wachsender Entfernung vom Tragwerk allmählich beträchtliche Werte an: für alle Schlußfolgerungen, die sich auf das Tragwerk selbst beziehen, ist jedoch der Fehler, den man begeht, wenn man diese Formänderung völlig außer acht läßt, nur gering, da die hauptsächlich wirksamen Wirbelteile in der Nähe des Tragwerkes in der Tat nur sehr geringe Umformung aufweisen. Die Umformung des Wirbelsystems geht übrigens um so langsamer vor sich, je kleiner die Geschwindigkeit w_1 im Verhältnis zu V ist, also je kleiner unter sonst gleichen Verhältnissen der Auftrieb ist. Die hier abgeleiteten Beziehungen haben also um so strengere Geltung, je kleiner der Auftrieb ist, gelten aber auch für die größten praktisch vorkommenden Auftriebe immer noch hinlänglich genau.

Nach den Darlegungen in Nr. 8 ist die in der angegebenen Weise vereinfachte Luftströmung weit hinter dem Tragwerk eine ebene Strömung um ein starres Gebilde, das die von den tragenden Stellen unmittelbar berührten Luftteile zusammenfaßt und das sich mit der Geschwindigkeit $w_1 = 2w$ nach abwärts bewegt. Man betrachtet nun das stoßartige In-Bewegung-Setzen dieses Gebildes und bringt dies mit der Auftrieberzeugung durch das Tragwerk in Beziehung.

Ist τ die Stoßdauer und p der Überdruck an irgendeiner Stelle der Flüssigkeit während des Stoßvorganges, ferner Φ das Geschwindigkeitspotential der Strömung am Ende des Stoßvorganges, so hängt nach einem Satz der Hydrodynamik der Druck mit dem Potential durch die Gleichung $\int_0^\tau p\,dt = \varrho\,\Phi$ zusammen. Betrachtet man ein Stück der Flugbahn des Tragwerkes von der Länge l, der bei der Fluggeschwindigkeit V eine Flugzeit t nach der Gleichung $t = l/V$ entspricht, so entspricht der Gesamtstoßkraft, die auf die Länge l des starren Gebildes kommt, eine Wirkung der von dem Tragwerk getragenen Last während der Zeit t. Auf ein Flächenelement von der Größe $l\,dx$ (x in der Flügelerstreckung quer zur Flugrichtung gemessen) wirkt ein Druck p_1 von unten und ein Druck p_2 von oben; damit wird die Stoßkraft auf dieses Element $= l\,dx \int_0^\tau (p_1 - p_2)\,dt$, was nach obigem $l\,dx\,\varrho(\Phi_1 - \Phi_2)$ gibt; die Gesamtstoßkraft wird somit $= l\,\varrho \int_0^b (\Phi_1 - \Phi_2)\,dx$. Setzt man diese gleich $A\,t = A\,l/V$, so wird

$$A = \varrho\,V \int (\Phi_1 - \Phi_2)\,dx\,.^{1} \tag{1}$$

Nun sind die Werte Φ proportional der Geschwindigkeit w_1 des starren Gebildes, also noch von A abhängig; eine von A unabhängige Größe erhält man, wenn man jeden Φ-Wert durch w_1 dividiert, und zwar werden auf diese Weise rein geometrische, nur von den Querabmessungen des starren Gebildes, d. h. von der Vorderansicht des Tragwerkes abhängige Größen erhalten. Φ/w_1 ist eine Länge, also $\int (\Phi_1 - \Phi_2)\,dx/w_1$ eine Fläche, die im folgenden F' genannt werden soll. Durch Einführung

[1] (1909). Hierzu mag angemerkt werden, daß $\Phi_1 - \Phi_2$ nichts anderes ist als die Zirkulation Γ an der Stelle x, was man am einfachsten einsieht, wenn man das Linienintegral der Geschwindigkeit für eine Linie betrachtet, die von der Stelle x unter dem Wirbelband heraus und über ihm wieder zur Stelle x zurückführt. Die obige Betrachtung liefert demnach zugleich einen Beweis für die hier überall benutzte Übertragung des Kutta-Joukowskischen Satzes auf beliebige Tragwerke. (Der ursprüngliche Beweis dieses Satzes bezieht sich allein auf die ebene Strömung.)

von F' in Gl. (1) erhält man

$$A = \varrho V w_1 F'. \tag{2}$$

Hieraus ergibt sich sofort w_1, und damit auch die absteigende Geschwindigkeit am Ort des Tragwerkes

$$w = \frac{w_1}{2} = \frac{A}{2 \varrho V F'}.$$

Damit wird

$$W = \frac{w}{V} A = \frac{A^2}{2 \varrho V^2 F'} = \frac{A^2}{4 q F'}. \tag{3}$$

4. *Kurzer Beweis der Munkschen Sätze*

(1919). Für die in Nr. 10 angegebenen MUNKschen Sätze ist inzwischen von Herrn BETZ ein sehr anschaulicher und kurzer Beweis gefunden worden. Der induzierte Widerstand würde auch in der „reibungslosen Flüssigkeit" vorhanden sein. Da hier keine Energie verschwinden kann, muß die bei der Überwindung dieses Widerstandes geleistete Arbeit als kinetische Energie in der Flüssigkeit erhalten bleiben. Diese kinetische Energie findet sich in dem Wirbelschweif wirklich vor, wie eine nähere Untersuchung lehrt; sie ist eindeutig bestimmt, wenn die Wirbelkonfiguration bekannt ist. Auf welche Weise diese Wirbelkonfiguration entstanden ist, kann also auf die Größe des gesamten induzierten Widerstandes keinen Einfluß haben. Hieraus folgt unmittelbar die Richtigkeit des „Staffelungssatzes". Denn durch Staffelung der einzelnen Tragflächen bei unverändert bleibender Auftriebsverteilung wird an dem abgehenden Wirbelsystem nichts geändert. Der Satz ist in dem Maß genau, als die Formänderung des Wirbelsystems durch die Eigenbewegung auf der durch das Maß der Staffelung gekennzeichneten Strecke vernachlässigt werden darf. Diese Formänderung ist, wie in Anhang 3 erwähnt wurde, um so geringer, je kleiner alle Auftriebe sind. Der Satz gilt also sehr genau für sehr kleine Auftriebe.

Um nun zu dem Satz vom Widerstandsminimum zu gelangen, sei an zwei im übrigen beliebigen Stellen des Tragwerkes ein wenig Auftrieb zugefügt bzw. fortgenommen. Der hinzugenommene und der weggenommene Auftrieb sollen dabei genau gleich groß sein, so daß der Gesamtauftrieb ungeändert bleibt. Jede beliebige kleine Änderung der Auftriebsverteilung läßt sich durch hinreichend viele solche Einzeländerungen herstellen. Das Kennzeichen des Minimums ist dabei, daß durch solche kleine Änderungen der Wert der Größe, die zu einem Minimum gemacht werden soll, hier also der des Widerstandes, nicht geändert wird. (Würde er geändert, so würde er durch die in passendem Sinne vorgenommene Änderung verkleinert werden können und wäre dann eben nicht das Minimum.)

Die Widerstandsänderung durch das Hinzukommen eines kleinen Auftriebes δA an einer Stelle des Tragwerkes besteht, da der Eigenwiderstand des Auftriebes δA als klein von der zweiten Ordnung vernachlässigt werden kann, aus zwei Teilen, nämlich aus der Änderung des Widerstandes des eigentlichen Tragwerkes durch das Geschwindigkeitsfeld des δA und aus dem Widerstand des δA durch das Geschwindigkeitsfeld des Tragwerkes. Diese Widerstandsänderung kann unter Vernachlässigung der Eigenbewegung des Wirbelsystems am bequemsten dann berechnet werden, wenn man den Zusatzauftrieb δA weit hinter dem Tragwerk anbringt. Nach dem Staffelungssatz ist dies erlaubt, und man erreicht dadurch, daß der erstere Teil der Widerstandsänderung gleich Null wird, denn nach vorn verschwindet das Geschwindigkeitsfeld eines Tragwerkes — hier unseres δA — sehr schnell. Der zweite Teil aber ergibt sich, wenn w_1 die Geschwindigkeit weit hinter dem Tragwerk an der Stelle von δA ist, nach früherem $= \delta A\, w_1/V$. Für zwei gleichzeitige Auftriebsänderungen erhält man, da deren gegenseitiger Widerstand von der zweiten Ordnung klein und daher zu vernachlässigen ist,

$$\delta W = (\delta A_{\mathrm{I}}\, w_{\mathrm{I}} + \delta A_{\mathrm{II}}\, w_{\mathrm{II}})/V.$$

Für unsere Aufgabe soll $\delta A_{\mathrm{I}} + \delta A_{\mathrm{II}} = 0$ und $\delta W = 0$ sein, was nur möglich ist, wenn $w_{\mathrm{I}} = w_{\mathrm{II}}$ ist. Damit ist der Satz bewiesen.

Es sei hier noch erwähnt, daß es Herrn BETZ mit dieser Beweisart geglückt ist, einen dem MUNKschen Satz ganz entsprechenden für Schraubenpropeller zu beweisen[1]: „Die Luftkräfte (oder anders gesprochen die Zirkulationen) sind so zu verteilen, daß das abgehende Wirbelsystem weitab von der Schraube sich wie eine starre Schraubenfläche bewegt.“ Auch hier gilt ein entsprechendes Staffelungsgesetz. Der Satz gilt wieder nur streng für sehr kleine Schraubenschübe. In einem Zusatz zu der BETZschen Arbeit konnte ich zeigen, daß sich die Schubverteilung über die Schraubenflügel auf Grund des BETZschen Satzes angenähert angeben läßt[2]. Bei gleichem Außendurchmesser zeigt sich die vielflügelige Schraube der zweiflügeligen in ähnlicher Weise überlegen, wie der Vieldecker gegenüber dem Zweidecker (vgl. Nr. 11).

---

[1] A. BETZ, Über Schraubenpropeller mit geringstem Energieverlust. Nachr. Ges. Wiss. Göttingen 1919, S. 193.

[2] Anm. d. Schriftl.: Vgl. hier S. 373.

Zeitschrift des Vereins Deutscher Ingenieure Bd. 65 (1921) S. 959—965

Die neueren Fortschritte der flugtechnischen Strömungslehre

Gemeinverständliche Darstellung der neueren Entwicklung der hydrodynamischen Theorie des Luftwiderstandes. Die Newtonsche Theorie entspricht nicht dem wirklichen Verhalten. Die Luft bewegt sich wie eine volumbeständige Flüssigkeit. Die wichtigsten Gesetze solcher Strömungen werden mitgeteilt. Anwendung auf Luftschiffkörper und Flugzeugtragflächen; Versuche bestätigen die Ergebnisse.

Die Entwicklung der Strömungslehre gasförmiger Massen, besonders der Lehre vom Luftwiderstand, bietet ein Beispiel dafür, wie durch eine unrichtige Theorie der Fortschritt gehemmt werden kann, besonders, wenn sie von einem Gelehrten von Weltruf stammt. Ich meine die Theorie des Luftwiderstandes von Newton. Wir Nachkommen haben natürlich kein Recht, diesem großen Mann einen Vorwurf daraus zu machen. Seine Leistung war für die damalige Zeit recht achtbar, wenn er auch hier weniger glücklich war als in anderen Dingen.

Das von Newton abgeleitete Gesetz liefert die richtige Aussage, daß der Luftwiderstand dem Quadrat der Geschwindigkeit, der von dem Körper dargebotenen Fläche und der Dichte der Luft proportional ist, aber über die Abhängigkeit des Luftwiderstandes von der Form der Körper liefert es ganz unzutreffende Angaben. Nach Newtons Anschauung bestand die Luft aus kleinen Massenteilchen, die sich durch gegenseitige Abstoßung voneinander möglichst weit zu entfernen suchten und im Fall des Gleichgewichtes in gegenseitiger Ruhe verharrten. Wird ein fester Körper in der Luft bewegt, so sollten die Teilchen, die man sich im Verhältnis zu ihren Abständen als sehr klein dachte, einzeln von dem Körper angestoßen werden; die Gesamtwirkung aller dieser Stöße ergab den Widerstand. Dabei blieb offen, ob die Gesetze des elastischen oder die des unelastischen Stoßes gelten sollten. Versuche haben später für den unelastischen Stoß entschieden. Über das weitere Schicksal der angestoßenen Teilchen machte man sich keine Gedanken.

Diese Vorstellung von dem Zustandekommen des Luftwiderstandes war für den Fortschritt der Forschung deshalb so schädlich, weil man immer nur auf die Vorgänge auf der Vorderseite der Körper, nicht aber auf die seitlich und hinter ihm achtete. Manche Versuchsreihe ist dadurch verdorben worden, daß seitlich von dem Versuchsobjekt kein genügender Platz zum ungehinderten Abströmen der gestauten Luft war. Richtig angestellte Versuche zeigten später, daß die Hinterseite oft von ganz erheblichem Einfluß ist; so kann z. B. durch ein schlank zulaufendes Hinterende der Widerstand in ganz unerwartetem Maße verringert werden.

Die heute als richtig geltende Anschauung ist, *daß die Luft genauso strömt wie eine Flüssigkeit.* Dies hatten einzelne Forscher längst erkannt, es hatte sich aber in der Allgemeinheit nicht durchzusetzen vermocht. Erst als die Zeit der Luftfahrtechnik und damit die Luftwiderstandsforschung mit großen Mitteln gekommen war, wurde der obige Satz, von der Forschung glänzend bestätigt, zum Gemeingut. Die wirklichen Fortschritte in der theoretischen Behandlung der Aerodynamik setzten damit ein, daß man lernt die Luft als eine gewöhnliche Flüssigkeit zu betrachten. Man behandelt sie meist sogar als eine *unzusammendrückbare Flüssigkeit,* was so zu verstehen ist: Um einen Raumteil Luft merklich zusammenzudrücken, sind gewisse nicht geringe Kräfte erforderlich, wovon man sich an einer prall aufgeblasenen Schweinsblase, die man zwischen den Händen drückt, überzeugen kann. Treten bei der in Rede stehenden Bewegung keine so großen Druckunterschiede auf, so hat man auch keine wesentlichen Volumenänderungen zu erwarten und kann sie daher zur Vereinfachung der theoretischen Überlegungen ganz vernachlässigen. Die Volumenänderungen bei der Bewegung der Luft erlangen nur dann einen wesentlichen, umgestaltenden Einfluß auf die Bewegung, wenn die Geschwindigkeiten mit der Schallgeschwindigkeit vergleichbar werden. Bei $^1/_{10}$ der Schallgeschwindigkeit haben die Abweichungen bereits die Größenordnung von $^1/_2$ % und lassen sich daher längst vernachlässigen.

Daß die Luftteilchen nicht beliebig durcheinanderfliegen, sondern sich zu einer einheitlichen Strömung anordnen, ist nach den Vorstellungen der kinetischen Gastheorie so zu verstehen, daß zwar jedes einzelne Luftteilchen frei beweglich ist, daß aber die einzelnen Luftteilchen schon in ganz engem Raum oft zusammenstoßen und ihre Geschwindigkeiten austauschen; die sichtbare Bewegung, die ein Mittelwert der unregelmäßigen Einzelbewegungen ist, wird dadurch zum Fließen einer Flüssigkeit.

Durch die Zusammenstöße wird der Druck von irgendeiner Stelle aus nach allen Richtungen hin fortgepflanzt, und es ist deshalb unzulässig, den Widerstand eines Körpers aus den Widerständen, die seine Teile je einzeln für sich hätten, durch einfaches Summieren zu berechnen; denn die Teile beeinflussen sich gegenseitig, und ihr Widerstand in zusammengebautem Zustand ist ein anderer, als wenn sie für sich allein wären. Der Winddruck auf ein Dach ist also durchaus abhängig von der Gestalt des Hauses, auf dem das Dach steht!

Die Lehre von der Strömung der Flüssigkeiten, die Hydrodynamik, hat sich (beginnend in der Mitte des 18. Jahrhunderts mit L. EULER und D. BERNOULLI) unter HELMHOLTZ, KIRCHHOFF, LORD KELVIN u. a. zu hoher Vollkommenheit entwickelt, allerdings in einer Richtung, die dem Praktiker nur wenig Brauchbares zu bieten schien und durch widerspruchsvolle Ergebnisse sein Vertrauen stark erschütterte. So z. B. sollte ein Körper, der sich in einer ursprünglich ruhenden Flüssigkeit gleichförmig bewegt, keinen Widerstand in der Bewegungsrichtung erfahren, was aller Beobachtung widersprach. Man rechnete nämlich in der Theorie mit der sogenannten „idealen Flüssigkeit", d. h. mit einer volumenbeständigen Flüssigkeit ohne Zähigkeit (innere Reibung), weil die Berücksichtigung der Zähigkeit, deren Einfluß auf das einzelne Flüssigkeitsteilchen wohl bekannt war, die Berechnung so sehr erschwerte, daß es unmöglich war, zum Ziel zu kommen. Da bei den wirklichen Flüssigkeiten die Wirkungen der Zähigkeit gegenüber denen der Trägheit (des Beharrungsvermögens) nur unwesentlich waren, so schien diesen Rechnungen immerhin einige Berechtigung zuzukommen.

Das oben erwähnte widersinnige Ergebnis des Nichtvorhandenseins des Widerstandes war zuerst bei der Untersuchung der Strömung um eine Kugel gefunden und später bei allen Körpern ohne scharfe Kanten

Abb. 1

für die ideale Flüssigkeit als streng gültig erwiesen worden; die Hydrodynamik der idealen Flüssigkeit versagt demnach für das Widerstandsproblem der wirklichen Flüssigkeiten. Man hat daraus ihr Versagen überhaupt schließen wollen; jedoch zeigte nähere Untersuchung, *daß in Fällen, wo durch geeignete Formgebung der Körper der wirkliche Widerstand sehr klein wird, die theoretischen Ergebnisse sogar in hohem Maß befriedigen.* Die Körperformen von kleinem Widerstand haben für die Konstruktion der Luftschiffe und Flugzeuge die größte praktische Bedeutung. Man hat durch systematische Versuche in den aerodynamischen Versuchsanstalten, die im letzten Jahrzehnt überall entstanden sind, die besten Formen allmählich ausgekundschaftet und dabei gefunden, daß solche Formen, bei denen die Luft am Vorderteil gesetzmäßig zerteilt wird, an den glatten Seitenflächen des Körpers entlanggleitet und sich hinter dem scharf zulaufenden Hinterende wieder zusammenschließt, einen so auffallend kleinen Widerstand ergeben, daß man — in Ansehung der immer vorhandenen Oberflächenreibung — darin die die praktische Verwirklichung des Satzes vom Widerstand gleich Null erblicken kann. Daß sich die Strömung vor dem Körper gesetzmäßig zerteilt und hinter ihm sich ebenso gesetzmäßig wieder schließt, ist gerade das Hauptkennzeichen der Bewegung der idealen Flüssigkeit um einen Körper. Der Widerstand eines Luftschiffkörpers nach Abb. 1 ist gemäß den Versuchen im Laboratorium etwa der 25. bis 30. Teil des Widerstandes einer ebenen Fläche von der Größe seines Querschnittes; er darf als reine Oberflächenreibung aufgefaßt werden. In der Abbildung ist eine ebene Fläche von gleichem Widerstand wie der Luftschiffkörper daneben gezeichnet.

Bevor ich auf Einzelheiten näher eingehe, sollen in kurzen Zügen die Darstellungsmittel und die wichtigsten Sätze der theoretischen Hydrodynamik geschildert werden. Der Strömungszustand für einen bestimmten Augenblick ist bekannt, wenn für jeden Raumpunkt der dort herrschende Druck sowie die Geschwindigkeit nach Größe und Richtung gegeben ist. Die Geschwindigkeit wird gewöhnlich in der Weise gekennzeichnet, daß ihre drei Komponenten u, v, w nach den Achsen eines rechtwinkligen Koordinatensystems angegeben werden. Der ganze Verlauf der Bewegung ist somit bekannt, wenn u, v, w sowie der Druck p als Funktionen der drei Raumkoordinaten und der Zeit gegeben sind. Zur zeichnerischen Darstellung der Strömungen werden meist die „Stromlinien" verwandt, d. h. Linien, die überall in der Richtung der Strömung verlaufen und so ein Augenblicksbild des Bewegungszustandes der Flüssigkeit geben. Wenn die oben erwähnten Funktionen bekannt sind, so lassen sich die Stromlinien daraus berechnen.

Die typische Aufgabe der theoretischen Hydrodynamik ist nun, für irgendwelche gegebenen Bedingungen an den Grenzen der Flüssigkeit (z. B. für eine vorgeschriebene Bewegung fester Körper in ihr) die Funktionen u, v, w und p für das ganze von der Flüssigkeit erfüllte Gebiet zu ermitteln. Hierzu dienen Aussagen zweierlei Art: 1) die sogenannte Kontinuitätsbedingung, die ausdrückt, daß in jedes kleine Raumelement ebensoviel Flüssigkeit einströmt wie ausströmt und die also für die Konstanz des Volumens sorgt; 2) eine dynamische Beziehung, die ausdrückt, daß die resultierende Kraft auf ein Element der Flüssigkeit, die von den Druckdifferenzen und von etwaigen sonstigen auf das Element wirkenden Kräften herrührt, gleich der Masse des Elementes mal seiner Beschleunigung ist. Die für die Durchführung der Rechnung im einzelnen einzuschlagenden Verfahren können hier nicht erörtert werden; Andeutungen darüber werden die folgenden Abschnitte noch enthalten. Dagegen sollen einige wichtige Sätze, die zur Beurteilung der ganzen Verhältnisse nützlich sind, hier ohne Beweis mitgeteilt werden. Es handelt sich um Sätze von besonderer Einfachheit, die aber nur für die ideale Flüssigkeit Geltung haben und die den inneren Grund bilden, warum die ideale Flüssigkeit sich in bezug auf Beweglichkeit ihrer mathematischen Methoden so sehr gegenüber der nicht idealen auszeichnet.

Ein für die Bewegung der idealen Flüssigkeit sehr wichtiger Begriff ist das „*Linienintegral der Geschwindigkeit*". Dächte man sich anstatt des „Geschwindigkeitsfeldes" ein Kraftfeld in der Weise, daß an die

Stelle jeder nach Größe und Richtung gegebenen Geschwindigkeit eine Kraft entsprechender Größe und gleicher Richtung tritt, so würde das Linienintegral dieser Kraft nichts anderes bedeuten als die Arbeit, die von der Kraft bei der Verschiebung einer Masse $= 1$ längs der gegebenen Linie geleistet wird. Das Linienintegral der Geschwindigkeit wird demnach erhalten, wenn jedes einzelne Wegstückchen mit der in die Wegrichtung fallenden Komponente der Geschwindigkeit multipliziert wird und die Produkte sämtlich addiert werden. In der Lehre von den Kraftfeldern wird der Fall betrachtet, daß die Arbeit bei der Verschiebung einer Masse von einem Punkt A nach einem Punkt B für alle beliebigen Wege denselben Betrag liefert; man nennt in diesem Fall, wenn der Punkt A festgehalten wird, die von A nach einem beliebigen Punkt B geleistete Arbeit, die also nur noch von der Lage des Punktes B abhängt, das Potential am Punkt B, und das ganze Kraftfeld ein Potentialfeld. Derselbe Fall kommt auch bei der Flüssigkeitsbewegung vor; man nennt auch hier den Wert des Linienintegrals, genommen von einem festgehaltenen Anfangspunkt aus, das Potential der Bewegung und das Geschwindigkeitsfeld ein Potentialfeld. Die Geschwindigkeit ist dann, ebenso wie in dem anderen Fall die Kraft, nach Größe und Richtung durch das „Gefälle" des Potentials gegeben. Durch die Einführung des Potentials ist sehr viel gewonnen, denn da die Geschwindigkeitskomponenten aus dem Potential ableitbar sind, braucht man jetzt statt dreier Funktionenen nur noch eine zu ermitteln. Auch der Druck läßt sich bei der Potentialbewegung durch eine einfache Formel ermitteln, ist also auch mitgegeben.

Über das Linienintegral der Geschwindigkeit besteht ein wichtiger, von LORD KELVIN (SIR WILLIAM THOMSON) entdeckter Satz, nämlich, *daß in einer idealen Flüssigkeit für eine beliebig gewählte geschlossene Linie, die dauernd aus denselben Flüssigkeitsteilchen gebildet wird, das Linienintegral seinen Wert im Verlauf der Zeit nicht ändern kann.*

Wir wollen von diesem Satz sofort eine wichtige Anwendung machen: Ist zu irgendeinem Zeitpunkt die ganze Flüssigkeit in Ruhe, so hat jedes beliebige Linienintegral in ihr den Wert Null und muß daher nach LORD KELVIN für alle Zeit den Wert Null behalten. Legt man eine geschlossene Linie durch unsere oben erwähnten Punkte A und B, so überzeugt man sich leicht, daß die Aussage, daß für den geschlossenen Weg das Linienintegral verschwindet, identisch ist mit der Aussage, daß auf beiden Wegen, links herum oder rechts herum von Punkt A zum Punkt B, das Linienintegral den gleichen Wert hat. Wir erkennen daraus, daß durch irgendwelche Druckwirkungen auf die Oberfläche oder durch Inbewegungsetzen von in der Flüssigkeit befindlichen Körpern *in der idealen Flüssigkeit nur Potentialströmungen entstehen können.*

Die Betrachtung von Fällen, in denen das Linienintegral von Null verschieden ist, würde uns auf die berühmten *Helmholtzschen Wirbelsätze* führen; es kann hier jedoch nicht näher darauf eingegangen werden. Es sei nur über den Begriff des Wirbels erwähnt, daß es Bewegungen gibt, bei denen die Eigenschaft der Potentialbewegung längs irgendwelcher meist räumlich sehr wenig ausgedehnter Gebiete verletzt ist. Ein Linienintegral, dessen Linie Teile dieser Gebiete umschlingt, wird dann im allgemeinen einen von Null verschiedenen Wert haben. Man spricht in solchen Fällen von einer Wirbelbewegung. Den Betrag des Linienintegrals nennt man die „Zirkulation", oder in Anwendung auf die umschlungenen Wirbel auch die „Wirbelstärke".

Man hat bis vor nicht langer Zeit geglaubt, den Schluß ziehen zu müssen, daß Wirbelbewegungen nur in der Weise in einer idealen Flüssigkeit vorkommen können, daß sie durch eine Art von Schöpfungsakt von Anbeginn in derselben vorhanden waren, daß aber bei der Bewegung aus der Ruhe heraus ihre Entstehung nicht möglich ist. Es darf jedoch nicht vergessen werden, daß die ideale Flüssigkeit für uns nur ein vereinfachtes Gedankenbild der wirklichen Flüssigkeiten ist, die immer etwas Zähigkeit aufweisen. Nun zeigt eine besondere Untersuchung, auf die hier nicht näher eingegangen werden kann[1], daß die Zähigkeit der Flüssigkeit, wenn sie auch noch so klein ist, in einem Bereich in der unmittelbaren Nachbarschaft der Körper mit endlicher Stärke zur Wirkung kommt, indem sie eine dünne Schicht der strömenden Flüssigkeit zurückhält. Für eine durch dieses Gebiet gezogene Linie würde also der KELVINsche Satz, da hier Zähigkeitswirkungen vorhanden sind, nicht gelten. Ein Gebiet der Flüssigkeit, dessen Teilchen früher einmal während der Bewegung der Körperoberfläche nahegekommen sind, kann daher der Sitz von Wirbeln sein. Alle Wirbelbildung in schwach reibenden Flüssigkeiten ist in dieser Weise zu erklären. Wir werden noch erkennen, daß in einem praktisch sehr wichtigen Fall, bei der Theorie der Tragflächen der Flugzeuge, gerade die theoretische Erfassung der Wirbelbildung den entscheidenden Fortschritt gebracht hat.

An scharfen Kanten, die von dem Körper umströmt werden, entstehen regelmäßig Wirbel. Aber auch bei vollkommen gerundeten Oberflächen, wie z. B. bei einer Kugel, ergibt sich, nachdem beim Bewegungsbeginn eine reine Potentialbewegung entstanden war, daß durch rückläufige Bewegungen in der rückwärtigen Hälfte der durch Reibung beeinflußten „Grenzschicht" Teile dieser Schicht zunächst sich an-

[1] Vergleiche etwa meinen Vortrag auf dem Heidelberger internationalen Mathematiker-Kongreß 1904 (Verhandl. dieses Kongresses S. 484, Leipzig 1905) oder aber den Artikel „Flüssigkeitsbewegung" im Handwörterbuch der Naturwissenschaften S. 117.

häufen und dann als Wirbel in die freie Flüssigkeit hinaustreten. Man hat über diese Wirbel, die mit dem Bewegungswiderstand in engem Zusammenhang stehen, bisher theoretisch nicht viel aussagen können; nur über die Vorbedingung ihres Entstehens, die rückläufige Strömung in der Grenzschicht, die zur Ablösung von Teilen dieser Schicht führt, ließ sich aussagen, daß sie an eine verzögerte Strömung der freien Flüssigkeit längs der Wand geknüpft ist, und es ließen sich die näheren Umstände dieses Vorganges quantitativ aufklären[1]. Qualitativ läßt er sich folgendermaßen verstehen: Dieselben Druckunterschiede, die die freie Flüssigkeit verzögern, bringen bei genügender Größe die durch Reibung bereits zum Teil abgebremste Grenzschicht zur Umkehr. Daß hierdurch Anschwellungen der Grenzschicht entstehen, ist an Hand von Abb. 2 leicht einzusehen, denn für die rückläufige Strömung, die unter der rechtläufigen verläuft, ist keine Möglichkeit des Abflusses vorhanden. Aus der Abbildung ist die beginnende Bildung eines Wirbels erkennbar. Die quantitativen Ergebnisse dieser Untersuchungen befinden sich in guter Übereinstimmung mit der Erfahrung[2].

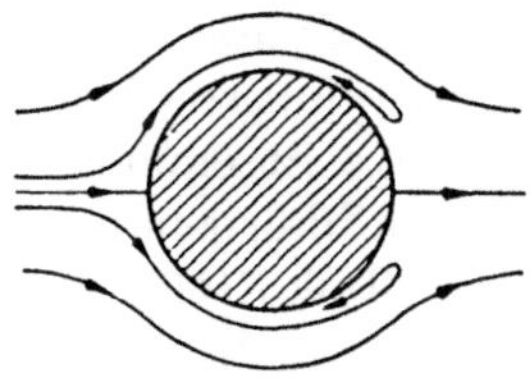

Abb. 2

Mit den festen Wirbeln, die im Fall einer ebenen Strömung meist eine mehr oder minder regelmäßige Reihe von abwechselnd rechts und links drehenden Einzelwirbeln erkennen lassen, hat sich v. KÁRMÁN[3] erfolgreich beschäftigt und gezeigt, daß nur eine Art von Wirbelkonfiguration, wie sie Abbildung 3 darstellt, stabil ist, und daß man durch rein visuelle Beobachtungen, nämlich Messung der Wirbelabstände, der Frequenz der pendelnden Bewegung und der Strömungsgeschwindigkeit, den Widerstand ziemlich genau berechnen kann, wobei das Rechnungsergebnis mit den gemessenen Widerständen recht gut übereinstimmte. Der Zusammenhang des Wirbelsystems mit den Abmessungen des wirbelerzeugenden Körpers, der erst die praktische Verwendbarkeit der Theorie geliefert hätte, konnte allerdings bisher noch nicht theoretisch erfaßt werden.

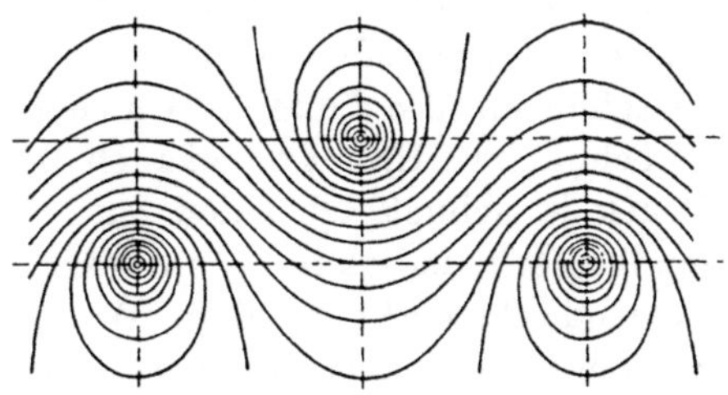

Abb. 3

[1] Vgl. H. BLASIUS, Z. Math. Phys. (1908) S. 1, und HIEMENZ, Dinglers polytechn. J. (1911) S. 321.

[2] HIEMENZ, a. a. O., und H. RUBACH, Mitteil. über Forschungsarb., herausgegeben vom VDI, H. 185 (1916)

[3] Vgl. etwa v. KÁRMÁN und RUBACH, Phys. Z. (1912) S. 49.

Zu dem praktisch wichtigen Problem der Körper mit kleinem Widerstand zurückkehrend, möchte ich zunächst über Untersuchungen über Luftschiffkörper berichten, die mein früherer, leider im Krieg gefallener Mitarbeiter, Dr. Georg Fuhrmann, angestellt hat. Es galt zunächst, Formeln für die Strömung zu finden, mit der die Luft einen Luftschiffkörper umfließt. Man muß, wenn die Strömung von einem relativ zum Luftschiff ruhenden Standpunkt aus betrachtet wird, eine solche Geschwindigkeitsverteilung suchen, bei der die Geschwindigkeiten an der Luftschiffoberfläche tangential zu dieser gerichtet sind. Man erreicht derartige Strömungen, wenn man sich die Flüssigkeit ins Innere des Luftschiffkörpers fortgesetzt denkt und nun auf dessen Achse im vorderen Teil Stellen annimmt, an denen fortwährend Flüssigkeit neu entsteht, und im Hinterteil entsprechend solche Stellen, an denen eine ebenso große Flüssigkeitsmenge wieder verschwindet. Dieser in einer physikalischen Flüssigkeit unmögliche Vorgang, der aber hier nur die Flüssigkeitsströmung an Stellen betrifft, wo in Wirklichkeit keine ist, bringt die Wirkung des Luftschiffvorderteiles, der die Flüssigkeit nach allen Seiten nach außen drängt, und des Hinterteiles, an dem die Flüssigkeit wieder zusammenfließt, richtig zur Darstellung.

Die mathematische Formulierung solcher „Quellen" und „Senken" ist sehr einfach. Der Rechnungsvorgang wäre dabei sehr schwierig, wenn man zu einer *gegebenen* Luftschifform die richtige Verteilung der Quellen und Senken suchen müßte. Fuhrmann ist jedoch so vorgegangen, daß er zu passenden willkürlich angenommenen Quellen- und Senkenverteilungen die äußeren Umrisse des zugehörigen Luftschiffkörpers berechnet hat. Er hat dabei auch die Einzelheiten der Strömung und den Druck berechnet. Über den Zusammenhang des Druckes mit der Strömungsgeschwindigkeit v in einer Potentialbewegung mag hier das Folgende bemerkt werden. Wenn die Bewegung stationär ist, d. h. zeitlich unverändert andauert, dann ergibt sich einfach die Beziehung, daß der statische Druck p (d. h. derjenige Druck, den ein die Strömungsbewegung mitmachendes Instrument anzeigen würde) mit dem „Geschwindigkeitsdruck" $\varrho \frac{v^2}{2}$ eine konstante Summe bildet. Der Geschwindigkeitsdruck, auch „Staudruck" genannt, ist dabei, wie aus einer Anwendung der eben genannten Beziehung geschlossen werden kann, gleich der Druckerhöhung gegenüber dem statischen Druck, die sich in einer der Strömung entgegengerichteten Rohrmündung einstellt (diese Beziehung dient bekanntlich gerade zur Messung von Strömungsgeschwindigkeiten); $\varrho = \gamma / g$ ist hierbei die Dichte des Mediums.

Die von Fuhrmann berechneten Druckverteilungen wurden durch Beobachtungen an Körpern der errechneten Gestalt nachgeprüft, indem diese Körper mit Anbohrungen versehen und die Drücke, die sich in den Anbohrungen einstellten, gemessen wurden. Das Ergebnis für drei dieser Körper ist in Abb. 4 bis 6 wiedergegeben, und zwar bezeichnen die Linien die berechneten Drücke, die kleinen Ringel die gemessenen Drücke. Die Beobachtung gibt am vorderen Ende eine Druckerhöhung gleich dem Staudruck des künstlichen Windes, in dem die Versuche gemacht wurden. Die gerechnete Kurve gibt eine gleiche Druckerhöhung am hinteren Ende, die bei den Versuchen ausbleibt. Diese Abweichung

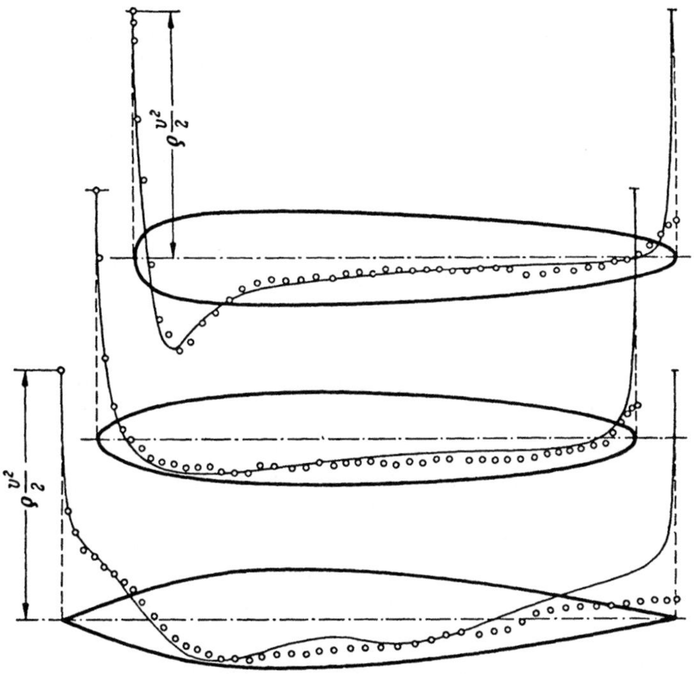

Abb. 4 bis 6

rührt davon her, daß sich in Wirklichkeit die Strömung am Hinterende nicht vollkommen zusammenschließt, wie es die Theorie annimmt. (Sie wird durch die durch Reibung an der Körperoberfläche gebremste Luftschicht daran gehindert.) Im übrigen sind aber die Einzelheiten des Druckverlaufes bei den verschiedenen Formen der Luftschiffkörper in erfreulich guter Übereinstimmung mit der Theorie[1].

Ein praktisch besonders wichtiger Erfolg ist der Theorie beschieden gewesen bei der Untersuchung der Luftkräfte an den Flugzeugtragflächen. Die Gedankengänge, um die es sich hierbei handelt, mögen

[1] Die auffälligen kleinen Höcker der gemessenen Druckverteilungen bei $^1/_3$ und $^2/_3$ der Länge rühren von Unvollkommenheiten in der Herstellung der aus drei Teilen zusammengesetzten Modelle her.

hier kurz in einer allerdings dem geschichtlichen Werdegang nicht entsprechenden Weise geschildert werden.

Wenn eine rasch durch die Luft bewegte vogelflügelähnlich geformte Tragfläche von der Luft einen Auftrieb erfährt und dadurch in der Lage ist, das Gewicht des Flugzeuges zu tragen, so erfährt umgekehrt die Luft beim Vorübergang der Tragfläche eine Druckkraft nach unten gleich dem getragenen Gewicht. Im einzelnen betrachtet, finden wir an der Tragfläche auf der Unterseite erhöhten Druck gegenüber dem Druck der ungestörten Luft, auf der Oberseite verminderten Druck. Diese Druckunterschiede, wirkend an der ganzen Tragfläche, ergeben in ihrer Gesamtheit den Auftrieb.

Um über die hierbei eintretenden Strömungsverhältnisse Aufschlüsse zu bekommen, wollen wir zunächst nach dem Wert des Linienintegrals für eine geschlossene Kurve fragen, welche das Gebiet, durch das die Tragfläche hindurchgegangen ist, durchsetzt. Wir werden feststellen, daß der Wert des Linienintegrals, den wir dem Früheren gemäß die „Zirkulation" nennen, hier im allgemeinen von Null verschieden ist. Betrachtet man nämlich eine geschlossene Kurve, die den Luftstreifen, der von der Tragfläche berührt worden ist, von oben nach unten durchsetzt und daneben in dem unberührten Gebiet wieder hochsteigt, so war vor dem Durchtritt der Tragfläche durch die in Rede stehende Stelle des Raumes die Zirkulation Null. Während des Durchganges der Tragfläche können wir uns — wenn wir von unnötigen Feinheiten absehen — die Linie als durch die Tragfläche zerschnitten vorstellen. Da auf beiden Seiten des Schnittes verschiedener Druck herrscht, wird das Linienintegral, wie bei einer mit ruhendem Wasser gefüllten Röhre, an deren Enden plötzlich ein Druckunterschied hergestellt wird, allmählich anwachsen, und zwar um so stärker, je größer der Druckunterschied und je länger die Dauer seiner Wirkung ist. Bei einer Röhre von unveränderlichem Querschnitt wäre das Linienintegral $= v\,l$, wo v die Geschwindigkeit in der Röhre und l die Länge der Röhre ist. Ist noch ϱ die Dichte, so bringt ein Druckunterschied $p_1 - p_2$ in der Zeit t ein $v\,l$ hervor von dem Betrag $v\,l = \frac{p_1 - p_2}{\varrho}\,t$; die gleiche Beziehung liefert die strenge Theorie auch für die Zirkulation Γ in der freien Flüssigkeit.

Ist die Tiefe des Flügels in der Flugrichtung $= s$ und ist die Fluggeschwindigkeit $= V$, so besteht offenbar für die Zeitdauer τ, während deren die Linie zerschnitten bleibt, die Gleichung

$$s = V\tau, \quad \text{also} \quad \tau = \frac{s}{V}.$$

Man erhält also für die Zirkulation die Beziehung

$$\Gamma = \frac{p_1 - p_2}{\varrho}\,\tau = \frac{(p_1 - p_2)\,s}{\varrho\,V}.$$

$(p_1 - p_2)\, s$ bedeutet aber offenbar den Auftrieb, der auf die Längeneinheit in der Querabmessung der Tragfläche kommt und den wir mit a bezeichnen wollen. Wir erhalten also

$$a = \Gamma \varrho V, \tag{1}$$

eine von KUTTA in München und JOUKOWSKI in Moskau unabhängig auf verschiedenen Wegen entdeckte Formel. Da hinter dem Flügel die Linie aber wieder geschlossen werden kann, bleibt die Zirkulation von da ab wieder konstant, sie ist also für alle Luftteilchen, die eine und dieselbe Stelle des Flügels berührt haben, dieselbe.

Die Auftriebsdichte a ist meist in der Mitte des Flügels am größten und fällt nach den Enden zu auf Null ab, denn am Ende gleichen sich die Druckunterschiede zwischen Ober- und Unterseite über den Rand aus. Das für a Gesagte gilt auch für die Verteilung der Werte von Γ, die den einzelnen Stellen des vom Flügel berührten Luftstreifens entsprechen. Dieser Streifen ist also nach dem Früheren der Sitz von Wirbeln. Die Stärke der Wirbel in einem von uns willkürlich herausgegriffenen Teilstreifen wird durch die Zirkulation einer den einzelnen Teilstreifen umschlingenden Linie gemessen. Diese Zirkulation ist offenbar gleich dem Unterschied von Γ links und rechts von dem Teilstreifen. Man erhält also besonders in der Nähe der Flügelenden, wo Γ auf Null herabsinkt, relativ kräftige Umlaufbewegungen von entgegengesetztem Drehsinn.

Wenn man die praktisch geringen Eigenbewegungen der Wirbel vernachlässigt, so ist nach vorstehendem die geometrische Konfiguration des Wirbelsystems vollständig bekannt, und man kann daher mittels der geometrischen Sätze, die die Wirbel mit den zu ihnen gehörigen Strömungsgeschwindigkeiten verknüpfen, die letzteren berechnen. Am einfachsten werden die Verhältnisse, wenn die Auftriebdichte a und damit auch die Zirkulation Γ nach einer halben Ellipse auf die Spannweite der Tragfläche verteilt ist, vgl. Abb. 7. In diesem Fall ergibt sich nämlich die Geschwindigkeit w_1 des absteigenden Stromes hinter dem Flügel als konstant, und zwar

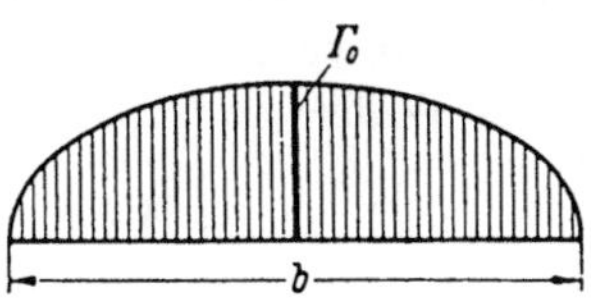

Abb. 7

$$w_1 = \frac{\Gamma_0}{b} = \frac{a_0}{\varrho V b} = \frac{4A}{\pi \varrho V b^2}, \tag{2}$$

wobei $A = \frac{\pi}{4} b\, a_0$ der Gesamtauftrieb ist.

Wie eine nähere Untersuchung zeigt, ist am Ort des Flügels diese absteigende Bewegung erst zum Teil entwickelt, und zwar hat sie an der Stelle des Druckmittelpunktes des Querschnittes gerade die Hälfte der oben angegebenen Geschwindigkeit im Wirbelschweif.

Im folgenden Abschnitt wird noch dargelegt werden, daß die Theorie imstande ist, Potentialströmungen um Flügelprofile aufzuzeigen und in allen Einzelheiten zu verfolgen, bei denen ein *Auftrieb* entsteht, und zwar sind diese Flügelströmungen dann regelmäßig mit einer Zirkulation um das Flügelprofil verknüpft von genau dem Betrag, den wir oben in Gl. (1) abgeleitet haben. Das ist auch nach unserer Ableitung in der Ordnung, denn wir können die geschlossene Linie, die den von der Luft berührten Streifen hinter einem Flügelelement durchsetzte, statt in dem seitlichen Raum auch in dem Raum unmittelbar vor dem Flügel zusammenschließen, so daß sie das Flügelprofil in dessen Ebene umschlingt. Von der vorhin erwähnten Theorie der Flügelströmung, die sich auf den Idealfall eines unendlich breiten Flügels, also der ebenen Strömung[1] beziehen wird, sei das Ergebnis vorweggenommen, daß sie keinen Widerstand in der Bewegungsrichtung, sondern nur einen Auftrieb senkrecht dazu liefert. Wir wenden dieses Ergebnis nun in der Weise an, daß wir sagen: durch den Umstand, daß der Auftrieb nach den Flügelenden zu auf Null abfällt, haben wir zu den sonstigen Strömungsgeschwindigkeiten, die auch beim unendlich breiten Flügel vorhanden waren, eine Abwärtsbewegung an der Stelle des Flügels hinzu erhalten, durch deren Einfluß die ganze Strömung, verglichen mit der des unendlich breiten Flügels, etwas nach abwärts geneigt wird, und zwar im großen und ganzen um den Winkel, der aus der Beziehung

$$\operatorname{tg}\beta = \frac{\frac{1}{2} w_1}{V} = \frac{2A}{\pi \varrho V^2 b^2} \tag{3}$$

folgt. Es wird daher auch der Auftrieb jedes einzelnen Flügelelementes nicht mehr im Raum senkrecht stehen, sondern vielmehr senkrecht zu dieser abwärts geneigten Richtung, und es wird daher von der Strömung eine *Widerstandskomponente* geliefert von der Größe

$$W_i = A \sin\beta = \text{rd.}\, A \operatorname{tg}\beta = \frac{2A^2}{\pi \varrho V^2 b^2}. \tag{4}$$

Gleichzeitig wird der Anstellwinkel, der nötig ist, um eine bestimmte Auftriebdichte zu bekommen, gegenüber dem der unendlich breiten Tragfläche um den Betrag β vermehrt werden müssen. Der soeben erwähnte Widerstand, der gemäß Gl. (4) dem Quadrat der mittleren Auftriebdichte A/b proportional ist, steht mit der angenommenen Reibungslosigkeit des Mediums nicht in Widerspruch, denn er hat sein genaues Äquivalent in der in der Wirbelstraße hinter der Tragfläche in dem Medium zurückgelassenen kinetischen Energie.

Es hat sich nun gezeigt, daß man mit Hilfe der soeben angedeuteten Umrechnungen auf die unendlich lange Tragfläche imstande ist, den bis dahin sehr rätselhaften großen Einfluß des Seitenverhältnisses der Trag-

[1] Vgl. S. 421.

flächen auf ihr aerodynamisches Verhalten vollständig aufzuklären. Nimmt man die Ergebnisse von neueren Messungen an einer Reihe von Tragflächen konstanten Profils, aber verschiedenen Seitenverhältnisses (Verhältnis der Spannweite zur Tiefe), wie sie von den modernen Versuchsanstalten geliefert werden, und zieht von dem gemessenen Widerstand den oben angegebenen theoretischen Widerstand ab, so zeigt sich, daß sich aus den verschiedenen Versuchen der Restwiderstand in Abhängigkeit von dem Auftrieb pro Flächeneinheit A/bs fast genau übereinstimmend ergibt, daß also dieser Restwiderstand vom Seitenverhältnis nicht mehr abhängt. Ein Gleiches gilt von dem in der oben angegebenen Art errechneten Anstellwinkel der unendlich breiten Tragfläche. Dagegen ist sowohl der Restwiderstand wie der Anstellwinkel der unendlich breiten Tragfläche abhängig vom Profil; man hat deshalb den Restwiderstand auch „Profilwiderstand" genannt. Man sieht leicht, daß man mit Hilfe dieser Formeln die Versuchsergebnisse, die mit *einem* Seitenverhältnis gewonnen sind, auf dem Weg über die unendlich breite Tragfläche auf irgendein anderes Seitenverhältnis umrechnen kann, so daß es künftig genügen wird, für jedes Profil nur einen Versuch mit einem Seitenverhältnis zu machen. Was das Verfahren leistet, mag aus Abb. 8 und 9 entnommen werden, die dem kürzlich erschienenen Buch „Ergebnisse der aerodynamischen Versuchsanstalt zu Göttingen", I. Lieferung[1] entnommen sind. Auf der einen Seite sieht man Auftrieb und Widerstand[2] für eine Reihe von Tragflächen verschiedenen Seitenverhältnisses nach den Messungsergebnissen dargestellt, auf der anderen das Ergebnis der Umrechnung auf Seitenverhältnis 1:5. Die Umrechnung der Anstellwinkel liefert eine ähnliche gute Übereinstimmung. Die Versuchswerte, die dem Quadrat entsprechen, fallen allerdings aus der Reihe, doch darf dies nicht überraschen, da die in Rede stehende Theorie nur den Charakter einer ersten Annäherung für sehr längliche Flächen trägt; es ist im Gegenteil ein unverdienter Erfolg, daß sie für das Seitenverhältnis 1:3 noch gilt.

Die Theorie ist auch auf Doppeldecker u. a. m. angewandt worden, vgl. hierüber etwa den Bericht im Jahrbuch 1920 der Wiss. Ges. f. Luftfahrt, S. 37f., wo weitere Literatur angegeben ist. Von dem dort Ausgeführten mag ein merkwürdiges Ergebnis noch Erwähnung finden, das sich auf diejenige Verteilung des Auftriebes auf eine Tragfläche beliebiger Form oder auf ein System von solchen Tragflächen bezieht, die bei gegebenem Gesamtbetrag des Auftriebes den kleinsten theoretischen Widerstand liefert. Die von M. Munk[3] gefundene Lösung

[1] München: R. Oldenbourg 1921.

[2] C_a und C_w in Abb. 8 und 9 bedeuten die Auftriebszahl und die Widerstandszahl (Auftrieb bzw. Widerstand dividiert durch Fläche und Staudruck $\frac{1}{2}\varrho v^2$).

[3] M. Munk, Dissertation Göttingen 1918.

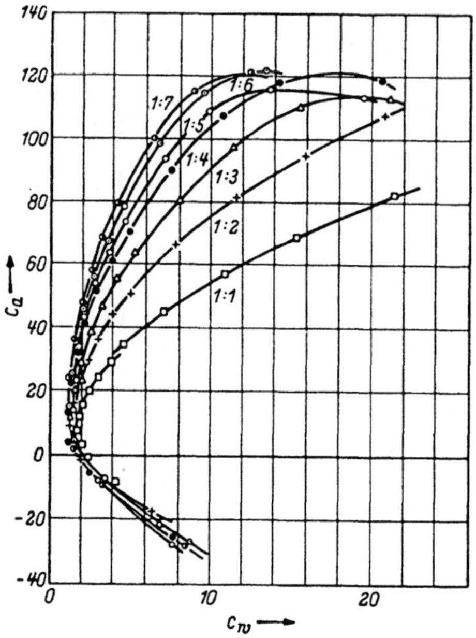

Abb. 8

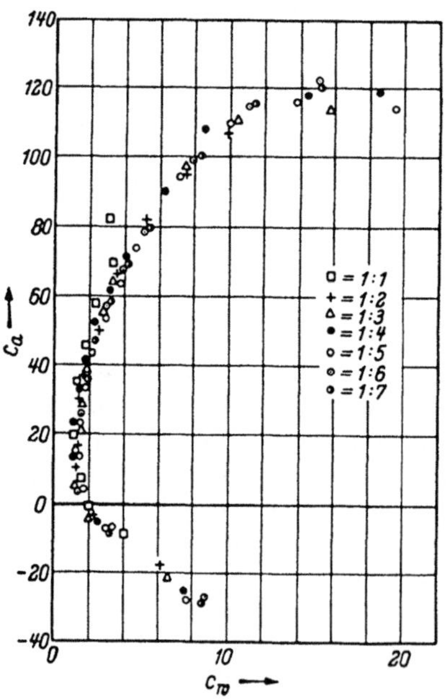

Abb. 9

dieser Aufgabe lautet: Man stelle sich den vom Tragflächensystem bei seiner Bewegung überstrichenen geometrischen Ort (also einen längs der Flugbahn verlaufenden Streifen oder ein System von solchen) als ein starres Gebilde vor und setze dieses in einer idealen Flüssigkeit mit einer an allen Punkten konstanten Geschwindigkeit in der Richtung entgegengesetzt dem Auftrieb in Bewegung. Die Strömung, die hierbei entsteht, ist die gesuchte Wirbelbewegung, und die Verteilung der Drücke im Augenblick des Inbewegungsetzens liefert die gesuchte Auftriebverteilung. Für den Fall des Eindeckers erhält man auf diese Weise gerade die oben erwähnte elliptische Verteilung, die Geschwindigkeit des starren Gebildes ist dabei die Geschwindigkeit w_1 nach Gl. (2).

In einem letzten Abschnitt mag noch kurz über eine Theorie der Tragflächen*profile* berichtet werden, die heute auch zu hoher Vollkommenheit entwickelt ist. Man vereinfacht sich die Aufgabe hier dadurch, daß man den Strömungszustand als „eben" oder „zweidimensional" voraussetzt. Das bedeutet, daß die Bahn jedes Luftteilchens als *ebene* Kurve verläuft, und daß in allen parallelen Ebenen sich die gleichen Vorgänge ereignen. Dies ist der Fall, wenn man sich eine Tragfläche von konstantem Profil nach den Seiten hin unendlich ausgedehnt denkt, so daß jede von den Tragflächenenden herrührende Störung, durch die die Strömung räumlich werden würde, ausgeschaltet ist.

Für die ebene Potentialströmung ist eine besonders wirkungsvolle und anpassungsfähige Methode vorhanden, die „Methode der konformen Abbildung". Es zeigt sich nämlich, daß, wenn man irgendeine ebene Potentialströmung vor sich hat, man daraus andere ebene Strömungen herleiten kann, indem man die Zeichenebene solchen Verzerrungen unterwirft, bei denen ihre kleinsten Teile geometrisch ähnlich, d. h. winkeltreu bleiben. Durch solche winkeltreue oder konforme Abbildung, die auch mehrere Male hintereinander angewandt werden kann, können ungefähr alle denkbaren ebenen Strömungen mathematisch dargestellt werden. Die in der Theorie der Flügelprofile meist angewandte Abbildung ist die in Abb. 10 und 11 dargestellte, durch die ein Kreis zu einem geraden Schlitz AB und die ihn umgebenden Kreise zu konfokalen Ellipsen, die Radien zu Hyperbeln umgewandelt werden.

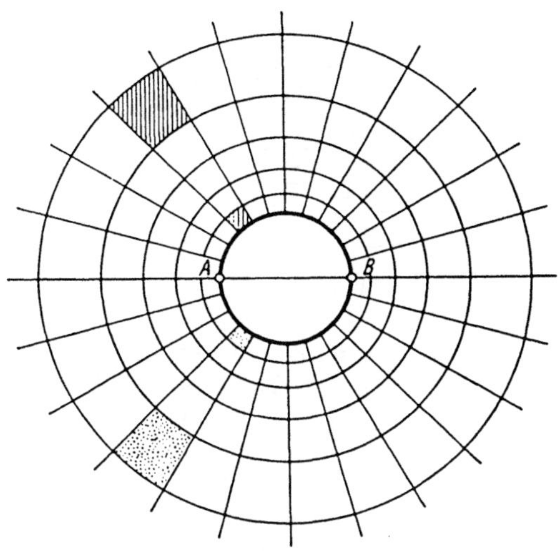

Abb. 10

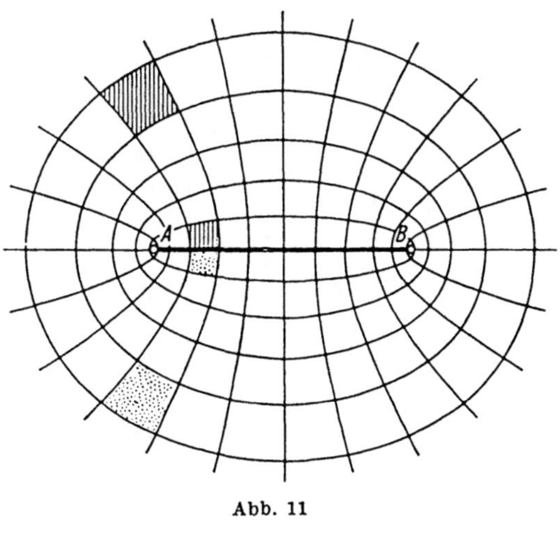

Abb. 11

Man kennt seit langem die Potentialströmung um einen Kreiszylinder, die wie alle derartigen Strömungen weder Auftrieb noch Widerstand liefert. Man weiß aber seit Lord RAYLEIGH[1], daß ein Auftrieb entsteht, wenn man eine zirkulatorische Bewegung der bisher bekannten

[1] Messenger of Math. VII (1877) S. 14. Sci. Papers I, S. 343.

Bewegung überlagert. Die auf diese Weise zusammengesetzte Strömung gibt ein Stromlinienbild nach Abb. 12. Es hat nun zuerst KUTTA[1] die oben erwähnte Abbildung angewandt, indem er den Durchmesser AB des Kreises, der zu einem Schlitz ausgezogen werden soll, mit einer

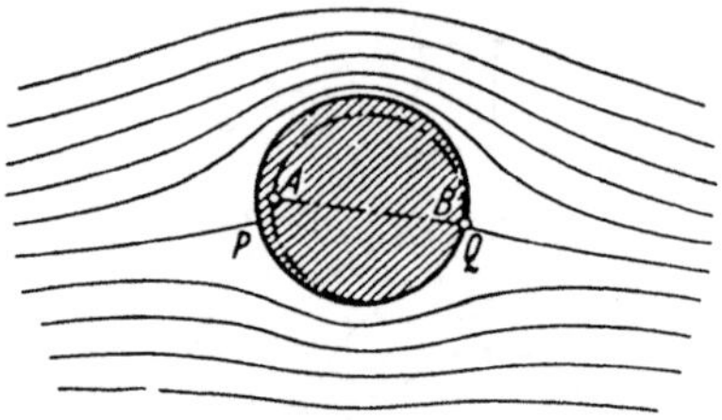

Abb. 12

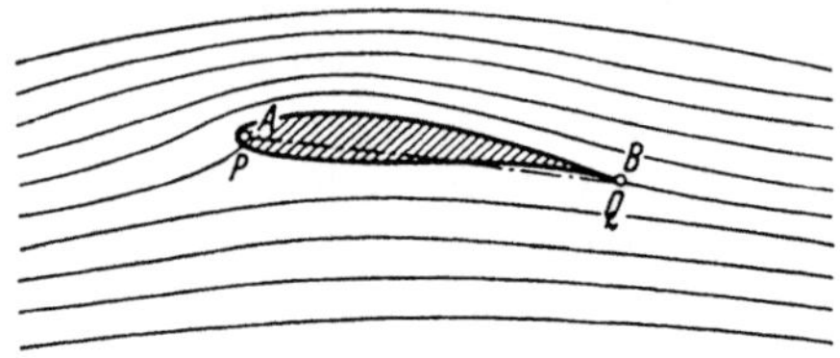

Abb. 13

durch den Staupunkt Q gezogenen Sehne des umströmten Kreises zusammenfallen ließ. Er erhielt dadurch die Strömung um eine ebene oder kreisbogenförmig gewölbte Platte. Später fand JOUKOWSKI, daß man sehr schöne, vogelflügelähnliche Profile erhält, wenn man dem Durchmesser AB die in Abb. 12 angedeutete Lage gibt. Ein solches Profil mit den sich ergebenden Stromlinien ist in Abb. 13 dargestellt.

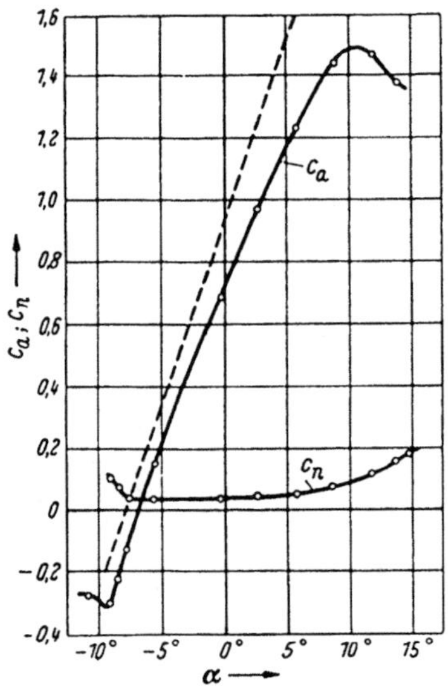

Abb. 14

Diese Profiltheorie, die in neuerer Zeit noch weiter vervollkommnet worden ist[2] und heute gestattet, für fast jedes beliebige vorgelegte Profil nicht nur die Größe des Auftriebes und die Lage des Druckmittelpunktes, sondern auch die Druckverteilungen im einzelnen zu berechnen, ist nun wieder mit den Versuchen in so guter Übereinstimmung, wie man das angesichts der Vernachlässigung der Reibung erwarten darf. Die Abb. 14 zeigt nach Messungen meines Mitarbeiters Dr. BETZ an einem JOUKOWSKI-Profil die Abhängigkeit des Auftriebes und Widerstandes vom Anstellwinkel. In dem Bereich, in dem das Profil „gut" ist, laufen die theoretische und die experimentelle Kurve nahezu parallel in einem Abstand, der durch die Reibungs-

[1] Illustr. aeronaut. Mitteilungen (1902) S. 133.

[2] Vgl. etwa Z. Flugtechn. (1918) S. 111 (v. KÁRMÁN und TREFFTZ), (1917) S. 157 u. (1920) S. 68 (v. MISES), 1921 (GECKELER).

wirkungen bedingt ist. Die Druckverteilungen, Abb. 15 und 16, stimmen ebenfalls dem ganzen Charakter nach gut überein. Die Hauptabweichung rührt davon her, daß die für die einzelnen Anstellwinkel

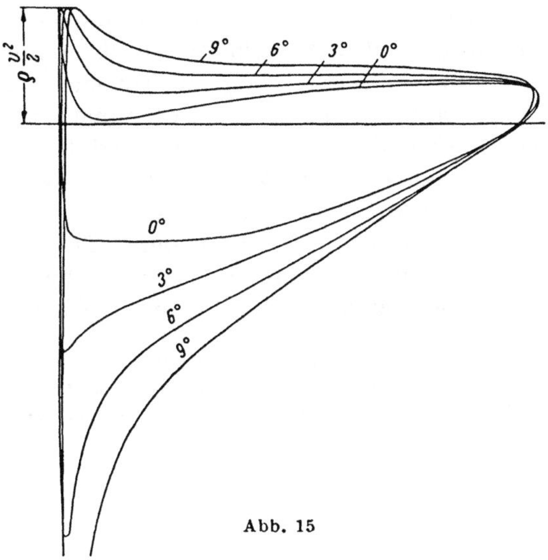

Abb. 15

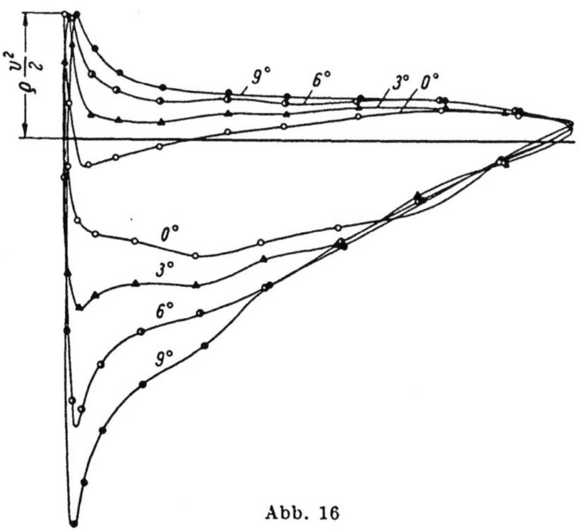

Abb. 16

theoretisch ermittelte Zirkulation in der Praxis infolge von Reibungseinflüssen nicht voll erreicht wird.

Zusammenfassend kann also gesagt werden, daß bei den Körpern von kleinem Widerstand die hydrodynamischen Theorien durch die

Versuchsergebnisse aufs beste bestätigt werden und daher auch selbständig an Stelle von Versuchsergebnissen verwertbar geworden sind.

Es ist klar, daß die hier vorgebrachten Lehren sich auch auf andere technische Vorgänge werden anwenden lassen. So ist ihre Anwendung auf die Luftschraube den grundsätzlichen Gesichtspunkten nach bereits erledigt[1], wird aber in den Einzelheiten noch weiter durchgeführt werden müssen. Für die Übertragung auf Turbinen und Pumpen ergibt sich die Schwierigkeit, daß unsere Rechnungen zum Teil die Annahme kleiner Geschwindigkeitsänderungen und kleiner Ablenkungswinkel zur Voraussetzung haben. Man wird aus obigem vor allem für Maschinen, wie Kaplanräder, Schraubenschaufler u. dgl. nützliche Aufschlüsse erwarten dürfen: für die anderen Turbinenarten reichen die zahlenmäßigen Rechnungen einstweilen nicht hin, doch wird man auch hier von den grundsätzlichen Anschauungen Nutzen ziehen können.

---

[1] A. Betz, Schraubenpropeller mit geringstem Energieverlust. Mit einem Zusatz von L. Prandtl. Nachr. Ges. Wiss. Göttingen, Math.-phys. Klasse (1919) S. 123; ferner A. Betz, Die Vorgänge beim Schraubenpropeller. Naturwissenschaften (1921) H. 18.

Ergebnisse der Aerodynamischen Versuchsanstalt zu Göttingen. I. Lief., S. 31—33. München-Berlin: Oldenbourg 1921.

Allgemeines über Luftwiderstandsgesetze und Formelgrößen

Bewegt sich ein Körper gleichförmig in einem widerstehenden Medium (Flüssigkeit oder Gas), so tritt der größte Überdruck an derjenigen Stelle auf der Vorderseite des Körpers auf, wo das Medium relativ zum Körper zur Ruhe kommt und die Strömung sich auseinanderteilt. Dieser Überdruck hat einen durch die Geschwindigkeit, die Dichte und die Zusammendrückbarkeit genau bestimmten Wert; ist, wie in den meisten technischen Anwendungen, die Geschwindigkeit v klein gegen die Schallgeschwindigkeit a des Mediums, so daß Größen von der Ordnung v^2/a^2 gegen 1 vernachlässigt werden dürfen, so ist dieser besondere Überdruck, den man „*Staudruck*" nennt,

$$q = \varrho \tfrac{1}{2} v^2,$$

wo $\varrho = \gamma/g$ die Dichte, d. h. die Masse der Raumeinheit ist. Eine graphische Darstellung der Dichte mittelfeuchter Luft abhängig von Temperatur und Druck ist im Anhang I enthalten. Der Punkt, an dem der Staudruck auftritt, heißt „Staupunkt".

Die Kräfte, die von dem Medium auf den bewegten Körper ausgeübt werden, sind zu einem Teil *Druckkräfte*, die senkrecht zur Oberfläche des Körpers wirken, zum anderen Teil *Reibungskräfte*, die tangential zur Oberfläche wirken. Die ersteren zeigen im großen und ganzen dasselbe Verhalten wie der Staudruck, sind also auch wesentlich der Dichte und dem Quadrat der Geschwindigkeit proportional. Doch handelt es sich hier nicht wie beim Staudruck um ein strenges Naturgesetz, da die Druckkräfte von der genaueren Form, in der das Medium den Körper umströmt, abhängen. Diese, die von Reibungswirkungen mitbestimmt wird, ist auch unter geometrisch ähnlichen Bedingungen vielfach nicht geometrisch ähnlich.

Die Reibungskräfte sind im allgemeinen nicht dem Staudruck proportional. Da jedoch in der Regel die Druckkräfte stark überwiegen, ist in den meisten Fällen doch der „Flüssigkeitswiderstand" angenähert proportional der Dichte und dem Quadrat der Geschwindigkeit (die Proportionalität ist sogar sehr gut bei Körpern mit scharfen Kanten, wenn durch diese Kanten die Stellen, an denen die Strömung den Körper verläßt, gut festgelegt sind, wodurch dann auch die ganze Strömungsform ziemlich genau festliegt). Man erhält daher Größen, die nur noch wenig veränderlich, unter Umständen fast genau konstant sind, wenn man den Flüssigkeitswiderstand durch den Staudruck dividiert. Diese

Größen, in denen eine Kraft durch einen Druck pro Flächeneinheit dividiert ist, haben die Dimension einer Fläche. Bei geometrisch ähnlichen Körpern sind, geometrisch ähnliche Strömungsform vorausgesetzt, diese „Widerstandsflächen" irgendwelchen an den Körpern vorhandenen, einander entsprechenden Flächen proportional; es liegt deshalb nahe, die Widerstandsfläche durch eine solche passend am Körper ausgewählte Fläche F zu dividieren. Der Quotient ist eine reine Zahl und soll „*Widerstandszahl*" genannt werden. Ist W der Widerstand, so ist also die Widerstandszahl

$$c = \frac{W}{q\,F}.$$

Die Widerstandszahl ist also für geometrisch ähnliche Strömungen eine Konstante. Die allgemeinen Bedingungen für das Auftreten der geometrisch ähnlichen Strömung werden im folgenden noch erörtert werden. Auch in dem Fall, daß c keine Konstante ist, ist es trotzdem bequem, es als Rechnungsgröße zu benutzen, da es sich im allgemeinen mit der Veränderung der Geschwindigkeit, der Körperabmessungen und der physikalischen Konstanten des Mediums nur wenig ändert. Gerade bei der Mitteilung der Ergebnisse von Modellversuchen ist es derjenige Wert, der allein allgemeines Interesse besitzt, während die gemessenen Luftkräfte selbst ja von der zufällig gewählten Geschwindigkeit und Modellgröße abhängen.

Was man als Fläche F auswählt, ist dem freien Ermessen überlassen. Aus Zweckmäßigkeitsgründen wird je nach der vorliegenden Aufgabe gewählt die Projektionsfläche in der Bewegungsrichtung oder auch, was häufig auf dasselbe hinauskommt, der Flächeninhalt des „Hauptspantes" (beides vor allem für einfache Widerstände, die der Bewegung entgegenwirken), ferner die größte Projektionsfläche (so bei Tragflügeln u. dgl.); Reibungswiderstände werden meist auf die Gesamtoberfläche bezogen. Für gewisse Aufgaben des Luftschiffbaues ist es, um Luftschiffe verschiedener Form bei demselben Rauminhalt V vergleichen zu können, zweckmäßig, den Luftwiderstand zu beziehen auf $V^{2/3}$, d. h. auf die Seitenfläche des Würfels vom Volumen V. Im einzelnen Fall ist deshalb immer anzugeben, welche Bezugsfläche vorausgesetzt wird.

Für dieses Buch soll allgemein gelten, daß bei einfachen Widerständen (bei Rümpfen, Streben usw.) immer F die „Projektion in der Bewegungsrichtung" bedeutet. Die Widerstandsziffer wird dabei durch c (ohne Index) bezeichnet. Bei Tragflügeln usw. wird immer die Tragfläche, also die „größte Projektion" als Bezugsfläche genommen, und es bedeutet — mit A = Auftrieb = Komponente der Luftkraft senkrecht zum Wind und W = Widerstand (Rücktrieb) = Komponente in der Windrichtung

$$c_a = \frac{A}{q\,F}$$

die „Auftriebszahl" und

$$c_w = \frac{W}{q\,F}$$

die „Widerstandszahl".

Man zerlegt die Luftkraft manchmal auch nach in dem Flügel festen Richtungen, so ist $T = c_t\,q\,F$ die Tangentialkraft (in der Richtung der Flügelsehne), $N = c_n\,q\,F$ die Normalkraft (senkrecht zur Flügelsehne) vgl. Abb. 1.

Als „Flügelsehne", deren Winkel mit der Luftstromrichtung (α in Abb. 1) der Anstellwinkel heißt, wird aus praktischen Gründen (Anlegen eines Lineals!) die auf der Druckseite zweimal berührende Gerade genommen. In Ausnahmefällen, wo diese Vorschrift versagt, müssen besondere Angaben über die Wahl der im Objekt festen Richtung gemacht werden.

Die „Reibungszahl" c_f wird auf die Gesamtoberfläche O bezogen:

$$c_f' = \frac{W_f}{q\,O}.$$

Um bequemere Zahlen, ohne die lästigen Dezimalbrüche, zu erhalten, werden in der Praxis vielfach die hundertfachen Werte der Zahlen c, c_a, c_w usw. angegeben und mit C, C_a, C_w usw. bezeichnet. Diese bedeuten, wie bemerkt sein mag, gleichzeitig die Luftwiderstände auf ein Quadratmeter bei dem Staudruck $q = 100\,\mathrm{kg/m^2}$, was bei der normalen Luftdichte $\varrho = \gamma/g = 0{,}125$ gerade einer Geschwindigkeit von 40 m/sec = 144 km/h entspricht.

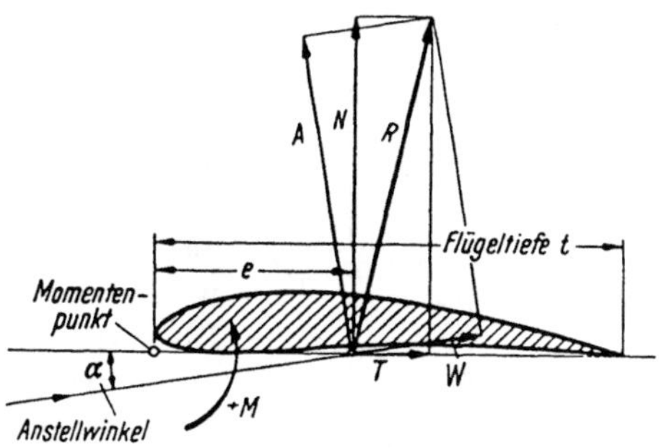

Abb. 1

Zur vollständigen Angabe über die resultierende Luftkraft gehört noch eine Angabe über deren Lage, also z. B. über den „Angriffspunkt". Es ist zweckmäßig, diesen nicht unmittelbar zu geben, da er gelegentlich ins Unendliche rückt und daher unbequeme Zahlenreihen liefert, in denen es sich schlecht interpolieren läßt. Viel besser ist es, das „*Drehmoment*" der Luftkraft für irgendeine passende ausgewählte Achse anzugeben, da dieses immer sehr gesetzmäßig variiert. Bei Flügeln wird aus praktischen Gründen als Bezugsachse die Vorderkante des Flügels oder genauer die zur Profilebene senkrechte Linie durch den Schnittpunkt der Sehne der Druckseite mit der dazu senkrechten Tangente am Anblasrand gewählt, vgl. Abb. 1. Falls diese Vorschrift in einem bestimmten Fall nicht durchführbar ist, müssen wieder besondere, dem Fall angepaßte Festsetzungen getroffen werden. Bei Mehrdeckern wird zweckmäßig die in der eben genannten Art definierte Momentenachse des obersten Flügels als Momentenachse für den Mehrdecker genommen.

Für das Drehmoment läßt sich eine „Momentenzahl" c_m dadurch ableiten, daß man das Moment der Luftkraft außer durch das Produkt $q\,F$ noch durch eine passend gewählte Länge dividiert. Als solche bietet sich bei Tragflügeln die Flügeltiefe t dar (wobei bei Flügeln von veränderlicher Tiefe noch festzusetzen sein würde, ob die Tiefe in der Mitte oder aber der Mittelwert der Tiefe gewählt werden soll). Ist M das Moment, so wird

$$c_m = \frac{M}{q\,F\,t}.$$

Das Hundertfache von c_m wird wieder C_m genannt.

In den Tabellen, die die Ergebnisse unserer Messungen an Tragflügeln wiedergeben, sind abhängig von dem Anstellwinkel die Größen C_a, C_w und C_m angegeben. Der Schnittpunkt der resultierenden Kraft mit der Druckseitensehne ist sehr einfach zu berechnen. Seine Entfernung von der Momentenachse beträgt

$$e = t\,\frac{C_m}{C_a}.$$

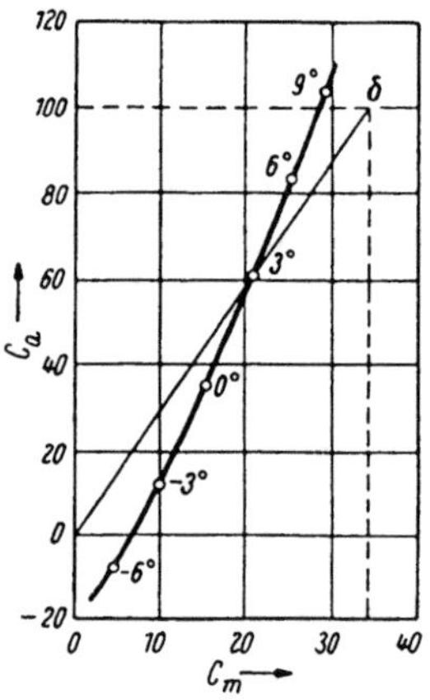

Abb. 2

In der graphischen Darstellung ist das von Lilienthal zuerst verwendete „Polardiagramm" in der Eiffelschen Modifikation verwendet, indem die Widerstände in dem fünffachen Maßstab der Auftriebe dargestellt werden. Die den einzelnen Meßpunkten entsprechenden Anstellwinkel sind in dem Diagramm beigeschrieben. Links neben der Versuchskurve findet man meist die zum gleichen Seitenverhältnis gehörige „Widerstandsparabel" eingezeichnet, die die zugehörigen Werte des induzierten Widerstandes angibt.

Die Momentenzahl wird zweckmäßig in Abhängigkeit von der Auftriebszahl angegeben, vgl. Abb. 2, wobei wieder die zugehörigen Anstellwinkel an die Kurve angeschrieben werden. Da die Werte von C_a sich nur wenig von denen von C_m unterscheiden, erhält man in dieser Abbildung eine angenäherte Konstruktion von e/t, wenn man die Gerade durch den Ursprung und durch den zu einem Anstellwinkel gehörigen Wert von C_m mit der Geraden $C_a = 100$ zum Schnitt bringt. Die Entfernung des Schnittpunktes S von der C_a-Achse ist dann $100\,C_m/C_a \cong 100\,e/t$. Bei den praktischen Auftragungen werden beide Kurven in einer Figur vereinigt.

Ergebnisse der Aerodynamischen Versuchsanstalt zu Göttingen, I. Lief., S. 33—35. München-Berlin; Oldenbourg 1921.

Das Ähnlichkeitsgesetz

Wann werden zwei Flüssigkeitsströmungen an geometrisch ähnlichen Körpern geometrisch ähnlich? Die Theorie gibt auf diese Frage die Antwort, daß die Ähnlichkeit der Strömung dann eintritt, wenn das Verhältnis der Trägheitswirkungen und der Zähigkeitswirkungen in beiden Fällen dasselbe bleibt (unter Zähigkeit wird das Maß für die innere Reibung, d. h. die Schubspannung bei einem Strömungszustand, wo sich die Geschwindigkeiten zweier um die Längeneinheit entfernter Stromlinien um eine Geschwindigkeitseinheit unterscheiden, verstanden). Wie hier ohne Beweis mitgeteilt werden soll, ist dies der Fall, wenn die Größe $v\,l/\nu$, wo l irgendeine passend ausgewählte Länge im Körper, v die Geschwindigkeit und ν die „kinematische Zähigkeit" (Zähigkeit:Dichte) ist, in den zu vergleichenden Fällen denselben Wert hat. Die Dimension von ν ist L^2/T, daher ist die obige Größe eine reine Zahl, wie dies auch gemäß ihrer Bedeutung notwendig ist. Nach dem Entdecker des Ähnlichkeitsgesetzes führt diese Zahl den Namen „Reynoldssche Zahl".

Für genau geometrisch ähnliche Körper, bei denen also z. B. auch die etwaigen Oberflächenrauhigkeiten geometrisch ähnlich sind, und für gleiche Reynoldssche Zahl erhält man nach der Theorie gleiche Widerstandszahl. Die Versuche bestätigen dieses, abgesehen von gewissen unten zu erwähnenden Ausnahmezuständen, aufs beste. Für verschiedene Reynoldssche Zahlen in den zu vergleichenden Fällen kann dagegen die Widerstandszahl verschieden sein. Diesem Verhalten wird man durch die mathematische Ausdrucksweise gerecht, daß man sagt, die Widerstandszahl c sei eine Funktion der Reynoldsschen Zahl.

Die Zähigkeit der Luft ist von der Temperatur abhängig, die Dichte von Temperatur und Druck. Die kinematische Zähigkeit ändert sich daher bei Änderungen der Temperatur und des Druckes ebenfalls, doch sind die Änderungen nur klein innerhalb der im Laboratorium vorkommenden Grenzen für Temperatur- und Druckschwankungen. Geschwindigkeit und Durchmesser ändern sich dagegen in sehr weiten Grenzen. Als praktisches Maß für den Gebrauch des Technikers ist daher an Stelle der Reynoldsschen Zahl das Produkt „Geschwindigkeit mal Länge" unter dem Namen „*Kennwert*" eingeführt worden, und zwar ist, um unbequeme Dezimalbrüche zu vermeiden, festgesetzt worden, die Länge in mm und die Geschwindigkeit in m/s einzuführen (die kleinsten praktisch vorkommenden Längen dieser Art sind die Durchmesser dünner Drähte!). Unter Zugrundelegung eines normalen

Wertes $\nu_0 = 0{,}143$, der für Luft von 13° C und 760 mm Barometerstand zutrifft, ist der Kennwert (Buchstabe E) der 70. Teil der REYNOLDSschen Zahl. Für stark abweichende ν-Werte ist diese letztere Beziehung als Definition des Kennwertes zu wählen, also $E = \frac{\nu_0}{\nu} v\, l$. Für Höhenflüge gilt da die Änderung der Zähigkeit mit der Temperatur nur verhältnismäßig gering ist, angenähert $E = E_0 \gamma_h / \gamma_0$, wo γ_h das Luftgewicht in der Höhe und γ_0 dasjenige am Boden ist.

Die im vorstehenden dargelegte Gesetzmäßigkeit enthält die Aussage, daß in dem Falle, wo Änderungen der Widerstandszahl mit der Geschwindigkeit vorkommen, die Kurven für verschieden große Ausführungen der untersuchten Körperform sich decken, wenn sie abhängig von $E = v\, l$ aufgetragen werden. Dies ist innerhalb der durch die Ungenauigkeit der Ausführung der geometrisch ähnlichen Körper und Abweichungen der Rauhigkeit gegebenen Grenzen auch stets der Fall.

Bei gewölbten Körperformen zeigt sich häufig in den so erhaltenen Kurven ein ziemlich plötzlicher sprunghafter Abfall, oft von beträchtlicher Höhe, manchmal auch mehrere derartige Sprünge. So sinkt z. B. die Widerstandszahl von Kugeln bei $E = 3000$ bis 4000(REYNOLDSsche Zahl $R = 210000$ bis 280000) von 0,48 auf 0,20. Dies hängt, wie eine nähere Untersuchung lehrte, damit zusammen, daß die dünne Reibungsschicht an der Oberfläche bei den kleineren Kennwerten laminar, d. h. schlicht, bei den größeren aber turbulent, d. h. wirbelig strömt, was auf die Lage der Ablösungsstelle und damit auf die Ausbildung der Wirbel hinter dem Körper von großem Einfluß ist. Mit den Wirbeln steht aber die Druckverteilung am Körper und somit auch der Widerstand in engstem Zusammenhang. Durch kleinere oder größere Rauhigkeit der Oberfläche, wie auch durch Wirbeligkeit des ankommenden Luftstromes wird die Lage des „kritischen" Kennwertes stark beeinflußt, so daß in jedem derartigen kritischen Gebiet bei den Versuchen vielfach größere Abweichungen von dem genauen Ähnlichkeitsgesetz durch unvorhergesehene kleine Nebenumstände eintreten können.

Die Übertragbarkeit der Ergebnisse vom Modell auf die große Ausführung setzt voraus, daß zwischen den Kennwerten der Modellmessung und denen der großen Ausführung keine kritischen Zustände mehr liegen. Bezüglich der für die Luftfahrttechnik wichtigen Hauptformen scheinen die Verhältnisse in dieser Richtung meist günstig zu liegen, nicht dagegen bezüglich der Nebenteile (Spannkabel, Streben usw.). Diese Teile werden daher zweckmäßig nicht mit dem Hauptkörper zusammen in einem geometrisch treuen Modell gemessen, sondern besser im Modell weggelassen und auf Grund von Versuchen an Originalstücken rechnerisch berücksichtigt. Auch bei Luftschiffgondeln usw. empfiehlt sich, wenn ihr Widerstand ermittelt werden soll, die Ausführung größerer Sondermodelle. Bei kantigen Körpern dagegen wird eine kritische Geschwindigkeit im allgemeinen nicht gefunden. Diese können daher in beliebigem Maßstab untersucht werden.

Die Reibung der Luft an einer ebenen Fläche, die parallel zur Bewegungsrichtung steht, folgt im allgemeinen nicht dem einfachen Gesetz, was man am einfachsten so einsehen kann, daß man sich klarmacht, daß eine zweite genau anschließend an eine erste Platte in deren Verlängerung angebrachte Platte weniger Widerstand aufweisen muß als die erste, weil sie in dem von der ersten Platte bereits verzögerten Luftstrom steht. Der Widerstand nimmt also bei Verlängerung der Platte schwächer als proportional der Länge zu, d. h. die Widerstandszahl nimmt mit wachsender Länge ab. Nach dem Ähnlichkeitsgesetz ergibt sich für glatte Flächen, daß die Widerstandszahl auch mit wachsender Geschwindigkeit abnehmen muß. Die Versuche bestätigen dies.

Anders verhalten sich Flächen mit erkennbarer Rauhigkeit. Hier wäre eine doppelt so lange Platte nur dann als einer anderen ähnlich anzusehen, wenn auch die Abmessungen der einzelnen Höcker und Vertiefungen der rauhen Oberfläche doppelt so groß wären. Ist diese Beziehung nicht erfüllt, so braucht auch das Ähnlichkeitsgesetz nicht zu gelten. Die Erfahrung zeigt, daß hier bei gleichbleibender Rauhigkeit die Widerstandsziffer zwar von der Länge abhängt, nicht aber von der Geschwindigkeit, was darauf hindeutet, daß der Widerstand in der Hauptsache aus Druckwiderstand an den einzelnen Höckern besteht, der dem Staudruck proportional ist. Dabei ergibt sich eine Abschwächung der Wirkung auf die weiter hinten liegenden Flächenteile durch den Einfluß der vorangehenden (vgl. die Ergebnisse in Abschn. IV, 8).

Eigenartige Wirkungen ergibt die Rauhigkeit bei Körpern, die eine kritische Geschwindigkeit aufweisen. Die kritische Geschwindigkeit selbst wird durch grobe Rauhigkeit häufig bedeutend erniedrigt, dagegen wird der über der kritischen Geschwindigkeit häufig sehr kleine Widerstand sehr merklich erhöht. Geringe Rauhigkeit läßt das Verhalten bei den geringeren Kennwerten ziemlich unverändert, ergibt aber bei größeren Kennwerten unter Umständen sehr bedeutende Vermehrung des Widerstandes.

Die Widerstandsvermehrung deutet immer auf eine Vergrößerung des Wirbelgebietes hinter dem Körper hin. Handelt es sich um Auftrieb erzeugende Körper (Tragflügel), so ist die Widerstands*vermehrung* häufig mit einer *Verminderung* des erzielten Auftriebes verbunden. Die Einflüsse, durch die das „Abreißen" der Strömung vom Flügel und das damit verknüpfte Abrücken der Polarkurve aus der Nähe der theoretischen Parabel (vgl. den folgenden Abschnitt) verursacht wird, scheinen ein ganz ähnliches Verhalten zu zeigen wie der Widerstand einer Kugel, Strebe od. dgl. Die größten c_a-Werte sind zunächst bei kleinen

Kennwerten (die unterhalb der bei den Versuchen benützten liegen) klein, steigen bei einem kritischen Kennwert auf einen weit höheren Betrag, den sie im allgemeinen in dem den Versuchen zugänglichen Bereich beibehalten mit kleinen Schwankungen, wie sie auch beim Widerstand von Streben usw., oberhalb der kritischen Geschwindigkeit gefunden werden. Das Nachlassen des Maximums von c_a, das bei sehr großen Kennwerten an sehr dicken Flügeln beobachtet wird, dürfte ein Rauhigkeitseinfluß sein von derselben Art, wie er bei sehr großen Streben beobachtet ist, wo bei großen Kennwerten der Widerstand erneut anstieg, wenn die Oberfläche nicht sehr glatt war. Die erfahrungsgemäß vorhandene Verschlechterung von Flugzeugen durch Witterungseinflüsse findet hierdurch eine gute Erklärung.

National Advisory Committee for Aeronautics, Technical Report No. 116 (1921), p. 7—61

Applications of modern hydrodynamics to aeronautics

I. Fundamental concepts and the most important theorems

1. All actual fluids show internal friction (viscosity), yet the forces due to viscosity, with the dimensions and velocities ordinarily occurring in practice, are so very small in comparison with the forces due to inertia, for water as well as for air, that we seem justified, as a first approximation, in entirely neglecting viscosity. Since the consideration of viscosity in the mathematical treatment of the problem introduces difficulties which have so far been overcome only in a few specially simple cases, we are forced to neglect entirely internal friction unless we wish to do without the mathematical treatment.

We must now ask how far this is allowable for actual fluids, and how far not. A closer examination shows us that for the interior of the fluid we can immediately apply our knowledge of the motion of a nonviscous fluid, but that care must be taken in considering the layers of the fluid in the immediate neighbourhood of solid bodies. Friction between fluid and solid body never comes into consideration in the fields of application to be treated here, because it is established by reliable experiments that fluids like water and air never slide on the surface of the body; what happens is, the final fluid layer immediately in contact with the body is attached to it (is at rest relative to it), and all the friction of fluids with solid bodies is therefore an internal friction of the fluid. Theory and experiment agree in indicating that the transition from the velocity of the body to that of the stream in such a case takes place in a thin layer of the fluid, which is so much the thinner, the less the viscosity. In this layer, which we call the boundary layer, the forces due to viscosity are of the same order of magnitude as the forces due to inertia, as may be seen without difficulty.[1] It is therefore important to prove that, however small the viscosity is, there are always in a boundary layer on the surface of the body forces due to viscosity (reckoned per unit volume) which are of the same order of magnitude as those due to inertia. Closer investigation concerning this shows that under certain conditions there may occur a reversal of flow in the boundary layer, and as a consequence a stopping of the fluid in the layer which is set in rotation by the viscous forces, so that, further on, the whole flow is changed owing to the formation of vortices.

[1] From this consideration one can calculate the approximate thickness of the boundary layer for each special case.

The analysis of the phenomena which lead to the formation of vortices shows that it takes place where the fluid experiences a retardation of flow along the body. The retardation in some cases must reach a certain finite amount so that a reverse flow arises. Such retardation of flow occurs regularly in the rear of blunt bodies; therefore vortices are formed there very soon after the flow begins, and consequently the results which aie furnished by the theory of nonviscous flow can not be applied. On the other hand, in the rear of very tapering bodies the retardations are often so small that there is no noticeable formation of vortices. The principal successful results of hydrodynamics apply to this case. Since it is these tapering bodies which offer specially small resistance and which, therefore, have found special consideration in aeronautics under similar applications, the theory can be made useful exactly for those bodies which are of most technical interest.

For the considerations which follow we obtain from what has gone before the result that in the interior of the fluid its viscosity, if it is small, has no essential influence, but that for layers of the fluid in immediate contact with solid bodies exceptions to the laws of a nonviscous fluid must be allowable. We shall try to formulate these exceptions so as to be, as far as possible, in agreement with the facts of experiment.

2. A further remark must be made concerning the effect of the compressibility of the fluid upon the character of the flow in the case of the motion of solid bodies in the fluid. All actual fluids are compressible. In order to compress a volume of air by 1 per cent, a pressure of about one one-hundredth of an atmosphere is needed. In the case of water, to produce an equal change in volume, a pressure of 200 atmospheres is required; the difference therefore is very great. With water it is nearly always allowable to neglect the changes in volume arising from the pressure differences due to the motions, and therefore to treat it as absolutely incompressible. But also in the case of motions in air we can ignore the compressibility so long as the pressure differences caused by the motion are sufficiently small. Consideration of compressibility in the mathematical treatment of flow phenomena introduces such great difficulties that we will quietly neglect volume changes of several per cent, and in the calculations air will be looked upon as incompressible. A compression of 3 per cent, for instance, occurs in front of a body which is being moved with a velocity of about 80 m./sec. It is seen, then, that it appears allowable to neglect the compressibility in the ordinary applications to technical aeronautics. Only with the blades of the air screw do essentially greater velocities occur, and in this case the influence of the compressibility is to be expected and has already been observed. The motion of a body with great velocity has been investigated up to the present, only along general lines. It appears that if the velocity of motion exceeds that of sound for the fluid, the phenomena are changed entirely, but that up close to this velocity the flow is approximately of the same character as in an incompressible fluid.

3. We shall concern ourselves in what follows only with a nonviscous and incompressible fluid, about which we have learned that it will furnish an approximation sufficient for our applications, with the reservations made. Such a fluid is also called "the ideal fluid".

What are the properties of such an ideal fluid? I do not consider it here my task to develop and to prove all of them, since the theorems of classical hydrodynamics are contained in all textbooks on the subject and may be studied there, I propose to state in what follows, for the benefit of those readers who have not yet studied hydrodynamics, the most important principles and theorems which will be needed for further developments, in such a manner that these developments may be grasped. I ask these readers, therefore, simply to believe the theorems which I shall state until they have the time to study subject in some textbook on hydrodynamics.

The principal method of description of problems in hydrodynamics consists in expressing in formulas as functions of space and time the velocity of flow, given by its three rectangular components, u, v, w, and in addition the fluid pressure p. The condition of flow is evidently completely known if u, v, w, and p are given as functions of x, y, z, and t, since then u, v, w, and p can be calculated for any arbitrarily selected point and for every instant of time. The direction of flow is defined by the ratios of u, v, and w; the magnitude of the velocity is $\sqrt{u^2 + v^2 + w^2}$. The "streamlines" will be obtained if lines are drawn which coincide with the direction of flow at all points where they touch, which can be accomplished mathematically by an integration. If the flow described by the formulas is to be that caused by a definite body, then at those points in space, which at any instant form the surface of the body, the components of the fluid velocity normal to this surface must coincide with the corresponding components of the velocity of the body. In this way the condition is expressed that neither does the fluid penetrate into the body nor is there any gap between it and the fluid. If the body is at rest in a stream, the normal components of the velocity at its surface must be zero; that is, the flow must be tangential to the surface, which in this case therefore is formed of stream lines.

4. In a stationary flow—that is, in a flow which does not change with the time, in which then every new fluid particle, when it replaces another particle in front of it, assumes its velocity, both in magnitude and in direction and also the same pressure—there is, for the fluid particles lying on the same stream line, a very remarkable relation between the magnitude of the velocity, designated here by V, and the pressure, the so-called BERNOUILLI equation—

$$p + \frac{\varrho}{2} V^2 = \text{const.} \tag{1}$$

(ϱ is the density of the fluid, i. e., the mass of a unit volume). This relation is at once applicable to the case of a body moving uniformly and in a straight line in a fluid at rest, for we are always at liberty to use for our discussions any reference system having a uniform motion in a straight line. If we make the velocity of the reference system coincide with that of the body, then the body is at rest with reference to it, and the flow around it is stationary. If now V is the velocity of the body relative to the stationary air, the latter will have in the new reference system the velocity V upon the body (a man on an airplane in flight makes observations in terms of such a reference system, and feels the motion of flight as "wind").

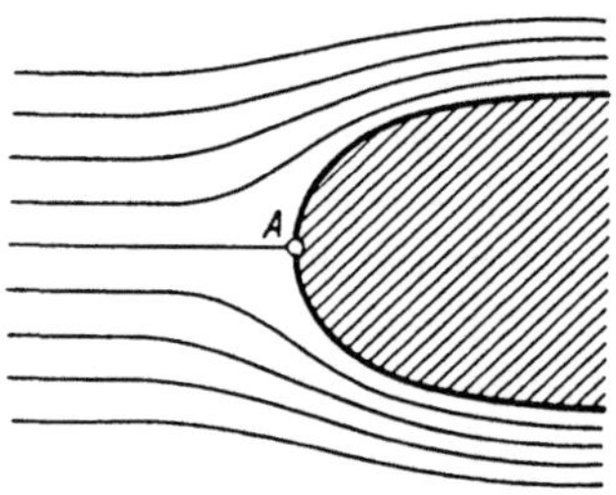

Fig. 1. Flow around a blunt body

The flow of incident air is divided at a blunt body, as shown in figure 1. At the point A the flow comes completely to rest, and then is again set in motion in opposite directions, tangential to the surface of the body. We learn from equation (1) that at such a point, which we shall call a "rest-point", the pressure must be greater by $\frac{\varrho}{2} V^2$ than in the undisturbed fluid. We shall call the magnitude of this pressure, of which we shall make frequent use, the "dynamical pressure", and shall designate it by q. An open end of a tube facing the stream produces a rest point of a similar kind, and there arises in the interior of the tube, as very careful experiments have shown, the exact dynamical pressure, so that this principle can be used for the measurement of the velocity, and is in fact much used. The dynamical pressure is also well suited to express the laws of air resistance. It is known that this resistance is proportional to the square of the velocity and to the density of the medium; but $q = \frac{\varrho}{2} V^2$; so the law of air resistance may also be expressed by the formula

$$W = c F q\,, \tag{2}$$

where F is the area of the surface and c is a pure number. With this mode of expression it appears very clearly that the force called the "drag" is equal to surface times pressure difference (the formula has the same form as the one for the piston force in a steam engine). This mode of stating the relation has been introduced in Germany and Austria and has proved useful. The air-resistance coefficients then become twice as large as the "absolute" coefficients previously used.

Since V^2 can not become less than zero, an increase of pressure greater than q can not, by equation (1), occur. For diminution of pressure, however, no definite limit can be set. In the case of flow past convex surfaces marked increases of velocity of flow occur and in connection with them diminutions of pressure which frequently amount to $3q$ and more.

5. A series of typical properties of motion of nonviscous fluids may be deduced in a useful manner from the following theorem, which is due to LORD KELVIN. Before the theorem itself is stated, two concepts must be defined. 1. The circulation: Consider the line integral of the velocity $\int V \cos(V, ds)\, ds$, which is formed exactly like the line integral of a force, which is called "the work of the force". The amount of this line integral, taken over a path which returns on itself is called the circulation of the flow. 2. The fluid line: By this is meant a line which is always formed of the same fluid particles, which therefore shares in the motion of the fluid. The theorem of LORD KELVIN is: In a nonviscous fluid the circulation along every fluid line remains unchanged as time goes on. But the following must be added:

(1) The case may arise that a fluid line is intersected by a solid body moving in the fluid. If this occurs, the theorem ceases to apply. As an example I mention the case in which one pushes a flat plate into a fluid at rest, and then by means of the plate exerts a pressure on the fluid. By this a circulation arises which will remain if afterwards the plate is quickly withdrawn in its own plate. See figure 2.

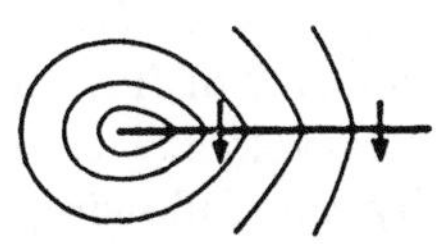

Fig. 2. Production of circulation by introduction and withdrawal of flat plate

(2) In order that the theorem may apply, we must exclude mass forces of such a character that work is furnished by them along a path which returns on itself. Such forces do not ordinarily arise and need not be taken into account here, where we are concerned regularly only with gravity.

(3) The fluid must be homogeneous, i. e., of the same density at all points. We can easily see that in the case of nonuniform density circulation can arise of itself in the course of time if we think of the natural ascent of heated air in the midst of cold air. The circulation increases continuously along a line which passes upward in the warm air and returns downward in the cold air.

Frequently the case arises that the fluid at the beginning is at rest or in absolutely uniform motion, so that the circulation for every imaginable closed line in the fluid is zero. Our theorem then says that for every closed line that can arise from one of the originally closed lines the circulation remains zero, in which we must make exception, as mentioned above, of those lines which are cut by bodies. If the line integral along every closed line is zero, the line integral for an open curve from a definite point O to an arbitrary point P is independent of the selection of the line along which the integral is taken (if this were not so, and if the integrals along two lines from O to P were different, it is evident that the line integral along the closed curve OPO would not be zero, which contradicts our premise). The line integral along the line OP depends, therefore, since we will consider once for all the point O as a fixed one, only on the coordinates of the point P, or, expressed differently, it is a function of these coordinates. From analogy with corresponding considerations in the case of fields of force, this line integral is called the "velocity potential", and the particular kind of motion in which such a potential exists is called a "potential motion". As follows immediately from the meaning of line integrals, the component of the velocity in a definite direction is the derivative of the potential in this direction. If the line-element is perpendicular to the resultant velocity, the increase of the potential equals zero, i. e., the surfaces of constant potential are everywhere normal to the velocity of flow. The velocity itself is called the gradient of the potential. The velocity components u, v, w are connected with the potential Φ by the following equations:

$$u = \frac{\partial \Phi}{\partial x}, \qquad v = \frac{\partial \Phi}{\partial y}, \qquad w = \frac{\partial \Phi}{\partial z}. \tag{3}$$

The fact that the flow takes place without any change in volume is expressed by stating that as much flows out of every element of volume as flows in. This leads to the equation

$$\frac{\partial u}{\partial x} + \frac{\partial v}{\partial y} + \frac{\partial w}{\partial z} = 0. \tag{4}$$

In the case of potential flow we therefore have

$$\frac{\partial^2 \Phi}{\partial x^2} + \frac{\partial^2 \Phi}{\partial y^2} + \frac{\partial^2 \Phi}{\partial z^2} = 0 \tag{4a}$$

as the condition for flow without change in volume. All functions Φ (x, y, z, t), which satisfy this last equation, represent possible forms of flow. This representation of a flow is specially convenient for calculations, since by it the entire flow is given by means of the one function Φ. The most valuable property of the representations is, though, that the sum of two, or of as many as one desires, functions Φ, each of which satisfies equation (4a), also satisfies this equation, and therefore represents a possible type of flow ("superposition of flows").

6. Another concept can be derived from the circulation, which is convenient for many considerations, viz, that of rotation. The component of the rotation with reference to any axis is obtained if the circulation is taken around an elementary surface of unit area in a plane perpendicular to the axis. Expressed more exactly, such a rotation component is the ratio of the circulation around the edge of any such infinitesimal surface to the area of the surface. The total rotation is a vector and is obtained from the rotation components for three mutually perpendicular axes. In the case that the fluid rotates like a rigid body, the rotation

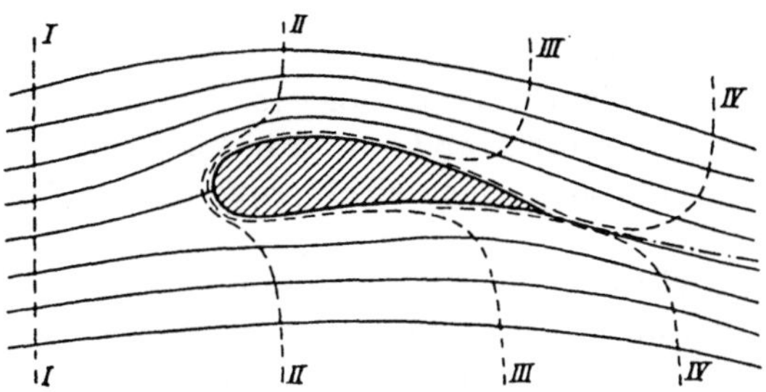

Fig. 3. Successive positions of a fluid line in flow around a solid body

thus defined comes out as twice the angular velocity of the rigid body. If we take a rectangular system of axes and consider the rotations with reference to the separate axes, we find that the rotation can also be expressed as the geometrical sum of the angular velocities with reference to the three axes.

The statement that in the case of a potential motion the circulation is zero for every closed fluid line can now be expressed by saying the rotation in it is always zero. The theorem that the circulation, if it is zero, remains zero under the conditions mentioned, can also now be expressed by saying that, if these conditions are satisfied in a fluid in which there is no rotation, rotation can never arise. An irrotational fluid motion, therefore, always remains irrotational. In this, however, the following exceptions are to be noted: If the fluid is divided owing to bodies being present in it, the theorem under consideration does not apply to the fluid layer in which the divided flow reunites, not only in the case of figure 2 but also in the case of stationary phenomena as in figure 3, since in this case a closed fluid line drawn in front of the body can not be transformed into a fluid line that intersects the region where the fluid streams come together. Figure 3 shows four successive shapes of such a fluid line. This region is, besides, filled with fluid particles which have come very close to the body. We are therefore led to the conclusion from the standpoint of a fluid with very small but not entirely vanishing viscosity that the appearance of vortices at the points of reunion of the flow in the rear of the body does not contradict the laws of hydrodynamics. The three components of the rotation ξ, η, ζ are expressed as follows by means of the velocity components u, v, w.

$$\xi = \frac{\partial w}{\partial y} - \frac{\partial v}{\partial z}, \quad \eta = \frac{\partial u}{\partial z} - \frac{\partial w}{\partial x}, \quad \zeta = \frac{\partial v}{\partial x} - \frac{\partial u}{\partial y}. \tag{5}$$

If the velocity components are derived from a potential, as shown in equation (2), the rotation components, according to equation (5) vanish identically, since $\frac{\partial^2 \Phi}{\partial z\, \partial y} = \frac{\partial^2 \Phi}{\partial y\, \partial z}$.

7. Very remarkable theorems hold for the rotation, which were discovered by v. HELMHOLTZ and stated in his famous work on vortex motions. Concerning the geometrical properties of the rotation the following must be said:

At all points of the fluid where rotation exists the direction of the resultant rotation axes can be indicated, and lines can also be drawn whose directions coincide everywhere with these axes, just as the stream lines are drawn so as to coincide with the directions of the velocity. These lines will be called, following HELMHOLTZ, "vortex lines". The vortex lines through the points of a small closed curve form a tube called a "vortex tube". It is an immediate consequence of the geometrical idea of rotation as deduced above that through the entire extent of a vortex tube its strength—i. e., the circulation around the boundary of the tube—is constant. It is seen, in fact, that on geometrical grounds the space distribution of rotation quite independently of the special properties of the velocity field from which it is deduced is of the same nature as the space distribution of the velocities in an incompressible fluid. Consequently a vortex tube, just like a stream line in an incompressible fluid, can not end anywhere in the interior of the fluid; and the strength of the vortex, exactly like the quantity of fluid passing per second through the tube of stream lines, has at one and the same instant the same value throughout the vortex tube. If LORD KELVIN's theorem is now applied to the closed fluid line which forms the edge of a small element of the surface of a vortex tube, the circulation along it is zero, since the surface inclosed is parallel to the rotation axis at that point. Since the circulation can not change with the time, it follows that the element of surface at all later times will also be part of the surface of a vortex tube. If we picture the entire bounding surface of a vortex tube as made up of such elementary surfaces, it is evident that, since as the motion continues this relation remains unchanged, the particles of the fluid which at any one time have formed the boundary of a vortex tube will continue to form its boundary. From the consideration of the circulation along a closed line inclosing the vortex tube, we see that this circulation—i. e., the strength of our vortex tube—has the same value at all times. Thus we have obtained the theorems of HELMHOLTZ, which now can be expressed as follows, calling the contents of a vortex tube a "vortex filament": "The particles of a fluid which at any instant belong to a vortex filament always remain in it; the strength of a vortex filament throughout its extent and for all time has the same value". From this follows, among other things, that if a portion of the filament is stretched, say, to double its length, and thereby its cross section made one-half as great, then the rotation is doubled, because the strength of the vortex, the product of the rotation and the cross section, must remain the same. We arrive, therefore, at the result that the vector expressing the rotation is changed in magnitude and direction exactly as the distance between two neighboring particles on the axis of the filament is changed.

8. From the way the strengths of vortices have been defined it follows for a space filled with any arbitrary vortex filaments, as a consequence of a known theorem of STOKES, that the circulation around any closed line is equal to the algebraic sum of the vortex strengths of all the filaments which cross a surface having the closed line as its boundary. If this closed line is in any way continuously changed so that filaments are thereby cut, then evidently the circulation is changed according to the extent of the strengths of the vortices which are cut. Conversely we may conclude from the circumstance that the circulation around a closed line (which naturally can not be a fluid line) is changed by a definite amount by a certain displacement, that by the displacement vortex strength of this amount will be cut, or expressed differently, that the surface passed over by the closed line in its displacement is traversed by vortex filaments whose strengths add up algebraically to the amount of the change in the circulation.

The theorems concerning vortex motion are specially important because in many cases it is easier to make a statement as to the shape of the vortex filaments than as to the shape of the stream lines, and because there is a mode of calculation by means of which the velocity at any point of the space may be determined from a knowledge of the distribution of the rotation. This formula, so important for us, must now be discussed. If Γ is the strength of a thin vortex filament and ds an element of its medial line, and if, further, r is the distance from the vortex element to a point P at which the velocity is to be calculated, finally if α is the angle between ds and r, then the amount of the velocity due to the vortex element is

$$dv = \frac{\Gamma\, ds \sin\alpha}{4\pi r^2}; \tag{6}$$

the direction of this contribution to the velocity is perpendicular to the plane of ds and r. The total velocity at the point P is obtained if the contributions of all the vortex elements present in the space are added. The law for this calculation agrees then exactly with that of BIOT-SAVART, by the help of which the magnetic field due to an electric current is calculated. Vortex filaments correspond in it to the elctric currents, and the vector of the velocity to the vector of the magnetic field.

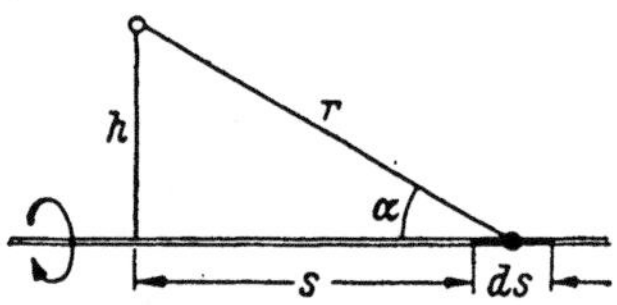

Fig. 4. Velocity-field due to infinite rectilinear vortex

As an example we may take an infinitely long straight vortex filament. The contributions to the velocity at a point P are all in the same direction, and the total velocity can be determined by a simple integration of equation (6). Therefore this velocity is

$$v = \frac{\Gamma}{4\pi} \int_{-\infty}^{+\infty} \frac{ds \sin\alpha}{r^2}.$$

As seen by figure 4, $s = h \operatorname{ctg}\alpha$, and by differentiation,

$$ds = -\frac{h}{\sin^2\alpha}\, d\alpha.$$

Further

$$r = \frac{h}{\sin\alpha};$$

so that

$$v = \frac{\Gamma}{4\pi h} \int_0^\pi \sin\alpha\, d\alpha = -\frac{\Gamma}{4\pi h}\left[\cos\alpha\right]_0^\pi = \frac{\Gamma}{2\pi h}. \tag{6a}$$

This result could be deduced in a simpler manner from the concept of circulation if we were to use the theorem, already proved, that the circulation for any closed line coincides with the vortex strength of the filaments which are inclosed by it. The circulation for every closed line which goes once around a single filament must therefore coincide with its strength. If the velocity at a point of a circle of radius h around our straight filament equals v then this circulation equals "path times velocity" $= 2\pi h v$, whence immediately follows $v = \Gamma/2\pi h$. The more exact investigation of this velocity field shows that for every point outside the filament (and the formula applies only to such points) the rotation is zero, so that in fact we are treating the case of a velocity distribution in which only along the axis does rotation prevail, at all other points rotation is not present.

For a finite portion of a straight vortex filament the preceding calculation gives the value

$$v = \frac{\Gamma}{4\pi h}(\cos\alpha_1 - \cos\alpha_2). \qquad (6\text{b})$$

This formula may be applied only for a series of portions of vortices which together give an infinite or a closed line. The velocity field of a single portion of a filament would require rotation also outside the filament, in the sense that from the end of the portion of the filament vortex lines spread out in all the space and then all return together at the beginning of the portion. In the case of a line that has no ends this external rotation is removed, since one end always coincides with the beginning of another portion of equal strength, and rotation is present only where it is predicated in the calculation.

9. If one wishes to represent the flow around solid bodies in a fluid, one can in many cases proceed by imagining the place of the solid bodies taken by the fluid, in the interior of which disturbances of flow (singularities) are introduced, by which the flow is so altered that the boundaries of the bodies become streamline surfaces. For such hypothetical constructions in the interior of the space actually occupied by the body, one can assume, for instance, any suitably selected vortices, which, however, since they are only imaginary, need not obey the laws of HELMHOLTZ. As we shall see later, such imaginary vortices can be the seat of lifting forces. Sources and sinks also, i. e., points where fluid continuously appears, or disappears, offer a useful method for constructions of this kind. While vortex filaments can actually occur in the fluid, such sources and sinks may be assumed only in that part of the space which actually is occupied by the body, since they represent a phenomenon which can not be realized. A contradiction of the law of the conservation of matter is avoided, however, if there are assumed to be inside the body both sources and sinks, of equal strengths, so that the fluid produced by the sources is taken back again by the sinks.

The method of sources and sinks will be described in greater detail when certain practical problems are discussed; but at this point, to make the matter clearer, the distribution of velocities in the case of a source may be described. It is very simple, the flow takes place out from the source uniformly on all sides in the direction of the radii. Let us describe around the point source a concentric spherical surface, then, if the fluid output per second is Q, the velocity at the surface is

$$v = \frac{Q}{4\pi r^2}; \qquad (7)$$

the velocity therefore decreases inversely proportional to the square of the distance. The flow is a potential one, the potential comes out

(as line-integral along the radius)

$$\Phi = \text{const.} - \frac{Q}{4\pi r}. \tag{7a}$$

If a uniform velocity toward the right of the whole fluid mass is superimposed on this velocity distribution—while the point source remains stationary—then a flow is obtained which, at a considerable distance from the source, is in straight lines from left to right. The fluid coming out of the source is therefore pressed toward the right (see fig. 5); it fills, at some distance from the source, a cylinder whose diameter may be determined easily. If V is the velocity of the uniform flow, the radius r of the cylinder is given by the condition $Q = \pi r^2 V$. All that is necessary now is to assume on the axis of the source further to the right a sink of the same strength as the source for the whole mass of fluid from the source to vanish in this, and the flow closes up behind the sink again exactly as it opened out in front of the source. In this way we obtain the flow around an elongated body with blunt ends.

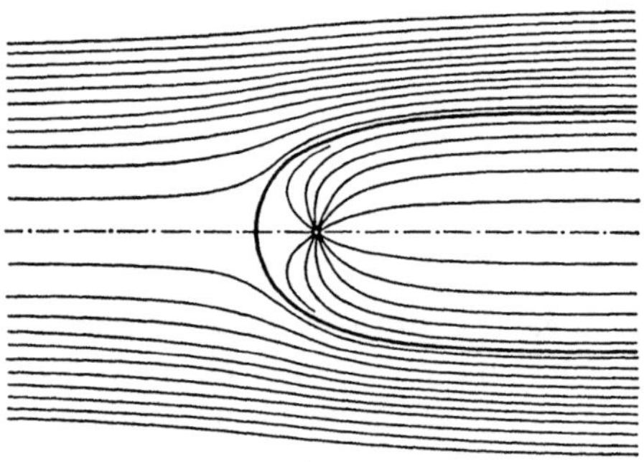

Fig. 5. Superposition of uniform flow and that caused by a source

10. The special case when in a fluid flow the phenomena in all planes which are parallel to a given plane coincide absolutely plays an important rôle both practically and theoretically. If the lines which connect the corresponding points of the different planes are perpendicular to the planes, and all the streamlines are plane curves which lie entirely in one of those planes, we speak of a uniplanar flow. The flow around a strut whose axis is perpendicular to the direction of the wind is an example of such a motion.

The mathematical treatment of plane potential flow of the ideal fluid has been worked out specially completely more than any other problem in hydrodynamics. This is due to the fact that with the help of the complex quantities ($x + i y$, where $i = \sqrt{-1}$, is called the imaginary unit) there can be deduced from every analytic function a case of flow of this type which is incompressible and irrotational. Every real function, $\Phi(x, y)$ and $\Psi(x, y)$, which satisfies the relation

$$\Phi + i\Psi = f(x + i y), \tag{8}$$

where f is any analytic function, is the potential of such a flow. This can be seen from these considerations: Let $x + i y$ be put $= z$, where

z is now a "complex number". Differentiate equation (8) first with reference to x and then with reference to y, thus giving

$$\frac{\partial \Phi}{\partial x} + i \frac{\partial \Psi}{\partial x} = \frac{df}{dz} \frac{\partial z}{\partial x} = \frac{df}{dz},$$

$$\frac{\partial \Phi}{\partial y} + i \frac{\partial \Psi}{\partial y} = \frac{df}{dz} \frac{\partial z}{\partial y} = i \frac{df}{dz} = i \frac{\partial \Phi}{\partial x} - \frac{\partial \Psi}{\partial y}.$$

In these the real parts on the two sides of the equations must be equal and the imaginary parts also. If Φ is selected as the potential, the velocity components u and v are given by

$$u = \frac{\partial \Phi}{\partial x} = \frac{\partial \Psi}{\partial y}; \qquad v = \frac{\partial \Phi}{\partial y} = -\frac{\partial \Psi}{\partial x}. \tag{9}$$

If now we write the expressions

$$\frac{\partial u}{\partial x} + \frac{\partial v}{\partial y} \quad \text{(continuity)}$$

and

$$\frac{\partial v}{\partial x} - \frac{\partial u}{\partial y} \quad \text{(rotation)}$$

first in terms of Φ and then of Ψ, they become

$$\left.\begin{aligned} \frac{\partial u}{\partial x} + \frac{\partial v}{\partial y} &= \frac{\partial^2 \Phi}{\partial x^2} + \frac{\partial^2 \Phi}{\partial y^2} = \underbrace{\frac{\partial^2 \Psi}{\partial y \partial x} - \frac{\partial^2 \Psi}{\partial x \partial y}}_{=0}, \\ \frac{\partial v}{\partial x} - \frac{\partial u}{\partial y} &= \underbrace{\frac{\partial^2 \Phi}{\partial y \partial x} - \frac{\partial^2 \Phi}{\partial x \partial y}}_{=0} = -\frac{\partial^2 \Psi}{\partial x^2} - \frac{\partial^2 \Psi}{\partial y^2}. \end{aligned}\right\} \tag{10}$$

It is seen therefore that not only is the motion irrotational (as is self-evident since there is a potential), but it is also continuous. The relation

$$\frac{\partial^2 \Phi}{\partial x^2} + \frac{\partial^2 \Phi}{\partial y^2} = 0$$

besides corresponds exactly to our equation (4a). Since it is satisfied also by Ψ, this can also be used as potential.

The function Ψ, however, has, with reference to the flow deduced by using Φ as potential, a special individual meaning. From equation (8) we can easily deduce that the lines $\Psi = \text{const.}$ are parallel to the velocity; therefore, in other words, they are streamlines. In fact if we put

$$d\Psi = \frac{\partial \Psi}{\partial x} dx + \frac{\partial \Psi}{\partial y} dy = 0, \quad \text{then} \quad \frac{dy}{dx} = -\frac{\partial \Psi / \partial x}{\partial \Psi / \partial y} = \frac{v}{u}$$

which expresses the fact of parallelism. The lines $\Psi = \text{const.}$ are therefore perpendicular to the lines $\Phi = \text{const.}$ If we draw families of lines, $\Phi = \text{const.}$ and $\Psi = \text{const.}$ for values of Φ and Ψ which differ from each other by the same small amount, it follows from the easily derived equation

$$d\Phi + i\,d\Psi = \frac{df}{dz}(dx + i\,dy)$$

that the two bundles form a square network; from which follows that the diagonal curves of the network again form an orthogonal and in fact a square network. This fact can be used practically in drawing such families of curves, because an error in the drawing can be recognized by the eye in the wrong shape of the network of diagonal curves and so can be improved. With a little practice fairly good accuracy may be obtained by simply using the eye. Naturally there are also mathematical methods for further improvement of such networks of curves. The function Ψ, which is called the "stream function", has another special meaning. If we consider two streamlines $\Psi = \Psi_1$ and $\Psi = \Psi_2$, the quantity of fluid which flows between the two streamlines in a unit of time in a region of uniplanar flow of thickness 1 equals $\Psi_2 - \Psi_1$. In fact if we consider the flow through a plane perpendicular to the X-axis, this quantity is

$$Q = \int_{y_1}^{y_2} u\,dy = \int_{y_1}^{y_2} \frac{\partial \Psi}{\partial y}\,dy = \int_{y_1}^{y_2} d\Psi = \Psi_2 - \Psi_1 .$$

The numerical value of the stream function coincides therefore with the quantity of fluid which flows between the point x, y and the streamline $\Psi = 0$.

As an example let the function

$$\Phi + i\Psi = A(x + i\,y)^n$$

be discussed briefly. It is simplest in general to ask first about the streamline $\Psi = 0$. As is well known, if a transformation is made from rectangular coordinates to polar ones r, φ, $(x + i\,y)^n = r^n(\cos n\varphi + {} + i \sin n\varphi)$. The imaginary part of this expression is $i\,r^n \sin n\varphi$. This is to be put equal to $i\Psi$. $\Psi = 0$ therefore gives $\sin n\varphi = 0$, i. e., $n\varphi = 0, 2\pi$, etc. The streamlines $\Psi = 0$ are therefore straight lines through the origin of coordinates, which make an angle $\alpha = \pi/n$ with each other, the flow is therefore the potential flow between two plane walls making the angle α with each other. The other streamlines satisfy the equation $r^n \sin n\varphi = \text{const}$. The velocities can be obtained by differentiation, e. g., with reference to x:

$$\frac{\partial \Phi}{\partial x} + i\frac{\partial \Psi}{\partial x} = u - i\,v = A\,n(x + i\,y)^{n-1}$$
$$= A\,n\,r^{n-1}\{\cos(n-1)\,\varphi + i\sin(n-1)\,\varphi\}.$$

For $r = 0$ this expression becomes zero or infinite, according as n is greater or less than 1, i. e., according as the angle α is less or greater than π ($= 180°$). Figures 6 and 7 give the streamlines for $\alpha = \pi/4 = 45°$ and $\frac{3}{2}\pi = 270°$, corresponding to $n = 4$ and $\frac{2}{3}$. In the case of figure 7 the velocity, as just explained, becomes infinite at the corner. It would be expected that in the case of the actual flow some effect due to friction would enter. In fact there are observed at such corners, at the beginning of the motion, great velocities, and immediately thereafter the formation of vortices, by which the motion is so changed that the velocity at the corner becomes finite.

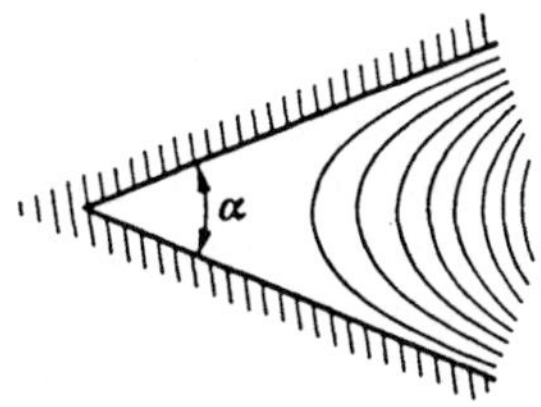

Fig. 6. Uniplanar flow between plane walls making an angle $\alpha = 45°$ with each other

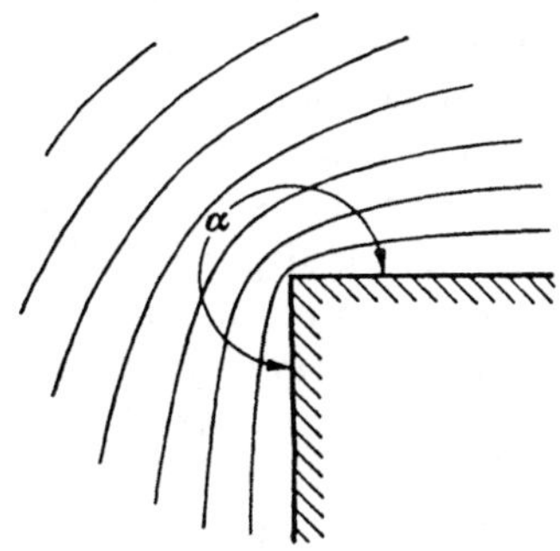

Fig. 7. Uniplanar flow around plane walls making an angle 270° with each other

It must also be noted that with an equation

$$p + i\,q = \varphi(x + i\,y) \tag{11}$$

the $x - y$ plane can be mapped upon the $p - q$ plane, since to every pair of values x, y a pair of values p, q corresponds, to every point of the $x - y$ plane corresponds a point of the $p - q$ plane, and therefore also to every element of a line or to every curve in the former plane a linear element and a curve in the latter plane. The transformation keeps all angles unchanged, i. e., corresponding lines intersect in both figures at the same angle.

By inverting the function φ of equation (11) we can write

$$x + i\,y = \chi(p + i\,q)$$

and therefore deduce from equation (8) that

$$\Phi + i\,\Psi = f[\chi(p + i\,q)] = F(p + i\,q) \tag{12}$$

Φ and Ψ are connected therefore with p and q by an equation of the type of equation (8), and hence, in the $p - q$ plane, are potential and stream functions of a flow, and further of that flow which arises from the transformation of the Φ, Ψ network in the $x - y$ plane into the $p - q$ plane.

This is a powerful method used to obtain by transformation from a known simple flow new types of flow for other given boundaries. Applications of this will be given in section 14.

11. The discussion of the principles of the hydrodynamics of non-viscous fluids to be applied by us may be stopped here. I add but one consideration, which has reference to a very useful theorem for obtaining the forces in fluid motion, namely the so-called "momentum theorem for stationary motions".

We have to apply to fluid motion the theorem of general mechanics, which states that the rate of change with the time of the linear momentum is equal to the resultant of all the external forces. To do this, consider a definite portion of the fluid separated from the rest of the fluid by a closed surface. This surface may, in accordance with the spirit of the theorem, be considered as a "fluid surface", i. e., made up always of the same fluid particles. We must now state in a formula the change of the momentum of the fluid within the surface. If, as we shall assume, the flow is stationary, then after a time dt every fluid particle in the interior will be replaced by another, which has the same velocity as had the former. On the boundary, however, owing to its displacement, mass will pass out at the side where the fluid is approaching, and a corresponding mass will enter on the side away from which the flow takes place. If dS is the area of an element of surface, and v_n the component of the velocity in the direction of the outward drawn normal at this element, then at this point $dm = \varrho\, dS\, v_n\, dt$. If we wish to derive the component of the "impulse"—defined as the time rate of the change of momentum—for any direction s, the contribution to it of the element of surface is

$$dJ_s = v_s \frac{dm}{dt} = \varrho\, dS\, v_n\, v_s\,. \tag{13}$$

With this formula we have made the transition from the fluid surface to a corresponding solid "control surface".

The external forces are compounded of the fluid pressures on the control surface and the forces which are exercised on the fluid by any solid bodies which may be inside of the control surface. If we call the latter P, we obtain the equation

$$\sum P_s = \iint p \cos(n, s)\, dS + \varrho \iint v_n\, v_s\, dS \tag{14}$$

for the s component of the momentum theorem. The surface integrals are to be taken over the entire closed control surface. The impulse integral can be limited to the exit side, if for every velocity v_s on that side the velocity v_s' is known with which the same particle arrives at the approach side. Then in equation (13) dJ is to be replaced by

$$dJ - dJ' = (v_s - v_s') \frac{dm}{dt} = \varrho\, dS\, v_n (v_s - v_s')\,. \tag{13a}$$

The applications given in Part II will furnish illustrations of the theorem.

II. Applications

A. Distribution of pressure on airship bodies

12. The first application of hydrodynamical theory to be tested by experiment in the Göttingen Laboratory referred to the distribution of pressure over the surface of models of airships. We can construct mathematically the flow for any number of varieties of sectional forms of bodies of revolution of this kind if we place along an axis parallel with the direction of the air current any suitable distribution of sources and sinks, taking care that the total strength of the sources and sinks are the same. According to the intensity of the uniform motion which is superimposed upon the flow from the sources, we obtain from the same system of sources and sinks bodies of different thicknesses. In order to obtain the smoothest possible shapes, the sources and sinks are generally distributed continuously along the axis, although single-point sources are allowable.

In the case of continuously distributed sources and sinks the method of procedure is briefly this: The abscissas of the single sources are denoted by ξ, the intensity of the source per unit of length by $f(\xi)$, in which positive values of $f(\xi)$ denote sources, negative values sinks. The condition that makes the stream from the sources self-contained is expressed by the equation

$$\int_0^l f(\xi)\, d\xi = 0.$$

By simply adding the potentials due to the single elementary sources $f(\xi)\, d\xi$, i. e., in this case by integrating them, the total flow due to the sources will be given by the potential defined by the following formula

$$\Phi_1(x, y) = -\frac{1}{4\pi} \int_0^l \frac{f(\xi)\, d\xi}{r} \qquad (15)$$

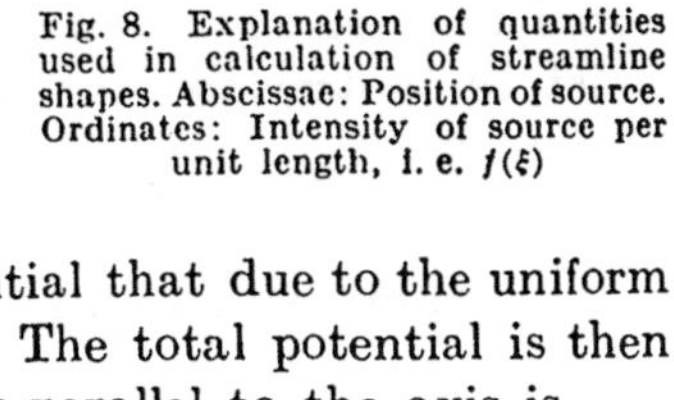

Fig. 8. Explanation of quantities used in calculation of streamline shapes. Abscissae: Position of source. Ordinates: Intensity of source per unit length, i. e. $f(\xi)$

in which $r = \sqrt{(x-\xi)^2 + y^2}$, and y is the perpendicular distance from the axis of the point for which the potential is calculated, x is the abscissa along the axis measured from the same origin as ξ. (See fig. 8.) There must be added to this potential that due to the uniform flow with the velocity V, viz, $\Phi_2 = V x$. The total potential is then $\Phi = \Phi_1 + \Phi_2$; and therefore the velocity parallel to the axis is

$$u = \frac{\partial \Phi}{\partial x} = V + \frac{\partial \Phi_1}{\partial x}$$

and the sidewise (radial) velocity is

$$v = \frac{\partial \Phi}{\partial y} = \frac{\partial \Phi_1}{\partial y}.$$

In order to calculate the streamlines one could perform an integration of the direction given by u and v. These lines are obtained more conveniently, in this case also, by means of the stream function. (See sec. 10.) In the case of flow symmetrical with reference to the axis, such as is here discussed, one can take as stream function the quantity of fluid flowing inside the circle drawn through the point x, y in a plane perpendicular to the axis and having its center on the axis. The amount of fluid delivered by the sources which lie up the stream is purposely deducted from this. It is not difficult to see that all points of the $X - Y$ plane, through whose parallel circles the same amount of fluid flows per second—after deduction of the sources—must lie on one and the same streamline, for evidently there is no flow, either in or out, through the surface formed by the streamlines drawn through the points of any one parallel circle (since the flow is along the surface); therefore the quantity of fluid flowing within this surface is constant, so far as it is not increased by the sources. From the meaning of the stream function, to determine which the velocity must be integrated over a surface, it follows that the stream function of a flow due to two or more causes is at every point the sum of the stream functions of the several partial flows. For a continuous distribution of sources therefore the stream function ψ is obtained by an integration exactly as was the potential. According to our premise the surface of the body is designated simply by the value $\psi = 0$. The formulas are obtained as follows:

The flow from a simple source through a circle passing through a point lying to the right of the source is, writing $r = \sqrt{x^2 + y^2}$,

$$\Psi' = \int_0^y u\, 2\pi\, y\, dy = \int_0^y \frac{Q\, x}{4\pi r^3}\, 2\pi\, y\, dy = \frac{Q\, x}{2} \int_0^y \frac{y\, dy}{r^3} = \frac{Q}{2}\left(1 - \frac{x}{r}\right).$$

From this, in accordance with what has been said, the quantity Q must be subtracted, so that

$$\Psi = \Psi' - Q = -\frac{Q}{2}\left(1 + \frac{x}{r}\right). \tag{16}$$

For points lying to the left of the source we obtain from the integral

$$\Psi'' = -\frac{Q}{2}\left(1 + \frac{x}{r}\right)$$

which coincides with formula (16); this holds, then, everywhere.

For the assumed continuous distribution of sources we obtain

$$\Psi_1 = -\frac{1}{2}\int_0^l f(\xi)\left(1 + \frac{x-\xi}{r}\right)d\xi \tag{17}$$

in which $r = \sqrt{(x-\xi)^2 + y^2}$. To this stream function of the sources must now be added that due to the parallel flow

$$\Psi_2 = V\pi y^2. \tag{18}$$

Putting the total stream function $\Psi_1 + \Psi_2 = \Psi$ equal to zero, gives the equation of the surface of the body around which the flow takes place. Putting $\Psi_1 + \Psi_2 = C$ gives any other streamline. It is evident that, with the same distribution of sources, a whole group of body surfaces can be obtained, depending upon the choice of the ratio of the intensity of the sources to the strength of the parallel flow.

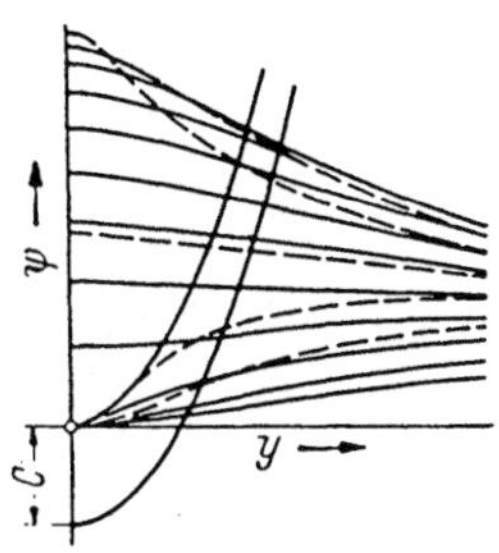

Fig. 9. The curves are for different values of x = const.

The determination is best made practically by graphical methods, for instance, by laying off the curves x = const. in a system of coordinates consisting of y and $-\Psi$, which can be obtained at on ce from a calculation by tables for the stream function Ψ_1. If we intersect these curves by parabolas corresponding to the equation $-\Psi = V\pi y^2 - C$, we obtain at once a contour (for $C = 0$), or some external or internal streamline (for $C > 0$ or $C < 0$). The parabola may be drawn upon transparent paper, and then by displacing the parabola along the Ψ axis we at once obtain from figure 9 the values of y corresponding to any x.

In this manner a former colleague of mine, who unfortunately fell immediately at the beginning of the war, Dr. G. FUHRMANN, calculated the shapes of bodies corresponding to a series of source distributions, and on the one hand he determined the distribution of pressure over surface of these bodies by means of the BERNOUILLI equation (see sec. 4)

$$p = p_0 + \frac{\varrho}{2}\{V^2 - (u^2 + v^2)\}^{1} \tag{19}$$

and on the other he constructed models according to these drawings and measured the pressure distribution over them when placed in a wind tunnel. The agreement was altogether surprisingly good, and this

[1] The velocities u and v may be obtained from the potential, but also from the stream function ψ; for $u = \frac{1}{2\pi y}\frac{\partial\psi}{\partial y}$ and $v = -\frac{1}{2\pi y}\frac{\partial\psi}{\partial x}$.

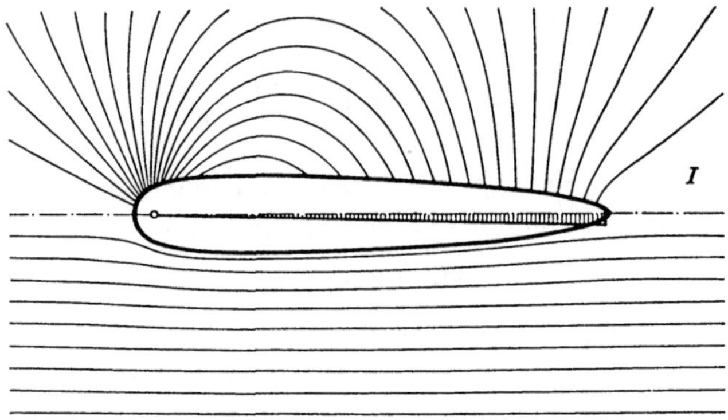

Fig. 10

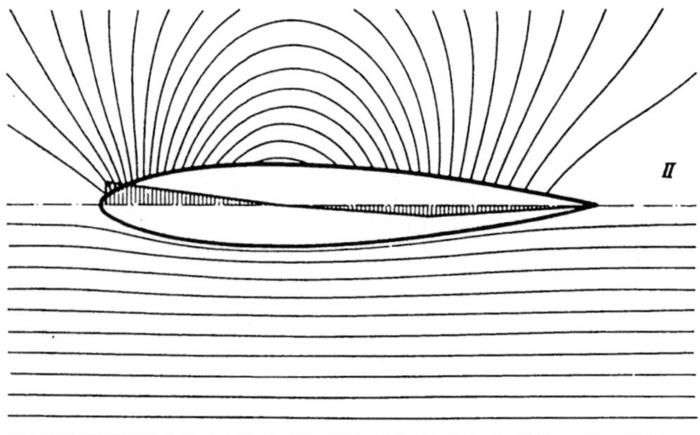

Fig. 11

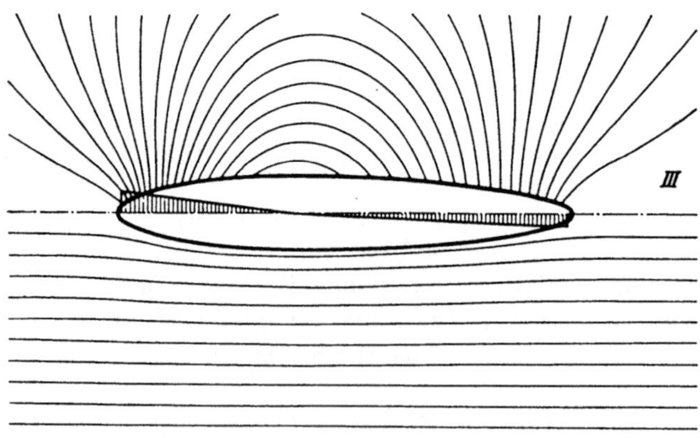

Fig. 12

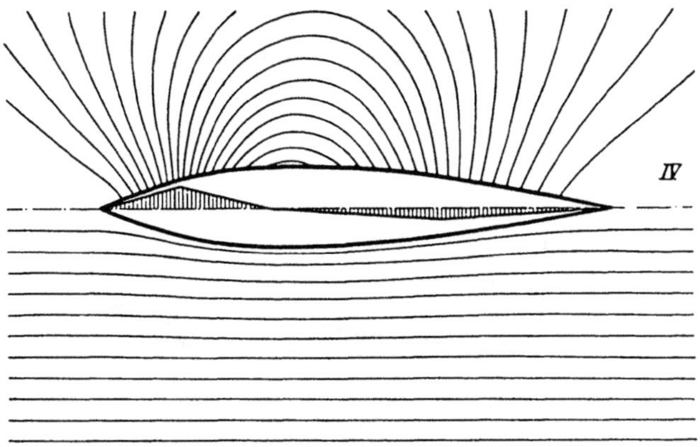

Fig. 13

Fig. 10—13. Four airship models as derived by FUHRMANN by combination of sources and uniform flow. Distribution of sources indicated on axis. Upper half: Streamlines relative to undisturbed air. Lower half: Streamlines relative to airship

success gave us the stimulus to seek further relations between theoretical hydrodynamics and practical aeronautics. The work of FUHRMANN was published in Jahrb. der Motorluftschiff-Studien Gesellsch., Volume V, 1911—12 (Berlin: Springer), and contains a large number of illustrations. Four of the models investigated are shown here. The upper halves of figures 10 to 13 show the streamlines for a reference system at rest with reference to the undisturbed air, the lower halves the streamlines for a reference system attached to the body. The distribution of the source intensities is indicated on the axis. The pressure distributions are shown in figures 14 to 17. The calculated pressure distributions are indicated by the lines which are drawn full, the individual observed pressures by tiny circles.[1]

It is seen that the agreement is very complete; at the rear end, however, there appears a characteristic deviation in all cases, since the theoretical pressure distribution reaches the full dynamical pressure at the point where the flow reunites again, while actually this rise in pressure, owing to the influence of the layer of air retarded by friction, remains close to the surface.

As is well known there is no resistance for the theoretical flow in a nonviscous fluid. The actual drag consists of two parts, one resulting from all the normal forces (pressures) acting on the surface of the body, the other from all the tangential forces (friction). The pressure resistance, which in this case can be obtained by integration of the pressure

[1] In the wind tunnel there was a small pressure drop in the direction of its length. In order to eliminate the effect of this, the pressures toward the fore had to be diminished somewhat and those aft somewhat increased.

distribution over the surface of the body, arises in the main from the deviation mentioned at the rear end, and is, as is known, very small.

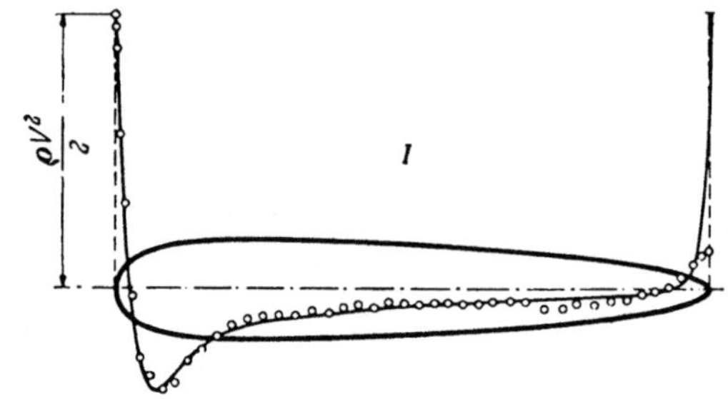

Fig. 14

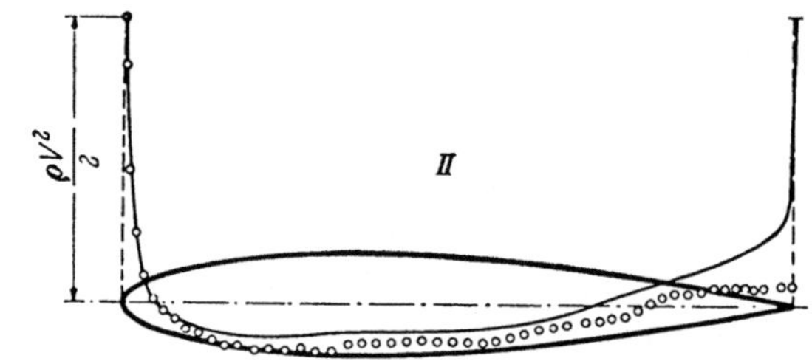

Fig. 15

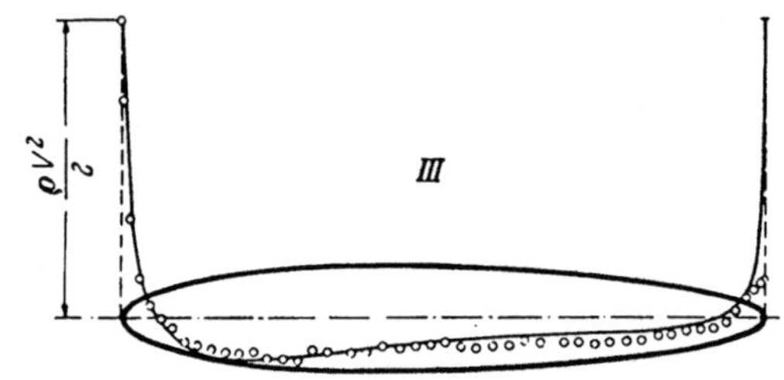

Fig. 16

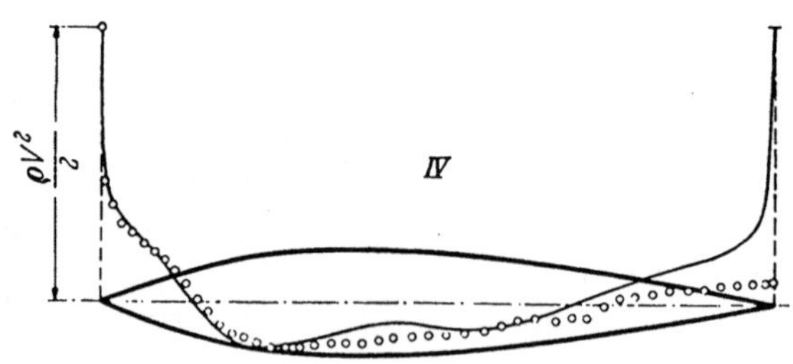

Fig. 17

Fig. 14—17. Pressure distribution over airships of figures 10 to 13. Full lines represent calculated values; small circles, points as found by observation in a wind-tunnel

FUHRMANN's calculations gave for these resistances a coefficient, with reference to the volume of the body, as shown in the following table[1]:

Model	I	II	III	IV
$k_1 =$	0.0170	0.0123	0.0131	0.0145

This coefficient is obtained from the following formula:

$$\text{Drag}\, w_1 = k_1\, U^{2/3}\, q$$

where U designates the volume and q the dynamical pressure.

The total resistance (drag) was obtained for the four models by means of the balance; the difference between the two quantities then furnishes the frictional resistance. The total drag coefficients were[1]:

Model	I	II	III	IV
$k =$	0.0340	0.0220	0.0246	0.0248

With greater values of VL than were then available for us, the resistance coefficients become nearly 30 per cent smaller. For purposes of comparison with other cases it may be mentioned that the "maximum section" was about $\frac{2}{5}$ of $U^{2/3}$. The surface was about seven times $U^{2/3}$; from which can be deduced that the total resistance of the good models was not greater than the friction of a plane surface having the same area. The theoretical theorem that in the ideal fluid the resistance is zero receives in this a brilliant confirmation by experiment.

B. Theory of lift

13. The phenomena which give rise to the lift of an aerofoil may be studied in the simplest manner in the case of uniplanar motion. (See sec. 10.) Such a uniplanar flow would be expected obviously in the case that the wing was unlimited at the sides, therefore was "infinitely long", and throughout exhibited the same profile and the same angle of attack. In this case all the sections will be alike in all respects and each one can be considered as a plane of symmetry. The infinitely long wing plays an important part therefore in the considerations of the theoretical studies. It is not possible to realize it in free air, and marked deviations from the infinitely long wing are shown even with very long wings, e. g., those having an aspect ratio of 1:10. In laboratories however, the infinitely long wing, or uniplanar flow, may be secured

[1] After deduction of the horizontal buoyancy.

with good approximation, if a wing having a constant profile is placed between plane walls in a wind tunnel, the walls running the full height of the air stream. In this case the wing must extend close to the walls; there must be no gap through which a sensible amount of air can flow. We will now discuss such experiments, and first we shall state the fundamental theory of uniplanar flow.

Since, as explained in section 4, in a previously undisturbed fluid flow, the sum of the static and dynamic pressures is constant: $p + \frac{\varrho}{2} V^2 = \text{const.}$, in order to produce lift, for which the pressure below the surface must be increased and that above diminished, such arrangements must be made as will diminish the velocity below the wing and increase it above. The other method of producing such pressure differences, namely, by causing a vortex region above the surface placed like a kite oblique to the wind, by which a suction is produced, does not come under discussion in practical aeronautics owing to the great resistance it sets up. LANCHESTER has already called attention to the fact that this lifting current around the wing arises if there is superimposed upon a simple potential flow a circulating flow which on the pressure side runs against the main current and on the suction side with it. KUTTA (1902) and JOUKOWSKI (1906) proved, independently of each other, the theorem that the lift for the length l of the wing is

$$A = \varrho \Gamma V l \tag{20}$$

in which Γ is the circulation of the superimposed flow. It may be concluded from this formula that in a steady fluid flow lift is not possible unless there is motion giving rise to a circulation. In uniplanar flow in an ideal fluid this lift does not entail any drag.

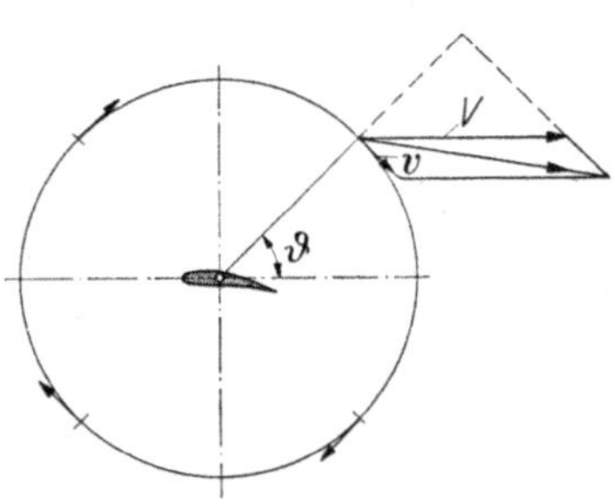

Fig. 18. Deduction of the KUTTA formula, uniplanar flow around infinite wing

The proof of the KUTTA-JOUKOWSKI formula is generally deduced by applying the momentum theorem to a circular cylinder of large radius whose axis is the medial line of the wing. The circulatory motion, which could be obtained numerically close to the wing only by elaborate mathematical processes, is reduced at a great distance from the wing to a motion which agrees exactly with the flow around a rectilinear vortex filament (see sec. 8), in which, therefore, the single particles describe concentric circles. The velocity around a circle of radius R is, then, $v = \frac{\Gamma}{2\pi R}$. For an element of surface $l.\ R\,d\theta$ (see fig. 18) the normal component of the velocity is

$V \cos\theta$, the mass flowing through per second $dm = \varrho\, l\, R\, V \cos\theta\, d\theta$. If we wish to apply the momentum theorem for the vertical components, i. e., those perpendicular to the direction of V, then this component of the velocity through the element of surface must be taken. This, obviously, is $v \cos\theta$, taken positive if directed downward; the total impulse, then, is

$$J = \int v \cos\theta\, dm = \varrho\, l\, R\, V v \int_0^{2\pi} \cos^2\theta\, d\theta .$$

The integral equals π, and therefore introducing the value of v

$$J = \frac{1}{2}\, \varrho\, V \Gamma\, l .$$

Since the resulting impulse is directed downward (the upward velocity in front of the wing is changed into a downward one behind the wing), this means that the reaction of the fluid against the wing is a lift of the wing upward. The amount of the impulse furnishes, as is seen by referring to formula (20), only half the lift. The other half comes from the pressure differences on the control surfaces. Since, for a sufficiently large R, v can always be considered small compared with V, neglecting $\frac{\varrho}{2} v^2$, the pressure p is given, according to the Bernouilli equation, by

$$p = p_0 + \frac{\varrho}{2} V^2 - \frac{\varrho}{2} \{(V + v \sin\theta)^2 + v^2 \cos^2\theta\} \cong p_0 - \varrho\, V v \sin\theta .$$

A component of this, obtained by multiplying by $\sin\theta$, acts vertically on the surface element $l\, R\, d\theta$. The resulting force D is, then,

$$D = \varrho\, l\, R\, V v \int_0^{2\pi} \sin^2\theta\, d\theta .$$

This integral also equals π, so that here also

$$D = \frac{1}{2}\, \varrho\, V \Gamma\, l$$

its direction is vertically up. The total lift, then, is

$$A = J + D = \varrho\, V \Gamma\, l .$$

14. For the more accurate analysis of the flow around wings the complex functions (see sec. 10) have been applied with great success, following the procedure of Kutta. Very different methods have been used. Here we shall calculate only one specially simple case, in which the flow will be deduced first around a circular cylinder and then calculated for a wing profile by a transformation of the circular cylinder and its flow, using complex functions.

The flow around a circular cylinder has long been known. If the coordinates in the plane of the circle are p and q, and if we write $p + i\,q = t$, the potential and stream functions for the ordinary sym-

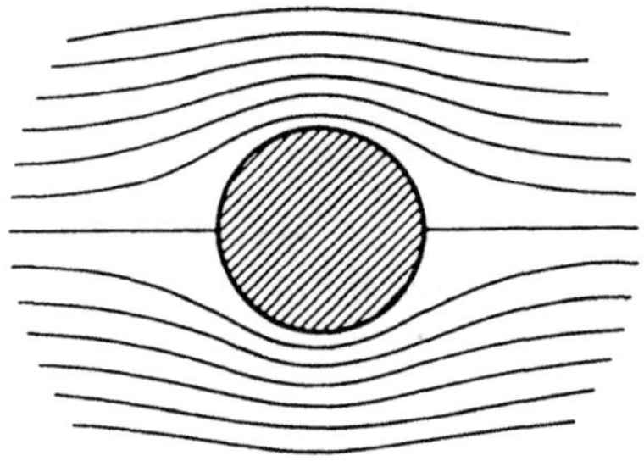

Fig. 19. Uniplanar uniform flow around circular cylinder

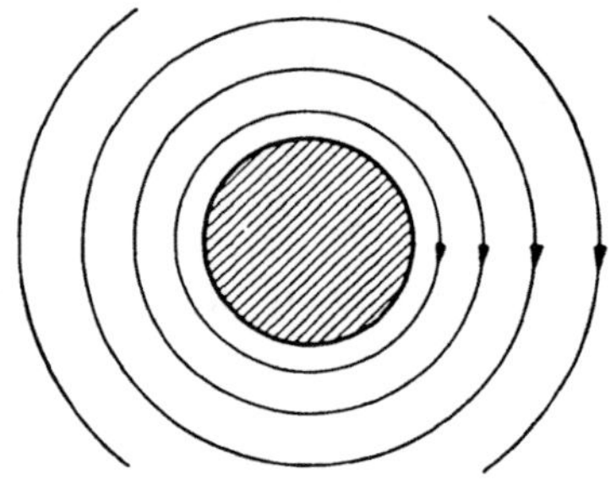

Fig. 20. Uniplanar flow around circular cylinder considered as a columnar vortex of strength Γ

metrical flow around the circular cylinder are given by the very simple formula

$$\Phi_1 + i\,\Psi_1 = V\left(t + \frac{a^2}{t}\right).^{1} \tag{21}$$

It is easily seen by passing to polar coordinates that, for $r = a$, $\psi_1 = 0$, and that therefore the circle of radius a is a streamline. Further, for the p axis, $\psi_1 = 0$, i. e., this is also a streamline. The whole flow is that shown in figure 19. To this flow must be added the circulation flow expressed by the formula[2]

$$\Phi_1 + i\,\Psi_2 = \frac{i\,\Gamma}{2\pi}\log t \tag{22}$$

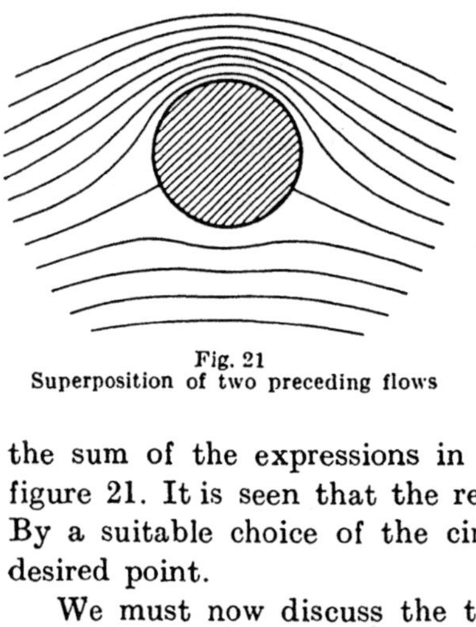

Fig. 21
Superposition of two preceding flows

which, as shown in figure 20, is simply a flow in concentric circles with the velocity $\Gamma/2\pi\,r$. The combination of the two flows, i. e., the flow for the sum of the expressions in equations (21) and (22), is shown in figure 21. It is seen that the rest point is moved down an amount $d\,e$. By a suitable choice of the circulation this can be brought to any desired point.

We must now discuss the transformation of this flow to a wing profile. For this purpose manifold means are possible. The simplest is furnished by a transformation according to the equation

$$z = x + i\,y = t + \frac{b^2}{t}.$$

[1] $t + \frac{a^2}{t} = \left(r + \frac{a^2}{r}\right)\cos\vartheta + i\left(r - \frac{a^2}{r}\right)\sin\vartheta.$

[2] $i\log t = -\vartheta + i\log r.$

By this the circle of diameter $AB = 2b$ in the t plane (as we shall for brevity's sake call the p, q plane) is transformed into a straight line $A' B'$ of the length $4b$ along the X axis, and concentric circles around the former become ellipses, the radii become hyperbolas. All the ellipses and hyperbolas have their foci at the ends of the straight line, this forming a confocal system. Figures 22 and 23 illustrate the transformation. It may be mentioned, in addition, that the interior of the circle in figure 22 corresponds to a continuation of the meshwork in figure 23 through the slit $A' B'$, whose form agrees with the meshwork as drawn. Any circle through the points AB is thereby transformed into an arc of a circle passed over twice, having an angle subtended at the center equal to 4β.

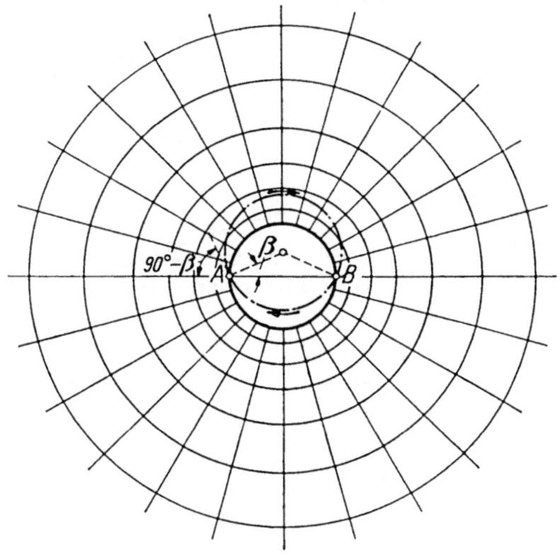

Fig. 22

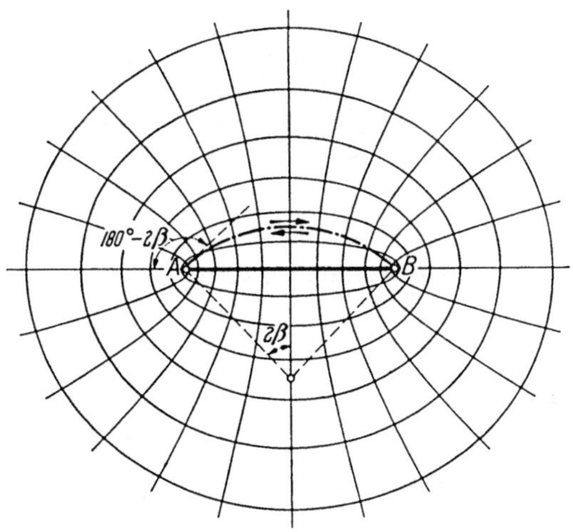

Fig. 23

Fig. 22 and 23. Conformal transformation of z plane into t plane by $z = t + \frac{b^2}{t}$

Many different results may now be obtained by means of this mapping, according to the position which the circle, around which the flow takes place according to equations (21) and (22), bears to the diameter AB of the circle of figure 22. If the diameter AB is made to coincide with any oblique diameter of the circular section of the cylinder, we obtain a flow around an oblique plate whose angle of attack coincides with the inclination of the line AB. If the diameter AB is selected somewhat smaller, so that both points lie inside the circle symmetrically on the diameter, the flow around ellipses is obtained. If, however, the diameter AB coincides with a chord of the circle around which the original flow was, which, for example, may lie below the center, the flow around a curved plate forming an arc of a circle is obtained. By selection of various points in the interior of the original circle forms of diverse shapes are obtained. The recognition of the fact that among these forms very beautiful winglike profiles may be found we owe to JOUKOWSKI. These are obtained if the point B is selected on the boundary of the original circle and the point A inside, and somewhat below the diameter through the point B. Figure 24 gives illustrations of such JOUKOWSKI profiles.

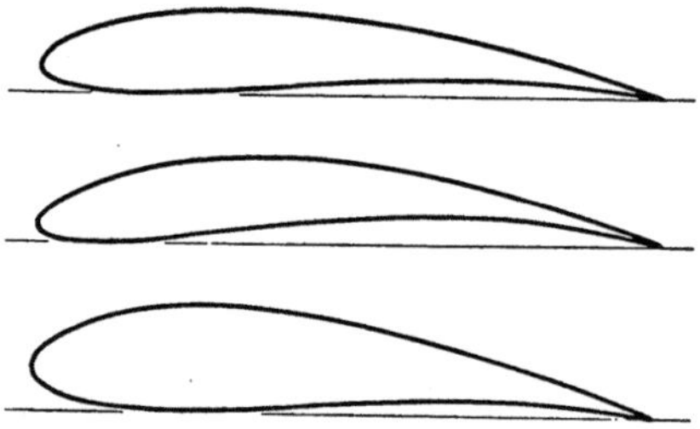

Fig. 24. Illustrations of JOUKOWSKI sections

In order that the flow may be like the actual one, in the cases mentioned the circulation must always be so chosen that the rear rest point coincides with the point B, or, respectively, with the point on the original circle which lies nearest this point. In this case there will be, after mapping on the z plane, a smooth flow away from the trailing edge, as is observed in practice. It is therefore seen that the circulation must be taken greater according as the angle of attack is greater, which agrees with the observation that the lift increases with increasing angle of attack.

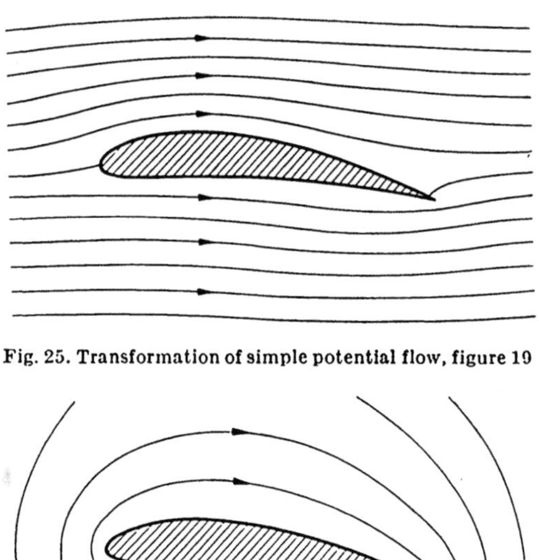

Fig. 25. Transformation of simple potential flow, figure 19

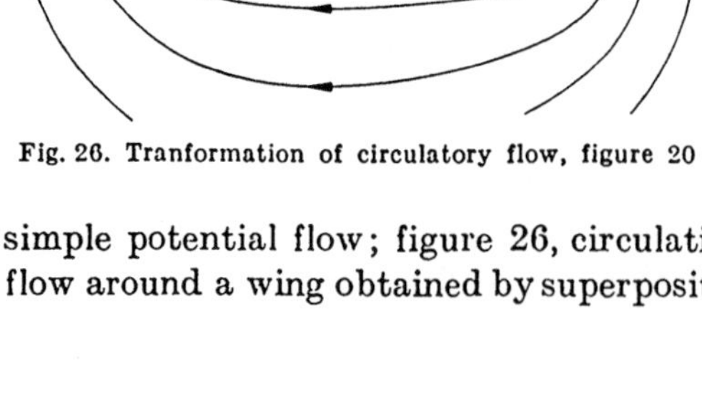

Fig. 26. Tranformation of circulatory flow, figure 20

The transformation of the flows shown in figures 19 to 21 into wing profiles gives illustrations of streamlines as shown in figures 25 to 27—figure 25, simple potential flow; figure 26, circulation flow; figure 27, the actual flow around a wing obtained by superposition of the two previous flows.

We are, accordingly, by the help of such constructions, in the position of being able to calculate the velocity at every point in the neighborhood of the wing profile, and with it the pressure. In particular, the distribution of pressure over the wing itself may be calculated.

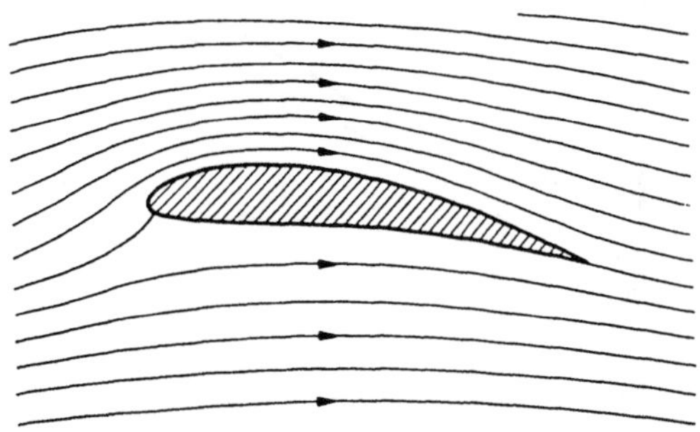

Fig. 27. Transformation of superposition of the two flows, figure 21

My assistant, Dr. A. Betz, in the year 1914 worked out the pressure distribution for a Joukowski wing profile, for a series of angles of attack, and then in a wind tunnel measured the pressure distribution on a hollow model of such a wing made of sheet metal, side walls of the height of the tunnel being introduced so as to secure uniplanar flow. The results of the measurements agreed in a very satisfactory manner with the calculations, only—as could be well explained as due to friction—the actual circulation was always slightly less than that calculated for the same angle of attack. If the pressure distributions would be compared, not for the same angles of attack, but for the same amount of circulation, the agreement would be noticeably better. The pressure distributions are shown in figures 28 to 30, in which again the full curves correspond to the measurements and the dashes to the calculated pressures. Lift and drag for the wing were also obtained by the wind-tunnel balance. In order to do this, the middle part of the wing was isolated from the side parts, which were fastened to the walls of the tunnel by carefully designed labyrinths, so that within a small range it could move without friction. The result of the experiment is shown in

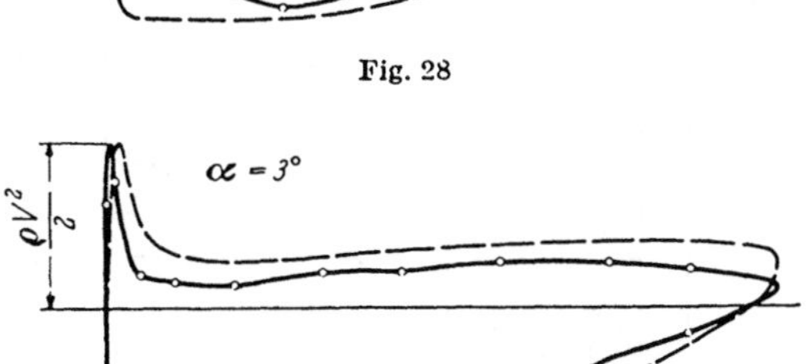

Fig. 28

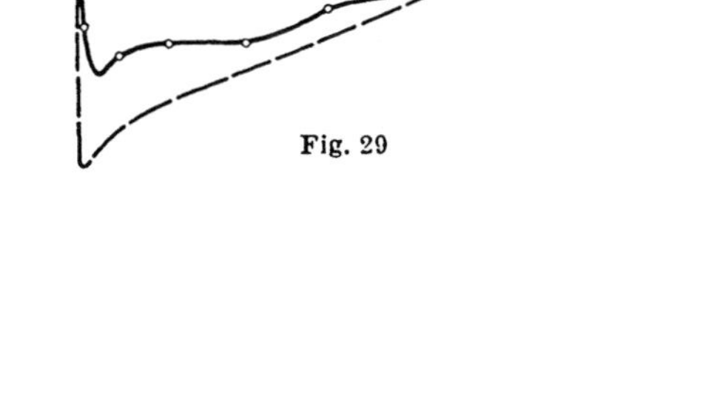

Fig. 29

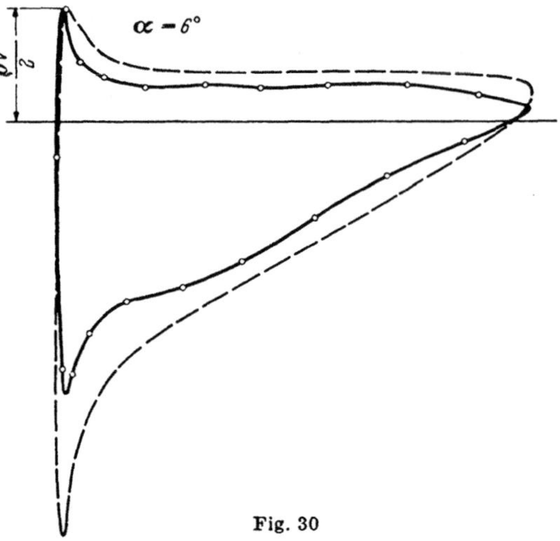

Fig. 30

Fig. 28—30. Pressure distribution over a JOUKOWSKI wing, different angles of attack. Full lines give results of wind-tunnel tests; dashed lines, calculated values

figure 31. The theoretical drag is zero, that obtained by measurement is very small for that region where the wing is "good", but sensibly larger for too large and too small angles of attack. The lift is correspondingly in agreement with the theoretical value in the good region, only everywhere somewhat less. The deviations of drag as well as of lift are to be explained by the influence of the viscosity of the fluid. The agreement on the whole is as good as can be expected from a theory which neglects completely the viscosity.

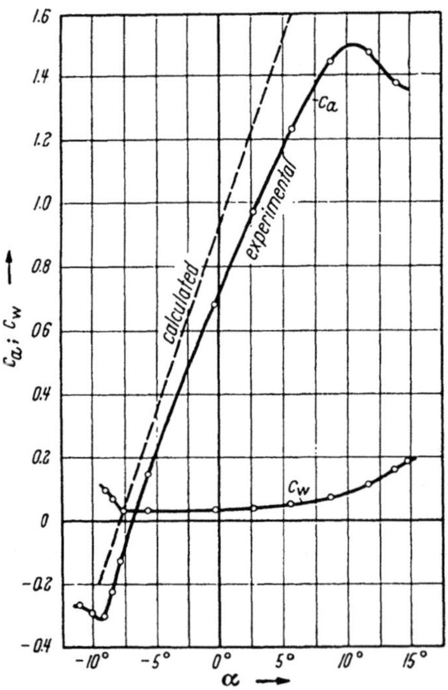

Fig. 31. Values of lift and drag coefficients of a JOUKOWSKI wing as obtained in wind-tunnel tests and by theory

For the connection between the angle of incidence α and the circulation which results from the condition discussed above calculations give the following result for the lift:

(1) The KUTTA theory gives for the thin plane plate the formula

$$A = b\,t\,\pi\,\varrho\,V^2 \sin\alpha . \qquad (23)$$

The lift coefficient C_a is defined by the equation

$$C_a = \frac{A}{F\,q} \quad \text{where} \quad q = \frac{1}{2}\,\varrho\,V^2$$

and therefore

$$C_a = 2\pi \sin\alpha . \qquad (24)$$

(2) For the circularly curved plates having an angle of arc 4β subtended at the center (see figure 23) we have, according to KUTTA, if α is the angle of attack

of the chord,

$$C_a = 2\pi \frac{\sin(\alpha + \beta)}{\cos\beta} \tag{25}$$

which, for small curvatures, becomes $2\pi \sin(\alpha + \beta)$; this can be expressed by saying that the lift of the circularly curved plate is the same as that of a plane which touches the former at a point three-fourths of the distance around the arc from its leading edge.

For the JOUKOWSKI profiles and for others the formulas are less simple. v. MISES showed in 1917 that the increase of C_a with the angle of attack, i. e., $dC_a/d\alpha$, is greater for all other profiles than for the flat plate, and is the greater the thicker the profile. But the differences are not marked for the profiles occurring in practice.

The movement of the center of pressure has also been investigated theoretically. With the plane plate, in the region of small angles, it always lies at one-fourth of the width of the plate; with circularly curved thin plates its position for small angles is given by the following law:

$$x_0 = -\frac{t}{4} \frac{\tan\alpha}{\tan\alpha + \tan\beta} \tag{26}$$

in which t is the chord of the plate, and x_0 is the distance measured from the center of the plate. The fact that the movement of the center of pressure in the case of "good" angles of attack of the profiles agrees with theory is proved by the agreement of the actual pressure distribution with that calculated. In the case of thin plates a less satisfactory agreement as respects pressure distribution is to be expected because with them in practice there is a formation of vortices at the sharp leading edges, while theory must assume a smooth flow at this edge.

15. That a circulatory motion is essential for the production of lift of an aerofoil is definitely established. The question then is how to reconcile this fact with the proposition that the circulation around a fluid line in a nonviscous fluid remains constant. If, before the motion begins, we draw a closed line around the wing, then, so long as everything is at rest, the circulation certainly is zero. Even when the motion begins, it can not change for this line. The explanation of why, in spite of this, the wing gains circulation is this: At the first moment of the motion there is still no circulation present, the motion takes place approximately according to figure 25, there is a flow at high velocity around the trailing edge. (See sec. 10.) This motion can not, however, continue; there is instantly formed at the trailing edge a vortex of increasing intensity, which, in accordance with the HELMHOLTZ theorem that the vortex is always made up of the same fluid particles, remains with the fluid as it passes on. (See fig. 32.) The circulation around the wing and vortex, taken together, remains equal to zero; there remains then around the wing a circulation equal and opposite to that of the vortex which has gone off with the current. Therefore vortices will be given off until the circulation around the wing is of such a strength as to make the fluid flow off smoothly from the trailing edge. If by some alteration of the angle of attack the condition for smooth flow is disturbed, vortices are again given off until the circulation reaches its new value. These phenomena are completed in a comparatively short distance, so the full lift is developed very quickly.

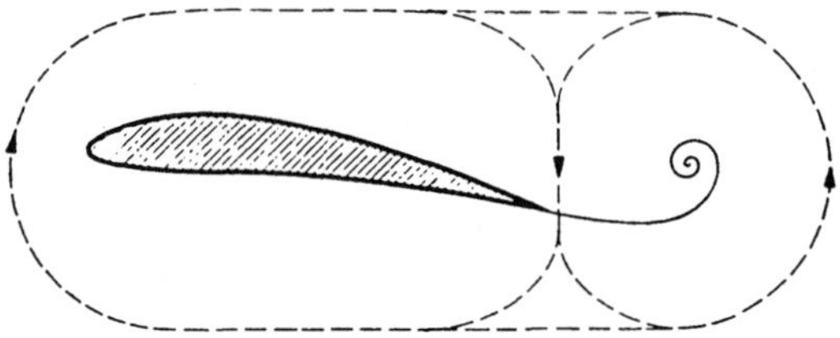

Fig. 32. Production of circulation around a wing due to vortices leaving trailing edge

In the pictures of flow around a wing, e. g., figure 27, one sees that the air in front of the wing flows upward against the reaction of the lift. The consideration of momentum has shown that half of the impulse is due to the oncoming ascending current. This fact needs some further explanation. The best answer is that given by LANCHESTER[1], who shows that for the production of lift the airmass at any time below the wing must be given an acceleration downward. The question he asks is: What kind of a motion arises if for a short time the air below the wing is accelerated downward, then the wing is moved forward a bit without pressure, then the air is again accelerated, and so on? The space distribution of the accelerations is known for the case of a plane plate, infinitely extended at the sides, accelerated from rest; the pattern of the acceleration direction is given in figure 33. It is seen that above and below the plate the acceleration is downward, in front of and behind the plate it is upward opposite to the acceleration of the plate, since the air is escaping from the plate. LANCHESTER asks now about the velocities which arise from the original uniform velocity relative to the plate owing to the fact that the plate, while it gives rise to the accelerations as shown in figure 33, gradually comes nearer the air particle considered, passes by it, and finally again moves forward away from it. The picture

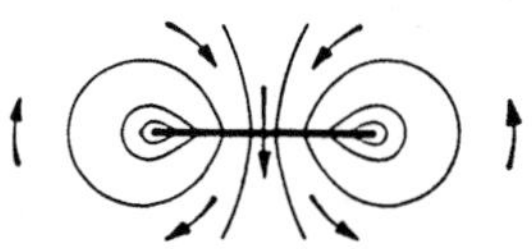

Fig. 33. Acceleration diagram around an infinitely long flat plate accelerated at right angle to its surface

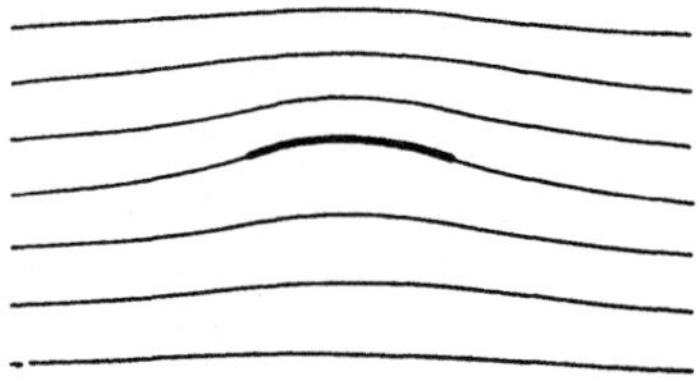

Fig. 34. Streamlines around an infinitely long curved plate

[1] Aerodynamics I, § 110—118.

of the velocities and streamlines which LANCHESTER obtained in this way and reproduced in his book was, independently of him, calculated exactly by KUTTA. It is reproduced in figure 34. It is seen that as the result of the upward accelerations of the flow away from the wing there is an upward velocity in front of the plate, a uniform downward acceleration at the plate itself due to which the upward velocity is changed into a downward one, and finally behind the plate a gradual decrease of the downward velocity on account of the acceleration upward.

C. The finite wing

16. It has been known for a long time that the aspect ratio of an aerofoil had a great effect on its properties. One could therefore have expected that, on account of the vanishing of pressure at the side edges, the intensity of the lift must decrease toward the edge, so that its average value for the same angle of attack must be smaller for small values of the aspect ratio than for large ones. But the observed influence of aspect ratios is sensibly greater than could be explained in this way. We must therefore investigate whether an explanation of this phenomenon can be found, if we apply to the finite aerofoil in some proper manner the results which are known to hold for uniplanar flow.

It is easily seen that vortices in the free fluid must here be taken into account. For it is certain that circulation is present around the middle of the wing, because no lift is possible without circulation. If a closed line drawn around the middle of the wing, around which, therefore, there is circulation, is displaced sideways over the end of a wing, it will certainly no longer show circulation here when it is beyond the wing. From the theorem that the circulation along a closed line only changes if it cuts vortex filaments, and that the amount of the change of the circulation equals the sum of the strengths of the vortex filaments cut (see sec. 8), we must conclude that from each half of a wing vortex filaments whose strengths add up to Γ must proceed, which are concentrated mainly near the ends of the wing. According to the HELMHOLTZ theorem we know further that every vortex produced in the fluid continues to move with the same fluid particles. We may look upon the velocities produced by the wing as small compared with the flight velocity V, so that as an approximation we may assume that the vortices move away from the wing backwards with the rectilinear velocity V. (If it is wished, we can also improve the considerations based upon such an assumption if the motion of the vortices of themselves relative to the air is taken into account.

This will, however, be seen to be unnecessary for practical applications of the theory.)

In order now to obtain the simplest possible scheme, we shall assume that the lift is uniformly distributed over the wing; then the total circulation will arise only at the ends, and continue rearwards as free vortices. The velocity field of an infinitely long wing, as we saw, was the same at great distances as that of a rectilinear vortex filament instead of the wing. We shall assume that the corresponding statement holds for the finite wing. We thus obtain, for the velocity field around a finite wing, a picture which is somewhat crude, it is true, if we take for it the velocity distribution due to a vortex filament of corresponding shape.

It may be mentioned here that, on account of there being the same laws for the velocity field of a vortex filament and the magnetic field of an electric current (see sec. 8), the velocity near a finite wing can also be investigated numerically by calculating the direction and intensity of the magnetic field produced near an electrical conductor shaped as shown in figure 35 due to an electrical current flowing in it.

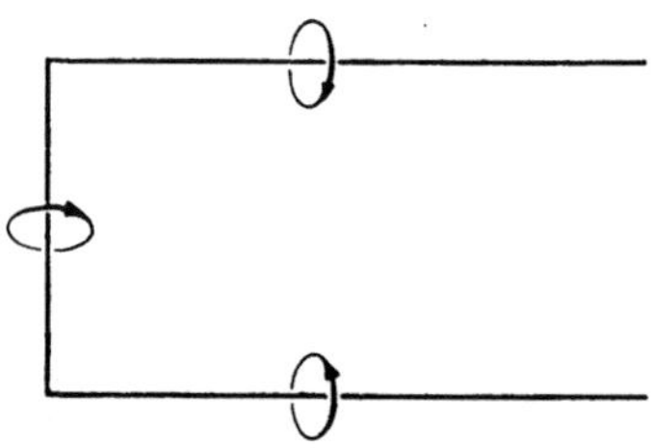

Fig. 35. A finite wing, considered as due to vortices replacing the wing

The principles for the calculation of this velocity field have been stated in section 8; the total velocity is made up out of three partial velocities which are caused by the three rectilinear vortex portions. As is seen without difficulty, for the region between the vortices the flow is downward, outside it is upward.

17. This approximation theorem is specially convenient if the conditions at great distances from the wing are treated. With its help we can explain how the weight of an airplane is transferred to the ground. In order to make the flow satisfy the condition that at the ground components of velocity normal to it are impossible, we apply a concept taken from other branches of physics and superimpose the condition of an image of the airplane, taking the earth as the mirror. On account of symmetry, then, all velocity components normal to the earth's surface will vanish. If we use as our system of coordinates one attached to the airplane, we have then the case of stationary motion. If we take the X axis in the direction of the span of the wing, the Y axis horizontal in the direction of flight and the Z axis vertically down, and if u, v, w are the components of the additional velocity due to the vortices, then calling p_0 the undisturbed pressure and p' the pressure difference from p_0, and neglecting the weight of the air, Bernoulli's equation gives us $$p_0 + p' + \frac{\varrho}{2}[u^2 + (v - V)^2 + w^2] = p_0 + \frac{\varrho}{2} V^2.$$

If this is expanded and if u^2, v^2, and w^2 are neglected as being small of a higher order, there remains the simple equation

$$p' = \varrho V v. \tag{27}$$

For the determination of the pressure distribution on the ground we must now calculate the value of v. Let us assume the vortices run off the wing in an exactly horizontal direction (actually, their path inclines downward slightly), in which case they do not contribute to v. There remains then only the "transverse vortex" of the length l (effective span) and the circulation Γ. We will assume that the span of the wing is small in comparison with the distance h of the airplane from the ground. In that case we can treat the transverse vortex as if it were a single vortex element. We obtain, then—see figure 36—at a point A, with the coordinates x and y, a velocity perpendicular to the plane ABF, of the amount

$$v_1 = \Gamma l \frac{\sin\alpha}{4\pi R^2}.$$

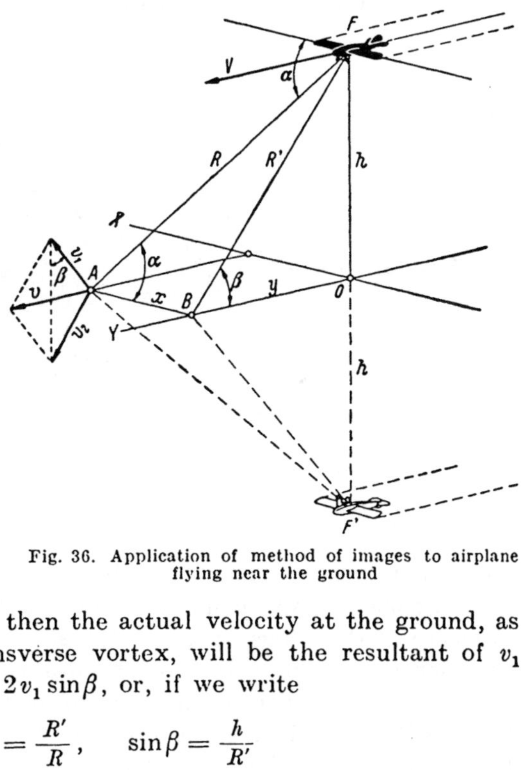

Fig. 36. Application of method of images to airplane flying near the ground

The image of the airplane furnishes an equal amount perpendicular to the plane ABF'. If β is the angle between the plane ABF and the XY plane, then the actual velocity at the ground, as far as it is due to the transverse vortex, will be the resultant of v_1 and v_2. It is therefore $v = 2v_1 \sin\beta$, or, if we write

$$\sin\alpha = \frac{R'}{R}, \quad \sin\beta = \frac{h}{R'}$$

(see fig. 36)

$$v = \frac{\Gamma l h}{2\pi R^3}. \tag{28}$$

If we take into account the fact that, according to the Kutta-Joukowski formula (20), $\varrho \Gamma V l = A$, equations (27) and (28) lead to the relation

$$p' = \frac{A h}{2\pi R^3}. \tag{29}$$

If this is integrated over the whole infinite ground surface, it is seen that the resultant force due to the pressures on the ground has exactly the amount A. It is thus proved that the pressure distribution due to the circulation motion transfers to the ground exactly the weight of the airplane. The distribution of the pressure, which according to formula (29) is axially symmetrical with reference to the foot of the vertical line drawn from the airplane, is shown in figure 37. The pressure maximum is $p_1 = \frac{A}{2\pi h^2}$. Its amount, even for low heights of flight, is very small, since the surface over which the pressure is distributed is very large.

18. Applications of an entirely different kind may be made of the velocity field which belongs to the vortex of figure 35. For instance,

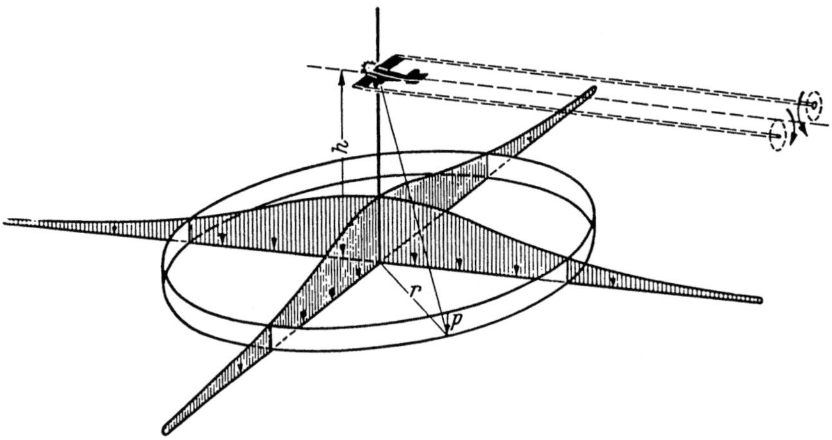

Fig. 37. Distribution of pressure on ground caused by airplane flying near it

an estimate may be made as to the magnitude of the downward velocity component at any point of the tail surfaces, and in this manner the influence of the wings upon the tail surfaces may be calculated. If in accordance with the KUTTA-JOUKOWSKI formula the lift is written $A = \varrho \Gamma V l$, in which, taking account of the fact that a portion of the vortices flow off within the ends of the wing, l, can be taken somewhat less than the actual span b, then at a distance d, behind the wing, the velocity component downward is

$$w = 2 \frac{\Gamma}{4\pi} \left\{ \frac{1}{l/2} \left(1 + \frac{d}{a} \right) + \frac{1}{d} \frac{l/2}{a} \right\} = \frac{\Gamma}{\pi l} \left(1 + \frac{a}{d} \right) \tag{30}$$

in which

$$a = \sqrt{\left(\frac{l}{2}\right)^2 + d^2}.$$

If the flight velocity is V, this gives for the inclination of the downward sloping air-current $\tan \varphi = w/V$. We proved this relation in the year 1911 and found an approximate agreement with observation.

The principle made use of above has been applied with profit to the calculation of the influence of one wing of a biplane upon the other wing and has given a method for the calculation of the properties of a biplane from the properties of a single wing as found by experiments. The fundamental idea, which is always applied in such calculations, is that, owing to the vortex system of one wing, the velocity field near the wing is disturbed, and it is assumed that a wing experiences the same lift as in an undisturbed air stream if it cuts the streamlines of the flow disturbed by the other wing in the same manner as a monoplane wing cuts the straight streamlines of the undisturbed flow. As is easily seen, the wing profile must in general be slightly turned and its curvature slightly altered, as is shown in figures 38 and 39. By the rotation of the wing the direction of the resultant air force acting on it is turned through an equal angle. If the magnitude of the velocity as well as its direction is also changed, this must be expressed by a corresponding change in the resultant air force.

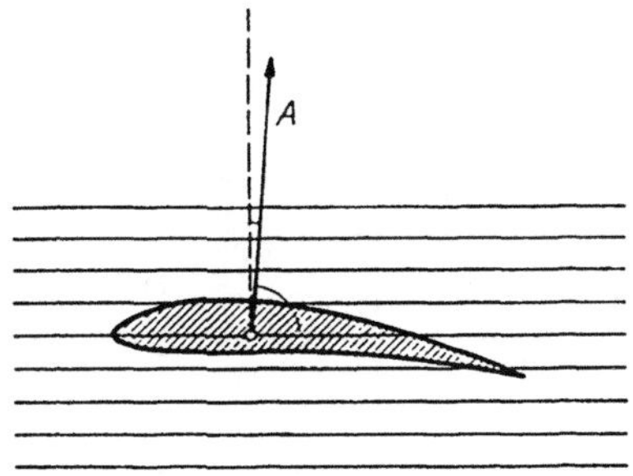

Fig. 38

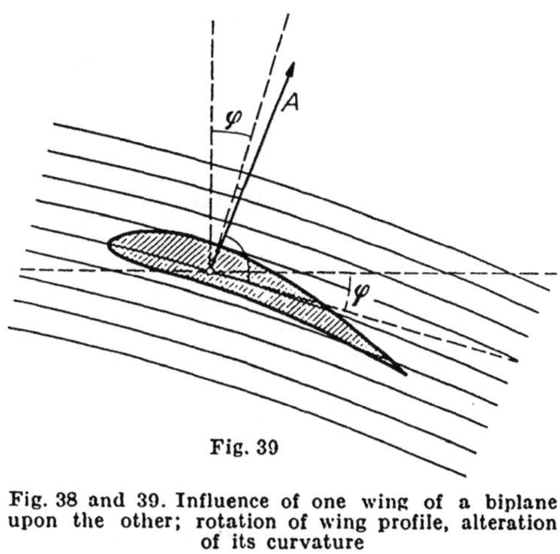

Fig. 39

Fig. 38 and 39. Influence of one wing of a biplane upon the other; rotation of wing profile, alteration of its curvature

As an illustration we will treat briefly the case of a biplane without stagger. The most important component of the disturbance velocity w is again the vertical one; in the plane of the mean lift lines of the biplane it is affected only by the pair of vortices running off the wings, since the transverse vortex of one wing causes only an increase (or decrease) of the velocity of flow at the other wing. We are concerned here only with the calculation of that downward disturbance velocity due to the vortices from the wing not under investigation, since the other vortex system is present with the monoplane and its influence has already been taken into account in the experiments on a monoplane.

The total velocity due to a portion of a vortex proceeding to infinity in one direction, in the plane perpendicular to the vortex at its end, is, as may be deduced easily from the formula in section 8, exactly half of the corresponding velocity in the neighborhood of a rectilinear vortex filament extending to infinity in both directions. This can also be easily seen from the fact that two vortex filaments, each extending, to infinity in only one direction—but oppositely in the cases—form, if combined, asingle filament extending to infinity in both directions.

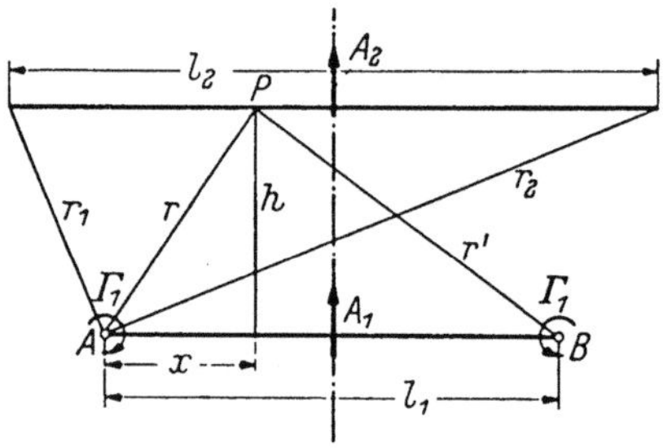

Fig. 40. Velocity at a point P due to the tip vortices

The total velocity caused at the point P by the vortex A, see figure 40, is $\Gamma_1/4\pi r$, where $r = \sqrt{x^2 + h^2}$; its vertical component is

$$w_A = \frac{\Gamma_1}{4\pi r} \frac{x}{r}.$$

The vertical component due to the vortex B is

$$w_B = \frac{\Gamma_1}{4\pi r'} \frac{l_1 - x}{r'}$$

where $r' = \sqrt{(l_1 - x)^2 + h^2}$.

Therefore the vertical component due to both vortices is

$$w = \frac{\Gamma}{4\pi}\left(\frac{x}{r^2} + \frac{l_1 - x}{r'^2}\right). \tag{31}$$

If we assume that the lift is uniformly distributed over the effective span l_2, which again we shall take as somewhat less than the actual span, then since every element of the wing must be turned through the angle φ according to the formula $\tan \varphi = w/V$, the direction of the air force must be turned also, which means a negligible change in the lift, but an increase in the drag of this wing which must be taken into account.

It is essential then in this calculation that we pass from a condition for a monoplane to one in which the wing when part of a biplane has the same lift as when considered as a monoplane. The angle of attack for which this condition will arise can be estimated afterwards from the average of the angles φ.

19. The contribution of vortex A to the increase of the drag of the upper wing in figure 40 is evidently

$$W' = \int_0^{l_2} \frac{w}{V} \frac{A_2}{l_2} dx = \frac{A_2}{l_2} \frac{\Gamma}{4\pi V} \int_0^{l_2} \frac{x\,dx}{r^2} = \frac{A_2}{l_2} \frac{\Gamma}{4\pi V} \log \frac{r_2}{r_1}.$$

The contribution of vortex B is, by symmetry, the same. In accordance with equation (20), we can put $\Gamma = \frac{A_1}{l_1 \varrho V}$ and thus obtain for the increase of the drag of the upper wing

$$W_{12} = \frac{A_1 A_2}{l_1 l_2} \frac{\log r_2/r_1}{2\pi \varrho V^2}. \tag{32}$$

By the symbol W_{12} is meant that it is the drag produced by wing 1 upon wing 2. One can convince himself easily that the drag W_{21} which wing 2 produces upon wing 1 has the same magnitude. Therefore the total increase of drag due to the fact that two monoplanes which produce the lifts A_1 and A_2 are combined to form a biplane, the two lifts remaining unchanged (the angles of incidence of course being changed), is

$$W_{12} + W_{21} = 2\,W_{12} = \frac{A_1 A_2}{2\pi\, l_1\, l_2\, q} \log \frac{r_2}{r_1} \tag{33}$$

in which, as always $q = \frac{1}{2} \varrho V^2$.[1]

Upon the change in the magnitude of the velocity, which in accordance with the approximation used depends only upon the disturbance velocity v in the direction of fligth, only the transverse vortex of the other wing has an influence. For any point this influence, according to our formula, is given by

$$v = \frac{\Gamma}{4\pi h} \left(\frac{x}{r} + \frac{l - x}{r'} \right) \tag{34}$$

in which r and r' have the same meaning as before. The upper wing experiences due to the lower an increase in velocity, the lower one experiences due to the upper a decrease in velocity, to which correspond, respectively, an increase or a decrease in lift as shown by the usual formulæ. If we wish to keep the lifts unchanged, as required in the treatment given above, it is necessary to change the angles of attack correspondingly.

[1] The mutal action of two wings placed side by side can also be calculated from the considerations stated above, and results in a decrease of the drag. This decrease is of a similar kind to that which arises in the theory of a monoplane by an increase in the aspect ratio.

The effective change in the curvature[1] of the wing profile will, for simplicity's sake, be discussed here only for the medial plane of the biplane, i. e., for $x = l_1/2$. It is obtained on the simplest manner by differentiating the angle of inclination of the air current disturbed by the other wing, which is, remembering that $\tan\varphi = w/V$,

$$\frac{1}{R} \cong \frac{d}{dy}(\tan\varphi) = \frac{1}{V}\frac{dw}{dy}. \tag{35}$$

Outside of the vertical plane, owing to the disturbing wing, three vortices contribute to the magnitude of w. A side vortex contributes, at a point at the height h and the distance y in front of the transverse plane, a velocity v' perpendicular to r'' of the amount $\frac{\Gamma_1}{4\pi r}\left(1 - \frac{y}{r''}\right)$, and therefore its share of w is

$$w_1 = \frac{\Gamma_1 x}{4\pi r^2}\left(1 - \frac{y}{r''}\right) = \frac{\Gamma_1 l_1}{8\pi r^2}\left(1 - \frac{y}{r''}\right).$$

The transverse vortex contributes

$$w_2 = -\frac{\Gamma_1}{4\pi r}\,\frac{l_1 y}{r'' r'''}$$

in which the meaning of r'' and r''' may be seen from figure 41. The total w is, accordingly,

$$w = 2w_1 + w_2 = \frac{\Gamma l_1}{4\pi}\left(\frac{1}{r^2} - \frac{y}{r^2 r''} - \frac{y}{r'' r'''^2}\right).$$

The differential of this with reference to y, for the value of $y = 0$, is, since then $r'' = r$ and $r''' = h$

$$\left(\frac{dw}{dy_0}\right) = -\frac{\Gamma l_1}{4\pi r}\left(\frac{1}{r^2} + \frac{1}{h^2}\right),$$

the curvature sought is, then, according to equation (35),

$$\frac{1}{R} = \frac{\Gamma}{4\pi V}\,\frac{l_1}{r}\left(\frac{1}{r^2} + \frac{1}{h^2}\right). \tag{36}$$

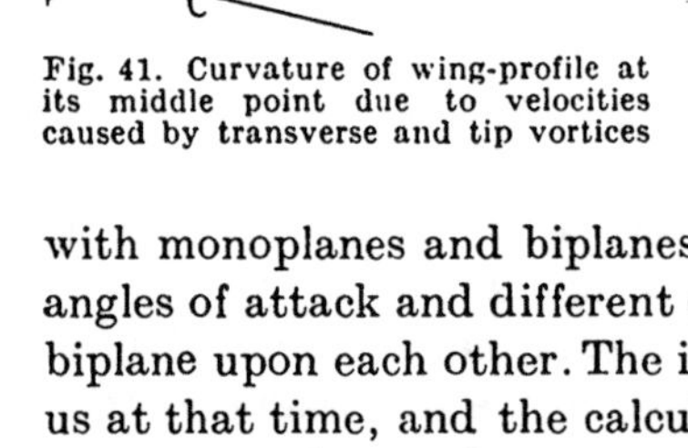

Fig. 41. Curvature of wing-profile at its middle point due to velocities caused by transverse and tip vortices

Calculations of the preceding nature were made in 1912 by my assistant, A. Betz, so as to compare experiments with monoplanes and biplanes and to study the influence of different angles of attack and different degrees of stagger of the two wings of a biplane upon each other. The influence upon the drag was not known to us at that time, and the calculation was carried out so as to obtain the changes in the lift due to w, to v and to the curvature of the streamlines. In this connection the change of the lift of a monoplane when flying

[1] By change in curvature of the wing is meant that if the flow were to be kept straight and the curvature changed, the forces on the wing would be changed exactly as they are on the actual wing owing the change in the flow. — Tr.

near the earth's surface was also deduced, by calculating the influence of the "mirrored wing" exactly as was that of the other wing of a biplane. All that was necessary was to change some algebraic signs, because the mirrored wing had negative lift. The theory of these calculations was given by BETZ in the Z. F. M., 1914, page 253.

The results of the theory of BETZ, from a more modern standpoint, such as adopted here, were given in the Technische Berichte, volume 1, page 103 et seq. There one can find the discussion requisite for the treatment of the most general case of a biplane having different spans of the two wings and with any stagger. In the case of great stagger it appears, for example, that the forward wing is in an ascending air current caused by the rear wing; the latter is in an intensified descending current due to the forward wing and the vortices flowing off from it. Corresponding to this, if the angle of attack is unchanged, the lift of the forward wing is increased, and that of the rear one weakened; at the same time the ratio Drag/Lift experiences a decrease for the forward wing and a marked increase for the rear one.

For a wing in the neighborhood of the ground, owing to the influence of v there is a decrease of lift, and conversely there is an increase of lift due to the influence of w, provided the angle of attack is kept constant, but as the result an evident decrease in the ratio Drag/Lift. Owing to this last it is seen why in the early days of aeronautics many machines could fly only near the ground and could not rise far from it. Their low-powered engines were strong enough to overcome the diminished drag near the ground but not that in free air.

D. Theorie of the monoplane

20. If we extend the principles, which up to this point have been applied to the influence of one wing upon another, to the effect upon a single wing of its own vortices, it can be said in advance that one would expect to find in that case effects similar to those shown in the influence of one wing of a biplane upon the other, i. e., the existence of lift presupposes a descending flow in the neighborhood of the wing, owing to which the angle of attack is made greater and the drag is increased, both the more so the closer to the middle the vortices flowing off at the ends are, i. e., the smaller the aspect ratio is. One might propose to apply the theory previously given for biplanes by making in the formulas of this theory the gap equal to zero. Apart from the fact that the formulas developed do not hold for the immediate neighborhood of the vortex-producing wing, but must be replaced by more accurate ones, this certainly is not the proper path to follow, for, in the earlier treatment, we have taken the undisturbed monoplane as the object with which other cases are to be compared and have asked what drag, what change in angle of attack, etc., are caused by adding a second wing to this monoplane. To proceed according to the same method, we must seek for the theory of monoplanes another suitable object of comparison. As such, the infinitely long wing will serve. Where the discussion previously was about change of angle of attack, increase of drag, etc., we intend now to refer these to the infinitely long wing as a starting point. Since in the theoretical nonviscous flow the infinitely long wing experiences no drag, the total drag of such a wing in such a fluid must be due to vortices amenable to our calculations, as the following treatment will show. In a viscous fluid drag will arise for both wings, infinitely long or not, which for those angles of attack for which the profile is said to be "good" is, according to the results of experiment, of the order of magnitude of the frictional resistance of a plane surface.

The carrying out of this problem is accompanied with greater difficulties than the calculation for a biplane as given. In order to obtain the necessary assistance for the solution of the problem, we shall first be obliged to improve the accuracy of our picture of the vortex system.

The density of the lift (lift per unit length) is not constant over the whole span, but in general falls off gradually from a maximum at the middle nearly to zero at the ends. In accordance with what has been proved, there corresponds to this a circulation decreasing from within outward. Therefore, according to the theorem that by the displacement of the closed curve the circulation Γ can change only if a corresponding quantity of vortex filaments are cut, we must assume that vortex filaments proceed off from the trailing edge wherever Γ changes. For a portion of this edge of length dx the vortex strength is therefore to be written $\frac{d\Gamma}{dx}\,dx$, and hence per unit length of the edge is $d\Gamma/dx$. These vortex filaments flowing off, closely side by side, form, taken as a whole, a surface-like figure, which we shall call a "vortex ribbon".

For an understanding of this vortex ribbon we can also approach the subject from an entirely different side. Let us consider the flow in the immediate neighborhood of the surface of the wing. Since the excess in pressure below the wing and the depression above it must vanish as one goes beyond the side edges of the wing in any manner, there must be a fall in pressure near these edges, which is directed outward on the lower side of the wing and inward on the upper. The oncoming flow, under the action of this pressure drop, while it passes along the wing, will receive on the lower side an additional component outward, on the upper side, one inward, which does not vanish later.

If we assume that at the trailing edge the flow is completely closed again, as is the case in nonviscous flow, we will therefore have a difference in direction between the upper and lower flow; the upper one has a relative velocity inward with reference to the lower one, and this is perpendicular to the mean velocity, since on account of the BERNOUILLI equation in the absence of a pressure difference between the two layers the numerical values of their velocities must be the same. This relative velocity of the two flows is exactly the result of the surface distribution of vortices mentioned above (as the vortex theory proves, a surface distribution of vortices always means a discontinuity of velocity between the regions lying on the two sides of the surface). The relative velocity is the greater, the greater the sidewise pressure drop, i. e., the greater the sidewise change in lift. The picture thus obtained agrees in all respects with the former one.

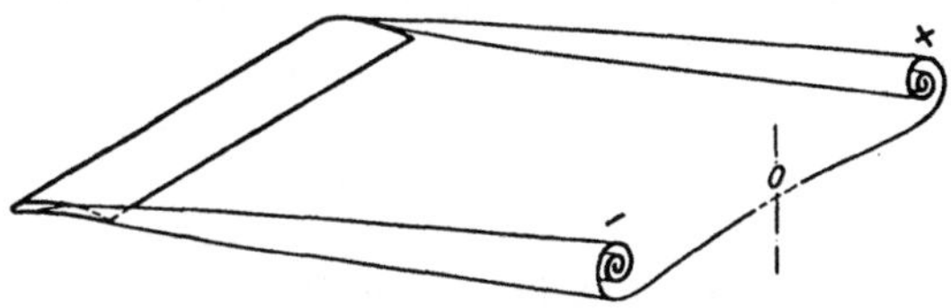

Fig. 42. Change in shape of vortex ribbons at great distances behind the wing

21. The strengths of our vortex ribbon remain unchanged during the whole flight, yet the separate parts of the ribbon influence each other, and there takes place, somewhat as is shown in figure 42, a gradual rolling up of the ribbon, as a closer examination proves. An exact theoretical investigation of this phenomenon is not possible at this time; it can only be said that the two halves of the vortex ribbon become concentrated more and more, and that finally at great distances from the wing there remain a pair of vortices with rather weak cores. For the practical problem, which chiefly concerns us, namely, to study the reaction of the vortices upon the wing, it is not necessary to know these changes going on at a great distance, for the parts of the vortex system nearest the wing will exercise the greatest influence. We shall therefore not consider the gradual transformation of the vortex ribbon, and, in order to make the matter quite simple, we shall make the calculation as if all the vortex filaments were running off behind in straight lines opposite to the direction of flight. It will be seen that, with this assumption, the calculations may be carried out and that they furnish a theory of the monoplane which is very useful and capable of giving assistance in various ways.

If we wish to establish the method referred to with greater mathematical rigor, we can proceed as follows: Since the complete problem is to be developed taking into account all circumstances, we shall limit ourselves to the case of a very small lift and shall systematically carry through all calculations in such a manner that only the lowest power of the lift is retained, all higher powers being neglected. The motion of the vortex ribbon itself is proportional to the total circulation, therefore also proportional to the lift; it is therefore small if the lift is small. If the velocities caused by the vortex ribbon are calculated, first for the ribbon in its actual form, then for the ribbon simplified in the manner mentioned, the difference for the two distributions will be small compared with the values of the velocity, therefore small of the second order, i. e., small as the square of the circulation. We shall therefore neglect the difference. Considerations of this kind are capable of deciding in every case what actions should be taken into account and what ones may be neglected. By our simplifications we have therefore made the problem linear, as a mathematician says, and by this fact we have made its solution possible. It must be considered a specially fortunate circumstance that, even with the greatest values of the lift that actually occur with the usual aspect ratios, the independent motion of the vortex ribbon is still fairly small, so that, in the sense of this theory, all lifts which are met in practice may still be regarded as small. For surfaces having large chords, as, for instance, a square, this nolonger holds. In this case there are, in addition, other reasons which prove that our theory is no longer sufficiently accurate. This will be shown in the next paragraph.

It has already been mentioned that the infinitely long wing will serve as an object of comparison for the theory of the monoplane. We shall formulate this now more exactly by saying: Every separate section of the wing of length dx shall bear the same relation to the modified flow due to the vortex system as does a corresponding element of an infinitely long wing to the rectilinear flow. The additional velocities caused by the vortex system vary from place to place and also vary in the direction of the chord of the wing, so that again we have to do with an influence of curvature. This influence is in practice not very great and will for the sake of simplicity be neglected. This is specially allowable with wings whose chords are small in comparison with their spans, i. e., with those of large aspect ratio. If one wishes to express with mathematical exactness this simplifying assumption, it can be said that the theory of an actual wing of finite chord is not developed, but rather that of a "lifting line". It is clear that a wing of aspect ratio 1:6 may be approximated by a lifting line, specially if one considers that actually the lift is concentrated for the greatest part in a region nearer the leading edge. It is easily seen, however, that a surface in the form of a square can be approximated only poorly by a lifting line.

If we assume a straight lifting line, which lies in a plane perpendicular to the direction of flight, the flow due to the vortices, which according to the BIOT-SAVART law, is caused by its own elements, will not produce any velocities at the lifting line itself except the circulation flow around it, which would also be present for an infinitely long lifting line having the same circulation as at the point observed. All disturbance velocities at a point of the lifting line, which are to be looked upon as deviations from the infinitely long lifting line, are due therefore to the vortices which run off and hence can be calculated easily by an integration.

A qualitative consideration of the distribution to be expected for the disturbance velocities along our lifting line shows at once that—just as was the case for a biplane—the chief thing is the production of a descending current of air by the vortices. If we wish to retain the lift of the same intensity as with the infinite wing, the angle of attack must be increased, since the descending air stream added to the wind due to flight causes a velocity obliquely downward. In addition, the air force, as before, must be turned through the same angle, so that a drag results. The rotation will be the greater, the greater the lift and the closer to the middle of the wing the main production of vortices is. The drag must therefore increase both with increasing lift and with decreasing span.

A picture of what occurs with a wing of finite but small chord is given in figure 43. There the change is shown of the vertical velocity component along a straight line parallel to the direction of flight through the middle of the wing; in the upper part of the diagram, for the infinitely long wing, in the lower part, for the finite wing. We see from Curve *I* the rising flow in front of the wing, its transformation into a descending one at the wing itself and the gradual damping of the descending component due to the upward pressure drop behind the wing. (See sec. 15.) The corresponding curve for the finite wing is Curve *III*. It is derived from *I* by adding to the latter the descending velocity *II*. We recognize the rotation of the profile as well as that of the lifting force, which was originally perpendicular, through the angle φ where $\tan \varphi = w/V$ and w is the velocity downward at the location of the center of pressure (i. e., at the lifting line). If we follow the method of LANCHESTER, as described in section 15, the downward velocity w can also be looked upon as a diminution of the ascending flow at the leading edge of the wind due to the absence of the sidewise prolongation of the wing, i. e., to the deviation from an infinitely long wing which was the basis of the treatment in section 15. Discussions very similar to this are given in LANCHESTER, Volume I, section 117.

It may be seen from the figure that at great distances behind the wing the descending velocity is $2w$, which agrees with the relation already mentioned that the velocities due to a straight vortex filament extending to infinity in both directions are twice those due to a filament extending to infinity in one direction only, for points in the plane perpendicular to this vortex passing through its end point.

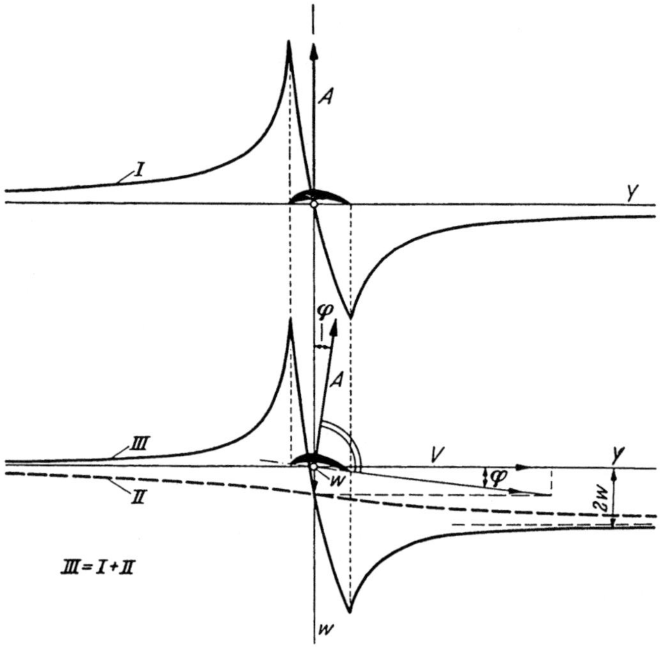

Fig. 43. Wing having finite, but small, chord. Distribution of vertical velocity component along a line parallel to direction of flight: I. Infinitely long wing II. The downward velocity produced by vortices flowing off III. Finite wing, sum of I and II

22. The mathematical processes involved in carrying out the theory outlined above become the most simplified if one considers as known the law, according to which the lift is distributed over the wing. We shall call this the "first problem". The calculation is made as follows: The distribution of lift is the circulation expressed as a function of the abscissa x. The strength of the vortex filament leaving an infinitely small section dx is then $\frac{d\Gamma}{dx}\,dx$. This produces at a point x', according to what has been already explained, a vertical velocity downward or upward of the amount

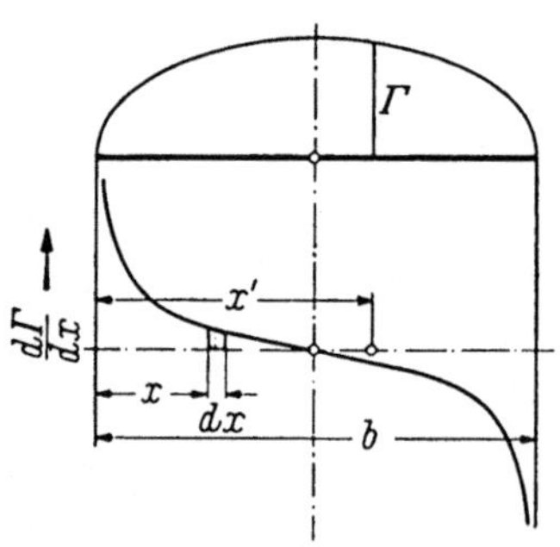

Fig. 44. Velocity at a point x' due to vortex leaving wing at point x

$$dw = \frac{1}{4\pi}\,\frac{d\Gamma}{dx}\,\frac{dx}{x'-x}.$$

In this $x' - x$ takes the place of r in section 8. If the circulation falls to zero at the ends of the wing, as is actually the case, then all the vortices leaving the wing are of this kind. The whole added velocity at the position x', assuming that the function $\Gamma(x)$ is everywhere continuous, is

$$w = \frac{1}{4\pi}\int_0^b \frac{d\Gamma}{dx}\,\frac{dx}{x' - x}. \tag{37}$$

We must take the so-called "chief value" of the integral, which is indeterminate at the point $x = x'$, i. e., the limiting value

$$\lim_{\varepsilon \to 0}\left(\int_0^{x'-\varepsilon} + \int_{x'+\varepsilon}^{b}\right)$$

must be formed, as a closer examination shows. We can do this by calculating, instead of the value of the velocity at the lifting line, which is determined by the preponderating influence of the nearest elements, the value of w for a point a little above or below the lifting line. It is seen that this last is not indeterminate and that by passing to a zero distance from the lifting line it reaches the above limit. Concerning this excursus, important in itself, the preceding brief remarks may be sufficient.

After the calculation of the integral of (37), the downward velocity is known as a function of the abscissa x' (which we later shall call x). We then also know the inclination of the resultant air flow, $\tan\varphi = w/V$; the lift $dA = \varrho\,\Gamma\,V\,dx'$, acting on the section dx', therefore contributes to the value of the drag

$$dW = \tan\varphi\,dA = \varrho\,\Gamma(x')\,w(x')\,dx'$$

since it is inclined backward by the small angle φ. The total drag is therefore

$$W = \varrho\int_0^b \Gamma(x')\,w(x')\,dx' = \frac{\varrho}{4\pi}\int_0^b\int_0^b \frac{\Gamma(x')\,\frac{d\Gamma}{dx}\,dx\,dx'}{x' - x}. \tag{38}$$

For a long time it was difficult to find suitable functions to express the distribution of lift, from which a plausible distribution of w would be obtained by equation (37). After various attempts it was found that a distribution of lift over the span according to a half ellipse gave the desired solution. According to this, if the origin of coordinates is taken at the center of the wing,

$$\Gamma = \Gamma_0\sqrt{1 - \left(\frac{x}{b/2}\right)^2}, \quad \text{hence} \quad \frac{d\Gamma}{dx} = \frac{-\Gamma_0\,x}{\frac{b}{2}\sqrt{\left(\frac{b}{2}\right)^2 - x^2}}.$$

The "chief value" of the integral

$$\int_{-1}^{+1} \frac{t\,dt}{(t'-t)\sqrt{1-t^2}} \text{ is equal to } \pi$$

and therefore the integral of equation (37) is equal to $\frac{\Gamma_0 \pi}{b/2}$, and thus is independent of x' and constant over the whole span. Hence

$$w = \frac{\Gamma_0}{2b}.$$

The value of Γ_0 is obtained from

$$A = \varrho V \int_{-b/2}^{+b/2} \Gamma\,dx = \varrho V \Gamma_0 \int_{-b/2}^{+b/2} \sqrt{1-\left(\frac{x}{b/2}\right)^2}\,dx = \varrho V \Gamma_0 \frac{\pi}{4} b,$$

giving

$$\Gamma_0 = \frac{4A}{\pi \varrho V b}.$$

Hence

$$w = \frac{2A}{\pi \varrho V b^2}. \tag{39}$$

Since w is constant there is no need of calculating the drag by an integral, for it is simply

$$W = \frac{w}{V} A = \frac{2A^2}{\pi \varrho V^2 b^2} = \frac{A^2}{\pi q b^2}. \tag{40}$$

The calculation can also be performed for distributions of circulation given by the following general formula:

$$\Gamma = \sqrt{1-\xi^2}\,(\Gamma_0 + \Gamma_2 \xi^2 + \Gamma_4 \xi^4 + \cdots) \tag{41}$$

in which $\xi = \frac{x}{b/2}$.

According to the calculations of A. Betz

$$w = \frac{1}{2b} \sum_n \left\{\Gamma_{2n} \sum_{m=0}^{m=n} \xi^{2m} [(2n+1)\, p_{n-m} - 2n\, p_{n-m-1}]\right\} \tag{42}$$

and

$$W = \frac{\pi \varrho}{4} \sum_i \sum_k \left\{\Gamma_{2i} \Gamma_{2k} \sum_{m=0}^{m=k} q_{i+m} [(2k+1)\, p_{k-m} - 2k\, p_{k-m-1}\right\} \tag{43}$$

in which the numbers p and q have the meaning

$$p_n = \frac{1 \cdot 3 \cdots (2n-1)}{2 \cdot 4 \cdots 2n}; \quad q_n = \frac{p_n}{2n+2}, \quad p_0 = 1, \quad p_{-1} = 0.$$

The elliptical distribution of lift, apart from its simplicity, has obtained a special meaning from the fact that the drag as calculated from equation (40) proved to be the smallest drag that is imaginable for a monoplane having given values of the total lift, the span and the velocity. The proof of this will be given later.

It was desirable to compare this theoretical minimum drag with the drags actually obtained. As far back as 1913 this was done, but, on account of the poor quality of the profiles then investigated, all that was done was to establish that the actual drag was greater than the theoretical. Later (1915) it was shown, upon the investigation of good profiles, that the theoretical drag corresponds very closely to the relation giving the change of the observed drag as a function of the lift. If we plot in the usual manner the theoretical drag, as given in formula (40) as a function of the corresponding lift, we obtain a parabola, which runs parallel with the measured "polar curve" through the entire region for which the profile is good. (See fig. 45.)

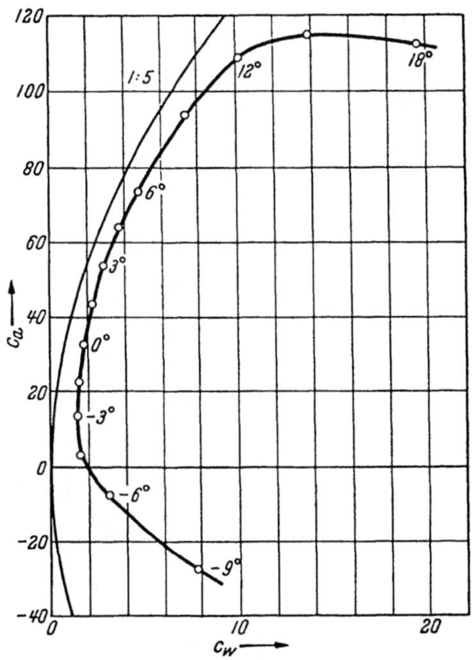

Fig. 45. Polar diagram showing theoretical drag and observed drag

This process was repeated for wings of different aspect ratios, and it was proved that for one and the same profile the difference between the measured and the theoretical drags for one and the same value of the lift coefficient had almost identically the same value in all cases.

This part of the drag depends, however, upon the shape of the profile, and we have therefore called it "profile drag". The part of the drag obtained from theory is called "edge drag", since it depends upon the phenomena at the edges of the wings. More justifiably the expression "induced drag" is used, since in fact the phenomena with the wings are to a high degree analogous to the induction phenomena observed with electric conductors.

Owing to this fact that the profile drag is independent of the aspect ratio, it became possible from a knowledge of the actual drag for one aspect ratio to calculate it for another. To do this, we pass from the formula (40) for the drag to the dimensionless lift and drag coefficients, by setting

$$\frac{A}{F\,q} = c_a \quad \text{and} \quad \frac{W}{F\,q} = c_w,$$

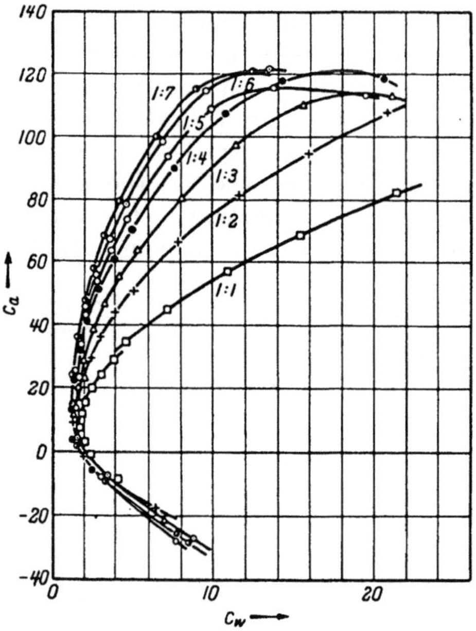

Fig. 46. Polar diagrams for seven wings, aspect ratios 1 : 7, 1 : 6, etc., 1 : 1

we obtain then for the coefficient of the induced drag the relation

$$c_{wi} = \frac{c_a^2 F}{\pi b^2}\,. \qquad (44)$$

The profile drag may then be written $c_{w0} = c_w - c_{wi}$. If this drag coefficient depends only upon the lift coefficient, then it would be evident, since it would be the difference between the measured and the theoretical drag coefficients, that for the polar curves of two different wings having $c_{a1} = c_{a2} = c_a$,

$$c_{w1} - \frac{c_a^2 F_1}{\pi b_1^2} = c_{w2} - \frac{c_a^2 F_2}{\pi b_2^2}\,,$$

and therefore

$$c_{w2} = c_{w1} + \frac{c_a^2}{\pi}\left(\frac{F_2}{b_2^2} - \frac{F_1}{b_1^2}\right). \qquad (45)$$

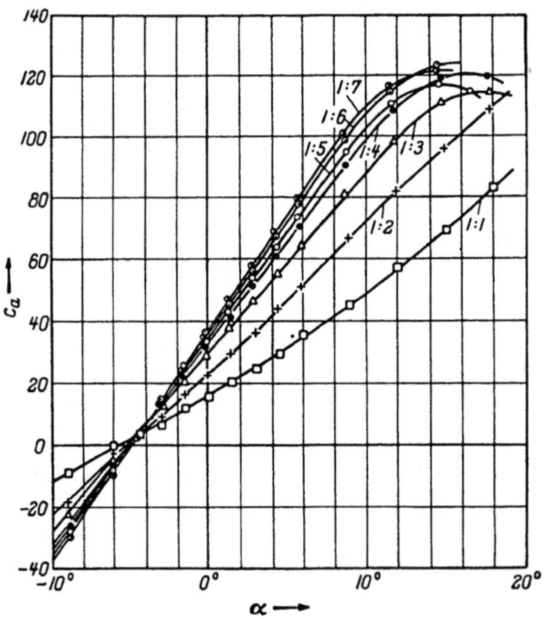

Fig. 47. Lift coefficients plotted as function of angle of attack for aspect ratios 1 : 7 to 1 : 1

In a similar manner a calculation for the angle of attack may be made if we presuppose an elliptical distribution of lift. According to our assumption there is a close connection between the lift of the separate elements of the wing and the "effective" angle of attack, which is the same as the angle of attack of an infinitely long wing. This effective angle of attack, according to our earlier considerations, is the angle of attack of the chord with reference to the resultant air current. It is therefore $\alpha' = \alpha - \varphi$. If we substitute $\tan\varphi = w/V$ for φ, and introduce in equation (39) again the lift coefficient, instead of using the lift, we obtain for the comparison of two wings, expressing the fact that the effective angle of attack is to be the same for two equal lift coefficients, the relation

$$\alpha_1 - \frac{c_a}{\pi}\frac{F_1}{b_1^2} = \alpha_2 - \frac{c_a}{\pi}\frac{F_2}{b_2^2},$$

which leads to the transformation formula

$$\alpha_2 = \alpha_1 + \frac{c_a}{\pi}\left(\frac{F_2}{b_2^2} - \frac{F_1}{b_1^2}\right). \quad (46)$$

These formulas have been found to hold for distributions of lift which do not deviate too much from elliptical ones, although strictly speaking they apply only to the latter. The fact that the type of distribution does not have a marked effect is based upon the consideration that both in the calculation of drag and in that of the mean effective angles of attack we are concerned with average results. For the calculation of the drag one can also introduce the thought that no quantity varies much in the neighborhood of its minimum. Closer investigation of the square cornered wing has shown that, if the aspect ratio is not too small, the lift distribution does not

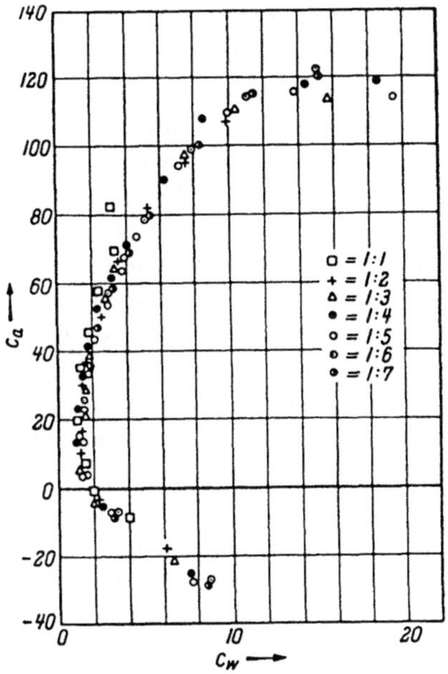

Fig. 48. Polar diagrams reduced from observations on aspect ratio 1 : 5

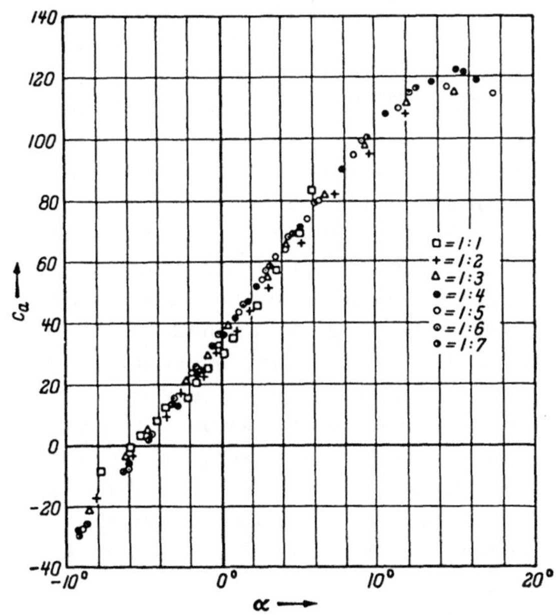

Fig. 49. Lift coefficients as function of angle of attack, reduced for aspect ratio 1 : 5

deviate greatly from the elliptic type, and that the theoretical drag for usual aspect ratios at the most is 5 per cent greater than for the elliptic distribution. As an example of these formulas we shall take four figures from the book published by the Göttingen Institute (Ergebnisse der Aerodynamischen Versuchsanstalt, 1. Lieferung, 1921). The first and second figures show the polar curves, and the connection between lift coefficient and angle of incidence for seven wings of aspect ratio[1] 1:7 to 1:1. The last two figures give the results of calculating these experimental quantities from the results for the wing having the aspect ratio 1:5. It is seen that, apart from the aspect ratios 1:1 and 1:2 practically no deviations are present. The fact that the square can not be correctly deduced from the aspect ratio 1:5 need not excite surprise, since the theory was developed from the concept of the lifting line, and a square or a wing of aspect ratio 1:2 can scarcely be properly approximated by a lifting line. On the other hand it is a matter of surprise that an aspect ratio 1:3 can be sufficiently approximated by the imaginary construction of a lifting line. The deviations in the case of the square are moreover in the direction one would expect from a lift distribution expanded over the chord. A quantitative theory is not available in any case at the present time.

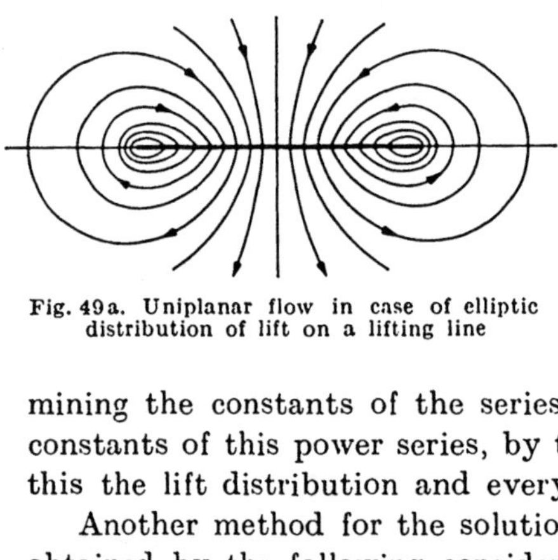

Fig. 49a. Uniplanar flow in case of elliptic distribution of lift on a lifting line

23. If the lift distribution is not given, but, for example, the downward velocity, then the method of treatment followed hitherto may be used, developing the downward velocity in a power series and determining the constants of the series given above for the lift from the constants of this power series, by the solution of linear equations. By this the lift distribution and everything else are known.

Another method for the solution of this "second problem" will be obtained by the following consideration: The velocities at a distance behind the wing, on account of the connection mentioned so often between a vortex filament extending to infinity in one direction only and one extending to infinity in both directions, are twice as great as those in the cross section of the lifting line, if we do not take into account the change in shape of the vortex ribbon. We therefore have here, neglecting this change in shape, an illustration of a two-dimensional fluid flow (uniplanar flow), for which the vertical velocity components at the point where the wing is reached are specified. For the

---

[1] The American practice is to define aspect ratio as the ratio of span to chord, which would involve taking the reciprocals of the ratios given in the text. Tr.

simple case that the vertical velocity w is constant, as was found to be true for the elliptical lift distribution, the shape of the flow that arises has been known for a long time. It is given in figure 49a. It is the same as that already considered, in another connection, in section 15. The picture of the streamlines show clearly the velocity discontinuity between the upper and lower sides of the vortex ribbon, indicated by the nick in the streamlines, and also the vortical motion around the two extreme points of the vortex ribbon, corresponding to the ends of the wing.

Any problems of this kind can therefore be solved by means of the methods provided by the potential theory for the corresponding problem of two-dimensional fluid flow. We can not go into these matters more closely at this time; by a later opportunity some special relations will be discussed, however.

A "third problem" consists in determining the lift distribution for a definite wing having a given shape and given angle of attack. This problem, as may be imagined, was the first we proposed; its solution has taken the longest, since it leads to an integral which is awkward to handle. Dr. Betz in 1919 succeeded after very great efforts in solving it for the case of a square-cornered wing having everywhere the same profile and the same angle of attack. The way the solution was obtained may be indicated briefly here. We start, as before, from the relation

$$\alpha = \alpha' + \varphi \cong \alpha' + \frac{w}{V}.$$

By equation (37) w is expressed in terms of the circulation. The effective angle of attack α' can be expressed in terms of Γ, since, according to the assumptions made before the lift distribution, which is proportional to Γ, depends directly upon α'. The relation between α' and Γ can be assumed to be given sufficiently exactly for our purposes by a linear expression

$$\Gamma = V t (c_1 \alpha' + c_2) \tag{47}$$

in which t is the length of the chord (measured in the direction of flight). By the introduction of the factor $V t$, c_1 and c_2 are made pure numbers. The numerical value of c_1, which is the more important, can be expressed, if c_{a_∞} is the lift coefficient for the infinitely long wing at the angle of attack α', by the relation

$$c_1 = \frac{1}{2} \frac{d c_{a_\infty}}{d \alpha'}.$$

In fact

$$c_{a_\infty} = \frac{A}{F q} = \frac{\varrho \Gamma V l}{l t \frac{1}{2} \varrho V^2} = \frac{2 \Gamma}{V t} = 2(c_1 \alpha' + c_2).$$

For a flat-plate theory proves that $c_1 = \pi$, for curved wings it has a slightly greater value. If, according to what has gone before, we express α' by Γ and w by $d\Gamma/dx$ and write

$$\frac{d\Gamma}{dx} = f(x) \quad \text{and therefore} \quad \Gamma = \int_0^x f(x)\,dx,$$

we obtain after a simple calculation the integral equation

$$\int_0^x f(x)\,dx + \frac{c_1 t}{4\pi}\int_0^b \frac{f(x')\,dx'}{x - x'} = V t(c_1 \alpha + c_2) = \text{const.} \tag{48}$$

A solution of this equation can be obtained by expanding Γ as in equation (41) and developing then all the expressions in power series of $\xi = \frac{x}{b/2}$. For every power of ξ there is then a linear equation between the quantities Γ_0, Γ_2, etc. There is a system of equations, then, with an indefinite number of equations for an infinite number of unknowns, the solution of which in this form is not yet possible. The aspect ratio fo the wing appears in these equations as a parameter, and it is clear that the solution for a small aspect ratio, i. e., b/t is easier than for a large one. Dr. BETZ proved that a development in powers can be made for the unknowns in terms of a parameter containing the aspect ratio. The calculations which are contained in the dissertation[1] of Dr. BETZ (1919) are very complicated and can not be reproduced here; but certain results will be mentioned. The BETZ parameter L has the meaning

$$L = \frac{2b}{c_1 t} = \frac{4b}{t}\,\frac{d\alpha'}{dc_{a_\infty}}.$$

In the application to surfaces which are investigated in wind tunnels the value $dc_a/d\alpha$ is known, not $dc_{a_\infty}/d\alpha'$. For this case theory gives a relation which can be expressed approximately

$$L \cong 3.85\,\frac{b}{t}\,\frac{d\alpha}{dc_a} - 1.3.$$

We can thus obtain the value of $d\alpha'/dc_{a_\infty}$ from the connection mentioned.

The distribution of lift density over the span is elliptical for very small aspect ratios and for greater ratios becomes more and more uniform; for very elongated wings it approaches gradually a rectangular distribution. Figure 50 shows this change in the distribution depending upon L.

[1] Printed in extracts in Heft 2 of the „Berichte u. Abhandl. der Wiss. Ges. f. Luftfahrt“. Munich: R. Oldenbourg 1920.

The drag of the wing with the rectangular distribution is greater naturally than with the elliptic distribution, since this gives the minimum of drag, yet the differences are not very great; for instance, for $L = 4$, $(b/t \cong 6)$ it is about 5 per cent greater than that of the elliptical distri-

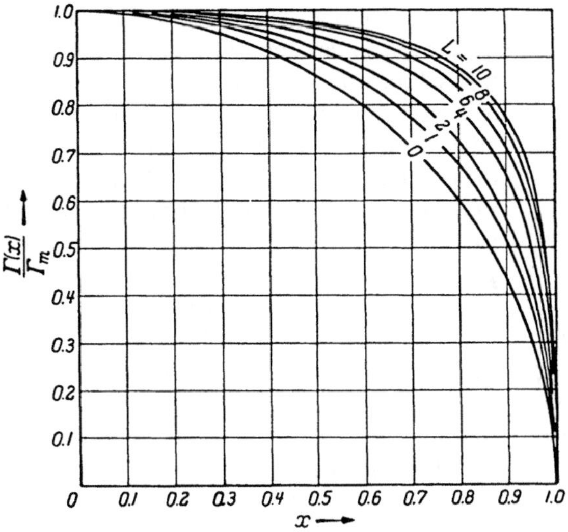

Fig. 50. Change in distribution of lift, as a function of L, the parameter of Betz

bution. An approximation formula, according to the values obtained by Betz, is

$$W \cong \frac{A^2}{\pi q b^2}(0.99 + 0.015L).$$

This is applicable for values of L between 1 and 10.

The distribution of lift, downward velocity, and drag upon a very elongated wing is shown qualitatively in figure 51. It is seen that the downward velocity and the drag gradually accumulate at the ends of the wing. This gives also the correct transition to an infinitely long wing, with which for interior positions the lift is constant, and the downward velocity and the drag are equal to zero, while, as we know, near the ends these last quantities always assume finite values.

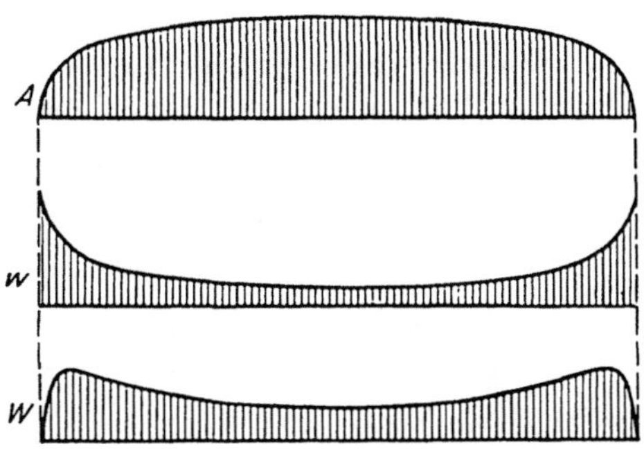

Fig. 51. Distribution of lift, down-wash and drag for a long wing

E. Improved theory of airplanes having more than one wing

24. The knowledge obtained in the theory of a monoplane can be applied also to multiplanes and furnishes here a series of remarkable theorems. We shall limit ourselves to the theory of the first order, as designated in the theory of monoplanes, therefore we shall neglect the influences of v. Further, we shall not take into account the effect of curvature—i. e., we shall consider the separate wings replaced by "lifting lines". For the sake of simplicity we shall limit ourselves to multiplanes with wings which are straight and parallel to each other. The generalization of the theorems for non-parallel wings, corresponding to the deduction given in "Wing theory II", will then be stated without proof. .

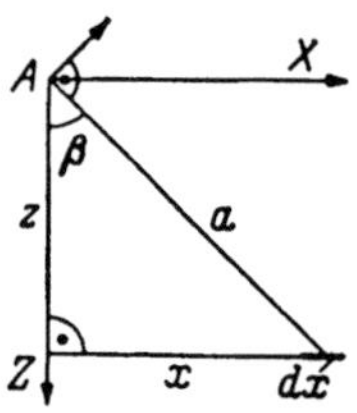

Fig. 52. Velocity at a point A off the lifting line, but in *the transverse* plane, due to the vortex system

Let us first solve the introductory problem of calculating the vertical velocity w produced by a lifting line at a point A which lies off the lifting line. At the beginning let us assume that this point lies in the same "transverse plane" (plane perpendicular to the direction of flight). According to our assumption as to the location of A, the action of the transverse vortex is zero. With reference to the longitudinal vortices it is to be remembered that the velocity $\frac{1}{4\pi}\frac{d\Gamma}{dx}\cdot\frac{dx}{a}$ produced by a longitudinal vortex of strength $\frac{d\Gamma}{dx}dx$ is perpendicular to the line a (see fig. 52), and therefore must be multiplied by $\sin\beta$ to obtain the vertical component. We arrive at the downward velocity, therefore, by integrating over the lifting line, viz:

$$w = -\frac{1}{4\pi}\int_0^b \frac{d\Gamma}{dx}\left(\frac{\sin\beta}{a}\right)dx. \tag{49}$$

This relation can be brought into another form by a partial integration. Since at both wing ends $\Gamma = 0$, we have

$$w = \frac{1}{4\pi}\int_0^b \Gamma\frac{d}{dx}\left(\frac{\sin\beta}{a}\right)dx.$$

But

$$\frac{d}{dx}\left(\frac{\sin\beta}{a}\right) = \frac{d}{dx}\left(\frac{x}{a^2}\right) = \frac{a^2-2x^2}{a^4} = \frac{1-2\sin^2\beta}{a^2} = \frac{\cos 2\beta}{a^2},$$

so that we have

$$w = \frac{1}{4\pi}\int_0^b \Gamma\frac{\cos 2\beta}{a^2}dx. \tag{50}$$

With the aid of this relation we can write down immediately the value of the drag which arises owing to a second wing being under the influence of the disturbance caused by the first wing lying in the same transverse plane. Let us call w_{12} the disturbance velocity at a point A on the second wing. According to the results of section 22, the drag then is

$$W_{12} = \varrho \int_0^{b_2} \Gamma_2 w_{12} \, dx$$

or, if the value of w_{12} as given by equation (50) is substituted,

$$W_{12} = \frac{\varrho}{4\pi} \int_0^{b_1} \int_0^{b_2} \Gamma_1 \Gamma_2 \frac{\cos 2\beta}{a^2} \, dx_1 \, dx_2 \, . \tag{51}$$

The double integral, as one sees, is perfectly symmetrical in the quantities associated with both wings 1 and 2. We conclude from this that the drag which wing 1 experiences owing to the presence of wing 2 is of the same amount as the drag calculated here, that, therefore,

$$W_{12} = W_{21} \, .$$

In the more general case of two curved lifting lines lying in a transverse plane, a formula is obtained which differs from equation (51) only in having $\cos(\beta_1 + \beta_2)$ in place of $\cos 2\beta$ in which β_1 and β_2 are the angles which the line a makes with the normals on the two lifting elements connected by a, and in having $ds_1 \, ds_2$ in place of $dx_1 \, dx_2$. The relation $W_{12} = W_{21}$ therefore holds in this case also. This mutual relation, which was discovered in a different manner by my assistant, Dr. MUNK, is of importance in various applications. Since it plainly is not necessary for the lifting elements taken as a whole to belong to a single surface, the theorem may be stated:

If, out of a lifting system all of whose elements lie in a transverse plane any two groups are selected, the portion of the drag experienced by group 1 due to the velocity field of group 2 is exactly of the same amount as that experienced by group 2 due to the velocity field of group 1.

We can interpret the partial integration performed above by saying that the velocity w appears by it as built up out of the contributions by merely infinitesimal wings having the length dx and the circulation Γ, while previously we have always built it up out of the actions of the separate vortices $\frac{d\Gamma}{dx} dx$. The integrand of equation (50) in fact agrees with the velocity which is caused by two vortex lines of equal but opposite strengths Γ lying at a distance dx apart. The double integra in equation (51) can, from this point of view, be looked upon as the sum of the actions of the vortex strips of all the elements dx_1 on all the lifting elements dx_2.

The objection might be raised that equations (50) and (51) cease to be applicable if the value $a = 0$ appears, since this gives an expression of the form $\infty - \infty$. They are not, therefore, suited for the calculation of the velocity w at the wing itself. In this case we must return to equation (49), and take the "chief value" of the integral; or, the value of w_{12} and of W_{12} for a lifting line that lies very close must be calculated, and then we can obtain our final result by passing to the limit for coinciding lifting lines. As is seen from this, the relations $W_{12} = W_{21}$ hold also for lifting lines coinciding in space, which, besides, may have any arbitrary lift distribution.

The mutual drag need not, as has already been mentioned, always be positive. For instance, it is negative for two wings placed side by side, since then each wing is in an ascending current caused by the other, and the total drag is therefore less than the sum of the mutual drags which each of the wings would have at a greater distance apart. The behavior of certain birds which in a common flight space themselves in a regular phalanx can be explained by reference to this.

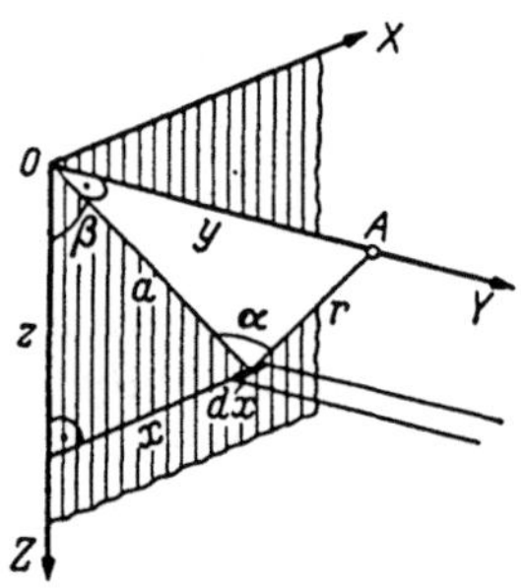

Fig. 53. Velocity at a point A not in the transverse plane, due to the vortex system

25. In order to be able to treat the case of staggered wing systems, the next problem is to calculate the velocity field due to a lifting element of the length dx together with its pair of vortices at a point A which may now lie off the transverse plane, and at a distance y from it. (See fig. 53.) The origin of coordinates will be taken at the projection of the point A upon the transverse plane, and the X axis parallel to the direction of the element. Using the abbreviations

$$a^2 = x^2 + z^2, \qquad r^2 = a^2 + y^2,$$

the velocity produced at the point A by one of the two vortices, by formula (6b), is given by $\frac{\Gamma}{4\pi a}\left(1 + \frac{y}{r}\right)$; the component in the direction of the Z axis, to which we here again limit ourselves, is, then, putting $\sin\beta = x/a$.

$$w_1 = \frac{\Gamma x}{4\pi a^2}\left(1 + \frac{y}{r}\right).$$

The pair of vortices produces then a velocity which may be written as the difference of the effects of two vortices which are close together:

$$dw_1 = \frac{\partial w_1}{\partial x}\,dx = \frac{\Gamma\,dx}{4\pi}\left\{\frac{a^2 - 2x^2}{a^4}\left(1 + \frac{y}{r}\right) - \frac{x^2 y}{a^2 r^3}\right\}.$$

To this must be added the contribution of the transverse vortex

$$dw_2 = \frac{\Gamma\, dx\, y}{4\pi r^3}.$$

The sum of these two velocities, if the two angles defined in figure 53 are introduced, amounts to

$$dw = \frac{\Gamma\, dx}{4\pi}\left\{\frac{\cos 2\beta}{a^2}(1+\sin\alpha) + \frac{\sin\alpha\cos^2\beta}{r^2}\right\}. \qquad (52)$$

With the help of this formula we can now calculate at once the drag experienced by a lifting element situated at the point A and parallel to the former, whose length is dx_2 and circulation Γ_2. If the first element is given the index 1, this drag is

$$d^2 W_{12} = \frac{\varrho\,\Gamma_1\Gamma_2\, dx_1\, dx_2}{4\pi}\left\{\frac{\cos 2\beta}{a^2}(1+\sin\alpha) + \frac{\sin\alpha\cos^2\beta}{r^2}\right\}. \qquad (53)$$

As is easily seen, the drag produced on the lifting element 1 by the lifting element 2 is obtained if in place of α and β the values $\alpha+\pi$ and $\beta+\pi$ are introduced. Therefore it is

$$d^2 W_{21} = \frac{\varrho\,\Gamma_2\Gamma_1\, dx_2\, dx_1}{4\pi}\left\{\frac{\cos 2\beta}{a^2}(1-\sin\alpha) - \frac{\sin\alpha\cos^2\beta}{r^2}\right\}. \qquad (53\,\text{a})$$

It is seen from this that the two parts of the drag are equal only if $\alpha = 0$, that is if the two elements lie in the same transverse plane. Yet in the general case the sum $d^2 W_{12} + d^2 W_{21}$ is independent of α, therefore independent of the amount of stagger. The sum of the two mutual drags leads thus to the same formula as that already derived for nonstaggered wings. If we again pass to the general case of non-parallel lifting lines, in which again ds_1 and ds_2 are to be written in place of dx_1 and dx_2, we obtain as may be proved by performing the calculation, the relation

$$W_{12} + W_{21} = \frac{\varrho}{2\pi}\iint \frac{\Gamma_1\Gamma_2\, ds_1\, ds_2 \cos(\beta_1+\beta_2)}{a^2}. \qquad (54)$$

As is evident, this sum remains unchanged if the two lifting groups are displaced in the direction of flight. Since the total drag of a lifting system is composed of such mutual drags as calculated above and of the proper drags of the separate wings, which likewise are not changed by a displacement of the wing in the direction of flight, the following theorem may be stated:

The total drag of any lifting system remains unchanged if the lifting elements are displaced in the direction of flight without changing their lift forces.

This "stagger theorem" was likewise proved by Munk. For a proper understanding of this theorem it must be mentioned expressly that, in the displacement of the separate lifting elements, their angles of attack must so be changed that the effective angles of attack and therefore the lifting forces remain unaltered.

This theorem, which at first sight is surprising, may also be proved from considerations of energy. Let us remember that, by the overcoming of the drag, work is done, and that in a nonviscous fluid, such as we everywhere assume, this work can not vanish. Its equivalent is, in fact, the kinetic energy that remains behind in the vortex motions in the rear of the lifting system. This energy depends only upon the character of these vortices, not upon the way in which they are produced. If we neglect, as we have throughout, any change in shape of the vortex system, then, in fact, the staggering of the separate parts of the lifting system can not have any influence upon the total drag.

26. For the practical calculation of the total drag of a multiplane, we have then the following: The total drag consists of the sum of all the separate drags and of as many mutual drags as there are combinations of the wings in twos. If the nature of the lift distribution over all the separate wings is specified, then the proper drags are proportional to the square of the separate lifts; the mutual drags, to the product of the lifts of the two wings in question. If the coefficients of this mixed quadratic expression are all known, then one can solve without difficulty the problem: For a specified total lift, to determine the distribution of lift over the separate wings which will make the total drag a minimum.

In order to know these coefficients to a certain degree I calculated them for the case of two straight lifting lines whose middle points lie in the same plane of symmetry, with the assumption that the lift over each separate wing is distributed according to a half ellipse. The results are given in my paper "The induced drag of multiplanes" in Volume III, part 7 of the Technische Berichte. For this purpose the velocity w for the neighborhood of a wing in the transverse plane was first calculated by formula (49), and then the integrals for the mutual drags were obtained by planimetry. To show the analogy with equation (40) this may now be expressed by the formula

$$W_{12} = \sigma \frac{A_1 A_2}{\pi q b_1 b_2}, \tag{55}$$

by means of which the numerical factor σ can be expressed as a function of the two variables $\frac{h}{\frac{1}{2}(b_1 + b_2)}$ and $\frac{b_2}{b_1}$. Calculation gave the following table:

Table 1. *Values of σ*

$\frac{2h}{b_1+b_2}$	0	0.05	0.1	0.15	0.2	0.3	0.4	0.5
$\frac{b_2}{b_1} =$ 1.0	0.780	0.655	0.561	0.485	0.370	0.290	0.230	
.8	.690	.600	.523	.459	.355	.282	.225	
.6	.540	.485	.437	.394	.315	.255	.210	

The curve of the function σ is given in figure 54. For the most important case, viz, for two wings of equal span, I have developed an approximation formula which is

$$\sigma = \frac{1 - 0.66\, h/b}{1.055 + 3.7\, h/b}\,. \tag{56}$$

It may be used from $h/b = 0.05$ to 0.5.

The total induced drag of a biplane is then, if b_1 is the greater span and if the ratio b_2/b_1 is designated by μ

$$W = W_{11} + 2W_{12} + W_{22} = \frac{1}{\pi q b^2}(A_1^2 + 2\sigma\mu A_1 A_2 + \mu^2 A_2^2)\,. \tag{57}$$

Simple calculation shows that for a given $A_1 + A_2$ this drag is a minimum for

$$A_2 : A_1 = (\mu - \sigma) : \left(\frac{1}{\mu} - \sigma\right). \tag{58}$$

The value of the minimum is found to be

$$W_{\min} = \frac{(A_1 + A_2)^2}{\pi q b_1^2}\,\frac{1 - \sigma^2}{1 - 2\sigma\mu + \mu^2}\,. \tag{59}$$

The first factor of this formula is the drag of a monoplane having the span b_1 and the lift $A_1 + A_2$. Since $\sigma < \mu$, the second factor of the formula is always less than 1, i. e., the induced drag of a biplane is less than that of a monoplane which in the same span carries the same load. For a "tandem", i. e., an arrangement of two wings one behind the other, the stagger theorem shows an equivalence with two coinciding wings, i. e., a monoplane. Among the different biplanes having prescribed span b_1 and prescribed gap h, that one is the most favorable in which the second wing also has the span b_1. The most favorable ratio of the two lifts is then 1 : 1 and the second factor of equation (59) becomes equal to $\frac{1}{2}(1 + \sigma)$.

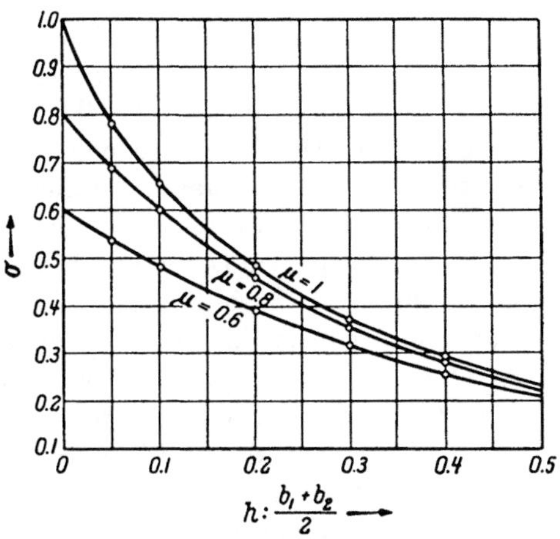

Fig. 54. Curve of the function σ for biplanes whose span ratio, $\mu = b_2/b_1$, is varied

These statements must not, however, be misunderstood; they refer only to the comparison of such wing systems as have the same value for the greatest span. Naturally, for every biplane a monoplane may be found with somewhat greater span than that of the biplane, which at the same total lift has the same induced drag as the biplane.

This last remark leads us to apply also to the biplane the deduction formulas obtained for monoplanes. All that is necessary is to replace the biplane of span b_1 by a monoplane of a somewhat greater span $k\,b_1$, which with reference to the drag—and, on the whole, with reference to the angle of attack—is equivalent to the biplane. If again we pass from the lift and drag to their coefficients c_a and c_w, the formula connecting the drags of any two lifting systems 1 and 2 is

$$c_{w1} - c_{w2} = \frac{c_a^2}{\pi}\left(\frac{F_1}{(k_1 b_1)^2} - \frac{F_2}{(k_2 b_2)^2}\right) \tag{60}$$

in which, as is easily seen, the factor k, for a biplane having the most favorable distribution of lift, is the reciprocal of the square root of the second factor in formula (59).

The tests of this formula with biplanes have shown that, when by giving a special shape to the wing the lift distribution was made elliptical, there was good agreement with the calculations from monoplane experiments: with biplanes having the usual square-cornered wings, on the other hand, there was a discrepancy, which is to be attributed to the fact that the lift distribution on these biplanes deviates too far from an elliptic one. We can, however, retain the same transformation formula if the factor k is determined empirically for every wing system; it is found to be somewhat smaller than according to the theory given above. The experiments on this point are not yet completed, so more accurate values can not as yet be given The earlier Göttingen experiments were worked up by Dr. Munk, to whom this last idea is due, in the paper "Contribution to the aerodynamics of the lifting parts of airplanes" in the Technische Berichte, Volume II, page 187.

27. In the previous section I have treated the problem of finding the minimum of the induced drag of a multiplane, under very definite assumptions concerning the distribution of lift over each separate wing. The strict minimum problem is however different, viz:

To determine for a given front view of a lifting system that distribution of lift over all the lifting elements which will make the induced drag a minimum for a specified total lift.

In this statement of the problem the expression "a given front view"—i. e., more exactly stated, a given projection of the lifting system upon a plane perpendicular to the direction of flight—is used to mean that the wing chord is of secondary consideration, and does not need to be determined until later when the selection of suitable angles of attack is made.

The general solution of this problem was also given by Dr. Munk. It will be deduced here in a simpler manner than that given in Munk's dissertation, where the solution was obtained by the calculus of variations. By means of the stagger theorem mentioned in section 25 the wing system will be referred back to the corresponding nonstaggered system. For this, as we showed, the relation $W_{12} = W_{21}$ holds. We shall now introduce—with the simplifying assumption that all the lifting elements are parallel to each other—a variation of the lift distribution by adding at any one place a lift δA and at the same time taking away an equal amount at some other place, so that on the whole the lift, which is prescribed, remains unchanged. We must now consider the change in the induced drag caused by this variation. If there is superimposed upon the lift distribution an additional air force δA distributed over a short portion dx, there arises therefrom, in addition to the drag proper of the added lift—which, however, if sufficiently small is of the second order—a mutual drag, because on the one hand the added lift finds itself in a flow having the downward velocity w, which is due to the lifting system, and on the other the lifting system is in the velocity field of the added lift. The first of these two drags, as is easily seen, is $\delta A \frac{w}{V}$; the other part, according to our theorem, has the same value; so the total drag is twice this. What condition, now, must be satisfied by the sum of the mutual drags caused by our twofold change of the lift distribution in order to obtain the absolute minimum of the induced drag? The answer is, evidently, that we will have the minimum only if by no change of this kind can the drag be further diminished. The sum of the induced drags, therefore, can in no case be negative; also it may not be positive, because in that case by a reversal of the signs of the changes which we selected we could make the sum negative. Only the value zero is therefore allowable. Hence, if w_1 is the vertical velocity at point 1 and w_2 that at point 2, we have the relation

$$\delta A_1 \frac{w_1}{V} + \delta A_2 \frac{w_2}{V} = 0$$

and, therefore, since $\delta A_1 = -\delta A_2$,

$$w_1 = w_2 .$$

Since this holds for all the lifting elements, we have obtained the answer. The lift distribution which in the given wing system, for a specified total lift, causes a minimum of drag is that which leads to the same downward velocity at all the lifting elements. With monoplanes the elliptical lift distribution leads to a constant downward velocity w. We recognize from this that the elliptical distribution in fact is that distribution of lift which causes the least drag for a monoplane.

The theorem can, besides, be extended easily to the case of non-parallel lifting elements lying in a transverse plane. If w_n is the velocity in the transverse plane perpendicular to the lifting element and ε is the angle between the direction of w_n and that of the given total lift, then, as may be shown without difficulty, $w_n = w_0 \cos\varepsilon$ for all the elements. (If $\varepsilon = 0$, and hence $\cos\varepsilon = 1$, the statement made above again appears.)

28. A way to solve the problem of finding the lift distribution for a prescribed distribution of the vertical velocity has been indicated already in section 23. The velocity field left behind in the air by the lifting surface is, approximately, according to the remark made before, a uniplanar flow around the vortex system produced by the lifting system in its motion, and this vortex system may be regarded, as a first approximation, as a solid body in the fluid. In the minimum case this figure, according to the results of section 27, moves like a *rigid* body, not alone in the case of parallel lifting elements, but also in the general case, for the general minimum condition, $w_n = w_0 \cos\varepsilon$, expresses directly that the normal velocity of the fluid at an element of the rigid figure moving in the direction of the lift coincides with the normal component of the velocity w_0 of the rigid figure itself. The problem is thus reduced to a perfectly definite one treated in the hydrodynamics of uniplanar fluid motion.

This uniplanar flow can be brought into relation, in a specially clear manner, with the pressure distribution existing on the wing system. The wing system, during its motion along its path, imparts to one portion of the air after the other the velocities which we have learned to know as the result of the vortices flowing off from the wings. This transmission of velocity is the result of the spreading out of the pressure field of the wing system over the air particles one after another. In order to simplify the phenomenon for ourselves we can now imagine that these velocities are produced at the same moment by a sort of impulse phenomenon over the whole path of the lifting system. To produce this impulse it is necessary to have a solid figure of the shape of the geometrical region passed over by the lifting system (i. e., of the shape of the vortex surfaces which it leaves behind). If we are concerned with a system of least drag, this figure moves as a rigid body; otherwise it would also experience a change of shape due to the impulse. The final velocity w^* of the figure coincides with the motion of the vortex surfaces at a great distance from the lifting system, and is therefore to be put equal to $2w$. For a monoplane having elliptical distribution our figure is therefore an infinitely long flat plate of the breadth b.

By the production of the velocity during the impulselike acceleration an increase in the pressure p_1 arises below the plate (in the case of multiplanes, under each of the plates corresponding to the separate wings) and at the same time a decrease in pressure p_2 above the plate (or the plates). We can now compare in a very simple manner the total action of the pressure differences at each point of a plate during the time of the impulse with the total action of the pressure differences of the wing in its forward movement at the point of the medium in question. If the resulting motion is the same in both cases, then the pressure differences integrated through the proper times must have the same values. If in the impulse phenomenon lasting a time τ a portion of the fluid of length l is considered, and if therefore the action of the lift $\frac{dA}{dx}\,dx$ in the time $t = \frac{l}{V}$ required to pass over the length l is to be compared, the following relation must hold for the conditions on a strip of width dx:

$$l\,dx \int_0^\tau (p_1 - p_2)\,dt = \frac{dA}{dx}\,dx\,\frac{l}{V}. \tag{61}$$

A formula connected with our previous relations can be obtained by a transformation of the left-hand term. According to a known extension of the BERNOUILLI equation for accelerated motion we have

$$\varrho \frac{\partial \Phi}{\partial t} + \frac{\varrho v^2}{2} + p = f(t).$$

For our impulse phenomenon the aribitrary time function $f(t)$ is a constant, since at the points of the fluid lying far away from the impinging plate the pressure does not change. If the impulse is sufficiently quick, then during the short time of impulse τ the acceleration and the pressure differences will be very large, and therefore the term $\varrho v^2/2$ may be neglected in comparison with the other two, since it itself does not exceed moderate values. We obtain therefore the simplified relation

$$\varrho \frac{\partial \Phi}{\partial t} + p = \text{const.} = p_0$$

which, if at the beginning everything is at rest, ($\Phi_0 = 0$) may be integrated to

$$\varrho\,\Phi = \int_0^\tau (p_0 - p)\,dt, \tag{62}$$

we can therefore write, in equation (61), the expression $\varrho(\Phi_2 - \Phi_1)$ in place of $\int_0^\tau (p_1 - p_2)\,dt$. The potential differences $\Phi_2 - \Phi_1$ which here appears is, according to the connection between potential and circulation (see sec. 5), nothing but the circulation Γ for a closed curve which passed around one edge of the vortex ribbon and intersects our vortex ribbon at x, the point considered. This circulation is again nothing but the circulation around the wing at the point x. If the factor $l\,dx$ is omitted from both sides of equation (61), it takes, as a result of this transformation, the form

$$\frac{dA}{dx} = \varrho\,(\Phi_2 - \Phi_1)\,V = \varrho\,V\,\Gamma. \tag{63}$$

We have thus proved in an entirely independent way, as we see, the KUTTA-JOUKOWSKI theorem for a wing element, which previously we took over, without proof, from the infinitely long wing.

The relations deduced in the previous paragraphs permit, in the case of a constant w, the formation of general theorems for w and W in place of (39) and (40). By integration of (63) the total lift is at once obtained

$$A = \varrho\,V \sum \int (\Phi_2 - \Phi_1)\,dx. \tag{64}$$

The values of Φ in this formula are proportional to the velocity w^* of the vortex ribbon, that is, are dependent upon A. Quantities which are independent of A are derived if the potentials Φ are divided by w^*. In this way we obtain the potentials for a velocity of the vortex ribbon equal to 1. The potential, being the line integral of the velocity, has the dimension velocity times length; the potential φ for $w^* = 1$ has therefore the dimension of a length, and hence

$$\sum \int (\varphi_2 - \varphi_1)\,dx$$

is a surface, which will in what follows be called F', which depends only upon the geometrical properties of the projection of the wing system upon a plane perpendicular to the direction of flight, therefore upon the front view of the wing system; and which evidently for geometrically similar front views is proportional to the square of the span. By introducing F' into equation (64) we have, since $\Phi = \varphi\,w^*$,

$$A = \varrho\,V\,w^*\,F'. \tag{65}$$

From this we may immediately deduce w^*, and thereby also the downward velocity at the point of the wing system

$$w = \frac{1}{2}\,w^* = \frac{A}{2\,\varrho\,V\,F'}\,. \tag{66}$$

If this value is introduced into the relation $W = \frac{w}{V}\,A$, we have

$$W = \frac{A^2}{2\,\varrho\,V^2\,F'} = \frac{A^2}{4\,q\,F'}\,. \tag{67}$$

The evaluation in the manner of the flow of figure 49 gives a potential Φ, if the span of the wing is set equal to b, which has the value $\sqrt{(b/2)^2 - x^2}$ at the plate. The geometrical expression of this value gives a circle having the span b as diameter, therefore $F' = \pi\,b^2/4$. Using this value formula (67) passes over in fact into formula (40).

It may also be noted that a uniform velocity can be superimposed upon the uniplanar flow here discussed, whose discontinuity in potential at the rigid figure representing the vortex ribbon causes the surface F', without thereby changing the relation for F', for the potential discontinuity between the lower and upper sides, with which we are here concerned, is not changed by the superimposed uniform motion. We may now choose the velocity of the uniform motion exactly opposite and equal to the velocity w^* of the rigid figure, and thereby secure the condition that in the new flow the rigid figure is at rest and is surrounded by a flow which at infinity has the velocity w. The forces which the rigid figure experiences by the production of this motion, and which are connected intimately with the so-called ,,apparent mass'', are what we have here set in parallel with the wing-lift.

The surface F' supplies in addition a very simple mechanical connection between the velocity w on the one hand and the lift and drag on the other. According to equation (65)

$$A = \varrho F' V w^*,$$
$$W V = A w = \varrho F' V \frac{w^{*2}}{2},$$

where in the second equation use has again been made of the relation $w^* = 2w$. Now $\varrho F' V$ is the mass of air flowing per second through the section F'. If in order to simplify the whole problem it is once assumed that all the air particles within the section F' experience the full deviation w^* but that all outside are entirely undeviated, then exactly the correct lift and the correct work due to drag are obtained by application of the impulse theorem and the energy theorem. For the lift is now equal to the mass of the fluid deviated per second times the vertical velocity imparted to it, therefore equal to the impulse imparted to the medium. Also, in the same manner, the work done per second by the drag WV is the product of the mass of the fluid passing per second times the half square of the deflection velocity, and therefore equal to the kinetic energy left behind in the medium. This relation is indeed best suited to establish the phenomena of the theory of airplanes in a course for students who are only slightly skilled in mathematics. The fact that for a monoplane the circle having a diameter equal to the span comes out as the surface F' is one that will appear most plausible to the laity.

29. Of the theory pictured in the preceding section, according to which the determination of the induced drag in the case of the most favourable lift distribution is reduced to a problem of the potential theory, manifold applications have already been made. Especially, Dr. Grammel and K. Pohlhausen have treated, at my instigation, the case of the biplane made up of two straight monoplanes of the same span, and also, on the other hand, that of a monoplane having a longitudinal slot. The calculations in both cases are solved by means of elliptic integrals. I have given the formulas in my Wing Theory II. It may be sufficient here to state the practical final result, which is referred to the magnitude of the surfaces F'. These surfaces are best expressed for biplanes in terms of the corresponding surfaces of the monoplane having the same span. In fact, the ratio $F' : \frac{\pi}{4} b^2$, as is easily seen, equals the square of the factor k, introduced in section 26, by which the span must be increased in order to have a monoplane of the same induced drag. The values of k^2 for the biplane are obtained from the following table. The gap of the biplane, i. e., the distance apart of the two wings, is designated by h.

Table 2. *Values of* $k^2 = F' : \frac{\pi}{4} b^2$

$h/b =$	0.	0.05	0.10	0.15	0.2	0.3	0.4	0.5	...	∞
$k^2 =$	1.000	1.156	1.212	1.289	1.352	1.461	1.550	1.626	...	2.000

The values given in the table may be expressed by the approximation formula

$$k^2 \cong \frac{1.027 + 3.84\, h/b}{1 + 1.63\, h/b}\,. \tag{68}$$

In the case of the monoplane having a slot a suitable comparison wing is obtained by shoving the two halves of the monoplane together until the slot is closed. If b is the original span and d is the width of the slot, this monoplane has evidently the span $b - d$. We shall therefore form the ratio $F' : \frac{\pi}{4} (b - d)^2$ and again designate it by k^2. Calculations gave the following values:

Table 3. *Values of* $k^2 = F' : \frac{\pi}{4} (b - d)^2$

$d/b =$	0.000	0.001	0.010	0.0316	0.100	0.250	0.500	1.000
$k^2 =$	1.000	0.762	0.676	0.6200	0.568	0.528	0.506	0.500

It is seen that even very narrow slots produce an important increase in the induced drag. For a very wide opening k^2 falls to one-half, as may be deduced easily from the fact that now, instead of one monoplane, we have two monoplanes of half the span. The values given in the table may be expressed by the approximation formula

$$k^2 = 1 - \frac{1}{2\sqrt{1 + 0.35(\log_{10} b/d)^2}}\,. \tag{69}$$

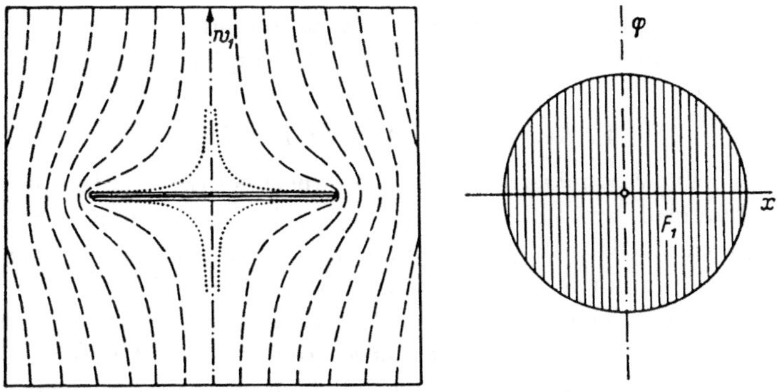

Fig. 55

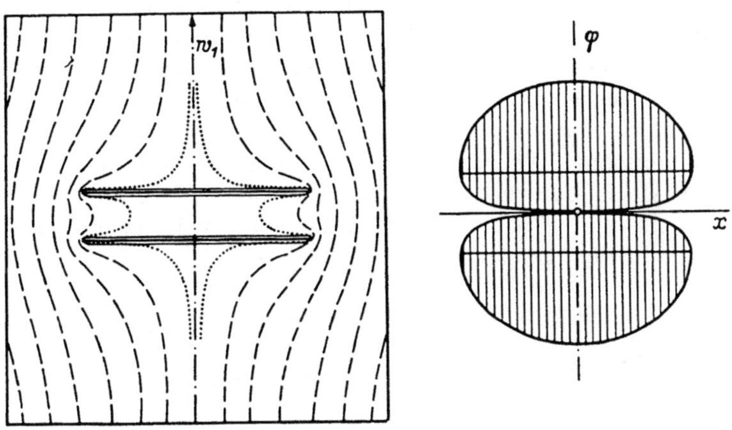

Fig. 56

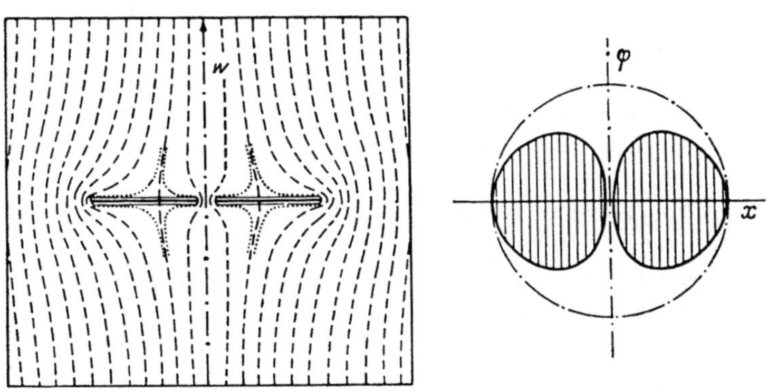

Fig. 57

Fig. 55—57. Left: Flow behind a monoplane, a biplane, and a monoplane with a slot, with reference to an observer moving downwards with the velocity W of the vortex system Right: Corresponding surfaces F_1

Figures 55—57 show, at the left, the uniplanar w^*-flow and, at the right, the surfaces F', for a monoplane, a biplane, and a monoplane with a slot.

F. Aerofoils in a tube or in a free jet

30. To draw conclusions from the experimental results obtained in a tube bounded by solid walls or in a free jet from a nozzle, it is very useful to know the influence of the neighboring walls and of the boundaries of the jet upon the phenomena at the aerofoil. We wish indeed to know the behavior of the aerofoil in an air space infinitely extended in all directions; and the problem therefore arises to introduce a method for passing by calculation from the case which prevails in the experiments to that of the unlimited air space. For this purpose we shall next state clearly the boundary conditions which exist at solid walls parallel to the direction of the wind and at the free boundary of a jet. At solid walls, the velocity components normal to the wall, w_n, must equal zero; on a free jet boundary, on the other hand, the pressure is to be put equal to that of the surrounding quiescent air layer, and therefore is constant. We can transform these last relations as follows, keeping within our theory of the first order. According to the BERNOUILLI theorem, if V is the undisturbed wind velocity, and u, v, and w are the additional velocities

$$p + \frac{\varrho}{2}[u^2 + (V + v)^2 + w^2] = p_0 + \frac{\varrho}{2} V^2$$

or, since $p = p_0$,

$$u^2 + v^2 + w^2 + 2 V v = 0 .$$

If we neglect the squares of the disturbance velocities as being small of the second order, we have as the approximate initial condition for the free jet $v = 0$. We proceed a step farther upon the path indicated to us by the approximation theory of the first order if we prescribe the value $v = 0$, not for the actual jet boundary, but for that cylinder which is given by the surface of the undeviated jet. By doing this the boundary condition for the free jet becomes very similar, in a formal way, to that for the solid walls.

The two problems can now be solved in the following manner: We consider first the velocity field for the unlimited space, according to the exposition previously given. This field offers, both in the case of the tube and in that of the free jet, contradictions with our boundary conditions at the walls or the jet boundary. We must superimpose a velocity field which in the interior of the region considered is free of singularities and which on the boundaries has velocities opposite to those velocity components, the vanishing of which is prescribed by the boundary condition. It is easily seen that by the superposition of this second velocity field on the original one the boundary conditions are satisfied exactly. The influence of this second field upon the aerofoil is now exactly that influence which we are seeking, and which we can calculate from the results of the theory of aerofoils as soon as this second field is known.

The additional velocity field corresponds to a pure potential motion; we have, therefore, the problem of determining its potential Φ. In the case of solid walls we are thus led to the problem of finding the potential for a given region (the interior of the tube) when the normal component w_n of the flow is given at the boundary of the region. This is the so-called "second boundary value problem" of the potential theory. The corresponding problem for a jet, as we shall see at once, leads to the "first boundary value problem", in which at the boundary the values of the potential itself are prescribed. According to what has been said above our region is a cylinder whose generating lines are parallel to the velocity V, hence, parallel to the Y axis, and for each point on the boundary the relation $\partial \Phi / \partial y = -\bar{v}$ (in which the dashes indicate boundary values) is prescribed. Integrating this relation for each generating line gives

$$\bar{\Phi}(y) = -\int_{-\infty}^{y} \bar{v}\, dy\,.$$

If we go sufficiently far upstream ever influence of the aerofoil vanishes; therefore for $y = -\infty$, $\Phi = 0$; and hence $y = -\infty$ is taken as the lower limit of the integral. By this, then, we obtain the boundary values of the potential $\bar{\Phi}(y)$.

The complete calculation of the added potential Φ for the entire interior of the tube or jet is fairly difficult. If we concern ourselves, however, only with our main problem, to determine the corrections which must be applied to our experimental results, then we can again assume that the velocity components perpendicular to the axis of the tube in the plane of our aerofoil are half as large as at a great distance behind it. This consideration, which proceeded from the comparison of a vortex filament proceeding to infinity in one direction only with one proceeding to infinity in both directions, holds here exactly as well as in the cases discussed previously. We can therefore pass here as before from the space problem to a uniplanar one if we calculate the phenomena far behind the aerofoil. Our boundary conditions for the uniplanar problem are, for the tube, $\bar{w}_n = 0$, for the free jet, $\bar{\Phi} = \text{const.}$ The last condition may be interpreted specially conveniently if use is made of the method of treatment of section 28. Since in this, for the end of the impulse phenomenon, $\Phi = \int_0^{\tau} (p_0 - p)\, dt$,

$\bar{\Phi} = \text{const.}$ means simply that $\bar{p} = \text{const.}$, which, indeed, was the original boundary condition for the free jet.

31. The conditions stated in the preceding section can be secured most easily for a jet, or tube, of a circular cross section. In this case the added motion is obtained very simply by assuming for every vortex flowing off an equally strong one outside the circle, at the point outside corresponding to the one inside according to the reciprocal radii. If the direction of rotation of the external vortex is taken the same as that of the interior one, then at the points of the circle the boundary condition for a free jet is obtained; and, if opposite directions of rotations are taken, then the boundary condition for a tube is satisfied. This may be expressed by saying that there is combined with the aerofoil another obtained by reflexion according to reciprocal radii, whose circulation at corresponding points is the same in absolute value as that of the actual aerofoil, and for the jet it has the same sign, but for the tube the opposite sign.

The exact calculation has been made for a straight monoplane in the middle of the jet, assuming the lift to be distributed according to a half ellipse. If b is the span of the monoplane and D the diameter of the jet, then the disturbance velocity w' caused by the jet boundary at the distance x from the middle of the jet is

$$w' = \frac{A}{\pi D^2 \varrho V}\left(1 + \frac{3}{4}\xi^2 + \frac{5}{8}\xi^4 + \frac{35}{128}\xi^6 + \text{etc.}\right) \tag{70}$$

in which $\xi = 2x\,b/D^2$.

The added drag calculated from this velocity according to equation (38) is found to be

$$W' = \frac{A^2}{\pi D^2 \varrho V^2}\left[1 + \frac{3}{16}\left(\frac{b}{D}\right)^4 + \frac{5}{64}\left(\frac{b}{D}\right)^8 + \cdots\right]. \tag{71}$$

A similar calculation for a uniform lift distribution gave for the first term in the formula for the drag the same value as in equation (71). It appears that the other terms of the series have but little importance with the usual ratios, so that we can limit ourselves to the first term. An approximation treatment shows, further, that any small wing system, in the middle of the circular jet gives rise to the same expression. We can therefore write for the total induced drag of the wing system in a jet of cross section F_0, if the surface F' is again introduced from section 28,

$$W = \frac{A^2}{4q}\left(\frac{1}{F'} + \frac{1}{2F_0}\right). \tag{72}$$

For a tube of circular cross section the same disturbance effect is found, but with the opposite sign; and therefore we have the approximation formula for the drag

$$W = \frac{A^2}{4q}\left(\frac{1}{F'} - \frac{1}{2F_0}\right). \tag{72a}$$

The correction, owing to the consideration of the finite cross section of the jet, is for the ratios ordinarily used not small. For $b/D = \frac{1}{2}$, it is already one-eighth of the induced drag. Formula (71) gives 0.1262 instead of 0.125; the corresponding formula for uniform distribution gives 0.127. It is seen, therefore, that the differences are not great, and that the approximation formula (72) is satisfactory for most cases.

For a tube of rectangular cross section the calculations would have to be made in such a manner that the aerofoil was mirrored at all the walls an infinite number of times, like a checkerboard. Further development of the calculation leads to elliptic functions. It has not yet been carried through. One can assume, however, that for a tube having a square cross section the influence of the walls will be of about the same magnitude as for the circle having an equal area.

G. Application of the theory of aerofoils to the screw propeller

32. The fundamental ideas of the aerofoil theory can be applied step by step to the screw propeller. For the elements of the blades the Kutta-Joukowski formula holds, viz, that the air force is perpendicular to the velocity c of the element with reference to the air and that, per unit length of the blade, it has the value $\varrho \Gamma c$. Corresponding to what has gone before, vortices will arise at the blade, having a vortex strength per unit length equal to $d\Gamma/dx$. If we wish again to construct a theory of the first order, that is, if we agree to consider as small the air forces and the velocities produced by them, then again the proper motion of the vortices will be small and therefore in a first approximation may again be neglected. The vortices then have the shape of screw lines and form vortex ribbons which—if for the sake of simplicity we assume straight radial blades—have the shape of ordinary screw surfaces.

The calculation of the velocity field of a screw vortex is markedly more complicated than that of a rectilinear vortex and leads to functions which thus far have not been studied in detail. In spite of this it is possible, as Dr. Betz has shown, to prove a series of general theorems very similar to those of Munk for multiplanes. Since the velocity c is not the same at the separate blade elements, we must speak of the "work lost" where Munk speaks of drag. The work applied for the motion of the propeller is composed of two parts—useful work + work lost. The latter in our ideal case, where friction is exclused, is transformed completely into kinetic energy of the air. The kinetic energy stands again in close connection with the vortex system produced by the propeller. BETZ proved, among others, the following theorems:

(1) If two elements of a propeller blade lie upon the same radius at distances x and ξ from the axis, then the work lost at the point ξ due to the disturbance velocity caused by the air force at the point x is equal to the work lost at the point x owing to the disturbance velocity caused by the air force at the point ξ.

(2) This theorem must be somewhat modified for two elements which do not lie on the same radius. It reads: The work lost at the point ξ due to the disturbance velocity caused by the air force at the point x is of the same amount as the work which would be lost at the point x if the screw vortex proceeding from the element at ξ were to pass out forward in the prolongation of the actual vortex instead of going backward[1].

(3) This last theorem leads at once to the following relation for the sum of the two amounts of work lost: The total work lost due to the mutual action of the air forces by two blade elements at points x and ξ is the same as the work which would be lost at one point alone if the screw vortex proceeding from the other point were to extend to infinity both forward and backward.

It is easily seen that this theorem is perfectly analogous to the stagger theorem of section 25, for if the vortex of the inducing element extends in both directions, then the position of the element itself on its own vortex strip is immaterial as far as the velocity field produced is concerned[2]. It is therefore true of screws that nothing is changed in the total energy-loss if blade elements are displaced in any way, without change of their air forces, along the relative streamlines passing through them (i. e., in this case, screw lines). This naturally is connected again with the fact that the total amount of the energy loss depends only upon the final distribution of the vortex systems, not upon the relative position of the places where the separate vortices arise.

Theorem No. 3 will be of use to us also in what follows. It can be made clearer by the following consideration. The field of the vortex ribbon of a lifting element dies away very quickly forward of the element, but in the rear it extends over the entire length of the path traversed. If the sum is formed of the two mutual losses in work of two elements at the points x and ξ, we can proceed, owing to the stagger theorem, to displace one of the two elements along its screw line so far backward that its velocity field is no longer appreciable at the position of the other undisplaced element. At the same time, however, the influence

[1] In this the sense of rotation of the transverse vortex is to be reversed.

[2] The transverse vortex in this case cancels out completely in the determination of the velocity field, since it appears twice with opposite senses of circulation.

of the latter element upon the first is increased since its vortex ribbon, viewed from the new position of the first element, extends as far forward as backward. The sum of the two mutual losses in work is reduced in this manner to the loss which the velocity field of the front element produces upon the displaced one[1].

(4) The most important of BETZ's theorems, from a practical standpoint, furnishes the complete analogy to MUNK's theorem concerning the wing system having the least drag, and, corresponding perfectly to the statements in sections 27 and 28, may be expressed thus: The flow behind a propeller having the least loss in energy is as if the screw surfaces passed over by the propeller blades were solidified into a solid figure and this were displaced backward in the nonviscous fluid with a given small velocity. The potential difference between the front and rear sides of a screw surface at one and the same point furnishes, then, again the circulation Γ of the corresponding point of the propeller blade.

A short proof of theorem 4 will be given. For this purpose the principal equations for the action of a screw must first be deduced. The screw is imagined to be displaced with the velocity v relative to the air, and to rotate at the same time with the angular velocity ω. A blade element at the distance x from the axis has then, with reference to the air which in the theory of the first order may be assumed to be at rest, the velocity c, with the components v and $x\,\omega$. (See fig. 58.)

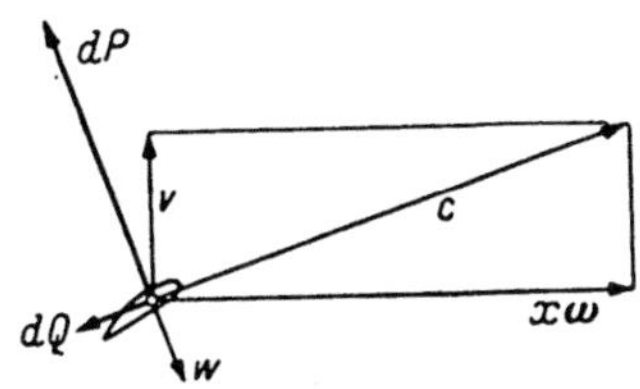

Fig. 58. Velocity field near a blade of a screw-propeller

If now vortex were produced, then, with the assumption of a nonviscous fluid, an air force dP would arise, which, according to the KUTTA-JOUKOWSKI theorems, would be perpendicular to the velocity c and would have the value, for a blade element of length dx,

$$dP = \varrho \Gamma c \, dx. \tag{73}$$

The force dP is decomposed into two components, of which the one in the direction of v interests us specially, since it is applied to the screw. This component is

$$dS = dP \cos\varepsilon = \varrho \Gamma x \omega \, dx. \tag{74}$$

The total thrust, if there are n blades, is then

$$S = \varrho \omega \sum_1^n \int_0^r \Gamma x \, dx. \tag{75}$$

[1] This process of thought can be applied, naturally, in the same way to aerofoils and furnishes a convenient deduction for the sum of the drags $W_{12} + W_{21}$.

The other component

$$dT = dP \sin\varepsilon = \varrho \Gamma v \, dx, \tag{76}$$

furnishes a contribution as a torque to the rotation moment. It is seen at once that $dS\,v = dT\,x\,\omega$, i. e., the useful thrustwork is equal to the work done by the torque hitherto used in our calculations. This depends immediately upon our assumption that the force dP is perpendicular to the velocity c. But the screw blades actually produce a vortex system and we must ask as to the reaction of the vortex system upon the phenomena of a screw. We shall assume, exactly as in the aerofoil theory, that we turn the blade profile in such a manner that the lifting forces desired by us actually come into play. Since we are interested here merely in the loss in work caused by the vortex system, we have to do only with the drag components caused by the vortex system. This depends, exactly as before, upon the velocity component perpendicular to the velocity of motion of the element, which in this case equals c. We shall again designate it by w. The added velocity component w furnishes a drag in the direction of motion equal to

$$dQ = dP \frac{w}{c} = \varrho \Gamma w \, dx. \tag{77}$$

The loss of work per second is therefore

$$dQ\,c = \varrho \Gamma \, dx \, w \, c (= dP\,w).$$

If now, according to figure 58, we put $c = v/\sin\varepsilon$, our problem is to make a minimum the total loss of work

$$L = \varrho v \sum_1^n \int_0^r \frac{\Gamma w \, dx}{\sin\varepsilon}. \tag{78}$$

The variation of this quantity must therefore be put equal to zero. We shall proceed, for this purpose, similarly to the way MUNK's theorem was deduced in section 27. We shall change by small amounts the circulation at two places, which may reach from x_1 to $x_1 + dx_1$ and from x_2 to $x_2 + dx_2$, in such a manner that the total thrust remains unchanged. According to equation (75) we must make

$$\delta\Gamma_1 \, x_1 \, dx_1 + \delta\Gamma_2 \, x_2 \, dx_2 = 0. \tag{79}$$

Exactly as before the condition for the minimum is obtained if the loss of energy due to our added circulation remains unchanged. In order to calculate the loss, let us make use of theorem No. 3 and assume that the added wing forces are brought into action far behind the propeller so that the loss is merely the product of the added air force by the velocity w^* which arises from the vortices of the propeller, and therefore for the first element is equal to $\varrho\, v\, \delta\Gamma_1 \frac{w_1^*}{\sin\varepsilon}\, dx_1$. Omitting the constant factor, we obtain as the minimum condition—

$$\delta\Gamma_1 \frac{w_1^*}{\sin\varepsilon_1}\, dx_1 + \delta\Gamma_2 \frac{w_2^*}{\sin\varepsilon_2}\, dx_2 = 0,$$

from which is derived, making use of equation (79)

$$\frac{w_1^*}{x_1 \sin\varepsilon_1} = \frac{w_2^*}{x_2 \sin\varepsilon_2} = \text{const.} \tag{80}$$

We must compare this condition with that obtained for the velocity components normal to a rigid screw surface, when this surface is moved backward with the velocity w'. We then have (see fig. 59):

$$w_n = w' \cos\varepsilon.$$

But on a screw surface the pitch h is connected with the angle of pitch ε and the radius x by the relation $h = 2\pi\, x \tan\varepsilon$.

Multiplying this last equation with that for w_n, and solving, we get

$$w_n = \frac{2\pi\, w'\, x \sin\varepsilon}{h}$$

and therefore

$$\frac{w_n}{x \sin\varepsilon} = \text{const.} \tag{81}$$

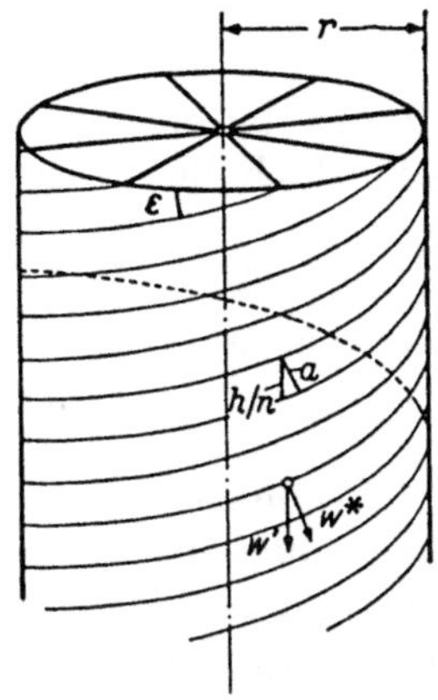

Fig. 59. Idealized vortex system of a screw-propeller

On comparing (81) with (80) it is seen that by a suitable choice of w' the value of w_n can always be made to agree with that of w^*, which proves Betz' theorem.

33. In order to learn more accurately the nature of the distribution of circulation which we are seeking, we shall proceed as if the velocity field at great distances from the screw is produced by having the velocity w' in the direction of the axis imparted impulsively to the rigid figure composed of screw surfaces. In a purely qualitative way one can see that with any system of screw surfaces having a small pitch the air in the interior of the system is actually accelerated backward with, of course, the appearance of tangential velocity components whose intensity is a function of the angle ε and is greatest for $\varepsilon = 45°$. At the axis itself there is neither an axial nor a tangential acceleration. Less simple are the conditions near the outer boundary of the screw surface where a flow around the edges of the surfaces occurs.

In order to obtain a quantitative statement, we shall for simplicity's sake next think of a screw having a large number of blades. Our rigid figure consists, then, of a very large number of screw surfaces, lying close together, and therefore the air is led with difficulty into the interior. When the impulse occurs it escapes in the direction of the normals to the screw surface. The radial velocity components w_r will be appreciable only in the neighborhood of the outer boundary of the screw surfaces; further in, we may put it equal to zero approximately. For the tangential components w_t and the axial components w_a, the relations hold, as is easily seen,

$$w_t = w^* \sin\varepsilon = w' \cos\varepsilon \sin\varepsilon,$$

$$w_a = w^* \cos\varepsilon = w' \cos^2\varepsilon.$$

The angle may be expressed by writing

$$\tan\varepsilon = \frac{h}{2\pi x} = \frac{v}{x\,\omega} = \frac{r'}{x}. \tag{82}$$

In this, for brevity's sake, $h/2\pi = v/\omega$ is put equal to r' (r' is that radius for which the pitch of the screw, $\tan\varepsilon$, $= 1$). Then

$$\sin\varepsilon = \frac{r'}{\sqrt{r'^2 + x^2}} \quad \text{and} \quad \cos\varepsilon = \frac{x}{\sqrt{r'^2 + x^2}} \tag{83}$$

and hence

$$w_t = w' \frac{r'\,x}{r'^2 + x^2} \quad \text{and} \quad w_a = w' \frac{x^2}{r'^2 + x^2}. \tag{84}$$

We must now determine the circulation around the separate blades as a function of the radius x. For a screw with n blades the total circulation of the vortices inside the circle of radius x coincides with the line integral for the closed circle of radius x; this circulation must evidently equal $n\Gamma$, where Γ is the circulation of one of the screw blades at the point x. From this we have

$$\Gamma = \frac{2\pi\,x\,w_t}{n} = \frac{2\pi\,r'\,w'}{n}\,\frac{x^2}{r'^2 + x^2}\left(= \frac{h\,w_a}{n}\right). \tag{85}$$

The curve for Γ according to equation (85) is shown in curve I of figure 62.

At the ends of the blades we would expect to have a decrease of the circulation of the same character as found for aerofoils. An approximate treatment can be devised in the following way: We imagine an infinite series of aerofoils which have a distance apart a and are not staggered and which extend infinitely far toward the left. We inquire what is the most favorable distribution of lift near the ends of these aerofoils. The distance a is then to be made equal to the perpendicular distance apart of the edges of two consecutive blades of the screw, i. e., according to figure 59,

$$a = \frac{h}{n}\cos\varepsilon_1 = \frac{2\pi\,r'}{n}\,\frac{r^2}{r'^2 + r^2}. \tag{86}$$

The problem now, according to the procedure of section 28, may be solved by seeking the potential flow around the edges of the corresponding family of planes and by determining the discontinuity of potential at the planes. This problem may be solved without difficulty by means of conformal representations. (See sec. 10.) It can be shown that the plane with the straight cuts as shown in figure 60, which we shall call the z plane, may be transformed into the unit circle (t plane) by the formula

$$z = \frac{a}{\pi} \log \frac{1}{2}\left(t + \frac{1}{t}\right). \qquad (87)$$

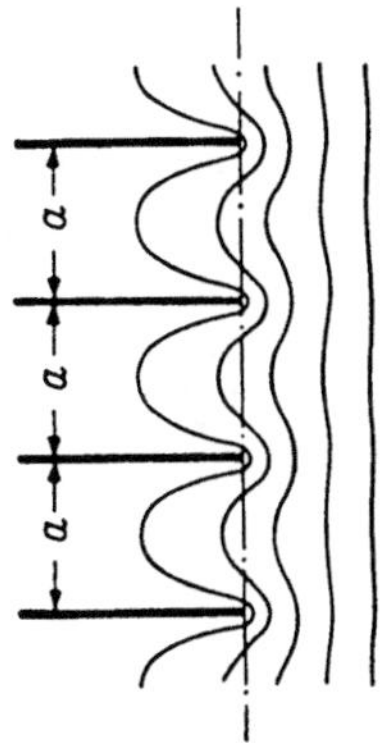

Fig. 60. Conformal transformation $z = \frac{a}{\pi} \log \frac{1}{2}\left(t + \frac{1}{t}\right)$

The flow of figure 58 is transformed thereby into circulation flow around the unit circle; in fact

$$\Phi + i\Psi = i\,C \log t.$$

After a short calculation, by elimination of t, we have

$$z = \frac{a}{\pi} \log \cos \frac{\Phi + i\Psi}{C}. \qquad (88)$$

For the surface around which the flow takes place, and which is given by the streamline $\Psi = 0$, we have, therefore,

$$x = \frac{a}{\pi} \log \cos \frac{\Phi}{C}$$

or

$$\Phi = \pm C \cos^{-1} e^{x\pi/a}, \qquad (89)$$

which gives the real values for negative values of x. The potentials thus obtained or the velocity equal to 1 of the free flow (to obtain which C must be put equal to a/π), which, according to what has gone before, give us the surface F', form a picture such as is shown in figure 61. By means of this one can form a definite judgment as to how the circulation, and with it the thrust also, decreases at the blade tips. We can replace the shaded portions of figure 61 by straight line, having an equal area below it which, in accordance with the integration performed, must lie behind the blade tips at the distance

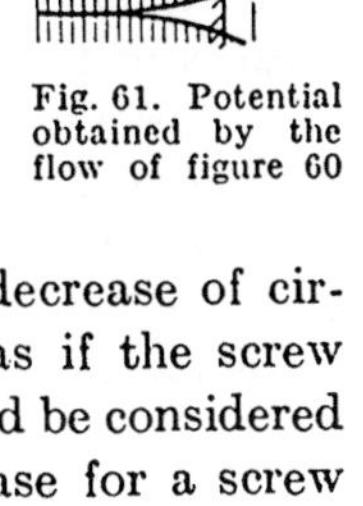

Fig. 61. Potential obtained by the flow of figure 60

$$a' = a \log \frac{2}{\pi} = 0.2207\,a. \qquad (90)$$

We conclude from this that, with screws also, the decrease of circulation at the blade tips has about the same effect as if the screw had a radius diminished by $0.2207\,a$, and then the air would be considered uniform in every circle of radius x (as would be the case for a screw having an infinite number of blades).

The properties found for the inner portion of the screw and for its edge may be combined into a single formula, which can be applied as an approximation formula also for screws having a small number of blades. This formula is obtained by multiplying the value in equation (85) by the expression $\frac{2}{\pi}\cos^{-1} e^{-\frac{\pi(r-x)}{a}}$, which for large values of $\frac{r-x}{a}$ takes the value 1. (For $-x$ of formula (89) $r-x$ is here substituted, as is obvious.) Thus we obtain the formula

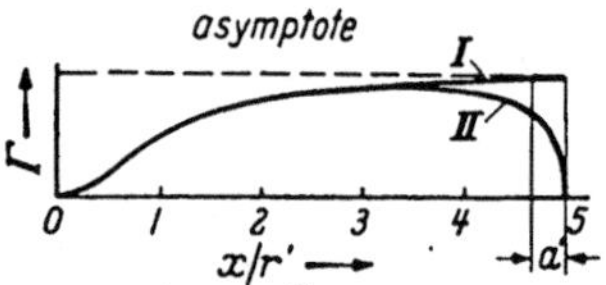

Fig. 62. Distribution of circulation. I. Infinite number of blades. II. Four blades, a is the distance of two vortices (See Fig. 59)

$$\Gamma = \frac{4w'r'}{n}\,\frac{x^2}{r'^2+x^2}\cos^{-1} e^{-\frac{\pi(r-x)}{a}}\,. \tag{91}$$

The curve of Γ according to equation (91) is given in figure 62, for a 4-blade screw and for $r':r = 1:5$, which correspond to average conditions in practice.

The whole deductions hold, as has already been remarked, for screws which are not heavily loaded. For screws with heavy loads an improvement can be introduced by calculating the pitch of the screw surfaces formed by the vortices, corresponding to the state of flow prevailing in the circular plane of the screw. Instead of writing $\tan\xi = v/x\,\omega$, we must write, more exactly,

$$\tan\xi = \frac{V+\frac{w_a}{2}}{x\,\omega-\frac{w_t}{2}},$$

in which V is the velocity of flight, since in the screw disk plane half of the final disturbance velocities is already present. A useful approximation is obtained if, retaining our formulae, v is put equal to $V+\frac{w'}{2}$, and therefore r' is put equal to $\frac{V+\frac{w'}{2}}{\omega}$.

After the circulation is known, the distribution of thrust and torque may be calculated easily by means of equations (74) and (76), and thus, following the method used in the aerofoil theory, the requisite widths of the blades and angles of attack may be determined in order that for a given working condition (i. e., r' and w' given), in which the screw is to have the most favorable performance, all the information may be deduced from the theory. By taking into account the more exact velocity relations in the propeller-disk plane this information may be improved.

The aerofoil theory has numerous further applications. An investigation of curved flights specially of the moment—important in discussions of stability—around the longitudinal axis in the case of a wing moved in a circle, is at present being made, also the calculation of the moment of a warped wing. A series of not unimportant single questions must wait for a further improvement of the theory, e. g., various conclusions specially concerning properties of profiles, influence of curvature, etc., can be reached, if we pass from the lifting line to the case of a load distributed also along the chord; for the treatment of a wing set oblique to the direction of flight the assumption of a load distributed along the chord is necessary since in this case the conditions contradict the "lifting line". Investigations of this kind, which can be accomplished only by very comprehensive numerical calculations, were begun during the war but since then, owing to a lack of fellow workers, have had to remain unfinished. A similar statement also applies to the calculations of a flapping wing already begun, in which one is likewise forced to assume the lift distributed along the chord, since otherwise the result is indefinite. Therefore much remains to be done.

Most important symbols

ϱ = density.
V = velocity of the airplane.
u, v, w = velocity components in the X, Y, Z directions. (In the case of an airplane X is in the direction of the span of the wings, Y is in the direction of flight, Z is vertical.)
$q = \frac{\varrho V^2}{2}$ = dynamical pressure.
b = span of a wing ("Breite").
t = chord of a wing ("Tiefe").
h = gap of a biplane ("Höhe").
F = area of surface ($= b\,t$) ("Fläche").
A = lift ("Auftrieb").
W = drag ("Widerstand").
$c_a = \frac{A}{F q}$ = lift coefficient ($= 2 K_y$ "absolute").
$c_w = \frac{W}{F q}$ = drag coefficient ($= 2 K_x$ "absolute").
α = angle of attack.
Γ = circulation.
Φ = velocity potential.
ψ = stream function.

List of the most important literature

Abbreviations: Z. Flugtechn. Motorl. = Zeitschrift für Flugtechnik und Motorluftschiffahrt.
Techn. Ber. Flugzeugmeisterei = Technische Berichte der Flugzeugmeisterei.

A. Göttingen publications

L. Prandtl, Tragflügeltheorie I. und II. Mitteilung. Nachr. v. d. Kgl. Ges. Wiss., Math.-phys. Klasse 1918, S. 451, u. 1919, S. 107. (Aerofoil Theory, I and II Communications. Nachr. Kgl. Ges. Wiss., Math.-phys. Class, Göttingen, 1918, p. 451, and 1919, p. 107.)

A. PRANDTL, Tragflächen-Auftrieb und -Widerstand in der Theorie. Jb. Wiss. Ges. Luftfahrt, Bd. V. 1920, S. 37. (Aerofoil Lift and Drag in Theory. Jb. Wiss. Ges. Luftfahrt, Vol. V. 1920, p. 37.)

— Der induzierte Widerstand von Mehrdeckern. Techn. Ber. Flugzeugmeisterei Bd. III, S. 309. (The Induced Drag of Multiplanes. Techn. Ber. Flugzeugmeisterei Vol. III, p. 309.)

G. FUHRMANN, Theoretische und experimentelle Untersuchungen an Ballonmodellen. Jahrbuch 1911/12 der Motorluftschiff-Studiengesellschaft, S. 65. (Theoretical and Experimental Investigations of Models of Airship Bodies. Jb. 1911/12 d. Motor Luftschiff-Studiengesellschaft, p. 65.)

A. BETZ, Die gegenseitige Beeinflussung zweier Tragflächen. Z. Flugtechn. Motorl. (1914) S. 253. (The Mutual Influence of Two Aerofoils. Z. Flugtechn. Motorl., 1914, p. 253.)

— Untersuchung einer JOUKOWSKIschen Tragfläche. Z. Flugtechn. Motorl. (1915) S. 173. (Investigation of a JOUKOWSKI Aerofoil. Z. Flugtechn. Motorl., 1915, p. 173.)

— Einfluß der Spannweite und Flächenbelastung auf die Luftkräfte von Tragflächen. Techn. Ber. Flugzeugmeisterei Bd. I, S. 98. (Influence of Span and Wing-Loading upon the Air forces of Aerofoils. Techn. Ber. Flugzeugmeisterei Vol. I, p. 98.)

— Beiträge zur Tragflügeltheorie mit besonderer Berücksichtigung des einfachen rechteckigen Flügels. Dissertation Göttingen 1919. Auszug in Beiheft II der Z. Flugtechn. Motorl. (1920), S. 1. (Contributions to the Theory of Aerofoils with Special Reference to the Simple Rectangular Wing. Dissertation Göttingen 1919. Extract in Beiheft II Z. Flugtechn. Motorl., 1920, p. 1.)

— Schraubenpropeller mit geringstem Energieverlust. Mit einem Zusatz von L. PRANDTL. Nachr v. d. Kgl. Ges. Wiss., Math.-phys. Klasse 1919, S. 193. (The Screw Propeller having the Least Loss of Energy. With an Appendix by L. PRANDTL. Nachr. Kgl. Ges. Wiss., Math.-phys. Class, Göttingen 1919, p. 193.)

— Eine Erweiterung der Schraubenstrahltheorie. Z. Flugtechn. Motorl. (1920) S. 105. (An Extension of the Theory of Screw Jets. Z. Flugtechn. Motorl., 1920, p. 105.)

M. MUNK, Beitrag zur Aerodynamik der Flugzeugtragorgane. Techn. Ber. Flugzeugmeisterei Bd. II, S. 187. (Contribution to the Aerodynamics of Lifting Airplane Members. Techn. Ber. Flugzeugmeisterei Vol. II, p. 187.)

— Isoperimetrische Aufgaben aus der Theorie des Fluges. Dissertation Göttingen 1919. (Isoperimetric problems from the Theory of Flight. Dissertation Göttingen 1919.)

C. WIESELSBERGER, Beitrag zur Erklärung des Winkelfluges einiger Zugvögel. Z. Flugtechn. Motorl. (1914) S. 225. (Contribution to the Explanation of the Formation Flight of Migratory Birds. Z. Flugtechn. Motorl., 1914, p. 225.)

— Experimentelle Prüfung der Umrechnungsformeln. In „Ergebnisse der Aerodynamischen Versuchsanstalt, 1. Lieferung“, München 1921, S. 50. (Experimental Examination of the Formulae for Relations between Aerofoils. In "Ergebnisse der Aerodynamischen Versuchsanstalt, Part I", Munich 1921, p. 50.)

B. Works on the two dimensional problem

W. M. KUTTA, „Auftriebskräfte in strömenden Flüssigkeiten.“ Illustr. aeronaut. Mitteilungen (1902) S. 133. Ausführlichere Abhandlungen in den Sitzungsber. d. Bay. Akad. Wiss., Math.-phys. Klasse 1910, 2. Abh., und 1911, S. 65. (Forces of Lift in Flowing Fluids. Illustr. aeronaut. Mitteilungen 1902, p. 133. More detailed papers in the reports of the proceedings of the Bavarian Acad. of Sciences, Math.-phys. Class 1910, 2d report, and 1911, p. 65.)

N. JOUKOWSKI, Über die Konturen der Tragflächen der Drachenflieger. Z. Flugtechn. Motorl. (1910) S. 281. "Aerodynamique" aus dem Russischen übersetzt von DRZEWIECKI, Paris 1916. (On the Contours of Airplane Wings. Z. Flugtechn. Motorl. 1910, p. 281. "Aerodynamics" translated from the Russian by DRZEWIECKI, Paris 1916.)

R. GRAMMEL, „Die hydrodynamischen Grundlagen des Fluges". Braunschweig 1917. (The Hydrodynamic Principles of Flight. Brunswick 1917.)

R. v. MISES, Zur Theorie des Tragflächenauftriebs. Z. Flugtechn. Motorl. (1917) S. 157; (1920) S. 68 u. 87. (The Theory of Lift of Wings. Z. Flugtechn. Motorl. 1917, p. 157; 1920, pp. 68 and 87.)

After this memoir was written, two papers, by R. FUCHS and E. TREFFTZ, on the theory of aerofoils appeared, both of which discuss the theory of a monoplane and that of airplanes of least drag. These papers are published in the "Z. angew. Math. Mech," (1921), Heft 2 u. 3, Berlin.

Luftfahrt XXV. Jg. (1921) S. 83—84

Die Frage des motorlosen Menschenfluges und des Schwingenfluges

Die Schriftleitung der „Luftfahrt" hat mich — im Hinblick auf den Rhönwettbewerb — ersucht, zu den mit dem motorlosen Menschenflug zusammenhängenden Fragen Stellung zu nehmen. Ich komme diesem Wunsche mit den folgenden Ausführungen nach, in deren Mittelpunkt ich die Frage nach dem *Kraftbedarf* stelle, die für alles übrige entscheidend sein wird. Auf Wunsch der Schriftleitung werde ich dann noch auf die Frage des Schwingenflugzeuges eingehen.

I. Die neuere Tragflügeltheorie lehrt uns die lebendige Kraft der Bewegung kennen, die hinter einer Tragfläche infolge des Auftriebes in der Luft zurückbleibt. Die zur Erzeugung dieser lebendigen Kraft erforderliche Leistung muß unter allen Umständen aufgebracht werden, und sie bildet bei günstiger Formgebung auch den überwiegenden Teil der für den Geradeausflug erforderlichen Leistung. Für eine Tragfläche von gegebener Spannweite b ergibt sich bei der besten Verteilungsart des Auftriebes über die Spannweite diese theoretisch mindestens erforderliche Leistung zu

$$L = \frac{2G^2}{\pi \varrho b^2 V}.$$

Dabei bedeutet G das Flugzeuggewicht, $\varrho = \gamma/g$ die Luftdichte, V die Fluggeschwindigkeit und $\pi = 3{,}14\ldots$[1].

Ein Zahlenbeispiel mag den in der Formel gegebenen Zusammenhang lebendiger machen. Es werde in m und kg gerechnet, dann ist $\varrho = 0{,}125\,\mathrm{kg\,sec^2/m^4}$. Das Leergewicht des Flugzeuges sei 35 kg, das Gewicht des Fliegers 65 kg, also $G = 35 + 65 = 100$ kg. Die Spannweite sei $b = 8$ m, die Geschwindigkeit $V = 12{,}5$ m/sec. Dann wird

$$L = \frac{2 \cdot 100^2}{3{,}14 \cdot \frac{1}{8} \cdot 8^2 \cdot 12{,}5} = \frac{200}{3{,}14} = 63{,}7\ \mathrm{mkg/sec}.$$

---

[1] Der innere Zusammenhang, der zu der Formel führt, mag durch die folgenden Ausführungen kurz angedeutet werden. Der Einfachheit halber sei angenommen, daß sekundlich eine gewisse Luftmenge M durch die Wirkung des Flugzeuggewichtes eine Geschwindigkeit w senkrecht nach abwärts erhält, die übrige Luft aber in Ruhe bleibt. Dann ist wegen des Satzes von der Bewegungsgröße $G = M w$; andererseits ist die Leistung $L = \frac{1}{2} M w^2$; drückt man hierin w durch G aus, also $w = G/M$, so wird $L = G^2/2M$. Die Tragflügeltheorie liefert nun $M = \frac{1}{4}\pi b^2 \varrho V$, womit sich obige Formel ergibt. Aus der Formel für M kann übrigens das anschauliche Ergebnis entnommen werden, daß der Querschnitt der abgelenkten Luftmasse dieser vereinfachenden Betrachtung gleich der Kreisfläche über der Spannweite b als Durchmesser ist.

Wenn wir für die Luftreibung der Tragfläche und für den Luftwiderstand des Fahrgestelles, des Rumpfes usw. passende Zuschläge machen, kommen wir bereits erheblich über eine Pferdestärke (75 mkg/sec), wobei noch nicht berücksichtigt ist, daß der Propeller niemals den Wirkungsgrad 1 erreicht. Nun läßt sich allerdings an unseren Annahmen, die keineswegs das Allergünstigste darstellen sollen, noch manches ändern. Im Gewicht werden vielleicht noch Ersparnisse zu machen sein, die Spannweite wird noch etwas größer gewählt werden können, oder es wird das Gewicht auf mehrere Tragflächen verteilt (wobei das Ergebnis wegen der gegenseitigen Beeinflussung der Tragflächen allerdings nur um ein geringes günstiger wird). Dadurch kann die erforderliche Leistung um einiges verringert werden; andererseits bedarf man zum Steigen und zur Überwindung von Fallwinden auch noch einer Reserve an Leistung, so daß man doch zum mindesten mit 1 PS wird rechnen müssen[1].

Nun ist bekannt, daß besonders kräftige Menschen imstande sind *ein paar Sekunden lang* die Leistung einer Pferdestärke hervorzubringen. Es wäre daher im günstigsten Fall wohl möglich, daß ein Mensch ein paar Sekunden lang aus eigener Kraft waagerecht fliegt, freilich nur, um gleich darauf gänzlich erschöpft zu landen. Das dürfte indes kaum vernünftigerweise als etwas besonders Erstrebenswertes gelten können. Auf längere Zeit leistet der Mensch nur 6 bis 10 mkg/sec, also nur einen kleinen Bruchteil des Notwendigen; der Gedanke des motorlosen Fluges aus eigener Kraft muß daher, wie auch schon vielfach von anderen dargelegt worden ist, aufgegeben werden. Es bleibt uns nur die Ausnutzung der Energie des Windes, besonders der aufsteigenden Luftströme, wie sie an Bergabhängen vorkommen. Auf dieses bereits oft behandelte Thema will ich hier nicht weiter eingehen.

II. Über den Schwingenflug, auf den uns das Vorbild der Flugtiere hinweist, mag folgendes gesagt werden:

Der Tierflug zeigt uns zwei sehr verschiedene Grundformen, zwischen denen allerdings auch alle denkbaren Übergänge in der Natur anzutreffen sind. Der Insektenflug — besonders derjenigen Arten, die imstande sind, am Ort schwebend zu verharren — hat große Ähnlichkeit mit der Wirkung einer Hubschraube. Die Flügel werden beim Schweben in nahezu waagerechten Bahnen so bewegt, daß sie — wie die Hubschrauben — einen senkrecht nach unten gerichteten Luftstrahl erzeugen. Sobald der Luftstrom durch Neigen der Flügelbahnen eine waagerechte Komponente erhält kommt zu der Hubkraft eine Vortriebskraft entgegengesetzt der Luftstrahlkomponente hinzu, wodurch eine waagerechte Bewegung des Tieres erzeugt wird. Die zweite Grundform ist im Ruderflug der großen

[1] Die Formel ist so einfach, daß jedermann die in seinem Fall zu erwartende Leistung leicht selbst abschätzen kann.

Vögel gegeben. Dieser kann so aufgefaßt werden, daß die Flügel, während das Gewicht des Vogels auf ihnen ruht, Gleitflug machen. Sie müssen dabei, damit der Vogelkörper nicht sinkt, von oben nach unten bewegt werden. Unten angekommen, werden sie rasch möglichst drucklos nach oben gebracht. Der Vogelkörper ist während dieser Zeit bis zu einem gewissen Grad der freien Fallbewegung überlassen; damit im ganzen kein Höhenverlust eintritt, muß während der Abwärtsbewegung der Auftrieb größer als das Vogelgewicht sein, so daß am Ende der Abwärtsbewegung der Schwerpunkt des Vogels eine Geschwindigkeit nach oben besitzt; die Freifallbewegung wird dadurch in eine Wurfbewegung mit einer Anfangsgeschwindigkeit nach oben verwandelt. Dieses Bild vom Ruderflug wird noch etwas zu verbessern sein, wenn wir daran denken, daß die Flügelelemente nahe am Körper nur geringe, die weiter abgelegenen dagegen große Schlagbewegungen machen. Der innere Teil der Flügel wird daher mehr wie eine feste Tragfläche wirken; die Flügelspitzen werden dafür eine um so steilere Gleitflugbewegung ausführen und in vielen Fällen bereits ein Zwischending zwischen Tragfläche und Propeller darstellen. Die Freifallbewegung ist durch die „feste Tragfläche" wesentlich gemildert.

Die Flügelbewegung vieler kleiner Vögel, die — wie z. B. die Sperlinge — unter ganz steilen Winkeln aufzusteigen vermögen, ähnelt bereits mehr dem Hubschraubentypus als dem eben beschriebenen Ruderflug. Auch die größeren Vögel wenden den Hubschraubenflug an, um vom ebenen Boden wegzukommen. Dies ist z. B. bei den Tauben sehr gut zu beobachten, die hierbei die Flügel mit hörbarem Klatschen über dem Rücken und unter der Brust zusammenschlagen.

Welches sind nun die Aussichten des Schwingenfluges beim Menschen-Flugzeug? Meiner Ansicht nach sind sie gleich Null. Der oben beschriebene Ruderflug hat, richtig ausgeführt, ohne Zweifel einen ganz guten Wirkungsgrad, der sich mit dem des Schraubenpropellers sehr wohl messen kann[1]. Wenn der muskelgetriebene Menschenflug nicht so aussichtslos wäre, könnte man daher in der Tat daran denken, kleine Schwingenflugzeuge mit Tretbetrieb zu versuchen. Diese Apparate müßten allerdings mit fremder Kraft gestartet werden, denn der Ruderflug wirkt erst, wenn die Fluggeschwindigkeit da ist; dies wäre für ein Sportgerät kein entscheidendes Hindernis; wohl aber scheint es die Mühe nicht zu lohnen, da bestenfalls $\frac{1}{5}$ des Leistungsbedarfes durch das Flügelschlagen gewonnen werden könnte.

Beim motorgetriebenen Flugzeug ist ebenfalls kein Gewinn, sondern sind nur Nachteile zu erwarten: Das Übersetzungsgetriebe von der

[1] Die in unserer Formel angegebene Leistung ist natürlich auch beim Schwingenflug als untere Grenze der erforderlichen Leistung anzusehen.

raschen Motorbewegung zur langsamen Schwingenbewegung würde große Schwierigkeiten ergeben und sehr schwer werden, desgl. der eigentliche Schlagmechanismus. Dazu käme die Unannehmlichkeit der Schaukelbewegung, die auch bei mehreren Flügelpaaren nicht ganz vermieden würde, endlich die Notwendigkeit einer besonderen Startvorrichtung. Da ist die Vortriebsschraube, die ja einen recht annehmbaren Wirkungsgrad hat und die vor allem in der Drehzahl ganz zu dem Motor paßt und die auch den Start allein besorgt, in jeder Richtung vorzuziehen! Selbst in dem Fall, daß bei einem Segelflugzeug die Muskelkraft des Führers mit ausgenützt werden soll, wäre wohl einer mit Tretkurbeln durch eine Übersetzung angetriebenen Schraube der Vorzug zu geben. Wahrscheinlich ist es aber noch besser, das hierfür notwendige Gewicht zu sparen und die ganze Aufmerksamkeit des Lenkers darauf zu richten, wie dem Winde die meiste Energie abgerungen werden kann.

Zeitschrift für Flugtechnik und Motorluftschiffahrt 12. Jg. (1921) S. 209—211

Bemerkungen über den Segelflug

Die folgenden Ausführungen verdanken ihre Entstehung dem Wunsche der Schriftleitung, anläßlich des Rhön-Segelflug-Wettbewerbes die Fragen des Segelfluges behandelt zu sehen. Sie enthalten in der Hauptsache nur Dinge, die mehr oder minder bekannt sind. Von dem, was vielleicht neu ist, verdanke ich manches Gesprächen mit den Herren G. MADELUNG und A. BETZ, die mir ihre Einwilligung zur Mitteilung dieser Dinge gegeben haben.

1. Unter Segelflug sei — im Gegensatz zum Gleitflug — der motorlose Flug ohne Höhenverlust verstanden. Für den Segelflug stehen nach den Gesetzen der Flugmechanik zwei Energiequellen zur Verfügung, einmal aufsteigende Luftströme, dann aber auch die Ungleichmäßigkeiten des natürlichen Windes. Bei den letzteren lassen sich noch zwei wirksame Formen unterscheiden: 1. große, verschiedene Sekunden lang dauernde Schwankungen der Windstärke (und auch der Windrichtung), 2. die raschen Schwankungen der Windrichtung, die gemeinhin als „Turbulenz des Windes" bezeichnet werden. Die lang dauernden Schwankungen lassen sich nur unter beträchtlichen Geschwindigkeits- und Höhenänderungen des Flugzeuges ausnutzen, indem man z. B. in einer einzelnen Böe auf Kosten der Relativgeschwindigkeit steigt und in der darauffolgenden Flaute abwärts beschleunigt gleitet. Was in jedem einzelnen Falle von Windschwankungen zu tun ist, um dem Wind Energie zu entziehen, läßt sich leicht in folgende Regel fassen: „Man muß die vorhandenen Windschwankungen auszugleichen suchen"; dadurch wird offenbar die Energie der Windschwankung verringert und die Energie des Flugzeuges wird um einen entsprechenden Betrag vermehrt. Man muß also z. B. der Böe viel Widerstand entgegensetzen, der Flaute wenig, im aufsteigenden Strom durch allmähliches Aufrichten des Flugzeuges den Flügeldruck verstärken, im absteigenden durch allmähliches Drücken abschwächen.

Die kurz dauernden Schwankungen dagegen können ohne wesentliche Geschwindigkeitsänderungen des Flugzeugschwerpunktes nutzbar gemacht werden. Wie A. BETZ in einem lehrreichen kleinen Aufsatz in Z. Flugtechn. Motorl. 1912[1] gezeigt hat, ist eine nützliche Wirkung genügend großer Richtungsschwankungen bereits bei einem starren und unverdrehten Flugzeugflügel vorhanden. Bei elastisch gelagerten oder verbiegbaren Flügeln kann der durch die Richtungsschwankungen des

---

[1] A. BETZ, Ein Beitrag zur Erklärung des Segelflugs. Z. Flugtechn. Motorl. 3. Jg. (1912) S. 269.

Windes erzielte Vortrieb bei genügender Stärke der Schwankung recht merkliche Beträge annehmen. Man kann sich die Wirkung ähnlich vorstellen, wie die des sogenannten Fischschwanzpropellers. Mit diesem Namen hat man eine Einrichtung bezeichnet, durch die der Wellenschlag des Wassers zum Vortrieb nutzbar gemacht wird. Die Einrichtung besteht aus einer Anzahl von biegsamen Platten, die an ihrer Vorderkante starr seitlich am Schiff befestigt sind. Sie biegen sich wie ein Fischschwanz in dem auf- und abschwankenden Wasser und ergeben im durchgebogenen Zustand sowohl beim Wasserangriff von oben wie von unten einen Vortrieb.

2. Wenn wir zunächst fragen, welcher der genannten Energiequellen sich die segelnden Vögel bedienen, so kann — wenigstens was die heimischen Vogelarten betrifft — die Antwort wohl nur sein, daß sie, wenn nicht ausschließlich, so doch der Hauptsache nach sich immer der aufsteigenden Lufströme bedienen. Aufsteigende Luftströme sind in unebenem Gelände immer zu finden, wenn Wind weht. Sie kommen bei ruhigerem Wetter auch über der Ebene durch meteorologische Einflüsse zustande. Die Vögel suchen für ihre Flugübungen natürlich die aufsteigenden Ströme auf, und da diese häufig räumlich nicht sehr ausgedehnt sind, müssen die Vögel kreisen, um in dem aufsteigenden Strom zu bleiben. Man kann bei der Beobachtung von segelnden Raubvögeln häufig sehen, daß sie plötzlich etwas Höhe verlieren und nun mit den Flügeln zu schlagen anfangen und so lange flügelschlagend weiterfliegen, bis sie plötzlich deutlich angehoben werden. Von diesem Augenblick an beginnt von neuem das Segeln. Sie haben ihren aufsteigenden Lufstrom, den sie vorher verloren hatten, wiedergefunden. Die segelnden Möven in der Nähe eines Dampfers nutzen die Ablenkung des Windes am Dampfer aus und fangen sofort an, mit den Flügeln zu schlagen, wenn sie sich aus irgendeinem Grunde von ihrem guten Plätzchen entfernen müssen.

Daß ein Vogel die Windböen planmäßig ausnutzte, scheint im allgemeinen nicht vorzukommen. Er müßte hierzu fortwährend Sprünge nach oben und nach unten machen, was meines Wissens nicht beobachtet wird. Dagegen scheint es nicht ausgeschlossen, daß manche Vögel die raschen Windschwankungen nach dem Fischschwanzprinzip nebenher ausnutzen. Wahrscheinlich reichen diese Wirkungen aber in keinem Fall hin, die ganze Flugarbeit zu decken, so daß man den Satz „ohne aufsteigenden Wind kein Segeln" wohl als richtig ansehen kann. Bezüglich der Meeresvögel sei erwähnt, daß ja auch jede einzelne große Meereswoge eine Ablenkung des Windes nach oben ergibt, die die Vögel sich zunutze machen[1].

[1] Nach Fertigstellung meines Aufsatzes finde ich in den „Physikalischen Berichten" 2. Jg. (1921) H. 9, S. 503 eine Besprechung von EVERLING über eine

3. Für den menschlichen Segelflug gelten im Prinzip die sämtlichen vorgenannten Möglichkeiten der Energieausnutzung. Die Fischschwanzwirkung, wie ich es kurz nennen will, wird man vielleicht durch geeignete Bauart von elastischen Flügelprofilen ausnutzen können, doch möchte ich fürs erste nur dazu raten, dies an unbemannten Modellen auszuprobieren. Es ist sehr wahrscheinlich, daß die Windschwankungen, die hiermit ausgenutzt werden könnten, häufig gar nicht diejenige Größe haben, die einen merklichen Nutzen erwarten ließe. Man wird daher die Unsicherheit über die Flugeigenschaften eines solchen elastischen Flügels, die leicht zu unbrauchbaren und vielleicht auch zu gefährlichen Flugzeugen führen kann, angesichts des wahrscheinlich nicht sehr großen Gewinnes nicht gern in Kauf nehmen. Ein unbemanntes Modell wird man dieser Fragestellung dagegen leichter opfern können.

Die Ausnutzung der großen Windschwankungen ist eine Frage der Geschicklichkeit des einzelnen Fliegers. Es ist denkbar, aus ihnen ab und zu Gewinn zu ziehen, aber allzuviel darf man sich wohl auch von dieser Wirkung nicht versprechen. Es bleiben also für den menschlichen Segelflug die aufsteigenden Luftströme als das wichtigste Mittel übrig.

Wenn man die aufsteigenden Luftströme in möglichst hohem Grade ausnutzen will, so wird man danach streben müssen, *Flugzeuge mit kleiner Sinkgeschwindigkeit* zu bauen. Man ist dann imstande, alle aufsteigenden Luftströme auszunutzen, deren lotrechte Komponente größer ist als die Sinkgeschwindigkeit, vorausgesetzt, daß gleichzeitig die Aufwärtsneigung des Windes größer ist als das beste Gleitverhältnis. An einem Hang, der steiler ist als die Bahn des flachsten Gleitfluges, ist es übrigens möglich, auch bei Windgeschwindigkeiten zu segeln, die kleiner sind als die kleinste Schwebegeschwindigkeit des Flugzeuges, wenn nur die Steiggeschwindigkeit des Windes die Sinkgeschwindigkeit des Flugzeuges übertrifft. Das Flugzeug wird hier vom Hang weg waagerecht in die freie Luft hinausschweben und gegebenenfalls noch dabei steigen. Es würde sich aber dabei mit der Zeit aus dem Bereich der aufsteigenden Winde entfernen. Wenn der Hang hinreichende Breiteausdehnung hat, kann es sich aber schräg zum Hang stellen und quer zu ihm auf ein und derselben Höhe oder langsam steigend entlangstreichen, wobei es durch die seitliche Verschiebung eine genügende Geschwindigkeit zum Schweben erreicht. Diese Flugart kann man bei Möven am Strande häufig beobachten. Sie dürfte unter ähnlichen Bedingungen auch für den Menschen gut ausführbar sein.

Arbeit über den Segelflug von E. H. HANKIN [Proc. Cambr. Phil. Soc. 20 (1921) S. 219—227], wonach ein Segeln durch Turbulenz allein bei starker Bestrahlung des Bodens, wie sie in den Tropen vorkommt, möglich sein soll. HANKIN beschreibt Beobachtungen an Vögeln, Libellen und fliegenden Fischen.

4. Die Bedingungen für eine möglichst kleine Sinkgeschwindigkeit lassen sich, wie folgt, in Formeln fassen. Zunächst ist der Gleitwinkel ε durch die bekannte Beziehung gegeben

$$\operatorname{tg}\varepsilon = \frac{c_w}{c_a}. \tag{1}$$

Weiter ist die Sinkgeschwindigkeit $v_z = v \sin\varepsilon$. Beachtet man, daß das Gewicht $G = c_a F \frac{1}{2} \varrho v^2$ ist, also

$$v = \sqrt{\frac{2G}{\varrho F c_a}}, \tag{2}$$

und daß man wegen der Kleinheit des Winkels ε $\sin\varepsilon$ und $\operatorname{tg}\varepsilon$ verwechseln darf, so findet man

$$v_z = \sqrt{\frac{2G}{\varrho F}} \frac{c_w}{c_a^{3/2}}. \tag{3}$$

Bei gegebener Flächenbelastung wird also die Sinkgeschwindigkeit am kleinsten, wenn die bekannte Güteziffer c_a^3/c_w^2 ein Maximum ist. Man wird daher möglichst kleines c_w bei großem c_a anstreben müssen. Es gelingt dies einerseits durch ein großes Seitenverhältnis, andererseits durch möglichste Vermeidung aller Nebenwiderstände. Zur Erreichung eines großen c_a wird man ein stärker gewölbtes Flügelprofil zu wählen haben, als es bei schnellen Motorflugzeugen üblich ist. Liegt die Polarkurve vor, so läßt sich das Maximum von c_a^3/c_w^2 durch Probieren leicht finden. Will man aber rein rechnerisch verfahren, was den Vorteil hat, daß man sich nicht von vornherein auf ein bestimmtes Seitenverhältnis festlegen braucht, so kann man z. B. wie folgt verfahren: Man kann für den flugtechnisch in Betracht kommenden Bereich von Anstellwinkeln häufig den Verlauf von c_w abhängig von c_a durch eine Gleichung der folgenden Form angeben

$$c_w = A c_a^2 + B. \tag{4}$$

Der Beiwert A stammt hauptsächlich aus dem induzierten Widerstand, der vom Seitenverhältnis abhängig ist. Da aber auch der Profilwiderstand meist ein Anwachsen nach höheren Anstellwinkeln zu zeigt, kann man in dem Beiwert A noch ein Zusatzglied für dieses Anwachsen des Profilwiderstandes einbegreifen, also schreiben

$$A = \frac{F}{\pi b^2} + A', \tag{5}$$

wobei b in bekannter Weise die Spannweite bedeutet. Das Glied B in Gl. (4) bedeutet dann den konstanten Teil des Profilwiderstandes einschließlich aller schädlichen Widerstände des Flugzeuges. Hiermit wird nun der zweite Faktor von Gl. (3)

$$\frac{c_w}{c_a^{3/2}} = A\, c_a^{1/2} + B\, c_a^{-3/2}.$$

Ein leichte Rechnung gibt für das Minimum dieses Ausdruckes die Beziehung

$$A\, c_a^2 = 3B,$$

woraus sich

$$c_a = \sqrt{\frac{3B}{A}} \tag{6}$$

ergibt. Wie man sieht, ist das Minimum von $c_w/c_a^{3/2}$ dann vorhanden, wenn der erste Anteil des Widerstandes in Gl. (4) dreimal so groß ist als der zweite. Das gesamte c_w wird damit $= 4B$. Hiermit wird

$$\frac{c_w}{c_a^{3/2}} = \frac{4}{3}\sqrt[4]{3 A^3 B}\,. \tag{7}$$

Man muß sich natürlich bei Ausführung dieser Rechnung überzeugen, ob im einzelnen Fall sich aus Gl. (6) ein c_a ergibt, das innerhalb der Grenzen liegt, für die die Formel (4) gültig ist. Sollte dies nicht zutreffen, so kann das größte c_a genommen werden, für das Formel (4) noch gilt.

Die vorstehenden Rechnungen mögen durch ein Zahlenbeispiel noch kurz erläutert werden, dessen Werte aus Modellversuchen entnommen sind. Wir setzen das Seitenverhältnis $F/b^2 = \frac{1}{10}$, ferner $A' = 0{,}01$, $B = 0{,}025$. Damit ergibt sich $A = 0{,}0318 + 0{,}01 = 0{,}0418$, also

$$c_a = \sqrt{\frac{3 \cdot 0{,}025}{0{,}0418}} = 1{,}34,$$

was bei stark gewölbten Profilen noch erreichbar ist. c_w wird $= 4B = 0{,}1$. Damit ergibt sich $c_a^3/c_w^2 = 240$. Setzt man etwa die Flächenbelastung $= 9\ \mathrm{kg/m^2}$, so wird

$$\sqrt{\frac{2}{\varrho}\,\frac{G}{F}} = \sqrt{16 \cdot 9} = 12.$$

Die Sinkgeschwindigkeit wird also $12/\sqrt{240} = 0{,}755$ m/sec.

Wäre nur $c_a = 1{,}2$ erreichbar, die übrigen Konstanten aber dieselben, so wäre

$$c_w = 0{,}0418 \cdot 1{,}2^2 + 0{,}025 = 0{,}0855$$

einzusetzen, was $c_a^3/c_w^2 = 236$ gibt. Da $c_a = 1{,}2$ noch verhältnismäßig nahe an dem Bestwert 1,34 liegt, ist also c_a^3/c_w^2 nur wenig kleiner als der Höchstwert 240. Man kann daher auch in Fällen wie dem hier angegebenen unbedenklich nach Formel (6) und (7) rechnen.

Die Gleitgeschwindigkeit v wird mit $c_a = 1{,}2$ nach Formel (2) zu rd. 11 m/sec erhalten, das Gleitverhältnis ist 0,0855:1,2 = 1:14. An einem breiten Hang mit Neigung 1:5 würde die Sinkgeschwindigkeit bereits bei einem Wind von 4 m/sec von der Steiggeschwindigkeit der Luft übertroffen sein. Das Schweben quer zum Hang würde dann allerdings eine Seitengeschwindigkeit $\sqrt{11^2 - 4^2} = 10{,}25$ m/sec erfordern.

Zusammenfassung. Die auf Grund der Flugmechanik bestehenden Möglichkeiten für den Segelflug werden erörtert und ihre Anwendung auf den Vogelflug und den Menschenflug besprochen. Die Bedingungen für die kleinste Sinkgeschwindigkeit werden rechnerisch untersucht und ein Zahlenbeispiel gegeben.

Zeitschrift für Flugtechnik und Motorluftschiffahrt 13. Jg. (1922) S. 274 u. 275

Lehren des Rhönfluges 1922

1. Der Segelflug erfordert bekanntlich ein Flugzeug mit *kleiner Sinkgeschwindigkeit*, um auch geringer aufsteigende Windkomponenten auszunutzen. Zur Verringerung der Sinkgeschwindigkeit gelangt man (abgesehen von einem geeigneten Profil mit hohem c_a^3/c_w^2) einerseits durch Verkleinerung der Flächenbelastung, andererseits durch Verringerung aller Widerstände. Der erstere Weg, der zu sehr leichten Bauarten führt, hat 1922 keinen rechten Erfolg aufweisen können; die Preisträger waren durchweg recht widerstandsfähig gebaute verhältnismäßig schwere Flugzeuge. Da beim Segelfliegen nicht nur eine kleine Sinkgeschwindigkeit erforderlich ist, sondern in manchen Lagen auch eine große Horizontalgeschwindigkeit bei immer noch kleiner Sinkgeschwindigkeit, um von starken Winden nicht abgetrieben zu werden, dürften auch in Zukunft die mittelschweren Flugzeuge den Vorrang vor den ganz leichten, auch rein fliegerisch, abgesehen von der Zerbrechlichkeit der letzteren, behalten. Es wird also die äußerste Verringerung aller Widerstände auch ferner Trumpf bleiben. Der MADELUNGsche Entwurf für das Hannoverflugzeug von 1921 wird dabei, wie es schon 1922 mehrfach der Fall war, auch weiterhin richtunggebend sein; die Art, wie der Führer bis auf den Kopf verdeckt ist und doch gute Sicht und Gefühl für den Wind und für die Lage des Flugzeuges behält, dürfte auch nicht so leicht zu übertreffen sein.

Daß der Neubau der Hannoveraner von 1922, der „Greif", so auffällig versagte, scheint mir nur zum kleineren Teil auf aerodynamische Mängel, wie z. B. auf die rauhe Oberfläche der unzellonierten Flügelspitzen und auf die Verletzung des Flügelprofils durch die Aussparung in der Mitte, wo der Kopf des Führers Platz findet, zurückzuführen zu sein. Wichtiger dürfte, auch nach Aussage der beiden Flieger, der Umstand sein, daß der Führer so weit vorn sitzt, daß er für die Lage seines Flugzeuges im Raum kein rechtes Gefühl hat. Es wird gesagt, daß man ein Schiff von einem Platz vorn in der Nähe des Buges nicht steuern könne, weil man beim Vorwärtsschauen kein Gefühl dafür habe, wie das Schiff liegt; je weiter nach hinten dagegen der Steuermann sich befinde, desto sicherer könne er das Schiff auch durch ein enges Fahrwasser bringen. Es scheint dies auch für Segelflugzeuge ein sehr beachtenswerter Gesichtspunkt zu sein. Es ist gut, wenn der Flieger seine Tragfläche sehen kann. Wichtig ist auch, daß ihm der Wind um die Ohren pfeift, damit er den Geschwindigkeitszustand richtig beurteilt. Mehrere Rhönflieger äußerten sich dahin, daß sie ein Schieben des Flugzeuges daran merken, daß ihnen das eine Ohr, das Seitenwind bekommt, kälter wird. Von diesem Gesichtspunkt aus ist die Anbringung des Kopfes des Fliegers in einem Ausschnitt des Tragflügels, wie es beim „Greif" der Fall war, wenig empfehlenswert, und auch dieser Umstand dürfte dazu beigetragen haben, daß der „Greif" immer zu große Geschwindigkeit annahm, trotzdem der Schwerpunkt nach den ersten Flügen kräftig nach hinten verlegt worden war.

2. Was die Steuerungen anbelangt, so läßt sich feststellen, daß die normale Flugzeugsteuerung, wenn die Ruder reichlich genug bemessen sind, sicher ausreicht. Es ist sehr schade, daß die flügelgesteuerte Darmstädter Maschine so spät erst fertiggeworden ist; vielleicht hätte sie bei längerer Einübung die hannoverschen Leistungen noch ganz erreicht; da die Rumpfausbildung nicht ganz so sorgfältig vorgenommen war, wie bei Hannover I, hätte man darin ein Plus der Flügelsteuerung erblicken müssen. Die Idee, als Hilfssteuerung noch das gewöhnliche Schwanzruder hinzunehmen, aber in feststellbarer Art mit dem „Gashebel", scheint mir sehr glücklich zu sein. Es wird dadurch der Gefahr bei der Flügelsteuerung, daß in einem außergewöhnlichen Fall der Steuerausschlag nicht mehr ausreicht, in wirkungsvoller und zweckmäßiger Weise begegnet und durch die Klinkenvorrichtung doch erreicht, daß der Flieger normalerweise es nur mit drei Steuern zu tun hat. Ein Flugzeug mit *gleichzeitiger* Betätigung von mehr als drei Steuern hat meiner Erinnerung nach noch nie Erfolg in der Luft gehabt. Der Unfall der Dresdener flügelgesteuerten Maschine dürfte wohl auch darauf zurückzuführen sein, daß der Führer mit den vier Steuern nicht zurechtkam. Die Flügelsteuerung scheint mir für den Segelflug besonders angemessen zu sein, wegen der fast augenblicklichen Ausnutzungsmöglichkeit für jeden Windstoß, vor allem aber wegen der von Herrn HARTH erdachten und ausgeübten Abflugmethode ohne fremde Hilfe[1]. Allerdings werden die schwereren Maschinen von dieser Abflugart nur bei sehr starkem Wind Gebrauch machen können. Daß man aber, soll anders der Segelflugsport Dauer haben, trachten muß, von der jetzigen Startart mit zahlreicher Mannschaft loszukommen, scheint mir keinem Zweifel zu unterliegen.

3. Über die Windströmungen an den Bergen sind viele lehrreiche Feststellungen gesammelt worden. Der Abhang eines langgestreckten

[1] Daß im übrigen die Harth-Messerschmittschen Maschinen diesmal hinter den Erwartungen so sehr zurückblieben, scheint vor allem auf die zu geringe Verdrehungssteifigkeit der Flügel der 1922er Maschine zurückzuführen zu sein, durch die die Maschine dem Steuer nicht zuverlässig gehorchte und der Flug unsicher wurde. Herr HARTH ist auch dieser Ansicht. Es ist sehr bedauerlich, daß durch diesen Umstand eine gerechte Würdigung der Harth-Messerschmittschen Entwurfsidee unmöglich gemacht worden ist. Die Lehre, daß man den Flügeln ausreichende Steifigkeit gegenüber Verdrehungskräften geben muß, verdient von jedem Segelflugerbauer beherzigt zu werden.

Berges, dessen Kamm quer zur Windrichtung liegt, eignet sich wesentlich besser zum Segeln, als der eines kegelförmigen Berges, denn an jenem muß der Wind über den Berg weg, an diesem dagegen kann er auch seitlich vorbei, was natürlich keine so großen Aufkomponenten ergibt. Die Wasserkuppe eignet sich bei Westwind vorzüglich zum Segeln. Sie sendet zusammen mit dem Pferdskopf, ihrem südwestlichen Ausläufer, einen breiten Luftstrom in die Höhe. Daß sich HENTZEN bis auf 350 m über die Abflugstelle erheben konnte, zeigt, wie weit der aufsteigende Strom in die Höhe reicht. Bei geeigneten örtlichen Verhältnissen kann sich der aufsteigende Strom vom Berge ablösen und weiter im Steigen bleiben, bis diesem durch meteorologische Ursachen ein Halt geboten wird. Es erscheint nicht unwahrscheinlich, daß man, nachdem man erst hoch über den Gipfel gelangt ist, mit dem Winde fliegend noch auf längere Strecken in dem aufsteigenden Luftstrom bleiben kann. In den niedrigeren Regionen, so z. B. an der Wasserkuppe in der Höhe der Vorberge, wird vielfach kein aufsteigender Strom mehr gefunden. Hier herrscht, durch Windschattenwirkung der Vorberge, meist praktisch Windstille. In Kuppenhöhe fand dagegen MARTENS bei seinem Stundenflug gegen den Wind ansegelnd, noch mehrere Kilometer vom Berge genügend Aufwind, um die Höhe zu halten. Möglicherweise stammte dieser Aufwind von einem der Vorberge. Von Kanten der Bergkontur, von Felsvorsprüngen können sehr unangenehme, drehende Strudel ausgehen, die sich von ihrem Ursprung schlauchartig in der Richtung der Windströmung fortsetzen. MARTENS erzählt von einem Strudel, der ihn, trotz voller Verwindung nach links und voll ausgetretenem Seitensteuer in der entgegengesetzten Richtung herumgedreht hätte! Diese Dinge bedürfen noch eines eifrigen Studiums, und es ist auch notwendig, daß das Erfahrungsmaterial hierüber sorgfältig gesammelt und verarbeitet wird; wenn erst die Kenntnis der guten Aufwindzonen genügend gefördert ist, scheinen große Fernflüge ohne Motor in gebirgigen Gegenden, von Berg zu Berg durchaus im Bereich der Möglichkeit.

4. Ein Wort zum Schluß noch über künftige Wettbewerbe. Drei Stunden sind geflogen, und es ist klar, daß es lediglich eine Frage der persönlichen Ausdauer ist, daß auch dreimal drei Stunden geflogen werden. Vom Standpunkt des Technikers aus sind also in Zukunft Dauerflüge ohne Interesse. Die größte erreichte Höhe dagegen bedeutet eine Erprobung des Flugzeuges sowohl wie des Fliegers auf Herz und Nieren. Am höchsten steigt, wer die kleinste Sinkgeschwindigkeit erreicht, denn der Aufwind, der in nächster Nähe des Berges am stärksten ist, nimmt mit zunehmender Höhe über dem Berg immer mehr ab. Die relativ günstigste Stelle am Berg zu finden und in dieser aus dem Flugzeug das Möglichste herauszuholen, wird dann die Kunst des Führers sein. Natürlich haben nur gleichzeitig von verschiedenen Flug-

zeugen erreichten Höhen Vergleichswert. Es besteht aber nach dem, was der letzte Wettbewerbstag auf der Wasserkuppe bot, kein ernstes Bedenken, jeweils zwei bis drei Flugzeuge gleichzeitig fliegen zu lassen, mit der Weisung, daß, wer nicht innerhalb 20 min in der Lage ist, den Gegner zu überhöhen, das Feld zu räumen hat. Die gleichzeitigen Höhenunterschiede wären dabei festzustellen.

Eine andere wichtige Wettbewerbsart, die besonders die Führereigenschaften und die Kenntnisse der Windströmungen zu prüfen geeignet ist, ist der Fernflug von Berg zu Berg; die Strecke muß dabei größer vorgeschrieben werden, als die durch Gleitflug von der größten Höhe über den Berg erreichbare. Das Ziel wäre dem Ermessen des Bewerbers freizugeben.

Neben diesen beiden Hauptwettbewerben wäre an Zielflüge zu denken, die in diesem Jahr viel Interesse zu wecken vermochten, und ohne Zweifel an die Flieger bei guter Wahl des Zieles recht reizvolle Aufgaben stellen.

Über den großen Aufgaben zur Anspornung des technischen und fliegerischen Fortschritts wird man aber auch nicht vergessen dürfen, durch leichter zu gewinnende Preise (hauptsächlich Gleitflugpreise im Sinne der früheren Ausschreibungen) die Schar der Flugschüler anzulocken, die wir für künftige Erfolge unbedingt brauchen. Denn es wäre sehr schade, wenn sich die Segelfliegerei künftig auf eine kleine Anzahl von „Berufsseglern" beschränken würde; nur durch fortwährende Zuführung neuen Blutes kann die schöne Sache lebensfähig bleiben.

Ergebnisse der Aerodynamischen Versuchsanstalt zu Göttingen. III. Lief., S. 17 u. 18. München-Berlin: Oldenbourg 1927.

Der induzierte Widerstand von Flügeln mit Endscheiben

Bei der Untersuchung rotierender Zylinder mit Endscheiben war aufgefallen, daß der induzierte Widerstand[1] kleiner war als bei Eindeckern derselben Spannweite. Es wurde deshalb eine theoretische Berechnung angestellt, und zwar, um die Tragflügeltheorie anwenden zu können, für einen Flügel mit Endscheiben gemäß Abb. 1, außerdem wurden mit solchen Flügeln auch Messungen vorgenommen. Die Verkleinerung des induzierten Widerstandes weist bei diesen Flügeln ähnliche Beträge auf wie bei Doppeldeckern. Dieses läßt sich in folgender Weise einsehen. Der induzierte Widerstand hängt mit der kinetischen Energie zusammen, die der Flügel auch bei der idealen reibungslosen Bewegung in der Luft zurückläßt, wenn ein Auftrieb vorhanden ist. Diese kinetische Energie ist aber hauptsächlich in den Wirbeln konzentriert, die von den Flügelspitzen erzeugt werden. Wird der Wirbel einer Seite in zwei aufgelöst, wie dieses beim Doppeldecker und bei dem Flügel mit Scheiben in annähernd gleicher Weise der Fall ist, so wird durch die Unterteilung die Umlaufbewegung um jede einzelne Spitze etwa halb so stark wie beim Eindecker unter sonst gleichen Verhältnissen und die kinetische Energie, die durch die Quadrate der Geschwindigkeit bestimmt ist, dadurch etwa ein Viertel für jede Spitze oder die Hälfte für eine Seite. Dieses bezieht sich auf die Beiträge der unmittelbaren Umgebung der Spitzen. Die Beiträge der von den Spitzen weiter entfernten Luftteile zur kinetischen Energie ändern sich weniger, und zwar um so weniger, je näher die beiden Spitzen einer Seite aneinanderliegen, d. h. je kleiner das Verhältnis h/b ist. Der Gesamtbetrag der kinetischen Energie ist daher dem beim Eindecker gleichen Auftriebs um so näher, je kleiner h/b ist.

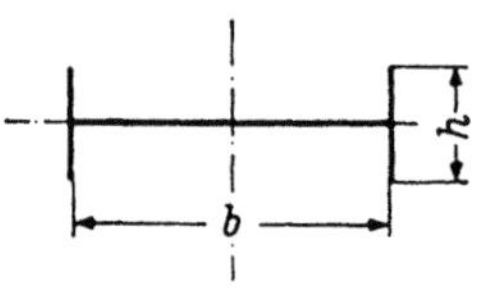

Abb. 1

Die quantitative Berechnung des induzierten Widerstandes eines Flügels mit Endscheiben gemäß der in der Tragflügeltheorie, II. Mitteilung, Nr. 6[2], angegebenen Vorschrift ist nach Vorschlägen von Dr. Betz von Dipl.-Ing. Nagel ausgeführt worden[3]. Man erhält auf diese Weise das Minimum des induzierten Widerstandes, das durch geeignete Anstellwinkelverteilung über das Flügelsystem eintritt. Bei den Versuchen, über die unter Nr. III, 9[4] berichtet wird, wurden durchweg

[1] Über den induzierten Widerstand vgl. Ergebnisse I. Lief., S. 35—38.

[2] Anm. d. Schriftl.: Vgl. hier S. 354.

[3] Vgl. „Vorläufige Mitteilungen der A.V.A.", H. 2.

[4] Anm. d. Schriftl.: Ergebnisse III. Lief., S. 95—99.

ebene Scheiben verwendet, während man zur genauen Übereinstimmung mit der Theorie den Scheiben ebenfalls einen Anstellwinkel und zweckmäßig auch eine Wölbung hätte erteilen müssen (die Hinterkante hätte in der unteren Hälfte der Scheibe nach innen, in der oberen Hälfte nach außen gezogen werden müssen). Es zeigte sich aber, daß auch die ebenen Scheiben, wenn sie nur hinreichende Tiefe hatten, befriedigende Übereinstimmung mit der Theorie lieferten.

Aus der Theorie ergaben sich für die S. 36 der I. Lieferung definierte Hilfsfläche F', mit der der induzierte Widerstand durch die Formel

$$W_i = \frac{A^2}{4qF'}$$

zusammenhängt, die in Zahlentafel 1 angegebenen Werte. Mit guter Annäherung lassen sich die Tabellenwerte, mit Ausnahme des ersten, hinreichend genau durch die folgende einfache Interpolationsformel darstellen:

$$F' = 0{,}82 b^2 + 1{,}33 b\, h\,.$$

Die Formel kann von $h/b = 0{,}1$ bis $h/b = 1$ verwendet werden[1]; für größere h/b ergibt sie zu große Werte. Der induzierte Widerstand kann gemäß Formel (9), S. 38 der I. Lieferung, die auch hier gilt, geschrieben werden

$$W_i = \varkappa \frac{A^2}{\pi q b^2}\,.$$

Die Werte des Gütegrades

$$\varkappa = \frac{\pi b^2}{4F'}$$

sind in der Tabelle ebenfalls angegeben. Unter Benutzung der Näherungsformel für F' wird

$$\varkappa = \frac{0{,}59}{0{,}617 + \dfrac{h}{b}}\,.$$

Der Verlauf von $\varkappa$, abhängig von h/b ist in Abb. 2 dargestellt. Zum Vergleich ist hierbei noch der Gütegrad des Doppeldeckers, desgleichen der eines Doppeldeckers mit seitlichem Abschluß bzw. einer günstigsten Vieldeckerzelle mit rechteckiger Vorderansicht (vgl. II. Lieferung, S. 14) mit eingezeichnet.

Zahlentafel 1

h/b	0,0	0,1	0,2	0,3	0,4	0,5	0,6	0,7	0,8	0,9	1,0
F'/b^2	0,785	0,939	1,085	1,225	1,361	1,493	1,622	1,751	1,880	2,006	2,128
$\varkappa$	1,00	0,836	0,723	0,642	0,578	0,526	0,484	0,448	0,417	0,391	0,369

[1] Eine etwas genauere Formel, die den ganzen Bereich von Zahlentafel 1 sehr gut wiedergibt, hat Herr E. Walter, hier, berechnet; sie lautet:

$$F' = b^2 \left(\sqrt{13{,}49 \frac{h}{b} + 18{,}83} - 3{,}554 \right).$$

Es braucht wohl nicht besonders erwähnt zu werden, daß im allgemeinen, d. h. wenn keine besonderen Gründe für eine Beschränkung der Spannweite vorliegen, für die Flugzeuge die Anwendung von Endscheiben zur Verringerung des induzierten Widerstandes wenig zweck-

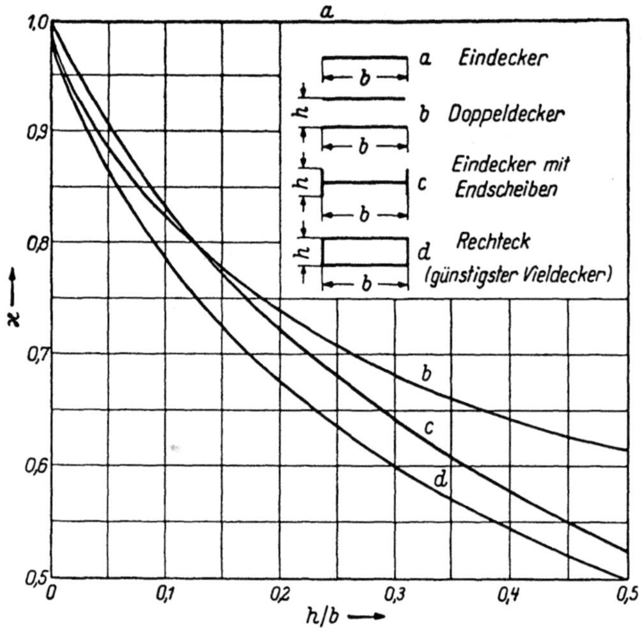

Abb. 2

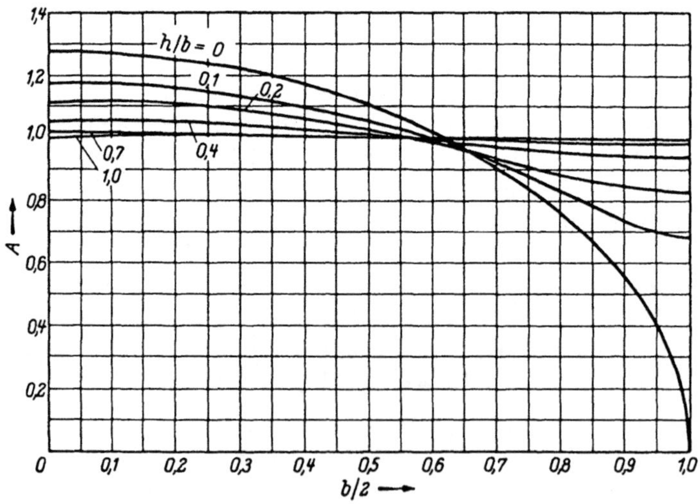

Abb. 3

mäßig ist, da man mit der Vergrößerung der Spannweite des Eindeckers um je $h/2$ auf beiden Seiten bereits mehr erreicht.

Die Auftriebsverteilung des kleinsten induzierten Widerstandes, die den vorstehenden Rechnungen zugrunde gelegt ist, ist in Abb. 3 für die halbe Spannweite des Flügels dargestellt. Sie ist wesentlich völliger als die elliptische Verteilung, die sich für $h/b = 0$ ergibt, und ist für $h/b = 1$ bereits praktisch konstant.

Ergebnisse der Aerodynamischen Versuchsanstalt zu Göttingen. III. Lief., S. 9—13.
München-Berlin: Oldenbourg 1927.

Über den Einfluß der Stromlinienkrümmung auf den Auftrieb von Doppeldeckern

Bei den in Nr. IV, 4, der II. Lieferung mitgeteilten Doppeldeckerversuchen hatte es sich gezeigt, daß die Umrechnung vom Eindecker zum Doppeldecker für die Ermittlung des induzierten Widerstandes mit einem anderen Wert von $\varkappa$ zu erfolgen hat als für die des Anstellwinkels[1]. Nennt man den letzteren Wert $\varkappa'$, so ist also, mit Zeiger E für den Eindecker und Zeiger D für den Doppeldecker,

$$c_{w_D} = c_{w_E} + \frac{c_a^2}{\pi}\left(\frac{\varkappa F_D}{b_D^2} - \frac{F_E}{b_E^2}\right), \tag{1}$$

$$\alpha_D = \alpha_E + \frac{c_a}{\pi}\left(\frac{\varkappa' F_D}{b_D^2} - \frac{F_E}{b_E^2}\right).^2 \tag{2}$$

Nach der Theorie der tragenden Linien müßte $\varkappa' = \varkappa$ sein. Die Zahlentafel 45, S. 39, der II. Lieferung zeigt aber zwischen den aus den Versuchen ermittelten Werten von $\varkappa$ und $\varkappa'$ große Abweichungen, und zwar ist $\varkappa'$ durchweg größer als $\varkappa$. Es ist dort bereits ausgesprochen, daß die Stromlinienkrümmung, die ein Flügel am Ort des anderen hervorbringt, für diese Abweichung verantwortlich zu machen sei, und in einer während der Korrektur zugefügten Fußnote konnte noch mitgeteilt werden, daß inzwischen der rechnerische Nachweis hierfür geglückt sei. Es handelt sich um die Dissertation von Herrn N. K. Bose (Anmerkung der Schriftleitung: Vgl. hier S. 541), die einstweilen nur in maschinengeschriebenen Exemplaren in der Staatsbibliothek in Berlin und der Universitätsbibliothek in Göttingen zugänglich ist, von der aber noch ein Auszug in der Z. angew. Math. Mech. erscheinen soll. Im folgenden wird das hauptsächlichste Ergebnis dieser Arbeit, soweit es für den Praktiker Interesse besitzt, dargelegt werden.

Die Aufgabe besteht aus zwei Teilen, einmal den Auftrieb eines Tragflügels zu ermitteln, der in einer gekrümmten Strömung steht, und dann die Krümmung zu berechnen, die ein Flügel des Doppeldeckers am Ort des anderen hervorbringt. Die Verbindung dieser beiden Beziehungen führt zu dem gesuchten Ergebnis. Für den ersten Teil läßt sich eine Überlegung ganz ähnlich derjenigen angeben, die in der Trag-

---

[1] Die gleiche Feststellung ist schon früher von M. Munk gemacht worden, vgl. seine Veröffentlichung in Techn. Ber. Flugzeugmeisterei Bd. II, S. 187.

[2] Alle Winkel in dieser Abhandlung sind im „Bogenmaß" gemessen. Winkel im Gradmaß werden aus Winkeln im Bogenmaß durch Multiplikation mit $180°/\pi = 57{,}3°$ erhalten.

flügeltheorie üblich ist. Das Element eines Flügels[1] befinde sich in einer absteigenden Strömung; dann ist der wirksame Anstellwinkel gleich dem geometrischen Anstellwinkel minus dem Neigungswinkel der Strömung. Analog kann man annehmen: Das Element eines Flügels befinde sich in einer Strömung von der Krümmung $1/R'$, dann ist die wirksame Profilkrümmung gleich der geometrischen Profilkrümmung minus $1/R'$. Die Richtigkeit dieser Beziehung leuchtet ein für den Fall, daß die geometrische Krümmung und die Krümmung der Strömung übereinstimmen. In diesem Falle wird das gekrümmte Profil in der gekrümmten Strömung ebenso darinstehen, wie eine entsprechende ebene Platte (bzw. das entsprechende symmetrische Profil) in einer geraden Strömung; im Falle des Anstellwinkels 0 wird hier ein Auftrieb nicht zu erwarten sein. Für mäßige Krümmungen von Strömung und Profil wird die obige Beziehung wenigstens als Näherungsformel richtig sein.

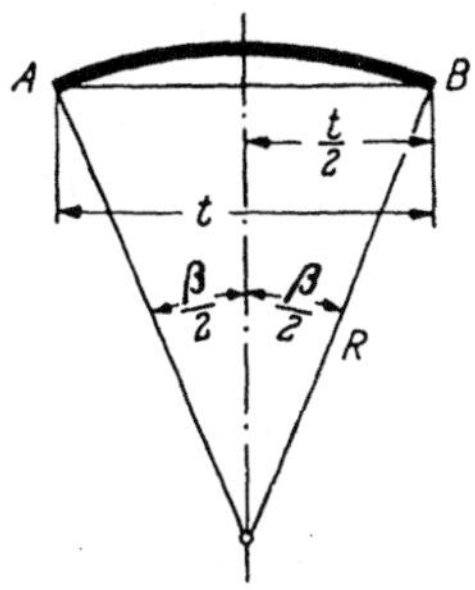

Abb. 1

Die Abhängigkeit des Auftriebs von der Profilkrümmung bei festgehaltenem Anstellwinkel läßt sich aus systematischen Profilmessungen herleiten. Hier mag es aber genügen, die aus den KUTTAschen Rechnungen für die unendlich lange dünne, kreisförmig gewölbte Platte in der reibungslosen Flüssigkeit hergeleitete Näherungsformel

$$c_a = 2\pi\left(\alpha + \frac{\beta}{4}\right) \tag{3}$$

zu benutzen. In dieser ist α der Anstellwinkel der Profilsehne und β der Zentriwinkel des Kreisbogenprofils. Nun ist (vgl. Abb. 1)

$$\sin\frac{\beta}{2} = \frac{t/2}{R},$$

also mit der Annäherung, die den Sinus gleich dem Bogen setzt, $\beta = t/R$; damit wird

$$c_a = 2\pi\left(\alpha + \frac{t}{4R}\right). \tag{4}$$

Für den Flügel in gekrümmter Strömung muß nach dem Vorhergehenden $1/R - 1/R'$ an Stelle von $1/R$ geschrieben werden. Dabei ist angenommen, daß α, für das beim endlich langen Tragflügel der „wirksame Anstellwinkel" einzusetzen ist, bereits bekannt sei. Bei der Ermittlung von α kommt aber, wie sich zeigt, die Krümmung noch einmal herein. Durch die Krümmung ist nämlich die Neigung der Strömung an den verschiedenen Stellen des Profils verschieden. Es mag erlaubt sein, den

[1] Unter Element wird hier ein Flügelstück von der vollen Flügeltiefe, aber von nur geringer Erstreckung in der Richtung der Spannweite verstanden.

Auftrieb des induzierenden Flügels (2), also des anderen Flügels, der das Geschwindigkeitsfeld in der Umgebung des betrachteten Flügels (1) stört, als auf einer Linie konzentriert anzunehmen; dann ist in der Vertikalebene durch diese Linie die induzierte Geschwindigkeit w_{21} vorhanden, die von der bisherigen Mehrdeckertheorie geliefert wird (II. Lieferung, Nr. III, 1). Da die Anstellwinkel in Gl. (3) und (4) auf die Sehne des Kreisbogenprofils bezogen sind, ist die Anstellwinkelkorrektur für die Anwesenheit des zweiten Flügels gegeben durch die Neigung der *Sehne* der vom zweiten Flügel herrührenden Stromlinie am Ort des ersten Flügels. In Abb. 2 bedeutet D den Druckmittelpunkt des zweiten Flügels, in dem dessen ganzer Auftrieb konzentriert gedacht wird; SS ist die Stromlinie, die am Ort des ersten Flügels durch den in D wirkenden Auftrieb erzeugt wird, wenn der erste Flügel nicht da ist; sie berührt die unter der Neigung w/V gezogene Gerade senkrecht über D. A ist der Ort der Eintrittskante, B der der Austrittskante des ersten Flügels, die gestrichelte Linie ist die Stromliniensehne. Von der Richtigkeit der eben angegebenen Vorschrift überzeugt man sich leicht dadurch, wenn man ein dünnes Profil betrachtet, das genau mit dem Stück der Stromlinie SS zwischen A und B zusammenfällt. Dessen geometrischer Anstellwinkel wäre durch die gestrichelte Sehne gegeben. Wird die Sehnenneigung abgezogen, so wird der wirksame Anstellwinkel $= 0°$, und da durch die Wölbungskorrektur auch die wirksame Wölbung $= 0$ wird, ergibt sich auch der Auftrieb $= 0$, wie es sein muß, wenn man in eine Strömung eine Fläche bringt, die gerade den ohne sie vorhandenen Stromlinien folgt. Da die Stromlinie mit der hier nötigen Genauigkeit als Parabelbogen angesehen werden darf, kann für die Sehnenneigung auch die Neigung der Tangente an die Stromlinie in der Mitte des Profils, bei M, gesetzt werden. Liegt D in der Waagerechten um e vor M, so muß also zu w_{21}/V noch der Winkel e/R' hinzugenommen werden (R' = Krümmungsradius der Stromlinie). Da weiter noch die von dem ersten Flügel selbst herrührende Abwärtsgeschwindigkeit w_{11} hinzukommt, erhält man, mit $w_{21} + w_{11} = w_1$ und mit α_1 = geometrischer Anstellwinkel von Flügel 1, den wirksamen Anstellwinkel zu $\alpha_1 - w_1/V - e/R'$. Damit aber mit Einschluß der Wölbungskorrektur:

$$c_{a1} = 2\pi\left(\alpha_1 + \frac{t}{4R} - \frac{w_1}{V} - \frac{t/4 + e}{R'}\right). \tag{5}$$

Diese Beziehung gilt für den Flügel 1. Für den Flügel 2 des Doppeldeckers gilt eine völlig analoge Beziehung mit etwas veränderten Werten der einzelnen Größen. Die Rechnung soll hier nur für den *ungestaffelten* Doppeldecker mit zwei gleich großen Flügeln weitergeführt werden, wobei noch angenommen werden soll, daß der Auftrieb zu gleichen Teilen auf beide Flügel verteilt ist. In diesem Fall dürfen (innerhalb der hier angestrebten Genauigkeit) sämtliche Größen von Gl. (5) als gleich für Ober- und Unterflügel angenommen werden, und es kann ferner noch, wenn s die Entfernung der Druckmittelpunkte D von der Vorderkante (A in Abb. 2) bedeutet, $e = t/2 - s$ gesetzt werden. Damit ergibt sich aber als endgültige Formel für diesen Sonderfall:

$$c_a = 2\pi\left(\alpha + \frac{t}{4R} - \frac{w}{V} - \frac{\frac{3}{4}t - s}{R'}\right). \tag{6}$$

Die ersten drei Glieder in der Klammer entsprechen der bisherigen Theorie, das vierte ist neu hinzugekommen. Da s genähert gleich $\frac{c_m}{c_a}\,t$ ist, läßt sich dieses auch

$$\frac{t}{R'}\left(\frac{3}{4} - \frac{c_m}{c_a}\right)$$

schreiben.

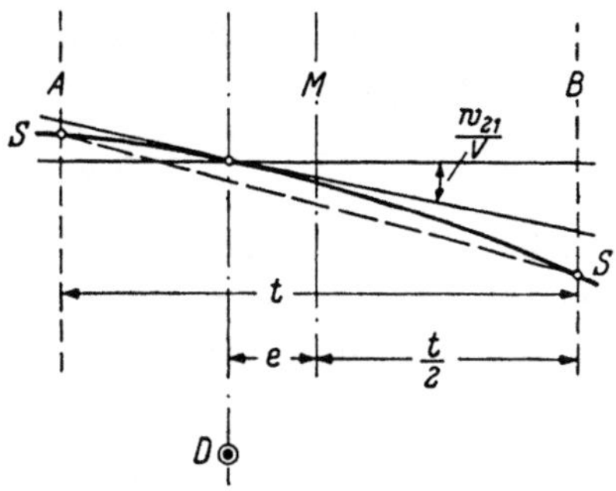

Abb. 2

Es bleibt jetzt noch der zweite Teil der Aufgabe, die Ermittlung der Krümmung $1/R'$ der Luftströmung infolge des zweiten Flügels. Bedeutet $w(x, y)$ die von diesem Flügel verursachte Abwärtsgeschwindigkeit in der Höhe h über (bzw. unter) diesem Flügel, und hat die X-Achse die Richtung der Flügelspannweite und die Y-Achse die Richtung nach hinten, so ist die Krümmung $1/R^*$ an irgendeinem Punkt, kleine Neigung der Stromlinie vorausgesetzt, der Differentialquotient der Neigung nach y. Ist die Neigung $= w/V$, so ist also

$$\frac{1}{R^*} = \frac{1}{V}\,\frac{\partial w}{\partial y}.$$

Dieser Wert ist von Bose für eine Reihe von Punkten der Vertikalebene durch die tragende Linie (d. h. durch D in Abb. 9) berechnet worden, so daß man ihn für Doppeldecker von verschiedenem Höhenverhältnis h/b und für alle Werte von x besitzt. Die Annahme, daß die so berechnete Krümmung auch für die übrigen Punkte des ungestaffelten „ersten Flügels“ angenähert richtig ist, erscheint berechtigt. Die ziemlich schwierigen Rechnungen zeigen, daß $1/R^*$ nach den Flügelenden zu ungefähr auf 0 abnimmt. Da unsere Betrachtungen sich nur auf die Gesamtwirkung aller Krümmungseinflüsse beziehen, ist deshalb noch eine Mittelbildung über den Flügel vorgenommen worden, und zwar derart, daß, wenn a die Auftriebsdichte an der Stelle x ist, gesetzt wurde

$$\frac{1}{R'} = \frac{\int a\,dx/R^*}{\int a\,dx}.$$

Die Auftriebsdichte ist bei dieser Mittelwertbildung als elliptisch verteilt angenommen worden. Das Ergebnis wurde für die verschiedenen Werte von h/b tabellarisch zusammengestellt. Es zeigt sich dabei, daß man innerhalb der bei Doppeldeckern üblichen Werte von h/b die Näherungsformel

$$\frac{1}{R'} = 0{,}0875\, c_a \frac{t}{h^2} \tag{7}$$

anwenden kann. BOSE hat auch untersucht, welchen Einfluß der Umstand hat, daß in Wirklichkeit der Auftrieb des zweiten Flügels nicht auf eine Linie konzentriert ist, sondern über die ganze Tiefe des Flügels verteilt ist. Die Krümmung wird hierdurch etwas kleiner; doch soll hier auf diese Verfeinerung nicht weiter eingegangen werden. Mit Gl. (7) wird aus Gl. (6)

$$c_a = 2\pi\left(\alpha + \frac{t}{4R} - \frac{w}{V} - 0{,}0875\,\frac{t^2}{h^2}\left(\frac{3}{4}c_a - c_m\right)\right). \tag{8}$$

Geht man von dieser Formel zu einer Umrechnungsformel nach Art von Gl. (2) über, d. h. setzt man $c_{aD} = c_{aE}$, so ist, weil das Wölbungsglied $t/4R$ beim Eindecker und Doppeldecker in gleicher Weise auftritt und sich daher weghebt, und weil ferner für

$$\frac{w}{V} = \frac{w_{21} + w_{11}}{V} \quad \text{auch} \quad \frac{c_a}{\pi}\,\frac{\varkappa F_D}{b_D^2}$$

geschrieben werden kann[1],

$$\alpha_D = \alpha_E + \frac{c_a}{\pi}\left(\frac{\varkappa F_D}{b_D^2} - \frac{F_E}{b_E^2}\right) + 0{,}0875\,\frac{t^2}{h^2}\left(\frac{3}{4}c_a - c_m\right). \tag{9}$$

Man erkennt unschwer aus dieser Gleichung, daß sie sich wegen des Auftretens von c_m nicht in die Form (2) bringen läßt. Es soll deshalb zur Ausführung der Vergleichsrechnung das nachstehende Verfahren angewandt werden: Der nach der früheren Theorie gerechnete Anstellwinkel des Doppeldeckers (also die rechte Seite von Gl. (9) ohne das letzte Glied) möge α'_D heißen. Dann ist die Winkeldifferenz

$$\Delta\alpha = \alpha_D - \alpha'_D$$

nach Gl. (9)

$$\Delta\alpha = 0{,}0875\,\frac{t^2}{h^2}\left(\frac{3}{4}c_a - c_m\right) \tag{10}$$

und nach Gl. (2)

$$\Delta\alpha = (\varkappa' - \varkappa)\,\frac{c_a}{\pi}\,\frac{F_D}{b_D^2}. \tag{11}$$

Da diese beiden Gleichungen für veränderliches c_a im allgemeinen nicht vereinbar sind, mögen zwei bestimmte Werte c_{a1} und c_{a2} ins Auge gefaßt werden, und es möge $\Delta\alpha_1$ und $\Delta\alpha_2$ nach Gl. (10) berechnet

[1] II. Lief. Nr. III, 1 u. 2 (Anm. d. Schriftl.: Vgl. S. 310—314 und S. 551).

werden, und es möge nun in Analogie zu dem Verfahren, nach dem die Werte von $\varkappa'$ aus den in der II. Lieferung mitgeteilten Versuchen ermittelt sind, statt Gl. (11) gesetzt werden

$$\varDelta\alpha_1 - \varDelta\alpha_2 = (\varkappa' - \varkappa)\,\frac{F_D}{\pi\, b_D^2}\,(c_{a1} - c_{a2}) \tag{12}$$

und hieraus $\varkappa' - \varkappa$ ermittelt werden.

Für die numerische Durchführung der Rechnung ist $c_{a1} = 0{,}6$ und $c_{a2} = 0$ gesetzt worden. Nach der Eindeckermessung sind die zugehörigen c_m-Werte durch Interpolation zu 0,268 und 0,080 gefunden worden. Für die fünf Doppeldecker mit gleicher Spannweite von Oberflügel und Unterflügel, die in der Zahlentafel 45 der II. Lieferung enthalten sind, ergeben sich hiermit die in Zahlentafel 1 angegebenen Werte.

Zahlentafel 1

Dd.-Nr.	h/t	b^2/F	$\varDelta\alpha_1 - \varDelta\alpha_2$	$(\varkappa' - \varkappa)_{\text{theor}}$	$\varkappa_{\text{theor}}$	$\varkappa'_{\text{theor}}$	$\varkappa'_{\text{exper}}$
1	0,8	3,0	0,0359	0,563	0,794	1,357	1,221
2	1,1	3,0	0,0190	0,298	0,754	1,042	1,049
3	1,4	3,0	0,01173	0,184	0,721	0,905	0,967
4	1,113	2,4	0,01857	0,234	0,722	0,956	0,949
5	1,113	1,44	0,01857	0,140	0,649	0,789	0,803

Der aus Gl. (12) berechnete theoretische Wert von $\varkappa' - \varkappa$ ist zu dem theoretischen Wert von $\varkappa$ addiert und so ein theoretischer Wert von $\varkappa'$ auf rein rechnerischem Wege ermittelt. Der experimentelle Wert von $\varkappa'$ ist daneben gestellt. Die Übereinstimmung ist, wenn man von dem ersten Wert absieht, recht befriedigend angesichts der vielen begangenen Vernachlässigungen. Würde man die Verteilung des Auftriebs nach der Tiefe beim induzierenden Flügel berücksichtigt haben, so würden die Werte $\varkappa' - \varkappa$ durchweg etwas kleiner ausgefallen sein, besonders der erste, da diese Korrektur bei kleinem h/t am meisten ausmacht. Dadurch würde auch dieser Wert dem experimentellen näher gerückt. Im übrigen wird die in der II. Lieferung besprochene Abweichung der Auftriebsverteilung von der elliptischen, die sich in einem Unterschied von $\varkappa_{\text{theor}}$ gegen $\varkappa_{\text{exp}}$ kundgab, auch an den Abweichungen der beiden $\varkappa'$ mitwirken. Man kann also sagen, daß die Ursache der Abweichung zwischen den experimentellen Werten von $\varkappa$ und $\varkappa'$ in Gl. (1) und (2) durch diese Untersuchung grundsätzlich aufgeklärt ist[1].

[1] Auf einem völlig anderen Weg hat Dr. B. Eck (Aachen) diese Lücke der bisherigen Theorie ebenfalls schließen können, vgl. Z. Flugtechn. Motorl. 16. Jg. (1925) S. 183ff.

Anmerkung: Ein schwacher Krümmungseinfluß tritt auch beim Eindecker auf. Dieser ist von Dr. BLENK (Z. angew. Math. u. Mech. 5 (1925), S. 36) untersucht worden und hat gewisse kleine Abweichungen der Umrechnungsformeln bei den Eindeckerversuchen aufklären helfen. Die Korrekturen sind aber nur bei sehr tiefen Flächen (Seitenverhältnis 1 : 2 u. ä.) von Bedeutung; eine Behandlung kann daher hier unterbleiben. Dr. BLENK hat in einer unveröffentlichten Rechnung auch den Krümmungseinfluß bei einem Tragflügel in dem Luftstrahl einer Versuchsanstalt untersucht. Die Wölbungskorrekturen durch den endlichen Luftstrahldurchmesser ergaben sich aber in allen Fällen als unter der Grenze der Versuchsfehler liegend. Bei Versuchen mit größeren Flügeln zwischen Wänden (vgl. I. Lief. Nr. IV, 2) kann dagegen die Wölbungskorrektur von Bedeutung werden. Die Krümmung für diesen Fall ist bereits in der Tragflügeltheorie II, Nr. 13, Gl. (58) angegeben (Anm. d. Schriftl.: Vgl. hier S. 364).

Zeitschrift für angewandte Mathematik und Mechanik Bd. 7 (1927) S. 1—9

Beiträge zur Aerodynamik des Doppeldeckers

Von NOLINI KANTO BOSE in Calcutta. Mit Zusätzen von L. PRANDTL in Göttingen

Das Hauptziel der vorliegenden Arbeit war die Untersuchung des Einflusses der Stromlinienkrümmung auf die gegenseitige Einwirkung der zwei Tragflügel eines Doppeldeckers. Dieser Einfluß bringt nämlich gegenüber den Resultaten der Theorie der tragenden Linien[1] eine Abänderung, die sich vor allem bei der Berechnung des zu einem bestimmten Auftrieb gehörigen Anstellwinkels als wesentlich erweist und die Widersprüche zwischen der Theorie der tragenden Linien und den Versuchen praktisch zum Verschwinden bringt.

Als eine Vorfrucht dieser Rechnung sei zunächst eine Ermittlung der Eigenschaften des Doppeldeckers nach der Theorie der tragenden Linien mitgeteilt. An Stelle der früheren von K. POHLHAUSEN ausgeführten Berechnung, die mit mechanischen Quadraturen durchgeführt war, konnten hier geschlossene Ausdrücke angegeben werden.

1. Berechnung der induzierten Geschwindigkeit. In der zweiten Mitteilung der Tragflügeltheorie[1] sind die Ausdrücke für die Störungsgeschwindigkeiten, die eine tragende Linie in irgendeinem Raumpunkt A hervorbringt, angegeben. Dafür werde das folgende Koordinatensystem eingeführt. Durch A zieht man eine Linie parallel mit der Richtung der ungestörten Strömung, welche die zu dieser Richtung senkrechte Ebene durch die tragende Linie bei O trifft. O sei Koordinatenanfangspunkt, OA die y-Achse, die Gerade senkrecht zu OA und parallel zur tragenden Linie sei die x-Achse; die z-Achse bekommt man aus der Forderung eines rechtwinkligen Koordinatensystems mit Rechtsdrehung (Abb. 1). a ist der Abstand des tragenden Linienelementes ds von O, r der von A, x, 0, z sind seine Koordinaten. A hat die Koordinaten 0, y, 0. Die Winkel α und β sind dann definiert durch

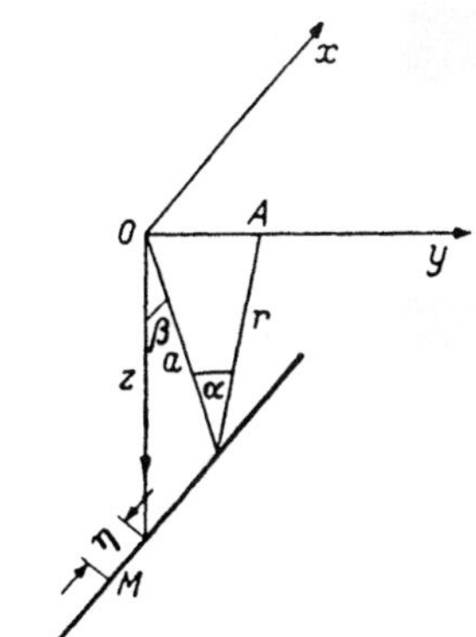

Abb. 1

$$\sin\alpha = \frac{y}{r}, \qquad \frac{\sin\beta}{x} = \frac{\cos\beta}{z} = \frac{1}{a}.$$

[1] Anm. d. Schriftl.: Hier S. 346, vgl. auch S. 308.

Dann erhält man für die Komponenten der Störungsgeschwindigkeit, wenn Γ die Zirkulation kennzeichnet,

$$\left.\begin{aligned} u &= \int \frac{\Gamma\, ds}{4\pi}\left[(1+\sin\alpha)\,\frac{\sin 2\beta}{a^2} + \frac{\sin\alpha\sin 2\beta}{2r^2}\right], \\ v &= -\int \frac{\Gamma\, ds}{4\pi}\,\frac{\cos\alpha\cos\beta}{r^2}, \\ w &= \int \frac{\Gamma\, ds}{4\pi}\left[(1+\sin\alpha)\,\frac{\cos 2\beta}{a^2} + \frac{\sin\alpha\cos^2\beta}{r^2}\right], \end{aligned}\right\} \quad (1)$$

wobei die Integrale über die ganze tragende Linie zu erstrecken sind. Im folgenden wird elliptische Zirkulationsverteilung angenommen:

$$\Gamma = \Gamma_0 \sqrt{1-\xi^2};$$

ξ gibt den Abstand des tragenden Elementes von der Mitte der tragenden Linie in Bruchteilen der halben Spannweite l an. Mit η wird der Abstand der Tragflügelmitte von der z-Achse bezeichnet, so daß die x-Koordinate des tragenden Linienelementes $l\,\xi - \eta$ ist. Für die wichtigste Komponente der induzierten Geschwindigkeit w erhält man

$$\left.\begin{aligned} w &= \frac{\Gamma_0 l}{4\pi}\int_{-1}^{+1}\left[\left(1+\frac{y}{r}\right)\frac{z^2-x^2}{(z^2+x^2)^2} + \frac{y}{r^3}\,\frac{z^2}{a^2}\right]\sqrt{1-\xi^2}\,d\xi \\ &= \frac{\Gamma_0 l}{4\pi}\int_{-1}^{+1}\frac{z^2(1-\xi^2)}{[z^2+(l\,\xi-\eta)^2]^2}\,\frac{d\xi}{\sqrt{1-\xi^2}} - \\ &\quad - \frac{\Gamma_0 l}{4\pi}\int_{-1}^{+1}\frac{(l\,\xi-\eta)^2(1-\xi^2)}{[z^2+(l\,\xi-\eta)^2]^2}\,\frac{d\xi}{\sqrt{1-\xi^2}} + \\ &\quad + \frac{\Gamma_0 l}{4\pi}\int_{-1}^{+1}\frac{y\,z^2(1-\xi^2)}{[z^2+(l\,\xi-\eta)^2]^2}\,\frac{d\xi}{\sqrt{(1-\xi^2)\,[z^2+y^2+(l\,\xi-\eta)^2]}} - \\ &\quad - \frac{\Gamma_0 l}{4\pi}\int_{-1}^{+1}\frac{y(1-\xi^2)\,(l\,\xi-\eta)^2}{[z^2+(l\,\xi-\eta)^2]^2}\,\frac{d\xi}{\sqrt{(1-\xi^2)\,[z^2+y^2+(l\,\xi-\eta)^2]}} + \\ &\quad + \frac{\Gamma_0 l}{4\pi}\int_{-1}^{+1}\frac{y\,z^2(1-\xi^2)}{z^2+(l\,\xi-\eta)^2}\,\frac{d\xi}{\sqrt{(1-\xi^2)\,[z^2+y^2+(l\,\xi-\eta)^2]^3}}. \end{aligned}\right\} \quad (2)$$

Setzen wir $z/l = \lambda$, $y/l = \mu$, $\eta/l = \nu$ und nehmen für y bzw. η den Wert 0 an, so erhält man sofort die Geschwindigkeit w in der vertikalen Ebene durch die tragende Linie

$$w_0 = \frac{\Gamma_0}{4\pi\, l}\left[\lambda^2\int_{-1}^{+1}\frac{1-\xi^2}{[\lambda^2+(\xi-\nu)^2]^2}\,\frac{d\xi}{\sqrt{1-\xi^2}} - \int_{-1}^{+1}\frac{(\xi-\nu)^2(1-\xi^2)}{[\lambda^2+(\xi-\nu)^2]^2}\,\frac{d\xi}{\sqrt{1-\xi^2}}\right]. \quad (3)$$

Das Integrationsverfahren werde am ersten Integral gezeigt. Zunächst führt man eine neue Variable t ein durch

$$\xi = \frac{q+t}{1+qt},$$

wobei die Zahl q so bestimmt wird, daß das erste Integral

$$\lambda^2 \int\limits_{-1}^{+1} \frac{(1-q^2)^{3/2}(1-t^2)(1+qt)}{[\lambda^2(1+qt)^2 - 2\nu(q+t)(1+qt) + \nu^2(1+qt)^2 + (q+t)^2]^2} \frac{dt}{\sqrt{1-t^2}}$$

die Form

$$\lambda^2(1-q^2)^{3/2} \int\limits_{-1}^{+1} \frac{(1-t^2)(1+qt)}{(A+Bt^2)^2} \frac{dt}{\sqrt{1-t^2}}$$

erhält. Dabei wird

$$A = \lambda^2 + (\nu - q)^2, \qquad B = \lambda^2 q^2 - (1 - \nu q^2),$$
$$q + \frac{1}{q} = \frac{\lambda^2 + \nu^2 + 1}{\nu}. \tag{4}$$

Die Gleichung für q

$$q^2 - q\,\frac{\lambda^2 + \nu^2 + 1}{\nu} + 1 = 0$$

hat zwei positive Wurzeln, deren Produkt gleich 1 ist, so daß eine Wurzel größer als 1, die andere kleiner als 1 ist. Hier braucht man, damit das Integral reell bleibt, die Wurzel, die kleiner als 1 ist. Das Integral geht in

$$\frac{\lambda^2(1-q^2)^{3/2}}{A^2} \int\limits_{-1}^{+1} \frac{1-t^2}{(1+mt^2)^2} \frac{dt}{\sqrt{1-t^2}}$$

über, wenn

$$m = \frac{B}{A} = \frac{1-q\nu}{\nu-q}\,q$$

ist, da der andere Bestandteil, wie man leicht sieht, verschwindet. Setzt man

$$t^2 = \frac{x^2}{1+m-mx^2},$$

so wird das Integral gleich

$$\frac{2\lambda^2(1-q^2)^{3/2}}{A^2(1+m)^{1/2}} \int\limits_0^1 \sqrt{1-x^2}\,dx = \frac{\lambda^2(1-q^2)^{3/2}}{A^2(1+m)^{1/2}}\,\frac{\pi}{2}.$$

Das zweite Integral berechnet man nach demselben Verfahren. Setzt man zur Abkürzung

$$m = \frac{1-q\nu}{\nu-q}\,q = \operatorname{tg}^2\alpha \tag{5}$$

oder, da $\lambda^2 q = (1 - q\nu)(\nu - q)$ ist,

$$\operatorname{tg}\alpha = \frac{1 - q\nu}{\lambda},$$

so erhält man schließlich

$$w_0 = \frac{\Gamma_0}{4l}\left[1 - \frac{\cos\alpha}{\sqrt{1 - q^2}}\right]. \tag{6}$$

In der Zahlentafel 1 und der Abb. 2 sind die Werte von $\frac{4l}{\Gamma_0} w_0$ für λ von 0,2 bis 0,6 und ν von 0 bis 2 angegeben. Sie stimmen genau überein mit den Werten, die früher mit Hilfe des Planimeters gefunden sind[1].

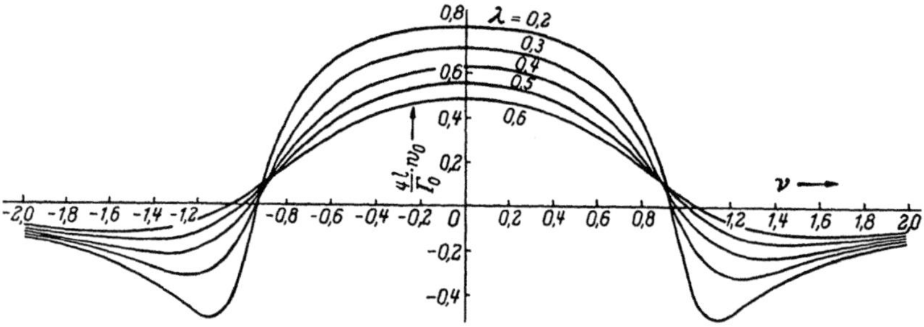

Abb. 2

2. Einfluß der Stromlinienkrümmung auf den Auftrieb. Das nächste Problem ist, die Wirkung des Abwindes w_0 auf den Auftrieb eines anderen Flügels zu finden. Wie allgemein bekannt, beeinflußt der Abwind eines Flügels seine eigene Tragfähigkeit, d. h. sein Anstellwinkel vermindert sich um $\operatorname{arc\,tg}\frac{w}{V}$, wenn w die Abwärtsgeschwindigkeit am Flügel und V die Geschwindigkeit der freien Strömung ist. Wenn der Flügel nun in ein Gebiet kommt, das schon durch den Einfluß eines anderen Flügels gestört ist, erleidet sein Auftrieb bei demselben geometrischen Anstellwinkel eine weitere Veränderung.

Für die Abhängigkeit des Auftriebes von den geometrischen Konstanten der Strömung und des Profils wurde im folgenden die aus den Kuttaschen Rechnungen für die unendlich lange, dünne kreisförmig gewölbte Platte in der reibungslosen Flüssigkeit hergeleitete Näherungsformel für die Auftriebszahl

$$c_a = \frac{A}{\frac{1}{2}\varrho V^2 F}$$

angesetzt

$$c_a = 2\pi\left(\alpha + \frac{\beta}{4}\right). \tag{7}$$

[1] S. 313.

Zahlentafel 1. $\frac{4l}{\Gamma_0} w_0$

ν	$\lambda = 0{,}2$	$\lambda = 0{,}3$	$\lambda = 0{,}4$	$\lambda = 0{,}5$	$\lambda = 0{,}6$
0,0	0,804	0,713	0,629	0,553	0,486
0,1	0,801	0,709	0,626	0,549	0,481
0,2	0,792	0,696	0,613	0,535	0,468
0,3	0,777	0,677	0,589	0,512	0,447
0,4	0,751	0,644	0,554	0,478	0,415
0,5	0,711	0,599	0,502	0,432	0,373
0,6	0,648	0,526	0,435	0,369	0,319
0,7	0,543	0,420	0,342	0,291	0,255
0,8	0,371	0,272	0,225	0,198	0,184
0,9	0,109	0,072	0,087	0,100	0,105
1,0	−0,291	−0,130	−0,045	0,005	0,037
1,1	−0,489	−0,266	−0,144	−0,074	−0,025
1,2	−0,483	−0,312	−0,201	−0,123	−0,070
1,3	−0,412	−0,309	−0,220	−0,150	−0,100
1,4	−0,351	−0,284	−0,222	−0,162	−0,116
1,5	−0,298	−0,249	−0,207	−0,161	−0,122
1,6	−0,254	−0,221	−0,190	−0,156	−0,123
1,7	−0,218	−0,196	−0,174	−0,146	−0,120
1,8	−0,189	−0,174	−0,156	−0,138	−0,115
1,9	−0,167	−0,153	−0,141	−0,126	−0,109
2,0	−0,149	−0,139	−0,127	−0,116	−0,102

α ist der Anstellwinkel der Profilsehne, deren Länge t ist, β ist der Zentriwinkel des Kreisbogenprofils, der Radius ist R (Abb. 3). Dann ist

$$\sin\frac{\beta}{2} = \frac{t}{2R},$$

also angenähert

$$c_a = 2\pi\left(\alpha + \frac{t}{4R}\right). \tag{8}$$

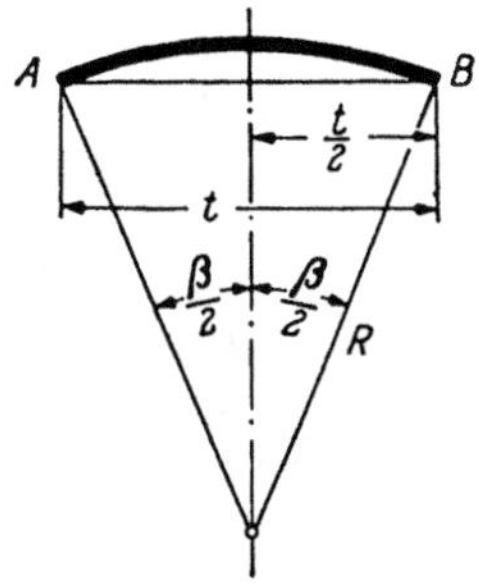

Abb. 3

Bei dem endlichen Tragflügel, der von einem zweiten beeinflußt wird, wird der Auftrieb nicht nur durch die Wirkung des Abwindes verändert, der von den beiden Flügeln am Ort des ersten erzeugt wird, sondern außerdem noch durch den Umstand, daß der erste Flügel sich in einer durch die Wirkung des zweiten Flügels gekrümmten Strömung befindet. Die Krümmung der Stromlinien äußert sich in zweifacher Hinsicht.

Einmal bleibt die Krümmung des Tragflügelprofils nicht mehr die wirksame Krümmung, sondern die wirksame Krümmung ist gleich der geometrischen Krümmung $1/R$, vermindert um die Krümmung der Strömung $1/R'$. Diese Beziehung muß, wie man sich leicht überzeugt, wenigstens für kleine Krümmungen mit guter Annäherung richtig sein.

Zweitens spielt die Krümmung bei der Ermittlung des wirksamen Anstellwinkels noch eine Rolle, da wegen der Krümmung die Neigung der Strömung an verschiedenen Stellen des Profils verschieden ist. Denkt man sich den Auftrieb des zweiten, störenden Flügels auf einer Linie durch den Druckmittelpunkt konzentriert, so ist in der Vertikalebene durch diese Linie die induzierte Geschwindigkeit w_{21} vorhanden, die unter **1.** berechnet wurde. $\operatorname{arc\,tg} \frac{w_{21}}{V}$ gibt dann die Neigung der Stromlinie SS, die am Ort des ersten Flügels ohne diesen, allein durch die Wirkung des zweiten Flügels da wäre, und zwar in dem Punkt senkrecht über D (Abb. 4). A bezeichnet den Ort der Eintrittskante, B den Ort der Austrittskante des ersten Flügels, die gestrichelte Linie die Stromliniensehne. Nun waren in den Formeln (7), (8) die Anstellwinkel auf die Sehne des Kreisbogenprofils bezogen, so daß man von dem geometrischen Anstellwinkel die Neigung der Sehne der Stromlinie SS abziehen muß, um den wirksamen Anstellwinkel zu bekommen. Mit hier genügender Genauigkeit kann für die Neigung der Sehne die Neigung der Tangente der Stromlinie in der Mitte des Profils bei M gesetzt werden. Wenn D den waagerechten Abstand e von M hat, so muß also zu der Anstellwinkelkorrektur w_{21}/V, die man nur durch den Abwind des zweiten Flügels erklären kann, noch der Winkel e/R' hinzugefügt werden. Ist die vom Flügel 1 selbst induzierte Geschwindigkeit w_{11}, und setzt man $w_{11} + w_{21} = w_1$ und den geometrischen Anstellwinkel des ersten Flügels gleich α_1, so wird demnach der wirksame Anstellwinkel gleich $\alpha_1 - \frac{w_1}{V} - \frac{e}{R'}$ und

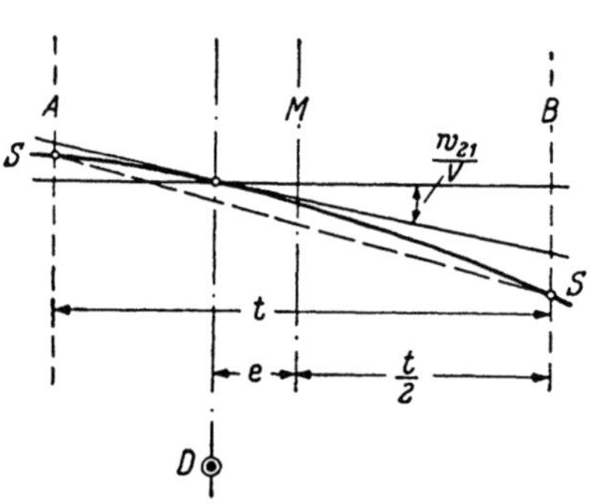

Abb. 4

$$c_{a1} = 2\pi\left(\alpha_1 + \frac{t}{4R} - \frac{w_1}{V} - \frac{\frac{1}{4}t + e}{R'}\right). \tag{9}$$

Die Rechnung soll im folgenden nur für den ungestaffelten Doppeldecker mit zwei gleich großen Flügeln durchgeführt werden, unter der weiteren Annahme, daß der Auftrieb auf Ober- und Unterflügel zu gleichen Teilen verteilt ist. Dann darf man annehmen, daß die Beziehung (9), die ja nur für Flügel 1 abgeleitet wurde, für beide Flügel genügend genau gilt. Führt man noch die Entfernung s des Druckmittelpunktes D von der Vorderkante ein, so wird $e = t/2 - s$. In diesem Sonderfall wird also

$$c_a = 2\pi\left(\alpha + \frac{t}{4R} - \frac{w}{V} - \frac{\frac{3}{4}t - s}{R'}\right). \tag{10}$$

Für s kann man angenähert $\frac{c_m}{c_a} t$ schreiben, so daß das in der hier vorgetragenen Theorie neu hinzugekommene Glied in der Klammer auch

$$\frac{t}{R'}\left(\frac{3}{4} - \frac{c_m}{c_a}\right)$$

geschrieben werden kann

$$\left(c_m = \text{Momentenzahl} = \frac{M}{\frac{1}{2}\varrho V^2 F t}\right).$$

3. Berechnung der Stromlinienkrümmung. Es handelt sich nun noch darum, die Krümmung $1/R'$ zu bestimmen. Setzt man die von einem Flügel induzierte Geschwindigkeit gleich w, so ist die Neigung der resultierenden Stromlinie w/V. Behält man das in **1.** benutzte Koordinatensystem bei, so wird die Krümmung

$$\frac{1}{R'} = \frac{\partial\left(\frac{w}{V}\right)}{\partial y} = \frac{1}{V}\,\frac{\partial w}{\partial y}. \tag{11}$$

Im folgenden soll die Krümmung nur in der Vertikalebene durch die tragende Linie berechnet werden, d. h. y bzw. η wird gleich 0. Man erhält dann aus Gl. (2)

$$\begin{aligned}\left(\frac{\partial w}{\partial y}\right)_0 = \frac{\Gamma_0}{4\pi l^2}\Bigg[2\lambda^2 \int\limits_{-1}^{+1} \frac{1-\xi^2}{[\lambda^2+(\xi-\nu)^2]^2}\,\frac{d\xi}{\sqrt{(1-\xi^2)\,[\lambda^2+(\xi-\nu)^2]}} \,-\\ - \int\limits_{-1}^{+1} \frac{(\xi-\nu)^2\,(1-\xi^2)}{[\lambda^2+(\xi-\nu)^2]^2}\,\frac{d\xi}{\sqrt{(1-\xi^2)\,[\lambda^2+(\xi-\nu)^2]}}\Bigg].\end{aligned} \tag{12}$$

Zur Integration, d. h. zur Zurückführung auf die in den Tafelwerken enthaltenen LEGENDREschen Normalintegrale wendet man in der üblichen Weise dieselben Substitutionen wie unter **1.** an:

$$\xi = \frac{q+t}{1+q\,t}, \qquad t^2 = \frac{x^2}{1+m-m\,x^2}$$

und erhält mit denselben Bezeichnungen wie bei **1.** für das erste Integral

$$\begin{aligned}\frac{4\lambda^2(1-q^2)^{3/2}}{A^{5/2}}\,\frac{k}{\sqrt{m}} \int\limits_0^1 \Bigg[1 - \left(1 + \frac{m-q^2}{1+m}\right)x^2 \,+\\ + \frac{m-q^2}{1+m}\,x^4\Bigg]\,\frac{dx}{\sqrt{(1-x^2)\,(1-k^2x^2)}},\end{aligned}$$

wobei

$$k^2 = \frac{m}{1+m}$$

ist.

Setzt man allgemein

$$\int_0^1 \frac{x^n}{\sqrt{(1-x^2)(1-k^2x^2)}}\,dx = u_n,$$

so ist das erste Integral

$$\frac{4\lambda^2(1-q^2)^{3/2}}{A^{5/2}}\,\frac{k}{\sqrt{m}}\left[u_0-\left(1+\frac{m-q^2}{1+m}\right)u_2+\frac{m-q^2}{1+m}\,u_4\right],$$

das zweite Integral

$$-\frac{2(1-q^2)^{3/2}(\nu-q)^2}{A^{5/2}}\,\frac{k}{\sqrt{m}}\left[u_0-\left(1-\frac{m}{q^2}\,\frac{m-q^2}{1+m}\right)u_2-\frac{m}{q^2}\,\frac{m-q^2}{1+m}\,u_4\right].$$

Nach der bekannten Rekursionsformel für elliptische Integrale ist

$$(2n-1)\,k^2u_{2n}-(2n-2)(1+k^2)\,u_{2n-2}+(2n-3)\,u_{2n-4}=0,$$

woraus wir hier u_4 durch u_2 und u_0 ausdrücken können. Danach bekommen wir schließlich

$$\left(\frac{\partial w}{\partial y}\right)_0=\frac{\Gamma_0}{2\pi l^2}\left(\frac{\sin\alpha\cos\alpha}{\lambda}\right)^{3/2}\left[\frac{\nu}{q}\,\mathrm{tg}^2\alpha\,\mathsf{E}-\frac{q\,\nu}{\mathrm{tg}^2\alpha}(\mathsf{K}-\mathsf{E})\right]. \tag{13}$$

K und E bedeuten die vollständigen LEGENDREschen elliptischen Integrale erster bzw. zweiter Gattung. Die Werte für

$$\frac{2\pi l^2 V}{\Gamma_0}\,\frac{1}{R'}$$

sind in Zahlentafel 2 und Abb. 5 wiedergegeben.

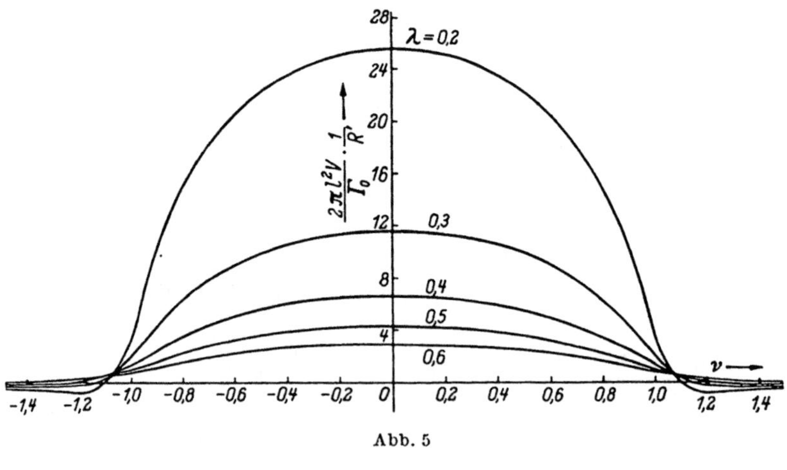

Abb. 5

Die Ausdrücke für die Störungsgeschwindigkeit und die Stromlinienkrümmung ändern sich bei festgehaltenem λ, d. h. gegebenem Abstand der beiden Flügel noch mit ν, von Punkt zu Punkt des oberen

Flügels. $1/R'$ nimmt nach den Flügelenden zu etwa auf 0 ab. Für manche Zwecke, wo es sich um die Ermittlung von Gesamtwirkungen handelt, wird es vorteilhafter sein, einen mittleren Wert der Störungsgeschwin-

Zahlentafel 2

$$\frac{2\pi l^2 V}{\Gamma_0} \frac{1}{R'}$$

ν	$\lambda = 0{,}2$	$\lambda = 0{,}3$	$\lambda = 0{,}4$	$\lambda = 0{,}5$	$\lambda = 0{,}6$
0,0	25,515	11,614	6,577	4,217	2,912
0,1	25,445	11,514	6,543	4,197	2,863
0,2	25,113	11,360	6,421	4,120	2,832
0,3	24,500	11,054	6,267	3,970	2,728
0,4	23,569	10,501	5,991	3,775	2,582
0,5	22,324	9,984	5,572	3,510	2,390
0,6	20,442	9,048	5,021	3,204	2,139
0,7	18,080	7,894	4,290	2,699	1,833
0,8	14,660	6,288	3,421	2,158	1,492
0,9	10,316	4,255	2,370	1,574	1,118
1,0	3,278	2,074	1,416	1,003	0,774
1,1	0,025	0,374	0,603	0,531	0,476
1,2	−0,748	−0,154	0,139	0,212	0,260
1,3	−0,716	−0,365	−0,102	0,036	0,101
1,4	−0,569	−0,351	−0,180	−0,065	0,011
1,5	−0,441	−0,312	−0,196	−0,109	−0,041
1,6	−0,341	−0,265	−0,185	−0,116	−0,064
1,7	−0,266	−0,221	−0,170	−0,121	−0,078
1,8	−0,202	−0,178	−0,141	−0,111	−0,081
1,9	−0,165	−0,142	−0,127	−0,103	−0,075
2,0	−0,141	−0,125	−0,109	−0,089	−0,074

digkeit und der Stromlinienkrümmung zu bestimmen. Diese ergeben sich für die angegebene Auftriebsverteilung zu

$$\left.\begin{aligned} w_{0m} &= \frac{\int_0^l \Gamma w_0 \, d\eta}{\int_0^l \Gamma \, d\eta} = \frac{\int_0^1 w_0 \sqrt{1-\nu^2}\, d\nu}{\int_0^1 \sqrt{1-\nu^2}\, d\nu} = \frac{4}{\pi}\int_0^1 w_0 \sqrt{1-\nu^2}\, d\nu, \\ \frac{1}{R'_m} &= \frac{\int_0^l \frac{\Gamma}{R'}\, d\eta}{\int_0^l \Gamma\, d\eta} = \frac{4}{\pi}\int_0^1 \frac{\sqrt{1-\nu^2}}{R'}\, d\nu. \end{aligned}\right\} \quad (14)$$

Für die Auswertung der Integrale kann man die SIMPSONsche Regel verwenden. Das Intervall von 0 bis 1 teilt man in eine gerade Anzahl gleicher Teile von der Breite 0,1, wie es in den Tabellen für w_0 und $1/R'$ auch schon geschehen ist. Hat der Integrand hier die Werte y_0, y_1,

$y_2, \dots y_{10}$ so erhalten wir einen Näherungswert des Integrals zu

$$\frac{0,1}{3}[y_0 + 4y_1 + 2y_2 + \cdots 4y_9 + y_{10}].$$

Für die mittlere Krümmung läßt sich leicht eine Näherungsformel ableiten. Es zeigt sich nämlich, daß der Ausdruck

$$\lambda^2 \frac{\pi^2 l^2 V}{2\Gamma_0 R'_m}$$

von λ nahezu unabhängig ist. Man erhält für

$\lambda =$	0,2	0,3	0,4	0,5	0,6
$\lambda^2 \frac{\pi^2 l^2 V}{2\Gamma_0 R'_m} =$	0,680	0,683	0,682	0,678	0,665

so daß man für die praktisch üblichen Fälle

$$\frac{\pi^2 l^2 V}{2\Gamma_0 R'_m} = 0,68\frac{1}{\lambda^2}$$

setzen kann. Setzt man $l = b/2$, wobei b also jetzt die Spannweite des Flügels bezeichnet, und nennt die senkrechte Entfernung der beiden Flügel h, so wird $\lambda = 2\frac{h}{b}$. Schreibt man schließlich für Γ_0 noch $\frac{2c_a V t}{\pi}$, so hat man

$$\frac{1}{R'_m} = \frac{16}{\pi^3}\frac{c_a t}{b^2}\cdot 0,17\frac{b^2}{h^2} = 0,0875\frac{c_a t}{h^2}. \tag{15}$$

4. Vergleich der Theorie mit der Beobachtung. Bei der Berechnung des zu einem bestimmten Auftrieb gehörigen Anstellwinkels eines Doppeldeckers auf Grund von Eindeckerversuchen hatte die Theorie der tragenden Linien zu einer Unstimmigkeit geführt. Wenn nämlich, mit dem Zeiger D für den Doppeldecker und dem Zeiger E für den Eindecker

$$c_{WD} = c_{WE} + \frac{c_a^2}{\pi}\left(\frac{\varkappa F_D}{b_D^2} - \frac{F_E}{b_E^2}\right)^1 \tag{16}$$

ist, so war man genötigt, in der Umrechnungsformel für den Anstellwinkel statt $\varkappa$, das gleich dem Verhältnis des induzierten Widerstandes des Doppeldeckers zu dem des Eindeckers bei gleichem Gesamtauftrieb und gleicher Spannweite ist, einen empirischen Wert $\varkappa'$ ($> \varkappa$) einzuführen[2]:

$$\alpha_D = \alpha_E + \frac{c_a}{\pi}\left(\frac{\varkappa' F_D}{b_D^2} - \frac{F_E}{b_E^2}\right). \tag{17}$$

Die Theorie der tragenden Linien lieferte im Widerspruch zu der Erfahrung $\varkappa' = \varkappa$. Es war zu vermuten, daß der in der vorliegenden Arbeit

[1] Vgl. Tragflügeltheorie, II. Mitt., S. 8, Gl. (38) (Anm. d. Schriftl.: Hier S. 352).
[2] Ergebnisse II. Lief., S. 37.

berechnete Krümmungseinfluß die Differenz zwischen $\varkappa'$ und $\varkappa$ erklären würde. Es war

$$c_a = 2\pi\left[\alpha + \frac{t}{4R} - \frac{w}{V} - \frac{t}{R'}\left(\frac{3}{4} - \frac{c_m}{c_a}\right)\right].$$

Nun war der Mittelwert von R' bestimmt durch

$$\frac{1}{R'_m} = 0{,}0875\, c_a \frac{t}{h^2}.$$

Folglich wird

$$c_a = 2\pi\left[\alpha + \frac{t}{4R} - \frac{w}{V} - 0{,}0875\,\frac{t^2}{h^2}\left(\frac{3}{4}c_a - c_m\right)\right]. \tag{18}$$

Mit Hilfe dieser Formel kann man die Umrechnung der Anstellwinkel nach Art von Formel (17) versuchen. Das Glied $t/4R$ ist dem Doppeldecker und dem Eindecker gemeinsam und hebt sich daher weg; für

$$\frac{w}{V} = \frac{w_{11} + w_{21}}{V} \quad \text{kann man} \quad \frac{c_a}{\pi}\,\frac{\varkappa F_D}{b_D^2}$$

schreiben[1], und man erhält daher

$$\alpha_D = \alpha_E + \frac{c_a}{\pi}\left(\frac{\varkappa F_D}{b_D^2} - \frac{F_E}{b_E^2}\right) + 0{,}0875\,\frac{t^2}{h^2}\left(\frac{3}{4}c_a - c_m\right). \tag{19}$$

Diese Formel kann wegen des Auftretens von c_m nicht auf die Form (17) gebracht werden, eine exakte Definition von $\varkappa'$ ist deshalb nicht möglich. $\varkappa'$ soll nun ähnlich wie bei den Experimenten in folgender Weise bestimmt werden. Die beiden ersten Glieder von Gl. (19) liefern den Winkel α_D' nach der alten theoretischen Formel. Rechnet man $\Delta\alpha = \alpha_D - \alpha_D'$ für zwei Werte von c_a, so werde

$$\varkappa' = \varkappa + \pi\frac{b_D^2}{F_D}\,\frac{\Delta\alpha_1 - \Delta\alpha_2}{c_{a1} - c_{a2}}$$

ermittelt und mit den experimentellen Werten verglichen.

Für fünf in Zahlentafel 45 der II. Lieferung der Ergebnisse der Aerodynamischen Versuchanstalt zu Göttingen angegebene Doppeldecker mit gleicher Spannweite des Ober- und Unterflügels ergeben sich die in der folgenden Zahlentafel 3 enthaltenen Werte. Die zum Vergleich herangezogene Eindeckermessung ergab durch Interpolation für $c_a = 0$ $c_m = 0{,}08$ und für $c_a = 0{,}6$ $c_m = 0{,}268$. Damit wurden die theoretischen Werte $\varkappa'$ berechnet.

Die Übereinstimmung zwischen den theoretischen und experimentellen Werten ist ziemlich befriedigend. Wenn man noch die Verteilung des Auftriebes nach der Tiefe beim induzierenden Flügel berücksichtigen würde, wie es in der vollständigen Dissertation von Bose geschehen

---

[1] Ergebnisse II. Lief., S. 11 u. 12 (Hier S. 314/315).

ist, so würden die Werte $\varkappa' - \varkappa$ etwas kleiner, besonders stark aber der erste, da diese Korrektur bei kleinem h/t den größten Einfluß hat. Der Anschluß an die Erfahrung wird hiernach noch besser.

Zahlentafel 3

Dd.-Nr.	h/t	b^2/F	$\Delta\alpha_1 - \Delta\alpha_2$	$\varkappa' - \varkappa_{theor}$	$\varkappa_{theor}$	$\varkappa'_{theor}$	$\varkappa'_{exper}$
1	0,8	3,0	0,0359	0,563	0,794	1,357	1,221
2	1,1	3,0	0,0190	0,298	0,754	1,042	1,049
3	1,4	3,0	0,01173	0,184	0,721	0,905	0,967
4	1,113	2,4	0,01857	0,234	0,722	0,956	0,949
5	1,113	1,44	0,01857	0,140	0,649	0,789	0,803

Zeitschrift für Flugtechnik und Motorluftschiffahrt Bd. 21 (1930) S. 116

Beobachtungen über dynamischen Segelflug

Die Möglichkeiten des *dynamischen* Segelfluges, d. h. des Fluges ohne Arbeitsleistung durch Flügelschlagen oder durch einen Propeller bei Fehlen von Aufwind, sind oft behandelt worden, vgl. z. B. die Diskussion darüber in der ersten Zeit der Segelflugbewegung, Z. Flugtechn. Motorl. 1921, S. 209ff. sowie 220ff. Meines Wissens ist aber noch nie eine klare Beschreibung der Art, wie die Hochseevögel auf der freien Meeresfläche wirklich segeln, veröffentlicht worden (wenigstens nicht in der deutschen Fachliteratur).

Ich hatte in den letzten Tagen auf der Fahrt von Yokohama nach Honolulu sehr viel Gelegenheit zu Beobachtungen hierüber, die ein sehr klares Bild von dieser Flugart lieferten. Die Vögel nützen den Unterschied zwischen der Windgeschwindigkeit dicht über der gewellten Wasseroberfläche und höher oben aus. Sie steigen gegen den Wind und entnehmen die Steigarbeit der kinetischen Energie, die sie relativ zu der oberen Strömung haben. Oben wenden sie und fliegen abwärtssinkend mit dem Wind, dabei kinetische Energie aufspeichernd. Unten angelangt, wenden sie wieder zur Richtung gegen den Wind zurück und fliegen nun mit abnehmender Geschwindigkeit dicht über dem Wasser weiter, bis die kinetische Energie so weit aufgezehrt ist, daß das Manöver wiederholt werden muß. Sie drücken sich dabei hin und wieder tief in die Wellentäler herein und steigen dann über dem Wellenkamm hoch, wobei der Aufwind, der hier herrscht, im ersten Teil des Aufstieges fördernd mitwirken mag.

Ein Aufwindsegeln entlang einem Wellenkamm (entsprechend dem Segelflug unserer Flieger entlang einem Höhenzug) habe ich nie gesehen. Das Segeln im Aufwind des Schiffes, das von den Möven in den nördlichen Gewässern gern betrieben wird, ist hier nicht Brauch. Einer der Vögel hat es gelegentlich ausgeführt, aber bald als offenbar zwecklos wieder aufgegeben, denn für die Nahrungssuche, auf die es diesen aufs Praktische gerichteten Geschöpfen offenbar allein ankommt, haben diese Übungen keinen Zweck, dazu muß unmittelbar über dem Wasser geflogen werden, nicht in Masthöhe.

Das normale Manöver ist nicht die Schleife, sondern die Schlangenlinie, vgl. Abb. 1, die den Grundriß einer solchen Bahn darstellt. Der Pfeil bedeutet dabei die Windrichtung, die obere Schleife ist mit o, die untere mit u bezeichnet. Bei x beginnt der Anstieg, der meist sehr steil erfolgt. In den Wendungen liegt der Vogel oft mehr als 45° zum Horizont geneigt, sie werden also recht scharf ausgeführt. Gelegentlich wird natürlich die Richtung der Schlangenlinie zum Wind umgekehrt, wodurch an der Umkehrstelle eine Schleife entsteht. Je nach der Richtung, in der der Vogel vorwärts kommen will, werden die einen oder die anderen Äste der Schlangenlinie in die Länge gezogen. Diese regelmäßige Flugart wird im übrigen hauptsächlich bei schwachem Wind (bis etwa 10 m/sec) beobachtet, wo die Tiere mit der dargebotenen Energie haushalten müssen. Bei stärkerem Wind, den wir an einem der Tage hatten (schätzungsweise 15 m/sec), wurden die Tiere beim Aufstieg so hoch in die Luft geschnellt, daß sie dann im Gleitflug machen konnten, was ihnen beliebte.

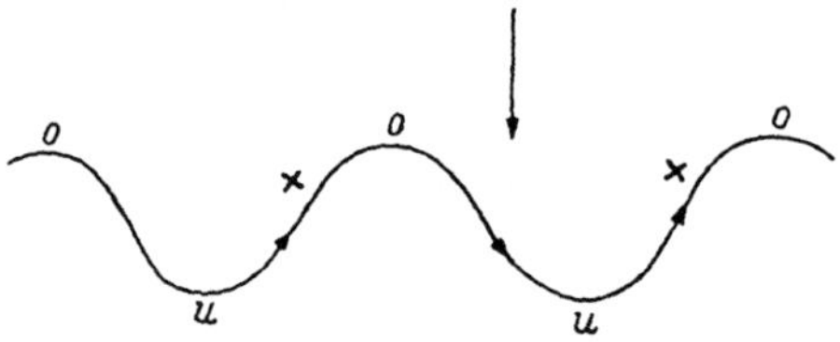

Abb. 1

Was die Vogelart betrifft, so handelt es sich nach meinen Erkundigungen um den braunen Albatros. Das Seitenverhältnis ist recht beträchtlich, wenn auch vielleicht nicht ganz so groß wie beim eigentlichen Albatros. Abb. 2 gibt eine Handskizze von dem Flugbild wieder.

Zum Schluß noch ein kleines Zahlenbeispiel, das das System dieser Flugart illustrieren soll.

Angenommen sei eine Windgeschwindigkeit von 8 m/sec in 10 m Höhe und 4 m/sec nahe der Wasseroberfläche, was durchaus plausibel ist, so ergibt sich ein Geschwindigkeitsunterschied von 4 m/sec. Der Vogel fliege gegen den Wind und habe 20 m/sec Geschwindigkeit relativ zur unteren Strömung, also 24 m/sec gegen die obere Strömung. Wenn die Verluste durch den Luftwiderstand für das kurze Stück der Flugbahn (von x bis o in Abb. 1) vernachlässigt werden, so steht also, wenn die Relativgeschwindigkeit zur oberen Strömung von 24 auf 20 m/sec vermindert wird, eine Steighöhe von

Abb. 2

$$\frac{24^2 - 20^2}{2g} = \frac{176}{19{,}6} = \text{rd. } 9 \text{ m}$$

zur Verfügung.

Wir hatten einmal kurze Zeit hindurch einen Wind, der sich fast genau mit dem Schiff bewegte; der Rauch aus dem Schornstein stieg fast senkrecht in die Höhe[1]. Der Wind ließ dann wieder etwas nach, der Schornsteinrauch blieb langsam zurück. Die Windgeschwindigkeit mag danach in Schiffshöhe etwa 7 bis 9 m/sec betragen haben (Schiffs-

[1] In diesem Fall war ein Aufwind am Schiff völlig ausgeschlossen, so daß auch Beobachtungen nahe am Schiff brauchbar waren.

geschwindigkeit = rd. 9 m/sec). Die Vögel stiegen in der Tat schätzungsweise 8 bis 10 m in die Höhe, so daß das obige Zahlenbeispiel annähernd das Richtige zu treffen scheint. Die Eigengeschwindigkeit der Vögel konnte leider nicht gemessen werden, sie ist aber dem Augenschein nach ziemlich beträchtlich.

Es würde von Interesse sein, die Flugbahnen der Tiere im Zweifachausschnitt mit zwei Kinematographen zu verfolgen, damit man die vollständigen Angaben bekommt.

Zeitschrift für Flugtechnik und Motorluftschiffahrt 24. Jg. (1933) S. 305—306

Über Tragflügel kleinsten induzierten Widerstandes

1. Problemstellung. Für einen Tragflügel gegebenen Auftriebes erhält man *bei vorgeschriebener Spannweite* den geringsten induzierten Widerstand, wenn man den Auftrieb nach einer Halbellipse verteilt. Die Nebenbedingung, daß die Spannweite vorgeschrieben ist, ist dabei aber durchaus wesentlich, und es ist also die Behauptung durchaus unzulässig, daß die elliptische Auftriebsverteilung die beste schlechthin sei. Der induzierte Widerstand ist um so kleiner, je größer die Spannweite gemacht wird. Wenn in einem Sonderfall die Spannweite des Flugzeuges durch die Forderung begrenzt wird, daß das Flugzeug durch ein bestimmtes vorgegebenes Hallentor geschoben werden kann, so ist es am Platz, innerhalb der so vorgeschriebenen Spannweite den Auftrieb elliptisch zu verteilen. Wenn aber eine derartige Begrenzung nicht vorliegt, dann wird man sich nach anderen Gesichtspunkten richten müssen. Eine beliebige Vergrößerung der Spannweite verbietet sich durch das in diesem Fall allzu stark anwachsende Holmgewicht. Eine den flugtechnischen Belangen gerecht werdende Formulierung der Aufgabe wäre wohl die, daß nicht das dem Auftrieb gleiche Gesamtgewicht, sondern das Gewicht der nichttragenden Teile als vorgegeben anzusehen ist, und daß nun diejenige Gestaltung des Flügels gesucht wird, durch die der gesamte Flügelwiderstand (induzierter plus Profilwiderstand), in dem sich das Holmgewicht mit auswirkt, ein Minimum wird. Es wäre sehr schwierig, diese Aufgabe etwa als Variationsproblem zu formulieren.

Hier soll eine einfachere Aufgabe gestellt werden, diese aber exakt durchgeführt werden. Man kommt nämlich zu einer vernünftigen Begrenzung der Spannweite auch dadurch, daß man neben dem Gesamtauftrieb A des Flügels das Trägheitsmoment $A\,r^2$ der Auftriebsverteilung vorschreibt. r ist dann der „Trägheitsradius" der Auftriebsverteilung. Auf das Trägheitsmoment der Auftriebsverteilung wird man geführt, wenn man das Holmgewicht an jeder Stelle proportional dem dort wirkenden Biegungsmoment M setzt. Dies würde allerdings nur dann genau zutreffen, wenn der Holm überall dieselbe Trägerhöhe hätte und das Steggewicht gegenüber dem Gewicht der Flanschen zu vernachlässigen wäre. Immerhin bedeutet es schon eine Annäherung an das, was man eigentlich ausdrücken will, wenn man vorschreibt, daß bei dem Tragflügel

$$\int_{-b/2}^{+b/2} M\,dx$$

einen gewissen gegebenen Betrag nicht überschreiten soll. Das Doppelte dieses Integrals läßt sich nun durch zweimalige partielle Integration unmittelbar in das obenerwähnte Trägheitsmoment der Auftriebsverteilung umformen. Wenn man nämlich den Auftrieb mit Hilfe des KUTTA-JOUKOWSKIschen Satzes durch die Formel

$$A = \varrho v \int \Gamma \, dx$$

ausdrückt, so ist für $x > 0$

$$M(x) = \varrho v \int_x^{b/2} \Gamma (x' - x) \, dx',$$

und es ist nun

$$\int_0^{b/2} M \, dx = [x M]_0^{+b/2} - \int_0^{b/2} x \frac{dM}{dx} \, dx'.$$

Dabei ist

$$\frac{dM}{dx} = -\varrho v \int_x^{b/2} \Gamma \, dx.$$

Der erste Ausdruck verschwindet hier. Die zweite partielle Integration liefert nun in einfacher Weise

$$\int_0^{b/2} M \, dx = \varrho v \int_0^{b/2} \frac{x^2}{2} \Gamma \, dx,$$

was unserer obigen Behauptung entspricht.

Unsere mathematische Aufgabe soll also lauten: Es ist

$$W_i = \varrho \int \Gamma w \, dx$$

zu einem Minimum zu machen unter den Nebenbedingungen

$$A = \varrho v \int \Gamma \, dx = \text{gegeben}$$

und

$$A r^2 = \varrho v \int \Gamma x^2 \, dx = \text{gegeben}.$$

w ist dabei die nach der Tragflügeltheorie zu der Zirkulationsverteilung Γ gehörige Abwärtsgeschwindigkeit am Flügel. Offenbar wird durch die Vorschrift, daß der Trägheitsradius r eine bestimmte Größe haben soll, auch eine Aussage über die Querausdehnung des Tragflügels gemacht, aber eine, die die *mittlere* Ausdehnung des Flügels erfaßt und die für die Ausgestaltung der Flügelspitze keine Bindung enthält. Tatsächlich ergibt diese Aufgabe auch ganz andere Auftriebsverteilungen als die elliptische.

2. Durchführung. Die Aufgabe zerfällt nun in zwei Teile, erstens ist das Variationsproblem zu lösen, das uns sagt, nach welchem Gesetz innerhalb der jeweils gewählten Spannweite der Auftrieb zu verteilen ist, und zweitens ein Minimumproblem, das in dem Fall, daß die Spannweite gänzlich frei gelassen wird, aus den gemäß dem Variationsproblem zulässigen Lösungen diejenige aussucht, die den überhaupt kleinsten Widerstand ergibt.

Das Variationsproblem läßt sich verhältnismäßig einfach lösen, wenn wir uns eines von A. Betz stammenden Gedankens bedienen, nämlich, daß es zulässig ist, die Variationen $\delta\Gamma$, statt am Flügel selbst, an einem weit nach hinten verschobenen Hilfsflügel anzubringen, dessen Rückwirkung nach vorn vernachlässigt werden kann, und der selbst unter der Abwärtsgeschwindigkeit $2w$ steht. Wenn die Zirkulation $\Gamma(x)$ die gesuchte Lösung darstellt, so muß eine Variation von W_i durch das Hinzutreten von solchen Zusatzzirkulationen $\delta\Gamma$ verschwinden, die gleichzeitig den Nebenbedingungen genügen. Diese Nebenbedingungen lauten offenbar

$$\delta A = \varrho\, v \int \delta\Gamma\, d x = 0 \tag{1}$$

und

$$\delta(A\, r^2) = \varrho\, v \int \delta\Gamma\, x^2\, d x = 0 . \tag{2}$$

Es wird nun offenbar dann

$$\delta W_i = \varrho \int \delta\Gamma\, w\, d x = 0 , \tag{3}$$

wenn

$$w = C_1 + C_2\, x^2 \tag{4}$$

ist, denn dann wird durch die Nebenbedingungen (1) und (2) auch (3) erfüllt.

Die zu dem in Gl. (4) angegebenen Wert von w gehörige Zirkulation ist aber durch alte Entwicklungen der Tragflügeltheorie bekannt[1].

Wenn man

$$\Gamma = (\Gamma_0 + \Gamma_2\, \xi^2)\, \sqrt{1 - \xi^2}$$

setzt, wobei ξ eine Abkürzung für $x : \frac{b}{2}$ ist, so erhält man eine Formel für die Abwärtsgeschwindigkeit, die genau von der Art von Gl. (4) ist, und zwar ist

$$C_1 = \frac{1}{2b}\left(\Gamma_0 - \frac{1}{2}\Gamma_2\right)$$

und

$$C_2 = \frac{6\Gamma_2}{b^3} .$$

Das Variationsproblem ist hiermit erledigt, und es handelt sich jetzt weiter darum, die besten mit den Bedingungen der Aufgabe verträg-

[1] Tragflügeltheorie I. Mitt., wieder abgedruckt in „Vier Abhandlungen zur Hydrodynamik und Aerodynamik“ (Anm. d. Schriftl.: Hier S. 322).

lichen Werte von Γ_0 und Γ_2 zu finden. Mit Rücksicht darauf, daß sich Γ_2 als negativ ergeben wird, führen wir

$$-\Gamma_2/\Gamma_0 = \mu$$

ein und erhalten damit

$$\Gamma = \Gamma_0(1 - \mu\,\xi^2)\sqrt{1-\xi^2} \tag{5}$$

und

$$w = \frac{\Gamma_0}{2b}\left(1 + \frac{\mu}{2} - 3\mu\,\xi^2\right). \tag{6}$$

Unsere Nebenbedingungen lauten jetzt

$$A = \frac{\pi}{4}\,\varrho\, b\, v\,\Gamma_0\left(1 - \frac{\mu}{4}\right) \tag{7}$$

und

$$A\,r^2 = \frac{\pi}{64}\,\varrho\, b^3\, v\,\Gamma_0\left(1 - \frac{\mu}{2}\right). \tag{8}$$

Durch Division ergibt sich daraus sofort

$$r^2 = \frac{1}{16}\,b^2\,\frac{1-\frac{\mu}{2}}{1-\frac{\mu}{4}}$$

oder

$$b = 4r\sqrt{\frac{1-\frac{\mu}{4}}{1-\frac{\mu}{2}}}. \tag{9}$$

Durch Einsetzen in Gl. (7) findet man hieraus

$$\Gamma_0 = \frac{A}{\pi\,\varrho\, v\, r}\sqrt{\frac{1-\frac{\mu}{2}}{\left(1-\frac{\mu}{4}\right)^3}}. \tag{10}$$

Der induzierte Widerstand ergibt sich gemäß S. 32 der „Vier Abhandlungen" zu

$$W_i = \frac{\pi\,\varrho\,\Gamma_0^2}{8}\left(1 - \frac{\mu}{2} + \frac{\mu^2}{4}\right).$$

Dies gibt unter Berücksichtigung von Gl. (10)

$$W_i = \frac{A^2}{8\pi\,\varrho\, v^2\, r^2}\,\frac{\left(1-\frac{\mu}{2}\right)\left(1-\frac{\mu}{2}+\frac{\mu^2}{4}\right)}{\left(1-\frac{\mu}{4}\right)^3}. \tag{11}$$

Der Verlauf der hier auftretenden Funktion von μ, die hier zur Abkürzung $f(\mu)$ genannt werden soll, ist aus der untenstehenden kleinen Zahlentafel zu ersehen, in der auch der Verlauf von $\frac{b}{4r}$ und der des

Faktors von Γ_0 angegeben ist. Man erkennt leicht, daß das Minimum von $f(\mu)$ bei $\mu = 1$ liegt, was auch durch Untersuchung des Differentialquotienten von $f(\mu)$ nachgewiesen werden konnte, der bei $\mu = 1$ exakt verschwindet. Allerdings hat die Funktion hier kein gewöhnliches

Zahlentafel 1

μ	$\sqrt{\dfrac{1-\frac{\mu}{4}}{1-\frac{\mu}{2}}}$	$\sqrt{\dfrac{1-\frac{\mu}{2}}{\left(1-\frac{\mu}{4}\right)^3}}$	$\dfrac{\left(1-\frac{\mu}{2}\right)\left(1-\frac{\mu}{2}+\frac{\mu}{4}\right)^2}{\left(1-\frac{\mu}{4}\right)^3}$
0,00	1,0000	1,0000	1,0000
0,25	1,0351	1,0305	0,9458
0,50	1,0801	1,0581	0,9096
0,75	1,1402	1,0795	0,8921
1,00	1,2247	1,0887	0,8889

Minimum, sondern einen Wendepunkt und senkt sich für die Werte $\mu > 1$ weiter ab. Hier verliert aber unsere Aufgabe ihren vernünftigen Sinn, da hier negative Auftriebe an den Flügelspitzen auftreten und infolgedessen auch negative Biegemomente, und natürlich den negativen Biegungsmomenten keine negativen Holmgewichte entsprechen, sondern wieder positive Holmgewichte. Man hätte also für den Fall des Vorzeichenwechsels von M nicht das Integral über M sondern das über dem Betrag von M zu nehmen und damit werden die Grundlagen unserer ganzen Rechnung für diesen Fall hinfällig. Es stellt also der größte vernünftige Wert von μ gleichzeitig den Bestwert dar. Im übrigen sind gemäß der Zahlentafel auch die Werte von μ, die beträchtlich unter 1 liegen, noch nicht viel schlechter. Die elliptische Auftriebsverteilung ist allerdings im Rahmen unserer Aufgabe schon merklich schlechter. In der Abbildung sind die Zirkulationsverteilungen gemäß Gl. (5) und die zugehörigen Abwärtsgeschwindigkeiten gemäß Gl. (6) aufgezeichnet, und zwar für einen gegebenen Wert des Trägheitsradius r und gegebenes Γ_0. Die Kurven a stellen dabei die elliptische Auftriebsverteilung ($\mu = 0$) dar, die Kurven b und c gehören zu $\mu = \frac{1}{2}$ und $\mu = 1$. Die Abbildung zeigt, daß die in letzter Zeit bevorzugten

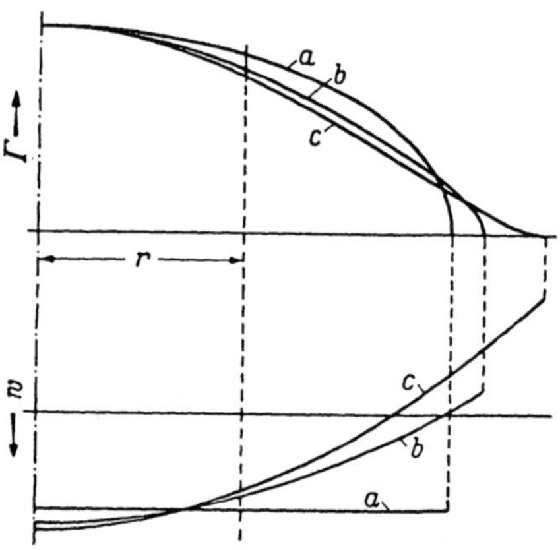

Abb. 1. Verlauf der Zirkulation und der Abwärtsgeschwindigkeit
a Elliptische Verteilung; b ein zwischenliegender Fall; c beste Verteilung

spitzendigen Flügel von unserem Standpunkt aus den Vorzug verdienen vor denen mit annähernd rechteckigem Umriß, daß es dabei aber im einzelnen auf den Grad der Zuspitzung nicht allzusehr ankommt.

Zusammenfassung

Es wird die Aufgabe gelöst, die Auftriebsverteilung zu finden, die für gegebenen Gesamtauftrieb und gegebenes Trägheitsmoment des Gesamtauftriebes den kleinsten induzierten Widerstand gibt. Diese Auftriebsverteilung ist nicht die elliptische, sondern entspricht mehr derjenigen der spitzendigen Flügel.

Zeitschrift für angewandte Mathematik und Mechanik Bd. 16 (1936) S. 360 u. 361

Beitrag zur Theorie der tragenden Fläche

1. Für verschiedene feinere Fragen der Tragflügeltheorie reicht die Behandlung des Tragflügels als „tragende Linie" nicht mehr aus. Es muß vielmehr eine „tragende Fläche" betrachtet werden, wobei aber ebenfalls, wie in der Theorie der tragenden Linie, alle Ansätze durch Annahme kleiner Störungsgeschwindigkeiten linearisiert werden. Die ältere Theorie der tragenden Fläche gründet sich auf Ansätze, die auf meine Veranlassung hin von W. ACKERMANN und W. BIRNBAUM[1] durchgeführt worden sind. Damals wurde das Wirbelsystem in den Vordergrund gestellt. Es zeigt sich nun, daß ein anderer Zugang zur Theorie der tragenden Fläche dadurch gewonnen werden kann, daß man von dem Feld des Beschleunigungsvektors $\mathfrak{b} = \frac{D\mathfrak{w}}{dt}$ ausgeht. Unter Annahme eines reibungslosen Mediums hat man die EULERsche Gleichung, die in unserer Bezeichnung lautet

$$\mathfrak{b} + \frac{1}{\varrho}\operatorname{grad} p = 0. \tag{1}$$

Da wir auch Homogenität annehmen, ist

$$\frac{1}{\varrho}\operatorname{grad} p = \operatorname{grad}\left(\int \frac{dp}{\varrho}\right).$$

Damit wird auch $\mathfrak{b}$ ein Gradient. Bei Einführung eines „Beschleunigungspotentials" φ ist also $\mathfrak{b} = \operatorname{grad}\varphi$. Damit kann Gl. (1) integriert werden zu:

$$\varphi + \int \frac{dp}{\varrho} = f(t). \tag{2}$$

Die willkürliche Zeitfunktion $f(t)$ wird dabei, wenn im Unendlichen die ungestörte Strömung herrscht, zu einer Konstanten. Gl. (2) dient zur Druckermittlung, sobald das Beschleunigungspotential gegeben ist.

2. An der tragenden Fläche weist der Druck einen Sprung auf, gemäß Gl. (2) also auch φ. Überall außerhalb der tragenden Fläche ist für Fluggeschwindigkeiten unterhalb der Schallgeschwindigkeit p stetig, daher auch φ stetig (bei Überschallgeschwindigkeit die bekannten Unstetigkeiten!). Die Betrachtung ist bis hierher streng. Die Einführung der Linearisierung erlaubt nun, auch im Fall des zusammendrückbaren Mediums,

---

[1] Z. angew. Math. Mech. Bd. 3 (1923) S. 290, und Bd. 4 (1924) S. 277; vgl. auch H. BLENK, Z. angew. Math. Mech. Bd. 5 (1925) S. 36.

a) φ aus einer „Doppelbelegung"[1] herzuleiten (bei Volumbeständigkeit wäre dieser Schritt noch streng ausführbar, bei Zusammendrückbarkeit ist er aber nur bei kleinen Druckamplituden zulässig),

b) die Doppelbelegung auf der xy-Ebene statt auf der tragenden Fläche anzunehmen (Voraussetzung hierfür sind kleine Anstellwinkel und Wölbungen).

Der Aufbau von φ kann durch Überlagerung aus den Feldern der differentiellen Dipole erfolgen (bei Zusammendrückbarkeit retardierte Potentiale!), im stationären Fall auch mit Hilfe der Kontinuitätsgleichung (volumbeständig $\Delta\varphi = 0$, kompressibel mit c = Schallgeschwindigkeit)

$$\left(1 - \frac{V^2}{c^2}\right)\frac{\partial^2\varphi}{\partial x^2} + \frac{\partial^2\varphi}{\partial y^2} + \frac{\partial^2\varphi}{\partial z^2} = 0.$$

3. Durch die Doppelbelegung, deren Intensität überall derjenigen des Drucksprunges entspricht, ist das Beschleunigungspotential φ im ganzen Raum definiert. Es ist jetzt aus φ das Geschwindigkeitsfeld zu ermitteln. Die Rechnung für den stationären Flugzustand habe ich in meinem Aufsatz „Theorie des Flugzeugtragflügels im zusammendrückbaren Medium" in der Luftf.-Forschg. Bd. 13 (1936), S. 313, Abschn. I, veröffentlicht. Inzwischen habe ich, angeregt durch ein Gespräch mit Herrn W. Kinner, auch den nichtstationären Fall untersucht, wo der Potentialsprung außer von den Grundrißkoordinaten auch von der Zeit abhängt. Es zeigte sich, daß auch dieser allgemeinere Fall grundsätzlich durchführbar ist.

Die Fluggeschwindigkeit, die als zeitlich konstant angesehen werden soll, sei V. Die x-Achse liege in Flugrichtung (x nach hinten positiv), die y-Achse in Richtung des Holmes, die z-Achse senkrecht. Bei Vernachlässigung der zweiten Ordnung wird, mit $\mathfrak{w}$ = Geschwindigkeitsvektor,

$$\mathfrak{b} = \frac{\partial\mathfrak{w}}{\partial t} + V\frac{\partial\mathfrak{w}}{\partial x}.$$

Nach Einführung von $\mathfrak{b} = \operatorname{grad}\varphi$ und $\mathfrak{w} = \operatorname{grad}\Phi$ und Integration wird

$$\varphi = \frac{\partial\Phi}{\partial t} + V\frac{\partial\Phi}{\partial x}. \tag{3}$$

Wenn $\varphi(x, y, z, t)$ gegeben ist, dann findet man aus Gl. (3)

$$\Phi(x, y, z, t) = \frac{1}{V}\int\limits_{-\infty}^{x}\varphi\left(x', y, z, t - \frac{x - x'}{V}\right)dx'. \tag{4}$$

[1] Vgl. etwa Prandtl-Tietjens, Bd. I (1929) S. 188ff., oder auch Luftf.-Forschg. Bd. 13 (1936) S. 314.

(Beweis am bequemsten durch Gradientbildung auf beiden Seiten und Ersetzung von x' durch $x - V(t - t')$; dies liefert $\mathfrak{w}$ als Zeitintegral von $\mathfrak{b}$ bei festgehaltenem Teilchen.) Für stationäre Zustände wird hieraus

$$\Phi(x, y, z) = \frac{1}{V} \int_{-\infty}^{x} \varphi(x', y, z)\, d x'. \tag{5}$$

4. Die Gestalt der tragenden Fläche $z = z(x, y, t)$ wird, wieder auf erste Ordnung genau, erhalten aus der Vertikalkomponente der Geschwindigkeit

$$w = \frac{\partial \Phi}{\partial z}$$

mit Hilfe der Beziehung

$$w = \frac{\partial z}{\partial t} + V \frac{\partial z}{\partial x}.$$

Die Lösung lautet ähnlich wie Gl. (4)

$$z = \frac{1}{V} \int_{0}^{x} w\left(x', y, 0, t - \frac{x - x'}{V}\right) d x' + F\left(y, t - \frac{x}{V}\right). \tag{6}$$

Die Funktion F dient dazu, eine willkürlich gegebene Lage und Bewegung der Flügelvorderkante zuzulassen.

5. Es mag auffallen, daß das Wirbelband in dieser Darstellung keine Rolle spielt. Es wird selbstverständlich bei Auswertung des Geschwindigkeitsfeldes auf Grund von Gl. (4) und (5) erhalten, da φ oberhalb und unterhalb der tragenden Fläche verschiedene Werte hat. Darin, daß man es zur Durchführung der Rechnung nicht braucht, besteht der Gewinn der neuen Darstellung. Im übrigen sorgen Integrationsschwierigkeiten dafür, daß die Rechnung nur bei verhältnismäßig einfachen Berandungen der tragenden Fläche zu dem gewünschten Erfolg führt. Die Belegungen müssen zunächst auch einfach gewählt werden, man hat aber das Mittel der Überlagerung zur Verfügung, um auch verwickeltere Belegungen zu behandeln. Über zwei solche Fälle berichten die nachfolgenden Vorträge der Herren W. KINNER und H. SCHLICHTING (Anmerkung der Schriftleitung: Z. angew. Math. Mech. Bd. 16 (1936) S. 349 und 363).

Proceedings of the Fifth International Congress for Applied Mechanics, Cambridge-Mass. 1938 (1939) p. 478—482

Über neuere Arbeiten zur Theorie der tragenden Fläche

Im folgenden will ich zusammenfassend über einige Arbeiten berichten, die in den drei letzten Jahren in Göttingen entstanden sind.

I. In der rechnerischen Behandlung der tragenden Fläche konnte dadurch ein Fortschritt erzielt werden, daß nicht von der Wirbelbelegung der Fläche und dem an diese anschließenden Wirbelband ausgegangen wird, sondern von dem Feld des Beschleunigungsvektors in der Umgebung der Fläche[1]. Da der Beschleunigungsvektor $D\mathfrak{w}/dt$ nach der EULERschen Gleichung $= -\frac{1}{\varrho}\operatorname{grad} p$ ist und dieser letztere Ausdruck im Fall der Homogenität des Mediums, auch bei Zusammendrückbarkeit, $= -\operatorname{grad}\int\frac{dp}{\varrho}$ geschrieben werden kann, besitzt der Beschleunigungsvektor ein Potential φ, für das man durch eine Integration der EULERschen Gleichung

$$\varphi = f(t) - \int\frac{dp}{\varrho} \tag{1}$$

erhält. Wenn der Zustand stationär ist, oder auch, wenn im nichtstationären Fall das Unendliche störungsfrei bleibt, wird dabei noch $f(t) = \text{konst.}$ Es besteht also zwischen dem Druckfeld und dem „Beschleunigungspotential" ein sehr einfacher Zusammenhang. Da der Druck an der tragenden Fläche unstetig ist, sonst aber überall stetig sein muß, gilt das gleiche auch für das Beschleunigungspotential.

II. Im Fall der Linearisierung, wie sie auch sonst in der Tragflügeltheorie üblich ist (Störungsgeschwindigkeiten überall klein gegen die Fluggeschwindigkeit V), wird

$$\frac{D\mathfrak{w}}{dt} = \frac{\partial\mathfrak{w}}{\partial t} + V\frac{\partial\mathfrak{w}}{\partial x} \tag{2}$$

oder mit Einführung des Geschwindigkeitspotentials Φ sowie des Beschleunigungspotentials φ

$$\operatorname{grad}\varphi = \frac{\partial}{\partial t}\operatorname{grad}\Phi + V\frac{\partial}{\partial x}(\operatorname{grad}\Phi),$$

woraus nach Vertauschung der Differentiationen und Integration

$$\varphi = \frac{\partial\Phi}{\partial t} + V\frac{\partial\Phi}{\partial x} \tag{3}$$

[1] L. PRANDTL, Luftf.-Forschg. Bd. 13 (1936) S. 313, und Z. angew. Math. Mech. Bd. 16 (1936) S. 360 (Anm. d. Schriftl.: Hier S. 1027 bzw. 562).

wird. Im stationären Fall wird $\partial \Phi / \partial t = 0$. Hiermit ist Φ aus φ durch eine einfache Quadratur erhältlich:

$$\Phi(x, y, z) = \frac{1}{V} \int_{-\infty}^{x} \varphi(x', y, z)\, dx'. \tag{4}$$

Aber auch im allgemeinen Fall ist Φ aus Gl. (3) bei gegebenem $\varphi(x, y, z, t)$ durch eine Integration errechenbar. Es sind die jeweils ein und demselben Flüssigkeitsteilchen im Lauf der Zeit aufgeprägten Beschleunigungspotentiale zu integrieren:

$$\Phi(x, y, z, t) = \frac{1}{V} \int \varphi\left(x', y, z, t - \frac{x - x'}{V}\right) dx'. \tag{4a}$$

Die Gestalt der tragenden Fläche $z = z(x, y, t)$ läßt sich aus der Vertikalgeschwindigkeit $w = \partial \Phi / \partial z$ mittels der Bedingung $\partial z / \partial x = w / V$ für den stationären Fall bzw.

$$\frac{\partial z}{\partial x} + \frac{1}{V} \frac{\partial z}{\partial t} = \frac{w}{V}$$

für den nichtstationären Fall durch eine zweite Quadratur von derselben Art gewinnen. Im nichtstationären Fall ergibt sich dabei

$$z = \frac{1}{V} \int_{0}^{x} w\left(x', y, 0, t - \frac{x - x'}{V}\right) dx' + F\left(y, t - \frac{x}{V}\right).$$

Die willkürliche Funktion F dient hierbei dazu, um eine willkürlich verlaufende Erhebung der Flügelvorderkante über die x, y-Ebene und auch deren willkürliche Vertikalbewegung zu erfassen.

Das Wirbelband tritt in dieser Formulierung nicht in Erscheinung, es ist aber selbstverständlich vorhanden, wie aus Gl. (4) bzw. (4a) leicht zu erkennen ist, wenn man berücksichtigt, daß φ an der tragenden Fläche unstetig ist und daher in den erwähnten Integralausdrücken diese Unstetigkeiten sich auch hinter der Tragfläche noch bemerklich machen.

III. Bisher ist in unseren Betrachtungen die Kontinuität noch nicht berücksichtigt. Im linearisierten Fall ergibt sich aus Gl. (3), daß für φ dieselbe Differentialgleichung gelten muß, der Φ aus Gründen der Kontinuität zu genügen hat. Für das volumbeständige Medium wird also einfach

$$\Delta \varphi = 0. \tag{5}$$

Beim zusammendrückbaren Medium hat man im stationären Fall, wenn man auch hier gleich wieder die oben eingeführte Linearisierung anwendet, mit c = Schallgeschwindigkeit

$$\left(1 - \frac{V^2}{c^2}\right) \frac{\partial^2 \varphi}{\partial x^2} + \frac{\partial^2 \varphi}{\partial y^2} + \frac{\partial^2 \varphi}{\partial z^2} = 0. \tag{5a}$$

Unter Berücksichtigung von Gl. (5) bzw. (5a) läßt sich nun die Lösung nach dem aus der Elektrizitätslehre bekannten Prinzip der „Doppelbelegung" aufbauen. Man kann zunächst ein Quellpotential Φ_Q dadurch erhalten, daß man Quellen in einer dem gewünschten Drucksprung proportionalen Intensität auf der tragenden Fläche bzw. auf dem dieser benachbarten Stück der x, y-Ebene verteilt, wobei für jede „Quelle" in einem Punkt x', y', 0 die der Differentialgleichung (5) bzw. (5a) entsprechende, im Quellpunkt singuläre Lösung einzuführen ist, im volumbeständigen Fall also konst./r, wo

$$r = \sqrt{(x-x')^2 + (y-y')^2 + z^2}$$

ist. Das Potential der Quellverteilung wird dann mit Q = Quellintensität auf der Flächeneinheit

$$\Phi_Q = \iint \frac{Q(x'\,y')\,dx'\,dy'}{4\pi r}. \tag{6}$$

Um das Geschwindigkeitspotential Φ zu erhalten, muß noch von der Quelle zum Dipol übergegangen werden, was durch

$$\Phi = \frac{\partial \Phi_Q}{\partial z} \tag{7}$$

bewerkstelligt wird.

IV. Leider machen sich bei vielen Anwendungen dieser Rechnung Schwierigkeiten bei den auszuführenden Integrationen geltend, so daß man in der Regel auf den umgekehrten Weg angewiesen ist, nämlich solche Begrenzungen der tragenden Flächen auszusuchen, für die bereits Quellpotentiale ausgerechnet vorliegen. Irgendeine bestimmte Quellverteilung kann dann in Form einer unendlichen Reihe aus solchen Quellpotentialen aufgebaut werden.

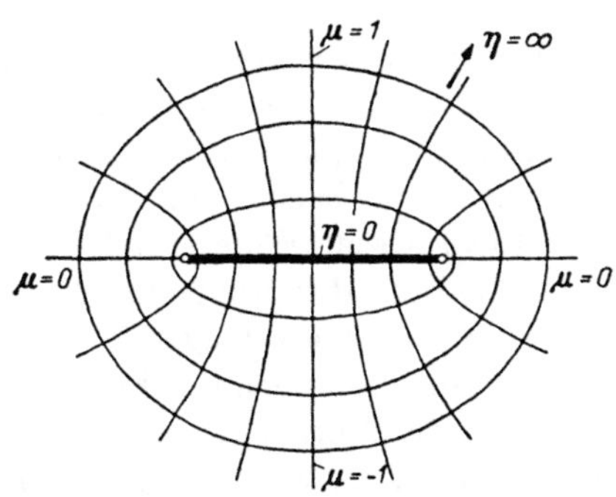

Abb. 1. Elliptische Koordinaten

Bei Volumbeständigkeit ist die Aufgabe bisher nur für den kreisförmigen Umriß wirklich durchgeführt worden. Die sehr vollständige Lösung stammt von Herrn W. Kinner[1]. Er verwendet dabei elliptische Koordinaten in der Art, daß η auf konfokalen Rotationsellipsoiden und μ auf den zugehörigen konfokalen Hyperboloiden konstant ist — vgl. Abb. 1 — und ferner ϑ das Azimut bedeutet. In diesen Koordinaten wird $\Delta\varphi = 0$ erfüllt für alle $\varphi_n^m = P_n^m(\mu)\,Q_n^m(i\,\eta)\cos m\vartheta$, wo P_n^m bzw. Q_n^m die zugeordneten

[1] W. Kinner, Ing.-Arch. Bd. 8 (1937) S. 47. Auszug in Z. angew. Math. Mech. Bd. 16 (1936) S. 349.

Kugelfunktionen erster bzw. zweiter Art sind. Wenn $n + m$ ungerade ist, hat φ_n^m auf der x, y-Ebene innerhalb des Kreises eine Unstetigkeit von einer für unsere Aufgabe brauchbaren Art.

Mit diesen Funktionen, die auf dem Rande des Kreises gegen Null gehen und daher dort endliche Geschwindigkeit liefern, lassen sich allerdings nur Beispiele mit stoßfreiem Eintritt der Strömung darstellen, nicht aber z. B. die ebene Kreisscheibe mit Anstellwinkel, wo auf der Eintrittskante unendliche Geschwindigkeiten auftreten. Hierfür müssen noch Sonderfunktionen φ_n hinzugenommen werden, die aus φ_{n+1}^n durch einen geeigneten Differentiationsprozeß gewonnen werden konnten. Es ist

$$\varphi_n = \frac{\mu}{\mu^2 + \eta^2}\left(\frac{1 - \mu^2}{1 + \eta^2}\right)^{n/2} \cos n\,\vartheta.$$

Die φ_n werden am ganzen Kreisrand unendlich, verletzen also die Abflußbedingung am hinteren Rand, nach der dort die Störungsgeschwindigkeit endlich bleiben muß. Es ist aber möglich, aus den unendlich vielen Funktionen φ_n^m und φ_n eine Linearkombination so zu finden, daß erstens im Inneren des Kreises die Vertikalgeschwindigkeit $w =$ konst. wird, zweitens am Hinterrand die unendlich werdenden Anteile sich so gegeneinander fortheben, wie dies bei den FOURIER-Reihen möglich ist. Durch Kombination der Lösung für die ebene Kreisscheibe mit den früheren Lösungen läßt sich auch die Anstellwinkeländerung jeder gewölbten Kreisfläche darstellen.

Die Resultate dieser Theorie sind von Herrn M. HANSEN an ebenen Kreisplatten, an flachen Kugelkalotten sowie an einer S-förmig gewölbten, druckpunktfesten Fläche im Windkanal nachgeprüft worden, und zwar in bezug auf Auftrieb, Widerstand und Druckverteilung. Der theoretische Widerstand W_L ist nach dem MUNKschen Staffelungssatz mit dem der tragenden Linie identisch. Das Integral der Druckverteilung über die tragende Fläche liefert demgegenüber eine größere Widerstandskomponente W_F, die erst durch das Hinzutreten der Saugkraft an der Vorderkante auf den Betrag W_L vermindert wird. Da in Wirklichkeit an Rändern von dünnen Platten die Saugkraft sich nicht voll entwickeln kann, liegt der Wert des wirklichen Widerstandes zwischen W_L und W_F, je nach dem Grad der in Wirklichkeit vorhandenen Abrundung näher an dem einen oder dem anderen Wert. Die druckpunktfeste Fläche, vgl. Abb. 2, ist von Herrn KINNER so entworfen, daß bei einem bestimmten Anstellwinkel die Anströmung an dem ganzen Vorderrand stoßfrei erfolgt. Bei diesem Anstellwinkel fallen also W_F und W_L zusammen.

Die ganze Theorie gilt nur für verschwindend kleine Anstellwinkel. Es sind also mit wachsendem Anstellwinkel Abweichungen von wachsender Größe zu erwarten. Diese zeigen sich auch deutlich in der Druckverteilung und natürlich auch in den Auftriebs- und Widerstandswerten. Wenn man alle die genannten Umstände in Betracht zieht und außerdem

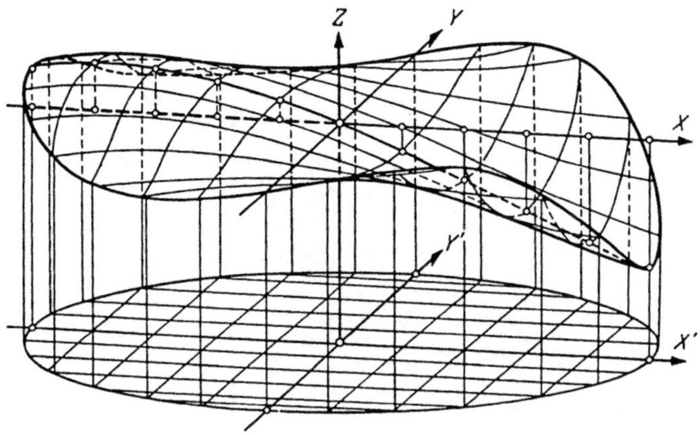

Abb. 2. Druckpunktfeste Fläche mit kreisförmigem Grundriß nach W. KINNER (überhöhte Darstellung; Anströmung von links)

noch bedenkt, daß in Wirklichkeit die Versuchsflächen mit einer endlichen Dicke ausgeführt werden mußten, während die Theorie mit einer

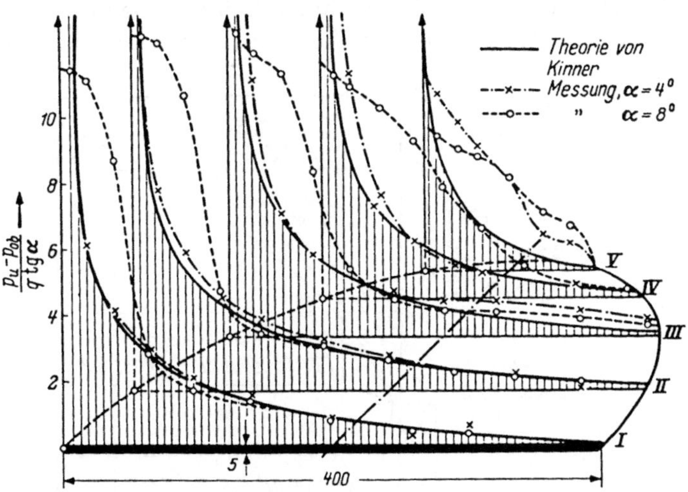

Abb. 3. Druckverteilung auf der ebenen, unter einem Winkel angestellten Kreisscheibe (die Meßwerte sind durch den Staupunkt q und durch $\operatorname{tg}\alpha$ dividiert)

unendlich dünnen Fläche rechnet, so kann man mit der Übereinstimmung der in Abb. 3 bis 5 mitgeteilten Resultate recht zufrieden sein.

V. Eine Untersuchung, in der die Aufgabe für die Tragfläche mit elliptischem Umriß mit Hilfe von ellipsoid-harmonischen Funktionen gelöst werden soll, ist zur Zeit in Arbeit, desgleichen eine Rechnung über das nichtstationäre Problem der auf- und abschlagenden Kreis-

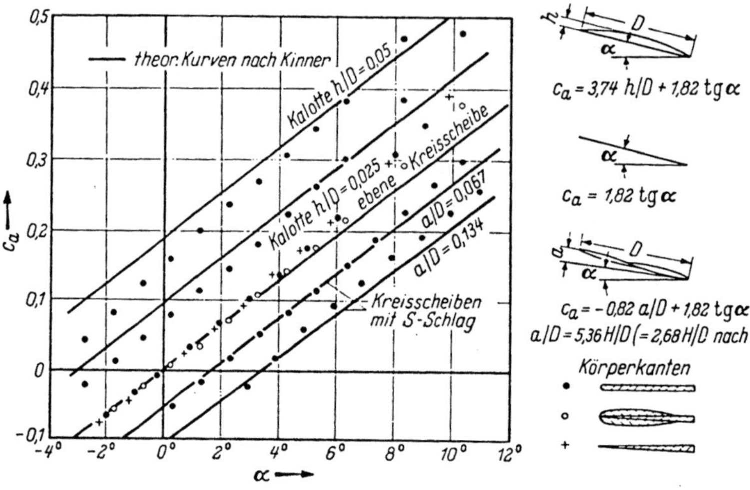

Abb. 4. Auftriebsbeiwerte von Kreisscheiben verschiedener Wölbung und verschiedener Abrundung der Eintrittskante abhängig vom Anstellwinkel

fläche. Bei der ersteren Aufgabe macht zur Zeit noch das Fehlen gewisser Funktionentafeln Schwierigkeiten, bei der zweiten scheint wenigstens

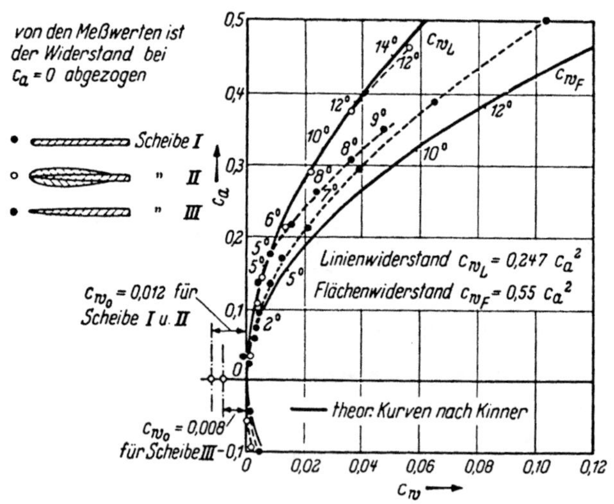

Abb. 5. Polarkurven von ebenen Kreisscheiben mit verschieden abgerundeter Eintrittskante

eine erste Näherung für kleine Frequenzen glatt berechnet werden zu können.

Von Wichtigkeit wäre natürlich auch die stationäre Lösung für die Rechteckfläche. Diese ist schon früher von H. BLENK[1] nach einer anderen Methode untersucht worden, die aber nur für großes Seitenverhältnis (kleine Flügeltiefe) brauchbar ist, für die man in den meisten Anwendungen mit der Theorie der tragenden Linie auskommt. Es würde daher von erheblichem Interesse sein, eine Theorie für das Rechteck von kleinem Seitenverhältnis zu erhalten. Leider zeigte sich aber, daß die in Gl. (6) und (7) angegebenen Ansätze hier unüberwindliche Integrationsschwierigkeiten ergeben. Ich habe deshalb zur Lösung dieser Aufgabe eine Rechnung machen lassen, die auf den Grundgedanken der alten Tragflügeltheorie aufbaut und sich einer großen Anzahl hintereinanderliegender tragender Linien bedient. Es wurde dabei einmal der Fall von vier hintereinander angeordneten tragenden Linien durchgerechnet, wobei die Auftriebsverteilung auf jeder dieser Linien durch einen dreigliedrigen Ausdruck gegeben war. Die kinematische Bedingung $dz/dx = w/V$ wurde dabei für diskrete Punkte zwischen den tragenden Linien erfüllt. Eine Nebenuntersuchung zeigte, daß die Genauigkeit der Rechnung besonders groß wird, wenn man die tragende Linie jeweils in $\frac{1}{4}$ der Tiefe der Flächenstreifen anordnet, in die man die tragende Fläche zerlegt hat, und die Punkte, in denen die kinematische Bedingung erfüllt wird, in $\frac{3}{4}$ der Streifentiefe wählt. Der Bearbeiter, Herr K. WIEGHARDT, hat als numerisches Beispiel die quadratische Platte durchgerechnet und gefunden, daß die Verteilung auf keiner der tragenden Linien stark von der elliptischen Verteilung abwich. Auf Grund dieses Resultates hat er nun unter der Annahme, daß der Auftrieb der Breite nach genau elliptisch verteilt ist, die Aufgabe auch für eine unendliche Anzahl von tragenden Linien behandelt, wobei jetzt nur gefordert wurde, daß in dem Mittelschnitt die kinematische Bedingung $w =$ konst. erfüllt wird. Für die Verteilung des Auftriebes nach der Tiefe, die durch den Geschwindigkeitssprung $\gamma(x)$ repräsentiert wird, ergab sich jetzt eine Integralgleichung. Diese lautet

$$\int_{-1}^{+1} \left\{ \frac{\sqrt{(x'-x)^2+\lambda^2}}{x'-x} \mathsf{E}\left(\frac{\lambda}{\sqrt{(x'-x)^2+\lambda^2}} \frac{\pi}{2} \right) + \frac{\pi}{2} \right\} \gamma(x)\, dx = 2\pi\lambda V \sin\alpha$$

für alle x' zwischen $+1$ und -1. λ ist dabei das Seitenverhältnis b/t, E das elliptische Integral. Die Lösung dieser Integralgleichung war nur mittels numerischer Methoden möglich. Es wurde für $\gamma(x)$ ein aus vier „BIRNBAUM-Funktionen" zusammengesetzter Ausdruck gewählt und die Integralgleichung in vier Punkten erfüllt. Die erforderlichen Quadraturen mußten dabei numerisch durchgeführt werden. Diese Rechnung ergab für die verschiedenen Seitenverhältnisse Druckverteilungen im

[1] H. BLENK, Z. angew. Math. Mech. Bd. 5 (1925) S. 36.

Mittelschnitt, die aus Abb. 6 ersichtlich sind. Die Übereinstimmung der aus diesen Druckverteilungen ermittelten Auftriebe mit den Versuchen war, besonders bei den kleinen Seitenverhältnissen, recht befriedigend.

VI. Bei Berücksichtigung der Kompressibilität läßt sich für Unterschallgeschwindigkeit die von mir früher angegebene Analogie[1] ohne

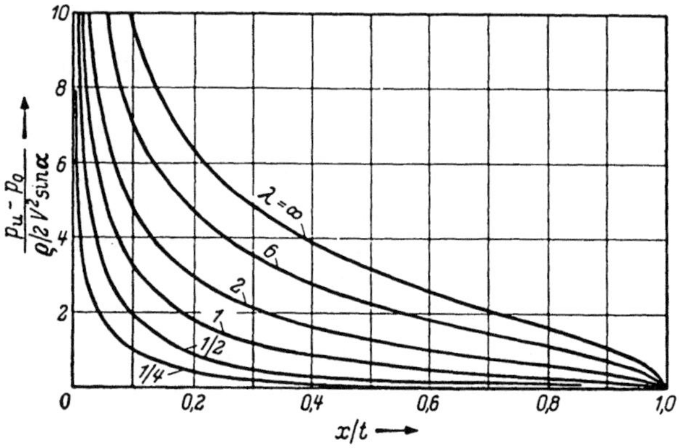

Abb. 6. Druckverteilung in der Mittelebene von tiefen ebenen Rechteckflächen, nach K. WIEGHARDT (λ = Seitenverhältnis = Spannweite : Tiefe)

weiteres auf die im vorstehenden für die volumbeständige Strömung erhaltenen Resultate anwenden. Man hat hier in Formel (6) statt des früheren Wertes von r zu schreiben

$$r = \sqrt{(x - x')^2 + \left(1 - \frac{V^2}{c^2}\right)((y - y')^2 + z^2)}$$

und kann daher den von der zusammendrückbaren Strömung erfüllten Raum in Beziehung setzen zu einem dazu affinen mit einer entsprechenden volumbeständigen Strömung erfüllten Raum, indem man z. B. alle Abmessungen in der x-Achse im Verhältnis $1 - V^2/c^2$ verkürzt, während die Abmessungen in der y- und z-Richtung unverändert bleiben (PRANDTL-GLAUERTsche Regel).

Den Fall der Überschallgeschwindigkeit hat H. SCHLICHTING[2] ausführlich mit den neuen Methoden behandelt. Hier war es unter anderem möglich, den Fall der ebenen Rechteckplatte vollständig zu lösen, mit der Einschränkung allerdings, daß die Störungsgebiete, die sich von beiden Seitenrändern aus unter dem MACHschen Winkel ausbreiten, sich nicht auf der Fläche noch überschneiden. Hier lassen sich die Über-

[1] L. PRANDTL, Z. angew. Math. Mech. Bd. 16 (1936) S. 129.

[2] H. SCHLICHTING, Luftf.-Forschg. Bd. 13 (1936) S. 320. Auszug in Z. angew. Math. Mech. Bd. 16 (1936) S. 363.

legungen, die zu Formel (6) geführt haben, formal auch wieder anwenden, wenn in dieser Formel

$$r = \sqrt{(x - x')^2 - \left(\frac{V^2}{c^2} - 1\right)\left((y - y')^2 + z^2\right)}$$

gesetzt wird. Dabei sind die Werte nur innerhalb eines Doppelkegels mit der Spitze im Punkt x', y', 0 reell, außerhalb imaginär. Der physikalische Sinn verlangt aber, daß $Q(x', y')$ nur in dem Nachkegel Beträge liefert, für den Vorkegel und für den Außenraum muß an Stelle von $1/r$ identisch Null gesetzt werden. Dafür, daß der Vorkegel ausfällt, hat man im Nachkegel noch einen Faktor 2 zuzufügen.

Die Aufgaben der Überschallgeschwindigkeit sind darin einfacher als die der volumbeständigen Strömung und der Unterschallgeschwindigkeit, daß an den Eintrittskanten keine Umströmung mit unendlicher Geschwindigkeit (und daher auch keine Saugkraft) auftritt und auch an den Austrittskanten kein Gegen-Null-Gehen der Druckdifferenz verlangt wird. Man erhält deshalb auch mit den einfachsten ganzen Funktionen für die Verteilung der Auftriebsdichte praktisch brauchbare Teillösungen. SCHLICHTING hat z. B. die Geschwindigkeitsfelder für die gleichförmig belastete Rechteckfläche, für die Dreieckfläche und Trapezfläche berechnet. Die Trapezfläche bildet eine wichtige Vorarbeit für die Theorie der unter dem Winkel α angeströmten ebenen Rechteckfläche. Hier ergibt sich die folgende Situation, vgl. Abb. 7. In einem Trapez $ABFE$, dessen Seitenflächen AE und BF unter dem MACHschen Winkel β geneigt sind, ist die Auftriebsdichte konstant und zwar genähert gleich $4\alpha \operatorname{tg}\beta \frac{\varrho V^2}{2}$ (wobei der „MACHsche Winkel" β durch $\sin\beta = c/V$ bestimmt ist). Nach den Seitenrändern hin findet ein Abfall derart statt, daß längs jeder unter einem Winkel φ geneigten Geraden, z. B. BG, die Auftriebsdichte konstant ist. Man kann also die ganze Auftriebsverteilung durch eine Überlagerung von einer großen Anzahl von jeweils gleichförmig belasteten Trapezflächen mit verschiedenem Winkel φ aufbauen. In der Grenze führt dies zu einer Integralgleichung, die sich nach einer von I. LOTZ gefundenen Umformung schließlich auf folgende Gestalt bringen läßt. Es sei $\vartheta = \operatorname{tg}\varphi/\operatorname{tg}\alpha$ und $f(\vartheta)$ die Auftriebsdichte unter dem Winkel φ gemessen in der Auftriebsdichte des trapezförmigen Mittelfeldes, so ist

$$f(\vartheta) + \frac{1}{\pi}\int\limits_{\Theta=0}^{\Theta=1} f'(\Theta)\,F(\vartheta, \Theta)\,d\Theta = 1$$

mit

$$F(\vartheta, \Theta) = \int\limits_{\vartheta'=1}^{\vartheta'=\vartheta} \frac{\sqrt{1 - \vartheta'^2}\,d\vartheta'}{\vartheta'(\vartheta' - \Theta)}\,.$$

Die Integralgleichung ist zu lösen für die Randbedingungen $f(\vartheta) = 0$ für $\vartheta = 0$ und $f(\vartheta) = 1$ für $\vartheta = 1$. Die Lösung ist numerisch von Fräulein I. LOTZ und Herrn J. PRETSCH durchgeführt worden und in der SCHLICHTINGschen Arbeit angegeben. Die Abbildung 7 gibt eine Vorstellung von dem Ergebnis der Rechnung.

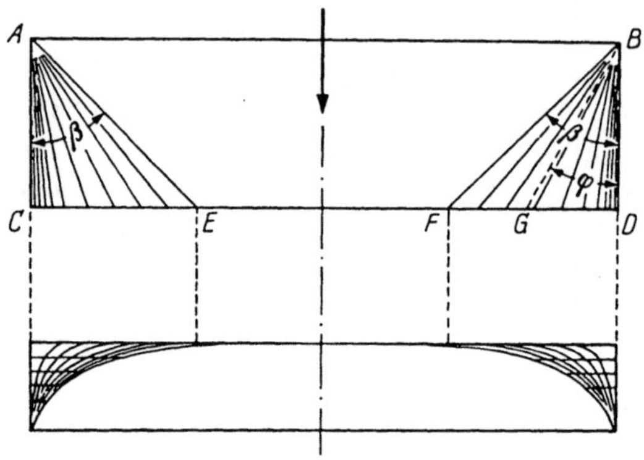

Abb. 7. Druckverteilung auf die ebene Rechteckfläche bei Überschallgeschwindigkeit, nach H. SCHLICHTING und I. LOTZ

Zusammenfassung. Die Grundgedanken einer neuen Methode zur Behandlung des Problems der tragenden Fläche werden dargelegt, und es wird über die bisher behandelten Beispiele für volumbeständige Strömung und für Strömung mit Überschallgeschwindigkeit berichtet. Eine an die älteren Methoden anschließende Theorie des tiefen Rechteckflügels wird als Ergänzung mitgeteilt, desgleichen Versuchsergebnisse für die tragende Fläche von kreisförmigem Grundriß, die die Theorie gut bestätigen.

721/29/60 — III/18/203

GPSR Compliance

The European Union's (EU) General Product Safety Regulation (GPSR) is a set of rules that requires consumer products to be safe and our obligations to ensure this.

If you have any concerns about our products, you can contact us on ProductSafety@springernature.com

In case Publisher is established outside the EU, the EU authorized representative is:

Springer Nature Customer Service Center GmbH
Europaplatz 3
69115 Heidelberg, Germany

Batch number: 10620143

Printed by Printforce, the Netherlands